새

초등과학 학습사전

New Encyclopedia of Primary Science

새 초등과학학습사전

편저자 미디어뱅크 편집부
펴낸이 이재성
펴낸곳 미디어뱅크(과학교재 전문 회사)
서울특별시 은평구 진관4로 48-17, 711-704
전화 (02) 742-0425
출판사 신고연월일 1987년 11월 27일
출판사 신고번호 제2019-000098호
펴낸날 2020. 2. 20
인쇄사 내일북문화인쇄
전화 (031) 923-8061

책값은 뒷표지에 적혀 있습니다.

감사의 말

「새 초등과학학습사전」을 편찬한 사람들은 이 사전을
이용하는 모든 독자에게 감사 드립니다.
오직 독자의 활용을 통해서 이 사전을 만든 오랜 노력이 열매 맺기 때문입니다.

또, 이 사전을 엮는 기초가 된 세상의 모든 지식과 자료의 원천에 감사 드립니다.
이 사전의 내용은 이미 나와 있는 지식과 정보를 저희가 기대하는 독자의 필요에 맞게
간추린 것이기 때문입니다. 아울러 수많은 사진과 도면을 제공해 준
위키미디어 커먼스와 그 저작자 한분 한분에게 감사 드립니다.
이분들의 소중한 작품을 이용함으로써 이 사전의 내용이 더욱 풍성해질 수 있었습니다.

아울러 처음부터 끝까지 편집과 제작을 도와주신
김형윤편집회사 여러분께 감사 드립니다.

일러두기

1. 「새 초등과학학습사전」은 호기심 많고 무엇이나 더 알고 싶은 초등학생을 위한 참고서입니다. 초등학교 저학년 학생도 알 수 있도록 쉽게 설명하되 좀 더 많은 지식과 정보를 담으려고 노력했습니다.

2. 2020년 현재의 초등학교 과학 교과서는 물론 국어와 사회 교과서에서도 뽑은 표제어까지 더해 과학 주제 1,362 가지를 설명합니다.
이 표제어들 가운데에는 더러 겹치는 것도 있습니다.
이를테면, 토머스 에디슨과 에디슨, 토머스는 한 사람에 대한 두 개의 표제어입니다.

3. 어떤 주제가 표제어에서 발견되지 않으면 이 사전의 맨 뒤에 있는 '찾아보기'를 보십시오.
예를 들면, 동면은 표제어에 없지만 찾아보기에서 보면 겨울잠으로 안내합니다.

4. 외국인의 이름은 우리 이름과 마찬가지로 성 다음에 이름을 적었습니다.
따라서 토머스 에디슨은 에디슨, 토머스에서 설명합니다.

5. 되도록 우리말로 설명합니다. 따라서 다음과 같이 적었습니다.
갈잎큰키나무 ← 낙엽 교목
넓은잎떨기나무 ← 활엽 관목
늘푸른나무 ← 상록수
바늘잎나무 ← 침엽수

6. 사진과 도면 밑에 있는 외국어 표기는 그 사진이나 도면의 권리를 가진 이가 원하는 대로 적은 저작권 표기입니다.

7. 표제어에 딸린 영문 표기 중 비스듬히 기울어진 글자로 적은 것은 '학명'입니다.
이것은 보통 쓰는 영어 이름이 아니라 생물학 분야의 세계 공통 이름입니다.

8. 사전은 필요한 정보를 필요할 때에 찾아보는 참고서입니다.
궁금하거나 아리송한 것을 곧 찾아보고 확인하면 좋습니다.

9. 이 사전은 해마다 개정/보완되면서 독자와 함께 진화할 것입니다.

ㄱ

가닥나무(jolcham oak)

졸참나무를 가리키는 북한말이다. 산에서 자라는 갈잎큰키나무로서 잎은 참나무 가운데 작은 편이며 가장자리에 톱니가 있다. → 졸참나무

가래(pondweed)

물에서 자라는 여러해살이풀이다. 논, 연못, 늪 또는 물살이 세지 않은 냇가에서 자란다. 물 밑 땅속에 땅속줄기를 뻗으며 그 마디에서 뿌리를 내린다. 가느다란 줄기는 물의 깊이에 따라서 길이가 다르게 자란다. 잎은 물속에 잠겨 있는 좁고 긴 것과 수면에 떠 있는 반들반들하고 타원형인 것이 있다. 물 위에 뜨는 잎은 폭이 1.5~4cm, 길이는 그 두 배쯤 된다.

미디어뱅크 사진

한여름 7~8월에 잎겨드랑이에서 나온 긴 꽃대에 누런 빛깔을 띤 초록색 꽃들이 수북이 달려서 핀다. 꽃대의 끝에 길이가 2~5cm인 꽃이삭이 달리고 그 둘레에 자잘한 꽃들이 다닥다닥 붙는 이삭꽃차례이다. 우리나라와 함께 일본과 중국의 온대 및 난대 지방에서 자란다.

가래나무(Manchurian walnut)

호두나무와 비슷해 보이는 갈잎큰키나무이다. 한반도, 중국의 동북부 및 러시아 극동 지방의 산에서 자란다. 키가 25m에 이르며 깃꼴겹잎으로 된 커다란 잎이 어긋난다. 겹잎에 홀수로 달리는 작은 잎은 7~19장인데 저마다 타원형으로서 폭이 2~7.5cm, 길이가 6~17cm이며 가장자리에 톱니가 있다.

봄이면 4~5월에 암꽃과 수꽃이 따로 피는데, 수꽃은 커다란 이삭으로서 밑으로 늘어지며 암꽃은 무더기로 위를 보고 핀다. 꽃가루받이는 바람의 힘으로 이루어지며 호두와 비슷해 보이지만 좀 더 길쭉한 열매가

맺힌다. 열매는 8~10월에 익는데 그 속 알맹이를 먹거나 기름을 짤 수 있지만 알맹이가 호두만큼 크지 않을 뿐만 아니라 꺼내기도 쉽지 않다. 나무는 단단해서 좋은 목재로 쓰인다.

미디어뱅크 사진

가루 물질(granular material)

밀가루, 설탕가루, 소금, 바닷가의 모래 따위는 알갱이가 아주 곱거나 조금 거친 가루로 되어 있다. 그래서 둥근 병에 넣을 수 있으며 네모진 그릇에도 담을 수 있다.

그렇지만 비록 가루로 되어 있기는 해도 이런 것들은 아주 작은 알갱이가 한데 모여서 이루어진 것이다. 그러므로 알갱이 하나하나가 담긴 그릇에 따라서 모양이 변하지는 않는다. 따라서 가루 물질은 고체이다.

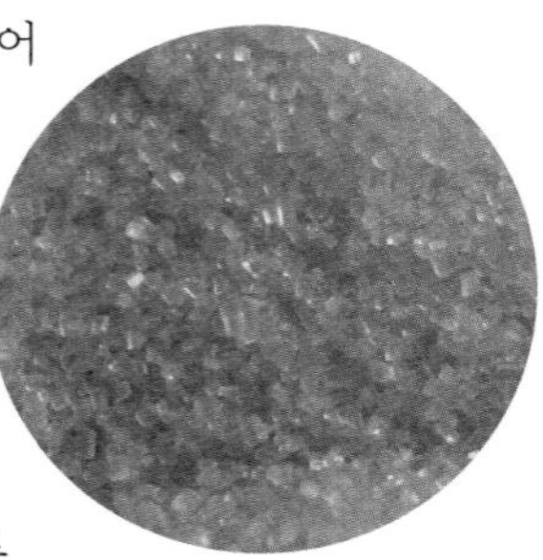

굵은 설탕 가루 Editor at Large, CC-BY-SA-2.5

가뭄(drought)

비나 눈이 오랫동안 오지 않아서 땅이 메마른 날씨이다. 가뭄이 들면 물이 부족해서 농업에 큰 피해를 준다. 특히 여름에 가뭄이 심하면 논에 물을 충분히 대지 못해서 벼농사를 망치기 쉽다. 또 여러 가지 다른 농작물도 잘 자라지 못하며 산과 들의 풀과 나무도 시들게 된다.

가뭄으로 말라버린 늪지대 Luisontiveros, CC-BY-SA-3.0.jpg

이와 같은 가뭄 피해를 막거나 줄이려고 우리 선조들은 아주 먼 옛날부터 저수지를 많이 만들어서 농사에 쓸 물을 저장하곤 했다.

가스(gas)

본디 기체를 가리키는 말이다. 그러나 흔히 연료로 쓰는 기체를 가스라고 한다. 모든 기체, 곧 가스는 온도를 얼마만큼 낮추면 액체로 변하며 더 낮추면 고체가 된다.

연료로 쓰는 가스로는 천연 가스, 액화 석유 가스, 석탄 가스 등이 있다. 천연 가스는 석유처럼 땅속에 묻혀 있는 가스로서 거의 다 메테인이라고 하는 기체이다. 이것은 수백만 년 전에 바다와 늪지의 식물이 땅속에 묻히고 압력을 받아서 천천히 화학 작용을 일으키면서 만들어졌다. 천연 가스가 땅속에 많이 묻혀 있는 나라에서는 이런 가스를 관을 통해서 끌어다 연료로 쓴다.

액화 석유 가스는 흔히 엘피지(LPG)라고도 하는데, 원유와 함께 나오거나 원유를 정제할 때에 생기는 프로판 가스와 뷰테인 가스를 액체로 만든 것이다. 이 두 가지 가스는 압축하거나 온도를 낮추면 쉽게 액체로 변한다. 또 부피도 줄어들어서 운반하기가 쉬워진다. 그래서 흔히 가정에서 쓰는 가스가 된다. 석탄 가스는 공기가 통하지 않게 하고 석탄에 열을 가해 분해시켜서

바다 유전에서 가스를 태우는 모습 Cipiota, CC-BY-SA-3.0

얻는 기체이다.

흔히 말하는 도시 가스는 가스의 한 가지가 아니라 앞에서 말한 가스들 가운데 한 가지 또는 몇 가지를 섞어서 땅속에 묻은 관을 통해 가정이나 공장으로 보내 주는 것이다. 또 휴대용 가스 레인지나 라이터의 연료로 쓰는 뷰테인 가스는 액화 석유 가스의 한 가지이다.

→ 기체

가스 레인지(gas range)

미디어뱅크 사진

가스를 연료로 쓰는 화덕이다. 주로 부엌에서 음식을 익히는 일에 쓰지만, 작고 간편해서 가지고 다닐 수 있는 것도 있다.

부엌에 설치된 가스 레인지에는 집에 있는 가스통이나 도시 가스의 관에 이어진 고무관을 통해서 가스가 공급된다. 화덕으로 뿜어 나오는 이 가스에 불을 붙이면 가스가 주변의 공기와 섞이면서 잘 탄다.

가스 레인지는 화덕의 가스 구멍이 막히지 않고 또 가스가 완전히 타게 해야 한다. 불꽃이 파란색이면 가스가 완전하게 잘 타는 것이며, 붉은색이면 공기가 부족하여 잘 타지 않는 것이다. 따라서 불꽃이 붉은색이면 공기 조절기를 다루어서 불꽃이 파랗게 되도록 해 주어야 한다.

가스가 탈 때에는 이산화탄소 같은 해로운 기체도 나온다. 그러므로 부엌의 창문을 자주 열어서 환기를 시켜야 한다. 또 가끔 가스관이나 연결 부분에서 가스가 새는지 살펴보며, 쓰지 않을 때에는 밸브를 꼭 잠가 두어야 한다.

가스 하이드레이트(gas hydrate)

물을 바탕으로 결정체가 되어서 얼음과 비슷해 보이는 고체이다. 낮은 온도와 높은 압력에서 천연 가스와 물이 결합해서 만들어지며 흔히 깊은 바다나 호수 바닥의 퇴적층과 북극권의 영구 동토 지역 땅속에서 발견된다. 메테인 가스나 이산화탄소 같은 몇 가지 기체 분자가 물 분자 사이의 빈 공간을 채워서 만들어지는 것이다.

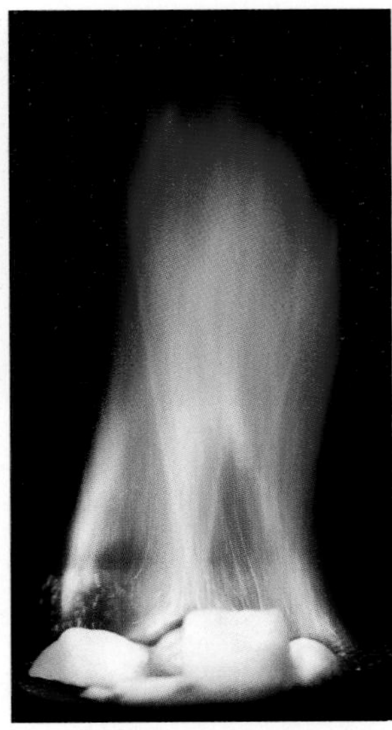

불타는 메테인 가스 하이드레이트
USGS, Public Domain

가스 하이드레이트를 보통 온도와 기압에 드러내 놓으면 금방 물과 기체로 분리 된다. 또, 이것에 불을 붙이면 그 속의 기체, 특히 메테인 가스가 잘 타기 때문에 '불타는 얼음'이라고도 부른다. 따라서 이것이 미래의 에너지가 될 것으로 기대하는 이가 많다. 그러나 잘못하면 메테인 가스가 분해되면서 엄청난 온실가스를 뿜어내 크나큰 재앙을 불러올 수도 있다. 그래서 아직 세계 여러 나라는 이것을 이용할 안전한 방법을 연구하고 있다.

가습기(humidifier)

집 안 공기의 습도를 올려 주는 기구이다. 대개 물을 증발시켜서 공기 속 수증기의 양을 불려 습도를 높인다.

집 안의 온도가 높으면 공기가 메마르기 쉽다. 그러면 콧속이 마르고 피부가 거칠어지며 나무로 만든 가구 등이 트기 쉽다. 이런 일을 막고자 가습기를 써서 집 안의 습도를 알맞게 조절한다.

가시고기(Amur stickleback)

민물이나 바닷물이 조금 섞인 맑고 깨끗한 하천의 수초가 많은 곳에서 사는 작은 물고기이다. 몸길이가 6.5~9cm이며 몸집이 가늘고 길다. 특히 꼬리자루가 무척 가늘며 등지느러미 앞쪽에 8~9개의 작은 가시가 나 있다. 아래턱이 위턱보다 더 튀어 나왔으며 몸빛깔은

잔가시고기 미디어뱅크 사진

회녹색 바탕에 등은 어두운 녹색이며 배는 흰색이다.

이른 봄부터 초여름 사이에 수컷이 물풀의 뿌리나 줄기를 모아서 작고 동그란 둥지를 지으면 암컷이 찾아와서 알을 낳는다. 이때부터 수컷은 알에서 깬 새끼들이 둥지를 떠날 때까지 온 힘을 다해 알과 새끼들을 지킨다. 그럼에도 불구하고 요즘 어디서나 물이 많이 오염되어 있기 때문에 이 작은 물고기들이 살기가 점점 더 어려워지고 있다. 한반도를 비롯하여 중국의 북동부와 아무르 강, 일본, 러시아의 쿠릴 열도와 캄차카 반도 같은 데에 널리 퍼져 있다.

가시연(*Euryale ferox Salisb.*)

수련과에 딸린 한해살이 물풀이다. 잎자루, 잎, 꽃대, 꽃받침 등 온몸에 가시가 나 있다. 연못이나 늪에서 자란다.

봄에 땅속줄기에서 긴 잎자루가 나와서 잎이 물 위에 뜬다. 처음에는 잎의 가장자리가 위로 치켜들려 있지만 이내 둥글고 넓게 펴진다. 이런 잎의 표면은 주름이 지고 가시가 나 있다. 한여름에 긴 꽃대가 나와서 작고 예쁜 자줏빛 꽃이 피고 열매가 열린다. 이 열매는 약으로 쓸 수 있으며 땅속줄기는 요리해서 먹을 수 있다.

미디어뱅크 사진

가시나무(bamboo-leafed oak)

늘푸른넓은잎나무이다. 전라남도와 경상남도 및 제주도의 바닷가 골짜기에서 자란다. 키가 15~20m에 이르며 가지를 많이 뻗는다. 잎은 길이가 7~12cm, 폭이 2~3cm로서 좁고 길며 가장자리에 톱니가 있다. 끝이 뾰족하고 잎자루의 길이는 1~2cm이다. 봄에 참나무의 꽃과 비슷한 꽃이 피는데 열매도 길둥그런 도토리와 같으며 먹을 수 있다.

겨울에도 잎이 지지 않기 때문에 흔히 뜰이나 울타리에 심어 놓고 본다. 우리나라뿐만 아니라 중국과 일본에서도 산다.

Dalgial, CC-BY-SA-3.0 GFDL

가오리(ray)

뼈가 물렁물렁한 연골로 이루어진 물고기이다. 종류가 많은데, 대개 바다에서 살며 더러 민물에서 사는 것도 있다.

크기나 생김새가 여러 가지이지만 거의 다 몸이 넓적하고 크며, 물밑 바닥에서 산다. 두 눈이 등쪽에 있고, 입은 배쪽에 있으며, 대개 가늘고 긴 꼬리가 달려 있다. 어떤 것은 이 꼬리에 독이 든 가시가 나 있다.

Barry Peters, CC-BY-2.0

가을(autumn)

한 해의 네 계절 가운데 셋째 계절이다. 여름 다음에 오는 계절로서 흔히 9월, 10월, 11월의 석 달 동안을 가리킨다.

덥고 비가 많은 여름 동안에 잘 자란 식물이 한 해의 삶을 마무리하는 철이기도 하다. 가을에는 온갖 식물의 열매와 씨가 익으며, 갈잎나무의 잎은 단풍이 들어서 떨어질 준비를 한다. → 계절

Johann Jaritz, CC-BY-SA-3.0 GFDL

가재(Korean crayfish)

산골짜기의 맑은 물에서 사는 절지 동물이다. 몸이 게처럼 딱딱한 껍질에 싸여 있는데 길이가 대개 6~7cm이다. 새우처럼 발이 10개나 되는데 그 가운데에서 맨 앞의 다리 한 쌍은 커다란 집게발이다. 이 집게발로 물속의 조그만 동물을 잡아먹거나 죽은 물고기 또는 물풀을 뜯어먹고 산다. 낮에는 대개 돌 틈에 들어가 숨어서 지낸다.

미디어뱅크 사진

가자미(righteye flounder)

몸이 꽤 크고 납작한 바닷물고기이다. 어릴 적에는 여느 물고기와 별로 다르지 않아 보이며 헤엄쳐 다닌다. 그러나 자라면서 몸이 납작해지고 두 눈이 오른쪽으로 몰려서 바다 밑 모래 바닥에 누워 몸을 숨기고 살게 된다. 그래서 몸의 색깔도 위쪽은 거무튀튀하고 아래쪽은 하얗게 된다. 먹이는 어릴 적에는 물에 떠다니는 플랑크톤 따위이지만 자라서 바닥에 누우면 새우나 게 같은 갑각류이다.

가자미는 온 세계에 퍼져 살며 종류가 많다. 우리나라 부근에서 사는 것만 20 가지쯤 된다. 거의 다 큰 것은 몸길이가 40cm 안팎까지 자라며 몸이 대개 길둥그런 달걀꼴로서 납작하다. 많은 종류가 몸빛깔을 주변의 색깔과 비슷하게 바꾸는 능력이 있다. 가자미와 아주 비슷하게 생겼지만 두 눈이 왼쪽으로 몰려 있는 물고기는 넙치이다.

Баранчук-Червонный Лев
CC-BY-SA-3.0

가죽(leather)

동물의 살가죽을 가공한 것이다. 죽은 동물의 살가죽을 벗겨서 소금물에 담가 썩지 않게 보존 처리한 뒤에 털과 남은 살코기 및 기름 따위를 없앤다. 이어서 타닌산으로 처리한 뒤에 기름을 먹여서 부드럽게 만들고 원하는 색깔로 물을 들인다. 그러고 나면 자르거나 바느질하거나 풀로 붙여서 구두, 가방, 옷, 장식품 등을 만들 수 있는 재료가 된다.

어느 동물의 살가죽으로나 가죽을 만들 수 있다. 그러나 우리가 흔히 쓰는 가죽은 대개 소, 돼지, 말, 양 같은 짐승의 가죽이다. 하지만 뱀, 악어, 도마뱀 같은 파충류나 타조 같은 조류 또는 장어 같은 물고기의 가죽도 귀하게 쓰인다.

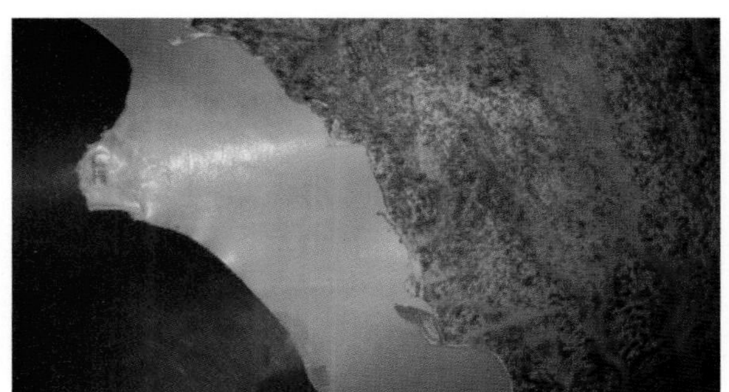

물들인 양가죽 Athaniel, CC-BY-SA-3.0 GFDL

가지(eggplant)

한해살이풀인데 우리가 채소로 먹는 그 열매도 가지라고 한다. 봄에 씨를 뿌리면 싹이 나서 자라 6월부터 연보라색 꽃이 피고 열매가 열린다. 생김새가 길쭉하거나 달걀 모양인 열매는 주로 짙은 보라색이지만 가끔 빨간색, 노란색 또는 흰색인 것도 있다. 열매는 너무 익기 전에 따야 연하고 맛이 좋다.

그러나 열대 지방에서는 가지가 여러해살이풀이다. 따뜻한 기후에서 잘 자라기 때문에 동아시아, 남아시아 및 미국에서 많이 심어 가꾼다. 우리나라에서는 신라 때부터 가꾸어 왔다. 줄기는 곧고 가지를 많이 치며 가끔 가시가 난다. 키가 1m까지 자랄 수 있으며 잎은 둥그렇고 크다.

미디어뱅크 사진

가창오리(Baikal teal)

야생 오리의 한 가지이다. 시베리아의 동부 지방에서 번식하고 살다가 늦가을에 우리나라, 중국 및 일본으로 내려와 겨울을 나고 봄에 다시 돌아가는 철새이다. 그러나 온 세계 가창오리의 90%가 우리나라에서 겨울을 난다. 따라서 우리는 겨울에 많이 볼 수 있지만 세계적으로는 그 수가 점점 줄어들고 있는 멸종 위기의 새이다.

가창오리는 몸길이 40cm쯤, 날개 길이 20cm 남짓으로서 그리 크지 않은 오리이다. 수컷은 양쪽 뺨 가운데쯤에 위아래로 뻗은 검은 띠를 중심으로 앞쪽은 누런색이며 뒤쪽은 초록색이다. 정수리와 뒤통수는 검은 갈색인데 뺨과의 사이에 흰 띠가 그어져 있어서 전체로 보아 화려하다. 대체로 밝은 갈색인 날개깃에도 흰줄과 검은 줄이 들어 있다. 암컷과 수컷이 다 부리는 까맣고 다리는 누런빛이 도는 회색이다. 수컷에 견주어 암컷은 온몸의 깃털이 어두운 갈색으로서 단조로우며 얼룩무늬가 있고 배는 희다.

우리나라에는 특히 천수만 간척지와 금강 하구에 많이 찾아오는데 저녁때이면 수천 마리가 한꺼번에 날아올라서 노을 속에서 군무를 춰 보이는 것으로 유명하다. 이것은 무리지어 먹이 터를 찾은 뒤에 안전한 호수로 돌아가는 가창오리의 습성에서 비롯된 일이다. 가창오리는 주로 호수, 큰 강의 하구, 논, 바닷가 같은 데에서 무리지어 활동한다. 먹이는 주로 땅에 떨어진 곡식이나 풀씨 따위이다.

가창오리 Dick Daniels, CC-BY-SA-3.0 GFDL

가축(livestock)

소나 돼지처럼 집에서 기르는 짐승이다. 그래서 집짐승이라고도 한다. 주로 일을 시키거나 살코기를 먹으려고, 또 젖을 짜거나 털을 깎아서 쓰려고 기르는 짐승들이다. 사람들은 약 1만 년 전인 신석기 시대부터 야생의 동물을 길들여서 기르기 시작했다. 맨 처음에 길들인 동물은 개이다. 그 뒤로 차츰 소, 염소, 돼지, 말 등을 길들여서 기르게 되었다.

닭, 오리, 거위, 칠면조와 같은 새 종류는 따로 가금이라고 부르기도 하지만 흔히 가축에 포함시킨다. 이것들은 길러서 그 알과 살코기를 먹으며 깃털을 이용한다.

가축 시장에 나온 소 Bryan Ledgard, CC-BY-2.0

각다귀(large crane fly)

흔히 모기처럼 생겼지만 몸과 다리가 더 긴 곤충이다. 어른벌레는 천천히 날아다니는데 흔히 여름에 물가나 풀밭에서 볼 수 있다. 그러나 모기처럼 동물의 피를 빨지는 않는다. 애벌레는 주로 식물의 뿌리를 먹고 사는데 벼나 보리 같은 농작물의 뿌리를 먹어치우므로 농사에는 해로운 곤충이다.

지금 우리나라에서는 모기각다귀, 상제각다귀 또는 대모각다귀와 같은 모두 28 가지의 각다귀가 살고 있다.

OliBac, CC-BY-2.0

각도기(protractor)

제도 기구의 한 가지로서 각도를 재는 것이다. 대개 수학 시간에 각도를 알기 위해 사용한다. 흔히 반원 모양의 셀룰로이드나 플라스틱 판 위에 180°의 눈금을 새겨서 만든다.

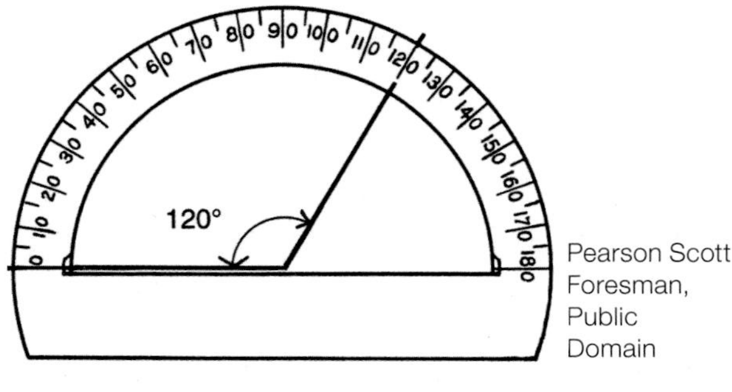

Pearson Scott Foresman, Public Domain

간(liver)

소화를 돕고 혈액을 깨끗하게 하는 기관이다. 몸 안에 있는 기관들 가운데에서 가장 크며, 오른쪽 갈비뼈 밑에 자리 잡고 있다. 어른의 간은 길이가 30cm쯤 되며, 무게는 1kg이 넘는다. 수많은 세포 무리로 이루어져 있으며, 그 사이사이에 모세혈관이 그물처럼 뻗어 있다.

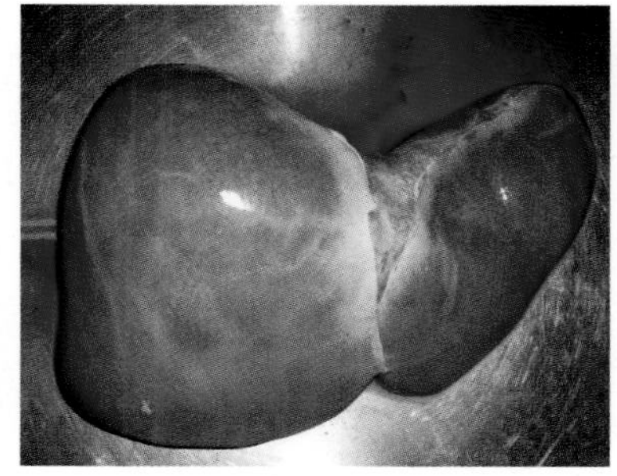

사람의 간 Suseno, Public Domain

간에서 만들어진 액체는 쓸개에 저장된다. 이것이 쓸개즙인데, 이자액과 함께 샘창자로 들어가서 지방의 분해를 돕는다. 그러나 쓸개즙이 십이지장이라고도 하는 샘창자로 들어가지 못하고 혈액을 통해 온 몸으로 퍼지면 눈이나 피부가 노랗게 된다. 이것이 황달이라는 병이다. 간은 또 작은창자에서 흡수된 영양분을 저장했다가 온 몸으로 보내고, 소화 기관에서 온 혈액의 독을 없애며, 혈액을 굳게 하는 성분을 만들어서 피가 나는 상처를 아물게 한다. 사람은 간이 전혀 없으면 못 살지만 꽤 큰 부분을 떼어내도 살 수 있다.

간의(simplified armillary sphere)

조선 시대의 천체 관측 기구로서 혼천의를 개량해서 쓰기 쉽게 만든 것이다. 행성을 포함한 여러 별들의 위치, 시간, 고도 및 방위를 정밀하게 측정할 수 있는 것이다.

본디 원나라의 곽수경이 이슬람 천문학의 영향을 받아서 처음 만들었는데 세종대왕이 우리 기술자들을 시켜서 서기 1434년에 한양의 위치에 맞도록 고쳐 만들게 했다. 청동으로 크게 만들어진 이 간의는 맨눈으로 천체를 관측하던 그 시대에는 매우 발전된 장비로서 우리나라의 천문학 발전에 크게 이바지했다.

간장(soy sauce)

짠맛을 내는 액체 조미료이다. 염분이 25%쯤 들어 있으며 주로 아미노산으로 되어 있어서 독특한 맛이 난다. 아마 신라 시대부터 우리가 먹어온 식품인 것 같다.

간장을 전통적인 방법으로 만들려면 콩으로 메주를 쑤어서 발효시킨 뒤에 잘 말린다. 다음에는 알맞은 진하기로 소금물을 만든다. 그리고 메주를 깨끗이 씻어서 항아리에 넣고 소금물을 붓는다. 이 소금물 위에

숯과 고추 등을 띄우고 항아리 주둥이에 깨끗한 천을 씌워서 사흘 동안 덮어 둔다. 그 뒤 40일 동안은 햇볕이 나면 뚜껑을 열고 저녁이면 덮는다. 이렇게 하여 다 만들어진 간장을 체로 걸러서 끓인 뒤에 식혀서 빈 항아리에 부으면 두고두고 먹을 수 있는 간장이 된다. → 메주

간척지(reclaimed land)

호수나 바다의 한 부분을 둑으로 막고 그 안의 물을 빼내서 육지로 만드는 일을 간척이라고 한다. 이렇게 만들어진 땅이 간척지이다. 사람의 계획과 힘으로 만든 육지이기 때문에 대개 편평해서 농사를 짓거나 산업 시설을 만들기에 알맞다.

바다가 있고 땅이 좁은 나라는 옛날부터 간척지를 만드는 일에 힘써 왔다. 풍차로 유명한 네덜란드가 좋은 예이다. 바다의 수면보다도 낮은 간척지에 흘러드는 물은 풍차와 같은 기계의 힘을 빌어서 바다로 퍼낸다.

새만금 간척지 미디어뱅크 사진

삼면이 바다로 둘러싸인 우리나라도 서해안과 남해안에 만과 섬이 많아서 바다를 막아 간척지를 만들기에 알맞은 곳이 많다. 따라서 옛날부터 크고 작은 간척지를 만들어서 땅을 넓혀 왔다. 충청남도 서산에 있는 천수만 간척지가 그 예이다.

갈대(reed)

개울이나 강가의 축축한 땅에서 잘 자라는 여러해살이풀이다. 잎이 길고 뾰족한 벼과의 식물로서 키가 크다. 줄기에 마디가 있고 속이 비어 있으며 뿌리는 수염뿌리이다. 다 자라면 높이가 3m쯤 된다. 9~10월에 보라색 꽃이 피는데 나중에 갈색으로 변한다. 여문 씨는 털이 달려 있어서 바람에 잘 날린다.

미디어뱅크 사진

갈대는 여름에는 모두 초록색이지만 가을이 깊어지면 옅은 갈색으로 바뀌면서 말라서 죽는다. 그러나 뿌리는 살아남아서 이듬해 봄에 다시 싹이 난다.

갈매기(gull)

대개 바닷가에서 떼 지어 사는 흔한 새이다. 깃털이 희거나 회색인 것이 많은데 갈색인 것도 더러 있다. 길고 튼튼한 날개로 잘 난다. 목과 다리는 짧으며 발가락 사이에 물갈퀴가 있다. 부리는 끝이 좀 구부러져 있으며, 눈이 좋다.

대개 물고기나 게 따위를 잡아먹고 산다. 그러나 음식물 찌꺼기, 논밭의 벌레, 곡식의 낟알도 잘 먹는다. 그래서 곧잘 바다를 떠나 뭍으로 깊숙이 날아든다.

우리나라에서 볼 수 있는 갈매기는 12 가지로서 거의 다 겨울 철새이다. 그러나 괭이갈매기는 1년 내내 볼 수 있는 텃새이다.

우리나라에서 새끼를 치는 갈매기는 3~4월에 섬이나 바닷가의 땅에다 해초, 검불, 나뭇가지 따위로 둥지를 튼다. 알을 두세 개 낳아서 암컷과 수컷이 번갈아 품으면 4 주일쯤 지나서 알이 깬다. 새끼는 둥지 안에

미디어뱅크 사진

서 어미가 물어다 주는 먹이를 먹고 자라다가 두 달쯤 지나면 스스로 날 수 있다. → 괭이갈매기

갈비뼈(ribs)

가슴의 모양을 이루는 뼈들이다. 왼쪽과 오른쪽에 12개씩 있어서 12쌍이다. 모두 활처럼 휘어서 몸 뒤의 등뼈에 이어져 있다.

가장 위에 있는 갈비뼈를 제1갈비뼈라고 하며, 그 밑의 갈비뼈들도 제2갈비뼈부터 제12갈비뼈까지 저마다 차례로 번호를 붙여서 부른다. 대개 제7갈비뼈까지는 몸 앞쪽의 가슴뼈와도 이어져 있으며 제8, 제9, 제10갈비뼈는 각각 그 바로 위의 갈비뼈에 이어져 있다. 그러나 제11, 제12갈비뼈는 가슴뼈나 위의 갈비뼈와 이어져 있지 않다.

갈비뼈는 가슴뼈 및 등뼈와 함께 전체로 보아서 둥근 새장 같은 모양을 이루는데, 그 안에 심장, 허파, 간 등과 같은 중요한 내장이 들어 있다.

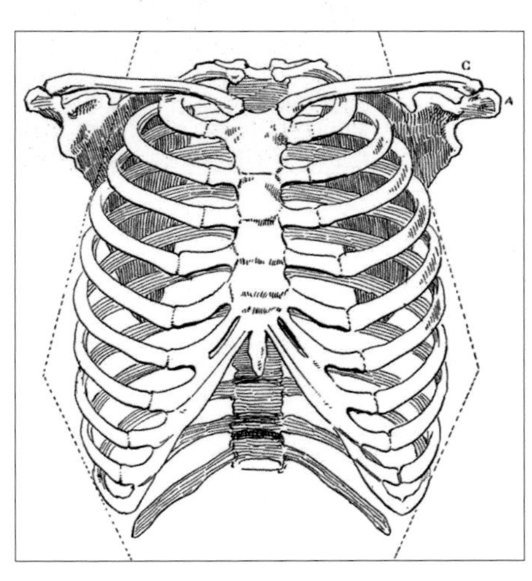

Dr. Ludovic O'Followell, Public Domain

갈퀴꼭두서니(Indian madder)

산과 들에서 자라는 여러해살이풀이다. 가느다랗고 네모지며 속이 빈 줄기가 덩굴 모양으로 1~1.5m쯤 뻗으며 가지를 많이 친다. 줄기와 잎에 난 잘고 짧은 가시가 아래로 뻗어 있어서 곁에 있는 물체에 잘 달라붙는다.

잎은 원줄기에서는 6~10개씩, 가지에서는 4~6개씩 돌려나는데, 긴 타원형 달걀꼴이며 길이가 5~10cm, 폭이 2~3cm이다. 한여름 7~8월에 줄기와 가지의 끝에서 꽃잎이 5장이며 지름이 3~4mm인 누런 흰색 꽃이 핀다. 그리고 열매가 열어 8~9월에 까맣게 익는데 그 속에 씨가 한 개씩 들어 있다.

미디어뱅크 사진

매듭이 있고 잔뿌리가 많은 붉은색 뿌리줄기는 길이가 1m, 굵기가 12mm에 이를 수 있는데 먼 옛날부터 아시아, 유럽 및 아프리카에서 천을 물들이는 붉은색 물감으로 쓰여 왔다.

감(persimmon)

감나무의 열매이다. 봄이면 감나무 가지에 초록색 잎이 돋아나 오뉴월에 하얀 꽃이 많이 핀다. 꽃이 지고 나면 그 자리에 조그만 초록색 열매가 맺힌다. 이 열매가 여름 동안 자라서 큰 감이 된다. 그러나 초록색 열매는 맛이 떫어서 먹을 수 없다.

가을이 되어 단풍이 들 무렵이면 초록색이던 감이 익으면서 주황색으로 변한다. 날씨가 더 추워지면 잎이 모두 떨어지고 앙상한 가지에 익은 감만 남는다.

보통 감은 익어도 맛이 떫지만 단감은 익으면 맛이 달다. 떫은 감도 소금물이나 알코올에 얼마 동안 담가 두면 떫은맛이 없어진다. 또 익은 감을 따서 서늘한 곳에 두면 물렁물렁하고 맛이 단 홍시가 되며 껍질을 벗겨서 말리면 곶감이 된다.

감나무는 본디 열대 지방에서 자라는 식물이어서 겨울 날씨가 몹시 추운 우리나라 북부 지방에서는 살지 못한다. 그래서 주로 연평균 기온이 11℃가 넘는 지방에서만 볼 수 있다. → 곶감

미디어뱅크 사진

감각(sense)

헝겊으로 만든 인형을 만져 보면 부드럽다. 그러나 책상이나 돌멩이는 단단하다. 이렇게 물체가 피부에 닿으면 일어나는 느낌을 촉각이라고 한다.

감각에는 촉각 말고도 4 가지가 더 있다. 눈으로 물체를 보는 시각, 귀로 소리를 듣는 청각, 코로 냄새를 맡는 후각, 그리고 입 안의 혀로 맛을 느끼는 미각이다.

이와 같이 우리 몸이 주변의 변화를 알아차리는 것을 감각이라고 한다.

감각 기관(sensory organ)

주변에서 오는 자극을 몸이 느끼고 받아들이게 하는 것들이다. 곧 피부, 눈, 귀, 코, 혀 등이다.

우리는 이런 감각 기관을 통해서 주변의 자극을 받아들이고 그 자극에 반응하는 행동을 한다.

감기(common cold)

건강한 어른이라도 1년에 한 번쯤은 감기에 걸린다. 어린이는 보통 1년에 6~12번쯤 감기에 걸린다. 감기는 가장 흔하면서도 앓는 정도가 그리 심하지 않은 병이다.

감기에 걸리면 흔히 머리가 조금씩 아프고 콧물이 나며 기침을 한다. 또 눈물이 나고 재채기도 한다. 목구멍에 염증이 생겨서 목소리가 변하기도 한다.

감기는 언제나 이미 감기에 걸린 사람한테서 옮는다. 기침이나 재채기를 할 때에 환자의 입에서 나온 병원체인 바이러스가 공중에 떠다니다가 우리가 숨을 쉬면 몸 안으로 들어오기 때문이다. 감기를 일으키는 바이러스는 보통 현미경으로는 볼 수 없을 만큼 아주 작다. 지금까지 밝혀진 감기 바이러스는 90 가지쯤인데, 그 가운데에서 두세 가지가 함께 몸 안으로 들어오는 일이 많다.

감기로 콧물을 흘리는 사람
Jason Rogers, CC-BY-2.0

감기에 걸리면 무척 불편하지만 아기가 아니라면 위험하지는 않다. 그러나 감기 때문에 몸의 저항력이 약해지므로 다른 병의 균이 침입하기 쉽다. 그래서 감기를 앓으면 기관지염 등에 잘 걸린다.

감염병(infectious disease)

흔히 세균, 바이러스, 기생충 따위에 감염되어 나는 병이다. 사람과 사람 사이 또는 드물게나마 동물과 사람 사이에 병원체가 옮아서 널리 퍼지기 쉽다. 전염병이라고도 한다.

우리가 흔히 앓는 감염병은 감기이다. 식구 가운데 누가 감기에 걸리면 다른 사람한테도 옮기 쉽다. 감기는 증세가 그리 심하지 않다. 그러나 콜레라, 장티푸스, 뇌염 같은 병은 심하면 목숨을 잃기도 하므로 꼭 예방 주사를 맞아야 한다. 많은 감염병 가운데에서 특히 위험한 것들을 나라에서 법으로 정해 관리하는데, 이것을 '법정 감염병'이라고 한다. 지난 2010년 12월 30일에 법을 개정하면서 그 전에 전염병이라고 하던 것들을 감염병이라고 부르게 되었다.

감염병 예방 접종을 준비하는 의사
John Keith, Public Domain

법정 감염병은 제1군에 6 가지, 제2군에 12 가지, 제3군에 20 가지, 제4군에 18 가지, 제5군에 5 가지가 분류되어 있어서 모두 61 가지가 지정되어 있다. 그밖에도 필요에 따라서 보건복지부 장관이 따로 지정하는 '지정 감염병' 17 가지, '세계보건기구 감시 대상 감염병' 9 가지, '생물 테러 감염병' 8 가지 및 '의료 관련 감염병' 6 가지가 더 있다.

감염병은 거의 다 호흡기, 소화기 또는 피부를 통해서 옮는다. 호흡기를 통해서 옮는 병은 병원체가 환자의 가래나 침 속에 섞여 나왔다가 다른 사람의 호흡기를 통해서 들어간다. 이렇게 옮는 병에는 결핵, 볼거리, 홍역, 유행성 감기 등이 있다. 이런 병에 걸리지 않으려면 사람이 많은 곳에 가지 말고, 감염병이 유행할 때에는 마스크를 쓰고 다니며, 밖에 나갔다가 집에 돌아오면 양치질을 해야 한다.

소화기를 통해서 옮는 병은 병원체가 들어 있는 음식물을 먹거나 환자와 그릇을 함께 쓰면 옮는다. 이렇게 옮는 감염병에는 간염, 장티푸스, 콜레라 등이 있다. 이런 병에 걸리지 않으려면 싱싱하고 깨끗한 음식을 익혀서 먹고 특히 물을 끓여서 먹어야 한다. 또 환자가 쓰는 물건은 소독을 해야 한다.

피부를 통해서 옮는 병은 병원체가 우리 몸에 난 상처를 통해서 들어오거나 곤충이나 동물을 통해 옮는다. 이렇게 옮는 것으로는 일본 뇌염, 유행성 출혈열, 파상풍 따위가 있다. 이런 병에 걸리지 않으려면 주위를 깨끗이 하여 파리나 모기와 같은 곤충을 없앨 뿐만 아니라 모기에 물리지 않아야 한다. 또 상처가 나면 깨끗이 소독하고 빨리 치료해야 한다. 감염병은 이제 선진국에서는 거의 사라진 병으로서 국민의 위생 상태를 가늠하는 잣대가 되기도 한다.

감자(potato)

굵어진 땅속줄기를 먹는 여러해살이풀이다. 대개 이 굵은 땅속줄기를 감자라고 한다.

감자에는 녹말이 많이 들어 있다. 햇빛이 비치는 낮에 잎에서 만들어진 녹말이 밤에 물에 녹아서 땅속줄기로 보내진다. 그러면 그 줄기의 끝 부분이 굵어져서 우리가 먹는 감자가 된다. 감자는 흰색이나 자주색이지만, 햇볕에 놓아두면 겉에 녹색 색소가 생기고 광합성을 한다. 이것으로 보아 감자는 줄기가 변해서 된 것임을 알 수 있다.

감자 표면에는 우묵한 곳이 많다. 이 우묵한 곳을 눈이라고 하는데, 눈은 나사 모양으로 질서 있게 나 있으며 자세히 보면 두세 개의 작은 싹이 있다. 이 눈이 들어 있도록 감자를 조각내서 3월 초에 밭에다 심으면 눈에서 줄기가 나오고 그 아래쪽에서 뿌리가 나온다. 이 어린 줄기는 스스로 영양분을 만들지 못하기 때문에 감자 조각에 들어 있는 영양분을 쓰면서 자란다. 다 자란 감자는 6월 하순이나 7월 초순에 수확한다.

감자는 본디 남아메리카 대륙의 안데스산맥 높은 지대에서 자라던 것인데 16세기쯤에 에스파냐 사람들이 유럽으로 가져다 퍼뜨렸다. 우리나라에는 서기 1824년에 들어왔는데, 서늘한 곳에서도 잘 자라므로 개마고원이나 강원도 산간 지방에서 많이 심는다.

미디어뱅크 사진

감전(electric shock)

우리 몸에 전류가 흘러서 충격을 받는 일이다. 전류가 약하면 그저 좀 찌르르하고 말지만 아주 세면 크게 다치거나 죽음에 이를 수 있다.

여름이면 흔히 건전지를 넣어서 쓰는 전기 파리채로 파리, 모기 및 그밖의 날벌레를 잡는다. 감전시켜서 잡는 것이다. 이런 전기는 세기도 약할 뿐더러 전압도 낮아서 파리나 모기를 기절 시키지만 사람에게는 큰 문제가 되지 않는다. 그러나 집안에 불을 켜거나 여러 가지 가전 제품에 동력을 주는 전기는 220V(볼트)짜리 전류로서 매우 조심해야 한다. 어쩌다 잘못하여 이 전류가 흐르는 전선에 우리 몸이 닿으면 바로 몸 안으로

1만 볼트 고압전선에 감전되어 죽은 매

Михаило Јовановић, CC-BY-SA-4.0

센 전류가 흘러서 화상을 입거나 더 위험한 일을 당할 수 있다. 특히 몸이 물이나 땀에 젖어 있으면 더 위험하다. 이런 상태의 몸은 전기 저항이 약해서 더 쉽게 센 전류가 흐르기 때문이다.

전선 가까이 뻗은 나뭇가지에 오르면 나뭇가지가 전선에 닿아서 사람이 감전될 수 있다. 또 태풍에 나무가 쓰러지면 전류가 흐르는 전선이 땅에 늘어져 있을 수 있다. 이런 전선이 있으면 가까이 가서는 안 된다. 또 벼락은 전압이 엄청나게 높은 전기를 내뿜는다. 그래서 벼락이 칠 때에는 집이나 자동차 안에 있는 것이 좋다. 만약에 집 밖에 있다면 넓은 빈터나 높은 곳을 피하고 숲속에 있는 것이 낫다. 그러나 키가 크거나 홀로 서 있는 나무 밑은 위험하다. 벼락이 잘 떨어지는 곳이기 때문이다.

강(river)

미디어뱅크 사진

빗물은 땅속으로 스며들거나 증발하기도 하지만 거의 다 작은 물줄기를 이루어서 낮은 곳으로 흐른다. 이런 빗물이 모여서 강을 이룬다.

강물은 상류에서부터 하류에 이르기까지 아주 멀리 흐르면서 여러 가지 작용을 한다. 강의 상류인 산골짜기에서는 물살이 세서 주변의 흙이나 모래를 깎아낼 뿐만 아니라 작은 돌을 운반한다. 그러다 땅이 평평한 하류에 이르면 물살이 약해져서 작은 자갈이나 모래 따위가 떠내려가지 못하고 강 주변에 쌓인다. 그러나 진흙 알갱이는 가벼우므로 강의 어귀까지 더 떠내려가서 쌓인다. 그래서 강의 하류나 어귀에 평야가 많이 생긴다. 강의 상류일지라도 좁은 산골짜기와 평야가 만나는 곳에서는 강물이 평야로 나오면서 물살이 갑자기 약해지므로 모래와 자갈 따위가 쌓인다.

구불구불한 강은 바깥쪽 물살이 세고 안쪽 물살이 약해서 바깥쪽은 자꾸 깎이고 안쪽에는 모래 따위가 쌓여서 강이 더욱 굽는다. 강 상류에 뾰족한 돌이 많고 하류에 둥근 자갈이 많은 까닭도 뾰족한 돌이 하류로 운반되면서 모난 곳이 점차 깎이기 때문이다. 이와 같이 물의 흐름은 땅을 깎고 운반하고 쌓으면서 땅의 표면을 변화시킨다.

비가 아주 많이 내려서 홍수가 나면 빗물이 높은 곳의 흙과 모래를 쓸어내려서 흙탕물을 이룬다. 또한 물살이 한층 거세지므로 땅의 표면이 더 많이 깎이고 바뀐다. 또 강가의 논밭이 물살에 쓸려가 버리거나 농토에 흙과 모래가 쌓여서 쓸모없는 땅이 되기도 한다.

강은 생물에 꼭 필요한 물을 대 주고 주변에 기름진 평야를 만들 뿐만 아니라 좋은 교통로가 되기 때문에 옛날부터 사람들이 강가에 모여서 살았다. 그래서 도시도 거의 다 강을 끼고 발달했다.

세계에서 가장 긴 강은 아프리카 대륙에서 지중해로 흐르는 나일강으로서 그 길이가 6,648km에 이른다. 한반도에서 가장 긴 강은 북한과 중국 사이에 있는 압록강으로서 길이가 790km이며, 우리나라에서는 낙동강이 525km로서 가장 길다.

강낭콩(shell bean)

콩과의 한해살이풀이다. 그 씨도 강낭콩이라고 한다. 강낭콩은 다른 콩보다 씨가 더 크고 길쭉하다. 껍질의 색깔이 짙은 갈색인 것이 많으며 여러 가지 무늬가 있는 것도 있다. 껍질을 벗기면 쉽게 두 쪽으로 나뉘는데, 강낭콩의 대부분을 이루는 이 두 쪽이 떡잎이다. 두 떡잎 사이에 어린잎과 어린뿌리가 들어 있다.

강낭콩을 땅에 심고 물을 적당히 주면 어린뿌리가 껍질을 뚫고 나와서 아래쪽으로 자란다. 땅 속으로 파고 들어가서 물과 양분을 빨아올리려는 것이다. 떡잎은 땅 위로 솟아나서 양쪽으로 벌어진다.

강낭콩은 떡잎이 2장인 쌍떡잎식물이다. 떡잎 사이에서 어린잎 둘이 나란히 나오는데, 이것이 본잎이다.

미디어뱅크 사진

줄기와 잎은 위쪽으로 뻗는다. 햇빛을 잘 받기 위해서이다.

강낭콩이 싹트려면 적당한 물과 온도가 필요하다. 물기가 없거나 추우면 싹이 트지 않는다. 또 햇빛과 양분도 있어야 한다. 강낭콩의 떡잎은 본잎이 자라서 스스로 양분을 만들 때까지 자라기에 필요한 양분이 된다. 그러나 이 떡잎은 본잎이 충분히 자라면 줄기에서 떨어져 버린다.

땅이 기름지고 햇빛을 잘 받으면 강낭콩의 잎이 짙푸르고 줄기도 굵게 자란다. 그러나 햇빛을 받지 못하는 강낭콩은 잎이 노랗고 줄기는 가늘고 힘이 없으며 거의 자라지 못한다. 또한 오랫동안 비가 내리지 않아도 잘 자라지 못하고 시든다. 그러나 물을 주면 강낭콩이 금방 생기를 되찾아 싱싱해진다.

봄에 심은 강낭콩이 싹터서 자라면 7~8월에 꽃이 핀다. 강낭콩 꽃은 흰색, 분홍색, 붉은색 등 여러 가지 색깔이다. 꽃은 줄기와 줄기 사이의 꽃대에서 생기는데, 꽃 속에는 암술과 수술이 있다.

벌이나 나비가 찾아와서 꽃가루받이가 되면 꽃이 진 자리에 꼬투리가 맺힌다. 이 꼬투리 속에 콩이 들어 있다. 처음에는 초록색이던 콩이 완전히 여물면 갈색으로 변한다. 여문 꼬투리 안에는 강낭콩이 한 줄로 5개쯤 들어 있다. 이 강낭콩은 처음에 심은 강낭콩과 모양이나 크기가 거의 같다. 강낭콩 한 그루에 이런 꼬투리가 수없이 많이 열리므로 한 개의 씨에서 수많은 씨가 새로 생기는 것이다. 강낭콩은 씨를 남기고 나서 가을이 깊어지면 말라서 죽는다.

강수량(amount of precipitation)

비, 눈, 우박 등과 같이 액체나 고체 상태로 대기 중에서 땅으로 떨어지는 수분을 통틀어서 강수라고 한다. 따라서 비나 눈 따위가 땅에 내린 양이 강수량이다. 눈이나 우박과 같이 고체 상태로 내린 것은 녹여서 물로 바꿔 그 양을 잰다.

강수량을 나타내려면 일정한 시간에 내린 비나 눈 등이 땅속으로 스며들거나 흘러가 버리지 않고 모두 땅 표면에 괸 것으로 여겨서 그 깊이를 잰다. 또 강수량은 일정한 시간에 몇 밀리미터(mm), 곧 '시간당 100mm' 또는 '연간 1,500mm'와 같이 나타낸다.

지름 약 10cm인 플라스틱 강수량 측정 장치
Famartin, CC-BY-SA-3.0

기상청 발표에 따르면 우리나라에서 평균적으로 한 해 가운데 7월에 강수량이 가장 많으며 1월에 가장 적다.

강아지풀(green bristle grass)

들이나 길가에서 저절로 자라는 한해살이풀이다. 싹 틀 때에 떡잎이 하나만 나오는 외떡잎 식물로서 줄기에 마디가 있고 잎에 잎자루가 없다. 뿌리는 수염뿌리이다.

미디어뱅크 사진

키가 60cm까지 자라며 밑동에서 줄기가 여럿 나와서 포기를 이루는 일이 많다. 여름에 줄기 끝에 작은 강아지 꼬리만한 이삭이 달려서 초록색 작은 꽃이 수없이 많이 뭉쳐 핀다. 옛날에는 흉년이 들면 이 강아지풀의 씨를 식량으로 쓰기도 했다.

강철(steel)

탄소가 들어 있는 철로서 오늘날 가장 널리 쓰이는 철이다. 강철에는 대개 탄소가 0.05~1.5%까지 들어간다. 탄소가 얼마나 들어 있는지에 따라서 강철의 세기가 다르다. 탄소가 많이 들어 있을수록 더 단단하고 닳지 않는 강철이 된다.

철에 탄소가 섞인 탄소강에다 망간, 니켈, 크롬, 몰리브덴, 텅스텐 또는 티타늄 같은 원소를 조금 섞으면 특별한 강철이 된다. 이렇게 몇 가지가 섞인 철을 합금이라고 한다. 합금을 만드는 까닭은 강철을 특별히 단단하게 하거나 닳거나 녹슬지 않게 하며 열에도 잘 견디게 하려는 것이다.

강철을 만들려면 용광로에서 녹아 나온 선철에서 탄소를 꼭 필요한 만큼만 남기고 뽑아낸다. 이때 다른 찌꺼기도 걸러내기 때문에 강철을 만드는 일은 곧 철을 정련하는 과정이라고 할 수 있다. → 철

강철로 만든 다리 미디어뱅크 사진

강치(Japanese sea lion)

한때 동해, 특히 우리나라와 일본의 바닷가에서 많이 산 바다사자 종류이다. 수컷은 몸길이가 2.5m 가까이 되고 몸무게는 500kg 안팎이었으며 몸빛깔이 짙은 회색이었다. 그러나 암컷은 더 작고 거벼웠으며 몸빛깔도 더 밝았다.

이것들은 흔히 탁 트인 바닷가 모래밭에서, 그러나 때로는 바위투성이 해변에서 새끼를 낳아 길렀다. 그러나 서기 1900년대에 특히 일본 사람들이 동물성 기

강치 박제 표본 Nkensei, CC-BY-SA-3.0 GFDL

름을 얻고자 너무나 많이 잡아버려서 지금은 멸종되고 없는 것으로 여겨진다.

개(dog)

포유류로서 옛날부터 집에서 기르는 집짐승이다. 개의 새끼인 강아지는 어미보다 몸이 작지만 모습은 어미와 거의 같다. 개는 흔히 밥이나 고기 따위 사람이 먹는 것과 같은 것을 먹는다.

개는 사람을 잘 따르고 다른 동물보다 훨씬 더 똑똑하다. 그래서 사람에게 많은 도움을 준다. 집을 지키고, 사냥을 돕고, 수레를 끌며, 경찰의 수사를 돕기도 한다.

개가 사람과 함께 살기 시작한 때는 1만 년쯤 전이다. 본디 늑대나 여우처럼 산과 들에서 살던 것을 사람이 길들여서 함께 살게 되었다. 지금 세계에는 개가 200 가지쯤 있다. 우리나라의 개로는 진돗개와 삽살개가 유명하다.

개는 눈이 그리 좋지 않아서 색깔을 구별하지 못하며 멀리 있는 물체도 잘 분간하지 못한다. 그러나 코와 귀가 매우 발달되어 있어서 사람보다 수천 배나 냄새

Peter Wadsworth, CC-By-2.0

를 더 잘 맡으며 4배쯤 소리를 더 잘 듣는다. 개의 몸에는 땀샘이 없기 때문에 더우면 혀를 길게 빼고 침을 흘려서 몸의 온도를 조절한다.

암캐가 새끼를 배면 두 달쯤 뒤에 새끼인 강아지를 낳는다. 강아지는 태어난 지 한 달 반이나 두 달쯤 만에 어미젖을 떼고 밥이나 고기를 먹기 시작한다. 그리고 모두 12년에서 16년쯤 살 수 있다.

개구리(frog)

여름이면 논이나 개울가에서 흔히 볼 수 있다. 그러나 가을이 깊어지면 그 수가 점점 줄다가 겨울이 되면 보이지 않는다. 겨울에는 개구리가 모두 땅속에 들어가서 겨울잠을 자기 때문이다. 그러나 따뜻한 봄이 되면 잠에서 깨어나 다시 물가로 나온다.

암개구리는 이른 봄에 물속에다 알을 낳는다. 알은 색깔이 까맣고 지름이 2mm쯤 된다. 이렇게 작은 알은 우무처럼 투명하고 미끈미끈한 막에 싸여 있는데, 모두 한데 모여서 큰 덩어리를 이룬다. 낳는 알의 수는 개구리의 종류에 따라서 다르지만 1,000개쯤에서 수천 개에 이른다.

이 알들은 암컷이 낳자마자 수컷이 수정시키므로 곧 세포 분열을 시작한다. 처음에 한 개이던 것이 나뉘어서 2개가 되고 이어서 4개, 다시 8개로 불어나는 것이다. 이렇게 저마다 2배로 불어나기를 계속하면서 2~3일 지나면 모양이 오뚜기처럼 되고 머리와 아가미가 생긴다. 그리고 4~5일 더 지나면 꼬리와 빨판이 생긴다. 그리고 또 5~6일쯤 되면 우무 같은 막을 뚫고 밖으로 나와서 턱에 있는 빨판으로 물풀에 매달리는데, 이때 눈이 생긴다. 그리고 12일쯤 되면 먹이를 먹기 시작한다. 먹이는 연한 물풀이나 물속의 이끼이다.

알에서 갓 깬 올챙이는 머리 양쪽에 겉아가미가 있어서 이것으로 숨을 쉰다. 그러나 일주일이 지나면 꼬리가 길어지고 겉아가미가 없어진다. 올챙이는 머리와 몸통이 한데 붙어서 둥근 모양이며 긴 꼬리가 물고기의 지느러미와 비슷하다. 머리에는 두 눈과 입, 아가미 한 쌍이 있는데, 아가미는 수염처럼 생겼다. 올챙이는 꼬리를 좌우로 흔들어서 헤엄치며, 둥근 입으로 처음에는 물풀을 먹다가 자라면서 차츰 작은 벌레나 지렁

미디어뱅크 사진

이 따위를 잡아먹는다.

이렇게 자라면서 몸통 아랫부분 양쪽에 작은 혹이 생기는데, 이 혹이 점점 커져서 뒷다리가 된다. 뒷다리가 생긴 지 10일쯤이면 앞다리가 나온다. 네 다리가 다 나오면 꼬리가 짧아지고, 머리 부분에서 눈이 튀어 나오며, 둥근 입이 옆으로 길게 찢어진다. 콧구멍이 뚜렷하게 생기며, 아가미는 없어진다. 그리고 꼬리가 점점 짧아지다가 40일쯤 되면 완전한 개구리의 모습이 갖춰진다.

개구리의 머리 부분에는 두 눈, 콧구멍, 입, 고막이 있다. 온몸이 무늬와 색깔이 있는 가죽에 싸여 있는데, 만져보면 촉촉하고 조금 끈적거린다. 개구리는 땅에서는 폴짝폴짝 뛰지만 물속에서는 헤엄을 잘 친다. 앞다리보다 더 긴 뒷다리의 발가락 사이에 물갈퀴가 있어서 헤엄치기에 좋기 때문이다. 특히 앞다리는 발가락이 4개씩이지만 뒷다리는 5개씩이다. 이 긴 뒷다리를 힘차게 뻗으면 높게 멀리 뛸 수 있다. 또 눈에 투명한 눈꺼풀이 있어서 물속에서 활동하기에 알맞다.

개구리는 땅위건 물속이건 아무데서나 살 수 있다. 허파와 함께 피부로도 숨을 쉬기 때문이다. 그래서 양서류라고 한다. 하지만 땅위에서는 피부가 항상 촉촉이 젖어 있어야 한다. 이런 양서류에는 개구리 말고도 두꺼비와 도롱뇽 따위가 있다.

개구리의 먹이는 파리나 모기와 같은 작은 곤충이다. 그러나 움직이지 않는 것은 먹지 않는다. 개구리는 혀를 길게 뻗을 수 있고 혀끝에 끈적끈적한 액체가 묻

어 있다. 그래서 먹이가 보이면 이 혀를 쭉 뻗어서 잡아 먹는다.

개구리는 둘레의 색깔에 따라서 제 피부 색깔을 바꿀 수 있다. 그래서 다른 동물로부터 제 몸을 지킬 뿐만 아니라 들키지 않고 먹이를 잘 잡을 수 있다. 세계에는 개구리가 모두 2,000 가지쯤 살고 있다. 우리나라에서 사는 개구리도 참개구리, 금개구리, 산개구리, 옴개구리, 청개구리 등 여러 가지이다.

개구리밥(duckweed)

여름에 논이나 웅덩이처럼 대개 고여 있는 물위에 떠서 자라는 여러해살이풀이다. 물에 뜨는 잎과 뿌리로 이루어진다. 엽상체라고도 하는 잎은 본디 줄기가 변한 것으로서 길이가 1cm쯤 되는데, 대개 길둥그렇게 생겼으며 앞면은 초록색이고 뒷면은 자주색이다.

잎 속에 공기가 든 크고 작은 틈이 많이 나 있어서 물에 잘 뜬다. 뿌리는 여러 가닥이 나서 물속으로 뻗는데, 물과 영양분을 빨아들이며 잎이 뒤집히지 않게 한다. 개구리밥은 거의 다 꽃이 피지 않지만 100개 가운데 두세 개쯤은 7~8월에 작고 흰 꽃이 핀다. 그러나 너무 작아서 눈에 잘 띄지는 않는다.

개구리밥은 뿌리가 물에서 빨아들인 양분과 물에 뜬 잎이 받아들인 햇빛으로 자라기에 필요한 영양분을 만든다. 그러므로 잘 자라려면 충분한 햇빛과 거름이 필요하다. 스스로 만든 영양분이 넉넉해지면 잎에서 작은 잎이 생겨서 2개로 불어나고 다시 4개로 불어난다. 이 잎들은 뒷면에 흰 실 같은 것이 있어서 서로 이어져 있는데 4~5개로 더 불어나면 이 실이 끊겨서 두 무리로 나뉜다. 거름과 햇빛이 충분하면 이런 방법으로 잎의 수가 계속 불어난다.

미디어뱅크 사진

그러다 가을이 되면 타원형의 작은 겨울눈만 남기고 모두 말라서 죽는다. 이 겨울눈은 물밑으로 가라앉아서 겨울을 난다. 그리고 이듬해 봄에 다시 물위로 떠올라서 번식한다.

개나리(Korean goldenbell tree)

이른 봄에 가장 먼저 꽃이 피는 나무 가운데 하나이다. 4월에 잎겨드랑이에서 잎보다 먼저 노란 종처럼 생긴 꽃이 1~3개씩 핀다.

꽃이 지고 나면 가느다란 줄기에 잎만 무성하게 남는다. 잔가지는 처음에는 껍질의 색깔이 초록색이지만 차츰 회갈색으로 바뀐다. 줄기는 3m쯤 뻗는데, 대개 끝이 아래로 늘어진다. 마주나는 긴 타원형 잎은 끝이 뾰족하고 윗부분에 톱니가 있다. 잎의 색깔은 앞이 짙은 녹색이며 뒤는 황록색이다. 9월쯤이면 열매가 익어서 껍질이 터지면서 씨가 퍼진다.

개나리는 씨로 번식하지만 줄기를 꺾꽂이해도 잘 산다. 꺾꽂이를 할 때에는 바로 전 해에 자란 줄기를 쓴다. 꺾꽂이 말고 포기나누기나 휘묻이로도 번식시킬 수 있다.

미디어뱅크 사진

개똥벌레(firefly)

반딧불이의 다른 이름이다. 작은 곤충으로서 여름에 물가의 풀밭에서 산다. 배 끝에 빛을 내는 기관이 있어서 밤이면 반짝반짝 빛을 낸다. → 반딧불이

개망초(annual fleabane)

초여름부터 가을까지 줄기나 가지 끝마다 자잘한 국화꽃처럼 생긴 하얀 꽃이 피는 두해살이풀이다. 줄기와 잎은 밝은 초록색인데, 길가나 풀밭에서 저절로 나서 자라는 잡초이다.

미디어뱅크 사진

키가 30cm에서 1m까지 자란다. 줄기에 붙은 잎은 어긋나며, 좁고 길쭉하게 생겼다. 잎의 앞뒤에 털이 나 있으며, 가장자리에 드문드문 톱니가 있다. 본디 북아메리카 대륙에서 자라던 풀인데 오래전에 우리나라에 들어와서 널리 퍼졌다.

개미(ant)

길가나 풀밭 같은 땅에서 흔히 볼 수 있는 곤충이다. 대개 아주 작고 기어 다닌다. 몸이 머리, 가슴, 배로 되어 있으며 다리가 3쌍, 곧 6개이다. 보통 식물이나 작은 곤충 따위를 튼튼한 턱으로 잘게 부숴서 먹으며 꽃의 꿀도 핥아먹는다.

개미의 가장 큰 특징은 다른 곤충과는 달리 여러 마리가 모여서 함께 사는 것이다. 한 집에서 사는 개미의 무리는 여왕개미 한 마리와 수개미 여러 마리 및 수많은 일개미로 이루어진다. 여왕개미, 수개미, 일개미는 저마다 맡은 일이 다르다. 흔히 보는 개미는 일개미로서 먹이를 구하고, 집을 짓고, 알을 돌본다. 여왕개미는 일개미보다 훨씬 크고 날개가 있다. 수개미도 날개가 있는데, 여왕개미와 혼인비행을 하고 나서 죽는다. 수개미와 혼인비행을 마친 여왕개미는 평생 동안 집 안에서 지내며 알만 낳는다. 알에서 깬 애벌레는 자라서 번데기가 되었다가 이듬해 봄에 탈바꿈한다. 따라서 개미는 완전 탈바꿈을 하는 곤충이다. 어른벌레가 된 개미는 6달에서 1년쯤 살다가 죽는다.

주로 땅속에 집을 짓지만 나무 위나 돌 밑에 짓는 개미도 있다. 집 속에는 방이 여러 개 있는데, 여왕개미의 방, 알을 두는 방, 먹이를 두는 방, 일개미들이 사는 방 따위로 나뉘어 있어서 저마다 쓰임새가 다르다.

개미는 다른 동물과 서로 도우며 사는 곤충으로도 유명하다. 진딧물에게서 단 분비물을 받아먹는 대신에 진딧물을 다른 동물들로부터 지켜 주며, 깍지벌레 따위의 애벌레를 돌봐 주고 분비물을 받아먹기도 한다. 그러나 개미에게도 적은 있다. 대개 알을 훔치러 오는 다른 종류의 개미들이다. 이런 적이 나타나면 일개미들이 떼 지어 덤벼들어 적을 물어뜯고 개미산을 쏘아서 물리친다.

개미는 몸빛깔이 검은 것이 많다. 그러나 더러 붉은 갈색이거나 흰색인 것도 있다.

수개미 미디어뱅크 사진

갯벌(tidal flat)

시커멓고 고운 개흙으로 덮인 바닷가의 땅이다. 흙의 종류에 따라서 진흙벌, 모래펄 또는 자갈벌로 나눌 수 있다. 넓고 평평한 땅이 밀물 때면 바닷물 속에 잠기고 썰물이면 물 밖으로 드러난다.

갯벌은 대개 강한 파도가 미치지 못하는 만 같은 데에 자리 잡고 있다. 흔히 강물이 바닷물과 만나는 데이므로 물이 다른 데보다 덜 짜기 때문에 갈대와 같은

미디어뱅크 사진

식물이 잘 자란다. 또한 여러 가지 작은 생물이 갯벌의 흙이나 모래 속 또는 자갈 틈에서 많이 살며, 돌멩이나 바위에 붙어서 사는 것도 많다. 불가사리, 게, 낙지, 갯지렁이, 조개, 고둥 등이다. 썰물이 되어 물이 빠지면 쉽게 볼 수 있다. 따라서 이런 생물을 먹고 사는 온갖 새가 모여들며, 사람도 갯벌에서 나는 것들을 많이 먹는다.

갯지렁이(*Neanthes japonica*)

모래가 많이 섞인 갯벌의 구멍 속에서 사는 환형 동물이다. 썰물 때면 이 갯지렁이의 구멍이 드러난다.

온 세계의 갯가에서 무척 많은 종류가 살고 있지만, 그 중 흔한 한 가지를 보자면 몸은 폭이 1cm에 지나지 않지만 길이가 13cm에 이르도록 길며 100개 안팎의 마디로 되어 있다. 머리 쪽이 꼬리 쪽보다 더 굵다. 몸의 양쪽에 뻣뻣한 돌기가 줄줄이 나 있어서 이것으로 지네처럼 긴다. 머리에 더듬이 1쌍과 4개의 눈이 달려 있으며, 13쌍의 아가미로 숨을 쉰다. 입 안에 나 있는 커다란 이 두 개로 작은 동물을 잡아먹는다. 하지만 반대로 수많은 물새의 좋은 먹이가 되며 사람들도 잡아서 낚시의 미끼로 쓴다.

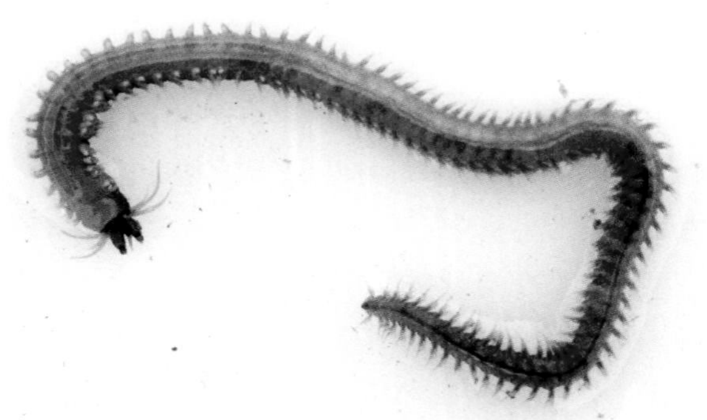

갯지렁이류 Arnstein Rønning, CC-BY-SA-4.0

거름(compost)

식물이 자라는 데에는 물, 햇빛과 함께 양분이 필요하다. 이 양분이 될 물질을 거름이라고 한다. 식물은 여러 가지 양분이 필요하지만 그 가운데에서도 질소, 인, 칼륨이 가장 중요하다. 그래서 이 세 가지를 거름의 3 요소라고 한다.

질소는 식물이 잘 자라게 하는데, 특히 잎과 줄기를

독일의 지방 퇴비장 Crystalclear, CC-BY-SA-3.0 GFDL

무성하게 만든다. 인은 식물이 튼튼해지고 열매를 잘 맺게 한다. 칼륨은 식물의 뿌리와 줄기가 튼튼할 뿐만 아니라 병충해에도 잘 견디게 한다.

식물이나 동물이 죽어서 썩으면 그 속에 들어 있던 물질이 여러 가지로 분해되어서 흙으로 들어간다. 이 물질을 살아 있는 식물이 물과 함께 흡수하여 다시 이용한다. 그래서 땅속에 이런 물질들이 충분하지 않으면 사람이 만들어서 보충해 준다.

거름은 비료라고도 하는데 본디 풀이나 나뭇잎 등을 썩힌 것, 나뭇재, 사람이나 동물의 똥 따위를 거름으로 쓴다. 이런 것들이 땅을 기름지게 하기 때문이다. 그러나 요즘에는 요소, 암모니아, 칼륨, 과인산석회와 같은 화학 비료를 많이 쓴다. 그런데 이런 화학 비료는 효과가 빠르게 나타나기는 하지만 땅을 산성으로 만드는 단점이 있다. → 비료

거름종이(paper filter)

액체 속에 섞인 고체 물질을 거르는 데 쓰는 종이이다. 거름종이에는 눈에 보이지 않을 만큼 작은 구멍이

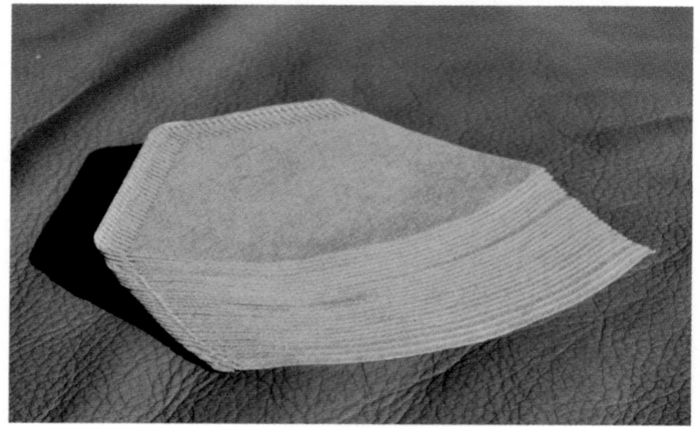

커피 거름종이 미디어뱅크 사진

수없이 많이 뚫려 있다. 이 거름종이에 불순물이 섞인 액체를 부으면 액체는 구멍을 통해서 빠져 나가지만 불순물은 그러지 못해서 걸러진다.

그러나 설탕물이나 소금물처럼 액체 속에 녹아 있는 것은 거르지 못한다. 물속에 녹아 있는 물질의 분자가 거름종이의 구멍을 빠져나갈 만큼 작기 때문이다. 거름종이는 여러 가지 모양이 있지만 지름이 10cm이거나 좀 더 작고 둥그런 것이 가장 많이 쓰인다.

거문고자리(Lyra)

별자리 가운데 하나이다. 여름부터 가을까지 초저녁에 은하수의 서쪽에서 볼 수 있다. 가장 밝은 별인 1등성 베가와 좀 덜 밝은 3등성 둘 및 몇 개의 다른 별들로 이루어진다. 이 별자리에서 으뜸별인 베가를 우리는 직녀성이라고 부른다.

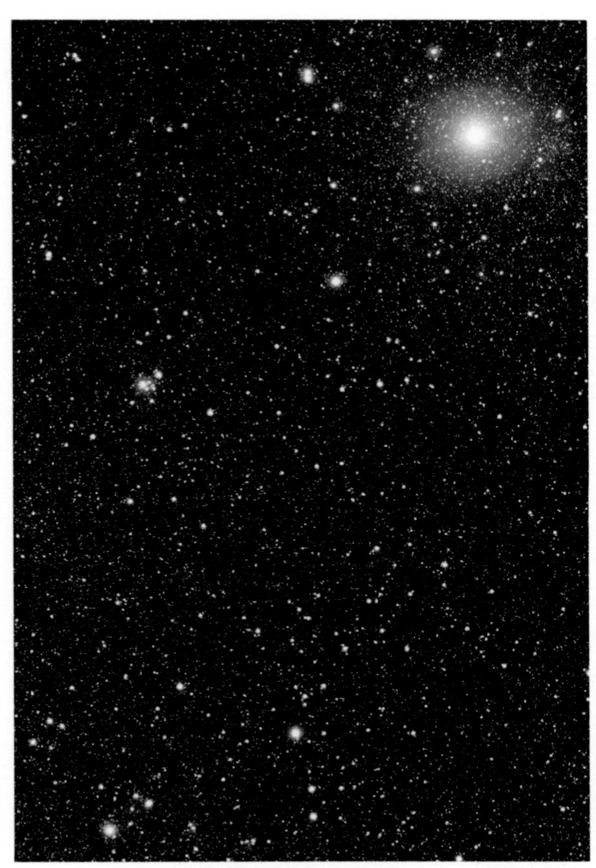

Giuseppe Donatiello, CC0 1.0 Public Domain

거미(spider)

산이나 들 또는 집 안에서 흔히 볼 수 있는 동물이다. 나뭇가지나 풀줄기 사이 및 집 안의 구석진 곳에서 쉽게 거미줄을 볼 수 있다.

거미줄을 치고 있는 왕거미 미디어뱅크 사진

거미의 몸은 머리와 가슴, 둥근 배로 되어 있지만, 머리와 가슴이 한데 붙어 있다. 다리는 네 쌍이다. 머리가슴 부분에는 입, 눈, 더듬이, 다리 따위가 달려 있는데, 눈은 모두 8개의 홑눈으로 이루어진다. 배의 끝에는 거미줄을 뽑아내는 기관이 있다. 거미는 곤충과 비슷해 보이지만 몸이 두 부분으로 되어 있으며 다리가 8개이기 때문에 곤충이 아니다.

거미는 거미줄에 걸린 작은 벌레를 잡아먹고 산다. 대개 한적한 풀밭 같은 곳에 촘촘하게 그물을 쳐 놓고 먹이가 걸리기를 기다린다. 거미줄에는 끈적끈적한 부분과 그렇지 않은 부분이 있는데, 거미는 끈적거리지 않는 줄을 따라서 움직인다. 그러나 파리, 모기, 잠자리 같은 먹이들은 끈끈한 부분에 닿기 때문에 걸리면 달아나지 못한다. 먹이가 걸리면 거미는 이로 먹이의 몸에 상처를 내고 그 속에다 소화액을 밀어 넣어서 살을 녹여 빨아먹는다. 그러나 거미줄을 치지 않고 덮쳐서 잡아먹는 거미도 있다. 거미는 어느 것이나 생김새가 그리 곱지는 않지만 파리나 모기와 같은 해로운 곤충을 없애 주는 고마운 동물이다.

거미는 알로 번식한다. 낳은 지 10일쯤 되면 알에서 작은 새끼 거미가 깨 나온다. 이 새끼 거미는 허물을 벗으면서 점점 자라서 번데기 과정을 거치지 않고 그대로 어른 거미가 되어 대개 한두 해쯤 산다. 세계에는 약 3만 가지의 거미가 있지만 우리나라에서 사는 것은 600 가지쯤 된다.

거북(turtle)

가장 오래된 파충류이다. 온몸이 갑이라고 하는 딱딱한 껍질에 싸여 있다. 갑은 등을 덮은 등딱지, 배를 감싼 배딱지 및 옆구리에서 등딱지와 배딱지를 이어 주는 딱지로 되어 있다. 몸 안에는 뼈가 없다. 짤막한 네 다리와 꼬리가 있으며 움직임이 느리다.

거북은 세계에 약 250 가지가 있는데, 주로 열대와 온대 지방에서 산다. 물속에서 사는 것, 물속과 땅을 오가며 사는 것, 땅에서 사는 것이 있다. 크기도 여러 가지여서 어떤 것은 몸길이가 10cm밖에 안되며 어떤 것은 2m가 넘는다.

모두 허파로 숨을 쉬며, 이가 없어서 위아래 턱에 난 딱딱한 돌기로 먹이를 잘라서 먹는다. 식물을 먹고 사는 것, 작은 동물을 먹고 사는 것, 두 가지 다 먹는 것들이 있다. 물속에서 사는 것은 네 다리를 노처럼 사용하여 헤엄을 잘 친다. 한 해에 한 번 알을 낳아서 번식한다. 물속에서 사는 것은 알을 낳을 때에만 바닷가로 기어올라서 모래밭에다 구덩이를 파고 알을 낳는다. 그러면 알이 저절로 깨서 새끼 거북이 바다로 간다. 어려서 다른 동물에게 잡아먹히지 않으면 거북은 무척 오래 산다. 100년이 넘게 사는 것도 있다.

바다거북 Wouter Hagens, CC-BY-SA-3.0 GFDL

거북목 증후군(forward head posture)

거북이처럼 목을 앞으로 쑥 내민 구부정한 자세가 되는 증상이다. 습관적으로 목을 앞으로 쭉 빼고 앉아 무엇을 오래 들여다보는 자세에서 비롯된다. 주로 바른 자세에서의 눈높이보다 낮게 놓인 컴퓨터 모니터나 스마트폰을 오랫동안 들여다보는 사람에게 나타난다.

이런 자세가 오랫동안 계속되면 목뼈와 등뼈 및 목의 근육이 굳는다. 그러면 몸의 균형이 깨질 뿐만 아니라 목과 어깨의 통증과 여러 증상이 나타나 건강을 해친다. 따라서 스마트폰이나 컴퓨터 모니터는 늘 바로 앉은 눈높이에서 보도록 힘써야 한다. 또한 너무 오래 같은 자세로 앉아 있지 말고 때때로 목 운동과 스트레칭을 해 주어야 한다. 언제나 내 건강은 내가 지켜야지 남이 지켜 주지 않는다.

거북선(turtle ship)

조선 시대 우리나라의 수군, 곧 해군이 쓴 전투용 배 가운데에서 주로 돌격선 구실을 한 배이다. 판옥선이라는 전투용 배에다 튼튼한 덮개를 씌우고 바닥이 거의 편평했다. 그래서 움직임이 재빠를 뿐만 아니라 쉽게 방향을 바꿀 수 있었다.

특히 거북의 등처럼 만든 덮개에다 날카로운 꼬챙이를 많이 꽂아서 적군이 쉽게 거북선에 오르지 못하게 했을 뿐만 아니라 적의 화살과 총알을 잘 막아냈다. 또 거북선 안에는 모두 12개의 대포가 양쪽 옆구리에 놓이고 앞에 단 용이나 거북의 머리처럼 생긴 장치에서 연기를 내뿜거나 총을 쏠 수 있었으며 뒤쪽 꼬리 밑에도 총구멍이 나 있었다. 그래서 사방으로 총과 대포를 쏘아 멀리 떨어져서나 가까이 붙어서 적군의 배를 마구 부술 수 있었다. 따라서 거북선은 임진왜란 때에 우리나라에 쳐들어 온 일본군을 물리치기에 큰 몫을 했다.

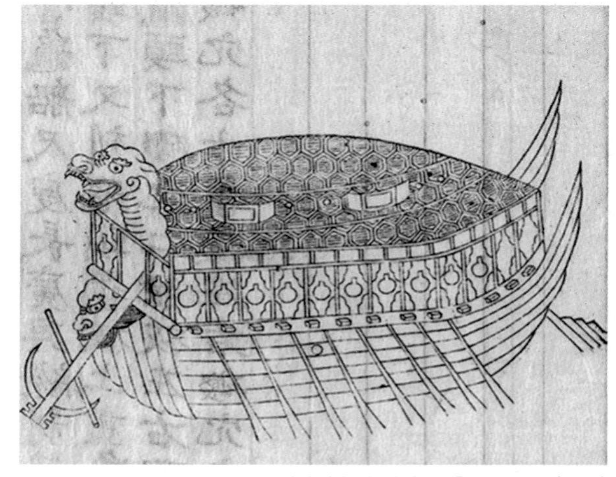

전라좌수영 귀선, 이충무공 전서(1795)
국립국회도서관 Public Domain

거울(mirror)

거울 같은 건물의 유리벽
Roland zh, CC-BY-SA-3.0

밝은 데에서 거울을 보면 우리 얼굴이 비쳐 보인다. 그러나 깜깜한 데에서는 거울을 보아도 얼굴이 보이지 않는다. 거울은 빛을 반사하는 물건이기 때문이다.

거울 말고도 잔잔한 수면이나 잘 닦인 쇠붙이는 빛을 반사한다. 그래서 아주 옛날에는 반반한 쇠붙이를 갈고 닦아서 거울로 썼다. 요즈음에는 유리의 한쪽에 은막을 입혀서 빛을 반사하게 하고, 그 위에 연단을 덧칠해 거울을 만든다.

거울은 쓰임새에 따라서 평면 거울, 오목 거울, 볼록 거울 등 여러 가지로 만들어진다. 평면 거울은 빛을 규칙적으로 반사하므로 실제 모습과 거울에 비친 모습이 같게 나타나지만 오목 거울이나 볼록 거울은 다르게 나타난다. 오목 거울은 빛을 안쪽으로 반사해서 한 점에 모이게 한다. 이 점을 초점이라고 하는데, 물체가 초점보다 거울에 더 가까이 있으면 실제보다 더 크게 보이고 더 멀리 있으면 거꾸로 보인다. 볼록 거울은 바깥쪽으로 둥글기 때문에 더 넓게 볼 수 있다. 그래서 자동차의 뒤보기 거울로도 쓰인다. 그러나 볼록 거울에 비친 물체는 실제보다 더 작고 일그러져 보인다.

거울의 성질을 이용하여 만든 기구로 잠망경, 자동차의 뒤보기 거울, 반사 망원경 등이 있다. → 빛

거위(goose)

먼 옛날에 길들여서 집에서 길러 온 기러기이다. 따라서 야생 기러기나 오리처럼 깃이 물에 젖지 않고, 발에 물갈퀴가 있으며, 부리가 납작하다. 우리나라에서 기르는 거위는 깃털이 주로 흰색이며 부리와 발은 노란색인데, 부리에 커다란 혹이 있다.

거위는 본디 잡아먹으려고 길렀지만 요즘에는 반려동물로도 많이 기른다. 사람이나 짐승을 보면 시끄럽게 울어대기 때문에 집 지키는 개와 같은 구실도 한다. 물이 있으면 좋아하지만 물이 없어도 잘 살며 무엇이나 잘 먹는다. 암컷은 한 해에 50개쯤 알을 낳으며, 알을 품은 지 30일 안팎이면 알에서 병아리가 깬다. 잘 돌보아 주면 30년 넘게 살 수 있다.

거위 한 쌍 미디어뱅크 사진

거중기(crane)

무거운 물건을 힘을 덜 들이고 들어 올릴 수 있게 만든 기계이다. 오늘날의 기중기와 같다. 여러 개의 도르래를 이용하여 작은 힘으로 크고 힘든 일을 할 수 있게 했다.

조선 시대 정조대왕 때 다산 정약용 선생이 쓴 "기중도설"이라는 책에 소개되어 있는데, 수원의 화성을 쌓을 때에 썼다고 한다. → 기중기

미디어뱅크 사진

거즈(gauze)

느슨하게 꼰 무명실로 성기게 짰기 때문에 매우 가벼운 무명베이다. 하얗게 표백하지만 풀을 먹이지 않기 때문에 아주 부드러우며 물기를 잘 빨아들인다. 따라서 갓난아기의 옷이나 화장 손수건 등으로 많이 쓴다. 또 깨끗이 소독하여 규격에 맞게 잘라서 붕대나 그 밖의 의료용으로도 쓴다.

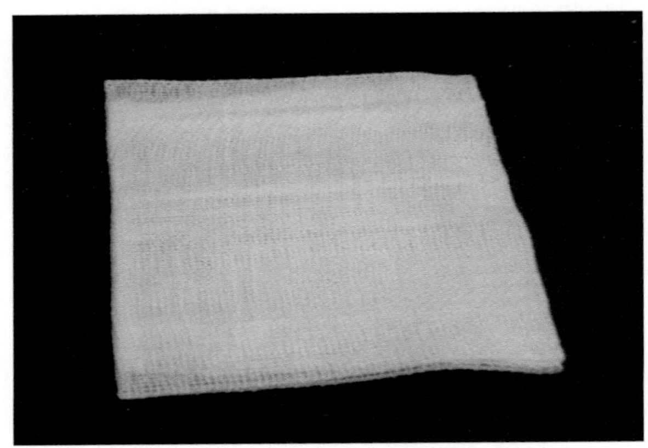

Saltanat ebli, CC0 1.0 Public Domain

건습구 습도계(psychrometer)

알코올 온도계 2개로 습도를 재는 기구이다. 그냥 건습구 온도계라고도 한다.

알코올 온도계 2개 가운데 한 개는 밑의 둥근 부분을 헝겊으로 감싸고 헝겊의 아랫부분이 물에 잠겨서 늘 증발이 일어나게 한다. 이것이 습구 온도계이다. 또 다른 한 개는 아무 장치도 하지 않아서 건구 온도계라고 한다.

습구 온도계는 물의 증발로 말미암아 항상 건구 온도계보다 더 낮은 온도를 나타낸다. 이렇게 건구 온도계와 습구 온도계가 나타내는 온도의 차이로 습도를 계산해 낸다. → 습도계

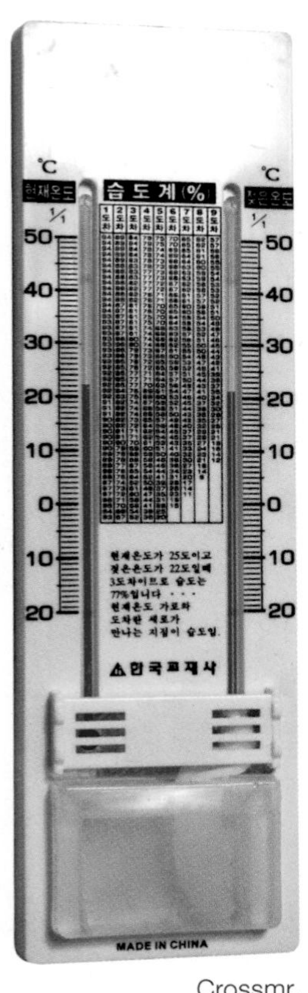

Crossmr, CC-BY-SA-3.0 GFDL

건전지(drycell)

손전등이나 장난감처럼 가지고 다니기 쉬운 전기 제품에 흔히 쓰이는 전지이다. 모양이나 크기, 전압 등이 다른 여러 가지가 있다. → 전지

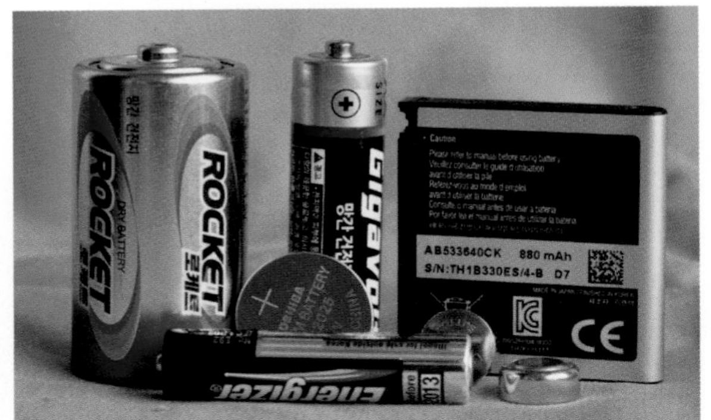

몇 가지 전지 미디어뱅크 사진

건조 기후(arid climate)

비가 거의 오지 않거나 아주 적게 내려서 사막과 초원을 이루는 고장의 기후이다. 주로 바다에서 멀리 떨어져 있거나 북위 또는 남위 20°쯤 되는 지역에 나타난다.

사막 지역 사람들은 주로 오아시스나 강가에 모여서 살며 초원 지대 사람들은 가축을 먹일 물과 풀을 찾아서 옮겨 다니는 유목 생활을 한다.

건축(architecture)

원시 시대에는 사람들이 대개 동굴에서 살았다. 사나운 짐승을 막고 비바람을 피하기 위해서였다. 그러나 농사를 짓기 시작해 들로 나와서 살게 되자 살 집을 만들 필요가 생겼다.

그래서 처음에는 주변에서 쉽게 구할 수 있는 재료를 이용했다. 나뭇가지, 풀, 흙, 돌 등이었다. 장대를 둥그렇게 세워서 꼭대기에서 한데 묶고 갈대나 짚으로 두르면 집이 되었다. 이것이 움집이다. 그 뒤에는 통나무를 네모지게 쌓아 올리고 그 사이사이의 틈을 흙으로 메워서 벽을 만들고 지붕을 덮은 귀틀집을 지었다.

우리 조상들은 벼농사를 지으면서 초가집을 짓기 시작했다. 양지 바른 곳에 터를 잡고 주로 남향집을 지었다. 나무 기둥 위에 보를 얹고 지붕에도 서까래를 얹어서 집의 뼈대를 만들었다. 벽은 대나무 따위로 외를 엮고 흙을 발랐으며, 지붕에는 짚을 엮어서 이엉을 올

미디어뱅크 사진

렸다. 방과 부엌을 따로 나누었으며 쓰임새에 따라서 방도 안방, 건넌방, 사랑방 등 여럿을 만들었다. 추운 겨울을 따뜻하게 날 수 있도록 온돌을 고안해냈으며 여름에는 시원하게 지낼 수 있도록 마루를 만들었다.

흙과 돌도 아주 중요한 재료였다. 흙과 짚을 섞어서 반죽한 후 뭉쳐서 햇볕에 말리면 단단해졌다. 따라서 이 흙과 돌멩이를 차례로 쌓으면 아주 튼튼한 벽이나 담을 쌓을 수 있었다. 나아가 찰흙을 구워서 벽돌과 기와를 만들 줄도 알게 되었다.

살 집을 지을 줄 알게 되면서 사람들은 더 크고 튼튼하며 살기에 편한 집을 짓기 시작했다. 살림집뿐만 아니라 성, 왕궁, 절, 탑, 무덤 등을 더 크고 튼튼하게 지으려고 애썼으며 보기 좋게 꾸몄다. 이런 건축물은 종합 예술품이다. 우리 조상은 돌이나 벽돌 또는 나무로 왕이나 귀족의 무덤을 커다랗게 만들었다. 경주에 있는 천마총 같은 고분의 안벽에는 그림을 그렸으며, 살아 있을 때 쓰던 물건들을 함께 묻었다.

또 나무로도 크고 아름다운 집을 지었다. 이런 목조 건축물은 여러 가지 재난으로 거의 다 불타 버려서 남아 있는 것이 많지 않지만, 오래된 목조 건축물로는 영주 부석사의 무량수전, 안동 봉정사의 극락전, 예산 수덕사의 대웅전 등이 있다. 돌로 만든 석조 건축물로는 오늘날까지 남아 있는 성벽, 탑, 불상들을 많이 볼 수 있다. 그 대표적인 것으로 경주 석굴암을 들 수 있다. 석굴암의 본존불상은 통일신라 때에 만들어진 것으로서 우리나라의 석불 가운데 가장 대표적인 작품이다.

그러나 서양의 문물이 들어오면서 건축에도 차츰 많은 변화가 일어났다. 오늘날에는 누구나, 어디서나 집을 짓는 방법과 재료가 비슷하다. 벽돌과 시멘트, 강철, 목재, 유리, 알루미늄과 같은 재료로 여러 가지 건물을 짓는다. 학교, 병원, 공장, 아파트, 사무실들이 하늘 높이 솟아 있다. 이 모든 건축물들은 크고 아름다울 뿐만 아니라 쓰임새에 알맞게 지어진다.

검정말(*Hydrilla verticillata*)

물속에 잠겨서 자라는 여러해살이풀이다. 여러 포기가 뭉쳐나며 뿌리, 줄기, 잎이 분명하게 구별된다. 줄기가 가늘고 긴 대롱처럼 생겼는데 물의 흐름에 따라 잘 휘며 마디가 있고 가지를 친다. 물밑 흙에 박힌 뿌리는 수염뿌리이다. 줄기에 구멍이 많이 뚫리고 그 속에 공기가 차 있어서 물속에서 잘 뜬다. 잎은 줄기에서 돌려난다.

햇빛과 물속에 녹아 있는 이산화탄소를 이용하여 잎과 줄기에서 광합성 작용을 한다. 9월쯤에 꽃이 피는데, 암꽃은 자라서 물위로 떠오르고 수꽃은 다 자라면 줄기에서 떨어져서 물위에 떠다닌다. 이런 수꽃이 암꽃을 만나면 꽃가루받이가 이루어진다. 가을이 깊어지면 줄기 끝에 영양분이 모이는데, 이듬해 봄에 이 영양분으로 다시 싹이 나고 자란다.

Darkmax, CC-BY-SA-3.0 GFDL

게(crab)

온몸이 단단한 껍질에 싸여 있는 절지 동물이다. 콩알만큼 작은 것에서부터 몸통의 폭이 30cm쯤 되는 것에 이르기까지 크기가 여러 가지이다. 민물이나 땅에서 사는 것도 있지만 거의 다 바다에서 산다. 새우나 가재 같은 갑각류 가운데 한 가지이다.

게의 머리와 가슴은 붙어 있는데, 그 앞쪽 끝에 더듬이 2쌍과 눈 1쌍 및 입이 달려 있다. 눈은 늘어났다 줄었다 하는 자루 끝에 달려 있어서 멀리까지 볼 수 있다. 입에는 6쌍의 튼튼한 턱이 있어서 무엇이나 잘 씹어 먹는다. 다리는 1쌍의 집게발과 4쌍의 다리로 이루어지는데, 마디가 대개 옆으로만 구부러지기 때문에 앞뒤로는 가지 못하고 옆으로 긴다. 그러나 더러 앞으로 길 수 있는 게도 있다. 위험에 빠지면 다리를 떼어서 내버리고 도망치는데, 얼마쯤 지나면 그 자리에 새 다리가 돋는다. 힘센 집게발로 작은 물고기를 잡아먹거나 죽은 동물의 살을 뜯어먹는다.

암게의 배에는 넓은 딱지가 붙어 있는데, 그 속에 수많은 알을 품고 있다가 때가 되면 물속에 풀어 준다. 그럴 때쯤이면 알 속에 이미 조금씩 움직일 만큼 자란 어린 새끼들이 들어 있기 때문이다. 어미와 전혀 다르게 생긴 새끼는 알 껍질을 뚫고 나와 자라면서 여러 번 허물을 벗고 게와 많이 닮은 새끼 게가 된다. 새끼 게도 몸집이 커질 때마다 허물을 벗으면서 점차 어른 게로 자란다. 온 세계에 사는 게는 5,000 가지쯤 되는데, 그 가운데 우리나라에서 사는 것은 150 가지쯤 된다.

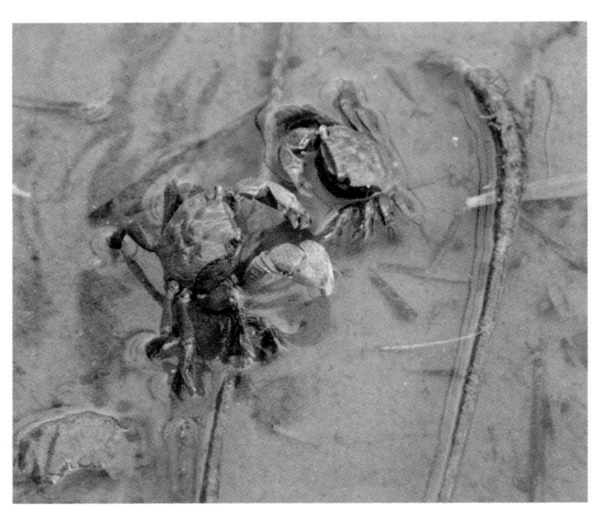

미디어뱅크 사진

겨울(winter)

한 해의 네 계절 가운데 마지막 넷째 계절이다. 보통 12월과 다음 해 1월, 2월의 석 달 동안을 가리킨다.

겨울에는 날씨가 춥고 눈이 내리며 얼음이 언다. 풀은 모두 말라서 죽고 많은 나무가 잎이 떨어져서 앙상한 가지만 남아 있다. 또 낮이 짧고 밤은 길다. 그 까닭은 지구가 공전하면서 우리의 반대쪽인 남반구가 태양 쪽으로 기울어서 우리가 햇볕을 덜 받기 때문이다.

Petritap, CC-BY-SA-3.0 GFDL

겨울잠(hibernation)

개구리는 여름에 흔하지만 겨울에는 볼 수 없다. 날씨가 추워지면 개구리가 얼어 죽지 않으려고 좀 더 따뜻한 땅속이나 물속으로 들어가서 겨울잠을 자기 때문이다.

겨울잠은 동물이 활동하지 않고 잠을 자면서 겨울을 나는 일이다. 개구리나 뱀처럼 몸의 온도가 기온에 따라서 변하는 변온 동물은 체온이 둘레의 온도와 거의 같아지므로 땅속에서 꼼짝하지 않고 겨울을 난다.

박쥐나 고슴도치 같은 정온 동물은 체온이 조금밖에 내려가지 않지만 겨우내 움직이지 않는다. 그러나 다람쥐나 너구리 같은 몇몇 동물은 체온이 거의 내려가지 않더라도 겨울잠을 자며 가끔 깨서 굴속에 미리 저장해 둔 먹이를 먹는다. 나무구멍이나 바위틈에서 얕은 잠을 자는 곰은 체온이 거의 변함이 없지만 겨우내 아무 것도 먹지 않으며 가을에 몸에 저장해 둔 지방으로 버틴다.

동물의 겨울잠은 식물의 겨울눈이나 철새의 이동과 같이 추운 겨울을 나기 위한 한 가지 방법이다. 이 겨울잠을 동면이라고도 한다.

겨울잠 자는 박쥐 Gilles San Martin, CC-BY-SA-2.0

결핵(tuberculosis)

결핵균이 몸 안에 들어와서 생기는 감염병이다. 공기 속에 떠다니던 결핵균이 사람이 숨을 쉴 때에 폐로 들어온다. 그래서 폐에서 병을 일으키는 일이 많으므로 폐결핵 또는 폐병이라고도 부른다. 그러나 뇌, 뼈, 위장, 콩팥 같은 데에서 병을 일으키기도 한다.

결핵균은 몸 안에 들어오더라도 오랫동안 병을 일으키지 않는 일이 많다. 우리 몸의 면역 체계가 결핵균을 억눌러서 끝내 자라지 못하거나 죽고 말기 때문이다. 그러나 잠을 자듯이 가만히 있던 결핵균이 이 균에 감염된 10명 가운데 1명쯤을 병나게 하기도 한다. 몸이 많이 쇠약해졌거나 영양분이 모자라면 그렇게 되기가 쉽다. 병이 나면 환자는 몸이 몹시 피로하고 몸무게가 줄며 계속해서 기침을 하고 심하면 피를 토한다.

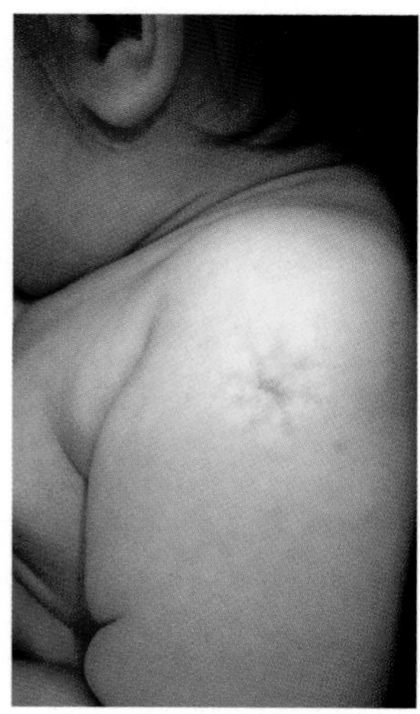
결핵 예방 접종(BCG)의 흔적
Gzzz, CC-BY-SA-4.0

결핵은 온 세계에 널리 퍼져 있어서 특히 인구가 많고 보건과 위생 시설이 나쁜 몇몇 나라에서 수많은 사람의 목숨을 빼앗는다. 이 병에 효과 있고 안전한 백신은 아직 나오지 않았다. 결핵균은 환자가 기침, 재채기 또는 말을 할 때에 무더기로 침에 섞여서 밖으로 튀어나온다. 그리고 햇볕에 말라서 아주 작디작은 균만 오랫동안 공중에 떠다니게 된다. 따라서 누구나 일상생활에서 자신도 모르는 사이에 결핵균을 받아들이기가 쉽다. 그러므로 우리는 늘 몸을 튼튼히 하고 충분한 영양분을 섭취해야 할 것이다.

겹눈(compound eye)

여러 개의 작은 눈이 모여서 이루어진 눈이다. 곤충, 게, 새우 따위에 이런 겹눈이 있는 것이 많다.

겹눈을 이루는 낱낱의 눈을 낱눈이라고 하는데 낱눈마다의 얼개가 모두 같다. 겹눈을 이루는 낱눈의 수는 동물에 따라서 다른데 수백 개에서 수만 개에 이른다. 겹눈으로는 생김새, 움직임 및 색깔을 알아차릴 수 있다. → 홑눈

모기의 겹눈 insectsunlocked, CC0 1.0 Public Domain

경공업(light industry)

공업을 크게 둘로 나누어 보면 경공업과 중공업이 있다. 경공업은 옷, 학용품, 신발, 음료수 같은 것을 만드는 공업이며 중화학공업, 곧 중공업은 철, 자동차, 유조선 등을 만드는 공업이다. *(다음 면에 계속됨)*

경공업은 그리 어렵지 않은 기술과 많지 않은 돈이 드는 공업이다. 동력과 기계 시설이 덜 필요할 뿐만 아니라 석탄이나 강철도 덜 쓴다. 그래서 일하려는 사람이 많은 곳이면 어디서나 공장을 돌릴 수 있다. 우리나라에서 가장 대표적인 경공업은 섬유 공업과 식품 공업이라고 할 수 있다.

Taro Taylor, CC-BY-3.0

경도와 경선(longitude and longitudinal line)

경도는 위도와 함께 지구 위의 위치를 나타내는 좌표 가운데 하나이다. 또 경선은 남극과 북극을 직선으로 이으며 적도와 직각으로 만나는 선이다. 지도나 지구의에 남북으로 뻗은 세로선으로 그어져 있다.

경도는 영국의 그리니치 천문대를 지나는 경선을 기준으로 삼아 둥근 지구의 둘레를 360°, 곧 동쪽과 서쪽을 각각 180°로 나눈다. 이 기준이 되는 경선이 본초자오선으로서 경도 0°이다. 경도를 말하려면 '동경 몇 도' 또는 '서경 몇 도'라고 한다. 그러므로 동경 180°와 서경 180°는 같은 선으로서 본초자오선으로부터 지구의 정반대 쪽에 있다.

경선의 길이는 모두 같다. 그러나 한 경선에서 다음 경선까지의 거리는 위도에 따라서 다르다. 이 거리는 적도에서 가장 멀고 남쪽이나 북쪽으로 갈수록 점점 가까워진다. 그러다 마침내 북극점과 남극점에서 한 점에 모인다.

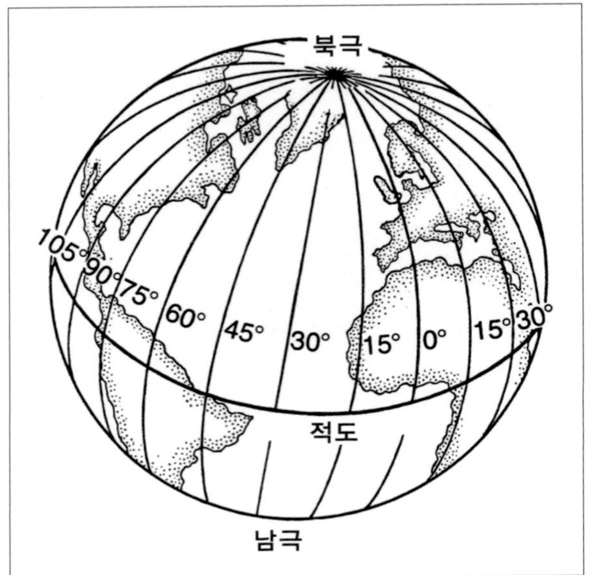

Pearson Scott Foresman, Public Domain

경운기(cultivator)

농사를 지을 때에 쓰는 기계 가운데 하나로서 논밭을 갈거나 짐을 운반할 수 있다. 석유를 연료로 쓰는 작은 트랙터가 중심을 이루며, 그것에다 무슨 장치를 다는지에 따라서 쓰임새가 달라진다.

쟁기를 달면 땅을 갈 수 있고, 양수기를 달면 물을 퍼 올릴 수 있게 된다. 또, 짐을 싣는 트레일러를 뒤에 다 달면 동력이 달린 달구지가 된다.

계절(season)

우리나라는 한 해 동안에 계절이 네 번 바뀐다. 봄, 여름, 가을, 겨울의 4 계절이다.

봄에는 날씨가 따뜻해지면서 새싹이 돋고 꽃이 피며 낮이 점점 길어진다. 여름이 되면 날씨가 덥고 낮이 아주 길다. 산과 들에서 여러 가지 식물이 무성히 자라며, 개구리, 메뚜기, 나비, 제비 등 여러 가지 동물을 볼 수 있다. 가을에는 온갖 열매가 익고 잎은 단풍이 들었다가 낙엽이 되어 떨어진다. 날씨는 점점 추워지고 밤이 길어진다. 겨울이 되면 날씨가 아주 춥고 눈이 내리며 밤이 아주 길다. 여름에 많던 벌레나 동물 가운데 보이지 않는 것이 많다. 이렇게 계절마다 날씨와 생물들이 살아가는 모습이 다르다.

우리나라가 있는 북반구에서는 보통 3월, 4월, 5월을 봄이라 하고 6월, 7월, 8월을 여름, 9월, 10월, 11월을 가을, 12월, 1월, 2월을 겨울이라고 한다. 그러나 세계 기후의 온난화로 말미암아 우리나라의 기온이 점점 오르고 있기 때문에 요즘에는 여름과 겨울이 석 달보다 조금 더 길며 봄과 가을은 석 달이 채 안 되는 것 같다. 이렇게 4 계절의 길이는 다르더라도 그 변화는 뚜렷하다.

계절이 바뀌는 까닭은 기온이 달라지기 때문이다. 여름에는 생물이 살기에 좋을 만큼 기온이 높지만 겨울에는 기온이 너무 낮아서 생물이 살기가 어렵다. 여름에는 식물이 잘 자라고 많은 동물이 활발하게 움직이지만 겨울에는 초록색 잎이 달린 식물이 드물고 여름에 흔하던 동물도 눈에 띄지 않는다. 기온은 계절을 결정하는 가장 중요한 요소이다. 따라서 한 해 내내 더운 나라에서는 계절의 변화가 없다.

봄 Thesupermat, CC-BY-SA-3.0

여름 Steven Fruitsmaak, CC-BY-SA-3.0 GFDL

가을 미디어뱅크 사진

겨울 Psy guy, CC-BY-SA-3.0 GFDL

계절에 따라서 기온이 다르고 밤과 낮의 길이가 변하는 까닭은 지구의 자전축이 공전 면에 대하여 23.5° 기울어진 채 태양의 둘레를 돌고 있기 때문이다. 지구가 이렇게 기울어져 있기 때문에 지구 위의 위치에 따라서 받는 햇빛의 양이 다른데, 햇빛을 많이 받는 곳은 기온이 올라가서 여름이 되고, 적게 받는 곳은 기온이 내려가서 겨울이 된다. 봄과 가을은 여름과 겨울의 중간에 찾아온다.

지구의 북반구가 태양 쪽으로 기울면 북반구가 태양의 직사광선을 많이 받고 빛을 받는 면적도 넓기 때문에 기온이 높고 낮의 길이도 긴데, 이때가 여름이다. 반대로 남반구가 태양 쪽으로 기울면 북반구가 햇빛을 적게 받고 빛을 받는 면적도 좁기 때문에 기온이 낮고 낮의 길이도 짧은데, 이때가 겨울이다. 이런 까닭으로 오스트레일리아나 뉴질랜드처럼 남반구에 있는 나라는 우리나라와 계절이 반대로 나타난다. 우리나라가 여름일 때에 그 쪽은 겨울이다. 이런 계절의 변화는 적도나 극지방에 가까워질수록 뚜렷하게 나타나지 않는다.

고구마(sweet potato)

줄기가 땅에서 기면서 자라는 덩굴식물이다. 잎이 어긋나며 심장 모양으로 갈라져 있다. 조건이 맞으면 드물게 나팔꽃과 같은 연분홍색 꽃이 피고 씨가 맺힌다. 고구마의 잎이나 줄기를 자르면 하얀 즙이 나온다.

(c) 2005 Jérôme SAUTRET, CC-BY-SA-3.0 GFDL

고구마는 본디 아메리카 대륙의 열대기후 지역에서 자라던 여러해살이풀인데 콜럼버스가 유럽에 전했다. 그 뒤 16세기쯤 아시아에도 전해져서 우리나라로 들어왔다. 그러나 우리나라에서는 한 해밖에 살지 못한다. 이른 봄 3~4월에 온상에다 씨 고구마를 심어서 싹을 틔운 뒤에 30cm쯤 자란 줄기를 잘라서 밭에 옮겨 심으면 새 뿌리가 나와서 자란다. 그리고 긴 줄기의 잎자루 부분에서 뿌리를 내리고 무성한 잎에서 만들어진 영양분을 저장한다. 녹말이 많이 들어 있는 이 덩이뿌리는 생김새가 거의 둥그렇거나 양쪽이 뾰족한 원기둥 모양이다. 가을에 서리를 맞으면 뿌리가 썩기 쉬우므로 그 전에 캐야 한다.

고기압(high pressure)

주변보다 더 높은 공기의 압력이다. 고기압인 곳은 대개 바람이 약하고 날씨가 맑다. → 기압

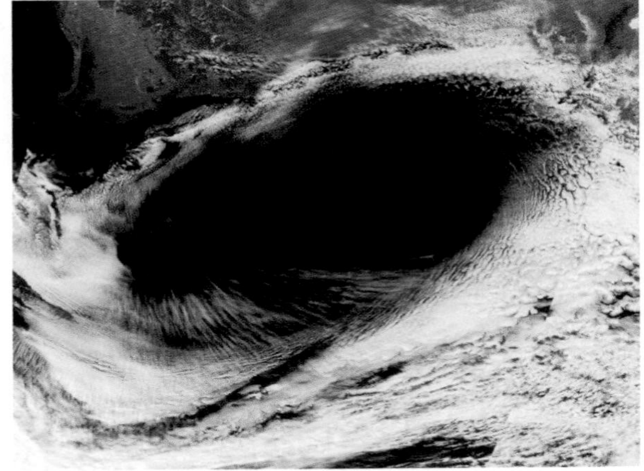

고기압 지대 (구름 없이 갠 곳) NASA/MODIS RRS, Public Domain

고드름(icicle)

겨울에 땅보다 높은 곳에서 물이 흘러내리다 얼어붙은 것이다. 흔히 얼음이 얼 만큼 날씨가 추운 날 지붕의 눈 녹은 물이 흘러내리다 처마 끝에 얼어붙는다. 이렇게 무슨 표면의 끝에서 떨어지던 물이 얼어붙고 다시 그 얼음을 타고 내리던 물이 얼기를 계속하여 흔히 둥글고 긴 얼음 막대기가 된다.

미디어뱅크 사진

고등어(Korean mackerel)

등빛깔이 푸른 바닷물고기이다. 그러나 배쪽의 색깔은 희다. 보통 길이가 40cm가 넘는데 맛이 좋고 영양분이 많다.

해마다 2~3월에 제주도 부근으로 몰려들어서 차츰 북쪽으로 옮겨 가면서 한 무리는 동해로 들어서고 다른 한 무리는 황해로 들어선다. 그 뒤 9월부터 이듬해 1월 사이에 다시 남쪽으로 내려간다. 주로 저보다 더 작은 물고기나 새우, 갯가재, 오징어 따위를 잡아먹고 산다.

Ed Bierman, CC-BY-2.0

고래(whale)

바다에서 사는 커다란 포유류이다. 물고기와 달리 새끼를 낳는데, 새끼는 한동안 어미의 젖을 먹으며 자란다.

고래는 몸이 물속에서 살기에 알맞게 진화했다. 본디 앞다리였던 것이 물고기의 가슴지느러미처럼 변했으며 뒷다리는 없어져서 살 속에 뼈만 조금 남아 있다. 몸의 끝 부분은 피부가 평평하게 퍼져서 꼬리지느러미처럼 되었다. 고래가 앞으로 나아가려면 이 꼬리지느러미를 위아래로 흔든다. 털이나 비늘은 없다. 허파로 숨을 쉬기 때문에 종류에 따라서 5~60분에 한 번씩 물 위로 떠올라 숨을 쉬어야 한다.

물 위에 떠서 숨 쉬기에 좋도록 콧구멍이 머리 위로 뚫려 있다. 암컷은 새끼를 밴 지 10달 만에 한 마리를 낳는다. 새끼는 6~12달 동안 젖을 먹으며 어미의 보호를 받다가 젖을 뗀 뒤에는 주로 새우, 게, 오징어, 작은 물고기 등을 잡아먹는다. 고래는 피부 밑에 두꺼운 지방층이 있어서 체온을 항상 한결같게 유지할 수 있다.

보통 25~100년쯤 산다.

오늘날 살고 있는 고래는 100 가지쯤 된다. 그 가운데에서 몸집이 가장 큰 흰수염고래는 몸길이 30m, 몸무게 130t쯤으로서 지구에 있는 모든 동물 가운데 제일 크다. 수족관에서 재주를 부리는 돌고래도 고래의 한 가지이지만, 고래 가운데에서는 몸집이 작은 축에 든다.

고래 고기는 먹을 수 있다. 또 기름을 짜서 마가린, 화장품, 비누 등을 만드는 재료로 쓰곤 했다. 기름을 짜고 남은 찌꺼기는 비료로, 뼈는 장신구를 만드는 데에 썼다. 그러나 너무 오랫동안 고래를 마구 잡아 버려서 요즘에는 그 수가 많이 줄었다. 그래서 이제는 세계 여러 나라가 약속하여 고래를 보호한다. 예를 들면, 국제 포경 위원회는 1994년 5월 26일에 남위 40°아래의 남극 주변 바다를 보호 구역으로 정해서 고래를 잡지 못하게 하고 있다.

어미와 새끼 향유 고래 Gabriel Barathieu, CC-BY-SA-2.0

고무(rubber)

고무지우개나 고무줄 등과 같이 고무로 만든 물건은 잡아당기면 늘어나고 놓으면 다시 제 모습으로 돌아간다.

고무는 전기를 통하지 않으므로 전깃줄을 감싸는 일에 쓰인다. 자동차의 타이어와 튜브를 만드는 데에도 쓰이며 신발, 벨트, 호스 등을 만드는 데에도 많이 쓰인다. 고무는 우리 생활에서 여러 모로 쓸모가 많은 중요한 물질이다.

고무에는 고무나무에서 얻는 천연 고무와 석유, 석탄, 천연 가스 등에서 나오는 물질로 만드는 합성 고무가 있다. 천연 고무는 고무나무에 상처를 내서 흘러나오는 액체에다 여러 가지 화학 약품을 섞어서 만든다.

고무 나무의 수액 모으기
Manojk CC-BY-SA-3.0

고무나무는 본디 남아메리카 대륙의 아마존 강 부근에서 자라던 식물이다. 이것을 19세기에 유럽 사람들이 동남아시아 지방에 가져다 심었다. 지금은 말레이시아와 인도네시아에서 세계 천연 고무의 95%가 넘게 생산된다.

그러나 제2차 세계대전 뒤에 천연 고무에 뒤지지 않는 합성 고무가 만들어졌다. 합성 고무 공업은 석유 화학 공업과 더불어 크게 발달해서 요즘에는 우리나라에서도 합성 고무가 많이 생산된다.

고사리(bracken)

양치류 식물 고사릿과에 딸린 여러해살이풀이다. 햇볕이 잘 드는 산과 들에서 자라며 키가 20~80cm에 이른다. 봄에 막 돋아난 싹을 잎이 나기 전에 꺾어서 삶아 나물로 먹는다.

고사리는 씨가 아니라 포자, 곧 홀씨로 번식하는 대표적인 식물이다. 따라서 꽃이 피지 않는다.

미디어뱅크 사진

고슴도치(hedgehog)

머리와 등에 날카로운 가시 같은 털이 빽빽이 난 포유류이다. 그러나 얼굴, 배, 꼬리, 네 다리에 난 털은 부드럽다. 네 다리가 모두 짧고 몸길이는 30cm쯤으로서 전체로 보아 두루뭉술한 모습이다.

낮에는 나무뿌리 밑에 판 굴이나 바위틈에 숨어 있다가 밤에 나와서 돌아다닌다. 주로 곤충이나 지렁이를 잡아먹지만 개구리, 새알, 나무 열매 따위도 가리지 않고 잘 먹는다.

유럽 고슴도치 모녀 Calle Eklund_V-wolf, CC-BY-SA-3.0 GFDL

고양이(cat)

호랑이, 사자, 표범 등과 같은 무리에 드는 포유류이다. 먼 옛날부터 사람이 집에서 길렀지만 아직도 완전히 길들여지지 않아서 쉽게 야생으로 돌아간다. 곧 사람이 돌보아 주지 않으면 금방 들고양이가 되어서 제 힘으로 쥐나 새 따위를 잡아먹고 산다. 먼 옛날에 사람이 고양이를 기르기 시작한 까닭도 양식을 축내는 쥐를 잡아먹게 하기 위해서였다. 따라서 오늘날 고양이는 사람과 함께 사는 것이 있는가 하면 길거리나 산에서 사는 것도 많다.

고양이의 눈이나 털의 빛깔, 털의 길이나 무늬, 꼬리의 길이 등은 품종에 따라서 조금씩 다르다. 그러나 몸집의 크기나 생김새는 대체로 같다.

liz west, CC-BY-2.0

고양이는 본디 밤에 활동하는 동물이어서 눈이 아주 좋다. 빛이 아주 조금만 있어도 잘 볼 수 있다. 눈의 망막 뒤에 빛을 반사하는 특수한 기관이 있기 때문이다. 또한 눈동자를 가늘게 좁히거나 동그랗게 넓힘으로써 눈에 들어오는 빛의 양을 밝기에 따라 조절한다. 주둥이 가에 난 긴 수염도 어둠 속에서 더듬이와 같은 구실을 한다.

사자나 호랑이처럼 고양이도 몸이 아주 튼튼하고 부드러워서 잘 뛰며 나무도 잘 탄다. 발톱은 뼈에 붙어 있어서 무서운 무기가 되지만 여느 때에는 발바닥 속에 집어넣고 다닌다. 발바닥은 살이 두툼해서 소리 나지 않게 먹잇감에 다가갈 수 있다. 그래서 나뭇가지 위나 풀숲에 숨어 있다가 펄쩍 뛰어서 먹이를 덮친다. 그리고 튼튼한 이로 먹이의 살을 찢고 자른다.

고양이는 본디 외톨이로 사는 짐승이다. 그래서 개처럼 사람을 주인으로 섬기지 않는다. 하지만 고양이도 제 집을 좋아해서 가끔 멀리 보내버린 고양이가 옛집을 찾아오기도 한다. 고양이는 대개 13~14년 동안 사는데, 더 오래 사는 것도 더러 있다. 암고양이는 한 살이 되기 전에 새끼를 낳을 수 있다. 그러나 어린 어미는 새끼를 두어 마리밖에 낳지 못하며 다 자란 어미라야 한 번에 대여섯 마리를 낳는다. 새끼는 어미젖을 먹고 자란다.

고체(solid)

물은 담긴 그릇에 따라서 그 모양이 바뀌지만 컵이나 지우개, 연필 등은 담는 그릇이 바뀌어도 모양이나 크기가 변하지 않는다. 이와 같이 고체는 보통 온도에서는 항상 한 가지 모양으로 있는 단단한 물질이며, 담는 그릇이 바뀌어도 그 생김새나 크기가 변하지 않는 물질의 상태이다.

그러나 고체도 열을 가하면 그 모양이 달라진다. 예를 들면, 양초는 고체이지만 불을 켜면 녹아서 촛농이 된다. 촛농은 액체이다. 그러나 촛농을 가만히 두면 점점 굳어서 다시 고체가 된다. 이런 현상은 물에서도 나타난다. 액체인 물을 냉동실에 넣거나 추운 겨울에 바깥에 내놓으면 얼어서 얼음이 된다. 얼음은 고체이다.

그러나 얼음을 따뜻한 곳에 놓아두면 녹아서 물이 되고, 물을 끓이면 기체인 수증기가 된다. 양초나 물뿐만 아니라 거의 모든 물체는 열을 가하고 빼앗음에 따라서 고체나 액체 또는 기체로 변한다. 철조차도 어느 정도 열을 가하면 액체가 되고, 열을 더 가하면 기체가 된다.

고체는 액체나 기체와 달리 분자의 운동이 활발하지 않고 서로 붙어 있으려는 힘이 강하다. 그러나 고체에 열이나 압력을 가하면 분자의 운동이 점점 활발해져서 액체나 기체가 된다.

유리잔에 든 얼음 Nattu, CC-BY-2.0

고추(red chili pepper)

매운 맛이 나는 열매를 양념으로 쓰는 채소이다. 대개 봄에 씨를 뿌리면 싹이 나서 여름 동안 자라며 하얀 꽃이 피고 초록색 열매가 많이 열린다. 이 열매도 고추라고 하는데, 여물면서 점차 빨갛게 익는다. 익은 고추 속에는 씨가 아주 많이 들어 있다.

미디어뱅크 사진

여물기 전의 풋고추를 따서 먹기도 하지만 양념으로 쓸 고추는 빨갛게 익은 뒤에 따서 말린다. 마른 고추를 빻으면 고춧가루가 된다. 기온이 높아야 잘 자라기 때문에 우리나라에서는 한 해밖에 살지 못하지만, 열대 기후 지역에서는 여러해살이풀이다.

고추잠자리(scarlet skimmer)

배의 길이가 3cm쯤 되는 중간 크기의 잠자리이다. 다 자란 수컷은 배가 빨갛고 암컷은 노랗다.

애벌레 때에는 늪이나 연못의 물속에서 살다가 5~6월에 탈바꿈하여 어른벌레인 잠자리가 된다. 초가을이면 마을이나 연못가에서 떼 지어 날아다닌다.

미디어뱅크 사진

고추장(red chili pepper paste)

색깔이 빨갛고 맛이 매운 장이다. 간장, 된장과 함께 먼 옛날부터 우리가 먹어 온 맛내기 식품이다.

집에서 담글 때에는 흔히 찹쌀가루를 엿기름물에 넣어서 끓인 뒤에 식으면 메주 가루와 고춧가루를 섞고 소금을 쳐서 버무린다. 그리고 항아리에 담아서 볕이 잘 드는 장독에 두고 삭힌다. 재료로는 찹쌀 대신에 멥쌀이나 보리 또는 밀을 쓸 수도 있다.

곡식(grain)

음식을 해 먹는 여러 가지 풀의 씨이다. 벼, 보리, 밀, 옥수수, 조 등과 같이 대개 외떡잎 식물의 씨인데, 그 속에 든 단백질과 칼로리로 말미암아 사람에게 없어서는 안 될 주식이 된다.

ProjectManhattan, CC-BY-SA-3.0

곤충(insect)

여름에는 온갖 벌레가 많다. 그 중 나비, 메뚜기, 여치, 귀뚜라미, 개미, 잠자리 등을 곤충이라고 한다.

곤충은 어느 것이나 몸이 머리, 가슴, 배의 세 부분으로 되어 있으며 다리가 3쌍, 곧 모두 6개인 동물이다. 날개는 보통 2쌍, 곧 4장인데, 무당벌레처럼 앞날개 한 쌍이 변해서 덮개 구실을 하거나, 일개미처럼 아예 날개가 없어진 곤충도 있다. 파리나 벌은 날개가 한 쌍씩 뿐이지만 역시 대표적인 곤충이다.

거미나 지네 따위는 흔히 보는 벌레이지만 곤충이 아니다. 이것들은 몸이 머리, 가슴, 배의 세 부분으로 되어 있지 않으며 다리도 6개가 아니기 때문이다.

곤충은 모두 100만 가지가 넘는다. 지금까지 알려진 동물의 70%에 이르는 것이다. 북극에서 남극까지, 사막에서 물속까지, 곤충이 살지 않는 데가 없다. 그러나 바닷물 속에서는 거의 살지 않는다. 웅덩이 같은 민물에서 사는 곤충으로는 소금쟁이, 물방개, 물맴이, 물장군 등이 있다. 그 가운데 소금쟁이는 물위에 떠서 살며, 다른 것들은 다리에 잔털이 많이 나 있어서 물속에서도 헤엄을 잘 친다.

메뚜기, 여치, 방아깨비 등 풀밭에서 사는 곤충은 맨 뒷다리 한 쌍이 길고 튼튼하여 펄쩍 뛰기에 알맞다. 이런 것들은 날개가 있어서 뛰어 오른 뒤에 날기도 하지만, 벼룩은 날개가 없어서 그냥 뛰기만 한다. 그런가 하면 나비나 나방, 잠자리는 잘 날아 다닌다. 나비는 나풀나풀 날지만, 잠자리는 재빠르게 날며 한 곳에 멈추어서 떠 있기도 한다.

곤충은 먹이가 저마다 다를 뿐만 아니라 먹는 방법도 여러 가지이다. 나비는 긴 입술로 꽃꿀을 빨아 먹고, 메뚜기는 풀잎을 씹어 먹으며, 무당벌레는 진딧물을 잡아먹는다. 진딧물이나 매미 같은 곤충은 식물의 즙을 빨아먹고, 모기는 동물의 혈액을 빨아 먹는다. 또 벌은 먹이를 씹고 핥아서 먹는다. 따라서 곤충의 입에는 메뚜기 따위의 씹는 입, 나비의 빠는 입, 진딧물의 찔러서 빠는 입 그리고 꿀벌과 같은 씹고 핥는 입의 네 가지가 있다. 파리의 입도 핥는 입이다.

진딧물이나 메뚜기는 식물을 먹는다. 그러나 사마귀나 무당벌레는 식물이 아니라 동물을 잡아먹고 산다. 사마귀는 풀이나 나뭇잎에 앉아 있다가 나비나 벌

곤충의 한살이(insect life cycle)

모든 곤충의 한살이는 알에서 시작된다. 알에서 애벌레가 깨 나와 몇 번 허물을 벗고 다 자라면 번데기가 된다. 그리고 번데기 속에서 대개 애벌레와는 전혀 다르게 생긴 어른벌레가 나온다. 이런 것을 완전 탈바꿈이라고 한다. 나비나 파리가 그런 예이다.

그러나 몇몇 곤충은 알에서 어른벌레와 비슷하게 생긴 애벌레가 깨 나온다. 이런 것들은 번데기 과정을 거치지 않고 몇 번 허물을 벗으면서 자라다 날개돋이를 마치면 바로 어른벌레가 된다. 메뚜기나 사마귀가 그런 예이다. 메뚜기의 애벌레는 날개만 없을 뿐이지 모습이 어른벌레와 거의 같다. 이것을 불완전 탈바꿈이라고 한다.

알 Herald Supfle, CC-BY-SA-3.0

애벌레 미디어뱅크 사진

따위가 가까이 다가오면 앞발로 재빨리 낚아채서 씹어 먹는다. 물속에서 사는 물장군 따위도 물속의 작은 동물을 잡아먹는다. 그런가 하면 개미는 죽은 동물의 살 조각이나 풀씨 따위를 다 먹는다.

살아가는 방법도 여러 가지이다. 곤충은 거의 다 혼자 살아가지만, 개미나 벌은 가족을 이루어 모여서 살며 일도 나누어서 한다. 여왕개미나 여왕벌은 알만 낳으며, 수개미나 수벌은 여왕과 짝짓기밖에 하지 않는다. 한편, 일만 하는 일개미는 먹이를 물어다 집 안에 저장하며, 일벌은 꿀과 꽃가루를 가져다 저장한다. 알과 애벌레를 돌보는 일도 일개미와 일벌의 몫이다.

옛날부터 사람들은 곤충의 덕을 보기도 하고 해를 입기도 했다. 꿀벌을 길러서 벌꿀을 얻고, 누에를 길러서 비단을 짠 것은 덕을 본 예이다. 또 몇 가지 곤충은 먹기도 했다. 한편 파리나 모기는 사람을 귀찮게 하고 병을 옮긴다. 또 채소나 농작물을 갉아 먹는 해충도 많다. 아프리카 대륙에서는 메뚜기 떼가 농작물을 먹어 치워서 큰 피해를 주기도 한다.

그러나 이 세상에 곤충이 없다면 어떻게 될까? 사과, 배, 귤 같은 과일을 거의 못 먹게 될 것이다. 수많은 식물이 열매를 맺을 수 없게 될 터이기 때문이다. 나비나 벌은 먹이를 찾아서 이 꽃에서 저 꽃으로 날아다니면서 꽃가루를 옮겨 준다. 사람이나 식물을 위해서 그러는 것은 아니지만 식물은 그 덕에 열매를 맺을 수 있으며, 사람이나 새나 많은 짐승이 식물의 열매를 먹고 산다. 그런가 하면 무당벌레는 식물에게 해를 주는 진딧물을 잡아먹는다.

번데기
미디어뱅크 사진

어른벌레
미디어뱅크 사진

골격(skeleton)

많은 뼈로 이루어진 척추 동물의 기본 틀이다. 골격이 동물의 몸 모양을 결정지으며, 몸 안의 중요한 장기들을 보호하고, 근육의 도움을 받아서 몸을 움직일 수 있게 한다.

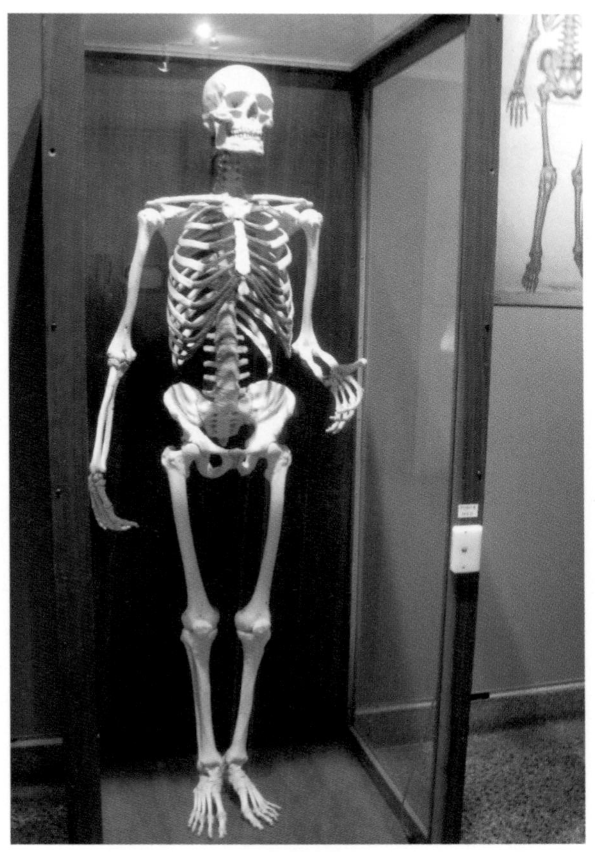

관절이 모두 이어진 골격 Daderot, Public Domain

사람의 골격에 들어 있는 뼈는 모두 206개쯤 된다. 그 가운데에서 팔과 손의 뼈만 60개나 된다. 각 뼈는 이웃한 뼈와 관절로 이어지는데, 팔다리에 있는 관절은 움직이지만 머리뼈에 있는 관절은 움직이지 않는다. 뼈들이 또 제 자리에 붙어 있는 까닭은 인대라고 하는 유연한 근육띠로 묶여 있기 때문이다.

척추 동물은 거의 다 네 발로 걷는다. 다만 사람만 앞발 한 쌍을 두 팔로 쓰고 두 뒷발로 서서 걷는다. 기린의 목은 무척 길지만, 목뼈의 수는 생쥐의 것과 똑같다. 다만 기린의 목뼈 하나하나가 더 크고 길 따름이다.

곤충이나 게 등과 같은 무척추 동물은 거죽이 단단하다. 이것을 외골격이라고 하는데, 이 외골격이 몸속의 연한 부분을 감싸서 보호해 준다. → 뼈

곰(bear)

주로 우거진 숲속에서 사는 포유류이다. 대개 몸집이 크고 힘이 세다. 네 다리는 짧지만 발톱이 날카롭다. 곧잘 뒷발로 일어서며 나무에 잘 기어오르고 헤엄도 잘 친다. 종류에 따라서 털빛깔이 검정색, 회색, 갈색 등인데 북극 지방에서 사는 북극곰은 흰색이다. 그리고 우리나라에서 사는 반달가슴곰은 온몸이 검은색이지만 가슴에 반달 모양으로 흰 털이 나 있다.

곰은 육식 동물이어서 쥐 같은 작은 동물이나 물고기를 잡아먹는다. 그러나 대개 무엇이나 잘 먹어서 식물의 열매와 뿌리, 곤충, 구더기나 굼벵이를 좋아하며, 꿀도 아주 좋아한다. 날씨가 추워지기 전에 잘 먹어서 살이 찐 다음에 겨울 동안에는 굴속에 들어가서 겨울잠을 잔다.

Yathin S. Krishnappa, CC-BY-SA-3.0

곰솔(black pine)

흔히 바닷가에서 자라는 소나무이다. 우리나라와 일본에서 볼 수 있다. 나무껍질이 거무튀튀한 갈색이며 조각조각 갈라진다. 따라서 곳에 따라 해송이라고도 하며 흑송이라고도 부른다. 키가 40m까지 자랄 수 있지만 실제로 그렇게 크게 자라는 나무는 드물다. 곧게 서기보다는 비스듬하거나 구불구불해지는 일이 많다. 잎은 길이가 7~12cm인 바늘잎 두 개씩으로 되어 있다.

암수한그루로서 봄 5월이면 새 가지에 암꽃과 수꽃이 따로 핀다. 길이가 1~2cm쯤 되는 둥근 기둥 같은 수꽃이 새 가지의 끝에 수북이 나며 길이가 4~7cm쯤 되는 달걀 같은 암꽃은 가지의 밑에 매달린다. 그리고 바람의 힘으로 꽃가루받이가 이루어지면 길둥그런 솔방울이 열려서 이듬해 9월에 익는다. 다 익은 씨에는 여느 소나무의 씨와 같이 날개가 달려 있다.

Σ64, CC-BY-3.0 GFDL

곰팡이(fungus)

곰팡이는 특히 여름에 흔하다. 오래된 음식이나 과일, 메주, 축축한 벽, 죽은 나무의 껍질, 눅눅한 곳에 둔 옷 등에 곰팡이가 핀다. 어떤 것은 색깔이 푸르고, 어떤 것은 거무스름하며, 또 어떤 것은 누렇다. 모두 5만 가지가 넘는 곰팡이가 있는데, 그 생김새나 색깔은 저마다 다르다.

곰팡이는 스스로 양분을 만들지 못한다. 녹색 색소가 없어서 광합성 작용을 못하기 때문이다. 그래서 이미 만들어진 영양분을 얻어먹고 살아야 한다. 곰팡이는 살아 있는 다른 생물이나 죽은 생물의 찌꺼기에서 영양분을 얻는다. 그러므로 곰팡이는 대표적인 기생식물이다. 햇볕이 잘 들지 않으면서 습기가 많으며 따뜻한 곳이면 어디서나 잘 자란다. 추운 겨울에는 곰팡이가 흔하지 않다.

식빵이나 삶은 옥수수자루를 햇볕이 들지 않고 따뜻하며 눅눅한 곳에 놓아두면 곰팡이가 핀다. 식빵이나 옥수수자루에 영양분이 있기 때문이다. 얼마 지나지 않아서 식빵에는 검푸른색이나 갈색 곰팡이가 군데군데 뭉쳐서 피고, 옥수수자루에는 붉은 곰팡이가 마치 꽃이 핀 것처럼 번진다. 이런 식빵 및 옥수수자루를 오랫동안 그대로 두면 식빵과 옥수수자루 전체가 곰팡이로 뒤덮이며 식빵과 옥수수자루는 줄어든다. 곰팡이가 식빵과 옥수수자루를 먹어 치우기 때문이다. 이렇듯 곰팡이는 생물의 찌꺼기를 분해하여 없애는 구실을 한다.

곰팡이를 현미경으로 잘 관찰하면 가는 실 같은 것이 복잡하게 얽혀 있다. 이것이 곰팡이의 몸인 균사이다. 이 균사는 팡이실이라고도 한다. 식빵이나 옥수수자루 곰팡이의 균사에는 더러 아주 작고 까맣거나 붉은 주머니가 달려 있다. 이 주머니 속에 곰팡이의 포자가 들어 있다. 포자는 홀씨라고도 한다. 포자주머니가 다 익어서 터지면 아주 가벼운 포자가 쏟아져 나와 공중에 떠다닌다. 그러다 조건이 알맞은 곳에 떨어지면 싹이 터서 균사가 자란다. 그래서 곰팡이가 퍼지는 것이다.

곰팡이는 음식을 상하게 하고 우리 몸에 병을 일으키기도 한다. 그러나 우리 생활에 꼭 필요한 곰팡이도 있다. 예를 들면, 메주에 피는 곰팡이는 콩에 든 단백질을 아미노산으로 분해하여 간장이나 된장을 담글 수 있게 하며, 술을 빚을 때 넣는 누룩곰팡이도 먼 옛날부터 요긴하게 이용해 온 것이다. 또한 페니실린을 만드는 데 쓰이는 푸른곰팡이는 우리 생활에 없어서는 안 될 귀중한 곰팡이이다.

미디어뱅크 사진

공기(air)

풍선을 입으로 불면 부풀어 오른다. 그 속에 공기가 들어차기 때문이다. 풍선의 주둥이를 놓으면 풍선 속에 들었던 공기가 빠져 나온다.

공기는 우리 둘레에 얼마든지 있다. 우리는 공기를 숨 쉬며 산다. 공기 속에는 모든 동물과 식물에 필요한 기체가 들어 있다. 동물은 공기 속의 산소를 들이마시고 이산화탄소를 내뱉는다. 녹색 식물은 낮 동안에 공기 속의 이산화탄소를 이용하여 녹말을 만들고 대신 산소를 내놓는다.

물속 공기 방울 Tony Crescibene, CC-BY-SA-3.0

공기는 여러 가지 기체의 혼합물이다. 그 가운데 5분의 1쯤이 산소이며 5분의 4쯤은 질소이다. 그러나 이산화탄소, 아르곤, 네온, 헬륨과 같은 다른 기체도 조금씩 들어 있으며 수증기와 먼지도 들어 있다. 공기 속의 물기, 곧 수증기 때문에 구름과 비가 만들어지며 공기가 있기 때문에 우리는 소리를 들을 수 있다. 또 공기 속의 산소 덕분에 불을 피울 수도 있다. 산소가 없으면 불이 붙지 않는다. 그리고 공기가 지구를 감싸고 있기 때문에 낮에 너무 뜨거워지지 않으며 밤에 너무 추워지지 않는다. 공기가 없다면 지구에는 구름도 비도 물도 없이 사막만 남을 것이다.

공기가 지구 밖으로 날아가 버리지 않는 까닭은 지구의 중력이 공기를 끌어당기고 있기 때문이다. 따라서 공기에도 무게가 있다. 해수면에서의 공기 1㎥의 밀도는 1.2㎏이다. 공기가 우리를 사방에서 짓누르고 있는데도 우리가 그것을 느끼지 못하는 까닭은 우리 몸 안의 압력이 바깥 공기의 압력과 맞먹기 때문이다. 공기의 압력을 기압이라고 한다.

사람들은 숨 쉴 때 말고도 공기를 쓴다. 자전거나 자동차의 타이어에 공기를 넣어서 쓰며, 압축 공기의 힘을 이용하는 기계도 만들었다. 또 공기 속에서 산소나 질소 또는 다른 기체를 따로 뽑아내서 쓰기도 한다.

순수한 산소는 병원에서나 철의 용접에 쓰며, 질소는 비료, 화약, 화공 약품 등을 만드는 데에 쓴다.

그런데 사람들이 자연의 공기를 많이 더럽히고 있다. 자동차가 뿜어내는 매연과 공장에서 쏟아내는 연기가 사람에게 해로운 일산화탄소와 그밖의 화합물을 공기 속에다 퍼붓는다. 그래서 큰 산업도시 둘레의 공기에는 본디 자연의 공기에 없던 물질이 많이 들어 있다. 이런 더러운 공기를 마시면 사람의 건강이 나빠진다. 그러므로 우리는 공기를 더럽히지 않도록 힘써야 할 것이다. → 대기

공기 오염(air pollution)

우리를 에워싸고 있을 뿐만 아니라 우리가 늘 숨 쉬는 공기가 더러워지는 일이다. 자연에서 벌어지는 몇 가지 일 때문이기도 하지만 주로 사람이 하는 일로 말미암아 공기가 더러워진다. 화산의 분출, 어마어마한 산불이나 들불, 사막의 모래 폭풍에서 비롯되는 황사 따위는 독한 가스, 재, 먼지 같은 아주 미세한 알갱이를 하늘 높이 떠올려서 바람을 타고 멀리멀리 퍼지게 한다.

그러나 뭐니 뭐니 해도 공기를 끊임없이 가장 많이 더럽히는 것은 온갖 교통 기관과 공장에서 태우는 화석 연료에서 나오는 매연이다. 화석 연료는 타면서 일산화탄소, 이산화탄소, 아황산가스, 탄화수소, 산화질소 따위 오염 물질을 내뿜는다. 산화질소는 햇볕을 받아서 탄화수소와 반응하여 오존을 만들어낼 수 있는데, 이 오존이 스모그의 주성분이 된다.

공기 오염을 일으키는 화력 발전소의 연기

사람들은 이런 오염 물질이 모두 공기와 섞여서 널리 퍼지고 땅이나 바다로 가라앉아서 사라지기를 바란다. 그러나 늘 그렇게 되지는 않는다. 날마다 쏟아져 나오는 오염 물질이 날씨에 따라서 한 곳에 모여 쉽게 흩어지지 않을 수 있다. 그러면 공기 속에 나쁜 물질이 너무나 많아져서 사람들이 해를 입을 수 있다. 오염된 공기는 또 다른 동물이나 식물 또는 건물에도 해를 끼친다. 그뿐만 아니라 지구의 대기에도 변화를 일으킬 수 있다.

사람이 오염 물질로 더러워진 공기를 숨 쉬면 기관지와 허파가 해를 입을 수 있다. 대개 오염 물질 알갱이가 허파에 쌓여서 천식이나 기관지염 같은 호흡기 질병을 악화시킬 수 있다. 또 오존은 감기와 폐렴에 대한 저항력을 떨어뜨리고 폐기종을 악화시킬 수 있다. 게다가 일산화탄소는 산소가 허파에서 신체 조직으로 옮겨지는 것을 방해한다.

이런 위험을 막고자 세계 여러 나라는 지금 법으로 여러 가지 교통 기관과 공장 등에서 내뿜는 오염 물질의 양을 엄격히 제한하고 있다.

공기 청정기(air cleaner)

공기 속에 들어 있는 오염 물질을 걸러서 공기를 깨끗하게 하는 장치이다. 예를 들면, 방 안의 담배 연기나 미세한 먼지 따위를 걸러서 사람이 숨 쉬는 공기를 깨끗하게 만든다. 따라서 집이나 사무실 또는 병원 같은 실내에서 많이 쓴다.

공기를 거르는 일에는 흔히 필터가 이용된다. 아주 촘촘한 부직포를 통해서 공기를 빨아들이면 공기 속에 들어 있던 먼지나 꽃가루 등 아주 작은 오염 물질 알갱이가 걸러진다. 이런 부직포에다 또 활성탄을 덧대면 나쁜 냄새 알갱이도 걸러진다. 이렇게 한쪽에서 오염된 공기를 빨아들이고 다른 쪽으로 걸러진 공기를 내보내서 차츰 방 안의 공기를 다 걸러내는 것이 공기 청정기이다. 그러나 이렇게 필터를 이용하지 않고 전기의 플러스극과 마이너스극을 이용하여 먼지를 모아서 걸러내는 이온식 공기 청정기도 있다.

공룡(dinosaur)

공룡알 화석 미디어뱅크 사진

영화나 그림에는 많이 나오지만 실제로는 볼 수 없는 동물이다. 아주 먼 옛날에 많이 살았지만 지금은 멸종되고 없기 때문이다.

공룡은 약 2억 3,000만 년 전부터 6,500만 년 전까지 살면서 지구의 주인 노릇을 했다. 이 시기는 지구의 역사에서 중생대라고 하는 때이다. 그때에는 육지가 엄청나게 큰 대륙 한 개에서 막 몇 조각으로 나뉘고 있었으며 고사리 종류와 키 큰 바늘잎나무가 무성하게 자라고 있었다. 날씨는 따뜻하고 비가 많았지만 우리가 아는 포유류나 새, 물고기는 아직 나타나지 않았다.

공룡은 오늘날의 뱀이나 악어와 같은 파충류였다. 모두 알에서 깼으며 기온에 따라서 몸의 온도가 변했다. 어떤 것은 오늘날의 코끼리보다 10배나 더 컸으며, 어떤 것은 비둘기 만큼밖에 되지 않았다. 어떤 것은 풀이나 나뭇잎을 먹고 살고, 어떤 것은 다른 공룡이나 그 밖의 작은 동물을 잡아먹고 살았다.

나뭇잎이나 풀을 먹고 산 것을 초식 공룡이라고 한다. 몸집이 엄청나게 크고 목과 꼬리는 길지만 머리가 대개 작은 것이 많았다. 이런 초식 공룡에는 아파토사우루스, 디플로도쿠스, 스테고사우루스, 안킬로사우루스 등이 있었다.

풀이나 나무가 아니라 살코기를 먹고 산 것은 육식 공룡이다. 이것들은 대개 이가 크고 날카로웠으며 행동이 빨랐다. 그 가운데에서 가장 무서운 것이 티라노사우루스였는데, 키가 3.7m에 몸길이가 12m나 되었다. 이것은 특히 이가 날카롭고 뒷다리의 힘이 무척 셌다. 또 몸집이 아주 큰 대표적인 육식 공룡으로서 알로사우루스를 들 수 있다. 하지만 몸집은 작아도 행동이 재빠른 육식 공룡도 많았다.

땅에서 산 공룡뿐만 아니라 하늘에서 날아다닌 익룡이나 물속에서 산 어룡도 있었다. 그러나 공룡들이 사람과 함께 살았던 적은 없다. 사람이 세상에 나타나기 전에 모두 사라졌기 때문이다. 공룡이 있었다는 사실이나 그 생김새는 화석을 보고 알 따름이다. 공룡의 화석은 아프리카 대륙, 몽골, 미국 같은 데에서 많이 발견되지만 우리나라에서도 가끔 발견되며 특히 남해안에는 공룡의 발자국 화석이 많이 남아 있다.

공벌레(pillbug)

쥐며느리와 비슷하게 생긴 벌레이며 어찌 보면 아주 작은 아르마딜로 같기도 하다. 건드리면 몸을 둥글게 말고 죽은 체한다. 그래서 콩벌레라고도 한다. 이렇게 몸을 공처럼 웅크리는 것은 제 몸을 지키는 일이지만 몸에서 수분이 빠져 나가는 것을 막는 일도 된다. 대개 돌이나 낙엽 더미 밑 축축한 데에서 무리지어 살며 주로 밤에 나와서 활동한다. 먹이는 곰팡이나 썩어가는 동물 또는 식물 부스러기이다.

본디 유럽에서 살던 것이지만 지금은 온 세계에 퍼져 있다. 몸길이가 15mm 안팎이며 몸빛깔은 어두운 갈색이나 회색이다. 몸이 머리, 가슴, 배로 나뉘는데 가슴이 7 마디, 배가 5 마디이다. 다리는 7쌍이 달려 있다. 머리 앞쪽에 더듬이 한 쌍이 튀어나와서 중간에 세 번 꺾인다. 알로 번식한다.

공업(industry)

기계와 동력을 이용하여 물건을 만들어 내는 일이다. 사람은 언제나 기계를 이용해 왔다. 그러나 지난 200년 사이에 기계가 크게 발달해서 오늘날에는 여러 가지 일을 사람보다 기계가 훨씬 더 많이 하며 더 잘 해낸다.

동력은 주로 수력 발전이나 화력 발전으로 전기를 일으켜서 얻는다. 석탄, 석유 및 가스는 화력 발전소의 연료로 쓰일 뿐만 아니라 강철을 만드는 데에도 쓰이기 때문에 아주 중요하다. 현대적인 기계를 만들려면 강철이 있어야 한다. 강철을 다른 금속과 섞으면 더욱 튼튼한 금속을 만들 수 있다.

오늘날의 공업은 크게 경공업과 중공업으로 나뉜다. 식료품, 섬유, 학용품 따위를 만들거나 책을 인쇄하는 일 등이 경공업이다. 이런 일에는 전기나 기계 설비가 그리 많이 필요하지 않다. 그래서 공장에서 일할 사람이 많이 모여 사는 곳이면 어디에나 자리 잡을 수 있다. 또 원재료와 물을 구하기 쉽고, 교통이 편리하며, 큰 시장에 가까운 곳이면 더욱 좋다.

철강, 금속, 기계, 화학, 비료 같은 공업은 중화학 공업 또는 중공업이라고 한다. 중화학 공업은 높은 기술이 필요할 뿐만 아니라 여러 가지 기계와 공업 원료를 만들어 내기 때문에 매우 중요하다. 중화학 공업에는 크고 값비싼 기계와 전기가 많이 필요하다. 그래서 대개 전기가 풍부하며 원재료가 가까이 있는 데에 자리 잡는다. 예를 들면, 포항시에 있는 제철소는 철광석을 외국에서 배로 실어 오기 때문에 바닷가에 자리 잡았으며, 울산광역시의 조선소나 자동차 공장은 원재료인 강철이 많이 생산되는 포항시에 가까이 자리 잡았다.

옛날 우리나라에는 북쪽 지방에 몇 가지 중공업이 있었지만 남쪽에는 경공업밖에 없었다. 그러나 1970년대부터 몇 차례의 경제 개발 5개년 계획을 성공적으로 마무리하면서 남쪽에도 중화학 공업이 크게 발달했다. 포항시와 광양시의 종합 제철 공장, 울산광역시, 부산광역시, 거제시의 조선소, 울산, 인천 및 광주광역시에 있는 자동차 공장, 여수시의 화학 공장 따위가 그 예이다.

공업의 발달로 사람들은 전보다 더 잘 살게 되었다. 그러나 다른 한편으로는 여러 가지 문제가 생기기도 했다. 환경의 오염과 산업 쓰레기의 발생이 그것이다. 또한 천연 자원을 너무 빠르게 써 버리는 것도 문제이다.

공전(revolution)

우리나라에서는 한 해가 4 계절로 이루어지며, 해마다 계절의 변화가 되풀이 된다. 그 까닭은 지구가 일정한 각도로 기울어져서 태양의 둘레를 1년에 한 바퀴씩 돌기 때문이다.

지구뿐만 아니라 태양계의 행성들은 태양의 둘레를

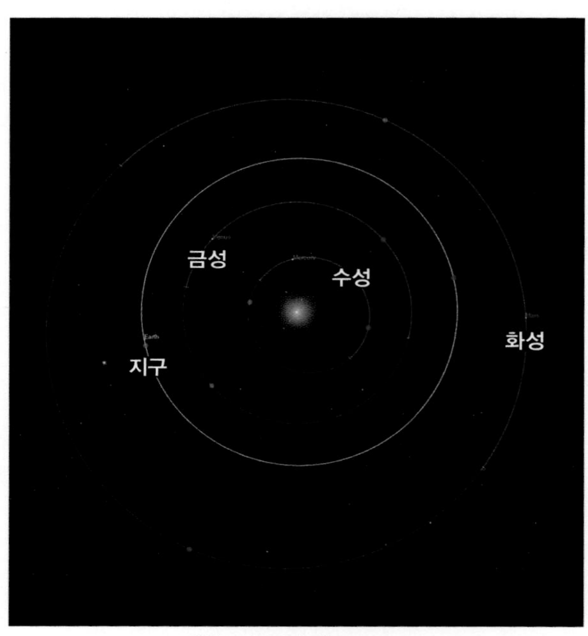

내행성의 공전 궤도 Danial79, Public Domain

돈다. 또 달과 같은 위성은 행성의 둘레를 돈다. 이와 같이 별, 행성, 위성이 다른 별이나 행성 따위의 둘레를 도는 것을 공전이라고 한다.

지구는 정확히 365일 5시간 48분 46초 만에 한 바퀴씩 태양의 둘레를 돈다. 우리가 쓰는 달력은 이 기간을 기준으로 삼아서 만든 것이다. 지구가 태양의 둘레를 공전하기 때문에 생기는 현상으로는 계절의 변화 말고도 계절에 따라서 밤과 낮의 길이가 달라지는 일, 계절에 따라서 하늘에 보이는 별자리가 달라지는 일 등이 있다. 그리고 달은 지구의 둘레를 공전하기 때문에 날짜에 따라서 그 모습이 다르게 보인다.

공학(engineering)

과학 지식과 기술을 이용하여 우리 생활을 더 낫게 만드는 학문이다. 모든 공업의 이론과 기술을 연구한다. 과학의 원리를 바탕 삼아 온갖 물건을 만들어내는 원칙과 과정을 다루며 지금 있는 자원을 잘 활용할 뿐만 아니라 새로운 소재를 만들어내기도 한다.

공학에는 아주 여러 가지 분야가 있다. 길을 닦고 둑을 쌓는 토목 공학, 집을 짓는 건축 공학, 수많은 화학 제품을 만드는 화학 공학, 온갖 기계를 고안하고 만들어내는 기계 공학, 비행기와 인공 위성을 만들고 우주를 개척하는 항공 우주 공학, 나날이 발전하는 전자 공학 등 그 분야가 헤아릴 수 없이 많다. 공학은 또 환경의 오염을 줄이고 식량의 생산을 늘리며 의학 기술과 약품을 발전시키는 데에도 중요한 구실을 한다.

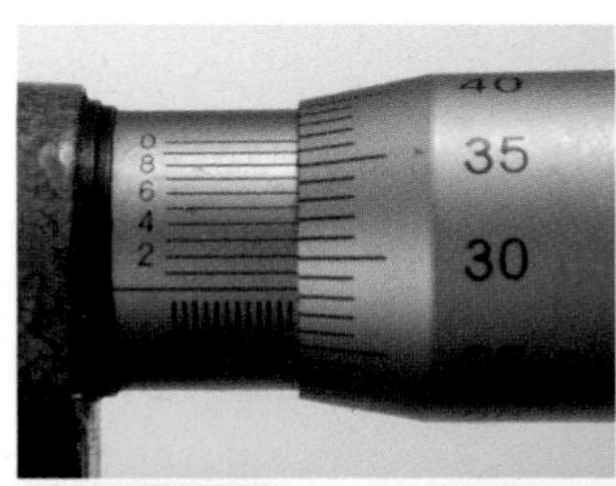

따라서 공학은 사람들이 더 잘 살게 하려는 학문과 기술이다. 이런 공학의 모든 분야는 대학교에서 배운다. 또 세계 여러 나라는 여러 가지 공학 기술과 제품의 표준을 정해서 다 함께 그것을 따르고 있다.

공항(airport)

미디어뱅크 사진

주로 승객과 화물을 실어 나르는 비행기가 뜨고 내리는 곳이다. 비행기가 뜨고 내리려면 대개 긴 활주로가 필요할 뿐만 아니라 사람이나 짐을 싣고 내리는 일에도 많은 시설이 필요하다. 그래서 공항은 대개 넓은 땅을 차지하므로 흔히 큰 도시에서 좀 떨어진 곳에 자리 잡는다.

공항은 크게 국제선 공항과 국내선 공항으로 나뉜다. 국제선 공항은 다른 나라로 가거나 다른 나라에서 오는 항공기 승객과 화물이 드나드는 곳이다. 그래서 출입국 관리 사무소, 세관, 검역소 등이 있다. 그러나 나라 안에서만 오가는 비행기가 뜨고 내리는 국내선 공항에는 이런 것들이 없다.

우리나라에서 가장 크고 바쁜 공항은 서울에서 그리 멀지 않은 곳에 있는 인천 국제 공항이다. 국내선 비행기도 조금 다니지만 주로 외국으로 가거나 외국에서 오는 비행기들이 드나드는 곳이다.

아울러 김포, 양양, 청주, 무안. 대구, 김해 및 제주 공항도 국제 공항이다. 그러나 이런 공항들은 원주, 군산, 광주, 여수, 사천, 울산, 포항 공항과 함께 주로 국내선 항공 교통에 많이 쓰인다.

곶감(dried persimmon fruit)

가을에 다 익은 떫은 감을 깎아서 말린 것이다. 감의 껍질을 얇게 깎고 꼬챙이에 끼우거나 실에 매달아서 말리면 표면에 흰 포도당 가루가 생기면서 감이 말랑말랑하고 달콤해진다. 이렇게 된 감을 곶감이라고 한다.

Lee Gen-hyung, CC0 1.0 Public Domain

과산화수소수(hydrogen peroxide solution)

대개 과산화수소가 3%쯤 녹아 있으며 안정제도 들어 있는 용액이다. 투명하고 색깔이 없으며 살균 작용이 있다. 따라서 흔히 상처 따위를 닦아내는 소독약으로 쓴다. 보통 약국에서 파는 것은 분무제로 되어 있기도 한다.

미디어뱅크 사진

이것은 또 이산화망가니즈와 만나면 금방 산소를 내놓기 때문에 산소 발생 실험에도 많이 쓰인다. 그러나 과학 실험에서 용액을 다룰 때에는 매우 조심해야 한다. 실험복을 입고 장갑과 보안경을 끼는 것이 좋다.

과수원(orchard)

과일 나무를 심고 가꾸어서 그 열매를 수확하는 밭이다. 곧, 품질이 좋은 과일을 되도록 많이 거두려는 과일 나무 밭이다.

여러 가지 과일 나무는 온대와 열대 지방에서 잘 자

미디어뱅크 사진

라는 것이 많다. 따라서 과수원도 주로 온대와 열대 지방에 많다. 우리나라에서도 기온이 좀 낮은 고장에는 사과나 자두 과수원이 많으며, 더 따뜻한 지방에는 배, 복숭아, 포도, 감, 매실 등의 과수원이 흔하고, 남해안이나 제주도에는 귤이나 참다래 과수원이 있다.

열대와 아열대 지방에는 특히 맛있는 과일 나무가 흔하다. 그래서 오렌지, 바나나, 망고, 파파야, 코코넛, 야자, 올리브 등의 과수원이 많다.

과일(fruit)

나무의 열매로서 사람이 먹을 수 있는 것이다. 열매 속에는 씨가 들어 있다. 사람이나 동물이 이 과일을 먹고 나서 씨를 버리면 씨가 흙에 묻혀서 싹이 터 자란다. 나무는 이렇게 해서 자손을 퍼뜨린다.

과일의 살은 거의 다 수분으로 이루어지지만 탄수화물, 무기 염류, 단백질, 지방 등도 골고루 들어 있다. 특히 사람에게 모자라기 쉬운 비타민이 많이 들어 있

열대 지방 과일 미디어뱅크 사진

다. 따라서 우리는 흔히 과일을 날로 먹지만 말리거나 통조림, 잼, 젤리 따위로 만들어서 저장해 두고 먹기도 한다.

세계에는 과일이 모두 2,800 가지쯤 있는데, 그 중 사람이 심어서 가꾸는 것은 300 가지쯤 된다. → 열매와 씨

과학(science)

우리 둘레의 세계를 이해할 수 있는 지식을 찾는 학문이다. 학교에서 과학 시간에 배운다. 과학자는 여러 가지 현상에 대하여 의문을 갖고 그것을 관찰하여 답을 찾으려고 노력한다. 이렇게 의문에 대한 답을 찾는 과정을 탐구라고 한다.

과학자는 탐구 과정을 통해서 어떤 사실에 대하여 '이것은 이러할 것이다'라는 가설을 세운다. 그리고 그것을 진실로 받아들이기 전에 여러 가지 방법으로 가설을 실험한다. 이렇게 하는 것을 '과학적인 방법'이라고 한다. 이와 같은 방법을 통해서 가설이 사실로 증명되면 그것에 대한 그 전의 생각을 바꾸게 된다.

새로운 사실과 원리를 찾아내는 과학을 순수 과학이라고 한다. 그리고 과학적인 지식이 직접 생활에 쓰이게 하는 일은 응용 과학이라고 한다.

과학에는 여러 갈래가 있으나 주요 갈래는 천문학, 지질학, 물리학, 화학 및 생물학이다. 천문학은 해, 달, 별 등 천체를 연구하는 학문이며, 지질학은 지구의 구조나 암석의 성분 따위를 연구하는 학문이다. 물리학은 빛, 소리, 열, 전기, 자기력 같은 에너지의 형태를 연구하는 것이며, 화학은 이 세상에 있는 모든 물질의 성질을 연구하고 새로운 물질을 만들어내기도 하는 학문이다. 생물학은 동물이나 식물처럼 살아 있는 것을 연구한다.

그러나 과학의 여러 분야가 늘 따로 떨어져 있는 것은 아니다. 천문학과 물리학이 합쳐진 천체물리학, 생물학과 화학이 합쳐진 생물화학과 같이 몇 가지 분야가 겹친 학문도 얼마든지 있다. 또 수학도 과학의 한 부분이라고 말할 수 있다.

과학 실험 Melodygar, CC-BY-SA-4.0

관절(joint)

척추 동물의 뼈대에 들어 있는 한 뼈와 다른 뼈가 서로 맞닿아 이어지는 데이다. 뼈마디라고도 한다. 한쪽 뼈의 끝이 볼록하면 다른 쪽 뼈의 끝은 오목하여 서로 잘 맞물리게 되어 있으며, 거의 다 움직이지만 그러지 않는 것도 더러 있다.

사람의 관절은 크게 5 가지로 나눌 수 있다. 구상 관절, 장원 관절, 안장 관절, 경첩 관절 및 평면 관절이다. 경첩 관절은 마치 문에 달린 돌쩌귀처럼 앞뒤로만 움직인다. 무릎이나 손가락의 뼈가 그런 관절이다. 타원형인 장원 관절이나 서로 닿는 데가 거의 납작한 평면 관절은 머리를 좌우로 돌리는 것과 같은 회전 운동을 할 수 있다. 그러나 가장 자유롭게 움직이는 관절은 구상 관절이다. 이 관절은 공처럼 둥그렇게 생긴 긴 뼈의 끝이 오목하게 파인 다른 뼈의 끝에 들어맞아 있다. 어깨나 엉덩이의 관절이 바로 이런 관절이다. 또, 손목이 자유롭게 움직이는 까닭은 말안장처럼 생긴 안장

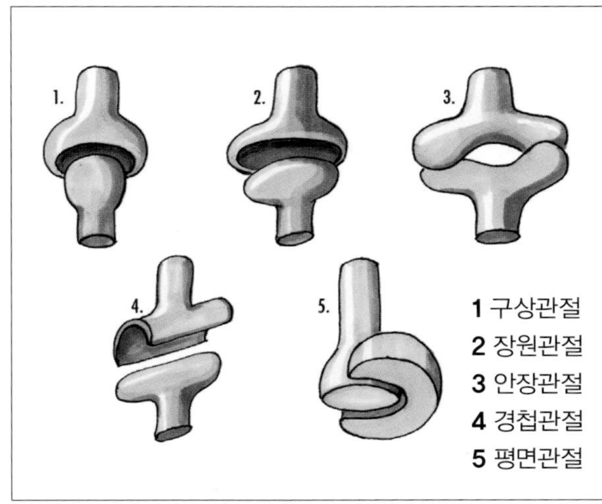

관절의 5 가지 Produnis, CC-BY-SA-3.0 GFDL

관절과 함께 축을 중심으로 도는 축 관절이라는 것도 손목을 이루는 뼈에 들어 있기 때문이다.

움직이는 관절은 활액이라는 액체로 채워진 관절 주머니에 싸여 있다. 또 뼈와 뼈가 맞닿아서 부딪치는 부분은 연골, 곧 물렁뼈로 되어 있는데, 이 연골이 신축성이 있어서 갑자기 일어나는 충격도 이겨 낸다. 연골은 또한 매우 부드럽기 때문에 관절이 잘 움직인다. 관절에 뼈들을 잡아매 주는 것은 위아래 뼈에 붙어 있는 섬유질 근육인 인대이다.

광고 풍선(adballoon)

흔히 애드벌룬이라고 하는 것이다. 무슨 일이나 물건 따위를 널리 알리려고 많은 사람이 볼 수 있게 높이 띄운 풍선이다. 커다란 풍선에다 짧은 광고 글을 적거나 그림을 그려서 사람들의 눈길을 끈다.

미디어뱅크 사진

광산(mine)

금, 은, 철 같은 광물이나 석탄 따위를 캐내는 곳이다. 이런 광물이나 석탄이 한데 많이 모여 있으면 대개 그곳에 광산이 만들어진다. 양이 많아야 돈과 노력을 많이 들여서 캐낼 가치가 있기 때문이다.

광산은 대개 산에 자리 잡는다. 광물이 흔히 흙이나 암석 속에 들어 있기 때문이다. 그러나 땅이 넓은 고장에서는 광산이 넓은 들판에 있기도 한다.

광물이 들어 있는 광석이나 석탄은 그것이 묻혀 있는 깊이나 상태에 따라서 캐는 방법이 달라진다. 땅의 표면에 가까이 묻혀 있으면 겉흙만 걷어낸 뒤에 광석이나 석탄을 그냥 퍼내면 된다. 그러나 땅속 깊이 묻혀 있으면 굴을 파고 들어가서 꺼내 와야 한다. 이런 굴은 수평으로 뚫고 들어가기도 하지만, 흔히 우물처럼 땅 밑으로 깊게 파고 들어가거나 비스듬히 위쪽으로 파고 올라간다. 광물이나 석탄을 좇아가다 보면 땅속으로 3km나 파 들어가기도 한다.

청동기 시대부터 시작된 옛날에는 거의 모든 광산 일이 사람의 힘으로 이루어졌다. 그러나 요즘에는 무척 크고 힘센 기계가 많이 나와서 어려운 일을 도맡아 한다. 땅을 파고, 바위를 부수고, 깨진 광석을 실어 나르는 일을 모두 기계가 하는 것이다. 그래도 광산에서 하는 일은 어떤 것이나 다 힘들고 위험하다.

불가리아의 금과 구리 노천 광산 Kevin Walsh, CC-BY-2.0

광합성(photosynthesis)

녹색 식물의 잎에서 녹말이 만들어지는 과정이다. 잎은 뿌리에서 흡수한 물과 기공을 통해서 받아들인 이산화탄소를 원료로 삼아서 녹말을 만든다. 그러기에 필요한 에너지는 태양에서 얻는다. 이 과정이 광합성인데, 이때 산소가 생겨서 공기 속으로 내보내진다. 맑은 날에 숲속에 들어가면 기분이 상쾌해지는 까닭은 거기에 산소가 많기 때문이다.

광합성에서 가장 중요한 일을 하는 것은 잎 속에 들어 있는 녹색 색소이다. 녹색 색소는 햇빛을 녹말을 만드는 에너지로 바꾼다. 그래서 광합성은 햇빛이 비추는 낮에만 일어난다.

생물이 살아가려면 영양분이 필요하다. 그러나 모든 생물 가운데에서 필요한 영양분을 스스로 만들 수 있는 것은 광합성을 하는 녹색 식물뿐이다. 다른 생물은 녹색 식물로부터 영양분을 얻거나 녹색 식물을 먹은 동물을 먹어서 얻어야 한다.

또 우리가 숨을 쉬는 데 꼭 필요한 산소도 녹색 식물의 광합성에서 나온다. 지구에 있는 산소는 거의 다 녹색 식물의 광합성으로 만들어진 것이다. 따라서 생물이 살아가는 데 꼭 필요한 영양분과 산소가 모두 광합성에 의해서 만들어지는 셈이다.

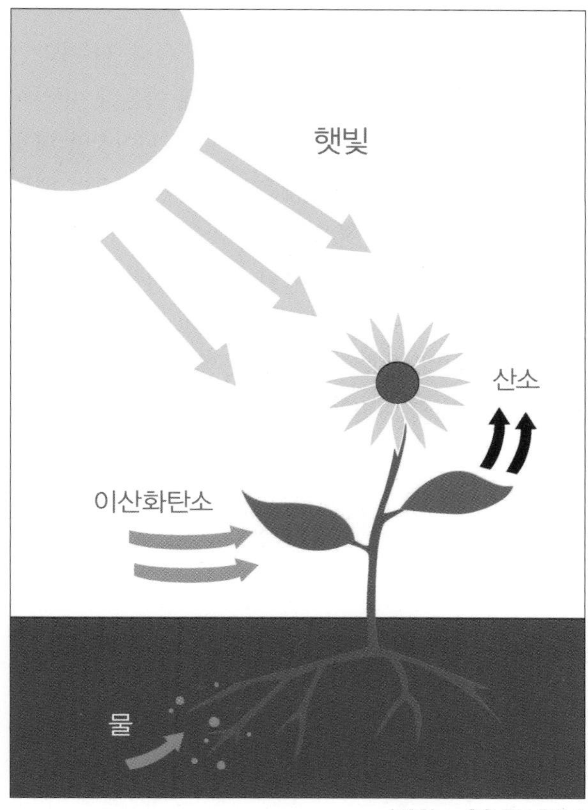

At09kg, CC-BY-SA-4

괭이(hoe)

땅을 찍어서 파거나 풀뿌리 따위를 캐내는 일에 흔히 쓰는 농기구이다. 'ㄱ'자 모양의 쇠 날에 길이가 1m 남짓인 나무 자루가 달린 것이다. 날은 대개 좀 좁다랗고 긴 직사각형 꼴이지만 쓰임새에 따라서 넓적하거나 굵직한 두 갈래 꼬챙이로 되어 있기도 한다.

괭이는 아마 사람들이 처음으로 농사를 짓기 시작할 때부터 쓴 농기구일 것이다. 신석기 시대의 유적에서 돌로 만든 괭이가 발견된다. 지금도 봄에 밭을 갈아 씨를 뿌리기 전에 흙을 깨뜨려서 고르려면 꼭 써야 하는 기구이다.

괭이갈매기(black-tailed gull)

갈매기 가운데 한 가지이다. 울음소리가 고양이의 울음소리와 같다고 생각되어 이런 이름이 붙었다. 한 해 내내 볼 수 있는 텃새이다.

몸길이가 46cm쯤 되는데, 머리와 가슴 및 배는 희고 날개와 등은 짙은 회색이다. 황록색 부리의 끝에 빨간색과 검은색 띠가 있다. 바다에서 살며 물고기, 새우, 곤충 따위를 잡아먹는다. 봄에 무인도의 풀밭 같은 번식지에 모여서 5월부터 8월까지 알을 낳고 새끼를 친다.

미디어뱅크 사진

괭이밥(wood sorrel)

빈 땅에 흔히 나는 여러해살이풀이다. 땅속줄기가 옆으로 길게 뻗으면서 퍼진다. 얼핏 보아 토끼풀 같지만 훨씬 더 작고 약하다.

가늘고 긴 붉은색 잎자루 끝에 하트 모양의 잎이 셋씩 모여서 달린다. 초여름부터 초가을까지 작고 노란 꽃이 피며, 길쭉한 꼬투리 속에 아주 작은 씨가 촘촘히 들어찬다.

미디어뱅크 사진

구강 청정제(mouthwash)

구강 세정제 또는 가글 등 여러 가지 이름으로 부르는 액체이다. 특별히 진통제, 입 안 세균의 번식 방지 또는 염증 가라앉히기 등에 쓰는 것이 있기는 하지만 대개 입 안 미생물의 양을 줄이기 위한 소독제 용액이다. 또 어떤 것은 바싹 마른 입안을 촉촉하게 적셔 주거나 고약한 입 냄새를 가셔 주는 구실도 한다.

구강 청정제는 보통 20~50mL를 입안에 머금고 한 30초 동안 이리저리 굴리다가 뱉어낸다. 또, 목을 뒤로 젖히고 입을 벌린 채 숨을 조금씩 내쉬어 공기방울을 일으키기도 한다. 그러나 불소가 든 치약으로 양치질을 한 바로 뒤에는 구강 청정제를 쓰는 것이 해로울 수 있다. 충치를 막아 주는 치약의 불소 성분을 씻어내 버리는 셈이 되기 때문이다.

구달, 제인(Goodall, Jane)

침팬지 연구로 이름이 난 동물학자이다. 1934년에 영국에서 태어나 대학에서 박사 학위를 받고 1960년에 아프리카의 탄자니아로 갔다. 거기서 그는 침팬지의 행동을 매우 가까이에서 관찰하여 침팬지가 도구를 쓸 줄 알 뿐만 아니라 여러 가지 방법으로 의사 소통을 한다는 사실을 알아냈다. 또 주로 식물을 먹고 살지만 가끔 원숭이나 멧돼지 같은 동물을 잡아먹으며 사람들처럼 전쟁도 한다는 것을 거의 처음으로 밝혀냈다.

제인 구달 박사는 동물의 생태에 관한 여러 가지 책을 썼을 뿐만 아니라 환경 보호 운동에도 크게 이바지했다.

구렁이(Korean ratsnake)

파충류 가운데에서 뱀과에 딸린 동물이며 우리나라에서 사는 뱀으로는 덩치가 큰 축에 든다. 다 자라면 몸통이 꽤 굵고 몸길이가 1.5~1.8m에 이른다. 머리가 크며 눈도 크다. 몸빛깔은 저마다 다른 편이지만 대개 등쪽은 누런 갈색 바탕에 검은색 무늬가 있으며 배쪽은 누런 바탕에 짙은 색 얼룩무늬가 있다.

흔히 사람이 사는 집의 돌담 또는 논이나 밭둑의 돌 틈에서 산다. 성질이 순하며 움직임도 느리다. 옛날에는 흔히 농촌의 퇴비 무더기 속에 알을 낳아서 퇴비가 발효되면서 나오는 열로 알이 깨게 했다. 그러나 요즘에는 아주 귀해서 멸종 위기 야생동물 2급으로 지정되어 보호를 받는다. 따라서 함부로 잡으면 안 된다. 구렁이는 우리나라 말고도 중국의 동북부와 러시아의 시베리아 지방에서 산다.

구름(cloud)

여름철에는 비가 많이 내린다. 비가 내릴 때에는 대개 하늘에 먹구름이 끼어 있다. 비가 오지 않는 날에도 뭉게구름이나 새털구름을 볼 수 있는 날이 많다.

구름이 많이 낀 날이면 비가 오기도 한다. 비 오는 날의 구름은 검거나 회색이고 아주 낮게 떠 있다. 갠 날의 구름은 흰색이고 하늘 높이 떠 있다. 구름은 날

미디어뱅크 사진

씨와 깊은 관계가 있다. 따라서 날씨를 나타내려고 구름의 양을 기호로 표시한다. 구름이 전혀 없거나 아주 조금밖에 없으면 빈 동그라미로 나타내고, 구름이 반쯤 끼어 있으면 동그라미의 반쪽을 검게 칠한다. 그러나 하늘이 온통 구름으로 가득하면 동그라미를 모두 검게 칠한다.

공기 속에는 수증기가 들어 있다. 이 수증기가 높은 하늘에서 응결하여 작디작은 물방울 무리로 떠 있는 것이 구름이다. 공기는 데워지면 위로 올라간다. 그러면 땅에서 올라오는 열을 덜 받고 기압도 떨어지기 때문에 온도가 내려간다. 온도가 낮아지면 공기가 품을 수 있는 수증기의 양이 적어지므로 수증기의 일부가 작은 물방울로 변한다. 이 물방울들이 모여서 구름이 된다.

높은 산꼭대기에 구름이 잘 생기는 까닭은 산비탈을 따라서 꼭대기까지 올라간 공기가 차가워져서 그 속의 수증기가 물방울이 되어 서로 엉기기 때문이다. 또 추운 지방에서 생긴 찬 공기와 더운 지방에서 생긴 더운 공기가 만나도 구름이 생긴다. 더운 공기와 찬 공기가 만나면 더운 공기 속의 수증기가 식어서 물방울이 되고, 이 물방울들이 엉겨서 구름이 되는 것이다. 구름을 이룬 작은 물방울이 커져서 땅에 떨어지는 것이 비다. 그러나 기온이 낮으면 눈이 되어 내리기도 한다.

구름에는 여러 가지가 있다. 대체로 떠 있는 높이에 따라서 그 이름이 다르다. 땅에서 높이 2km까지 사이에 주로 안개구름과 두루말이구름이 생기는데, 이 구름이 땅에 닿은 것을 안개라고 한다. 땅 위 2~7km쯤 사이에는 양떼구름, 높층구름, 비구름 등이 생긴다. 그리고 7~13km 사이에 새털구름, 비늘구름, 햇무리구름 따위가 생긴다. 뭉게구름이나 소나기구름은 땅 표면 바로 위에서부터 높이 13km 사이에 걸쳐서 탑처럼 솟아 있다.

이런 여러 가지 구름 가운데에서 주로 비를 내리는 구름은 비구름이며 여름에 자주 소나기를 내리는 구름은 소나기구름이다. 높층구름은 봄에, 양떼구름은 가을에, 뭉게구름은 겨울에 많이 나타난다.

구리(copper)

붉은빛을 띤 금속 가운데 한 가지이다. 다른 금속과 견주어서 무르다. 얇은 구리판은 맨손으로도 쉽게 휠 수 있다. 철이나 알루미늄보다 더 무겁지만 납보다는 가벼우며 못에 잘 긁힌다. 구리는 은 다음으로 열과 전기를 잘 통하며, 철 다음으로 많이 쓰이는 금속이다. 전선이나 그밖의 전기 제품에 많이 쓰인다.

구리는 무르기 때문에 손쉽게 가공할 수 있다. 사람이 처음으로 쓴 금속도 구리라고 생각된다. 그러나 너무 물러서 단단해야 하는 무기나 도구를 만들기에는 알맞지 않았다. 그래서 구리와 주석을 합친 청동으로 단단해야 하는 도구를 만들었다. 구리와 다른 금속을 합쳐서 만든 합금은 산업이나 생활에 필요한 물건을 만드는 데 쓸모가 많다. 구리에 아연을 섞어 만든 놋쇠는 얼마 전까지 그릇이나 숟가락 같은 생활 용품을 만드는 일에 널리 쓰였다.

구리는 주로 구리 광석을 제련하여 뽑아낸다. 세계에서 구리가 많이 나는 나라는 미국, 캐나다, 러시아, 칠레, 감비아, 콩고 민주 공화국 등이다. 양은 적지만 우리나라에서도 난다.

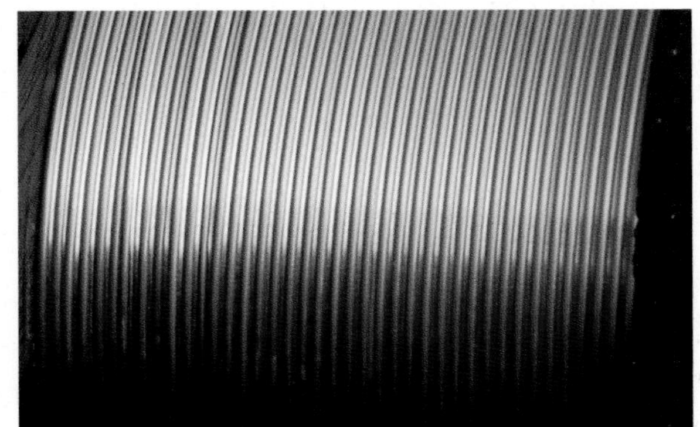
구리관 Giovanni Dall'Orto, Public Domain

구명 조끼(life jacket)

물에 잘 뜨는 재료를 속에 넣어서 조끼처럼 입을 수 있게 만든 것이다. 모양은 조금씩 다르지만 어느 것이나 윗몸에 걸치면 사람이 물에 빠져도 가라앉지 않고 떠 있게 한다. 배나 비행기 안에 늘 준비되어 있어서 필요할 때에 누구나 하나씩 입을 수 있다.

구연산(citric acid)

색깔과 냄새가 없고 투명하며 맛이 신 유기 화합물이다. 과자나 청량 음료수의 향료 및 금속을 씻는 세척제의 성분 등으로 쓰인다. → 시트르산

국립 생태원(National Institute of Ecology)

한반도를 비롯하여 온 세계의 동물과 식물 및 그것들이 사는 환경을 연구하고 보여 주어 우리가 살아가는 환경에 대한 올바른 생각을 심어 주려는 기관이다. 습지 생태원과 체험장, 고산 생태원, 한반도숲, 마을숲, 사슴 생태원 및 에코리움 등으로 이루어져 있다.

엄청나게 큰 온실인 에코리움 안에 세계의 5대 기후대에 따른 온대, 지중해, 열대, 사막 및 극지 생태계가 만들어져 있어서 각 기후 지역에서 사는 어류, 파충류, 양서류, 조류 등 약 5,400 가지의 동물과 식물을 직접

미디어뱅크 사진

보고 체험할 수 있게 한다.

환경부에 딸린 기관으로서 충청남도 서천군 마서면에 자리 잡고 있다. 전라북도 군산시에서 가깝다.

국립 종자원
(Korea seed and variety service)

농림 축산 식품부에 딸린 기관으로서 식물의 씨를 연구하는 곳이다. 씨의 연구는 생명 공학, 새로운 재료의 개발 및 여러 가지 식품 산업에 큰 영향을 미칠 수 있기 때문이다. 아울러 좋은 씨를 개발하고 보급하는 곳이기도 하다. 경상북도 김천시에 본부가 있으며 전국 10 곳에 지원이 있다.

국립 종자원에서는 주로 일반 사람이나 단체도 좋은 식물을 개발하고 그 씨를 생산 및 보급하도록 돕는다. 또한 새로 만들어진 품종의 식물에 대한 권리를 보호하며 나쁜 품종의 씨가 널리 퍼지는 일을 막기도 한다.

국수나무(lace shrub)

흔히 낮은 산기슭 양지바른 곳에서 자라는 갈잎떨기나무이다. 대개 키가 2m 안팎이지만 많이 뻗는 가지와 줄기가 가늘고 길어서 휘어 끝이 아래로 처지므로 덤불져 보인다. 깊게 째진 잎이 어긋나는데 길이는 2~5cm이며 크게 보아 아래쪽은 넓고 끝으로 갈수록 뾰족해지는 세모꼴이다.

우리나라, 중국 및 일본 같은 동아시아 지방의 토박이 식물인데 정원에 심는 나무로서 세계 여러 나라에 널리 퍼져 있다. 늦봄과 초여름에 걸쳐서 꽃잎이 다섯 장인 작고 흰 꽃이 무리지어 피며 이어서 길이 2mm쯤 되는 열매가 열린다.

미디어뱅크 사진

국화(chrysanthemum)

가을에 피는 대표적인 꽃으로서 종류가 아주 많다. 쌍떡잎 식물이며 여러해살이풀이다. 봄에 싹이 돋아 여름내 자라다가 가을에 줄기와 가지의 끝에 꽃이 한 송이씩 핀다. 꽃의 색깔이나 크기 및 모양은 여러 가지이다.

국화는 먼 옛날부터 화초로 개량해서 길러 왔지만, 산과 들에서 저절로 자라는 야생의 것도 많다. 예를 들면, 노란 꽃이 피는 산국이나 감국 또는 하얀 꽃이 피는 구절초 따위이다.

미디어뱅크 사진

굴뚝새(Eurasian wren)

유럽에서는 어디서나 흔하지만 아시아에서는 주로 이란에서 일본에 이르는 남쪽 지방에서만 볼 수 있는 새이다. 몸길이가 10cm 안팎이며 몸무게가 6~10g인 작은 새로서 짧은 꼬리를 치켜드는 버릇이 있다. 몸빛깔은 등이 붉은 갈색이며 배는 회색인데, 온몸에 어두운 갈색과 회색 줄무늬가 있다. 그러나 깃의 색깔과 무늬는 사는 고장에 따라서 변화가 심하다. 부리가 작고 가늘며 날개는 동그랗다.

주로 덤불 속이나 나무뿌리 근처에서 곤충과 벌레 및 풀씨를 찾아먹으며 산다. 먹이를 찾아다닐 때에는 재빠르게 움직이므로 눈에 잘 띄지 않지만 높은 지대의 나무 위에서는 흔히 볼 수 있다. 이른 여름이면 수컷이 주로 바늘잎나무에다 대여섯 개의 둥지를 틀고 예쁜 소리로 울거나 날카롭게 지저귄다. 그러면 암컷들이 찾아와 짝짓기를 하고 알을 낳아서 품는다. 그래서 굴뚝새는 참새 무리의 새로서는 드물게 수컷 한 마리가 암컷 여럿을 거느린다. 굴뚝새는 한겨울이면 마을 가까이 내려와 먹이를 찾으며 바위틈에 여럿이 함께 숨어들어서 추위를 피할 만큼 똑똑한 새이다.

Joefrei, CC-BY-SA-3.0

굼벵이(grub)

장수풍뎅이 등 몇 가지 딱정벌레의 애벌레이다. 땅속이나 초가집의 썩은 이엉 속 같은 데에서 산다. 몸통은 대개 통통하며 내장이 드러나 보일 만큼 희멀겋다.

어른벌레와는 생김새가 달라서 꼼틀거리는 벌레처럼 생겼으며 먹는 것도 다르다. 대개 땅속에서 식물 뿌리에 주둥이를 박고 즙을 빨아먹거나 썩은 식물 부스러기를 먹고 자라며 몇 번씩 허물을 벗는다. 그리고 다 자라서 마지막 허물을 벗고 나면 번데기가 된다.

Toby Hudson, CC-BY-SA-3.0 GFDL

귀(ear)

동물은 귀로 소리를 듣는다. 귀를 막으면 소리가 잘 들리지 않는다. 소리는 물체가 진동하기 때문에 생기며, 이 진동이 공기를 통해서 멀리까지 전달된다. 그러므로 소리를 듣는 것은 공기의 진동을 느끼는 것이다.

귀는 공기의 진동, 곧 떨림을 잘 받아들이도록 만들어졌다. 가장 바깥에 있는 귓바퀴가 공기의 진동을 모아서 귓구멍으로 보낸다. 그러면 이 진동이 귓구멍 속에 있는 고막을 흔든다. 고막은 얇은 막으로 되어 있어서 공기의 진동을 잘 느낄 수 있다. 고막이 진동하면 그것이 신경을 통하여 대뇌에 전달된다. 진동을 전달 받은 대뇌는 그 소리가 무슨 소리인지 판단하여 몸의 각 기관에 그에 알맞은 행동을 하도록 명령한다.

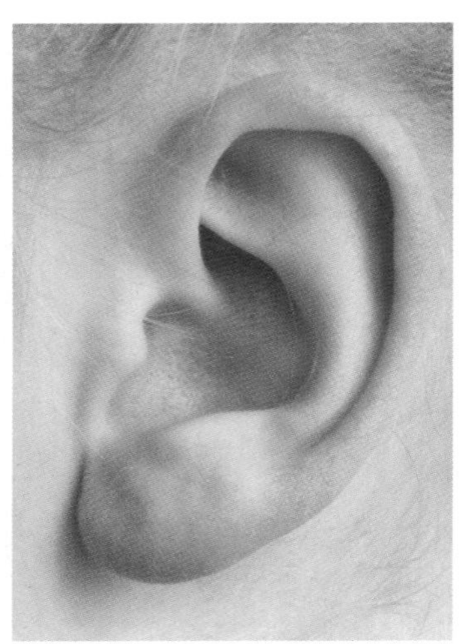
Anemone123, CC0 1.0 Public Domain

우리 귀는 소리를 듣는 일 말고도 몸의 균형을 잡고 몸 안과 밖의 기압을 조절하는 일도 한다. 귀는 매우 약하다. 너무 큰 소리나 심한 충격에는 고막이 다치기 쉬우며, 귀를 함부로 후비거나 코를 너무 세게 푸는 것도 해롭다. 고막이 망가지면 소리를 들을 수 없다. 따라서 귓속에 물이 들어가지 않게 하고 귀를 후비지 말아야 한다. 또 시끄러운 소리를 오래 들어도 귀가 나빠진다. 소리가 잘 들리지 않는 증상을 난청이라고 한다.

규모(magnitude)

지진의 세기를 나타내는 수치이다. 미국의 지진학자 찰스 리히터가 1935년에 제안해서 쓰기 시작한 것이어서 흔히 리히터 규모라고 한다. 글자로는 영문자 M과 함께 소수점 아래 한 자리까지 아라비아 숫자로 적는다.

리히터 규모는 지진파로 말미암아 생긴 모든 에너지, 곧 지진계에 기록된 지진파의 진폭, 주기, 진앙 등을 모두 계산해서 뽑아내는 수치이다. 규모 0.0에서 시작하는데 규모 1.0이 오를 때마다 에너지는 약 31배씩 불어난다. 따라서 숫자가 클수록 센 지진이어서 M6.0 지진은 M5.0 지진보다 31배가 넘게 더 센 것이다. 지구에서 일어나는 지진은 가장 센 것이라야 고작 M9.0쯤 되지만 다른 행성이나 그 위성에서는 훨씬 더 센 지진도 일어난다.

지금까지 우리나라에서 기록된 지진 가운데에서 가장 셌던 것은 리히터 규모 5.8의 지진으로서 2016년 9월 12일에 경상남도 경주시 남남서쪽 8km쯤 되는 곳에서 일어난 것이다. 이 지진으로 경주시의 집들이 흔들리고 조금 무너지기도 했다.

그러나 리히터 규모로만 지진의 세기를 나타내는 것은 아니다. 나라마다 좀 다른 방법을 쓸 수도 있다. '수정 메르칼리 진도'라는 것이 있는데 흔히 그냥 진도라고 한다. 표시는 MMI로 하며 세기도 아라비아 숫자가 아니라 로마 숫자로 표시한다.

지진의 세기와 그 영향은 대략 다음과 같다. 그러나 같은 규모나 진도의 지진일지라도 그것이 일어난 데에서 가까운 곳은 피해가 더 크고 먼 곳은 피해가 덜할 수 있다. → 지진

규모 6.4 지진에 쓰러진 빌딩, 2018. 2. 6 밤 타이완
Cho Hsun Lu, CC-BY-SA-3.0

규모 / 진도	효과
M2.0 이하 MMI I	지진계에 기록되지만 사람은 거의 느끼지 못한다.
M2.0–2.9 MMI I~II	사람에 따라 조금 느낀다. 건물에는 피해가 없다.
M3.0~3.9 MMI II~IV	가끔 사람이 느끼지만 건물에는 거의 피해가 없다. 방안의 물건이 흔들린다.
M4.0~4.9 MMI IV~VI	방안의 물건이 흔들리고 소리가 난다. 같은 지역 사람들이 거의 다 느낀다. 바깥에서도 조금 느껴진다. 피해가 없거나 아주 적다. 물건이 선반에서 떨어지거나 넘어질 수 있다.
M5.0~5.9 MMI VI~VIII	허술한 집에는 각기 다른 정도의 피해를 줄 수 있다. 그러나 보통의 건물에는 거의 피해가 없다. 누구나 다 느낀다.
M6.0~6.9 MMI VII~X	동네의 튼튼한 집 상당수가 피해를 입는다. 내진 건물에는 피해가 없거나 적지만 그밖의 건물에는 작거나 큰 피해를 준다. 지진이 난 중심지에서는 세차게 흔들리며 수백 킬로미터 밖에서도 느껴진다.
M7.0~7.9 MMI VIII 이상	거의 모든 건물이 부서지거나 넘어지며 일부는 심하게 파괴된다. 내진 건물도 피해를 입을 수 있다. 아주 먼 데에서도 느낄 수 있지만 피해 지역은 주로 진앙지에서 250km 안쪽이다.
M8.0~8.9 MMI VIII 이상	주요 건물이 파괴된다. 튼튼하거나 내진 설계된 건물도 피해를 입는다. 아주 먼 거리에까지 느껴지며 파괴가 일어난다.
M9.0 이상 MMI VIII 이상	모든 건물이 심히 또는 완전히 파괴된다. 진동과 파괴가 아주 먼 데에까지 퍼진다. 지형이 완전히 바뀐다.

균류(fungus)

넓게 보면 세균과 같은 다른 것들도 포함되지만, 대개 곰팡이, 버섯, 효모 무리를 균류라고 한다. 이것들은 모두 녹색 색소가 없어서 스스로 양분을 만들지 못하고 다른 생물이나 죽은 생물의 찌꺼기인 유기물에서 양분을 얻어서 산다. 거의 다 몸이 수많은 균사로 이루어져 있으며 홀씨를 만들어서 번식한다.

균류는 땅위든 물속이든 가리지 않고 어디서나 산다. 버섯은 죽었거나 썩어가는 물질에서 양분을 얻어서 산다. 곰팡이나 깜부기는 살아 있는 생물에 기생한다. 몇몇 균류는 다른 유기체와 서로 도와가며 산다. 또 어떤 것은 다른 식물의 뿌리에서 탄수화물을 빨아먹는 대신에 수분과 함께 인이나 칼륨 같은 중요한 무기물을 공급해 준다. 크고 작은 나무와 풀이 거의 다 균류와 이런 관계를 맺고 있다. → 곰팡이

버섯 미디어뱅크 사진

균사(hypha)

버섯이나 곰팡이의 몸이다. 씨가 아니라 포자, 곧 홀씨로 번식하는 버섯이나 곰팡이는 뿌리, 줄기 및 잎의 구별이 없다. 그래서 포자가 알맞은 곳에 떨어지면 싹이 터서 아주 가느다란 실처럼 자라면서 널리 퍼진다. 이 실 같은 것을 균사 또는 팡이실이라고 한다.

버섯의 균사가 땅속에서 왕성하게 자라면 마치 거미줄처럼 하얗게 얽힌다. 그리고 군데군데에서 버섯이 자라나 땅 위로 솟아오른다. 이 버섯의 갓 밑에서 포자가 만들어지며 익으면 공중에 흩어진다. 곰팡이도 비슷하다. 균사가 충분히 자라면 그 끝에 아주 작고 까맣거나 붉은 주머니가 달리는데, 그 속에 포자가 들어 있다. 이

포자가 익어서 주머니가 터지면 포자가 쏟아져 나와 공중에 떠다닌다. 포자가 너무나 작고 가볍기 때문이다.

이런 것들이 물, 온도 및 양분의 세 가지 조건이 알맞은 곳에 떨어지면 싹이 터서 균사를 낸다. 그래서 새로운 버섯이나 곰팡이로 살아가게 된다.

귤(Chinese orange)

귤나무의 열매로서 우리나라에서는 겨울이 시작될 무렵에야 익는 과일이다. 맛이 새콤달콤하고 비타민C가 많이 들어 있어서 사람들이 좋아한다. 여러 가지 종류가 있으나 가장 흔한 것은 온주밀감이다.

귤나무는 늘푸른나무로서 키가 10m까지 자란다. 6월쯤에 하얀 꽃이 피며 10월쯤에 열매가 익기 시작한다. 처음에는 초록색이던 열매가 익으면서 차츰 노랗게 물든다. 귤나무는 따뜻한 지방에서 자라는 나무여서 제주도와 남쪽 해안 지방에서만 자랄 수 있다. 온주밀감은 서기 1911년에 일본에서 들여왔다.

미디어뱅크 사진

그래프(graph)

양이나 변수의 상대적 크기를 나타내는 도표이다. 통계 수치를 인상 깊게 보여 줄 수 있다. 선그래프, 막대그래프, 파이그래프 등이 있다.

그림자(shadow)

빛은 곧게 똑바로 나아간다. 이런 빛이 나무나 돌처럼 불투명한 물체에 가로막히면 그것을 뚫고 지나가지 못한다. 그래서 그 물체 뒤에 어두운 부분이 생긴다. 이 어두운 부분은 검지만 그 진하기는 저마다 조금씩 다르다. 이것이 그림자이다.

그림자의 모양은 빛을 가로막은 물체의 가장자리 모양과 똑같다. 빛이 공기 속에서 똑바로 나아가기 때문에 그림자의 모양이 그렇게 되는 것이다. 그러나 빛이 물이나 유리처럼 투명한 물체를 만나면 대개 그것을 통과하기 때문에 그림자가 거의 생기지 않는다. 또 반투명한 물체에 가로막히면 빛이 조금밖에 통과하지 못하므로 옅은 그림자가 생긴다. → 빛

돌바닥에 드리운 풀의 그림자

그믐달(new moon)

음력으로 그믐날, 곧 한 달의 맨 마지막 날에 뜨는 달이다. 이 날에는 달이 태양과 지구 사이에 들어서서 햇빛을 받지 못하는 뒤쪽만 지구를 향한다. 그래서 우리 눈에는 그저 깜깜하다.

밝고 둥그런 보름달에서 14일쯤 지나면 그믐달이 된다. 보름날이 지나면 달이 날마다 조금씩 가려져서 덜 보이다가 마침내 안 보이게 되기 때문이다. 그리고 다음날부터 달의 동쪽 가장자리에서 마치 손톱 같은 가느다란 초승달이 다시 나타난다. → 달

근육(muscle)

팔에 힘을 주면서 구부리면 알통이 나온다. 그러나 팔을 펴면 알통이 없어진다. 이 알통은 피부 안쪽에 있는 근육이 뭉쳐서 만들어지는 것이다.

근육은 피부의 안쪽에 있다. 오므라들고 늘어나서 몸이 움직이게 한다. 보통 가운데가 볼록하고 양쪽 끝은 가늘고 질긴 힘줄로 되어서 뼈에 단단히 붙어 있다. 팔, 다리, 손가락에 붙은 근육은 몸을 구부렸다 폈다 할 수 있게 한다. 팔이나 다리를 굽히면 안쪽의 근육이 불룩 튀어 나오고 바깥 쪽 근육은 늘어난다. 그러나 다시 펴면 안쪽의 근육이 늘어나고 바깥쪽의 근육이 오므라든다. 뺨에 있는 근육은 아래, 위, 옆으로 움직일 수 있다. 눈망울에 붙어 있는 근육은 눈망울을 움직일 수 있게 한다. 심장이나 위나 창자에도 근육이 있어서 혈액을 돌게 하거나 소화를 돕는다.

다리나 손가락이나 눈에 있는 근육은 마음대로 움직일 수 있다. 팔이나 다리에 붙어 있는 근육도 그렇다. 이와 같이 마음대로 움직일 수 있는 근육은 모양이 가로로 길게 되어 있으므로 가로무늬근이라고 한다. 또 마음대로 움직일 수 있기 때문에 맘대로근이라고도 한다. 그러나 심장이나 위에 있는 근육은 마음대로 움직일 수 없다. 태어나서부터 죽을 때까지 제멋대로 움직이는 이 근육은 가로무늬가 없기 때문에 민무늬근이라고 하며 제대로근이라고도 한다.

근육을 잘 나타낸 조각상 Anthony Majanlahti, CC-BY-2.0

근육에는 혈관과 신경이 많이 뻗어 있다. 신경을 통해서 뇌의 명령이 전해지면 근육이 늘어나거나 줄어들어서 몸을 움직인다. 사람의 몸에는 근육이 650개쯤 있다. 가로무늬근은 운동을 하면 쉽게 피로해진다. 그러나 민무늬근은 움직임이 느리지만 쉽게 피로해지지 않는다.

근육은 사람에게만 있는 것이 아니라 움직이는 모든 동물에게 다 있다. 근육을 이루고 있는 물질 가운데 4분의 3은 수분이며, 나머지 4분의 1은 단백질이다.

금(gold)

먼 옛날부터 사람들이 귀하게 여겨 온 금속이며 원소 가운데 하나이다. 색깔이 노래서 흔히 황금이라고도 한다.

땅속에 순수한 금 알갱이나 덩어리로 묻혀 있기도 하지만, 대개 다른 광물과 함께 섞여서 암석에 들어 있다. 금이 들어 있는 광석이 풍화되어서 금 알갱이가 물에 씻겨 내려가면 강이나 바닷가에 퇴적된다. 이런 금을 사금이라고 한다.

금은 매우 부드럽고 잘 늘어나는 금속이다. 그래서

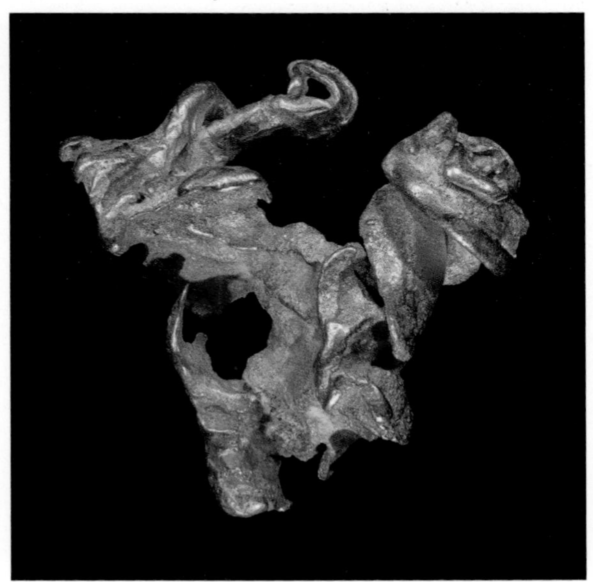

자연산 금 Didier Descouens, CC-BY-SA-4.0

아주 가느다란 실이나 얇은 종이처럼 만들 수 있다. 또 전기를 잘 통하며 열도 잘 전달한다. 공기 속이나 물속에서 변하지 않으며 녹슬지도 않는다.

금은 먼 옛날부터 세계 여러 고장에서 돈이나 장식품 또는 장신구로 많이 쓰였다. 오늘날에도 많은 나라에서 화폐의 기준으로 쓰인다. 또한 여러 가지 과학 기구나 전자 제품에 없어서는 안 될 금속이어서 그 가치가 나날이 치솟고 있다. 따라서 모든 나라가 다투어 금을 모아 두려고 애쓴다.

금강모치(*Rhynchocypris kumgangensis*)

물이 맑고 차며 바닥에 자갈이 깔려 있는 하천의 상류에서 사는 민물고기이다. 잉엇과에 딸린 물고기로서 다 자라면 몸길이가 7~8cm쯤 된다. 우리나라 특산 물고기로서 금강산 골짜기의 냇물에서 처음으로 발견되었다.

몸은 거의 통처럼 둥그렇지만 옆으로 좀 납작하다. 주둥이 끝이 뾰족하며, 위턱보다 아래턱이 조금 더 짧다. 짙은 갈색의 옆줄이 있으며, 꼬리지느러미가 깊게 갈라져 있다. 몸빛깔은 등쪽이 어두운 갈색이며, 배쪽은 하얗다. 물 깊이의 가운데쯤에서 헤엄쳐 다니며 작은 곤충이나 갑각류 동물을 잡아먹고 산다.

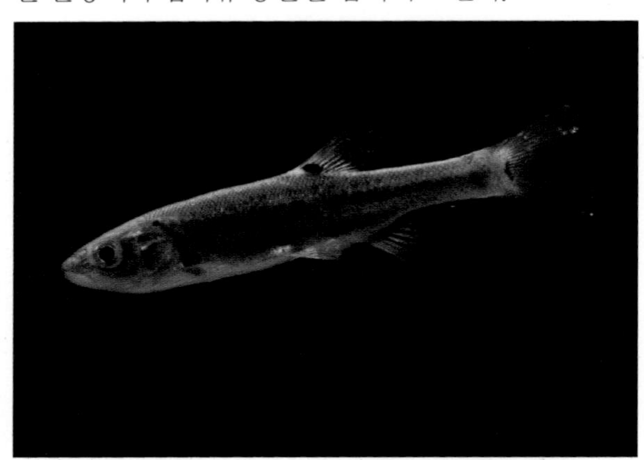

미디어뱅크 사진

금붕어(goldfish)

흔히 어항 속에 넣어서 기르는 민물고기이다. 생김새나 색깔 및 크기가 여러 가지이다. 본디 붕어와 같은 종류였지만 오랜 세월에 걸쳐서 집 안의 작은 못이나 어항에서 기르기에 알맞게 개량되었다. 따라서 이제는 자연에서 살기 어려운 물고기이다. 하지만 잘 보살펴 주면 어항에서 살면서 잘 자라 알을 낳으며 그 알에서 새끼가 깨 나온다.

금붕어를 기르려면 크기와 수에 알맞은 어항을 준비한다. 지름이 30cm쯤 되는 둥근 어항이면 몸길이 5cm쯤 되는 금붕어 3~4마리가 알맞다. 물은 샘물이나 강물이 좋다. 수돗물은 받아 놓은 지 2일쯤 지난 다음에 쓴다. 물은 늘 깨끗이 해 주고, 산소를 충분히 공급해 주며, 먹이를 좀 적게 주어서 질병의 예방에 힘써야 한다. 먹이는 사람이 만든 물고기밥이나 실지렁이 따위이다.

미디어뱅크 사진

금성(Venus)

이른 아침 해가 뜰 무렵에 동쪽 하늘에서 밝게 빛나는 별이다. 흔히 샛별이라고 한다.

태양의 둘레를 도는 행성 가운데 하나로서 수성 다음으로 태양에 가까운 공전 궤도에 떠 있다. 크기가 지구보다 아주 조금 작다. 그러나 지구형 행성이어서 표면이 바위투성이이며 높은 산과 골짜기, 고원 지대, 화산과 분화구, 용암으로 뒤덮인 평원 등이 있다. 그러나 물은 없고 아주 적은 양의 수증기가 대기에 섞여 있을 따름이다.

항상 이산화탄소와 황산 따위로 이루어진 두꺼운 구름층에 가려 있다. 그래서 그 밑은 온실 효과로 말미암아 기온이 평균 465℃에 이르며 늘 바람이 세게 분다.

금성은 천왕성과 함께 지구나 그밖의 행성들과는 반대로 동쪽에서 서쪽으로 자전하는 두 행성 가운데 하나이다. 그래서 금성에서 보면 해가 서쪽에서 떠서 동쪽으로 질 것이다. 이렇게 한번 자전하기에 지구의 날로 243일이 걸리며 태양의 둘레를 한 바퀴 공전하는 데에 약 225일이 걸린다. 자전하는 속력이 태양계의 행성들 가운데 가장 느려서 하루가 1년보다 더 길다. 아직까지 위성은 발견되지 않았다.

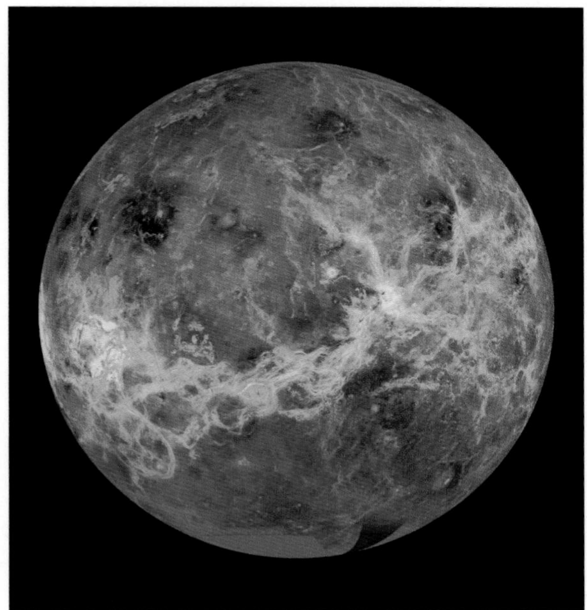

레이더로 표면을 촬영한 금성 NASA, Public Domain

반지름	평균 6,052km
태양과의 거리	평균 1억 800만km
자전 주기	243일
공전 주기	225일
대기	이산화탄소 96.5%, 질소 3.5%, 기타 아주 조금씩
평균 표면 온도	462℃
위성	0개

금속(metal)

금, 은, 철, 구리, 알루미늄, 납 따위는 모두 금속이다. 금속은 보통 온도에서 고체이며, 전기와 열을 잘 전달한다. 또 표면이 반짝거리며, 얇은 판으로 펴거나 가는 실처럼 뽑을 수 있다. 금이나 구리 같은 몇 가지 금속 말고는 대개 은색에 가까운 색깔을 띤다. 수은은 보통 온도에서 액체 상태로 있는 하나뿐인 금속이다. 그러나 수은도 온도를 낮춰서 고체로 만들면 여느 금속과 같은 성질을 띤다.

금속은 대개 산소, 황, 탄소 등과 함께 섞여서 땅속에 묻혀 있다. 이런 광석을 캐내서 용광로에 넣어 녹이거나 전기로 분해해서 순수한 금속만 가려낸다. 금속은 온도에 따라서 부피가 늘거나 줄며, 온도를 충분히 높여 주면 액체나 기체가 된다. 금속이 녹는 온도는 종류에 따라 다른데, 수은은 −39℃에서 녹고 중석은 3,400℃에서 녹는다. 녹은 금속이 식어서 고체로 될 때에는 원자가 규칙적으로 배열되어서 결정을 이룬다. 금속의 결정은 너무나 작아서 맨눈으로는 볼 수 없다. 금속을 원하는 모양으로 만들려면 녹여서 틀에 부어 식히거나 뜨겁게 달궈서 망치로 두드려야 한다.

금속에는 순수한 금속과 합금이 있다. 순수한 금속은 한 가지 원소로만 이루어진 것으로서 지구에 약 70가지가 있다. 합금은 순수한 금속이 지닌 단점을 보완하려고 다른 원소와 섞은 것으로서 금속과 같은 성질을 띤다. 많이 쓰이는 합금으로는 구리와 아연을 섞은 황동, 구리와 주석을 섞은 청동, 구리와 아연과 니켈을 섞은 양은, 철과 탄소를 섞은 강철, 구리와 알루미늄과 마그네슘을 섞은 듀랄루민 따위가 있다.

사람이 가장 먼저 쓰기 시작한 금속은 금, 은, 구리 등이다. 이런 금속은 순수한 상태로 나는 일이 많아서 쉽게 구할 수 있었다. 그러나 금속을 제대로 이용하기는 철이 발견된 뒤부터이다. 철은 풍부하고 단단하여 무기나 농사 도구를 만드는 재료로 널리 쓰였으므로 인류의 생활을 크게 바꿔 놓았다. 철은 지금까지 가장 많이 쓰이는 금속이다.

전기 분해된 구리 알갱이들 Simon Klein, CC-BY-SA-4.0

금잔화(field marigold)

흔히 화단에 심는 꽃으로서 한해살이풀이다. 여름 6월부터 9월 사이에 국화꽃처럼 좁고 긴 꽃잎이 한 줄로 빙 둘러 박힌 노란 꽃이 핀다. 유럽의 남부 지중해 연안 지방이 원산지이다.

Alvesgaspar, CC-BY-SA-3.0 GFDL

봄이면 긴달걀꼴 잎이 뿌리에서 모여 나며 줄기는 바로 서는데 밑에서부터 가지가 난다. 키는 20~50cm로 자란다. 길둥그렇게 생기고 잎자루가 없는 줄기 잎은 어긋나며 가장자리에 톱니가 있다. 줄기와 잎 모두에 털이 난다. 꽃은 줄기와 가지 끝에 한 개씩 피는데 지름이 10원짜리 동전만하다.

금호선인장(barrel cactus)

사막에서 사는 여러 가지 선인장 가운데 하나이다. 둥그런 공 모양의 줄기 표면에 빙 돌아가며 위아래로 골이 파이고 가시가 많이 나 있다. 줄기 속에 물이 저장되어 있는데, 겉에 난 가시는 수분의 증발을 막으려고 잎이 변한 것이다.

우리나라에서는 아무 땅에서나 살지 못한다. 특별히 마련한 온실 안에서 심어 가꾸어야 한다.

미디어뱅크 사진

기계(machine)

힘의 방향이나 세기를 변화시켜서 일을 쉽게 하게 하는 장치이다. 기계라고 하면 얼핏 톱니바퀴와 축 및 온갖 움직이는 부속품들로 아주 복잡하게 만들어진 것을 생각하기 쉽지만, 기본적인 기계는 사실 아주 간단한 것들이다. 지레, 도르래, 축바퀴, 경사면, 쐐기 및 나사가 가장 기본이 되는 6 가지 기계이다. 그러나 도르래와 축바퀴는 특별한 형태의 지레로 볼 수 있으며, 쐐기와 나사도 특별한 형태의 경사면으로 볼 수 있으므로, 사실 가장 기본적인 기계는 2 가지로서 지레와 경사면뿐인 셈이다.

지레를 이용하면 작은 힘으로 큰일을 할 수 있다. 공사장 같은 데에서 보면 커다란 돌덩이 밑에 지레의 한쪽 끝을 밀어 넣고 지레 밑에 작은 돌멩이나 통나무를 받친 다음에 지레의 다른 쪽 끝을 눌러서 큰 돌덩이를 움직인다. 이것은 아래로 누르는 작은 힘으로 위로 들어 올리는 큰 힘을 내는 예이다. 장작을 팰 때 조그만 틈 사이에다 쐐기를 박고 망치로 두드리면 장작이 쪼개진다. 칼, 못, 도끼 따위는 모두 쐐기의 다른 형태이다. 나사는 두 물건을 단단히 합쳐 주거나 서로 떼어 놓는다. 나사를 이용한 장치인 잭으로 무거운 자동차를 들어 올리는 것을 흔히 볼 수 있다.

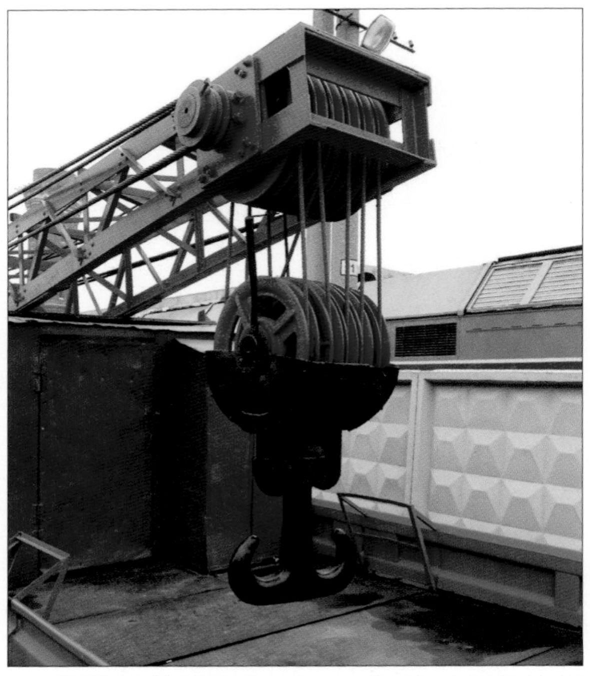
간단한 기계인 도르래 User:George Shuklin, CC-BY-SA-1.0

가장 간단한 기계는 경사면이다. 이것을 이용하면 힘을 덜 들이고 무거운 물건을 밀거나 끌어서 위로 올릴 수 있다. 드럼통 따위를 자동차에 실을 때 이런 예를 본다. 도르래는 우물에서 볼 수 있다. 우물에서 쓰는 도르래는 줄을 아래로 당겨서 두레박이 위로 올라오게 한다. 이것은 들이는 힘의 세기는 같지만 그 방향이 바뀌게 한다. 그러나 기중기 따위에서는 도르래가 더 복잡하게 쓰여서 작은 힘으로 큰일을 하게 한다. 간단한 기계 가운데 가장 중요한 것은 축바퀴이다. 톱니바퀴가 그 예로서 시계와 같은 모든 복잡한 기계에 널리 쓰인다.

과학적으로 말하자면 시계나 컴퓨터는 기계가 아니다. 이것들은 정보를 제공할 뿐이지 힘을 변화시키지 않기 때문이다. 따라서 전동기나 엔진도 기계가 아니다. 이것들은 힘을 변화시키는 것이 아니라 힘을 만들어내기 때문이다.

기공(stoma)

식물의 겉면에 있는 작은 구멍이다. 잎에 많이 있는데, 특히 잎의 뒷면에 많다. 맨눈에는 보이지 않을 만큼 아주 작다.

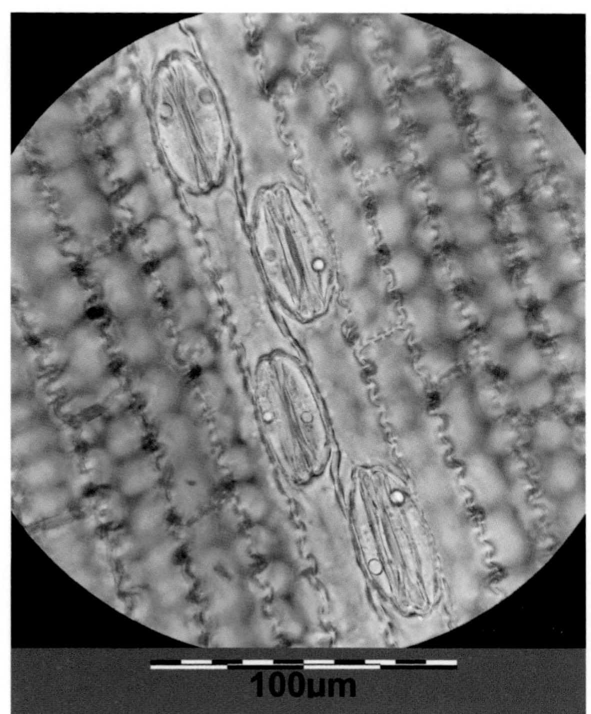

잎의 아랫면에 있는 기공 Stefan.lefnaern, CC-BY-SA-4.0

식물은 이 작은 구멍들을 통해서 광합성에 필요한 이산화탄소를 받아들이고, 광합성으로 생긴 산소와 뿌리에서 빨아들인 물을 수증기로 내보낸다. 거의 모든 식물은 기공이 잎의 뒷면에 많지만 수련이나 연꽃처럼 물에 뜨는 식물은 잎의 앞면에 많다.

기관(windpipe)

숨을 쉴 때에 공기가 드나드는 길이다. 사람의 기관은 길이가 11cm, 굵기는 엄지손가락만하며, 목 윗부분부터 가슴까지 뻗어 있다. 숨통이라고도 한다.

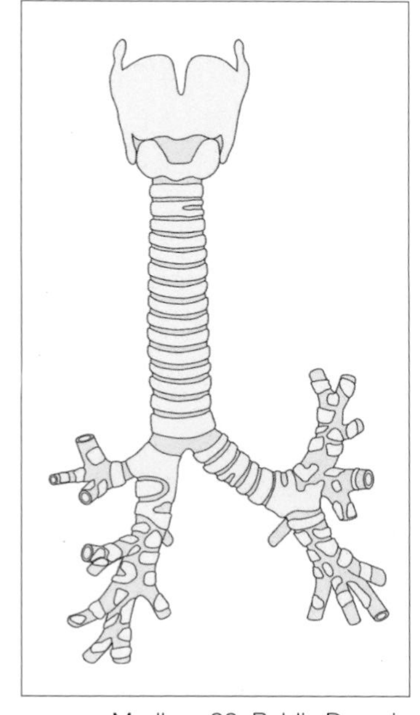

Madhero88, Public Domain

기관의 얼개는 고리처럼 생긴 물렁뼈들을 포개 쌓아서 근육으로 이어놓은 것과 같다. 안쪽 벽은 끈끈한 막으로 덮이고 가는 털이 수없이 많이 나 있다. 공기에 섞여서 기관으로 들어온 먼지는 이 털에 걸러져서 가래가 되어 몸 밖으로 내보내진다. 그리고 물이나 밥 알갱이 같은 물질이 잘못 들어오면 기침이 나서 밖으로 내보내진다. 등뼈가 있고 공기 호흡을 하는 동물은 대개 이런 기관이 있는데, 그 생김새나 위치는 동물에 따라서 다르다. 새 종류는 기관이 매우 길며, 개구리와 같은 양서류는 아주 짧다.

기관지(bronchial tube)

사람의 기관은 가슴에 이르러서 두 갈래로 갈라져 각각 왼쪽과 오른쪽 허파에 이어진다. 이렇게 갈라진 기관을 기관지라고 부른다. 이 두 갈래의 기관지는 마치 나뭇가지처럼 계속해서 여러 갈래로 더 갈라지고 가늘어져서 마지막에 허파꽈리에 이르는데, 이렇게 가늘어진 기관지는 지름이 1mm도 안 된다.

기둥선인장(saguaro)

미국의 캘리포니아 주와 애리조나 주 및 멕시코에 있는 사막에서 자라는 커다란 나무 같은 선인장이다. 겉모양이 위아래로 수많은 골이 패인 원기둥 같은데, 키가 12m 넘게 자라며 대개 150년 넘게 산다. 씨가 싹이 터 자라기 시작한지 75~100년 사이에 첫 가지를 뻗으며 그 뒤로 가지를 더 내서 모두 20개가 넘기도 하지만 더러 전혀 가지를 뻗지 않는 것도 있다. 자라는 속도는 사는 곳의 강수량에 따라서 저마다 다르지만 무척 더딘 편이다.

이 선인장은 4~6월에 해가 지면 줄기와 가지의 끝에 흰 꽃이 피어서 다음날 오후까지 간다. 커다란 꽃 속에 다음날 아침까지 꿀이 많이 나므로 벌새, 박쥐, 꿀벌 따위가 다투어 찾아와 꽃가루받이를 돕는다. 그러면 짙은 붉은색 열매가 열려 10월쯤에 익는데, 그 속에 2,000개쯤 되는 씨와 함께 맛이 좋은 살이 차 있어서 그 지방 사람들의 좋은 먹을거리가 된다. 이 커다란 선인장은 뿌리가 제 키만큼 넓게 퍼지지만 땅속 깊이 박히지는 않기 때문에 나이가 들면 제 몸무게를 이기지 못하고 폭풍우 따위에 뽑히고 만다.

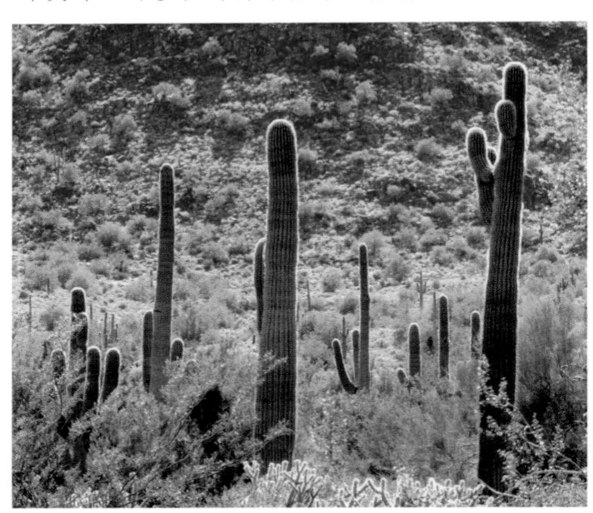

Venske, CC-BY-3.0 GFDL

기름(oil)

동물이나 식물 또는 땅에서 나온 물질로서 미끈거리고 끈적끈적하다. 대개 보통 온도에서 액체 상태이다.

불에 잘 타지만 물과 잘 섞이지 않는다. 식물성 기름이나 동물성 기름은 식용이나 여러 가지 공업의 원재료로 쓰인다. 또 땅속에서 뽑아 올린 석유는 불을 밝히는 데에나 연료로 쓰이며 온갖 화학 제품의 원재료가 되기도 한다.

몇 가지 식용 기름 Netojinn, CC-BY-SA-4.0

기름야자(oil palm)

야자나무의 한 가지로서 서부 아프리카가 고향인 늘푸른큰키나무이다. 키가 20m 안팎에 이르며 그 꼭대기에 20~40개의 깃꼴겹잎이 달린다. 이 야자나무의 열매에서 좋은 기름을 짤 수 있으므로 열대 지방에서 많이 재배한다.

크기가 대추만하고 익으면 색깔이 주황색인 열매가 한 200개씩 커다란 송이를 이루어 무더기로 열리는데 이런 송이가 나무 한 그루에 10~15개씩 달린다. 이 송이를 따서 공장으로 보내면 열매를 낟알로 따 모아서 소독한다. 그리고 기계로 짓이겨서 거친 기름을 짜낸 뒤에 정제하면 맑고 깨끗한 기름이 된다.

흔히 팜유라고 하는 기름야자 기름은 온 세계에서 널리 쓰이는 식물성 기름이다. 우리나라에서는 콩기름과 유채기름 다음으로 많이 쓰는 식용유이다. 그밖에도 아이스크림, 마가린, 비누 등 여러 가지를 만드는 원재료가 된다.

기름야자나무의 열매 Cayambe, CC-BY-SA-3.0 GFDL

기린(giraffe)

세상에서 제일 키가 큰 짐승이다. 다 자란 수컷은 키가 사람의 어른보다 3배나 더 크다. 다리와 목이 유난히 길지만, 목뼈의 수는 여느 포유류와 마찬가지로 7개뿐이다. 머리통은 작고 좁으며 쫑긋한 두 귀 사이에 짤막한 뿔이 둘 난다. 그러나 가끔 이마에 작은 뿔이 한 개 더 난 것도 있다. 온몸에 짧고 부드러운 털이 나 있는데, 갈색 바탕이 흰 털로 이루어진 줄로 조각조각 나뉘어 있기 때문에 얼룩덜룩해 보인다. 그래서 숲 속에 서 있으면 눈에 잘 띄지 않는다.

기린은 아프리카 대륙의 무더운 초원에서 살지만 풀은 먹지 않고 나뭇잎만 따 먹는다. 키가 크기 때문에 다른 짐승은 도저히 닿을 수 없을 만큼 높은 데에 있는 나뭇잎을 따 먹을 수 있다. 그러나 물을 마시려면 긴 앞 다리를 양쪽으로 쫙 벌려서 키를 낮춰야 한다.

보통 무리 지어 살며 느릿느릿 걸어 다니지만 급하면 말보다 더 빠르게 달릴 수 있다. 서로 싸울 때에는 머리를 망치처럼 휘저으며 앞뒤다리로 찬다. 털가죽을 노리고 사냥하는 사람 말고는 적이 거의 없지만 가끔 사자에게 잡아먹히기도 한다. 새끼는 한 번에 한 마리만 낳아서 젖을 먹여 기른다. 태어난 지 2~3일이면 새끼가 종종걸음으로 어미 뒤를 따라다닐 수 있다.

기상청(Meteorological Administration)

날씨와 관련된 여러 가지 일을 맡고 있는 정부 기관이다.

날씨에 가장 큰 영향을 미치는 것은 공기의 상태와 움직임이다. 그래서 전국 여러 곳에 기상 관측소를 두고 끊임없이 기압, 기온, 습도, 강수량, 바람의 세기와 방향, 구름의 양과 종류 등을 조사한다. 또 바다에 띄운 관측 장비와 배를 이용하여 바다 위의 기상을 조사하며, 풍선이나 비행기로 높은 하늘의 공기 상태를 알아보고, 기상 레이더나 기상 위성 등으로 넓은 지역의 공기 상태를 관측한다.

그럼에도 한 지역의 기상 상태만으로는 날씨를 정확히 예측할 수 없다. 그래서 다른 여러 나라와 날씨 자료를 주고받는다. 이런 자료를 바탕으로 일기 예보를 비롯하여 날씨와 관련된 여러 가지 경보를 발표할 수 있다. 아울러 기상과 관련된 자료를 보관하여 미래의 기상 예측에 이용하며 홍수, 가뭄, 지진, 폭설과 같은 재해가 발생하면 다른 여러 정부 기관과 함께 그 대책을 마련한다.

미디어뱅크 사진

기압(atmospheric pressure)

우리가 숨 쉬는 공기는 지구를 에워싸고 있으며 무게가 있다. 따라서 위쪽에 있는 공기의 무게로 말미암아 아래쪽에 있는 공기가 눌린다. 이와 같이 공기의 무게로 생기는 누르는 힘을 기압이라고 한다.

기압은 위에서 아래로 뿐만 아니라 사방으로 작용한다. 물을 가득 채운 유리컵에 종이를 덮고 거꾸로 세

해발 4267m에서 꼭 닫은 플라스틱병(맨왼쪽)이 2743m와 305m(맨오른쪽)에서 찌그러진 모습
Quantockgoblin, Public Domain

워도 종이가 떨어지거나 물이 쏟아지지 않는다. 그 까닭은 공기의 압력이 유리컵을 덮은 종이를 밑에서 받쳐 주기 때문이다.

기압은 시간과 장소에 따라서 다르다. 대개 높은 곳의 기압이 낮고 낮은 곳의 기압은 높다. 그 까닭은 낮은 곳이 공기의 두께가 더 두껍기 때문이다. 같은 장소에서도 시간에 따라서 기압이 달라지기도 한다. 그러나 그 평균값은 한결같다.

땅 위에 미치는 기압의 평균값을 1기압이라고 한다. 기압의 크기는 수은 기압계 수은 기둥의 높이나 밀리바(mb)로 나타낸다. 일기도에는 주로 몇 mb로 적는다. 1기압을 수은 기둥의 높이로 나타내면 760mm이며, 밀리바로 나타내면 1013.25mb이다. 기압은 바다의 수면에서 높이가 100m씩 높아질 때마다 12mb씩 낮아진다.

공기의 양이 많아서 주변보다 기압이 더 높으면 고기압, 공기의 양이 적어서 주변보다 기압이 더 낮으면 저기압이라고 한다. 흔히 고기압일 때는 날씨가 좋고 저기압일 때는 날씨가 나쁘다.

공기는 고기압인 곳에서 저기압인 곳으로 이동한다. 이렇게 기압의 차이로 말미암아 공기가 이동하는 것이 바람이다. 또 기압은 땅 표면의 온도가 변함에 따라서 달라진다. 흙은 물보다 빨리 데워지고 빨리 식는다. 그래서 햇빛을 똑같이 받더라도 바다와 육지의 기온에 차이가 생긴다. 여름에는 육지가 빨리 데워져서 공기가 위로 올라가기 때문에 저기압이 된다. 그러나 겨울에는 육지가 빨리 식기 때문에 육지 쪽이 고기압이 된다. 따라서 여름에는 남쪽에서 북쪽으로 바람이 불고, 겨울에는 북쪽에서 남쪽으로 바람이 분다.

기온(air temperature)

겨울에는 날씨가 춥다. 그러나 난로를 피운 방 안에 들어가면 따뜻하다. 그 까닭은 난로에서 나오는 열이 방 안의 공기를 따뜻하게 데우기 때문이다. 여느 물체와 마찬가지로 공기도 열을 받으면 따뜻해지고 열을 빼앗기면 차가워진다.

공기의 온도를 기온이라고 한다. 공기가 열을 받으면 기온이 올라가고, 열을 빼앗기면 기온이 내려간다. 햇빛이 비추는 곳과 그늘진 곳의 기온을 재보면 햇빛이 비추는 곳의 기온이 더 높다. 하루에도 아침의 기온이 가장 낮고, 한낮의 기온이 가장 높으며, 저녁의 기온은 다시 낮아진다. 이렇게 시간과 장소에 따라서 기온이 다른 까닭은 공기가 받는 태양 에너지의 양이 시간과 장소에 따라서 다르기 때문이다. 기온에 가장 큰 영향을 주는 것은 태양이다. 그래서 기온은 햇볕이 직접 들지 않는 백엽상 안에서 잰 것을 기준으로 삼는다.

태양은 항상 일정하게 지구를 비추지만 지구가 좀 기울어져서 자전과 공전을 하기 때문에 때에 따라서 받는 태양 에너지의 양이 다르다. 지구의 북반구가 태양 쪽으로 기울면 햇빛이 우리나라를 거의 똑바로 머리 위에서 비추므로 태양 에너지를 많이 받아서 기온이 높다. 이때가 여름이다. 다시 말하면, 여름에는 태양의 남중 고도가 높아서 일정한 면적에 도달하는 태양 에너지의 양이 많으므로 기온이 높다.

반대로 남반구가 태양 쪽으로 기울면 햇빛이 우리

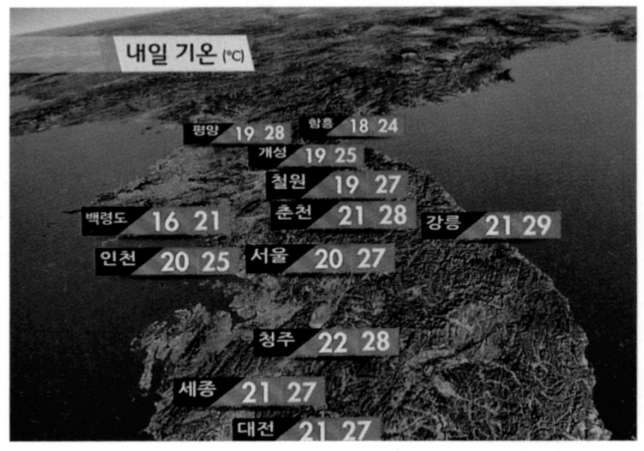

미디어뱅크 사진

나라를 비스듬히 비추기 때문에 태양 에너지를 적게 받아서 기온이 낮다. 이때가 겨울이다. 태양의 남중 고도가 낮아서 일정한 면적에 도달하는 태양 에너지의 양이 적으므로 기온이 낮은 것이다.

우리나라에서 월평균 기온이 가장 높은 달은 8월이며, 가장 낮은 달은 1월이다.

기중기(crane)

무거운 물건을 들어서 다른 데로 옮기는 기계이다. 붙박이로 장치된 것과 자동차, 기차 또는 배에 실려서 움직이는 것이 있다.

기중기는 사람이 맨 처음에 만들어낸 기계 장치들 가운데 하나이다. 이집트의 피라미드나 중국의 만리장성 같은 거대한 건축물을 만들려면 엄청나게 무거운 물체를 옮길 수 있는 기계 장치가 필요했다.

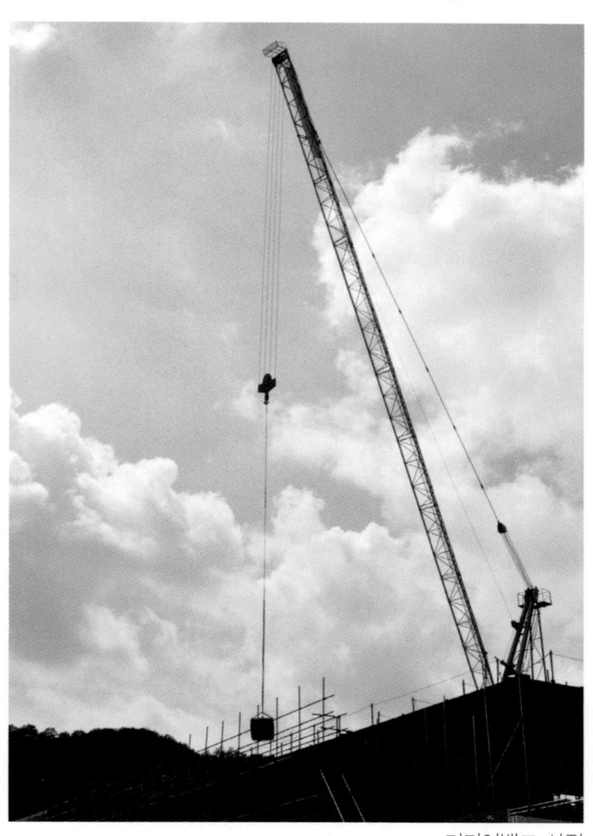

미디어뱅크 사진

기차(train)

철도로만 다니는 교통수단이다. 대개 여러 칸으로 이루어지며, 기관차가 맨 앞에서 화물차나 객차를 끈

화물열차 Rob Dammers, CC-BY-2.0

다. 기차는 다른 탈것보다 사람과 물건을 많이 싣고 멀리 갈 수 있으며 안전하다. 그래서 지금까지 중요한 교통수단으로 쓰이고 있다.

한때 유럽에서는 나무로 만든 선로에다 마차를 올려놓고 말이 그것을 끌게 했다. 그러다 영국사람 제임스 와트가 1765년에 증기 기관을 만들었다. 그러자 1804년에 리처드 트레비식이 증기 기관차를 만들어서 강철로 만든 선로 위로 달리게 했다.

그러다 1829년에 로버트 스티븐슨이 사람을 태운 객차를 끌고 먼 거리를 빠르게 달릴 수 있는 증기 기관차를 만들어냈다. 로버트 스티븐슨이야말로 기차를 현대적인 교통수단으로 만든 사람이라고 할 수 있다. 그 뒤로 증기 기관차가 온 세계에 널리 퍼져서 곳곳에 철도가 건설되었다. 기관차의 성능도 점점 좋아져서 더 많은 사람과 물건을 더 빠르게 나를 수 있게 되었다.

하지만 증기 기관차는 먼저 물을 끓이고, 이 끓는 물에서 나오는 증기의 힘으로 바퀴를 돌리기 때문에 버려지는 열이 많다. 또한 물과 석탄을 자주 공급해 주어야 하므로 불편하다. 그래서 1893년에 독일사람 루돌프 디젤이 발명한 디젤 기관이 기관차에 쓰이게 되었다. 경유를 태워서 움직이는 디젤 기관차는 비용이 덜 들고 운전하기가 쉬워서 증기 기관차보다 점점 더 많이 쓰이게 되었다.

디젤 기관차와 함께 전기 기관차도 개발되었다. 1879년에 독일에서 처음으로 쓰인 전기 기관차는 연기가 나지 않고 소음도 적어서 지하철에 많이 쓰인다. 요즘에는 시속 300km가 넘는 초고속 열차도 있는데, 이것은 거의 다 전기 기관차가 끈다.

우리나라에서는 1899년에 처음으로 서울과 인천 사이에 기차가 다니기 시작했다. 그 뒤로 발전을 거듭하여 이제는 전국의 중요한 곳들을 고속철도가 연결하고 있다. 지금 우리나라에서 가장 많이 쓰이는 기관차는 경유를 연료로 쓰는 디젤 기관차이다. → 철도

기체(gas)

빵빵하게 부푼 풍선의 주둥이를 열면 공기가 세차게 빠져 나온다. 공기는 눈에 보이지는 않지만 늘 우리를 감싸고 있다. 공기와 같은 물질이 기체이다.

기체는 눈에 안보일 만큼 작은 입자라는 알갱이로 이루어져 있다. 기체는 네모난 그릇에 담건 둥그런 그릇에 담건 그 속에 가득 찬다. 빈 풍선에다 바람을 불어 넣으면 점점 부풀어 오른다. 부푼 풍선 속에는 공기라는 기체가 들어 있다. 따라서 기체도 부피가 있음을 알 수 있다.

놀이공원 같은 데에 가면 풍선에다 헬륨 가스를 넣는 것을 볼 수 있다. 빈 풍선에 가스가 들어가면 금방 빵빵해진다. 쇠로 된 가스통 속의 헬륨 가스가 풍선 속으로 옮겨진 것이다. 이렇게 우리는 기체를 옮길 수 있다.

기체인 황화수소가 화산에서 뿜어나오며 노란 황 흔적을 남긴다

기체도 무게가 있다. 공기의 무게는 1m³에 약 1.2kg이다. 그런데 헬륨은 공기보다 더 가볍기 때문에 헬륨 가스를 넣은 풍선이 공기 속에서 하늘로 떠오른다.

같은 양의 기체를 두 배나 더 큰 그릇에 넣어 보아도 그 그릇에 가득 찬다. 기체의 양은 그 전과 같은데 부피만 2배로 늘어나는 것이다. 이런 까닭은 기체의 입자들이 서로 멀리 떨어져서 자유롭게 움직이기 때문이다. 이와 같이 기체는 담는 물체에 따라서 그 모양과 부피가 변하며 늘 담긴 물체 전체에 골고루 퍼져서 그 공간을 가득 채우는 물질의 상태이다.

기체를 물체에 넣으면 그 입자들이 돌아다니면서 물체의 벽을 때린다. 이때 벽을 조금씩 민다. 이렇게 미는 힘을 합친 것이 기체의 압력이다. 공기가 많이 들어가 팽팽해진 풍선을 눌러 보면 이런 압력을 느낄 수 있다. 같은 양의 기체를 더 큰 물체에 넣으면 압력이 줄어들며, 반대로 더 작은 물체에 넣으면 부피는 줄지만 압력이 더 커진다. 또 기체가 열을 받으면 그 분자들이 더 자유롭게 돌아다니며 압력도 더 높아진다. 따라서 부피도 더 늘어나기 때문에 고무풍선 같은 것이 부풀어 오르게 된다.

닫힌 물체에 담긴 기체의 입자들은 그 안에서만 움직이지만 그렇지 않은 기체의 입자들은 한없이 멀리 퍼져 나간다. 따라서 공기는 온 우주로 퍼져 나감직하다. 그러나 공기는 멀리 퍼져 나가 버리지 않고 담요처럼 지구를 감싸고 있다. 왜 그럴까? 그 까닭은 지구의 중력이 공기 입자들을 지구로 끌어당기고 있기 때문이다.

기체의 온도를 낮추면 그 입자의 활동이 차츰 덜 활발해지며 점점 서로 가까이 머문다. 그래서 기체가 액체가 되고, 온도를 더 낮추면 고체가 된다. 반대로 고체에 열을 가하면 액체가 되고, 열을 더 가하면 기체가 된다. 얼음과 물과 수증기의 상태 변화가 그 좋은 예이다.

기체 검지관(gas detection tube)

기체의 진한 정도, 곧 농도를 재는 기구이다. 지름이 2~4mm인 가는 유리관 속에다 기체에 잘 반응하는 물질인 검지제를 넣고 양쪽 끝을 막은 것이다.

어떤 기체의 농도를 알려면 이 검지관의 양쪽 끝을 잘라내고 기체 채취기로 뽑은 기체의 표본을 넣는다.

그러면 검지제가 그 기체와 반응하여 색깔이 변하는데, 이렇게 변한 색의 정도나 길이를 표준색과 비교해서 그 기체의 농도를 안다.

알려는 기체에 따라서 검지제가 다르다. 따라서 암모니아 검지관이나 일산화탄소 검지관 등이 따로 있다. 이런 검지관들은 쓰기에 편리하기 때문에 산업 현장에서 널리 이용된다. 탄광에서 일산화탄소의 양을 알아내는 데에도 이런 기체 검지관이 쓰인다.

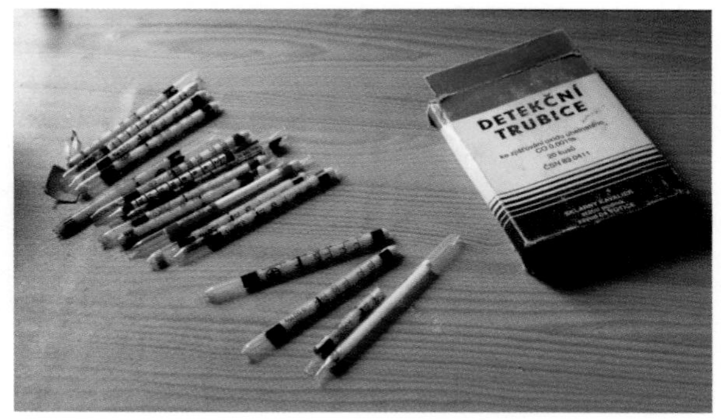

이산화탄소 기체 검지관
Aktron:Wikimedia Commons, CC-BY-3.0

기후(climate)

우리나라는 사계절이 뚜렷할 뿐만 아니라 계절에 따라서 날씨가 다르다. 그러나 세계에는 한 해 내내 덥거나, 춥거나, 비가 거의 오지 않는 곳이 있다. 이와 같이 기후는 어느 지역에서 오랜 기간에 걸쳐서 꾸준히 계속되는 평균적인 대기 상태이며 기온, 강수량, 바람 등과 관계가 깊다. 따라서 지형, 위도, 해발 고도, 바다와의 거리 등에 따라서 기후가 다르게 나타난다.

날씨는 하루에도 몇 번씩 변하지만 기후는 날씨처럼 쉽게 변하지 않는다. 오늘날 세계의 기후는 열대 기후, 건조 기후, 온대 기후, 냉대 기후, 한대 기후와 같이 크게 5 가지로 나뉜다. 이에 덧붙여서 해발 고도가 높은 지역에 나타나는 고산 기후가 있다.

열대 기후는 1년 내내 기온이 높고 비가 많이 내린다. 이런 기후 지역은 적도 주변이어서 거의 다 밀림에 덮여 있다. 건조 기후는 비가 적게 내리는 것이 특징이다. 한 해 동안의 강수량이 500mm도 채 안 된다. 따라서 이 지역은 흔히 사막이나 초원을 이루고 있으며 열대 지방 부근과 대륙의 안쪽에 나타난다. 온대 기후는 너무 덥거나 너무 춥지 않아서 사람이 살기에 알맞다. 이런 지역은 열대 지방의 남쪽과 북쪽에 자리 잡고 있으며 옛날부터 사람이 많이 모여 살았다. 따라서 문화가 발달된 곳이다. 냉대 기후는 여름에도 서늘하며 비가 적고, 겨울에는 몹시 춥다. 이런 데에서는 여름이 짧고 겨울은 길다. 한대 기후는 한 해 내내 눈이 녹지 않을 만큼 춥다. 여름이 아주 짧고 겨울은 무척 길다. 고산 기후는 바다 표면으로부터의 높이, 곧 해발 고도가 아주 높은 고장에 나타나는 기후이다. 비록 열대 지방에 자리한 곳일망정 고도가 2,000m 이상이면 평균 기온이 15℃쯤이어서 우리나라의 봄철과 비슷한 날씨이다.

또 바다와의 거리에 따라서 다르게 나타나는 기후로서 대륙성 기후와 해양성 기후가 있다. 대륙성 기후는 밤과 낮, 여름과 겨울의 기온 차이가 아주 크다. 이런 기후는 흙이 빨리 데워지고 빨리 식는 성질 때문에 나타난다. 그 대표적인 곳으로 몽골 지방을 들 수 있다. 해양성 기후는 바닷물의 영향으로 기온의 차이가 적고 안개가 많이 끼는 특징이 있다. 그 대표적인 곳으로 서유럽 지역을 들 수 있다.

기후는 사람과 동식물의 생활에 크게 영향을 미친다. 기후에 따라서 동식물의 종류와 생김새가 다르며 사람들의 집, 옷, 생활 풍습이 다르다. 나아가 발달하는 산업의 종류도 기후에 따라서 달라진다.

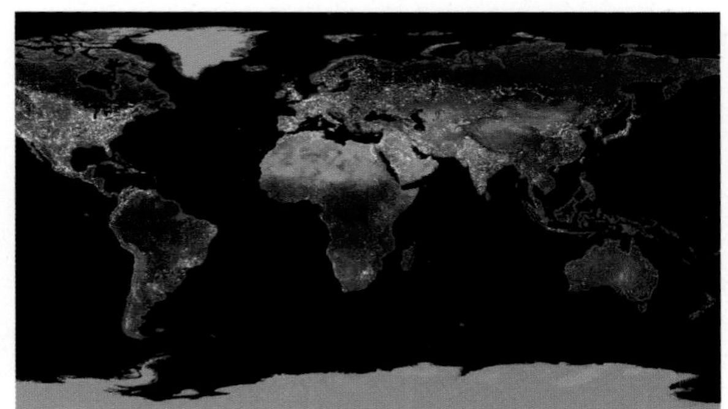

지구 온난화로 인한 해수면 6m 상승 지역(붉은 색)을 나타낸 지도
NASA, Public Domain

긴꼬리딱새(Japanese paradise flycatcher)

주로 세 가지 색깔로 되어 있다고 해서 삼광조라고도 한다. 몸이 반짝이는 검은색, 밤색, 흰색으로 덮여 있는 중간 크기의 새이다. 이른 여름에 우리나라의 남해안, 일본, 대만 및 필리핀의 맨 북쪽 지방에서 번식한다. 둥지를 트는 곳은 대개 제주도의 곶자왈처럼 늘 푸른넓은잎나무가 울창한 데이다. 그리고 새끼들이 다 자라면 중국, 필리핀의 다른 지역 및 그밖의 동남아시아 여러 나라로 날아가서 여러 가지 나무가 섞인 숲에서 살며 겨울을 난다.

다 자란 수컷은 머리가 푸른빛이 도는 검은색이며 눈 가장자리에 하늘색 동그라미가 둘려 있다. 또 뚜렷한 댕기가 있으며 특히 검은 꼬리가 27cm나 될 만큼 길다. 배는 거의 다 흰색이다. 암컷도 몸빛깔은 수컷과 비슷한 편이지만 색깔이 더 칙칙하며 꼬리가 짧다. 눈 가에 푸른 동그라미도 있으며 다리와 발은 검은색이고 짧은 부리는 푸른색이다. 긴꼬리딱새는 우리나라에서 멸종위기 야생동물 2급으로 지정되어 보호를 받는다.

Alpsdake, CC-BY-SA-4.0

김(laver)

바닷말의 한 가지이다. 바닷가의 물속 바위에 이끼처럼 붙어서 자라는 것이 많다. 대개 자줏빛이며, 얇은 나뭇잎 같은 모양을 하고 있다. 길이는 14~25cm이며, 폭은 5~12cm이다. 10월쯤에 나타나서 겨울과 봄 동안 자라고 그 뒤 차츰 줄어들다가 여름이면 사라진다.

미디어뱅크 사진

김은 맛이 좋고 영양분이 많은 식품이다. 자연에서 나는 것만으로는 모자라기 때문에 양식을 많이 한다. 우리나라 남해안과 서해안에 김 양식장이 많다. 특히 남해안의 완도는 김 양식으로 유명하다. 대나무로 엮은 발이나 합성섬유로 짠 그물에 김의 포자를 붙여서 물결이 잔잔한 만의 바닷물에 띄워 놓는다. 그리고 김이 충분히 자라면 거두어서 종이처럼 얇게 펴 말린다. 이것이 우리가 사서 먹는 김이다.

김치(kimchi)

미디어뱅크 사진

우리 민족 고유의 음식으로서 밥과 함께 먹는 반찬이다. 주로 무나 배추에 여러 가지 양념을 넣어서 담근다.

대개 무, 배추, 오이, 갓 등을 재료로 쓰며 고추, 마늘, 파, 생강, 젓갈 따위를 양념으로 쓴다. 같은 재료를 써도 담그는 방법에 따라서 여러 가지로 나뉜다. 예를 들면, 배추로 담근 김치에도 겉절이, 백김치, 보쌈김치 등이 있다. 그러나 미생물의 발효 작용으로 익는 원리는 모두 같다.

김치가 미생물에 의해 발효되면 젖산이라는 산성 물질이 만들어진다. 김치가 익으면 신맛이 나는 까닭은 이 산성 물질 때문이다. 젖산을 비롯한 산성 물질들은 김치가 독특한 맛이 나며 썩지 않게 해준다. 따라서 김치를 담그면 오랫동안 보관할 수 있다. 김장은 채소가 부족한 겨울에 채소를 먹을 수 있는 좋은 방법이다. 김치에는 나트륨과 비타민이 많이 들어 있다.

깃(feather)

새의 날개털이다. 흔히 깃털이라고 한다. 잘 나는 새도 이것이 없으면 날지 못한다. 그러니까 깃 또는 깃털은 새가 나는 일에 꼭 필요한 것이다. 새의 깃털은 짐승의 털이나 물고기 또는 뱀 따위의 비늘과 비슷한 물질로 만들어져 있다. 다만 깃털은 여러 갈래로 갈라져 있을 따름이다.

깃털은 새의 몸을 따뜻하게 해 주며 몸이 가벼워지

게 한다. 깃털에는 크게 나누어서 두 가지가 있다. 한 가지는 솜털이다. 작고 부드러우며 솜뭉치처럼 복슬복슬하게 생긴 이 털은 새의 온몸에 난다. 흔히 '다운'이라고 하는 이것들이 새의 몸을 감싸는 따뜻한 공기층을 만들어서 체온을 지켜 준다. 또 다른 것은 크고 길며 색깔과 무늬가 있는 깃이다. 이것도 온몸에 나지만 특히 날개와 꽁지에 두드러진다. 긴 심의 양쪽으로 자잘한 털이 촘촘히 죽 나서 얇은 판처럼 보이지만 실제로는 가닥마다 모두 따로따로이다. 이것들이 새가 날개를 퍼덕여서 날 수 있게 한다.

사람들은 새의 솜털이 가볍고 따뜻하므로 겨울에 덧옷이나 이불에 넣어서 쓴다. 또 길고 예쁜 깃털을 모자 따위의 장식에도 많이 쓴다. 그러나 깃털을 빼앗기는 새에게는 무척 힘든 일일 것이다. 그래서 예쁜 새의 깃털을 장식에 쓰지 못하게 하는 나라도 있다.

공작의 깃 MichaelMaggs, CC-BY-SA-3.0

까마귀(carrion crow)

크기는 비둘기만한데 온몸이 새까만 새이다. 무엇이나 잘 먹는다. 주로 숲이 있는 데에서 살지만 들로 내려와서 농작물이나 쓰레기를 쪼아 먹기도 한다.

떼 지어서 살지만 무리를 이끄는 지도자는 없다. 그래도 매우 영리해서 다른 새의 울음소리를 흉내 내기도 한다. 이른 봄 2~3월에 나무 위에 둥지를 틀고 알을 낳아서 새끼를 친다.

미디어뱅크 사진

까막딱따구리(black woodpecker)

몸집이 큰 딱따구리 가운데 한 가지로서 매우 보기 드문 새이다. 몸길이가 46cm, 날개의 길이는 25cm쯤 된다. 온몸이 까만데 수컷의 정수리와 암컷의 뒤통수만 빨갛다.

대개 바늘잎나무와 넓은잎나무가 섞인 숲에서 살며 나무껍질 속에서 사는 벌레를 잡아먹는다. 큰 나무에 주둥이로 구멍을 파서 둥지를 만든다.

Francesco Veronesi, CC-BY-SA-2.0

까치(magpie)

흔한 텃새이다. 까마귓과의 새로서 크기도 까마귀만한데 꽁지가 길다. 깃털의 색깔이 머리에서 등까지는 검고 어깨, 배, 허리는 희다.

흔히 마을 주변에 있는 큰 나무 위에 커다란 둥지를 틀고 봄에 새끼를 친다. 가끔 전신주 위에 둥지를 틀어서 말썽을 부리기도 한다. 무엇이나 잘 먹으며, 제 텃세권에 들어온 다른 새를 쫓아내기도 한다.

미디어뱅크 사진

깔때기(funnel)

주둥이가 좁은 그릇에 액체를 부을 때 쓰는 기구이다. 원뿔을 뒤집어 놓은 것처럼 위가 넓고 아래로 내려갈수록 좁아지며 맨 밑 꼭지 부분은 가는 관으로 되어 있다. 이 가는 관을 병이나 그릇의 주둥이에 넣고 깔때기에 액체를 부으면 흘리지 않고 넣을 수 있다.

미디어뱅크 사진

깨(sesame)

참깨나 들깨를 두루 일컫는 말이다. 두 가지 다 한해살이풀로서 수천 년 전부터 농작물로 가꾸어 왔다. 참깨나 들깨를 볶으면 맛이 고소하므로 양념으로 쓰거나 기름을 짜서 먹는다. 참깨에서 짜낸 기름을 참기름, 들깨에서 짜낸 기름을 들기름이라고 한다.

꽃이 핀 참깨 미디어뱅크 사진

꼬치동자개(*Pseudobagrus brevicorpus*)

몸길이가 6~9cm쯤 되는 민물고기이다. 물이 맑고 자갈이 많은 하천에서 산다. 낙동강, 금강, 한강 상류에서 볼 수 있다. 낮에는 큰 돌 밑에 숨어 있다가 밤에 나와서 물속의 곤충을 잡아먹는다. 온몸이 누런 바탕에 크고 거뭇거뭇한 점 몇 개로 싸여 있으며 머리는 위아래로, 몸통과 꼬리는 옆으로 납작하다. 비늘이 없으며 주둥이가 넓고 둥글다. 위턱이 아래턱보다 길며 입 둘레에 수염 같은 더듬이가 네 쌍 달려 있다. 등에 등지느러미와 기름지느러미, 배에 배지느러미 한 쌍과 뒷지느러미가 달려 있으며 꼬리지느러미는 둥글다.

우리나라에서만 사는 물고기로서 천연 기념물 제455호 및 멸종위기 야생동물 1급으로 지정되어서 보호를 받는다. 따라서 함부로 잡아서는 안 된다.

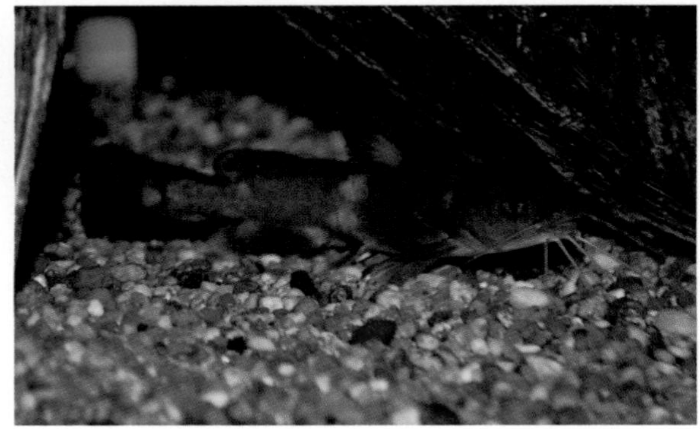

미디어뱅크 사진

꼬투리(pod)

콩과 식물의 열매를 싸고 있는 껍질이다. 식물에 따라서 모양과 크기가 다르지만, 어떤 것이나 열매가 익으면 말라서 터지면서 씨를 멀리 퍼뜨리는 구실을 한다. 가을에 콩밭에 가서 가만히 귀를 기울이면 '탁, 탁' 하며 꼬투리가 터지는 소리를 들을 수 있다.

강남콩 꼬투리 미디어뱅크 사진

꼴뚜기(*Loliginidae*)

오징어와 비슷한 연체동물이다. 오징어보다 몸통이 더 가늘고 길지만 다리는 짧아서 몸통 길이의 반쯤밖에 안 된다. 살이 부드러우며 얇고 투명한 뼈가 있다. 다리는 모두 10개이며 빨판이 달려 있다. 몸빛깔은 흰색 바탕에 자주색 점들이 박혀 있다.

우리나라의 황해에서 많이 살며 중국과 일본의 바다에서도 볼 수 있다. 꼴뚜기에는 참꼴뚜기, 화살꼴뚜기, 흰꼴뚜기 등 모두 7 가지가 있는데, 주로 얕은 바닷가에서 살며 그리 멀리 돌아다니지 않는다. 그래서 살이 연하다. 암컷은 대개 봄에 깊이가 100m 안쪽인 바다에서 알을 낳는다. 알은 대개 20~40개씩 뭉친 무더기로 되어 있다. 알에서 깬 새끼들은 자라서 1년쯤 산다.

꽃(flower)

봄이면 산과 들에 냉이, 꽃다지, 민들레, 개나리, 진달래 등의 꽃이 다투어 핀다. 이렇게 꽃이 피는 까닭은 씨를 만들어서 자손을 남기려는 것이다. 저마다 생김새, 색깔 및 크기는 다르지만 저 나름의 특징을 지니고 있다.

식물은 크게 꽃이 피는 식물과 꽃이 피지 않는 식물의 두 가지로 나눌 수 있는데, 자손을 씨로 퍼뜨리는 식물만 꽃이 핀다. 꽃이 피지 않는 이끼, 버섯, 고사리 따위는 씨로 번식하지 않는다.

꽃은 대개 꽃잎, 꽃받침, 암술, 수술의 네 부분으로 되어 있다. 그러나 어떤 꽃은 이 네 가지 가운데 한 가지가 없거나, 튤립처럼 꽃잎과 꽃받침이 똑같은 것도 있다. 이 네 가지 가운데 어느 한 가지라도 없는 꽃을 안갖춘꽃이라고 하며, 네 가지가 다 있는 꽃을 갖춘꽃이라고 한다.

갖춘꽃에서는 꽃받침, 꽃잎, 수술, 암술이 한 점을 중심으로 둥그렇게 자리 잡고 있는데, 맨 바깥에 있는 것이 꽃받침으로서 흔히 초록색이다. 꽃이 피기 전에는 이것이 봉오리를 감싸서 꽃잎을 보호한다. 꽃받침은 하나로 붙어 있기도 하고, 몇 갈래로 갈라져 있기도 한다. 꽃잎은 여러 가지 색깔을 띠며, 암술과 수술을 보호하거나 곤충을 부르는 구실을 하는데, 모양에 따라서 통꽃과 갈래꽃으로 나뉜다.

나팔꽃, 호박꽃, 도라지꽃처럼 꽃잎이 통처럼 하나로 붙어 있는 것이 통꽃이며, 유채꽃, 벚꽃, 무궁화처

수서화 **엉겅퀴꽃** **은방울꽃**

복숭아 꽃

구슬붕이

원추리

달리아

럼 꽃잎이 한 장씩 따로 떨어져 있는 것이 갈래꽃이다. 꽃잎 안쪽에 수술이 있는데, 수술은 두 개에서 수백 개에 이르기까지 그 수가 꽃의 종류에 따라서 다르다. 수술은 길쭉한 수술대와 그 끝에 달린 꽃밥으로 이루어지는데, 꽃밥에는 꽃가루가 들어 있다.

꽃의 한가운데에 암술이 있는데, 암술은 암술대와 암술머리 및 맨 아래쪽의 씨방으로 이루어진다. 암술이 다 자라면 암술머리가 끈끈해져서 여기에 꽃가루가 묻으면 떨어지지 않는다. 그래서 꽃가루받이가 이루어지고 씨방 속에서 씨가 자라게 된다. 한 꽃 속에 암술과 수술이 다 있는 꽃이 있는가 하면, 암꽃과 수꽃이 따로 피는 식물도 많다. 옥수수, 호박, 은행 등이 그런 예이다.

꽃의 색깔이나 향기는 꽃가루받이가 이루어지는 방법에 따라서 차이가 크다. 꽃가루가 바람에 날려서 꽃가루받이가 이루어지는 꽃은 대개 색깔이 밝지 않고 향기도 없다. 그러나 곤충이 꽃가루를 옮겨 주어서 꽃가루받이가 이루어지는 꽃은 색깔이 곱고 향기가 난다. 이런 색깔과 향기가 곤충을 끌어들이는 구실을 하는 것 같다. 꿀벌은 꽃꿀을 가져다 꿀을 만들고 꽃가루를 먹으며, 나비나 나방도 꽃꿀을 먹는다. → 꽃가루받이

꽃가루(pollen)

씨로 번식하는 식물이 피우는 꽃의 수술은 수술대와 꽃밥으로 이루어진다. 이 꽃밥에서 수컷 성질의 세포가 만들어지는데, 이것이 꽃가루이다.

꽃가루는 곤충이나 바람 또는 새 따위의 힘을 빌어서 암술머리로 옮겨진다. 이것이 꽃가루받이이다.

꽃가루받이(pollination)

꽃의 수술에서 만들어진 꽃가루가 암술의 머리에 묻는 일이다. 수분이라고도 한다.

수술의 꽃밥이 다 자라면 터져서 노란 먼지 같은 꽃가루가 쏟아진다. 그리고 암술머리도 다 자라면 끈끈해지므로 꽃가루가 달라붙는다.

암술머리에 붙은 꽃가루는 길게 자라서 암술대 아래에 있는 씨방으로 내려간다. 그리고 거기에 있던 밑씨와 만나서 결합하면 씨방이 자라서 열매가 되고, 밑씨는 씨가 된다. 그러나 꽃가루받이가 이루어지지 않으면 씨가 맺히지 않는다.

때로는 같은 꽃의 꽃가루가 암술머리에 묻어서 꽃가루받이가 이루어지기도 하는데, 이것을 제꽃가루받이 또는 자화수분이라고 한다. 그러나 대개 다른 그루에 핀 꽃의 꽃가루가 암술머리에 묻어서 꽃가루받이가 이루어진다. 이런 꽃은 같은 그루의 꽃가루가 암술머리에 묻어도 꽃가루받이가 이루어지지 않는다.

꽃가루를 다른 그루까지 옮겨주는 일은 바람이나 곤충이 한다. 바람의 힘으로 꽃가루받이가 이루어지는 꽃을 풍매화라고 하며, 곤충의 힘으로 꽃가루받이

꽃가루받이를 시키는 꿀벌 Luc Viatour, CC-BY-SA-3.0 GFDL

가 이뤄지는 꽃을 충매화라고 한다. 풍매화는 대개 수술대가 가늘고 길어서 바람이 조금만 불어도 잘 흔들리며 암술머리가 깃털처럼 생겨서 꽃가루가 잘 묻을 수 있게 되어 있다. 벼, 밀, 보리, 옥수수 같은 곡물류, 여러 가지 풀, 소나무 등 많은 나무의 꽃이 풍매화이다. 풍매화의 꽃은 색깔이 밝지 않고, 꽃받침과 꽃잎이 없기가 일쑤이며 향기도 없다.

곤충이 꽃가루를 옮겨 주는 충매화는 대개 꽃잎의 색깔이 곱고 향기가 난다. 이런 색깔과 향기가 벌, 나비 및 그밖의 곤충을 끌어들이는 것 같다. 꿀벌은 꽃꿀을 모아서 꿀을 만들고 꽃가루를 먹으려고 꽃을 찾아온다. 꽃가루는 한 곤충이 꽃가루를 모을 때에 그 곤충의 몸에 묻었다가 그것이 다른 꽃으로 가면 그 꽃의 암술머리에 묻는다. 그러므로 곤충은 제 먹이를 찾아다니면서 저도 모르는 사이에 식물의 꽃가루받이를 돕는 것이다.

많은 꽃이 곤충이나 바람의 힘으로 꽃가루받이를 하지만, 가끔 꽃꿀을 빨아먹는 새 덕에 꽃가루받이를 하는 것도 있다. 동백꽃은 동박새의 도움으로 꽃가루받이를 하며, 열대 지방에서는 벌새가 꽃가루받이를 돕는다. 아시아 남부에서는 열매를 먹고 사는 박쥐가 그러기도 한다. 또 어떤 꽃은 흐르는 물이 꽃가루를 옮겨 준다. 그러나 서로 다른 꽃들끼리는 꽃가루받이가 이루어지지 않는다. 예를 들면, 배꽃의 꽃가루가 사과꽃의 암술에 묻어도 사과나 배가 열리지 않는 것이다.

꽃받침(sepal)

꽃의 가장 바깥 부분으로서 꽃잎을 받쳐서 꽃을 보호하는 구실을 한다. 대개 초록색이나 갈색인데 꽃이 핀 뒤에도 꽃 밑에 붙어 있다. 어떤 꽃은 꽃잎과 꽃받침이 너무나 비슷해서 잘 구별되지 않으며, 또 어떤 꽃은 꽃잎 대신에 꽃받침의 색깔이 화려하다.

미디어뱅크 사진

꽃잎(petal)

꽃부리를 이루는 낱낱의 조각이다. 이것이 모여서 꽃이 되는데, 흔히 색깔이 고운 대여섯 조각으로 되어 있다. 그러나 전체가 하나로 된 것에서부터 수많은 조각으로 이루어진 것까지 종류가 아주 많다.

꾀꼬리(black-naped oriole)

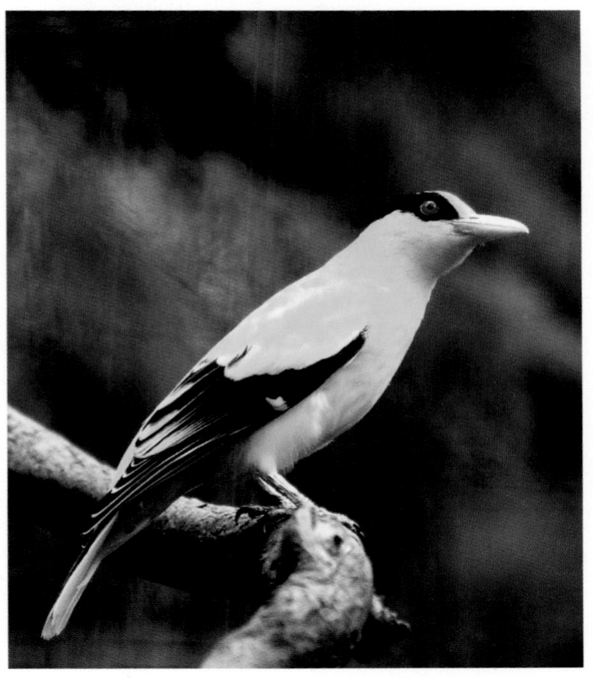

Phalinn Ooi, CC-BY-2.0

온몸이 거의 다 노랗지만 날개깃의 끝과 꼬리깃은 까만 새이다. 몸길이가 25cm쯤 되며 검은 눈선이 뒤통수까지 이어져 있다. 아시아 대륙에 널리 퍼져서 사는데 우리나라에는 봄에 찾아오는 여름 철새이다. 5~7월 사이에 숲속의 나뭇가지에다 둥지를 틀고 알을 낳아서 새끼를 기른다.

겁이 많아서 사람의 눈에 잘 띄지 않지만 가까이 다가가면 몹시 시끄럽게 울어댄다. 봄과 여름에는 곤충을 잡아먹으며 가을에는 식물의 열매를 먹고 산다. 겨울은 동남아시아의 따뜻한 지방에서 난다.

꿀(honey)

꿀 거르기
Luc Viatour, CC-BY-SA-3.0 GFDL

벌이 꽃꿀을 모아서 만들어 놓은 달콤한 액체이다. 대개 좀 노란 빛깔이며 끈적거린다. 그러나 색깔이나 향기는 벌이 무슨 꽃에서 꿀을 모아 왔는지에 따라서 다르다. 벌은 애벌레와 어른벌레가 겨울을 날 먹이로 쓰려고 꿀을 저장한다.

꿀은 물에 잘 녹으며 10~18℃ 사이에 굳어서 깔깔해진다. 설탕이 나오기 전에는 음식물에 단맛을 내는 오직 한 가지 재료였으며 약으로도 쓰였다.

꿀벌(honeybee)

꽃꿀을 모아서 꿀을 만드는 벌이다. 특히 꿀을 얻기 위해 사람이 기르는 벌을 가리킬 때가 많다. 그러나 산에 있는 바위틈이나 나무 등걸 속에다 집을 짓고 살면서 꿀을 모으는 꿀벌도 있다.

꿀벌은 네 가지 종류가 있으며, 각 종류에 따라서 몇 가지 변종이 있다. 크기나 색깔도 종류에 따라서 조금씩 다르다. 그러나 사람이 기르는 것은 몸길이가 1.2cm쯤 된다. 머리에 커다란 겹눈 2개와 홑눈 1개가 있다. 또 매우 예민한 더듬이 1쌍이 달려 있다. 날개는 2쌍이 있는데, 앞날개와 뒷날개가 이어져 있다. 모두 가족을 이루어서 생활한다. 가족은 세 가지 계급으로 나뉘는데 여왕벌, 일벌 및 수벌이다. 한 가족 안에 여왕벌은 한 마리뿐이며 일벌과 수벌은 수가 많다. 일벌도 암벌이지만 여왕벌보다 몸집이 더 작다. 수벌은 암벌보다 크다. 일벌과 여왕벌은 배 끝에 독침이 있지만 수벌은 없다. 꿀벌은 암컷이건 수컷이건 길고 대롱처럼 생긴 혀로 꽃꿀을 빤다. 일벌은 또 뒷다리 바깥에 동그랗게 움푹 파인 곳에다 꽃가루를 뭉쳐서 모은다. 벌의 종류에 따라서 다리나 배에 난 빳빳한 털 사이에다 꽃가루를 모으는 것도 있다. 벌들은 이렇게 이 꽃 저 꽃으로 돌아다니면서 먹이를 찾는 사이에 저도 모르게 꽃이나 나무를 크게 돕는다. 수꽃의 꽃가루를 암꽃에 옮겨 줌으로써 꽃가루받이가 이루어지게 하는 것이다.

일벌들은 뱃속에 저장한 꽃꿀을 뱉어서 꽃가루와 섞어 애벌레에게 먹인다. 그리고 배의 마디 사이에서 나오는 밀랍으로 알이나 꿀을 저장할 집을 짓는다. 집은 정6각형 방들이 촘촘히 이어진 모양이며, 이 방들은 양쪽으로 대칭을 이루어서 만들어진다. 그러면 여왕벌이 돌아다니면서 방마다 알을 하나씩 낳는다. 알에서 깬 애벌레는 방 안에서 일벌이 가져다주는 먹이를 먹고 자라나 그 속에서 번데기가 된다. 그리고 번데기에서 탈바꿈하여 벌이 되면 비로소 밖으로 나온다. 따라서 꿀벌은 완전 탈바꿈을 하는 곤충이다.

수벌은 아무 일도 하지 않고 놀다가 새 여왕벌이 혼인 비행을 할 때에 따라 가서 여왕벌과 혼인한다. 그래서 여름이 끝날 무렵이면 일벌들이 수벌들을 물어뜯고 내쫓아서 죽게 한다. 힘들게 일해야 하는 한여름에는 일벌들도 두세 주일 동안밖에 못 산다. 그러나 여름이 끝날 무렵에 알에서 깬 일벌들은 살아서 겨울을 난다.

꽃가루 덩이를 다리에 달고 있는 꿀벌
Dr. Raju Kasambe, CC-BY-SA-4.0

꽃밭을 발견한 일벌은 꽃가루를 가지고 집에 돌아와서 춤을 춤으로써 형제들에게 그 곳을 알려 준다. 벌집 위에서 조그만 원을 그리면서 이쪽저쪽으로 돌기를 계속하면 꽃밭이 집에서 50m 안쪽에 있다는 뜻이다. 그러나 배를 흔들면서 8자를 그리며 춤을 추면 꽃밭이 100m가 넘는 데에 있다는 뜻이다. 8자를 그리는 방향과 배를 몇 번 흔드는지에 따라서 꽃밭이 있는 방향과 거기까지의 거리를 알린다.

집 안에 꿀이 넉넉하고 식구가 너무 많아지면 일벌들이 특별한 방을 만들어서 새로운 여왕벌을 기른다. 또 어쩌다 여왕벌이 없어지면 여느 애벌레를 여왕벌이 되도록 기른다. 일벌들이 로열 젤리라고 하는 특별한 침을 뱉어서 애벌레에게 먹이면 그 애벌레가 여왕벌이 되는 것이다.

새로운 여왕벌이 생기면 전에 있던 늙은 여왕벌은 일벌들을 1만 5,000 마리쯤 데리고 집을 나와서 다른 데에다 새 보금자리를 만든다. 한편, 새 여왕벌은 밖으로 나와서 하늘 높이 날아오른다. 이때 따라 나선 수벌들 가운데 한 마리와 혼인하고 나서 집으로 돌아와 그 집안의 우두머리가 된다. 여왕벌은 여러 해 동안 살면서 1백 50만 개까지 알을 낳는다. → 벌

꿩(common pheasant)

산과 들에서 사는 텃새이다. 비교적 큰 새로서 암컷을 까투리, 수컷을 장끼라고 한다. 장끼는 꼬리가 길며 목과 머리가 짙은 녹색으로 빛나고 눈가에 붉은 피부가 드러나 있다. 또 목 아래쪽에는 흰색 띠가 둘리어 있다. 나머지 몸통 깃털은 구릿빛이다. 까투리는 장끼와 달리 꼬리도 짧고 갈색 바탕에 검은 점이 있을 뿐이어서 전체적으로 수수한 모습이다. 크기도 장끼보다 조금 더 작다.

미디어뱅크 사진

먹이는 주로 식물성으로서 풀씨나 낟알 따위이지만 곤충이나 개미 같은 것도 먹는다. 장끼 한 마리가 여러 마리의 까투리를 거느린다. 장끼는 시끄러운 소리를 내면서 울며 봄에 암컷을 차지하기 위해 서로 싸운다. 까투리는 땅바닥에다 둥지를 틀고 5~6월에 6~10개의 알을 낳아서 품는다. 새끼는 알에서 깨자마자 뛸 수 있다.

끈끈이주걱(sundew)

미디어뱅크 사진

벌레잡이 식물로서 남극 지방만 빼고 세계 어디서나 자라는 여러해살이풀이다. 온대 지방의 호수나 늪지, 열대 지방의 밀림이나 덥고 메마른 땅, 눈 덮인 북유럽의 산을 가리지 않고 어느 기후 지역에서나 산성 땅에서 산다. 모두 100 가지가 넘는 종이 있는데, 그 가운데에서 반이 넘는 것들이 오스트레일리아에서 산다.

대개 뿌리에서 둥근 잎이 뭉쳐나며, 긴 잎자루가 주걱처럼 생겼다. 곧게 서는 잎의 앞쪽과 가장자리에 빨갛고 긴 털이 나는데, 이 털에서 끈적끈적한 액체가 나와서 그 끝에 마치 이슬처럼 맺혀서 빛난다. 작은 곤충

이나 벌레가 이 액체 방울에 붙으면 털들이 안으로 굽으면서 벌레를 달아나지 못하게 막는다. 그리고 산과 효소로 된 액체가 잡은 벌레나 곤충의 살을 녹여서 그 양분을 빨아들인다. 그 뒤에 남은 껍데기나 날개 따위는 땅으로 떨어뜨려 버린다.

끈끈이주걱의 크기는 아주 여러 가지여서 가장 작은 것은 지름이 1cm밖에 안 되며 가장 큰 것은 키가 1.5m에 이른다. 때가 되면 대개 가늘고 긴 꽃대가 나와서 그 끝에 작은 꽃이 피는데 색깔은 흰색, 노란색, 분홍색, 붉은색, 자주색 등이다. 꽃잎은 5장씩이며 꽃의 한가운데에 노란 꽃술이 여럿 달린다. 긴 털이 난 잎은 대개 초록색, 초록빛이 도는 누런색 또는 붉은색이다.

끓음(boiling)

물이 든 주전자에 열을 가하면 물이 점점 뜨거워진다. 온도가 올라가기 때문이다. 그리고 얼마 지나지 않아서 물속에서 작은 공기 방울이 떠오르기 시작한다. 이때 물의 온도가 100℃이다. 계속해서 열을 가하면 공기 방울이 점점 커지고 그 수도 많아진다.

이 공기 방울, 곧 기포는 물이 수증기로 변한 것이다. 이렇게 액체인 물이 기체인 수증기로 상태가 변하는 현상을 '끓음'이라고 한다. 물은 이렇게 100℃에서 끓는데, 이것이 물의 '끓는점'이다. 보통 온도에서는 이 끓는점을 지나도록 아무리 열을 가해도 온도가 더 오르지 않고 물이 계속 수증기로 변해 날아가 버린다.

끓는점은 해수면, 곧 바닷물의 표면에서의 평균 기압인 1기압에서의 끓는 온도를 기본으로 정한 것이다. 기압이 낮아지면 끓는 온도도 낮아진다. 그런데 고도가 높아질수록 기압이 떨어지기 때문에 고도가 높으면 물질의 끓는점이 낮아진다. 물은 해수면에서는 100℃에서 끓지만, 해발 3,000m인 산 위에서는 90℃에서 끓는다.

펄펄 끓는 물 GRAN, CC-BY-3.0 GFDL

끓는점은 물질마다 다르다. 물이 끓는점은 100℃이지만, 질소는 −195.8℃이며, 철은 2,750℃이다.

ㄴ

나로호(KSLV-1 Naro Republica)

인공 위성을 쏘아 올리는 우주 로켓이다. 우리나라가 만든 최초의 우주 발사체로서 한국 항공 우주 연구원이 지난 2002년부터 러시아와의 기술 협력으로 개발하기 시작했다. 몇 번의 실패 끝에 마침내 2013년 1월 30일에 전남 고흥군에 있는 나로 우주 센터에서 '나로 과학 위성'을 쏘아 올리기에 성공했다. 이 일로 우리나라는 세계에서 11번째로 우주 로켓 발사에 성공한 나라가 되었다.

이런 경험과 기술을 바탕삼아서 우리나라는 이제 우리의 독자적인 우주 발사체를 개발하고 있다.

나로호 발사 장면 한국 항공 우주 연구원, KOGL Type 1

나무(tree)

식물의 한 갈래이다. 식물은 대개 풀과 나무로 나뉜다. 나무는 조금씩 자라면서 여러 해 동안 산다. 아울러 풀에 견주어서 대개 키가 더 크고 줄기도 더 굵으며 가지를 많이 뻗는다.

나무는 줄기, 뿌리, 잎, 및 꽃과 열매로 이루어진다. 줄기는 단단하며, 여러 해 동안 자라서 두껍게 된다. 뿌리는 흔히 땅속에 박혀 있기 때문에 나무를 뽑아야 볼 수 있다. 잎은 줄기에 달리는데, 어떤 나무의 잎은 날씨가 추워지면 단풍이 들어서 떨어진다. 나무는 또 꽃이 피며, 꽃가루받이가 되면 열매를 맺는다. 나무의 열매는 대개 동물의 먹이가 되며, 그 가운데에서 사람이 먹는 것을 특히 과일이라고 한다.

나무는 비가 거의 내리지 않는 곳이나 날씨가 매우 추운 곳을 빼고는 거의 모든 땅에서 자란다. 그러나 기후에 따라서 자라는 나무의 종류가 다르다. 열대 기후 지역에서는 잎이 넓적한 활엽수, 곧 넓은잎나무가 많이 자라며, 냉대 기후 지역에서는 잎이 가늘고 뾰족한 침엽수, 곧 바늘잎나무가 많이 자란다. 우리나라 같은 온대 기후 지역에서는 이 두 가지 나무가 다 자라는데,

미디어뱅크 사진

활엽수는 대개 가을에 낙엽이 진다.

나무의 키도 몇 센티미터밖에 안 되는 것이 있는가 하면 100m에 이르는 것까지 여러 가지이다. 대개 열대 지방이나 온대 지방에는 키가 아주 큰 나무가 자란다. 반면에 늘 기온이 낮고 바람이 많이 부는 높은 산 위나 극지방 가까이에는 키가 아주 작고 잎도 적은 나무가 흔하다. 나무가 추위와 더불어 넉넉하지 않은 햇볕의 양에 적응했기 때문이다.

나무는 한 번 싹이 나면 해마다 조금씩 자라면서 여러 해 동안 산다. 나무의 나이는 나이테로 안다. 나이테는 줄기를 자르면 둥근 고리 모양으로 나타난다. 이것은 계절에 따라서 나무가 자라는 정도가 다르기 때문에 만들어지는 무늬이다. 그러나 열대 기후 지역에는 계절의 변화가 없기 때문에 나이테가 분명하지 않은 나무가 있다.

나무는 우리 생활에 여러 가지 도움을 준다. 우리가 숨 쉬는 산소를 만들어낼 뿐만 아니라 아름다운 꽃을 피우거나 맛있는 과일을 내어 준다. 산에서 자라는 나무는 뿌리가 흙을 붙들어서 큰 비가 와도 흙이 빗물에 쓸려가지 않게 한다. 또 나뭇잎, 꽃, 열매 등은 수많은 곤충, 새 및 짐승의 먹이가 된다. 죽은 나무도 온갖 곤충과 애벌레의 먹이나 집이 되며, 쓰러져서 썩은 나무는 땅을 기름지게 하여 새로운 식물이 잘 자라게 돕는다.

베어서 말린 나무도 쓰임새가 아주 많다. 사람들은 먼 옛날부터 나무로 집을 지으며 온갖 가구를 만들어 썼다. 또 나무로 울타리를 치고 다리를 놓는다. 종이를 만들 펄프나 인조견을 짤 실도 나무로 만든다.

이와 같이 나무는 쓸모가 아주 많다. 그래서 세계 모든 나라가 이미 있는 숲을 지킬 뿐만 아니라 나무를 더 많이 심으려고 애쓴다. 지금 살아 있는 나무 가운데 가장 오래 된 것은 미국 캘리포니아 주에 있는 브리슬콘소나무이다. 나이가 무려 4,700살쯤 된다고 한다.
→ 풀

나무늘보(sloth)

일반적으로 느림보로 소문난 포유류이다. 보통 하루의 90% 가까이 전혀 움직이지 않으며 기껏 1분에 4m쯤 나아간다. 중앙아메리카와 남아메리카 대륙의 열대우림 속에서 사는데 일생의 대부분을 나무 위에서 보내며 길고 뾰족한 앞다리의 발톱으로 나뭇가지에 거꾸로 매달려서 느릿느릿 움직인다. 땅에서는 걸을 수 없어서 앞발로 몸을 끌면서 나아간다. 그러나 헤엄은 잘 치며 40분 동안 숨을 참을 수 있다.

Stefan Laube, Public Domain

온몸을 덮은 거칠고 긴 털이 회색에서 갈색에 가까운데 때로는 녹색 조류에 덮여 있기도 한다. 따라서 나뭇가지 사이에 웅크리고 있으면 알아보기가 힘들다. 코가 뭉툭하고 머리통에 귀가 거의 없으며 꼬리도 없다. 이런 나무늘보에는 두 가지가 있는데 앞발의 긴 발톱이 둘인 종류와 셋인 종류이다.

먹이는 나뭇잎, 열매, 새 순 등인데 몸 안의 물질 대사가 같은 크기의 다른 짐승에 견주어 매우 느리기 때문에 그리 많이 먹지 않아도 된다. 물질 대사는 생물이 먹이를 에너지로 바꾸는 과정이다.

나방(moth)

나비와 비슷한 곤충이다. 한살이가 나비와 같으며 생김새도 비슷하다. 크기는 4mm에서 30cm에 이르기까지 여러 가지이다. 북극과 남극 지방만 빼고 세계 어디서나 살며 종류가 헤아릴 수 없이 많다. 우리나라에서 이미 발견된 것만 1,500 가지가 넘는데 지금도 새로운 종류가 더 발견된다.

나방은 나비와 마찬가지로 날개와 몸통 및 다리가 비늘 가루로 덮여 있어서 만지면 이 가루가 먼지처럼 떨어진다. 나비는 대개 낮에 활동하지만 나방은 주로 밤에 활동한다. 그러나 낮에 활동하는 나방도 많으며, 열대 지방에는 해질녘이나 밤에 나와서 돌아다니는 나비가 있다. 나방은 나비와 견주어서 몸통이 더 단단하며, 색깔이 더 칙칙하고, 날개가 비교적 작다.

또 나비의 더듬이는 끝이 뭉툭하지만 나방의 더듬이는 깃털처럼 생겼다. 앉아서 쉴 때의 날개 모양도 다르다. 나비는 양쪽 날개를 등 뒤로 접어서 곧추 세우거나 천천히 폈다 오므렸다 하지만, 나방은 양쪽으로 바닥에 펼치거나 몸통을 감싸거나 옆구리에 붙인다.

Stefan Laube, Public Domain

나방의 애벌레는 누에처럼 쓸모 있는 것도 있지만 대개 해로운 곤충이다. 농작물이나 다른 식물을 갉아 먹고 살기 때문이다. 또 동물의 털을 먹는 것도 있으며, 새의 깃털을 먹는 것도 있다.

나비(butterfly)

미디어뱅크 사진

몸집에 견주어서 크고 예쁜 날개가 달린 곤충이다. 주로 낮에 활동한다. 종류에 따라서 크기와 모양이 다르다. 그렇지만 모두 몸이 머리, 가슴, 배로 이루어지며 다리가 6개이다. 몸에는 비늘가루나 털이 많다. 머리에 더듬이 한 쌍과 겹눈 및 가늘고 긴 빨대 같은 입이 달려 있으며, 가슴에는 날개 2쌍과 다리 3쌍이 달려 있다.

입은 여느 때에는 용수철 모양으로 말려 있다가 꿀을 빨아 먹을 때에 곧게 펼쳐진다. 비늘가루는 털이 변해서 된 것으로서 날개가 물에 젖지 않게 한다. 색깔도 여러 가지여서 이 비늘가루의 배열에 따라서 나비의 무늬가 달라진다. 암컷은 보통 알을 애벌레의 먹이가 될 식물의 잎, 줄기, 가지, 눈 또는 꽃봉오리 등에다 낳는다.

어느 것이나 애벌레 시절에는 그리 예쁜 모습이 아니다. 애벌레는 식물의 잎이나 줄기를 갉아먹고 살다가 다 자라면 식물의 가지나 잎에 매달려서 번데기가 된다. 그리고 번데기 속에서 나비가 되어 밖으로 나온다.

애벌레 가운데에는 농작물에 해를 끼치는 것도 있다. 그러나 어른벌레인 나비는 꽃가루를 날라 주어서 식물이 열매를 맺게 한다. 세계에는 약 2만 가지의 나비가 있는데, 주로 열대 지방에 많다. 우리나라에서 사는 나비는 250 가지쯤 되며, 주로 호랑나빗과, 흰나빗과, 부전나빗과, 뿔나빗과, 네발나빗과, 뱀눈나빗과 및 제주왕나빗과에 딸린 것이 많다.

나비와 비슷한 곤충으로 나방이 있다. 나방은 한살이, 생김새 또는 먹이 등이 나비와 거의 같지만 주로 밤에 나와서 활동하며 날개가 덜 예쁘게 생겼다. → 나방

나사말(*Vallisneria natans*)

연못이나 물살이 세지 않은 냇가의 물속에 잠겨서 사는 여러해살이풀이다. 땅속줄기의 마디에서 뿌리가 나오며 뿌리에서 잎이 뭉쳐난다. 물의 흐름에 따라 물속에서 흐느적거리는 잎은 가늘고 길며 햇빛을 받아서 광합성을 한다.

암그루와 수그루가 따로 있다. 8~9월에 수그루에 작은 수꽃이 많이 들어 있는 수꽃 주머니가 생기고 암그루에는 암꽃이 생긴다. 암꽃은 뿌리에서 길게 뻗은 꽃줄기의 끝에 붙어서 물위에 뜬다. 수꽃이 피면 꽃 주머니가 터지면서 작은 수꽃들이 물위로 떠오른다. 그리고 수꽃에서 나온 꽃가루가 물에 떠다니다가 암꽃을 만나면 꽃가루받이가 된다. 그러면 암꽃 줄기가 나사처럼 꼬이면서 꽃을 물속으로 끌어들인다. 씨는 물속에서 영근다.

Show_ryu, CC-BY-SA-3.0 GFDL

나침반(compass)

동서남북 방위를 알아내기에 쓰는 기구이다. 주로 막대자석의 양쪽 끝이 남북을 가리키는 성질을 이용하여 만든다. 이것을 자석 나침반이라고 하는데, 먼 옛날부터 써 왔다.

자석 나침반의 바닥에는 사방으로 방위를 나타내

Richard Nevell, CC-BY-SA-3.0

는 눈금이 그려져 있다. 그 한가운데에 세운 뾰족한 받침대 위에다 조그만 자석 바늘을 올려놓고 균형을 잡아 주면 바늘이 자유롭게 돌면서 늘 남쪽과 북쪽을 가리킨다. 그래서 어디서나 방향을 알려면 나침반을 평평한 곳에다 놓고 돌려서 나침반의 북쪽 눈금과 바늘의 엔(N)극이 나란하게 맞춰 준다. 그래서 남쪽과 북쪽을 알면 자연히 동쪽과 서쪽도 알게 된다.

그러나 요즘에는 디지털 나침반도 많이 쓴다. 대개 스마트폰에 들어 있는데, 이것은 지피에스(GPS)라고 하는 위성 위치 확인 시스템을 이용한 것이다. 지피에스는 지구의 북극이 어느 쪽인지 정확히 알고 있다. 그래서 안테나를 통해 제 위치 정보를 받은 전화기 속의 나침반도 그 위치에서의 방위를 정확히 아는 것이다. 이런 원리를 이용하여 그림 속의 바늘이 방위에 따라서 도는 것처럼 보이게 만든 것이 디지털 나침반이다.

나팔꽃(morning glory)

꽃이 나팔처럼 생긴 한해살이풀이다. 꽃이 크고 예뻐서 옛날부터 집 둘레에 많이 심어 왔다. 덩굴 줄기로 다른 물체를 감고 오르며 자란다. 줄기와 잎에 거친 털이 많이 나는데, 해충도 막으면서 다른 물체를 감고 올라갈 때에 미끄러지지 않게 하기 위함이다.

미디어뱅크 사진

한여름 7~8월에 잎겨드랑이에서 나온 꽃대에 꽃이 피는데, 새벽 5시쯤에 활짝 피었다가 해가 뜨면 시든다. 꽃의 색깔은 흰색, 붉은색, 푸른색, 보라색 등으로 종류에 따라서 여러 가지이다. 꽃가루받이가 되면 둥근 열매가 맺히고, 다 익으면 껍질이 노랗게 되어서 바싹 마른다. 그래서 열매가 터져 검은 씨가 땅에 떨어지는 것이다.

낙엽(fallen leaves)

저절로 떨어진 나뭇잎이다. 겨울 동안 수분을 잃지 않으려고 나무가 떨어뜨린 것이다.

나무는 가을이 다가오면 잎에서 만들어진 양분이 줄기로 옮겨가는 길을 닫아 버린다. 그러면 여름 내내 잎을 초록색으로 보이게 하던 녹색 색소가 분해돼 없어져서 잎에 들어 있던 다른 색소들이 나타난다. 그래서 잎이 빨갛거나 노랗게 물드는 것이다. 이렇게 색깔이 변한 잎은 잎자루나 잎몸의 밑부분, 곧 양분의 길이 막힌 데에서 떨어지고 만다.

미디어뱅크 사진

낙지(long-arm octopus)

바닷가 갯벌에서 많이 사는 연체 동물이다. 문어의 사촌쯤 되지만 문어보다 작다. 몸길이가 머리부터 발끝까지 대개 30cm쯤 된다. 몸통, 머리 및 다리 8개로 이루어지는데 머리에 두 눈과 입이 있으며 다리에 빨판이 한두 줄 나 있다. 몸이 보통 때는 매끈하며 회색 빛깔이지만 자극을 받으면 문어와 비슷하게 색깔이 변한다.

낙지는 중국, 우리나라 및 일본에 이르는 동북아시아의 바닷가에서 많이 산다. 밀물과 썰물이 드나드는 바닷가에서부터 깊이가 100m쯤 되는 바다 속에까지 퍼져서 사는데 특히 우리나라에서는 전라남북도의 갯벌에서 많이 산다. 보통 한 해 동안 사는데, 봄에 알에서 깨 한 해 동안 자라고 이듬해 이른 봄에 알을 낳고 죽는다. 따라서 여름 낙지는 아직 덜 자랐으므로 가늘고 작으며 가을이면 크고 기운이 세며 영양분도 많다. 겨울에는 겨울잠을 잔다.

미디어뱅크 사진

낙타(camel)

사막 지방에서 사는 포유류 가운데 한 가지이다. 오랜 세월에 걸쳐서 몸이 사막에서 살기에 알맞게 적응되었다. 발이 푹푹 빠지는 모래밭에서 걷기 좋도록 발바닥이 넓적해졌으며, 등에 난 커다란 혹에 지방을 저장했다가 물과 영양분이 부족할 때에 에너지로 쓴다. 또 모래 폭풍 속에서 눈을 보호하기 위해 속눈썹이 길고 콧구멍도 여닫을 수 있다. 먹이가 귀한 사막에서 풀, 나뭇잎, 나뭇가지 등 무엇이나 먹고 살 수 있다.

낙타는 두 가지가 있다. 등에 난 혹이 하나뿐인 아라비아의 단봉낙타와 혹이 둘인 고비사막의 쌍봉낙타

쌍봉낙타 Becker1999, CC-BY-2.0

이다. 두 가지 다 아주 먼 옛날부터 사람이 길들여서 타고 다니거나 짐을 나르는 일에 써 왔다. 사람들은 낙타의 젖과 살코기를 먹으며 털은 실을 꼬아서 천이나 양탄자 등 천을 짠다.

날개(wing)

동물이 하늘에 떠서 날 수 있게 하는 기관이다. 날개가 있는 동물로는 새, 곤충 및 박쥐가 있다.

새는 날개와 가슴뼈를 이어 주는 튼튼한 근육으로 날개를 빠르고 힘차게 퍼덕여서 날아다닌다. 또한 날개에 난 깃털도 날기에 도움이 된다. 곤충은 대개 두 쌍의 날개가 있다. 곤충의 가슴 속에 있는 근육들이 이 날개를 위아래로 빠르게 퍼덕이게 한다. 박쥐는 날개가 달린 하나뿐인 포유류이다. 박쥐의 날개는 주로 넓게 펴진 피부 조직으로서 기다란 손가락뼈들을 덮고 있다. 그 속의 근육들이 날개를 위아래로 움직인다.

흔히 비행기의 몸통 양쪽으로 길게 뻗어 나와 있는 것도 날개라고 한다. 이런 날개는 비행기가 앞으로 나아갈 때에 그 위와 아래에 생기는 공기 압력의 차이로 말미암아 비행기가 공중으로 떠오르게 한다.

미디어뱅크 사진

날씨(weather)

계절에 따라서, 또 아침저녁으로 늘 변하는 날씨는 우리 생활과 깊은 관계가 있다. 여름이면 덥고 비가 많이 와서 일하기가 힘들며, 겨울이면 추워서 두꺼운 옷을 입어야 한다. 봄이 되면 온갖 식물의 새싹이 돋고 꽃이 피며, 가을이면 열매가 익는다.

날씨는 어느 때의 비, 구름의 양, 바람의 세기와 방향, 기온 등을 나타내는 것으로서 짧은 기간 동안의 공기 상태이다. 하지만 30년쯤에 걸친 날씨의 평균은 그 지역의 기후라고 한다.

날씨는 흔히 맑음, 갬, 흐림, 비로 나타낸다. 맑음은 하늘에 구름이 거의 없는 상태이며, 갬은 구름이 반쯤 끼어 있는 것이다. 그러나 흐림은 구름이 하늘에 절반 넘게 끼어 있는 날씨이며, 비는 구름이 하늘을 가득히 덮고 비가 내리는 상태이다.

날씨는 시간과 장소에 따라서 계속 변한다. 그 까닭은 지구를 둘러싸고 있는 공기가 햇빛을 받아서 기압의 차이가 생기며, 그에 따라서 대기가 순환하기 때문이다. 기상청에서는 신문, 라디오, 텔레비전을 통해서 날씨를 예보해 준다. 날씨를 미리 알아서 생활의 불편을 덜게 해 주려는 것이다.

남극의 에레버스 산 밑 얼음 벌판에 있는 자동 관측 시설

남극(south pole)

지구의 남쪽 끝으로서 세상에서 가장 추운 곳이다. 한 해 내내 추우며 눈과 얼음에 뒤덮여 있다. 남극이라면 남극점만을 가리켜야 하겠지만 사람들은 대개 그 둘레에 펼쳐진 땅덩어리 모두를 합쳐서 남극이라고 부른다.

남극을 에워싼 땅덩어리인 남극 대륙은 넓이가 1,240만㎢이며 평균 높이가 2,000m쯤 되는 고원 지대이다. 지구 위에서 가장 추운 곳으로서 온통 두꺼운 얼음에 덮여 있다. 해마다 몇 달 동안 밤이 계속되어 햇빛을 받지 못하므로 아주 춥다. 남극점이 있는 한 가운데는 평균 기온이 −70℃쯤 되며 더러 −80℃ 아래로 내려가는 곳도 있다. 이 기간이 지나면 몇 달 동안 낮이 계속된다. 이때에도 해가 북쪽 하늘에 낮게 뜨므로 가장 따뜻할 때의 기온이 0℃를 넘지 않는 곳이 대부분이다.

대륙 전체 면적의 98%쯤이 두께가 약 1,800m에

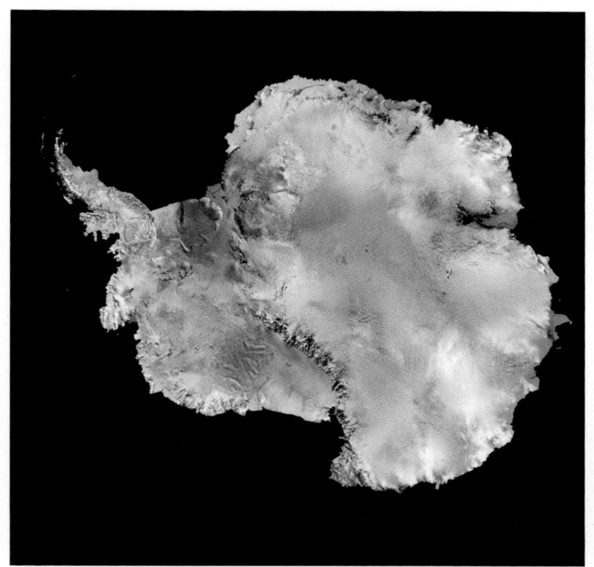

남극 대륙 Dave Pape, Public Domain

서 2,000m인 얼음에 덮여 있는데, 얼음의 두께가 4,300m나 되는 곳도 있다. 따라서 거의 모든 지역에서 생물이 살 수 없으며, 기온이 조금 높은 바닷가에서만 이끼, 펭귄, 바다표범 같은 생물들이 산다.

하지만 아득히 먼 옛날인 5,500만~4,800만 년 전에는 남극 대륙도 꽤 따뜻한 곳이었다. 평균 기온이 16℃로서 한여름에는 25℃까지 올랐으며, 겨울에도 10℃ 아래로는 내려가지 않았다. 그래서 낮은 곳에는 야자수가 우거지고, 좀 더 높은 곳에는 활엽수와 침엽수가 울창했다. 그 뒤로 점차 기후가 변해서 오늘날과 같이 추운 지방이 된 것이다. 이렇게 추운 남극 대륙을 처음으로 탐험한 이는 1911년에 남극점에 다다른 노르웨이 사람 로알 아문센이다. 하지만 오늘날에는 세계 여러 나라가 다투어 이곳에 조사단을 보내서 학술, 자원, 기상, 교통, 군사 등의 활동을 벌이고 있다. 그러나 이곳은 어느 나라의 영토도 아니다.

그 동안 남극 대륙에서는 원자력 발전에 필요한 우라늄을 비롯하여 금, 은, 구리, 티타늄과 같은 지하 자원이 200 가지쯤 발견되었다. 그러나 1959년에 여러 나라가 모여서 남극 조약을 맺고 남극 대륙을 함부로 개발하지 않기로 약속했다. 우리나라는 1986년에 세계에서 33번째로 남극 조약에 가입했으며, 1988년에 1차로 세종 과학 기지를 세웠다. 그 뒤에 2차로 2012년에 테라노바 만에다 장보고 과학 기지를 세웠다.

남극개미자리(Antarctic pearlwort)

남극 대륙에서 자라는 오직 두 가지 꽃이 피는 식물 가운데 하나이다. 키가 아주 작은 여러해살이풀로서 2월 중순에 매우 자잘한 흰꽃이 많이 피어 이윽고 열매를 맺는다. 짙은 갈색이나 까만색으로 익는 씨도 너무나 작아서 알아보기 힘들 정도이다. 남극 반도의 서쪽 바닷가와 그 부근의 여러 섬에서만 자라는데 이 지역의 킹 조지 섬에 우리나라의 남극 세종 과학 기지가 자리 잡고 있다.

Liam Quinn, CC-BY-SA-2.0

남극구슬이끼(Antarctic bartramia moss)

우리 세종 과학 기지가 있는 남극 대륙의 킹 조지 섬 부근에서 자라는 구슬이끼이다. 몹시 추운 남극 대륙에서도 식물이 자랄만한 땅이 있으면 이끼가 자란다.

구슬이끼는 모두 100 가지쯤 있는데, 홀씨주머니 자루가 이끼의 키보다 더 높게 자라며 홀씨주머니가 구슬처럼 동그랗다. 이끼의 줄기는 곧거나 비스듬히 자라고 키가 아주 작으며 그 둘레에 좁고 긴 잎이 돌아가며 달린다.

남극구슬이끼를 닮은 북유럽 고산 이끼
HermannSchachner, CC0 1.0 Public Domain

남극좀새풀(Antarctic hair grass)

남극 대륙에서 나서 자라며 꽃이 피는 여러해살이 풀이다. 해마다 2월 중순쯤에 누르스름한 꽃이 핀다. 남극개미자리와 거의 같은 곳에서 살지만 훨씬 더 넓은 지역에 퍼져서 양지 바른 넓은 땅을 이끼와 함께 잔디처럼 덮고 있다.

Sharon Chester, CC-BY-SA-3.0

남반구(southern hemisphere)

대체로 보아 지구는 공처럼 둥그렇게 생겼다. 이런 지구를 흔히 적도를 기준삼아서 위와 아래 두 쪽으로 나눈다. 그래서 북쪽을 북반구, 남쪽을 남반구라고 부른다.

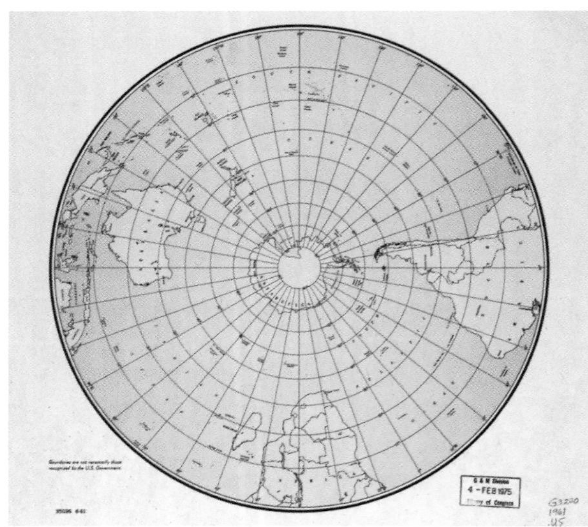

남반구 지도 USCIA, Public Domain

남십자성(the southern cross)

남반구의 하늘에서 대강 기독교의 십자가와 비슷한 모양을 이루는 밝은 별 4개이다. 가장 밝은 맨 아래의 별이 남쪽으로 좀 멀리 떨어져 있어서 남극 방향을 가리킨다. 아주 먼 옛날에는 뱃사람들이 이 별들을 보고 남쪽 바다에서 방향을 짐작했다고 한다. 그러나 좀 더 정확히 말하자면 밝은 이 별 넷과 그밖의 몇몇 별이 함께 작은 별자리를 이루므로 남십자성자리라고 해야 한다.

남십자성자리의 별들은 북반구에 있는 우리나라에서는 보이지 않는다. 옛날 그리스나 바빌로니아 사람들은 남십자성자리가 우리가 지금 늦봄이나 이른 여름에 남쪽 하늘에서 볼 수 있는 센타우루스자리의 한 부분이라고 생각했다.

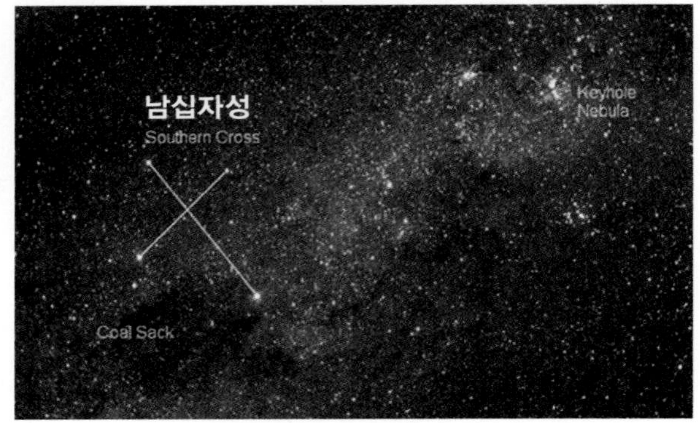

NASA, Public Domain

남중 고도(meridian altitude)

하루 동안에 정남쪽 하늘에 떠 있을 때의 태양의 고도를 남중 고도라고 한다. 이때에 태양의 고도가 가장 높고 그림자의 길이가 가장 짧다. 시각으로는 낮 12시 30분쯤이다.

남중 고도는 날마다 조금씩 달라질 뿐만 아니라 계절에 따라서도 다르다. 지구가 일정한 각도로 기울어서 태양의 둘레를 돌기 때문이다. 서울에서는 하지의 남중 고도가 76.5°, 춘분과 추분의 남중 고도가 52.5°, 동지의 남중 고도는 29°쯤 된다.

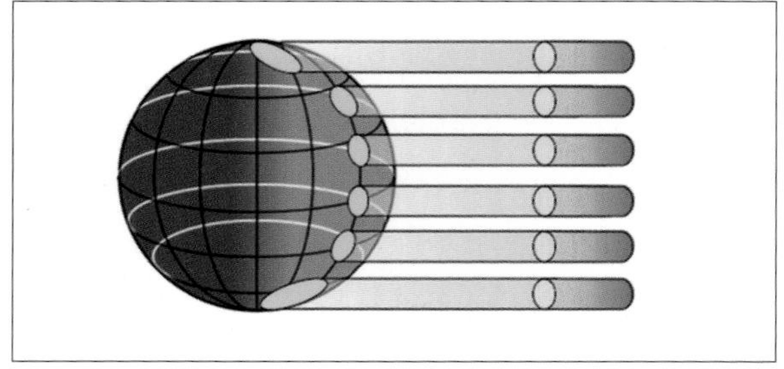

태양의 고도에 따라 땅에 미치는 에너지의 범위
Thebiologyprimer, CC0 1.0 Public Domain

이런 남중 고도는 기온에 영향을 미친다. 남중 고도가 높을수록 일정한 면적에 다다르는 태양 에너지의 양이 많다. 그래서 남중 고도가 높은 여름에는 기온이 높은 것이다. 반대로, 남중 고도가 낮은 겨울에는 일정한 면적에 다다르는 태양 에너지의 양이 적기 때문에 기온이 낮다.

낫(sickle)

주로 벼나 보리 같은 농작물 및 풀을 벨 때에 쓰는 농기구이다. 조금 납작하고 안으로 굽은 쇠 날에 나무 자루를 달아서 '기역'자 꼴을 한 것이다. 그래서 '낫 놓고 기역자 모른다'는 속담도 있다.

세계 어디서나 농사를 짓는 고장이면 아주 먼 옛날부터 써 왔는데 그 생김새는 지역에 따라서 조금씩 다르다. 그러나 일반적으로 자루가 긴 것과 짧은 것이 있는데, 긴 것은 사람이 서서 휘둘러 풀을 자를 때에 쓰며 짧은 것은 한 손으로는 풀이나 농작물을 한 움큼 쥐고 다른 손으로 그것을 벨 때에 쓴다.

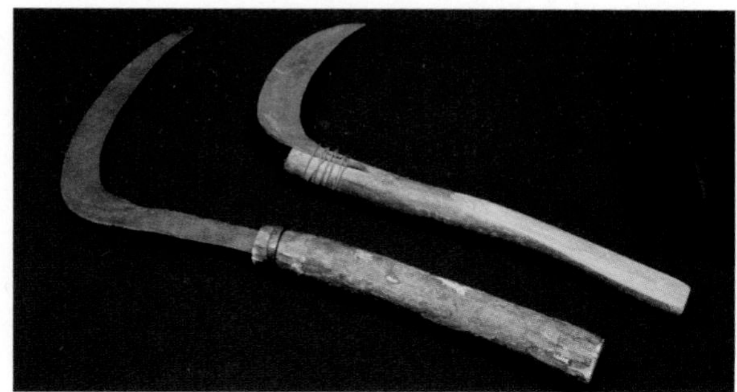

미디어뱅크 사진

낮과 밤(day and night)

태양이 보이기 시작해서 보이지 않을 때까지의 시간이 낮이다. 낮에는 햇빛이 있어서 환하므로 활동하기에 좋다. 반대로 태양이 보이지 않을 때부터 다시 보이기 시작할 때까지가 밤이다. 밤에는 햇빛이 없고 캄캄하므로 사람이나 동물이 대개 잠을 잔다.

낮과 밤은 끊임없이 되풀이된다. 지구가 하루에 한 바퀴씩 자전하기 때문이다. 햇빛을 받아서 환한 쪽이 낮이며, 그 반대쪽은 밤이다. 밤이던 곳이 지구가 돎에 따라서 햇빛을 받기 시작하면 아침이 되었다가 곧 이어서 낮이 된다.

땅에서 보면 태양이 동쪽에서 떠올라서 서쪽으로 지는 것 같지만 실제로는 지구가 서쪽에서 동쪽으로 돈다. 지구의를 이용하면 낮과 밤이 생기는 원리를 쉽게 알 수 있다. 지구의에 손전등을 비추면 밝은 쪽이 낮이고 반대쪽이 밤이다. 지구의를 천천히 서쪽에서 동쪽으로 돌려 보면 밤이었던 우리나라가 동쪽부터 밝아지는 것을 알 수 있다.

낮과 밤의 길이는 계절에 따라서 다르다. 여름에는 낮이 길지만 겨울에는 밤이 더 길다. 계절에 따라서 낮과 밤의 길이가 달라지는 까닭은 지구가 일정한 각도로 기울어져서 태양의 둘레를 돌기 때문이다. 그래서 북반구가 태양 쪽으로 기울면 북반구 쪽의 낮이 길다. 우리나라에서는 6월에 낮이 가장 긴데, 그 가운데에서도 6월 22일쯤인 하지 때에 가장 길다. 이때에 북극 지방에서는 하루 종일 햇빛을 받아서 낮만 계속된다.

같은 때에 남반구에서는 반대로 햇빛을 덜 받아서 밤이 길다. 한편 남반구가 태양 쪽으로 기울면 북반구 지역의 낮이 짧아진다. 우리나라에서 낮이 가장 짧은 때가 12월이며, 1 년에 낮의 길이가 가장 짧은 날은 동지인 12월 22일쯤이다. 이때에 북극 지방은 햇빛을 받지 못해서 밤만 계속된다.

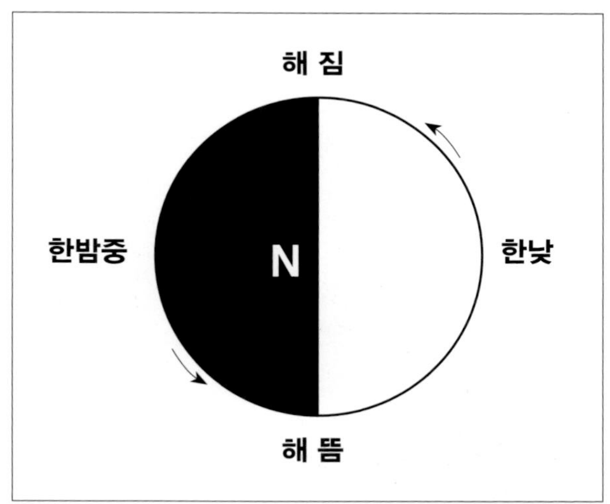

Nashpur, CC-BY-SA-4.0

내비게이션(navigation)

길 도우미라고도 하지만 영어 낱말인 내비게이션으로 더 잘 알려져 있다. 자동차, 배 또는 비행기를 몰고 어디를 갈 때에 목적지를 정해 주면 거기까지 가는 길

미디어뱅크 사진

을 알려 주는 장치이다. 자동 운전 장치와 연결하면 제 힘으로 목적지까지 찾아갈 수도 있다.

내비게이션은 위성 위치 확인 시스템에 바탕을 둔 길 찾기 도우미이다. 우리 머리 위 2만 킬로미터 높이의 하늘에는 언제나 이 시스템에 들어 있는 인공 위성 6~8개가 떠 있다. 이것들이 쉬지 않고 제 위치와 시각을 알려 주고 있는데 땅에서는 4 개 이상의 이들 인공 위성에서 오는 신호를 받아서 내가 있는 정확한 위치와 시각을 알며 언제 어디로 가야할지 알아낸다.

내시경(endoscope)

의사가 환자의 내장이나 몸속을 들여다보기 위해 쓰는 의료 기구이다. 가늘고 잘 구부러지는 긴 관으로 되어 있는데, 몸 안으로 들어가는 쪽 끝에 빛을 내는 장치와 아주 작은 카메라 및 수술 도구가 달려 있으며, 몸 바깥 쪽 끝에는 상처를 보는 장치와 조종 장치가 달려 있다. 전문 의사는 이것으로 몸 속 깊은 곳, 예를 들면 위나 창자의 속이나 관절 속의 병든 데를 직접 관찰하고 수술도 할 수 있다.

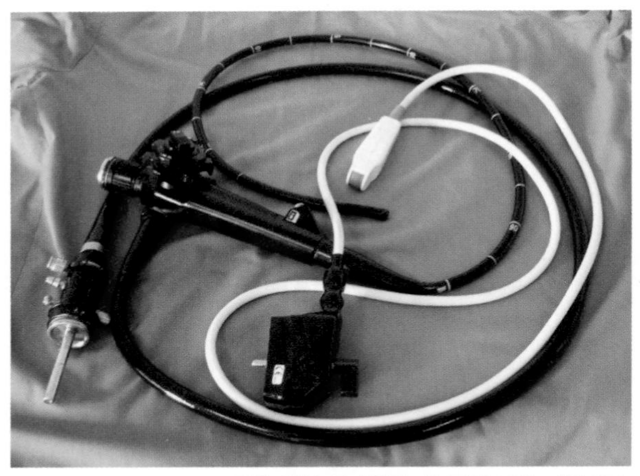

검은 것은 위내시경, 흰 것은 진단 기구이다. Bluestoking, CC-BY-SA-4.0

냄새(smell)

코를 킁킁거리면 가까이에 있는 것들의 냄새를 맡을 수 있다. 그 까닭은 주변에 있는 것들이 내뿜는 냄새가 콧속의 특별한 세포에 잡히고, 그 정보가 뇌로 전달되기 때문이다.

냄새는 공기 속에 들어 있는 물질의 분자로서 그 양이 아무리 적더라도 동물의 화학적 감각 세포를 자극할 수 있는 것이다. 이 냄새 분자가 콧속에 들어와서 그 정보가 뇌에 전달되면 뇌가 그것이 무슨 냄새인지 구별해낸다.

싱싱한 풀 냄새! Don Graham, CC-BY-SA-2.0

냉대 기후(subarctic climate)

여름에도 서늘하며 비가 적게 내리고 겨울에는 몹시 추운 기후이다. 북반구의 고위도와 중위도 지역에 나타난다. 이런 데에서는 여름이 짧고 겨울은 길다. 이 짧은 여름에 밀, 감자, 옥수수 등을 심어서 가꾼다.

이 기후 지역에서는 바늘잎나무, 곧 침엽수가 많이 자라 울창한 숲을 이루므로 목재와 펄프가 많이 난다.

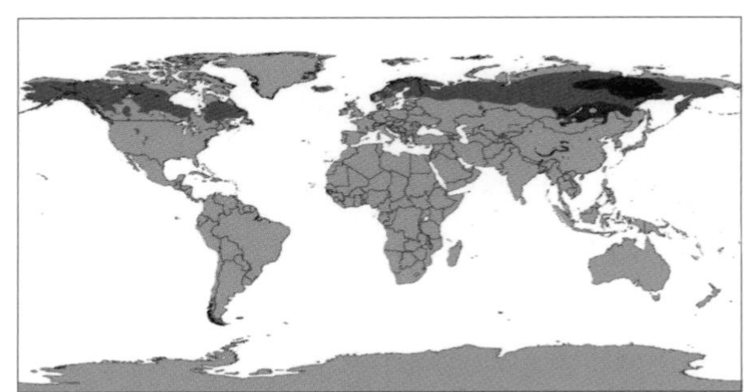

냉대 기후 지역 Ali Zifan, CC-BY-SA-4.0

ㄴ

냉장고(refrigerator)

공기를 식혀서 물건을 차게 보관하는 전기 장치이다. 온도가 낮으면 음식물을 상하게 하는 세균이 잘 활동하지 못하므로 냉장고 속에 음식물을 넣어 두면 며칠 동안 꽤 신선하게 보관된다.

냉장고는 액체가 기체로 변하면서 주변의 열을 빼앗아서 온도를 낮추는 현상을 이용한 장치이다. 온도를 낮추는 데에 쓰이는 물질을 냉매라고 하는데, 얼마 전까지는 주로 프레온 가스가 냉매로 쓰였다. 그러나 프레온 가스가 공기 속에 섞이면 오존층을 파괴하는 것이 밝혀지자 점차 쓰지 않게 되었다. 그래서 요즘에 생산되는 냉장고에는 새로 개발된 냉매가 쓰인다.

냉장고에는 압축기가 있어서 이것으로 냉매 가스를 압축한다. 그러면 가스의 온도가 높아진다. 압력과 온도가 높아진 가스를 바깥에 드러난 파이프로 보내면 열을 빼앗기면서 액체로 변한다. 이 액체를 지름이 큰 파이프로 뿜어내면 압력이 낮아져서 다시 기체로 변한다. 이때에 필요한 열을 냉장고 안에서 얻기 때문에 냉장고 안의 온도가 내려간다. 가스는 다시 압축기로 보내져서 같은 일이 되풀이된다.

LGEPR, CC-BY-2.0

공기는 따뜻해지면 위로 올라가고, 차가워지면 아래로 내려간다. 냉장고의 냉각기는 위쪽에 있으므로 위에서 차가워진 공기가 밑으로 내려간다. 이런 방식으로 냉장고 안의 공기가 고르게 식는 것이다. 그러므로 물건을 너무 많이 넣거나 가운데에 공기의 흐름을 막는 큰 접시를 놓으면 아래쪽에서는 잘 식지 않는다. 냉장고는 햇볕이 들지 않으며 벽에서 좀 떨어진 곳에다 놓아야 좋다.

너구리(raccoon dog)

개와 친척뻘인 포유류이다. 통통한 몸매에 네 다리가 짧고 귀는 쫑긋하다. 덥수룩한 털이 주로 누런 갈색

Pkuczynski, CC-BY-SA-3.0 GFDL

이지만 등과 어깨에 검은 털이 있으며, 얼굴, 목 및 가슴과 네 다리에는 흑갈색 털이 난다. 꼬리를 뺀 몸길이는 50~68cm이다.

낮은 산이나 마을 근처에서 살며 주로 밤에 나와서 활동한다. 들쥐, 개구리, 뱀, 지렁이, 곤충 따위 작은 동물을 잡아먹으며, 나무 열매와 고구마 따위 식물의 뿌리도 닥치는 대로 잘 먹는다.

네온(neon)

원소로서 색깔과 냄새가 없는 기체이다. 지구 대기의 6만 5,000 분의 1쯤을 차지한다. 서기 1898년에 발견되었다. 다른 물질과는 잘 반응하지 않지만 불소와 화합물이 된다.

유리관 속에서 빛나는 네온
Pslawinski, CC-BY-SA-2.5

네온은 주로 광고나 장식용 네온사인에 이용된다. 공기 대신에 네온 가스를 채운 유리관의 양쪽 끝에다 전극을 넣고 1만 5,000 볼트쯤 되는 전류를 흘려보내면 방전이 일어나서 유리관이 밝고 붉은 주황색으로 빛난다. 네온 가스가 두 전극 사이에서 밝게 빛나는 띠가 되는 것이다.

노랑지빠귀(Naumann's thrush)

시베리아 동부 지방에서 살다가 겨울이면 찾아오는 철새이다. 날씨가 서늘해지는 10월쯤에 오기 시작하여

이듬해 4월까지 머문다. 대개 탁 트인 숲에서 작은 무리를 지어 지내면서 곤충, 지렁이 또는 작은 나무 열매 따위를 부지런히 찾아먹는다.

암컷과 수컷이 거의 비슷하게 생겼다. 몸빛깔은 머리와 등이 옅은 갈색이며 가슴은 대체로 붉은 색이 돌며 얼룩무늬가 있는 누런색이다. 배와 꼬리깃의 밑은 희다. 중국과 타이완에서도 겨울을 난다.

미디어뱅크 사진

노루(Siberian roe deer)

산에서 사는 순한 짐승이다. 사슴과에 딸린 포유류여서 생김새가 사슴과 비슷하다. 키는 60~75cm이며 털빛깔은 누런 갈색이다. 수컷만 뿔이 난다.

작은 무리를 지어 다니며 풀, 나뭇잎, 열매 따위를 먹고 산다. 해마다 9월부터 11월 사이에 짝짓기를 하여 이듬해 4~5월에 1 마리에서 3 마리까지 새끼를 낳는다.

미디어뱅크 사진

노폐물(waste products of metabolism)

우리 몸 안에서는 세포에서 이루어지는 생명 활동 때문에 몇 가지 부산물이 만들어진다. 이산화탄소나 요소 및 암모니아와 같은 것들이다. 이런 것들은 우리 몸에 필요하지 않거나 쓰고 남은 물질인데 주로 땀, 오줌, 똥 따위로 몸 밖으로 내보내진다. 이런 것들을 노폐물이라고 한다.

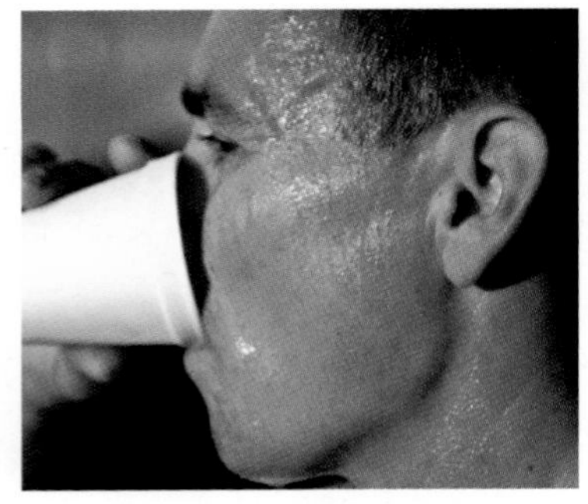

심한 운동 끝에 흐르는 땀
Staff Sgt. Mark Burrell, Public Domain

녹(rust)

흔히 철이나 강철의 표면에 생기는 갈색 물질이다. 철이 물기가 많은 공기와 닿으면 녹이 슨다. 이것은 공기 속에 든 산소와 철이 만나서 산화 작용을 일으킴으로써 일어나는 일이다.

녹이 슨 철은 점점 더 부식되어서 떨어져 나가므로 두께가 얇아지고 구멍이 뚫릴 수 있다. 이런 일을 막으려고 미리 잘 녹슬지 않는 물질과 섞어서 합금을 만들거나 표면에다 다른 금속을 입히는 도금을 하거나 페인트칠을 한다. 아니면 기름으로 자주 닦아 주어서 거죽이 반질반질하게 만들기도 한다.

철뿐만 아니라 다른 금속도 공기 중의 산소, 수분, 이산화탄소 및 그밖의 화학 물질로 말미암아 표면에 다른 물질이 생기고 색깔이 변하는데, 이런 것들도 모두 녹이 슨다고 말한다.

녹슨 쇠붙이 통 Frank Vincentz, CC-BY-SA-3.0 GFDL

녹로(nongno)

도르래를 이용하여 무거운 물건을 들어서 높은 데

로 옮기는 장치이다. 조선 시대 정조 임금 때에 만들어서 사용한 과학 기구의 하나로서 오늘날의 기중기와 비슷한 구실을 했다. 수원에 있는 화성을 쌓을 때에 처음으로 만들어서 썼는데, 그 뒤에 궁궐 같은 큰 집을 지을 때에 썼다고 한다.

미디어뱅크 사진

녹말(starch)

생물이 살아가기에 꼭 필요한 영양소인 탄수화물의 한 가지이다. 녹색 식물이 햇빛과 물과 이산화탄소를 이용하여 만들어낸다. 식물은 제 힘으로 만든 녹말을 제가 자라고 살아가기에 쓴다. 그러고도 남는 것을 줄기, 뿌리, 열매 또는 씨 같은 데에 저장한다. 이렇게 저장된 녹말은 새로 싹트는 어린 식물의 영양분으로 쓰인다. 그러나 사람이나 그밖의 동물은 스스로 녹말을 만들지 못하기 때문에 식물이 이렇게 저장해 둔 것을 먹어서 에너지를 얻는다.

사고야자나무에서 뽑은 녹말 Parvathisri, CC-BY-SA-3.0

녹말은 냄새와 맛이 없는 흰색 가루이다. 물에 녹지 않지만 뜨거운 물에 넣으면 불어나면서 끈적끈적해진다. 태우면 빵 굽는 냄새가 나며, 아이오딘-아이오딘화칼륨 용액을 떨어뜨리면 보라색으로 변한다. 그래서 녹말이 있는지 알아보려면 아이오딘-아이오딘화칼륨 용액을 쓴다.

녹말은 쌀, 밀, 감자, 옥수수, 고구마 따위에 많이 들어 있다. 녹말을 물엿이나 포도당으로 만들어서 과자, 잼, 술, 의약품 따위를 만드는 데에도 쓴다.

녹용(velvet-antler)

새로 난 사슴의 뿔을 잘라서 말린 것이다. 한의학에서는 이것을 귀한 약재료로 여긴다.

본디 사슴의 뿔은 늦은 봄에 저절로 떨어지고 그 자리에 새 뿔이 난다. 새 뿔은 가늘고 연한 털이 난 피부에 싸여 있으며 그 속에 혈관이 많이 뻗어 있다. 이것을 약으로 쓰려면 너무 자라기 전에 잘라서 그늘에서 말려야 한다. 이렇게 뿔을 잘라서 약으로 쓰는 사슴은 거의 다 가축으로 기른 것이다. → 사슴

미디어뱅크 사진

녹음(sound recording)

필요하면 언제든지 다시 들을 수 있도록 소리를 저장하는 일이다. 저장된 소리를 들으려면 알맞은 기계 장치를 이용하여 재생시킨다.

소리를 저장하는 방법에는 크게 두 가지가 있다. 한 가지는 요즘에 주로 쓰는 디지털식 녹음 방법이며 또 다른 한 가지는 얼마 전까지 흔히 쓰던 아날로그 방식이다.

소리는 공기의 떨림이다. 이 공기의 떨림은 마치 수

녹음 조정실 H. Michael Miley, CC-BY-SA-2.0

면에 이는 물결과도 같은 파동으로 나타난다. 디지털식 녹음 방식에서는 마이크를 통해서 들어온 이 공기의 파동을 1초에 수천 조각이 될 만큼 잘게 일정한 간격으로 쪼개서 각각 숫자 0과 1의 배열로 된 2진법 부호로 바꾼다. 그리고 이 부호를 자기, 빛 또는 반도체로 된 저장 장치에다 줄줄이 기록한다. 이렇게 기록된 소리를 되살리려면 기록된 부호를 읽어서 다시 전기 신호로 바꾸고 증폭하여 스피커로 내보낸다.

아날로그 방식 녹음에도 크게 2 가지가 있다. 한 가지는 얼마 전까지 많이 쓰던 자기 테이프식 녹음 방법이며 다른 한 가지는 그 전에 쓰던 축음기판식 녹음 방법이다.

자기 테이프식 녹음 방법은 소리의 떨림이 녹음 테이프에 자성의 변화를 일으키는 원리를 이용한 것이다. 마이크를 통해서 들어온 소리가 크기에 따라서 세거나 약한 전류로 바뀐다. 이 전류가 녹음 헤드로 가면 거기에 세기가 다른 자기장이 만들어진다. 이 헤드 위로 녹음 테이프가 지나가면 표면에 산화철 가루가 발라진 테이프도 자기장을 띠어서 소리의 변화대로 자기장 무늬가 새겨진다. 그래서 소리가 저장되는 것이다. 이렇게 녹음된 테이프가 녹음기의 되살림 헤드 위로 지나가면 테이프에 기록된 자기장 무늬대로 헤드에 전류가 생기며 이 전류가 스피커에서 소리로 되살려진다.

아날로그식 녹음 방법에 또 광학식 녹음이 있다. 이것은 흔히 영화 필름의 사운드트랙, 곧, 소리를 저장한 띠로 쓰였다. 영화 필름의 한쪽 가에 좁은 띠가 처음부터 끝까지 붙어 있는데, 이 띠에 소리가 검은 색의 진하기나 폭의 변화로 저장된다. 영화를 상영할 때에 빛으로 이 띠를 읽어서 소리로 재생시키면 영화의 대사, 음악 및 효과음이 되살아난다.

그러나 우리가 맨 처음에 쓴 녹음 방법은 축음기판에다 소리를 저장하는 것이었다. 축음기는 서기 1877년에 미국 사람 토머스 에디슨이 발명했다. 축음기판은 둥그런 플라스틱판에 가느다란 홈이 소용돌이처럼 처음부터 끝까지 이어져서 파여 있는 것이다.

마이크를 통해서 전기 신호로 바뀐 소리의 떨림이 증폭되어서 기계 장치에 보내지면 그 기계에 달린 작은 바늘이 가늘게 떨리면서 매끈한 판의 겉에다 홈을 판다. 이 홈은 그 깊이나 양쪽 벽이 좌우로 아주 자잘하게 뒤틀린 모양으로 파인다. 이것이 소리의 파동이다. 이런 홈을 따라서 나중에 축음기 바늘이 지나 가면 홈에 파인대로 바늘이 떨린다. 그리고 이 떨림이 증폭되어서 소리로 재생되는 것이다.

녹차(green tea)

발효시키지 않은 찻잎으로 만든 차이다. 차나무의 새로 난 가지에서 딴 어린잎을 곧바로 뜨거운 솥에 넣고 덖어서 초록 색깔은 잃지 않은 채 수분을 증발시켜서 잎이 얼마쯤 바삭해지게 한 것이다.

미디어뱅크 사진

녹차는 처음에 중국과 인도에서 만들어서 마시기 시작했지만 지금은 아시아의 거의 모든 나라, 특히 일본에서 많이 마시는 차가 되었다.

논(rice field)

물을 채워서 대개 벼를 심어 가꾸는 곳이다. 땅을 편평하게 고르고 둘레를 작은 둑으로 막아서 물을 채워 둘 수 있다. 논둑에는 물을 대거나 빼는 물고가 있어서 벼가 자람에 따라서 물을 채우거나 뺀다.

벼가 자라는 여름 동안에는 거의 항상 물이 채워져

있으므로 논에는 미꾸라지, 우렁이, 새우, 개구리, 뱀 따위도 함께 사는 습지 생태계가 이루어진다. 따라서 이것들을 잡아먹는 백로, 왜가리, 뜸부기 같은 새들도 모여든다.

가을에 벼를 거둬들이고 나면 물을 빼 버린 논에 보리, 밀, 파, 마늘 따위 농작물을 심기도 한다. 또, 자운영을 심었다가 이듬해 봄에 갈아엎어서 농작물에 거름이 되게 하기도 한다.

미디어뱅크 사진

농게(fiddler crab)

수컷의 한쪽 집게발이 별나게 큰 게이다. 그러나 암컷은 양쪽 집게발이 작고 크기도 같다. 큰 집게발이 붉은 것과 흰 것이 있는데, 수컷들은 가끔 길이가 5cm나 되는 이 집게발을 번쩍 들어 올려서 흔들어대곤 한다. 암컷들에게 잘 보이려는 짓이다. 몸집은 크지 않아서 게딱지의 높이가 2cm, 폭이 3cm쯤 되며 눈자루가 길다.

밀물과 썰물이 드나드는 조간대의 갯벌 가장자리에서 굴을 파고 들어가 살며 썰물 때에 나와서 갯벌 바닥

붉은발농게 미디어뱅크 사진

을 긁어 흙속에 든 영양분을 걸러먹는다. 성질이 몹시 예민해서 누가 다가가면 우르르 굴속으로 도망쳐 숨어 버린다.

우리나라의 황해 쪽 갯벌에서 많이 사는데 요즘에는 간척 사업으로 말미암아 서식지가 많이 줄었다. 아울러 일본, 중국, 보르네오 섬 및 오스트레일리아의 북동부 바닷가에서도 볼 수 있다.

농약(pesticide)

농작물에 해를 끼치는 병균, 벌레, 잡초 따위를 없애려고 만든 화학 약품이다. 병균을 죽이는 살균제, 벌레를 죽이는 살충제, 잡초가 자라지 못하게 하는 제초제, 필요에 따라서 농작물을 잘 자라게 하거나 자라지 못하게 하는 생장 조절제 따위가 있다. 농약은 적은 양으로 큰 효과를 내며 사람이나 가축에 해를 적게 끼칠 뿐만 아니라 대량 생산이 가능해야 한다.

농약은 농업의 생산량을 크게 늘렸지만 해도 많이 끼쳤다. 사람이 농약에 중독되는가 하면 과일이나 곡식에 농약이 남아서 우리의 건강을 해치기도 한다. 또 이로운 벌레까지 없애 버려서 생태계의 균형을 깨뜨리며, 땅과 물을 오염시켜서 환경 전체에 나쁜 영향을 끼치기도 한다. 그래서 요즘에는 되도록 농약을 쓰지 않으려고 애쓰고 있다.

벼에 농약 뿌리는 모습 T. R. Shankar Raman, CC-BY-SA-3.0

농업 유전 자원 센터(RDA-Genebank)

우리나라의 모든 농업 유전 자원을 한데 모아 관리할 뿐만 아니라 효과적으로 쓸 수 있게 하는 기관이다. 전라북도 전주시에 있는 농촌 진흥청 국립 농업 과학원 안에 있다. *(다음 면에 계속됨)*

서기 2008년에 국제 연합 식량 농업 기구가 공인한 국제 씨앗 보관소가 되어서 나라 안팎의 식물의 씨 약 1만 가지를 저장 창고에 보관하고 있으며 연구를 계속한다. 또한 나라 안의 여러 기관과 대학 연구소가 지니고 있는 식물, 버섯, 미생물, 가축, 곤충 등 각 분야의 유전 자원 정보를 모아서 관리하고 제공하기도 한다. 아울러 우수한 농작물을 개발하고 그 씨를 널리 보급하는 일도 하고 있다.

농작물(crop)

곡식이나 채소를 얻기 위해 논밭에 심는 식물이다. 가장 대표적인 곡식 작물이 벼와 보리이며 채소 작물은 배추와 무이다.

이것들은 모두 본디 자연에서 저절로 자라던 풀이었겠지만, 아주 오래 전부터 사람들이 가꾸고 개량해 왔기 때문에 요즘에는 저절로 자라는 것은 찾아보기 어렵게 되었다.

농작물을 심으려고 갈아엎은 밭 FotoDutch, CC-BY-SA-3.0

뇌(brain)

우리는 숨을 쉬고 몸을 움직이며 산다. 이런 일은 팔다리나 허파 따위가 하지만, 이런 모든 일을 하도록 명령하는 것이 뇌이다. 뇌를 다치면 몸을 움직이지 못하거나 죽기도 한다. 그래서 뇌는 단단한 뼈에 감싸여 있다. 뇌가 바로 모든 척추 동물과 거의 모든 무척추 동물의 신경계에서 중심이 되는 기관이기 때문이다.

물렁물렁한 덩어리인 뇌에는 대뇌, 소뇌, 중뇌, 간뇌, 연수 등이 있다. 또, 등뼈 속에 뇌와 함께 사람이 활동하는 데에 중요한 일을 하는 척수가 있다. 뇌와 척수는 온몸에 뻗어 있는 신경과 연결되어 있다. 이렇게

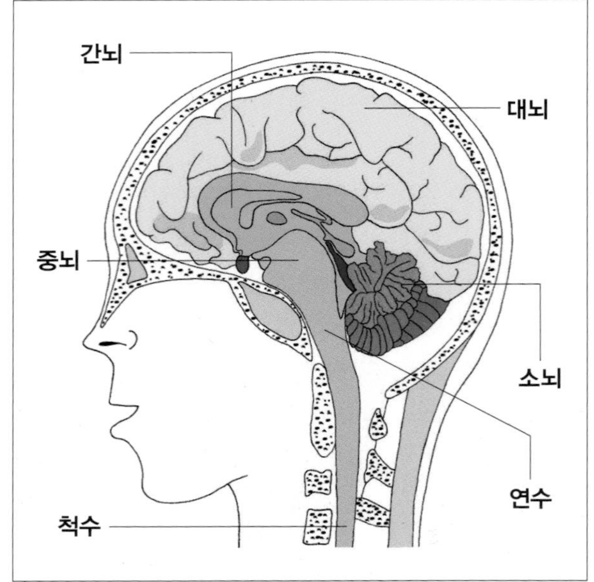

Lars Ebbersmeyer, CC-BY-SA-3.0

온몸에 뻗어 있는 신경을 말초 신경계라고 하며, 뇌와 척수를 중추 신경계라고 한다. 뇌는 말초 신경계에서 여러 가지 자극이 전달되어 오면 그것이 무슨 자극인지 판단하여 알맞은 행동을 하도록 명령을 내린다. 전달되어 오는 자극의 종류에 따라서 명령을 내리는 뇌가 다르다.

뇌 가운데에서 대뇌가 가장 크다. 오른쪽과 왼쪽으로 나뉘어 한가운데에서 서로 연결되고 표면에 깊은 주름이 많이 나 있다. 기억, 생각, 판단 따위 정신적인 일들과 함께 신경이 보내온 자극에 알맞은 명령을 내려서 몸의 근육을 움직이게 한다. 공부한 것을 기억하거나 나쁜 일은 하면 안 된다는 결정은 대뇌가 하는 일이다.

소뇌는 대뇌의 뒤쪽 아래에 있다. 오른쪽과 왼쪽의 두 부분으로 되어 있으며, 표면에 주름이 많다. 몸의 자세를 바로잡으며, 운동을 부드럽게 할 수 있도록 조절한다. 평균대에서 떨어지지 않고 몸의 중심을 잡거나, 몸이 넘어지려고 할 때에 얼른 자세를 바로잡게 하는 것이 소뇌이다.

중뇌는 간뇌의 바로 아래 대뇌와 연수가 연결되는 곳에 있다. 중뇌에서는 눈동자를 움직이고 눈조리개를 조절하며, 눈이나 귀 같은 것에서 들어온 감각을 정리하여 대뇌에 전달하는 일을 한다. 어두운 곳에서 갑자

기 밝은 곳으로 나가면 눈이 부시다가도 얼마 지나면 괜찮아지는 까닭은 중뇌가 눈조리개를 조절했기 때문이다.

간뇌는 대뇌와 중뇌 사이에 있다. 위나 창자와 같이 스스로 움직이는 자율신경계의 작용을 조절하며, 영양이나 체온 등이 올바르게 유지되게 한다.

연수는 뇌의 맨 아래에 있으며 척수와 연결되어 있다. 여러 가지 내장이 하는 일, 곧 호흡, 순환, 소화 작용 등을 조절한다. 음식물을 삼키는 일, 침을 흘리거나 눈물이 나는 일, 재채기 등과 같이 우리가 하려고 하지 않았는데도 이루어지는 일들은 대개 연수에서 명령한 것이다. 연수를 다른 말로 숨골이라고도 한다.

사람의 뇌는 약 1,000억 개의 신경 세포로 이루어진다. 뇌의 무게는 몸무게의 2.5%쯤 되지만 몸의 다른 조직에 견주어서 활동을 많이 하므로 온 몸 혈액의 15%쯤이 뇌에 산소와 영양분을 보내는 일에 쓰인다. 뇌의 무게는 대개 1,400~1,600g이며, 키가 큰 사람의 뇌가 더 무겁다. 그러나 뇌가 더 무겁다고 해서 그 사람의 지능이 더 높은 것은 아니다.

뇌는 사람 말고도 말미잘, 해파리, 플라나리아, 새, 짐승 따위 거의 모든 동물에게 있다. 이런 동물의 뇌도 사람의 뇌와 마찬가지로 감각 기관에서 받아들인 자극에 따라서 몸의 여러 부분에 명령을 내린다. 아주 옛날에 살았던 공룡 가운데에는 뇌가 두 개인 것도 있었다.

누리 소통망(Social Network Service)

'소셜 네트워크 서비스'또는 '에스엔에스(SNS)'라고도 하는 것이다. 무슨 일에 대하여 생각이 같을 뿐만 아니라 같은 일을 하고자 하는 사람들을 연결해 주는 컴퓨터나 스마트폰 온라인 서비스이다. 그래서 서로 자유롭게 글이나 사진 등을 올리고 함께 나눈다.

예를 들면, 카카오톡이나 페이스북 같은 온라인 소통망이다. 이런 서비스를 통해서 서로 모르는 사람들끼리 사귀며 의견을 주고받고 뜻이 맞으면 만나거나 만나지 않고도 같은 일을 할 수 있다. 어느 고장에 갑자기 홍수가 나면 그 일을 이런 소통망을 통해서 널리 알릴 수 있으며 그래서 알게 된 사람들이 제 발로 찾아가서 피해 복구를 도울 수도 있는 것이다.

누리집(home page)

컴퓨터나 스마트폰 같은 것에서 인터넷에 연결할 때에 월드와이드웹(www)의 어느 주소에서나 맨 먼저 나타나는 화면이다. 이것은 그 주소의 간판 또는 안내판과도 같아서 거기서 보거나 얻을 수 있는 모든 정보의 길잡이 구실을 한다.

도메인이라고 하는 인터넷 주소를 가졌을지라도 이 누리집을 만들어 올려놓지 않으면 인터넷에 그것을 드러낼 수 없다. 따라서 누리집은 가상의 공간인 인터넷 세계에서 자신을 알리는 푯말과도 같은 것이다.

미디어뱅크 사진

누에(silkworm larva)

누에나방의 애벌레이다. 뽕나무의 잎만 먹고 산다. 아주 오래 전에 명주실을 얻기 위해 중국에서 기르기 시작했는데 오늘날에는 자연에서 스스로 살지 못하고 오직 사람의 손으로만 길러진다.

알에서 갓 깬 애벌레는 길이가 3mm밖에 안되며 색깔이 까맣다. 그래서 개미누에라고 부른다. 그 뒤로 뽕잎을 먹고 자라면서 허물을 벗을 때가 되면 잠을 잔다. 이렇게 첫 잠을 잘 때까지를 1령, 첫 잠에서 깨어나 두 번째 잠에 들 때까지를 2령, 그 다음 잠에 들 때까지를

미디어뱅크 사진

3령, 그 다음 잠까지를 4령, 네 번째 잠에서 깬 뒤를 5령이라고 한다. 알에서 깬 뒤 이렇게 4번 허물을 벗으면서 25일쯤 자라면 길이가 8cm쯤 되며 어린이의 새끼손가락만큼 굵어진다. 그러면 먹이 먹기를 그치고 고치 만들 자리를 찾기 시작한다.

자리를 잡으면 아랫입술에 난 구멍으로 액체를 뿜어내는데, 이것이 공기 속에서 굳어서 가느다란 실이 된다. 이 실로 고치를 짓는데, 실은 끊이지 않고 죽 이어져서 길이가 1,200m에서 1,500m에 이른다. 이것이 견섬유이다. 이렇게 70 시간쯤 지나면 누에가 고치를 다 짓고 그 속에서 번데기가 된다. 이 고치가 누에의 번데기를 보호하는 집이다. 누에고치가 다 만들어지고 나서 12~16일이 지나면 번데기에서 나온 나방이 고치를 뚫고 밖으로 나온다. 그러나 이렇게 나방이 고치를 뚫고 나오면 고치의 실, 곧, 견섬유가 끊겨서 못쓰게 된다. 그래서 대개 누에고치를 증기로 삶아서 번데기를 죽인다. 그리고 여러 개의 고치에서 실을 풀어서 한데 모아 질긴 명주실을 만든다. 이 명주실로 짠 천이 명주베, 곧 비단이다.

눈(eye)

사람은 눈이 둘이다. 눈을 감거나 깜깜하면 아무것도 보이지 않는다. 눈은 우리가 빛을 느끼는 감각 기관이다.

눈은 흰 바탕에 둥그런 눈동자가 있는 것처럼 보인다. 그러나 실제로는 어른이면 지름이 2.4cm쯤 되는 탁구공 모양이다. 이것을 눈알이라고 하는데, 눈알은 빛을 받아들이기에 알맞도록 눈동자, 수정체, 눈조리개, 망막, 신경, 근육 등으로 이루어져 있다.

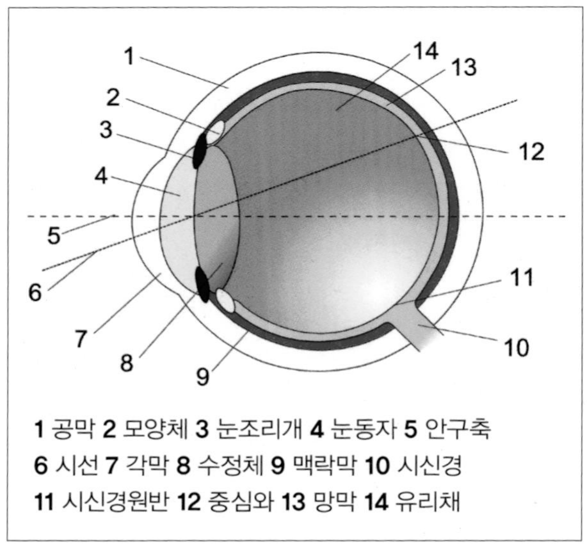

1 공막 2 모양체 3 눈조리개 4 눈동자 5 안구축
6 시선 7 각막 8 수정체 9 맥락막 10 시신경
11 시신경원반 12 중심와 13 망막 14 유리채

빛은 눈동자를 통해서 눈 속으로 들어온다. 빛이 너무 많이 들어오면 눈이 부시고, 빛이 들어오지 않으면 깜깜하다. 눈동자에 들어오는 빛의 양을 조절하는 일은 눈조리개가 한다. 눈조리개를 다른 말로는 홍채라고 한다. 눈조리개에는 멜라닌이라는 색소가 들어 있는데, 이 색소의 양에 따라서 눈동자가 검은색이나 갈색 또는 푸른색 따위로 보인다. 눈동자 바로 뒤에는 수정체가 있다. 이 수정체는 사진기의 렌즈처럼 밖에서 들어오는 빛을 굴절시켜서 물체의 상이 망막에 맺히게 한다. 수정체는 모양체에 의해서 먼 곳을 보려면 얇게, 가까운 곳을 보려면 두껍게 조절된다.

수정체의 두께가 잘 조절되지 않으면 근시나 원시가 된다. 수정체를 지난 물체의 상은 망막에 거꾸로 맺힌다. 이곳에는 간상 세포와 원추 세포라고 하는 두 가지 세포가 있어서 빛의 자극을 느낀다. 간상 세포는 빛을 잘 느끼고 밝고 어두움을 구별하지만 색깔은 구별하지 못한다. 원추 세포는 색깔을 구별하며 밝아야 잘 작용한다. 망막에서 세포가 느낀 자극은 신경을 통해서 대뇌에 전달된다. 대뇌는 망막에 거꾸로 맺힌 물체의 상을 바로 인식한다. 낮 동안에는 원추 세포가 작용하여 물체의 색깔을 잘 구별하지만 어두워지면 그러지 못한다. 간상 세포가 나빠지면 낮에는 물체를 잘 보지만 밤에는 그러지 못한다. 이런 것을 야맹증이라고 한다. 원추 세포가 나빠지면 색깔을 잘 구별하지 못하는데, 이런 일이 색각 이상이다.

눈 둘레에 있는 눈썹과 눈꺼풀은 눈을 보호하는 구실을 한다. 눈썹은 눈에 땀이 흘러 들어가지 못하게 하며, 속눈썹은 먼지나 물 따위가 눈에 들어가지 못하게 막는다. 눈꺼풀은 눈에 위험이 닥치면 감겨서 눈을 보호한다. 또 윗눈꺼풀 안쪽에 있는 눈물샘에서 끊임없이 눈물을 만들어내 눈알이 부드럽게 움직이게 하며 눈에 들어간 먼지를 씻어내서 깨끗하게 해 준다. 물체의 멀고 가까움은 눈이 2 개 있기 때문에 구별할 수 있다. 또 물체의 크기는 망막에 맺히는 상의 크기로 구별한다.

눈(snow)

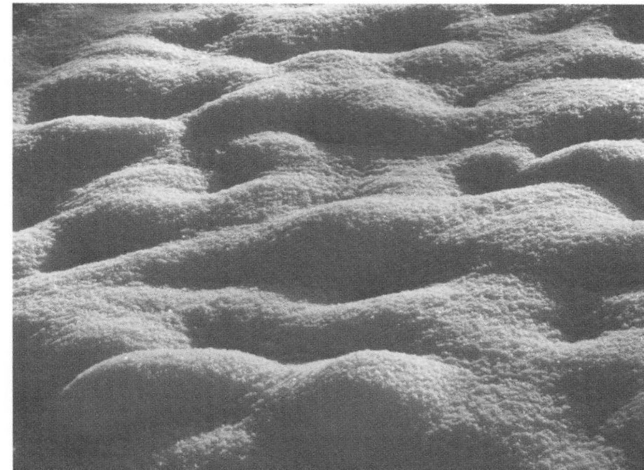

들에 쌓인 눈 Emmanuel Boutet, CC-BY-SA-3.0 GFDL

겨울에는 눈이 내린다. 그러나 봄, 여름, 가을에는 눈을 보기 어렵다.

눈은 고체 상태의 물로서 하늘에서 떨어지는 얼음 결정이다. 날씨가 추우면 구름 속의 수증기가 얼어서 눈결정이 된다. 그리고 이 결정들이 서로 엉겨 붙어서 눈송이가 된다. 따라서 늘 날씨가 추운 남극과 북극 지방에서는 언제든지 눈이 내릴 수 있다. 그러나 무더운 열대 지방이나 공기 속에 수증기가 적은 사막 지방에서는 거의 눈이 내리지 않는다.

눈은 그 생김새나 크기는 다를지라도 거의 모두 육각형이다. 그 까닭은 눈을 만드는 물 분자가 육각형 구조로 서로 이어지기 때문이다. 납작한 눈송이는 단순한 여섯모꼴에서 아주 섬세한 여섯모 나뭇가지 모양에 이르기까지 여러 가지이다. 더러 육각기둥 모양인 것도 있다.

눈은 기온, 공기 속에 들어 있는 수증기의 양, 만들어진 높이 및 바람의 세기 등에 따라서 여러 가지 다른 모양으로 만들어진다. 보통 습도가 높고 바람이 적으며 기온이 0℃쯤이면 함박눈이 내린다. 그러나 건조하거나 바람이 불거나 기온이 아주 낮은 날에는 싸라기 눈이 내린다. 눈은 보통 흰색이지만 공기가 오염되거나 공기 속에 먼지가 많으면 오염 물질의 색깔을 띠기도 한다.

우리나라에서는 울릉도, 동해안, 산간 지방 및 북부 지방에 눈이 많이 내린다. 그러나 부산을 비롯한 남해안 지방은 겨울에도 날씨가 따뜻하기 때문에 눈이 아주 적게 내리는 편이다. 눈이 쌓이면 스키와 같은 겨울철 스포츠를 즐길 수 있지만, 교통, 농업, 어업 따위에 큰 불편을 주기도 한다. 눈이 녹으면 비가 내린 것과 마찬가지로 물이 되어서 땅속으로 스며들거나 내를 이루어 바다로 흘러간다. 또, 눈이 녹은 물은 농업용이나 공업용 또는 먹는 물로 쓰일 수 있다.

스키장 같은 데에서 쓰는 인공눈은 부분적으로 언 물방울이다. 기계로 물과 얼음 핵을 섞어서 공중에다 뿌려 주는 것이다.

눈금실린더(graduated cylinder)

과학 실험 기구의 한 가지이다. 원기둥 모양의 길쭉한 유리병으로서 액체의 양을 나타내는 눈금이 밀리리터(mL) 단위로 그려져 있다.

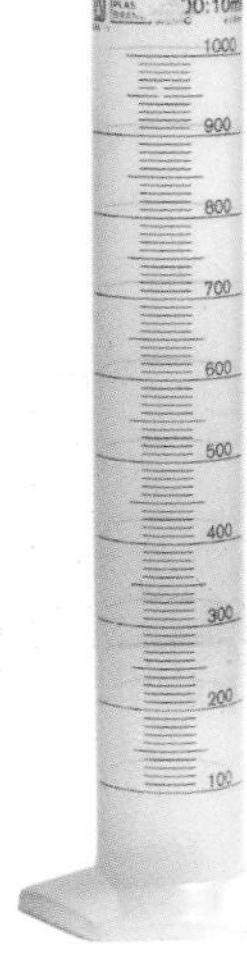

Lilly/M, CC-BY-SA-3.0 GFDL

느릅나무(Japanese elm)

나라 안 산골짜기 어디서나 자라는 갈잎큰키나무이다. 키가 20m, 줄기의 지름은 60cm에 이른다. 줄기의 껍질은 짙은 회갈색이지만 어린 가지에는 털이 많이 나 있다. 잎은 어긋나는데 타원형으로서 가장자리에 톱니가 있으며 윗면은 짙은 초록색, 아랫면은 연한 초록색이다. 잎의 폭은 5cm 안팎, 길이는 10cm쯤 되며 잎맥이 뚜렷하다.

꽃자루가 매우 짧은 꽃이 잎이 나기 전인 3월에 잎겨드랑이에 매달려서 피면 바람의 힘으로 꽃가루받이가 이루어진다. 그 뒤 오뉴월에 익는 열매에는 날개가 달려 있다.

Ptelea, Public Domain

느티나무(Japanese zelkova)

산기슭이나 골짜기와 같이 흙이 깊고 진땅에서 잘 자라는 나무이다. 키가 26m까지 자라며 잎이 무성해서 여름에 큰 그늘을 드리우기 때문에 곧잘 마을의 정자나무가 된다. 5월에 꽃이 피고 10월에 열매가 익으며 가을에 낙엽이 지는 갈잎큰키나무이다.

미디어뱅크 사진

늑대(Tibetan wolf)

개처럼 생긴 산짐승이다. 그러나 개와 달리 항상 꼬리를 아래로 늘어뜨리고 다닌다. 꼬리를 뺀 몸길이가 1m 남짓이며 온몸에 털이 수북하다. 등쪽 털빛깔은 어둡지만 아래쪽 빛깔은 누렇다. 항상 귀를 쫑긋 세우고 있다. 젖을 먹여 새끼를 기르는 포유류이다.

깊은 산 속 바위틈이나 굴에서 사는데 요즘 우리나라에서는 볼 수 없다. 주로 산짐승이나 새를 잡아먹고 살지만 나무 열매도 잘 먹는다. 아시아에서 시베리아를 거쳐 북아메리카 대륙에까지 널리 펴져서 산다.

Pradeep Kumar A.V., CC-BY-SA-4.0

늪(wetland)

호수와 비슷한 물웅덩이이다. 그러나 대개 물의 깊이가 얕아서 바닥에까지 햇볕이 잘 들고 바람에 물이 잘 섞이므로 오랫동안 물이 고여 있지는 않는다. 따라서 검정말이나 장구말과 같은 여러 가지 물풀이 잘 자라며, 소금쟁이, 날도래, 물방개, 장구애비, 하루살이 같은 곤충도 많이 산다.

민물 늪은 낮은 땅이나 느리게 흐르는 강가에 잘 생기며, 짠물 늪은 거의 다 바닷가에 생긴다. 이런 늪은 홍수를 막을 뿐만 아니라 물을 정화시켜 준다. 바닷가의 늪은 특히 육지가 바닷물에 침식되는 것을 막는다. 그러나 요즘에는 농토를 만들기 위해 물을 빼거나 흙으로 메워 버려서 늪이 파괴되고 사라지는 일이 많다. → 우포늪

우포늪 미디어뱅크 사진

니켈(nickel)

은백색의 금속 원소이다. 강한 자기 성질도 지니고 있다. 하얗게 반짝이며 공기 중에서 잘 변하지 않으므로 합금이나 도금에 많이 쓰인다. 아주 얇은 종이처럼 펴거나 가는 철사로 뽑을 수도 있다.

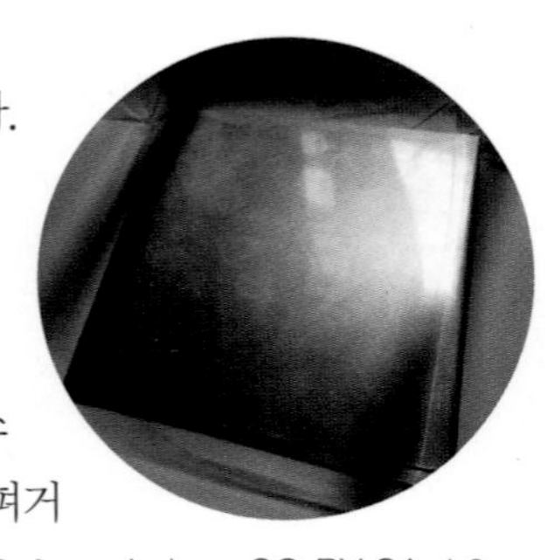

Leiem, CC-BY-SA-4.0

산업에서는 철과의 합금에 가장 많이 쓰인다. 그렇게 만들어진 강철이 녹슬지 않을 뿐만 아니라 다루기 쉽기 때문이다. 또 니켈·카드뮴 전지를 만드는 데에도 쓰인다.

지금부터 2,000년도 더 전에 중국에서 니켈 합금을 사용했다고 하는데 순수한 니켈은 서기 1751년에야 스웨덴의 한 광물학자가 분리해냈다. 오늘날 니켈을 가장 많이 생산하는 나라는 캐나다이다.

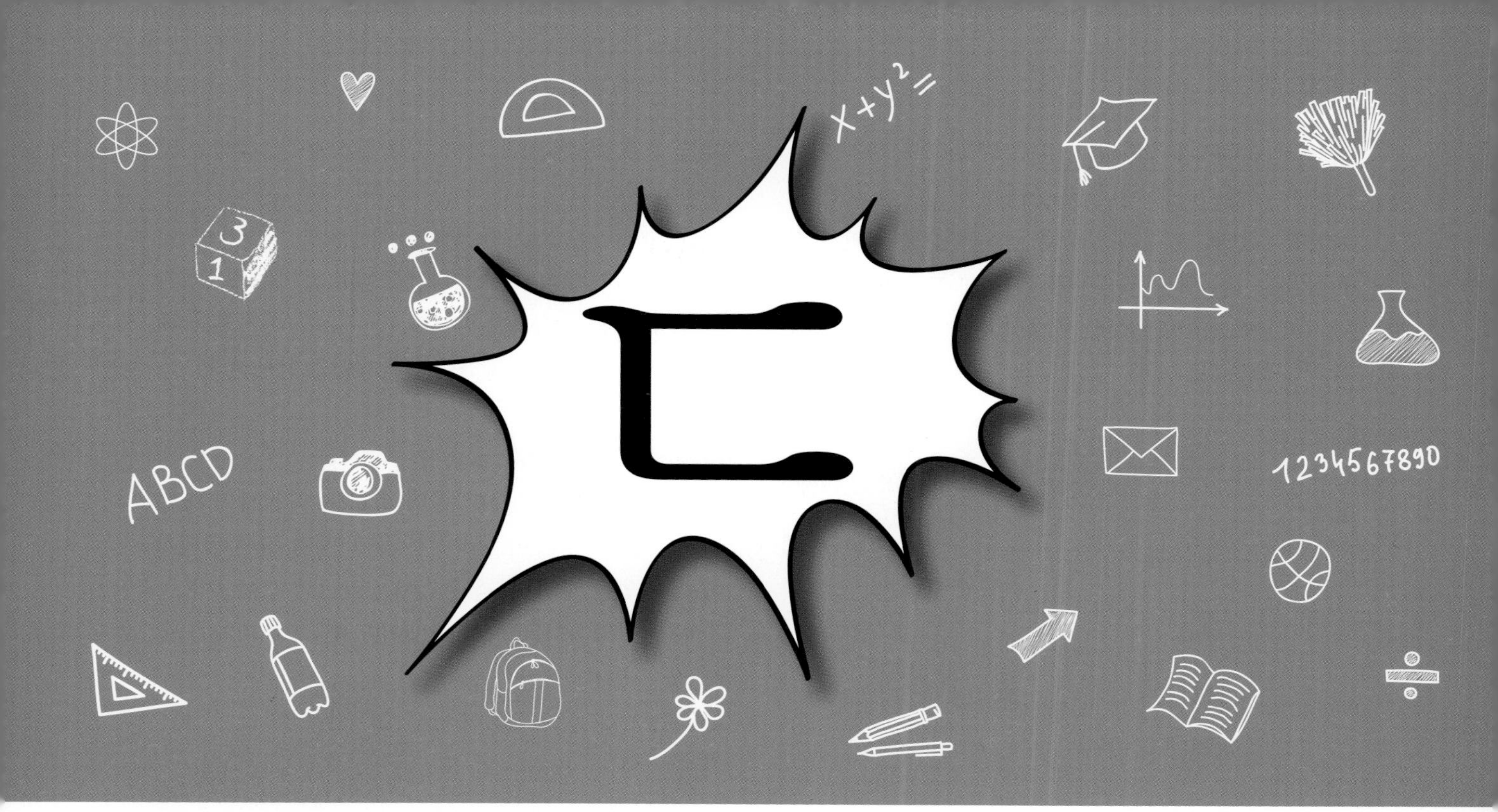

ㄷ

다람쥐(chipmunk)

봄, 여름, 가을에 낮은 산에서 흔히 볼 수 있는 작은 포유류이다. 쥐와 비슷하게 생겼다. 몸길이는 15cm쯤으로서 작지만 꼬리가 거의 몸길이만큼 길다. 온몸에 난 털이 누런 갈색인데 얼굴에서 시작해 등을 지나 엉덩이에 이르기까지 짙은 갈색 줄무늬가 다섯 줄 있다. 긴 꼬리에도 털이 수북하다. 두 쌍의 다리가 있는데 발에 날카로운 발톱이 나 있어서 나무에 잘 기어오른다.

밤, 도토리, 땅콩 등을 즐겨 먹으며 볼주머니에 먹이를 넣어서 운반한다. 날씨가 추워지면 몸의 온도가 낮아져서 잘 움직이지 못한다. 따라서 땅속에 판 굴에다 겨울 먹이를 저장해 두고 9월 말부터 날씨가 따뜻해질 때까지 겨울잠을 잔다. 그러나 가끔 잠에서 깨어나 먹이를 먹는다. 봄이 되면 다시 활동을 시작하는데, 암컷은 5~6월에 새끼를 4~6 마리 낳아 젖을 먹여서 기른다.

다리미(iron)

옷이나 옷감의 구김살을 문질러서 펴는 기구로서 쇠붙이로 만들어 바닥을 매끄럽게 한 것이다. 옛날에는 주로 불을 피운 숯으로 다리미의 바닥을 뜨겁게 달구었는데, 우리 것은 위가 열린 모습이었지만 외국 것은 대개 뚜껑이 달려 있었다.

하지만 요즘에는 어디서나 전기 다리미를 많이 쓴다. 옷감에 물을 조금 뿌리거나 김을 뿜어서 다리면 다림질이 더 잘 된다.

다리뼈(leg bones)

다리를 이루는 뼈이다. 윗마디의 넓적다리뼈 및 아랫마디의 정강이뼈와 종아리뼈로 이루어진다. 아랫마디의 두 뼈 가운데 앞쪽의 굵은 대롱처럼 생긴 것이 정강이뼈이며 뒤쪽의 종아리를 이루는 가는 뼈가 종아리뼈이다. 다리뼈의 윗마디와 아랫마디를 잇는 뼈마디의 앞쪽을 무릎이라고 한다. 무릎에는 밤알처럼 생긴 무릎뼈가 있는데, 이것은 무릎을 굽히거나 펼 때마다 잘 움직인다. 넓적다리뼈는 우리 몸의 뼈 중에서 가장 길다. 다리뼈는 우리가 몸을 지탱하고 움직이는 데 중요한 구실을 한다. → 뼈

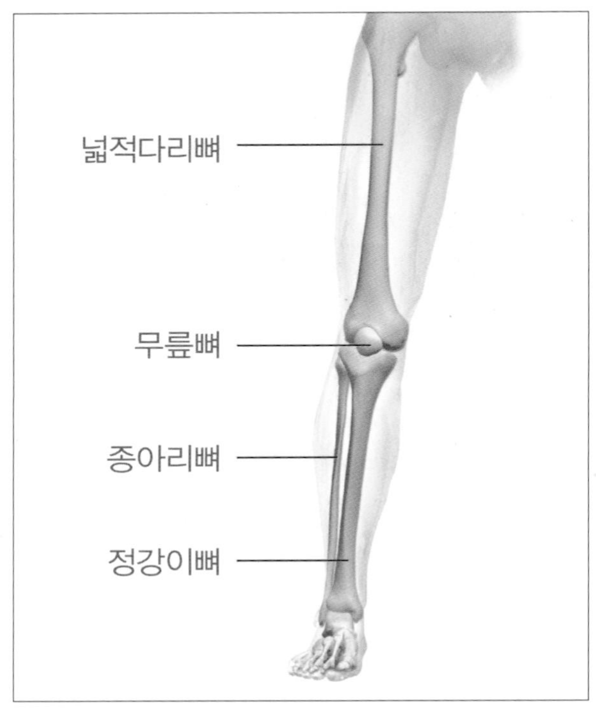

BruceBlause, CC-BY-3.0

다산 과학 기지 (Korean Arctic Research Station)

북극 지방에 있는 우리나라의 과학 기지이다. 노르웨이 영토인 스발바르 제도 스피츠베르겐 섬의 뉘올레순 지역에 있다. 넓이가 모두 120㎡쯤 되는데, 아래층에 연구와 실험실이 있으며 위층에 사무실, 휴게실 및 침실이 있다.

다산 과학 기지가 있는 건물 www.kado.net, CC-BY-SA 2.0 KR

우리나라는 2002년 4월에 세계에서 12번째로 이 북극 과학 기지를 마련했다. 연구원이 많게는 5 명까지 머물 수 있지만 필요한 때에만 가서 그곳의 기후나 해양 및 지질을 조사하고 연구하며 자원을 탐사한다.

다슬기(freshwater snail)

민물고둥이다. 깨끗한 물이 흐르는 하천에서 사는 연체 동물이다. 몸이 나사처럼 돌돌 말린 갈색 껍데기에 싸여 있는데, 다 자라면 길이가 2cm쯤에 이른다.

이것을 잡아다 삶아서 알맹이만 빼 그냥 먹거나 국을 끓여 먹기도 한다. 그러나 다슬기의 몸속에는 여러 가지 기생충, 곤충의 알 또는 애벌레가 살고 있기 쉽다. 따라서 절대로 날것으로 먹어서는 안 된다.

미디어뱅크 사진

다시마(dasima)

크게 자라는 바닷말이다. 포자, 곧 홀씨로 번식한다. 너비가 25~40cm, 길이가 1.5~3.5m쯤 되는 기다란 잎처럼 생겼다. 헛뿌리로 바다 속 바위에 붙어서 자란다. 본디 캄차카 반도에서 원산과 일본 홋카이도에 이르는 북태평양 연안의 찬 바닷물에서 자라는 것이지만 제주도만 빼고 우리나라 어느 바닷가에서나 양식할 수 있다.

다시마는 옛날부터 우리나라를 비롯하여 중국과 일본에서 식용으로 써 왔다. 아이오딘, 칼륨, 칼슘 같은 무기 염류가 많이 들어 있어서 조금씩 자주 먹으면 이런 무기 염류를 섭취하기에 아주 좋다.

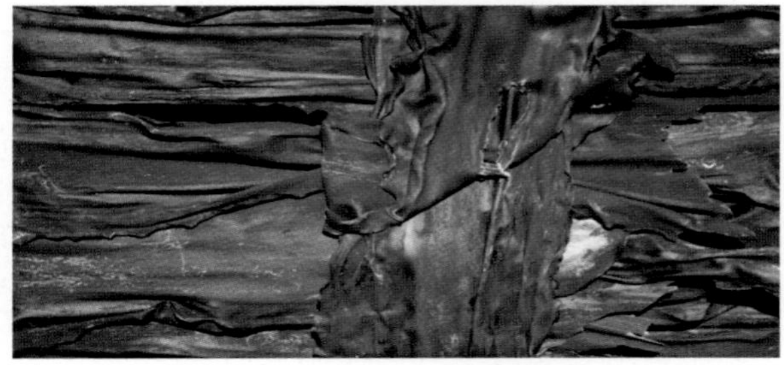
마른 다시마 미디어뱅크 사진

다이아몬드(diamond)

흔히 맑은 유리처럼 투명한 보석이다. 탄소의 결정체로서 금강석이라고도 한다. 대개 땅속에서 캐낸 원석을 깎고 다듬어서 보석으로 만든다.

다이아몬드는 무척 단단해서 유리를 자르는 칼이나 공업용으로도 많이 쓰인다. 이런 공업용 다이아몬드는 흔히 공장에서 만들어진다.

다이아몬드 결정 Parent Géry, Public Domain

닥나무(*Broussonetia kazinoki*)

한지의 원재료가 되는 나무이다. 본디 양지바른 산기슭에서 저절로 자라던 것이지만 지금은 종이를 만들려고 심어서 가꾸는 것이 더 많다.

다 자라면 키가 3m 안팎인 갈잎떨기나무이다. 어긋나는 잎은 잎자루가 1~2cm, 길이가 10cm 안팎으로서 밑은 둥글고 끝이 뾰족한 긴달걀꼴이다. 가장자리에 톱니가 있으며 가끔 두세 갈래로 깊게 갈라진다. 암수한그루로서 이른 봄에 잎과 함께 잎겨드랑이에 꽃이 피며 한여름에 열매가 붉게 익는다. 이런 닥나무는 우리나라, 중국, 대만 및 일본에서 난다.

Qwert1234, CC-BY-SA-3.0 GFDL

닥나무의 줄기는 회갈색인데 그 껍질을 벗겨서 종이를 만든다. 먼저 줄기를 1~2m 길이로 잘라서 솥에다 넣고 2시간쯤 증기로 푹 찐다. 그 뒤 껍질을 벗겨서 물에 불리면 종이를 만들 수 있다. 그러나 대개 물에 불린 껍질의 거죽을 다시 긁어낸 다음에 흰 속 섬유만 모아서 희고 깨끗한 한지를 만든다.

닥나무와 비슷한 꾸지나무의 껍질로도 한지를 만드는데, 꾸지나무는 암수딴그루이다. 또 닥나무와 꾸지나무 사이에서 생긴 잡종인 꾸지닥나무도 있는데 그 줄기의 껍질로도 한지를 만든다.

닥풀(sunset muskmallow)

아욱과에 딸린 한해살이풀이다. 뿌리를 물에 우리면 끈적끈적한 진이 나와서 물에 풀리며 물이 마치 묽은 밀가루 풀처럼 된다. 이것도 닥풀이라고 하는데 닥나무 껍질로 한지를 만들 때에 없어서는 안 되는 재료이다. 이 닥풀이 곱게 빻아서 물에 푼 닥나무의 섬유질을 물밑에 가라앉지 않고 떠 있게 하며, 서로 뭉치지 않을 뿐만 아니라 한지를 뜨는 발 위의 물 흐름을 한결같게 해 준다. 또한 알맞은 끈적임이 있어서 닥나무의 가는 섬유가 얇게 서로 엉켜 종이가 되게 하면서 종이의 낱장끼리 달라붙지 않게 하는 특별한 성질이 있다. 그래서 이 풀의 이름이 닥풀이 된 듯하다.

KENPEI, CC-BY-SA-3.0 GFDL

닥풀은 본디 중국이 고향인데 우리나라에서는 한지를 만드는 데 쓰려고 밭에 심어서 가꾼다. 둥근 기둥처럼 생긴 줄기가 1.5m까지 곧게 자라며 가지를 뻗지 않는다. 잎은 어긋나며 손가락처럼 5~9 갈래로 갈라지는데, 각 갈래의 작은 잎은 좁고 길며 가장자리에 톱니가 있다.

한여름이 지난 8~9월이면 연한 노란색 꽃이 핀다. 꽃잎이 5장씩인데 서로 조금씩 겹쳐 있으며 그 한가운데는 검은 자주색이다. 꽃이 지고 나면 길둥그런 열매가 열리는데 그 속에 씨가 들어 있다.

단무지(takuan)

본디 일본식 김치 가운데 한 가지로서 무짠지이다. 단무지를 만드는 무는 보통 무와 종류가 좀 달라서 대개 가늘고 길다. 이 무를 뽑아서 깨끗이 씻어 말랑말랑해질 만큼 며칠 동안 말린다. 그 뒤에 큰 항아리나 통 속에다 말린 무와 쌀겨랑 소금 섞은 것을 켜켜이 넣어 쟁이고 나서 튼튼한 널빤지로 덮어 무거운 돌을 올려놓는다. 이렇게 몇 달 동안 두면 통 속에서 천천히 발효가 일어나 새콤달콤하고 짭조름한 단무지가 만들어진다.

그러나 요즘에는 대개 공장에서 단무지를 대량으로 만들기 때문에 더 간편한 방법을 쓰는 일이 많다. 대개 먼저 깨끗이 씻은 무를 소금물에 몇 번 절인 다음에 소금, 설탕, 여러 가지 향신료 등을 넣은 용액에 담가서 한동안 발효시킨다. 그리고 포장하여 판매하는 것이다.

Miyuki Meinaka, CC-BY-SA-4.0

단백질(protein)

모든 살아 있는 세포에 들어 있는 물질이다. 달걀의 흰자, 동물의 뿔, 머리카락, 손톱, 명주실 등에도 들어 있다. 탄수화물 및 지방과 함께 우리 몸에 꼭 필요한 3대 영양소 가운데 하나이다.

단백질은 아미노산이 사슬처럼 이어져서 이루어진 것이다. 아미노산은 식물이 땅속의 화학 물질을 이용해서 만들어낸다. 동물은 이런 식물을 먹어서 단백질을 섭취하며, 사람은 식물이나 동물을 먹어서 섭취한다.

사람이 먹은 단백질은 소화되어서 아미노산으로 분해된 뒤에 혈관을 따라 몸 안 구석구석으로 보내진다. 거기서 아미노산은 에너지를 내기에 쓰이기도 하고, 몸에 맞는 형태로 다시 결합되어 세포 속의 단백질을 이루기에 쓰이기도 한다.

단백질은 달걀흰자가 그러듯이 열을 가하면 굳으며 태우면 머리카락이 탈 때와 같은 냄새가 난다. 단백질이 많이 든 식품으로 콩, 두부, 땅콩, 치즈, 쇠고기, 닭고기, 오징어, 생선, 게 등이 있다.

단백질이 풍부한 두유와 저지방 요구르트 및 과일
Peggy Greb, USDA ARS, Public Domain

단열(thermal insulation)

겨울이 되어 날씨가 추워지면 솜을 넣거나 털실로 짠 옷을 입는다. 바깥의 추위를 막을 뿐만 아니라 우리 몸이 내는 열이 달아나지 못하게 가두기 위함이다. 이렇게 물체나 물질 사이에 열이 전달되지 않게 막는 일이 단열이다.

보온병이나 냉장고가 단열의 좋은 예를 보여 준다. 보온병은 단열이 잘 되기 때문에 그 안에 든 뜨거운 물이 오래도록 식지 않으며, 냉장고도 단열이 잘 되므로 그 안의 온도가 차갑게 유지된다. 우리가 사는 집도 여름에는 바깥의 열이 들어오지 않고 겨울에는 집안의 열이 새나가지 않게 한다. 이렇게 열의 이동을 막는 단열은 우리 생활과 산업의 여러 분야에서 아주 중요한 일이다.

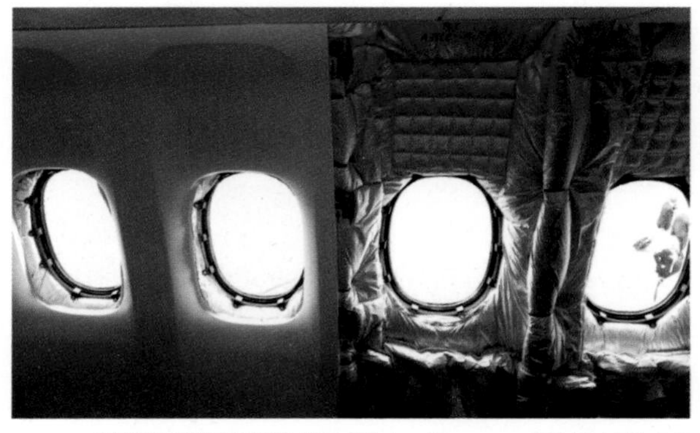

여객기 안벽의 단열 시설 Olivier Cleynen, CC-BY-SA-3.0

단층(fault)

지층, 곧 지구 껍데기의 암석층이 끊겨서 이동한 것이다. 지층이 양쪽에서 힘을 받으면 휘어서 습곡이 되며, 심하면 끊겨서 이동하여 단층이 된다.

이런 단층은 고작 몇 센티미터에서 몇 백 킬로미터에 이르도록 길게 뻗는데, 단층이 생길 때에는 그 충격이 사방으로 퍼져서 지진이 일어나기도 한다.

James St. John, CC-BY-2.0

단풍(autumn leaves)

가을이 되어 기온이 내려가면 녹색 식물의 잎이 붉은색, 노란색, 갈색 등으로 바뀐다. 단풍나무, 은행나무, 참나무, 밤나무, 포플러, 옻나무, 담쟁이덩굴, 포도나무, 느릅나무, 피나무 등의 잎처럼 대개 넓적한 나뭇잎이 그런다.

가을에 단풍이 드는 까닭은 나무가 겨울나기를 준비하기 때문이다. 햇볕이 드는 시간이 줄고 기온이 내려가면 나무가 잎과 줄기 또는 가지 사이에 떨켜층을 만든다. 뿌리가 빨아올린 물을 잎으로 보내지 않기 위해서이다. 겨울에 땅속이 얼면 물은 식물의 물관을 타고 올라가지 못하는데, 잎에서 증산 작용이 계속되면 나무가 말라 죽고 말 것이다. 그래서 나무가 잎을 떨어뜨리려고 물이 잎으로 못 가게 막는 것이다.

녹색 식물의 잎에는 여러 가지 색소가 들어 있다. 기온이 높고 햇빛이 많이 비추는 여름에는 잎에 다른 여러 색소보다 녹색 색소가 훨씬 더 많아서 잎의 색깔이 전체로 보아 초록색이다. 그러나 날씨가 추워져서 나무가 떨켜층을 만들면 물이 없어서 녹색 색소가 파괴되고, 따라서 여태 보이지 않던 다른 색소들이 나타난다. 그래서 잎의 색깔이 여러 가지로 바뀌는 것이다. 빨간 단풍잎은 붉은 색소가 많아져서 빨갛게 물들며, 은행잎은 노란 색소가 많아져서 노랗게 물든다. 이렇게 단풍이 든 잎은 얼마 지나지 않아서 낙엽이 되어 떨어지고 만다.

미디어뱅크 사진

단풍나무(Japanese maple)

가을이면 잎이 노랗거나 빨갛게 물들어 낙엽이 지는 나무이다. 잎이 5~7 갈래로 갈라져 있는데, 갈라진 끝은 뾰족하고 가장자리에 톱니가 있다.

종류에 따라서 봄에 초록색이나 붉은색 잎이 돋아난다. 5월에 가지 끝에 꽃이 피어서 9~10월에 열매가 여문다. 열매는 보통 2개가 붙어서 한 송이를 이루며, 긴 타원형 날개가 달려 있어서 바람에 멀리까지 날려 간다.

단풍나무는 키가 10m쯤 자라는 갈잎큰키나무이다. 본디 산에서 저절로 자라는 나무인데 가을에 곱게 물드는 단풍이 예뻐서 흔히 뜰이나 정원 또는 공원에 심는다. 제주도와 전라남북도의 산에 흔하다.

미디어뱅크 사진

단호박(winter squash)

대개 겉이 짙은 초록색으로서 좀 작고 동글납작하며 맛이 단 호박이다. 무게가 보통 2kg이 안 되며 겉에 위아래로 골이 몇 줄 나 있고 짙은 초록색 바탕에 옅은 점이 있기가 쉽다. 속살은 대개 초록빛이나 붉은빛이 도는 누런색이며 좀 끈적거리는 것도 있다. 좀 낮은 기온에서도 잘 자라며 꽃이 피고 나서 한 달쯤이면 호박이 다 익는다.

단호박은 남아메리카 대륙의 고원 지대가 고향인 서양계 호박이다. 녹말, 무기 염류 및 비타민 B와 C가 많이 들어 있다. 그래서 그냥 쪄서 먹거나 여러 가지 건강식을 만들어 먹는다. 맛이 달아서 밤호박이라고도 한다. 우리나라에는 거의 100년쯤 전에 들어왔지만 오랫동안 거들떠보지 않다가 한 30년 전부터 널리 퍼지기 시작했다. 남해안 지방에서 수출용으로 심어 가꾸기 시작했기 때문이다.

미디어뱅크 사진

달(moon)

밤하늘에 구름이 끼지 않으면 달과 별이 보인다. 달은 날마다 그 모양이 달라서 어느 날에는 손톱처럼 가느다랗고, 어느 날에는 더 크고 둥그런데, 보름달이면 아주 환하다. 또 어떤 날에는 낮에 보이고, 어떤 날에는 밤늦게 떠오른다. 그리고 달을 자세히 보면 군데군데에 어두운 부분이 있다.

달은 지구의 위성이다. 지구가 해의 둘레를 돌듯이 달은 27일쯤 만에 지구의 둘레를 한 바퀴씩 돈다. 같은 기간 동안에 또 제 축을 중심으로 스스로 한 바퀴 돈다. 그래서 언제나 달의 같은 쪽이 지구를 향하고 있게 되므로 우리는 늘 달의 한쪽 얼굴만 본다.

보름달 미디어뱅크 사진

달은 스스로 빛을 내지 못한다. 다만 햇빛을 받아서 반사할 따름이다. 달이 지구의 둘레를 공전하면서 또 자전하기 때문에 달의 한 면은 약 2주일 동안 햇빛을 받으며, 다음 약 2주일 동안에는 햇빛을 받지 못한다. 햇빛을 받는 반쪽 가운데에서 지구를 향한 부분만 우리 눈에 보인다. 달이 해와 지구 사이에 끼이면 햇빛을 받는 쪽은 해를 보며, 그 반대쪽 어두운 데가 지구를 향하게 된다. 이때가 그믐달이어서 달이 보이지 않는다. 그러나 하루가 지나면 눈썹 같은 초승달이 서쪽 하늘에 보이기 시작한다.

하지만 이때에도 자세히 보면 희미하게나마 초승달 말고 햇빛을 못 받는 달의 나머지 부분이 보인다. 그 까닭은 지구에서 반사된 빛 때문이다. 그 뒤로 햇빛을 받는 달 표면이 점점 더 많이 지구 쪽을 향하게 되면서 초승달이 날마다 조금씩 더 커진다. 그러다 햇빛을 받는 면이 다 보이게 되면 보름달이 된다.

그 뒤로 또 날이 지날수록 보름달이 다시 조금씩 작아진다. 그러다 마침내 안 보이게 되면 또다시 그믐이다. 이렇게 되는 데 모두 29일 반쯤 걸린다. 달은 지구의 날로 27.3일 만에 지구의 둘레를 한 바퀴 돌지만 그 동안에 태양 둘레의 궤도를 따라서 지구와 함께 움직이기 때문에 그믐에서 다음 그믐까지 걸리는 기간이 그만큼 길어지는 것이다. 이것이 음력으로 한 달이다. 음력은 달을 기준삼아서 만든 달력이다.

달의 적도에서의 반지름은 1,737.5km이며, 지구에서 달까지의 평균 거리는 38만 4,400km이다. 달의 중력은 지구 중력의 6분의 1밖에 되지 않는다. 달에는 공기가 없고 물도 거의 없다. 따라서 생물이 살 수 없으며 바람도 불지 않는다. 그러니까 침식과 풍화 작용도 일어나지 않아서 언덕이나 골짜기가 지구에서와 같이 닳지 않는다. 달에서는 소리가 들리지 않으며 냄새도 맡을 수 없다.

이탈리아의 천문학자인 갈릴레오 갈릴레이가 서기 1609년에 망원경을 만들어서 맨 처음에 관찰한 것이 달이었다. 그 뒤로 많은 천문학자들이 달을 관찰하고 바다나 산의 이름을 붙였으며 지도도 만들었다. 그러나 달의 바다는 지면이 편평한 곳일 따름이지 물이 찰랑거리는 바다는 아니다.

1959년 9월 13일에 옛 소련의 루니크 2호가 달에 보내짐으로써 사람이 만든 관측기구가 처음으로 달에 다다랐다. 그 뒤 1969년 7월 20일에 미국의 우주선 아폴로 11호가 처음으로 사람을 싣고 가서 달에 내렸다. 그 뒤 1972년까지 6번에 걸쳐 사람을 달에 보내서 모두 385kg의 달 암석을 직접 가져왔다. 이런 암석들을 연구한 결과 아득히 먼 옛날에는 달에서도 화산 활동이 있었음을 알게 되었다.

달걀(chicken egg)

암탉이 낳은 알이다. 계란이라고도 한다. 길둥그런 모양이지만 한 쪽이 다른 쪽보다 좀 더 작고 뾰족하다.

모든 동물의 알이 그러듯이, 달걀의 껍데기 안에 들어 있는 것은 하나의 세포로 이루어진 난자이다. 이 난자는 낳기 전에 어미 닭의 몸 안에서 수탉의 정자를 만났으면, 그리고 낳은 뒤에 어미 닭이 3주일 동안 따뜻하게 품어 준다면 병아리가 될 수 있다. 그러나 수탉의 정자를 만난 적이 없는 난자는 절대로 병아리가 되지 못한다.

달걀 껍데기 속의 난자는 얇은 막에 싸여 있다. 난자의 한 가운데에 동그란 노른자위가 또 얇은 막에 싸여 있으며, 그 둘레에는 반투명하고 걸쭉한 액체인 흰자위가 가득 차 있다. 그리고 흰자위가 끈처럼 뭉친 알끈이 노른자위를 양쪽에서 붙잡고 있다. 이것은 노른자위를 빙그르르 돌려서 배로 자랄 알눈 부분이 항상 맨 위쪽에 놓이게 하는 구실을 한다.

정자와 만난 난자는 어미 닭의 품이나 부화기 속에서 알맞은 온도가 계속되면 세포 분열을 시작한다. 하나였던 세포가 쪼개져서 둘이 되고, 이어서 넷이 되고 또 여덟이 되는 것이다. 이렇게 하여 배가 만들어지는데, 배는 노른자위를 영양분 삼아서 자란다.

달걀의 껍데기는 주로 탄산칼슘으로 이루어졌는데 어미 닭의 몸 밖으로 나오면 단단해진다. 껍데기의 바깥쪽은 매끄럽고 안쪽은 얇은 막에 덮여 있다. 껍데기의 색깔은 희거나 옅은 갈색이다. 달걀 껍데기에는 아주 작은 구멍이 수없이 많이 뚫려 있어서 달걀이 숨을 쉬게 한다.

달팽이(land snail)

물기가 많은 풀잎이나 작은 나뭇가지 등에서 볼 수 있는 연체 동물이다. 대개 나사의 골처럼 감긴 나선형 껍데기가 있어서 보통 때에는 그 속에 들어가 있다가 움직일 때에 나와서 껍데기를 등에 지고 다닌다. 이 껍데기는 얇아서 부서지기 쉽다.

몸에 뼈가 없으며 배 쪽에 있는 편평한 근육으로 기어 다닌다. 머리에는 늘었다 줄었다 하는 더듬이 2쌍이 있는데, 1쌍의 큰 더듬이 끝에 눈이 달려 있다. 이 더듬이를 건드리면 얼른 살 속으로 넣어 버린다. 등에 대개 4줄의 가로 무늬가 있다.

달팽이는 허파로 숨을 쉬며 논, 밭 또는 풀숲 같은 데에서 산다. 작은 동물을 잡아먹는 것도 있지만 대개 상추처럼 부드러운 풀잎, 나뭇잎, 이끼 등을 갉아먹는다. 암수한몸이며 몸에서 미끈미끈한 액체가 나온다. 장마철에 날씨가 따뜻해지면 알을 낳아서 번식한다.

온 세계에 모두 2만 가지쯤 되는 달팽이가 있는데 열대 지방과 온대 지방에서 산다. 그 가운데에는 껍데기가 없는 민달팽이도 있다.

미디어뱅크 사진

닭(chicken)

수탉은 '꼬끼오'하고 울며, 암탉은 알을 낳는다. 날개가 있는 새이지만 잘 날지는 못해서 주로 걸어 다닌다. 병아리는 조그맣고 대개 노랗지만 어미닭은 크고 여러 가지 색깔이다. 특히 수탉은 볏과 꽁지깃이 길며 색깔이 화려하다.

닭은 본디 열대 지방의 밀림에서 살던 새인데 아주 오래 전에 사람들이 길들여서 길러 온 것으로 알려져 있다. 지금도 말레이시아나 인도네시아의 밀림에서는 야생 닭이 살고 있다.

요즘에는 기르는 목적에 맞도록 닭이 여러 가지로 개량되었다. 그 중에서도 고기나 알을 생산하기에 알맞은 품종이 많이 길러진다. 알을 많이 낳는 품종의 암탉은 1년에 220개쯤 낳는다. 그밖에 살코기용 품종, 알과 살코기를 함께 얻고자 기르는 품종 또는 반려 동물 품종 등도 있다.

옛날에는 이른 봄에 주로 어미닭이 알을 품어서 병아리를 깠다. 하지만 요즘에는 부화기로 알을 깨는 일이 많다. 알을 품는 어미닭으로는 성질이 순한 토종 암탉이 알맞다. 병아리를 깰 알은 낳은 지 1주일이 안 되는 신선한 것이 좋다.

알은 단단한 껍데기에 싸여 있다. 어미닭이 품거나 부화기에 넣은 지 21일이 되면 병아리가 되어서 제 부리로 껍데기를 깨고 밖으로 나온다. 이를 부화라고 한다. 갓 깬 병아리는 솜털이 보송보송하고 귀엽다.

닭도 뉴캐슬병이나 백혈병 또는 조류 인플루엔자 같은 감염병에 걸릴 수 있다. 따라서 정기적으로 예방 접종을 하고 감염병이 돌면 주변을 잘 소독해 주어야 한다.

Lilly M, CC-BY-2.5 GFDL

닭의장풀(Asiatic dayflower)

흔한 한해살이풀이다. 달개비라고도 한다. 길가나 개울가의 축축한 땅에 나서 키가 50cm까지 자란다. 마디와 잎이 작은 대나무와 비슷해 보인다.

아래쪽 줄기는 땅에서 기다시피 자라며 마디에서 뿌리를 내고 가지를 많이 친다. 잎은 어긋나는데 길이가 5~7cm로 폭이 좁고 긴 댓잎 모양이지만 끝이 뾰족하다. 7~8월에 하늘색 꽃이 피는데, 꽃잎이 3장으로서 위쪽 2장은 크고 둥글지만 아래쪽 1장은 작고 희다. 암술 1개와 수술 3개가 있다. 꽃이 지면 타원형 열매가 열리는데 익으면 세 조각으로 갈라진다.

미디어뱅크 사진

닭 콜레라(fowl cholera)

조류 콜레라라고도 한다. 병아리나 늙은 닭이, 암탉보다 수탉이 더 잘 걸리는 감염병이다. 닭뿐만 아니라 오리, 칠면조, 거위 같은 가금과 야생에서 사는 물새들이 이 병으로 피해를 많이 입기 때문에 우리나라에서는 조류에 생기는 제2종 법정 감염병으로 지정되어 있다.

닭 콜레라를 일으키는 병원균인 파스퇴렐라균은 서기 1880년대에 프랑스의 미생물학자 루이 파스퇴르가 처음으로 분리해서 배양했다. 그래서 처음으로 닭 콜레라 백신을 만들어낸 것이다. 이 백신이 나오기 전에는 닭 콜레라가 한번 돌면 거의 90%의 가금이 죽고 말았다.

닭 콜레라에는 급성과 만성의 두 가지가 있다. 가금은 대개 만성병에 걸리며 무리지어 이동하는 물새들 사이에 급성병이 잘 퍼진다. 급성 닭 콜레라에 걸린 새는 6~12 시간 안에 죽어 버리기 때문에 병을 앓고 있는 놈을 찾아보기가 어렵다. 서기 2015년 3월에는 미국의 북부 지방에서 캐나다로 이동하던 흰기러기 약 2,000마리가 닭 콜레라로 죽고 말았다.

담비(marten)

족제빗과의 포유류로서 흔히 숲이 우거진 산속이나 골짜기 주변에서 산다. 몇 가지 종류가 있지만 크기나 털빛깔이 조금씩 다를 뿐 거의 다 비슷하게 생겼다. 몸이 아주 튼튼하고 날쌔며 나무도 잘 탄다. 머리는 작고 세모지며 목이 길고 꼬리가 거의 몸통만큼 길다. 수컷은 몸길이가 50cm, 몸무게는 5kg 안팎이며 암컷이 좀 더 작고 가볍다.

담비는 아시아의 거의 모든 곳에서 사는데 한반도에서 사는 것은 노란목도리담비이다. 이것은 다른 종류와 견주어서 털이 좀 더 짧고 성기다. 털빛깔은 주로 누렇거나 갈색인데 양쪽 옆구리와 배는 더 밝은 누런색이며 얼굴, 네 발끝과 엉덩이 및 꼬리는 검은 갈색이다.

보통 두세 마리가 무리지어서 한 텃세권을 지키며 산다. 먹이는 식물의 열매에서부터 곤충, 파충류, 새, 쥐나 큰 짐승의 새끼에 이르기까지 무엇이나 가리지 않는다. 따라서 우리 산에서는 지금 맨 윗자리의 포식자 구실을 하고 있다.

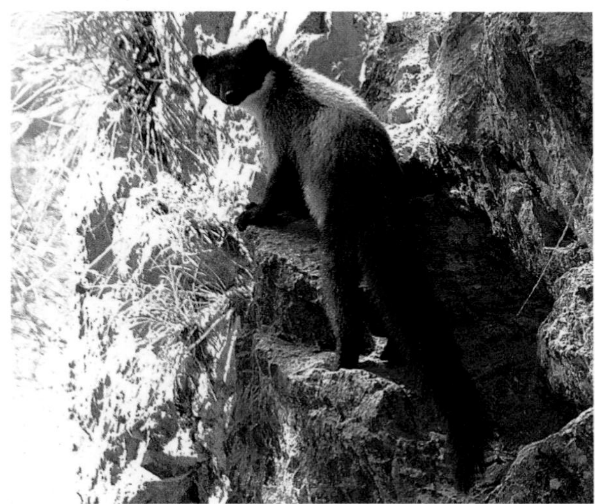

담쟁이덩굴(Japanese creeper)

나무나 바위 또는 담벼락 같은 데에 달라붙어 기어오르며 자라도록 적응된 덩굴나무이다. 10m까지 길게 뻗는 덩굴 줄기가 가지를 많이 친다. 줄기에서 특별한 뿌리가 나와서 벽 같은 데에 잘 달라붙는다.

여름 6~7월에 황록색의 작은 꽃이 피고 자잘한 열매가 열어 8월이 지나면 검게 익는다. 여름내 짙은 초록색으로 반짝이던 수많은 잎은 가을이면 갈색으로 단풍이 들어서 떨어진다.

미디어뱅크 사진

당귀(Korean angelica)

신감채 또는 승검초라고도 하는 여러해살이풀이다. 미나리과에 딸린 풀로서 개울가나 습기가 많은 땅에서 잘 자란다. 참당귀와 왜당귀가 있는데 참당귀는 본디 우리 땅에서 살던 것이며 왜당귀는 일본에서 건너온 것이다.

참당귀는 줄기가 굵고 곧게 자라며 전체로 보아 자줏빛이 나는데 키가 2m에 이른다. 잎은 마주 나는 깃꼴겹잎으로서 긴 잎자루에 몇 가닥으로 갈라진 잎이 셋씩 달린다. 한여름에 자주색 꽃이 무더기로 우산처럼 피어 열매가 열린다. 왜당귀는 주로 약초로 심어서 가꾸는데 키가 90cm쯤 자라며 하얀 꽃이 핀다.

당귀는 어느 것이나 옛날부터 뿌리를 한약재로 써 왔다. 뿌리에서 젖빛 즙이 나오며 맛이 달콤하고 향기가 진하다. 그래서 요즘에는 심어서 가꾸는 것이 많다. 또한 잎은 천연 색소로 쓰며 어린 순을 채소로 먹기도 한다.

미디어뱅크 사진

당근(carrot)

영양분을 뿌리에 저장하는 식물로서 뿌리채소이다. 대개 붉거나 노란색 작은 무처럼 생긴 뿌리에서 잎이 수북이 난다. 이 잎은 잎자루가 긴 깃꼴겹잎이다. 한여름 7~8월이면 잎 사이에서 긴 줄기가 나와서 그 끝에 조그맣고 하얀 꽃이 무더기로 핀다.

당근은 뿌리가 무보다 더 단단하고 맛이 달 뿐만 아니라 비타민 A와 C가 많이 들어 있다. 또한 냄새가 향긋하고 색깔이 고와서 요리에 많이 쓰인다. 날로 먹을 수도 있지만 주로 나물, 김치, 샐러드 또는 당근즙 따위로 요리해서 먹는다.

Kander, Public Domain

당나귀(donkey)

말이나 얼룩말과 친척인 포유류이다. 본디 북아프리카 대륙에서 제멋대로 살던 짐승을 수천 년 전에 길들인 것이다. 몸집은 작지만 튼튼하고 순해서 타고 다니거나 짐을 나르고 수레를 끌게 한다.

어깨까지의 높이는 대개 1.2m쯤이며, 털빛은 회색이나 갈색이고, 귀가 크다. 네 다리는 가늘지만 튼튼하며, 거친 먹이도 잘 먹고 산다. 오늘날에도 북아프리카와 중앙아시아의 초원에는 야생 당나귀가 살고 있다.

미디어뱅크 사진

대기(atmosphere)

지구와 같은 행성을 에워싸고 있는 기체층이다. 지구의 대기는 중력에 붙들려 있는데, 질소 78%, 산소 21%, 아르곤 0.9%, 이산화탄소 0.03%, 그밖에 수증기, 네온, 헬륨, 오존 등으로 이루어져 있다. 대기는 지구가 태양열에 의해 너무 뜨거워지거나 우주의 찬 기운에 의해 너무 차가워지는 것을 막아 준다. 대기가 없는 달은 낮에는 온도가 100℃가 넘지만, 밤에는 영하 수백℃까지 내려간다.

지구의 대기는 높이와 온도 등에 따라서 몇 가지 층으로 나뉜다. 생물이 사는 가장 밑 부분은 대류권이다. 이 대류권에 전체 공기의 75%가 들어 있으며, 구름과 바람 같은 날씨의 변화가 여기서 일어난다. 대류권은 극지방에 가까울수록 얇고 적도에 가까울수록 두꺼워서 극지방에서는 높이 6km까지, 적도 지방에서는 18km까지이다. 대류권에서는 높이 1km마다 기온이 5~6℃씩 내려간다.

대류권의 위층은 성층권이다. 성층권은 공기가 희박하고 기압도 약해서 높이 30km에서는 기압이 지

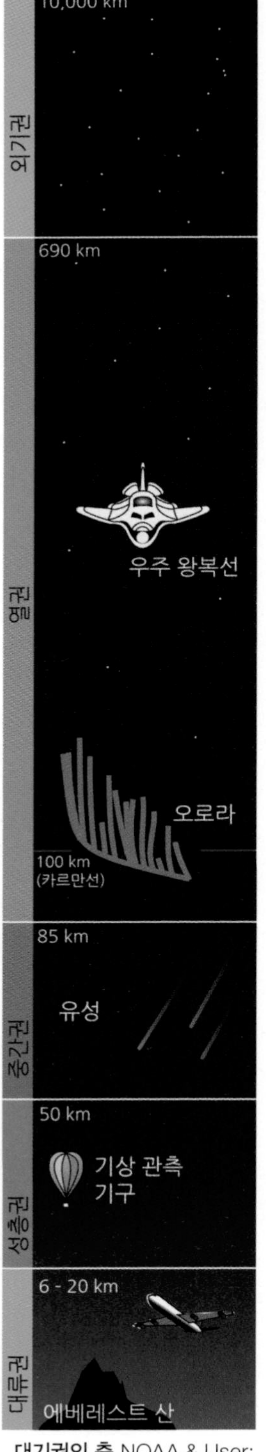

대기권의 층 NOAA & User: Mysid, Public Domain

표면 기압의 1%밖에 안 된다. 공기의 저항이 약하고 대체로 날씨가 맑으므로 제트 비행기가 다니기에 좋다. 높이 28km부터는 더 올라갈수록 온도가 높아져서 50km에 이르면 10℃쯤 된다. 그러나 그보다 더 위에서는 온도가 다시 낮아진다.

높이 50~80km까지의 대기층을 중간층이라고 한다. 여기서는 높아질수록 기온이 내려가서 높이 80km에서는 −90℃쯤 된다. 그보다 더 높은 대기층은 열권이다. 열권에서는 올라갈수록 기온이 다시 높아져서 300km 높이에서는 온도가 900℃쯤 된다. 특히 80~500km까지를 전리층이라고 하는데, 이 층에는 공기가 거의 없으며 기체 분자만 흩어져 있다. 전리층은 전파를 반사하기 때문에 무선 통신에 매우 중요하다.

지구와 가까운 천체 가운데 달과 수성에는 대기가 거의 없다. 또 화성의 대기는 희박하며 산소가 없다. 금성의 대기는 두껍지만 산소가 거의 없으며, 목성의 대기는 주로 수소와 헬륨으로 이루어져 있다.

대나무(bamboo)

벼과의 여러해살이 풀이다. 그러나 하도 크게 자라기 때문에 나무처럼 보인다. 열대와 온대 지방에서 빽빽하게 숲을 이루며 자란다. 겨울에도 낙엽이 지지 않는 늘푸른풀이다. 줄기가 곧고 길며 속은 비어 있다.

미디어뱅크 사진

대나무는 옛날부터 쓰임새가 아주 많다. 이것으로 집을 짓거나 가구 따위를 만들며 낚싯대도 만든다. 또 죽순이라고 하는 대나무의 어린 순은 음식을 만들어 먹는다.

대류(convection)

기체나 액체가 열로 말미암아 위아래로 위치가 바뀌면서 움직이는 현상이다. 이런 대류 현상은 전도, 복사와 함께 열이 전달되는 세 가지 방법 가운데 한 가지이다.

커피잔 속의 대류에 의한 열 전달

기체나 액체는 한 부분이 열을 받아서 온도가 오르면 그 부분이 팽창하여 밀도가 낮아지므로 가벼워져서 위로 올라가고, 그 대신에 온도가 낮고 밀도가 높은 윗부분이 아래로 내려온다. 이를 되풀이하면서 물질이 직접 이동하여 열이 전달되는 방법이 대류이다. 대류 현상으로 말미암아 기체나 액체는 위쪽부터 데워진다. 그래서 난로는 창가 낮은 데에 두어서 더운 공기가 위로 올라가게 하며, 에어컨은 천장에 달아서 찬 공기가 위에서 아래로 내려오게 한다.

대륙(continent)

지구의 표면을 이루는 엄청나게 큰 땅덩어리들이다. 아시아, 유럽, 아프리카, 북아메리카, 남아메리카 및 오세아니아 6개 대륙으로 나뉜다. 이 가운데 아시아 대륙이 가장 넓어서 세계 육지의 30%쯤을 차지한다. 그런가 하면 가장 작은 대륙은 오스트레일리아, 뉴질랜드 및 남태평양의 섬들로 이루어진 오세아니아 대륙이다.

하지만 어떤 이들은 지구 위의 대륙에 남극 대륙을 더 넣어서 모두 7개의 대륙으로 생각하거나 유럽과 아시아를 합쳐서 유라시아 대륙 하나로 보기도 한다. 이 모든 대륙이 지구 표면의 29.2%를 차지하며 거의 다 바다에 둘러싸여 있다. *(다음 면에 계속됨)*

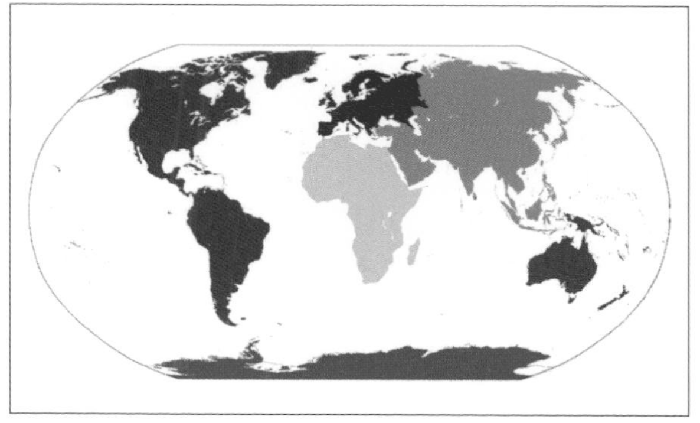

지구의 땅 표면은 35억 년쯤 전에 만들어졌다. 땅의 표면은 셰일, 사암, 석회암, 화강암 등의 암석으로 이루어졌는데 그 밑에는 마그마나 그것이 굳어서 된 무거운 화성암이 있을 것으로 생각된다.

지구 표면의 땅덩어리는 2억 년쯤 전까지 하나였다. 이것이 차츰 여러 조각으로 나뉘고 서로 멀리 떨어져 나가 6,500만 년쯤 전에 지금과 같은 모습이 되었다. 오늘날에는 모든 대륙의 3분의 2쯤이 적도 위쪽에 자리 잡고 있다. 처음에는 온통 암석뿐이던 땅 표면이 바람, 물, 공기 및 온도의 변화 등으로 풍화되어서 오늘날의 모습과 같게 되었다.

대리석(marble)

하얗거나 얼룩덜룩한 무늬가 있는 암석이다. 다듬어서 반짝거리게 만들 수 있기 때문에 먼 옛날부터 조각품이나 건축물에 많이 쓰인다.

변성암 가운데 한 가지로서 석회암이 땅속 깊이 고여 있는 용암이나 흐르는 용암을 만나서 그 열에 의해 변한 것이다. 좋은 대리석은 이탈리아에서 많이 난다.

채석장에서 캔 대리석 덩이들 Dispe, Public Domain

대벌레(*Baculum irregulariterdentatum*)

여름에 볼 수 있는 곤충이다. 여느 곤충과 마찬가지로 몸이 머리, 가슴, 배의 세 부분으로 되어 있지만 머리에서 배까지 거의 온몸이 가늘고 긴 막대기처럼 생겼다. 몸빛깔은 초록색이나 갈색이며 머리에 가느다란 더듬이 한 쌍, 가슴에는 세 쌍의 긴 다리가 달려 있다. 배가 머리와 가슴을 합친 것보다 더 길며 온몸의 길이는 10cm에 가깝다.

날개가 퇴화되어서 날지는 못한다. 그 대신에 다리

あうる, CC-BY-2.1jp

가 튼튼해서 잘 걸어 다니며 어쩌다 뜯겨도 다시 자라난다. 그래서 다리에 공격을 받으면 떼어버리고 달아나며 때로는 땅에 떨어져서 죽은 채한다. 주로 숲속의 나무나 풀잎에서 사는데 먹이는 참나무 같은 넓은잎나무의 잎이다.

이른 봄에 알에서 깨 자라면서 대여섯 번 허물을 벗고 어른벌레가 된다. 따라서 번데기 과정을 거치지 않고 불완전 탈바꿈을 하는 곤충이다. 암컷이 늦여름부터 가을 사이에 알을 낳으면 겨울을 난 뒤 이듬해 봄에 애벌레들이 깨 나온다.

대양(ocean)

지구 표면의 71%를 차지할 만큼 넓고 많은 물이 차 있는 곳이다. 주로 태평양, 대서양, 인도양, 북극해 및 남극해의 5 대양으로 나눈다. → 바다

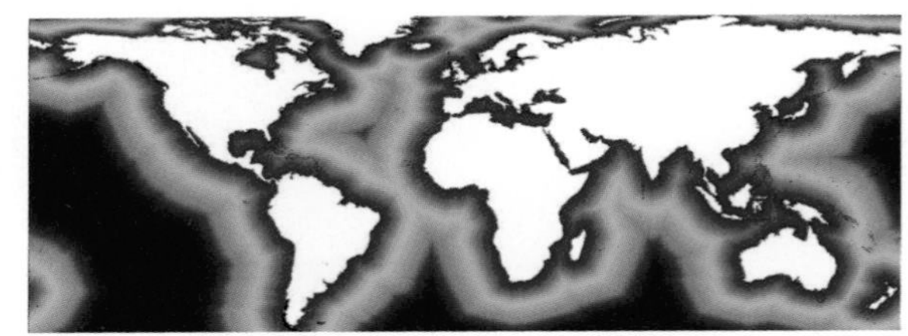

Hengl, CC-BY-SA-3.0

대왕오징어(giant squid)

깊은 바다 속에서 사는 오징어이다. 오늘날 세상에서 살고 있는 무척추 동물 가운데에서 가장 크며 두 번째로 큰 연체 동물이다.

생김새는 보통 오징어와 비슷하지만 몸집이 매우 커서 옛날에는 바다의 괴물로 여겨졌다. 양쪽 지느러미의 폭이 2m가 넘으며 머리와 몸통 및 8개의 다리를 합친

길이가 5m에 이른다. 다리보다 훨씬 더 긴 촉완이 두 개 더 있는데 이것들은 주로 먹이를 잡는 일에 쓴다. 몸무게도 몇 백 킬로그램에 이르며 대개 암컷이 수컷보다 조금 더 크다.

이런 대왕오징어는 주로 북태평양, 북대서양 및 뉴질랜드의 바다에서 산다. 이것들의 천적은 향유고래이다. 향유고래의 머리에는 대왕오징어를 잡아먹다가 생긴 둥근 빨판 자국이 남아있을 때가 많다.

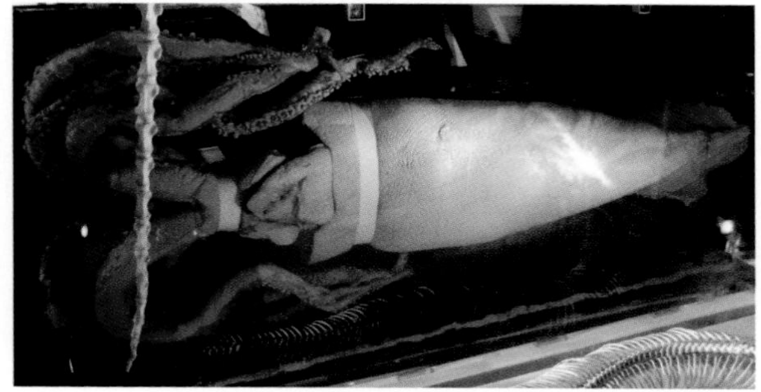

대장(large intestine)

우리 뱃속에 들어 있는 창자 가운데에서 짧고 굵은 부분이다. 소장이라고도 하는 작은창자의 끝에서 시작되어 항문에 이른다. → 큰창자

대추나무(jujube)

대추가 열리는 나무이다. 크게 자라며 가지를 많이 뻗는다. 가지에 드문드문 작은 가시가 난다. 잎은 길쭉한 타원형이다. 초여름 6월에 연한 초록색 꽃이 피어서 열매가 맺히면 가을에 익는다.

미디어뱅크 사진

대추나무는 가을이 깊어지면서 잎이 모두 떨어지는 갈잎큰키나무이다. 대추는 처음에 초록색이지만 익으면서 점점 거죽이 붉은 갈색으로 변하며, 흰 과육 속에 딱딱한 씨가 1 개 들어 있다. 다 익은 대추를 따서 말리면 살이 쪼글쪼글해진다. 이렇게 말린 대추는 한약에 넣어서 쓴 맛을 없애거나 음식물에 넣어서 맛과 모양을 북돋우는 일에 쓴다.

댐(dam)

흐르는 물을 가두기 위해 내나 강 또는 바다의 만을 가로질러 막은 둑이다. 비가 많이 올 적에는 물을 가둬서 홍수가 나지 않게 하며, 댐에 갇힌 큰 저수지의 물로 가뭄에도 농사를 지을 수 있게 한다. 또 높은 데에서 쏟아져 내리는 산골짜기 저수지의 물이 수력 발전소의 수차를 돌려서 전기를 일으키며 도시에 수돗물을 공급하기도 한다.

댐은 대개 폭이 넓은 물을 가로질러서 돌, 흙 및 시멘트 콘크리트 등으로 쌓는다. 돌과 흙으로 쌓은 댐은 바닥이 넓고 위는 좁게 쌓되 바닥의 폭이 높이의 절반이 넘게 만든다. 그래야 그 무게 때문에 댐이 물에 밀리거나 무너지지 않기 때문이다. 시멘트 콘크리트 댐은 돌과 흙으로 쌓은 댐처럼 두껍게 만들 수 없으므로 댐이 강의 상류 쪽으로 등을 내민 활처럼 휘게 한다. 이런 댐은 물의 힘이 댐의 양쪽 끝으로 작용하기 때문에 흔히 양쪽 언덕이 바위로 되어 있어서 아주 튼튼한 곳에다 쌓는다. 또 댐의 위에는 대개 길을 내서 강이나 바다의 양쪽을 잇게 한다.

미디어뱅크 사진

더듬이(antenna)

곤충이나 새우 등의 머리에 난 감각 기관이다. 다리가 여러 마디로 된 절지 동물은 대개 더듬이가 있다. 곤충의 더듬이에 많이 나 있는 가는 털은 뇌로 뻗은 신경과 이어져 있다. 그 털 하나하나가 무척 예민해서 둘레에서 일어나는 아주 작은 변화나 소리를 느낀다.

앉아 있는 파리에 손을 가까이 가져가면 날아가 버린다. 그러나 파리가 유리창 바깥에 앉아 있을 때에는

창문 안에서 손을 가까이 대도 날아가지 않는다. 눈보다 더 빨리 더듬이가 공기의 움직임을 알아차리기 때문이다. 더듬이로 맛을 느끼고 냄새를 맡는 곤충도 있다. 따라서 더듬이를 없애면 이런 동물은 제대로 활동하지 못한다. 더듬이의 모양과 크기는 동물에 따라서 다르다.

어느 아프리카 벌의 더듬이
USGS Bee Inventory and Monitoring Lab, Public Domain

도구(tool)

일을 쉽고 편하게 할 수 있게 하는 여러 가지 기구이다. 사람은 아주 먼 옛날부터 도구를 만들어서 써 왔다.

도구에는 여러 가지가 있지만 도끼, 망치, 병따개, 도르래, 지레 따위와 같이 대개 사람이 직접 힘으로 하는 일에 쓰인다. 도구가 있으면 대개 힘을 덜 들이고 일을 할 수 있다. 그러나 일의 양을 줄이지는 못한다. 예를 들면, 경사면을 이용해서 물건을 들어 올리면 똑바로 들어 올리는 것보다 힘은 덜 들지만 그만큼 움직여야 할 거리가 멀어지므로 일을 하는 양은 같다.

사람은 바로 서서 두 발로 걸음으로써 두 손이 자유로워졌으며 그 뒤부터 도구를 쓰기 시작했다. 처음에는 나뭇가지나 돌을 주워서 썼지만 경험이 쌓이고 지혜가 발달하면서 필요에 따라서 돌을 깨뜨리거나 갈아서 썼다. 그리고 더 나아가 청동기와 철기도 만들어 쓰게 되었다.

못을 박거나 빼는 도구
미디어뱅크 사진

특히 철의 사용은 인류에게 커다란 변화를 가져다 주었다. 청동은 구하기 어려워서 주로 장식품을 만드는 데 썼지만, 철은 비교적 풍부하고 단단해서 호미나 낫 또는 칼과 같은 도구를 만들어서 쓸 수 있었다. 철로 만든 도구를 씀으로써 땅을 갈거나 물을 대는 일이 더 쉬워졌으며 따라서 곡식을 더 많이 거두게 되었다. 농업이 발달하면서 사람들이 더 많이 한데 모여 살고, 철로 만든 무기가 많아지자 남을 힘으로 정복하는 일이 잦아져서 사회의 규모가 점점 커졌다. 그러다 마침내 큰 나라가 만들어지게 된 것이다. → 기계

도깨비바늘(Spanish needle)

산과 들에서 자라는 한해살이풀이다. 키가 25~85cm까지 자란다. 8~9월에 노란 꽃이 피었다가 지면 길쭉한 씨가 송이로 달린 열매가 열린다.

도깨비바늘의 씨는 끝이 뾰족하고 여러 갈래로 갈라진 갈고리처럼 생겼다. 그래서 지나가는 짐승의 털에 잘 달라붙으므로 멀리까지 퍼지게 된다.

미디어뱅크 사진

도꼬마리 (rough cockleburr)

들이나 길가에서 흔히 자라는 한해살이풀이다. 줄기가 곧게 서며, 키가 1.5m까지 자란다. 넓은 세모꼴 잎은 잎자루가 길고 가장자리에 거친 톱니가 나 있다.

미디어뱅크 사진

한여름 8~9월에 노

란 꽃이 피고 나서 길둥그런 열매가 무더기로 열리는데 그 속에 씨가 많이 들어 있다. 열매의 겉에 갈고리 가시가 많이 나 있는데, 씨가 익으면 이 가시가 빳빳해져서 지나가는 짐승의 털에 잘 달라붙는다. 그래서 씨가 멀리 퍼지는 것이다.

도르래(pulley)

미디어뱅크 사진

국기 게양대는 끝에 도르래가 달려 있어서 줄을 아래로 당기면 국기가 위로 올라간다. 기중기에도 도르래가 달려 있어서 무거운 물건을 쉽게 들어올린다. 도르래는 줄과 함께 사용되어서 무거운 물건을 쉽게 들어 올리게 하는 매우 쓸모 있는 바퀴이다.

도르래에는 두 가지가 있다. 한 가지는 한 자리에 매달려서 움직이지 않는 고정 도르래이며, 다른 한 가지는 물체와 함께 줄에 매달려서 움직이는 움직 도르래이다. 국기 게양대나 우물에서와 같이 한 곳에 못 박힌 축을 중심으로 도는 고정 도르래는 힘을 덜 들게 하지는 못하지만 힘의 방향을 바꿔 줌으로써 일을 수월하게 해 준다. 위로 들어 올려야 할 것을 아래로 끌어 내리게 하는 것이다. 이때 힘이 작용하는 방향과 물체가 움직이는 방향은 서로 반대가 되지만 드는 힘은 똑같다.

그러나 움직 도르래를 쓰면 힘이 덜 든다. 하지만 움직 도르래만으로는 힘이 작용하는 방향이 같아서 불편하므로 대개 고정 도르래와 움직 도르래를 함께 쓴다. 움직 도르래에 건 줄을 다시 고정 도르래에 걸어서 물건을 끌어 올리면 힘은 덜 들지만 줄의 길이가 늘어난다. 움직 도르래가 1개이면 2분의 1의 힘으로 물체를 들어 올릴 수 있지만 당겨야 할 줄의 길이가 2배로 길어진다. 곧 힘의 크기는 작아지지만 일의 양은 같다.

그래도 고정 도르래와 움직 도르래 여럿을 묶어서 작은 힘으로 무거운 물건을 들어 올리는 일에 많이 쓴다. 그 좋은 보기가 기중기이다.

도마뱀(lizard)

뱀과 친척뻘인 파충류이다. 대개 네 발로 기어 다닌다. 모두 2,500 가지가 넘는 종류가 있는데, 저마다 땅 위, 땅 밑, 물속, 나무 위, 사막 같은 데에서 살도록 진화해 왔다. 우리나라에서 사는 것은 모두 8 가지이다. 생김새나 크기도 저마다 다른데, 가장 작은 것은 길이가 2cm밖에 안 되며 열대 지방에 사는 것들은 대개 크다. 인도네시아의 코모도 섬에서 사는 코모도왕도마뱀은 살코기를 먹고 사는데, 몸길이가 3.5m 넘게 자라기도 한다.

도마뱀도 뱀처럼 알을 낳는다. 그러나 어떤 것은 어미의 몸속에서 알이 깨 새끼가 나온다. 모습이 어미와 꼭 같은 새끼는 전혀 어미의 보살핌을 받지 못하므로 제 힘으로 살아야 한다.

도마뱀은 대개 해가 없다. 적에게 붙잡히면 제 꼬리를 떼어버리고 도망치는 것이 많다. 얼마쯤 지나면 새 꼬리가 자라나기 때문이다. 그러나 몸집이 큰 몇 가지는 꽤 아프게 문다. 게다가 미국의 남부 사막에서 사는 아메리카독도마뱀, 멕시코에서 사는 멕시코구슬도마뱀 및 인도네시아의 코모도왕도마뱀은 강한 독이 있어서 무서운 도마뱀들이다.

미디어뱅크 사진

도시 가스(city gas)

땅속에 묻힌 관을 통해서 가정이나 공장에 보내져 연료로 쓰이는 가스이다. 천연 가스, 액화 석유 가스, 석탄 가스와 같이 연료로 쓸 수 있는 가스 한 가지이거나 몇 가지를 섞은 것이다. → 가스

도자기(ceramic)

도기와 자기, 곧 옹기와 사기이다. 도기는 대개 붉은 찰흙 반죽을 빚어서 그릇 등 여러 가지 물건을 만들어 그늘에서 말린다. 그 다음에 잿물을 발라서 1,300℃에 못 미치는 열로 구워내면 된다. 이런 도기, 곧 옹기는 겉이 반짝거리며 예쁘지만 자기보다는 덜 단단하며 두드리면 둔한 소리가 난다.

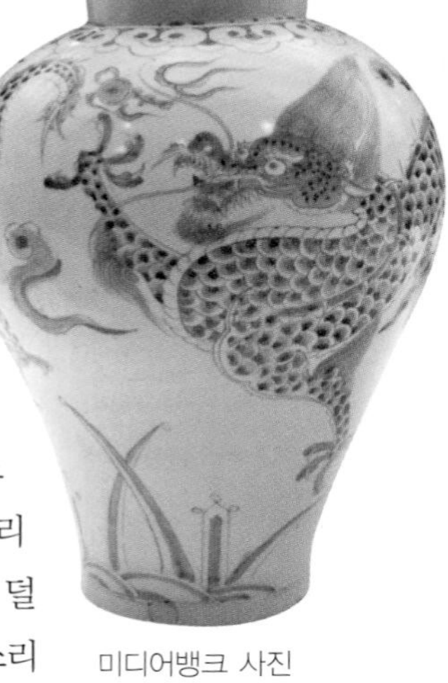

미디어뱅크 사진

그러나 자기는 주로 백토라는 흰 찰흙으로 빚어서 1,300~1,500℃의 높은 열로 구워낸다. 그래서 대개 색깔이 희며 두드리면 맑은 소리가 나고 아주 얇은 것은 조금이나마 빛도 통과시킨다. 이 자기, 곧 사기는 전류나 열을 잘 전하지 않기 때문에 전선의 애자나 우주 왕복선의 방열판에 쓰인다.

도체(electrical conductor)

전기가 통하는 물질이다. 전지의 플러스(+) 극과 마이너스(−) 극에 전선을 이어서 한 가닥씩 전구의 꼭지와 꼭지쇠에 대면 불이 켜진다. 전선에 전기가 통하기 때문이다. 그러나 고무줄을 이어서 전구에 대면 불이 켜지지 않는다. 고무줄은 전기가 통하지 않기 때문이다.

전선처럼 전기가 통하는 물질을 도체 또는 전도체라고 한다. 금, 은, 철, 구리, 알루미늄과 같은 여러 가지 금속이 도체이다. 물도 전기를 잘 통한다. 그러나 고무, 플라스틱, 종이, 나무 등은 전기가 통하지 않는다. 이런 물질은 부도체이다.

전기뿐만 아니라 열을 잘 전하는 물질도 도체 또는 전도체라고 한다. 전도체에는 액체와 고체가 있는데 물이나 철 등이 열과 전기를 잘 전한다.

알루미늄 줄 여러 가닥으로 된 고압 전선

도토리(acorn)

떡갈나무, 신갈나무, 갈참나무, 졸참나무 같은 온갖 참나뭇과 나무의 열매를 가리킨다. 때로는 상수리나무의 열매도 도토리라고 부른다.

상수리는 거의 동그랗지만 도토리는 길이가 2cm쯤 되는 길둥그런 모양이다. 두 가지 다 여름 내내 초록색이다가 가을이 되면 겉이 차츰 연한 갈색이 되면서 익어서 떨어진다. 익은 도토리는 껍질이 매끄럽고 딱딱하다. 안에 든 씨가 녹말이 많아서 다람쥐 같은 산짐승이나 새들의 좋은 먹이가 되며 옛날부터 사람들도 말려서 가루로 빻아 묵을 쑤어 먹는다.

미디어뱅크 사진

도핑(doping)

운동선수가 경기에서 더 좋은 성적을 내기 위해 금지된 약물을 먹거나 몸에 주사하는 일이다. 옛날에는 경기하는 사람들이 상대방을 이기려고 약물이나 무

슨 물질을 이용해도 별로 문제가 되지 않았다. 그러나 차츰 사람들이 그런 일을 옳지 않게 여기게 되자 서기 1960년대에 국제 올림픽 위원회가 도핑을 반대하기 시작했다. 그리고 1972년의 삿포로 동계 올림픽 때부터 참가 선수들을 도핑 테스트하기 시작했다.

도핑 테스트는 경기에 참가한 선수의 오줌이나 혈액을 검사하여 금지된 약물을 먹거나 주사를 맞았는지 알아내는 일이다. 경기 시작 12 시간 전부터 경기가 끝난 바로 뒤 사이에 채취한 오줌이나 혈액으로 검사한다. 도핑 테스트에서 약물이 발견되면 그 선수는 실격되거나 그가 경기에서 이룬 성적이 취소된다. 이런 도핑 테스트는 이제 올림픽 경기 뿐만 아니라 축구나 태권도 시합 같은 모든 국제 경기에서 실시된다.

도화새우(coonstripe shrimp)

동해에서 베링해까지 깊이가 100~200m인 바다 밑에서 사는 새우이다. 울릉도나 독도 부근에서 많이 나기 때문에 독도새우라고도 부른다.

몸길이가 20cm에 이르며 통통하고 껍데기가 단단한데 맛이 좋다. 등이 많이 굽었으며 이마에 난 가시가 뿔처럼 앞으로 툭 튀어 나왔다. 몸빛깔은 대체로 진한 주황색인데 배의 마디에 붉은색 가로줄무늬가 있으며 옆구리에는 점무늬가 있다.

알에서 깬 유생은 대여섯 번 허물을 벗고 나서야 비로소 새우의 모습을 갖추는데 모두 수컷이 된다. 그 뒤 몇 년 더 자라면 또 모두 암컷이 되어서 알을 낳아 배다리에 붙이고 다닌다. 그러다 알이 모두 깨고 나면 어미가 죽는다.

독감(influenza)

심한 감기처럼 생각되기 쉽다. 그러나 감기를 일으키는 바이러스와는 전혀 다른 독감, 곧 인플루엔자 바이러스가 일으키는 병이다. 대개 초겨울에 나타나 겨우내 많은 사람을 괴롭힌다. 이 바이러스가 몸 안에 들어오면 하루에서 사흘쯤 별 일 없다가 갑자기 높은 열이 나며 온몸이 쑤시고 아프다. 아울러 기운이 빠지고 머리가 아프며 몸이 춥고 떨린다.

독감, 곧 인플루엔자는 보통 감기처럼 좀 견디면 낫는 것이 아니라 곧잘 폐렴 같은 다른 병을 불러오거나 이미 앓고 있는 병을 더 심하게 만든다. 따라서 온 세계에서 해마다 많은 사람이 독감으로 말미암아 목숨을 잃는다. 특히 해마다 조금씩 바뀌는 독감 바이러스가 몇 10년 만에 한 번씩 아주 크게 바뀌는데, 이렇게 많이 변한 독감 바이러스는 크나큰 피해를 준다. 몇 해 전에 큰 피해를 준 '신종 플루'가 바로 그런 예이다.

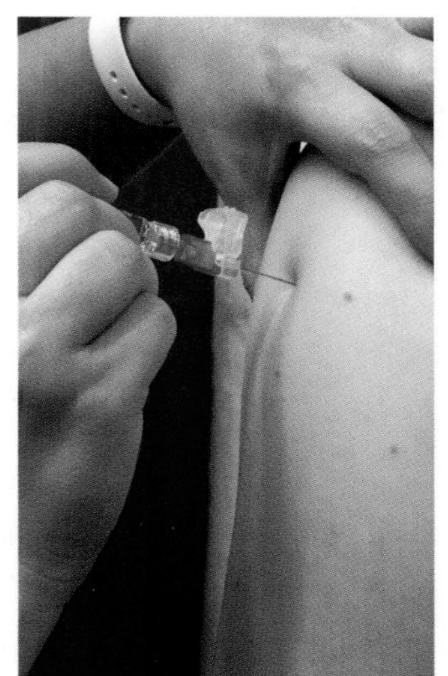

독감 예방 주사 모습

독감 바이러스는 공기를 타고 아주 쉽게 널리 퍼진다. 따라서 독감에 걸리지 않으려면 미리 예방 주사를 맞아야 한다. 특히 면역력이 약한 아기나 나이가 많은 어른 및 다른 병을 앓고 있는 이들은 가을에 미리 백신 주사를 맞아야 한다. 백신이 몸 안에서 제 구실을 하게 되기까지 한 달쯤 걸리기 때문이다. 해마다 세계 보건 기구(WHO)에서는 이듬해에 유행할 것 같은 독감 바이러스 세 가지를 미리 연구해서 발표한다. 온 세계의 제약 회사들은 이렇게 발표된 독감 바이러스로 그 해에 쓸 독감 예방 백신을 만든다. 이 백신이 독감을 100% 막지는 못한다. 그러나 예방 주사를 맞은 사람은 독감에 걸리더라도 심하게 앓지 않고 나으며 특히 독감에 뒤따라오는 합병증을 물리칠 수 있다.

독사(venomous snake)

방울뱀 Clinton & Charles Robertson, CC-BY-SA-2.0

독이 있는 뱀이다. 입안 위턱에 있는 독샘에서 독물을 만들어서 독니를 통해서 내뿜는다. 먹이를 물어서 마비시키거나 죽이기 위한 것이다. 대개 먹이나 적을 물고 그 몸속으로 독을 뿜어 넣지만 어떤 것은 좀 떨어져 있는 먹이나 적의 눈에 독물을 내뿜기도 한다.

독사는 대개 몸집이 작다. 몸집이 아주 큰 뱀 가운데에는 독사가 없다. 그런 뱀은 크고 힘센 몸으로 먹이를 조여서 숨이 막혀 죽게 할 수 있기 때문이다.

독수리(Eurasian black vulture)

살코기를 먹고 사는 큰 새이다. 죽은 동물의 살을 뜯어 먹거나 들쥐, 토끼, 물고기, 작은 새, 여우, 족제비, 뱀 따위를 잡아먹는다.

온몸이 짙은 갈색이나 회색 깃털에 싸여 있다. 하늘 높이 날면서도 땅에서 움직이는 작은 동물을 볼 수 있을 만큼 눈이 좋으며 부리가 날카롭게 안으로 굽었고 발이 길고 튼튼하다.

미디어뱅크 사진

절벽이나 큰 나무의 꼭대기에다 둥지를 튼다. 한 해에 한 번 알을 낳아서 암컷과 수컷이 번갈아 품는다. 알에서 갓 깬 새끼는 눈도 뜨지 못하고 부드러운 솜털에 싸여 있다. 그러나 석 달쯤 어미가 물어다 주는 먹이를 먹으면서 자라면 둥지를 떠나서 혼자 살 수 있게 된다. 우리나라에는 겨울에만 드물게 찾아오는 철새이다.

독수리자리(Aquila)

별자리 가운데 하나이다. 9월에 남쪽 하늘의 은하수 한가운데에서 볼 수 있다. 밝은 별들이 날개를 활짝 펼친 독수리 모양으로 자리 잡고 있는데, 가장 밝은 별은 알타이르, 곧 견우성이다.

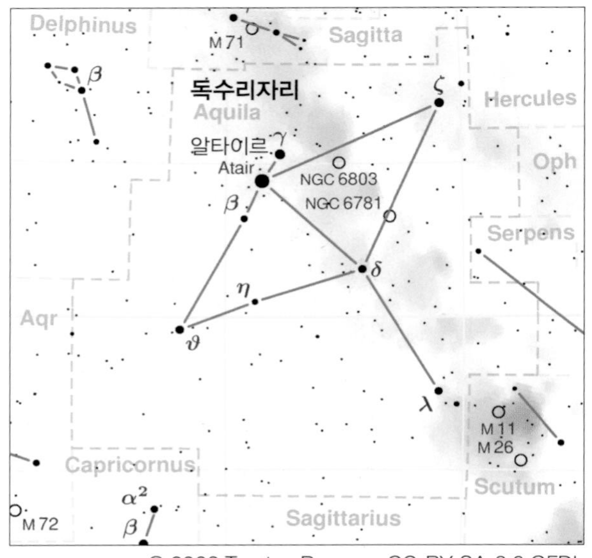

© 2003 Torsten Bronger, CC-BY-SA-3.0 GFDL

돋보기(magnifying glass)

물체를 크게 보이게 하는 물건이다. 볼록 렌즈로 만든다. → 렌즈

미디어뱅크 사진

돌(stone)

깨진 바위의 조각으로서 모래보다 더 큰 것이다. 돌은 대개 있는 곳에 따라서 모양이 조금씩 다르다. 산골짜기에 있는 것은 대체로 크고 모가 나서 날카로우며 만지면 거칠다. 그러나 강가에 있는 돌은 대체로 작고 둥글며 만지면 매끄럽다. 산골짜기에 있던 돌이 물에 쓸려 내려오는 동안에 이리저리 부딪쳐서 모서리가 닳았기 때문이다.

흔히 아주 커다란 돌덩이를 바위라고 하며 작은 것은 돌이라고 부른다. 그러나 바위와 돌은 크기만 다를 뿐이지 그 성질이나 속 알갱이는 똑같다. 그래서 바위와 돌을 구별해서 말하지 않을 때에는 그냥 암석이라고 한다. → 암석

미디어뱅크 사진

동물(animal)

스스로 움직이면서 사는 생물이다. 현미경으로나 볼 수 있는 아주 작은 것에서부터 고래처럼 엄청나게 큰 것까지 종류가 아주 많다. 어떤 것은 땅에서 기거나 뛰어 다니며, 어떤 것은 땅속에 굴을 파고 들어가서 살고, 어떤 것은 물속에서 살며, 또 어떤 것은 하늘에서 날아다닌다. 생김새도 저마다 다르다.

이 세상에 얼마나 많은 동물이 살고 있는지 정확히 아는 사람은 없다. 과학자들이 지금까지 분류해내고 이름 지은 동물만 150만 가지가 넘는데, 그 가운데에서 절반이 넘는 것들이 곤충이다. 그래도 해마다 새로운 종이 수없이 발견되고 있다. 어쩌면 우리가 아직 모르고 있는 동물이 몇 백만 또는 몇 천만 가지가 더 있을지도 모른다.

우리는 이렇게 생김새가 다르고 가짓수도 많은 동물을 여러 가지 방법으로 나누어서 구별한다. 우선, 먹이에 따라서 나누자면, 식물만 먹는 것을 초식 동물, 동물만 먹는 것을 육식 동물이라고 하며, 이것저것 다 먹는 것은 잡식 동물이라고 한다. 토끼, 소, 말, 염소 등이 초식 동물이고, 호랑이, 사자, 뱀, 개구리 등은 육식 동물이며, 개, 돼지, 고양이, 참새, 닭 등은 잡식 동물이다.

또 동물이 등뼈가 있는지 없는지에 따라서 척추 동물과 무척추 동물로 나눈다. 그리고 주변의 온도와 함께 체온이 변하는지 변하지 않는지에 따라서 변온 동물과 정온 동물로 나눈다. 그런가 하면, 포유류, 조류, 어류, 양서류 및 파충류로 나눌 수도 있다. 개나 소처럼 어미가 젖을 먹여서 새끼를 기르는 동물을 포유류, 새처럼 깃털이 있고 알을 낳는 동물을 조류, 물고기처럼 아가미로 숨을 쉬며 물속에서 사는 동물을 어류, 개구리처럼 물속과 물에서 가까운 땅을 오가며 사는 동물을 양서류, 그리고 뱀이나 악어처럼 알을 낳으며 체온이 변하고 척추가 있는 동물을 파충류라고 한다.

동물은 식물과 달리 스스로 영양분을 만들어내지 못한다. 그래서 식물이나 식물을 먹고 자란 다른 동물을 잡아먹어야 살 수 있다. 그러나 죽으면 몸이 썩어서 분해되어 흙을 기름지게 한다. 그래서 식물이 잘 자라게 돕는 것이다. 또 어떤 곤충이나 새는 꽃가루를 옮겨 주어서 여러 가지 식물이 자손을 퍼뜨리고 번성하도록 돕는다.

동물은 높은 산, 깊은 바다 속, 뜨거운 사막, 꽁꽁 언 남북극 지방 어디서나 살고 있다. 심지어 다른 동물

팬더 Manfred Werner, CC-BY-SA-3.0

의 몸속에서도 산다. 그러나 같은 동물이 어디서나 살 수는 없다. 동물이 사는 곳을 서식지라고 한다. 각 서식지에는 오랜 세월에 걸쳐서 그곳의 기후나 먹이 등에 적응해서 살아 온 동물이 많다. 예를 들면, 북극 지방에서는 북극곰, 북극 여우, 순록 등이 살며, 사막에서는 낙타, 사막 여우, 전갈 등이 살고, 아프리카의 초원에서는 얼룩말, 누, 영양 등이 산다. 이런 동물들은 저희들의 서식지에서는 잘 살지만 남의 땅으로 가면 잘 살지 못한다. 남극 대륙의 펭귄이나 북극 지방의 북극곰은 열대 지방에서 살 수 없으며, 열대 바다의 물고기들은 차디찬 극지방의 바다에서 살지 못한다.

과학자들은 30억 년쯤 전에 처음으로 지구에 생물이 나타났다고 생각한다. 세포 한 개로 이루어진 아주 간단한 것이었다. 그 뒤로 6억 5,000만 년쯤 전에 여러 가지 무척추 동물이 나타났으며, 5억 년쯤 전에 처음으로 척추 동물인 물고기가 나타났다. 포유류는 기껏 2억 년쯤 전에야 이 세상에 나타났다. → 식물

동물원(zoo)

세계 여러 고장의 동물들을 한 데 모아서 기르며 사람들에게 구경시키는 곳이다. 동물들이 저마다 본디 제 고향과 같거나 비슷한 환경에서 살 수 있도록 돌볼 뿐만 아니라 그것들을 관찰하고 연구하며 번식시키기도 한다. 동물원에서는 또 오늘날 자연에서는 거의 찾아보기 힘들게 된 것들을 번식시켜서 그 동물의 멸종을 막기도 한다.

동물원은 기원전 1500년쯤에 고대 이집트에서 처음으로 만들어졌다. 그 뒤로 500년쯤 지나서 중국의 황제들도 커다란 정원을 만들어 그 안에서 새, 짐승, 물고기 등을 길렀다. 우리나라의 동물원은 조선 시대 순종 임금 때인 1909년에 처음으로 창경궁에 만들어졌다.

동백나무(common camellia)

주로 남쪽의 바닷가 지방이나 섬에서 많이 자라는 늘푸른나무이다. 비록 더디기는 하지만 키가 꽤 크게, 때때로 6m 넘게 자란다. 나무가 단단하며 잎은 두껍고 긴 타원형인데 표면이 번들거린다. 아직 눈이 남아 있는 이른 봄부터 시작하여 4월까지 대개 빨간 꽃이 피는데 짙은 초록색 잎과 어울려서 무척 예쁘다. 그러나 더러 분홍색이나 흰 꽃이 피는 것도 있다.

꽃이 진 자리에 동그란 열매가 열리는데 그 안에 커다란 씨가 3개쯤 들어찬다. 이 씨를 동백이라고 하는데 모아서 기름을 짤 수 있다. 옛날에는 이 동백기름을 머릿기름으로 썼다.

미디어뱅크 사진

동지와 하지(winter and summer solstices)

낮과 밤의 길이는 계절에 따라서 다르다. 여름에는 낮이 길고, 겨울에는 밤이 길다. 한 해 동안에 낮이 가장 짧고 밤이 가장 긴 날이 동지이며, 반대로 낮이 가장 길고 밤이 가장 짧은 날이 하지이다.

지구는 태양의 둘레를 1년 동안에 한 바퀴 돈다. 그런데 지구의 자전축이 공전 면에 대하여 23.5°기울어 있기 때문에 때에 따라서 북반구가 태양 쪽으로 기울거나 남반구가 태양 쪽으로 기운다. 북반부가 태양 쪽으로 기울수록 햇빛을 수직으로 받는 곳이 점점 북쪽으로 올라가다가 북위 23.27°에 이른다. 바로 이때 북반구에서 햇빛을 가장 수직에 가깝게 받는데, 이 날이 6월 21일쯤으로서 우리가 사는 북반구에서는 하지이며 남반구에서는 동지이다.

하지가 지나면 북반구는 태양에서 점점 멀어지고 반대로 남반구가 태양 쪽으로 기운다. 그래서 햇빛을 수직으로 받는 곳이 점점 남쪽으로 내려가다가 남위 23.27°에 이르면 가장 수직에 가깝게 햇빛을 받는다. 이때가 12월 21일이나 22일이어서 남반구에서 하지이며 북반구에서는 동지이다.

하지에는 태양 고도가 가장 높아서 서울의 남중 고도가 76.5°에 이르며, 한낮의 그림자 길이가 1년 중에 가장 짧다. 이날 앞뒤로 북극에서는 몇 달 동안이나 낮이 계속되며 남극에서는 밤이 계속된다. 반대로 동지에는 서울의 남중 고도가 한 해 동안 가장 낮아서 29°이다.

하지 무렵이면 들에서는 보리를 수확하고 모내기가 끝난다. 또 '하지 감자'라고 부르는 햇감자를 캘 때이기도 하다. 이때쯤에 장마도 시작된다. 한편, 겨울에는 동지가 지나면서 낮이 조금씩 길어지지만 날씨는 더욱 추워진다. 옛 풍습에 따라서 동짓날에 액운을 막으려고 붉은 팥죽을 쑤어 먹기도 한다. 또 들에서는 보리가 서릿발에 들리거나 웃자라는 것을 막고자 '보리밟기'를 한다.

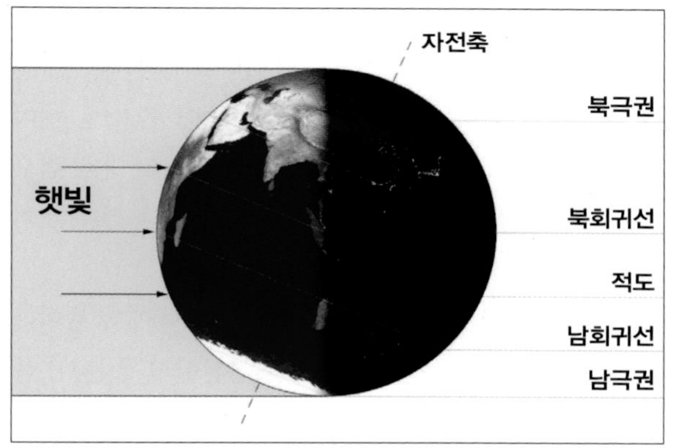

유럽 중심의 동지와 하지 햇볕 Blueshade Idzkiewicz.CC-BY-SA-2.0

돼지(pig)

살코기를 먹으려고 일찍이 사람이 기르기 시작한 집짐승이다. 그러나 아직도 산이나 들의 숲속에서 제멋대로 사는 멧돼지가 많다. 돼지는 영리할 뿐만 아니라 깨끗한 것을 좋아하며 튼튼한 주둥이로 풀이나 나무뿌리를 캐먹는 포유류이다. 살가죽은 두껍고 털이 뻣뻣하며 발굽이 넷이다.

집돼지는 사람들이 오랫동안 개량해 온 짐승이다. 집돼지는 1년에 2번 새끼를 낳는다. 어미 돼지는 새끼를 밴 지 114일 만에 7~13 마리를 낳는다. 먹이는 겨, 비지, 음식 찌꺼기, 풀 등 무엇이나 좋다.

커다란 농장에서는 흔히 사료를 먹여서 돼지를 기른다. 이런 돼지는 콜레라, 폐렴, 파라티푸스 따위 감염병에 걸리기 쉬우므로 항상 우리를 깨끗이 청소하고 질병의 예방에 힘써야 한다.

돼지고기는 그냥 요리하거나 가공하여 햄, 소시지, 베이컨 등을 만들어 먹는다. 돼지의 가죽도 쓸모가 아주 많다.

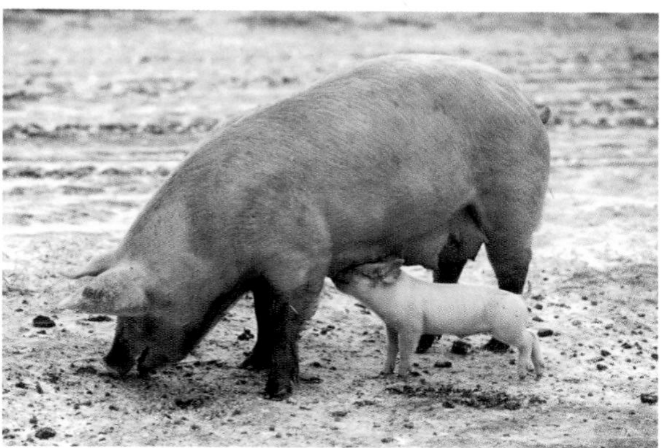

Scott Bauer/USDA, Public Domain

된장(soybean paste)

간장이나 고추장과 함께 우리 음식의 맛내기에 기본으로 쓰이는 장류 가운데 한 가지이다. 먼 옛날 삼국시대부터 우리 전통 음식에서 없어서는 안 될 요소가 되어 왔다.

된장을 만들려면 먼저 삶은 콩으로 메주를 쑨다. 네모진 벽돌 모양으로 빚은 메주를 30~40일 동안 따뜻한 곳에서 잘 띄워 말렸다가 씻어서 독에 넣고 맑은 소금물을 붓는다. 그리고 나쁜 냄새와 불순물을 없애기 위해 숯, 붉은 고추, 대추 등을 띄운다.

Badagnani, CC-BY-3.0

그때부터 20~30일쯤 지나면 메주를 건져서 질척하게 개어 항아리에 꾹꾹 눌러 담고 위에다 소금을 뿌린다. 그리고 맑은 날 햇볕이 잘 들게 하면 메주가 삭아서 된장이 된다. 이때에 항아리의 주둥이를 망사 따위로 가려서 파리나 벌레가 들어가지 못하게 막고, 비가 오면 뚜껑을 잘 덮어 주어야 한다.

두꺼비(Asian common toad)

개구리와 가까운 친척인 양서류이다. 움직임이 매우 느리다. 주로 축축한 땅에서 살면서 곤충이나 지렁이 따위를 잡아먹는다. 입으로 물을 마시지 못하므로 살갗으로 수분을 흡수한다. 또한 변온 동물이어서 겨울이면 겨울잠을 자야 한다.

메마른 갈색 살갗이 까칠까칠하며 등 색깔은 짙다. 그러나 열대 지방에서 사는 것들 가운데에는 개구리와 구별하기 힘들 만큼 색깔이 곱고 살갗이 매끄러운 두꺼비도 있다.

암컷이 봄에 물풀 사이에다 미끈미끈한 우무 같은 물질에 싸인 알을 낳으면 얼마 있다가 올챙이가 깨 나온다. 올챙이는 물속에서 아가미로 숨을 쉬며 꼬리로 헤엄쳐 다닌다. 그러다 차츰 꼬리가 없어지고 네 다리가 생겨서 새끼 두꺼비가 되면 땅위로 기어오른다.

뭍에 오른 두꺼비는 허파로 숨을 쉰다. 그리고 3~4년 더 자라야 어른두꺼비가 되며, 남에게 잡아먹히거나 사고를 당하지 않으면 한 40년 동안 살 수 있다. 다 자란 두꺼비는 대개 개구리보다 몸집이 더 크다. 두꺼비는 입이 크지만 이는 없다. 또 개구리와는 달리 다리가 짧아서 멀리 뛰지 못한다.

Dr. Raju Kasambe, CC-BY-SA-4.0

두더지(Korean mole)

깊지 않은 땅속에서 사는 작은 포유류이다. 삽처럼 생긴 발톱이 난 힘센 앞발로 마치 헤엄치듯 땅속에서 굴을 파고 돌아다니며 지렁이나 곤충의 애벌레를 잡아먹고 산다.

눈은 거의 퇴화했지만 이가 날카로우며 코는 뾰족하다. 몸길이가 9~18cm로서 두루뭉술하게 생긴 몸통에 부드럽고 어두운 갈색 털이 촘촘히 나 있다. 한반도와 만주 지방에서 산다.

유럽 두더지 Didier Descouens, CC-BY-SA-4.0

두루미(red-crowned crane)

늦가을에 우리나라에 날아 왔다가 봄에 먼 북쪽 고향으로 돌아가는 겨울 철새이다. 몸집이 아주 크며 목과 다리와 부리가 매우 길다. 학이라고도 한다. 몸 전체가 흰색인데, 머리 꼭대기에 붉은 점이 있으며, 이마와 목, 날개의 안쪽에 검은 부분이 있다. 날개를 접으면 검은 부분이 꽁지를 덮기 때문에 꽁지가 검은 것처럼 보인다.

두루미는 제 고향에서 6월쯤에 땅 바닥에다 짚이나 마른 갈대를 쌓아 둥지를 틀고 알을 낳아서 품는다. 품은 지 한 달쯤이면 새끼가 깨 나온다. 그 뒤로 1주일쯤 지나면 새끼가 스스로 먹이를 찾으며, 두 달쯤 지나면 날 수 있다. 먹이는 주로 미꾸라지, 개구리, 올챙이, 달팽이 등이지만 풀씨나 풀뿌리도 마다하지 않는다.

번식기가 되면 암컷과 수컷이 모두 춤을 추면서 짝

미디어뱅크 사진

을 찾는데, 여러 마리가 함께 춤을 추기도 한다. 옛날에는 많았지만 요즘에는 수가 너무 줄어서 우리나라에서는 천연 기념물 제202호로 지정되어 보호받고 있다.

두부(dubu)

콩으로 만든, 단백질과 식물성 지방이 많이 들어 있는 음식물이다.

물에 충분히 불린 콩을 곱게 갈아서 솥에 넣고 끓이거나 증기로 찌면 콩 속에 있던 단백질이 물에 녹아든다. 그 뒤에 건더기인 비지를 걸러낸 콩물에다 소금물을 부으면 콩물 속의 단백질이 굳으면서 가라앉는다. 소금물이 단백질 덩어리를 굳게 하기 때문이다.

미디어뱅크 사진

이렇게 가라앉은 덩어리를 물기가 빠지게 만든 상자에다 붓는다. 그리고 뚜껑을 덮어서 위에서 누르면 덩어리가 알맞게 굳어서 두부가 된다.

둥근잎다정큼나무(Indian hawthorn)

우리나라 남쪽 바닷가나 제주도 같은 데에서 자라는 늘푸른넓은잎떨기나무이다. 쪽나무라고도 한다. 양지바르고 얕은 산기슭의 기름지고 물이 잘 빠지는 땅을 좋아한다. 바닷가의 소금기에는 강하지만 추위에는 약하다.

줄기가 곧게 2~4m쯤 자라며 잔가지가 돌려난다. 어긋나는 잎은 두꺼운 타원형인데 윗면이 짙은 초록색이지만 아랫면은 좀 흰빛이 돌며 가장자리에 톱니가 없다. 봄에 가지 끝에 연분홍색 작은 꽃이 모여서 피어 콩알만한 열매가 열리면 가을에 까맣게 익는다. 이웃나라 일본에서도 자란다.

McJaje~commonswiki, Public Domain

드라이아이스(dry ice)

기체인 이산화탄소를 압축해서 고체 상태로 만든 것이다. 그래서 고체 탄산이라고도 한다.

온도가 −80℃에 가깝게 낮기 때문에 음식물이나 그밖의 여러 가지 물건을 식히는 일에 많이 쓰인다. 이 드라이아이스는 얼음처럼 녹아서 물이 되지 않고 바로 기체가 되어 날아가 버리기 때문에 쓰기에 편리하다. 그러나 온도가 너무 낮아서 몸에 직접 닿으면 동상에 걸릴 위험이 있다. 그러므로 꼭 두꺼운 장갑을 끼고 만져야 한다.

ProjectManhattan, CC-BY-SA-3.0

들(field)

때로는 들판이라고도 한다. 높낮이의 차이가 거의 없이 넓게 펼쳐진 편평한 땅이다. 마을에서 아주 멀지 않지만 사람이 살지 않는 곳으로서 거의 다 논밭으로 이루어져 있다. 그러나 흔히 외국에 있는 넓은 목초지도 들이라고 할 수 있다.

미디어뱅크 사진

들쥐(Korean field mouse)

산과 들에서 제멋대로 사는 여러 가지 쥐를 두루 일컫는 이름이다. 갈밭쥐, 대륙밭쥐, 등줄쥐, 멧밭쥐, 흰넓적다리붉은쥐, 생쥐 등 여러 가지가 있다. 크기나 생김새는 조금씩 다르더라도 모두 농작물에 피해를 주는 설치류이다.

등고선(contour line)

지도에서 땅의 높이가 같은 지역들을 한 줄로 이은 선이다. 땅의 높낮이를 나타내기에 편리하다. 지도에서 볼 때 한 등고선과 다른 등고선의 사이가 좁으면 땅의 경사가 급한 것이며 반대로 넓으면 경사가 완만한 것이다. 프랑스의 지도에서 1799년에 처음으로 쓰였다.

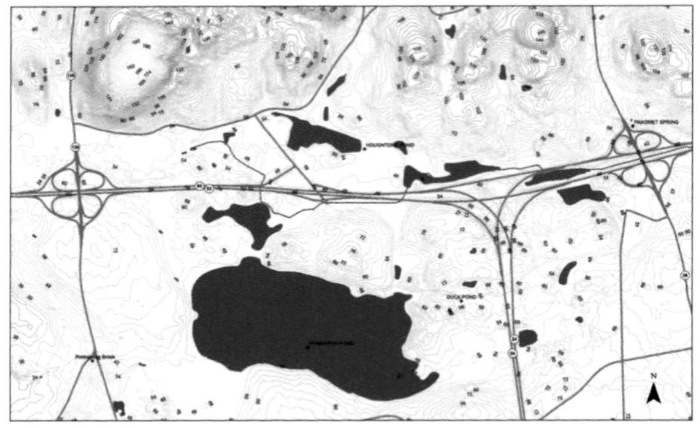

등고선이 표시된 지도 Belg4mit, CC0 1.0 Public Domain

등나무(Japanese wistaria)

꼿꼿이 서지 못하고 곁에 있는 무엇을 감고 오르며 자라는 덩굴나무이다. 잎은 겹잎으로서 긴 잎자루에 깃꼴의 잎이 양쪽으로 죽 달리며, 가을에 단풍이 들어서 떨어진다.

늦은 봄 5월쯤에 연한 자주색이나 흰색 꽃이 주렁

미디어뱅크 사진

주렁 매달려 피어서 아래로 늘어진다. 이 꽃이 지고 나면 콩깍지처럼 생긴 큰 열매가 열리는데, 그 속에 콩처럼 생긴 씨가 들어 있다. 등나무는 대개 공원에 심어서 그늘을 만드는 일에 쓰인다.

등대(lighthouse)

밤에 바다 위로 떠가는 배에 빛으로 길을 안내하는 시설이다. 대개 탑처럼 높게 지어서 맨 위에 밝은 빛을 내는 장치를 한 건물로 되어 있다. 배를 모는 사람이 자신의 위치를 알 수 있을 뿐만 아니라 이제 육지에 거의 다 왔다거나 부근에 위험한 암초가 있다는 것을 알게 한다. 등대는 항구, 곶, 갑, 외진 암초 같은 데에다 세운다. 대개 바닷가의 땅에다 세우지만 그럴 수 없는 곳에서는 등대 장치를 한 배를 바다에 띄우고 닻을 내려서 고정시키기도 한다.

먼 바다에서 볼 때에 등대의 불빛이 다 같으면 어느 것이 어느 것인지 분간하기 어려울 수 있다. 그래서 불빛의 세기나 깜박거림 또는 색깔로 저마다의 특색을 나타낸다. 또 낮에도 등대가 알리고자 하는 뜻을 전하기 위해 등대의 바깥에 색칠을 한다. 예를 들면, 바다에서 항구로 들어갈 때에 겉을 하얗게 칠한 등대는 왼쪽이 위험하니 오른쪽으로 가라는 뜻을, 빨갛게 칠한 등대는 왼쪽으로 가라는 뜻을 나타낸다.

아득히 먼 옛날에는 바닷가의 산꼭대기에서 봉화를 피워 오늘날의 등대와 같은 구실을 하게 했다. 그 뒤 오랫동안 장작, 석탄, 양초, 기름 따위를 빛을 내는 연료로 썼다. 또 빛을 멀리 보내기 위해 반사경도 쓰기 시작했다. 그 뒤 1800년대를 지나면서 등대의 불빛이 아주 먼 바다에까지 미치게 되었다. 연료도 점차 가스와 전기로 바뀌었다. 오늘날 외딴 곳에 있는 등대는 태양 전지에서 얻는 전기로 불빛을 낸다.

미디어뱅크 사진

등온선(isotherm)

일기도에서 기온이 같은 곳끼리 이어서 그은 선이다. 기압이 같은 곳끼리 이은 등압선과 비슷해 보인다. 따라서 선들 사이의 거리가 멀면 넓은 지역에서 기온의 차이가 크게 나지 않는 것이며, 반대로 선과 선 사이의 폭이 좁으면 좁은 지역의 기온 차이가 심한 것이다.

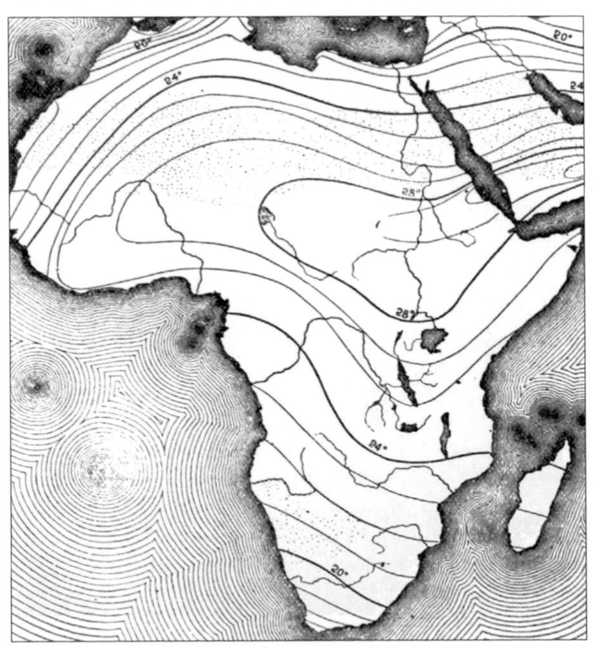

아프리카 대륙의 등온선 User:Ineuw, Public Domain

디지털 사진기(digital camera)

사진을 찍으면 필름이 아니라 전자 장치에 기록되는 사진기이다. 이것은 렌즈를 통해서 들어와 맺힌 상을 전기 신호로 바꾸고 그것을 다시 디지털 자료로 변환하여 기억 장치에 저장한다.

따라서 사진을 찍자마자 사진기에 딸린 화면에서 볼 수 있으며, 컴퓨터에 옮겨서 크기나 색깔 또는 밝기 등을 마음대로 바꿀 수도 있다. → 사진기

미디어뱅크 사진

따비(primitive spade)

먼 옛날 사람들이 농사를 짓기 시작하면서 땅을 갈아엎는 일에 쓴 농기구이다. 최초의 농기구 가운데 하나로서 긴 나무 막대의 한쪽 끝을 뾰족이 깎은 것에서 비롯되었다. 그 뒤 청동기 시대에 이르자 청동 날을 달았다. 한 개나 한 쌍으로 된 이 날은 지방에 따라서, 또 세월이 흐르면서 생김새가 조금씩 바뀌었다. 그냥 뾰족하거나 앞으로 좀 휘거나 가운데가 오목해진 것이다. 또 긴 자루의 손으로 잡는 끝에 짧은 막대기를 가로로 덧대서 손잡이로 삼았으며 날 가까이에다 나무토막을 붙여서 발판으로 썼다.

이 따비의 모습은 옛날 무덤에서 나온 청동기나 벽돌에 새겨진 그림에서 볼 수 있으며, 실제로 아주 먼 옛날에 쓰던 따비가 고분에서 발굴되기도 했다. 오늘날의 괭이, 삽, 쟁기 따위는 모두 이 따비에서 발전된 것이다.

딱따구리(woodpecker)

단단하고 뾰족한 부리로 나무 등걸을 쪼아서 속에 든 벌레를 잡아먹는 새이다. 산속에서 산다. 대개 머리에 붉은 무늬가 있으며, 꼬리가 빳빳해서 위를 보고 나무 등걸에 붙어 앉으면 이 꼬리가 몸을 받쳐 준다.

우리나라에서 사는 딱따구리는 모두 9 가지이다. 그러나 온 세계에 사는 딱따구리는 210 가지쯤이다. 우

리 주변에서 흔히 볼 수 있는 것들로는 쇠딱따구리, 오색딱따구리, 청딱따구리 등이 있는데, 그 가운데에서 쇠딱따구리가 가장 작고 흔하다.

오색딱따구리 미디어뱅크 사진

딸기(berry)

양딸기, 뱀딸기, 멍석딸기, 덩굴딸기 등 여러 가지가 있다. 이런 딸기들은 저마다 열리는 식물이나 모양이 다르지만 모두 딸기라고 부른다. 그 가운데에서 우리가 가장 흔히 먹는 딸기가 양딸기이다.

양딸기는 본디 산과 들에서 저절로 자라던 것을 개량한 여러해살이풀이다. 긴 잎자루마다 3개의 큰 잎이 달리며, 기는 줄기에 새 포기가 생겨서 뿌리를 내린다. 봄 4~5월에 하얀 꽃이 피고 열매가 맺히는데, 이 열매는 꽃을 받치는 부분인 꽃턱이 자란 것이다. 여느 식물의 열매와 같은 것은 이 딸기의 겉에 점점이 박혀 있으며 딸기가 익으면 까맣게 되는 씨이다.

여러 가지 딸기는 거의 다 기후가 서늘하고 물이 잘 빠지는 기름진 땅에서 잘 자란다.

양딸기 미디어뱅크 사진

땀(sweat)

사람이나 동물의 피부에서 나오는 액체이다. 주로 덥거나 몸을 많이 움직여서 일을 할 때에 많이 나온다. 성분의 99%가 물이며 소금과 그밖의 물질도 조금씩 들어 있다.

땀은 피부 바로 밑에 실꾸리 모양의 관으로 되어 있는 땀샘에서 만들어져서 땀구멍을 통해 몸 밖으로 나온다. 땀샘 주위에는 모세혈관이 많이 있는데, 이 모세혈관에 흐르는 혈액 속의 찌꺼기가 땀샘에 흡수된다. 그래서 수분과 함께 땀구멍을 통해서 밖으로 나오면 땀이 된다. 땀은 우리 몸 안에 생긴 찌꺼기를 밖으로 내보낼 뿐만 아니라 몸의 온도를 한결같게 지켜 주는 구실을 한다.

땅(land)

물에 잠기지 않은 단단한 지구의 표면이다. 뭍 또는 육지라고도 부른다. 태평양, 인도양, 대서양 같은 드넓은 바다에 에워싸인 크나큰 땅덩이로서 유라시아, 아프리카, 남북아메리카, 오스트레일리아 및 남극 대륙 등으로 나뉘어 있다. 그밖에 섬들도 많다.

땅은 사람을 비롯한 수많은 동물과 식물이 터를 잡고 살아가는 서식지이다. 거의 다 그 안에서 나고 자라서 살아간다. 특히 사람은 오랫동안 땅에 집을 짓고 땅을 일구어 농사를 지으면서 살아 왔기 때문에 먼 옛날부터 땅이 곧 재산이 되었다. 그러나 거의 모든 땅을 포함한 건강한 자연 환경은 모든 생물의 공동 재산이기도 하다.

ShahbanoBaloch, CC-BY-SA-4.0

그럼에도 불구하고 오늘날 거의 모든 땅은 주인이 따로 있다. 남극 대륙과 북극 지방을 빼고는 어느 곳이나 그 지역을 다스리는 나라가 그 땅의 주인이다. 예를 들면, 설악산이나 한라산 같은 산을 개인이 가질 수는 없지만 그 주인은 대한민국이다. 사람이 살지 않는 우리나라의 수많은 작은 섬들도 마찬가지이다.

땅강아지(oriental mole cricket)

땅속에 작은 굴을 파고 들어가서 사는 곤충이다. 큰 것은 몸길이가 3cm쯤 된다.

몸빛깔이 대개 흑갈색이며 온몸에 짧고 연한 털이 나 있다. 다리 세 쌍이 달려 있는데, 앞다리가 짧고 발바닥이 넓어서 땅을 파기에 알맞다. 날개는 두 쌍인데, 앞날개는 짧고 뒷날개가 길다.

낮에는 주로 굴속에서 지내다 밤에 나와서 활동한다. 먹이는 고구마, 감자, 오이 등의 어린뿌리이다.

PJeganathan, CC-BY-SA-4.0

땅콩(peanut)

콩과에 딸린 한해살이풀이다. 본디 남아메리카 대륙의 열대 지방에서 자라던 것인데, 오늘날에는 온 세계의 열대와 온대 지방에서 가꾸는 농작물이 되었다.

줄기가 밑에서 여러 갈래로 갈라져서 사방으로 퍼지며, 키는 60cm쯤 자란다. 여름 7~9월에 걸쳐 노란 꽃이 피는데, 꽃가루받이가 되면 꼬투리의 밑 부분이 길게 자라서 땅속으로 들어가 씨가 여문다. 그래서 땅콩은 모래나 푸석푸석한 땅에서 잘 자란다. 찰흙이나 딱딱한 땅에서는 꼬투리가 땅속으로 파고들지 못하기 때문이다.

미디어뱅크 사진

땅콩에는 지방이 45~50%, 단백질이 20~30%쯤 들어 있다. 그러므로 볶아서 그냥 먹거나 기름을 짜서 마가린, 비누, 식용유 등을 만들어 쓴다.

떡갈나무(Daimyo oak)

도토리가 열리는 갈잎큰키나무이다. 나라 안 어느 고장의 산에서나 흔하게 자란다.

참나뭇과 나무의 한 가지로서 넓적한 잎이 두껍고 가장자리에 큰 톱니가 있다. 5월에 이삭 모양의 꽃이 늘어져서 피어 열매가 열리면 10월에 갈색으로 익는다. 가을이 깊어지면 잎도 말라서 갈색이 되지만, 겨우내 가지에 붙어 있다가 이듬해 봄에 새싹이 나올 때에야 떨어진다.

나무는 단단하여 목재나 침목 따위로 쓰이며 좋은 숯의 원재료가 된다. 도토리라고 하는 열매도 여러 가지 동물의 먹이가 될 뿐만 아니라 사람이 즐겨 먹는 도토리묵의 원재료로 쓰인다.

미디어뱅크 사진

떡잎(cotyledon)

강낭콩이 싹이 터서 어린뿌리가 자라기 시작하면 본디 콩의 두 조각이 떡잎이 된다. 처음에 흰색이던 떡잎은 차츰 초록색으로 변하고, 얼마 지나면 양쪽으로 펼쳐지며 그 사이에서 본잎이 나온다. 떡잎은 본잎이 2~3장 나올 때까지 남아 있다가 점점 쪼그라들어서 떨어진다.

이 떡잎은 새싹이 스스로 영양분을 만들 때까지 쓰이도록 식물이 저장해 둔 영양분 덩어리이다. 그러므로 본잎이 나오기 전이나 아주 어릴 때에 떡잎을 따 버리면 싹이 죽거나 잘 자라지 못한다.

식물 가운데에서 꽃이 피는 식물은 겉씨 식물과 속씨 식물로 나뉜다. 겉씨 식물은 소나무와 같이 씨가 겉으로 드러나며 대개 떡잎이 여럿이다. 속씨 식물은 씨가 씨방 속에 들어 있어서 겉으로 드러나지 않는다. 그 가운데에 떡잎이 한 장인 외떡잎 식물과 떡잎이 두 장인 쌍떡잎 식물이 있다. 쌍떡잎 식물에는 콩, 나팔꽃, 벚나무, 동백나무 등이 있으며, 외떡잎 식물에는 벼, 보리, 옥수수, 붓꽃, 닭의장풀 등이 있다.

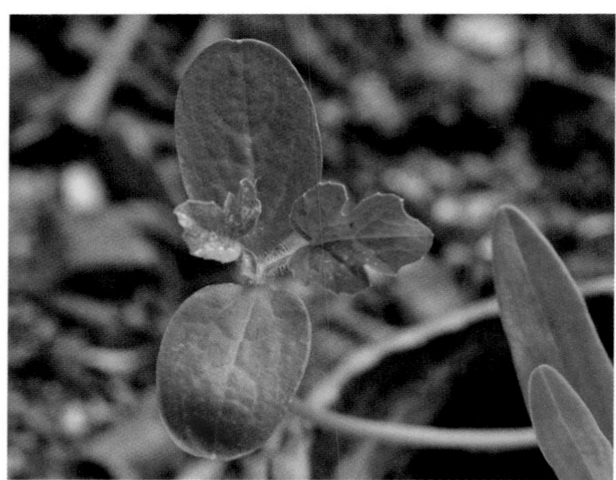

쌍떡잎 식물의 새싹 미디어뱅크 사진

띠(cogon grass)

볏과의 여러해살이풀이다. 띠풀이라고도 한다. 산이나 들 또는 길가의 양지바른 빈터에 무더기로 나서 키가 30~80cm로 꼿꼿이 자란다. 잎은 벼의 잎처럼 길고 빳빳하다. 마디가 있는 뿌리줄기가 사방으로 퍼진다.

초여름에 은빛 털이 무더기로 난 이삭 모양의 꽃이 피는데, 이렇게 패기 전의 어린 이삭을 뽑아서 씹으면 맛이 달콤하고 연하다. 이것을 '삘기'라고 한다.

미디어뱅크 사진

ㄹ

라디오(radio receiver)

무선으로 전파를 받아서 소리를 내는 전기 장치이다. 라디오 안에는 방송국에서 온 전파를 받아서 소리로 바꾸는 여러 가지 장치가 들어 있다. 전파를 수신하는 안테나, 각각의 전파를 가려내는 동조회로, 전파를 소리 전류로 바꿔 주는 진공관이나 트랜지스터, 사람이 들을 수 있도록 소리를 내는 스피커 등이다.

미국에서 처음으로 1920년쯤에 라디오 방송을 시작했으며, 우리나라에서는 1927년에 지금의 서울에 있던 경성 방송국이라는 데에서 처음으로 라디오 방송을 시작했다.

옛날 라디오 (장파, 단파, 에프엠)
Joe Haupt
CC-BY-SA-2.0

랩(stretch/shrink wrap)

얇고 투명한 플라스틱 막이다. 물건을 감싸는 일에 쓴다. 두 가지가 있는데, 한 가지는 늘어나는 랩으로서 흔히 집에서 쓰는 것이다. 막의 신축성 때문에 물건을 단단히 감아서 쌀 수 있다. 배달되는 자장면을 감싼 플라스틱 막 같은 것이다.

미디어뱅크 사진

또 다른 한 가지는 물건에 느슨하게 두른 다음에 열을 가하면 플라스틱 막이 줄어들면서 그 물건을 단단히 감싸는 것이다. 대개 상품의 포장에 쓰이는데, 대강 싼 상품이 전기나 가스로 열을 내는 터널 사이로 지나가게 하여 팽팽하게 만든다. 흔히 생수 6병을 한데 묶은 랩이 이런 것이다.

랩은 본디 무엇을 휘감아 싼다는 뜻의 영어 낱말이지만 그 일에 쓰는 제품을 가리키는 말로도 쓰이게 되었다.

레몬(lemon)

귤과 비슷하지만 타원형으로 좀 길쭉하게 생겼으며 맛이 몹시 신 과일이다. 비타민 C가 많이 들어 있다.

레몬나무는 귤나무나 탱자나무와 같은 무리로서 아열대 지방에서 잘 자란다. 키가 그리 크지 않은 늘푸른 나무이다. 주로 5~10월에 걸쳐 꽃이 피고 10월부터 이듬해 봄까지 열매가 익는다. 그러나 열대 지방에서는 꽃이 피고 열매가 익는 철이 따로 없다.

레이저 지시기(laser pointer)

빨강, 초록 또는 파랑 등의 색깔 있는 반도체 레이저 불빛을 내는 기구이다. 거의 만년필만한 크기여서 지니고 다니기 쉬우며 빛을 쏘아서 무엇을 가리키기에 편리하다.

작은 손가락 건전지로 빛을 내므로 전혀 위험하지 않으며 색깔이 있어서 사람의 눈을 끌기에 안성맞춤이다. 따라서 여러 사람에게 강의를 하거나 무엇을 설명할 때에 흔히 쓴다.

렌즈(lens)

대개 납작하고 둥근 모양의 유리나 수정 등 투명한 물체를 볼록하거나 오목하게 깎은 것이다. 이 렌즈에는 2 가지가 있다. 가운데가 가장자리보다 두꺼운 것이 볼록 렌즈이며, 반대로 가운데가 가장자리보다 얇은 것은 오목 렌즈이다.

빛은 공기 속에서나 물속에서나 곧게 나아간다. 그러나 공기나 물처럼 투명한 한 물질에서 다른 물질로 나아갈 때에는 그 방향이 한 물질과 다른 물질과의 경계면에서 꺾이는 성질이 있다. 이런 현상을 빛의 굴절이라고 하는데, 빛이 공기 속에서 렌즈를 지나서 나아갈 때에는 렌즈의 두꺼운 쪽으로 꺾인다. 이런 성질 때문에 렌즈가 빛을 모으거나 퍼뜨려서 물체의 상을 좀 더 크거나 작게 만드는 것이다.

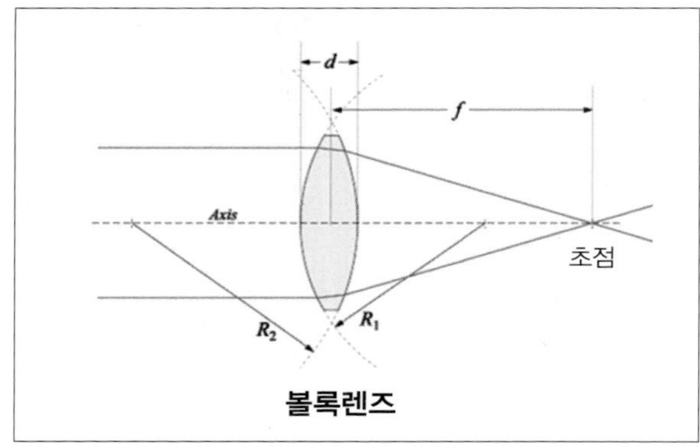

볼록렌즈

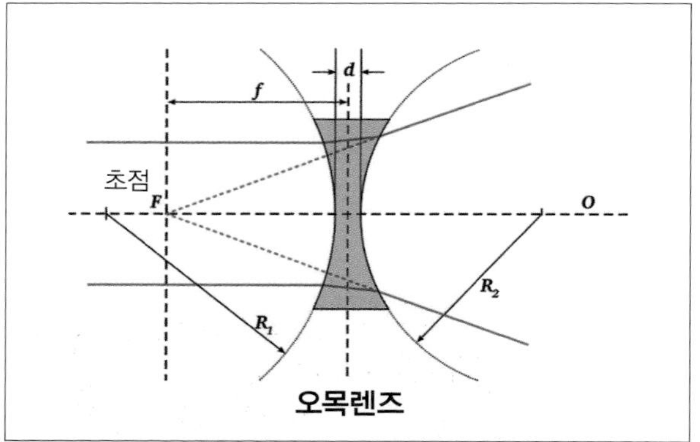

오목렌즈

로봇(robot)

안에 들어 있는 컴퓨터에다 사람이 프로그램을 짜서 넣어 준대로 움직이는 기계이다. 간단한 로봇은 사람의 팔처럼 구부러지거나 돌 수 있다. 이 로봇은 같은 일을 되풀이하는 작업에 아주 쓸모가 있다. 자동차를 조립하고, 용접하고, 페인트를 칠하는 산업용 로봇이 그런 예이다.

가장 바람직한 로봇은 스스로 판단하고 일하는 인공 지능 로봇일 것이다. 그러나 이런 것은 아직 완전한 것이 만들어지지 않았다. 인공 지능 로봇은 사람의 감각 기관을 본떠서 만든다. 예를 들어 바깥이 시끄러우면 창문을 닫는 로봇이라면 마이크를 통해 들어온 소리를 전기 신호로 바꿔서 중앙 통제장치로 보내고, 중앙 통제장치는 들어온 전기 신호를 분석해서 그 소리가 정해진 기준보다 더 크다고 판단되면 창문을 닫게 할 것이다. 이 과정은 사람의 귀로 들어온 소리가 신경을 통해서 뇌로 전달되고, 뇌에서 판단하여 팔이 문을 닫게 하는 것과 거의 같다.

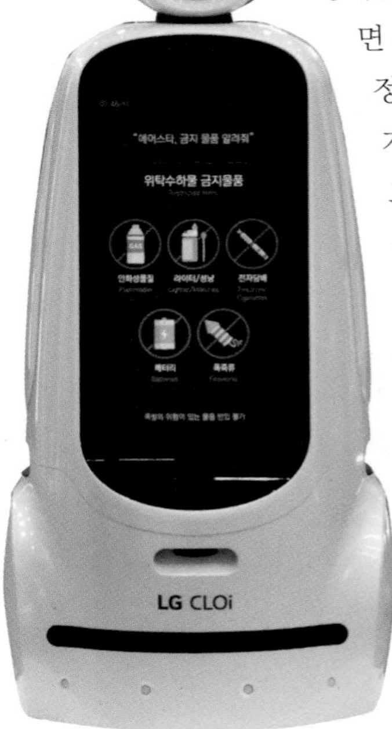

안내 로봇 미디어뱅크 사진

로봇은 사람과 달리 쉬거나 자지 않고 계속해서 일을 할 수 있다. 게다가 같은 일을 되풀이해도 싫증 내지 않으며, 어떤 일은 사람보다 훨씬 더 정확하고 빠르게 해낼 수 있다. 앞으로 과학 기술이 더욱 발달하면 사람이 하던 어려운 일들을 로봇이 많이 대신하게 될 것이다.

로켓(rocket)

공기가 가득 든 고무풍선의 주둥이를 놓으면 속에 있던 공기가 빠져나가면서 풍선이 그 반대 방향으로 날아간다. 풍선 안에서 주둥이 쪽의 공기 압력이 낮아지면서 그 반대쪽의 압력이 그보다 더 높아지기 때문에 풍선이 압력을 더 많이 받는 쪽으로 날아가는 것이다. 로켓이 나는 까닭도 이 원리와 같다.

로켓은 엔진 속에서 연료를 태워 뜨거운 기체를 만들어낸다. 이 기체가 빠르게 뒤로 빠져 나가면서 그 반동으로 로켓이 날아간다. 연료가 타려면 산소가 필요한데, 제트 비행기의 엔진은 공기 속의 산소로 연료를 태운다. 그러나 우주에는 산소가 없으므로 로켓에 연료와 산소를 함께 실어서 두 가지를 섞어서 태운다.

로켓은 13세기쯤에 중국에서 발명되었다. 화약을 태워서 앞으로 나아가게 한 것인데, 적을 공격하거나 불꽃놀이를 하는 데에 썼다. 그 뒤 이것이 유럽에도 알려졌지만 총과 대포가 발달하면서 거의 쓰이지 않았다. 그러다 제2차 세계대전 때에 독일에서 브이 투(V−2)라는 로켓을 만들어서 다른 나라를 폭격하는 일에 썼다.

그 뒤로 기술이 더욱 발달하면서 로켓을 여럿 포개 얹은 다단계 로켓이 개발되었다. 그래서 더 센 힘과 더 빠른 속력을 낼 수 있게 된 것이다. 이런 다단계 로켓을 이루는 로켓 하나하나에는 연료와 엔진이 따로 있어서 연료가 다 타면 하나씩 떨어져 나간다. 따라서 위로 올라갈수록 무게가 가벼워지므로 하나짜리 로켓보다 더 높이 올라갈 수 있다. 그래서 지구를 벗어나 우주로도 나아갈 수 있게 된 것이다.

옛 소련이 1957년에 처음으로 인공 위성을 지구 둘레의 궤도에 올려놓았다. 그 뒤 1969년에 미국은 아폴로11호 우주선에다 사람을 태워서 달에 보냈다. 이어서 1981년에는 여러 번 쓸 수 있는 우주 왕복선이 개발되었다.

지구에서 우주 공간으로 나가려면 다단계 로켓처럼 힘이 센 로켓이 필요하다. 그러나 중력도 작용하지 않고 공기도 없는 우주에서는 아주 작은 힘으로도 빠르게 멀리 갈 수 있다. 그래서 우주에서 쓸 미래의 로켓으로 원자력 로켓이나 태양열을 이용한 로켓을 연구하고 있다.

나로호 로켓 발사대에 세우기 한국항공우주연구원, KOGL Type 1

롤러코스터(roller coaster)

온 세계에서 수많은 어린이와 어른들이 즐기는 놀이 기구이다. 대개 놀이 공원 같은 데에다 높다랗게 설치한 궤도를 따라서 작은 기차 같은 것이 오르락내리락 아주 빠르게 구르며 달린다. 어떤 것은 궤도가 수직으로 큰 원을 그리기도 하고 똑바로 하늘 높이 솟구쳤다가 내리꽂듯이 떨어지기 때문에 타고 있는 사람이 무섭고도 짜릿한 쾌감을 느끼게 된다. 세계에서 가장 빠른 롤러코스터는 시속 200km에 이른다고 한다.

롤러코스터는 처음에만 전기 모터의 힘으로 맨 꼭대기까지 올라가고 그 다음부터는 지구의 중력과 운동하는 물체의 관성에 따라서 움직인다. 보기에는 위험할 것 같지만 주의할 일들만 잘 지킨다면 안전한 놀이 기구이다. 이것이 1973년에 우리나라에서 처음 만들어졌을 때에는 청룡 열차라는 이름이 붙었었다. 그래서 지금도 가끔 롤러코스터를 청룡 열차라고 부르는 사람이 있다.

루이 파스퇴르(Louis Pasteur)

프랑스의 화학자요 미생물학자이다. 발효를 연구해서 저온 살균법을 개발했다. → 파스퇴르, 루이

리모컨(remote control)

우리가 흔히 쓰는 전자 제품에서 리모컨은 먼 데에서 조정하는 것, 곧 원격 조정기를 말한다. 텔레비전이나 에어컨과 같은 전자 제품에 직접 전선으로 이어지지 않아도 그 전자 제품을 작동시킬 수 있는 장치이다.

요즘 쓰는 리모컨은 대개 적외선이라는 우리 눈에 보이지 않는 빛을 쏘아서 전자 제품에 신호를 보낸다. 그러면 신호를 받은 전자 제품이 그 신호에 따른 작동을 한다. 예를 들면, 전원을 켠다든지 바람의 세기를 올린다든지 하는 것이다. 적외선 신호는 깜박이는 빛의 길이와 횟수 등을 뒤섞어서 일정한 무늬처럼 만든다. 그래서 우리가 리모컨의 '소리 키움'단추를 누르고 있으면 그것에 해당하는 무늬의 빛이 계속 나가며 텔레비전은 그 신호를 받아서 계속 소리를 키우는 것이다. 이 적외선은 리모컨의 끝에 있는 작은 발광 다이오드에서 나간다. 우리 눈은 적외선을 볼 수 없다. 그러나 디지털 카메라나 휴대폰 카메라를 통해서 보면 보인다.

이런 적외선 리모컨 말고도 다른 형식의 리모컨이 몇 가지 더 있다. 예를 들면, 자동차의 문을 잠그고 여는 것이나 모형 비행기를 조종하는 것들이다. 이런 것들은 적외선이 아니라 무선 전파 신호로 움직인다.

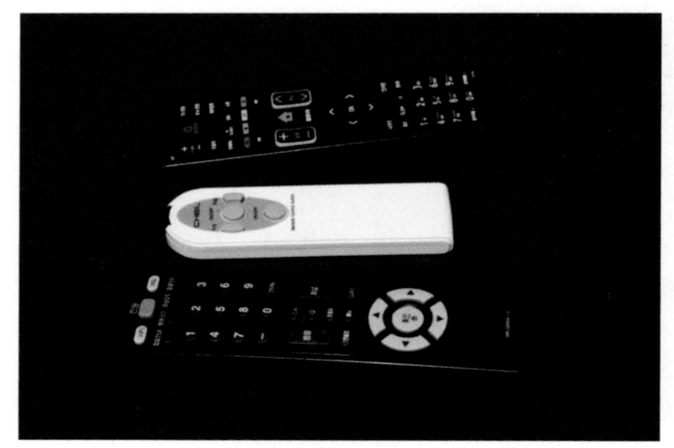

미디어뱅크 사진

리트머스(litmus)

세계 여러 고장에서 나는 몇 가지 지의류에서 뽑아낸 물감을 섞은 가루이다. 이 혼합물 가루는 물이나 알코올에 잘 녹는다. 리트머스를 녹인 용액은 지시약으로 쓸 수 있다. 몇 방울만 다른 용액에 떨어뜨려도 그 용액이 산성인지 염기성인지 금방 알 수 있게 하기 때문이다.

리트머스는 붉거나 푸른 색깔로 만들 수 있는데, 산성 용액은 푸른색 리트머스를 붉은색으로 바꾸지만 붉은색 리트머스는 변화시키지 않는다. 반대로 염기성

용액은 붉은색 리트머스를 푸른 색깔로 바꾸지만 푸른색 리트머스는 변화시키지 않는다. 한편, 중성 용액은 어느 색깔의 리트머스도 변화시키지 않는다.

아주 오래 전부터 리트머스 가루를 녹인 용액을 묻혀서 말린 종이를 산과 염기를 가려내는 지시약으로 쓴다.

리트머스를 만드는 지의류 가운데 하나
Christian Hummert, CC-BY-SA-4.0 GFDL

리트머스 종이(litmus paper)

물기를 잘 빨아들이는 종이를 리트머스 용액에다 적신 것이다. 붉은색인 것과 푸른색인 것 두 가지가 있다.

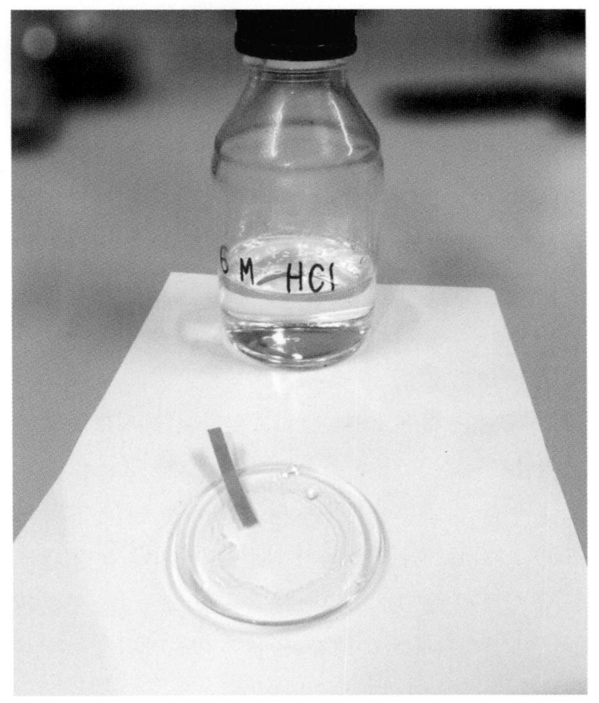

염산에 반응하는 푸른색 리트머스 종이
Kanesskong, CC–BY–SA–4.0

붉은색 리트머스 종이를 염기성 용액에 적시면 종이의 색깔이 푸르게 변하고, 푸른색 리트머스 종이를 산성 용액에 적시면 종이의 색깔이 붉게 변한다. 그러나 리트머스 종이는 습기나 햇빛에도 색깔이 변하기 때문에 쓰지 않을 때에는 빛이 들지 않는 통에 넣어두어야 한다.

마그네슘(magnesium)

은색으로 빛나는 금속이다. 무게가 강철의 4분의 1밖에 안될 만큼 가볍다. 부드러워서 얇게 펼칠 수 있으며 가는 철사로 뽑아낼 수도 있다. 가루나 작은 부스러기로 만들어서 불을 붙이면 밝은 불꽃을 내면서 탄다. 산성 용액에 넣으면 수소를 발생시키며 녹지만, 염기성 용액에는 녹지 않는다.

마그네슘은 지구 표면의 50분의 1을 차지할 만큼 흔하지만 다른 물질과 너무 쉽게 합쳐지므로 자연에서는 순수한 마그네슘이 나지 않는다. 순수한 마그네슘은 마그네사이트나 활석 같은 광물에서 뽑아낼 수 있다.

마그네슘은 식물의 녹색 색소를 이루는 요소이며 사람의 뼈나 연한 조직을 이루는 무기 염류의 한 가지이다. 순수한 마그네슘은 너무 연하고 약해서 그대로는 쓸모가 많지 않다. 그래서 주로 합금에 쓰인다. 마그네슘 합금은 가볍기 때문에 비행기, 우주선, 기계 등을 만드는 재료로 널리 쓰인다.

마그네틱 선(magnetic strip)

교통 카드나 옛 신용 카드의 뒷면을 보면 흔히 진한 갈색 띠가 붙어 있다. 이 띠는 아주 고운 자석 가루를 발라놓은 것이다.

미디어뱅크 사진

자석은 크건 작건 모두 N(엔)극과 S(에스)극이 있다. 그래서 이것들을 정해진 규칙에 따라 늘어놓아 정보를 기록하고 저장할 수 있다. 그러나 이런 자석 띠에 저장되는 정보는 양이 많지 않으며 그나마 다른 자석이 닿으면 쉽게 지워진다.

마그마(magma)

땅속 깊은 곳에 녹아 있는 물질이다. 땅속으로 깊이 들어갈수록 온도가 점점 높아지는데, 땅 밑으로 수십 또는 수백 킬로미터인 곳은 바위도 녹을 만큼 뜨겁다. 그러나 거기는 압력도 높기 때문에 바위가 녹지 않고 고체 상태로 있다. 그러다 무슨 까닭으로 한 부분의 압력이 낮아지거나 온도가 더 높아지면 바위가 녹아서 액체가 되는데 이것이 마그마이다.

마그마는 주변의 암석보다 더 가벼우므로 천천히 위

화산 폭발로 솟구치는 마그마 David Karnå, CC-BY-1.0

로 떠올라서 땅 밑 10~20km 사이에 괸다. 괴어 있던 이 마그마가 땅 표면의 약한 부분이나 틈새를 뚫고 나오는 것이 화산 활동이며, 이렇게 뚫고 나온 마그마가 땅 위에서 흐르는 것이 용암이다. 마그마가 땅 속에서 그대로 굳으면 화강암이 된다.

본디 마그마에는 녹은 암석 말고도 산소, 물, 이산화탄소, 수소, 황, 질소 등이 들어 있다. 그러나 마그마가 땅 표면 가까이에 이르면 압력이 낮아져서 산소, 이산화탄소, 물 따위가 기체가 되어서 빠져나가 버린다. 따라서 땅 위로 흐르는 용암은 기체 성분이 빠져 나가고 없는 마그마이다. → 화산

마늘(garlic)

비늘줄기가 땅속에 생기는 여러해살이풀이다. 그러나 채소로 심는 것은 이른 봄에 심어서 가을에 거두거나 늦가을에 심어서 이듬해 봄에 거두므로 한해나 두해밖에 못산다. 비늘줄기는 대개 5~6개가 생겨서 연한 갈색 껍질 같은 잎에 싸여 있다. 이것이 다 자라서 통통해지면 뽑아서 말렸다가 양념으로 쓴다. 흔히 이것만을 마늘이라고 부르기도 하지만 긴 푸른 잎과 꽃대도 채소로 쓴다.

미디어뱅크 사진

서부 아시아가 원산지인 마늘은 까마득한 옛날부터 채소로 쓰여서 온 세계에 퍼졌다. 단군 신화에 마늘이 나오므로 이미 고조선 때에도 우리나라에 마늘이 있었던 듯하며, 고대 이집트와 그리스에도 있었다.

마늘은 냄새가 고약하지만 곰팡이나 균을 죽이는 성질이 있다. 그래서 요즘에는 냄새를 없앤 마늘 가루를 요리에 쓰기도 한다.

마디(plant node)

식물의 줄기에서 잎이나 가지가 붙어 있는 자리이다. 한 마디에서 그 다음 마디까지를 '마디 사이'라고 한다.

미디어뱅크 사진

마름(water caltrop)

연못이나 웅덩이에서 자라는 한해살이풀이다. 물속 땅에 뿌리를 내리며 줄기가 길게 자라서 잎이 물 위에 뜬다. 잎자루의 굵은 부분에 공기가 들어 있기 때문이다. 잎자루가 긴 잎은 길이보다 폭이 더 넓은 세모이며 가장자리에 톱니가 있다.

한여름 7~8월에 희거나 불그레한 꽃이 피는데 곤충의 도움으로 꽃가루받이가 되면 물속으로 들어가 열매를 맺는다. 열매는 딱딱한 껍질에 싸여 있는데 가시가 달려 있어서 새의 몸에 잘 달라붙는다. 그래서 새의 덕으로 다른 곳으로 옮겨지기도 한다. 열매는 물속에서 겨울을 나고 이듬해 봄에 싹이 튼다.

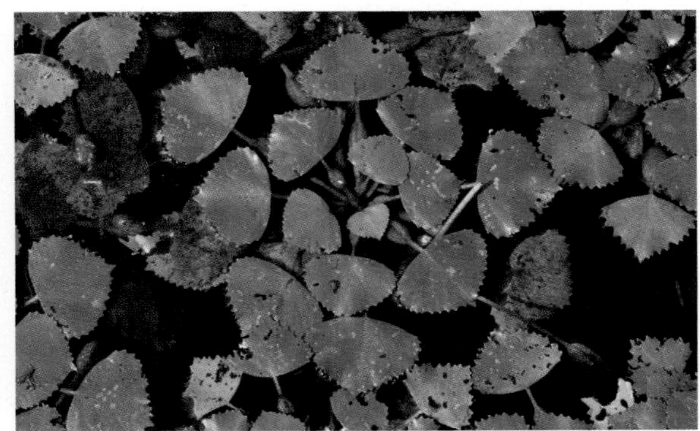
미디어뱅크 사진

마스 글로벌 서베이어(Mars global surveyor)

서기 1996년 11월에 미국이 쏘아 보낸 화성 탐사 우주선이다. 미국 국립 항공 우주국과 제트 추진 연구소가 만든 이 우주선은 화성의 자세한 표면 지도를 만들기 위한 것이었다.

이 탐사선은 화성에 이르러 그 둘레를 남북으로 도는 궤도에 들어가 공전하면서 수많은 사진을 찍었다. 그리고 레이저 장치를 이용하여 지표면의 높이 차이가 1m도 안될 만큼 자세한 지도를 만들었다. 또 땅 거죽에 있는 몇 가지 광물의 성분을 알아냈으며 물속에서 퇴적되었음직한 지층과 물이 흐른 자국 같은 지형을 사진 찍어 보내왔다.

이런 사진들을 연구한 끝에 과학자들은 화성의 풍화 작용과 바람이 지구의 사막과 매우 비슷한 지형, 특히 모래 언덕을 만든다는 사실을 알게 되었다.

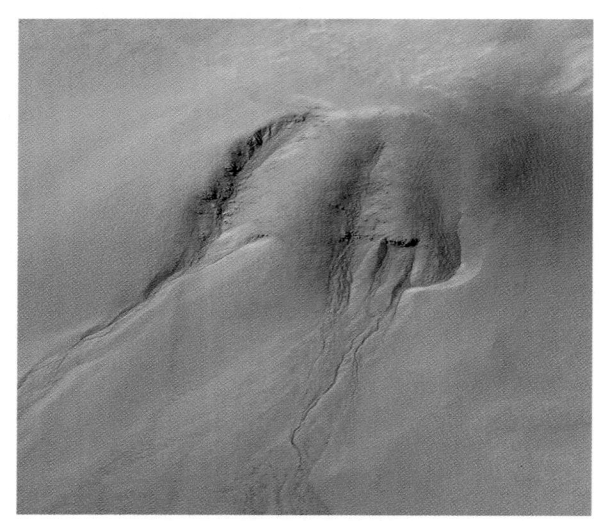

마스 글로벌 서베이어가 찍은 화성 운석 구덩이의 도랑 자국
NASA, JPL, Malin Space Science Systems, Public Domain

마스크(dust mask)

병을 앓지 않는 보통 사람이 자신의 건강을 지키려고 한동안 입과 코를 감싸는 가리개이다. 때로는 보건용 마스크라고도 한다. 숨을 쉴 때에 공기 속에 떠다니는 해로운 물질이 몸 안에 못 들어오게 하려는 것이다. 흔히 먼지나 냄새 따위를 막으려고 쓰지만 알갱이가 아주 작아서 허파 속까지 들어올 수 있는 세균, 황사 또는 미세 먼지를 막기 위해서도 쓴다.

따라서 마스크를 쓰면 숨을 쉴 때에 공기가 모두 마스크를 통해서만 드나들게 해야 한다. 마스크와 얼굴 사이에 틈이 생겨서 그 사이로 공기가 드나든다면 아무 소용이 없다. 마스크 속에는 공기 속의 나쁜 물질을 걸러주는 필터, 곧 거름종이가 들어 있다. 이 필터가 보통 먼지나 미세 먼지 따위를 막아 주는데 얼마나 작은 알갱이까지 거를 수 있는지에 따라서 그 등급이 매겨져 있다. 식품 의약품 안전처에서 정한 것으로서 KF80, KF94 및 KF99 등급인 마스크들이 미세 먼지까지 걸러 준다.

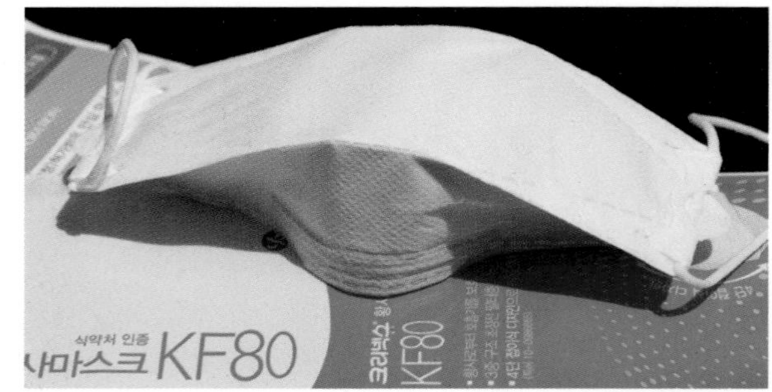

미디어뱅크 사진

보통 쓰는 마스크는 대개 종이로 만들며 한 번 쓰고 버리게 되어 있다. 한 번 쓴 것을 다시 쓰면 그 성능이 크게 떨어져서 작은 먼지 알갱이를 잘 거르지 못 한다. 또 미세 먼지까지 거르는 마스크는 숨쉬기에도 좀 쉽지 않으므로 호흡기에 문제가 있는 사람은 마스크를 사용하기 전에 의사와 의논하는 것이 좋다.

마스 패스파인더(Mars pathfinder)

서기 1996년 12월에 미국이 쏘아올린 화성 탐사선이다. 이듬해인 1997년 7월 4일에 화성에 착륙했다. 이 탐사선에는 '소저너'라고 이름 지은 작은 탐사차가 실려 있었다. 바퀴가 6 개 달린 소저너는 길이가 63cm, 폭

소저너 Ryan Somma, CC-BY-SA-2.0

이 48cm, 높이가 28cm이며 무게가 10.6kg으로서 크지 않은 탐사차였다. 소저너는 탐사선 마스 패스파인더가 화성에 내린지 이틀 뒤에 화성의 땅에 굴러 내렸다.

탐사차 소저너는 엑스선 분광기로 화성의 흙과 암석의 성분을 분석하고 여러 가지 장비로 대기와 기후를 조사했으며 카메라로 수많은 사진을 찍어서 모든 자료를 패스파인더를 통해 지구로 보냈다. 그러나 지구에서 보내는 명령이 소저너에게 도착하려면 10분씩이나 걸렸으므로 소저너는 작동 중에 생기는 여러 가지 어려움을 온갖 자동 장치의 힘으로 극복해내야 했다.

마젤란, 페르디난트(Magellan, Ferdinand)

배를 타고 처음으로 지구를 한 바퀴 돈 옛날 포르투갈의 항해가이다. 일찍이 포르투갈의 해군을 따라서 아프리카 대륙을 돌아 아시아의 인도와 말레이 반도까지 가 본 그는 아프리카 대륙이 아니라 남아메리카 대륙을 돌아서 나아가도 향료가 나는 아시아의 섬들에 다다를 수 있다고 생각했다. 하지만 남아메리카 대륙이 얼마나 큰지는 몰랐다. 그는 1517년에 에스파냐의 왕 찰스 1세에게 남아메리카 대륙을 돌아서 아시아로 가는 탐험을 지원해 달라고 요청했다. 그때 아프리카를 돌아서 아시아로 가는 뱃길은 이미 포르투갈이 차지하고 있었으므로 에스파냐의 왕은 마젤란의 요청을 받아들였다. 그래서 커다란 배 5척과 240명의 선원으로 이루어진 대탐험대를 만들었다. 이것이 마젤란 탐험대이다.

마젤란은 1519년 9월 20일에 이 탐험대를 이끌고 에스파냐를 떠났다. 대서양을 건너서 오늘날의 브라질에 다다른 그는 아래로 죽 내려가 아르헨티나의 끝자락에 이르렀다. 그리고 겨울을 나느라 몇 달을 보낸 뒤에 다시 항해를 계속해 대륙의 끝에 있는 거친 해협을 지나갔다. 이때 배 한 척이 거친 파도와 태풍에 부서졌으며 또 다른 한 척은 탐험을 포기하고 되돌아가고 말았다. 이곳이 바로 마젤란 해협이다. 그래서 남은 배 세 척만 겨우 크고 잔잔한 바다로 빠져 나왔는데, 마젤란은 이 새로운 바다를 '태평양'이라고 이름 지었다.

태평양에서 그들은 석 달 동안이나 섬 하나 만나지 못한 채 항해를 계속했다. 그래도 온갖 고생 끝에 오늘

페르디난트 마젤란 Public Domain

날의 괌 섬에 이르러서 물과 식량을 구할 수 있었다. 그리고 이내 필리핀에 다다라서 한동안 잘 지냈지만 마젤란은 그 곳 토박이들 사이의 싸움에 휘말려서 죽고 말았다. 그 사이에 또 질병과 영양 부족으로 수많은 선원들이 죽었으므로 마침내 배 한 척은 버리고 두 척만 항해를 계속하여 말레이 반도의 동쪽 섬에 이르렀다. 그리고 많은 향료를 구해서 싣고 고향으로 돌아가게 되었는데, 한 척은 동쪽으로 되돌아가고 한 척은 서쪽으로 계속 나아가기로 했다. 그런데 서쪽으로 간 배만 인도양을 지나고 아프리카 대륙의 남쪽 끝을 돌아서 마침내 고향에 갈 수 있었다. 이렇게 해서 마젤란 탐험대가 3년 만에 세계 최초로 지구를 한 바퀴 도는 항해를 마쳤다.

막자와 막자사발 (mortar and pestle)

GOKLuLe, CC-BY-SA-3.0

막자사발은 둥그런 공을 반으로 잘라 놓은 것 같은 그릇이다. 또 막자는 작은 절구로서 둥글고 묵직한 머리와 잡기 쉬운

손잡이 막대로 되어 있다. 대개 도자기나 대리석 또는 단단한 나무로 만든다. 아주 작은 절구통과 절구라고 볼 수 있다.

흔히 약국이나 과학 실험실에서 알약 같은 조그만 고체 덩어리를 가루로 빻는 일에 쓴다. 그러나 집 안 부엌에서 콩이나 후추 같은 단단한 식재료를 으깨는 일에도 쓸 수 있다.

말(horse)

본디 산과 들에서 제멋대로 살던 포유류이다. 기원전 3,000년쯤에 사람들이 길들여서 기르기 시작했다. 잘 달릴 뿐만 아니라 힘이 세서 타고 다니거나 수레를 끌게 하고 또 농사일에도 많이 썼다. 그러나 오늘날에는 주로 승마나 경주 같은 스포츠에 많이 쓴다.

다리가 길며 발굽은 하나인데 넓적다리가 튼튼하다. 꼬리는 수북이 난 긴 털로 되어 있다. 입은 풀을 뜯어 먹기에 알맞게 발달했다. 윗입술이 잘 움직여서 풀을 입안으로 밀어 넣기에 좋으며, 어금니가 크고 높아서 풀을 짓이겨서 씹어 먹기에 알맞다. 털빛은 흰색, 회색, 갈색, 얼룩무늬 등 여러 가지이다.

다 자란 말은 발굽이 상하지 않도록 발바닥에다 쇠로 만든 편자를 박아 준다. 암말은 3살부터 18살까지 새끼를 낳을 수 있다. 보통 새끼를 밴 지 336일 만에 망아지 한 마리를 낳는다. 망아지는 태어난 지 네댓 시간이 지나면 혼자서 걸을 수 있다. 그리고 네댓 달 더 자라면 젖을 뗀다. 그 뒤 모두 50년쯤 살 수 있다. 우리나라에서는 제주도에서 많이 기른다.

Tania Gail, CC-BY-2.0

말똥구리(dungbeetle)

쇠똥구리라고도 하는 곤충이다. 풍뎅잇과에 딸린다. → 쇠똥구리

말뚝망둑어(shuttles hoppfish)

흔히 민물과 바닷물이 만나는 강의 하구 갯벌에서 사는 작은 바닷물고기이다. 다 자라면 몸길이가 10cm쯤 되며 몸빛깔은 대체로 연한 갈색이다. 머리가 둥글고 몸통도 둥근 편인데 뒤로 갈수록 위아래로 납작해진다. 머리 위에 두 눈이 툭 불거져 있으며 눈 사이가 무척 좁고 등과 옆구리에 거무튀튀한 얼룩무늬가 있다.

공기를 숨 쉴 수 있기 때문에 몸이 젖어 있기만 하면 이틀이 넘게 물 밖에서 지낼 수도 있다. 봄부터 가을까지 주로 갯벌 바닥에서 지느러미로 기어 다니며 작은 새우나 갯지렁이 따위 동물성 먹이를 잡아먹는다. 그러다 겨울이 되면 갯벌 바닥에 굴을 파고 들어가서 겨울잠을 잔다.

Alpsdake, CC-BY-SA-3.0

말벌(hornet)

주로 숲에서 사는 야생벌이다. 몸집이 꿀벌보다 훨씬 더 크다. 몸빛깔은 주로 황갈색이지만 적갈색이나 흑갈색 무늬가 있다.

말벌은 식물의 섬유소를 씹어서 종이처럼 만든 것으로 집을 짓는다. 대개 덤불 속의 잔가지에 매달려 있는데 때로는 사람의 집 처마 밑 같은 데에 붙여서 짓기도 한다. 봄이면 여왕벌이 혼자 여섯 모가 난 작은 방이 꽤 많이 있는 집을 짓는다. 그러고 나서 방마다 알을 하나씩 낳고 그 알에서 깬 애벌레들을 먹여 기른다.

이 애벌레들은 자라서 모두 일벌이 된다. 그래서 집을 늘리고, 먹이를 구해다 다음에 깨는 애벌레들을 기른다. 이렇게 점점 커진 집이 축구공보다 더 크고, 식구가 수백 마리에 이르기도 한다. 그러나 가을이 되면 새로운 여왕벌과 수벌이 깨나와 짝짓기를 한다. 그리고 새 여왕벌은 집을 떠나서 나무의 틈 같은 데에서 겨울잠을 잔다. 그밖의 일벌이나 수벌들은 모두 첫서리가 내리면 죽고 만다.

미디어뱅크 사진

말벌은 건드리면 독침으로 쏘는데 이 침에 쏘이면 몹시 아프다. 어쩌다 한꺼번에 많은 말벌에게 쏘이면 목숨을 잃을 수도 있다. 그러나 실수로나 일부러 건드리지 않으면 괜찮다. 말벌은 애벌레를 기르기 위해 파리나 송충이 같은 해로운 벌레를 많이 잡아먹기 때문에 우리에게 이로운 곤충이다.

맛(taste)

혀가 느끼는 감각으로서 달고, 쓰고, 맵고, 시고, 짠 느낌이다. 맛은 우리 몸이 좋은 먹을거리는 받아들이고 나쁜 먹을거리는 물리치는 중요한 요소이다.

대개 탄수화물은 맛이 달고, 독이 있는 물질은 맛이 쓰다. 따라서 사람이나 다른 동물은 단 것을 잘 먹고 쓴 것은 먹지 않는다. → 감각

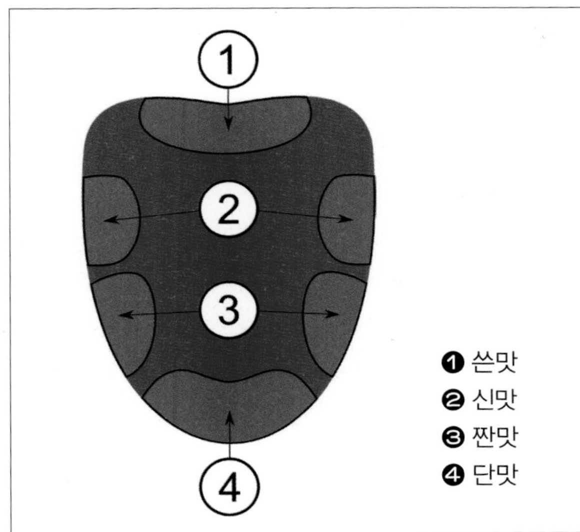

맛을 느끼는 혀의 부분 MesserWoland, CC-BY-SA-3.0

망고(mango)

주로 열대 지방에서 자라는 망고나무의 열매로서 많은 사람이 좋아하는 과일이다. 익으면 즙이 많고 맛이 달며 비타민 A, C, D가 많이 들어 있다. 그래서 날로나 조림 등으로 만들어 먹으며 그밖의 요리에도 쓴다.

망고는 종류가 많다. 생김새가 대개 둥그렇거나 길둥그렇고 콩팥 또는 심장 모양인 것도 있다. 작은 것은 자두만하고 아주 큰 것은 무게가 2kg에 이른다. 부드럽고 매끈한 표면이 대개 익으면 저마다 질기가 다른 노란색, 주황색 또는 붉은색이 되는데 끝까지 짙은 초록색인 것도 있다. 속살에 질긴 섬유가 든 것도 많지만 과일 나무로 가꾸는 것은 모두 열매의 살이 부드럽고 향이 좋으며 즙이 많은 종류이다.

망고나무는 키가 20m까지 자라며 아주 오래 사는 늘푸른나무이다. 어긋나는 좁다란 잎은 길이가 10~30cm에 이른다. 자잘한 꽃들이 이삭처럼 모여서 피는데, 불그레한 흰 꽃으로서 꽃가루받이가 끝나면 씨방이 자라서 열매가 된다. 열매는 맺힌 지 다섯 달쯤이면 익으며 그 한 가운데에 크고 단단한 씨가 한 개 들어 있다.

Kenguinaud, CC-BY-SA-4.0

망고나무는 4,000년쯤 전에 처음으로 인도와 말레이 군도에서 가꾸었다. 그 뒤 서기 1700년대에 브라질과 그 둘레의 섬 지방으로 퍼졌다. 오늘날에는 동남아시아의 여러 나라, 미국, 멕시코, 브라질 같은 곳의 열대 지방에서 많이 심어 가꾼다.

매(peregrine falcon)

다른 새나 작은 동물을 잡아먹고 사는 사나운 새이다. 추운 극지방과 더운 사막 지방을 빼고는 거의 온 세계에 퍼져 있다.

몸집은 독수리보다 더 작지만 나는 속력이 무척 빠르다. 보통 때에는 한 시간에 60km의 속력으로 날지

ㅁ

만 먹이를 잡으려고 공중에서 아래로 급히 내려갈 때에는 시속 200km에 이른다.

부리와 발톱이 갈고리처럼 구부러져 있어서 사냥에 알맞다. 그래서 먼 옛날부터 사람들이 매를 길들여서 꿩 사냥에 이용했다. 이런 매는 주로 바닷가나 섬의 절벽 또는 큰 나무에 난 구멍에다 둥지를 틀고 산다.

Juan Lacruz, CC-BY-SA-3.0

매미(cicada)

한 여름에 시끄럽게 우는 곤충이다. 머리의 양쪽에 겹눈이 있으며, 정수리에 대개 3개의 홑눈이 있다. 입은 길고 가는 대롱처럼 생겼다. 이런 입을 나무껍질에 박고 나무의 진을 빨아먹는다. 가슴에 다리 3쌍과 날개 2쌍이 달려 있다.

배에는 숨구멍과 소리를 내는 기관이 있다. 우는 것은 수컷인데, 배 양쪽에 배판이 있으며 그 안에 발진막이라는 얇은 막이 있다. 이 발진막에 이어진 근육이 뱃속에 있는데, 이것을 오므렸다 펴면 발진막이 움푹 들어갔다 나오면서 소리를 낸다. 뱃속이 비어 있어서 발진막이 내는 소리를 더 크게 키워 준다.

미디어뱅크 사진

매미는 알에서 깨서 어른벌레가 되기까지 대개 여러 해가 걸린다. 종류에 따라서 다르지만 애벌레 기간이 대개 2~5년이다. 애벌레 시절에는 흔히 땅속에서 나무뿌리에 주둥이를 박고 진을 빨아먹는다. 그러다 다 자라서 땅위로 기어 나와 마지막 허물을 벗고 나면 어른벌레가 된다. 어른벌레가 된 매미는 흔히 한 달 동안쯤 사는데, 그 사이에 짝짓기를 하여 암컷이 새 나뭇가지의 껍질 속에다 알을 낳는다. 알에서 깬 애벌레는 곧 땅으로 떨어져서 흙속으로 파고든다.

매연(soot and smoke)

연료나 그밖의 물질이 탈 때에 나오는 연기와 그을음으로서 대개 고체나 액체 상태의 알갱이들이다. 특히 연료의 불완전 연소로 말미암아 생기는 황산화물, 일산화탄소, 분진 등은 스모그가 발생하는 원인이 되며 우리 건강에 매우 해롭다.

따라서 공장의 굴뚝이나 자동차의 배기통 등을 통해서 일정한 양이 넘는 매연을 밖으로 내보내는 일은 법으로 금지되어 있다.

자동차가 내뿜는 매연 Ilya Plekhanov, CC-BY-SA-3.0

매화(apricot)

매화나무의 꽃이다. 이른 봄 잎이 나오기 전에 하얀색으로 핀다. 아직 꽤 추운 날씨에 다른 꽃들보다 먼저 피어서 짙은 향기를 풍긴다고 하여 옛 사람들이 무척 좋아했다. 꽃잎은 5장이며, 수술이 수북하게 많이 난다. 더러 꽃이 분홍색이나 붉은색인 것도 있으며, 꽃잎이 여러 겹인 것도 있다.

꽃이 지고 나면 매실이라고 하는 초록색 열매가 열려서 차츰 노랗게 익는다. 익은 매실은 지름이 2~3cm

이며, 매화와 비슷한 향기가 나고, 색깔이나 크기가 익은 살구와 거의 같다. 매실은 익기 전이나 익은 뒤에 따서 술을 담그거나 장아찌 따위 반찬을 만든다.

매실나무라고도 하는 매화나무는 가을에 낙엽이 지는 갈잎큰키나무이다. 대개 키가 4~5m쯤 되게 자라며, 타원형인 잎은 가장자리에 톱니가 있다.

미디어뱅크 사진

맥박(pulse)

손목에 손가락을 대 보면 피부 속에서 무엇이 불뚝대는 것을 느낄 수 있다. 심장에서 혈액을 밀어내는 압력이 동맥에 전달되어서 느껴지는 것이다. 이것이 맥박이다.

맥박은 정맥이나 모세혈관에서는 느낄 수 없으며, 심장의 압력이 전달되는 동맥에서만 느낄 수 있다. 또 왼쪽 가슴에 손을 대 보아도 심장이 뛰는 것을 알 수 있다. 이것은 심장에서 혈액을 밀어내는 압력이 느껴지는 것으로서 박동이라는 것이다. 따라서 심장의 박동 수와 동맥의 맥박 수는 같다.

맥박 수는 보통 때의 1분 동안에 어린이는 80~90번, 어른은 60~80번쯤이다. 그러나 사람에 따라서 조금씩 다르다. 특히 운동을 하고 나면 그 전보다 맥박이 2배쯤 더 빠르게 뛴다. 그 까닭은 운동에 소비된 에너지를 다시 채워 줄 영양분과 산소를 보내느라고 혈액 순환이 더 빨라지기 때문이다.

손가락에 끼우면 맥박수와 산소 농도를 알려 주는 장치
Stefan Bellini
CC0 1.0 Public Domain

맥박은 몸의 건강 상태에 따라서 뛰는 횟수와 세기가 달라진다. 그래서 의사들은 이것으로 사람의 건강을 진단할 수 있다.

맨드라미(plume cockscomb)

열대 지방 인도에서 들어온 한해살이풀이다. 꽃을 보려고 심는다. 키가 90cm까지 자라며, 깃꼴의 잎이 줄기를 따라서 어긋난다.

미디어뱅크 사진

줄기 끝의 편평한 꽃줄기가 점점 넓어지면서 한여름 7~8월에 자잘한 꽃이 수북이 달려서 피는데, 마치 수탉의 벼슬 같다. 꽃은 대개 새빨간 색이지만 가끔 노랗거나 흰 것도 있다.

머루(wild grape)

산에서 자라는 포도과 덩굴 식물의 열매이다. 포도와 매우 비슷해 보이지만 알이 잘고 맛은 시큼하다. 나무는 조금씩 다른 몇 가지 종류가 있지만 모두 산에서 자라는데, 가끔 집이나 밭에다 심어서 가꾸기도 한다.

익은 머루는 과일로 먹을 수 있지만 열매가 잘고 맛이 시기 때문에 대개 술을 담그는 데에 쓴다.

미디어뱅크 사진

머리 말리개(hair dryer)

뜨거운 바람을 내뿜어서 대개 머리카락을 말릴 때에 쓰는 전기 기구이다. 전류가 흐르면 높은 열을 내는 전선 코일과 바람개비를 돌리는 모터 및 이것들을 안전하게 감싼 통 등으로 이루어진다.

머리뼈(skull)

머리를 이루는 뼈이다. 모두 23개의 뼈가 단단히 맞물려서 바가지 모양을 이룬다.

이 머리뼈 속에 뇌를 비롯하여 보고, 듣고, 냄새 맡는 기관 등이 들어 있다. 단단한 머리뼈가 뇌를 보호할 뿐만 아니라 눈, 코, 입, 귀 같은 얼굴의 모양을 이룬다.

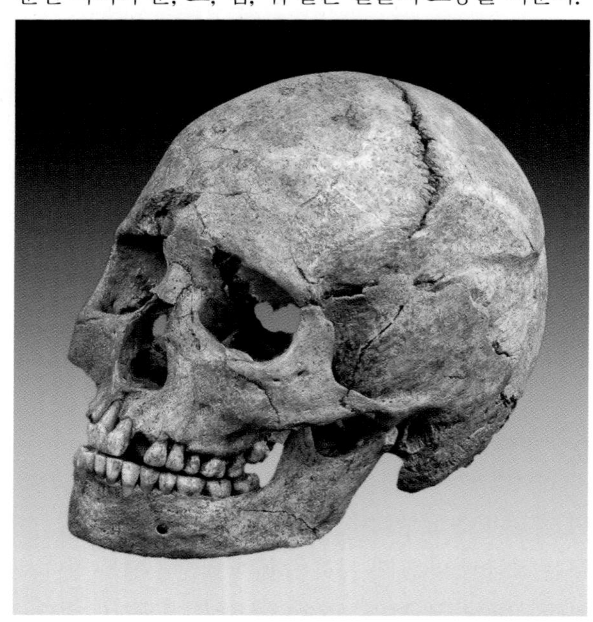

5,700~6,700년 전 중석기 시대의 여자 머리뼈

먹(India ink)

단단한 고체 덩어리 또는 그것을 물에 갈아서 액체로 만든 검은색 물감이다. 대개 단단한 먹을 물을 부은 벼루에 갈아서 붓글씨를 쓰거나 그림을 그리기에 쓴다. 그러나 고려나 조선 시대에 목판이나 동활자로 책을 찍어낼 때에는 인쇄용 잉크로도 쓰였다.

먹은 무엇이 탈 때에 나오는 그을음을 모아서 아교 같은 풀에 개어 굳힌 것이다. 따라서 탄소 가루를 뭉친 것이라고 할 수 있다. 등잔불이나 촛불에서도 그을음이 나온다. 하지만 먹은 흔히 소나무 옹이를 태워서 얻은 그을음을 모아 묽은 아교풀에 개어서 만들곤 했다. 그러나 인도에서는 옛날에 상아나 동물의 뼈 등을 태워서 먹을 만들기도 했다고 한다.

미디어뱅크 사진

먹은 아주 오래도록 변하지 않는 훌륭한 잉크로 알려져 있다. 기원전 여러 세기 전부터 중국과 이집트에서 글씨를 쓰는 잉크로 사용되었다. 오늘날에도 그 쓰임새는 변함이 없다.

먹이 그물(food web)

생태계에서 여러 개의 먹이 사슬이 서로 얽혀서 마치 그물처럼 나타나는 것을 말한다. → 먹이 사슬

먹이 사슬(food chain)

동물은 먹어야 산다. 식물은 광합성을 해서 필요한 영양분을 스스로 만들지만, 동물은 그러지 못하므로 식물이나 다른 동물을 먹어야 살 수 있다.

메뚜기는 벼 같은 풀을 먹고 사는데, 개구리가 메뚜기를 잡아먹는다. 뱀은 개구리를 잡아먹지만, 독수리에게 잡아먹힌다. 이와 같이 생태계에서 생물 사이의 먹고 먹히는 관계가 마치 사슬처럼 연결되어 있는 것을 먹이 사슬이라고 한다.

그런데 독수리는 뱀만 먹는 것이 아니라 개구리도 먹고, 때로는 토끼도 잡아먹는다. 어떤 동물이든지 한 동물만 잡아먹는 것이 아니라 여러 가지 동물이나 식물을 먹기 때문에 실제로는 먹이 사슬이 얽히고설키기 마련이다. 이렇게 생태계에서 여러 개의 먹이 사슬이 서로 얽혀서 그물처럼 이어져 있는 것을 먹이 그물이라고 한다. 또 먹이 사슬의 각 단계에 따라서 생물의 수나 양을 표시하면 단계가 올라갈수록 작아지는 피라미드 모양이 되는데, 이것을 생태 피라미드라고 한다.

자연은 이렇게 서로 먹고 먹히는 가운데 생물의 수

와 먹이가 알맞게 조절되어서 보존된다. 그러나 사람이 마구 잡아 없애거나 공해 등으로 말미암아 먹이 사슬 가운데 한 가지가 줄어들면 생태계의 균형이 깨져서 다른 생물들도 살아가기 어렵게 된다. 예를 들어서, 무슨 까닭으로 생태계 안에서 개구리가 없어지면 그것을 먹고 사는 뱀이 못 살게 되고, 따라서 뱀을 먹어야 하는 독수리도 살기가 어렵게 된다.

반대로 개구리의 먹이인 메뚜기가 너무 많아져서 식물을 마구 먹어 치우면 풀을 먹고 사는 다른 동물이 살기 어렵다. 이와 같이 동물이나 식물은 어느 것이든 생태계를 이루는 중요한 요소이므로 그 균형을 깨뜨리지 않아야 한다.

먹이 사슬 LadyofHats, Public Domain

멍게(sea pineapple)

얕은 바다 속의 바위나 인공 구조물에 붙어서 사는 하등 동물이다. 다 자라면 키가 10~18cm에 이르는 길둥그런 항아리 꼴인데 혼자나 여럿이 어울려서 한 자리에 붙박여 산다. 몸통의 색깔이 거의 누런 붉은색이며 거죽에 젖꼭지 같은 돌기가 많이 나 있다. 꼭대기에 입수공과 출수공이 있어서 쉬지 않고 물을 빨아들이고 뱉어내면서 산소와 영양분을 얻어서 산다. 먹이는 주로 물속에 떠다니는 플랑크톤이다.

암수한몸이며 무성 생식과 유성 생식의 두 가지 방법으로 10월쯤에 번식한다. 무성 생식은 어미와 같은 작은 싹들이 어미의 몸에서 쏟아져 나와 자라는 것이다. 또 유성 생식은 난자와 정자가 출수공을 통해 물속으로 나와서 수정이 되어 올챙이처럼 생긴 새끼가 되는 것이다. 이런 것들은 물속에 떠다니면서 자라다 1년쯤 지나서 바위 따위에 달라붙는다.

멍게의 속살은 독특한 맛과 향기가 있어서 주로 우리나라와 일본에서 날것으로 먹는다.

Joi Ito, CC-BY-2.0

메기(catfish)

연못, 개울, 강 같은 민물에서 사는 물고기이다. 몸길이가 보통 25~30cm이며, 몸빛깔은 짙은 갈색이다. 옆으로 찢어진 입이 크며, 그 안에 자잘한 이가 많이 나 있다. 입가에는 2쌍의 수염이 달려 있으며, 미꾸라지처럼 피부에 비늘이 없고 미끈미끈하다.

메기는 물풀이나 바위틈에 숨어 있다가 날이 어두워지거나 흙탕물이 되면 돌아다니며 새우, 게, 작은 물고기 등을 잡아먹는다. 그리고 암컷은 보통 5~6월에 얕은 물속에다 알을 낳는다.

아주 크게 자란 메기 미디어뱅크 사진

메뚜기(grasshopper)

여름에 풀밭이나 논밭에서 많이 볼 수 있는 곤충이다. 몸이 머리, 가슴, 배의 세 부분으로 되어 있다. 가슴에 2쌍의 날개와 3쌍의 다리가 달려 있는데, 이 날개로 짧은 거리를 날아다니며 유난히 크고 튼튼한 맨 뒷다리 한 쌍으로는 잘 뛴다. 머리에 작은 더듬이 한 쌍과 눈이 있는데, 눈은 2개의 겹눈과 3개의 홑눈으로 되어 있다. 입이 크고 튼튼하여 풀잎을 갉아먹기에 알맞다. 만져보면 머리와 가슴은 딱딱하지만 배는 말랑말랑하다.

메뚜기는 종류와 생김새가 여러 가지이다. 풀숲에서 사는 메뚜기는 풀색이며, 맨땅에서 사는 메뚜기는 흙색이다. 이와 같이 사는 곳과 몸의 색깔이 비슷해서 다른 동물의 눈에 잘 띄지 않으면 제 몸을 지키기에 도움이 된다.

메뚜기의 암컷은 가을에 길가나 강가와 같이 풀이 없는 땅에다 알을 낳는다. 겨울을 난 알은 이듬해 봄에 깬다. 알에서 갓 깬 애벌레는 날개만 없지 모습이 어른 벌레와 똑같은데, 몇 번 허물을 벗고 자라면서 날개가 생긴다. 곧, 불완전 탈바꿈을 하는 것이다.

미디어뱅크 사진

메밀(buckwheat)

밭에 심어서 가꾸는 곡식 가운데 한 가지이다. 한해살이풀로서 곡식이 되는 그 씨도 메밀이라고 부른다. 가뭄에 강하여 메마른 땅에서도 싹이 잘 트며 비가 덜 오거나 환경이 좀 나빠도 잘 적응한다. 씨앗을 뿌린 지 두세 달이면 수확할 수 있는데, 봄에 심어서 여름에 거두거나 여름에 심어서 가을에 거둔다.

뿌리를 깊이 뻗으며 줄기는 키가 60~90cm까지 자라고 가지를 친다. 줄기는 대개 색깔이 붉으며 둥글고 속이 비어 있다. 끝이 뾰족한 심장 모양인 잎은 처음에는 마주나지만 자라면서 곧 어긋난다. 줄기와 가지의 끝에 잘고 하얀 꽃이 수북이 달려 피는데 꿀이 많아서 벌과 나비가 많이 꼬인다.

미디어뱅크 사진

열매인 씨는 세모뿔처럼 생겼는데 익으면 껍질이 짙은 갈색이 된다. 이 껍질을 벗겨낸 알맹이에 녹말과 단백질 및 여러 가지 영양소가 많이 들어 있어서 식량으로 쓴다. 주로 가루를 내서 국수, 냉면, 묵 등을 만들어 먹는다. 메밀껍질도 옛날부터 베갯속으로 많이 쓰인다.

메이플 시럽(maple syrup)

설탕단풍나무의 수액을 뽑아 끓여서 졸인 끈끈한 액체이다. 맛이 달고 향기가 좋아서 음식에 바르거나 넣어서 먹는다. 설탕단풍나무가 주로 미국의 동북부와 캐나다의 동남부 지방에서 자라기 때문에 이 시럽은 그 지역에서 많이 난다.

수액은 봄이 되면 나무가 잠에서 깨어나 땅속에서 빨아올려 나뭇가지와 잎으로 보내는 물이다. 이런 나무줄기에 구멍을 뚫고 작은 대롱을 박아서 나무줄기를

수액 모으는 전통적 방법 Oven Fresh, Public Domain

타고 올라가는 물을 뽑아낸다. 설탕단풍나무의 수액은 색깔이 없고 물 같은 용액으로서 자당이라는 설탕 성분과 아미노산 및 무기물 따위가 조금씩 들어 있다.

이른 봄에 이런 수액을 많이 모아서 솥에 넣고 펄펄 끓이면 수액에서 물이 증발해 버리고 그 속에 녹아 있던 성분들이 더 짙어진다. 이렇게 수액을 끓이는 과정에서 독특한 향과 색깔도 나타나는데 대개 색깔이 옅을수록 향이 좋다. 보통 설탕단풍나무의 수액 150L를 끓이면 시럽이 3L쯤 만들어진다. 이 시럽에 든 설탕과 그밖의 성분이 전체의 65.5%가 넘어야 올바른 시럽이다.

메주(fermented soybean lump)

삶은 콩을 찧어서 덩이로 만들고 짚으로 덮어서 한동안 띄운 다음에 말린 것이다. 그러는 사이에 볏짚과 공기 속의 여러 가지 미생물이 메주 속으로 들어가서 번식하며 콩의 성분을 분해하는 효소를 분비한다.

메주는 간장과 된장 및 고추장을 담그는 원재료가 된다.

hwayoungjung, CC-BY-SA-2.0

메추리 (common quail)

Hafiz Issadeen, CC-BY-2.0

꿩과에 딸린 작은 새이다. 몸길이가 18cm쯤 된다. 참새와 비슷하게 생겼지만 꽁지가 짧다. 논밭 근처의 풀밭에서 식물의 씨와 곤충을 먹고 산다. 유럽에서 동부 아시아에 걸쳐 살지만 우리나라에서는 나그네새이다. 그러나 닭처럼 알을 얻기 위해 개량한 품종을 양계장에서 대량으로 기르기도 한다.

멧도요(Eurasian woodcock)

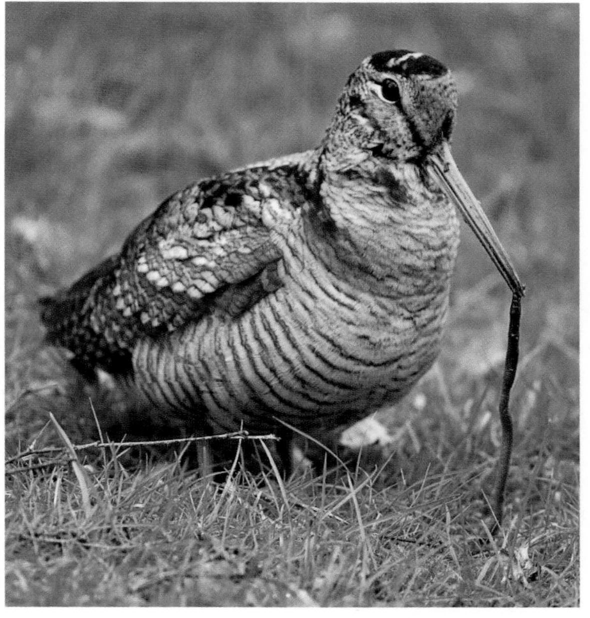

Ronald Slabke, CC-BY-SA-3.0

도요새 가운데 한 가지로서 꽤 통통한 중간 크기의 새이다. 긴 부리를 합쳐서 몸길이가 33~38cm이며 거의 둥그렇게 생긴 날개의 폭은 55~65cm이다. 유라시아 대륙의 추운 지방이나 온대 지방에서 살다가 땅이 어는 겨울에 앞서서 좀 더 따뜻한 고장으로 옮겨간다. 따라서 우리나라에서는 봄과 가을에 그냥 지나가거나 겨울 동안 머무는 철새이다.

물에서 가깝거나 습기가 많은 땅의 숲속에서 살기 때문에 몸빛깔이 보호색을 띠어서 위는 붉은 갈색이고 밑은 옅은 누런색으로 얼룩져 있다. 목을 360° 돌릴 수 있으며 큰 눈이 머리통 위로 높게 치우쳐 달려 있어서 앞뒤를 다 볼 수 있다. 길이가 6~8cm나 되며 끝이 말랑말랑한 부리로 땅을 뒤져서 지렁이 같은 먹이를 찾아먹는다.

멧도요는 주로 동틀 녘이나 해질 녘에 활동한다. 대개 외톨이로 지내지만 필요하면 무리를 짓기도 한다. 둥지는 큰 나무 뿌리 근처의 땅바닥에다 나뭇잎과 검불을 모아서 트는데, 암컷이 알 한두 개를 낳아서 21~24일 동안 품으면 알이 깨서 새끼가 나온다.

멸종(extinction)

멸종되고 만 모아새 Takver, CC-BY-SA-2.0

어떤 생물이 모두 다 죽어 버려서 지구에서 아주 사라지는 일이다. 지구에 생명체가 나타난 뒤로 이런 멸종은 수없이 일어났다.

아득히 먼 옛날 한때에 바다에 흔하디흔했던 삼엽충이 지금은 모두 사라져서 흔적도 없다. 그러나 어떤 생물은 똑같은 종은 없어졌지만 그 후손이 조금씩 변해서 오늘날에도 남아 있다. 예를 들면, 키가 50~60cm밖에 안 되던 말의 조상은 먼 옛날에 사라졌지만 그것들이 변해서 덩치가 훨씬 더 커진 오늘날의 말들은 살아남아 있다. 또 어떤 때에는 무슨 동물이 짧은 기간 동안에 사라져 버리고 그 대신에 새로운 동물이 번성한다. 약 6,500만 년 전에 공룡이 멸종되자 포유류가 번성한 것이 그 예이다.

멸종이 일어나는 까닭은 대개 기후와 환경의 변화 및 서식지의 파괴 등이다. 그러나 사람들도 동물의 멸종에 큰 구실을 한다. 인도양의 모리셔스 섬에서 살던 날지 못하는 새 도도는 유럽의 뱃사람들이 모두 잡아 먹어 버려서 1680년쯤에 멸종되었다. 그밖에 큰바다오리나 스텔라바다소 같은 것들도 지난 200년 사이에 멸종된 것들이다.

이제 사람들은 여러 가지 동물이 사라지는 일이 우리 자신은 물론이려니와 다른 동물들에게도 커다란 위협이라는 것을 깨달았다. 그래서 이제는 동물들과 그 서식지를 보호하려고 애쓴다. 많은 나라가 국립 공원과 동물 보호구역을 만들어서 사냥과 낚시를 금지하고 함부로 드나들지 못하게 한다. 아울러 자연에서 너무나 귀해진 동물은 동물원이나 연구소 같은 곳에서 번식시켜 자연으로 되돌려 보내려고 노력한다.

오늘날 우리나라에서는 호랑이를 비롯하여 모두 156 가지의 동물이 멸종될 위험에 빠져 있는 것으로 보고 있다. 그 가운데에서 반달가슴곰, 여우, 황새 등은 사람의 힘으로 번식시켜서 자연으로 돌려보내려고 애쓰고 있다. 그러나 늑대나 크낙새 같은 몇 가지 동물은 우리 땅에서 사실상 멸종된 것으로 여겨진다. 이제는 아무리 찾아보아도 그 흔적조차 없기 때문이다.

멸치(Japanese anchovy)

작은 바닷물고기이다. 몇 가지 종류가 있는데 큰 것이라도 몸길이가 15cm를 넘지 않는다. 어느 것이나 가까운 바다의 수면 근처에서 무리지어 떠다니며 산다. 먹이는 플랑크톤 같은 물속의 작은 생물이나 다른 물고기의 알 같은 것이다.

멸치는 등이 짙은 청색이고 배는 은백색이다. 둥근 입이 아래턱보다 더 앞으로 튀어 나와 있다. 한 해에 2번 봄과 가을에 얕은 바다에서 알을 낳는다. 물의 온도가 알맞으면 30시간쯤 만에 알이 깨서 1년쯤 자라면 어미가 된다.

멸치는 칼슘이 많이 들어 있는 물고기이다. 그러나 덩치가 작아서 흔히 음식의 맛을 내는 일에 쓰인다.

Kingfisher, CC-BY-SA-4.0

명아주(lamb's quarter)

밭, 들 또는 길가에 흔히 자라는 한해살이풀이다. 쌍떡잎 식물로서 키가 1m까지 자라는 잡초이다. 어린 잎은 붉은빛을 띠는데, 자라면서 점차 초록색으로 변한다. 여름 6~7월에 황록색 꽃이 피고 8월에 열매를 맺는다. 어린잎은 나물로 먹기도 한다.

미디어뱅크 사진

명주(silk textile)

명주실로 짠 천이다. 본디 중국 명나라에서 짠 베라는 뜻이었다. 비단이라고도 한다.

명주실은 동물성 섬유로서 가장 튼튼한 자연 섬유이다. 신축성도 강하다. 명주베는 가벼우며 잘 구겨지지 않을 뿐만 아니라 어느 천보다도 따뜻하다. 또한 어느 천보다도 더 예쁘게 물들여진다. 따라서 가장 값진 비단 옷감으로 쓰인다.

명주를 가장 많이 생산하는 나라는 지금도 중국이다. 그밖에 일본, 인도, 브라질, 우리나라, 타일랜드 같은 데에서 많이 난다. → 누에

Smriti tripathi, CC-BY-3.0

모기(mosquito)

여름에 산이나 들에 나가면 모기에 물리기 쉽다. 모기에 물린 자리는 한참 동안 가렵고 따끔거린다. 하지만 모기는 암컷만 사람이나 동물의 피를 빨며 수컷은 식물의 즙을 먹고 산다.

모기는 잘 날아다니는 곤충이다. 몸집이 작고 길쭉한데, 몸길이가 4~7mm이다. 몸이 머리, 가슴, 배의 3부분으로 나뉘어 있으며, 가슴에 날개 한 쌍과 긴 다리 3쌍이 달려 있다. 머리에는 긴 주둥이, 더듬이 한 쌍 및 겹눈 한 쌍이 달려 있다.

모기의 암컷은 길고 뾰족한 주둥이를 동물의 피부에 찔러 넣고 피를 빨아먹는다. 이때에 사람에게 말라리아나 뇌염과 같은 무서운 감염병을 옮기기도 한다. 열대 지방에는 황열병을 옮기는 모기가 있으며, 우리나라에서는 작은빨간집모기가 뇌염을 옮긴다. 그러나 모든 모기가 병원체를 옮기지는 않는다.

추운 극지방을 포함하여 세계 어디서나 사는 모기는 한살이를 물속에서 시작한다. 암컷이 웅덩이나 시궁창처럼 고여 있는 물에다 알을 낳으면 1주일쯤 지나서 알이 깬다. 이렇게 깨 나온 모기의 애벌레를 장구벌레라고 한다. → 장구벌레

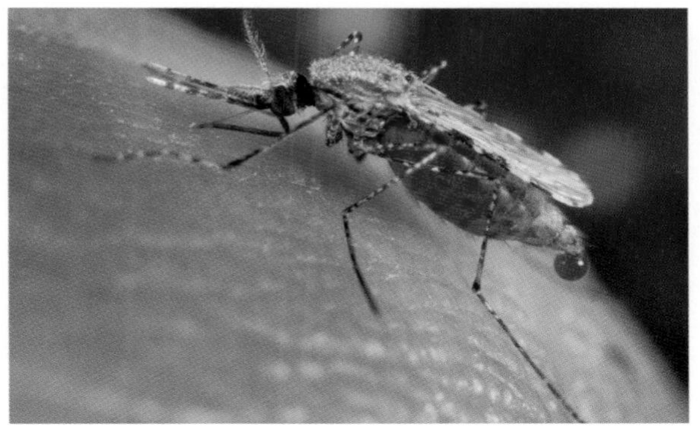

Jim Gathany, Public Domain

모노레일(monorail)

외줄 철도이다. 보통 철도는 나란히 뻗은 두 줄의 철로 위로 기차가 다니지만, 모노레일은 한 줄로 된 철로를 따라서 전철이나 그와 비슷한 교통 기관이 다닌다. 흔히 관광지나 놀이동산 안에서 오가는 교통수단으로 쓰인다. 또 가파른 언덕에 자리 잡은 과수원 같은 특별한 곳에도 사람이나 짐을 옮기려고 아주 작은 규모의 모노레일을 설치한다. 일정한 거리마다 기둥을 세우고 그 위에 긴 철로를 걸쳐 놓아 이 길을 따라서 모터가

달린 작은 차가 다니게 만든 것이다.

그러나 도시에서 여객을 실어 나르게 만든 모노레일도 있다. 대개 그리 멀지 않은 거리 사이에 길이 복잡하고 오가는 사람이 많으면 높은 기둥을 세워서 그 위로 모노레일을 설치한다. 이런 모노레일은 규모가 작은 철도이기 때문에 한둘이나 두세 칸으로 된 작은 열차가 철로 위로나 아래에 매달려서 다니게 만든다.

대구시의 모노레일 Minseong Kim, CC-BY-SA-4.0

모니터(monitor)

흔히 컴퓨터에서 나오는 글자, 그림, 사진 또는 동영상을 나타내 보여 주는 출력 장치이다. 그러나 텔레비전, 게임기 또는 디지털 카메라 등의 영상 표시 장치도 모니터라고 한다.

옛날에는 모니터를 텔레비전과 마찬가지로 크고 길쭉한 진공관식 브라운관으로 만들었다. 나타내는 영상의 색깔도 천연색인 것뿐 아니라 흑백인 것이 있었다. 그러나 오늘날에는 모니터가 거의 다 밝고 뚜렷한 천연색 영상을 보여 준다. 아울러 영상을 표시하는 장치도 진공관식 브라운관이 아니라 엘시디(LCD)나 엘이디(LED)로 만든 화면이다.

미디어뱅크 사진

모란(tree peony)

늦은 봄이면 대개 자주색, 분홍색 또는 흰색 등의 큼지막한 꽃이 피는 갈잎떨기나무이다. 키가 2m 안팎으로 자라며 가지를 많이 친다. 잎은 긴 잎자루에 세 갈래로 갈라진 커다란 잎이 3장씩 달리는 겹잎이다. 꽃을 보려고 흔히 집 안 꽃밭이나 공원 같은 데에 심는다.

짙은 초록색의 큰 잎들 사이에 탐스럽게 피는 모란꽃은 지름이 15cm쯤으로서 옛날부터 부귀의 상징으로 여겨졌다. 가지 끝에 한 송이씩 핀 꽃이 지고 나면 열매가 맺혀서 가을에 익는데, 그 속에 까만 콩 같은 씨가 여럿 들어 있다. 가을이 깊어지면 잎도 낙엽이 들어서 떨어진다.

미디어뱅크 사진

모래(sand)

강가나 바닷가에서 모래를 많이 볼 수 있다. 모래는 희거나 노르스름한 것이 많지만 검거나 반짝이는 것도 섞여 있다.

모래는 바위나 돌이 부서져서 만들어진다. 바위나 돌은 빗물, 바람, 기온 등의 변화로 말미암아 자꾸 잘게 부서진다. 또 돌이 물에 떠내려가면서 다른 돌과 부딪쳐서 잘게 부서져 모래가 되기도 한다. 이와 같이 바위가 부서져서 큰 돌이 되고, 큰 돌이 깨져서 작은 돌이 되며, 작은 돌이 부서져서 알갱이가 아주 작은 모래가 된다. 그러나 바위가 기온이나 날씨 등의 변화로 말미암아 삭아서 바로 모래가 되기도 한다. 이렇게 바위가 삭아서 모래로 되기까지는 수백만 년이 걸린다.

부서진 바위로 만들어진 알갱이 가운데 지름이 16분의 1mm보다 크고 2mm보다 작은 것을 모래라고 한다. 알갱이가 16분의 1mm보다 더 작으면 진흙이다.

진흙은 대개 부드럽지만 모래는 꺼끌꺼끌하다. 보통 흙에는 진흙과 모래 및 죽어서 썩은 동식물의 찌꺼기 등이 알맞게 섞여 있다.

모래는 흙보다 알갱이가 더 크기 때문에 물이 더 잘 통과한다. 또 모래밭에는 영양분이 될 만한 거름이 별로 들어 있지 않으므로 식물이 잘 자라지 못한다.

모래는 물이랑 시멘트와 함께 섞어서 콘크리트를 만드는 재료로 쓰인다. 따라서 많은 양의 모래가 건축에 쓰인다. 그러나 바닷가의 모래를 그대로 콘크리트 만들기에 쓸 수는 없다. 소금기가 시멘트를 무르게 하기 때문이다. 또 모래에 들어 있는 규소는 유리를 만드는 원재료가 된다.

Manfred Morgner, CC-BY-SA-3.0 GFDL

모래시계(hourglass)

시간을 재는 기구 가운데 한 가지이다. 오늘날 우리가 쓰는 기계식이나 전자식 시계가 나오기 전에 쓰던 것이다.

가운데가 잘록하고 위아래의 크기가 똑같은 호리병 모양의 유리 그릇 속에 고운 모래를 넣고 그것이 좁은 구멍을 통해서 위에서 아래로 모두 흘러내리기에 걸리는 시간으로 시간을 잰다. 모래가 모두 다 흘러내리고 나면 다시 모래시계를 뒤집어 놓아 새로 시간을 잰다. 이런 모래시계는 대개 한 시간이나 반 시간짜리 또는 그보다 훨씬 더 짧은 시간을 재는 시계로 만들어진다. 예를 들면, 한번 모두 흘러내리는 데 3분이나 5분이 걸리는 모래시계가 있다.

미디어뱅크 사진

모시풀(white ramie)

줄기의 껍질에서 섬유를 뽑아 쓰는 여러해살이풀이다. 밭에 심어서 가꾸는데, 키가 2m 안팎으로 자란다. 잎은 크고 넓적하여 길이가 10cm 안팎, 폭이 5~6cm이다. 잎자루가 길고 끝이 뾰족한 타원형으로서 가장자리에 톱니가 있다. 잎의 뒷면에 하얀 솜털이 난다.

모시풀은 선사 시대부터 동아시아 지방에서 섬유 작물로 가꾸어 왔다. 모시풀의 줄기 섬유로 짠 모시베는 까슬까슬하고 올이 성겨서 공기가 잘 통하기 때문에 여름옷을 짓기에 알맞다. 이렇게 모시베로 지은 옷을 모시옷이라고 한다. 또 모시풀의 잎을 따서 찧어 쌀가루와 함께 반죽해서 초록색 송편을 빚기도 한다.

미디어뱅크 사진

목(neck)

땅에서 사는 척추 동물의 머리와 몸통을 이어 주는 부분이다. 대개 잘록하게 생겼지만 그렇지 않은 것도 있다. 사람을 비롯하여 모든 포유류의 목에는 7 마디의 뼈가 있다. 입과 위를 이어 주는 식도, 콧구멍과 허파를 이어 주는 기관, 동맥과 정맥 같은 아주 중요한 기관들도 목 안으로 지나간다.

따라서 목은 우리 몸에서 아주 중요한 부분이다. 감기에 걸리면 목구멍 안에 있는 편도선에 염증이 생기기 쉽다. 그러면 목구멍이 아프고 열이 나며 음식물을 삼키기가 어렵다. 따라서 감기에 걸리지 않도록 조심하며 규칙적으로 운동을 해서 목을 튼튼하게 해야 한다.

목동자리(Bootes)

봄에 북쪽 하늘에서 볼 수 있는 별자리이다. 북두칠성의 국자 자루 끝에서 국자 자루 길이의 1.5배쯤 되는 곳에 있는 아주 밝은 별인 아르크투루스를 중심으로 몇 개의 별로 이루어진다.

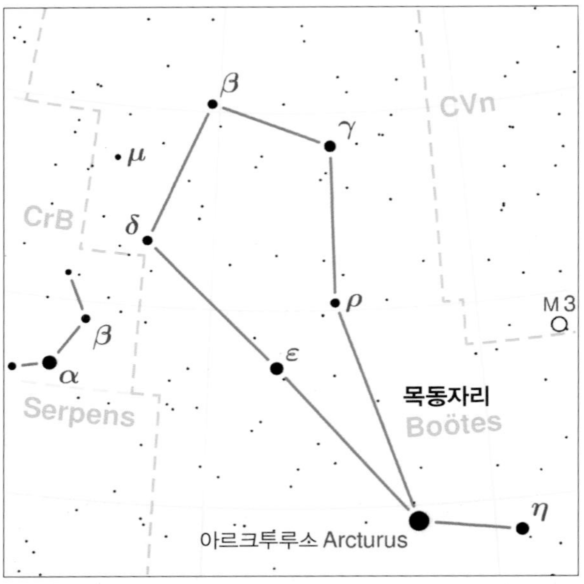

Torsten Bronger, Kxx, CC-BY-SA-3.0 GFDL

목련(Magnolia kobus)

잎이 나기 전 4월쯤에 꽃이 먼저 피는 갈잎큰키나무이다. 키가 10m쯤 자라며 가지를 많이 뻗는다. 꽃이 크고 향기로워서 대개 집 뜰이나 공원에 많이 심는다.

꽃은 두툼한 꽃잎이 6장씩인데 색깔이 하얗거나 자주색이다. 꽃이 지면 열매가 열리고 가을에 씨가 익는다.

한여름 동안에는 꽤 큰 초록색 잎만 무성하다. 잎은 생김새가 달걀꼴이며 끝이 뾰족하다. 가을이 깊어지면서 노랗게 물들어서 떨어진다.

미디어뱅크 사진

목뼈(cervical vertebra)

머리뼈와 등뼈 사이의 뼈들로서 목을 이루는 부분이다. 사람을 포함하여 거의 모든 포유류의 목뼈는 목의 길이와 상관없이 머리에서 등뼈 쪽으로 늘어선 뼈 7개로 이루어진다.

사람의 목뼈는 머리를 떠받치며 위아래 및 오른쪽 왼쪽으로 움직인다. 또 저마다 가로로 구멍이 뚫린 채 늘어서 있어서 그 속으로 지나가는 척추 동맥, 척추 정맥 및 교감신경을 보호한다.

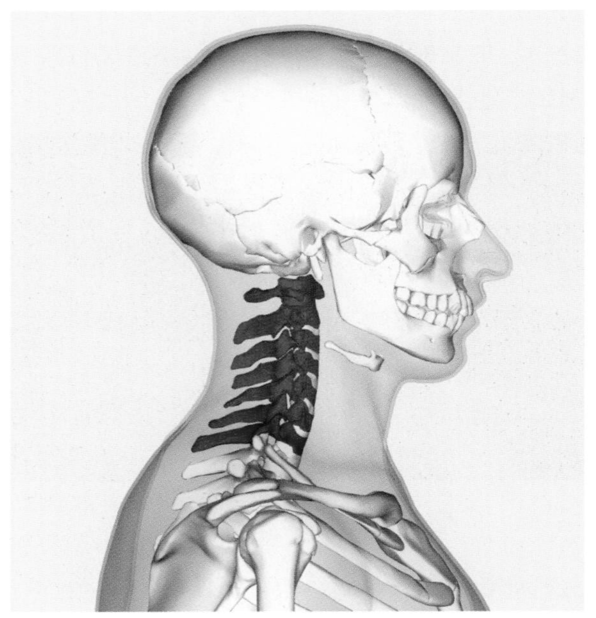

Anatomography, CC-BY-SA-2.1jp

목성(Jupiter)

태양계의 행성 8개 가운데 가장 커서 그 크기가 다른 행성 모두를 합친 것의 2배를 넘는다. 또 밤하늘에서 금성과 달 다음으로 밝게 빛난다. 목성은 주로 기체와 액체 물질로 이루어져 있는데, 수소 4분의 3, 헬륨 4분의 1쯤에 메테인, 수증기, 암모니아 등도 아주 조금씩 섞여 있다. 겉은 주로 기체 물질로 이루어져 있지만 속으로 들어갈수록 액체 상태의 금속 수소로 채워져 있으며 한가운데는 얼음과 암석으로 된 지구만한 고체 물질로 되어 있을 것으로 짐작된다.

목성은 태양에서 평균 약 7억 7,800만km 떨어진 5번째 궤도에서 태양의 둘레를 공전한다. 이렇게 한 바퀴 돌기에 지구의 날로 4,333일, 곧 11년 318일이 걸린

토성 탐사선 카시니가 찍은 목성
NASA/JPL/Space Science Institute, Public Domain

다. 지름이 지구 지름의 11.2배인데 지구 시간으로 9시간 55분 30초 만에 한 번 자전한다. 이토록 빠르게 돌기 때문에 적도 부분은 조금 밖으로 튀어나오고 위아래 극지방이 조금 짓눌린 모습이다.

목성의 둘레에는 모두 79개의 위성이 떠 있다. 그러나 거의 다 지름이 10km도 안 될 만큼 작으며 오직 4개만 크다. 각각 이오, 유로파, 가니메데 및 칼리스토라고 부르는 이 4개의 위성은 서기 1610년에 갈릴레이가 작은 망원경으로 발견했다. 그 중에서 가장 큰 가니메데는 태양계의 행성인 수성보다도 더 크며, 가장 작은 이오는 목성에 가장 가깝게 떠 있고, 유로파에는 한때에 물이 있었을 것으로 생각된다.

미국을 비롯한 몇몇 나라가 1997년부터 몇 차례에 걸쳐서 목성에 우주선을 보내서 탐사해 왔다. 그러나 목성에는 우주선이 내릴 만한 땅이 없으므로 직접 내리지는 못하고 가까이 지나가거나 목성의 둘레를 돌면서 사진을 많이 찍어서 보내 왔다. 가장 최근의 일로는 미국의 탐사선 주노가 2016년 7월 4일에 목성 궤도에 다다랐다. 2011년 8월에 지구를 떠난 주노는 4년 11개월 동안 28억km를 날아서 마침내 목성에 다다른 것이다. 오직 태양 전지가 만들어내는 전기만으로 빛의 속력으로도 40분이나 걸릴 먼 거리를 날아간 주노는 2018년 초에 목성에 추락할 때까지 목성에 관한 새로운 자료를 많이 모아서 지구로 보내 왔다.

반지름	6만 9,911km
태양과의 거리	평균 7억 7,800만km
자전 주기	9시간 55분 30초
공전 주기	11년 318일
대기	수소 약 90%, 헬륨 10%, 기타
평균 표면 온도	−108℃
위성	79개

목장(pasture)

대개 소, 말, 양 등을 많이 기르는 드넓은 풀밭 농장이다. 물론 울타리가 둘리어 있어서 기르는 짐승이 울 밖으로 나가지는 못한다. 대개 크게는 살코기를 얻기 위한 소 수백 마리를 기르며 작게는 우유를 짜기 위한 젖소 몇 십 마리를 기른다. 또 털을 얻기 위한 양이나 사람이 타고 다닐 말을 기르는 데도 있다.

목장의 짐승들은 대개 봄부터 가을까지 자유롭게 풀을 뜯어먹고 살지만 때때로 들에 풀이 부족하면 사람이 가져다주는 사료를 먹는다. 그러다 눈이 내리는 겨울이면 거의 우리 안에서 지내야 한다. 목장에는 늘 뜯어먹을 좋은 풀이 필요하다. 그래서 드넓은 풀밭에다 영양분이 많고 잘 자라는 풀을 심는다. 또 겨울에 먹일 풀을 미리 많이 베어서 저장해 둔다.

Carlos A. Toscano-Gadea, CC-BY-SA-3.0

목화 열매와 씨 미디어뱅크 사진

목화(cotton)

씨가 익으면 그 겉에 하얀 솜털이 뭉텅이로 달리는 식물이다. 가볍고 질긴 식물 섬유로 이루어진 이 솜뭉치는 본디 다 익은 씨를 멀리 퍼뜨리기 위한 것이다. 그러나 사람들이 이것을 거두어 실을 자아서 베를 짜기에 쓴다. 우리는 이 섬유 뭉치도 목화라고 부른다.

목화는 이른 봄에 씨앗을 심으면 싹이 터 자라면서 가지를 친다. 짙은 초록색 잎이 넓적하며, 꽃은 노랗고 커다랗다. 꽃이 지고 나면 길둥그런 초록색 열매가 열리는데, 이것이 자라서 익으면 활짝 펼쳐지면서 복슬복슬한 솜털이 나온다. 이 솜털은 씨의 겉에서 자라난 섬유이다. 이 섬유를 떼어내 모아서 솜을 틀거나 실을 잣는다.

목화 섬유로 자아낸 실을 무명실이라고 한다. 이 무명실로 짠 베가 무명베이다. 그러나 요즘에는 대개 공장에서 기계로 베를 짜며, 무명베를 흔히 '면'이나 '코튼'이라고 부른다.

면은 천연 섬유로 짠 가장 좋은 옷감이다. 그래서 수천 년 전부터 사람들이 목화를 가꾸어 왔다. 인도에서는 기원 전 1,800년부터 이용했다고 한다. 그러나 우리나라에는 고려 공민왕 때에야 들어 왔다. 문익점이 중국에서 목화씨 몇 톨을 채집해 와서 지금의 경상북도 산청군에다 심은 것이 처음이다. 그 뒤로 우리나라 사람들도 무명베 옷을 입고 솜이불을 덮을 수 있게 되었다.

목화는 본디 아열대 지방에서 자라던 식물이므로 열대 지방에서는 작은 나무처럼 자라기도 한다. 그러나 오랜 세월에 걸쳐서 개량되어 우리나라와 같은 온대 지방에서도 자라게 되었다. 그러나 목화 농사는 여름이 길고 자라는 동안에 비가 많이 오지만 씨에 섬유가 나온 뒤에는 날씨가 메마른 곳이라야 가장 잘된다. 그래서 기후가 알맞은 세계 여러 나라에서는 목화 재배가 큰 산업이 되었다. 미국의 남부 지방, 멕시코, 브라질, 중국, 인도, 파키스탄, 카자흐스탄, 터키, 이집트, 수단 같은 나라에서 아주 많이 심는다.

목화는 섬유를 얻을 뿐만 아니라 그 씨에서 기름을 짜서 여러 가지로 이용하는 아주 유익한 농작물이다.

못(nail)

기둥이나 벽에 박아 놓고 옷이나 책가방 등을 걸어 두는 작은 막대기 같은 것도 대개 못이다. 그러나 못은 본디 나무에다 다른 나무나 가죽 또는 철판 등을 꼭 붙여 주는 일에 더 많이 쓰인다. 예를 들어, 나무 상자를 보면 나무판자와 다른 나무판자가 맞닿은 곳에 쇠못이 여럿 박혀 있다.

맨 처음에는 길고 뾰족하게 깎은 나무나 대나무로 못을 만들었다. 그러다 차츰 구리, 청동, 철 등으로 만들게 되었으며 요즘에는 거의 다 강철로 만든다. 쓰임새에 따라서 크기나 생김새도 가지가지이다. 그러나 대개 길쭉한 몸통과 납작한 머리 및 뾰족한 꼬리로 이루어져 있다. 뾰족한 꼬리를 나무에 대고 납작한 머리를 망치로 두들기면 쐐기의 원리에 따라서 못이 나무의 섬유질을 뚫고 들어간다. 다 박히면 나무의 섬유질이 못을 에워싸서 꼭 붙잡으며 몸통보다 더 넓은 머리가 못이 파고 들어간 구멍을 가려 준다.

쇠못 Gelpgim22, CC-BY-SA-3.0

무(radish)

우리가 많이 먹는 채소 가운데 한 가지로서 한해살이 또는 두해살이풀이다. 잎에서 만든 영양분을 뿌리에 저장하기 때문에 잎이 자라면서 뿌리가 두툼해진다. 두툼한 원뿌리에서 잔뿌리가 난다. 뿌리의 색깔은 흰색, 붉은색, 분홍색 등인데, 우리나라에서는 흰 것을 많이 심는다. 무꽃은 봄에 피는데 꽃잎이 네 장인 십자화로서 흰색이나 보라색에 가깝다. 꽃가루받이가 끝나면 꼬투리 속에 자잘한 씨가 맺힌다. 씨는 봄, 여름 또는 가을 어느 때에나 뿌려서 다 자란 무를 거둘 수 있지만 김장에 쓰는 가을무는 대개 늦은 8월에 씨를 심어서 11월쯤에 거둔다. 그러나 다 자라지 않은 어린 무인 열무는 봄 또는 여름 아무 때에나 뽑아서 채소로 쓴다. 다 자란 무를 제때에 뽑지 않고 내벼려 두면 뿌리가 물러서 먹을 수 없게 된다.

미디어뱅크 사진

무게(weight)

무엇이나 공중으로 던지면 틀림없이 땅으로 떨어진다. 지구가 어떤 물체든지 끌어당기기 때문이다. 이렇게 지구가 물체를 끌어당기는 힘의 크기, 곧 어떤 물체에 작용하는 중력의 크기가 무게이다. 지구는 가벼운 물체보다 무거운 물체를 더 세게 끌어당긴다.

무게의 단위로는 흔히 g(그램)과 kg(킬로그램)을 쓴다. 그러나 N(뉴턴)을 쓰는 것이 권장되고 있다. 과학적으로 정확히 말하자면 g이나 kg은 무게의 단위가 아니라 질량의 단위이기 때문이다.

지구 위에서는 어느 곳에서나 중력이 거의 같다. 물 속에서는 무게가 좀 가벼워지는 것 같다. 그 까닭은 중력이 달라져서가 아니라 물이 물체를 떠받치는 부력을 내기 때문이다. 같은 물체라도 중력이 달라지면 무게가 달라진다. 예를 들면, 어떤 물체를 달에 가져간다면 그 무게가 6분의 1로 줄어든다. 달의 중력이 지구 중력의 6분의 1밖에 안 되기 때문이다.

ㅁ

무궁화(rose of sharon)

우리나라를 상징하는 꽃이다. 국화 또는 나라꽃이라고 한다. 옛날부터 많이 심고 가꾸었으며 저절로 자라는 것도 많다.

무궁화나무는 키가 2~4m쯤 자라는 갈잎떨기나무이다. 잎은 어긋나며 7월부터 꽃이 피기 시작하는데 대개 종처럼 생겼다. 꽃의 색깔은 품종에 따라서 분홍색, 흰색, 보라색 등 여러 가지이다. 꽃은 반드시 새로 자란 잎겨드랑이에서 나와서 아침 일찍 피었다가 저녁에 시들고 다음 날이면 떨어진다. 그러나 가지가 자라면서 연달아 꽃이 피기 때문에 10월까지 꽃을 볼 수 있다. 꽃이 지면 그 자리에 열매가 열리는데 10월쯤에 누렇게 익었다가 터진다. 그 속에서 많은 씨가 쏟아져 나온다. 잎도 가을이 깊어지면서 단풍이 들어서 떨어진다.

무궁화는 햇볕이 잘 들며 물이 잘 빠지는 땅에서 잘 자란다. 대개 꺾꽂이나 접붙이기를 하지만 씨를 심어도 싹이 잘 튼다.

미디어뱅크 사진

무기질(mineral nutrient)

우리 몸에 가장 필요한 3대 영양소는 탄수화물, 지방 및 단백질이다. 이 가운데 탄수화물과 지방은 탄소, 수소 및 산소가 합쳐져서 이루어지며, 단백질은 이것들에다 질소가 더해져서 이루어진다. 그러나 우리 몸에는 이것들 말고도 더 많은 물질, 곧 무기질, 비타민 및 물이 필요하다.

무기질은 우리 몸을 이루는 물질들 가운데에서 탄소, 수소, 산소 및 질소를 뺀 나머지 모든 원소이다. 곧 칼슘, 인, 칼륨, 나트륨, 마그네슘, 철, 아이오딘, 구리 등과 같이 그 종류가 매우 많다.

이런 무기질은 3대 영양소처럼 에너지를 내지는 못하지만 우리 몸에서 아주 중요한 구실을 한다. 칼슘은 인과 함께 뼈와 이를 이루는 주성분이 되며 혈액이 굳는 데에도 중요한 구실을 한다. 칼슘은 우유나 물고기의 뼈에 많이 들어 있다. 적혈구를 만드는 데 중요하며 산소나 이산화탄소를 운반하는 철은 물고기, 동물의 간, 달걀, 바닷말 등에 많이 들어 있다. 또 몸의 수분을 조절하는 나트륨은 소금에 많이 들어 있다.

그밖에도 여러 가지 무기질이 우리 몸을 이루는 데 필요하다. 무기질이 부족하면 이가 약해지고 얼굴이 창백해지며 근육에 탄력이 없어진다. 무기질은 이렇게 중요하지만 우리 몸에 필요한 양이 아주 적기 때문에 음식을 골고루 먹으면 따로 먹거나 마시지 않아도 모자라지 않는다. 이런 무기질을 무기 염류라고도 한다.

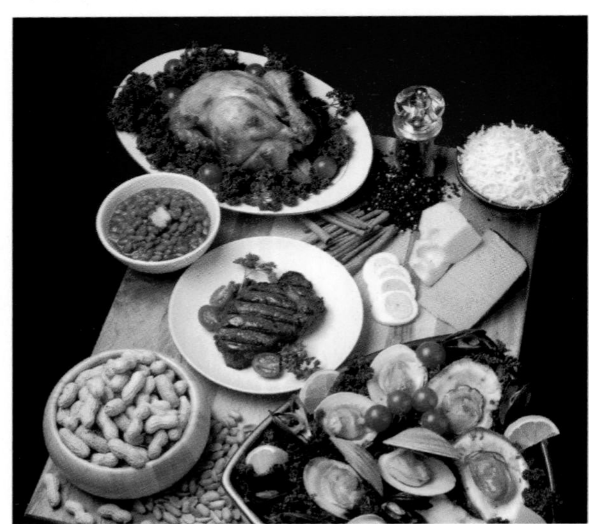

인체에 필요한 아연이 많은 식품인 굴, 쇠고기, 땅콩, 등
Keith Weller/USDA ARS, Public Domain

무당벌레(ladybug)

미디어뱅크 사진

봄가을에 풀숲에서 흔히 볼 수 있는 곤충이다. 몸길이 7~8mm로서 종류가 아주 많다. 거의 타원형으로 생겨서 등쪽이 볼록하며 배쪽은 납작하다. 단단하고 매끄러우며 울긋불긋한 무늬가 있는 앞날개로 덮여 있으며, 날 때에만 투명한 뒷날개가 드러난다. 뒷날개가 앞날개 밑에 접혀 들어가 있기 때문이다.

가슴에 짧은 세 쌍의 다리가 있다. 다리의 마디에서 노란색 액체가 나오는데, 그 맛과 냄새가 고약해서 새나 다른 동물이 싫어해 제 몸을 지킨다. 또 공격을 받으면 죽은 체하기도 한다.

어른벌레가 된 암컷은 작고 주황색이며 럭비공처럼 생긴 알을 진딧물이 많은 식물의 줄기에다 낳는다. 낳은 지 3~4일이면 이 알에서 시커멓고 털이 수북한 애벌레가 깨 나온다. 애벌레는 3쌍의 다리와 뒤쪽에 있는 빨판으로 식물의 줄기나 잎에서 돌아다니며 연한 잎을 갉아먹거나 진딧물을 잡아먹는다. 애벌레가 3번 허물을 벗으면 번데기가 되고, 그 뒤 5일쯤 지나면 번데기에서 어른벌레인 무당벌레가 나온다.

무당벌레는 덥고 비가 많이 내리는 한여름에는 잘 활동하지 않는다. 또 겨울이면 따뜻한 곳을 찾아가거나 겨울잠을 잔다. 겨울잠을 잘 때에는 여러 마리가 떼 지어 나뭇잎이나 바위틈에 숨어들어서 움직이지 않는다.

무명(cotton)

무명실로 짠 무명베를 가리킨다. 섬유 공업이 발달하기 전 옛날에는 흔히 집에서 물레로 목화솜에서 실을 자아 그 실로 무명베를 짰다. → 목화

무인비행기(unmanned aerial vehicle)

사람이 타고 조종하지 않는 비행 물체이다. 흔히 '드론'이라고 부른다. 조종사가 직접 타지 않는 대신에 땅이나 배 또는 하늘에 뜬 비행기에서 사람이 무선 전파로 조종한다. 작은 바람개비 같은 프로펠러가 서너 개 수평으로 달린 것에서부터 비행기나 헬리콥터 모양에 이르기까지 생김새가 여러 가지이다. 쓰임새도 아주 많아서 간단한 장난감이 있는가 하면 우편이나 상품 배달에 쓰는 것, 정보 수집이나 전투에 쓰는 것 등이 있다.

무인비행기는 조종사가 없으므로 조종실을 만들거나 조종사의 안전에 공을 들일 필요가 없다. 대신에 값진 전자 장치에 많은 비용이 든다. 어떤 무인기는 처음부터 끝까지 컴퓨터에 넣어 준 명령대로 움직이며, 어떤 것들은 멀리 있는 조종사의 무선 지시에 따라서 움직인다.

USAF, Public Domain

무지개(rainbow)

여름에 소나기가 지나가고 나면 하늘에 무지개가 뜰 때가 있다. 폭포나 분수의 물보라에도 가끔 작은 무지개가 생긴다. 무지개는 여러 가지 예쁜 색깔의 띠가 둥그렇게 휘어서 공중에 떠 있는 것 같아 보인다.

무지개는 하늘에 떠 있는 작은 물방울 속에서 햇빛이 굴절되고 반사되어서 생긴다. 여느 때의 햇빛은 여러 가지 색깔이 섞여 있어서 하얗다. 그런데 빛은 투명한 한 물질에서 다른 투명한 물질로 들어갈 때에 그 경계면에서 꺾인다. 이런 현상을 빛의 굴절이라고 한다.

빛의 색깔은 저마다 꺾이는 각도가 다르다. 예를 들면, 빨간색이 가장 덜 꺾이며 보라색이 가장 많이 꺾인다. 따라서 빛은 물방울 속으로 들어가면서 여러 색깔로 나뉜다. 그리고 또 흰 물방울의 뒷면에서 반사되어 밖으로 나오면서 한 번 더 꺾여서 앞으로 나아간다.

하늘에는 물방울이 헤아릴 수 없이 많기 때문에 그 물방울과 태양 사이에 있는 사람은 이렇게 물방울 속에서 나뉘고 꺾여서 나온 여러 색깔을 겹쳐서 보게 된다. 이때 맨 바깥쪽에 보이는 색깔이 붉은색이며 이어서 주황, 노랑, 초록, 파랑, 남색 다음에 맨 안쪽의 색깔이 보라색이다.

무지개는 보는 이의 앞쪽 몇 미터에서 몇 킬로미터 사이에 있는 많은 물방울에서 생긴다. 따라서 해가 등 뒤에 있을 때에 앞에서 누가 물을 뿌려도 작은 무지개를 볼 수 있다. 하늘에 해가 낮게 떠 있을수록 무지개가 크다. 막 해가 뜨거나 질 때에 생긴 무지개는 동그라미의 반쪽에 가깝다. 그러나 해가 수평선에서 42°넘게 높이 솟으면 무지개를 볼 수 없다. 따라서 무지개는 대개 이른 아침이나 늦은 오후에 볼 수 있다.

Takkk, CC-BY-SA-3.0 GFDL

무척추 동물(invertebrate)

척추, 곧 등뼈가 없는 동물이다. 세포 하나만으로 이루어진 아주 작은 원생 동물부터 거대한 대왕문어에 이르기까지 무척추 동물은 종류가 아주 많다. 사실 모

ㅁ

든 동물의 90%가 넘는 것들이 무척추 동물이다.

무척추 동물은 척추가 없는 한 가지 공통점 말고는 저마다 많이 다르다. 조개와 같은 연체 동물, 게 같은 절지 동물, 메뚜기 같은 곤충은 연한 몸이 딱딱한 껍데기에 싸여 있다.

게 Beauregard Laura/U.S. Fish and Wildlife Service. Public Domain

묵(jelly)

도토리, 녹두, 메밀 등의 녹말을 뽑아내서 부드러운 젤리처럼 만든 먹을거리이다. 먼저 잘 말린 도토리나 녹두 또는 메밀의 껍질을 깐 다음에 빻아서 고운 가루로 만든다. 이 가루를 물에 풀어서 앙금을 모은 뒤에 묽은 죽처럼 쑤어서 식히면 부드러운 두부 같은 고체인 묵이 된다.

도토리묵 Sjschen at English Wikipedia. CC-BY-SA-3.0 GFDL

묵은 영양분이 많지 않아서 살이 찌지 않는 순수한 자연 식품이다. 그래서 흔히 비만인 사람이 즐겨 먹는다. 만든 재료에 따라서 도토리묵, 메밀묵, 또는 녹두로 만든 것을 청포묵이라고 한다. 대개 갖은 양념과 함께 무쳐서 먹는다.

문어(north pacific giant octopus)

바다에서 사는 연체 동물이다. 또한 등뼈가 없는 무척추 동물이다. 낙지와 비슷하지만 대개 몸집이 훨씬

Bachrach44, Public Domain

더 커서 길이가 3m에 이르는 것이 있다. 발이 8개이며 주변의 환경에 따라서 피부의 모양과 빛깔을 바꿀 수 있다.

대개 깊이가 100~200m 사이인 바다 밑에서 산다. 먹이는 주로 게나 조개 등이다.

문조(Java sparrow)

참새와 비슷하게 생긴 새이다. 머리와 꽁지가 검고 볼은 희다. 등과 가슴은 푸른빛이 도는 회색이며 배는 분홍색이다. 암컷이나 수컷이나 거의 같다. 몸길이가 15cm 안팎이며 부리는 붉고 다리는 살구색인데, 특히 수컷의 부리는 크고 짧다. 여럿이 무리 지어 살며 한해에 두 번 봄과 가을에 알을 낳아 새끼를 친다.

본디 자바, 수마트라, 발리 섬들을 비롯한 동남아시아 여러 고장에서 사는 새인데 사람을 따라서 오스트레일리아와 뉴질랜드 및 인도와 아프리카의 동쪽 지방에까지 널리 퍼졌다. 오늘날 자연에서는 수가 많이 줄었지만 사람들이 반려 동물로 기르기 때문에 개량되어서 온몸이 희거나 흰 무늬가 섞인 것도 있다.

Bernard Spragg, NZ, CC0 1.0 Public Domain

물(water)

가장 흔한 물질 가운데 한 가지이다. 그러나 생물이 살아가기에 없어서는 안 되는 것이다. 식물은 뿌리를 통하여 물을 흡수하고 동물은 스스로 물을 마신다.

물은 어디에나 있다. 강과 호수에 물이 가득하며 모든 생명체에도 물이 들어 있다. 우리 몸은 반 이상이 물로 이루어져 있으며, 먹는 것에도 물이 많이 들어 있다. 지구 표면의 70%가 바닷물에 덮여 있는가 하면 대기와 땅속에도 물이 들어 있다.

물은 산소와 수소의 화합물이다. 산소 원자 하나와 수소 원자 둘이 합쳐져서 물 분자 하나가 된다. 따라서 물을 전기 분해하면 산소와 수소가 나온다.

물은 세 가지 상태로 있을 수 있다. 곧 액체, 고체 및 기체 상태이다. 액체인 물에 열을 가하면 점점 뜨거워지다가 100℃에서 기체인 수증기가 된다. 그리고 열을 빼앗으면 온도가 내려가다가 0℃에서 고체인 얼음이 된다. 물은 얼면 그 부피가 10%쯤 불어난다. 그래서 물을 가득 채운 병을 마개를 닫은 채 얼리면 병이 깨진다. 그러나 얼음이 녹아서 물이 되면 그 부피가 다시 줄어드는데, 4℃에서 부피가 가장 작다. 이때 1㎤의 물은 무게가 정확히 1g이다.

자연에는 순수한 물이 거의 없다. 물은 공기 속, 땅속 또는 암석에 들어 있는 물질을 잘 녹이는 성질이 있기 때문이다. 빗방울에는 공기 속의 기체가 조금씩 녹아든다. 주로 산소, 질소 및 이산화탄소 등이다. 빗방울에 든 질소는 땅을 기름지게 한다. 그러나 이산화탄소는 빗방울이 약한 산성을 띠게 하여 석회암을 녹인다. 이로 말미암아 오랜 세월에 걸쳐서 석회암 동굴이 만들어진다.

물에 녹아 있는 산소 덕에 물속에서 여러 가지 물고기와 조개 및 식물이 살 수 있다. 물고기나 조개는 아가미로, 식물은 표면의 세포로 물속의 산소를 흡수한다. 물속의 산소는 또 물속에 있는 온갖 동식물의 찌꺼기를 썩혀서 물을 깨끗하게 만든다.

우리가 먹는 물에는 몇 가지 기체와 광물질이 들어 있어야 한다. 순수한 물은 아무 맛이 없다. 그러나 마시는 물에 나쁜 병원체가 들어 있으면 안 된다. 이질이나 장티푸스와 같은 질병의 병원체가 든 물을 마시면 금방 탈이 난다.

젖은 빨래가 마르며 땅에 고인 물이 저절로 사라지는 까닭은 물이 증발하기 때문이다. 물은 끓지 않아도 햇볕을 받아서 낮은 온도에서 증발하는 성질이 있다. 물은 끊임없이 강, 호수 및 바다의 표면에서 증발하여 공기 속으로 들어간다. 물이 증발할 때에는 그 속에 들었던 광물질 따위를 뒤에 남긴다. 그러므로 강물에 녹아서 바다로 흘러들어간 여러 가지 광물질은 늘 바다에 남는다. 그래서 강물보다 바닷물이 더 짜다.

증발과 반대인 현상이 응결이다. 응결은 수증기가 엉겨서 다시 물이 되는 현상이다. 얼음을 넣은 유리컵 둘레에 물방울이 맺히는 까닭은 공기 속의 수증기가 찬 유리에 닿아서 응결하기 때문이다. 공기 속의 수증기가 모여서 구름을 이룬다. 이것이 하늘의 찬 공기와

ㅁ

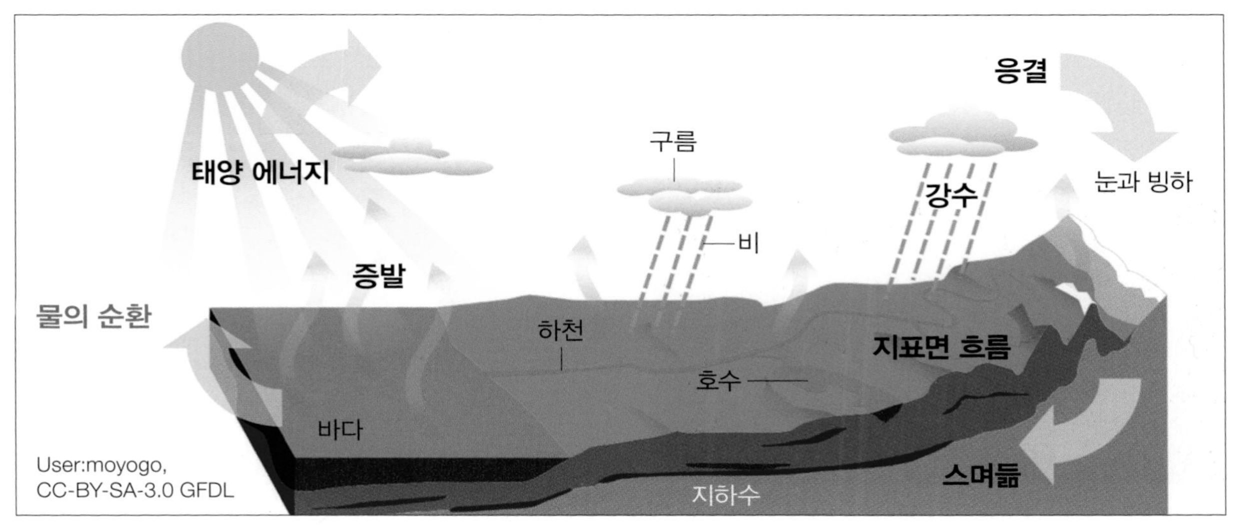

만나서 응결하여 비나 눈으로 내린다. 비나 눈이 땅에 떨어지면 조금 땅속으로 스며들기도 하지만 거의 다 내와 강을 이루어 바다로 흘러간다. 이와 같이 바닷물이 증발하여 수증기가 되고, 수증기가 응결하여 비로 내리고, 강물이 흘러서 다시 바다로 들어가는 현상을 물의 순환이라고 한다.

지구의 모든 생물은 물의 순환 덕에 살 수 있다. 오늘날 사람이 먹는 물은 거의 다 강이나 호수의 물이다. 물론 때로는 우물물도 먹는다. 물은 얼마 전까지만 해도 자연적인 물의 순환으로 깨끗해질 수 있었다. 그러나 요즘에는 사람들이 내놓는 환경오염 물질이 너무나 많아서 자연의 힘만으로는 물을 깨끗하게 하기가 어렵다.

빗물은 땅에 떨어져서 흐르면서 생활하수, 세제, 농약, 가축의 오줌똥, 공장의 폐수 등과 합쳐진다. 이런 더러운 물을 하수 처리장에서 약품이나 세균으로 얼마쯤 정화시키기도 한다. 그러나 이런 시설만으로는 모자란다. 무엇보다도 처음부터 물을 오염시키지 않는 것이 가장 좋다. 물은 이 세상에서 가장 값진 물질이므로 우리 모두가 깨끗하게 지켜야 한다.

물갈퀴(webbed feet)

오리의 발은 닭의 발과 달리 발가락과 발가락 사이가 얇은 막으로 이어져 있다. 이것을 물갈퀴라고 한다. 개구리나 비버의 발에도 물갈퀴가 있다.

이런 동물들은 모두 물에서 헤엄을 많이 쳐야 하기 때문에 그에 알맞게 피부가 변해서 물갈퀴가 되었다. 물갈퀴로 헤엄을 치려면 발가락을 펴서 물을 밀어내면서 몸이 앞으로 나아가고, 다시 발을 앞으로 당길 때에는 발가락을 오므린다. 물갈퀴는 물에서 살기에 알맞게 몸이 적응된 예이다.

HTO, Public Domain

물감(dye)

Dan Brady, CC-BY-2.0

옷감과 같은 여러 가지 재료에다 오래 가는 색깔을 물들이는 화학 물질이다. 실이나 천 뿐만 아니라 음식물, 가죽, 종이, 플라스틱 등 거의 무엇이나 물들일 수 있다.

옛날에는 모든 물감을 동물이나 식물에서 얻은 천연 색소로 만들었다. 그러나 요즘에는 거의 모두 화학적으로 합성한 색소로 만든다. 색깔이 잘 변하지 않을 뿐만 아니라 값도 싸기 때문이다.

물감은 녹아야 물을 들일 수 있다. 그래서 잘 녹게 하려고 만들 때에 미리 산이나 소금 같은 다른 물질을 물감과 섞어 놓는다. 천을 물감 용액에다 넣으면 천이 물감의 분자를 흡수하는데, 흡수된 물감 분자들이 섬유 속에 갇히거나 섬유 분자들과 화학적으로 합쳐진다. 그래서 섬유가 그 색깔을 띠게 되는 것이다.

공장에서 화학적으로 만드는 합성 물감은 종류도 많고 이름도 가지가지이다. 그와는 달리, 천연 물감은 대개 식물의 껍질, 열매, 꽃, 잎 또는 뿌리에서 나온다. 예를 들면, 짙은 청색은 쪽이라는 풀로, 노란색은 치자 열매로, 회색은 감으로 만든다. 또한 검정 물감은 오징어 먹물로 만들 수 있다.

물개(nothern furseal)

바다에서 사는 포유류이다. 주로 바위가 많은 바닷가 물속에서 살다가 여름과 가을에 땅에 올라 새끼를 낳는다.

온몸에 두꺼운 잔털이 촘촘히 나 있어서 추위를 잘 견딘다. 털빛깔이 등쪽은 검고 배쪽은 갈색이다. 네 다리가 지느러미처럼 변해서 헤엄치기에 알맞지만 앞으로 구부러지기 때문에 땅에서도 걸을 수 있다. 고등어,

전갱이, 오징어, 게 등을 잡아먹고 산다.

다 자라면 수컷은 몸길이가 2.5m쯤 된다. 암컷은 수컷의 반 만하며 몸빛깔이 수컷보다 밝은 편이다. 이것들은 태평양의 북부 지방에서 많이 산다. 해마다 5월 초순에 수컷이 뭍에 올라서 제 텃세권을 만들어 놓고 기다리면 6월에 암컷들이 도착한다. 수컷은 혼자 암컷 30~50 마리를 거느리기 때문에 제 텃세권과 함께 암컷들을 지키느라 제대로 먹지도 못한다.

암컷들은 새끼를 낳아서 2달 동안 기른 뒤에 다시 바다로 나간다.

미디어뱅크 사진

물고기(fish)

물속에서 사는 변온 동물이다. 또 등뼈가 있는 척추동물이기도 하다. 아가미로 숨을 쉰다. 다리 대신에 지느러미가 있어서 거의 다 이것으로 헤엄친다.

대개 지느러미는 가슴과 배에 한 쌍씩 있으며 등과 꼬리에도 하나씩 있다. 주로 꼬리지느러미를 좌우로 움직여서 앞으로 나아가며, 가슴지느러미도 때때로 이용한다. 등지느러미와 뒷지느러미는 몸의 균형을 잡기에 쓴다.

물고기는 뱃속에 부레가 있어서 물속에서 자유롭게 떠오르고 가라앉을 수 있다. 하얀 주머니 같은 부레에 산소나 이산화탄소와 같은 기체가 들어 있는데, 이 기체의 양을 조절해서 위로 떠오르거나 밑으로 가라앉는 것이다.

온몸을 덮고 있는 비늘은 물고기의 피부로서 몸을 보호한다. 가운데에 구멍이 뚫린 비늘이 옆구리에 한 줄로 이어져 있는데, 이것을 옆줄이라고 한다. 옆줄은 물의 온도와 흐름을 알려 준다. 머리에 두 눈과 코와 귀가 있는데, 귀는 머릿속에 있어서 겉으로는 보이지 않는다. 아가미는 물고기의 호흡 기관이다. 입으로 들

미디어뱅크 사진

어온 물이 아가미를 지날 때 물속에 녹아 있는 산소가 모세혈관을 통해서 몸속으로 들어가고, 몸속에서 생긴 이산화탄소가 밖으로 나간다. 먹이는 종류에 따라서 다르다.

물고기는 세계에 약 3만 가지가 있는데, 생김새나 크기 및 헤엄치는 방법이 종류에 따라서 많이 다르다. 물고기는 대체로 알을 많이 낳지만 어미가 새끼를 보호하는 일이 거의 없기 때문에 다른 동물에게 많이 잡아먹혀서 다 큰 물고기로 자라는 것은 얼마 되지 않는다.

사람들은 먼 옛날부터 물고기를 먹어 왔다. 그러나 요즘에는 물고기를 공업용 원재료로 쓰기도 한다.

물고기자리(Pisces)

가을에 남쪽 하늘에서 볼 수 있는 별자리이다. 여러 개의 별로 이루어지지만 아주 밝은 별은 없다. 두 개의 물고기로 나뉘는데, 안드로메다자리 아래에 있는 것이 북쪽 물고기, 페가수스자리 밑에 있는 것이 서쪽 물고기이다.

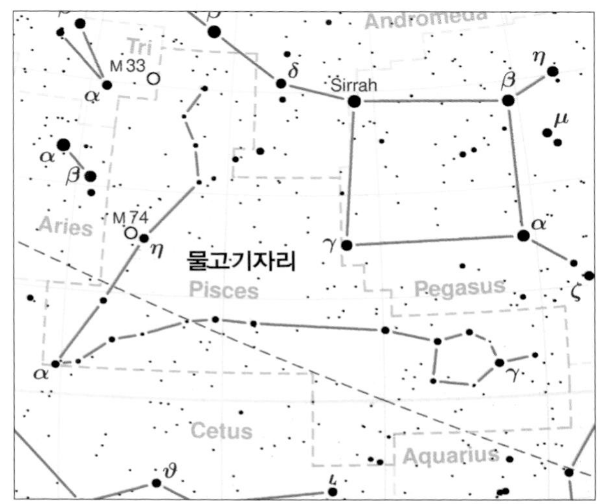

Torsten Bronger, CC-BY-SA-3.0 GFDL

물곰팡이(water mold)

바닷물이나 민물 또는 축축한 흙에서 사는 곰팡이 종류를 모두 일컫는 이름이다. 몇 가지가 있는데, 거의 다 죽었거나 썩어가는 유기 물질에 붙어서 살지만 어떤 것은 물속의 살아 있는 식물이나 동물에 병을 일으킨다. 솜뭉치처럼 유기 물질 조각을 뒤덮고 있는 균사체를 쉽게 볼 수 있다.

균사의 일부가 떨어져 나와 새로운 곰팡이로 자라기도 하고 홀씨를 만들어서 퍼지기도 한다.

TheAlphaWolf, CC-BY-SA-3.0 GFDL

물레(spinning wheel)

주로 목화솜이나 양털 따위로 실을 잣는 기구이다. 그러나 누에고치에서 나오는 실 몇 가닥을 합쳐서 명주실을 만들 때에도 쓴다. 옛날 집안에서 베를 짜 옷을 짓거나 이불을 만들던 시절에 많이 썼다.

또 잘 이긴 진흙덩이를 올려놓고 발로 돌려서 옹기나 도자기를 만드는 틀도 물레라고 한다. 또한 쏟아지는 물의 힘으로 돌아가는 물레방아의 큰 바퀴도 물레이다.

미디어뱅크 사진

물레방아(water mill)

물이 흐르거나 떨어지는 힘으로 큰 물레바퀴를 돌려서 방아를 찧는 장치이다. 증기 기관이나 전동기가 발명되기 전에는 세계 어디서나 널리 썼지만 오늘날에는 거의 쓰지 않는다.

물레방아는 냇물이나 냇가에 설치한다. 냇물에 직접 설치하면 물이 흐르는 힘으로 물레가 돈다. 그러나 대개 냇가에 따로 물레방아를 설치하고 도랑으로 물을 끌어서 물레에 떨어뜨려 그 힘으로 물레바퀴가 돌게 했다.

물레가 돌면 그 굴대에 끼인 나무가 바퀴와 함께 돌면서 방아채의 한쪽 끝을 꾹 눌렀다 놓는다. 그러면 방앗공이가 번쩍 들렸다 떨어지면서 곡식을 찧는 것이다.

물레방아는 에너지의 전환을 이용한 장치이다. 위에 있는 물은 위치 에너지를 지니는데, 그것이 아래로 떨어지거나 흐르면서 위치 에너지가 운동 에너지로 바뀐다. 이 운동 에너지로 말미암아 물레가 돌면서 방아를 찧는 것이다.

미디어뱅크 사진

물리학(physics)

사과나무에서 사과가 떨어지는 것과 같은 자연 현상을 관찰하고 그 원리와 법칙을 알아내는 학문이다. 물리학에서는 고체나 액체 또는 기체 상태의 여러 가지 물질과 그 물질을 이루는 기본 요소인 원자를 연구한다. 또 여러 가지 형태의 에너지, 곧 전기와 자기 에너지, 빛 에너지, 소리 에너지, 열 에너지, 기계 에너지 등을 탐구한다. 아울러 물질과 에너지들이 서로 어떻게 연관되어 있는지 알아내고자 노력한다.

물리학에서 얻은 지식은 화학이나 생물학 또는 천

문학과 같은 여러 다른 학문에도 매우 중요하며, 공학과 기술 및 의학 같은 분야의 발전과도 깊게 연결된다. 인공 위성을 우주 궤도에 쏘아 올리고 그 전파 신호를 받는 것도 물리학의 이론과 법칙에 따라서 이루어지는 것이다. 또 물리학에서 조사하고 연구한 것을 바탕삼아서 여러 가지 방사성 물질을 질병의 진단과 치료에 이용할 수 있다.

물리학의 범위는 아주 넓다. 따라서 어느 한 분야의 전문가일지라도 다른 분야에 대해서는 잘 모를 수 있다. 빛의 전문가가 소리에 대해서도 잘 알 수는 없는 일이다. 그러나 모든 물리학자가 모두 잘 알아야 하는 한 가지 분야는 수학이다. 수학은 모든 과학의 기본 지식이기 때문이다.

비눗방울 Brocken Inaglory, CC-BY-SA-3.0 GFDL

물방개(predaceous diving beetle)

딱정벌레처럼 생겼지만 물속에서 사는 곤충이다. 몸 빛깔은 검은색에 가까운 초록색이다. 머리에 눈과 더듬이 한 쌍 및 입이 있으며, 가슴에 다리 세 쌍과 딱딱한 앞날개 한 쌍 및 그 밑에 든 뒷날개 한 쌍이 달려 있다. 다리는 물속에서 헤엄치기에 알맞다. 특히 뒷다리가 크고 넓적하며 털이 많아서 헤엄칠 때에 노처럼 쓴다.

물속에서는 밑바닥이나 풀줄기에 붙어서 가만히 있다. 그러나 가끔 위로 떠올라서 숨관으로 숨을 쉰다. 숨관으로 통하는 숨구멍이 등쪽에 여러 개 나 있다. 날개가 있으므로 물 밖에서는 날기도 한다.

물방개의 암컷은 물풀에 구멍을 뚫고 그 속에다 알을 낳는다. 낳은 지 15일쯤 되면 알이 깨서 애벌레가 나오는데, 애벌레는 허물을 두 번 벗고 나서 땅위로 기어오른다. 그리고 물가 땅에 구멍을 파고 들어가 그 속에서 번데기가 된다. 그 뒤 2주일쯤 지나면 어른벌레가 되어서 밖으로 나온다.

물방개는 날카로운 턱으로 먹이를 물어 찢어서 먹는다. 대개 물속의 작은 벌레나 곤충, 죽은 물고기 등이다. 그리고 가을이 되어서 물이 차가워지면 물속에서 겨울잠을 자기 시작한다.

미디어뱅크 사진

물벼룩(water flea)

연못이나 논과 같이 주로 고여 있는 물의 표면에서 사는 매우 작은 동물이다. 몸이 투명한 껍질에 싸인 타원형이며, 몸길이는 기껏해야 1.2~2.5mm쯤 된다. 다리가 4~6쌍인데, 물속에서 톡톡 튀며 머리 앞쪽의 더듬이를 움직여서 헤엄친다. 살기 좋은 곳에서는 알에서 깬 지 1주일 만에 어미가 되며, 어미는 2~3일마다 알을 낳는다.

물벼룩은 녹색말을 먹으면서 한 40일 동안 산다. 현미경으로 보면 몸속에 초록색 물질이 들어 있는데, 이것이 녹색말이다. 물벼룩은 종류가 아주 많다. 물고기의 중요한 먹이가 되는 물벼룩은 종류에 따라서 크기, 몸빛깔, 움직이는 모습 등이 조금씩 다르다.

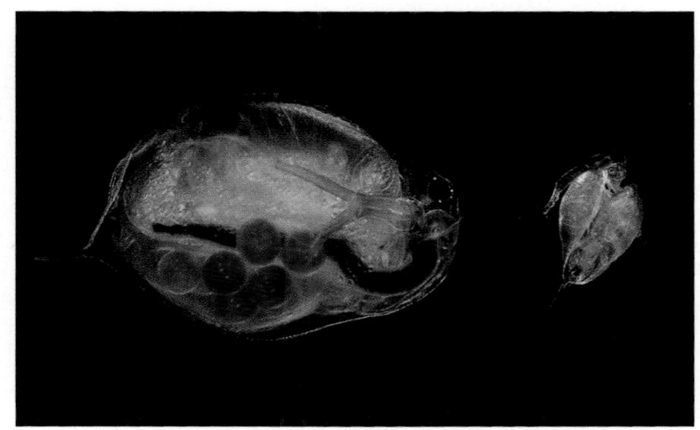

NTNU, Faculty of Natural Sciences, CC-BY-2.0

물상추(water lettuce)

민물에 떠서 사는 여러해살이풀이며 천남성과에 딸린 외떡잎 식물이다.

잎자루가 없는 커다란 잎이 장미꽃처럼 돌려나서 물 위에 뜨며 긴 수염뿌리를 물속으로 뻗는다. 주걱처럼 생긴 잎에 잔털이 많이 나 있는데 이 털이 공기를 가두어서 물에 뜨는 부력을 높인다. 잎이 길면 14cm에 이르지만 폭은 좀 더 좁다. 잎맥이 위아래로 나란히 뻗어 있으며 잎의 가장자리는 구불구불하다. 암수딴그루로서 잎 무더기의 한가운데에서 꽃이 피어 꽃가루받이가 이루어지면 초록색 씨가 맺힌다. 그러나 어미그루에서 작은 싹이 돋아서 자라나 떨어져 나오는 무성생식으로도 잘 번식한다.

본디 고향이 북아프리카의 나일강인데 옛날부터 사람들을 따라서 세계의 여러 더운 지방으로 퍼졌다. 그러므로 우리나라에서는 귀화 식물이다. 여름에는 짙은 초록색이지만 겨울이면 연한 색으로 바뀌거나 추위를 견디지 못해 시들어 버린다. 그러나 온실에서는 한 해 내내 잘 자랄 수 있다.

Mokkie, CC-BY-SA-3.0

물소(Asiatic water buffalo)

열대 지방인 동남아시아와 인도가 고향인 커다란 소과의 짐승이다. 본디 덥고 물이 많은 고장에서 사는 들짐승이지만 오래 전부터 그곳 사람들이 길들여서 농사일에 부려 왔다. 그래서 아직 야생으로 살고 있는 것은 채 4,000 마리가 안 되므로 1986년부터 멸종 위기 동물로 지정해서 보호한다.

보통 소와는 달리 몸집이 크고 튼튼한 편이다. 뿔도 크고 길며 피부에 털이 많이 나지 않는다. 몸빛깔은 온몸이 갈색 빛깔이 도는 짙은 회색이다.

야생에서는 주로 밀림에서 흐르는 강가나 습지의 풀밭에서 살지만 가축이 된 것들은 논을 갈거나 짐수레를 끄는 일에 쓰인다. 하지만 가축이 된 물소도 들짐승의 흔적이 남아 있어서 성질이 급하다. 우리나라에는 고구려 때부터 가끔 외국에서 보낸 선물로 들어왔다고 하지만 잘 적응하지 못한 것 같다. 오늘날에도 우리는 이 소를 기르지 않는다.

Dr. Raju Kasambe, CC-BY-SA-4.0

물수리(western osprey)

주로 물고기를 잡아먹고 사는 수리이다. 가을에 찾아왔다가 이듬해 봄에 떠나는 겨울 철새이지만 가끔 우리나라에서 눌러 사는 것도 있다. 북극과 남극 및 사막 지방을 빼고 세계 어느 곳에서나 볼 수 있는 맹금류이며 포식자이다.

주로 강가나 댐 주변 또는 바닷가에서 산다. 나뭇가지나 절벽 위 또는 공중에서 수면을 살피다가 물고기

MartinD62, CC-BY-SA-4.0

를 발견하면 금방 내리꽂히듯 날아서 날카로운 발톱으로 낚아챈다. 낙동강 하구나 태화강 같은 데에서 흔히 볼 수 있다.

날개의 길이가 45~47cm이며 부리는 3~3.5cm이다. 몸빛깔은 대체적으로 머리와 배는 희고 등과 날개는 어두운 갈색이다. 얼굴에 갈색 눈선이 있으며 뒷목과 앞가슴도 갈색이다. 바닷가나 강가의 바위 절벽 또는 큰 나뭇가지에 둥지를 틀고 봄부터 초여름 사이에 새끼를 친다. 환경부가 멸종 위기 야생 동물 2급으로 지정해서 보호하는 새이다.

물수세미(whorled water-milfoil)

여러해살이물풀이며 우리나라를 비롯하여 아시아, 유럽, 북아프리카 및 북아메리카의 토박이 식물이다. 얕은 웅덩이, 늪, 도랑, 물살이 느린 개울이나 호수 같은 데에서 산다. 모래나 모래가 섞인 흙바닥에 뿌리를 내리고 줄기가 자라서 윗부분이 물위로 솟는다.

잎은 두 가지인데 한 가지는 물속에 잠긴 것이며 다른 한 가지는 물위로 솟은 것이다. 물속 잎은 깃꼴겹잎인데 잎마다 5~14쌍의 작은 잎으로 갈라져 있다. 물속 줄기에 이런 잎들이 약 1cm 간격으로 4~5장 달려 있다. 물 밖 잎들도 물위로 솟은 줄기에 깃 모양으로 붙어 있다.

보통 한여름에 물 위 잎들이 달린 줄기를 따라서 수면이나 그 바로 위에 작은 꽃이 피고 열매가 맺힌다. 꽃과 열매는 물 위 잎보다 훨씬 더 작다. 그러나 물수세미는 주로 가을에 어미줄기에서 떨어져 나온 어린줄기로 겨울을 난다. 그리고 이듬해 봄에 이것이 자라서 다시 무성한 물수세미가 된다.

미디어뱅크 사진

물시계(water clock)

아래에 작은 구멍이 있는 그릇에다 물을 채우고, 그 구멍으로 흘러나오는 물의 양으로 시간을 재는 기구이다. 흐르는 물의 양이 언제나 똑같아야 한다.

물이 담긴 위 그릇의 수면이 내려가는 것이나 아래 그릇에 물이 차는 것을 보고 시간을 잰다. 이런 물시계는 날씨가 흐리거나 밤이면 시각을 알 수 없는 해시계와 달리 언제든지 시각을 알 수 있는 장점이 있다.

물시계는 기원 전 1400년쯤에 이집트에서 처음으로 쓰였다. 우리나라에서는 삼국 시대부터 누각이라는 물시계를 썼다. 누각 가운데에서 가장 잘 만들어진 것이 자격루이다. 이 자격루는 조선 시대에 세종 대왕의 명령을 받아서 장영실이 만든 물시계이다. → 자격루

물질(matter)

물질(구리 결정)과 물체(구리 철사) Best Sci-Fatcs CC-BY-SA-4.0

고무줄과 고무풍선은 서로 모양이나 쓰임새가 다르지만 두 가지 다 고무의 성질을 지니고 있다. 이렇게 고무줄과 고무풍선의 재료가 된 고무를 물질이라고 하며, 물질인 고무로 만든 물건을 물체라고 한다. 물질은 물체를 만드는 재료이다. 물질에는 고무, 철, 유리, 플라스틱 등 여러 가지가 있으며 저마다 성질이 독특하다.

물질은 언제나 기체, 액체, 고체의 3 가지 가운데 한 가지 상태로 있다. 대개 고체인 물질에 열을 가하면 액체가 되며, 액체에 열을 가하면 기체가 된다. 보통 때에는 대개 어떤 물질의 한 가지 상태만 볼 수 있다. 그러나 물은 언제나 3 가지 상태를 볼 수 있다. 곧 기체인 수증기, 액체인 물, 고체인 얼음 상태이다.

물질의 상태가 변하는 까닭은 물질을 이루는 가장

작은 알갱이인 분자의 운동이 변하기 때문이다. 분자의 운동은 열을 받으면 활발해지고 열을 잃으면 약해진다. 분자의 운동이 가장 약한 상태가 고체이며 가장 활발한 상태가 기체이다. 그러나 고체 상태이건 액체 상태이건 또는 기체 상태이건 물질을 이루는 분자는 변함이 없기 때문에 물질의 기본적인 성질은 변하지 않는다. → 물체

물체(object)

물질로 만들어진 것들이다. 물체는 모양을 지니고 있으며 공간을 차지한다. 한 물질로 여러 가지 물체를 만들 수 있다. 유리컵과 창문 유리는 각각 다른 물체이지만 한 가지 물질인 유리로 만들어진다. 또 여러 가지 물질로 한 가지 물체가 만들어지기도 한다. 교실에서 쓰는 책상은 나무, 철, 플라스틱 등의 몇 가지 물질로 만들어진다. 우리 둘레에는 여러 가지 물질로 만들어진 물체가 아주 많다.

또 물체는 그것을 이루는 물질에 상관없이 겉으로 보기에 따라서 분류할 수 있다. 예를 들면, 못과 철봉은 둘 다 같은 물질인 철로 만들어지지만 모양과 쓰임새가 다르기 때문에 서로 다른 물체이다.

나무로 만든 물체들 Welt-der-Form, CC-BY-SA-3.0

물푸레나무(*Fraxinus rhynchophylla*)

우리나라 어디든 산기슭이나 골짜기에서 잘 자라는 갈잎큰키나무이다. 키가 30m, 줄기의 지름이 50cm에 이르는데 초록색 깃꼴겹잎이 마주난다. 겹잎에 5~7개씩 달리는 작은 잎은 톱니가 있거나 없는데 길이가 6~15cm로서 좁고 긴 타원형이다. 잎의 아랫면은 털이 좀 나며 색깔이 회록색이다. 암수딴그루로서 5월에 어린 가지의 잎겨드랑이에서 꽃이 피어 열매가 열고 9월에 익는다.

물푸레나무 잎의 뒷면
Dalgial, CC-BY-SA-3.0

나무껍질은 회갈색이지만 그 속의 나무는 희거나 연한 황갈색이며 무늬도 곱다. 또 나무가 가벼우면서도 단단하므로 가구나 물건을 만드는 데에 많이 쓰인다.

뭉게구름(Cumulus)

밑은 땅에 가깝고 편평하지만 위는 하얀 솜사탕처럼 부풀어 하늘 높이 솟아 있는 구름이다. 적운이라고도 한다. 햇볕에 뜨겁게 달궈진 땅에서 떠오르는 상승 기류로 말미암아 만들어진다. 대개 비를 품지는 않는다.

미디어뱅크 사진

미생물(microorganism)

현미경으로 보아야만 보이는 아주 작은 생물이다. 주로 세포 한 개로 이루어져 있다.

미생물은 바이러스나 세균 또는 곰팡이 등과 같이 아주 단순한 생물이다. 이런 것들은 극지방이건 산꼭대기이건 물기만 있으면 어디서나 살 수 있는데 무척 작지만 생태계에 큰 영향을 미친다. 동물이나 식물에게 병을 일으키기도 하고 물질을 썩게 하기도 한다. 그러나 병균이나 해로운 벌레를 죽이기 때문에 사람에게 아주 쓸모 있는 것도 있다.

미생물의 가장 중요한 구실은 생물의 시체나 동물의 배설물 따위 유기물을 분해하는 일이다. 미생물은 녹색 식물과 달리 대개 스스로 영양분을 만들지 못하므로 유기물을 분해하여 필요한 영양분을 얻는다. 그래서 미생물은 생태계에서 분해자이다. 미생물이 유기물을 분해해서 식물이 흡수할 수 있게 해 주기 때문에 생태계가 끊임없이 순환할 수 있다. 미생물이 없다면 지구가 온통 생물의 시체와 배설물로 가득 차고 말 것이다.

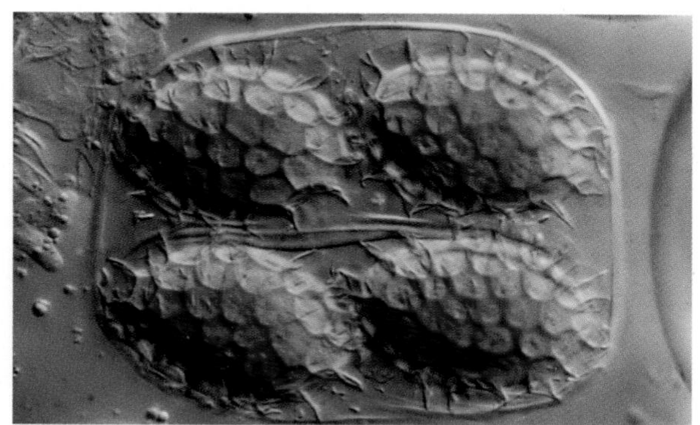

곰팡이류의 홀씨 전자 현미경 사진 User:Ak ccm,

미세 먼지(fine dust)

눈에 띄지 않을 만큼 작아서 공중에 떠다니는 알갱이들이다. 지름이 10㎛(마이크로미터)보다 더 작아서 어림잡아 머리카락 굵기의 7분의 1 안쪽인 먼지, 꽃가루, 곰팡이 등이다. 그 가운데에서도 지름이 2.5㎛보다 더 작은 것을 초미세 먼지라고 부른다.

우리가 숨을 쉴 적에 보통 먼지는 코털이나 기관지의 안벽에 난 잔털에 걸러져서 몸속에까지 들어오지 못한다. 그러나 미세 먼지는 너무 작기 때문에 걸러지지 않고 그대로 몸속으로 들어와 쌓인다. 그래서 흔히 눈이 따갑거나 기침을 하는 것 같은 증상을 일으킨다. 이것이 심하면 천식이나 아토피 증상이 더 심해지기도 한다. 따라서 국제 연합의 세계 보건 기구에서는 2013년에 미세 먼지를 1급 발암 물질로 지정했다.

미세 먼지는 자동차의 매연, 공장의 굴뚝 연기, 화력 발전소에서 내뿜는 연기 등과 같이 주로 화석 연료를 태우는 데에서 많이 나온다. 이런 매연은 그것만으로도 해로운데 그 속에 든 이산화황이나 질소 화합물이 공기 속에서 화학 반응을 일으켜 다시 또 초미세 먼지를 만들어낸다. 우리나라는 자동차, 공장, 화력 발전소 등이 참 많다. 따라서 우리 땅에서 나오는 미세 먼지가 무척 많다. 그런데 또 겨울이면 중국에서 미세 먼지와 초미세 먼지가 무더기로 날아온다. 그쪽에서 집집마다 난방을 위해 석탄을 때기 때문이다. 따라서 미세 먼지를 줄이려면 우리 스스로는 물론이려니와 이웃나라와의 협력도 매우 중요하다.

미세먼지에 덮인 서울 미디어뱅크 사진

미숫가루(roasted grain powder)

찹쌀이나 멥쌀 또는 보리쌀을 쪄서 말린 다음에 볶아서 가루로 빻은 것이다. 물에 잘 녹을 뿐만 아니라 맛이 고소하기 때문에 옛날부터 음료수나 영양 간식 또는 비상 식량으로 이용되어 왔다.

미디어뱅크 사진

미역(brown seaweed)

CSIRO,

흔히 생일날 국을 끓여 먹는 한해살이 바닷말이다. 칼슘과 아이오딘이 많이 들어 있어서 자라나는 어린이에게 매우 좋은 식품이다.

미역은 얕은 바다 속 바위에 붙어서 사는데, 잎과 줄기와 뿌리가 있는 식물처럼 보인다. 그러나 색깔이 어두운 갈색으로서 홀씨로 번식하는 갈조류, 곧 갈색 바닷말이다. 내버려 두어도 물속에서 키가 1~3m까지 잘 자라지만 요즘에는 사람의 힘으로 심어서 키우는 것이 더 많다. 사람이 먹는 양이 너무나 많아서 저절로 자란 것만으로는 모자라기 때문이다.

미터법(metric system)

우리가 나날의 생활에서는 물론이려니와 과학, 공학, 수학, 산업 등 모든 분야에서 길이, 부피, 무게 따위를 재는 기본 단위로 쓰는 원칙이다. 예를 들면, 길이에는 미터(m), 부피에는 리터(L), 무게에는 그램(g)이라는 단위를 쓰는 일이다.

본디 프랑스에서 쓰던 것을 서기 1875년에 세계 여러 나라가 모여서 '국제 도량형 체계'로 정했다. 우리는 1960년부터 법으로 정해서 모든 도량형 단위의 기본으로 삼고 있다. 오늘날에는 세계의 거의 모든 선진국에서 이 미터법을 쓴다. 이것을 말하고 쓰는 방법도 어느 나라 말 또는 글에서건 똑같다. 예를 들면, 미국, 중국, 우리나라 등 어디서나 길이의 기본 단위를 '미터'라고 말하며 영문자 'm'으로 표시한다.

미터법에서는 모든 것이 10진법으로 되어 있다. 길이의 기본 단위는 1미터(m)이며, 그 1,000배, 곧 1mx10x10x10은 1킬로미터(km), 1m의 1,000분의 1, 곧 1m÷10÷10÷10은 1밀리미터(mm)이다. 마찬가지로 부피의 기본 단위는 1리터(L), 1,000L는 1킬로리터(kL), 1,000분의 1L는 1밀리리터(mL)이다. 무게 또는 질량도 기본은 1그램(g)이며, 1,000g은 1킬로그램(kg), 1,000분의 1g은 1밀리그램(mg)이다.

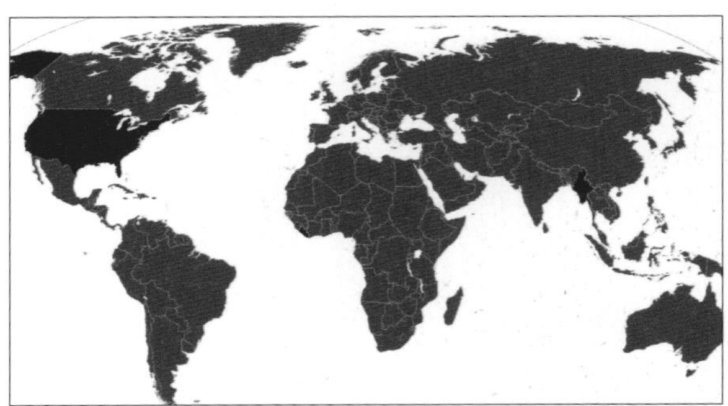

미터법을 쓰는 나라(초록), 안쓰는 나라(붉은색)
User:Pabloab, Public Domain

민들레(dandelion)

햇볕이 잘 드는 곳에서 잘 자라는 여러해살이풀이다. 들이나 길가에서 흔히 볼 수 있다. 봄 4~5월에 노란 꽃이 피었다 지면 그 자리에 씨가 생긴다. 씨에는 우산살처럼 퍼진 날개가 하얗게 돋아나서 낙하산과도 같이 바람에 날려 멀리 퍼진다. 그러면 자손을 널리 퍼뜨릴 수 있기 때문이다.

바람에 날린 민들레 씨는 땅에 떨어지면 싹이 튼다. 이렇듯 민들레는 바람의 힘을 빌려서 자손을 퍼뜨리도록 진화된 식물이다.

미디어뱅크 사진

민물(fresh water)

소금기가 거의 없는 물이다. 샘물, 내와 강 및 호수의 물 그리고 지하수처럼 육지에 있는 물은 거의 다 민물이다. 그러나 소금기가 전혀 없지는 않다. 다만 바닷물이나 소금 호수의 물보다 소금기가 훨씬 더 적을 따름이다.

미디어뱅크 사진

지구에 있는 물의 오직 3%쯤만 민물이다. 나머지 97%는 짠 바닷물인 것이다. 그런데 민물의 3분의 2는 북극과 남극의 얼음덩이에 갇혀 있으며 기껏해야 남은 3분의 1만 우리가 쓸 수 있는 하천, 호수 및 지하수의 민물이다.

밀(wheat)

가루를 내서 빵이나 국수 등을 만드는 중요한 곡식이다. 수천 년 전부터 사람이 가꾸어 왔으며, 벼와 함께 세계 2대 식량 농작물이다. 우리나라에서는 가장 중요한 식량이 쌀인 것처럼 서양 여러 나라에서는 밀이 으뜸가는 식량 구실을 한다.

밀은 벼과의 한해살이풀로서 외떡잎식물이다. 그 씨도 밀이라고 한다. 줄기에 마디가 있고 속이 비어 있으며, 잎은 좁고 길다. 키가 1m 안팎까지 자라는 줄기의 끝에 이삭이 하나씩 달려서 때가 되면 꽃이 핀 뒤에 밀알이 영근다. 밀은 곤충이 아니라 바람의 힘으로 꽃가루받이가 되는 식물이다.

밀은 비가 많은 열대지방과 추운 극지방만 빼고 세계 어디서나 재배된다. 특히 겨울에 춥고 여름에는 볕이 잘 나며 조금 건조한 지역에서 잘 자란다. 밀을 가장 많이 생산하는 나라로는 러시아, 중국, 미국 등을 꼽을 수 있다.

다 익은 밀 미디어뱅크 사진

우리나라에서는 밀이 주식이 아니기 때문에 그리 많이 심지 않는다. 주로 남부 지방에서 가을걷이를 하고 나서 논밭에 심어 어린 싹으로 겨울을 나게 한 뒤에 이듬해 초여름에 수확한다.

밀물과 썰물(high and low tides)

바닷물은 하루에 두 번씩 육지 쪽으로 밀려왔다가 빠져나간다. 육지 쪽으로 밀려드는 바닷물을 밀물이라고 하며, 먼 바다 쪽으로 빠져나가는 물을 썰물이라고 한다.

밀물로 말미암아 바닷물의 높이가 가장 높아진 때를 만조, 썰물로 바닷물의 높이가 가장 낮아진 때를 간조라고 한다. 만조와 간조의 차이는 곳에 따라서 다른데, 우리나라에서는 동해안보다 서해안에서 그 차이가 크다. 인천이나 아산만에서는 만조와 간조의 차이가 8m에 이른다.

서해안에서 만조 때에는 육지 깊숙한 곳까지 바닷물이 들어와서 마을 어귀에 배가 닿을 수 있으며 파도가 친다. 또 바닷가에 있던 바위와 작은 섬이 물속에 잠겨서 보이지 않는다. 그러나 간조가 되면 바닷물이 멀리 빠져 나가서 모래, 펄, 바위로 된 바다의 바닥이 드러나 보인다. 갯벌에서는 게, 조개, 낙지, 갯지렁이 등의 바다 생물이 살며, 바위에는 굴, 말미잘, 고둥 따위가 붙어 있다.

밀물과 썰물은 달과 지구 및 태양 사이에 서로 끌어당기는 힘이 작용하여 생기는데, 특히 달이 큰 영향을 미친다. 지구의 바닷물은 달의 힘에 끌려서 달이 있는 쪽으로 쏠린다. 한편 지구의 자전하는 힘에 의해서 멀리 달아나려는 힘도 작용하기 때문에 달의 반대편에 있는 바닷가에도 바닷물이 쏠린다. 따라서 달이 있는 쪽과 그 반대쪽 바닷가는 밀물이 되며, 달과 직각을 이루는 쪽에 있는 바닷가는 썰물이 된다.

그런데 지구가 하루에 한 바퀴씩 돌기 때문에 같은 곳에서 보면 밀물과 썰물이 하루에 두번씩 일어난다. 그 사이에 달도 지구의 둘레를 돌기 때문에 만조와 간조 시각이 날마다 조금씩 달라진다. 만조에서 다음 만조까지, 또는 간조에서 다음 간조까지 걸리는 시간은 12시간 25분인데, 이것을 조석 주기라고 한다. 한편, 태양도 밀물과 썰물이 일어나는 데 영향을 미친다. 그래서 때때로 밀물과 썰물의 차이가 커지기도 하고 작아지기도 한다.

초승달이나 보름달이 뜰 때 달과 해가 한 줄로 늘어서서 둘이 함께 끌어당기면 바닷물의 높이가 가장 높아진다. 이때가 한사리이다. 그러나 달과 해가 직각으로 자리 잡아서 서로 다른 방향으로 끌어당기면 가장 낮은 밀물이 된다. 이때가 조금인데, 조금의 바닷물 높이는 썰물 때의 바닷물 높이와 거의 차이가 없다.

밀물과 썰물은 드나들면서 흙과 모래와 자갈도 함께 운반하여 땅의 모양을 변화시킨다. 바닷물이나 강물에 실려 온 모래가 강어귀나 바닷가에 쌓여서 모래톱이 생기는 것이다.

또 밀물과 썰물의 차이가 크면 염전을 만들어서 소금을 생산하거나 조력 발전을 할 수 있어서 좋다. 그러나 배가 드나드는 데 어려움이 따를 뿐만 아니라 바닷가의 넓은 땅을 이용하기도 힘들다. 이런 불편을 덜고자 큰 항구에 수문식 도크나 뜬다리 부두를 만들기도 한다.

밀물이면 잠길 바닷가
Bernard Spragg. NZ, CC0 1.0 Public Domain

밀잠자리(white-tailed skimmer)

잠자리 가운데 한 가지이다. 한 여름에 연못이나 웅덩이 주변에서 많이 볼 수 있다.

몸길이가 5~6cm이며, 접을 수 없는 두 쌍의 날개가 있다. 날개가 투명하고 반짝거리는데, 뒷날개는 3cm안팎이다. 또, 겹눈이 아주 크다. 암컷은 몸이 옅은 누른색이며 배의 등 쪽에 갈색 줄무늬가 두 줄 있다. 수컷은 회색 바탕에 배의 끝 마디가 검으며 등에 흰 가루가 덮인다.

밀잠자리는 날아다니는 작은 곤충을 잡아먹고 산다. 그러나 애벌레 때에는 물속에서 살면서 작은 곤충을 잡아먹는다.

밀잠자리 수컷 Photo:Thomas Bresson, CC-BY-2.0

ㅂ

바나나(banana)

주로 열대 지방에서 자라는 여러해살이풀이다. 우리나라 남쪽 지방에서 볼 수 있는 파초와 같이 '파초과'에 딸린 식물이다. 줄기의 끝에서 길고 커다란 잎이 사방으로 펼쳐진다. 열매도 바나나라고 하는데 누구나 다 좋아하는 과일이다.

보기에 나무 같은 바나나의 줄기는 땅속줄기에서 싹이 나서 잎집에 싸인 채 3~6m 높이로 자란다. 줄기의 끝에서 10~20개의 잎이 무더기로 나와서 우산처럼 펼쳐지는데, 길이가 저마다 3m가 넘고 폭은 65cm쯤 된다. 싹이 나서 자란 지 10달쯤이면 줄기의 끝에서 자잘한 자주색 잎에 싸인 큰 꽃대가 나온다. 이 자주색 잎들 속에 노란 꽃이 한 줄에 10~20개씩 층층이 달리는데, 이 꽃들이 진 자리에 손가락 같은 열매가 달린다.

바나나 열매는 다 크면 대개 익기 전에 딴다. 꽃대에 달린 채 익으면 저절로 떨어지는데, 이런 것은 금방 먹어야지 오래 저장할 수 없기 때문이다. 열매가 다 익고 나면 땅위 줄기가 말라서 죽는다. 그러나 땅 속 뿌리에서 새로운 움이 돋아나므로 바나나가 통째로 죽는 것은 아니다. 우리가 먹는 바나나는 씨가 없다. 아주 오래 전에 그렇게 개량되었기 때문이다. 그래서 바나나를 심으려면 땅속줄기를 잘라서 땅에 묻는다.

미디어뱅크 사진

바나나는 본디 아시아에서 자라던 풀이지만 지금은 온 세계에 퍼져 있다. 그 열매이며 과일인 바나나는 동남아시아, 중앙아메리카, 남아메리카 및 카리브 해의 여러 나라와 아프리카 대륙에서 많이 난다.

우리나라 제주도에서도 커다란 온실에서 바나나를 조금씩 가꾸고 있다. 그래도 우리가 먹는 바나나는 거의 다 외국에서 들여온 것이다. 멀리 떨어진 더운 나라에서 냉장고처럼 만든 배로 실어 온다. 그래야 오는 길에 너무 익어서 무르지 않기 때문이다.

바다(sea)

미디어뱅크 사진

엄청나게 많은 물이 차 있는 곳이다. 지구에 있는 모든 물의 97%가 모여 있는 곳으로서 지구 표면의 71%를 차지한다. 특히 적도의 아래쪽은 바다가 거의 다 차지해서 그 위쪽의 바다보다 훨씬 더 넓다.

세계에서 가장 큰 바다는 태평양이다. 이렇게 특히 크고 넓은 바다를 흔히 대양이라고 부른다. 그래서 태평양, 대서양, 인도양, 북극해 및 남극해를 5대양이라고 한다. 그밖에 지중해, 흑해 및 홍해는 육지로 둘러싸인 바다로서 크기가 좀 더 작다. 우리나라의 동쪽에는 일본과의 사이에 동해가 있으며 서쪽에는 중국과의 사이에 황해가 있다. 그리고 남쪽에 있는 남해는 태평양과 이어진다.

바다에는 물이 차 있지만 그 밑바닥의 모양은 육지와 마찬가지여서 편평한 곳도 있고 산처럼 솟거나 골짜기처럼 꺼진 데도 있다. 바다 밑의 깊은 골짜기를 해구라고 한다. 해구 가운데에서 가장 깊은 곳은 깊이가 1만m도 넘는다.

육지와 맞닿은 바다로서 깊이가 200m에 못 미치며 바닥이 편평한 데를 대륙붕이라고 한다. 얕은 바다는 잠수복을 입고 들어가거나 잠수정을 타고 들어가서 볼 수 있다. 바다의 깊이는 무거운 추를 줄에 달아서 바다 속에다 넣어보거나, 소리를 바다 밑으로 보내서 그것이 반사되어 돌아오는 시간을 재서 알아낸다.

바닷물의 96.5%가 순수한 물이며 나머지 3.5%는 소금을 비롯한 광물이다. 그 가운데 소금이 바닷물 무게의 3.5%를 차지한다. 그래서 바닷물은 맛이 짜며 증발하면 소금이 남는다.

소금 말고도 바다에서 얻는 것이 아주 많다. 식량 자원으로서 물고기, 조개, 해초와 같은 것이 있으며, 에너지 자원으로서 바다 밑에 묻혀 있는 석유나 천연가스가 있다. 또 광물 자원으로서 철이나 망간 등이 있으며, 바닷물에서도 여러 가지 광물을 뽑아낸다. 게다가 밀물과 썰물을 이용하여 조력 발전도 할 수 있다.

인구가 불어나고 산업이 발달하면서 자원이 점점 더 많이 쓰이므로 이제는 육지의 자원이 바닥나기 시작했다. 그래서 사람들은 지금까지 거의 개발하지 않은 바다에 눈을 돌리고 있다. 그 가운데에서 가장 큰 몫을 차지하는 것이 대륙붕의 개발이다. 대륙붕은 얕아서 개발하기 쉬울 뿐만 아니라 바다 생물이 많고 지하자원도 풍부하기 때문이다. 우리도 대륙붕을 개발하기 위해서 여러 가지 노력을 기울이고 있다.

바다거북(sea turtle)

파충류로서 바다에서 사는 변온 동물이다. 대개 따뜻한 바다에서 살며 헤엄을 잘 친다. 다섯 종류가 있는데, 어느 것이나 1년에 한 번씩 암컷이 알을 낳으려고 바닷가 모래밭에 기어오른다.

가장 큰 것은 몸길이 2m에 몸무게가 500kg이 넘으며, 가장 작은 것은 몸길이가 60~70cm이다. 몸집이 작은 종류는 식물성 먹이만 먹지만 큰 것은 식물성과 동물성 먹이를 다 먹는다.

Claudio Giovenzana, CC-BY-SA-3.0 GFDL

바다제비(Swinhoe's storm petrel)

주로 태평양의 북쪽 러시아의 섬들, 중국, 일본 및 우리나라의 먼 바다 외딴 섬에서 사는 작은 새이다. 그래서 육지에서는 볼 수 없다. 우리나라에서는 초여름에 찾아왔다가 가을에 떠나는 여름 철새인데, 동해의 독도, 서남해의 구굴도와 칠발도 같은 데에서 번식한다.

몸길이가 18~21cm, 날개의 폭이 45~48cm이며 깃털은 거의 온몸이 검은 갈색이다. 물 위로 제비처럼 스치듯 날면서 작은 물고기 따위를 잡아먹는다. 발에 물갈퀴가 있다. 보통 8월이면 바다에서 가까운 바위틈이나 풀뿌리 밑에 얕게 판 굴 속에 둥지를 트는데 알은 한 개만 낳는다. 그리고 암컷과 수컷이 번갈아 알을 품고 새끼를 기른다. 새끼는 보송보송한 까만 털에 싸여 있다. 이렇게 새끼를 칠 때에는 천적을 피하기 위해 꼭 밤에만 활동한다. 그리고 날씨가 서늘해지면 인도양과 아라비아해의 북부로 날아가서 겨울을 난다.

User:Shyamal, Public Domain

바다표범(seal)

주로 바다에서 살지만 가끔 바닷가 육지에도 오르는 포유류이다. 네 다리가 거의 다 몸속에 있고 발만 밖으로 나와 있는데, 앞발은 앞으로, 뒷발은 뒤로 뻗어서 헤엄칠 때 노와 같은 구실을 한다. 머리는 작고 몸통이 유선형으로 생겨서 물속에서 헤엄을 잘 치지만, 땅에서는 배를 깔고 두 앞발로 몸을 끌면서 꼼틀꼼틀 움직인다.

Cele4~commonswiki, CC-BY-SA-3.0 GFDL

헤엄칠 때에는 콧구멍이 닫힌다. 눈이 커서 어두운 물속에서도 잘 보며, 윗입술에 난 수염은 더듬이와 같은 구실을 하므로 먹이 찾기에 도움이 된다. 이가 날카로워서 물고기, 오징어, 조개 등을 잡아먹는다. 크기는 종류에 따라 다르지만 작은 것은 대개 몸길이가 1m 안팎이며 몸무게는 50~90kg이다.

바닷말(marine alga)

김이나 미역처럼 바닷물 속에서 사는 말, 곧 조류이다. 따라서 해조류라고도 한다.

색깔에 따라 초록색인 녹조류, 갈색인 갈조류, 붉은색인 홍조류 따위로 나뉜다. 얕은 곳에서는 파래나 청각 같은 녹조류가 살며, 조금 깊은 곳에서는 미역이나 다시마 같은 갈조류가 살고, 김이나 가사리 같은 홍조류는 좀 더 깊은 곳에서 산다.

미디어뱅크 사진

바람(wind)

부푼 고무풍선의 주둥이를 쥐고 있다가 손을 놓으면 세찬 바람이 쏟아져 나온다. 풍선 속에 갇혀 있던 공기가 밖으로 빠져 나오기 때문이다. 이렇게 공기가 이동하는 것을 바람이라고 한다.

공기가 빠르게 움직이면 세찬 바람이 되고, 천천히 움직이면 산들바람이 된다. 바람의 세기는 굴뚝의 연기가 날리는 모습이나 나뭇가지의 흔들림, 또는 깃발의 펄럭임으로 짐작할 수 있다. 그러나 풍속계를 쓰면 바람의 세기를 더 정확하게 알 수 있다.

풍속계는 바람의 세기에 따라서 바람개비가 빠르

바람에 밀려서 옆으로 누워 자라는 나무 Arcalino, CC-BY-SA-3.0

게 돌거나 느리게 도는 것을 이용해 만든 기구이다. 얼굴에 스치는 정도의 바람의 속력은 초속 1.6~3.3m 사이이며, 우산을 받기 어려울 만큼 센 바람은 초속 10.8~13.8m이다. 그러나 큰 피해를 주는 태풍의 속력은 초속 33m에 이른다.

바람의 방향은 바람이 불어오는 쪽의 방향으로 나타낸다. 이를테면 동쪽에서 서쪽으로 부는 바람을 동풍이라고 하는 것이다. 바람의 방향을 알려면 풍향계를 쓴다. 풍향계의 한쪽은 화살촉처럼 생겼는데, 이 화살촉이 가리키는 방향이 바람이 불어오는 방향이다. 고무풍선을 바람에 날리면 바람의 방향과 반대쪽으로 날아간다.

바람은 대개 기압의 차이에서 생긴다. 어느 지역의 공기가 데워지면 위로 올라가는데, 그 빈자리에 주변의 찬 공기가 몰려든다. 공기가 데워져서 위로 올라간 곳은 공기의 압력이 낮아져서 저기압이 되며, 찬 공기가 남아 있는 그 주변 지역은 고기압이 된다. 그래서 고기압인 곳에서 저기압인 곳으로 공기가 이동하는데, 이 공기의 흐름이 바람이다.

육지는 바다보다 더 빨리 데워지고 빨리 식기 때문에 육지와 바다가 같은 양의 햇빛을 받으면 육지가 더 빨리 데워진다. 그러므로 바닷가에서 보면 바람이 낮에는 바다에서 육지로 불고, 밤에는 육지에서 바다로 분다. 낮에는 육지가 바닷물보다 더 빨리 데워져서 저기압이 되지만, 밤에는 육지가 더 빠르게 식어서 바다 쪽이 저기압이 되기 때문이다. 이와 같이 바다에서 육지로 부는 바람을 해풍이라고 하며, 육지에서 바다로 부는 바람을 육풍이라고 한다.

같은 까닭으로 우리나라에서는 계절에 따라서 바람의 방향이 바뀐다. 여름에는 육지가 빨리 데워지기 때문에 육지 쪽이 저기압이 되고 바다 쪽이 고기압이 되어서 뜨겁고 눅눅한 남동풍이 분다. 그러나 겨울이 되면 여름일 때와 반대가 되어서 대륙 쪽에서 차고 메마른 북서풍이 불어온다. → 기압

바오바브나무(baobab)

아프리카 대륙과 그 주변의 열대 및 아열대 지방에서 사는 커다란 나무이다. 모두 8 가지가 있는데 6 가지가 아프리카 대륙의 동쪽에 있는 마다가스카르 섬이 고향이며 한 가지는 오스트레일리아가 고향이다. 그리고 또 한 가지는 아프리카 대륙과 아라비아 반도 남쪽의 오만 및 예멘이 고향인데, 이것을 특히 아프리카바오바브나무라고 부르기도 한다.

바오바브나무는 둥치가 지나치게 굵어서 때로는 가운데가 볼록 튀어나와 항아리처럼 된다. 다 자라면 이 둥치의 지름이 10~15m이고 키는 25m에 이른다. 밤에 크고 하얀 꽃이 활짝 피면 박쥐가 꽃가루를 옮겨 준다. 기다란 줄기에 조롱박처럼 대롱대롱 매달린 열매는 30cm나 될 만큼 길쭉하며 그 속에 꽉 찬 박속같은 살에 씨가 촘촘히 박혀 있다. 이 속살은 그냥 먹거나 음료의 향료로 쓰며 잎이나 나무껍질은 약으로 쓴다. 또 나무껍질 섬유로 종이를 만들거나 옷감을 짜며 꼬아서 밧줄을 만들기도 한다.

Hsiao Yun Chuang, CC-BY-SA-3.0

바이오가스(biogas)

유기물이 산소 없이 분해되면서 생기는 혼합 가스이다. 흔히 퇴비, 동물의 똥, 음식물이나 일반 쓰레기 및

하수 처리장의 찌꺼기 등에서 나온다. 이런 바이오 가스는 재생해서 다시 쓸 수 있는 에너지원이다.

바이오 가스는 주로 메테인 가스와 이산화탄소로 이루어지며 적은 양의 황화수소와 수분 등이 섞여 있을 수 있다. 메테인, 수소, 일산화탄소 같은 기체는 불타거나 산화하는 성질이 있다. 따라서 바이오 가스는 부엌이나 공장에서 쓰이는 훌륭한 연료가 된다. 바이오 가스는 또 천연 가스와 마찬가지로 압축해서 자동차의 연료로도 쓸 수 있다.

바이오스피어 2(biosphere II)

미국에서 만든 인공 생태계 실험장이다. 바깥 세계와 완전히 동떨어진 또 다른 세계를 사람의 힘으로 이루어보고자 미국 애리조나 주의 사막에다 만들었었다.

서기 1987년에 짓기 시작하여 1989년에 둥그런 돔 모양의 커다란 유리 집을 완성했다. 엄청나게 큰 유리 온실과 비슷한 구조였다. 그 안에 바다, 사막, 습지, 열대 우림, 사바나 지역과 같은 5 가지 지구의 지리적 환경을 만들었으며, 사람이 살고 농사를 짓는 지역도 있었다.

이 인공 지구 환경 속에다 온갖 식물과 동물 및 산호초까지 약 3,000 가지의 생물을 넣었다. 그리고 1991년 9월 26일에 실험에 참가할 사람 8명이 들어가서 바깥 세상과 완전히 인연을 끊은 채 꼬박 2년 동안 살기로 했다. 살아가기에 필요한 모든 것은 그 안에서 스스로 해결할 계획이었다.

그러나 이 실험은 실패했다. 얼마 지나지 않아서 그 안의 산소가 계속해서 줄어들고 이산화탄소는 불어났기 때문이다. 또 들어오는 햇빛이 충분하지 않아서 여러 가지 식물이 광합성 작용을 활발하게 하지 못했으며, 따라서 산소를 충분히 만들어 내지 못했다. 어떤 곤충은 잘 살지 못했으며, 어떤 곤충은 비정상적으로 불어났다. 식물도 잘 번식하지 못했고, 바닷물은 산성화 되었다. 그래서 실험에 참가한 사람들이 먹을 식량이 부족했으며, 그 결과 영양 부족에 빠져 몸과 마음이 정상이 아니었다. 사람들이 쇠약해진 몸으로 기어이 예정된 2년을 채우고 나오기는 했지만 결국 이 실험은 실패한 것으로 판단되었다.

바이킹 우주선(Viking probes)

바이킹 1호와 2호로 이루어진 화성 탐사 우주선이다. 미국 국립 항공 우주국이 바이킹 계획에 따라서 1975년 8월 20일에 바이킹 1호를, 같은 해 9월 9일에 2호를 쏘아 보냈다. 그래서 바이킹 1호는 1976년 6월 19일에, 2호는 같은 해 8월 7일에 화성 둘레의 궤도에 들어갔다.

바이킹 1호와 2호는 둘 다 화성의 둘레 궤도에 떠서 공전할 궤도선과 화성의 땅에 내려서 활동할 탐사선으로 되어 있었다. 따라서 화성의 궤도에 떠서 지형을 관찰하고 수많은 사진을 찍은 우주선들은 한 달쯤 뒤에 마침내 탐사선을 떼어서 밑으로 내려 보냈다. 그래서 바이킹 1호의 탐사선은 1976년 7월 20일에, 2호의 탐

궤도선에서 탐사선이 떨어지는 상상도 Don Davis, Public Domain

ㅂ

사선은 9월 3일에 땅에 내렸다. 이 탐사선들은 화성의 땅에 여러 가지 관측 기구를 설치했으며 궤도선들도 각각 맡은 일을 계속하면서 탐사선이 보내는 정보를 지구로 중계했다. 오늘날 우리가 알고 있는 화성에 관한 지식은 거의 다 이때에 얻은 것이다.

바퀴(German cockroach)

흔히 바퀴벌레라고 하는, 메뚜기와 친척뻘인 곤충이다. 집 안이나 창고 같은 데에서 사는데 부엌의 싱크대 밑과 같이 어둡고 따뜻한 곳을 좋아한다. 주로 밤에 나와서 활동하며 무엇이나 먹어대지만, 특히 녹말이 많고 맛이 단 것을 좋아한다. 흔히 고약한 냄새가 나며 음식물을 갉아먹거나 밟고 다녀서 상하게 한다.

바퀴는 몸이 납작하고 매끄러워서 좁은 틈새로 잘 기어 들어가 숨는다. 전체적으로 길쭉한 타원형이며 머리가 작고, 기다란 더듬이 한 쌍이 있다. 수컷은 날개가 있어서 날 수 있는데, 딱딱한 앞날개 밑에 부채꼴 뒷날개가 접혀서 들어가 있다. 몸빛깔은 대개 짙은 갈색이며, 몸길이가 1cm인 것에서부터 5cm쯤 되는 것까지 수많은 종류가 온 세계에 널리 퍼져서 살고 있다.

gailhampshire, CC-BY-2.0

바퀴(wheel)

자동차, 자전거, 기차 같은 것은 바퀴가 없으면 움직이지 못한다. 세상에서 바퀴가 사라지면 어떻게 될까? 거의 원시 시대로 돌아가고 말 것이다.

바퀴는 굴대를 축으로 하여 돌아가는 둥근 테이다. 이것은 물체가 미끄러질 때에 생기는 마찰을 구를 때의 마찰로 바꾸어 준다. 따라서 바퀴가 달린 물체는 움직일 때에 받는 마찰이 적어서 쉽게 이동할 수 있다.

오늘날 바퀴의 쓰임새는 한없이 많다. 바퀴는 먼 옛날에 사람이 발명한 것들 가운데 가장 중요한 것에 든다. 누가, 언제, 어떻게 바퀴를 발명했는지는 아무도 모른다. 어쩌면 땅바닥에 늘어놓은 통나무들 위에다 무거운 물건을 올려놓고 밀어서 운반하다가 바퀴를 생각해 냈는지도 모를 일이다.

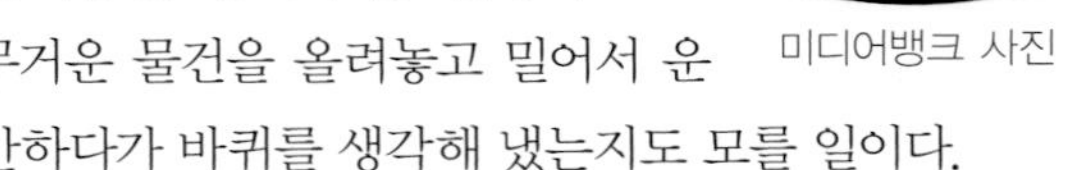
미디어뱅크 사진

맨 처음의 바퀴는 통나무를 잘라낸 둥근 판이었다. 원판의 한가운데에다 구멍을 뚫어서 막대기에 꽂아 놓고 돌리면 잘 돌았다. 그래서 처음에는 바퀴가 토기를 만드는 물레로 쓰였다. 바퀴 위에 찰흙을 올려놓고 돌리면 둥그런 그릇을 쉽게 만들 수 있었다. 기원전 3250년쯤에 오늘날의 이라크인 메소포타미아 사람들이 이렇게 바퀴를 이용했다. 그리고 곧 수레에다 바퀴를 달아서 쓸 줄 알게 되었다. 바퀴도 차츰 통나무를 자른 것이 아니라 널빤지 3장을 이어 붙이고 둥그렇게 깎아서 만들게 되었다. 바퀴가 발명되자 비로소 수레에다 사람이나 짐을 싣고 멀리 옮겨 다닐 수 있었다. 그러나 널빤지로 된 바퀴는 쉽게 닳아서 못쓰게 되었으므로 그 테두리에다 가죽을 대서 쓰기 시작했다. 이 가죽이 최초의 타이어였던 셈이다. 그래도 가죽은 덜 튼튼했으므로 기원전 2000년쯤에 이르러 아예 구리로 테를 둘렀다. 그리고 널빤지도 너무 무거웠으므로 바퀴살을 생각해 내기에 이르렀다.

중국에서는 기원전 1200년쯤에 살이 달린 바퀴를 수레에 달았다. 그 뒤 오랫동안 대개 나무로 만든 살과 쇠를 두른 테로 바퀴를 만들었다. 그러다 19세기에 들어서 비로소 쇠로 만든 바퀴에다 타이어를 달게 되었다. 그리고 기차에는 처음부터 오늘날까지 강철로 만든 바퀴가 쓰인다.

오늘날 바퀴의 쓰임새는 헤아릴 수 없이 많다. 최신식 도로와 철도 위, 공중에서도 바퀴를 단 온갖 교통기관이 바쁘게 오간다. 바퀴가 달린 차가 일찍이 달과 화성에도 보내졌다.

박(gourd)

한해살이 덩굴식물이다. 덩굴이 길게 뻗으면서 마디마다 가지를 친다. 폭이 30cm에 이를 만큼 넓은 잎이 긴 잎자루에 달린다. 해질녘에 하얀 꽃이 피어서 새벽에 지는데, 꽃가루받이가 된 암꽃이 지고 나면 그 밑에 달려 있던 동그란 초록색 열매가 자라기 시작한다. 이것이 다 자라서 익으면 따서 바가지를 만든다.

인도와 아프리카가 원산지인 박은 수천 년 전부터 사람들이 가꾸어 왔다. 박속을 먹을 뿐만 아니라 단단하고 물이 새지 않는 바가지의 쓸모가 많기 때문이다.

미디어뱅크 사진

박물관(museum)

대개 아주 오래되어서 귀하거나 아름답거나 과학 기술의 본보기가 되는 물건들을 모아서 보관하고 전시하며 연구하는 커다란 집이다. 이런 것을 종합 박물관이라고 부른다. 그러나 민속 박물관, 철도 박물관 또는 악기 박물관과 같이 한 가지 주제만 골라서 만들어진 박물관도 있다. 그밖에 역사 박물관, 미술관, 과학관 등도 특수한 박물관이라 할 수 있다.

박물관에 가면 흔히 아주 먼 옛날에 사람들이 어떻게 살았는지 알려 주는 물건이 많다. 예를 들면, 맨 처음에 만들어서 쓰던 도구인 돌도끼나 화살촉 따위이다. 또 몸에 걸쳤던 장신구, 흙으로 만든 그릇, 청동으로 만든 무기, 금으로 만든 왕관도 있다. 때로는 몇 천 년이나 몇 백 년 전에 살았던 사람의 미라가 전시된 곳도 있다. 그런가 하면 사람들의 문화 생활과 과학의 발전을 보여 주는 물건도 많다. 옛 사람들이 쓴 글씨, 그린 그림, 만들어서 쓰던 악기, 손수 붓글씨를 써서 만든 책, 나무나 구리로 만든 활자와 그것으로 찍은 책 등이 얼마든지 있다. 또 천체를 관측하던 기구, 물시계나 해시계, 저울 같은 것들도 있다. 따라서 박물관에 가면 옛 사람들이 만들어 쓰던 유물 및 그들의 생활 모습과 문화를 엿볼 수 있다.

박물관에서는 늘 새로운 자료를 모은다. 발굴하거나 사거나 기증 받는 것이다. 그리고 그 새로운 자료들을 정리하고 연구하며 전시한다. 아울러 많은 사람들에게 알려서 함께 지식을 넓혀가는 일도 맡고 있다.

국립 민속 박물관 미디어뱅크 사진

박새(great tit)

마을 둘레나 낮은 산 또는 공원 같은 데에서 흔히 볼 수 있는 텃새이다. 크기가 참새와 비슷하거나 좀 더 작아서 몸길이가 14cm쯤 된다. 머리와 목이 까맣고 뺨과 배는 희다. 온몸이 깃털에 싸여 있는데 등쪽 빛깔은 잿빛이다. 주로 곤충을 잡아먹고 살지만 가을과 겨울에는 풀씨나 나무 열매도 잘 먹는다.

봄에 나무구멍, 바위틈, 처마 밑, 나뭇가지 또는 사람이 만들어 준 새집 등에 간단한 둥지를 틀고 새끼를 친다. 그리고 번식기가 지나면 무리지어 사는데, 쇠박새나 진박새 또는 오목눈이 같은 작은 새들과 어울려서 함께 지낸다.

미디어뱅크 사진

ㅂ

박테리아(bacteria)

세포 한 개로 이루어진 생물들이다. 너무나 작아서 현미경으로만 볼 수 있다. 세균이라고도 한다. → 세균

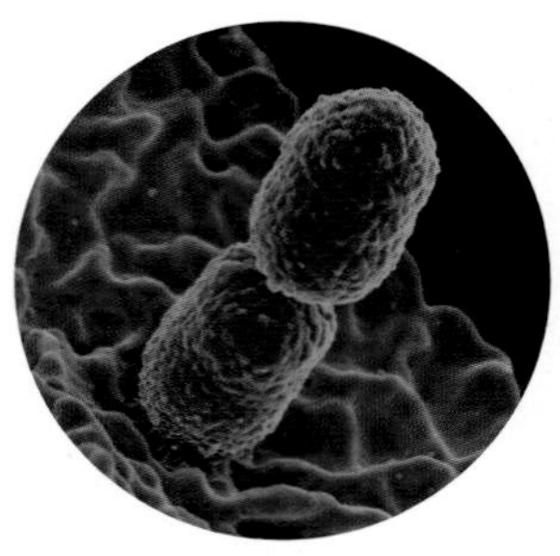

폐렴균 전자 현미경 사진
NIAID, CC-BY-2.0

반달가슴곰 (Asian black bear)

가슴에 난 하얀 털 무늬가 반달 모양을 닮은 곰이다. 이 무늬만 빼고 온 몸이 까만 털에 덮여 있다. 몸길이는 2m에 못 미친다. 아무 것이나 잘 먹는데 주로 나무의 어린 싹, 잎, 뿌리, 도토리 같은 열매를 찾아먹으며 벌레, 곤충, 가재, 작은 물고기 따위도 잡아먹는다.

여느 곰과 마찬가지로 반달가슴곰도 겨울이면 큰 나무에 난 크고 빈 구멍이나 굴속에서 겨울잠을 잔다. 그리고 이듬해 3월 말쯤에 잠에서 깨어나 활동하기 시작한다. 그래서 한겨울에는 이 곰을 볼 수 없다.

Dr. Raju Kasambe, CC-BY-SA-4.0

반도(peninsula)

우리나라가 자리 잡은 한반도처럼 바다 쪽으로 길게 뻗어 있어서 한쪽만 대륙이나 큰 땅과 이어져 있고 나머지는 모두 바다에 에워싸인 땅이다. 따라서 대개 땅이 좁고 길다.

그러나 반도에 따라서 큰 땅과 이어진 부분이 넓은 데도 있고 좁은 데도 있다. 한반도 안에서도 주로 서해안과 남해안에 작은 반도들이 수없이 많다. 예를 들면, 서해안의 태안 반도와 변산 반도, 남해안의 여수 반도와 고성 반도 등이다.

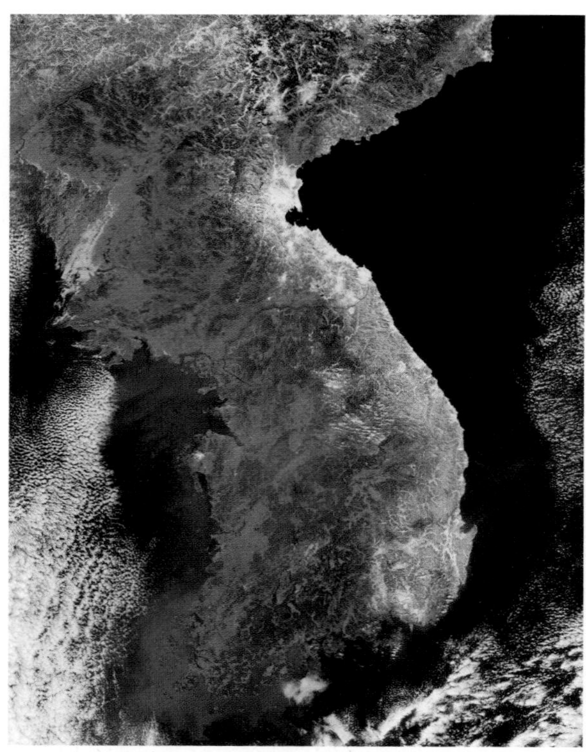

겨울철의 한반도 MODIS Rapid Response Team, Public Domain

반도체(semiconductor)

어떤 물질은 전류가 잘 흐르는데, 이런 것을 도체라고 한다. 반대로 전류가 전혀 흐르지 않는 물질은 부도체이다. 그러나 이 두 가지 가운데 어느 쪽에도 들지 않는 물질이 있으니, 이런 것이 반도체이다. 실리콘, 게르마늄, 갈륨비소 등이 그런 예이다.

실리콘 같은 물질에다 다른 원소를 조금 섞어서 적당한 양의 전류가 흐르거나 전혀 흐르지 않게 할 수 있으며, 또한 한 쪽 방향으로만 흐르게 할 수도 있다. 그래서 중요한 전자 기기의 소자로 쓰인다. 컴퓨터에 쓰이는 '실리콘 칩'이 그 예이다.

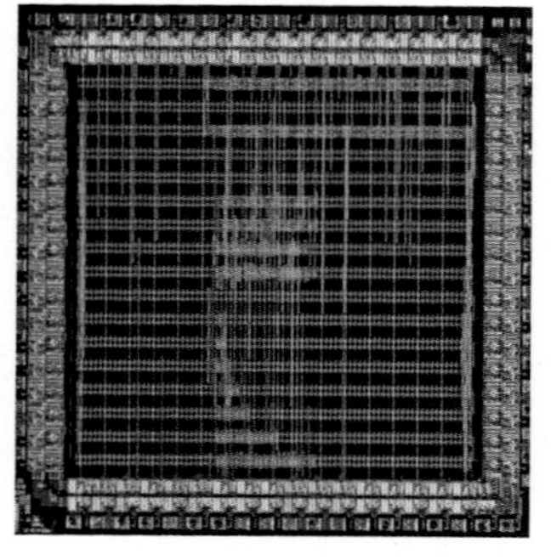

반도체의 회로
Antoinebercovici, CC-BY-SA-3.0

반딧불이(firefly)

여름날 밤에 반짝반짝 빛을 내며 날아다니는 곤충이다. 개똥벌레라고도 한다. 몸길이가 5~25mm인 작은 딱정벌레로서 모두 1,000 가지쯤 되는 반딧불이가 열대와 아열대 지방에 널리 퍼져서 살고 있다.

빛을 내는 기관은 배의 아래쪽에 달려 있다. 몸이 납작하고 반들반들하며 흔히 짙은 갈색이지만 더러 누런색이나 빨간색이 섞인 것도 있다. 대개 암컷과 수컷이 다 날개가 있어서 잘 날아다닌다.

애벌레는 시냇물 속에서 살며 다슬기를 잡아먹는다. 또 늦반딧불이처럼 땅에서 사는 종류는 달팽이를 잡아먹고 산다. 애벌레는 다 자라면 축축한 땅에 구멍을 파고 들어가서 번데기가 된다. 그리고 때가 되면 어른벌레인 반딧불이가 되어서 껍데기를 뚫고 밖으로 나온다. 반짝반짝하는 반딧불이의 빛은 암컷과 수컷이 서로 짝을 찾는 신호이다.

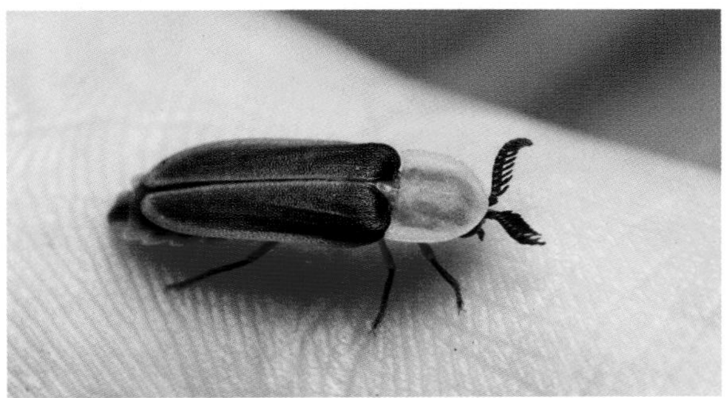

Insects Unlocked, CC0 1.0 Public Domain

반려동물(pet)

사람이 벗하여 즐거움을 느끼므로 집 안에서 함께 살며 가족처럼 여기는 동물이다. 새, 짐승, 곤충, 물고기, 파충류 따위 여러 가지가 있다. 예를 들면, 집에서 기르는 개, 고양이, 앵무새 또는 금붕어 같은 것들이다.

반려동물 앵무새
Susan C. Griffin, CC-BY-SA-3.0

사람이 기르기는 하지만 반려동물은 살아있는 생명체이므로 소중하게 다루어야 한다. 반려동물의 건강과 안전은 물론이려니와 그것으로 인한 사람의 안전에도 마음을 써야 한다. 우리가 잘 대해 주면 그것들도 우리에게 다정하게 군다. 그러나 우리가 함부로 대하면 반려동물도 우리를 그리 좋아하지 않는다. 생명을 지닌 모든 것은 저 나름의 삶을 누릴 권리가 있다. 따라서 동물이 억지로 사람처럼 살게 해서도 안 되려니와 사람이 아니라고 해서 함부로 다루거나 내버려 두어도 안 될 것이다.

반응(response)

생물이 주변에서 오는 자극에 대하여 일으키는 변화이다. → 자극과 반응

발(foot)

다리가 달린 동물의 다리 끝부분이다. 주로 몸을 움직일 때에 쓰는 기관이다. 우리 몸에서는 발목 관절의 아래 부분으로서 발등, 발가락, 발뒤꿈치 및 발바닥으로 이루어진다. 발마다 발가락이 5개씩 달렸으며, 발가락 끝마다 위에 발톱이 나 있다. 발톱은 내버려 두면 손톱처럼 계속해서 자란다.

다리가 넷인 짐승은 발이 넷이지만, 다리가 둘인 새나 사람은 둘씩뿐이다. 그래도 우리는 팔보다 더 튼튼한 두 발이 있어서 똑바로 서고 걷고 뛸 수 있다. 서 있을 때에는 발이 온몸을 떠받치고 지탱해 준다.

오른발
Aleser, Public Domain

사람의 발은 26개의 뼈로 이루어진다. 이 뼈들은 아주 튼튼한 인대 및 근육과 함께 어울려서 발바닥이 오목하고 발등이 볼록한 활 모양을 이룬다. 그래서 발에 탄력이 생기는 것이다. 아울러 두껍고 질긴 피부가 발바닥을 감싸고 있을 뿐만 아니라 이 피부와 뼈들 사이에 지방이 많은 조직이 꽉 차 있어서 발이 충격에 잘 견딘다. 그래서 우리가 그렇게 많이 걷고 뛰어다녀도 발뼈가 부서지지 않고 잘 견디는 것이다. → 손

발광 다이오드(light emitting diode)

전류가 흐르면 빛을 내는 아주 작은 반도체 소자, 곧 전등이다. 흔히 엘이디(LED)라고 한다.

이것은 아주 적은 전기로 밝은 빛을 내면서 거의 열이 나지 않는다. 그래서 오래 전부터 전자 계산기나 전자 시계에서 빛으로 숫자를 나타내는 일에 쓰여 왔다. 그러나 요즘에는 전등으로 많이 쓰일 뿐만 아니라 스마트폰, 텔레비전, 컴퓨터 모니터 등의 화면 표시 장치에도 많이 쓰인다.

스마트폰이나 텔레비전 등의 천연색 화면에는 오엘이디(OLED)라고도 하는 유기 발광 다이오드가 많이 쓰인다. 이것은 저마다 빛의 3원색인 빨강, 초록, 파랑 가운데 한 가지 색의 빛을 내는 작디작은 전등들을 함께 죽 깔아놓은 것과 같다. 그리고 이 3 가지 색깔 빛의 밝기를 알맞게 조절하거나 섞어서 무슨 색이나 만들어 내는 것이다.

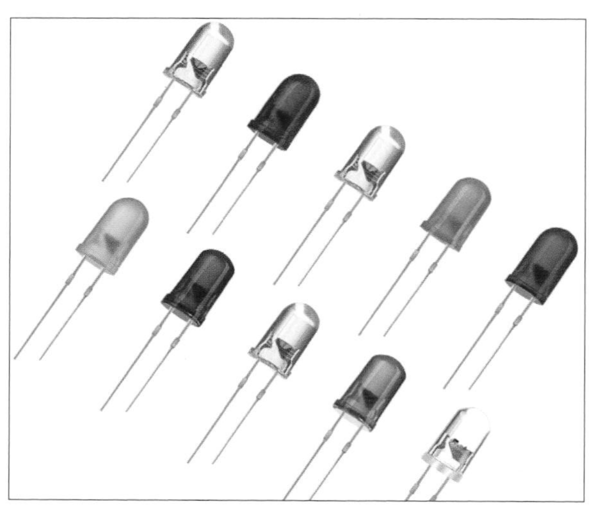

발전소(power plant)

엄청나게 큰 발전기로 전기를 아주 많이 일으키는 곳이다. 수력 발전소, 화력 발전소, 원자력 발전소, 풍력 발전소, 태양광 발전소, 조력 발전소, 지열 발전소 등이 있다.

수력 발전소에서는 높은 곳에서 떨어지는 물의 힘으로 발전기를 돌리고, 화력 발전소에서는 대개 석유나 석탄 따위를 태워서 물을 끓이고 거기서 나오는 증기의 힘으로 발전기를 돌린다. 또 원자력 발전소에서는 핵연료가 핵분열하면서 내는 엄청난 에너지로 물을 끓이고 그 증기의 힘으로 발전기를 돌린다.

수력 발전소는 큰 댐에 갇혔다가 쏟아지는 물의 힘으로 발전하기 때문에 환경을 오염시키지 않으며 홍수의 피해를 막을 수 있을 뿐만 아니라 유지비도 적게 든다. 그러나 건설 기간이 길고 건설비가 많이 들며, 물의 낙차가 큰 강의 상류에 발전소를 세워야 하므로 도시까지의 거리가 멀어서 시설비가 많이 드는 단점이 있다.

한편, 화력 발전소는 도시 가까이 지을 수 있으므로 시설비는 적게 들지만, 연료를 계속해서 태워야 하기 때문에 유지비가 많이 들며 환경 오염도 일으킨다.

원자력 발전소는 최근에 많이 건설되고 있는데, 적은 양의 연료로 전기를 많이 일으킬 수 있다. 그러나 관리를 잘못하면 사고가 날 수 있으며, 쓰고 남은 핵폐기물을 처리하기가 어렵다.

우리나라의 최근 한 해 총발전량은 약 57만647Gwh인데, 그 가운데에서 화력 발전이 가장 많으며 다음으로 원자력 발전이 많고 수력 발전은 고작 약 7,270Gwh밖에 되지 않는다.

전기 에너지는 점점 더 많이 필요하지만 자원이 한정되어 있으므로 요즘 세계 여러 나라는 점점 태양광 발전, 태양열 발전, 풍력 발전, 조력 발전, 지열 발전 등에 힘을 쏟고 있다. 태양광이나 태양열 발전은 태양의 끝없는 에너지를 이용하여 전기를 일으키며, 풍력 발전은 바람의 힘으로 풍차를 돌려서 발전한다. 조력 발전은 밀물과 썰물의 힘으로 발전기를 돌리며, 지열 발전은 땅속의 높은 열을 이용하여 발전하는 것이다.

천연 가스 화력 발전소

발화점(ignition temperature)

물질은 온도가 점점 오르면 이윽고 빛을 내며 타기 시작한다. 이렇게 불을 대지 않아도 저절로 타기 시작하는 가장 낮은 온도를 그 물질의 발화점이라고 한다. 발화점은 물질에 따라서 다르지만 어느 물질이나 온도가 점차 올라서 그것의 발화점에 이르면 스스로 타기 시작한다.

연료마다 발화점이 다르다. 고체나 액체 연료에 불이 붙으려면 적어도 그 한 부분이 기체로 변할 만큼 데워져야 한다. 그러므로 장작은 쉽게 기체로 변하기 어려운 고체이기 때문에 발화점이 260℃쯤 된다. 하지만 액체인 휘발유의 발화점은 −38℃까지 낮아질 수 있다.

그러나 모든 연료는 발화점이 두 가지씩이라고 할 수 있다. 어느 물질이나 성냥 같은 다른 에너지의 힘으로 불이 붙는 온도와 가만히 두어도 저절로 타기 시작하는 온도가 다르기 때문이다.

발효(fermentation)

탄수화물이 미생물의 힘으로 분해되어서 다른 물질로 바뀌는 일이다. 포도즙이나 사과즙을 발효시키면 이산화탄소가 나오며 에틸알코올이 된다. 곧 포도주나 사과술이 되는 것이다. 과즙에 들어 있는 당분이 미생물의 힘으로 이산화탄소와 에틸알코올로 분해되기 때문이다.

발효는 효모나 곰팡이 따위 미생물이 만들어내는 효소라는 물질의 작용으로 일어난다. 사람은 오래 전부터 발효 현상을 이용해 포도주를 만들고 빵을 구워 왔다. 밀가루 반죽에다 효모를 넣으면 발효되어서 이산화탄소가 나오면서 부풀어 오르는데, 이 반죽을 구운 것이 빵이다. 우유를 발효시키면 치즈를 만들 수 있다. 떨어진 낙엽이나 죽은 식물을 분해하여 땅을 기름지게 만드는 것도 발효의 한 가지이다.

발효는 더운 곳에서 잘 일어난다. 그러나 너무 뜨거우면 효소가 파괴되므로 발효가 일어나지 못한다. 따라서 음식물을 냉장고와 같이 찬 곳에 넣어 두거나 끓여서 그릇에 넣고 주둥이를 꼭 막으면 미생물이 활동하지 못하므로 상하지 않는다.

발효 음식은 미생물의 발효 작용을 이용하여 만든 음식이다. 미생물의 종류나 음식물의 재료에 따라서 종류가 아주 많다. 식물성 재료나 동물성 재료가 미생물의 작용으로 분해되거나 합성되어서 영양가가 더 높거나, 더 오래 저장할 수 있거나, 맛과 향이 다른 식품이 된다. 김치, 간장, 된장, 빵, 요구르트, 여러 가지 술 등이 모두 발효 음식이다.

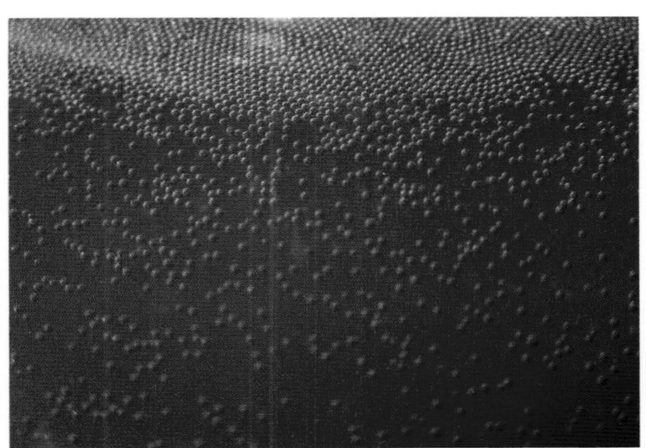

포도주의 발효 중 나오는 이산화탄소 방울들
Jim Champion, CC-BY-SA-2.0

밤(chestnut)

밤나무의 열매이다. 가을에 익으면 단단하면서 맛이 좋을 뿐만 아니라 영양분도 많아서 과일 대접을 받는다. 날로도 먹을 수 있지만 주로 굽거나 쪄서 먹는다.

초여름 5~6월이면 밤나무에 강아지 꼬리처럼 길게 늘어진 꽃이 주렁주렁 달려서 피고 이어서 송이로 된 열매가 열린다. 새 밤송이는 날카로운 가시 껍데기에 싸여서 아주 작지만 차츰 자라나 주먹 만해진다. 속에 든 밤도 처음에는 초록색이고 말랑말랑하지만 익으면서 차츰 단단해지며 껍질이 갈색으로 변한다. 그리고

미디어뱅크 사진

ㅂ

마침내 10월쯤에 밤이 다 익으면 밤송이가 벌어져서 밤알이 송이 밖으로 튀어나온다. 대개 한 송이에 밤이 3개씩 들어 있지만 한 개나 두 개만 든 것도 있다.

밤나무는 키가 15m까지, 지름은 30~40cm까지 크게 자라는 갈잎큰키나무이다. 타원형으로 길쭉한 잎이 가장자리에 톱니가 많이 나 있으며 가을에 갈색으로 물들어서 떨어진다. 밤나무 목재는 습기에 잘 견디며 오래 가기 때문에 집을 짓거나 가구를 만드는 재료로 알맞다.

방광(urinary bladder)

오줌을 모으는 기관이다. 사람의 방광은 뱃속 아래쪽에 있으며 오줌관이라는 가느다란 관을 통해서 콩팥과 이어진다.

우리가 먹은 음식물은 입, 위, 창자를 차례로 거치면서 소화되어서 몸에 필요한 영양소로 분해된다. 영양소는 세포에서 에너지를 내는 데에 쓰이는데, 이때 생긴 찌꺼기를 혈액이 콩팥이나 땀샘으로 운반한다. 콩팥, 곧 신장은 혈액을 걸러서 찌꺼기를 골라내 조금씩 방광으로 흘려보낸다.

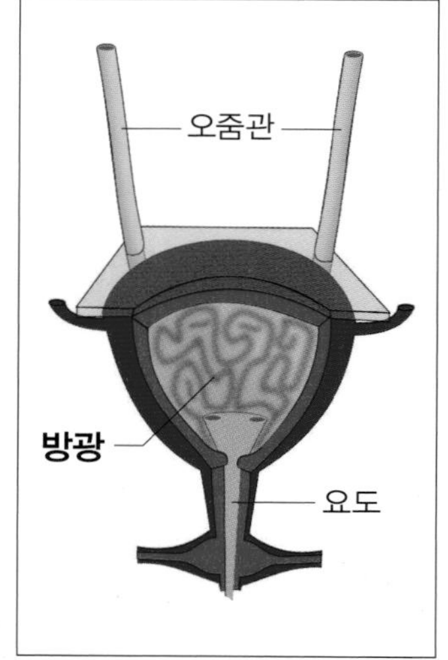

방광의 구조
Sheldahl, CC-BY-SA-4

방광은 근육질로 되어 있으며 잘 늘어나고 줄어든다. 비어 있을 때에는 안쪽 벽이 주름져 있다가 찌꺼기가 모이면 점점 불어나서 팽팽해진다. 이것이 신경을 자극하고, 그 자극이 뇌로 전달되면 찌꺼기가 몸 밖으로 내보내진다. 이런 과정을 거쳐서 요도를 지나 몸 밖으로 나오는 액체가 오줌이다. → 콩팥

방귀(flatulence)

항문에서 나오는 기체이다. 음식물과 함께 입으로 들어간 공기와 창자 속에서 음식물이 발효하면서 생긴 가스가 섞여서 나오는 것이다. 이 기체 속에는 산소, 수소, 질소, 이산화탄소 및 메테인 가스 등이 들어 있다.

사람은 보통 하루에 5~20번쯤 방귀를 뀐다. 그래서 어른이면 대개 하루에 0.5~1.5L의 기체를 내놓는다. 이것은 아주 정상적인 우리 몸의 활동이다.

방귀에는 독성이 전혀 없다. 다만 때에 따라서 냄새가 고약할 따름이다. 단백질이 잘 분해되지 않아서 생긴 가스는 냄새가 많이 나며, 탄수화물이 잘 발효되지 않아서 가스가 많이 차면 소리가 크게 난다. 소리가 나는 까닭은 가스가 몸 밖으로 세차게 빠져 나올 때에 항문을 꼭 닫고 있는 근육인 괄약근이 떨리기 때문이다.

방송(broadcasting)

수신기로 받아서 듣거나 볼 수 있도록 라디오나 텔레비전 전파를 내보내는 일이다. 대개 무선으로 전파를 보내지만 학교 방송이나 유선 방송처럼 전선을 통해서 보내고 받을 수도 있다.

방송국에서는 하루 종일 또는 정해진 시간 동안 뉴스, 음악, 교육 및 그밖의 여러 가지 프로그램을 마련하여 내보낸다. 그러면 필요할 때에 라디오나 텔레비전 수상기를 켜서 뉴스나 그밖의 마음에 드는 프로그램을 듣거나 보게 된다.

라디오 방송은 어떤 주파수로 내보내는지에 따라서 흔히 단파 방송과 중파 방송으로 나뉜다. 단파 방송은 3~30메가헤르츠(mHz)의 주파수대로 내보내는 방송인데, 주로 해외 방송처럼 전파를 멀리 보내기에 쓰인다. 표준 방송이라고도 하는 중파 방송은 535~1,605킬로헤르츠(kHz)의 주파수대를 쓴다. 이것이 우리가 흔히 듣는 방송이다.

또 주파수 변조 방식에 따라서 에이엠(AM) 방송이나 에프엠(FM) 방송으로 나누기도 한다. '에이엠'은 진폭 변조라는 뜻이며, 주로 중파 방송에 쓰인다. '에프엠'은 주파수 변조라는 뜻이다. 이 방송에서는 초단파의 일부를 사용한다.

텔레비전 방송에서는 30~300mHz의 초단파(VHF)와 300~3,000mHz의 극초단파(UHF)를 사용한다.

방수(waterproofing)

비가 오는 날이면 비옷을 입거나 우산을 쓴다. 이것들이 빗물을 막아 주기 때문이다. 이렇게 물을 막아 주는 일이 방수이다.

흔히 천이나 가죽, 나무, 시멘트 및 그밖의 물체나 물질을 화학 약품으로 처리하여 물이 잘 스며들지 못하게 한다. 천을 방수하려면 고무, 아마씨 기름 또는 물을 싫어하는 그밖의 물질 용액에다 담근다. 그러면 그 용액이 천속에 깊숙이 스며들어서 물기를 물리치는 성질을 띠게 된다. 또, 옷이나 집을 방수할 때에 합성수지도 많이 쓴다. 예를 들면, 지붕의 콘크리트 바닥에 액체로 된 합성 수지를 골고루 잘 칠해 두면 나중에 비를 맞더라도 물이 스며들지 않는다.

방아깨비(oriental longheaded locust)

여름에 풀밭에서 흔히 볼 수 있는 메뚜기과의 곤충이다. 그러나 다 자라면 몸이 메뚜기보다 훨씬 더 크고 길다.

몸빛깔이 초록색인 것과 갈색인 것이 있다. 머리끝과 배끝이 뾰족하고 가운데로 갈수록 통통하다. 머리 양쪽에 겹눈 2개가 튀어 나와 있으며, 머리끝에 납작하면서 뾰족한 더듬이 2개가 앞으로 꽤 길게 뻗어 있다. 뒷다리가 길고 튼튼하여 멀리 뛸 수 있으며 날개가 있어서 날기도 잘 한다. 몸길이는 암컷이 7~8cm, 수컷이 4~5cm로서 수컷이 더 작고 몸이 말랐다.

미디어뱅크 사진

방울다다기양배추(Brussels sprout)

채소로 먹는 양배추의 곁눈이다. 이 곁눈은 저마다 양배추처럼 생겼지만 지름이 1.5~4cm밖에 안 된다. 이런 미니 양배추는 사실 키가 1m 안팎으로 자라는 커다란 양배추 종류의 튼튼한 줄기에 나선형으로 돌아가며 다닥다닥 달리는 무성아이다. 이것을 따서 채소로 먹는 것이다.

방울다다기양배추는 유럽의 지중해 연안이 고향인데 아주 먼 옛날부터 야생 겨자에서 개량되어 왔다. 따라서 겨자과에 딸린 두해살이풀로서 기온이 7~24℃인 지방에서 심어 가꾸지만 15~18℃에서 가장 잘 자란다. 온대 지방에서는 9월부터 이듬해 3월 까지 곁눈을 수확하는 대표적인 겨울 채소이다.

방위(cardinal point)

어떤 기준점에서 본 무엇의 위치이다. 지도에서는 동서남북으로 이것을 나타낸다. 흔히 지도에는 동서남북을 가리키는 방위표가 있다. 그러나 어쩌다 방위표가 없으면 지도의 위쪽이 북쪽이며 아래쪽이 남쪽인 것으로 안다.

지리학에서는 흔히 남극과 북극을 잇는 선의 끝을 북과 남으로 생각하며, 이 선과 직각을 이루는 선의 끝을 각각 동과 서로 여긴다. 그래서 이 네 가지가 4 방위, 곧 북, 동, 남, 서로서 때로는 북방, 동방, 남방, 서방이라고도 한다.

지구가 둥글기 때문에 기준점을 지구 위 어디에다 찍건 방위를 나타내는 방법은 똑같다. 곧 나, 다른 사람 또는 어느 물체가 있는 곳을 기준으로 하여 그 점을 남북으로 지나는 선의 북쪽 끝이 북이다. 이 북을 0°로 정하고, 시계 방향으로 360°까지 표시하면 동은 90°,

남은 180°, 서는 270°, 북은 360°로서 0°와 겹친다. 이런 각도를 방위각이라고 하는데, 전체 360°를 더 잘게 쪼개서 8방위, 16방위 또는 128방위 등으로 말할 수도 있다. 예를 들어, 8방위로 말하자면 북, 북동, 동, 동남, 남, 남서, 서, 북서가 된다. 그러나 이렇게 잘게 쪼갠 방위는 이름으로 부르기가 어렵기 때문에 대개 그냥 각도로 나타낸다.

방위를 알려면 흔히 나침반을 쓴다. 그리고 어떤 물체의 위치를 나타내려면 기준점에서 본 그 물체의 방위각을 알아낸다. 그래서 묶음표 안에 거리를 먼저 쓰고 방위각을 나중에 쓴다. 예를 들면, 북동쪽 120m 거리에 있는 물체의 방위는 (120m, 45°)로 나타낸다. 이런 방위각은 바다에서 항해할 때에 많이 쓰며 군인들이 대포를 쏠 때에도 이용한다.

방직기(loom)

실로 여러 가지 베, 곧 천을 짜는 기계이다. 우리말로는 베틀이다. → 베틀

밭(field)

농사를 짓는 땅이지만 높은 데에 있거나 경사가 심해서 물을 채워 논으로 쓸 수 없는 곳이다. 따라서 대개 벼를 뺀 나머지 농작물을 심고 가꾸는 땅이다.

밭에 심는 농작물로는 밀, 보리, 콩, 팥, 조, 고구마, 감자, 땅콩, 유채, 목화, 무, 배추 등이 있다. 그러나 밭벼를 포함하여 온갖 꽃, 약초, 참외, 수박, 묘목, 과일나무에 이르기까지 거의 모든 농작물을 길러내는 땅이기도 하다. 따라서 밭도 논 못지않게 중요한 농토이다.

미디어뱅크 사진

배(pear)

미디어뱅크 사진

우리나라에서 매우 중요한 과일 가운데 한 가지이다. 대개 둥그렇게 생겼는데 노랗게 익으면 사과보다 더 크고 무겁다. 열매의 한 가운데에 딱딱하고 떫은맛이 나는 부분이 있는데, 그 속에 까만 씨가 2~5개 들어 있다.

배나무는 본디 산에서 자라던 것인데 먼 옛날부터 우리나라를 비롯하여 세계 여러 곳에서 개량하여 가꾸어 왔다. 오늘날에는 여러 가지 배나무가 있는데 주로 일본배나무, 중국배나무 및 서양배나무이다. 이 세 가지 가운데에도 저마다 맛이나 생김새가 조금씩 다른 여러 가지 품종이 있다.

오늘날 우리나라에서 많이 심는 배나무는 키가 2~3m로 자라며 으뜸 줄기가 뚜렷하지 않다. 대개 4월에 하얀 꽃이 피었다 지고 나면 초록색 열매가 많이 열린다. 그러나 과일이 크고 튼튼해지게 하려고 크고 좋은 열매만 드문드문 남긴 채 나머지는 모두 따 버린다. 이때 남긴 배는 또 종이 봉지로 싸서 벌레가 먹지 못하게 한다. 배가 익으면 겉이 노랗게 되며, 종류에 따라서 추석 무렵부터 11월까지 딴다.

배(ship)

먼 옛날 원시인들은 물에 뜬 통나무나 큰 나뭇가지를 타고 앉아 손으로 물을 저어서 강이나 큰 내를 건넜을 것이다. 그러다 차츰 통나무의 속을 불로 태우고 돌로 쪼아서 파내면 들어가 앉아서 물위에 떠 갈 수 있음을 알았을 것이다. 또 통나무 여럿을 엮어서 뗏목을 만

들 줄도 알게 되었음직하다.

이런 원시적인 배들은 긴 장대로 강바닥을 밀거나 물을 저으면 앞으로 나아갔다. 그러다 통나무배의 양쪽 옆에다 널빤지를 붙이면 배가 쉽게 뒤집히지 않으며, 배의 가운데에다 장대를 세우고 돛을 달면 바람이 배를 밀어 준다는 것도 알게 되었다. 그래서 오랫동안 사람들은 바람이 불면 돛을 달고, 바람이 없으면 노를 저어서 배를 몰았다. 배 만드는 기술이 차츰 발전하면서 크고 튼튼하고 빠른 돛단배들이 바다를 가로질러서 사람과 물자를 나르고 외국과의 전쟁에도 쓰였다. 이런 배들은 모두 나무로 만들었다.

그러다 18세기 말에 증기 기관이 발명되자 증기 기관의 힘으로 나아가는 배가 나왔다. 19세기 초의 증기선은 배의 양쪽에 달린 물레바퀴를 증기 기관으로 돌리는 것이었다. 그러나 곧 선풍기의 날개처럼 생긴 스크루를 배 밑에 달아서 그것이 도는 힘으로 배가 나아가게 했다. 이때쯤부터 배가 강철로 만들어지고 자동차의 엔진과 같은 내연 기관이 배의 동력으로 쓰이기 시작했다. 오늘날의 현대적인 배들은 거의 다 디젤 엔진으로 움직인다. 그러나 몇몇 큰 배에는 원자로에서 나오는 열로 물을 끓이는 증기 기관이 달려 있다.

오늘날 배는 여러 지역과 쓰임새에 따라서 여러 가지로 만들어진다. 그러나 원시적인 모양에서 크게 벗어나지 않은 배들도 아직 많이 쓰이고 있다.

유람선 Destailleur, CC-BY-SA-3.0

배가사리(*Microphysogobio longidorsalis*)

잉엇과에 딸린 민물고기이다. 우리나라 특산 물고기로서 다 자라면 몸길이가 12cm쯤 된다. 등 한가운데에 커다란 지느러미가 달려 있으며 등이 푸른 갈색이지만 배는 색깔이 옅다. 옆구리에도 옅은 색깔의 띠가 있다.

배기 가스(exhaust gas)

자동차의 엔진과 같은 내연 기관의 실린더 속에서 연료가 탄 뒤에 밖으로 나오는 가스와 수증기 따위이다. 엔진 속에서 연료가 타면서 피스톤을 밀어내는데, 한번 타버린 연료는 쓸모가 없으므로 새 연료를 넣기 위해 버려지는 것이다.

이런 기체에는 이산화탄소, 일산화탄소, 황산화물, 암모니아 등 사람의 몸에 해롭고 공기를 더럽히는 물질이 많이 들어 있다. 그래서 자동차가 많아질수록 배기 가스가 많이 나오며 공기 오염이 심해져서 그 피해가 날로 커진다.

배기 가스로 내뿜는 매연 Ruben de Rijcke, CC-BY-SA-3.0

배설과 배설 기관 (excretion and excretory system)

우리는 늘 공기를 숨 쉬고 하루에도 몇 번씩 음식물을 먹는다. 이렇게 섭취하는 물질들은 우리 몸이 에너지를 내고 자라는 데에 쓰인다. 그러나 몸 안에 들어온 물질을 모조리 다 쓰지는 못해서 찌꺼기인 노폐물이 생긴다. 이렇게 혈액 속에 생긴 노폐물을 몸 밖으로 내보내는 일이 배설이다. 이런 배설 작용은 주로 땀과 오줌을 통해서 이루어진다.

노폐물은 몸 안의 모든 세포에서 혈액에 실려서 콩팥으로 간다. 콩팥은 신장이라고도 하는데, 여기서 노폐물을 걸러내면 혈액이 맑아진다. 그리고 걸러진 노폐물은 주로 오줌으로 내보내진다. 이런 일을 맡고 있는 콩팥, 오줌관, 방광 및 요도를 배설 기관이라고 한다.

그러나 피부에 가까운 혈관에서도 불필요한 몇 가지 물질이 땀으로 배설된다. 피부 바로 밑에 땀샘이 있는데, 땀샘은 주변의 모세 혈관을 지나는 혈액에서 노폐물을 걸러내 땀으로 내보낸다. 땀의 주요 성분은 물과 염분이다. 그래서 너무 더워서 땀을 많이 흘리면 소금을 먹어야 한다.

또 숨을 내쉴 때에도 배설이 이루어진다. 공기 속에는 산소 말고도 여러 가지 기체가 들어 있다. 그래서 숨을 내쉬면서 불필요한 기체를 내보내는 것이다. 이때 세포가 내놓는 주요 찌꺼기 기체는 이산화탄소인데, 이것은 우리가 숨 쉴 때에 허파를 통해서 배설된다. 이와 같이 배설되는 물질은 모두 몸 안에서 세포와 혈관을 거친다. 세포에서 혈액으로 들어가고, 혈관을 통해서 배설 기관인 콩팥이나 허파나 땀샘으로 가는 것이다.

우리가 먹은 음식물은 소화된 뒤에 영양소로 분해되어서 혈액에 실려 그것이 필요한 세포로 옮겨 간다. 그러나 소화되지 않고 남은 찌꺼기는 똥이 되어서 몸 밖으로 내보내진다. 이것은 세포를 거치지 않고 창자에 담겨 있다가 그냥 버려지는 것이다. 따라서 진정한 배설이라고 할 수 없다.

우리 몸 안에서 수분과 염분 및 기타 노폐물의 배설을 정밀하게 조절하는 콩팥은 아주 잘 발달된 배설 기관이다.

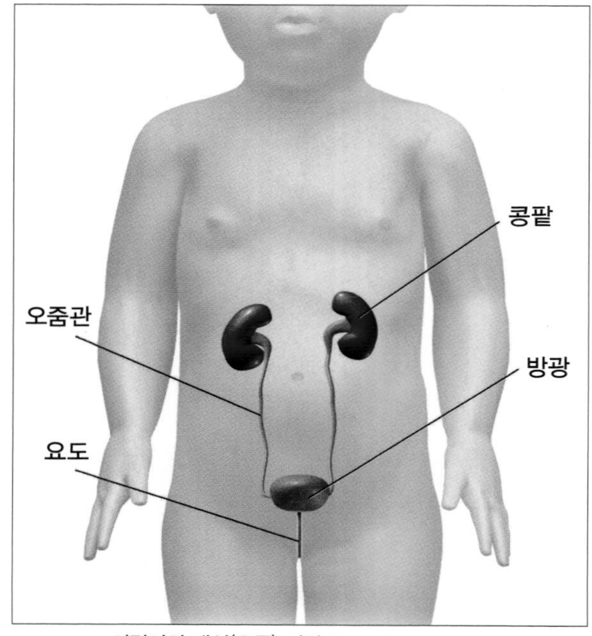

어린이의 배설(오줌) 기관 BruceBlaus, CC-BY-SA-4.0

배추(Korean cabbage)

주로 김치를 담그는 채소이다. 두해살이풀로서 다 자란 한 포기의 잎이 40~70장, 무게는 3~6kg쯤 된다. 잎의 가운데 부분은 흰색이며 그 주변은 초록색이다. 배추의 잎에는 비타민이 많이 들어 있다.

배추가 자라기에 가장 알맞은 기온은 18~21℃이다. 날씨가 너무 덥거나 추우면 잘 자라지 않는다. 배추는 조건이 알맞으면 싹이 튼 지 두 달이나 석 달 만에 거둘 수 있다. 씨는 더운 날씨를 피하여 봄이나 가을에 뿌린다. 대개 김장철에 수확하려고 초가을에 씨를 뿌리는 일이 많다. 그러나 대관령과 같은 높은 고장에서는 여름에도 날씨가 무덥지 않기 때문에 5월 하순쯤에 씨를 뿌려서 8월말에 수확한다.

배추를 뽑지 않고 내버려 두면 이듬해 봄에 꽃대가 나와서 노란 꽃이 핀다. 배추꽃은 꽃잎이 4장씩인 십자화이다. 꽃마다 암술 1개와 수술 6개가 있다. 꽃가루받이가 이루어지면 꼬투리가 생겨서 그 안에 자잘한 씨들이 한 줄로 들어찬다.

미디어뱅크 사진

배추흰나비(cabbage butterfly)

봄여름에 흔히 채소밭이나 풀밭에서 볼 수 있는 나비이다. 배추흰나비 애벌레가 무나 배춧잎을 먹고 자라서 배추흰나비가 된다. 배추흰나비는 몸이 머리, 가슴, 배의 세 부분으로 이루어지고 발이 16개인 곤충이다.

배추흰나비 애벌레의 번데기는 애벌레보다 조금 더 작다. 색깔이 처음에는 초록색이지만 차츰 갈색으로 변한다. 잎이나 줄기에 단단히 붙어 있어서 움직이지 않으며 먹지도 않고 자라지도 않는다. 번데기가 되고 나서 7~10일쯤 지나면 번데기 속의 배추흰나비가 조

미디어뱅크 사진

금씩 보이기 시작한다. 그러다 조금 더 지나면 번데기가 회색으로 변하면서 등이 갈라지고 배추흰나비가 나온다. 먼저 머리가 나오고 다리, 몸, 날개의 순서로 번데기 껍질에서 벗어난다.

번데기에서 갓 나온 배추흰나비의 날개는 구겨지고 젖어 있지만 한두 시간이 지나면 몸과 날개가 다 마른다. 이렇게 다 말라야 날 수 있다. 두 쌍의 날개를 비롯하여 온몸의 색깔이 거의 다 흰색에 가깝다. 머리에 눈과 입 및 더듬이 한 쌍이 달려 있다. 가슴에는 날개 두 쌍과 다리 세 쌍이 달려 있다. 배는 여러 개의 마디로 이루어진다.

배추흰나비는 생김새나 먹이가 애벌레와는 전혀 다르다. 나풀나풀 날아다니면서 여러 가지 꽃에서 꿀을 빨아먹는다. 애벌레의 입은 잎을 갉아먹기에 좋도록 어금니가 발달되어 있지만 배추흰나비의 입은 꿀을 빨아먹기에 좋도록 긴 대롱처럼 생겼다.

배추흰나비의 한살이는 알→애벌레→번데기→나비로 이루어진다. 파리, 무당벌레, 개미, 꿀벌, 호랑나비 등 많은 곤충이 이와 같은 한살이를 한다. 배추흰나비는 번데기로 겨울을 나며 봄부터 가을까지 여러 번 알을 낳는다. 봄과 가을에는 애벌레들이 무와 배추의 잎을 먹어 치우므로 채소 농사에 피해를 준다. 그래서 농약을 많이 쓰기 때문에 요즘에는 배추흰나비의 수가 전보다 많이 줄었다.

배추흰나비 애벌레(cabbage butterfly larva)

배추흰나비의 새끼이다. 봄여름에 대개 배추, 무, 양배추 같은 채소의 잎에서 볼 수 있다. 둥글고 긴 몸이 초록색이어서 눈에 잘 띄지 않는다.

배추흰나비의 암컷은 배추나 무의 잎에 드문드문 알을 하나씩 낳는다. 길이가 1.5~2mm쯤인 이 알에서 1주일쯤 지나면 애벌레가 알껍데기를 뚫고 꼼틀꼼틀 기어 나온다. 이렇게 막 깬 배추흰나비 애벌레는 몸길이가 2mm쯤 되며 노랗고 털이 많다. 갓 깬 애벌레는 곧 제 알껍데기를 먹어치운다. 그 뒤에 연한 배춧잎을 갉아먹으면서 몸빛깔이 점점 초록색으로 변해서 보호색을 띠게 된다.

배추흰나비 애벌레도 여느 곤충과 같이 몸이 머리, 가슴, 배의 세 부분으로 이루어지고 온몸에 하얀 잔털이 나 있다. 머리에는 입과 눈 및 더듬이가 있으며, 배의 양쪽에 숨구멍이 줄지어 나 있다. 발은 가슴에 6개, 배에 10개가 달려 있는데, 배의 발에 빨판이 있어서 잎에 잘 달라붙을 수 있다. 움직이려면 몸을 움츠렸다 펴면서 기고, 먹이를 먹으려면 머리를 위아래로 움직이면서 잘 발달된 이로 잎의 가장자리를 갉아먹는다.

배추흰나비 애벌레는 알에서 깬 지 3~7일이 지나면 머리 뒤의 껍질이 갈라지면서 첫 허물을 벗는다. 제 몸이 껍질보다 더 커졌기 때문에 낡은 껍질을 벗어 버리는 것이다. 이렇게 애벌레는 모두 4번 허물을 벗는다. 알에서 깬 지 20일쯤 되면 몸길이가 3cm쯤으로 자란다. 그러면 번데기가 될 준비를 하느라고 먹이도 먹지 않고 안전한 곳을 찾아서 돌아다닌다. 그러다 알맞은 곳을 찾으면 입에서 실을 내어 제 몸을 고정시킨다. 그리고 마지막으로 4번째 허물을 벗고 나서 번데기가 된다.

번데기는 보호색을 띠느라 그 둘레의 색깔과 비슷해진다. 곧 초록색 채소의 줄기에 붙어 있으면 초록색이 되지만, 어쩌다 마른 풀줄기에 자리 잡으면 그것과 비슷하게 누런 빛깔을 띠는 것이다.

미디어뱅크 사진

ㅂ

배터리(battery)

화학 에너지를 전기 에너지로 바꿔 주는 장치이다. 우리말로는 전지이다. 한번 쓰면 다시 쓸 수 없는 1차 전지와 몇 번이고 충전해서 다시 쓸 수 있는 2차 전지가 있다. → 전지

백로(great white egret)

대개 깃의 색깔이 하얗고 부리와 목과 다리가 긴 새이다. 쇠백로, 중대백로 및 대백로가 있지만, 황로나 왜가리 따위와 함께 모두 10 가지가 넘는 커다란 새들이 백로과에 든다.

떼 지어 나무 위에 둥지를 틀고 새끼를 기르며 논, 개울, 연못, 바닷가 같은 데에서 작은 물고기, 개구리, 곤충 따위를 잡아먹고 산다.

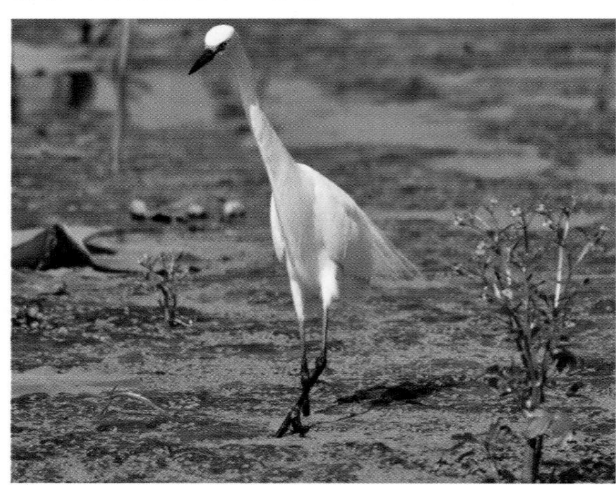

미디어뱅크 사진

백반(alum)

색이 없는 결정체이다. 물에 잘 녹는데, 온도에 따라서 녹는 양의 차이가 커서 큰 결정을 만들 수 있다. 수용액은 염기성이다. 전체의 약 45%가 물이어서 가열하면 액체가 되며 계속해서 가열하면 물이 끓어서 날아가 버리고 하얀 가루만 남는다.

백반은 일상생활에서나 공업용으로 널리 쓰인다. 백반 수용액은 상처에서 나는 피를 멎게 하며 약품이나 화장품의 원재료도 된다. 또 섬유를 염색할 때에 염료가 서로 번지지 않게 하며, 오염된 물을 깨끗하게 만드는 성질이 있다. 흔히 손톱에 봉숭아물을 들일 때에도 쓴다.

백반은 황산과 물 및 그밖의 물질이 합쳐져서 만들어지는데, 합쳐지는 물질에 따라서 암모늄 백반이라거나 칼륨 백반이라고 한다. 우리가 흔히 보는 것은 황산과 물에 칼륨이나 알루미늄이 합쳐진 것이다.

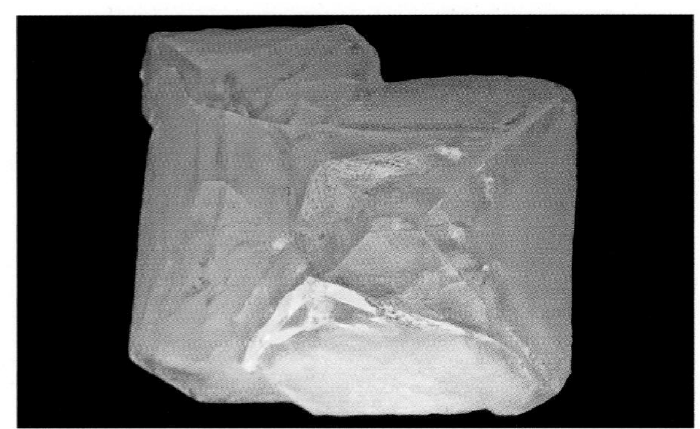

H. Zell, CC-BY-SA-3.0

백신(vaccine)

대개 예방 주사로 사람이나 동물의 몸 안에 넣어 주는 병원체이다. 완전히 죽은 병원체로 만든 것과 독성을 빼서 아주 약하지만 살아 있는 병원체로 만든 것이 있다.

사람이나 동물이 백신 주사를 맞으면 그 병을 앓지는 않으면서 그 병원체에 대한 항체가 몸 안에 만들어진다. 그래서 나중에 그 병원체가 실제로 몸에 들어오더라도 면역이 되어서 잘 이겨 낼 수 있는 것이다.

백신은 프랑스의 화학자이며 미생물학자인 루이 파스퇴르가 서기 1880년에 처음으로 만들었다. 그 뒤로 여러 가지 병에 대한 여러 가지 백신이 개발되었는데 미국의 의사 앨버트 세이빈은 입에 넣어서 삼키는 소아마비 백신을 만들었다. 이것은 힘을 거의 다 빼버린 소아마비 균으로 만든 물약이다.

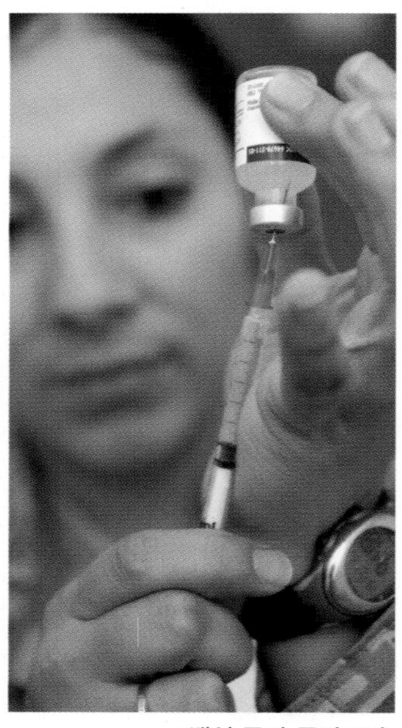

백신 주사 준비 모습
USAF, Public Domain

백양나무(poplar)

버드나뭇과에 딸린 갈잎큰키나무이다. 키가 30m, 지름이 1m에 이르는 큰 나무이다. 흔히 황철나무라고 하는데, 중부 지방 위쪽의 개울가 축축한 땅에서 자란다.

나무껍질은 잿빛이며 초록색 잎의 뒷면은 희다. 잎은 어긋나는데 길둥그런 모양으로서 끝이 뾰족하며 가장자리에 톱니가 있다. 이른 봄 잎이 나기 전에 붉은 갈색 이삭꽃이 핀다. 그리고 열매가 익으면 속에 든 씨가 터져 나오는데, 이 씨에 흰 솜털이 달려 있어서 바람에 잘 날린다.

미디어뱅크 사진

백조자리(Cygnus)

여름에 북쪽 밤하늘에서 볼 수 있는 별자리이다. 은하수의 한가운데에 자리 잡은 큰 별자리인데 북십자성자리라고도 한다.

백조자리에서 가장 밝은 별인 데네브와 독수리자리의 견우성 및 거문고자리의 직녀성을 이으면 커다란 이등변삼각형이 되는데, 이것을 여름의 대삼각형이라고 한다.

백조자리(왼쪽), 거문고자리(오른쪽) Smodo, CC-BY-SA-3.0

백합(lily)

나팔처럼 생긴 하얀 꽃이 피는 여러해살이풀이다. 여섯 갈래로 갈라진 꽃이 크고 아름다우며 향기로워서 화초로 많이 심는다. 봄에 양파처럼 생긴 둥근 뿌리에서 싹이 터서 줄기의 키가 1m쯤 자란다. 그 끝에 6~7월에 꽃이 피며 10월쯤에 열매가 익는다.

열매가 익으면 껍질이 터지면서 씨를 퍼뜨리지만 주로 알뿌리를 떼어서 포기 나누기로 번식시킨다. 종류가 많고 꽃의 모양이나 색깔도 여러 가지이지만 대개 흰 꽃이 피는 것을 백합이라고 한다.

미디어뱅크 사진

백혈병(leukemia)

우리 몸에 흐르는 혈액은 적혈구, 백혈구, 혈소판 등으로 이루어져 있다. 이것들은 모두 뼛속에 들어 있는 골수라는 조직에서 만들어진다. 백혈병은 이런 혈액 세포들 가운데에서 백혈구에 생긴 암이다.

암에 걸린 백혈병 세포는 비정상적으로 엄청나게 불어나면서 정상적인 백혈구, 적혈구 및 혈소판이 골수에서 만들어지는 것을 방해한다. 그래서 몸속에 정상적인 백혈구의 수가 줄면 면역 능력이 떨어져서 세균에 감염되기 쉽다. 또 줄어든 적혈구 때문에 빈혈이 일

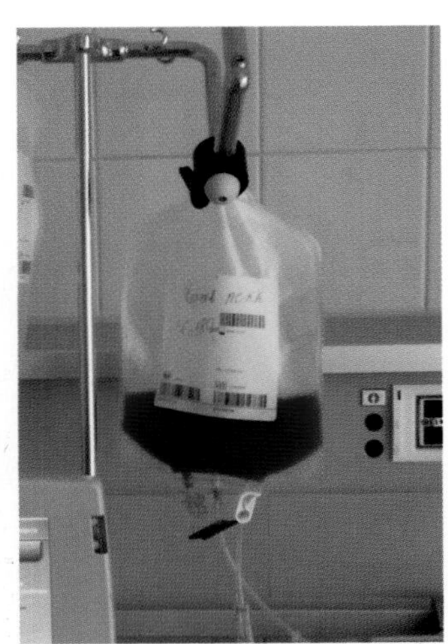

혈액을 만들어 내서 백혈병을 치료에 쓰이는 조혈모세포 Fnaq, CC-BY-SA-4.0

어나며, 혈소판이 부족해서 출혈이 일어날 수 있다. 아울러 백혈병 세포가 제풀에 높은 열을 내며 뼈의 통증을 일으켜서 환자를 매우 고통스럽게 만든다.

백혈병이 왜 생기는지는 아직 확실히 알지 못한다. 그러나 어른이건 어린이건 누구나 걸릴 수 있다. 이 병에는 급성과 만성, 골수성과 림프성 등 몇 가지가 있는데, 어느 것이건 잘 치료하지 않으면 환자가 생명을 잃을 수 있는 무서운 병이다.

뱀(snake)

동물 가운데 파충류이다. 몸이 가늘고 긴 원통 모양이며 다리가 없어서 배를 땅바닥에 대고 기어 다닌다. 여름이면 풀숲, 논밭 또는 낮은 산에서 볼 수 있다. 그러나 겨울에는 보기 힘들다.

뱀은 기온이 내려가면 체온도 같이 내려가는 변온동물이어서 겨울에는 거의 움직이지 못한다. 그러므로 가을에 먹이를 많이 먹어서 몸속에 영양분을 저장하고 겨울이면 땅속이나 바위틈에서 겨울잠을 잔다. 그 뒤 봄이 되어서 날씨가 풀리면 다시 밖으로 나와서 활동한다.

뱀은 북극과 남극 지방만 빼고 세계 어디서나 사는데 특히 더운 지방에 많다. 대개 알을 낳는데 어떤 것은 몸속에서 알이 깨 새끼가 나오기도 한다. 새끼는 알에서 깨자마자 제 힘으로 살아간다. 먹이는 대개 개구리, 도마뱀, 쥐, 새, 곤충 따위 작은 동물인데 입을 크게 벌릴 수 있어서 제 머리통보다 더 큰 것도 삼킬 수 있다.

뱀의 몸은 비늘로 된 피부에 싸여 있다. 그래서 배의 비늘을 움직여서 앞으로 나아간다. 또 헤엄도 잘 친다. 그러나 앞으로만 가지 뒤로는 못 간다. 피부가 늘어나거나 자라지 않기 때문에 몸이 자라면 허물을 벗어야 하는데, 한 해 동안 여러 번 허물을 벗는다.

이집트 코브라 safaritravelplus, CC0 1.0 Public Domain

뱀 가운데에는 무서운 독을 지닌 것도 있다. 뱀은 눈과 귀가 발달하지 않았지만 냄새는 잘 맡는다. 두 갈래로 갈라진 혀를 부지런히 날름거려서 냄새를 모아 입천장에 있는 냄새 맡는 기관에 전해 준다. 온 세계에 사는 뱀의 종류는 2,700 가지쯤 된다.

버드나무(willow tree)

미디어뱅크 사진

가느다란 가지가 길게 늘어지는 갈잎큰키나무이다. 키가 20m까지, 지름은 80cm까지 자란다. 냇가나 연못가처럼 물기가 많은 곳에서 잘 자란다. 잎은 어긋나는데 좁고 길쭉하며 가장자리에 톱니가 있다. 가을이면 단풍이 들어서 떨어진다.

암그루와 수그루가 따로 있으며 4월쯤에 어두운 자줏빛 꽃이 핀다. 그리고 꽃가루받이가 되면 열매가 맺혀서 5월에 씨가 익는다. 암꽃과 수꽃 및 씨에 모두 하얀 솜털이 달려 있어서 바람에 잘 날린다.

버드나무는 너무 약하고 잘 쪼개지기 때문에 목재로는 알맞지 않다. 그러나 수양버들의 가늘고 긴 가지는 바구니 따위를 엮는 데에 쓰인다.

버섯(mushroom)

균류로서 우리가 눈으로 보고 알 수 있는 것들이다. 주로 따뜻하고 축축한 곳의 말라 죽은 나무나 낙엽 사이에서 잘 자란다. 녹색 색소가 없기 때문에 스스로 영

미디어뱅크 사진

양분을 만들지 못하므로 다른 식물이나 동물의 몸을 분해해서 필요한 영양분을 얻는다.

종류에 따라서 색깔과 모양이 여러 가지인데, 흔히 볼 수 있는 것은 펼친 우산 모양이다. 꽃이 피지 않고 홀씨, 곧 포자로 번식한다. 다 자라면 갓 안쪽의 주름진 데에서 홀씨가 만들어져서 대개 바람의 힘으로 멀리 퍼진다.

이 홀씨가 물, 온도, 영양분이라는 세 가지 조건이 알맞게 갖춰진 곳에 떨어지면 싹이 터서 실처럼 생긴 균사가 된다. 이런 균사를 팡이실이라고도 한다. 균사에는 암컷인 것과 수컷인 것이 따로 있는데, 둘이 합쳐져야만 완전한 균사가 될 수 있다. 균사가 많이 모인 것을 균사체라고 하는데, 물기가 넉넉하고 온도가 알맞으면 균사체에서 어린 버섯이 자라난다. 이것을 자실체라고 하는데, 버섯이라는 말은 흔히 이 자실체를 가리킨다.

자실체는 녹색 식물의 꽃과 같은 것으로서 홀씨를 퍼뜨리기 위한 부분이다. 녹색 식물의 뿌리, 줄기, 잎과 같은 부분은 균사체이다. 버섯이 자라는 곳에서 버섯을 들어내면 그 밑에서 흰 거미줄처럼 이리저리 뻗어 있는 균사체를 볼 수 있다.

버섯에는 사람이 먹을 수 있는 것과 먹을 수 없는 것이 있다. 우리가 잘 아는 송이버섯, 표고버섯, 싸리버섯, 느타리버섯, 흰목이 등은 맛이 좋을 뿐만 아니라 영양가도 높은 좋은 버섯이다.

버스(bus)

한꺼번에 많은 사람을 태우고 다니는 자동차이다. 본디 옛날에 여러 사람을 태우고 다니기 위한 마차에서 비롯되었으며 오늘날에도 도로 위로 다니는 중요한 교통수단이다. 우리나라에서는 1920년대에 처음으로 버스가 다니기 시작했다고 한다.

크기로 보면 우리나라에서는 11~15명까지 탈 수 있는 것을 소형 버스, 16~35명까지 탈 수 있는 것을 중형 버스, 36명 넘게 탈 수 있는 것을 대형 버스라고 한다. 이것들을 크게 자가용과 영업용 버스로 나눌 수 있다. 자가용 버스는 학교, 회사 및 여러 단체에서 자기네 쓰임새에 맞게 사용하는 것이며, 영업용 버스는 시내 버스, 시외 버스 및 고속 버스 등이다.

영업용 버스는 거의 다 미리 시간표를 정해 놓고 한 곳에서 다른 곳까지 정해진 출발지와 도착지 사이를 오가며 정해진 값을 받고 사람을 실어 나른다. 또 관광 버스는 정해진 노선과 시간표대로 움직이는 것도 있지만 계절에 따라서 특별한 목적지를 정해 사람들을 태우고 갔다가 돌아오는 것도 있다.

미디어뱅크 사진

버터(butter)

우유에서 지방을 분리하여 만든 고체 식품이다. 흔히 빵에 발라서 먹거나 과자나 빵을 만들 때에 넣는다.

우유를 원심 분리기에 넣고 돌리면 가볍고 유지방이 많이 들어 있는 크림 부분이 분리된다. 이것이 생크림이다. 이것을 통에 넣고 세게 휘저으면 지방 알갱이들이 서로 엉겨서 액체 위에 뜬다. 이 지방 알갱이만 찬 물에 두세 번 씻어서 기계로 눌러 물기를 빼고 소금을 넣어서 일정한 모양으로 굳힌 것이 버터이다. 우유 25L쯤으로 버터 1kg을 만들 수 있다. 버터는 지방 81%, 수분 16%, 소금 1.5~1.8%, 무기 염류 2%, 단백질 조금으로 이루어진다.

번개(lightning)

주로 먹구름이 잔뜩 끼거나 비오는 날에 하늘에서 자연히 번쩍이는 빛이다. 대개 빛이 번쩍이고 나서 2~3초 뒤에 천둥소리가 들린다. 이런 번개는 공기 속에서 일어나는 전기 불꽃이다. 건전지에 이어진 전선 둘을 아주 가까이 대면 불꽃이 튀는 것과 같은 현상이다.

구름을 이룬 물방울들이 뭉쳐서 무거워지면 밑으로 떨어진다. 그러다 너무 커지면 둘로 쪼개지는데, 이런 마찰로 말미암아 물방울이 플러스(+) 전기를 띠고, 그 둘레의 공기는 마이너스(−) 전기를 띠게 된다. 이 빗방울이 그대로 떨어지면 아무 일도 일어나지 않는다. 그러나 위로 부는 바람을 만나서 물방울이 다시 떠올랐다가 떨어지고 또 쪼개지기를 거듭하면 물방울들이 더욱 강력한 전기를 띠게 된다. 또 구름 꼭대기의 얼음 조각들도 마찰하여 더 강한 플러스 전기를 띠면서 마이너스 전기를 띠는 공기와 서로 분리된다. 이런 일이 거듭되어서 전기가 충분히 쌓이면 전기 불꽃이 일어난다. 전기가 저항이 약한 틈새를 통해서 10분의 1초 만에 땅으로 튀는 것이다.

그러나 '번쩍'하는 번개에 담긴 전기의 양은 100와트짜리 전구 7,000개를 8시간 동안 켤 만큼 많다. 따라서 번개가 건물이나 사람에게 떨어지면 큰 피해를 입는다. 그래서 높은 건물 위에는 피뢰침을 설치한다. 피뢰침은 건물의 꼭대기에 전기가 잘 통하는 물질을 높이 세우고 전선으로 그것을 땅속에 연결한 것이다. 번개가 피뢰침에 떨어지면 전기가 피뢰침을 따라서 땅속으로 흐르기 때문에 그 피해를 줄일 수 있다.

번데기(pupa)

나비, 나방, 벌 또는 파리 등의 애벌레는 모습이 어른벌레와 전혀 다르다. 이런 곤충의 애벌레는 다 자라면 마지막 허물을 벗고 나서 번데기가 된다. 누에처럼 알맞은 자리를 찾아서 제 몸을 실로 감싸는 것이 있는가 하면, 어떤 것은 그냥 피부가 단단하게 변해서 번데기가 된다. 밖에서 보면 꼼짝도 하지 않는 것 같다.

그러나 그 속에서는 애벌레의 몸이 갈라지고 어른벌레의 몸이 만들어진다. 애벌레의 피부 밑에 있던 날개 눈이 자라서 날개가 되며, 다리, 더듬이, 눈 같은 것들도 생긴다. 그리고 완전한 모습이 갖추어지면 번데기의 껍질이 갈라지면서 어른벌레가 되어 나온다. 곤충은 한살이에서 대개 이 번데기 과정을 거친다.

이렇게 새끼가 자라서 모습이 전혀 다른 어른이 되는 것을 탈바꿈이라고 하는데, 땅에서 사는 동물은 곤충만 탈바꿈을 한다. 곤충의 탈바꿈 가운데 번데기 과정을 거쳐서 어른벌레가 되는 것을 완전 탈바꿈이라고 하며, 메뚜기처럼 번데기 과정을 거치지 않고 허물을 여러 번 벗으면서 어른벌레가 되는 것을 불완전 탈바꿈이라고 한다.

배추흰나비 번데기 미디어뱅크 사진

번행초(New Zealand spinach)

흔히 바닷가 모래땅에서 자라는 여러해살이풀이다. 염생 식물이어서 소금기가 많은 땅에서 잘 견딘다. 본디 동아시아, 오스트레일리아 및 뉴질랜드에서 자라던 식물인데 오늘날에는 아프리카, 유럽, 남북아메리카 대륙에까지 널리 퍼져 있다.

싹이 나서 얼마 동안은 똑바로 서지만 자라면서 줄기가 눕는 습성이 있어서 땅바닥을 온통 파랗게 뒤덮는다. 밝은 초록색 잎의 앞면과 뒷면에 마치 물방울 같은 돌기가 있다. 잎은 생김새가 세모꼴에 가까우며 두껍고 길이가 3~15cm이다. 아주 작은 노란색 꽃이 피며 거죽에 날카로운 가시가 난 씨가 맺힌다.

번행초는 성분이 시금치와 비슷하다. 따라서 채소로 길러서 시금치처럼 요리해 먹을 수 있다. 뜨거운 물에 1분 동안 데쳐서 찬물에 행구면 맛이 시금치와 같아진다.

Forest & Kim Starr, CC-BY-3.0

벌(bee/wasp)

날개 두 쌍이 달려 있어서 잘 나는 곤충이다. 봄이 되면 꽃을 찾아다니기 시작한다. 많은 벌이 꽃의 꿀이나 꽃가루를 먹고 살기 때문이다. 그러나 말벌(wasp) 종류는 다른 곤충을 잡아먹고 산다.

벌의 몸은 머리, 가슴 및 배의 세 부분으로 되어 있다. 머리에 입, 겹눈 한 쌍, 홑눈 세 개 및 더듬이 한 쌍이 있으며, 가슴에는 다리 세 쌍과 날개 두 쌍이 달려 있다. 벌의 한살이는 '알→애벌레→번데기→어른벌레'의 4 단계로 이루어진다.

벌은 크게 나누어서 두 가지가 있다. 홀로 사는 것들과 가족을 이루어 사는 것들이다. 그러나 사실은 수많은 벌들이 거의 다 혼자 산다. 이런 벌들은 대개 봄에 땅속에 구멍을 여럿 파고 들어가서 방을 만든다. 그리고 방마다 꿀과 꽃가루를 섞은 먹이를 채우고 나서 알을 하나씩 낳는다. 그러면 알이 깨서 애벌레가 되고, 애벌레가 자라서 번데기가 되었다가 어른 벌이 되어서

미디어뱅크 사진

굴 밖으로 나온다. 또, 다른 곤충의 애벌레를 잡아다 굴속에 넣어 놓고 그것에다 알을 낳는 벌이 있는가 하면, 살아 있는 다른 곤충 애벌레의 몸 속에다 알을 낳는 벌도 있다.

이렇게 혼자 사는 벌의 특징은 어른벌레 한 마리가 모든 일을 하며 새끼도 기르기 때문에 자손이 크게 불어나지 않는다는 것이다. 또 땅속이나 땅위 또는 나무 구멍에다 만든 집의 방 하나하나에 알을 한 개씩만 낳는다.

세상에는 수많은 종류의 벌이 있으며 그것들이 살아가는 방법도 저마다 다르다. 우리나라에도 수백 가지의 벌이 살고 있다. → 꿀벌

벌레(worm)

곤충 또는 곤충의 애벌레와 비슷하게 생긴 여러 무척추 동물을 두루 일컫는 말이다. 대개 몸집이 작고 꼬물꼬물 기어 다니는 것을 가리킨다. 그러나 정확히 말하자면 곤충은 곤충이지 벌레가 아니다. → 곤충

미디어뱅크 사진

벚나무(Oriental cherry tree)

미디어뱅크 사진

봄이면 대개 하얀 꽃이 한꺼번에 활짝 피었다가 2~3일 만에 우수수 떨어지는 갈잎큰키나무이다. 키가 15~20m나 되며, 나무껍질은 어두운 갈색이다.

어긋나는 잎의 모양은 타원형인데 표면이 반짝거리며 가장자리에 잔 톱니가 있고 끝은 뾰족하다. 잎맥은 그물맥이다. 봄에 잎보다 먼저 꽃이 피는데, 4월쯤 제주도에서 시작해 차츰 북쪽으로 올라오며 핀다.

꽃빛깔은 분홍빛이 도는 흰색이며 갈래꽃으로서 5장의 꽃잎으로 이루어진다. 곤충 덕에 꽃가루받이가 되면 초록색 열매가 맺혀서 점점 붉게 물들다가 다 익으면 까맣게 된다. 이 열매를 버찌라고 하는데, 맛이 달콤한 것도 있다. 가을이 되면 잎이 붉은 갈색으로 물들었다가 떨어진다. 나무는 가구를 만드는 목재로 쓰인다.

베이킹 소다(baking soda)

빵이나 과자 등을 만들 때에 흔히 효모 대신에 쓰는 흰색 가루이다. 주로 산성 물질인 탄산염과 전분 가루가 섞여 있다. 이것이 열을 받으면 분해되면서 이산화탄소를 내놓아 밀가루 반죽이 부풀게 한다. → 탄산수소나트륨

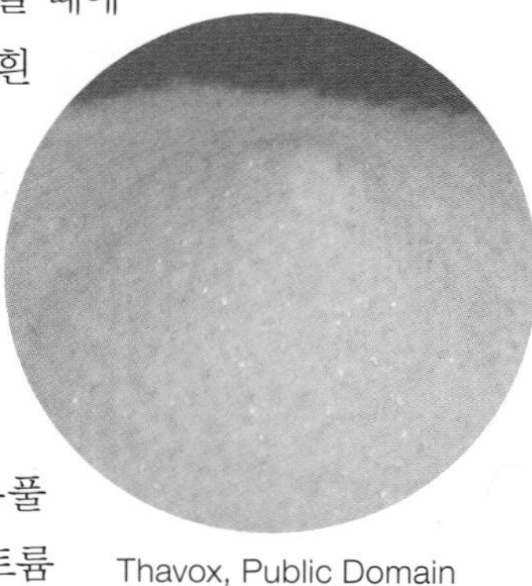

Thavox, Public Domain

베짱이(*Hexacentrus japonicus*)

여름에 풀숲에서 아름다운 소리를 내는 곤충이다. 머리에 겹눈과 더듬이 한 쌍 및 입이 있으며, 가슴에는 다리 6개와 날개 4장이 달려 있다. 주로 풀잎을 먹고 살기 때문에 입이 씹어 먹기에 알맞도록 발달했다.

몸길이가 3cm쯤 되지만 몸빛깔이 둘레의 풀잎과 비슷한 초록색이어서 쉽게 눈에 띄지 않는다. 주변의 환경에 어울려서 적에게 들키지 않고 제 몸을 지키는 방법이다. 다리 가운데 앞의 두 쌍은 짧고 가늘지만 뒤의 한 쌍은 굵고 길다. 그래서 살금살금 기거나 껑충 뛰어오를 수 있다. 날개는 날거나 뒷다리로 문질러서 소리를 내는 일에 쓴다. 소리를 내는 것은 주로 수컷이다.

가을이 되면 암컷이 땅에다 판 구멍이나 나무에다 알을 낳는다. 이듬해 봄에 알에서 깬 애벌레는 몇 번 허물을 벗으면서 자라나 여름이 끝날 무렵에 어른벌레가 된다.

미디어뱅크 사진

베틀(loom)

무명, 모시, 명주, 삼베 같은 여러 가지 베를 짜는 틀이다. 방직 기계가 나오기 전에 집에서 천을 짜던 기계로서, 모두 나무로 만들었다.

긴 베틀에 날실을 걸고 사람의 손으로 씨실을 오른쪽 왼쪽으로 번갈아 보내서 베를 짠다. 날실의 수에 따라서 베의 촘촘함과 폭이 결정되는데, 보통 무명베는 720줄, 명주나 모시베는 1,200줄이다. 또한 날줄의 길이가 곧 베의 길이로서 보통 20자이다. 이렇게 짠 것을 베 한 필이라고 한다.

한 사람이 베틀에 걸터앉아서 베를 짜는데, 이 일은 대개 여자의 몫이었다. 하루 동안에 보통 무명베는

10자, 모시베는 8~9자, 명주베는 6~7자쯤 짤 수 있었다. 한 자는 30.3cm쯤 되는 길이이다.

그러나 오늘날에는 모든 베를 방직 공장에서 전기 베틀, 곧 거의 자동으로 움직이는 방직 기계로 짠다. 따라서 집안에서 사람의 힘으로 움직이는 베틀은 볼 수 없다. 하지만 공업이 발달되지 않은 몇몇 나라에서는 아직도 이런 베틀을 쓰고 있다.

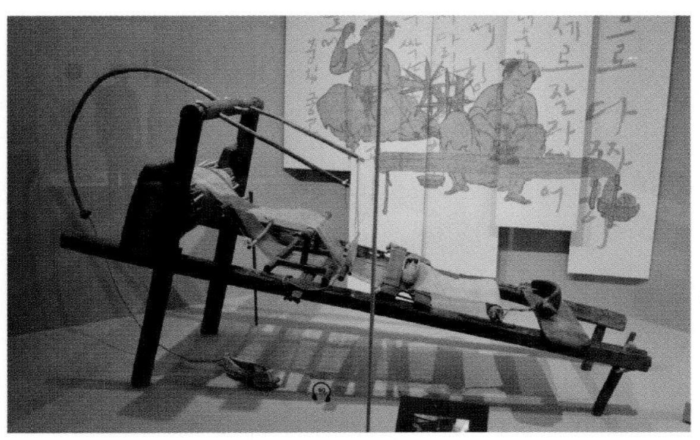

미디어뱅크 사진

벼(rice plant)

우리가 날마다 먹고 사는 쌀을 내는 식물이다. 따라서 가장 중요한 농작물이며 없어서는 안 될 식량 자원이다. 전국 어디서나 봄부터 여름까지 가꾸어서 가을에 거두어들인다.

벼는 외떡잎식물이며 한해살이풀이다. 우리나라와 같은 온대 지방에서는 한 해에 한 번 심어서 가꿀 수 있지만 날씨가 따뜻하고 비가 많이 오는 나라에서는 1년에 세 번까지 심어서 거둘 수 있다. 그래서 동남아시아나 미국의 남부 지방에서 많이 가꾼다.

벼의 씨를 나락 또는 벼라고 하는데, 이것을 찧어서 겉껍질을 벗겨내면 우리가 밥을 해 먹는 쌀이 된다. 세계 인구의 절반 가까이, 특히 동남아시아 사람들이 주로 쌀밥을 먹고 산다. 우리도 먼 옛날부터 쌀밥을 먹고 살아 왔다.

벼는 본디 인도의 더운 지방에서 저절로 자라던 것을 3,000년쯤 전에 심어서 가꾸기 시작했다. 이것이 동남아시아 여러 지방으로 퍼지다가 마침내 우리나라에도 들어온 것 같다. 처음 기록된 것으로는 〈삼국사기〉에 백제와 신라에서 벼농사를 지었다고 적혀 있다.

오늘날 우리나라에서 심는 벼에는 맛이 좋지만 수확량은 적은 일반 벼와 수확량은 많지만 맛이 덜한 통일벼가 있다. 벼의 수확량을 늘리려면 각 지방의 기후와 토질에 알맞은 볍씨를 골라야 한다. 그래서 먼저 다른 품종이 섞이지 않은 순수한 볍씨를 고른다. 그리고 소금물가림을 하여 충실한 씨만 가려내서 소독을 하고 싹을 틔워 못자리에 뿌린다. 그 뒤로 40~ 50일쯤 지나면 모가 자라서 모내기를 할 수 있다.

대체로 모내기는 중부 지방에서는 5월 중순에서 하순에, 남부 지방에서는 5월 하순~6월 상순에 한다. 요즘에는 흔히 상자에다 모를 길러서 기계로 모내기를 한다. 모내기할 논은 미리 써레질을 해서 바닥을 편평하게 고른 다음에 줄을 맞춰서 모를 얕게 심는다. 그래야 모가 고르게 자라고 관리하기 쉽기 때문이다.

모내기가 끝나면 물대기, 거름주기, 김매기, 병충해 막기를 잘 해 준다. 벼 이삭이 팰 때에 물이 가장 많이 필요하다. 이삭이 팬 뒤 30일쯤 되면 물대기를 그친다. 거름은 모내기 전에 흙에다 두엄을 많이 넣어 주고 그 뒤부터는 질소, 인산, 칼륨 등을 알맞게 준다. 모내기를 한 뒤 10~14일쯤부터 이삭이 패기 한 달 전까지 두세 번 김매기를 한다. 그러나 요즘에는 잡초를 없애는 제초제를 쓰기도 한다.

벼는 자라면서 도열병, 잎집무늬마름병, 이화명나방이나 벼멸구 따위의 피해를 입을 수 있다. 이런 병이나 병충해를 막으려면 우선 모를 튼튼히 기르고 농약을 알맞게 써야 한다.

이삭이 팬 뒤에 40~50일이 지나면 벼를 거둔다. 대개 중부 지방에서는 10월 상순부터, 남부 지방에서는 10월 중순부터 벼 베기를 시작한다. 요즘에는 대개 기계로 벼를 베면서 낟알을 떨어서 거둔다. 벼를 떤 다음에는

벼꽃 미디어뱅크 사진

ㅂ

잘 익은 벼 미디어뱅크 사진

낟알의 수분이 13% 아래가 되도록 잘 말려서 저장한다.

잘 마른 벼는 방아를 찧어야 쌀이 된다. 맨 먼저 벼의 껍질을 벗겨내면 갈색 낟알이 된다. 이것을 현미라고 하는데, 현미는 오래 저장하기가 어렵다. 그래서 현미의 갈색 껍질이 벗겨지도록 더 깎아내서 쌀을 하얗게 만든다. 이때 깎여 나온 갈색 가루를 쌀겨라고 하는데, 쌀겨에는 철분과 함께 비타민 B1이 많이 들어 있다. 따라서 이런 것을 벗겨내 버린 흰 쌀밥만 먹고 살면 철분과 비타민 B1이 부족해서 각기병에 걸릴 수 있다. 각기병은 신경 조직이 상해서 몸이 마비되는 병이다. 따라서 쌀밥과 함께 채소와 생선 같은 음식을 골고루 먹는 것이 매우 중요하다. → 쌀

변성암(metamorphic rock)

지구의 껍데기를 이루고 있는 세 가지 주요 암석 가운데 하나이다. 세 가지 암석 가운데 다른 두 가지인 퇴적암이나 화성암이 변해서 만들어진다. 예를 들면, 퇴적암인 사암이 변해서 된 규암 및 석회암이 변해서 만들어진 대리석 등이다. 또 편마암은 화성암인 화강암이 변해서 만들어진 것이다.

땅속의 바위가 이렇게 변하게 하는 힘은 주로 그 곁에 있던 마그마의 뜨거운 열, 깊이 묻힌 암석을 위에서 짓누르는 땅의 압력, 지각의 이동, 온천물의 뜨거운 열 등이다. → 암석

변성암인 활석
Tiia Monto, CC-BY-SA-3.0

변온/정온 동물 (cold-/warm-blooded animal)

바깥 온도에 따라서 몸의 온도가 변하는 동물을 변온 동물이라고 하며, 바깥 온도와 상관없이 몸의 온도가 한결같은 동물을 정온 동물이라고 한다. 때로는 변온 동물을 찬피 동물, 정온 동물을 더운피 동물이라고도 한다. 포유류와 새는 정온 동물이며, 그밖의 동물은 모두 변온 동물이다.

동물은 숨을 쉬고 먹이를 먹어서 에너지를 내므로 살아 있는 동안 어느 동물이나 몸에서 열이 난다. 그러나 변온 동물은 에너지를 내는 능력이 낮으며, 바깥과의 열 교환이 잘 이루어지므로 바깥 온도에 따라서 몸의 온도가 바뀐다. 따라서 바깥의 온도가 너무 높거나 낮아지면 제대로 활동하지 못하고 오랫동안 잠을 잔다. 추운 겨울에는 겨울잠을 자며, 여름에 온도가 매우 높은 곳에서는 여름잠을 잔다.

정온 동물은 에너지를 내기에 필요한 산소를 혈액에 실어서 충분히 공급할 수 있도록 심장이 발달했으며, 아울러 체온이 높으면 땀을 흘리고 체온이 낮으면 호흡을 많이 해서 체온을 조절할 수 있다. 그리고 피부에 털이나 깃털이 있어서 열이 함부로 달아나지 못하게 한다. 포유류와 새는 이와 같은 조건을 갖추고 있어서 체온을 늘 같게 할 수 있다. 따라서 정온 동물은 추운 겨울에도 활동할 수 있으며, 늘 추운 극지방이나 늘 더운 열대 지방에서도 살 수 있다.

별(star)

맑은 밤하늘에 수많은 별이 반짝인다. 그 가운데에는 밝은 별도 있고, 눈에 잘 띄지 않을 만큼 희미한 별도 있다. 수많은 별이 한데 모여 있어서 마치 강물이 흐르는 것 같아 보이는 은하수도 있다.

밤하늘에 떠 있는 별은 거의 다 태양처럼 수소나 헬륨 등 뜨거운 기체로 이루어졌으며 엄청나게 큰 공이다. 이런 여러 가지 기체가 핵반응을 일으키면서 높은 열과 빛을 냄으로써 밝게 빛난다. 이런 별들을 항성이라고 한다. 한편 금성, 지구, 화성 같은 태양계의 위성들은 스스로 빛을 내지 못하고 태양의 빛을 받아서 반사시킨다. 이런 것들을 행성이라고 부른다.

별밤의 캠핑 Charbel Zakhour, CC-BY-SA-4.0

별은 태양이나 달보다 훨씬 더 작고 흐리게 보이지만 실제로 항성 가운데에는 태양보다 훨씬 더 크고 밝은 것이 많다. 다만 너무나 멀리 떨어져 있기 때문에 작게 보이는 것이다. 그리고 별이 깜박깜박하는 것처럼 보이는 까닭은 별빛이 지구의 대기를 지나오면서 조금씩 굴절되기 때문이다. 우주에서 보면 어느 별도 깜박거리지 않는다.

우리가 눈으로 볼 수 있는 별은 3,000개쯤인데, 밝기에 따라서 6 가지로 나눈다. 가장 밝은 1등성부터 가장 어두운 6등성까지이다. 1등성은 모두 20개쯤인데 시리우스, 카노푸스, 직녀성, 견우성 등이다.

지구와 가장 가까운 항성은 켄타우루스인데, 지구와의 거리가 지구와 태양 사이 거리의 약 27만 배나 된다. 이와 같이 거리가 너무나 멀기 때문에 별까지의 거리를 나타낼 때에는 km를 쓰지 않고 광년을 쓴다. 1광년은 빛이 1년 동안 나아가는 거리이다. 지구에서 켄타우루스까지의 거리는 4.3광년쯤이며 북극성까지의 거리는 800광년쯤이다.

금성을 샛별이라고 하는 것처럼 행성도 흔히 별이라고 한다. 그러나 행성은 덜 깜박거리는 편이다. 밤 새 별을 관찰하면 하루 동안에 한 바퀴 도는 것처럼 보이는데, 그 까닭은 별이 움직이기 때문이 아니라 지구가 자전하기 때문이다.

별자리(constellation)

맑은 날 밤에 북쪽 하늘을 보면 별 7개가 늘어서서 국자 모양을 이루고 있다. 이것을 북두칠성이라고 한다. 이와 같이 별 몇 개가 모여서 독특한 모양을 이룬 것을 별자리라고 한다.

사람들은 오래 전부터 하늘을 신비롭게 여기고 별의 움직임이나 별들이 이루는 모양에 대해 관심이 많았다. 그래서 별자리에 관한 전설과 신화가 많이 생겼다. 별자리의 이름은 대개 그런 신화나 전설과 관련이 있다.

바다에서 항해하는 배나 하늘에서 나는 비행기는 별자리를 보고 방향을 잡기도 한다. 그런데 나라마다 별자리의 이름이 달라서 혼란스러웠기 때문에 1922년에 국제 천문학 연합 총회에서 별자리를 모두 88개로 나누고 이름을 통일해서 정했다. 하늘에 있는 모든 별은 이 88가지 별자리 가운데 어느 하나에 든다. 예를 들면, 북두칠성은 큰곰자리의 한 부분이다.

지구 위의 한 곳에서 보면 계절에 따라 보이는 별자리가 다르다. 그 까닭은 지구가 자전과 공전을 함께 하기 때문이다. 어느 계절에 보이던 별이 6달 뒤에는 지구에서 볼 때에 태양과 같은 방향에 있어서 밤하늘에 나타나지 않을 수 있다. 지구가 그만큼 자리를 옮겼기 때문이다. 그래서 계절에 따라 보이는 별자리가 다르다. 봄에는 카시오페이아자리, 오리온자리, 사자자리, 북두칠성, 북극성 등이, 여름에는 백조자리, 북두칠성, 궁수자리, 카시오페이아자리, 전갈자리, 북극성 등이, 가을에는 페가수스자리, 궁수자리, 북두칠성, 카시오페이아자리, 북극성 등이, 겨울에는 마차부자리, 오리온자리, 북두칠성, 카시오페이아자리, 북극성 등이 보인다. *(다음 면에 계속됨)*

북두칠성, 큰곰자리, 작은곰자리 Panda~thwiki, CC-BY-4.0

ㅂ

한편, 우리나라는 북반구에 있기 때문에 북극쪽 하늘에 있는 카시오페이아자리, 기린자리, 북두칠성, 살쾡이자리, 작은곰자리, 용자리, 케페우스자리 등은 어느 계절에나 보이지만, 남극쪽 하늘에 있는 남십자성 같은 별은 어느 계절에도 보이지 않는다. 밤을 새워 별자리를 관찰하면 지구의 자전으로 말미암아 별자리의 위치가 시간에 따라서 다르게 보인다.

병렬 연결(parallel circuit)

전기 회로에서 전지 여러 개를 서로 같은 극끼리 나란히 연결하거나 전선 한 줄을 여러 갈래로 나누어서 각 갈래마다 전구를 한 개씩 연결하는 방법이다. 예를 들면, 전구 2개를 병렬로 연결하려면 저마다 전구가 이어진 전선 2 가닥을 한 전지의 +극과 −극에 이어 준다. 또 전지 2개는 같은 극끼리 연결한 전선들을 한 전선에 잇는다.

이렇게 병렬로 연결된 전지들은 그 수와 상관없이 전지 한 개와 같은 전력을 낸다. 곧 1.5V(볼트)짜리 전지를 아무리 많이 병렬로 연결해도 그 전기 회로에 흐르는 전류의 세기는 1.5V이다. 따라서 그 회로에 이어진 전구의 밝기는 1.5V짜리 전지 한 개로 켠 밝기와 같다. → 직렬 연결

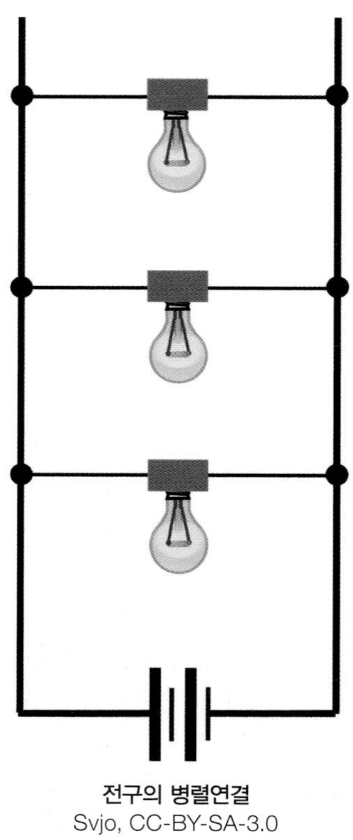
전구의 병렬연결

병아리(chick)

알에서 깬지 얼마 되지 않은 닭의 새끼이다. 특히 갓 깬 병아리는 노란 솜털에 싸여 있으며 작은 소리로 '삐약, 삐약'하고 운다. 또 알에서 깨자마자 걸을 수 있으며 작은 먹이를 쪼아 먹는다.

그러나 깃털이 나고 꽤 컸을지라도 아직 다 자라지 않은 닭이나 모든 새의 새끼를 병아리라고 부를 수도 있다.

병어(white pomfret)

몸이 납작하며 거의 마름모꼴로 생긴 바닷물고기이다. 몸 빛깔이 빛나는 흰색이며 주둥이가 짧고 둥글며 꼬리지느러미가 깊게 패여 두 갈래로 나뉘어 있다. 몸길이가 60cm쯤, 폭은 45cm쯤 된다.

육지에서 멀지 않은 대륙붕의 바다 속 갯벌이나 모래 바닥에서 작은 갯지렁이, 게, 가재, 새우 등을 잡아먹고 산다. 암컷은 봄부터 여름까지 알을 낳는다. 황해와 남해, 일본의 남쪽 바다와 인도양에서 많이 잡힌다. 잡히면 곧 죽어 버리기 때문에 살아 있는 병어를 보기는 어렵다. 맛이 좋아서 사람들이 많이 찾는 생선이다.

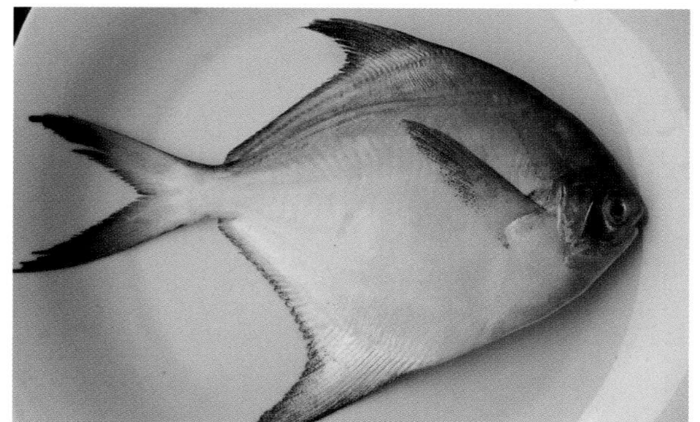

병원(hospital)

우리의 건강을 돌보아 주는 곳이다. 아프거나 다친 사람을 치료해 준다. 그러나 성한 사람의 건강도 진단하며 아기 낳는 일을 돕기도 한다.

병원에서는 진찰과 치료를 맡은 의사, 의사와 환자를 돕는 간호사, 여러 가지 의료 기계를 다루는 기사 및 사무를 보는 직원들이 모두 함께 일한다. 진단과 치료에 쓰이는 여러 가지 기구가 잘 갖춰져 있을 뿐만 아니라 오래 머물면서 치료 받아야 할 사람들을 위한 입원실도 있다.

사람의 몸은 아주 복잡하게 이루어져 있어서 한 사람이 모두 알 수는 없다. 따라서 우리의 건강을 돌보는 의학은 여러 갈래로 나뉜다. 예를 들면, 내과, 외과, 소아청소년과, 치과, 안과, 이비인후과, 신경정신과, 산부인과 등이다. 그 가운데에서 한 가지 분야만 전문적으로 다루는 치과 병원이나 안과 병원이 있는가 하면, 여러 분야의 의사들이 함께 일하는 종합 병원도 있다.

또 결핵 병원이나 나병원과 같이 특수한 병원이 있으며, 감염병 환자들만 따로 모아서 치료하는 격리 병원도 있다.

우리나라에는 먼 옛날부터 한의원이 있었다. 고려 시대의 태의감이나 조선 시대의 제생원 및 혜민국 등이 나라에서 세운 병원이었다. 한의원에서는 여러 가지 한약과 침술 등으로 병을 치료한다. 오늘날 우리가 흔히 이용하는 서양식 병원으로는 1885년에 서울에 세워진 광혜원이 처음이었다.

우리나라 최초의 병원 미디어뱅크 사진

보건과 위생(health and hygiene)

우리는 늘 알맞게 활동할 수 있는 몸과 마음을 지녀야만 건강할 수 있다. 아프지 않은 것이 곧 건강은 아니다. 아프지는 않더라도 건강하지 않은 사람이 얼마든지 있다.

우리 몸은 참으로 복잡하게 만들어져 있다. 그래도 모든 기관이 제대로 움직여야지 어느 한 군데라도 탈이 나면 기분이 언짢아진다. 마음 또한 건강하지 않으면 몸에 탈이 나기 쉽다. 마음과 몸은 서로 꽉 짜여 있기 때문이다.

손씻기는 늘 건강을 지키는 습관 SuSanA Secretariat, CC-BY-2.0

병이 나면 의사가 고칠 수 있다. 그러나 병이 나기 전에 스스로 건강을 지켜서 즐겁게 사는 것이 좋다. 건강을 지키는 일은 아주 간단하다. 몸을 항상 깨끗하게 하고, 규칙적으로 운동하고 쉬며, 음식물을 알맞게 먹으면 된다. 덧붙여서 정기적으로 건강 진단을 받으면 더욱 좋다.

여러 가지 병균은 떠돌아다니다가 우리 몸에 붙는다. 그리고 몸에서 나오는 땀이나 기름기를 먹고 산다. 이런 것은 대개 별 탈이 없지만 어쩌다 피부 속으로 파고들거나 입이나 콧구멍을 통해서 몸 안으로 들어오면 병을 일으킨다. 그러니까 몸을 씻어서 항상 깨끗하게 하는 것이 중요하다. 특히 집 밖에 나갔다 돌아오면 늘 손을 씻는 것이 좋다. 나쁜 균이 손에 묻었다가 입으로 들어오기 쉽기 때문이다.

자기 전과 아침에 일어나서 이를 닦는 것도 건강을 지키는 일이다. 이가 튼튼해야 음식을 잘 먹을 수 있으며 소화도 잘 된다. 그런데 이를 닦지 않으면 이 사이에 낀 음식물 찌꺼기가 이를 삭게 한다.

운동을 하면 몸의 여러 부분이 움직이기 때문에 튼튼해지고 기분도 좋아지며, 따라서 질병을 이겨낼 힘이 생긴다. 그러나 운동은 규칙적으로 알맞게 해야 한다. 하다말다 하거나 지나치게 하면 도리어 건강을 해칠 수 있다. *(다음 면에 계속됨)*

운동을 하면 가슴이 뛰고 숨이 가빠진다. 운동으로 말미암아 몸 안에서 빠르게 없어지는 산소를 대 주기 위해서이다. 몸 안의 산소는 혈액이 나르기 때문에 심장이 더 빠르게 뛴다. 혈액은 산소와 함께 영양분도 나른다.

우리가 날마다 먹는 음식물 속에는 여러 가지 영양소가 들어 있다. 영양소는 몸을 움직이는 힘이 되고 자라게 하며 건강을 지켜 준다. 따라서 음식을 고루 먹어서 영양소를 알맞게 섭취하는 것이 매우 중요하다. 영양소는 크게 5 가지로 나뉜다. 단백질, 탄수화물, 지방, 무기질 및 비타민이다.

단백질은 우리 몸의 피와 살을 만들고 병에 대한 저항력도 길러 준다. 고기, 생선, 알, 콩 등에 많이 들어 있다. 탄수화물은 우리가 활동하는 데에 필요한 힘을 내준다. 이것이 부족하면 몸무게가 줄며, 너무 많으면 뚱보가 된다. 쌀, 밀, 옥수수 같은 곡식이나 감자, 고구마 등에 많다. 지방은 힘과 열을 내 주는데, 이것이 부족하면 자람이 더디고 피부염을 일으키거나 쉽게 피로해지며 추위를 탄다. 그러나 너무 많으면 뚱뚱해진다. 버터, 땅콩, 호두, 잣 같은 기름기 있는 음식물에 많다.

무기질은 뼈와 이를 튼튼하게 하며 세포가 하는 일을 수월하게 해 준다. 이것이 부족하면 이가 약하고, 얼굴이 창백해지며, 근육에 탄력이 없어진다. 우유, 아이스크림, 김, 미역, 다시마, 생선 등에 많이 들어 있다. 비타민은 몸의 기능을 조절해 준다. 무, 배추, 시금치, 마늘 같은 채소와 귤, 포도, 딸기, 토마토 같은 과일에 많이 들어 있다.

또한 우리 몸을 이루고 있는 중요한 성분 가운데 하나가 물, 곧 수분이다. 수분은 우리 몸의 70%를 차지한다. 우리는 땀, 오줌 및 똥 등으로 수분을 몸 밖으로 내보내기 때문에 늘 그만큼 새로 섭취해야 한다. 운동으로 땀을 많이 흘려서 수분이 부족하면 곧 갈증을 느낀다. 사람은 며칠 동안 굶어도 살 수 있지만 오랫동안 물을 못 마시면 죽는다.

알맞게 쉬는 것 또한 건강하게 사는 길이다. 우리 몸은 다른 어느 때보다도 잠을 자는 동안에 푹 쉬면서 다음 날에 쓸 힘을 모은다. 잠을 자야 하는 시간은 나이에 따라서 다르다. 갓난아기는 거의 하루 종일 잠을 자지만 자라면서 차츰 자야 하는 시간이 줄어든다. 그래도 초등학생은 하루에 8~10시간쯤 자야 한다. 어른보다 어린이가 먼저 잠자리에 들어야 하는 까닭이 여기에 있다.

그밖에도 우리 몸을 건강하게 지키려면 날마다 규칙적인 생활을 할 뿐만 아니라 앉고 서는 자세를 똑바로 하는 것이 중요하다. 예를 들어서, 날마다 같은 때에 화장실에 가는 것이 몸의 배설 기관을 길들이는 좋은 방법이다. 또한 몸의 자세가 늘 똑바르면 허리가 구부정해지거나 어깨가 처지지 않으며 숨쉬기가 편하다.

보건소(public health center)

병원, 한의원, 약국과 함께 우리의 건강을 돌보아 주는 곳 가운데 하나이다. 감염병이 돌거나 그럴 염려가 있을 때에 사람들에게 예방 주사를 놓아 주고 더러운 곳을 소독하기도 한다.

보건소는 한 고장 사람 모두의 건강과 위생을 위한 공공 기관이다. 따라서 여러 가지 병을 예방할 방법을 연구하고, 지역 사람들의 건강을 지키기 위해 조사와 연구를 하며, 병원이 없는 마을을 찾아다니면서 아픈 사람을 진찰하고 치료한다. 또한 고장 사람들의 가족 계획, 보건 교육 및 공공장소의 소독 등의 일을 맡고 있다.

보름달(full moon)

둥그런 달의 모습이 완전히 다 보일 때의 달이다. 음력 15일 초저녁에 동쪽 하늘에 떠올라서 이튿날 새벽에 서쪽으로 진다. 그 다음 날부터 조금씩 작아져서 1주일쯤 지나면 반달인 하현달이 된다. → 달

미디어뱅크 사진

보리(barley)

벼와 함께 매우 중요한 농작물이다. 두해살이풀로서 다 자라면 키가 1m쯤 된다. 떡잎이 하나인 외떡잎식물이다. 속이 빈 줄기는 굵고 둥글며 마디가 있다.

보리에는 추운 겨울을 지나야 이삭이 생기는 가을보리와 그렇지 않은 봄보리가 있다. 가을보리는 가을에 씨를 뿌리고 봄보리는 봄에 씨를 뿌리는데, 우리나라에서는 대개 벼를 거둬들인 뒤에 가을보리를 심는다. 가을에 싹이 난 보리는 겨울을 나면서 자란다. 그리고 봄이 되어서 날씨가 따뜻해지면 줄기가 튼튼해지고 이삭이 패서 꽃이 핀다. 바람의 도움으로 꽃가루받이가 이루어지면 낟알이 여물기 시작하여 6월쯤이면 완전히 익는다.

보리 낟알에는 까락이 붙어 있다. 보리는 씨가 2줄로 붙어 있는 2줄 보리와 6줄로 붙어 있는 6줄 보리가 있다. 또 껍질이 있는 겉보리와 껍질이 붙어 있지 않은 쌀보리로 나누기도 한다. 고장에 따라서 겉보리를 많이 심는 데가 있는가 하면 주로 쌀보리를 많이 심는 데도 있다. 보리에는 녹말이 많으며, 비타민, 섬유질 및 단백질 등도 들어 있다. 따라서 먼 옛날부터 보리는 매우 중요한 식량이었다. 그러나 지금은 식량으로 쓰기보다는 술, 고추장, 된장 또는 보리차 따위를 만들기에 더 많이 쓴다.

보리는 본디 중국의 티베트 지방과 카스피해 남쪽의 소아시아 지방에서 자라던 풀로 생각된다. 이것을 사람이 가꾸기 시작한 때가 7,000년에서 1만 년쯤 전으로 알려져 있다. 우리나라에는 아주 먼 옛날 중국에서 들어왔으며, 4~5세기에 일본에 전해진 것 같다.

미디어뱅크 사진

보안경(safety goggle)

눈을 보호하려고 쓰는 안경이다. 예를 들면, 실험실에서 실수로 화학 약품이 눈에 튀는 것을 막거나 공사장에서 산소 용접을 할 때에 불티가 눈에 들어가는 것을 막으려고 쓰는 것이다.

과학 실험용 보안경 Lilly/M, CC-BY-SA-3.0 GFDL

보온병(thermos bottle)

따뜻하거나 차가운 액체를 담아 두면 쉽게 식거나 데워지지 않는 병이다. 본디 그 속에 든 물질의 온도를 일정하게 유지하도록 만들어진 병이기 때문이다.

보온병은 큰 병 안에 두 겹으로 된 작은 병이 또 들어 있는데, 이 병의 바깥 유리와 안 유리 사이가 진공 상태이다. 그래서 그 안과 밖 사이에 열이 잘 전달되지 않는다. 게다가 유리병 안쪽은 열을 반사하도록 도금이 되어 있다.

미디어뱅크 사진

보청기(hearing aid)

소리를 잘 듣지 못하는 사람을 돕는 기구이다. 귓속에 넣고 있으면 바깥에서 나는 소리가 크게 들리게 해준다. 소리를 전류로 바꾸는 마이크, 전류를 크게 증폭시키는 앰프, 및 증폭된 전류를 다시 큰 소리로 바꿔주는 이어폰 따위로 이루어져 있다.

보호색(protective coloration)

배추흰나비 애벌레는 몸빛깔이 배춧잎의 색깔과 비슷해서 쉽게 눈에 띄지 않는다. 이와 같이 주변의 환경과 비슷한 동물의 몸빛깔을 보호색이라고 한다. 동물이 보호색을 띠면 쉽게 포식자의 눈에 띄지 않을 뿐만 아니라 제 먹이가 눈치 채지 않게 다가갈 수 있어서 좋다.

보호색은 주로 풀밭이나 나무에서 살며 다른 동물과 싸워서 이기지 못하는 벌레 따위 약한 동물에게서 볼 수 있다. 개구리는 풀밭에서 초록색이 되며 맨땅에서는 흙색과 비슷해진다. 여름에는 털이 갈색이다가 겨울이 되면 흰색으로 바뀌는 토끼도 있다.

보호색을 띠는 동물로는 배추흰나비 애벌레, 베짱이, 나방, 개구리, 토끼, 들꿩, 곰 따위가 있다. 색깔뿐만 아니라 생김새도 주변 환경과 비슷하게 변하는 동물이 있는데, 이런 것은 의태라고 한다.

복분자(*Robus coreanus*)

우리나라 남쪽 지방의 산자락에서 자라는 갈잎떨기나무이다. 산딸기의 한 가지로서 5~6월에 연분홍색 꽃이 피고 열매가 열어 7~8월에 까맣게 익는다. 딸기는 좁쌀만한 열매들이 다닥다닥 붙어서 동그랗게 뭉친 모습인데 붉은 색깔이 처음에는 옅다가 차츰 짙어져서 다 익으면 까맣게 된다. 맛은 시고 달다.

요즘에는 복분자나무를 밭에다 심어서 가꾸는 데가 많다. 키가 3m까지 자라는데 가지를 많이 치며 잔가지에 가시가 난다. 잎은 어긋나는데 깃꼴겹잎이며 타원형에 끝이 뾰족한 작은 잎들은 가장자리에 톱니가 있다. 딸기는 그냥 또는 즙이나 잼을 만들어서 먹으며 조금 덜 익은 것을 따서 말려 두었다가 한약재로 쓰기도 한다.

미디어뱅크 사진

복숭아(peach)

복숭아나무의 열매이다. 대표적인 여름 과일 가운데 하나로서 익으면 과즙이 많고 맛이 달다. 겉에 보송보송한 잔털이 많이 나며, 열매의 한가운데에 커다란 씨가 한 개씩 들어 있다.

복숭아나무는 갈잎큰키나무이며 가지가 옆으로 넓게 퍼진다. 봄 4~5월에 잎이 나지 않은 가지에 분홍색 꽃이 예쁘게 피는데, 꽃가루받이가 되면 작은 초록색 열매가 열린다. 열매는 7~8월 한여름에 익으며, 잎은 가을에 단풍이 들어서 떨어진다.

복숭아나무는 본디 중국과 우리나라에서 자라던 것인데 2,000년쯤 전에 페르시아를 거쳐서 유럽에 전해졌다고 한다.

미디어뱅크 사진

본초자오선(Greenwich meridian)

지도 위에서 영국 런던시의 그리니치구를 지나는 경선이다. 본디 그리니치 천문대가 있던 곳이다. 본초자오선이라는 이 경선은 경도 0°(도)이다. 경선은 지구의 둘레를 360°로 나눈 것인데, 이것을 다시 본초자오선을 중심으로 동쪽과 서쪽으로 똑같이 둘로 나눈다. 그래서 지구 위의 모든 경선은 본초자오선의 동쪽으로 180°까지, 또 서쪽으로 180°까지 있다. 그래서 동경 180°와 서경 180°는 같은 한 선으로서 본초자오선의 정반대 쪽에 있다.

본초자오선은 또한 세계 시간의 시작점이기도 하다. 온 지구를 24개의 시간대로 나누어 한 시간대에 경도 15°씩 차지하게 했다. 따라서 본초자오선이 한가운데를 지나는 그리니치에서 동쪽으로 가면 한 시간대마다 한 시간씩 빨라지며 서쪽으로 가면 한 시간대마다 한 시간씩 늦어진다.

본초 자오선

볼록 렌즈(convex lens)

가운데가 가장자리보다 더 두꺼운 렌즈이다. 확대경은 대개 볼록 렌즈로 만든다.

볼록 렌즈를 지난 빛은 안쪽으로 꺾인 채 곧게 나아가서 한 점에 모인다. 이 점에 종이를 대면 그 부분이 밝고 뜨거워진다. 따라서 볼록 렌즈의 초점이 몸에 직접 닿게 하지 말아야 한다. 볼록 렌즈와 같은 구실을 하는 것으로 물방울, 물이 담긴 둥근 어항이나 투명한 비닐봉지 등이 있다.

손잡이가 달린 볼록 렌즈를 글자에 가까이 대고 보면 글자의 크기에 큰 차이가 없어 보이지만 글자에서 멀어질수록 점점 더 크게 보인다. 그러나 어떤 거리를 지나면 글자가 다시 작아지고 거꾸로 보인다. 이때 글자가 가장 크고 바르게 보이는 점이 그 렌즈의 초점이며, 글자에서 그 점까지의 거리가 초점 거리이다. 이런 볼록 렌즈는 흔히 돋보기안경이라고 하는 원시경, 광학 현미경, 망원경 등에 쓰인다. → 렌즈

양면 볼록렌즈는 먼 물체의 상을 거꾸로 맺는다

볼펜(ballpen)

요즘 흔히 쓰는 펜이다. 볼펜 자루 속에는 한쪽 끝에 아주 작은 쇠구슬이 박히고 잉크가 채워진 가느다란 플라스틱 대롱이 들어 있다. 그래서 글씨를 쓰면 펜 끝의 쇠구슬이 돌면서 속에 든 잉크가 묻어 나온다.

볼펜은 잉크가 떨어지면 버리고 새것을 써야 한다. 잉크를 다시 채울 수 없기 때문이다. 1800년대 말에 처음으로 나왔지만 잘 알려지지 않았다가 제2차 세계대전 중에 널리 퍼졌다. 끈적끈적한 잉크가 잘 새지 않아서 미국 군인들이 많이 사용했기 때문이다. 그 뒤 한국전쟁 즈음에 우리나라에도 들어 왔다.

미디어뱅크 사진

봄(spring)

한 해의 첫 번째 계절이다. 보통 3, 4, 5월 석 달 동안을 봄이라고 한다. 그러나 지구 온난화에 따른 기상의 변화로 말미암아 요즘에는 봄이 훨씬 더 짧아진 느낌이다.

봄이면 낮이 점점 길어지고 밤이 짧아진다. 날씨가 점점 따뜻해지지만 변덕이 심해서 갑자기 추워지기도 하고 낮과 밤의 기온 차이가 커진다. 중국의 북쪽과 몽골 지방의 사막에서 황사가 자주 날아오며 비도 자주 온다.

또 온갖 식물의 싹이 돋아서 자라고 꽃이 핀다. 겨

울잠에 빠졌던 동물들이 깨어나는가 하면 나비들이 나타난다. 겨울 철새들은 북쪽 고향으로 돌아가고, 남쪽으로 갔던 제비들이 돌아온다. 이렇듯 자연이 모두 차근차근 여름을 향해 나아간다.

미디어뱅크 사진

봉수대(beacon-mound)

전기가 없던 옛날에 쓴 먼 거리 통신 시설이다. 대개 맨눈으로 멀리서 볼 수 있는 높은 산 위에 자리 잡고 있다. 외국의 군대가 쳐들어오는 것과 같은 큰일이 생기면 낮이면 연기를 피우고 밤에는 불을 피워서 먼 곳까지 신호를 보냈다. 이 신호를 본 곳에서 또 같은 신호를 해 마침내 서울까지 전해지게 한 것이다.

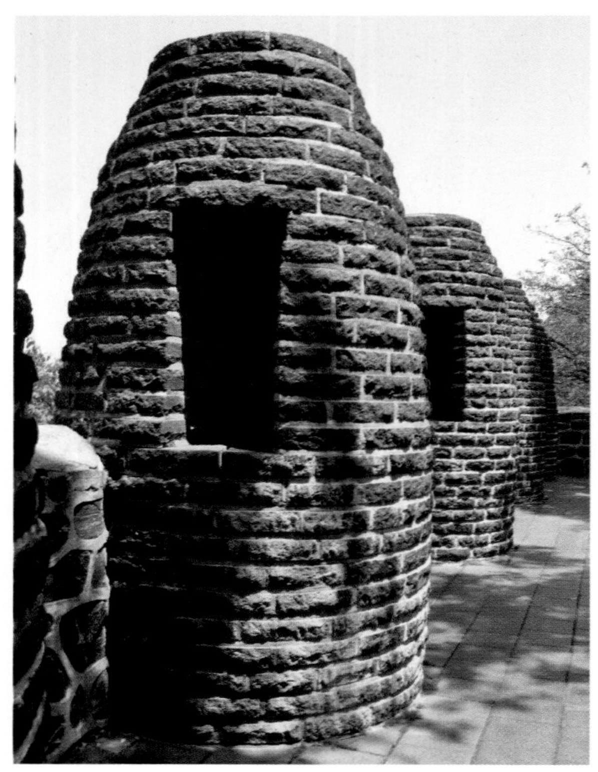

미디어뱅크 사진

따라서 나라 안 수백 곳에 이런 봉수 시설이 있었으며 저마다 지키는 군인과 봉수 신호를 맡은 사람, 그들이 살 집이 마련되어 있었다. 이렇게 온 나라에서 올라오는 신호는 모두 서울 남산에 있는 봉수대로 모여서 날마다 임금님께 보고되었다.

봉숭아(garden balsam)

봉선화라고도 하는 한해살이풀이다. 꽃이 예뻐서 화초로 많이 심는데 꽃과 잎으로 손톱을 물들이기도 한다.

미디어뱅크 사진

씨를 뿌리면 5월쯤에 싹이 터서 곧게 자라며 잎자루가 긴 잎이 많이 달린다. 잎은 어긋나며 길쭉한 타원형이고 가장자리에 톱니가 있다. 줄기는 굵고 곧게 30~50cm쯤 자라며 곁가지도 많이 난다. 한여름 6~8월에 잎겨드랑이에서 꽃이 피는데 색깔은 분홍색, 주홍색, 보라색, 흰색 등 여러 가지이다. 꽃이 진 자리에 맺힌 꼬투리 열매는 9월쯤에 익어서 스스로 터지므로 씨가 멀리까지 퍼진다.

봉숭아는 본디 인도나 동남아시아에서 자라던 풀로서 햇볕이 잘 들고 습기가 많은 땅에서 잘 자란다.

부도체(non-conductor)

열이나 전기를 거의 전달하지 않는 물질이다. 예를 들면, 고무와 같은 것이다. 따라서 고무로 전선을 감싸면 그 전선에 전류가 흐르고 있을지라도 다른 데로 전류가 새지 않는다. → 전도

부도체인 사기 애자
User:Chris320, CC-BY-SA-3.0 GFDL

부들(cattail)

연못이나 도랑의 가장자리와 같이 물가에서 잘 자라는 여러해살이풀이다. 뿌리줄기가 땅속에 길게 뻗으며 줄기와 잎은 물 위로 높이 자란다. 키가 1~1.5m이며 잎은 가늘고 길다. 6~7월 여름에 줄기의 윗부분에 손가락처럼 생긴 꽃 이삭이 생기는데 아래쪽은 암꽃이, 위쪽은 수꽃이 뭉친 것이다. 수꽃은 꽃가루를 떨어뜨리고 나면 사라진다.

꽃가루받이가 끝나면 씨가 생기는데 솜털처럼 가벼워서 바람에 잘 날린다. 부들의 꽃은 흔히 꽃꽂이에 쓰이며 길고 부드러운 잎은 바구니나 방석을 짜는 데 쓰이기도 한다. 온 세계의 온대와 열대 지방에서 흔히 볼 수 있다.

미디어뱅크 사진

부레(swim bladder)

물고기의 뱃속에 있는 기관이다. 흰 주머니인데 생김새가 물고기에 따라서 다르다. 속에 산소, 질소 또는 이산화탄소와 같은 기체가 들어 있다.

부레 속에 기체가 가득 차면 물고기가 몸의 비중이 낮아져서 위로 떠오르고, 반대로 기체가 빠져나가면 비중이 높아져서 아래로 가라앉는다. 물고기는 이렇게 부레 속 기체의 양을 조절하여 물속에서 위아래로 움직인다. 그리고 소리를 듣거나 몸의 균형을 잡는 데에도 쓴다. 그러나 상어나 가오리처럼 부레가 없는 물고기도 더러 있다.

부레옥잠(water hyacinth)

대개 연못이나 웅덩이처럼 고인 물에 떠서 수염처럼 수북한 뿌리를 물속에 늘어뜨리고 사는 여러해살이풀이다. 잎이 둥글고 넓적하며 반질반질하다.

부레옥잠의 잎자루에는 공기가 들어 있다. 잎자루의 속이 스펀지처럼 생겨서 공기를 저장하기에 알맞다. 가운데가 달걀처럼 불룩하게 부푼 잎자루는 공기가 든 튜브와 같아서 물속에 넣어도 가라앉지 않고 떠오른다.

여름 동안에 줄기의 끝에 새끼 포기가 생기는데, 이것이 떨어져 나가서 새 부레옥잠이 된다. 8~10월 사이에 예쁜 연보라색 꽃이 핀다. 곤충의 힘으로 꽃가루받이가 되면 꽃이 시들면서 꽃줄기가 물속으로 들어가서 열매를 맺는다. 열매가 익으면 떨어져서 연못 바닥에서 겨울을 나고 이듬해 봄에 싹이 튼다. 새싹은 처음에는 땅속에 뿌리를 박고 자라지만 잎자루가 부풀어 오르면 물위로 떠오르면서 땅속뿌리가 떨어져 나가고 새 뿌리가 생긴다.

미디어뱅크 사진

부리(bill)

동물의 주둥이에서 앞으로 튀어나와 있는 딱딱한 부분이다. 새, 거북, 몇 가지 물고기와 무척추 동물 및 오리너구리와 같은 한두 가지 포유류의 입이 이런 부리로 되어 있다. 공룡 가운데에도 부리가 있는 것이 많았다고 한다.

새의 부리는 주로 먹이와 먹이를 먹는 방법에 따라서 생김새가 다르다. 참새나 콩새 따위와 같이 주로 풀씨나 곡식의 낟알을 먹는 새의 부리는 짧고 굵다. 제비나 찌르레기와 같이 곤충을 잡아먹는 새의 부리는 가늘고 길며, 나무줄기에 구멍을 뚫어서 벌레를 잡아먹는 딱따구리의 부리는 끌처럼 뾰족하고 날카롭다.

물속에 뜬 동물성 또는 식물성 먹이를 먹는 오리나 기러기의 부리는 넓적하며 가장자리에 자잘한 거름 장

부리가 유난히 큰 새 투칸 Ttschleuder, CC-BY-SA-3.0

치가 있다. 그래서 진흙 바닥을 뒤져서 물과 펄은 밖으로 내보내고 먹이만 걸러 먹을 수 있는 것이다. 한편 왜가리나 황새처럼 물고기를 잡아먹는 새의 부리는 창끝과 같이 길고 뾰족하다. 또 살코기를 먹고 사는 매나 독수리의 부리는 짧고 매우 튼튼한 데다 끝이 뾰족하고 구부러져 있어서 먹이를 찢기에 알맞다.

부식물(humus)

죽은 식물이나 동물, 곧 풀뿌리와 나뭇잎 및 곤충 따위가 오랫동안 흙과 섞여서 썩은 것이다. 이런 부식물은 땅을 기름지게 만들어서 식물이 잘 자라게 돕는다.

부식물이 20% 넘게 들어 있는 흙을 부식토라고 한다. 이런 부식토는 색깔이 검은 갈색이며 차져서 농사짓기에 아주 좋다.

부식물이 많은 흙과 새싹 Suiseisekiryu, CC0 1.0 Public Domain

부싯돌(flint)

철이나 강철 쇳조각인 부시로 쳐서 불을 일으키는 단단한 돌이다. 석영 결정체로 이루어진 암석 조각으로서 백악, 석회암 및 그밖의 암석 속에 조금씩 뭉쳐서 들어 있다. 색깔이 대개 회색, 검정색 또는 짙은 갈색인데, 색깔이 더 옅고 겹겹이 쌓인 층으로 이루어진 것은 흑규석이라고 한다.

때로는 조가비에 이산화규소가 든 미세한 바다 생물의 잔해가 쌓여서 부싯돌이 되기도 한다. 이산화규소는 석영이라는 광물을 이루는 두 원소인 규소와 산소의 화합물이다. 이 바다 생물이 죽어서 그 조가비가 바닥에 가라앉으면 세월이 지나면서 이산화규소가 녹았다 다시 뭉쳐서 단단해진다.

부싯돌은 거의 다 알갱이가 고르게 퍼져 있어서 부수면 매끄럽고 둥글게 휜 조각으로 나뉜다. 그래서 선사 시대 사람들은 이것으로 칼, 창, 화살촉 같은 무기를 만들었다. 그 뒤 사람들은 부싯돌을 쇳조각과 부딪치면 불꽃이 튀는 것을 알고 이내 불을 일으키는 데 쓰게 되었다.

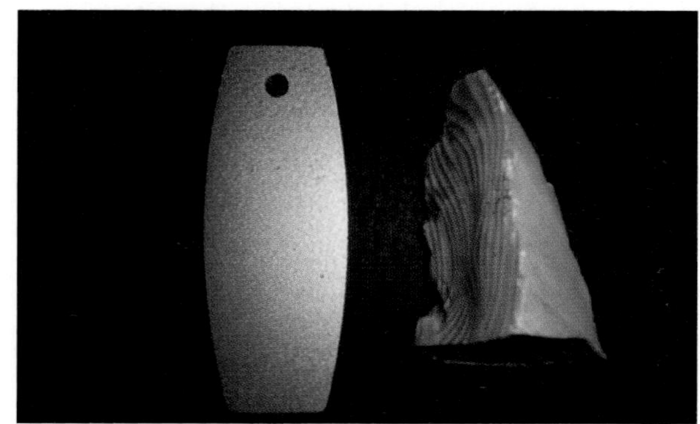

부싯돌과 부시 Hanabishi, CC-BY-SA-3.0

부엉이(owl)

올빼미와 비슷한 새이다. 그러나 올빼미와는 달리 머리 양쪽에 귀처럼 생긴 깃털이 나 있다. 어찌 보면 뿔 같기도 하다. 주로 숲속에서 살며 밤에만 나와서 먹이

솔부엉이 미디어뱅크 사진

를 잡는다. 그래서 해질녘에나 볼 수 있지만 낮에 나와서 활동하는 것도 더러 있다.

부엉이는 얼굴 앞에 달린 두 눈이 크며 부리가 날카롭다. 다리는 굵지만 짧고, 발톱이 튼튼하다. 깃털이 아주 부드러워서 날 때에 거의 소리가 나지 않는다. 쥐, 토끼, 새, 벌레 따위를 잡아먹고 산다. 온 세계에 130가지쯤 있는데, 작은 것은 길이가 15cm쯤 되지만 큰 것은 75cm에 이른다.

부직포(non-woven fabric)

베를 짜지 않은 천이라는 말이다. 짧거나 긴 섬유를 실로 자아서 베틀로 천을 짠 것이 아니라 여러 가지 방법으로 한데 모아 붙여서 천처럼 만든 것이다. 대개 열을 가하거나 녹여서 또는 다른 화학적인 방법으로 섬유를 붙이기 때문에 보통 천보다 조금 더 두껍고 단단하다. 흔히 꽤 많은 재활용 천이 이런 부직포 만들기에 쓰인다.

부직포는 대개 한번 쓰고 말거나 특별한 쓰임새에 알맞은 천이다. 예를 들면, 병원이나 실험실 같은 데에서 한번 쓰고 버려야 하는 것을 만드는 데에 쓰인다. 또, 기름을 빨아들이는 흡착포, 단열재, 방음재, 공사장의 가림막 등 쓰임새가 꽤 많다.

부채뿔산호(*Melithaea flabellifera*)

얕은 바닷가 물속에 흔한 산호이다. 깊이가 5m 안팎인 바다 속 바위나 돌에 붙어서 대개 길이 30cm쯤 되는 납작한 부채 모양으로 자란다. 색깔은 밝은 붉은색이지만 더러 노랗거나 보라색인 것도 있다.

우리나라와 같은 온대 지방의 바다에서 살며 초여름에 번식한다.

부피(volume)

물체나 물질이 차지하는 공간의 크기이다. 곧 물체나 물질의 입체적인 크기를 말한다. 부피를 측정하는 방법은 물질의 모양이나 그것이 고체인지 액체인지에 따라서 다르다.

고체이면 네모진 상자와 같은 육면체의 부피는 '가로×세로×높이'로 알 수 있다. 반면에, 원기둥의 부피는 '밑면의 넓이×높이'로 안다. 고체의 부피는 세제곱 밀리미터(㎣), 세제곱센티미터(㎤) 또는 세제곱 미터(㎥) 등으로 나타낸다.

그러나 액체의 부피는 흔히 눈금 실린더나 비커로 측정한다. 그래서 액체의 부피는 밀리리터(mL)나 리터(L)로 나타낸다. 가로와 세로와 높이가 모두 1cm인 그릇에 담긴 액체의 부피가 1mL이다. 이것이 모여서 1,000mL가 되면 1L라고 한다. 그러나 가로, 세로, 높이가 각각 1cm인 나무 기둥의 부피는 1㎤라고 한다.

콘크리트 1 세제곱미터 Rama, CC-BY-SA-2.0 fr

부화(hatching)

동물의 알이 깨는 일이다. 다시 말하자면, 알 속에 들어 있던 동물의 배가 자라서 새끼 동물이 되어 알껍데기를 깨고 밖으로 나오는 일이다.

이렇게 알에서 깨는, 곧 부화하는 동물로는 새, 물고기, 뱀 같은 파충류, 개구리 같은 양서류, 온갖 곤충의 애벌레 등이 있다.

달걀은 어미 닭이 품거나 부화기 안에서 따뜻하게 해 주면 속에 든 배가 노른자와 흰자를 양분 삼아서 빠르게 자라나 21일 만에 병아리가 된다. 그러면 제 부리의 끝으로 알껍데기를 깨고 밖으로 나온다. 이렇게 알 속의 배가 자라서 부화하는 방법과 부화하는 데 걸리는 날의 수는 동물마다 다르다.

알에서 막 깬 새새끼
Kati Fleming, CC-BY-SA-3.0

북극(north pole)

지구의 북쪽 끝이다. 한 해 내내 겨울이며 온통 눈과 얼음으로 덮여 있다. 날씨가 너무 추워서 사람은 물론이려니와 동물이나 식물도 살기 어렵다.

정확히 말하자면 북극은 지구에서 가장 북쪽인 한 지점이다. 그러나 대개 북극점과 그 부근 지방뿐 아니라 나무가 자랄 수 있는 한계선의 북쪽 지역을 뭉뚱그려 북극이라고 한다. 북극 지방은 거의 다 얼음에 덮인 바다로 이루어져 있으며, 육지는 시베리아와 북아메리카 대륙의 일부 및 그린란드 등이다. 바다를 덮은 얼음은 두께가 보통 3~4m인데, 두꺼운 데는 30m나 된다. 북극 지방은 너무나 추워서 이끼류와 몇몇 여러해살이풀 및 북극곰, 바다표범, 고래 등 몇 가지 동물밖에 살 수 없다.

북극 지방이 이렇게 추운 까닭은 햇빛을 잘 받지 못하기 때문이다. 북극에서는 태양이 하늘 높이 뜨지 않고 우리나라의 저녁 해처럼 대낮에도 항상 남쪽에서 비스듬하게 비춘다. 지구의 자전축이 공전 면에 대하여 23.5°기울어져 있기 때문에 북반구가 태양 쪽으로 향하는 여름에는 몇 달 동안 낮만 계속되는데, 이때에는 기온이 0℃까지 올라간다. 반대로 북반구가 태양의 반대쪽으로 기우는 겨울에는 몇 달 동안 해가 뜨지 않는 밤이 계속되며, 이때에는 기온이 −40℃까지 내려간다.

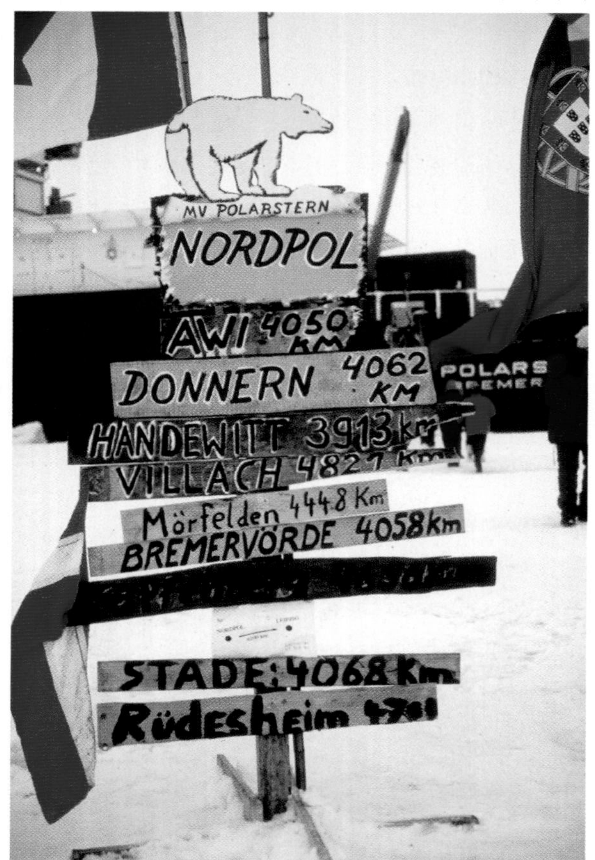

북극 표지와 이정표 Hannes Grobe, CC-BY-2.5 GFDL

북극에는 오랫동안 사람의 발길이 닿지 않았다. 그러다 1909년에야 비로소 로버트 에드윈 피어리라는 미국 사람이 처음으로 북극점을 탐험했다. 그 뒤에 여러 가지 관측소를 세워서 기상, 해양, 지구의 자기력 및 극광 따위를 관측하고 있다. 그러나 아직도 북극 지방은 개발되지 않은 곳이 많다.

북극곰(polar bear)

커다란 몸에 하얀 털이 촘촘히 난 곰이다. 주로 북극에 가까운 바닷가나 섬과 같이 겨울이면 바다가 꽁꽁 어는 곳에서 산다.

몸길이가 2~3m에 이르며 다른 곰보다 머리가 작고 목이 길다. 귀가 작고 둥글며 코는 까맣다. 주로 혼자 살며 헤엄을 잘 친다. 시력이 좋을 뿐만 아니라 냄새도 잘 맡아서 아주 먼 데에서 눈과 얼음에 덮여 있는 바다표범의 굴도 찾아낸다. 먹이는 주로 바다표범이다. 그러나 바다코끼리, 오리, 기러기, 나그네쥐, 순록 따위도 잡아먹으며 해초, 풀, 새알, 딸기나 그밖의 나무 열매도 가리지 않고 잘 먹는다.

북극곰들은 대개 한겨울에도 활동하지만 날씨가 사나우면 굴속에서 지낸다. 새끼를 밴 암컷은 10월부터

북극곰 Ansgar Walk, CC-BY-2.5 GFDL

이듬해 3~4월까지 골짜기나 언덕에다 깊이 판 굴에 들어가서 지내며 새끼 두세 마리를 낳는다. 새끼는 2년 반 동안 어미와 함께 지내다가 독립한다. 그리고 대개 33살까지 산다. → 곰

북극성(Polaris)

북극성(오른쪽 위)과 북두칠성(왼쪽)
joiseyshowaa, CC-BY-SA-2.0

맑은 날 밤에 북쪽 하늘의 항상 같은 자리에서 빛나는 별이다. 다른 별보다 특히 밝지는 않지만 항상 같은 자리에 있기 때문에 옛날 사람들은 밤에 이 별을 보고 방향을 잡기도 했다.

북극성을 찾으려면 먼저 국자 모양으로 늘어 선 북두칠성을 찾고 나서 국자의 주둥이 쪽 마지막 두 별 사이 거리의 5배쯤 되는 거리를 주둥이가 향한 쪽으로 나아가면 된다. 북극성은 주위에 있는 6개의 별과 함께 작은곰자리를 이룬다. 북극성은 지구에서 800광년쯤 떨어져 있으며, 실제 크기는 태양의 8배쯤 된다.

지구가 자전하기 때문에 거의 모든 별이나 별자리가 하루에 한 바퀴씩 도는 것처럼 보이지만 북극성은 지구 자전축의 북쪽 연장선 위에 가까이 있기 때문에 밤새 한 자리에 있는 것 같다. 그래서 북반구에서는 사계절 내내 이 별을 볼 수 있다.

북극여우(arctic fox)

북극해의 바닷가나 섬에서 사는 작은 여우이다. 대대로 땅속에 판 굴에서 살며 새끼를 친다. 몸집이 작아서 몸통의 길이가 50cm쯤 되며 몸무게는 9kg이 채 안 된다. 온몸이 길고 촘촘한 털에 감싸여 있으며 귀가 작다. 여름에는 털빛깔이 회색이나 갈색이다가 겨울이 되면 하얗게 바뀐다.

먹이는 주로 새나 새알 및 나그네쥐 따위 작은 포유류이다. 그러나 한겨울이면 북극곰이나 늑대를 뒤따라 다니다가 먹다 남긴 찌꺼기를 주워 먹곤 한다.

북극여우 Ltshears, Public Domain

북극이끼장구채(moss campion)

추운 북극 지방과 아시아와 유럽의 높은 산 언 땅에서 흔히 자라는 작은 여러해살이풀이다. 땅바닥에 바싹 붙어서 촘촘히 자라기 때문에 이끼 방석처럼 보이기도 하는데 한 무더기의 지름이 대개 30m쯤 된다. 키는 5~15cm이다. 좁고 가느다란 초록색 잎이 뿌리에서 모여 나며 시든 뒤에도 여러 해 동안 제 자리에 붙어 있다.

날씨가 따뜻해진 6월부터 8월 사이에 길이가 2cm쯤 되는 꽃대가 돋아서 대개 분홍색 꽃이 하나씩 피는데 드물게나마 흰 꽃도 있다. 꽃잎은 다섯 장씩이며 꽃의 지름은 1cm 안팎이다. 꽃받침이 자루처럼 합쳐져서 꽃잎의 아랫도리를 감싼다. 극지방에 퍼져 있는 이 북극이끼장구채는 카네이션과 가까운 친척뻘이다.

Kim Hansen, CC-BY-SA-3.0 GFDL

북극풍선장구채(polar campion)

러시아, 북유럽 및 북아메리카 대륙의 극지방과 높은 산꼭대기 지역에서 사는 여러해살이풀이다. 줄기가 곧게 자라 5~40cm에 이르며 가지가 있거나 없고 뿌리는 곧고 튼튼하다. 댓잎처럼 생긴 좁고 긴 잎이 밑에서 무더기로 나는데 잎자루가 있다.

가느다랗거나 튼튼한 꽃자루에 달린 꽃이 한들한들하거나 빳빳이 붙어 있는데 꽃받침에 10개의 골이 두드러지게 나 있으며 달걀 모양에서 넓은 종 모양으로 부풀어 오른다. 꽃부리는 어두운 분홍색, 자주색 또는 붉은색이다. 북극풍선장구채는 조금씩 다르게 변한 종류가 아주 많은 편이다.

북두칠성(big dipper)

별 7개가 모여서 국자 모양을 이루는 별의 무리이다. 별 7개가 모두 밝게 빛나므로 맑은 날 밤 북쪽 하늘에서 쉽게 찾을 수 있다. 밤에 몇 시간에 걸쳐서 관찰하면 북극성을 중심으로 원을 그리듯이 도는 것처럼 보이는데, 그 까닭은 지구가 자전하기 때문이다.

북두칠성은 눈에 잘 띄고 시간에 따라서 일정하게 보이기 때문에 옛날 사람들은 방향이나 시간을 짐작하는 기준으로 삼기도 했다. 별자리로는 큰곰자리의 한 부분이다. → 별자리

북반구(northern hemisphere)

적도를 기준삼아서 지구를 반으로 나누면 그 북쪽 반이 북반구이다. 지구 육지의 약 67%가 이 안에 있으며 세계 인구의 대부분이 여기에 몰려서 산다. 우리나라를 비롯한 문명국들이 이 북반구에 많이 몰려 있기 때문이다.

분류(classification)

보통 분류라고 하면 대개 물체를 어떤 기준에 따라서 나누는 일을 말한다. 예를 들면, 학용품을 쓰임새에 따라서 나누거나 옷을 색깔에 따라서 나누기 등이다.

그러나 과학에서는 탐구 대상의 공통점과 차이점을 바탕 삼아서 무리를 짓는 일을 말한다. 대개 비슷한 것들끼리 모으고 각 무리는 다른 무리와 어떤 관계에 있으며 오늘날의 생명체가 먼 옛날의 생명체에서 어떻게 진화되어 왔는지 밝히려고 노력한다. 이런 학문이 분류학이다.

이 세상에 얼마나 많은 생물이 있는지는 아무도 모른다. 지금까지 알려진 것만 300만 가지가 넘는데 실제로는 훨씬 더 많을 것으로 짐작하고 있다. 이미 알고 있는 생물 가운데에서 75%가 동물인데 그 대부분이 곤충이다. 식물은 18%쯤 되며 나머지 7%는 정확히 식물도 동물도 아닌 중간치들이다.

흔히 이 세상에 살고 있는 것들을 가장 크게 보아 5 가지 '계'로 나눈다. 동물계, 식물계 그리고 이 두 가지 계에 들지 않는 세 가지 계이다. 중간치인 이 세 가지 계에 드는 것들로는 세포 한 개로 이루어진 박테리아, 버섯처럼 보기에는 식물 같지만 녹색 색소가 없어서 스스로 양분을 만들지 못하는 균류, 아메바처럼 세포 한 개로 이루어졌거나 홍조류나 갈조류처럼 세포 여러 개로 이루어진 원생생물이다.

그러나 요즘에는 이 다섯 가지 큰 분류에 앞서서 이 세상의 생물을 세 가지, 곧 고세균, 세균 및 진핵 생물로 나누기도 한다. 이 방법에 따르면 오늘날 살아 있는 모든 생물은 세 번째인 진핵 생물, 곧 세포에 핵이 있는 생물에 든다.

나아가서 식물계와 동물계에 드는 생물은 다음과 같이 더 잘게 쪼개서 분류한다. 곧 계→문→강→목→과→속→종과 같은 7 단계이다. 여기서 사람은 동물계 척삭 동물문 포유강 영장목 사람과 사람속 사람종에 들며, 고릴라는 동물계 척삭 동물문 포유강 영장목 사람과 고릴라속 동부고릴라 또는 서부고릴라종에 드는 생물이다. 따라서 사람과 고릴라는 '과'까지 서로 같다가 그 다음 단계인 '속'부터 달라진다.

분해자(decomposer)

죽은 식물, 동물 또는 동물의 배설물 따위를 분해하여 양분을 얻는 생물이다. 생태계를 이루는 생물 요소 가운데 하나로서 대개 곰팡이나 세균 따위이다.

녹색 식물은 광합성을 하여 스스로 양분을 만들며 동물은 식물이나 다른 동물을 먹어서 양분을 얻는다. 그러나 식물이건 동물이건 한살이를 마치면 죽기 마련이다. 지구에 생물이 나타난 뒤 줄곧 그래 왔다. 하지만 지구가 이런 동식물의 시체에 뒤덮여 있지 않는 까닭은 바로 이 분해자들 덕이다.

분해자는 제 몸에서 나오는 효소를 이용하여 죽은 생물을 아주 작은 물질로 분해한다. 곧 유기물을 무기물로 만들어 버리는 것이다. 이렇게 무기물로 돌아간 물질들은 흙을 기름지게 하며 다시 식물에 흡수되어서 식물의 영양분이 된다. → 미생물

죽은 나무에서 자라는 버섯 미디어뱅크 사진

불(fire)

물질이 타면서 내는 빛과 열이다. 타는 일, 곧 연소는 물질이 산소와 빠르게 결합하는 일이다. 물질이 타면 빛과 열이 나온다. 빛과 열은 우리에게 큰 도움을 준다. 빛은 어둠을 밝히고 열은 따뜻하게 해 줄 뿐만 아니라 음식을 익혀 먹을 수 있게 한다. 그밖에도 빛과 열의 쓰임새는 끝없이 많다.

사람은 먼 선사 시대에 불을 피우고 다룰 줄 알게 되면서 비로소 다른 짐승들과 다르게 되었다. 불을 씀으로써 어둠을 밝히고 추위를 이길 뿐만 아니라 사나운 짐승을 물리칠 수 있었던 것이다.

그러나 다스리지 못하면 불이 큰 재앙을 가져올 수 있다. 집에 불이 나면 귀한 물건이 타 버리고 사람이 다친다. 큰 불이 나서 도시를 파괴하거나 산을 온통 헐벗게 할 수도 있다. 따라서 불을 잘 다스리는 일은 매우 중요하다.

물질과 산소가 결합하더라도 아주 느리면 타지 않는다. 예를 들면, 철이 아주 천천히 산소와 결합하면 빛과 열은 생기지 않고 대신에 녹이 스는데, 이런 일을 산화라고 한다. → 연소

산불 John McColgan/Edited by Fir0002, Public Domain

불가사리(starfish)

몸에서 뻗어 나온 팔이 다섯 개여서 흔히 별 모양으로 보이는 동물이다. 성게나 해삼 등과 함께 등뼈가 없고 피부가 거친 극피동물 가운데 하나이다. 세계 어느 바다에서나 산다.

팔은 대개 5개이지만 그보다 더 많은 것도 많다. 이 팔은 크게 상처를 입거나 잘려 나가면 다시 돋아난다. 등쪽 전체에 오톨도톨한 가시가 있고 가운데에 항문이 있다. 피부 밑에는 전체적으로 작은 뼈 조각들이 있는데, 이것들이 합쳐져서 몸의 모양을 유지한다.

배쪽에는 가운데에 입이 있으며, 가운데부터 팔의 끝 부분까지 두 줄이나 네 줄의 홈이 있다. 이 홈을 따라서 나 있는 돌기를 이용하여 움직이며, 돌기의 끝에 있는 빨판으로 바위 따위에 달라붙기도 한다. 팔의 끝에는 안점이 있어서 빛을 느낄 수 있다.

먹이는 조개, 굴, 전복, 산호, 해삼, 성게, 갯지렁이 따위이다. 조가비가 둘인 조개를 먹으려면 온몸으로 조개를 감싼 뒤에 빨판을 붙여서 조가비가 열릴 때까지 끈질기게 잡아당긴다. 그러다 조가비가 열리면 그 틈 사이로 제 위를 밀어 넣어서 조갯살을 소화시킨다.

몸빛깔은 누런색, 붉은색, 갈색 따위로 종류에 따라

여러 가지이다. 주로 알로 번식하지만, 몸이 몇 조각으로 나뉘는 것도 있다. 알로 번식하는 것은 물결을 따라 떠돌아다니는 유생 상태를 겪고 나서 작은 불가사리가 되며, 한 몸이 나뉜 조각들은 없던 신체 기관이 생겨나고 팔이 돋아서 온전한 불가사리가 된다. 불가사리는 대개 깊이가 100m에 못 미치는 바다에서 살며 민물에서는 살지 못한다.

불가사리는 모두 1,500 가지가 넘는다. 그 가운데 어떤 것은 크기가 3cm도 안 되지만 또 어떤 것은 1m에 이른다. 몇 가지 게나 물고기 등이 잡아먹기는 하지만 천적이 거의 없다. 팔을 물리면 떼어 버리고 나중에 새로 돋아나게 하므로 잡아먹혀서 수가 줄어드는 일은 거의 없다. 따라서 거의 다 제 수명대로 사는데 대개 3~5년이다.

Lokilech, CC-BY-SA-3.0 GFDL

불쾌지수(discomfort index)

날씨에 따라서 사람이 느끼는 불쾌감을 수치로 나타낸 것이다.

우리는 대개 온도와 습도가 높을수록 불쾌감을 느낀다. 한여름 장마철에 햇볕이 쨍쨍 나면 후덥지근한데, 이럴 때의 불쾌지수는 대개 80이 넘는다. 이렇게 불쾌지수가 80이 넘으면 거의 모든 사람이 불쾌감을 느낀다.

붕사(borax)

비금속 원소인 붕소의 중요한 화합물 가운데 한 가지이다. 희고 무르며 면이 여럿인 결정체로 이루어진다. 이 결정은 물에 잘 녹으며 축축한 공기를 쐬면 서로 달라붙는다. 그러나 맑은 날씨에 밖에 놓아두면 풍화되어서 가루가 된다.

붕사는 여러 가지 산업에 많이 쓰인다. 가루 세제나 비누에 들어 있으며 사기나 도자기의 겉을 반질거리고 튼튼하게 만드는 데에도 쓰인다. 또 유리 공장에서 모래에 붕사를 섞으면 모래가 잘 녹으며 더 튼튼하고 맑은 유리가 된다. 그래서 이런 유리로 물을 끓이는 주전자나 체온계를 만든다. 그밖에도 붕사의 쓰임새는 아주 많다.

붕사는 대개 혼합물로서 옛날에 말라버린 사막의 호수 바닥에 어마어마한 덩어리로 묻혀 있다. 이것을 캐내서 물에 녹인 다음 여러 번 걸러서 붕사를 얻는다. 또 커나이트라는 광물에는 75%의 붕산나트륨이 들어 있는데 이것을 캐내서 물에 녹여 불순물을 걸러낸 뒤에 다시 결정을 이루게 한다. 먼 옛날에는 티베트에서만 붕사가 났는데 오늘날에는 미국의 사막 지대에서 가장 많이 나는 것으로 알려져 있다.

Ra'ike, CC-BY-SA-3.0 GFDL

붕어(crucian carp)

내나 강 또는 저수지와 같은 민물에서 사는 물고기이다. 헤엄치기에 알맞도록 유선형으로 생겼으며, 온몸이 비늘에 덮여 있다. 몸 빛깔은 등쪽이 황갈색, 배쪽은 은백색을 띤다.

머리에 입, 두 눈, 두 콧구멍이 있으며, 양쪽 눈 바로 뒤에 아가미가 있다. 양쪽 옆구리에 옆줄이 있는데, 이것은 물이 흐르는 방향, 물의 속력, 압력 및 깊이를 느끼는 기관이다. 아가미 뒤에 가슴지느러미 한 쌍, 배의 앞쪽에 배지느러미 한 쌍, 배의 뒤쪽에 뒷지느러미, 꼬리에 꼬리지느러미, 등에 등지느러미가 달려 있다.

위아래로 움직이기에 가장 중요한 구실을 하는 것은 부레이다. 보통 꼬리지느러미는 앞으로 나아가기에, 등지느러미와 뒷지느러미는 방향을 잡기에, 가슴지느러미와 배지느러미는 몸의 균형을 유지하고 천천히 움직이거나 한 곳에 머물러 있기에 쓴다.

붕어는 물속의 작은 생물이나 식물의 연한 부분을 먹고 산다. 4~7월 사이에 물풀 사이에다 알을 낳아서 번식하며, 다 자라면 몸길이가 20~40cm이다. 가을에 먹이를 많이 먹어서 충분히 영양을 섭취했다가 겨울이 되면 물풀 사이에 가만히 있으면서 봄이 오기를 기다린다.

Karelj, Public Domain

뷰렛(burette)

대개 액체의 부피를 측정하는 실험 기구이다. 지름이 1cm, 길이가 70cm쯤 되는 유리관으로서 똑바로 세워놓고 쓴다. 유리관의 벽에 0.1mL까지 표시된 눈금이 그려져 있으며 그 아래쪽 끝 부분에 유리나 고무로 된 마개가 달려 있다. 이 유리관에 액체를 채우고 나서 밑에 달린 마개를 조금씩 열면 액체가 밑으로 샌다. 이때 눈금을 읽으면 액체가 얼마나 새는지 알 수 있다. 따라서 액체를 내보내기 전의 눈금과 내보낸 뒤의 눈금을 보고 그 차이를 셈해서 빠져나간 액체의 부피를 측정한다.

뷰렛은 액체 말고 기체를 측정하는 것도 있으며 투명한 플라스틱으로 만든 것도 있다. 어느 것이나 대개 스탠드에 달린 집게에다 흔들리지 않도록 꼭 물려두고 쓴다.

Mysid, Public Domain

브로콜리(broccoli)

Kolforn (Wikimedia), CC-BY-SA-4.0

커다란 꽃 이삭을 채소로 먹는 초록색 풀이다. 꽃잎이 네 장인 겨자과의 한해살이풀인데, 6세기쯤에 주로 오늘날의 이탈리아 지방에서 야생 겨자의 꽃과 줄기를 개량해서 만들어낸 채소이다. 대개 초록색인 커다란 꽃 이삭이 먹을 수 있는 커다란 줄기에서 나뭇가지처럼 뻗는다. 잎은 뭉친 꽃 이삭 둘레에 돌아가며 난다.

브로콜리는 서늘한 기후를 좋아해서 하루의 평균 기온이 18~23℃일 때에 가장 잘 자란다. 한가운데에 초록색 꽃 이삭이 돋으면 노랗게 꽃이 피기 전에 잘라내야 한다.

비(rain)

여름에는 날씨가 덥고 비가 내리는 날이 많다. 비가 오는 날에는 대개 하늘에 먹구름이 낀다.

호수나 강 또는 바다에서는 태양의 열을 받아서 물이 끊임없이 증발한다. 그래서 공기 속에 항상 수증기가 들어 있다. 공기는 데워지면 위로 떠오른다. 하늘 높이 떠오른 공기는 다시 온도가 낮아지는데, 그러면 공기 속의 수증기가 작은 물방울로 변해 구름이 된다. 그래서 높은 산꼭대기 위에는 산비탈을 타고 올라간 공기가 식어서 구름이 잘 생긴다. 또 추운 지방에서 만들어진 찬 공기와 더운 지방에서 만들어진 더운 공기가 만나면 더운 공기 속의 수증기가 엉겨서 구름이 잘 만들어진다.

이렇게 구름을 이루는 작은 물방울들이 더 커져서 무거워지면 공중에 떠 있지 못하고 땅으로 떨어지는데, 이것이 비이다. 땅에 떨어진 비는 강이나 바다에 머물러 있다가 태양이 내리쬐면 다시 증발하여 공중으로 떠오른다. 그리고 또 위와 같은 과정을 되풀이해서 비가 되어 떨어진다. 이와 같이 물이 끊임없이 땅과 공중 사이를 오락가락하는 것을 물의 순환이라고 한다.

비가 내린 양을 알려면 위아래의 넓이가 같은 원통형 그릇에다 빗물을 받아서 그 깊이를 잰다. 비가 내린 양을 강우량이라고 하는데, 밀리미터(mm)로 나타낸다. 비가 내린 양을 재는 우량계는 세계 최초로 우리나라에서 발명했다. 조선 시대 세종대왕 때인 서기 1442년에 측우기라는 우량계를 만들어서 전국의 강우량을 측정한 것이다. → 눈

비누(soap)

몸이나 옷 따위를 깨끗하게 씻는 데에 쓰는 것이다. 쓰임새나 생김새에 따라서 빨래비누, 세숫비누, 가루비누, 물비누 등으로 나뉜다.

때는 작은 먼지와 기름이 뭉쳐서 피부나 옷에 엉겨 붙은 것이다. 그런데 비누가 물에 풀리면 때 속으로 파고 들어가서 얇은 막을 이룬다. 그러면 때가 이 막에 싸여서 떨어진다. 그래서 몸이나 옷의 때가 빠지는 것이다. 물에 뜬 기름에 비눗물을 떨어뜨리면 물이 흐려지면서 기름이 물에 섞이는 것도 이와 같은 이치이다.

미디어뱅크 사진

식물성이나 동물성 지방을 수산화나트륨 용액과 함께 큰 솥에 넣고 끓이면 지방산과 수산화나트륨이 결합해서 비누가 만들어진다. 여기에다 진한 소금물을 부으면 죽처럼 된 비누가 떠오르면서 불순물과 분리된다. 이것을 꺼내서 말리고 여러 가지 처리를 해서 필요한 모양으로 만든 것이 비누이다.

비누가 물에 녹으면 염기성이 되므로 옷이나 피부에 묻은 때가 녹는다. 그러나 센물에서는 비누가 잘 풀리지 않아서 때를 녹이지 못한다. 그래서 요즘에는 물에 녹으면 중성이 되어서 센물에서도 세탁이 잘 되는 중성 세제가 개발되었다.

비늘(scale)

붕어 같은 물고기나 뱀 같은 파충류 및 새나 포유류의 피부 가운데 한 부분을 이루는 자잘한 판 조각이다. 물고기나 파충류는 이런 수많은 비늘이 마치 지붕 위의 기왓장처럼 겹쳐서 한 판으로 온몸을 감싸고 있다. 물고기의 비늘은 진피라고 하는 속 피부층의 뼈로 만들어진 것이며 파충류, 새, 포유류 등의 비늘은 겉 피부층의 각질이나 그와 비슷한 단백질로 이루어진 것이다. 거북이나 몇몇 도마뱀도 속 피부층 뼈로 된 비늘이 있는데, 이것들은 흔히 '딱지'라고 부른다.

털이 있는 물고기는 거의 다 비늘에 덮인 피부로 몸을 보호한다. 뼈가 딱딱한 물고기는 대개 얇고 가장자리가 둥근 비늘에 싸여 있다. 그 가운데 붕어 따위의 비늘은 매끄러우며 농어 같은 물고기의 비늘은 까칠까칠하다. 그러나 상어나 가오리의 비늘은 아주 잘고 촘촘한 이와 같으며 장어나 매기 등은 비늘이 없다.

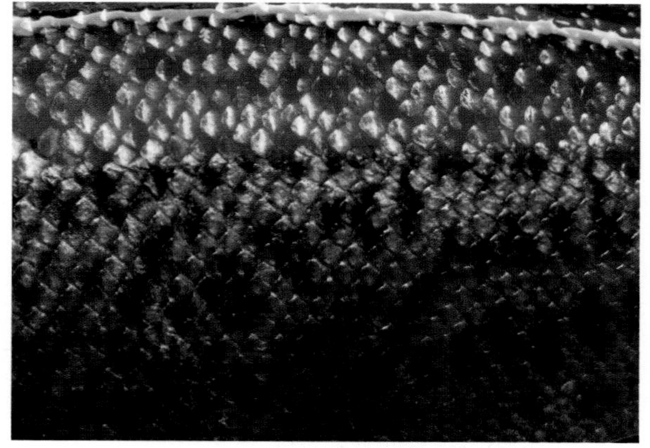
연어의 비늘 CSIRO,

비닐(vinyl)

원유에서 뽑아내서 만든 플라스틱의 한 가지이다. 흔히 넓고 투명한 막이나 딱딱한 수도관 따위를 만드는 데에 쓴다. 여러 가지 색깔을 넣고 틀에 구워서 장난감 등 온갖 물건을 만들 수도 있다.

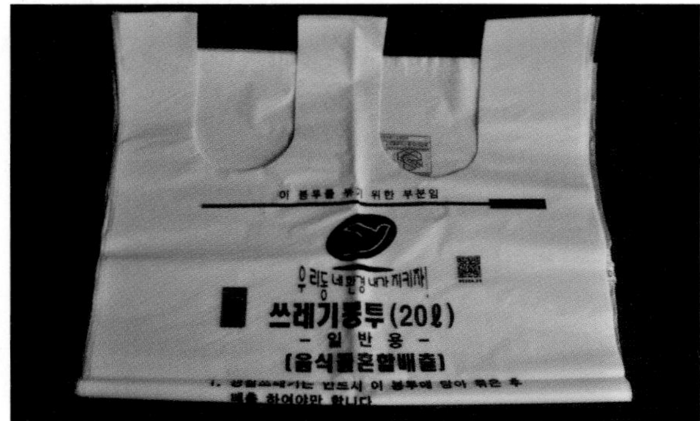

미디어뱅크 사진

비단(silk)

누에고치에서 뽑아낸 명주실을 여러 가지 색깔로 물들여서 예쁜 무늬를 넣어 짠 명주베이다. 먼 옛날에 중국 사람들이 짜기 시작했다.

이 비단을 유럽에 가져가느라 실크로드가 생겼다. 우리나라에서는 신라 시대에 짜기 시작한듯하다.

미디어뱅크 사진

비단벌레(*Chrysochroa coreana*)

한여름 7~8월에 볼 수 있는 예쁜 딱정벌레이다. 주로 전라남도와 그 부근의 남부 지방 숲에서 사는데 팽나무, 벚나무, 가시나무 등의 무른 줄기를 파먹고 살던 애벌레가 7월부터 어른벌레가 되어 나타나기 시작한다. 몸빛깔이 반짝이는 초록 또는 누런 초록색인데 머리 바로 뒤에서부터 딱지 날개의 끝까지 죽 이어지는 검붉은 주황색 띠가 있어서 보기에 아름답다. 좁고 긴 타원형 몸은 길이가 3~4cm이며 작은 머리에 겹눈과 가늘고 긴 더듬이가 한 쌍씩 달려 있다.

우리나라, 일본, 중국, 타이완 같은 데에서 사는데, 우리나라의 것은 매우 드물기 때문에 지난 2008년 10월에 천연 기념물 제496호로 지정되었다. 또 2018년부터 멸종 위기 야생 동물 1급으로 지정되어서 보호를 받는다.

Brian Adler, Public Domain

비둘기(pigeon)

날개가 튼튼하여 잘 나는 새이다. 낮은 산에서 사는 멧비둘기와 사람이 길들여서 기르는 집비둘기가 있다.

세계에는 비둘기가 모두 290 가지쯤 있는데, 종류에 따라서 생김새나 크기 및 빛깔이 다르다. 멧비둘기와 집비둘기는 거의 비슷하게 생겼다. 그러나 멧비둘기는 머리와 목이 회색이고 깃에 갈색과 검은색이 뒤섞여

미디어뱅크 사진

있어서 참새와 비슷해 보이며, 집비둘기는 회색을 띤 것이 많다.

집비둘기도 생김새가 아름답고 성질이 온순한 멧비둘기를 먼 옛날에 사람들이 길들인 것이다. 제 집을 찾아가는 능력이 뛰어나서 편지를 전하는 수단으로 이용된 집비둘기도 있었다.

비료(fertilizer)

흙에다 넣어 주어서 땅이 기름지게 하는 물질이다. 식물이 잘 자라도록 돕는다. 퇴비와 여러 가지 화학 비료가 있다. → 거름

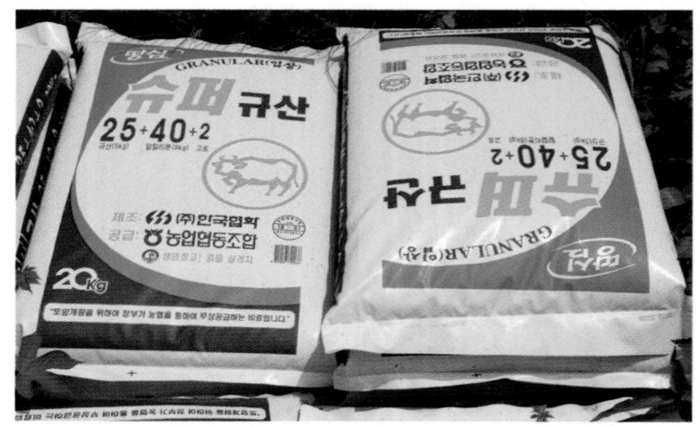

미디어뱅크 사진

비만(obesity)

몸 안에 지방이 너무 많이 쌓이고 몸무게가 표준보다 더 무거운 상태이다. 지방이 지나치게 많으면 고혈압, 관절염, 당뇨병, 동맥경화 또는 암과 같은 여러 가지 질병에 걸릴 위험이 높아진다.

그렇다면 지방이 얼마쯤 많아야 비만이라고 할까? 비만 또는 과체중은 흔히 체질량 지수로 나타낸다. 이 지수는 몸무게를 키의 제곱으로 나눈 것이다. 곧 키가 1.5m인 어린이의 몸무게가 50kg이라면, 그의 체질량 지수는 50÷2.25로서 약 22가 된다. 이 수치가 같은 나이의 어린이 95%의 체질량 지수보다 높으면 비만이라고 본다.

비만은 흔히 필요한 양보다 더 많은 열량을 섭취하면 나타난다. 몸이 남는 열량을 지방, 곧 기름으로 바꿔서 몸 안에 저장하기 때문이다. 지방이 쌓이면 비만이 된다. 또 비만의 중요한 원인 가운데 하나가 운동 부족이다. 그러므로 지나치게 열량이 높은 패스트푸드, 청량음료 및 과자나 사탕을 많이 먹고, 주로 집 안에서 앉아 지내며, 걷거나 자전거를 타지 않고 늘 차를 타고 다닌다면 비만이 될 확률이 높다.

비만인 어린이
Tony Alter, CC-BY-2.0

따라서 비만이 되지 않으려면 늘 적당한 양의 음식을 골고루 먹을 뿐만 아니라 음식을 오랫동안 씹어 먹는 버릇을 들여야 한다. 또 규칙적으로 운동을 해서 몸무게가 너무 많이 오르지 않도록 노력해야 한다.

지금 비만인 어린이 가운데 80~85%가 어른이 되어서도 비만일 가능성이 높다고 한다. 따라서 어릴 때에 비만이 되지 않도록 노력하는 것이 중요하다.

비버(beaver)

쥐처럼 늘 이가 자랄 뿐만 아니라 세계에서 두 번째로 몸집이 큰 설치류 동물이다. 남달리 튼튼한 턱과 앞니로 나무를 갉아서 쓰러뜨리곤 한다. 쓰러진 나무의 껍질은 먹고 잔가지는 냇물을 막아서 둑을 쌓거나 물 가운데에다 집을 짓는 일에 쓴다. 주로 낮에는 집안에서 쉬고 밤에 나와서 활동한다.

아시아와 유럽 대륙에서도 조금씩 살지만 오늘날 비버는 거의 다 북아메리카 대륙의 시내, 강 및 숲이 가까운 민물 호수에서 산다. 온몸에 짙은 갈색 털이 수북하며 배 젓는 노와 같이 생긴 꼬리가 달렸다. 따라서 땅에서 걸을 때에는 어기적거리지만 물속에서는 헤엄을 잘 친다. 한 번에 15분 동안 숨을 안 쉴 수 있으며 잠수해서 1km나 갈 수 있다. 지금 북아메리카 대륙에서 사는 비버들은 몸길이가 꼬리를 넣어서 1m 안팎이며 몸무게가 16~32kg이다. 머리통이 크며 동그란 귀와 작은 콧구멍은 물속에서 꼭 닫힌다. 두 눈에 투명한 눈꺼풀이 있어서 물속에서 눈을 뜨고 볼 수 있지만 밖에서는 시력이 그리 좋지 않아서 주로 소리와 냄새로 위험을 알아챈다.

비버는 모두 20개의 이가 있는데, 튼튼하고 좀 굽은 앞니 4개로 나무를 갉는다. 이 이들은 평생 동안 자라기 때문에 늘 써도 결코 닳아 없어지지 않는다. 그러나 나머지 16개는 납작하며 먹이를 먹을 때에 쓰는데 비버가 두 살이 넘으면 더 자라지 않는다. 두 앞발에 달린 5개씩의 발가락에 크고 튼튼한 발톱이 있는데, 이것으로 물풀이나 덤불 나무의 뿌리를 파먹으며 물속의 진흙을 파서 둑을 쌓기도 한다. 앞다리보다 더 큰 두 뒷다리는 발가락 사이에 물갈퀴가 있어서 헤엄을 잘 칠 수 있다. 독특한 꼬리는 길이가 30cm, 폭이 15cm 안팎, 두께가 2cm에 이르는데 거의 다 자잘한 비늘로 덮여 있다.

Minette Layne, CC-BY-SA-2.0

비커(beaker)

대개 유리로 만든 큰 원통 모양의 그릇이다. 옆면에 눈금이 새겨져 있어서 액체를 담으면 그 부피를 어림잡아 알 수 있다. 과학 실험 기구 가운데 하나로서 흔히 액체의 부피를 재거나 데우는 일에 쓴다.

Jaeger5432, CC-BY-SA-2.5

비타민(vitamin)

우리 몸에 필요한 여러 가지 영양소 가운데 하나이다. 우리 몸을 이루거나 에너지를 내는 성분은 아니지만 건강을 지키는 데에 매우 중요하다. 우리가 먹는 음식물은 화학 변화에 의해서 분해되어 몸을 이루거나 에너지를 내는 물질로 바뀐다. 비타민은 바로 이런 화학 변화가 잘 이루어지게 할 뿐만 아니라 몸이 병에 걸리지 않게 해 준다.

비타민에는 여러 가지가 있는데, 비타민 A, 비타민 B, 비타민 C, 비타민 D, 비타민 E, 비타민 K 등으로 불린다.

몸에 비타민이 부족하면 여러 가지 나쁜 증상이 나타난다. 비타민 A는 동물의 간, 당근, 버터 등에 들어 있는데, 이것이 부족하면 밤눈이 어두워진다.

비타민 B는 다시 비타민 B1이나 B2 등으로 나뉘는데, B1은 효모, 돼지고기, 콩 등에 많이 들어 있다. 또 밀과 쌀겨에도 들어 있는데, 흰 쌀밥만 먹으면 이것이 부족하여 각기병에 걸린다. 비타민 B2는 간, 효모, 우유, 시금치, 생선 같은 것에 들어 있는데, 이것이 부족하면 잘 자라지 못하며 몸무게가 줄어든다. 비타민 B12도 매우 중요하다. 이것은 뼈의 골수에서 적혈구를 만드는 일에 필요하다. 따라서 비타민 B12가 부족하면 빈혈이 되는데, 빈혈을 막으려면 간, 고기, 생선, 우유, 달걀 등을 많이 먹어야 한다.

비타민 C는 채소, 토마토, 딸기 등에 들어 있는데, 이것이 부족하면 특히 잇몸에서 피가 나기 쉽다. 비타민 C는 몸에 저장되지 않으므로 끊임없이 섭취해야 한다.

비타민 D는 동물의 간, 버터, 달걀노른자 등에 들어 있는데, 이것이 부족하면 뼈가 약해져서 등이 쉽게 굽는다.

비타민 E는 밀, 콩기름, 시금치, 상추, 우유 등에 들

미디어뱅크 사진

ㅂ

어 있는데, 몸속에 오래 저장되기 때문에 이것이 부족해지는 일은 없다.

비타민 K는 양배추, 시금치, 당근 등에 들어 있는데, 혈액을 굳게 하는 일을 한다.

비타민은 우리 몸에서 만들어지지 않는다. 그러나 식물이 자랄 때에 비타민이 만들어지므로 사람은 식물이나 동물을 먹어서 섭취해야 한다. 우리 몸에 필요한 비타민의 양은 아주 적으므로 언제나 음식을 골고루 먹으면 비타민이 부족해질 일이 없다.

하지만 어쩌다 비타민이 부족해지면 그 부분을 채워 주는 비타민 물약이나 알약이 많다. 그 가운데 동그랗고 납작한 알약으로 만들어진 발포 비타민은 물에 넣으면 거품을 내면서 녹는다. 수많은 공기 방울을 내뿜으면서 알약은 사라지고 용액이 마시기 좋은 음료수처럼 되는 것이다.

비트(beet)

잎과 뿌리를 채소로 먹는 두해살이풀이다. 본디 지중해 연안 지역에서 야생으로 자라던 것인데 지금은 채소와 동물 사료로 세계 여러 나라에서 널리 심어 가꾼다.

무와 비슷하게 통통한 뿌리는 동그랗거나 뾰족하게 생겼으며 색깔이 짙게 붉거나 희거나 누렇다. 이 뿌리는 철분과 칼슘이 많고 탄수화물이 적으며 칼로리가 낮은 식품이다. 대개 잘라서 통조림을 만들거나 식초에 절이는데, 날것은 대개 먹기 전에 한참 동안 물에 삶아야 한다. 어린 포기의 싱싱한 잎은 칼슘, 철분 및 비타민 A가 많이 들어 있다.

비행기(airplane)

라이트 형제의 첫 비행기 (1903. 12. 17), Public Domain

먼 옛날부터 사람은 새처럼 날고 싶어 했다. 그러나 날갯짓을 하여 하늘로 날아오르기에는 사람의 힘이 너무 약했다. 그래서 기계를 만들어서 타고 하늘에서 날아다닐 궁리를 하게 되었는데 19세기 후반에 들어서 가볍고 힘센 엔진이 발명되자 비로소 가능해졌다. 오늘날 자동차에 쓰이는 휘발유 엔진인데 미국의 라이트 형제가 처음으로 이것을 비행기에 달아서 프로펠러를 돌렸다. 그들은 서기 1903년 12월 17일에 자기들이 만든 비행기를 타고 처음으로 공중에 떠서 날았다. 모두 네 번에 걸친 이 날의 비행 가운데에서 가장 멀리 간 것이 59초 동안에 260m쯤 날아간 것이었다.

라이트 형제가 만든 비행기의 원리는 오늘날의 비행기의 것과 같았다. 비행기가 공중에 뜨려면 공기가 그것을 받쳐 주어야 한다. 비행기의 날개는 윗면이 아랫면보다 더 휘어져 있다. 이런 날개가 공기 속에서 빠르게 나아가면 그 생김새로 말미암아 위로 떠오르는 힘이 생긴다. 이 힘을 양력이라고 하는데 라이트 형제는 이 원리를 깨달았던 것이다.

공기는 비행기를 들어 올려 주지만 그 운동에 저항하기도 한다. 이 저항을 이기려면 엔진의 힘이 필요한데, 이 힘을 추력이라고 한다. 따라서 공중에서 똑바로 앞으로 날아가는 비행기에는 네 가지 힘이 작용한다. 비행기의 무게, 그것을 이겨내는 양력, 공기의 저항 및 그것을 이겨내는 추력이다. 맨 처음에 만들어진 비행기는 날개가 대개 두 겹이나 세 겹이었다. 그래야 날개의 면적이 넓어지고, 그에 따라서 양력을 더 많이 얻을 수 있기 때문이다. 추력은 모두 엔진의 힘으로 돌아가는 프로펠러에서 나왔다.

서기 1914년에 제1차 세계 대전이 일어나자 비행기가 전쟁에 쓰이기 시작했다. 처음에는 주로 정찰하는 일을 맡았지만 곧 기관총과 폭탄을 싣고 다니게 되었다. 그러나 전쟁이 끝나자 비행기가 승객 몇 사람을 실어 나르거나 우편물을 배달하는 일에 쓰이기 시작했다. 이어서 1927년에 미국 사람 찰스 린드버그가 처음으로 혼자 뉴욕에서 출발하여 대서양을 건너서 파리까지 날아가기에 성공했다.

서기 1930년대에 들어서면서 비행기가 더 날씬한 날개 한 개짜리로 바뀌었다. 프로펠러가 둘 달린 여객기도 나왔다. 그러다 1939년에 제2차 세계 대전이 터지자 비행기가 군사용으로 크게 발전하기 시작했다. 여러 나라에서 제트 엔진의 개발에도 힘을 기울였다. 제트 엔진은 가스 터빈에서 만들어진 뜨거운 기체가 팽창하여 터빈 뒤로 빠져 나간다. 그 결과로 비행기가 앞으로 나아가는데, 이것이 로켓과 다른 점은 터빈의 앞쪽에서 산소를 빨아들여서 연료를 태우는 점이다.

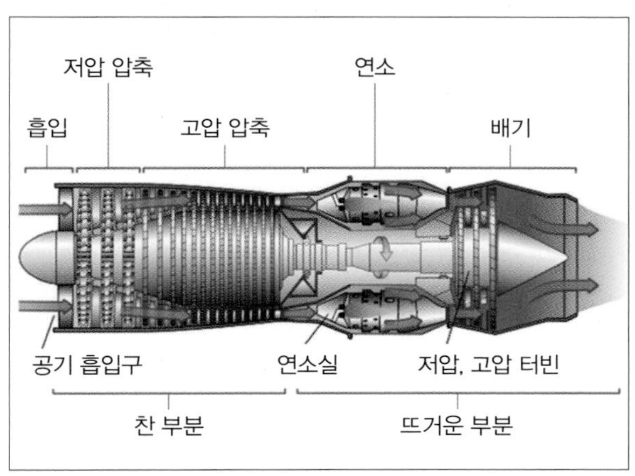

비행기 제트 기관 Jeff Dahl, CC-BY-SA-3.0 GFDL

제트 엔진을 단 여객기는 1952년에 처음으로 나왔다. 그 뒤로 거의 모든 여객기가 제트 엔진을 달고 바다를 건너 멀리 날아다니게 되었다. 한때에는 소리보다도 더 빠르게 나는 여객기가 있었다. 소리는 1초에 340m 나아가는데, 이보다 더 빠르게 나는 비행기를 초음속 비행기라고 한다. 1947년 10월 14일에 미국에서 처음으로 비행기가 소리보다 더 빠르게 날았다. 그 뒤로 발전을 거듭하여 요즘에는 소리보다 몇 배나 더 빠르게 나는 전투기가 많이 나와 있다.

비행기가 점점 더 빠르고 무거워지면서 뜨고 내리는데에 더욱 긴 활주로가 필요해졌다. 그러나 긴 활주로는 값진 땅을 많이 차지할 뿐만 아니라 전쟁이 나면 적의 공격을 받아서 못쓰게 되기가 쉽다. 따라서 비행기 전문가들은 오래 전부터 짧은 활주로나 보통 땅에서 뜨고 내릴 비행기를 연구해 왔다.

헬리콥터는 활주로가 필요 없다. 그러나 속도에 한계가 있다. 그래서 뜰 때에는 제트 엔진을 아래쪽으로 향해서 헬리콥터처럼 곧바로 떠오르는 전투기가 개발되었다. 그리고 세계 여러 나라가 여러 가지 편리한 비행기들을 만들려고 연구하고 있다.

우리나라에서는 1922년에 처음으로 안창남이라는 이가 일본에서 비행기를 몰고 와서 서울과 인천에서 비행했다. 그리고 1948년에 대한 국민 항공사라는 민간 항공 회사가 여객을 수송하기 시작했다.

비행선(airship)

공기보다 더 가벼워서 공중에 뜨는 비행 물체이다. 대개 아주 크고 길쭉한 공 모양의 풍선 속에 공기보다 더 가벼운 기체가 채워져 있어서 공중에 떠오른다. 또한 공중에서 앞으로 나아가거나 방향을 바꾸는 기계 장치 및 사람이나 짐을 싣는 칸도 달려 있다.

비행선은 오늘날 대개 광고나 오락용으로 쓰인다. 그러나 1800년대에는 비행기보다 쓸모가 더 많았다. 비행선이 짐이나 사람을 싣고 더 쉽게 더 멀리 다닐 수 있었기 때문이다. 그 뒤 제1차 세계 대전 때에 폭격기처럼 쓰이다가 전쟁이 끝나자 여객을 실어 나르게 되었다. 강철로 뼈대를 만들고 거죽을 튼튼한 천으로 감싼 커다란 비행선이 유럽과 미국 사이를 오가며 여객

광고용 비행선 Roland zh, CC-BY-SA-3.0

을 실어 날랐다. 이런 비행선은 길이가 150m도 넘었다. 그러나 이때에는 비행선 안에 수소를 채웠기 때문에 불이 잘 났다. 수소가 가장 가벼운 기체여서 비행선을 띄우기에는 좋았지만 불붙기도 쉬웠기 때문이다. 그래서 사고가 잦아 비행선의 인기가 차츰 떨어졌다.

그러나 요즘에 다시 비행선이 쓰이기 시작한다. 비용을 덜 들이고 오락이나 광고에 쓸 수 있기 때문이다. 요즘에는 비행선을 띄우는 기체로 수소 대신에 헬륨 가스를 쓴다. 헬륨은 불에 잘 타지 않기 때문이다.

빙하(glacier)

북극이나 남극에 가까운 지방이나 아주 높은 산에 눈이 내리면 수백 년 동안 녹지 않고 쌓이기만 한다. 그래서 제 무게에 짓눌려 밑에 있는 눈이 단단한 얼음이 된다. 이렇게 만들어진 엄청난 얼음덩이는 그 두께가 몇 미터에서 몇 백 미터에 이른다. 그리고 지구의 중력에 따라서 아주 천천히 흘러내린다. 이런 것이 빙하이다.

빙하는 흐르면서 제 밑에 깔린 땅을 훑어서 깎거나 새 땅을 만들어낸다. 먼 옛날 빙하기 때에는 지구가 거의 다 이런 빙하에 덮여 있기도 했다.

빙하는 계절에 따라서 커지거나 작아진다. 기온이 낮은 겨울에는 눈이 많이 와서 쌓이고 얼음이 안 녹기 때문에 커지며, 여름에는 기온이 높아서 얼음이 녹아 작아진다. 그러나 아주 추운 지방에서도 빙하가 바다에 다다르면 작아질 수 있다. 흘러내린 빙하의 끝을 바닷물이 들어올리기 때문이다. 그러면 엄청나게 큰 얼음 덩어리가 떨어져 나와서 바다에 떠다니게 된다. 이런 것이 빙산이다.

L. Chang, CC-BY-SA-2.5

빛(light)

빛의 직진 Jörg Bittner Unna, CC-BY-SA-3.0

맑은 날 양달에서는 그림자가 생기지만 응달에서는 생기지 않는다. 그림자는 빛이 비춰야만 생긴다. 또 물체의 모양이 바뀌면 그림자의 모양도 바뀐다.

태양이나 전등 또는 불타는 물체는 빛을 낸다. 빛은 사방으로 퍼지면서 똑바로 나아간다. 이런 것을 빛의 직진이라고 한다. 그래서 투명하지 않은 물체가 빛을 가로막으면 빛이 더 나아가지 못하기 때문에 물체의 뒤쪽이 주변보다 더 어둡다. 이 어두운 부분이 그림자이다. 전등에 손을 가까이 대면 그림자가 커지고 전등에서 손을 멀리 떼면 그림자가 작아지는 까닭도 빛의 직진 때문이다.

빛이 직진하다가 물체에 닿으면 반사되어 나오는데 이것을 빛의 반사라고 한다. 우리가 물체를 볼 수 있는 까닭은 물체에 닿은 빛이 반사되어서 우리 눈에 들어오기 때문이다. 빛은 공이 튀는 모양처럼 들어온 각도와 같은 각도로 반사된다. 거울로 빛을 반사시키면 직접 볼 수 없는 물체도 볼 수 있다. 잠수함에서 쓰는 잠망경도 빛의 반사를 이용한 것이다. 또, 거울 두 개를 한쪽이 서로 맞닿게 세우고 그 사이에 연필 한 자루를 세워 놓으면 두 거울이 이루는 각도에 따라서 거울에 비친 연필 상의 수가 달라진다. 두 거울이 이루는 각도가 작을수록 상의 수가 많아지는데, 각도가 작을수록 빛이 반사되어서 거울의 면과 만나는 횟수가 불어나기 때문이다.

빛은 또 공기 속에서 물속으로 들어가거나 물속에서 공기 속으로 나올 때에 꺾인다. 이와 같이 빛은 한 물질에서 다른 물질로 들어갈 때에 그 경계면에서 꺾인다. 이런 현상을 빛의 굴절이라고 한다. 빛이 굴절하는 각도는 빛이 비추는 각도에 따라서 다르다. 빛을 수면에 비스듬히 비추면 일부는 수면에서 반사되고 일부는 수면에서 먼 방향으로 굴절한다. 수직으로 비추면 굴절하지 않고 그대로 통과한다. 오목렌즈, 볼록렌즈, 프리즘 따위는 빛의 굴절을 이용하는 것이다.

빛의 속력은 1초에 약 30만km로서 이 세상에서 가장 빠르다. 세상에서 빛을 내는 것은 많지만 가장 센 빛을 한결같게 내는 것은 태양이다. 하얗게 보이는 햇빛은 사실은 여러 가지 색으로 이루어져 있다. 비가 온 뒤에 보이는 무지개는 햇빛의 여러 가지 색이 하늘에 뜬 물방울들을 지나면서 각각 다르게 굴절되어서 나타나는 현상이다. 요즘에는 레이저와 같은 특수한 빛이 개발되어서 나날의 생활에 널리 쓰이고 있다. → 색

뻐꾸기(common cuckoo)

몸길이가 30cm쯤 되는 여름 철새이다. 나지막한 산이나 마을 근처의 숲에서 대개 혼자 산다. 수컷이 "뻐꾹, 뻐꾹"하고 울며 암컷은 "삣, 삣, 삐이"하는 소리밖에 내지 못한다.

미디어뱅크 사진

뻐꾸기는 스스로 제 새끼를 돌보지 않고 남의 둥지에다 알을 낳아서 새끼가 길러지게 하는 것으로 유명하다. 대개 개개비나 멧새, 할미새, 뱁새 같은 작은 새가 알을 낳아 품으려고 할 때에 슬쩍 그 둥지에다 제 알을 낳아 둔다. 그러면 주인의 알보다 뻐꾸기의 알이 먼저 깬다. 그리고 새끼 뻐꾸기는 다른 알들을 둥지 밖으로 밀어내 버리고 혼자 남아서 남의 어미의 보살핌을 독차지한다. 이렇게 한 달쯤 지나면 다 자라서 길러 준 어미를 떠나서 독립한다.

뼈(bone)

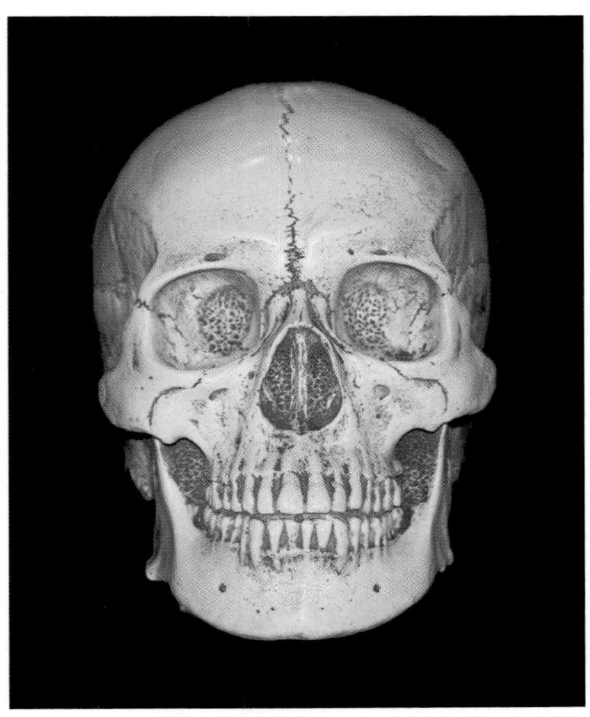

사람의 머리뼈 Sujit kumar, CC-BY-SA-4.0 GFDL

우리 몸은 피부에 싸여 있다. 피부 안에 살이 있으며, 살 속에 뼈가 있다. 뼈대, 곧 골격이 없다면 우리 몸은 흐물흐물한 살덩어리에 지나지 않을 것이다. 또 서 있거나 걸어 다닐 수도 없을 것이다. 뼈대의 모양에 따라서 얼굴이나 몸의 생김새가 달라진다. 뼈는 몸이 형태를 유지하게 하며, 근육과 함께 몸을 움직이고, 뇌, 심장, 간과 같은 중요한 기관들을 보호한다.

동물은 크게 두 가지로 나뉜다. 등뼈가 있는 동물인 척추 동물과 등뼈가 없는 동물인 무척추 동물이다. 등뼈가 있는 동물로는 사람을 비롯하여 개구리, 뱀, 새,

개 따위가 있고, 등뼈가 없는 동물로는 해파리, 게, 새우, 조개, 곤충, 문어 따위가 있다. 등뼈가 없는 동물은 대개 몸 안에 뼈가 없다.

사람의 몸을 이루는 중요한 뼈로는 머리뼈, 등뼈, 갈비뼈, 가슴뼈, 팔뼈, 다리뼈, 발뼈 따위가 있다. 머리뼈는 23개의 뼈가 바가지 모양으로 단단히 맞물려 있는데, 그 속에 뇌가 들어 있다. 머리뼈는 뇌를 보호하고 눈, 코, 귀, 입 같은 얼굴 모양을 만든다. 머리뼈가 약해서 잘 부서진다면 뇌가 쉽게 상처를 입어서 목숨을 잃을 것이다.

등뼈는 속이 빈 대나무 도막 33개나 34개를 이어 놓은 것 같은 모양인데, 머리뼈에서 궁둥이까지 길게 이어져 있다. 등뼈 안에는 척수가 들어 있다. 등뼈는 척수를 보호하고 우리 몸의 기둥 구실을 한다. 등뼈가 없다면 우리 몸은 똑바로 서지 못하고 무거운 머리를 들 수 없을 것이다.

갈비뼈는 12쌍으로 이루어져 있는데, 활처럼 휘어서 뒤로는 등뼈와, 앞으로는 가슴뼈와 이어져 있다. 갈비뼈는 심장, 허파, 간 따위를 둥글게 감싸서 보호한다. 가슴뼈는 가슴 한 가운데 양쪽 갈비뼈 사이에 있는 뼈로서 심장과 허파를 보호한다.

팔뼈와 다리뼈는 몸을 지탱할 뿐만 아니라 몸을 움직이기에 없어서는 안 될 뼈들이다.

사람의 몸에는 모두 206개쯤 되는 뼈가 있으며 이 뼈들이 서로 이어져서 몸 전체의 모양을 이룬다. 우리는 뼈가 하나로 되어 있지 않고 여럿이 관절로 이어져 있으므로 몸을 움직일 수 있는 것이다. 손가락을 만져 보면 엄지에 관절이 한 개 있으며 나머지 손가락에는 관절이 두 개씩 있다. 그리고 손가락을 굽히면 이 관절에서 굽힌다. 손가락에 관절이 없다면 손가락을 펴거나 굽힐 수 없을뿐더러 물건을 잡을 수도 없을 것이다.

팔과 다리의 뼈들도 관절로 이어진다. 이렇게 관절에서 다른 뼈와 만나는 뼈의 끝은 물렁뼈로 되어 있다. 물렁뼈는 단단한 뼈의 끝에 붙어 있는 연한 뼈로서 단단한 뼈끼리 직접 닿아서 서로 상하는 것을 막아 준다. 또, 관절을 감싸고 있는 관절 주머니 속에 활액이 차 있는데, 이것은 관절이 부드럽게 움직이도록 돕는다. 활액이 없다면 물렁뼈끼리 서로 맞닿아서 금방 닳아버려 뼈가 쉽게 상할 것이다.

우리 혈액의 적혈구는 뼈 속에서 만들어진다. → 관절

뽁뽁이(aircap)

얇은 비닐 막 두 장 사이에 자잘하게 볼록볼록한 공기 방울을 가둔 것이다. 물건을 깨지지 않게 포장하는 재료로 만들었다. 그러나 흔히 단열재로도 쓴다.

본디 이것을 처음 만든 미국 회사는 이 상품의 이름을 에어캡이라고 지었다. 그래서 흔히 에어캡이라고도 부른다.

미디어뱅크 사진

뽕나무(mulberry tree)

잎이 누에의 먹이가 되는 갈잎떨기나무이다. 넓적하고 큰 잎의 길이가 10cm나 된다. 나무는 키가 10m 넘게 자랄 수 있으며 가지를 많이 뻗고 가을에 낙엽이 진다.

초여름인 6월에 꽃이 피어서 열매가 열리는데, 이 열매를 오디라고 한다. 오디는 자라서 검붉은 색으로 익는데 맛이 좋아서 그냥 먹거나 잼을 만들고 술을 담글 수도 있다.

미디어뱅크 사진

뿌리(root)

식물의 몸은 대개 잎과 줄기 및 뿌리의 세 부분으로 이루어진다. 대개 잎과 줄기는 땅위로 뻗고, 뿌리는 땅속으로 뻗는다. 뿌리가 난 강낭콩을 거꾸로 심어도 뿌리는 땅을 향하여 아래로 뻗는다.

이 뿌리의 모양은 식물에 따라서 조금씩 다르지만 크게 두 가지로 나눌 수 있다. 하나는 굵은 원뿌리가 있고 그 둘레에 곁뿌리가 많이 나는 모양이며, 다른 하나는 굵기가 비슷한 가는 뿌리가 한데 수북이 나는 수염뿌리이다. 원뿌리에 곁뿌리가 많이 붙는 식물은 무, 당근, 고구마, 봉숭아, 냉이, 질경이, 명아주, 민들레, 강낭콩, 나팔꽃, 해바라기와 같은 쌍떡잎식물이며, 수염뿌리인 식물은 벼, 강아지풀, 밀, 마늘, 파, 옥수수, 바랭이, 억새 따위 외떡잎식물이다.

강아지풀의 뿌리를 현미경으로 관찰하면 뿌리에 작은 털이 많이 나 있는데, 어느 식물의 뿌리나 대개 이런 작은 털이 달려 있다. 이 작은 털을 뿌리털이라고 한다. 뿌리털은 흙에서 물과 영양분을 빨아들이는 일을 한다.

뿌리는 또 식물의 몸을 지탱해 준다. 바람이 세게 불어도 나무나 풀이 좀처럼 뽑히지 않는 까닭은 땅속에 박힌 뿌리가 식물의 몸을 단단히 붙들고 있기 때문이다. 식물이 클수록 그것을 지탱하는 힘도 커야 하기 때문에 뿌리가 크다.

뿌리가 하는 일 가운데에서 가장 중요한 것은 물과 영양분을 흡수하는 일이다. 따라서 사막과 같이 물이 부족한 곳에서 사는 식물은 뿌리를 땅속 깊이 뻗는다. 뿌리가 흡수한 물과 양분은 줄기를 통해서 잎으로 전해진다. 잎은 이런 물, 양분 및 햇빛을 이용하여 자라기에 필요한 영양분을 만든다. 그러므로 뿌리를 잃은 식물은 대개 시들어서 죽고 만다.

미디어뱅크 사진

뿌리가 영양분을 저장하는 일을 하는 식물도 있다. 무와 고구마의 뿌리는 같은 크기의 다른 식물보다 뿌리가 훨씬 더 크고 굵다. 뿌리에 영양분을 저장하기 때문이다. 이런 식물로서 무, 고구마 말고도 인삼, 도라지, 당근, 더덕, 칡 따위가 있다.

식물 가운데에는 뿌리가 땅위로 솟아나는 것도 있다. 또 담쟁이덩굴의 작은 뿌리는 벽이나 다른 나무에 달라붙는 데에 쓰이며, 겨우살이는 다른 나무의 줄기에 뿌리를 내린다.

ㅅ

사과(apple)

사과나무의 열매이며 맛 좋은 과일이다. 또 우리나라에서 가장 많이 나는 과일이기도 하다. 익으면 겉이 흔히 빨갛지만 노랗거나 초록색인 것도 있다. 하얀색에 가까운 과일의 살 한가운데에 씨방이 5개 있는데, 잘 익은 과일이면 방마다 씨가 2개씩 들어 있다. 과일의 맛은 대체로 달지만 조금 신 것도 있다.

사과나무는 4~5월 잎이 날 무렵에 희거나 연한 분홍색 꽃이 핀다. 그리고 꽃가루받이가 되면 열매가 맺혀서 6월 초쯤에 자라기 시작한다. 열매는 꽃받침과 씨방이 발달하여 만들어진 것이다. 열매가 익는 때는 품종에 따라서 다르지만 이른 것은 8월에 따먹을 수 있다. 잎은 어긋나는데, 생김새가 둥글거나 달걀꼴이며 가장자리에 톱니가 있다. 잎맥은 그물맥이다. 가을이면 단풍이 들어서 잎이 모두 떨어진다.

미디어뱅크 사진

사과나무는 본디 산이나 들에서 자라던 것을 개량하여 크고 맛 좋은 열매가 열리게 만든 것이다. 아주 오래 전에 중국을 통해서 우리나라에 들어왔을 것으로 짐작되지만 오늘날에는 미국이나 일본에서 개량한 품종이 많다. 온대 지방의 서늘한 기후에서 잘 자라기 때문에 우리나라에서는 강원도, 충청남북도, 경상북도의 산간 지방에서 많이 심는다.

사람(human)

척추, 곧 등뼈가 있고 체온이 변하지 않는 정온 동물이며 두 발로 걷는 포유류이다. 생김새, 몸의 구조 및 행동이 친척뻘인 오랑우탄이나 침팬지와 비슷하지만 몸을 보호해 줄 털가죽이 없다. 그러나 사람이 다른 동물들과 다른 점은 뭐니 뭐니 해도 뇌에 있다.

사람의 몸은 아주 훌륭한 기계이다. 저마다 맡은 일이 따로 있는 몸의 각 부분이 서로 잘 어울려서 건강한 삶을 이루게 한다. 우리가 먹는 음식은 자동차를 움직

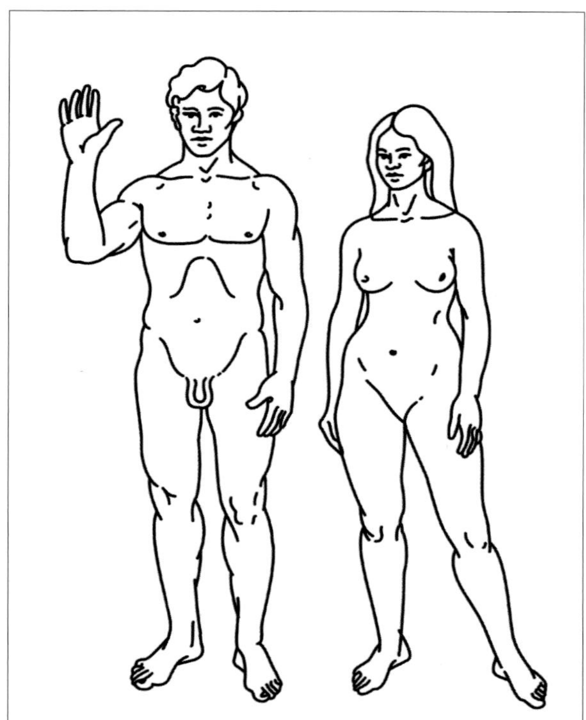

우주 탐사선 파이어니어 11호에 실어 보낸 사람의 모습
User:Medunta, Public Domain

이는 연료와 같다. 또, 숨을 쉴 때에 들이마시는 산소는 먹은 음식물이 에너지로 바뀌는 것을 돕는다. 사람은 이 에너지가 있어야 자라고 뛰어 놀고 공부할 수 있다.

사람의 몸은 헤아릴 수 없이 많은 세포로 이루어진다. 세포도 여러 가지이다. 함께 뭉쳐서 작동하는 세포 무리를 조직이라고 한다. 예를 들면, 물건을 집어서 들어 올리게 하는 세포들은 근육 조직이다. 조직이 모여서 기관을 이룬다. 심장은 온몸에 피가 돌게 하는 순환 기관 가운데 한 가지이다. 그밖의 기관으로는 숨을 쉬는 호흡 기관, 먹은 음식물을 소화시키는 소화 기관, 노폐물을 밖으로 내보내는 배설 기관, 주변의 자극을 느끼고 받아들이는 감각 기관 등이 있다.

사람의 뇌는 다른 어느 동물의 뇌보다 훨씬 더 크다. 그래서 모든 동물 가운데에서 사람이 가장 똑똑하다. 사람은 생각을 할 수 있기 때문에 문제가 생기면 그것을 풀어낼 방법을 찾으며 다른 사람들과 함께 의견을 나눈다. 사람은 도구를 잘 만들고 쓸 줄 알며 말과 글로 다른 사람들과 생각을 나눌 수 있다. 그래서 지구의 모든 동물 가운데에서 사람이 가장 앞서게 된 것이다. → 인류

사마귀(praying mantis)

메뚜기와 먼 친척뻘인 곤충이다. 여름에 풀밭에서 흔히 볼 수 있다. 세모꼴인 작은 머리 위 양쪽 끝에 커다란 겹눈이 한 개씩 있으며 그 사이에 작은 홑눈이 세 개 더 있다. 겹눈은 낮에는 옅은 초록색이지만 밤에는 검은색으로 변한다. 이런 눈으로 밤에도 잘 본다.

사마귀는 다 자라면 몸길이가 7~8cm이다. 두 겹눈 사이에 긴 더듬이 한 쌍이 나 있으며 입은 먹이를 씹어 먹기에 알맞다. 또, 머리를 사방으로 자유롭게 돌릴 수 있어서 몸을 움직이지 않고도 주변을 잘 살필 수 있다. 가슴에는 긴 날개 두 쌍과 다리 세 쌍이 달려 있다. 사마귀의 몸에서 가장 큰 특징은 가슴에 달린 길고 힘센 앞다리 한 쌍이다. 낫처럼 생긴 이 앞다리는 안쪽에 날카로운 톱니가 나 있어서 이것으로 먹이를 단단히 붙잡는다.

사마귀는 봄에 알에서 깬다. 알 무더기에서 깨나올 때에는 온몸이 얇은 막에 덮여 있지만 곧 이 막을 벗어 버린다. 애벌레는 날개가 없고 크기가 작을 뿐이지 생김새가 어른벌레와 매우 비슷하다. 이 애벌레도 작은 벌레를 잡아먹고 자라면서 어른벌레가 될 때까지 모두 6번 허물을 벗는다. 허물을 벗을 적마다 몸이 더 커지며, 마지막 허물을 벗고 나면 날개가 돋는다. 이렇게 번데기 과정을 거치지 않고 어른벌레가 되는 일을 불완전 변태 또는 불완전 탈바꿈이라고 한다. 어른벌레가 된 사마귀는 몸빛깔이 초록색이거나 누런 갈색이며 생김새도 풀잎과 비슷해서 눈에 잘 띄지 않는다.

여름이 끝날 무렵에 짝짓기를 한 암컷은 가을에 나뭇가지에다 하얀 거품으로 알둥지를 만들어서 그 속에다 알을 200개쯤 낳는다. 그러면 하얀 거품이 곧 딱딱

미디어뱅크 사진

하게 굳어서 알을 보호하므로 알이 추운 겨울을 날 수 있다. 어미는 알을 낳고 나서 죽는다.

사마귀는 수컷보다 암컷이 더 크다. 또, 움직이는 것은 무엇이나 먹이로 여기기 때문에 저희끼리 잡아먹기도 한다.

사막(desert)

Luca Galuzzi, CC-BY-SA-2.5

한 해 내내 거의 비가 오지 않으며, 대개 낮에는 햇볕이 너무나 뜨거워서 풀이나 나무가 자라지 못하는 곳이다. 어쩌다 비가 조금 오더라도 금방 증발해 버리므로 무척 메마른 땅이다. 한 해 동안의 강수량이 250mm를 넘지 않는다.

사막에는 물과 식물이 부족하므로 땅이 쉽게 데워지고 쉽게 식는다. 햇볕이 내리쬐는 낮에는 기온이 40℃가 넘지만 밤이면 영하로 내려가기도 한다. 이와 같은 심한 기온차로 말미암아 자갈이나 바위가 쉽게 부서져서 모래가 많다. 그래서 사막에는 비가 내리는 짧은 기간 동안에 재빨리 꽃을 피워서 씨를 남기는 선인장 같은 특수한 식물과 전갈이나 방울뱀처럼 건조한 기후에서도 잘 견디는 동물들이 산다. 이런 데에서 사는 동물은 주로 땅속으로 판 굴에 들어가 있다가 밤에 나와서 활동한다.

세계의 주요 사막은 모두 열대 건조 기후 지역에 있다. 이런 지역에서는 고기압이 계속되기 때문에 일 년 내내 비가 아주 조금밖에 내리지 않는다. 열대 건조 기후 지역에 있는 사막으로는 아프리카 대륙 북쪽의 사하라 사막, 아라비아 반도의 아라비아 사막, 이란의 타르 사막, 아프리카 대륙 남쪽의 칼라하리 사막 등이 있다.

바다와 멀리 떨어진 내륙에도 비가 적게 내려 사막이 된 곳이 있다. 이런 사막으로는 중앙아시아의 타클라마칸 사막과 고비 사막 및 오스트레일리아의 빅토리아 사막을 들 수 있다. 추운 지방에도 땅에 식물이 살기 어려울 만큼 수분이 적은 곳이 있는데, 이런 곳을 한랭 사막이라고 한다. 대개 극지방의 툰드라 지대인데, 이런 데는 여름에 땅이 이끼나 잡초로 뒤덮인다.

드넓은 사막에는 가끔 샘물이 솟는 곳이 있는데, 이를 오아시스라고 한다. 사람들은 옛날부터 이런 오아시스에서 살아 왔다. 넓은 오아시스에는 농사를 짓고 도시를 이룰 만큼 물이 많다.

오아시스 말고는 사막이 오랫동안 버려져 왔다. 그러나 인구가 불어나고 과학이 발달하면서 이제는 여러 나라에서 사막을 개발한다. 사막이라도 땅이 기름지고 햇빛이 많아서 물만 있으면 농사짓기에 좋은 곳이 있기 때문이다. 미국의 캘리포니아 사막과 이집트의 나일 강 유역 및 중앙아시아 같은 데에서는 먼 고장에서 끌어온 물을 이용하여 평야를 만들고 목화, 과일, 옥수수, 쌀, 밀 등을 재배한다. 요즘에는 또 땅속에 묻혀 있는 석유 등 지하 자원을 캐내려고 사막을 많이 개발한다. → 오아시스

사막거북(desert tortoise)

미국 남서부와 멕시코 북부에 걸쳐 넓게 펼쳐진 사막에서 사는 거북이다. 두 가지 종류가 있는데 어느 것이나 땅속에 판 굴이나 바위틈 사이의 집에서 대부분의 시간을 보낸다. 체온을 조절하고 몸속의 수분을 잃지 않으려는 짓이다. 이렇게 주로 굴속에서 지내기 때문에 지표면의 온도가 60℃가 넘어도 견딜 수 있다. 또, 기온이 뚝 떨어지는 11월에서 이듬해 2~3월까지는 굴속에서 겨울잠을 잔다.

사막거북은 초식 동물이다. 주로 풀을 먹지만 해마다 피는 꽃이나 선인장의 꽃과 열매 및 새순도 잘 먹는다. 또한 소금 같은 광물질이나 소화를 돕는 재료로서 흙과 굵은 모래 등도 삼킨다. 수분은 거의 다 봄에 먹는 풀과 꽃에서 흡수한다.

사막거북은 봄이나 가을에 짝짓기를 하며 대개

6~7월에 암컷이 4~8개의 알을 낳는다. 크기가 탁구공만하며 딱딱한 껍질에 싸인 이 알들은 8~9월에 깬다. 새끼 거북들은 무척 더디게 자라는데, 흔히 16년 넘게 자라야 몸길이가 20cm 또는 그보다 조금 더 커질 수 있다. 다 자라면 몸길이가 25~36cm에 이르며 암컷보다 수컷이 조금 더 크다. 수명은 50~80년이다.

U.S. Fish and Wildlife Service, Public Domain

사막딱정벌레(Namib desert beetle)

아프리카 대륙의 남쪽에 있는 나미브 사막에서 사는 딱정벌레이다. 나미브 사막은 1년 동안에 비가 고작 14mm밖에 내리지 않는 무척 메마른 고장이다. 이런 곳에서 사막딱정벌레는 제 올록볼록한 등으로 아침 안개를 모아서 물을 만들어 마신다.

사막딱정벌레가 물을 만들려면 먼저 작은 모래 둔덕 위에 올라서 산들바람을 마주보고 엎드린다. 가늘고 긴 다리로 서서 꽁무니를 쳐들어 몸이 45°로 기울게 하고 올록볼록한 앞날개를 펼쳐서 촉촉한 안개 바람을 맞는다. 그러면 안개 속의 미세한 물 알갱이가 날개에 묻어서 올록볼록한 돌기에 모인다. 이렇게 모인 물

Schnobby, CC-BY-SA-3.0

이 차츰 많아져서 지름이 5mm쯤 되는 물방울이 되면 날개에서 굴러 등을 타고 내려서 딱정벌레의 입으로 들어간다.

과학자들은 사막딱정벌레가 안개뿐만 아니라 습기가 많은 공기에서도 물을 얻을 수 있을 것이라고 생각하고 있다.

사막버들(desert willow)

미국의 남서부와 멕시코의 사막 지대가 고향인 꽃 피는 나무이다. 키가 1.5~8m까지 자라서 떨기나무에 가깝지만 더 크게 자라는 것도 더러 있다. 본디 버드나무와는 아무 상관이 없고 개오동나무과에 딸린 나무인데 잎이 가늘고 길어서 이런 이름이 붙었다. 폭은 1~2mm밖에 안 되지만 길이가 10~26cm로서 좀 휘어진 잎은 때가 되면 낙엽이 들어 떨어진다.

해마다 5월부터 9월 사이에 얼핏 깨꽃과 비슷해 보이는 꽃이 둘이나 넷씩 함께 달려서 핀다. 조금 부푼 듯해 보이는 자주색 꽃받침이 1cm 안팎이며 연한 자주색에서 연분홍색에 이르는 꽃부리는 2~5cm이다. 꽃잎의 가장자리는 주름이 져 있다. 꽃가루받이는 주로 통통한 여러 가지 호박벌들이 해 준다. 꽃가루받이가 끝나면 길이가 35cm에 이르는 긴 꼬투리 열매가 열리는데 그 속에 날개가 달린 수많은 씨가 들어 있다.

Tortie tude, CC0 1.0 Public Domain

사막여우(fennec fox)

아프리카 대륙의 북부와 시나이 및 아라비아 반도의 사막에서 사는 여우이다. 몸집이 작고 귀가 크며 꼬리가 긴 것이 특징이다. 몸길이가 36~41cm이며 몸무게는 1.5kg쯤 된다. 길고 촘촘히 난 털이 거의 다 누런 모래 빛이지만 배쪽은 희다.

뜨거운 낮에는 굴속에서 쉬고 주로 밤에 나와서 활동한다. 먹이는 곤충이나 작은 동물 또는 나무 열매 등이다.

미디어뱅크 사진

사바나(savanna)

나무나 덤불이 띄엄띄엄 자라는 드넓은 초원이다. 대개 열대 지방의 사막과 밀림 지대 사이에 생긴다. 아프리카 대륙의 5분의 2, 오스트레일리아, 인도 및 남아메리카 대륙의 드넓은 땅이 사바나 지역이다.

거의 모든 사바나 지역의 1년 강수량은 760~1,000mm이다. 그러나 곳에 따라서 250mm가 채 안되기도 하고 1,500mm가 넘기도 한다. 비가 적게 오는 사바나 지역은 풀이 낮게 자라며 나무도 드물다. 그러나 비가 많이 오는 사바나에는 나무가 많고 풀도 사람의 키를 넘게 자란다. 사바나 지역의 풀은 잔디처럼 땅을 뒤덮지 못하고 여기저기 무더기로 자란다. 그리고 나무는 대개 아카시아나무, 바오바브나무 또는 야자나무 등으로 목재로서는 쓸모없는 것들이다.

사바나 지역의 기후는 건기와 우기로 나뉜다. 다섯 달쯤 계속되는 건기에는 풀이 마르고 나뭇잎도 떨어져서 들불이 잦다. 불이 나면 풀과 어린 나무가 모두 타버리지만 풀뿌리는 살아남기 때문에 비가 오면 금방 새싹이 돋는다.

이런 곳에서도 수많은 동물이 살고 있다. 온갖 곤충, 파충류, 새 또는 들쥐가 우글거리며, 누, 얼룩말, 영양들이 떼 지어 초원을 누빈다. 그리고 이것들을 잡아먹으려고 사자, 표범, 하이에나 등이 모여든다.

사물 인터넷(Internet of Things)

인터넷 연결이 컴퓨터와 스마트폰을 비롯한 여러 가지 전자 장치를 넘어서서 나날이 쓰는 물건이나 서비스에까지 확장되는 일이다. 온갖 센서와 기억 장치를 갖춘 물건들이 인터넷을 통해 서로 연결되어서 통신하고 작용함으로써 여러가지 새로운 기능을 하게 된다.

예를 들면, 사람의 말을 알아듣고 그가 원하는 음악을 틀거나 뉴스를 알려 주는 스피커는 사물 인터넷의 원리로 작동한다. 기계가 스스로 음악 파일에서 알맞은 곡을 찾아내 재생 시키거나 뉴스 파일에서 최근의 소식을 불러내서 들려주는 것이다. 또, 앞으로 나올 자율 주행 자동차도 사물 인터넷을 이용하여 차에 탄 사람을 안전하게 목적지까지 옮겨 줄 것이다.

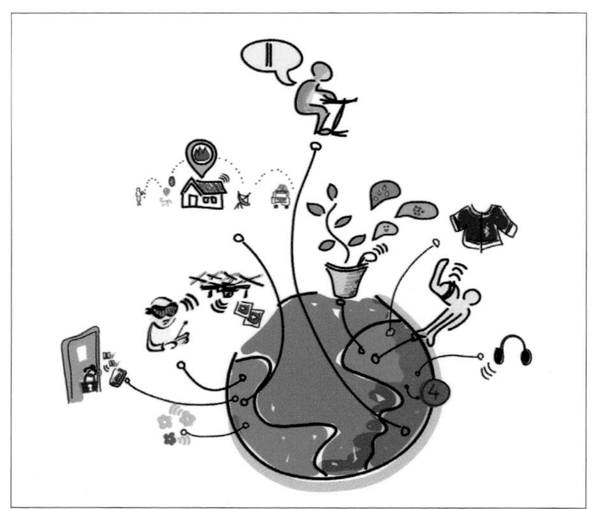

그림으로 나타낸 사물 인터넷
Wilgengebroed on Flickr, CC-BY-2.0

사슴(deer)

산이나 초원에서 무리 지어 사는 포유류이다. 여러 가지 종류가 있다. 수컷은 한 해에 한 번 머리에 1쌍씩 뿔이 났다가 빠진다. 이 뿔은 사슴이 충분히 자랄 때까지 해마다 돋아서 더 크고 여러 갈래로 갈라진다. 어미는 몸길이가 1.5m쯤 되며 꼬리가 짧다. 털 빛깔이 여름에는 흰 점이 있는 갈색이며 겨울에는 누르스름한 점이 있는 짙은 갈색이 된다.

사슴은 풀, 이끼, 나무순 같은 것을 먹고 산다. 소처럼 되새김질을 하며 발굽도 둘로 갈라져 있다. 눈과 귀가 밝고 냄새를 잘 맡아서 위험이 다가오면 재빨리 도망친다. 암컷은 늦은 봄에 새끼 한두 마리를 낳는다. 새끼는 젖을 먹으며 약 1년 동안 어미와 같이 살다가 독립한다.

암컷들이 어린 새끼들과 함께 무리를 이루며 늙은 암컷이 지도자가 된다. 수컷은 다 자란 수컷끼리 무리를 이룬다. 그러나 해마다 9월쯤 되면 암컷을 차지하려고 수컷들끼리 서로 싸운다.

미디어뱅크 사진

사슴벌레(stag beetle)

딱정벌레 무리에 드는 곤충으로서 몸이 길고 납작하다. 날개가 있으며 수컷이 암컷보다 더 크다. 입 양쪽에서 위턱이 마치 사슴의 뿔처럼 앞으로 길게 뻗어 나와서 집게처럼 보인다. 머리 양쪽에 짧고 통통한 더듬이도 달려 있다. 몸빛깔은 검거나 짙은 갈색이며 몸길이는 4~5cm이다.

미디어뱅크 사진

나무가 우거진 숲에서 살면서 낮에는 흔히 나무 밑의 낙엽 속에 숨어 지내다 밤에 나와서 날아다닌다. 먹이는 주로 나뭇진이다. 암컷이 나무껍질 틈에다 알을 낳으면 애벌레가 깨서 파고 들어가 살면서 커다란 굼벵이처럼 자란다. 그러다 때가 되면 땅속에서 번데기가 되었다가 어른벌레가 되어 밖으로 나온다. 온 세계에 사는 사슴벌레가 900 가지쯤 되는데 그 가운데 많은 종류를 열대 아시아 지방에서 볼 수 있다.

사시나무(poplar)

버드나뭇과에 딸린 갈잎큰키나무이다. 키가 20m, 밑동의 지름이 1m까지 자란다. 우리나라를 비롯하여 북반구의 온대 지방 여러 고장에 널리 퍼져 있다. 잎의 생김새나 크기 및 나무줄기의 색깔이 조금씩 다른 몇 가지 종류가 있다. 나무껍질은 어릴 적에 초록색이던 것이 종류에 따라 흰색이나 어두운 갈색이 되며 어긋나는 잎은 대개 세모나 길둥그런 꼴로서 끝이 뾰족하다. 잎 가장자리에 톱니가 있으며 길이가 2~6cm이지만, 폭은 더 좁은데 잎자루가 3~6cm로 길기 때문에 살랑대는 바람에도 잘 흔들린다. 그래서 '사시나무 떨듯'한다는 말처럼 잘 팔랑거린다.

사시나무는 암수 딴그루로서 4월에 꽃이 피고 열매가 열어 5월이면 익는다. 길둥그런 열매는 익으면 터져서 속에 든 씨가 쏟아지는데 씨에는 흰 솜털이 달려 있어서 바람에 멀리 날린다.

미디어뱅크 사진

사암(sand stone)

퇴적암의 한 가지이다. 알갱이가 대개 진흙의 알갱이보다 더 큰 모래로 이루어졌다. 강이나 호수의 바닥에 깔려 있던 모래층 위에 흙이나 자갈이 물에 쓸려 와 겹겹이 쌓여서 수천 년이 지나면 모래 알갱이들이 그

무게에 짓눌려서 뭉치고 굳어 사암이 된다.

사암은 모래 알갱이로 이루어졌기 때문에 만지면 까칠까칠하다. 알갱이의 크기도 모래 알갱이와 같다. 깨진 모서리는 모가 나며 겉면이 울퉁불퉁하다. 두드려도 잘 깨지지 않고 모래 같은 알갱이가 조금씩 떨어진다. 못으로 긁어도 잘 긁히지 않는다.

사암은 모래 알갱이에 섞인 광물의 종류에 따라서 누런색, 흰색, 회색, 또는 불그스름한 색을 띤다. 어떤 것은 운모가 많이 섞여 있어서 햇빛을 받으면 반짝거리기도 한다. 이런 사암은 비석이나 건축 재료로 많이 쓰인다.

cogdogblog, CC0 1.0 Public Domain

사육사(zookeeper)

주로 동물원이나 동물 농장 같은 데에서 동물을 돌보는 사람이다. 먹이를 줄 뿐만 아니라 건강을 보살피며 훈련도 시킨다. 또, 어미를 잃은 새끼가 있으면 마치 어미처럼 돌보며 길러 준다.

아울러 사람들이 동물을 더 잘 이해하고 동물과 친해지도록 돕는다. 그러나 병을 고칠 수 있는 수의사는 아니다. 따라서 사육사는 동물이 병이 나면 동물 병원에 데려가거나 수의사를 부른다.

사육사의 손에 앉은 앵무새 Rob Wynne, CC-BY-SA-2.0

사이다(cider)

본디 유럽에서 사과즙이나 배즙을 발효시켜서 만든 음료이다. 알코올 성분이 아주 조금 든 순한 과일주이거나 전혀 들어 있지 않은 보통 음료수이다. 그러나 우리나라에서는 맑고 맛이 단 탄산 음료수를 가리킨다. 맑은 물에 시트르산, 설탕 같은 감미료, 향료 및 이산화탄소를 녹여서 만든다. 이산화탄소가 들어 있어서 마시면 톡 쏘는 맛이 난다.

이산화탄소를 녹이려면 압력을 가해야 하므로 사이다는 뚜껑이 꼭 닫힌 병이나 깡통에 들어 있다. 그러다 뚜껑을 열면 압력이 갑자기 떨어지면서 이산화탄소가 기체가 되어서 밖으로 새 나온다. 액체에 녹는 기체의 양은 압력이 높을수록 많고 낮을수록 적다. 사이다 속에서 올라오는 기체 방울이 바로 이산화탄소이다. → 탄산 음료

사인펜(sign pen)

글씨를 쓰는 필기구 가운데 한 가지이다. 펠트 섬유로 만든 심이 수성 잉크에 흠뻑 적셔 있어서 밖으로 나온 한쪽 끝이 펜촉 구실을 한다. 따라서 잉크가 마르면 못 쓰게 된다. 펠트는 양털과 같은 동물성 섬유나 인조 섬유를 압축하여 단단하게 뭉친 것이다.

미디어뱅크 사진

사자(lion)

아프리카 대륙이나 인도와 같이 더운 지방에서 사는 고양잇과의 동물이다. 흔히 동물의 왕이라고 일컫는다. 우리나라에서는 동물원에서만 볼 수 있다. 몸빛깔이 주로 누런 갈색인데, 몸에 난 털은 짧다. 수컷은 목과 머리 부분에 긴 갈기가 있지만 암컷은 그렇지 않다. 꼬리 끝에 긴 털이 수북이 나서 솜방망이 같이 생겼다. 다 자라면 수컷은 몸길이가 3m, 몸무게는 200kg쯤 된다. 그러나 암컷은 훨씬 더 작아서 수컷의 반쯤밖에 안 된다.

사자는 기린, 영양, 얼룩말 같은 풀을 뜯어먹고 사는 동물을 잡아먹는 포식자이다. 먹이는 혼자서 잡기

도 하지만 여러 마리가 협동하여 잡을 때가 많다. 먹이를 잡으려고 달릴 때에는 시속 80km까지 속력을 낼 수 있다. 이와 발톱이 날카로울 뿐만 아니라 무는 힘과 앞발로 치는 힘도 무척 세서 먹이를 한 번에 쓰러뜨릴 수 있다. 또 빛이 조금만 있어도 물체를 알아볼 만큼 시력이 좋아서 밤에도 사냥을 잘한다. 사자는 다른 짐승을 잡아먹고 살지만 배가 부르면 옆에 있는 동물도 해치지 않는다.

사자는 암컷과 수컷 및 어린 새끼들이 가족을 이루어 사는 포유류이다. 새끼는 한배에 3~4 마리를 낳는다. 어린 새끼들은 처음에는 젖을 먹고 자라지만 두 달이 넘으면 어미가 씹어서 뱉어 주는 고기도 먹고, 어미 사자를 따라 다니며 사냥하는 법을 배운다.

Winfried Bruenken (Amrum), CC-BY-SA-2.5

사자자리(Leo)

봄에 남쪽 하늘에서 볼 수 있는 별자리이다. 가장 밝은 으뜸별은 레굴루스인데 사자 모양 그림의 앞다리 쪽에 자리 잡고 있다.

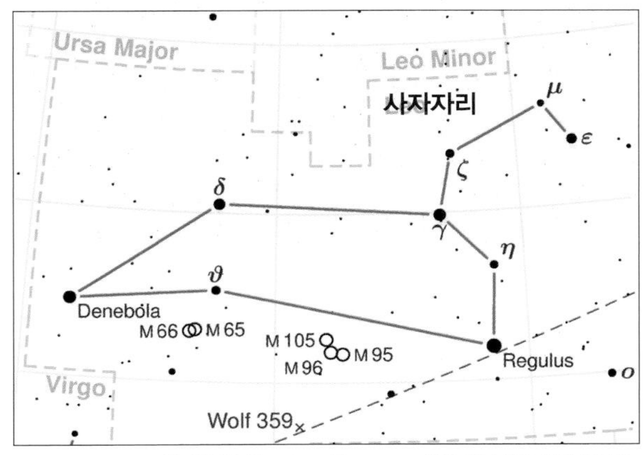

© 2003 Torsten Bronger, CC-BY-SA-3.0 GFDL

사진(photograph)

미디어뱅크 사진

빛의 작용으로 만들어진 그림이다. 물체에서 반사된 빛이 빛에 민감한 장치나 재료의 표면에다 상을 맺는다. 이 장치나 재료는 대개 사진기 속에 들어 있으며, 이렇게 만들어진 상은 인쇄나 화학적 과정을 거쳐서 사진이 된다.

사진은 우리 생활에서 빼놓을 수 없다. 우리의 어릴 적 모습, 먼 옛날에 일어난 일, 다른 나라 사람들이 사는 모습 등은 사진을 보고 알 수 있다. 날마다 온 세계에서 수많은 사람이 수없이 많은 사진을 찍는다.

또 어떤 사진은 값진 예술 작품으로 대접 받는다. 사진 작가의 상상력과 기술이 합쳐져서 훌륭한 예술 작품이 되는 것이다.

사진기(camera)

카메라라고도 한다. 사진기는 사실 사람의 눈과 같은 방식으로 작동한다. 눈과 같이 사진기도 물체에서 반사된 빛을 받아들여서 초점을 맞춰 상을 만든다. 다만 사진기는 상을 전자 정보로 바꿔서 저장하거나 망막이 아닌 필름에 기록한다. 이렇게 만들어진 상은 얼마든지 재생할 수 있으며 수많은 사람이 나눠 볼 수 있다.

요즘에는 거의 다 디지털 사진기를 쓰지만 2000년대 전까지는 모두 필름 카메라를 썼다. 사진기는 간단히 말해 빛이 들지 않는 검은 상자이다. 그 한쪽에 눈의 수정체 구실을 하는 렌즈가 달려 있으며, 다른 쪽에는 빛에 민감한 전자 광센서나 필름이 놓여 있다. 렌즈와 광센서 또는 필름 사이에는 원하는 만큼 빛을 통과시키는 장치인 셔터가 있다. 보통 때에는 렌즈와 센서 또는 필름 사이를 셔터가 가로막고 있지만, 셔터 버튼

ㅅ

필름 사진기 미디어뱅크 사진

을 누르면 셔터가 아주 잠깐 동안 열렸다 닫히면서 빛을 통과시킨다. 이렇게 통과되는 빛의 양에 따라서 사진이 크게 달라지기 때문에 사진기의 렌즈에는 빛의 양을 조절하는 조리개가 달려 있다. 통과된 빛이 디지털 사진기의 광센서에 닿으면 그 정보가 전자 자료로 바뀌어서 저장 장치에 기록된다. 이 자료를 컴퓨터에 옮겨서 디지털 영상으로 보거나 종이에 사진으로 인쇄한다.

필름 사진기에서는 빛이 필름에 닿으면 화학 변화가 일어난다. 이 필름을 화학 약품으로 현상하면 필름에 상이 나타난다. 이렇게 상이 나타난 필름을 다시 인화지라는 특수한 종이에 대고 인화하면 사진이 된다.

서기 1550년에 이탈리아 사람 제롤라모 카르다노가 바늘구멍 사진기에다 볼록렌즈를 달아서 처음으로 똑똑한 상이 맺히는 사진기를 만들었다. 그 뒤 19세기 초에 프랑스 사람 루이 다게르가 화학 약품을 써서 사진을 찍어내는 사진기를 처음으로 만들었다. 그러나 이 사진기로 사진을 찍으려면 무척 오랫동안 셔터를 열고 있어야 했다. 그래서 사람들은 뒤통수를 무엇에 대고 꼿꼿하게 앉거나 서서 사진을 찍었다. 그러나 요즘의 사진기로는 빠르게 움직이는 물체도 찍을 수 있다. 수천분의 1초까지 빠르게 셔터가 열렸다 닫히기 때문이다.

오늘날 많은 사람이 쓰는 사진기는 대개 디지털 사진기이다. 이 사진기는 크기가 작고 가벼우면서도 쓰기가 무척 편리하다. 안에 컴퓨터 장치가 들어 있어서 자동으로 초점을 맞추고, 조리개의 폭과 셔터 속도를 정하며, 필요하면 플래시를 터뜨린다. 그러나 자신의 상상력을 보태서 좀 다른 사진을 찍고 싶은 사람은 이 모든 것을 스스로 조절할 수 있는 더 복잡한 사진기를 쓰기도 한다. 이런 사진기는 여러 가지 렌즈를 바꿔 끼워서 먼 데에 있는 것을 가까이 찍거나 아주 작은 것을 크게 찍을 수도 있다.

요즘에는 거의 모든 휴대 전화기에 디지털 사진기가 달려 있다. 이런 사진기도 대개 가족이나 친구들과 함께 나눠볼 만한 기념사진을 찍기에는 충분하다.

사철나무(Japanese spindle)

우리나라와 중국 및 일본이 원산지인 늘푸른떨기나무이다. 바닷가에서 많이 자라는데 집 안뜰이나 울타리에도 심는다.

마주나는 잎은 두껍고 질기며 타원형인데 길이가 3~7cm, 폭이 3~4cm이다. 잎은 돋은 지 3년이면 떨어지는데, 모든 잎이 한꺼번에 떨어지지 않기 때문에 항상 푸른 잎이 달려 있다. 나무는 대개 키가 3m 가까이 자란다.

사철나무는 6~7월에 잎겨드랑이에서 연한 황록색 꽃이 피며, 꽃가루받이가 이루어지면 작은 콩알만한 둥근 열매가 열려서 차츰 빨갛게 익는다. 겨울이 되면 익은 열매의 껍데기가 갈라지면서 씨가 떨어진다. 사철나무는 이 씨로 번식하기도 하지만 꺾꽂이를 해도 잘 자란다.

미디어뱅크 사진

사탕수수(sugar cane)

벼과의 여러해살이풀이다. 날씨가 덥고 비가 많이 오는 열대와 아열대 지방에서 잘 자란다. 뿌리에서 수북이 돋은 대가 저마다 가지 없이 똑바로 자라는데, 색깔이 노랗거나 불그레하다. 지름이 5cm쯤, 키는 2~9m이다. 대나무처럼 여러 개의 마디가 있으며 마디마다 눈이 있어서 몇 마디씩 잘라서 땅에 묻으면 새싹이 돋는다. 잎은 대의 양쪽으로 어긋나게 자라는데, 칼처럼 좁고 길어서 70cm에 이른다.

Xandu, Public Domain

사탕수수의 대에는 달콤한 즙이 많이 들어 있다. 그래서 심은 지 8달에서 2년쯤 되면 수숫대를 베어다 즙을 짜내서 고체 결정인 설탕이나 액체 상태의 당밀을 만든다.

사탕수수는 아득한 옛날부터 남태평양의 여러 섬과 인도 및 중국애서 재배했다고 한다. 그러나 요즘에는 주로 브라질, 중국, 인도, 멕시코, 태국 및 미국에서 많이 심어 가꾼다. 그러나 우리나라에서는 날씨가 추워서 잘 자라지 않는다.

사포(sandpaper)

한쪽 면에다 거친 부싯돌이나 석류석 가루를 뿌려서 붙인 종이 또는 천이다. 몹시 까칠까칠하기 때문에 이것으로 문질러서 쇠의 녹이나 페인트칠을 벗겨낼 수 있다. 또, 나무 등으로 만든 물건의 표면을 곱게 다듬는 데에도 쓴다.

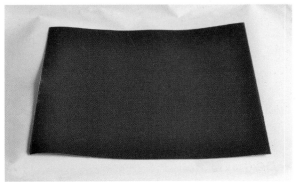

미디어뱅크 사진

사해(dead sea)

이스라엘과 요르단 사이의 깊은 골짜기에 자리 잡아서 동쪽은 요르단, 서쪽은 이스라엘에 닿아 있는 호수이다. 해수면보다 430m나 낮게 차 있는 이 호수의 물은 보통 바닷물보다 9.6배나 더 많은 소금을 품고 있어서 지구에서 가장 짜다. 그래서 물고기가 살지 못하고 식물도 거의 없으므로 사해, 곧, 죽음의 호수라는 이름이 붙었다. 길이가 50km, 가장 넓은 데의 폭이 15km로서 넓이는 약 605km²이다. 가장 깊은 데는 호수의 수면에서 304m쯤 된다.

이 지역은 비가 많이 오지 않아서 강수량이 한해에 고작 100mm쯤밖에 안 된다. 요르단 강과 몇몇 시내의 물이 모두 이 호수로 흘러들지만 호수의 물이 흘러나가는 곳은 없다. 그러나 흘러든 물이 뜨거운 햇빛에 금방 증발해 버리기 때문에 사해의 소금기가 줄어드는 일은 없다. 이 호숫물의 34%에 이르는 엄청난 소금기가 아주 큰 부력을 내기 때문에 사람이 들어가더라도 쉽게 물 위에 뜬다. 그래서 먼 옛날부터 이곳은 이 지역 사람들이 좋아하는 휴양지 구실을 한다.

사해에 떠서 신문을 읽는 사람 Pete, CC-BY-SA-3.0 GFDL

산(acid)

사과 주스, 포도 주스, 오렌지 주스, 식초 같은 것은 맛이 시다. 이런 것을 푸른 리트머스 종이에 묻히면 색깔이 붉게 변한다. 이와 같이 신맛이 나며 푸른 리트머스 종이의 색깔을 붉게 변화시키는 성질을 산성이라고 하고, 산이 녹아 있는 액체를 산성 용액이라고 한다.

산성 용액을 구별하려면 흔히 맛을 보거나 리트머스 종이를 쓰지만, 그밖에도 자주색 양배추, 보라색 나팔꽃, 보라색 포도 껍질, 양파, 가지 등의 즙으로 구별해낼 수 있다. 예를 들어, 자주색 양배추의 즙으로 만든 용액은 산을 만나면 붉은 색깔이 된다. 그러나 산은 페놀프탈레인 용액의 색깔을 변화시키지 않는다.

산성 용액에는 물질을 부식시키는 성질을 가진 것이 많다. 묽은 염산에 철, 아연, 또는 알루미늄 조각을 넣으면 녹으면서 열과 수소가 발생하는데, 알루미늄, 아연, 철의 순서로 잘 반응한다. 식초에다 아연이나 알루미늄을 넣어도 반응하여 수소가 생긴다. 거의 모든 금속은 산에 녹는다.

산성 용액이 금속과 반응하면서 내는 수소의 양에 따라서 강한 산과 약한 산으로 나눌 수 있다. 수소가 많이 나오면 강한 산, 적게 나오면 약한 산이다. 염산, 질산, 황산 등은 강한 산이며, 아황산, 포름산, 아세트산 등은 약한 산이다. 염산이나 질산 및 황산은 물질을 부식시키며 사람한테도 위험하다.

그러나 해가 없고 먹을 수 있는 산도 많다. 산은 사과, 포도, 살구, 귤 등 신맛이 나는 과일에 들어 있으며 음식에 신맛을 내는 식초에도 들어 있다. 또, 황산은 축전지를 만드는 원재료로 쓰이며, 염산은 화학 조미료나 의약품의 원재료로 쓰인다. 산성 용액을 염기성 용액과 섞으면 중성 용액이 된다.

산(mountain)

흔히 주변의 땅보다 500m 이상 더 높으며 대개 숲이 우거지고 온갖 식물과 동물이 사는 곳을 말한다. 산이 연속해서 있는 것을 산맥이라고 하며, 산꼭대기가 넓고 편평한 들판을 이룬 곳을 고원이라고 한다. 한편, 높이가 채 500m에 못 미치게 언덕진 땅은 구릉지라고 한다.

산은 화산 활동으로 만들어진다. 또, 땅이 솟아올라서 둘레의 땅보다 더 높아지거나, 평지였던 곳의 무른 부분이 물에 씻겨 내려가서 계곡이 되고 단단한 부분이 뒤에 남아서 만들어지기도 한다.

우리나라는 온 국토의 78%가 산지인데, 거의 모든 산은 땅이 솟아올라서 만들어진 것이다. 북쪽 지방에는 높은 산이 많으며, 남쪽 지방에는 낮고 밋밋한 산이 많다. 한반도의 북쪽에서 가장 높은 산은 해발 2,744m인 백두산이며, 남쪽에서 가장 높은 산은 높이가 1,950m인 한라산이다.

세계에서는 알프스 산맥과 히말라야 산맥을 잇는 지역 및 안데스 산맥이나 로키 산맥 등 태평양 둘레에 있는 산맥에 높은 산이 많다. 세계에서 가장 높은 산은 히말라야 산맥에 있는 에베레스트 산인데 높이가 8,848m이다.

세계에서 제일 높은 산 에베레스트의 북쪽 면
Luca Galuzzi, CC-BY-SA-2.5

산딸기(Korean raspberry)

산딸기나무의 열매이다. 나무는 장미과의 갈잎떨기나무로서 줄기가 붉은 갈색이며 잔가지를 많이 친다. 흔히 낮은 산에서 자라는데, 키가 1~2m이며 온몸에 가시가 많다. 잎은 어긋나며 가장자리가 3~5 갈래로 갈라진다.

봄에 잎겨드랑이나 가지 끝에 하얀 꽃이 피고 열매가 열어 7월이면 붉은색으로 익는데 먹을 수 있다.

미디어뱅크 사진

산사태(landslide)

산비탈의 암석이나 흙이 갑자기 무너져 내리는 일이

다. 암석 위에 흙이 두껍게 쌓인 곳에서 잘 일어난다. 이런 곳에 지진이 나거나 큰 비가 오면 암석과 흙 사이에 틈이 생겨서 무너져 내리기 쉽다.

또, 산에 풀과 나무가 없으면 산사태가 나기 쉽다. 흙을 붙들어 줄 나무와 풀의 뿌리가 없기 때문이다. 산사태가 나면 무너져 내린 흙더미에 논밭이나 집 또는 길이나 철도가 파묻히기도 한다.

산성 용액(acid solution)

신맛이 나는 액체이다. 대개 산이 물에 녹은 것으로서 포도 주스, 오렌지 주스 또는 식초 같은 것들이다.

산성 용액은 푸른 리트머스 종이를 넣으면 그 색깔을 붉게 변화시킨다. 또 달걀 껍데기나 대리석 조각을 넣으면 이런 것들이 거품을 내면서 녹는다. 그러나 페놀프탈레인 용액을 넣으면 아무런 변화도 일어나지 않는다. 그밖에도 여러 가지 금속을 녹이는 성질이 있다.

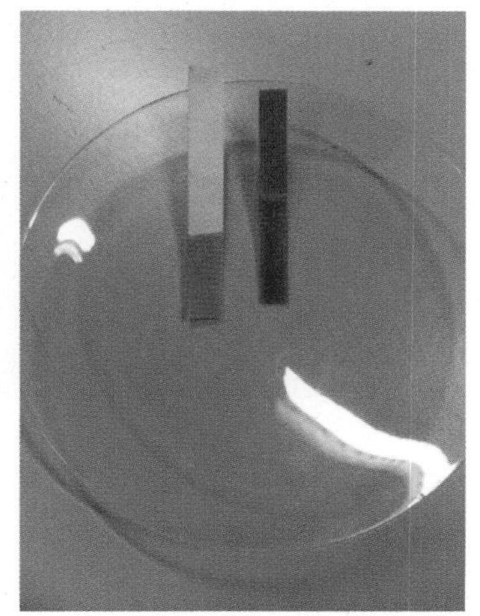

산성 용액에 담긴 붉은색과 푸른색 리트머스 종이
Kanesskong, CC-BY-SA-4.0

산소(oxygen)

생물이 살아가기에 없어서는 안 될 기체이다. 공기 가운데 21%를 차지한다. 그러나 색깔, 냄새 및 맛이 없기 때문에 산소가 있다는 사실을 쉽게 알아차리지 못한다.

사람은 숨을 쉴 때에 산소를 들이쉬며 이산화탄소를 내쉰다. 허파를 통해서 몸속에 들어간 산소는 혈액에 실려서 세포로 가 영양소를 태워 에너지를 내게 한다. 물고기는 아가미를 통해서 물에 녹아 있는 산소를 흡수하여 에너지를 내는 데에 쓴다. 산소가 없으면 동물은 몇 분 동안도 살 수 없다. 그러므로 물속에서 활동하는 잠수부나 산소가 없는 우주 공간에서 활동하는 우주인에게는 따로 산소를 공급해 주어야 한다.

산소는 산소 발생 장치를 이용하여 얻을 수 있다. 이산화망간에 묽은 과산화수소를 넣으면 산소가 나온다. 그러나 산소는 색깔과 냄새가 없기 때문에 공기 속에서는 얼마나 모였는지 알 수 없다. 그래서 산소 발생 장치로 만든 산소를 물속에서 모은다.

물을 가득 넣은 집기병을 물속에 거꾸로 넣고 산소 발생 장치와 연결된 고무관을 집기병 속에 넣으면 산소가 병 속에 모인다. 이와 같이 물속에서 기체를 모으는 방법을 수상 치환이라고 한다. 집기병에 산소가 가득차면 물속에서 주둥이를 유리판으로 덮고 꺼낸다. 이 집기병 안에 깜부기불을 넣으면 불꽃을 내며 잘 탄다.

산소는 다른 물질을 잘 타게 하는 성질이 있다. 그래서 높은 온도가 필요할 때에 산소를 이용한다. 산소와 수소 또는 산소와 아세틸렌을 섞어서 태우면 높은 열을 내므로 이런 불꽃으로 금속을 자르거나 녹여서 붙인다. 또, 광석에서 금속을 뽑아내는 용광로에서도 산소를 이용하여 높은 온도를 낸다.

그밖에도 숨을 잘 못 쉬는 중환자에게 순수한 산소를 공급하거나, 어항 속의 물고기에게 산소 공급 장치로 산소를 대 준다. 또, 온도를 충분히 낮춰서 액체로 만든 액체 산소를 로켓의 연료로 쓰기도 한다.

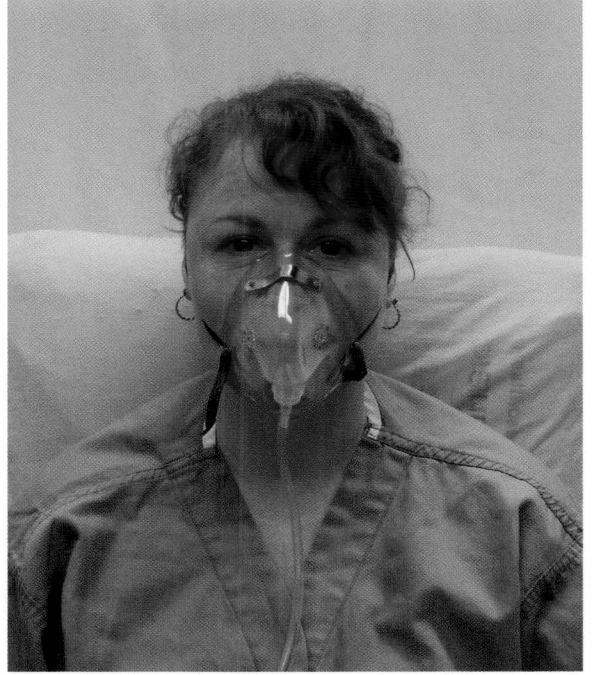

간단한 환자용 산소 마스크 James Heilman, MD, CC-BY-SA-4.0

ㅅ

산양(long-tailed goral)

산에서 사는 솟과의 포유류이다. 설악산이나 태백산 같이 바위가 많고 숲이 깊어서 천적이나 사람이 다가가기 어려운 데에서 산다.

몸길이가 1.15~1.3m이며 어깨높이는 65cm쯤 된다. 길이가 10cm 조금 넘는 꼬리도 있다. 머리에 뿔이 나고 귀가 쫑긋하며, 뒷머리에서 목 줄기를 따라서 난 짧은 갈기도 있다. 다리가 굵고 발끝이 뾰족하여 바위 절벽을 잘 탄다. 털빛깔은 겨울에는 잿빛 누런 갈색이며, 등줄기 한가운데의 색깔이 짙다. 또 목에 희고 큰 반점이 있다.

보통 2~5 마리씩 무리지어 사는데, 울음소리가 염소의 것과 비슷하다. 낮에는 주로 동굴이나 수풀 속에 숨어서 지내다 저녁과 새벽에 나와서 활동한다. 바위이끼나 풀 또는 나뭇잎 등을 뜯어먹고 소처럼 되새김질을 한다.

산양은 멸종 위기에 놓인 산짐승이다. 오늘날 우리나라에서 사는 것은 기껏해야 700 마리쯤밖에 안 된다. 그래서 천연 기념물 제217호로 지정하여 보호한다. 북한이나 중국 동북부 지방에도 조금 살고 있다지만, 거기서도 수가 많지 않아서 보호를 받기는 마찬가지이다.

미디어뱅크 사진

산초나무(*Zanthoxylum schinifolium*)

낮은 산에서 흔히 자라는 갈잎떨기나무이다. 키가 3m쯤 자라며 잔가지에 가시가 난다. 잎은 아까시나무의 잎처럼 잎자루에 작은 잎들이 줄줄이 달린 겹잎이다. 하지만 아까시나무의 잎보다 더 작고 뾰족하며 가장자리에 톱니가 있다.

늦여름 8~9월에 흰 꽃이 피고 나서 잘고 동글동글한 열매가 열린다. 열매는 녹갈색인데, 익으면 세 조각으로 갈라져서 검은 씨가 나온다. 이 씨를 빻으면 향기가 아주 짙기 때문에 음식의 비린내를 없애는 향료로 쓴다.

미디어뱅크 사진

산토끼(Korean hare)

산에서 사는 토끼이다. 멧토끼라고도 한다. 포유류로서 대개 집토끼보다 조금 더 크다. 몸길이가 50cm에 가까우며 몸무게는 4.5kg쯤 된다. 앞다리는 짧지만 뒷다리가 길고 튼튼해서 잘 뛴다. 또, 귀가 커서 작은 소리도 잘 들으며 똥을 두 번에 나누어 누는 버릇이 있다. 털 빛깔은 대개 잿빛이거나 갈색이다.

보통 높이가 500m쯤 되는 낮은 산에 살면서 낮에

솔바람, CC-BY-2.0 kr

는 풀숲이나 바위틈에 숨어 있다가 밤에 나와서 먹이를 찾는다. 먹이는 주로 풀, 나뭇잎, 칡덩굴 등이다.

산호(coral)

미디어뱅크 사진

대개 산호충이라는 작은 바다 동물이 수없이 많이 모여서 뭉친 덩어리를 가리키는 말이다. 열대나 아열대 지방의 얕고 따뜻한 바다에서 볼 수 있다.

산호충은 해파리나 말미잘과 친척뻘인 동물로서 여러 가지가 있다. 어쩌다 더 큰 것도 있지만 거의 다 한 마리만 보면 지름이 2.5cm쯤 되는 원통처럼 생겼다. 위쪽이 입인데 가장자리에 자잘한 촉수가 나 있으며 아래쪽은 다른 산호충이나 죽은 산호충의 껍데기에 달라붙는다. 이것들은 모두 한 데 모여서 큰 군집을 이루어 살며 제 몸을 보호하고자 몸 아래쪽 둘레에 석회질 껍데기를 만든다. 이 석회질 껍데기들이 서로 잘 달라붙어 있다.

산호충은 알로도 번식하지만 몸에서 순이 나와 자라서 새 산호충이 된다. 이렇게 산호충이 헤아릴 수 없이 이어 자라서 종류에 따라 저마다 다른 모양이 된다. 나뭇가지나 덤불 모양, 부채꼴, 널따란 바위 모양, 공 모양 등 가지가지이다. 색깔도 흰색, 노란색, 붉은색 등으로 아주 화려하다.

산호충은 석회질 껍데기 속에서 살면서 바깥으로 실 같은 촉수를 뻗어 물속에 떠다니는 플랑크톤을 잡아먹는다.

산호초(coral reef)

바다 속의 석회암 암초로 이루어진 특별한 생태계이다. 이 석회암은 주로 죽은 산호의 껍데기로 이루어지지만 바닷말이나 조개껍데기와 함께 모래도 들어 있다.

산호는 모양과 색깔이 참으로 여러 가지인 동물인데, 어느 것이나 제 몸을 감싼 석회질 껍데기를 만든다. 이 껍데기는 산호가 죽은 뒤에도 남아서 쌓이고 쌓여 바위처럼 된다. 이런 석회암이 두께가 수백 미터에 이르도록 자라서 바다의 거센 파도를 막아내기도 한다.

산호초는 모두 열대와 아열대 지방의 얕은 바다에 생긴다. 바닷물의 온도가 16℃~20℃에 못 미치면 산호초를 만드는 산호가 살 수 없기 때문이다. 또, 산호초에는 거기서 사는 바닷말과 식물이 광합성을 할 수 있도록 햇빛이 충분히 비춰야 한다.

세계에서 가장 큰 산호초는 오스트레일리아의 북쪽 바닷가에 있는 그레이트 베리어 리프이다. 이것은 바닷가를 따라서 줄줄이 늘어선 산호초 무리로서 그 길이가 모두 합쳐서 2,000km나 된다.

Brocken Inaglory, CC-BY-SA-3.0 GFDL

살구나무(apricot)

살구라고 부르는 과일이 열리는 나무이다. 중국이 원산지이지만 온 세계에 퍼져 있다. 가을에 낙엽이 지는 갈잎큰키나무로서 흔히 집안 뜰이나 밭 가 또는 공원에 많이 심는다.

나무의 크기는 벚나무와 비슷하다. 잎이 나오기 전인 4월에 하얀 꽃이 피는데, 이 꽃은 벚꽃보다 조금 더 작다. 꽃가루받이가 끝나면 작고 동그란 열매가 열리며 처음에는 초록색이지만 7월쯤이면 익어서 연한 주황색이 된다. 이렇게 다 익은 살구의 색깔을 '살구색'이라고 하여 색깔의 이름으로도 쓴다. 다 익어서 달콤한 향기가 나는 살구는 내버려 두면 저절로 나무에서 떨어진다.

미디어뱅크 사진

살오징어(Pacific flying squid)

우리가 흔히 보고 먹는 오징어이다. 알래스카와 캐나다의 연안에서부터 러시아의 남쪽 바다를 지나 중국과 베트남 해안에 이르기까지 북태평양 지역에 드넓게 퍼져서 산다.

살오징어는 여느 오징어와 마찬가지로 둥근 외투막 속에 내장이 들어 있으며 지느러미 둘, 다리 여덟 및 촉완 둘이 달려 있다. 다리보다 더 긴 촉완은 먹이를 잡을 때에 쓴다. 또 빠르게 헤엄치려면 지느러미보다 제트 추진 방식을 이용한다. 이것은 한쪽 관으로 물을 빨아들여서 다른쪽 관으로 세차게 내뿜어 그 반작용으로 반대쪽으로 나아가는 방법이다. 다리 사이에 새의 부리처럼 생긴 입이 있으며 입속에 치설이 있다.

알에서 막 깼을 때부터 해류를 따라 수면 가까이에서 무리지어 떠다니며 산다. 그렇게 한 해쯤 지나면 암컷은 몸무게 500g, 몸길이 50cm에 이를 수 있다. 수컷은 좀 더 작다. 이때 다 자란 살오징어들은 동중국해, 일본 연안 및 동해와 같은 번식지에 모여서 알을 낳아 자손을 퍼뜨린 뒤에 죽는다. 한해 만에 한 살이를 마치는 것이다.

삼(hemp)

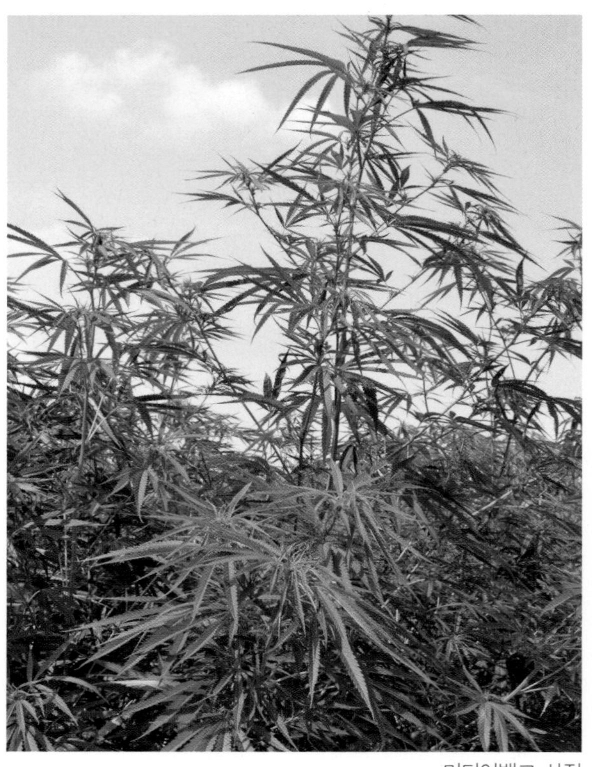

미디어뱅크 사진

긴 줄기의 속껍질에서 섬유를 뽑아 실을 잣는 한해살이풀이다. 우리나라에서는 키가 2m쯤 자라지만, 열대 지방에서는 6m까지도 자란다.

줄기는 가늘고 길며 골이 져 있다. 잎은 긴 잎자루 끝에 좁고 길쭉한 작은 잎들이 손가락처럼 달리는데, 저마다 끝이 뾰족하고 가장자리에 톱니가 있다.

삼은 암수 딴 그루이다. 보통 7~8월에 꽃이 피어서 암그루의 줄기 끝 잎겨드랑이에 작은 씨가 열리는데, 이 씨는 기름을 짜거나 동물의 사료로 쓴다.

그러나 삼은 주로 섬유를 쓰려고 심는다. 섬유가 질기고 튼튼하므로 꼬아서 노끈이나 밧줄을 만들기에 좋기 때문이다. 또, 실을 자아서 베를 짜기도 하는데 이 베로 지은 옷을 삼베옷이라고 한다. 삼베는 색깔이 누렇고 섬유가 까칠까칠해서 옛날에 주로 여름옷에 썼다. 하지만 요즘에는 옷감으로는 거의 쓰지 않는다.

삼각 플라스크(Erlenmeyer flask)

Pilarbini, CC-BY-SA-4.0

과학 실험 기구 가운데 한 가지이다. 액체를 담아서 그 양을 재거나 끓이는 데에 쓰는 유리 그릇인데, 바닥이 편평하고 주둥이는 좁은 원뿔 모양이어서 옆에서 보면 세워 놓은 삼각형 같다. 에를렌마이어라는 독일 사람이 서기 1866년에 처음으로 만들어서 썼다.

삼나무(Japanese cedar)

바늘잎나무이며 늘푸른큰키나무이다. 다 자라면 키 70m에 밑동의 지름이 4m에 이른다. 가지가 많이 나서 옆으로 퍼지는데 붉은 갈색 나무껍질은 띠처럼 위아래로 좁고 길게 벗겨진다. 소용돌이처럼 돌아가며 달리는 바늘잎은 길이가 1cm 남짓으로서 짧고 단단하다.

봄 3월이면 꽃이 피는데, 가지의 끝에 초록색 암꽃이 한 개, 그 둘레에 누런색 수꽃이 여럿 달린다. 그리고 길둥그런 솔방울이 열려서 길이 2cm쯤으로 자라 10월에 익는다. 솔방울은 저마다 20~40 개의 작은 조각으로 짜여 있는데 그 사이사이마다 날개가 달린 씨가 3~6 개씩 들어 있다.

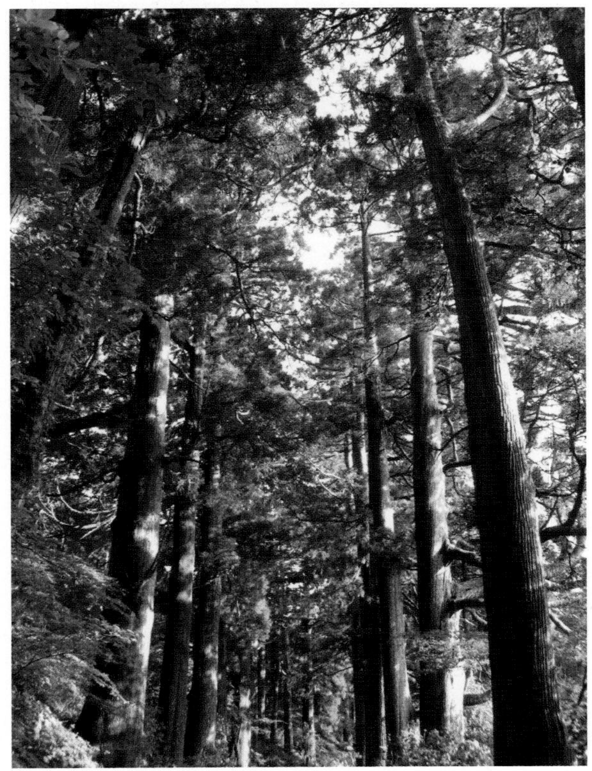

ernie, CC-BY-2.0

본디 일본 토박이 나무이다. 그러나 아주 오래 전부터 우리나라와 중국에 널리 퍼졌다. 따뜻하고 습기가 많은 지방의 기름지고 물이 잘 빠지는 흙에서 잘 자라며 메마른 땅이나 추위에는 약하다. 목재의 색깔과 무늬 및 향기가 좋기 때문에 옛날부터 집을 짓거나 가구 만들기에 많이 써 왔다.

삼림(forest)

산에 가 보면 나무와 풀이 무성하게 자라고 있다. 이런 땅과 식물을 통틀어 삼림이라고 한다. 우리나라에서는 논밭을 일굴 수 없는 산에서만 나무나 풀이 자라지만, 시베리아 같은 데에서는 편평한 땅에도 삼림이 빽빽이 우거진다.

우리나라는 온 국토의 67%가 산이다. 온대 지방에 자리 잡은 우리나라의 삼림은 주로 소나무 따위 늘푸른나무와 떡갈나무 같은 갈잎넓은잎나무로 이루어져 있다. 그러나 오랫동안 숲을 잘 가꾸지 않아서 좋은 나무가 많지 않다. 따라서 목재는 외국에서 많이 사다 쓴다.

늘 무덥고 비가 많은 열대 지방에는 늘푸른나무와 풀이 울창하게 자라서 햇빛을 가리기 일쑤이다. 이런 삼림을 열대 우림이라고 한다. 반대로 늘 날씨가 추운 한대 지방에서는 소나무, 전나무, 가문비나무와 같은 늘푸른바늘잎나무가 많이 자란다.

이런 모든 숲은 우리에게 없어서는 안 될 중요한 자원이다. 울창한 숲은 광합성 작용을 하면서 사람이 숨쉬고 사는 산소를 내놓을 뿐만 아니라 온갖 생물이 사는 생태계를 이룬다. 식물을 먹고 사는 벌레, 곤충, 새, 짐승 따위와 함께 이런 동물을 잡아먹고 사는 수많은 동물이 숲속에서 산다.

숲의 나무는 또한 집을 짓고 가구를 만드는 목재와 종이나 인조견을 만드는 데 쓸 펄프를 제공해 준다.

그러나 오늘날에는 온 세계에서 수많은 삼림이 사라지고 있다. 농사짓고 길을 닦으며 집과 공장을 지을 땅을 마련할 뿐만 아니라 목재와 펄프를 얻기 위해서 숲을 마구 베어내기 때문이다. 이렇게 삼림이 줄어들면 살 곳을 잃은 온갖 동물의 수가 줄거나 아주 사라지게 된다.

게다가 산에 나무와 풀이 없으면 빗물에 흙이 쓸려 내려가거나 산사태가 나기 쉽다. 또, 기름진 겉흙이 쓸려가 버리면 풀과 나무가 자라기 어렵다. 따라서 삼림은 우리가 늘 보호해야할 아주 중요한 생태계이며 천연 자원이다.

삼발이 (laboratory tripod)

둥글거나 세모진 쇠테에 발이 셋 달린 것이다. 위에 그릇을 올려놓고 아래에서 알코올 램프로 열을 가하는 과학 실험에 많이 쓰인다.

NagayaS, CC-BY-SA-4.0

삼색제비꽃(pansy)

흔히 팬지라고 한다. 한해살이 또는 두해살이풀이다. 제비꽃처럼 생겼지만 꽃의 색깔이 더 알록달록하기 때문에 이른 봄부터 뜰이나 공원에 많이 심는다.

본디 북유럽의 여러 고장에서 흔히 자라는 풀인데, 꽃이 예뻐서 오랫동안 화초로 개량해 왔다. 봄에 잎겨드랑이에서 꽃자루가 나와서 자주색, 노란색 및 흰색이 섞인 앙증맞은 꽃이 핀다. 더러 붉은색 꽃도 있다. 꽃잎이 다섯 장이지만 그 배열은 일정하지 않다.

줄기는 위로 곧게 15cm쯤 자라며 가지를 친다. 잎은 뿌리와 줄기에서 나오는데 뿌리에서 나온 것은 잎자루가 길다. 9월에 씨를 뿌리면 이듬해 4~5월에 꽃이 피며 6월쯤에 씨가 익는다. 추위에는 강하지만 더위를 많이 타서 한여름에는 대개 꽃이 피지 않고 잘 자라지도 않는다.

미디어뱅크 사진

삼엽충(trilobite)

아득히 먼 옛날에 바다에서 살던 무척추 동물이다. 한 5억 7,000만 년 전인 고생대의 선캄브리아기에 번성했지만 요즘에는 멸종되고 없어서 화석으로만 볼 수 있다.

몸이 길게 가운데와 양쪽 옆구리 부분으로 나뉘고 머리, 가슴 및 꼬리의 세 부분으로 이루어져 있었다. 몸통은 오늘날의 게나 새우처럼 딱딱한 껍질에 싸여 있었다. 크기는 거의 다 아주 작았지만 가끔 길이가 45cm에 이른 것도 있었다.

삼엽충의 화석 Ghedoghedo, CC-BY-SA-3.0

삽살개(Korean shaggy dog)

우리나라 토종개 가운데 한 가지이다. 그냥 삽사리라고도 부른다. 또, 청삽사리와 황삽사리로 나누기도 하는데, 이것은 겉으로 나타난 색깔로 구분해 부르는 이름일 뿐이지 성질은 둘 다 같다.

청삽사리는 어릴 적에 까맣던 털 빛깔이 자라면서 점차 흰 털이 고루 섞여서 검은 회색이나 검은 청색으로 보이는 것이며, 황삽사리는 어릴 적에는 털 빛깔이 아주 누렇다가 자라면서 점점 옅은 색깔이 된 것이다.

어느 삽살개나 털이 길어서 눈이 가려지며, 귀는 늘고 주둥이가 뭉툭하다. 키가 50cm쯤 자라며, 머리는 크고 꼬리가 위로 들린다. 성질이 대담하고 용맹스럽지만 주인에게는 충성을 다하는 개이다.

삽살개는 제2차 세계 대전 동안 일본 사람들이 모두 잡아가서 거의 사라졌다. 그러나 1960년대의 끝 무렵에 들어서 과학자들이 혈통을 복원하기 시작하여 지금은 순종 삽살개가 꽤 많이 불어나 있다. 특히 경상북도 경산시의 삽살개는 혈통을 보존하려고 천연 기념물 제368호로 지정해서 보호한다.

상수리나무(sawtooth oak)

산에서 흔하게 자라는 나무이다. 너도밤나무과에 딸린 갈잎큰키나무로서 키가 대개 20~25m까지 자란다. 긴 타원형 잎이 어긋나는데, 가을에 노랗게 단풍이 들어서 떨어진다.

늦은 봄 5월에 누른 갈색 꽃이 이삭처럼 늘어져 피어서 동그란 열매인 상수리가 열리는데 다음 해 10월쯤에 익는다. 다 익은 상수리는 다람쥐나 청설모의 좋은 먹이가 되지만, 사람들도 주워서 가루로 빻아 묵을 쑤어 먹는다.

미디어뱅크 사진

상어(shark)

주로 바다에서 살지만 가끔 강이나 호수에서도 발견되는 물고기이다. 몸길이가 40cm인 것에서부터 15m에 이르는 것까지 여러 가지가 있다. 그러나 모두 뼈대가 물렁뼈로 이루어져 있다.

온몸이 꺼끌꺼끌한 비늘에 싸여 있다. 머리 양쪽에 두 눈이 있고, 눈 뒤에 아가미구멍이 5쌍에서 7쌍까지 나 있다. 앞으로 뾰족하게 뻗은 머리의 가운데에 코가 있으며, 그 밑에 옆으로 길게 째진 입이 있다. 아주 날카로운 이로 다른 동물을 잡아먹고 산다. 먹이는 주로 물고기이지만 바다표범이나 고래 또는 바닷새도 좋아한다.

상어는 냄새를 아주 잘 맡는다. 게다가 몸이 유선형이어서 헤엄도 잘 친다. 다른 물고기와 마찬가지로 알을 낳는데, 수정된 알이 깰 때까지 몸속에 지니고 있는 것도 있다. 알은 두껍고 튼튼한 껍질에 싸여 있는데, 대개 커서 지름이 10cm나 되는 것도 있다.

상어는 고래상어, 환도상어, 괭이상어, 별상어, 불범상어, 귀상어, 청새리상어, 청상아리, 백상아리 등 종류가 많다. 그 가운데 귀상어, 청상아리, 백상아리, 청새리상어는 성질이 난폭하여 가끔 사람을 해치기도 한다.

상추(lettuce)

한해살이풀이며 잎을 먹는 채소이다. 비타민과 무기 염류가 많이 들어 있다.

뿌리에서 잎이 풍성하게 나는 잎상추, 통처럼 되는 통상추, 대가 길게 자라서 밑에서부터 차례로 잎을 따

먹는 젖힘상추 등이 있다. 자라는 기간이 짧고 병충해도 적어서 가꾸기가 쉬운 채소 가운데 하나이다. 주로 봄철에 심는 채소이지만 요즘에는 철을 가리지 않고 비닐하우스에서 1년 내내 심어 가꾼다.

미디어뱅크 사진

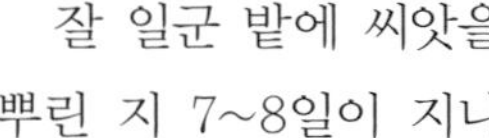

잘 일군 밭에 씨앗을 뿌린 지 7~8일이 지나면 싹이 트는데, 자람에 따라서 알맞게 솎아 주어야 한다. 땅이 메마르면 잘 자라지 않을 뿐만 아니라 쓴맛이 나게 되므로 물도 알맞게 주어야 한다. 또, 자라는 정도에 따라서 주로 질소질인 거름을 준다. 거둘 때에 잎상추는 밑잎부터 따내거나 뿌리째 뽑으며, 통상추는 통이 된 것부터 자른다.

뿌리를 뽑지 않고 내버려 두면 초여름에 꽃대가 나와서 노란 꽃이 핀다. 씨는 노란색이나 검은색이다. 상추는 본디 유럽의 지중해 연안 지방에서 저절로 자라던 풀이다. 그러나 요즘에는 야생 상추가 없으며, 개량한 품종만 세계 곳곳에서 재배한다.

상현달(waxing moon)

초승달에서 5일쯤 된 달의 모습이다. 둥근 달의 오른 쪽 아래 반쪽만 보이므로 하현달과 함께 반달이라고도 한다. 음력으로 다달이 7~8일의 한낮에 동쪽 하늘에 떠서 한밤중에 서쪽 하늘로 진다. → 달

Thomas Bresson, CC-BY-2.0

새(bird)

날개와 깃털이 있는 척추 동물이며 정온 동물이다. 거의 모두 날아다니지만 펭귄이나 타조와 같이 날지 못하는 새도 있다.

새의 몸은 대개 날기에 알맞게 되어 있다. 날개와 다리의 뼈가 속이 비어서 몸을 가볍게 할뿐만 아니라 허파에 공기 주머니가 이어져 있다. 또, 가슴의 근육이 발달하여 힘차게 날갯짓을 할 수 있다. 꼬리는 주로 방향 잡기에 쓴다. 이가 없는 까닭도 몸무게를 가볍게 하기 위함이다.

대신에 부리가 먹이를 먹기에 알맞게 발달했다. 독수리나 올빼미와 같이 고기를 먹는 새의 부리는 끝이 날카롭고 갈고리처럼 안쪽으로 굽어 있다. 오리의 부리는 물밑 바닥에서 먹이를 뒤지기 쉽도록 넓적하게 발달했다. 참새나 제비처럼 부리가 풀씨를 쪼아 먹거나 작은 벌레를 잡아먹기에 알맞게 발달된 것도 있다. 그밖에도 먹이에 따라서 새의 부리는 여러 가지 모양으로 발달했다. 곡식이나 고기를 먹는 새의 내장에는 또 모래주머니가 발달하여 소화를 돕는다. 모래주머니에는 작은 돌멩이나 모래가 들어 있어서 먹이를 잘게 부순다.

새는 지금부터 약 1억 8,000만 년 전에 파충류에서 진화했다. 비늘이 깃털로 변하고 앞다리가 날개로 변하여 지금과 같은 모습이 되었다.

새는 대개 둥지를 틀어서 알을 낳고 새끼를 기른다. 새끼는 대개 스스로 먹이를 구할 수 있을 때까지 어미가 지켜 준다. 그러나 뻐꾸기처럼 다른 새의 둥지에다 알을 낳는 것도 있으며, 모래 속에다 알을 낳아서 새끼가 스스로 깨 나오게 하는 것도 있다.

미디어뱅크 사진

새끼(offspring)

동물은 알이나 새끼를 낳아서 자손을 잇는다. 개, 돼지, 소, 토끼, 고양이, 원숭이, 고래와 같이 어미의 젖을 먹고 자라는 포유류는 새끼를 낳는다. 그러나 포유류가 아닌 동물은 모두 알을 낳는다. 우렁이나 가오리처럼 포유류가 아니면서도 더러 새끼를 낳는 것이 있지만, 이런 동물은 알을 몸속에 지니고 있다가 알에서 깬 새끼를 밖으로 내보내는 것이기 때문에 실제로는 알을 낳는 것과 같다.

새끼는 태어나거나 알에서 깰 때부터 어미와 같은 모습이다. 자라면서 크기가 커질 뿐이지 모습이 크게 변하지 않는다. 소, 염소, 사슴과 같이 자라면서 뿔이 나는 것도 있지만, 전체적인 모습은 크게 바뀌지 않는다.

새끼와 어미 갈매기 AWeith, CC-BY-SA-4.0

새우(shrimp)

게나 가재와 친척뻘인 동물로서 물속에서 산다. 몸이 머리, 가슴, 배로 이루어지는데, 머리와 가슴은 껍데기 하나로 싸여 있어서 잘 구별되지 않는다. 그러나 배는 일곱 마디로 되어 있어서 잘 구부러지며 마지막 마디에 부채처럼 펴진 꼬리가 달려 있다. 등이 휘고 머리에 긴 더듬이 2개가 나 있다.

새우는 온몸이 딱딱한 껍데기에 싸여 있다. 이런 동물을 갑각류라고 한다. 가슴에 5쌍의 다리가 달려 있는데, 무리에 따라서 집게로 되어 있는 것도 있다. 배에도 5쌍의 배다리가 달려 있다.

새우는 거의 다 바다에서 살지만 민물에서 사는 것도 있다. 어느 것이나 물고기처럼 아가미로 숨을 쉰다. 아가미는 가슴다리의 윗부분에 있는데, 껍데기로 덮인 아가미 방 안에 있기 때문에 눈에 잘 띄지 않는다. 새우는 대개 깰 때까지 알을 배다리에 붙이고 다닌다. 알에서 갓 깬 새우는 생김새가 어미와 전혀 다르지만 여러 번 허물을 벗으면서 자라나 차츰 어미와 같은 모습이 된다.

어항 속의 알 밴 새우 Zigomitros Athanasios, CC-BY-SA-4.0

색(color)

여느 때의 햇빛은 아무 색깔도 없는 것 같다. 그러나 비가 갠 뒤에 뜬 무지개를 보면 7 가지 색깔이다. 물방울이 햇빛을 7 가지로 나누기 때문이다. 이와 같이 빛은 여러 가지 색깔로 이루어져 있다.

색은 물체의 성질과 빛에 따라서 결정된다. 물체가 빛을 전혀 반사하지 않으면 검은색이 되고 모두 반사하면 흰색이 된다. 그밖의 색은 빛의 일부만 반사해서 저마다의 색을 띤다. 예를 들면, 초록색 잎은 다른 색은 모두 흡수하고 초록색만 반사해서 우리 눈에 초록색으로 보이며, 붉은 옷은 붉은색만 반사하기 때문에 붉은색으로 보이는 것이다. 그러나 파란 불빛 밑에서는 붉은 옷이 검게 보인다.

햇빛을 프리즘에 통과시키면 여러 가지 색깔로 나뉜다. 이렇게 나뉜 빛을 다시 프리즘에 통과시켜서 한 데 모으면 흰빛이 된다. 또 붉은색과 청록색, 노란색과 푸른색, 녹색과 자주색 빛을 한 곳에 비춰도 흰색이 된다. 이런 두 가지 색을 서로 보색이라고 한다. 그러나 보색 관계가 아닌 두 색을 합치면 다른 색이 나타난다.

반은 초록색 종이를 붙이고 나머지 반은 붉은색 종이를 붙인 팽이를 돌리면 노란색으로 보인다. 이와 같은 방법으로 색을 섞어서 거의 모든 색을 만들어낼 수 있다. 특히 빨강, 파랑 및 초록 세 가지를 각각 세기를 달리하여 섞으면 거의 모든 색이 나타난다. 그래서 빨

ㅅ

강, 파랑 및 초록 색깔을 빛의 3 원색이라고 한다.

그러나 색깔이 다른 두 빛을 한 곳에 비춰서 나타나는 색깔과 색유리 두 장을 겹쳐서 빛을 비추었을 때에 나타나는 색깔은 다르다. 예를 들어서, 푸른 빛과 노란 빛을 한 곳에 비추면 흰 빛이 되지만 푸른 유리와 노란 유리를 겹쳐놓고 빛을 통과시키면 초록색 빛이 나타난다. 푸른 유리는 일곱 가지 빛깔 중에서 붉은색, 주황색 및 노란색을 흡수하며, 노란 유리는 푸른색, 남색 및 보라색을 흡수하기 때문에 초록색만 남는 것이다.

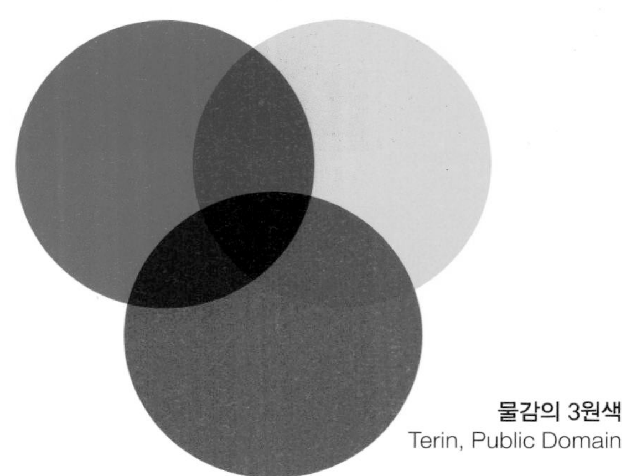
물감의 3원색
Terin, Public Domain

푸른 물감과 노란 물감을 섞어도 초록색이 된다. 이와 같이 물감을 적당히 섞어도 필요한 색을 만들 수 있다. 특히 빨강, 노랑, 파랑의 3 가지 물감을 각각 양을 달리하여 섞으면 모든 색깔을 만들어낼 수 있다. 그래서 이 3 가지 색깔인 빨강, 파랑 및 노랑을 물감의 3 원색이라고 한다.

물감의 3 원색으로 만들어낼 수 있는 색의 종류는 셀 수 없이 많다. 그러나 그 가운데에서 사람이 기억할 수 있는 색은 몇 십 가지에 지나지 않으며, 이름을 붙일 수 있는 색의 종류도 많지 않다. 색깔이 중요한 구실을 하는 예술이나 산업에서는 느낄 수 없을 만큼 아주 작은 색깔의 차이도 정확하게 나타낼 수 있어야 한다. 그래서 과학자들은 수많은 색으로 나뉜 색깔표를 만들고 각각의 색에다 섞은 3 원색의 비율을 표시한다. 이 비율대로 3 원색을 섞으면 바로 그 색을 만들 수 있는 것이다.

색소(pigment)

선명한 색깔의 고운 가루로서 다른 물질에 그 색깔을 입히는 물질이다. 어떤 물질과 섞거나 그 표면에 얇게 바르면 색깔이 입혀진다. 색소는 액체와 섞어도 녹지 않고 골고루 섞인 채 그 속에 떠 있다. 녹아서 그 색깔을 물들이는 색 물질은 염료라고 한다.

색소 가게 Joe-Schraube, CC-BY-3.0

색소에는 천연 색소와 인공 색소가 있다. 천연 색소는 식물, 동물, 또는 광물에서 얻으며, 인공 색소는 화학 약품으로 만든다. → 물감

샘(spring)

물이 땅이나 바위틈에서 솟아나오는 곳이다. 물이 얕은 데에서 솟아 고이면 바가지로 퍼 담을 수 있는 샘이 되며 깊은 땅 밑에서 솟으면 두레박으로 퍼 올리는 깊은 우물이 된다. 이런 샘의 물은 대개 많은 사람이 나눠 써야 하기 때문에 늘 깨끗하게 지키고자 애썼다. 동물이나 사람들이 함부로 더럽히면 안 되기 때문이다.

빗물이나 눈 녹은 물은 땅속으로 스며들어서 흙과 돌틈을 지나 바위 층까지 내려간다. 그러다 아주 단단한 바위 층을 만나서 더는 뚫고 지나가지 못하면 낮은 데로 흐른다. 이것이 지하수이다. 이렇게 모인 지하수는 어디서든 틈만 있으면 밖으로 나오기 마련이다. 흔히 언덕이나 절벽의 밑 또는 단층이 지표면에 이어지는 곳 같은 데에서 샘이 솟는다.

YllkaFetahaj, CC-BY-SA-4.0

가장 큰 샘이 솟는 곳은 대개 석회암 동굴을 통해 많은 지하수가 흐르는 석회암층 지대이다. 석회암 동굴이 지표면과 만나면 엄청난 양의 물이 솟아나오기 때문이다. 그 예가 한강의 시작점이 되는 강원도 태백의 검룡소이다. 이곳의 물은 바로 석회암 동굴에서 쏟아져 나오는 지하수이다.

생각 그물(mind map)

마음의 지도이다. 곧, 마음속에 지도를 그리듯이 생각을 펼쳐간다는 뜻이다. 그러기 위해 실제로 종이의 한 가운데에다 기본적인 생각을 간단한 그림으로 표시한다. 그리고 그것과 연관해서 생각나는 것들을 그 둘레에 적고, 또 거기서 뻗어나는 생각들을 그 둘레에 적어 나간다. 이렇게 점점 가지를 쳐가는 생각들을 선으로 이으면 마치 나뭇가지가 사방으로 뻗어나간 것과 같아진다.

이렇게 생각을 눈으로 볼 수 있게 하면 생각하는 힘이나 기억력이 높아진다고 한다. 서기 1960년대에 영국에서 고안된 학습법이다. 어떤 사람은 글로 적은 것보다 그림과 상징물을 이용해서 공부하는 것이 더 효과가 있다는 생각에서 고안된 것이다.

생명 공학(biotechnology)

사람을 이롭게 하고자 주로 생물의 조직 체계를 이용하는 기술을 말한다. 예를 들어서, 한 생물의 유전자에서 특별한 정보만 꺼내 다른 생물의 유전자에 끼워 넣음으로써 전혀 새로운 성질을 가진 생물을 만들어내는 일이다.

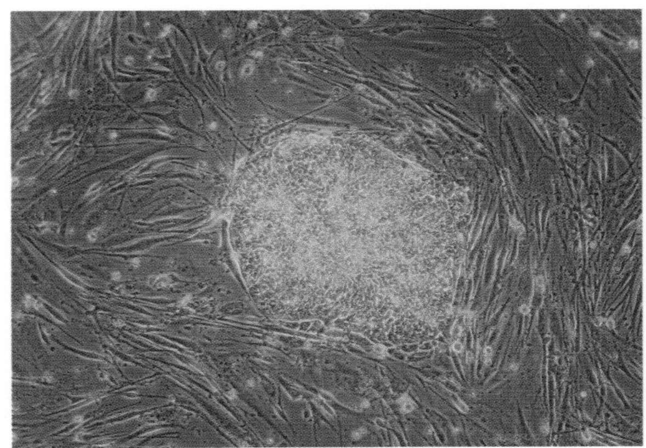

사람의 배아줄기세포(가운데) Ryddragyn, Public Domain

나아가 푸른곰팡이를 이용하여 질병을 치료하는 항생제를 만들거나 오염 물질을 분해하는 세균을 찾아내는 것도 생명공학에 든다. 또, 해충을 물리치는 세균을 길러서 농약 대신 쓰거나 동물이나 식물 자원에서 연료를 뽑아내는 기술도 첨단 생명 공학이라고 말할 수 있다.

이미 암을 치료하는 인터페론이나 당뇨병을 치료하는 인슐린 같은 약품이 유전자 재조합 기술로 생산되고 있으며 그밖에 화학, 섬유, 농업 등 많은 분야에서 생명 공학을 이용하는 연구가 이루어지고 있다.

생물(living thing)

생명이 있는 것이다. 세상에는 숱하게 많은 생물이 있다. 그 가운데에는 생물인지 무생물인지 구별하기 어려울 만큼 간단한 것도 있고, 사람처럼 매우 복잡한 것도 있다. 또, 현미경으로 보아야 할 만큼 아주 작은 것도 있고, 키가 100m 넘게 큰 것도 있다. 그러나 크게 나누면 식물과 동물 두 가지이다. 식물은 해캄, 이끼, 고사리, 풀, 나무 등이며, 동물은 지렁이, 곤충, 오징어, 물고기, 짐승, 사람 등이다.

식물이건 동물이건, 생물은 세포로 이루어진다. 간단한 생물은 세포 1개로 이루어지기도 하지만, 거의 모

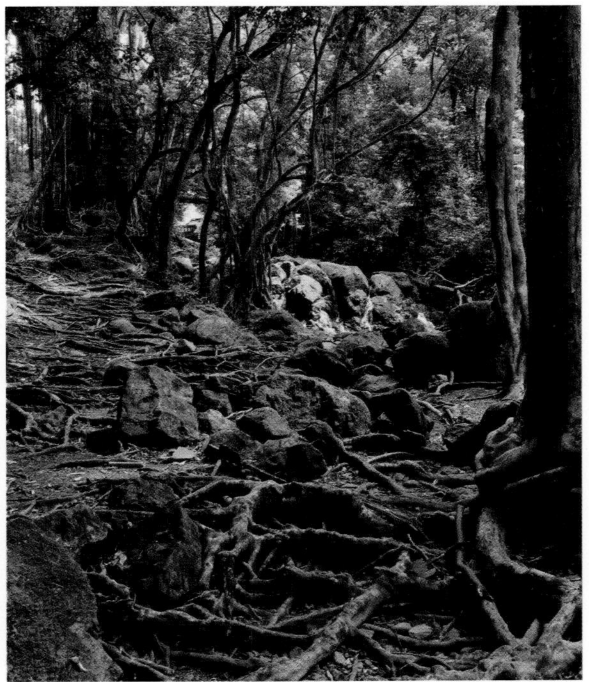

수많은 생물의 터전 열대 우림 Eric Tessmer, CC-BY-SA-3.0

ㅅ

든 생물이 수많은 세포로 이루어진다. 무생물과 구별되는 생물의 특징은 주변의 변화에 반응을 나타내며, 영양분을 섭취해 자라고, 저와 닮은 자손을 남겨서 번식하는 것이다. 또, 환경에 적응하는 것도 생물의 특징이다. 식물은 날씨가 추워지면 낙엽을 떨어뜨리거나 씨를 남겨서 추위를 이기며, 동물은 따뜻한 곳으로 옮겨가거나 겨울잠을 자거나 몸에 털이 많이 나게 하여 추위를 이긴다. 그밖에도 생물은 살기 위해서 여러 가지 방법으로 환경에 적응한다.

지구에 생물이 나타난 때는 지금부터 약 30억 년 전이다. 맨 처음의 생물은 생물인지 무생물인지 구별할 수 없을 만큼 간단한 것이었지만, 점차 환경에 적응해서 지금과 같이 여러 가지 종류로 나뉘었다. 오늘날 지구에서 살고 있는 생물은 약 1,250만 종일 것으로 생각된다. → 동물, 식물

생물학(biology)

동물이나 식물처럼 생명을 가진 것들을 과학적으로 연구하는 학문이다.

눈에 보이지 않는 세균에서부터 커다란 고래나 느티나무에 이르기까지 생물은 모두 크기가 다르고 종류도 많다. 그러나 저마다 무생물과는 다른 특징을 지니고 있으니 저마다 스스로 번식하고 자라며 주변의 변화에 반응할 수 있다.

나비 연구 vastateparksstaff, CC-BY-20

생물학은 크게 동물학과 식물학으로 나뉜다. 또, 수없이 더 많은 작은 분야로 나눌 수 있으니 구조학, 기능학, 세포학, 생태학 또는 유전학과 같은 것들이다.

생물학의 연구는 우리 생활의 발전에 크게 도움이 된다. 예를 들면, 종자를 개량하고 농사법을 발전시켜 더 많은 식량을 생산하게 하며, 세균을 연구하여 많은 질병을 예방하고 치료할 수 있게 하는 것이다.

생산자(producer)

광합성으로 스스로 양분을 만들어서 사는 생산자 미디어뱅크 사진

살아가기에 필요한 양분을 스스로 만드는 생물이다. 풀과 나무 같은 식물은 광합성을 해서 스스로 양분을 만든다. 온갖 생물 가운데에서 이렇게 제 힘으로 양분을 만들어서 사는 것은 녹색 식물뿐이다. 햇빛을 이용하여 물과 이산화탄소로 녹말과 산소를 만들어내는 것이다. → 생태계

생이가래(*Salvinia natans*)

연못처럼 괸 물에 떠서 사는 한해살이풀이다. 가늘고 긴 줄기가 물에 떠서 가지를 많이 친다. 잎이 세 장씩 돌려나는데, 둘은 물 위에 뜨고 하나는 물속에 잠

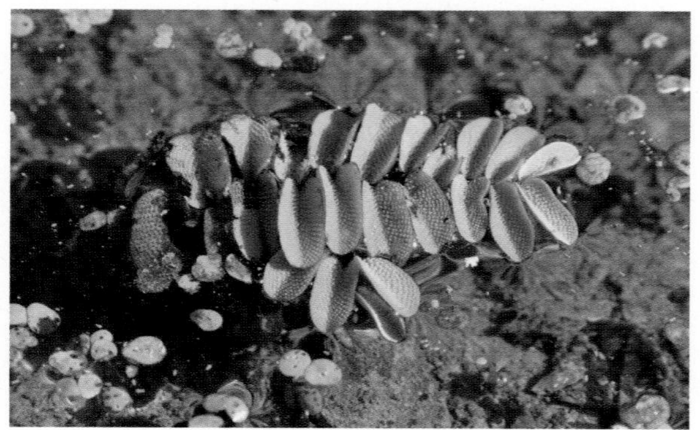

미디어뱅크 사진

겨서 뿌리 구실을 한다. 물 위에 뜬 타원형 잎은 길이가 1.5cm쯤 된다.

생이가래는 꽃이 피지 않는 식물이어서 홀씨로 번식한다. 가을에 물속에 잠겨 있는 잎의 밑 부분에 홀씨주머니가 생겨서 그 속에 가루 알갱이처럼 작은 홀씨, 곧 포자가 들어찬다.

생태계(ecosystem)

생물은 땅위나 물속과 같이 여러 가지 다른 환경에서 살아가고 있다. 이렇게 생물이 살아가는 환경은 생물 요소와 비생물 요소로 이루어진다. 이런 요소들은 서로 영향을 주고받는다.

공기, 물, 흙, 햇빛과 같이 생물이 아닌 것들이 비생물 요소이다. 비생물 요소는 모든 생물이 살아가기에 꼭 필요하다. 한편, 사람은 물론이려니와 지구에서 사는 모든 동물과 식물이 생물 요소이다. 이런 모든 생물 요소와 비생물 요소가 어떤 곳에서 서로 작용하면서 균형을 이루고 있는 것을 생태계라고 한다.

생물 요소는 햇빛을 이용해서 영양분을 만드는 녹색 식물, 식물을 먹고 사는 동물 및 죽은 생물을 분해하는 곰팡이나 세균 따위 세 가지로 이루어진다. 생태계에서 살아가기에 필요한 영양분을 제 힘으로 만들 수 있는 것은 오직 녹색 식물뿐이다. 그래서 녹색 식물을 생산자라고 한다.

동물은 스스로 영양분을 만들지 못한다. 따라서 영양분을 얻으려면 생산자인 식물이나 그것을 먹은 다른 동물을 먹어야한다. 그러므로 동물을 소비자라고 부른다. 동물 가운데 메뚜기나 토끼 같이 생산자인 식물을 먹고 사는 생물을 1차 소비자, 개구리, 사마귀, 여우 등과 같이 1차 소비자를 먹고 사는 생물을 2차 소비자, 독수리나 호랑이처럼 마지막 단계의 소비자를 최종 소비자라고 한다.

분해자와 생산자의 공존 Chiranjivisubedi, CC-BY-SA-4.0

동물이나 식물은 죽으면 곰팡이나 세균의 활동으로 말미암아 분해된다. 이런 작은 생물을 미생물이라고 하는데, 미생물은 죽은 생물을 분해하기 때문에 분해자라고 부른다. 분해된 생물은 다시 식물의 영양분으로 쓰인다. 이와 같이 생태계는 생물 요소인 생산자, 소비자 및 분해자와 함께 이것들이 살아가는 환경인 비생물 요소로 이루어진다.

생태계는 육상, 곧 땅 생태계와 수, 곧 물 생태계로 나눌 수 있다. 육상 생태계로는 열대림, 온대림, 사막, 초원, 사바나, 북극 및 남극 생태계 등이 있으며, 수 생태계로는 바다, 강, 호수, 하천, 습지 생태계 등이 있다.

그런데 생태계는 산불, 홍수, 환경 오염, 지나친 개발 따위로 말미암아 곧잘 파괴된다. 생태계가 파괴되면 자연 환경이 망가지고 사람의 생활 환경이 나빠지며 그로 말미암아 경제적인 손해도 커진다. 또한 생태계의 일부인 사람도 살아가기가 힘들어지기 마련이다.

생태계의 평형 (population equilibrium in ecosystems)

생태계에서는 그것을 이루는 생물의 종류와 수 또는 양이 서로 먹고 먹히는 관계를 통해서 조절된다. 이런 조절을 거쳐서 어느 지역에서 사는 생물의 종류와 수 또는 양이 균형을 이루며 안정된 상태를 유지하는 것을 생태계의 평형이라고 한다.

그러나 생태 피라미드의 한 단계를 이루는 어느 생물의 수 또는 양이 크게 불거나 줄면 이 생태계의 평형이 깨지고 만다. 이런 일은 예상하지 못한 천재지변이나 분별없는 개발로 말미암아 생길 수 있다.

생태 피라미드(ecological pyramid)

먹이 사슬의 단계에 따라서 생물의 수나 양을 나타내는 그림을 그리면 단계가 위로 올라갈수록 작아지는 피라미드 모양이 된다. 예를 들면, 최종 소비자인 매의 먹이가 되는 2차 소비자, 곧 참새나 뱀 등은 매보다 수

가 더 많고, 참새의 먹이가 되는 1차 소비자인 곤충은 참새보다 더 많으며, 곤충인 메뚜기 등의 먹이인 생산자, 곧 식물은 곤충의 수보다 훨씬 더 많다. 이런 것을 생태 피라미드라고 한다.

서리(frost)

춥고 맑은 날 아침에 유리창에 하얗게 얇은 얼음이 덮여 있는 일이 있다. 그 뿐만 아니라 지붕이나 나뭇가지에도 하얀 얼음 가루 같은 것이 덮여 있을 때가 있다. 이런 것이 서리이다.

날씨가 맑고 바람이 불지 않는 겨울날 밤에 기온이 0℃ 아래로 떨어지면 땅의 표면이 빨리 차가워지고 땅 가까이 떠 있던 수증기가 곧바로 얼어서 서리가 된다.

서리 내린 낙엽과 풀 Ellen Levy Finch, CC-BY-SA-4.0

날씨가 추워지면 공기 속의 수증기가 서로 엉겨서 작은 물방울이 되었다가 찬 물체에 닿으면 금방 얼어붙는 것이다. 그러나 바람이 불면 수증기가 뭉치기 전에 흩어지므로 서리가 잘 생기지 않는다. 구름이 낀 날에도 구름 때문에 땅의 온도가 내려가지 않아서 서리가 잘 생기지 않는다.

가을에 너무 일찍 첫서리가 내리거나 봄에 너무 늦게까지 서리가 내리면 농작물이 얼어서 피해를 본다. 우리나라에서는 남쪽보다 북쪽, 낮은 곳보다 높은 곳, 바닷가보다 내륙 지방에서 서리가 빨리, 또 오랫동안 내린다. 서해안 지방보다는 동해안 지방에 서리가 적다.

서식지(habitat)

생물이 살아가는 장소이다. 곧 어떤 생물이 살 집과 먹이를 마련할 수 있는 곳이다. 세계 여러 지역에는 오랫동안 그 곳의 기후나 먹이에 적응해서 살아 온 생물이 있다. 예를 들면, 열대 우림에서는 아주 많은 늘푸른풀과 나무가 우거져서 빽빽한 밀림을 이루며 그 속에서 온갖 곤충과 벌레, 물고기, 양서류, 파충류, 새 및 포유류가 살고 있다.

한편, 날씨가 몹시 춥고 햇볕이 귀한 극지방에서는 땅바닥에 붙어서 사는 이끼류와 주로 살코기를 먹고 사는 북극곰이나 북극 여우 또는 흔히 물고기를 잡아먹고 사는 펭귄이 터를 잡고 살아간다. 그밖에도 짠물로 이루어진 바다, 민물로 이루어진 강과 호수, 드넓은 초원, 또는 사막과 같이 저마다 다른 환경의 서식지와 거기에 잘 적응해서 살고 있는 생물이 있다.

따라서 한 서식지의 생물이 다른 서식지로 가면 잘 적응하지 못하는 일이 많다. 열대 지방에서 살던 코끼리가 우리나라에 오면 동물원이 아닌 자연에서는 제 힘으로 살지 못한다. 추운 겨울을 날 수 없기 때문이다. 또 대개 바닷물고기는 강이나 냇물에서 살지 못한다.

이와 같이 거의 모든 생물은 제 나름의 서식지가 따로 있다. 그런데 사람이 도시를 건설하고 농사지을 땅이나 목재를 얻으려고 숲을 태우고 나무를 베어 버리면 거기서 살던 생물의 서식지가 망가진다. 어떤 생물은 그 서식지가 꽤 넓지만 또 어떤 생물은 아주 좁을 수 있다. 그런데 무슨 까닭으로 이런 서식지가 파괴되거나 없어져 버리면 거기서 살던 생물이 더 살 수 없게 되고 만다.

그래서 사람들은 이제 생물의 서식지가 파괴되는 것을 막으려고 애쓴다. 그 한 예로서 세계 여러 나라가 철새들의 서식지를 보호하기 위해 국제 람사르 협약을 맺고 있다. 이것은 해마다 멀리 옮겨 다니며 사는 여러 가지 물새들을 보호하자는 것이다

많은 새의 서식지
Dominicus Johannes Bergsma, CC-BY-SA-4.0

석류(pomegranate)

석류나무의 열매이다. 껍데기가 단단해 보이는 열매는 붉은빛이 도는 누런색인데 지름이 6~8cm로서 대체로 보아 둥그렇다. 가을에 익으면 두꺼운 껍데기가 아무렇게나 터져서 속에 촘촘히 박힌 붉은 씨가 드러난다. 이 씨를 저마다 둘러싼 부드러운 살이 먹을 수 있는 부분인데 맛이 새콤달콤해서 옛날부터 과일로 여겨졌다.

석류나무는 이란이나 아프가니스탄 같은 중동 지방이 원산지이다. 아마도 고려 때에 중국을 거쳐서 우리나라에 들어왔을 것이다. 따라서 추위에 약하므로 전라북

M.t.lifshits, CC-BY-SA-3.0

도와 경상북도 및 그 남쪽에서만 잘 자라고 열매를 맺는다. 키가 10m쯤 자라며 가지를 많이 뻗는 작은 나무이다. 초여름 6월쯤에 붉은 꽃이 피고 열매를 맺는다.

석빙고(seokbinggo)

옛날부터 있어 온 우리나라의 얼음 창고이다. 조선시대에 만든 것이 지금도 경주시에 남아 있다.

바닥과 네 벽 및 지붕을 모두 돌로 지어서 석회와 진흙을 발랐으며 그 위에다 흙을 덮어서 잔디를 심었다. 바깥의 열이 쉽게 안으로 들어가지 못하게 한 것이다. 한편으로는 환기구를 만들어서 안쪽의 따뜻해진 공기가 얼른 밖으로 빠져 나가게 했다. 또, 얼음이 녹아서 생긴 물도 잘 빠지도록 안에다 경사진 배수로를 만들었다.

옛날 사람들은 겨울에 강물이 두껍게 얼면 큰 얼음 조각을 가져다 이런 석빙고에 저장했다. 그래서 더운 여름날에 시원한 얼음을 맛볼 수 있었던 것이다.

미디어뱅크 사진

석유(petroleum)

불에 잘 타기 때문에 연료로 많이 쓰는 물질이다. 땅속에 묻혀 있다. 아득히 먼 옛날에 바다의 식물과 동물이 죽어서 바닥에 쌓이고 그 위에 다시 흙이 쌓였다. 그 뒤로 오랜 세월이 흐르면서 높은 지열과 압력이 차츰 죽은 동식물의 기름기와 밀랍 성분을 석유로 변화시켰다. 그래서 석유를 화석 연료라고 부른다.

석유는 여러 가지 물질로 이루어져 있다. 땅속에서 막 뽑아 올린 원유는 대개 시커멓고 끈적거리는 액체이다. 이 원유를 정유 공장에서 정유하면 차례로 석유가스, 휘발유, 등유, 경유, 중유, 아스팔트 등으로 나뉜

다. 석유 가스는 가정의 연료로 쓰이며, 휘발유는 자동차의 연료로 쓰인다. 등유는 석유 난로나 곤로의 연료가 되는데, 흔히 가정에서 석유라고 할 때에는 이 등유를 일컫는 수가 많다. 경유는 버스 따위의 연료로, 중유는 선박의 연료로 쓰인다. 아스팔트는 도로를 포장하는 재료로 많이 쓰인다.

그러나 석유나 석탄 같은 화석 연료에는 황이 들어 있어서 타면서 이산화황을 내뿜는다. 이것은 독이 있는 기체로서 공기를 더럽힌다. 석유는 또 합성 수지, 합성 섬유, 합성 고무, 합성 세제, 염료, 비료 등을 만드는 원재료로 널리 쓰인다.

세계에서 원유가 가장 많이 나는 나라로 미국을 들 수 있다. 그밖에 사우디아라비아, 이란, 이라크, 쿠웨이트와 같은 나라에서 많이 난다. 특히 중동 지방에서 세계 생산량의 30%가 넘게 생산된다. 그러나 우리나라에서는 아직 석유가 나지 않기 때문에 모두 외국에서 사와야 한다.

미디어뱅크 사진

석유 화학(petrochemistry)

탄화수소 등 석유를 이루는 주요 성분들을 원재료로 삼아서 플라스틱이나 합성 섬유 같은 여러 가지 유기 화합물을 만드는 일이다. 주로 천연 가스 및 나프타라는 저급 휘발유를 열분해하여 주원료를 만들어낸다. 예를 들면 이런 주원료를 아주 높은 온도로 데워주면 탄화수소가 분해되어 석유 화학에서 많이 쓰이는 화합물인 에틸렌, 프로필렌, 아세틸렌 같은 것이 만들어진다.

에틸렌은 석유 화학 공업의 중요한 제1차 원재료로서 폴리에틸렌 같은 것을 만들기에 쓰인다. 프로필렌도 합성 세제와 같은 수많은 화합물의 제조에 쓰인다. 또, 아세틸렌은 다른 물질과 반응하는 힘이 세다. 그래서 헤아릴 수 없이 많은 화학 공업의 원재료가 된다. 이와 같이 우리 생활에서 석유 화학의 쓰임새는 날이 갈수록 점점 더 많아지고 있다.

석유화학 공장 Mikulova, CC-BY-SA-3.0

석주명(Seok Ju-myeong)

우리나라에서 처음으로 나비를 연구한 곤충학자이다. 서기 1908년에 태어나서 1950년까지 살았다. 그가 공부하던 시절은 우리나라가 일본의 지배를 받던 때여서 처음에는 농업을 배우려고 일본에 있는 한 학교에 들어갔다. 그러나 곧 곤충, 특히 나비에 정신이 팔려서 우리나라의 나비 연구에 푹 빠지게 되었다.

공부를 마치고 우리나라에 돌아와 중학교 선생님이 되어서, 또 그 뒤에 연구소나 국립과학박물관에서 일할 때에도 줄곧 우리 땅에서 사는 나비의 연구와 분류에 온 힘을 쏟았다. 그래서 수많은 연구 논문과 책을 썼으며, 따라서 나라 안에서는 물론이려니와 나라 밖에서도 나비 박사로 이름이 났다. 그러나 오직 나비밖에 모르던 그는 한국전쟁으로 말미암아 뜻하지 않게 세상을 떠나고 말았다. 오늘날 우리가 알고 있는 수많은 우리나라 나비의 이름은 그가 지은 것들이다.

석탄(coal)

불이 잘 붙으며 타면서 열을 많이 내기 때문에 주로 연료로 쓰이는 광물이다. 주로 탄소로 이루어져 있다. 먼 옛날에 울창한 숲을 이루었던 식물이 땅속에 묻혀서 오랜 세월에 걸쳐 열과 압력을 받아 분해되어서 주로 탄소만 남은 것이다. 석탄에는 여러 가지가 있는데,

식물이 탄소가 된 정도에 따라서 갈탄, 역청탄 및 무연탄으로 나뉜다. 갈탄은 탄소가 된 정도가 가장 낮은 것으로서 갈색을 띠며 식물의 나이테와 줄기의 모습이 보이기도 한다. 가정용 연료로 많이 쓰인다.

갈탄보다 더 많이 탄소로 변한 것은 역청탄과 무연탄이다. 이것들은 검은색을 띠는데 가정 연료나 공업용 원재료로 쓰인다. 석탄은 30년쯤 전까지만 해도 연료와 각종 공업의 원재료로서 산업에 매우 중요했다. 그러나 지금은 석유 화학 공업의 발달로 말미암아 그 중요성이 많이 줄어들었다.

석탄은 지하 자원의 하나로서 우리나라에서는 북부 지방과 태백산맥에 많이 묻혀 있다. 북한의 탄광으로는 회령이나 아오지 탄광이 유명하며, 남한의 태백산맥 부근에는 정선 탄광, 영월 탄광, 태백 탄광 등이 있다.

석탄 더미와 운반 트럭 Bjoertvedt, CC-BY-SA-3.0

석회(lime)

생석회라고 하는 산화칼슘과 소석회라고 하는 수산화칼슘을 가리킨다. 이것들은 염기성 물질로서 산업에 매우 요긴하게 쓰이는 화학 물질이다.

생석회는 석회암을 태워서 이산화탄소를 없앤 것이다. 석회암은 주로 탄산칼슘으로 이루어져 있다. 이것을 잘게 부숴서 가마에 넣고 1,200℃까지 열을 가하면 석회암에서 이산화탄소가 빠져 나가고 옅은 회색 가루 덩이인 생석회가 남는다.

식은 생석회 덩이에다 물을 부으면 화학 반응이 일어나서 열과 수증기가 발생한다. 이 수증기가 날아가 버리고 나면 생석회 덩이가 부서져서 희고 건조한 가루가 된다. 이 가루가 소석회이다.

소석회는 쓰임새가 아주 많다. 소석회가 완전히 물에 녹으면 맑은 석회수가 된다. 석회수는 어떤 물질에 이산화탄소가 들어 있는지 알아내는 데에 쓰인다. 석회수가 이산화탄소와 만나면 색깔이 뿌옇게 변하기 때문이다. 소석회는 또 용광로에서 철광석을 녹일 때에 녹는 온도를 낮춰 줄뿐만 아니라 불순물을 쉽게 걸러내도록 돕는다. 또, 알루미늄, 구리, 주석 등을 정제하는 데에도 중요하게 쓰인다.

농촌에서는 석회를 논밭에 뿌려서 흙이 산성화하는 것을 막으며, 집을 지을 때에 쓰는 시멘트에서도 석회가 중요한 구실을 한다.

석회반죽을 바른 벽 Berrucomons, CC-BY-SA-3.0

석회석(limestone)

주로 탄산칼슘으로 이루어진 무른 바위이다. 석회암이라고 할 때가 더 많다. → 석회암

석회수(limewater)

소석회, 곧 수산화칼슘을 물에 녹인 것이다. 석회수는 색깔이 없고 투명하며 강한 염기성을 띠는데 이산화탄소를 만나면 흐려지는 성질이 있다. 그래서 이산화탄소가 있는지 없는지 알아내는 일에 많이 쓰인다.

석회수를 만들려면 수산화칼슘을 물에 넣고 잘 저은 뒤 맑은 윗물만 쓴다. 오랫동안 공기 속에 놓아두면 이산화탄소와 반응하여 흰색 막이 생기므로 쓰기 하루쯤 전에 만드는 것이 좋다.

Rick Bradley, CC-BY-2.0

석회암(limestone)

Traroth, CC-BY-SA-3.0 GFDL

주로 탄산칼슘으로 이루어진 무른 암석이다. 순수한 것은 흰색이지만, 다른 물질이 섞여서 회색이나 더 짙은 색깔을 띨 때가 많다. 아득히 먼 옛날에 만들어진 퇴적암 가운데 하나로서 우리나라에도 많다.

석회암은 여러 가지 방법으로 만들어진다. 먼 옛날에 바다에서 살던 연체 동물의 조가비가 바다 바닥에 쌓이고, 그것이 오랜 세월에 걸쳐서 엉기고 눌려서 단단하게 굳어 석회암이 되었다. 또 죽은 산호가 쌓여서 만들어지기도 했으며 민물에서도 물속의 석회질이 모여서 쌓이거나 달팽이나 고둥 같은 것의 껍데기가 쌓여서 석회암이 되었다.

석회암은 우리나라의 중요한 지하 자원 가운데 하나로서 삼척, 영월, 제천, 단양, 정선, 문경 같은 곳에서 많이 난다. 북한에서는 함경남도, 평안남도 및 황해도에 많이 묻혀 있다.

석회암은 주로 탄산칼슘으로 이루어졌기 때문에 산성 용액인 묽은 염산을 떨어뜨리면 거품을 내면서 쉽게 녹는다. 또한 이산화탄소가 든 물에도 잘 녹기 때문에 이런 물이 땅속에서 석회암층으로 흐르면 석회 동굴이 만들어진다.

석회암은 주로 시멘트와 화학 공업의 원재료로 쓰인다. 건축 재료로도 쓸 수 있지만, 오늘날의 도시에서는 공기와 빗물에 산성이 강하므로 알맞지 않다. 산성비에 건축물이 녹아 버리기 때문이다.

선인장(cactus)

사막과 같이 물기가 적은 땅에서도 잘 자라는 여러해살이풀이다. 대개 줄기는 두툼하고 가시가 많다. 어떤 것은 아주 작고, 어떤 것은 높이가 15m나 된다.

선인장은 메마른 곳에서 살기에 알맞게 적응된 식물이다. 선인장의 가시는 잎을 통하여 수분이 증발되는 것을 막으려고 잎이 변한 것이다. 가시는 다른 동물로부터 제 몸을 지키는 구실도 한다. 줄기는 비가 올 때에 수분을 빨아들여서 저장하기 쉽도록 두껍게 변했다. 그래서 선인장은 오랫동안 비가 오지 않아도 줄기에 간직한 수분으로 견딜 수 있다. 잎이 가시로 변했기 때문에 다른 식물의 잎이 하는 일을 줄기가 대신 한다. 광합성 작용으로 영양분을 만들며 숨을 쉬는 일 등을 맡고 있다.

거의 모든 선인장이 잎은 가시로 변했더라도 아름다운 꽃이 핀다. 그래서 꽃가루받이가 이루어지면 열매를 맺고 씨를 퍼트린다. 선인장은 씨로 불어난다. 그러나 한 그루가 둘이나 넷으로 나뉘기도 하며 땅에 떨어진 가지에서 뿌리가 나와서 새 그루가 되기도 한다.

선인장은 세계에 약 2,000 가지가 있다. 우리나라에 있는 선인장은 모두 외국에서 들어온 것이다.

Andy Reago & Chrissy McClarren, CC-BY-2.0

선풍기(electric fan)

전동기의 축에다 날개를 달아서 바람을 일으키게 만든 전기 기구이다. 선풍기를 발명한 사람은 토머스 에디슨이다. 처음에는 전동기에다 날개만 단 간단한 얼개였으나, 지금은 위아래나 좌우로 움직이며 일정한 시간이 지나면 저절로 꺼지기도 한다. 또, 전동기에 전기 저항을 연결하여 회전

미디어백과 사진

수를 조절함으로써 바람의 세기를 변화시키기도 한다.

선풍기는 바람을 일으켜서 우리 피부에 있는 물기가 빨리 증발하게 한다. 액체는 증발하면서 주변의 열을 빼앗기 때문에 선풍기 바람을 쐬면 시원하게 느껴진다. 그러나 너무 가까이에서 오랫동안 선풍기 바람을 쐬면 어지럽거나 토할 수도 있다. 따라서 언제나 1m 넘게 떨어져서 부드러운 바람을 쐬는 것이 좋다. 그리고 선풍기를 켜 놓은 채 잠이 드는 것도 좋지 않다.

설탕(sugar)

맛이 단 물질이다. 음식에 단맛을 내기에 많이 쓴다. 대개 흰색 가루이며 만지면 깔깔한 느낌이 든다. 물에 잘 녹는다. 열을 가하면 거품이 일면서 끈적끈적한 액체가 되었다가 점점 짙은 갈색으로 변하며, 계속해서 가열하면 타기 시작하여 나중에는 검은 덩어리가 된다. 그러나 아이오딘 용액이나 식초에는 아무런 변화를 일으키지 않는다.

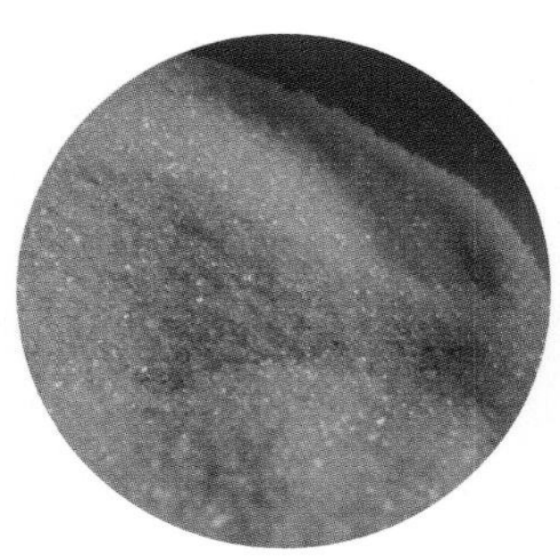
정제하지 않은 흰 설탕 가루
Editor at Large, CC-BY-SA-2.5

설탕은 주로 사탕수수나 사탕무로 만든다. 사탕수수나 사탕무를 잘게 썰어서 즙을 짜 불순물을 없애면 갈색의 설탕 원재료가 된다. 이것을 가루로 만든 것이 흑설탕이다. 흑설탕을 물에 녹여서 불순물을 한 번 더 거르고 순수한 설탕을 뽑아내면 우리가 흔히 먹는 흰설탕이 된다. 그리고 고운 흰설탕 가루에다 설탕물을 조금 넣어서 압축하여 작은 정육면체로 만든 것이 각설탕이다.

설탕은 녹말과 달리 긴 소화 과정을 거치지 않고 금방 몸에 흡수되어 에너지를 내므로 지친 사람이 설탕을 먹으면 빨리 기운을 차릴 수 있다. 에너지를 내기에 쓰고 남은 설탕은 지방질로 바뀐다. 따라서 설탕은 사람에게 매우 중요하다. 그러나 너무 많이 먹으면 살이 찌기 쉬우며 이가 상하기도 한다.

설탕단풍나무(sugar maple)

미국의 동북부와 캐나다의 동남부 지방에 널리 퍼져서 숲을 이루는 갈잎큰키나무이다. 사탕단풍나무라고도 한다. 단풍나무과에 딸린 나무로서 마주나는 커다란 잎이 손바닥처럼 생겼는데 3~5 갈래로 째지며 가을이면 붉은 누런색으로 곱게 물든다. 겨울에 아주 추운 지방에서 잘 자라며 키는 보통 30m, 밑동의 지름이 90cm쯤 되지만 훨씬 더 크게 자라서 키 40m, 지름 1.5m에 이르기도 한다.

이른 봄에 수액을 뽑아 달여서 메이플 시럽이나 설탕을 만드는 나무로 이름이 나 있다. 그러나 나무가 단단할 뿐만 아니라 나뭇결의 무늬가 고와서 고급 목재로도 쓰인다. 여러 가지 고급 가구나 악기를 만들며 볼링장의 마루판으로도 많이 쓰인다.

단풍 든 설탕단풍나무 Muffet, CC-BY-2.0

섬(island)

물로 에워싸인 땅덩어리이다. 본디 모든 육지가 바다로 에워싸여 있지만, 아시아와 유럽, 아프리카, 북아메리카와 남아메리카 및 오스트레일리아는 대륙이라고 하며 그밖의 땅을 섬이라고 부른다. 세계에서 가장 큰 섬은 그린란드이며, 우리나라에서 가장 큰 섬은 제주도이다.

우리나라 남해안에서 가까운 바다에는 섬이 많다. 그래서 다도해라고 부른다. 이곳에서 가장 큰 섬은 거제도이다. 그러나 요즘에는 교통을 편리하게 하기 위해서 많은 섬과 육지 사이에 다리를 놓았다. 거제도, 남해도, 완도, 지도 등이 그 예이다.

섬은 여러 가지 원인으로 만들어진다. 육지의 땅이 가라앉아서 바닷물이 들어오거나 바다의 수위가 높아져서 한때 육지이던 곳이 섬이 된다. 일본은 이렇게 육지에서 분리된 섬이다. 또, 한강 가운데에 있는 여의도처럼 강물에 떠내려가던 흙과 모래가 쌓여서 강 가운데나 어귀에 섬이 만들어진다. 바다 한가운데에서는 바다 밑의 산맥이 솟아올라서 섬이 된다. 남태평양의 여러 섬들이 이렇게 만들어졌다. 그러나 제주도나 태평양의 하와이 제도는 화산의 꼭대기가 물 위로 솟아서 섬이 된 것이다. 열대 지방의 바다에는 산호가 쌓여서 만들어진 산호초 섬도 많다.

섬기린초(Seomgirincho)

돌나물과에 딸린 여러해살이풀이다. 주로 울릉도와 독도의 양지바른 바닷가 바위틈에서 자라는 토박이 식물이다. 모여서 난 줄기가 겨울에도 죽지 않고 아랫부분 30cm쯤이 남아 있다가 이듬해 봄에 다시 싹이 난다. 두껍고 질긴 잎이 어긋나며 키가 50cm에 이르는데, 잎은 길이가 5~6cm, 폭이 1~1.5cm로서 가장자리에 6~7쌍의 둔한 톱니가 있다.

한여름 7월쯤에 노란 꽃이 수북이 달려 피는데 꽃잎이 5장씩이다. 저마다 지름이 1.3cm쯤 되는 꽃이 지고 나면 그 자리에 끝이 뾰족한 열매가 5개씩 열린다.

섬기린초 Agnieszka Kwiecień, Nova, CC-BY-SA-4.0

섬유(fiber)

동물이나 식물에서 나오는 실 같은 것이다. 광물 섬유는 오직 한 가지 뿐으로서 석면에서 나온다.

섬유는 굵기에 견주어 무척 길기 때문에 꼬아서 여러 가지 쓸모 있는 물건을 만들 수 있다. 동물 섬유로는 양털이 가장 쓸모가 있다. 그밖에도 염소, 알파카, 라마, 낙타, 토끼 등의 털로 옷감이나 천막에 쓸 천을 짠다.

곤충에서 얻는 오직 한 가지 섬유로서 명주실이 있다. 누에고치에서 나오는 이 명주실이 자연에서 나는 섬유로는 가장 길다.

그러나 동물 섬유보다 식물 섬유가 훨씬 더 많다. 베를 짜는 데에 쓰는 목화, 삼, 모시 같은 식물 섬유가 있는가 하면, 밧줄을 꼬거나 종이 만들기에 좋은 식물성 섬유가 많다. 식물성 섬유는 많은 식물의 여러 부분에서 얻는다. 목화는 씨앗을 감싸고 있는 털이며, 삼이나 모시는 줄기의 속껍질을 벗겨서 만든 섬유이다. 나무나 풀의 짧은 섬유는 종이 만들기에 쓴다.

요즘에는 공장에서 만들어내는 합성 섬유가 많다. 석유나 석탄을 원재료로 써서 화학적으로 합성한 섬유를 만들어 낸다. 본디 섬유가 아닌 물질을 가늘고 길게 뽑아서 섬유처럼 만드는 것이다.

삼섬유 Cannabis sativa, CC-BY-SA-3.0 GFDL

성냥(match)

불을 일으키는 도구이다. 가늘고 짧은 나뭇개비나 비슷한 크기의 두꺼운 종이 조각에다 마찰에 의해 불이 붙는 물질을 붙여서 만든다. 대개 적린, 염소산 또는 칼륨 등의 발화 연소재이다. 이런 성냥개비를 유리 가루나 규조토를 발라서 만든 마찰 면에다 대고 힘을 주어 그으면 마찰에 의해서 불이 일어난다.

성냥은 서기 1800년대 초기에 프랑스에서 만들었다고 한다. 그러나 오늘날의 것과 같은 안전한 성냥은 1845년에 오스트리아의 화학자 안톤 폰 슈뢰터가 만들었다. 그 뒤 1910년대에 이르러 일본 사람들이 우리나라에서 성냥을 만들어 팔기 시작했다. 성냥이 나오기 전에는 세계 어디서나 부싯돌로 불을 일으켰다.

미디어뱅크 사진

성충(imago)

다 자란 곤충이다. 탈바꿈을 마친 모습으로서 흔히 날개가 있다. → 어른벌레

세균(bacteria)

현미경으로나 볼 수 있을 만큼 작고 동물이나 식물보다 훨씬 더 단순한 생물이다. 그러나 우리 생활에 없어서는 안 될 만큼 중요한 것이다. 술, 요구르트, 치즈

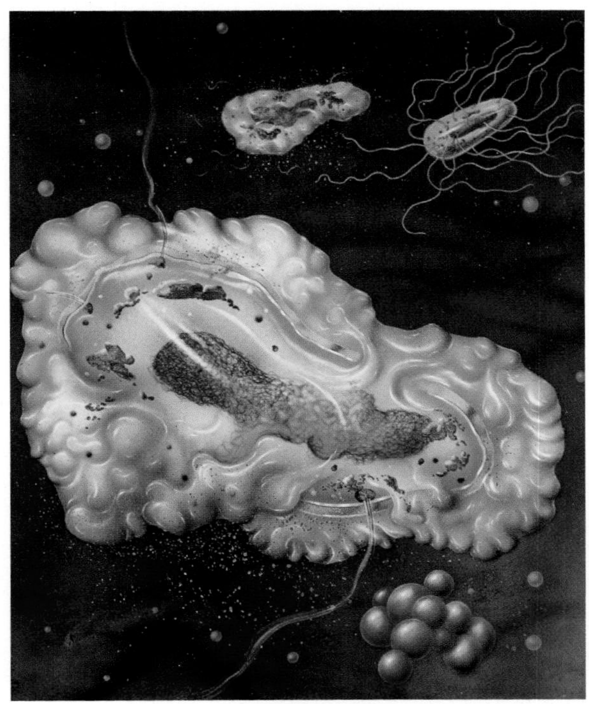

대장균에 미치는 페니실린의 효과 상상도

등이 모두 세균의 활동으로 만들어지며 여러 가지 병을 치료하는 데에도 세균이 중요하게 쓰인다. 어떤 것은 공기 속의 질소를 식물이 흡수할 수 있게 만들어서 식물이 자라는 것을 크게 돕는다.

그러나 병을 일으키는 세균도 많다. 콜레라, 배탈, 파상풍, 디프테리아, 장티푸스와 같은 많은 병이 세균 때문에 생긴다. 병을 일으키는 세균을 병원균이라고 한다. 세균은 세포 1개로 이루어져지며 한 마리가 둘로 나뉘면서 불어난다. 조건이 알맞으면 세균 한 마리가 몇 시간 만에 수백만 마리로 불어날 수도 있다.

세균은 어디에나 있다. 공기 속에 수많은 세균이 떠다니며 바다 속에도 있다. 세균이 하는 일 가운데 아주 중요한 것은 죽은 생물체를 분해하여 다른 생물의 양분으로 쓰이게 하는 일이다. 또 가정이나 공장에서 나오는 오염된 물을 분해하여 맑게 해 주는 세균도 있다.

세제(detergent)

몸을 씻거나 물건에 묻은 때를 씻어내는 데에 쓰는 화학 물질이다. 집안에서 쉽게 볼 수 있는 비누, 샴푸, 합성 세제 등 덩어리나 액체 또는 가루로 되어 있다.

사람이 처음으로 만든 세제는 동물의 기름과 잿물로 만든 비누였다. 그 뒤로 오랫동안 동물성이나 식물성 기름으로 비누를 만들어서 썼다. 그러나 제2차 세계 대전을 치르는 동안 동물성이나 식물성 기름이 아주 귀했기 때문에 다른 종류의 세제가 필요했다. 하지만 서기 1950년대에 이르러서야 마침내 쓸 만한 합성 세제가 만들어졌다. 석유 화학으로 합성해 낸 물질이었다.

더러워진 물건을 물로만 깨끗이 씻기는 힘들다. 물의 표면 장력으로 말미암아 물이 깊이 스며들지 못해서 때가 잘 떨어지지 않기 때문이다. 세제는 이런 물의

미디어뱅크 사진

표면 장력을 약하게 만들 뿐만 아니라 때에 파고들어서 피부나 옷감 등에서 떼어낸다.

오랫동안 써 온 비누는 우리 몸이나 자연에 해롭지 않다는 것이 증명되었다. 그러나 합성 세제는 잘 씻어 내지 않으면 몸에 좋지 않을 뿐만 아니라 쓰고 버린 물이 오랫동안 독성을 지니고 있어서 자연을 오염시킨다. → 비누

세종 과학 기지 (King Sejong Research Station)

남극 대륙의 자연과 자원 등을 조사하고 연구하기 위해 우리나라가 세운 과학 기지이다. 드레이크 해협을 사이에 두고 남아메리카 대륙과 마주보고 있는 킹조지 섬에 있다. 서기 1987년 12월 16일에 짓기 시작하여 1988년 2월 17일에 완성했다. 모두 11 채의 건물로 이루어져 있는데, 학자들을 비롯하여 기지 대원들이 1년 내내 생활하고 연구하는 데에 필요한 갖가지 시설이 갖추어져 있다.

남극 대륙은 개발되지 않은 땅으로 남아 있다가 1957년부터 1958년까지 여러 나라가 협력하여 조사한 뒤에 비교적 자세히 알려졌다. 그래서 1959년에 미국, 소련, 영국 등 모두 12개 나라가 모여서 남극 조약을 맺었다. 이 조약은 '남극 대륙이 어느 나라의 땅도 아니며, 거기에 군대를 두지 않고, 서로 자유롭게 과학적인 조사를 하고 협력하기로'한 것이다. 그러나 조사 결과 남극 대륙에는 석유를 비롯하여 석탄, 금, 은, 철 등 지하 자원이 많이 묻혀 있는 것으로 밝혀졌다. 따라서 많은 나라가 남극 대륙의 개발에 관심을 갖고 있다.

우리나라는 남극 대륙에 세종 과학 기지를 세우고 과학적인 조사 활동을 함으로써 1989년 11월에 남극 조약의 협의 당사국이 되었다. 그래서 남극 대륙의 자원 개발과 연구 활동에 적극적으로 참여할 수 있게 된 것이다.

세포(cell)

생물의 몸을 이루는 가장 작은 단위이다. 우리 몸은 헤아릴 수 없이 많은 세포로 이루어져 있다.

세포를 처음으로 발견한 사람은 영국 사람 로버트

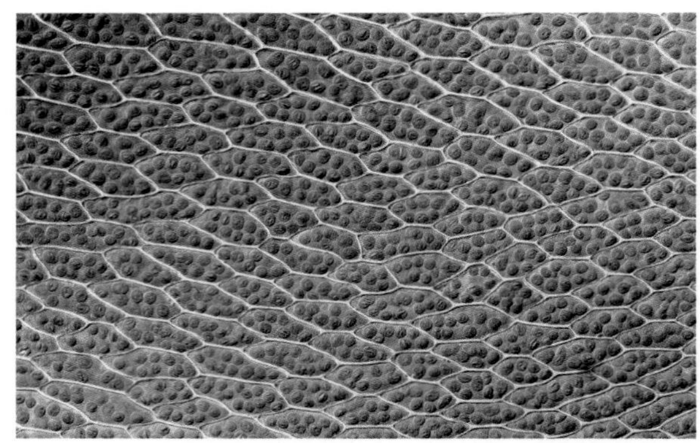
저마다 녹색 색소가 가득 찬, 살아 있는 이끼의 세포

훅이다. 훅은 서기 1663년에 현미경으로 코르크를 보다가 아주 작은 여러 개의 칸을 발견하고 그것들을 세포라고 불렀다. 그 뒤에 많은 학자들의 노력으로 모든 생물이 세포로 이루어졌다는 것이 밝혀졌다.

현미경을 이용하면 우리도 쉽게 세포를 볼 수 있다. 현미경으로 양파의 껍질을 관찰하면 수많은 칸을 볼 수 있는데, 이 작은 칸 하나하나가 양파의 껍질을 이루는 세포이다. 양파 껍질의 세포는 긴 육각형 모양이며 작은 칸막이로 서로 구분되어 있다.

생물은 대개 수많은 세포로 이루어진다. 그러나 세균과 같이 세포 한 개로 이루어진 생물도 있다. 세포의 모양과 크기는 식물과 동물에 따라서 조금씩 다르고, 같은 생물이라도 하는 일에 따라서 다르다. 거의 모든 세포는 눈으로 볼 수 없을 만큼 작지만 길이가 1m나 될 만큼 큰 것도 있다.

세포는 자라면 나뉘어서 똑같은 세포 두 개가 된다. 이렇게 나뉘는 것을 분열이라고 한다. 분열된 세포도 자라면 또 분열하여 두 배로 불어난다. 생물은 대개 세포 한 개에서 시작해 수없이 많은 분열을 거쳐서 완전한 생물체 하나가 된다. 생물이 자라는 것은 세포의 크기가 커지는 것이 아니라 세포의 수가 많아지는 것이다. 이런 세포 속에서 우리가 섭취한 영양소와 산소가 결합하여 에너지를 낸다.

세포핵(cell nucleus)

거의 모든 생물의 세포에 들어 있는 세포 기관 가운데 하나이다. 대개 세포 하나에 핵도 하나씩 들어 있으며 핵막으로 둘러싸여서 세포질과 따로 나뉜다. 생김

새는 대개 둥그런 공이나 길둥그런 알 같지만 맡은 일에 따라서 크기나 생김새가 조금씩 다를 수 있다.

세포핵은 거의 모든 유전자 정보를 담고 있어서 세포의 활동을 조절하며 세포 분열과 유전에 관여한다. 세포 분열을 할 때에는 유전 정보를 본디 세포에서 새로 만들어지는 세포에 전해 주는 구실을 한다. 이런 세포핵은 광학 현미경으로 관찰할 수 있다. 약품으로 핵을 염색하면 더 잘 관찰할 수 있게 된다.

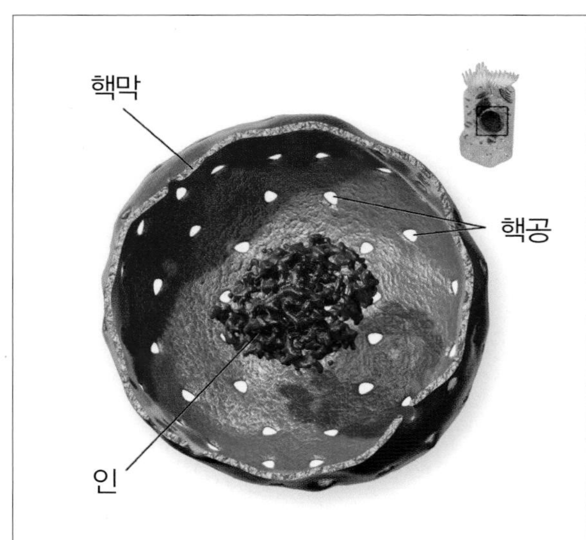

BruceBlaus, CC-BY-3.0

셀로판(cellophane)

투명하고 반짝거리며 종이처럼 얇은 막이다. 여러 가지 색깔로 쉽게 물들여진다.

식물의 세포를 이룬 물질 가운데 하나인 섬유소로 만든다. 잘게 부순 나무에 물과 여러 가지 약품을 섞으면 펄프가 만들어지는데, 이 펄프에 수산화나트륨 같은 약품을 넣고 녹이면 걸쭉한 액체가 된다. 이 액체를 좁고 긴 틈으로 밀어내서 굳힌 것이 셀로판이다. 이것은 마치 종이처럼 쓸 수 있기 때문에 셀로판지라고도 한다.

셀로판은 빛은 잘 통과시키지만 기체는 통과시키지 않으며 불에 잘 타지 않는다. 사람에게 해가 없어서 음식물의 포장 재료로도 많이 쓴다.

셀로판을 좁고 길게 잘라서 테이프를 만들어 그 한쪽 면에다 풀 같은 접착제를 바른 것이 셀로판테이프이다. 이 테이프는 쉽게 붙이고 뗄 수 있기 때문에 사무용이나 포장용으로 널리 쓰인다.

여러 색깔의 셀로판 종이 Itzuvit, CC-BY-SA-3.0

소(cattle)

아주 먼 옛날부터 길러온 집짐승이다. 고기를 먹을 뿐만 아니라 젖을 짜서 마시거나 버터와 치즈를 만든다. 또 성질이 순하고 힘이 세서 논밭을 갈거나 수레를 끄는 일에도 알맞다.

다 자라면 암컷이건 수컷이건 머리에 뿔이 난다. 짧은 털의 색깔은 누런색, 검은색, 갈색, 검은색과 흰색이 섞여서 얼룩진 것 등 여러 가지가 있다. 우리나라 고유의 소는 대개 누런색이다. 발굽은 모두 4개이지만 땅에 닿는 것은 2개뿐이며 나머지 2개는 땅에 닿지 않는다.

소는 주로 풀을 뜯어먹고 사는데, 처음에는 대충 씹어서 삼켰다가 한가로울 때에 덜 씹힌 것을 되새김질한다. 새끼소인 송아지는 태어난 뒤 서너 달 동안 어미의 젖을 먹고 자라다가 차츰 풀을 먹는다. 그러나 젖소는 보통 처음 3일 동안만 어미의 젖을 먹이고 그 뒤에는 사료를 먹인다. 송아지는 10달 동안 자라야 다 큰 소가 된다.

옛날에는 소가 힘든 일을 맡아서 하는 중요한 짐승

Oudeís, CC-BY-SA-3.0 GFDL

ㅅ

이었다. 그러나 요즘에는 기계가 많이 나와 있기 때문에 일을 시키기보다는 고기나 우유를 얻으려고 기른다. 또 소의 가죽으로 여러 가지 물건을 만든다.

소금(salt)

맛이 짠 광물이다. 따라서 짠맛을 내는 조미료로 많이 쓴다. 또, 물질이 썩지 않게 하는 데에도 쓴다. 염소와 나트륨의 화합물로서 투명한 결정체이지만, 먼지가 섞이거나 서로 겹치면 하얗게 보인다. 가열하면 소리를 내거나 튀지만 큰 변화는 일어나지 않는다. 또 물에 잘 녹는데, 소금물은 −20℃에서도 잘 얼지 않는다.

소금은 생물이 살아가는 데에 꼭 필요한 물질이다. 우리 몸 안에서 수분의 양을 조절하며 여러 가지 소화액의 성분이 된다. 따라서 소금이 부족하면 입맛이 없고, 힘이 빠지며, 쉽게 싫증이 나고, 피로해진다. 그러나 소금을 너무 많이 먹으면 혈압이 높아지기 쉽다.

옛날부터 소금은 세계 어디서나 아주 귀하게 여겼다. 우리나라에서도 오랫동안 소금을 나라에서 직접 관리하였다. 바닷물에는 약 2.8%의 소금이 들어 있다. 그래서 바닷물을 끌어다 햇빛과 바람으로 증발시켜서 소금을 얻는다. 소금물에서 물이 증발하여 양이 줄어들면 그 속에 녹아 있을 수 있는 소금의 양이 줄기 때문에 물에 녹지 않은 소금을 얻을 수 있는 것이다. 이렇게 만든 소금이 천연 소금, 곧 천일염이다.

바닷물을 가마솥에 넣고 끓이면 햇빛으로 증발시키는 것보다 더 빠르게 소금을 만들 수 있다. 이렇게 만든 소금은 자염이라고 한다. 그러나 세계에는 땅위에 소금이 바위처럼 뭉쳐 있는 곳도 많다. 이런 곳을 소금

미디어뱅크 사진

광산이라고 하며, 거기서 나는 소금을 암염이라고 한다. 이런 데는 먼 옛날에 바닷물이 말라서 소금만 남은 곳이다. 세계에서 나는 소금의 약 3분의 2가 이런 암염이다.

소금쟁이(water strider)

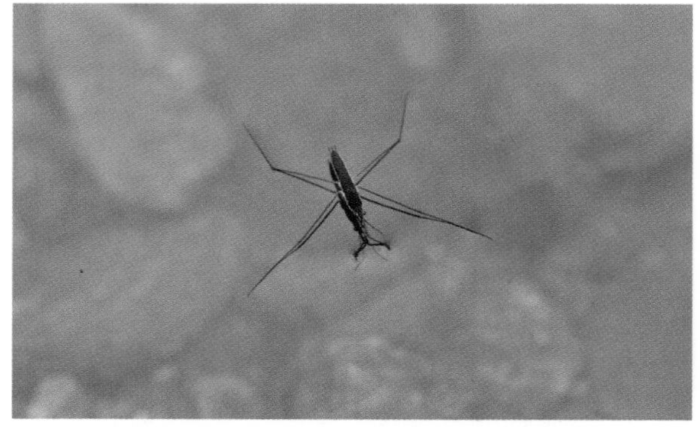

미디어뱅크 사진

대개 연못이나 웅덩이처럼 잔잔한 물에 떠서 사는 곤충이다. 몸빛깔은 짙은 갈색이며, 몸길이가 1.5cm쯤으로 가늘고 길다. 머리에 더듬이가 한 쌍 붙어 있고, 가슴에 날개와 함께 긴 다리 3쌍이 달려 있다.

물 위에서 미끄러질 때에는 앞다리와 뒷다리로 방향을 잡으며 가운뎃다리를 노처럼 쓴다. 발끝에 잔털이 많이 나 있는데, 그 사이에 공기가 들어 있으며 몸에서 나오는 기름도 묻어 있어서 물에 뜰 수 있다. 먹이는 물에 빠진 작은 곤충이다. 앞다리로 먹이를 꼭 붙잡고 주둥이를 먹이에 찔러 넣어서 몸속의 액체를 빨아 먹는다.

암컷은 물풀의 잎이나 줄기에 알을 낳는다. 낳은 지 2~3 주일이 지나면 알에서 애벌레가 깨 나오는데, 몸이 좀 작고 날개가 없을 뿐이지 생김새는 어른벌레와 거의 같다. 불완전 탈바꿈을 하는 것이다. 겨울이 되면 나뭇잎의 밑과 같이 추위를 피할 만한 곳에서 겨울잠을 잔다.

소나기(rain shower)

갑자기 머리 위 하늘에 시커먼 구름이 몰려들어서 천둥 번개가 치며 세찬 비가 쏟아진다. 그러다 한참 지나면 비가 뚝 그치고 날이 갠다. 이런 비를 소나기라고 한다. 이런 일은 흔히 맑고 무더운 여름날에 일어난다.

소나기는 대개 아주 좁은 지역에서 잠깐 동안만 쏟아져서 미리 알기도 힘들다. 그러나 소나기가 지나가고 나면 한결 시원해지므로 무더운 여름날이면 흔히 소나기를 기다리게 된다.

Famartin, CC-BY-SA-4.0

소나무(pine tree)

잎이 길고 뾰족한 늘푸른바늘잎나무이다. 키가 35m, 지름이 2m 가까이 되도록 자랄 수 있다. 줄기는 대개 검붉은 색이다. 두세 개씩 뭉친 잎이 한곳에 모여 나는데, 한 번 돋은 잎은 2년쯤 지나서 누렇게 변해 떨어진다.

봄 5월쯤이면 송화라고 하는 노란 꽃가루가 바람에 날리며, 이렇게 바람의 힘으로 꽃가루받이가 되면 작은 솔방울이 열린다. 초록색 솔방울은 커지면서 차츰 나무줄기와 같은 갈색이 된다. 달걀처럼 길둥그렇게 생긴 솔방울은 70~100개쯤 되는 비늘 같은 것으로 뭉쳐 있는데, 이듬해 9월이면 익어서 벌어진다. 이렇게 벌어진 비늘 사이사이에서 날개가 달린 씨가 쏟아진다. 씨는 이 날개 덕에 바람에 날려서 사방으로 흩어질 수 있다. 그리고 땅에 떨어져 솔잎이나 흙속에 묻힌 채 겨울을 나고 이듬해 봄에 싹이 튼다.

미디어뱅크 사진

소나무는 주로 기온이 서늘한 북반구에서 많이 자란다. 세계에는 소나무가 90 가지쯤 있다.

소다(bicarbonate)

하얀 가루처럼 생긴 화학 약품으로서 중조라고도 한다. 대개 탄산수소나트륨을 가리키는데 열을 받으면 분해되면서 이산화탄소와 물을 발생시킨다.

용액은 약한 염기성으로서 열을 가하면 탄산가스를 내면서 탄산나트륨 용액이 된다. 베이킹 소다, 세척제, 청량 음료의 탄산가스 발생제, 제산제 등 약품으로도 널리 쓰인다.

소리(sound)

소리는 물체의 떨림, 곧 진동으로 생긴다. 우리 둘레에서는 늘 여러 가지 소리가 난다. 소리가 나는 북의 가죽에 손가락을 대면 가죽이 떨리는 것을 느낄 수 있다. 그러나 손바닥을 대서 가죽이 떨리지 못하게 하면 소리가 나지 않는다. 빈 병의 주둥이에 입을 대고 불어도 소리가 나는데 이것은 병 속의 공기가 떨리기 때문이다.

진동하는 물체의 길이에 따라서 소리의 높이가 달라진다. 고무줄을 짧게 잡고 튀기면 높은 소리가 나고, 길게 잡고 튀기면 낮은 소리가 난다. 실로폰은 물체가 그 길이에 따라서 높고 낮은 소리를 내는 점을 이용해

비행기가 소리의 속력을 막 넘어설 때의 모습
US Navy, Public Domain

서 만든 악기이다.

물체의 진동은 다른 물체에 전해진다. 어떤 물체가 진동하면 그 진동이 주변의 공기에 전해져서 귀에 들어와 고막을 울린다. 그 진동, 곧 떨림이 뇌에 전달되어서 우리가 소리를 듣는 것이다. 그러므로 공기가 없는 달에서는 당연히 소리를 들을 수 없다.

사람이 듣는 소리는 대개 공기를 통해서 전달된다. 그러나 소리는 액체나 고체를 통해서도 전달된다. 책상에 귀를 대고 있으면 책상을 두드리는 소리가 아주 잘 들린다. 실 전화기는 진동이 실을 통해서 전해지는 것이다. 또 물의 표면에 귀를 대면 물살에 떠내려가는 돌들이 서로 부딪치는 소리를 들을 수 있다.

소리가 전달되는 속력은 물질의 상태에 따라서 다르다. 공기 속에서는 초속 340m쯤, 물속에서는 초속 1,450m쯤 된다. 그러나 고체 속에서는 더 빨라서 강철 속에서는 초속 5,000m의 속력으로 전달된다. 그러나 아무런 물체가 없는 우주 공간에서는 소리가 전달되지 않는다.

소리는 빛처럼 반사되기도 한다. 메아리는 소리가 맞은편에 있는 물체에 반사되어서 되돌아오는 것이다. 이렇게 소리가 반사되는 성질은 바다의 깊이를 잴 때에 이용된다.

물체에서 나는 소리는 각각 독특한 특징이 있다. 따라서 소리만 듣고도 그것이 어떤 물체에서 나는 것인지 대개 짐작할 수 있다. 소리는 그 세기, 높낮이 및 음색의 세 가지 요소가 합쳐져서 이루어진다. 소리의 높낮이는 1초에 진동하는 횟수로 나타내는데, 그 횟수를 주파수라고 하며 주로 헤르츠(Hz)로 표시한다.

소리의 세기는 진동폭에 따라서 다른데, 주로 데시벨(dB)로 나타낸다. 보통 말소리는 약 50 데시벨이며, 복잡한 거리의 자동차 소음은 약 80 데시벨이다. 그러나 130 데시벨이 넘는 센 소리는 영원히 귀를 멀게 할 수 있다.

또 소리의 높낮이와 세기가 같더라도 소리를 내는 물체에 따라서 다르게 느껴지는데, 이런 소리의 특성을 음색이라고 한다. 사람마다 목소리가 다른 것이나 악기마다 내는 소리가 다르게 느껴지는 것은 저마다 음색이 다르기 때문이다.

소리굽쇠(tuning fork)

똑같고 길쭉한 팔이 두 갈래로 나란히 뻗어 있는 강철 막대로서 슬쩍 때리면 일정한 음조의 맑은 소리를 내는 기구이다. 흔히 악기의 소리를 조율할 때에 쓴다.

소리는 물체가 떨릴 때에 만들어진다. 떨리는 소리굽쇠를 에워싼 공기는 처음에 밖으로 밀려났다가 다시 안으로 밀려든다. 이런 공기의 떨림이 계속되면서 물결과도 같은 파동을 일으키는 것이다. 그래서 소리를 내는 소리굽쇠에 종이를 슬쩍 대면 종이가 파르르 떨며, 소리굽쇠를 물속에 넣으면 물위에 잔물결이 인다.

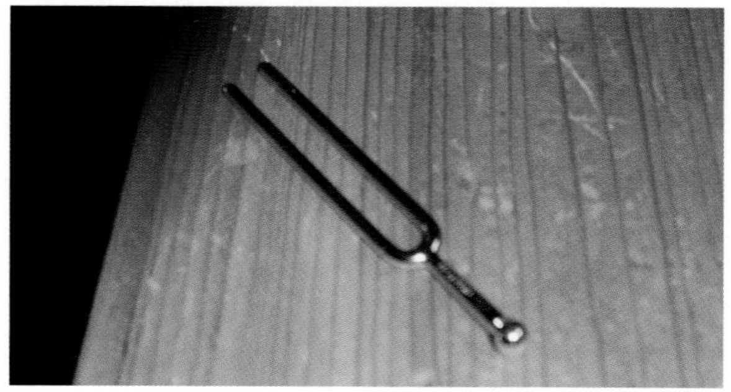

소비자(consumer)

생태계에서 제 힘으로 영양분을 만들지 못하고 식물이나 다른 동물을 먹어서 그 영양분으로 사는 동물이다.

그 가운데에서 메뚜기나 토끼처럼 생산자인 식물을 먹이로 삼는 초식 동물을 1차 소비자라고 하며, 개구리나 여우처럼 1차 소비자를 먹이로 삼는 육식 동물을 2차 소비자라고 한다. 또, 독수리나 호랑이와 같이 2차 소비자를 잡아먹고 사는 마지막 단계의 소비자를 3차 소비자 또는 최종 소비자라고 한다.

1차 소비자 벼메뚜기 미디어뱅크 사진

소시지(sausage)

쇠고기, 돼지고기, 닭고기를 잘게 갈아서 맛을 낸 고기 식품이다. 흔히 한 가지나 몇 가지 동물의 고기 부스러기를 섞어서 쓰는데 물고기의 살이나 빵가루 또는 양념을 넣기도 한다. 본디 오래 전 유럽의 그리스나 로마 시대에 좋은 고기를 먹을 수 없던 가난한 사람들이 잡은 동물의 허섭스레기 부분을 모아서 창자에 쑤셔 넣어 만들었다고 한다. 만드는 방법은 우리의 순대 만들기와 별로 다르지 않다.

소시지도 본디 양이나 그밖의 가축의 창자 속에다 고기, 기름, 양념 등을 다져서 채워 넣는다. 그러나 공장에서는 대개 셀룰로오스나 얇은 비닐로 거죽 통을 만든다. 이런 통 속에 채운 소시지 고기는 물에 삶거나 연기에 그을려서 익힌다. 그런데 익힌 다음에 거죽을 벗겨 버리는 것도 더러 있다. 이른바 프랑크푸르트 소시지가 그런 예이다.

David Monniaux, CC-BY-SA-3.0 GFDL

소아마비(polio)

주로 어린이가 잘 걸리는 감염병의 한 가지이다. 그러나 요즘에는 이 병을 미리 막는 방법이 알려져 있어서 옛날처럼 흔하게 걸리지는 않는다.

소아마비는 바이러스가 일으킨다. 바이러스는 세균보다도 더 작아서 아주 강한 전자 현미경으로나 볼 수 있는 병원체이다. 이것이 공중에 떠다니다 숨을 쉴 때에 콧구멍으로 들어오거나 음식물에 묻어서 몸 안에 들어와 혈관을 통해서 퍼진다. 그러면 독감에 걸린 것처럼 몸에 열이 나며 머리와 목구멍이 아프고 졸음이 온다. 이 병에 한번 걸린 사람의 3분의 2쯤은 곧 나으며 다시는 이 병에 걸리지 않는다. 면역이 생기기 때문이다.

그러나 어떤 환자는 이 병의 바이러스가 신경 조직에 파고들어서 신경 섬유를 따라 번진다. 그래도 이 바이러스에 신경 세포가 파괴되지 않으면 한동안 마비가 일어났다가 곧 낫는다. 그러나 신경 세포가 파괴되면 몸의 어느 부분이 마비되고 만다. 척추나 뇌의 죽은 세포는 다시 만들어지지 않기 때문이다. 가장 흔히 마비되는 부분이 다리이다.

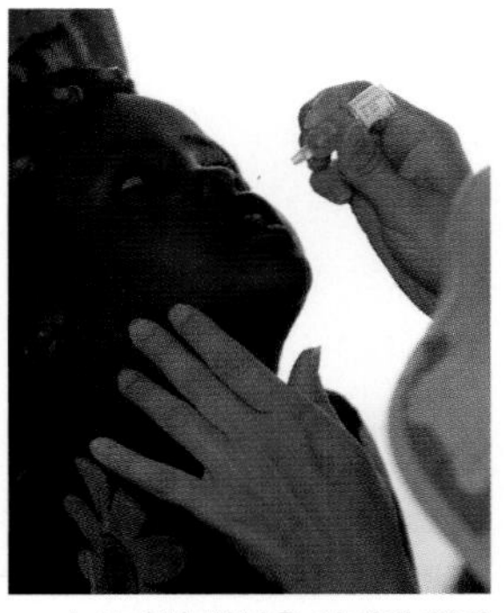

소아마비 백신을 아이의 입에 떨어뜨리는 모습
USAF, Public Domain

이 병을 예방하려면 백신을 이용한다. 백신에는 먹는 것과 예방 주사가 있다. 먹는 소아마비 백신에는 힘은 약하지만 살아 있는 바이러스가 들어 있으며, 주사를 맞는 백신에는 죽은 바이러스가 들어 있다. 이 두 가지 다 몸 안에 들어오면 몸 속에 그 병원체에 대한 항체가 만들어진다. 그래서 나중에 이 바이러스가 들어오더라도 소아마비 병을 앓지 않게 되는 것이다.

소아청소년과(pediatrics)

의학의 한 갈래로서 주로 어린이의 건강을 돌보는 분야이다. 종합 병원의 한 부분이거나 따로 세워진 전문 병원이다. 갓 태어난 아기와 어린이 및 사춘기를 지난 청소년의 몸과 마음의 발달 및 성장과 건강을 돌본다. 또한 어린이의 질병을 예방하고 건강을 지키며 병이 난 환자는 치료한다. 그러나 몸과 마음에 생긴 병만 살피고 치료하지 외과 수술은 직접 하지 않는다.

몇 가지 질병이나 건강 문제는 주로 어린이한테 일어난다. 예를 들면, 수두는 어른보다 어린이가 훨씬 더 많이 걸린다. 어린이의 몸과 마음은 어른과 다르다. 따라서 치료하는 방법도 달라야 한다. 또 어린이는 빠르게 자라기 때문에 어른보다 훨씬 더 빠르게 변한다.

의과대학을 마치고 의사 시험에 합격하여 의사 면허를 받은 뒤에도 전문 의사 과정을 더 거쳐야 비로소 소아청소년과 전문 의사가 될 수 있다. 그러고도 더 잘게 쪼개진 전문 분야들이 있어서 신생아과, 소아 신경과, 소아 내분비과 등과 같은 몇 가지로 다시 나뉜다.

소행성(asteroid)

여러 행성 사이에서 움직이는 작은 천체들이다. 숱하게 많은 소행성이 주로 화성과 목성 사이의 궤도에서 띠를 이루어 태양의 둘레를 공전한다. 태양계의 가족이지만 긴 타원형 궤도를 도는 것이 많다. 지름이 1km가 더 되는 것만 10만 개가 넘을 것이다. 그 가운데에서 이름이 있는 큰 것들만 3,000개 이상이다.

처음으로 소행성을 발견한 사람은 이탈리아의 천문학자인 주세페 피아치였다. 그는 서기 1801년에 화성과 목성 사이의 궤도를 도는 소행성 '세레스'를 발견했다.

소행성은 밤하늘에서 아주 작은 점으로 보이는데, 어떤 것은 밝기가 일정하지 않기 때문에 모양이 둥그렇지 않고 울퉁불퉁할 것으로 생각된다. 거죽에 다른 천체의 부스러기와 충돌해서 생긴 구덩이가 많다.

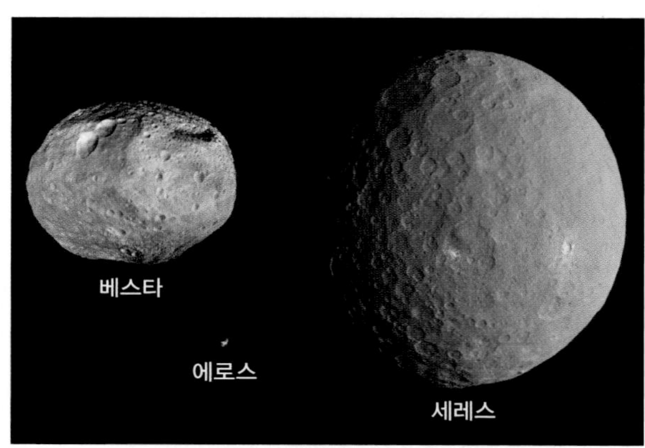

소행성의 크기 비교 NASA/JPL, Public Domain

소화(digestion)

우리 몸의 세포는 끊임없이 영양분을 공급 받아야 자라고 활동할 수 있다. 혈액이 온몸을 돌면서 세포에 영양분을 날라다 준다. 그러나 먹은 음식물이 혈액에 흡수되려면 몸 안에서 완전히 다른 꼴로 바뀌어야 한다. 이런 변화는 여러 소화 기관을 거치면서 일어난다. 이와 같이 영양분이 들어 있는 음식물을 잘게 부수어서 그 속에 들어 있는 영양분이 몸속으로 흡수될 수 있게 만드는 일을 소화라고 한다.

소화는 입에서부터 시작된다. 이가 음식을 잘게 부수고, 침은 녹말을 단맛이 나는 물질로 분해한다. 그러면 혀가 음식물을 목구멍 쪽으로 옮겨 주며, 이어서 음식물이 식도를 지나서 위로 들어간다. 위에서는 위액이 분비되는데, 이것이 단백질을 분해시키고 음식물과 함께 들어온 병원체를 죽인다.

위 속에서 위액과 섞여 분해된 음식물은 걸쭉한 액체처럼 된다. 그러면 위의 아래쪽에 있는 근육이 가끔 열려서 그 죽을 조금씩 샘창자로 내보낸다. 이 샘창자에는 쓸개즙과 이자액이 흘러 들어온다. 간에서 만들어져 쓸개에 저장되었다가 샘창자로 들어오는 쓸개즙은 지방의 분해를 돕는다. 이자액도 탄수화물, 지방 및 단백질을 분해한다.

이자액 및 쓸개즙이랑 섞인 음식물은 샘창자에서 작은창자로 내려간다. 작은창자에서는 창자액이 분비되어서 음식물을 흡수할 수 있을 만큼 작은 물질로 분해한다. 이런 소화 과정은 작은창자에서 모두 마무리된다.

음식물은 입에서 작은창자까지 오면서 영양소로 분해되어 작은창자에서 거의 모두 흡수된다. 영양소가 흡수되고 남은 찌꺼기는 큰창자로 간다. 큰창자에서는 수분이 흡수되므로 찌꺼기가 점점 굳어지면서 똥이 되어 항문을 통해서 몸 밖으로 내보내진다.

소화기(fire extinguisher)

불을 끄는 기구이다. 소화는 연소의 세 가지 조건인 탈 물질, 산소 및 발화점보다 더 높은 온도 가운데 한 가지 또는 그 이상의 조건을 없애서 불을 끄는 일이다.

소화기는 불이 크게 번지기 전에 써야 효과가 있다. 주로 약품을 써서 불을 끄도록 만드는데 분말 소화기, 분무 소화기, 투척용 소화기 등이 있다. 이 가운데 분말 소화기가 가장 흔히 쓰이는데, 이것은 가루를 뿌려서 불을 끄는 소화기이다. 가루가 불에 닿으면 이산화탄소를 발생시켜서 불이 잘 타지 못하게 하기 때문이다. 가루가 또 열을 막는 구실도 하기 때문에 기름이나 전기로 난 불에도 알맞다. 손잡이, 안전핀, 고무관 등이 달린 붉고 둥근

미디어뱅크 사진

통으로 된 분말 소화기는 안전핀을 뽑고 위아래 손잡이를 함께 힘껏 쥐면 고무관에서 약품이 뿜어 나온다. 바람이 부는 곳에서는 바람을 등지고 불에다 뿌리는 것이 좋다. 소화기는 너무 뜨겁거나 찬 곳, 햇볕이 직접 닿거나 습기가 차는 곳에 두지 말아야 한다.

이런 소화기 말고도 불을 끄는 시설로 천장이나 벽에 달린 스프링클러 또는 건물의 안팎에 설치된 소화전이 있다.

소화 기관(digestive organ)

동물이 먹은 먹이를 소화하고 영양소를 흡수하는 몸속의 기관이다. 동물의 종류에 따라서 큰 차이가 있다. 말미잘 같은 하등 동물은 소화 기관이 간단하지만 등뼈가 있는 척추 동물은 아주 잘 발달되어 있다.

사람의 소화 기관으로는 입, 식도, 위, 샘창자, 작은창자, 큰창자 및 항문이 있다. 또 소화가 잘 되도록 돕는 기관으로서 간, 쓸개 및 이자가 있다.

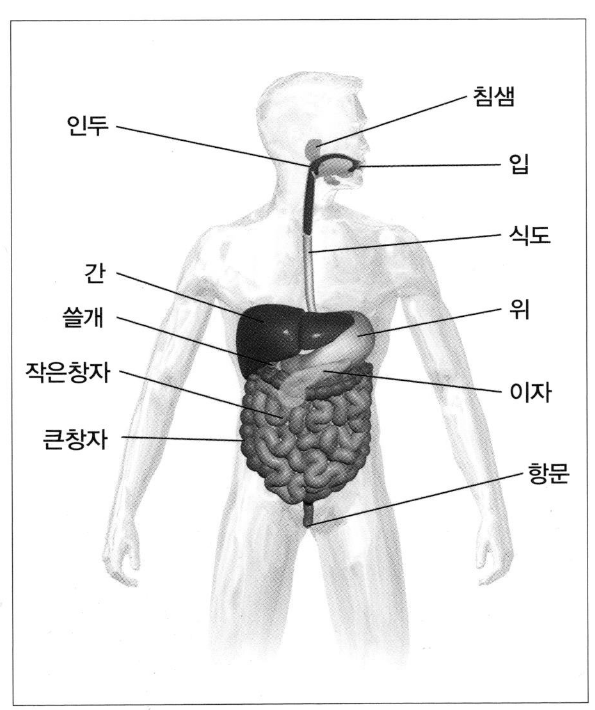

BruceBlaus, CC-BY-3.0

소화제(digestant)

우리가 먹는 음식의 소화를 돕고자 먹거나 마시는 것이다. 시원한 탄산 음료일 수도 있고 의사가 처방해 준 약물일 수도 있다. 그러나 대개 약국에 가서 미리 만들어 놓은 약을 사 먹는다.

소화가 잘 안 되는 까닭은 사람에 따라서 또 때에 따라서 저마다 다를 수 있다. 그래서 미리 만들어 놓은 소화제는 대개 너무 적은 위산의 분비를 북돋우거나 여러 가지 소화액을 대신할 효소를 더해 준다. 그러나 가장 알맞은 소화제는 그때그때 의사가 진단하고 처방한 소화제일 것이다.

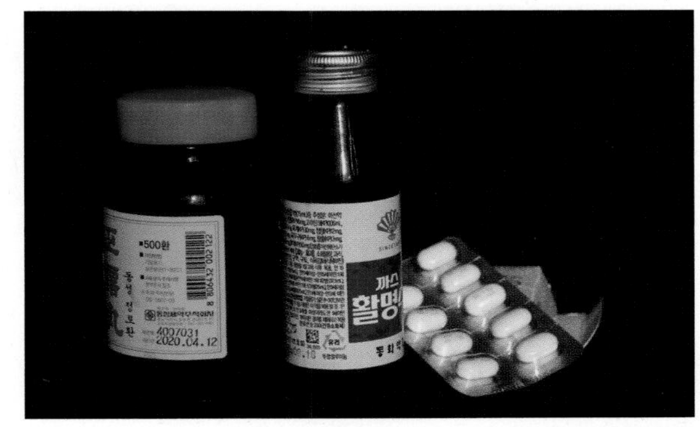
미디어뱅크 사진

속력(speed)

물체의 빠르기를 속력이라고 한다. 물체의 빠르기는 일정한 시간 동안에 이동한 거리로 말할 수 있다. 속력은 이동한 거리를 이동하는 데에 걸린 시간으로 나눈 값으로 나타낸다. 곧, 무엇이 10초 동안에 10m 이동했다면, 그 속력은 10m/10초 또는 1m/s이다. (이것은 1미터 퍼 세컨드' 또는 '초속 1미터'라고 읽는다.)

속력은 1시간, 1분, 1초처럼 단위 시간 동안에 이동한 거리를 km, m, cm 등으로 나타낸다. 따라서 속력은 8km/h, 100m/h 등과 같이 반드시 단위를 함께 써야 한다. (여기서 h는 '시간'을 나타내는 영어 낱말 'hour'의 줄임말이며 '아워'라고 읽는다.)

속력을 알면 일정한 시간 동안에 물체가 이동한 거리나 일정한 거리를 이동하기에 걸리는 시간을 알 수 있다. 속력이 8m/s인 사람이 100m 달리기에 걸리는 시간은 12.5초이다. 또 이 사람이 20초 동안에 갈 수 있는 거리는 160m이다.

한 번 더 예를 들자면, 20km의 거리를 가기에 자전거가 2시간, 버스가 24분, 기차가 15분 걸린다면 10km 가는 데에는 자전거가 1시간, 버스는 12분, 기차는 7.5분이 걸린다. 그러므로 각각의 속력을 시간 단위로 나타내자면 자전거는 10km/h, 버스는 50km/h, 기차는 80km/h가 된다.

속력과 비슷한 말로 속도가 있는데, 속도는 일정한 방향으로 움직이는 물체의 빠르기를 말한다. 예를 들면, 왕복 달리기를 하는 사람의 빠르기는 속력으로 나타내지 속도로 나타내지 않는다. 이 세상에서 속력이 가장 빠른 것은 빛으로서 약 30만km/s이다.

빠르게 지나가는 급행열차
Radosław Drożdżewski, CC-BY-SA-4.0

손(hand)

팔의 맨 끝 부분으로서 동물로 치면 앞다리의 끝 부분이다. 손목과 손바닥 및 5개의 손가락으로 이루어져 있는데, 손가락 끝에 손톱이 있다.

사람이나 원숭이 같은 영장류의 손은 물건을 잡을 수 있게 발달했다. 특히 사람은 엄지손가락이 나머지 네 손가락 쪽으로 굽어서 물건을 쥘 수 있을 뿐만 아니

미디어뱅크 사진

라 아주 섬세한 일을 해낼 수 있다. 아울러 감각도 아주 예민하다.

우리의 손은 27개의 뼈로 이루어졌다. 손목뼈가 8개, 손바닥뼈가 5개, 검지부터 새끼손가락까지는 뼈가 3개씩이며, 엄지손가락은 뼈가 2개이다. 또 손에는 20개의 근육이 있는데, 이것들이 15개의 근육으로 팔에 연결되어 있다. 그래서 이 많은 근육의 작용으로 손을 아주 섬세하게 움직이며, 작은 손가락들을 모아서 큰 힘을 낼 수 있는 것이다.

손 세정제(hand sanitizer)

손 소독제라고도 한다. 물과 비누로 씻는 대신에 간단히 손에 바르고 문질러서 묻어 있을지도 모르는 세균을 없애는 화학 물질이다. 대개 병에 담긴 액체 형태로서 사람이 많이 드나드는 곳의 출입구에 두어 너나없이 손을 소독하게 한다.

손 세정제에는 알코올이 들어 있어서 세균과 박테리아를 없애 준다. 따라서 여러 가지 감염병의 병원균을 막을 수 있다. 연구에 따르면 손 씻기는 감염병 예방의 기본 요소로서 수인성 감염병의 50~70%를 예방할 수 있다고 한다. 따라서 집에서나 밖에서나 늘 손을 씻는 습관을 들이는 것이 바람직하다.

손전등(flashlight)

손에 들고 다닐 수 있게 만든 전등이다. 작은 전구를 전지의 +극과 −극에 연결하고 그 사이에 스위치를 달아서 필요에 따라 켜거나 끌 수 있게 만든 것이다. 전구 주변에 반사경을 달아서 불빛이 사방으로 퍼지지 않고 똑바로 멀리 나아가게 한다.

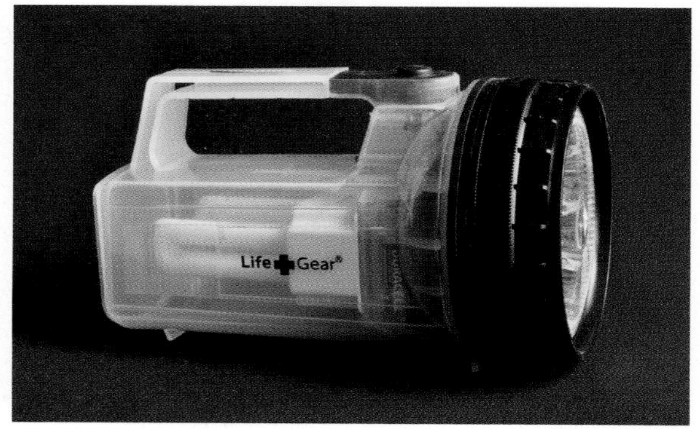

미디어뱅크 사진

손톱(fingernail)

손가락 끝의 바깥쪽에 붙어 있는 각질 조각이다. 손가락 끝을 보호하는 구실을 한다. 태어날 때부터 달려 있어서 날마다 조금씩 자란다. 본디 땅을 파는 것과 같이 힘든 일을 하면 닳게 되어 있다. 그러나 요즘에는 아무도 손톱이 닳을 만큼 힘든 일을 하지 않기 때문에 자주 깎아 주어야 한다.

솔라볼(Solarball)

태양열을 이용해 더러운 물을 깨끗하게 만드는 장치이다. 산업 디자인을 공부하던 오스트레일리아의 한 대학생이 2010년쯤에 만들었다. 아프리카 대륙 및 세계 여러 나라의 가난한 사람들이 쉽게 깨끗한 물을 마실 수 있도록 돕고 싶어서 생각해냈다고 한다.

둥그런 플라스틱 공처럼 생겼는데 그 속에다 오염된 물을 담으면 뜨거운 햇살이 투명한 플라스틱으로 만든 윗부분으로 들어가서 물을 증발시킨다. 그러면 수증기가 플라스틱 뚜껑의 안쪽에 모여서 물방울이 되어 홈을 타고 흘러내려 주둥이 쪽으로 모인다. 이때에 증발되지 않은 찌꺼기는 공 속에 그대로 남는다. 이런 방법으로 깨끗한 물을 하루에 3L까지 만들 수 있다고 한다.

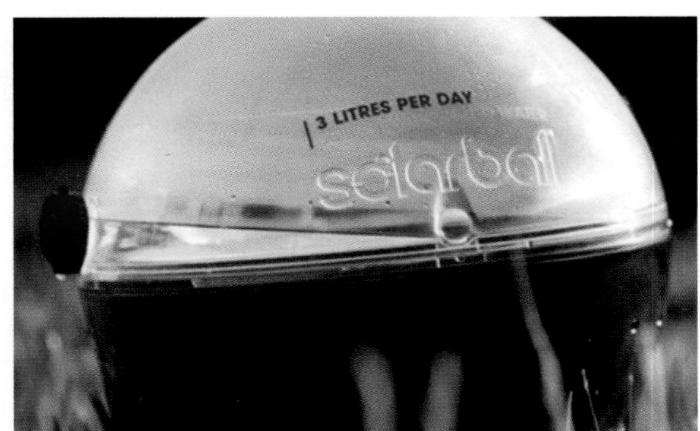

Photo Courtesy of Monash University

솔방울(pine cone)

소나무의 열매이다. 늦은 봄 5월에 암꽃과 수꽃이 따로 피어서 바람의 힘으로 꽃가루받이가 되면 솔방울이 열린다. 처음에는 조그만 초록색 열매이지만 점점 커져서 이듬해 9월에 갈색으로 익는다.

전체로 보아 달걀 모양인 솔방울은 사실 물고기의 비늘처럼 작고 촘촘히 짜인 작은 조각들이 모인 것이다. 그 사이사이에 씨가 하나씩 들어 있다. 이 솔방울이 익으면 비늘 조각들이 벌어지는데, 그 때에 씨가 떨어져 나와 멀리 날아간다. 솔씨에는 날개가 달려 있기 때문이다. 이렇게 밑씨가 드러나 있는 식물을 겉씨 식물이라고 한다.

미디어뱅크 사진

다 익어서 씨가 모두 빠져 나간 솔방울은 습도계 구실도 한다. 공기 속에 습기가 많아지면 벌어졌던 조각들이 오므라들고 공기가 메마르면 다시 활짝 벌어지기 때문이다.

솜(cotton wool)

목화라는 한해살이풀의 씨에 붙은 섬유를 모은 것이다. 그대로 이불이나 옷에 넣기도 하고, 실을 자아서 베를 짜기도 한다. 또 액체를 잘 빨아들이므로 병원에서 상처를 닦아내는 탈지면으로 많이 쓴다. 요즘에는 화학 공업이 발달하여 인공으로 만든 솜도 있다.

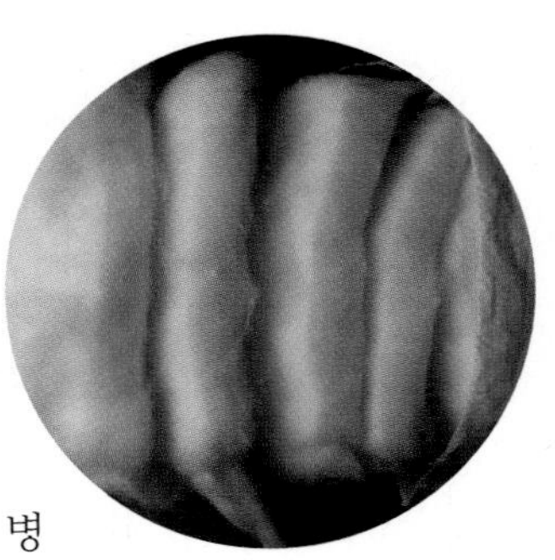

Elkagye, CC-BY-SA-3.0

송악(Japanese ivy)

남쪽 지방의 높지 않은 산기슭이나 섬지방의 난대림에서 저절로 자라는 덩굴나무이다. 늘푸른나무로서 줄기가 10m 넘게 뻗는데 둘레에 키 큰 나무, 바위, 담벼락 같은 것이 있으면 줄기에서 부착 뿌리를 내어 타고 오르며 편평한 땅이면 넓게 땅바닥을 뒤덮는다. 우리나라 말고도 동아시아, 일본이나 타이완 같은 아시아의 섬들 및 중국의 바닷가 지방이 원산지이다.

어긋나는 초록색 잎이 번들거리며 두껍고 질기다. 어린 가지의 잎은 보통 세모꼴이며 늙은 가지의 잎은 달걀꼴인데, 길이가 3~6cm, 폭이 2~4cm이며 3~5갈래로 얕게 갈라져 있다. 10월에 누런 초록색 꽃이 작은 꽃대 위에 우산 모양으로 피어서 열매가 열면 이듬해 5월에 까맣게 익는다. 초록색 줄기를 꺾으면 나오는 즙에는 독성이 있다. 따라서 이것이 피부에 묻으면 따끔거린다. 또한 먹어서도 안 되는 것이다.

Qwert1234, Public Domain

쇠그물(wire gauze)

가는 철사로 성기게 짠 그물이다. 액체를 거르거나 작은 부스러기와 가루를 분리할 때에나 그릇을 올려놓고 가열할 때에 쓰는 과학 실험 기구이다.

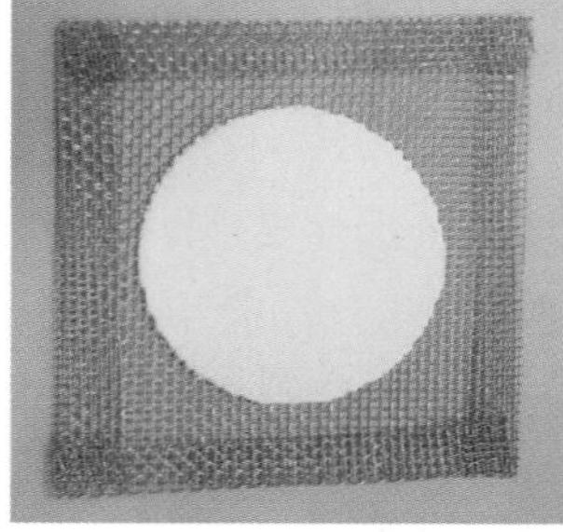

U5780138, CC-BY-SA-4.0

쇠똥구리(dung beetle)

풍뎅잇과에 딸린 조그만 딱정벌레이다. 몸은 편평한 타원형이며 색깔이 검다. 다리가 튼튼하고, 더듬이는 짧다. 몸길이는 대개 16mm 안팎이다.

흔히 동그랗게 빚은 쇠똥이나 말똥을 뒷다리로 굴려서 굴로 가져간다. 암컷이 그 속에다 알을 낳으면 알에서 깬 애벌레가 제 집이나 다름없는 쇠똥을 먹으면서 자란다.

Kay-africa, CC-BY-SA-3.0

쇠비름(common purslane)

밭의 가장자리나 빈터 같은 데에 저절로 나서 자라는 잡초 같은 풀이다. 통통하게 둥글고 붉은빛이 도는 갈색 줄기에서 가지가 촘촘히 뻗어 곧잘 땅바닥에 붙어 자란다. 그러나 어떤 것은 높이가 30cm에 이르도록 서서 자라기도 한다.

잘고 두꺼운 잎이 줄기 마디에서 무리 지어 마주나거나 어긋나는데 생김새는 끝이 펑퍼짐한 달걀 모양이다. 이 잎 무더기의 한가운데에서 6월부터 가을까지 노란 꽃이 핀다. 꽃의 지름은 6mm쯤 되며 꽃잎이 다섯 장씩이다. 꽃이 지면 그 자리에 아주 작은 꼬투리가 열리는데 그 속에 씨가 들어차서 8월쯤에 익는다.

쇠비름은 온 세계 온대와 열대 지방에 널리 퍼져 있는 흔한 풀이다. 어디서나 어린 싹을 나물 또는 샐러드 채소로 먹는다. 또, 잎에서 기름을 짜기도 한다.

미디어뱅크 사진

수노랑나비(tawny emperor)

여름에 산에서 많이 볼 수 있는 나비이다. 흔히 참나무의 진을 빨거나 나뭇잎에 앉아서 쉰다. 한 해에 한 번 6월 중순부터 8월까지 나타난다.

수컷은 날개 위쪽이 밝은 노란색이고 검은색 줄무늬가 있으며 아래쪽에는 검은 점이 있다. 그러나 암컷은 위쪽이 어두운 갈색 바탕에 흰 세로줄 무늬가 있으며 아래쪽에 밝은 초록색 바탕에 흰 세로줄 무늬가 있다.

암컷은 애벌레가 먹고 살 나뭇잎의 뒷면에다 알을 촘촘히 낳는다. 애벌레들은 나뭇잎을 갉아먹으며 자라다가 가을이 깊어지면 그 나무 밑에 떨어진 낙엽 속에 들어가서 겨울잠을 잔다.

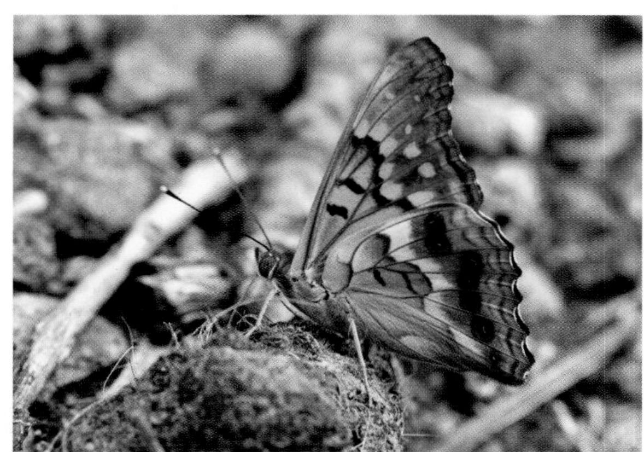

Andy Reago & Chrissy McClarren, CC-BY-2.0

수달(Eurasian otter)

물가의 바위틈이나 굴속에서 사는 포유류이다. 주로 밤에 나와서 활동하며 물고기, 개구리, 게 등을 잡아먹는다. 족제비를 닮은 작은 동물로서 몸이 물속 생활에 알맞게 발달되어 있다. 몸길이가 63~75cm이며, 온몸이 짧고 굵은 갈색 털에 싸여 있다. 네 다리는 짧고, 발가락 사이에 물갈퀴가 있다.

미디어뱅크 사진

전국 어디서나 물이 깨끗한 내와 강에서 산다. 그러나 요즘에는 아주 귀하기 때문에 함부로 잡지 못하도록 나라에서 보호한다. 천연 기념물 제330호와 멸종 위기 야생 동물 1급으로 지정되어 있다.

수도(water supply)

사람은 물 없이는 못 산다. 그냥 마시거나 음식을 만들어 먹으려면 늘 깨끗한 물이 넉넉히 있어야 한다. 먼 옛날에는 샘물이나 냇물을 마셔도 탈이 없었다. 사람이 많지 않고 자연 환경이 깨끗해서 냇물이나 강물이 해롭지 않았기 때문이다.

그러나 도시가 커지고 인구가 많아지자 집집마다 깨끗한 물을 구하기가 쉽지 않았다. 그래서 먼 데에 있는 호수나 강의 물을 끌어다 나눠 쓰게 되었다. 하지만 커다란 관을 통해서 호수나 강의 물을 끌어오면 그대로 마시기 어렵기 때문에 물을 깨끗하게 하는 시설을 만들어냈다.

오늘날 수돗물은 대개 저수지에서부터 시작된다. 비가 많이 올 때에 가득히 저장된 물은 가뭄에도 쓸 만큼 넉넉하다. 저수지에 담긴 물은 또 잔잔하기 때문에 크고 단단한 불순물이 가라앉는다. 이 물을 커다란 관을 통해서 정수장으로 끌어다 찌꺼기를 걸러내고 약품으로 처리하여 깨끗하게 만든다. 그리고 좀 더 작은 관을 통해서 마을로, 다시 더 가는 관을 통해 각 가정과 큰 건물 및 공장으로 보낸다.

이와 같이 먹는 물을 보내 주는 관을 상수도라고 한다. 반대로 버리는 물을 흘려보내는 관이나 도랑은 하수도이다.

미디어뱅크 사진

수레(cart)

두 바퀴나 네 바퀴를 달아서 굴러가게 만든 기구이다. 대개 두 바퀴 수레는 한 사람이 끌거나 밀며 큰 네 바퀴 수레는 튼튼한 말이나 소가 끈다. 어느 것이나 사람 또는 물건을 옮기는 일에 쓰인다.

흔히 두 바퀴만 달려 있고 가벼워서 한 사람이 쉽게 밀거나 끌 수 있는 것을 손수레라고 하며, 소나 말이 끌어야 할 만큼 크고 무거운 것을 달구지라고 부른다. 손수레는 오늘날에도 가끔 쓰이지만 달구지는 트럭이 요즘처럼 많아지기 전에 짐을 옮기는 일에 많이 쓰였다. 옛날에 주로 다른 나라에서 사람만 여럿 태우고 다니던 수레는 특별히 마차라고 부른다. 마차는 한때에 오늘날의 버스와 같은 구실을 했다.

수력 발전소(hydroelectric power station)

흐르는 물이나 높은 데에서 떨어지는 물의 힘으로 발전기를 돌려서 전기를 일으키는 발전소이다.

수력 발전소는 대개 크고 높은 둑으로 강을 막아서 엄청난 양의 물을 가두고 커다란 관을 통해서 많은 물을 둑 밑에 설치한 발전기로 쏟아 붓는다. 이렇게 세차게 쏟아지는 물의 힘으로 발전기를 돌리기 때문에 환경을 오염시키지 않으며 비용도 적게 든다.

또한 둑으로 강물을 조절하여 홍수의 피해를 막을 수도 있다.

그러나 대개 강의 상류에 발전소를 세워야 하므로 도시까지의 거리가 멀어서 시설비가 많이 들며 건설 기간이 길고 건설비도 많이 드는 단점이 있다. → 발전소

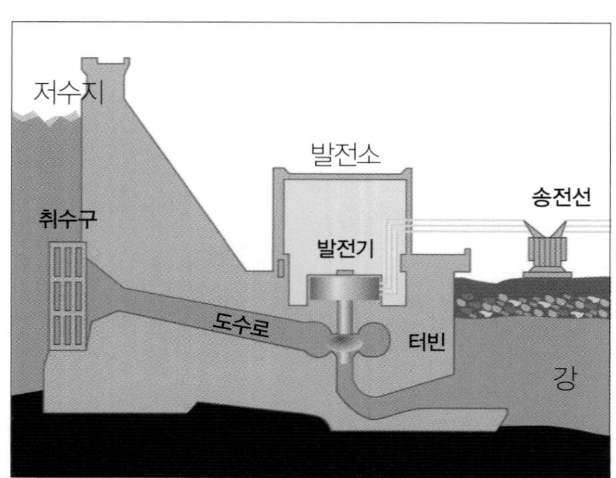

수력 발전소의 얼개 Thoti, CC-BY-3.0

수련(water lily)

물속에서 사는 여러해살이풀이다. 뿌리와 줄기가 물 밑 땅속에 묻혀 있다. 줄기는 여러 마디로 이루어지는데, 각 마디에서 뿌리와 잎이 난다. 봄에 나는 잎은 물속에서는 원통 모양으로 말려 있지만 잎자루가 자라서 물 위에 떠오르면 물 표면에 넓게 펼쳐진다. 잎자루의 길이는 물의 깊이에 따라서 다르다.

잎자루와 땅속줄기 속에 크고 작은 구멍이 많이 나 있어서 잎에서 땅속줄기까지 공기가 운반된다. 잎에서 광합성을 통해 만들어진 영양분도 땅속줄기에 저장된다. 이 땅속줄기는 여름 동안 여러 갈래로 갈라지면서 자란다.

무더운 여름 6~8월이면 가느다란 꽃줄기가 물 위로 솟아서 분홍이나 흰색 꽃이 피며 9월에 둥근 열매가 열린다. 그 뒤 가을이 깊어지면 꽃과 잎이 시들지만 땅속줄기는 영양분이 많이 쌓여서 두툼해진다. 수련은 줄기에 모인 이 영양분과 공기를 쓰면서 겨울을 난다.

미디어뱅크 사진

수리(sea eagle)

온 세계에 모두 200 가지가 넘는 수리가 있지만 우리나라에서 볼 수 있는 것은 그리 많지 않다. 기록으로는 모두 21 가지가 알려져 있지만 어느 것이나 흔하지 않다. 크기도 저마다 달라서 어떤 것은 몸무게가 2~2.7kg이며 참수리 같은 것은 9kg까지 나간다. 다 자란 수리는 거의 어느 것이나 다 꼬리 깃이 희다. 먹이는 주로 물고기나 작은 포유류이다.

우리나라에서는 참수리, 독수리, 검독수리 및 흰꼬리수리를 천연 기념물 제243호로 지정해서 보호한다.

이것들 가운데 검독수리는 우리나라의 바위투성이 산지에서 사는 매우 드문 텃새이지만 나머지 세 가지는 겨울에만 찾아오는 철새이다.

검독수리 Juan Lacruz, CC-BY-SA-3.0

수막염(meningitis)

뇌와 척수를 에워싸고 있는 수막과 수액에 생기는 병이다. 이 병은 주로 세균이나 바이러스의 감염으로 일어나지만 때로는 곰팡이가 원인이 되기도 한다. 어린이건 어른이건 누구나 수막염에 걸릴 수 있다. 그러나 화학 요법 치료를 받거나 빈혈 또는 면역 항체가 없어서 감염에 대한 저항력이 떨어져 있는 사람이 이 병에 걸릴 위험이 가장 크다.

수막염에 걸리더라도 거의 다 완전히 낫는다. 그러나 세균성 수막염은 뇌에 큰 상처를 입힐 수 있다. 지능이 떨어지거나 이상한 행동을 하고 앞을 못 보거나 귀가 들리지 않게 사람을 바꿔 놓을 수도 있는 것이다.

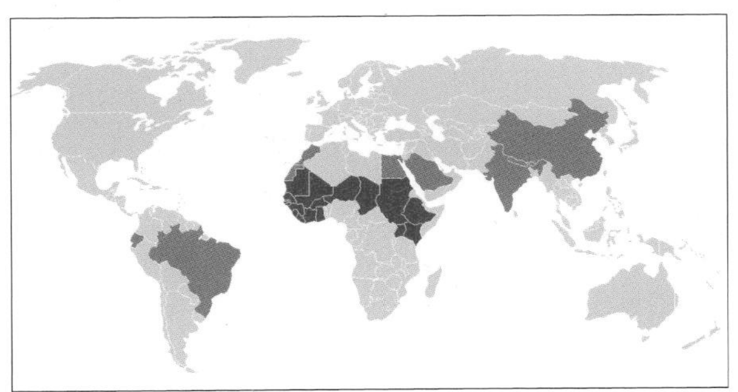

세계 수막염 지도
(붉은색–수막염대, 갈색–유행 지역, 회색–산발적 발생 지역)
User:Leevanjackson, Public Domain

수박(watermelon)

여름에 크고 둥근 열매를 맺는 한해살이 덩굴식물이다. 열매의 거죽은 거의 다 짙은 초록색이며 검은 줄이 여럿 나 있다. 속은 익으면 대개 붉은색이 되며, 검은 씨가 박혀 있다. 열매의 대부분은 수분이다.

수박은 기름지고 모래가 많은 땅에서 잘 자란다. 그리고 더운 날씨가 오래 계속되어야 한다. 날씨가 덥지 않으면 열매의 단맛이 준다. 줄기는 덩굴로서 땅에서 기면서 자란다. 줄기 곳곳에 노란 꽃이 피는데, 암꽃이 꽃가루받이가 되면 작은 열매가 자라기 시작한다. 다 익은 열매는 무게가 6kg에 이른다.

수박은 본디 아프리카 대륙에서 자라던 풀이며 고대 이집트 시대에 재배되기 시작했다. 이것이 언제 우리나라에는 들어왔는지는 정확히 알 수 없다.

미디어뱅크 사진

수분(pollination)

식물의 수술에서 떨어진 꽃가루가 암술머리에 붙는 일이다. 흔히 꽃가루받이라고 한다. → 꽃가루받이

수산화나트륨(sodium hydroxide)

가성 소다라고도 하는 흰색 고체 물질이다. 공기 속에서 습기와 이산화탄소를 흡수하여 저절로 녹는 성질이 있다. 물에 잘 녹는데, 녹으면서 열을 낸다.

Walkerma, Public Domain

수산화나트륨이 녹아 있는 물을 수산화나트륨 수용액이라고 한다. 이것은 염기성 용액으로서

색깔이 없고 투명하며 손에 묻으면 미끈거린다.

수산화나트륨은 섬유 공업과 화학 약품 공업에 많이 쓰이는 중요한 물질이다. 그러나 사람 몸에는 해로우므로 피부에 묻으면 곧바로 물로 씻어내고 묽은 산성 용액으로 중화시켜야 한다.

수성(Mercury)

태양계에서 가장 작은 행성이다. 크기가 목성의 위성 가니메데나 토성의 위성 타이탄보다 더 작으며 지구의 달과 비슷하다.

수성은 태양계의 8개 행성 가운데에서 태양에서 가장 가까운 궤도에 떠서 태양의 둘레를 공전한다. 이 궤도는 다른 행성들의 공전 궤도와 마찬가지로 타원형이며 지구와의 거리가 가장 가까울 때에 4,700만km쯤 된다. 수성의 한 해는 태양계의 행성 가운데 가장 짧다. 공전 주기가 지구의 날로 보아서 88일밖에 안 되기 때문이다. 자전 주기는 59일이다.

수성은 크기가 작고 눈부신 태양에 가까이 떠 있기 때문에 맨눈에는 잘 안 보인다. 그러나 해마다 한동안 해지기 바로 전 낮은 서쪽 하늘과 해뜨기 바로 전 낮은 동쪽 하늘에서 찾아볼 수 있다.

수성에는 대기가 거의 없지만 자기장은 있다. 그 표면은 달 표면처럼 온통 분화구투성이이다. 미국 항공우주국이 보낸 탐사선 매리너 10호가 1974년에 수성을 지나가면서 사진을 많이 찍어서 보내 왔다. 그 뒤 2011년에 또 메신저호가 수성을 방문하여 사진을 아주 많이 찍었다.

NASA/Johns Hopkins Univ, Public Domain

반지름	2,440km
태양과의 거리	평균 5,800만km
자전 주기	약 59일
공전 주기	약 88일
대기	산소 분자 42%, 나트륨 29%, 수소 22%, 헬륨 6%, 기타
평균 표면 온도	낮 430℃, 밤 −180℃
위성	0개

수세미오이(dishcloth gourd)

오이처럼 생겼지만 훨씬 더 큰 열매가 열리는 한해살이풀이다. 봄에 싹이 나서 덩굴줄기로 자라며, 줄기에서 덩굴손이 나와 다른 물체를 붙잡고 오른다. 위로 올라갈수록 햇빛을 잘 받을 수 있기 때문이다. 이런 덩굴손은 오랜 세월에 걸쳐서 환경에 적응한 것이다.

한여름에 한 그루에서 암꽃과 수꽃이 따로 피는데, 색깔은 둘 다 노랗다. 꽃가루받이가 되면 암꽃 밑동에서 작은 열매가 자라기 시작한다. 이 열매는 다 자라면 누렇게 익으며, 10월쯤에 잎이 시든다. 다 익은 열매는 속에 섬유가 얼기설기 짜여 있으며, 그 사이사이에 검은 씨가 여럿 들어 있다. 옛날에는 이 섬유질을 말려서 수세미로 썼다.

미디어뱅크 사진

수소(hydrogen)

색깔이 없으며 냄새도 나지 않는 가벼운 기체이다. 지구에 있는 모든 물질 가운데 가장 가벼운 것이다. 그래서 옛날에는 곧잘 하늘에 띄우는 풍선 속에 채우곤 했다. 공기 속에 아주 조금 들어 있다.

수소는 불에 잘 탄다. 타고 나면 물이 생기는데, 그 까닭은 수소가 타서 산소와 합쳐지면 물이 되기 때문이다. 반대로 물을 전기로 분해하면 산소와 수소가 발생한다. 아연이나 철 같은 금속에다 묽은 황산을 부어도 수소가 발생한다.

지구의 공기 속에는 수소가 별로 없지만, 태양을 비롯한 별의 대기에는 많다. 별에서는 수소 원자의 핵이 융합하여 헬륨 원자의 핵으로 바뀌면서 엄청난 에너지를 낸다. 이런 과정을 핵융합이라고 하는데, 태양의 열과 빛도 핵융합에서 나오는 것이다.

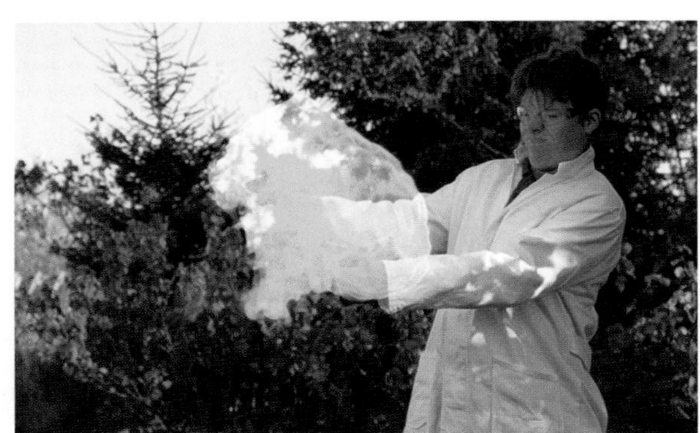

수소 풍선의 폭발 Maxim Bilovitskiy, CC-BY-SA-4.0

수수(sorghum)

씨를 곡식으로 먹는 한해살이풀이다. 씨도 수수라고 한다. 수수의 낟알에는 녹말이 많이 들어 있어서 엿, 떡, 과자, 술 등을 만드는 재료가 된다. 옛날에는 쌀, 보리, 조, 콩 등과 함께 중요한 곡식 가운데 한 가지였다.

수수는 줄기와 잎이 옥수수와 비슷하게 생겼지만 키가 훨씬 더 크게 자란다. 이 줄기의 끝에 커다란 이

미디어뱅크 사진

삭이 한 개 나와서 씨가 주렁주렁 달려 익으면 벼처럼 고개를 숙인다. 자라는 기간이 80일쯤밖에 안되며 메마른 땅에서도 잘 살기 때문에 개간지, 고랭지 또는 북부 지방에서 많이 심는다. 기다란 수숫대에는 맛이 달콤한 수분이 많이 들어 있다. 그래서 넓고 긴 잎과 함께 가축의 사료로 많이 쓴다.

수술(stamen)

꽃의 수컷 기관으로서 수술대와 꽃밥으로 이루어진다. 꽃밥은 꽃가루를 만들어 내며, 수술대는 꽃밥을 받쳐 주는 구실을 한다.

꽃밥이나 수술대의 크기와 생김새는 꽃에 따라서 저마다 다르다. 수술은 대개 여럿이 암술을 에워싸고 있지만 가끔 하나뿐인 것도 있다.

수술(노란색) 미디어뱅크 사진

수족관(aquarium)

대개 바다에서 사는 동물과 식물을 한 데 모아서 기르며 사람들에게 보여 주는 곳이다. 바다 동물원이라고 할 수도 있다. 온갖 크고 작은 물고기, 돌고래와 바다사자, 바다거북, 문어, 게, 소라, 성게 등 바다에서 사는 거의 모든 동물이 산호와 해초가 있는 자연 환경에서 어울려 사는 모습을 아주 큰 아크릴 창을 통해서 사람들에게 보여 준다. 따라서 물속에 들어가지 않고도 보기 힘든 여러 가지 바다 생물의 모습과 활동을 관찰할 수 있다.

수족관은 무엇보다 사람들에게 구경거리를 제공한다. 여간 보기 드문 바다 생물을 가까이 볼 수 있게 할 뿐만 아니라 훈련된 돌고래나 물개들의 재주도 보여 준다. 나아가 교육의 장소이기도 하다. 학생이건 어른이

건 실제로 바다 생물을 보고 그 생김새를 눈에 익힐 뿐만 아니라 다양한 설명글과 해설자의 안내를 통해 그것의 생태에 대해 잘 알게 되기 때문이다.

그러나 여러 가지 민물고기만 따로 크고 작은 연못이나 수조에 넣어서 기르며 그 생태를 연구하고 전시하는 수족관도 있다.

Sage Ross, CC-BY-SA-3.0 GFDL

수증기(water vapor)

기체 상태의 물이다. 물이 끓거나 증발해서 기체로 변한 것이다. 우리 눈에는 보이지 않지만 공기 속에 들어 있다.

뜨거운 커피에서 피어오르는 수증기 Benjamin Balázs, CC0 1.0 Public Domain

수증기는 모양과 부피가 일정하지 않다. 기체이기 때문이다. 둥근 그릇에 넣건 네모진 그릇에 넣건 그 속에 가득 찬다. 또 두 배로 큰 그릇에 넣어도 그 속에 가득 차면서 부피가 두 배로 늘어난다. 공기의 온도가 내려가서 이슬점에 이르면 수증기가 응결하여 작디작은 물방울이 된다. 곧 액체가 되는 것이다.

수평(level)

플라스틱 자를 한 손가락 위에 놓고 자리를 잘 잡으면 자가 어느 쪽으로도 기울지 않게 할 수 있다. 플라스틱 자 대신에 보통의 막대기로도 그럴 수 있다. 이와 같이 받침대 위에 놓인 자나 막대기 등이 어느 쪽으로도 기울지 않는 것을 수평이라고 한다. 시소나 실에 매단 막대기 등이 한쪽으로 기울어지지 않는 상태도 수평이다.

플라스틱 자처럼 무게가 고른 물체를 수평이 되게 하려면 받침대를 자의 한가운데에 놓아야 한다. 예를 들면, 30cm짜리 자를 수평이 되게 하려면 15cm인 곳에 받침대를 놓으면 된다. 그러나 한쪽이 더 두꺼운 막대기처럼 무게가 고르지 않으면 받침대를 한가운데에 놓아도 수평이 되지 않는다. 이런 때에는 받침대를 두꺼운 쪽으로 더 가깝게 놓아야 수평이 된다.

수평은 받침대의 양쪽에 작용하는 힘이 똑같을 때에 이루어진다. 따라서 무게가 고른 널빤지의 한가운데에 받침대를 놓으면 수평이 된다. 이렇게 수평이 된 널빤지의 한쪽에 물체를 올려놓으면 힘이 더 작용하여 널빤지가 그 쪽으로 기운다. 이때에 받침대로부터 같은 거리의 반대편 자리에 무게가 같은 물체를 놓으면 널빤지가 다시 수평이 된다. 그러나 받침대 쪽으로 더 가깝게 놓거나 더 멀리 놓으면 한쪽으로 기운다.

이와 같이 무게가 똑같은 물체를 양쪽에 올려놓더라도 받침대로부터의 거리가 서로 다르면 널빤지가 한쪽으로 기운다. 같은 이치로 무게가 똑같은 나무 도막 4개 가운데 3개를 받침대 가까운 곳에 올려놓고 1개를 반대편의 끝에 놓으면 널빤지가 수평이 될 수 있다. 이럴 때에 널빤지 끝에 작용하는 힘은 받침대 가까이에 작용하는 힘의 3배나 된다. 이 원리를 이용하여 받침대에 가까운 곳에 무거운 물건을 올려놓고, 받침대에서 먼 널빤지의 끝을 누르면 작은 힘으로도 무거운 물건을 들 수 있는 것이다. 이것이 바로 지레이다.

외줄 위의 수평 잡기 kevint3141, CC-BY-2.0

수학(mathematics)

우리는 날마다 수학과 함께 산다. 남은 용돈이 얼마인지 헤아려보고, 시계를 보며 몇 분 뒤에 집에 도착할지 짐작한다. 사람들은 오늘날 어느 분야에서나 때때로 계산기나 컴퓨터를 이용하면서 늘 어떤 종류의 수학을 이용하고 있다.

수학 가운데에서 숫자를 다루는 분야를 산술이라고 하며, 숫자 대신에 x(엑스)나 y(와이) 같은 기호를 쓰는 분야는 대수학이라고 한다. 기하학 분야에서는 선이나 각 또는 모양을 다룬다.

수천 년 전에 이미 이집트나 바빌로니아 사람들이 농작물의 씨앗 뿌릴 때를 알아내기 위해 수학을 쓰기 시작했다. 또 중국 사람들은 수학의 중요 분야인 산술, 대수학 및 기하학에 뛰어났었다.

Ecole polytechnique Université Paris-Saclay, CC-BY-SA-2.0

순록(reindeer)

유럽과 시베리아의 북쪽 끝 매우 추운 지방에서 사는 사슴이다. 몸집이 큰 편이어서 다 자란 어미는 키가 1m 안팎이며 몸무게는 180kg에 이른다. 온몸에 밝은 갈색 털이 촘촘히 나 있으며 발굽이 넓어서 춥고 눈이 많은 북쪽 지방에서 살기에 알맞다. 암컷과 수컷 모두 커다란 뿔이 난다.

여름이면 풀과 나뭇잎을 먹고 살지만 겨울에는 눈 속에서 이끼를 찾아 뜯어먹는다. 추운 지방이라 풀이 그리 많이 자라지 않는다. 그래서 먹을 것을 찾아 한 해 동안에 수백 킬로미터씩 옮겨 다녀야 한다. 헤엄도 잘 치기 때문에 수천 마리가 모여서 무리지어 강과 호수를 건너며 이동한다. 이렇게 함께 다니면 순록을 잡아먹는 늑대, 곰, 살쾡이 등으로부터 목숨을 지키기도 쉬워진다.

먼 옛날에 유럽의 스칸디나비아 반도 북쪽 추운 지방에서 유목민으로 살아 온 사미 족 사람들은 순록을 길들여서 가축으로 만들었다. 이들은 순록의 살코기를 먹고 가죽으로 옷을 만들어 입는다. 또, 수레를 끄는 일도 순록의 몫이어서 이들에게는 순록이 없어서는 안 될 소중한 가축이다.

Alexandre Buisse, CC-BY-SA-3.0 GFDL

순환 기관(circulatory system)

우리 몸 구석구석에 혈액을 공급하는 기관이다. 혈액을 펌프질하는 심장, 심장에서 혈액이 나가는 동맥, 가느다란 핏줄들이 그물처럼 얽혀 있는 모세 혈관 및 혈액을 심장으로 되돌려 보내는 정맥으로 이루어진다.

혈액은 허파에서 가스 교환을 통해 신선한 산소를 얻으며 소화 기관에서 영양소를 받아 몸 안의 모든 조직에 전달한다. 그리고 신장에서 노폐물이 걸러진다.

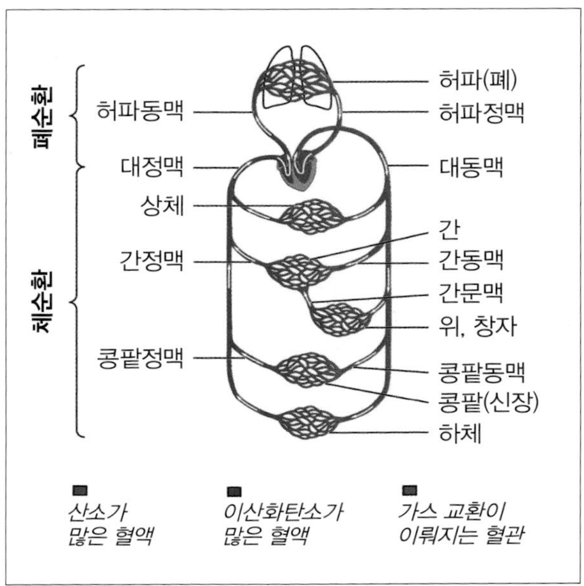

OpenStax College, Public Domain

술(alcoholic beverage)

에틸알코올이 들어 있는 음료이다. 에틸알코올은 에탄올이라고도 하는 화학 물질인데, 몸속에 들어가면 신경계를 무디게 만든다. 그래서 흔히 기분을 바꾸거나 휴식을 취하고 싶을 때에 마신다.

술을 조금 마시면 기분이 좋아지는 사람이 많다. 그러나 많이 마시면 신경이 무뎌지고 말과 행동이 흐트러지기 쉽다. 에틸알코올은 몸에 해로울 뿐만 아니라 중독을 일으키기도 한다.

사람들은 먼 옛날에 저절로 떨어져서 발효된 과일을 먹고 술의 효과를 알았을지 모른다. 요즘에도 술은 주로 쌀이나 보리 같은 곡식 또는 포도나 사과 등 과일로 만든다. 이런 곡식이나 과일에 들어 있는 당분을 발효시키는 것이다. 발효는 효모가 당분을 에틸알코올과 이산화탄소로 변화시키는 과정이다.

미디어뱅크 사진

막걸리나 맥주는 곡물에서 나온 당분을 발효시켜서 만든 술인데, 이런 것을 발효주라고 한다. 발효주에는 알코올이 그리 많이 들어 있지 않다.

발효주를 솥에다 넣고 끓여서 그 증기를 모아 식히면 소주나 위스키 같은 술이 된다. 이런 맑은 술을 증류주라고 한다. 증류주는 발효주보다 알코올이 더 많이 들어 있는 독한 술이다. 따라서 마시면 더 쉽게 취한다.

숨(breathing)

동물이 살기 위해 끊임없이 공기를 들이마시고 내쉬는 일이다. 호흡이라고도 한다. → 호흡

숭어(black mullet)

몸통이 둥글고 통통하지만 머리는 납작하며 눈이 작은 물고기이다. 몸빛깔은 파르스름한 은빛이다. 세계 거의 모든 열대와 온대 지방의 바닷가에서 떼 지어 살면서 바닷물과 민물을 오간다.

보통 몸길이가 30~60cm이지만 아주 큰 것은 1m가 넘으며 무게도 5kg쯤 된다. 늦가을부터 겨울 동안에는 물이 더 따뜻한 먼 바다로 나가서 알을 낳으며 봄에 어린 새끼들과 함께 다시 바닷가로 나온다. 숭어는 영양분이 많고 맛이 좋은 생선으로 알려져 있다.

숯(charcoal)

나무를 구워서 만든 검은 덩어리이다. 불이 쉽게 붙을 뿐만 아니라 타면서 연기가 거의 나지 않기 때문에 옛날에 가정에서 연료로 많이 썼다.

숯은 주로 참나무를 공기가 통하지 않거나 조금만 통하는 숯가마에다 넣고 불을 때서 만든다. 공기가 통하지 않으면 나무가 완전히 연소되지 않으므로 나무를 이루는 물질이 거의 다 증발되고 주로 탄소만 남아서 검은 숯덩이가 된다. 양초나 석유가 탈 때에 나오는 그을음도 불완전한 연소로 말미암아 탄소가 남은 것으로서, 그 성분이나 생기는 원리는 숯과 같다.

숯은 액체와 기체를 흡수하는 성질이 강해서 색깔이나 냄새를 없애는 일에도 많이 쓰인다.

Björn Schmitt, CC-BY-SA-3.0 de

숲(forest)

나무가 우거진 곳이다. 우리나라에서는 숲이 주로 산에 있지만 땅이 넓은 시베리아 같은 곳에서는 편평한 땅에도 많다.

숲에서는 크고 작은 온갖 나무와 풀, 이끼, 버섯 같은 균류가 모두 함께 어울려서 산다. 따라서 이런 것들에 기대어 사는 수많은 곤충과 벌레, 새 및 짐승이 있으며, 숲의 물속이나 물가에는 물고기와 양서류 및 파충류가 산다. 따라서 숲은 지구에서 가장 크고 중요한

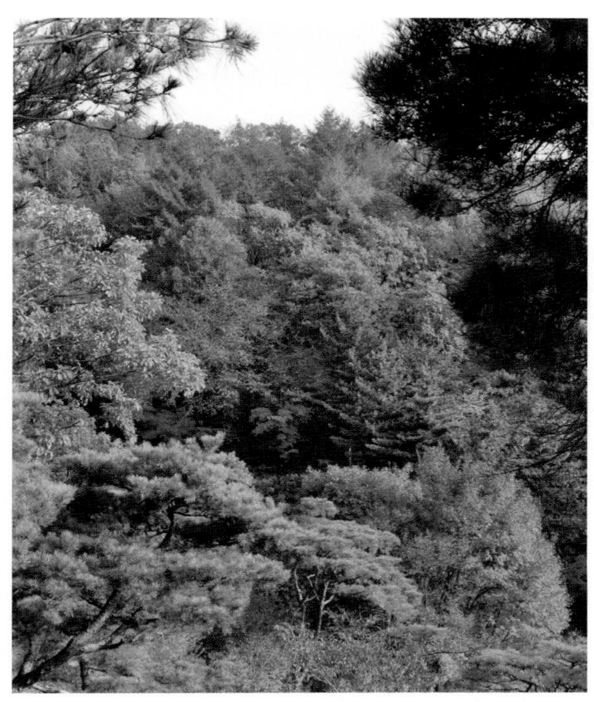

가을숲 미디어뱅크 사진

생태계이다.

숲은 사막, 극지방 및 높은 산꼭대기가 아니면 어디에나 있다. 오늘날 육지의 30%가 숲으로 덮여 있는데, 아득히 먼 옛날에는 그 배나 되는 넓은 땅이 숲이었다고 한다.

숲의 나무와 풀은 햇빛을 받아서 광합성 작용을 해 스스로 영양분을 만든다. 또, 광합성 작용을 하면서 산소를 내놓는다. 그러나 동물은 식물을 먹거나 식물을 먹은 다른 동물을 먹어야 한다. 게다가 산소가 없으면 숨을 쉬지 못한다. 따라서 숲이 없으면 사람이 살 수 없다.

또 숲은 엄청난 양의 빗물을 머금었다가 천천히 내놓는다. 따라서 물을 깨끗하게 걸러서 우리가 마실 수 있게 만들어 주며 홍수를 예방하고 흙이 빗물에 쓸려 가는 것을 막는다.

이런 숲은 활엽수림, 침엽수림, 열대우림 등으로 나눌 수 있다. 활엽수림은 주로 가을에 낙엽이 지는 넓은잎나무가 많은 숲이며, 침엽수림은 소나무처럼 늘푸른 바늘잎나무가 많은 숲이다. 그러나 온대 지방에는 이 두 가지 나무가 적당히 섞여 있는 숲이 많다. 열대우림은 온갖 넓은잎나무와 덩굴식물이 뒤섞여서 빽빽이 자라는 열대 지방의 밀림이다.

본디 사람도 이런 숲의 한 부분이었다. 그러나 점차 사람들이 모여 사는 도시가 많아지면서 숲이 줄어들고 있다. 그래도 숲은 사람들이 영원히 버릴 수 없는 고향이다. 숲은 우리에게 산소와 먹을 것과 목재를 한없이 제공해 주며 언제든지 몸과 마음을 쉴 수 있는 편안한 장소이다.

쉬리(*Coreoleuciscus splendidus*)

시내와 강에서 사는 민물고기이다. 우리나라의 특산 물고기로서 잉엇과에 든다.

몸길이가 10~15cm로서 가늘고 길며 머리는 뾰족하다. 색깔과 무늬가 고운데, 등은 검고 배는 푸른빛이 도는 흰색이며 옆구리에 노란 띠가 있다. 꼬리지느러미에도 화살촉 모양의 검은 무늬가 있다.

미디어뱅크 사진

슈메이커-레비 제9혜성 (Comet Shoemaker-Levy 9)

서기 1992년 7월에 잘게 부서져서 2년 뒤인 1994년 7월에 목성과 충돌해 사라진 혜성이다. 따라서 인류 최초로 태양계 속의 천체 충돌을 생생하게 보여 준 혜성이기도 하다. 1993년 3월 24일 밤에 유진 및 캐롤린 슈메이커 부부와 데이비드 레비라는 사람이 미국 팔로마 천문대에서 46cm짜리 망원경으로 발견했다.

그때에 이 혜성은 목성의 둘레를 돌고 있었는데, 연구 결과 이미 20~30년 전부터 중력이 센 목성에 붙들려서 그 둘레를 돌고 있었으며 1992년 7월에 더 가까이 끌려들어가 잘게 부서지고 말았다는 것이 밝혀졌다. 가장 커 봐야 고작 반지름이 2km쯤인 이 조각들

ㅅ

은 천문학자들의 예측대로 1994년 7월 16일부터 22일까지 차례차례 초속 60km의 속력으로 목성의 남반구에 떨어졌다. 이 충돌의 흔적은 그 뒤에도 몇 달 동안이나 선명하게 볼 수 있었다.

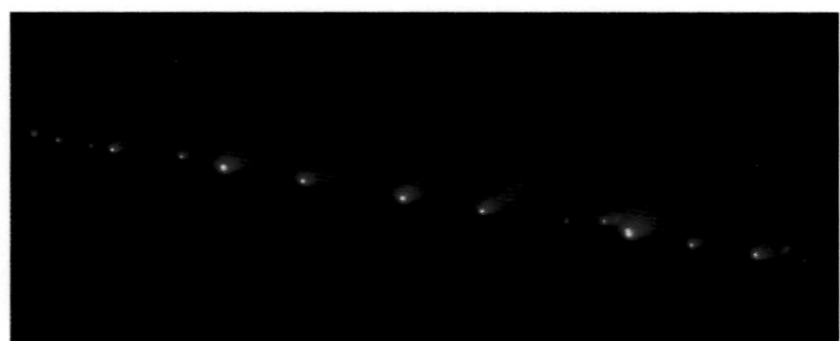

슈메이커-레비 제9혜성 (1994-05-17) NASA, ESA, and H. Weaver and E. Smith (STScI), Public Domain

스마트폰(smartphone)

여러 가지 컴퓨터 기능을 갖춘 휴대 전화기이다. 전화를 걸고 받는 작은 무선 전화기이면서 손 안의 작은 컴퓨터 구실을 한다.

무선으로 전자 우편을 주고받을 뿐만 아니라 인터넷 검색도 할 수 있다. 또 음악, 영화 및 오락 프로그램을 저장하여 듣고 보고 재생할 수 있으며 책과 같은 많은 문서를 저장해 필요할 때에 꺼내서 읽을 수도 있다. 나아가 집안의 전기 및 전자 기기를 멀리서 작동시키는 무선 조종기 구실도 한다.

미디어뱅크 사진

스마트폰은 1992년에 미국에서 처음으로 만들었다. 그 뒤에도 몇 몇 군데에서 조금씩 만들다가 2007년에 이르러서야 요즘의 것과 같이 똑똑하고 편리한 것들이 나와서 널리 쓰이기 시작했다. 오늘날에는 우리나라와 미국의 전자 회사들이 세계에서 가장 뛰어나고 널리 쓰이는 스마트폰을 만든다. → 전화기

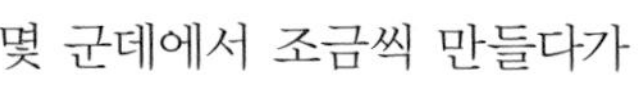

스무나무(*Hemiptelea davidii*)

시무나무를 비슷한 발음으로 다르게 부르는 이름이다. → 시무나무

스위치(switch)

전기 회로에서 전류의 흐름을 끊거나 이어 주는 장치이다. 손으로 여닫는 간단한 것부터 전자기의 힘으로 움직이는 것까지 종류가 많다. 전기 회로도에서는 이렇게 —o⌒o— 표시한다.

미디어뱅크 사진

스크린(projection screen)

대개 영화나 슬라이드 같은 영상물이 비춰지는 영사막이다. 흔히 네모진 흰색 막으로 되어 있어서 그 위에 확대된 사진이나 비디오 화면이 비춰진다. 큰 영화관의 한쪽 벽을 다 차지하도록 장치된 붙박이 스크린이 있는가 하면 손에 들고 다니는 작은 스크린도 있다.

대개 천이나 비닐로 만든 작은 스크린은 돌돌 말려서 길고 둥그런 통 속에 들어 있다. 이 통을 삼각대의 기둥에 걸고 끈을 밑으로 당겨서 스크린을 펼친다.

스크린의 표면은 대개 헤아릴 수 없이 많은 작은 유리구슬로 덮여 있다. 이런 유리알들이 빛을 잘 반사시켜서 어느 쪽에서나 화면이 똑같이 밝게 보인다. 영화관의 스크린에는 또 1cm²마다 3~6개의 작은 구멍이 뚫려 있어서 스크린 뒤에 있는 스피커의 소리가 관객에게 잘 들리게 한다.

스크린에 비춰진 강의 내용 MarkJaysonAranda, CC-BY-SA-3.0

스타이로폼(styrofoam)

플라스틱의 한 가지인 폴리스타이렌 수지를 틀에 넣고 열을 가해 부풀린 것이다. 이것은 물을 잘 흡수하지 않으며 열도 잘 전달하지 않는다. 또 소리를 흡수하며 부드러워서 충격도 잘 흡수한다.

가공하거나 원하는 모양으로 만들기도 쉽다. 그래서 포장 재료나 단열 재료로 많이 쓰이며, 한번 쓰고 버리는 컵이나 그릇 또는 선박의 구명 도구 등에 널리 쓰인다.

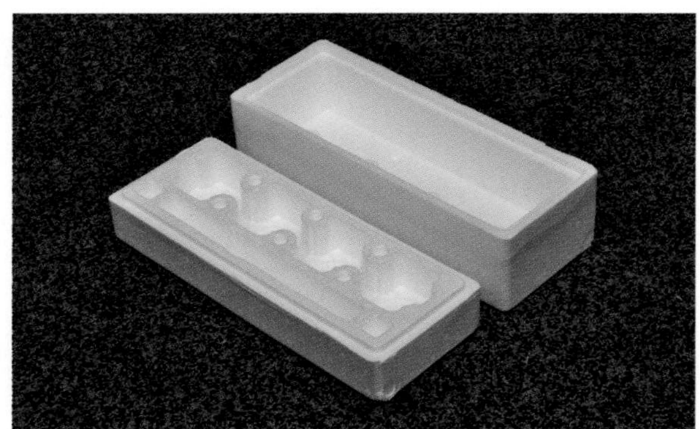

미디어뱅크 사진

스탠드(laboratory support stand)

과학 실험에 쓰는 스탠드는 편평한 철판에 긴 쇠막대가 꽂혀 있는 장치이다. 쇠막대에 집게를 달거나 다른 쇠막대를 가로질러 달아서 과학 실험을 할 때에 여러 가지 실험 기구를 매달기 좋게 만들어져 있다.

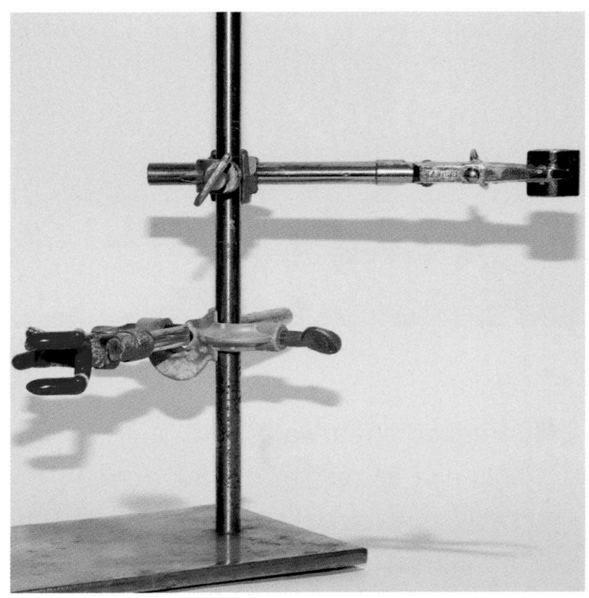

Nadine90, CC-BY-SA-3.0

스트레스(stress)

먼 옛날 자연 속에서 살던 우리 조상은 호랑이 같은 무서운 짐승을 만나면 그 자리에서 맞서 싸우거나 얼른 도망쳐야 했다. 이런 위험에 대한 우리 몸의 원초적 반응이 스트레스이다. 가슴이 두근거리고, 숨이 가빠지며, 등골에 식은땀이 흐르고, 온몸의 근육이 팽팽해진다. 이런 스트레스가 오래 계속되면 몸과 마음이 다 녹초가 되고 만다. 무서운 짐승과 곧잘 마주치던 옛 사람들에게는 이런 스트레스가 크게 도움이 되었다. 육체적 위협에 맞서서 싸우거나 재빨리 도망치게 해 주었기 때문이다.

그러나 문명이 발달한 오늘날에는 그런 육체적 위험에 빠질 일이 드물다. 대신에 정신적이거나 감정적인 도전에 따른 스트레스가 훨씬 더 많다. 이런 스트레스는 그리 쓸모 있는 우리 몸의 반응이 아니다. 약한 스트레스는 사람을 흥분시켜서 최고의 능력을 쏟아내게 하기도 하지만, 심한 스트레스는 걱정과 불면을 가져올 뿐만 아니라 효율성을 떨어뜨린다. 그래서 스트레스가 오래 가면 건강을 해치게 된다.

오늘날에는 질병이나 자연 재해가 우리에게 스트레스를 준다. 가족이나 가까운 사람의 죽음, 시험, 진학, 취직, 친구들과의 다툼 등도 스트레스의 원인이다. 또한 신문, 텔레비전, 인터넷 등에 넘쳐나는 온 세계의 범죄와 전쟁 소식, 지난날에 대한 후회와 앞날에 대한 불안감 등도 요즘 사람들에게는 크나큰 스트레스이다.

"저게 덤벼!" An-d, CC-BY-SA-4.0 GFDL

스포이트(medicine dropper)

적은 양의 액체를 옮기는 기구이다. 흔히 물약을 덜거나 과학 실험을 할 때에 쓴다. *(다음 면에 계속됨)*

ㅅ

유리나 플라스틱으로 만든 투명한 관의 한쪽 끝이 뾰족하고 다른 쪽 끝에는 고무주머니가 달려 있다. 뾰족한 쪽을 액체 속에 넣고 고무주머니를 쥐었다 놓으면 액체가 유리관 속으로 빨려 들어간다. 그리고 고무주머니를 누르면 액체가 다시 밖으로 밀려 나오게 만들어져 있다.

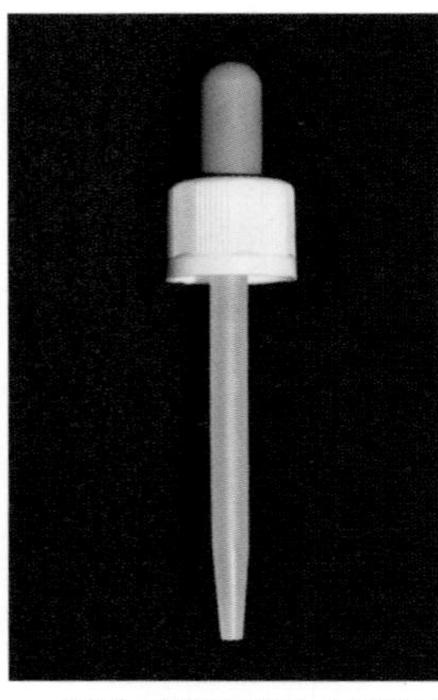

약병 마개에 달린 스포이트
미디어뱅크 사진

스피릿 로버(Spirit rover)

미국 항공 우주국이 서기 2003년에 보낸 쌍둥이 화성 탐사차 가운데 하나이다. 2003년 6월 10일에 지구를 떠나 약 7달 뒤인 이듬해 1월 4일에 화성 표면에 내렸다.

스피릿 로버는 약 3 주일 뒤에 발사되어서 화성의 반대쪽에 내린 쌍둥이 탐사차 오퍼튜니티 로버와 마찬가지로 바퀴가 6개 달린 로봇 탐사차였다. 이 차는 높이가 1.5m, 폭이 2.3m, 길이가 1.6m, 무게가 180kg으로서 태양 전지로 충전한 전기로 평균 1초에 1cm씩 움직이면서 탐사 임무를 수행했다.

본디 이 탐사차는 지구의 날로 90일 동안 일하도록 계획되었다. 그러나 예상 밖으로 거의 5년 4개월 동안 잘 작동하면서 수많은 탐사와 발견을 해냈다. 그러다

Nadine90, CC-BY-SA-3.0

2009년 5월 1일에 아주 부드러운 모래흙에 빠져서 헤어나오지 못했다. 그래도 제자리에 선 채 한동안 과학 탐사 활동을 계속하다가 2011년 5월 24일에 공식적으로 임무를 마쳤다.

스피커(loudspeaker)

라디오, 텔레비전, 전축, 녹음기 등에서 소리를 내는 장치이다. 운동장이나 야외에서 작은 소리를 크게 키워서 내보내는 확성기도 스피커의 한 가지이다.

스피커는 전기 신호를 받아서 소리를 내는 장치로서 여러 가지 종류가 있지만 원리는 거의 다 비슷하다. 스피커는 크게 진동판, 코일 및 영구 자석으로 이루어진다. 영구 자석 사이에 코일이 있고, 진동판으로 쓰이는 얇은 종이나 금속판이 코일에 이어져 있다. 소리가 마이크에서 약하거나 강한 전류로 바뀌고, 이 전류가 스피커의 코일에 흐르면 그 변화에 따라서 코일에 약하거나 강한 자기장이 생긴다.

코일 주위에 있는 영구 자석의 자기장은 항상 같다. 그래서 코일에 생기는 자기장의 세기에 따라서 이 자기장들이 서로 작용하여 코일이 움직인다. 코일이 움직이면 거기에 이어진 진동판이 떨리는데, 이 떨림이 공기를 진동시키기 때문에 마이크 앞에서 낸 소리가 스피커를 통해서 되살아난다.

미디어뱅크 사진

슴새(streaked shearwater)

주로 먼 바다에서 살지만 번식기에 가까운 바다에서 볼 수 있는 여름 철새이다. 몸길이가 평균 48cm쯤, 활짝 편 두 날개의 폭이 1.2m쯤 된다. 등은 거무튀튀한 갈색이며 배는 희고 흰 머리와 목에 검은 세로줄무

늬가 있다. 물갈퀴가 있는 다리는 분홍색이다.

초여름이면 일본과 한반도의 외딴 섬 숲에 찾아와 굴을 파고 그 속에 둥지를 틀어 알을 한 개씩 낳는다. 그리고 50일 조금 넘게 품으면 알이 깨며 그때부터 두 세 달 동안 잘 먹이면 새끼가 자라서 둥지를 떠날 수 있게 된다. 슴새가 좋아하는 먹이는 주로 정어리, 멸치, 오징어 등이다.

새끼들이 다 자란 11월쯤이면 겨울을 나려고 우리나라를 떠나서 필리핀, 뉴기니의 북부 지방 및 남중국해의 섬들로 날아간다.

번식지의 바위에 앉아 있는 슴새
Kanachoro, CC-BY-SA-3.0 GFDL

습도(humidity)

바다, 호수, 강, 연못 또는 흙과 같이 물기가 있는 곳에서는 항상 물이 증발한다. 식물의 잎에서도 늘 수증기가 나온다. 그래서 우리 눈에 보이지는 않지만 공기 속에 늘 수증기가 차 있다. 이렇게 공기 속에 들어 있는 수증기가 얼마쯤 되는지 나타내는 것이 습도이다.

습도를 표시하는 방법에는 절대 습도와 상대 습도가 있다. 절대 습도는 일정한 부피의 공기 속에 포함된 수증기의 양을 나타낸다. 20℃의 공기 $1m^3$속에 수증기 8.5g이 들어 있다면 그것이 곧 절대 습도이다. 상대 습도는 현재 기온에서 공기 속에 포함된 수증기의 양과 그 기온에서 공기에 포함될 수 있는 수증기의 최대량을 백분율로 나타낸다. 20℃의 공기에 수증기 8.5g이 들어 있는데, 이 기온의 공기에 포함될 수 있는 수증기의 최대량이 17g이라면 상대 습도는 8.5÷17×100=50%이다. 그런데 기온이 높을수록 포함될 수 있는 수증기의 양이 많아지므로, 같은 양의 수증기가 포함되어 있어도 기온이 높으면 습도가 낮아진다. 흔히 말하는 습도는 이 상대 습도를 가리킨다.

습도는 사람의 건강에 큰 영향을 미친다. 습도가 낮으면 공기가 드나드는 입, 코, 허파 등이 메말라서 감기에 걸리기 쉬우며 피부에서 증발이 잘 일어나기 때문에 추위를 느낀다. 반대로 습도가 높으면 피부에서 증발이 잘 일어나지 않으므로 덥게 느낀다. 사람이 가장 상쾌하게 느끼는 습도는 50~60%이다. 습도는 습도계로 잰다.

습도가 높은 공기가 비행기 꼬리에서 소용돌이치며 응결한다.
Bernal Saborio, CC-BY-SA-2.0

습도계(hygrometer)

공기 속에 수증기가 얼마나 들어 있는지 재는 기구이다. 습도를 재는 방법은 여러 가지이다. 그래서 습도계도 여러 가지가 있다. 그러나 가장 많이 쓰는 것은 건습구 습도계와 모발 습도계이다.

건습구 습도계는 보통 온도계 두 개로 만든다. 한 온도계 밑의 둥근 부분을 천으로 싸고, 천의 한쪽 끝을 물이 담긴 그릇에 넣어서 온도계의 밑 부분에서 끊임없이 증발이 일어나게 한다. 그리고 그 옆에 나란히 보통 온도계를 단다. 이 습도계는 두 온도계가 나타내는 온도의 차이를 셈하여 그 값에 따라서 정해진 표를 보고 습도를 안다.

습도계, 기압계, 온도계
Friedrich Haag
CC-BY-SA-4.0

모발 습도계는 사람의 머리

카락을 이용한 것이다. 머리카락은 공기 속의 수증기를 빨아들이면 길이가 늘어나는 성질이 있다. 그래서 한 쪽은 고정되고 다른 쪽은 바늘에 매달린 머리카락이 늘거나 줄면 바늘이 따라서 돌면서 눈금을 가리킨다.

전기 습도계도 있다. 이것은 탄소나 다른 물질이 습도의 변화에 따라서 전기 저항이 달라지는 성질을 이용한 것이다. 또 이슬점 습도계는 공기의 이슬점을 재는 것이다. 이 습도계는 표면을 점점 차게 하면서 기온 몇 ℃에서 이슬이 맺히는지 관찰한다.

습지(wetland)

거의 한 해 내내 얕은 물에 잠겨 있어서 대개 풀만 자라는 곳이다. 민물 습지는 샘, 연못, 개울이나 강 주변에 있으며, 짠물 습지는 민물이 바다로 흘러드는 바닷가에 생긴다. 민물 습지 중에서도 높은 산에 있는 것은 죽은 식물이 완전히 분해되지 않고 퇴적되어서 생긴 토탄층 위에 있는 일이 많다.

이런 습지는 여러 가지 곤충과 벌레, 지렁이, 개구리나 두꺼비 같은 양서류, 들쥐 같은 작은 포유류 및 여러 가지 새들의 서식지로서 독특한 생태계를 이룬다. 또한 오염 물질을 정화하고 가뭄과 홍수를 조절하는 구실도 한다. 그래서 나라에서는 해마다 2월 2일을 '습지의 날'로 정해서 습지 생태계의 보존에 힘쓰고 있다.

국제적으로도 습지를 보존하려는 노력이 활발하다. 지난 1971년에 맺어진 람사르 협약은 습지의 중요성을 알고 보존하기 위한 최초의 국제 협약이다. 이 협약에 우리나라도 가입해 있는데, 대암산 용늪, 창녕 우포늪, 신안 장도의 산지 습지, 순천만과 보성 벌교의 갯벌 등이 람사르 습지로 등록되어서 세계적인 관심을 끌고 있다.

미디어뱅크 사진

승강기(elevator)

건물 안이나 바깥에다 위아래로 바르게 설치한 통로를 따라서 사람이나 짐을 실은 차를 들어 올리고 내리는 장치이다. 흔히 '엘리베이터'라고 한다.

요즘에는 거의 다 자동으로 움직인다. 예를 들면, 어느 층에서나 타려는 사람이 단추를 누르면 승강기가 와서 문이 열린다. 사람이 타면 문이 닫히며 가려는 층의 단추를 누르면 그 층으로 가서 멈추고 다시 문이 열린다. 그러나 1950년까지는 대개 승강기를 조종하는 사람이 따로 타고 있었다.

미디어뱅크 사진

승강기는 사람이나 짐을 실은 차를 철사 줄로 꼰 긴 밧줄에 매달아서 들어 올렸다 내렸다 하는 방식으로 움직인다. 권양기라고 하는 커다란 도르래에 걸쳐진 밧줄의 한쪽 끝에 차가 매여 있으며 다른 쪽 끝에 무거운 추가 달려 있다. 이 추는 힘을 덜 들이고 승강기를 들어 올릴 수 있게 돕는다. 전동기와 연결된 권양기는 전동기가 돎에 따라서 밧줄을 감거나 풀어서 차를 들어 올리고 내린다.

어쩌다 밧줄이 끊기거나 다른 사고가 나더라도 차가 바닥으로 뚝 떨어지지 않게 하는 안전장치가 되어 있다. 또 문이 두 겹으로 되어 있어서 하나는 건물의 벽에 달려 있으며 다른 하나는 차에 달려 있다. 이 문은 강철로 만들어서 불에 타지 않는다.

그러나 건물이나 승강기에 달린 문은 억지로 열거나 힘주어 기댈 만한 것이 아니다. 자동으로 열리고 닫힐 수 있도록 단단히 고정되어 있지 않기 때문이다. 또 어쩌다 불이 나면 절대로 승강기를 타지 말아야 한다. 전기가 끊겨서 승강기 안에 갇힐 수 있을 뿐만 아니라 위아래로 뚫린 승강기 통로가 뜨거운 불길과 연기가 빠져 나가는 굴뚝처럼 될 수 있기 때문이다.

시각과 시간(time and hour)

우리는 시각과 시간에 맞추어서 생활한다. 날마다 거의 같은 때에 일어나서 아침밥을 먹고 학교에 간다. 수업이 시작되는 시각과 수업 시간도 정해져 있다. 사람에 따라서 조금씩 다르지만, 누구나 거의 같은 때에 같은 일을 한다. 서울에서 사는 학생이나 미국 뉴욕에서 사는 학생이나 똑같이 아침 8시쯤이면 학교에 간다.

그러나 서울의 어린이가 학교에 갈 때에 뉴욕의 어린이는 저녁 밥 먹을 준비를 한다. 서울이 아침 8시일 때 뉴욕은 그 전날 저녁 6시이기 때문이다.

지구가 둥그렇기 때문에 우리나라가 한낮일 때에 지구의 반대쪽에 있는 미국은 캄캄한 밤이다. 지구는 북극과 남극을 잇는 자전축을 중심으로 서쪽에서 동쪽으로 돈다. 그래서 지구 위에서 보면 해가 동쪽에서 떠올라 서쪽으로 지는 것 같다.

우리가 보는 해는 동쪽에서 서쪽으로 떠가면서 한낮에 정확히 남쪽에 다다른다. 이때가 한낮, 곧 낮 12시이며 해의 높이가 가장 높다. 따라서 지구 위 어느 곳에서나 해가 가장 높이 떠 있을 때가 낮 12시이다. 이렇게 보면 고장마다 시각이 달라진다. 서울이 한낮일 때에 강릉은 이미 한낮이 지났으며, 인천은 한낮이 아직 안 된 상태이다. 이런 불편을 없애고자 국제적으로, 또 나라마다 시간의 표준을 정해 놓았다.

지구의 중심을 뚫고 남극점과 북극점을 잇는 상상의 선을 중심으로 지구의 둘레를 360°로 나누었다. 그리고 지구의 표면을 따라서 북극점과 남극점을 잇는 상상의 선 360개를 그었다. 이 선을 경선 또는 자오선이라고 하며, 읽을 때에는 '경도 몇 도'라고 읽는다. 경선 가운데 영국의 그리니치 천문대를 지나는 자오선을 기준선인 0°로 삼아서 이것을 본초자오선이라고 한다. 이 본초자오선을 중심으로 서쪽으로 180°까지를 '서경 몇 도,'동쪽으로 180°까지를 '동경 몇 도'라고 읽는다.

그리니치 표준시를 나타내는 24 시간 시계
Jcfrye at en Wikipedia, Public Domain

서경 180°와 동경 180°는 같은 선으로서 런던의 반대쪽인 태평양 위에서 만난다. 이것이 날짜 변경선이다. 이 선을 동쪽에서 서쪽으로 넘으면 하루가 지난 다음날이 된다. 그러나 반대로 서쪽에서 동쪽으로 넘으면 하루 전 날이 된다. 우리나라에서 미국으로 갈 때에는 이 선을 넘어서 간다.

해가 자오선을 지나서 다시 그 자리로 돌아오려면 정확히 하루가 걸린다. 하루는 24시간이다. 따라서 둥그런 지구의 둘레 360°를 24로 나누면 15°이다. 그러므로 자오선을 떠나 서쪽이나 동쪽으로 15도씩 갈 때마다 1시간씩 차이가 난다. 1시간은 60분, 1분은 60초로 나뉘어 있다.

시각은 시간의 어느 한 때를 가리킨다. 곧 오늘 내가 잠에서 깬 '시각은 아침 6시 46분 13초'라고 말할 수 있다. 한편, 시간은 어느 한 시각에서 다른 한 시각까지를 말한다. 내가 잠을 잔 '시간은 7시간 21분'이라고 말하는 것과 같다.

영국이 한낮일 때에 우리나라는 밤이다. 따라서 나라마다 그 나라를 지나는 경선을 기준으로 삼아서 시간의 표준을 정한다. 이것을 표준시라고 한다. 우리나라는 동경 135°를 기준으로 삼아서 표준시를 정했다. 이 경선은 우리나라의 한 가운데가 아니라 동해 쪽에 치우쳐 있다. 각 나라나 고장의 표준시는 대개 본초자오선의 표준시와 몇 시간씩 차이가 나게 하기로 약속되어 있으므로 이렇게 한 것이다.

우리나라의 표준시는 본초자오선의 표준시와 9시간의 차이가 난다. 이웃 나라 일본도 우리와 같은 표준시를 쓰므로 우리와 시각이 같다. 또 우리나라나 일본은 나라 안 어디서나 같은 표준시를 쓴다. 그래서 서울에서나 도쿄에서나 시각이 같다. 곧 우리가 아침 9시일 때에 일본에서도 아침 9시이다. 그러나 미국이나 러시아처럼 땅이 넓은 나라에서는 온 나라에서 똑같은 표준시를 쓸 수 없다. 뉴욕에 해가 떠오를 때에 하와이는 아직 깜깜한 밤이기 때문이다.

ㅅ

시계(clock)

시간을 재는 기계이다. 그때그때의 시각을 바늘로 가리키거나 소리를 내서 알려 준다. 시각을 숫자로 나타내는 것도 있다.

시계 바늘은 쉴 새 없이 돌아간다. 분을 나타내는 긴 바늘은 한 시간 동안에 한 바퀴를 돈다. 시간을 나타내는 짧은 바늘은 12시간 만에 한 바퀴 돌므로 하루에 꼭 두 바퀴를 돈다. 하루는 24시간이기 때문이다. 둥그런 시계의 얼굴은 대개 12로 나뉘어서 1시부터 12시까지 눈금이 표시되어 있다. 시를 나타내는 눈금 사이의 작은 눈금들은 분을 나타내는 것이다. 그러나 어떤 시계는 바늘 대신에 숫자로 시각과 분을 나타내 준다. 이런 것은 수정 시계이다.

미디어뱅크 사진

사람은 옛날부터 시각을 알고 싶어 했다. 그래서 수천 년 전부터 햇빛을 받아서 생기는 막대기의 그림자를 보고 시각을 짐작했다. 그러다 반반한 판때기나 돌에 막대를 세워서 그것이 북극성을 향해 기울어지게 한 다음 그 둘레를 24로 나누어서 눈금을 표시했다. 그리고 눈금에 드리워진 막대의 그림자를 보고 시각을 알았다. 이것이 해시계이다. 또 그릇에 담긴 물이나 모래가 작은 구멍을 통해서 흘러나오는 것으로 시간을 재기도 했다. 요즘도 볼 수 있는 3분짜리 모래시계가 그런 것이다. 한 쪽의 모래가 다 비워지기에 3분이 걸리므로 이것을 뒤집어 놓으면 다시 3분이 걸린다. 이렇게 3분 단위로 시간을 잴 수 있다.

해시계나 물시계는 옛날에 우리나라에서도 썼다. 물시계는 신라 때부터 쓰인 듯한데, 구멍이 뚫린 항아리에서 흘러나오는 물이 다른 항아리에 고이면서 그 속에 있는 잣대를 밀어 올려 시각을 나타내는 것이었다. 이것을 누각이라고 불렀다. 조선 시대에 세종대왕은 과학자 장영실에게 물시계인 자격루를 만들게 했다. 자격루는 스스로 종을 쳐서 시각을 알려 주는 아주 발전된 물시계였다. 또, 앙부일구라는 해시계도 두루 쓰였다.

오늘날 흔히 쓰는 기계식 시계는 수백 년 전에 유럽에서 발명되었다. 처음에는 높이가 2~3m나 될 만큼 크고 조잡한 것이었다. 그러나 점점 개량되어서 오늘날의 벽시계, 탁상시계, 손목시계처럼 작고 정확한 시계가 되었다. 이런 시계는 조선 시대 후기에 이르러서야 우리나라에 알려졌다. 정해 놓은 시각이면 종을 쳐서 알려 주는 시계를 처음 본 우리 조상들은 그것을 '자명종'이라고 불렀다. 스스로 울리는 종이라는 뜻이다.

기계식 시계는 흔들리는 추의 운동이나 태엽이라는 스프링이 감겼다가 풀리는 힘으로 수많은 톱니바퀴가 돌아가면서 시각을 나타낸다. 그래서 추가 멈추거나 다 풀린 태엽이 다시 감기지 않으면 시계가 멎고 만다. 한편, 흔히 전자 시계라고도 하는 수정 시계는 수정의 떨림으로 시각을 나타낸다. 수정 조각을 자극하면 정확한 간격으로 빠르게 떨리면서 전기를 일으키는데, 이런 성질을 이용하여 시각을 나타내게 만든 것이다. 그래서 수정 시계에는 톱니바퀴가 없다. 그래도 대개 기계식 시계보다 더 정확하다.

시금치(spinach)

채소로 심어 먹는 한해살이 또는 두해살이풀이다. 붉은색 뿌리가 굵고 길게 자라며 뿌리와 줄기에서 세모꼴 잎이 난다. 그냥 내버려 두면 속이 빈 줄기가 50cm까지 자라서 작은 꽃이 많이 피지만 대개 그러기 전에 뽑아서 잎을 채소로 먹는다. 비타민과 철분이 많이 들어 있는 채소이다.

미디어뱅크 사진

시리얼(cereal)

본디 쌀, 보리, 밀, 옥수수, 귀리 같은 곡물이라는 말이다. 그러나 흔히 이런 곡물로 만든 간편 식품을 시리얼이라고 한다. 아침에 우유를 부어서 쉽게 먹을 수 있는 바삭바삭한 '시리얼'이나 따뜻한 물 또는 우유에 타서 먹는 미숫가루, 오트밀 등이 모두 시리얼이다.

간단한 음식으로 우유를 부어서 먹는 시리얼은 대개 가루를 내거나 납작하게 누른 곡물을 얇은 조각이나 뻥튀기 또는 여러 가지 모양으로 만든 것이다. 곡물은 보통 통째로 다 쓰지만 어떤 것은 알맹이만 쓰기도 한다. 또 설탕을 넣거나 색깔을 내려고 식용 색소를 섞으며 비타민이나 철분 또는 그밖의 영양소를 더 넣기도 한다. 이런 시리얼에다 우유를 더하면 탄수화물, 단백질, 칼슘, 비타민 등 영양소가 듬뿍 든 훌륭한 음식이 된다. 따라서 아침이면 아무리 시간이 없더라도 우유를 부은 시리얼 한 그릇은 꼭 먹는 게 좋다.

시리얼 한 수저 Scott Bauer, USDA ARS, Public Domain

시멘트(cement)

본디 어떤 물질들이 서로 찰싹 달라붙게 만드는 물질을 가리킨다. 따라서 돌담을 쌓을 때에 쓰는 찰흙도 시멘트라고 할 수 있다. 그러나 흔히 벽돌로 집을 짓거나 담을 쌓을 때에 벽돌들이 서로 잘 붙게 하는 포틀랜드 시멘트를 가리킨다.

이 시멘트를 만들려면 석회석과 점토를 3대 1로 섞어서 높은 열로 굽는다. 그러면 두 가지가 녹아서 섞이는데, 이것을 식히면 클링커라는 자잘한 덩어리가 된다. 이 클링커를 곱게 빻아서 만든 가루가 포틀랜드 시멘트이다. 이것을 물과 섞으면 몇 시간 안에 단단하게 굳으며, 한 번 굳으면 물에 다시 녹지 않는다.

클링커를 만들거나 빻을 때에 다른 물질을 섞으면 성질이 조금씩 다른 시멘트가 된다. 그러나 기본적인 재료에는 변함이 없다. 벽돌을 붙일 때에는 시멘트와 모래를 섞어서 물에 이기며, 콘크리트를 만들려면 시멘트, 자갈 및 모래를 섞어서 물에 갠다.

시멘트 벽 바르기 Kebabknight, CC-BY-SA-4.0

ㅅ

시무나무(*Hemiptelea davidii*)

우리나라와 압록강 북쪽의 중국 땅이 원산지인 갈잎큰키나무이다. 양지바른 땅을 좋아하며 키가 30m까지 자란다. 회색이나 회갈색 나무껍질이 위아래로 길게 갈라지며 잔가지에 긴 가시가 많이 난다. 어긋나는 잎은 긴 타원형인데 가장자리에 톱니가 있으며 끝이 뾰족하다. 길이는 6cm쯤 되며 뒷면에 털이 있다. 봄 5월이면 잎겨드랑이에 옅은 누런색 꽃이 서너 개씩 모여서 피며 그 뒤에 날개가 하나씩 달린 열매가 열어서 9월에 익는다.

느릅나뭇과에 딸린 나무로서 옛날에는 길가에다 20리마다 한 그루씩 심어서 거리를 나타냈다고 한다. 목재도 단단하고 좋아서 수레바퀴를 만드는 데에 썼다.

Dalgial, CC-BY-SA-3.0

시트르산(citric acid)

식물의 씨나 과일의 즙에 들어 있는 산성 성분이다. 특히 레몬이나 오렌지 같은 감귤류 및 파인애플 등에 많이 들어 있다. 또한 많은 동물의 조직과 체액에도 들어 있는데, 몸속에서 칼슘의 흡수를 돕는 것으로 알려져 있다. 순수한 시트르산은 색깔이 없고 투명하며 냄새도 없지만 신 맛이 나는 결정체이다. 물에 잘 녹는다.

시트르산은 구연산이라고도 한다. 청량음료나 약품 등의 맛과 향을 내는 일에 많이 쓰이며 금속을 씻는 세척제 등 여러 가지 화학 약품에도 쓰인다.

시트르산(구연산) 미디어뱅크 사진

시험관(test tube)

한 쪽이 막힌 맑은 유리관이다. 주로 과학 실험에 쓴다.

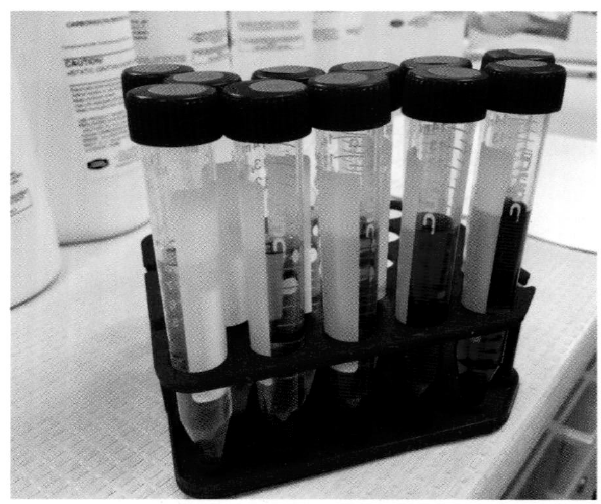
Swastipandey, CC-BY-SA-4.0

식도(esophagus)

목구멍으로 넘어간 음식물이 위에 이르기까지 지나가는 길이다. 길이가 25cm쯤 되는 대롱 모양이며 안쪽의 굵기는 엄지 손가락만하다.

식도는 거의 다 근육으로 이루어져 있다. 음식물이 들어오면 안쪽이 알맞게 넓어지며 근육이 움직여서 음식물을 점차 아래로 내려 보낸다. 음식물이 식도를 지나는 시간은 고체는 5초쯤, 액체는 1초쯤이다.

식도의 벽은 세 겹으로 이루어져 있다. 맨 안쪽 벽은 음식물이 잘 내려가도록 늘 촉촉이 젖어 있다. 가운데층은 근육이다. 그리고 맨 바깥층은 거친 조직으로 이루어져서 둘레의 다른 내장, 특히 공기가 지나는 길인 기관과 단단히 붙어 있다.

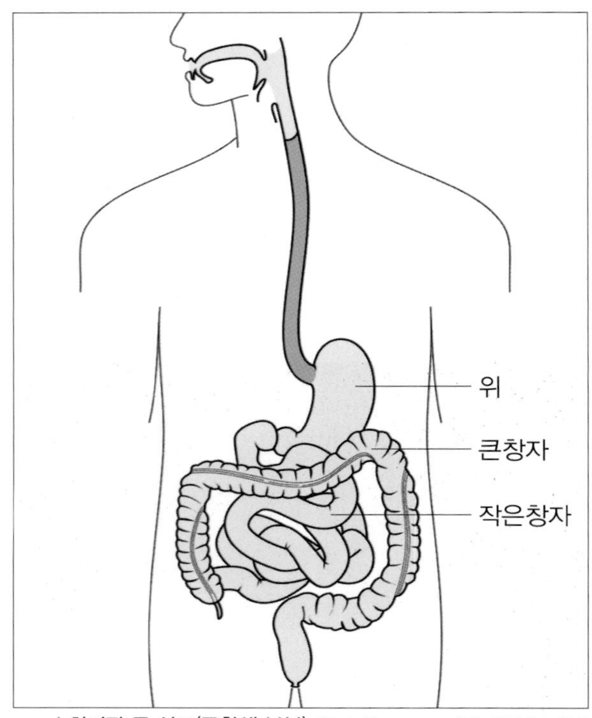

소화기관 중 식도(주황색 부분) Olek Remesz, CC-BY-SA-2.5

식물(plant)

높은 산, 들, 연못, 강가, 바닷가, 사막, 시베리아 북쪽의 언 땅 등 이 세상 거의 모든 곳에서 사는 생물이다. 그러나 스스로 옮겨 다니지는 못한다.

식물은 눈에 보이지 않을 만큼 작은 것에서 키가 몇십 미터에 이르는 것까지 종류가 아주 많다. 또, 종류에 따라서 생김새도 다르다. 그러므로 잎, 줄기, 뿌리, 꽃과 열매 등의 생김새에 따라서 나눌 수 있다.

식물은 모두 꽃이 핀다. 꽃에는 암술과 수술이 있는데, 수술의 꽃가루가 암술의 머리에 묻어서 꽃가루받이가 이루어지면 열매가 맺힌다. 열매에는 씨가 들어 있다. 이 씨가 땅에 떨어지면 이듬해 봄에 싹이 튼다. 이것이 식물의 한살이이다.

미디어뱅크 사진

가끔 버섯이나 이끼도 식물로 볼 때가 있다. 그러나 이것들은 씨가 아니라 홀씨로 번식하며 광합성을 하지 못한다. 따라서 버섯이나 이끼는 식물이 아니라 균류라고 한다.

식물은 햇빛과 흙속의 물을 이용하여 스스로 영양분을 만들어서 산다. 따라서 식물이 자라려면 햇빛, 적당한 온도, 물 및 흙속의 영양분 등이 필요하다. 온도가 너무 낮거나 햇빛을 받지 못하거나 물이 부족하면 잘 자라지 못한다.

거의 모든 식물은 잎이 초록색인 녹색 식물이다. 녹색 식물은 잎, 줄기, 뿌리, 꽃과 열매 및 씨로 이루어진다. 잎은 뿌리에서 흡수한 물과 공기 속의 이산화탄소 및 햇빛을 이용하여 제 몸이 자라고 열매 맺기에 필요한 녹말을 만들 뿐만 아니라 수분을 내보내서 체온을 조절한다. 꽃은 꽃가루받이를 통해서 식물의 자손인 씨를 남기는 중요한 일을 한다. 줄기는 물과 영양분이 옮겨지는 통로이다. 뿌리에서 빨아들인 물이 줄기를 통해서 잎으로 운반되며, 잎에서 만들어진 녹말은 줄기를 통해서 식물의 각 부분으로 운반된다. 뿌리는 식물을 지탱해 주며, 물과 영양분을 흡수하는 한편 잎에서 만들어진 영양분을 저장한다.

식물이 없으면 동물이 살 수 없다. 왜냐하면 녹색 식물은 생태계의 생산자로서 광합성 작용으로 스스로 영양분을 만들지만 동물은 그러지 못하기 때문이다. 동물은 식물이나 다른 동물을 먹어야 살 수 있다. 그뿐만 아니라 식물은 동물이 숨 쉬고 사는 산소도 공급해 준다.

사람은 주로 식물을 먹을 뿐만 아니라 생활에 여러 가지로 이용한다. 먼 옛날부터 약이나 옷감의 재료로 식물을 써 왔으며, 집을 짓거나 배를 만드는 데에도 쓴다. 또 거의 모든 종이도 나무를 비롯하여 여러 가지 식물로 만든다. → 광합성

식물원(botanical garden)

많은 식물을 모아서 키우고 가꾸며 보여 주는 곳이다. 우리 땅의 식물뿐만 아니라 다른 나라 여러 고장에서 자라는 식물들을 체계 있게 모아서 키우고 전시하며 관리한다.

식물원은 어떤 식물을 중심으로 만들었는지에 따라서 원예 식물원, 습지 식물원, 약초 식물원 또는 수목원으로 나눌 수 있다. 나라 안 여러 곳에 개인이나 지방 자치 단체가 만든 식물원이 많이 있는데, 그 대표적인 예가 경기도 광릉에 있는 국립 수목원이다. 서기 1468년 조선 시대부터 사람들이 함부로 드나들지 못한 광릉 숲 안에 있다. 이 넓은 수목원은 울창한 자연림과 함께 사람의 손으로 만든 침엽수원, 활엽수원, 외국 수목원, 고산 식물원, 관목원, 관상수원, 화목원, 습지 식물원, 수생 식물원, 약용 식물원, 식용 식물원, 덩굴 식물원, 난대 식물원, 손으로 보는 식물원 등으로 이루어져 있다.

Stan Shebs, CC-BY-SA-3.0 GFDL

식용유 (cooking oil)

보통 온도에서 액체 상태이며 먹을 수 있는 기름이다. 콩기름, 참기름, 옥수수기름, 유채씨기름과 같이 대개 여러 가지 식물의 씨에서 짜낸 것이다. 주로 요리에 쓴다.

미디어뱅크 사진

식중독(food poisoning)

먹은 음식물로 말미암아 나는 탈이다. 식중독에 걸리면 대개 배가 아프고 토하며 설사를 한다. 또, 열이 나고 춥기가 일쑤이다.

식중독은 살모넬라균 같은 세균이 음식물에 섞여서 몸 안에 들어와 일으키는 병이다. 그밖에도 여러 가지 다른 세균이나 독이 있는 물질이 식중독을 일으킬 수 있다. 그러나 열을 가하면 대개 세균이 죽는다. 따라서 되도록 음식을 익혀서 먹고 물은 끓여서 먹는 것이 좋다. 또, 음식을 먹기에 앞서서 손을 깨끗이 씻어야 한다. 이것저것 만지는 손에는 모르는 사이에 나쁜 세균이 묻어 있기가 쉽기 때문이다.

복어, 모시조개, 독버섯 등에는 본디 독이 들어 있다. 그리고 더럽거나 상한 음식물에는 나쁜 세균이 들어가서 자랄 수 있다. 따라서 언제나 안전할 뿐만 아니라 깨끗하고 싱싱한 음식물을 먹는 것이 좋다.

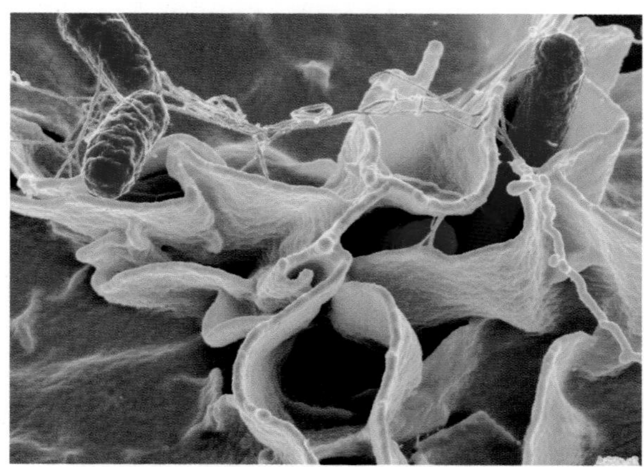
식중독의 흔한 원인인 살모넬라균이 면역세포에 침입하는 모습
NIH, Public Domain

식초(vinegar)

신맛이 나는 액체이다. 음식의 맛내기에 많이 쓰인다. 음식을 부드럽게 해 주며 세균을 죽이는 성질이 있어서 옛날부터 조미료로 많이 써 왔다.

포도를 껍질째 으깨서 공기 속에 놓아두면 미생물의 작용으로 발효되어서 알코올이 만들어지며, 더 오래 두면 신맛이 나는 식초로 바뀐다. 또 사과나 엿기름으로도 식초를 만든다. 이렇게 미생물의 발효 작용으로 만든 식초를 통틀어서 발효 식초라고 한다. 그렇지만 식초는 이런 발효 작용을 이용하지 않고 빙초산이나 초산에다 물을 넣어서 만들 수도 있다.

식초가 신맛이 나는 까닭은 그 속에 산성 물질인 아세트산이 들어 있기 때문이다. 알코올을 발효시키면 아세트산균이 작용하여 신맛을 띠게 된다. 식초는 산성 용액이므로 푸른 리트머스 종이를 붉게 변화시키며, 알루미늄 그릇에다 넣으면 그릇이 상한다. → 산

미디어뱅크 사진

신감채(Korean angelica)

흔히 당귀라고 하는 여러해살이풀이다. 주로 뿌리를 한약재로 쓰지만 잎을 천연 색소로 쓰기도 한다. → 당귀

신경계(nervous system)

우리는 뜨거운 물건에 손이 닿으면 얼른 손을 뗀다. 배가 고프면 음식을 먹는다. 이와 같이 몸의 안팎에서 일어나는 여러 가지 자극을 받아들이고 그것에 알맞은 반응을 하여 우리가 조화로운 행동을 하게 하는 것이 신경계이다. 뇌, 척수 및 온몸에 퍼져 있는 신경을 모두 가리킨다.

신경계는 크게 중추 신경계와 말초 신경계로 나뉜다. 중추 신경계는 다시 뇌와 척수로 나뉘며, 뇌에는 대뇌, 소뇌, 중뇌, 간뇌 및 연수가 있다. 말초 신경계는 뇌

와 척수에서 나와 몸의 각 부분과 연결된 신경들이다.

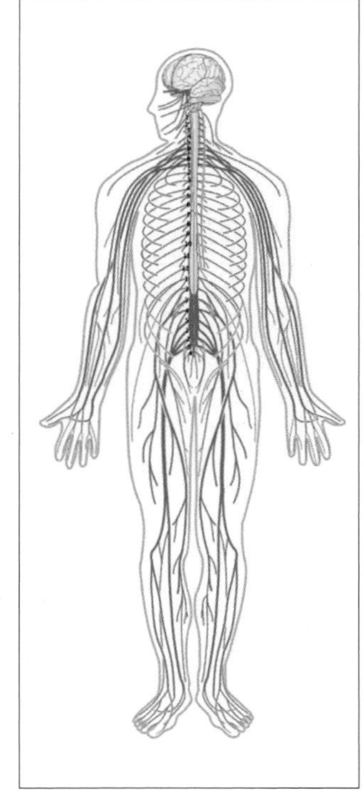
Medium69, Jmarchn, CC-BY-SA-4.0

우리 몸 구석구석에 말초 신경이 퍼져 있다. 몸의 각 부분에서 느낀 자극은 말초 신경을 통하여 척수에 전달된다. 척수는 그것을 뇌에 전달한다. 뇌에서는 전달된 자극을 판단하여 그에 알맞은 행동을 하도록 명령한다. 뇌의 명령은 척수로 전달되고, 척수는 다시 몸의 곳곳에 퍼져 있는 말초 신경으로 전달하여 자극에 알맞은 행동을 하게 한다. 배가 고프면 밥을 먹거나 땅에 떨어진 물건을 줍는 행동은 이런 과정을 거쳐서 이루어진다.

신경계는 수많은 신경 세포로 이루어져 있다. 신경 세포는 특수 현미경으로나 볼 수 있을 만큼 작은데, 이런 신경 세포들이 서로 연결되어서 자극과 그것에 대한 반응을 전달한다. 우리 몸에는 수백만 개의 신경 세포가 퍼져 있다. 중추 신경계는 신경 세포가 오밀조밀하게 모여서 이루어지며 말초 신경계는 신경 세포들이 늘어져서 서로 연결된다.

뇌는 척수를 통해서 전달된 자극을 분석하고 판단하여 알맞은 행동을 하도록 명령하는 일을 한다. 척수는 뇌와 말초 신경계를 연결하는 통로 구실을 하며, 또 재빨리 행동해야 할 때에는 뇌를 통하지 않고 직접 명령을 내리는 반사 작용을 맡는다. 말초 신경계는 몸의 구석구석에서 자극을 받아서 척수로 전달하며, 뇌에서 내려진 명령을 받아서 몸의 각 부분에 전달하는 구실도 한다. 그밖에 심장의 박동이나 호흡과 같이 저절로 이루어지는 몸의 운동도 신경의 전달 작용으로 이루어진다. → 뇌

신호등(signal lamp)

미리 약속된 내용을 나타내는 전등이다. 흔히 불빛의 깜박임이나 색깔로 뜻을 전한다. 예를 들면, 바다에서 멀리 떨어져 있는 배끼리 간단한 통신을 주고받는 일 같은 것이다.

그러나 가장 많이 쓰이는 것은 길거리의 교통 신호등이다. 빨강, 노랑 및 초록의 세 가지 색 불빛으로 교통의 조건을 나타낸다. 곧 초록색 불빛은 '나아가라', 노란색 불빛은 '주의하라', 빨간색 불빛은 '멈추라'는 뜻이다.

미디어뱅크 사진

실전화기(tin can phone)

간단한 실전화기를 만들려면 튼튼한 종이 대롱 두 개를 마련해 저마다 한쪽 끝을 셀로판 종이로 팽팽하게 막는다. 그리고 셀로판 종이의 한가운데에 구멍을 뚫고 기다란 실을 끼운다. 대롱의 안쪽에서 각각 실의 끝에다 성냥개비를 묶고 이것이 셀로판 종이에 꼭 붙도록 접착테이프로 붙인다. 실전화기는 실이 좀 팽팽할 만큼 잡아당겨야 소리가 잘 들린다. 이 전화기는 또 종

Chris Potter, CC-BY-2.0

이 대롱과 셀로판 종이 대신에 종이컵이나 빈 깡통으로도 만들 수 있다.

소리는 우리 귀에 전해진 진동, 곧 떨림이다. 떨리는 것은 무엇이나 소리를 낸다. 소리는 보통 공기를 통해서 사방으로 퍼지는데, 그 속력은 1초에 330m쯤 된다. 그러나 다른 물질에서는 더 빠르게 전해진다. 그래서 실전화기로 말을 주고받으면 작은 소리도 잘 들린다. 실전화기의 한쪽을 막은 셀로판 종이가 진동판 구실을 하고 그 진동이 실을 통해서 다른 쪽에 전해지기 때문이다.

실지렁이(sludge worm)

대개 물속에서 사는데 다 자라도 보통 지렁이보다 더 가늘고 짧다. 색깔도 비슷하지만 좀 더 연한 붉은빛깔이다. 몸길이가 5~10cm이며 100~150 개의 마디로 이루어진다.

다른 생물이 살기 어려운 하수도의 흙이나 오염 물질이 쌓인 웅덩이 바닥에서도 잘 사는 동물로 알려져 있다. 그러나 물고기의 산 먹이로 어항 속에 넣어 주기도 한다.

Matthias Tilly, CC-BY-3.0

실체 현미경(stereomicroscope)

대개 조금 다르게 만든 광학 현미경이다. 그러나 모니터 화면이 달린 디지털 실체 현미경도 있다.

이 현미경은 물체를 입체로 보여 준다. 접안렌즈가 둘이 있어서 오른쪽 눈과 왼쪽 눈이 조금씩 다른 각도로 관찰 재료를 보기 때문에 물체가 입체로 보인다.

따라서 해부, 미세한 수술, 고체의 표면 관찰, 시계 제작, 회로 기판 제작과 검사 및 금속의 균열 검사 같은 일에 많이 쓰이는데, 산업 현장에서 제품의 제작, 검사 및 품질 관리 같은 일에 널리 이용된다. → 현미경

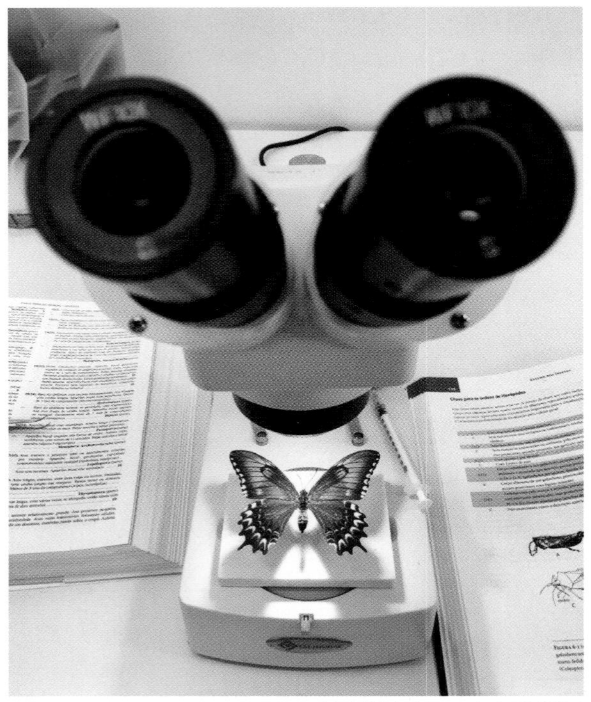

실체 현미경으로 나비 관찰하기
Monique Sacomori, CC-BY-SA-4.0

심장(heart)

우리 몸 안에서 혈액을 순환시켜 주는 기관이다. 거의 모든 동물은 심장이 있다. 사람의 심장은 가슴의 한가운데에서 왼쪽으로 조금 치우쳐 있으며, 그 크기는 대개 자신의 주먹만 하다.

심장은 오른쪽과 왼쪽 두 부분으로 나뉘어서 각각 위와 아래에 방이 있다. 왼쪽 위에 있는 방을 좌심방, 그 밑에 있는 방을 좌심실이라고 하며, 오른쪽 위에 있는 방을 우심방, 그 밑에 있는 방을 우심실이라고 한다. 좌심방과 좌심실, 우심방과 우심실은 서로 트여 있으며 좌심방에는 동맥이, 우심방에는 정맥이 연결되어 있다.

심장은 펌프 작용으로 혈액을 동맥으로 내보낸다. 산소가 많고 신선한 이 혈액은 온몸으로 퍼져 나간다. 동맥이 점점 갈라지고 가늘어져서 모세 혈관과 연결되기 때문이다. 모세 혈관에 흐르는 혈액은 몸의 곳곳에 산소와 영양소를 공급하고 거기서 나온 찌꺼기를 받는

다. 모세 혈관은 정맥으로 연결되어서 심장으로 되돌아가는데, 정맥의 혈액에는 이산화탄소가 가득 들어 있다. 심장으로 돌아온 정맥 혈액은 좌심방을 통해서 좌심실로 들어가는데, 심장이 수축하면 그 힘에 의해 허파로 간다. 허파를 지나면서 이산화탄소를 내보내고 산소를 받은 혈액이 우심방을 통해서 우심실로 들어간다. 그리고 심장이 수축하면 동맥 혈액이 되어서 다시 온몸으로 퍼져 나간다. 이런 과정은 사람이 살아 있는 동안 끊임없이 계속된다.

심장의 펌프 작용으로 생긴 압력이 동맥에 전달되는데, 이 압력을 혈압이라고 하며, 압력이 동맥에 전달되는 것을 맥박이라고 한다. 맥박은 심장의 박동 수와 같은데, 1분에 80~90번쯤이다. 그러나 운동할 때에는 산소와 영양소를 빨리 공급해야 하기 때문에 혈액을 빠르게 순환시키려고 심장이 더 빨리 뛴다. 그래서 맥박수가 많아진다. 심장이 뛰지 않으면 우리 몸은 산소와 영양소를 공급받지 못해서 몇 분 안에 죽고 만다.
→ 혈관

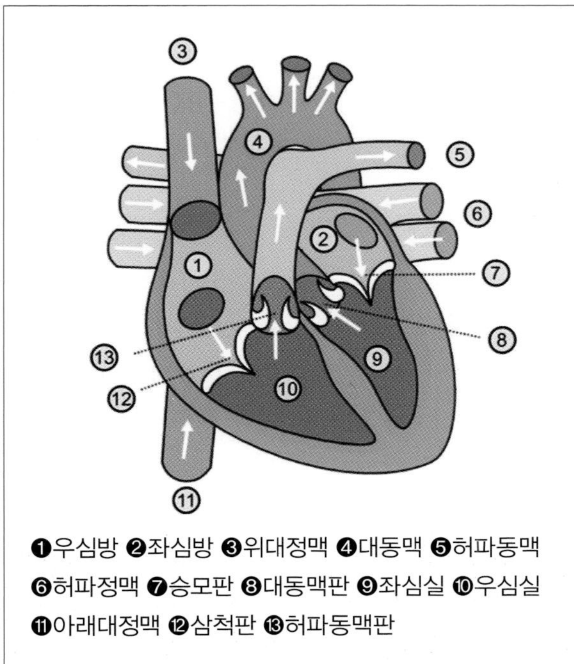

User:Dake~commonswiki, CC-BY-SA-2.5

십이지 신(12 horary animals)

저마다 맡은 시각과 방위를 지키며 보호하는 신들이다. 얼굴은 쥐, 소, 호랑이, 토끼, 용, 뱀, 말, 양, 원숭이, 닭, 개 및 돼지이지만 몸은 사람과 같다. 옛날에는 이것들을 신처럼 여겼지만 요즘은 대개 우리의 '띠'를 나타내기에 그친다. 해마다 이 12 가지 동물이 차례로 그 해의 동물이 되기 때문이다.

처음에는 먼 옛날 중국에서 쓰였는데 신라 때에 우리나라에 전해져서 무덤이나 절을 지키는 신성한 동물로 여겨지게 되었다.

미디어뱅크 사진

쌀(rice)

껍질을 벗긴 벼 낟알의 알맹이이다. 우리는 주로 이 쌀로 지은 밥을 먹고 산다. 따라서 쌀은 우리에게 가장 중요한 식량이다. 또한 일본 및 동남아시아 여러 나라에서도 매우 중요한 식량이며, 세계적으로도 귀중한 농산물이다.

겉껍질인 왕겨만 벗겨낸 벼 알맹이를 현미라고 한다. 이것은 배, 곧 씨눈과 배젖을 감싼 쌀겨층 때문에 색깔이 누렇다. 배는 벼의 싹과 뿌리가 될 부분으로서 쌀눈이라고도 하며, 배젖은 배가 자라는 데 필요한 영양분이다. 따라서 영양분은 현미에 가장 많다. 그러나 보기에 좋지 않고 맛이 없어서 대개 쌀겨를 벗겨내 버리는데, 이때에 씨눈도 떨어져 나간다. 그러면 배젖만 남는데, 이것이 우리가 흔히 먹는 흰쌀이다.

쌀에는 또 멥쌀과 찹쌀이 있다.

미디어뱅크 사진

멥쌀은 보통 밥을 지어 먹는 쌀이며, 찹쌀은 익으면 차지기 때문에 인절미나 찰밥을 해 먹는 쌀이다. 멥쌀은 맑고 반투명하며, 찹쌀은 우유 빛깔이다. 또 우리가 흔히 먹는 쌀 말고 인도형 쌀이 있다. 가끔 '안남미'라고도 하는 이 쌀은 대개 동남아시아와 인도에서 심어 가꾼다. 우리 쌀보다 가늘고 길쭉한 이 쌀은 밥을 지으면 끈기가 없이 푸슬푸슬하기 때문에 우리나라에서는 잘 먹지 않는다.

쌍둥이자리(Gemini)

겨울과 봄에 북극 위 하늘에 보이는 별자리이다. 지구의 북쪽 꼭대기 쪽에 자리 잡고 있기 때문에 태양이 그 앞에 나타날 때쯤이면 하지가 된다. 해마다 12월 중순쯤이면 이 별자리 근처에서 많은 별똥별을 볼 수 있다. 이것을 쌍둥이자리 유성군이라고 부른다.

쌍둥이자리에서 으뜸별인 폴룩스와 그 다음으로 큰 카스토르는 그리스 신화에서 쌍둥이 형제로 알려져 왔다. 그러나 사실 둘은 실제로 아무 상관이 없는 별들이다. 이것들은 지구에서 각각 34광년, 50광년씩 멀리 떨어져 있으며, 특히 폴룩스는 우리 태양보다도 훨씬 더 크고 밝은 별이다.

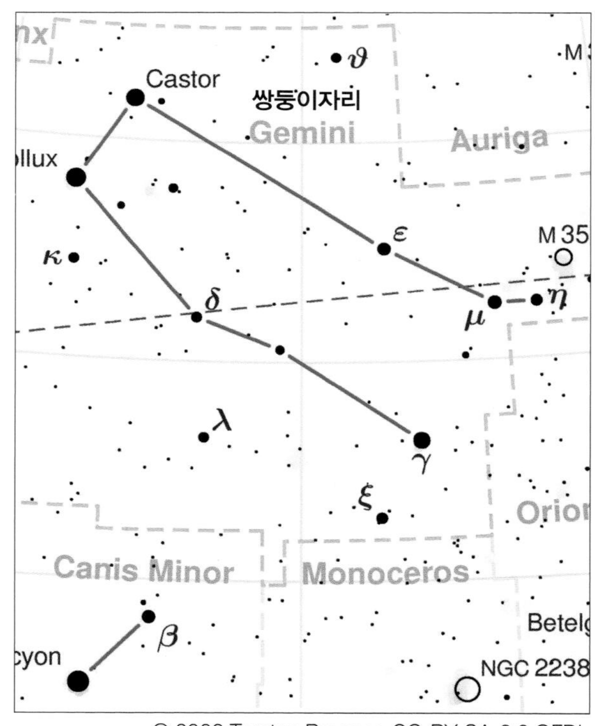

썰물(low tide)

바닷물이 빠져 나가서 바다의 수면이 낮아지는 일이다. → 밀물과 썰물

썰물 때에 드러난 갯벌 미디어뱅크 사진

쑥(Korean mugwort)

들이나 낮은 언덕의 풀밭에서 흔히 자라는 여러해살이풀이다. 국화과에 딸린 풀로서 여러 조각으로 갈라진 잎이 어긋난다. 잎은 양쪽 면에 흰 솜털이 두루 나며 독특한 향기를 풍긴다. 옛날부터 이른 봄에 난 어린 싹을 뜯어서 국을 끓이거나 떡을 해서 먹는다.

줄기가 60~90cm로 자라며 늦여름에 그 끝에 자잘한 분홍색 꽃이 다닥다닥 붙어서 핀다. 옛날 시골에서는 여름날 밤에 꽤 크게 자란 쑥을 베어다 모깃불을 피우곤 했다.

쑥은 전 세계에 250 가지쯤 있는데 우리나라에서 자라는 것만 25 가지쯤 된다. 그 가운데에 겨울에도 죽지 않고 버티는 강한 쑥이 있는데 이런 쑥의 어린 순을 뜯어서 깨끗이 씻어 냉동 보관했다가 차를 끓여 마신다. 또 약쑥은 5월쯤에 베어 그늘에서 말려 한약재로 쓴다. 바싹 말린 약쑥을 비벼서 솜털 같은 섬유를 모아 뜸을 뜨는 재료로 쓰는 것이다.

미디어뱅크 사진

쑥부쟁이(field aster)

흔히 볼 수 있는 국화과의 여러해살이풀이다. 산과 들의 조금 축축한 땅에서 잘 자란다. 땅속줄기로 번식하며 키가 30cm에서 1m 가까이 자란다. 잎은 어긋나고 뾰족하며 가장자리에 굵은 톱니가 있다. 7월부터 10월 사이에 가지의 끝마다 국화처럼 생긴 옅은 자주색 꽃이 핀다.

쓰레기(trash)

사람이 살면서 버리는 것 가운데 고체로 된 것들이다. 그냥 내버려두면 보기에 나쁘고 환경을 더럽히기 때문에 생태계에 큰 피해를 줄 수 있다.

따라서 쓰레기를 되도록 줄이는 것이 매우 중요하다. 그러나 어쩔 수 없이 생기는 쓰레기는 한데 모아서 땅에 묻는다. 커다란 도시에서 날마다 쏟아져 나오는 어마어마한 양의 쓰레기는 특별히 드넓은 쓰레기 매립장을 만들어서 처리한다. 이 매립장에는 엄청난 양의 쓰레기에서 나오는 가스와 더러운 물이 자연을 더럽히지 않도록 오염 방지 시설을 갖춘다. 또 맨 나중에 모두 깨끗한 흙으로 덮고 풀과 나무를 심어서 풀밭과 숲이 되게 한다.

쓰레기는 또 태워서 그 열을 에너지로 쓰거나 분리수거하여 재생할 수 있는 것들을 자원으로 다시 쓴다. 그러기 위해서는 다시 쓸 수 있는 쓰레기를 종류에 따라서 나누어 내놓는 것이 중요하다. 예를 들면, 종이, 플라스틱, 캔, 유리, 천이나 옷 등 만든 재료의 종류에 따라서 나누어 내놓는 것이다.

미디어뱅크 사진

쓸개(gallbladder)

우리 몸속의 간에 붙어 있는 조그만 주머니로서 간에서 분비되는 쓸개즙을 보관한다. 길이가 7cm쯤 되며 두께는 4cm쯤으로서 가지 같이 생겼다. 아래쪽에 샘창자로 통하는 관이 있는데, 이 관은 곧 간에서 나온 관과 합쳐지며 샘창자 안쪽 벽에 이르면 이자에서 뻗어 나온 관과도 합쳐진다.

음식물이 위를 지나서 샘창자로 들어가면 쓸개에 있던 쓸개즙도 관을 통해서 샘창자로 들어간다. 이 쓸개즙은 음식물을 소화시키지는 않지만 지방이 소화되도록 돕는다. → 간

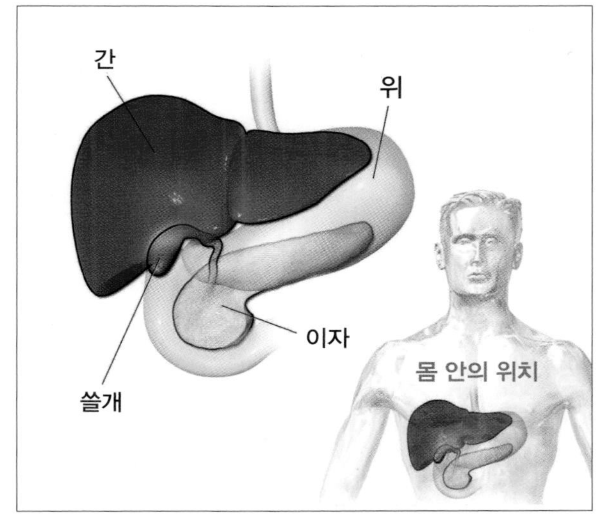

BruceBlaus, CC-BY-SA-4.0

씨(seed)

식물의 특별한 부분으로서 똑같은 식물로 자라나 그 식물의 다음 세대가 되는 것이다. 씨앗이라고도 한다.

식물은 크게 꽃이 피는 꽃식물과 꽃이 피지 않는 민꽃식물로 나뉜다. 그 가운데에서 꽃이 피는 식물만 꽃가루받이가 이루어지면 꽃이 진 자리에 씨를 품은 열매가 열린다. 이 씨가 생기는 모양에 따라서 꽃식물은 다시 겉씨식물과 속씨식물로 나뉜다.

겉씨식물은 씨가 겉으로 드러나는 식물로서 소나무나 잣나무 등이다. 속씨식물은 씨가 씨방 속에 있어서 밖으로 드러나지 않는 식물로서 벼, 보리, 강낭콩 등이다.

씨의 생김새나 구조는 종류에 따라서 다르지만 기

본적으로 새 식물이 될 부분인 씨눈과 새 식물이 스스로 영양분을 만들 때까지 영양분으로 쓰일 배젖, 그리고 씨눈과 배젖을 보호하는 껍질로 이루어진다. 식물에 따라서 강낭콩처럼 배젖의 영양분이 떡잎에 저장되어서 배젖이 따로 없는 것도 있으며, 옥수수처럼 씨눈이 아주 작고 그것을 둘러싼 배젖에 영양분이 저장되어 있는 것도 있다.

씨는 여러 가지 방법으로 멀리 퍼진다. 민들레, 목화, 단풍나무, 소나무 등의 씨에는 털이나 날개가 달려 있어서 바람에 날려 멀리 퍼진다. 물가에서 사는 야자나 물에 떠서 사는 마름의 씨는 물에 떠다니며 퍼진다. 감, 포도, 수박 등의 씨는 맛있는 살로 에워싸여 있어서 동물에게 먹히는데, 씨는 소화되지 않으므로 똥에 섞여서 나온다. 그래서 이리저리 돌아다니는 동물 덕에 씨가 널리 퍼질 수 있다. 한편 우엉이나 도깨비바늘 등의 씨에는 갈고리나 가시가 달려 있어서 동물의 몸에 달라붙어 다른 곳으로 옮겨진다. 또 콩이나 봉숭아 같은 것들은 꼬투리가 말라서 터지는 힘으로 씨가 멀리 튄다.

미디어뱅크 사진

씨 보관소(global seed vault)

모든 식물의 씨에는 저마다 오랜 세월에 걸쳐 지구에서 살아오면서 쌓인 남다른 특징이 담겨 있다. 그런데 어떤 식물이 어느 날 멸종되어 버리면 그것이 지니고 있던 고유한 성질도 사라지고 만다. 사람이 다시 만들어낼 수 없는 소중한 자원으로서의 특별한 유전자가 아주 없어지는 것이다.

이런 일을 막고자 오늘날 세계 여러 나라는 다투어 온갖 식물의 유전자를 보존하려고 애쓴다. 노르웨이

시드 볼트 국립 백두대간 수목원 사진

스발바르 지방의 땅 밑에 커다란 보관소를 짓고 그 안에 세계 100여 나라에서 보낸 식물의 씨를 보관하고 있다. 무슨 일이 있어도 소중한 자원인 식물의 유전자를 잃지 않기 위함이다.

우리나라에도 아시아에서 가장 큰 씨 보관소가 있다. '시드 볼트'라고도 하는 이 씨 보관소는 경상북도 봉화군의 국립 백두대간 수목원 땅속 40m에 있는데 현재 온 세계에서 모아온 3,300종 이상의 야생 식물 씨 4만 7,000 병을 보관하고 있다. 필요하면 씨를 조금씩 꺼내서 나누어 주는 종자원과는 달리 이 씨 보관소는 멸종된 식물이나 사라진 생태계를 다시 복원할 때 말고는 씨를 내놓지 않는다. 이곳은 기후 변화, 자연 재해, 전쟁 또는 핵폭발과 같은 엄청난 재앙으로부터 지구 식물의 유전자를 보호하기 위해서 온갖 야생 식물의 씨를 영원히 저장하는 금고이기 때문이다.

ㅇ

아가미(fish gill)

물고기, 조개, 게 등 물속에서 사는 동물이 숨을 쉬는 기관이다. 물고기도 숨을 쉬려면 산소가 있어야 한다. 그래서 물에 녹아 있는 산소를 아가미로 흡수한다.

빗살 모양으로 되어 있는 아가미는 그 속에 모세혈관이 퍼져 있다. 이 모세혈관은 물이 입으로 들어와서 아가미를 지나 밖으로 나가는 사이에 물속의 산소를 뽑아서 몸속으로 들여보내고 몸 안에 생긴 이산화탄소를 밖으로 내보낸다. 따라서 물고기는 우리가 공기를 숨 쉬듯이 물을 숨 쉰다. 입을 벌리면 아가미 뚜껑이 닫히고 입을 다물면 아가미 뚜껑이 열려서 물이 밖으로 나간다.

물고기는 아가미가 아가미 뚜껑에 덮인 채 머리의 양쪽 눈 뒤에 달려 있다. 몸 안에서 보면 입과 내장 사이이다. 입으로 들어온 물은 아가미를 통해서 밖으로 나가며, 물과 함께 쓸려 들어온 먹이는 내장으로 들어간다. 아가미에 모세혈관이 퍼져 있기 때문에 싱싱한 물고기의 아가미는 맑은 붉은색이다.

물속에서 사는 동물은 대개 아가미로 숨을 쉬지만, 고래는 포유류이므로 허파로 숨을 쉰다. 아가미로 숨을 쉬는 동물은 물고기 말고도 오징어, 새우, 올챙이 등이 있다. 아가미의 생김새나 붙어 있는 자리는 동물에 따라서 조금씩 다르다. → 호흡

아메바(amoeba)

세포 한 개로 이루어진 미세한 생물이다. 폭이 0.25~2.5mm쯤 되기 때문에 현미경으로나 볼 수 있다. 주로 짠물이나 민물 또는 축축한 땅에서 사는데

사람이나 동물의 몸속에서 사는 것도 있다.

아메바는 정해진 모양이 없다. 오직 세포 한 개이기 때문에 그 활동을 맡고 있는 세포핵이 하나 있으며 그 핵을 에워싼 우무 같은 세포질이 있을 따름이다. 이 세포질은 얇고 탄력 있는 세포막에 싸여 있다. 이 세포막을 통해서 물이나 가스가 아메바의 안팎으로 드나든다.

아메바는 움직이려면 제 모습을 바꾼다. 세포질이 한쪽으로 쏠려서 세포막을 길쭉하게 밀어내 '헛다리'를 만드는 것이다. 한걸음 더 나아가려면 헛다리를 또 다시 만들어야 한다. 이러기를 되풀이함으로써 아메바는 조금씩 느릿느릿 움직인다.

아메바는 살아 있는 미세한 유기체나 죽어서 썩어 가는 부스러기를 먹고 산다. 이런 먹이 부스러기를 헛다리로 천천히 감싸면 먹이가 세포 안의 '식포' 속으로 들어간다. 먹이가 든 식포는 세포질 속에서 떠돌면서 먹이를 소화시킨다. 그리고 소화되지 않은 먹이는 아메바가 천천히 움직일 때에 모두 밖으로 빠져 나온다.

아메바는 알맞게 자라면 분열을 통해서 불어난다. 먼저 세포핵이 둘로 나뉘고 이어서 나머지도 둘로 나뉘는 것이다. 이렇게 하여 아메바 하나가 똑같은 둘로 불어난다.

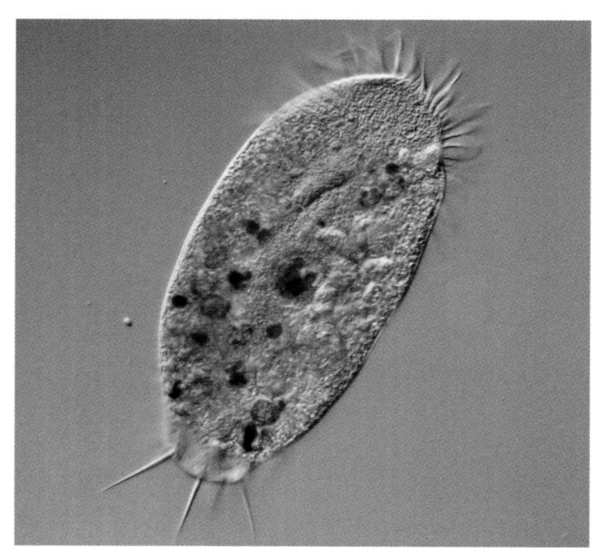

아메바의 한 가지 Picturepest, CC-BY-2.0

아몬드(almond)

맛있는 견과로서 아몬드나무의 씨 알맹이이다. 아몬드나무는 이른 봄 잎이 나기 전에 예쁜 분홍색 꽃이 피고 초록색 열매가 열린다. 이 열매는 다 자라도 크기가 풋살구만하다. 그런데 익으면 초록색이던 껍데기가 갈색으로 변해 두 쪽으로 갈라지며 속에 든 씨 한 개가 드러난다. 호두나 살구씨와 비슷한 것이다. 이 씨도 얇은 껍데기로 속에 든 씨인 아몬드를 감싸고 있다. 우리가 먹는 아몬드는 잣처럼 알맹이를 감싼 껍데기를 한 번 더 벗겨낸 것이다.

아몬드 나무와 열매 3268zauber, CC-BY-SA-3.0

아몬드나무는 본디 서남아시아에서 자라던 것인데 차츰 널리 퍼져서 지금은 지중해 연안 지방과 미국 캘리포니아 주에서 많이 심어 가꾼다. 키가 12m쯤 자라는 갈잎떨기나무인데 잎은 좁고 긴 타원형이며 끝이 뾰족하다. 벚꽃과 비슷하게 생긴 꽃은 지름이 거의 4cm에 이르며 꽃잎이 5장씩이다. 이 나무는 두 가지가 있는데, 한 가지는 맛이 단 열매가 열리며 다른 한 가지는 맛이 쓴 열매가 열린다. 따라서 맛이 단 종류는 견과를 얻으려고 심어 가꾸며 맛이 쓴 종류는 씨를 거두어서 기름을 짠다.

아연(zinc)

푸른빛이 도는 흰색 금속이다. 철보다 더 가볍고 무르다. 다른 물질과 잘 합쳐지는데, 공기 속에서 수분이 닿으면 회백색 막이 생겨 그 속이 녹슬지 않는다. 이런 성질로 말미암아 합금을 만들거나 다른 금속의 표면에 입혀서 그것이 녹슬지 않게 하기에 많이 쓰인다. 보통 온도에서 매우 약하기 때문에 저 홀로 쓰이는 일은 흔하지 않다.

아연판 조각
Mauro Cateb,
CC-BY-SA-3.0

100℃가 넘게 열을 가하면 부드러워져서 얇게 펼 수 있으며, 200℃가 넘게 가열하면 가루로 만들 수 있다.

아연은 함석의 재료로 가장 많이 쓰인다. 철에 아연 막을 얇게 입힌 함석은 물이 묻어도 잘 녹슬지 않기 때문에 지붕을 덮거나 양동이 따위를 만든다. 또 다른 합금의 재료로도 많이 쓰인다. 동전을 만드는 황동은 아연과 구리의 합금이며, 양은은 아연과 구리와 니켈의 합금이다. 순수한 아연은 건전지의 -극판으로도 쓰인다.

아연은 419℃에서 녹으며 907℃에서 끓는다. 또 식초나 염산과 같은 산성 용액에 넣으면 수소를 내면서 다른 물질로 변한다.

아이스크림(ice cream)

우유나 유지방, 달걀, 향료, 설탕 등을 함께 녹인 물을 저으면서 얼려서 크림처럼 만든 것이다. 유지방이 8% 넘게 들어 있어서 영양가와 함께 열량도 높다.

굳기에 따라서 소프트 아이스크림과 하드 아이스크림으로 나뉜다. 소프트 아이스크림은 충분히 얼지 않아서 부드러우므로 흔히 과자 같은 콘 컵에 담아서 먹으며, 하드 아이스크림은 충분히 얼려서 단단하므로 여러 가지 모양으로 만든다.

David Adam Kess, CC-BY-SA-4.0

아이오딘(iodine)

비금속 원소로서 반짝이는 어두운 자줏빛 결정이다. 공기 속에서 쉽게 기체로 변해 보라색 연기로 흩어지는데 이 증기는 독하다. 물에 잘 녹지 않지만 아이오딘화 칼륨 용액에는 잘 녹아서 갈색 용액이 된다. 다시마 같은 바닷말이나 척추 동물의 갑상선 호르몬에 들어 있다. 녹말이 들어 있는지 알아보는 지시약으로, 소독약 등의 의약품과 여러 가지 화학 약품 제조에 흔히 쓰인다.

순수한 아이오딘 결정 Dnn87, CC-BY-3.0 GFDL

아이오딘-아이오딘화 칼륨 용액 (iodine potassium iodide solution)

아이오딘은 비금속 원소로서 저 홀로 물에 잘 녹지 않는다. 그래서 아이오딘화 칼륨 용액과 섞어서 녹인다. 이렇게 만든 용액을 아이오딘-아이오딘화 칼륨 용액이라고 하는데 녹말과 만나면 그것을 청람색으로 변하게 하는 성질이 있다. 그래서 흔히 어느 물질에 녹말이 들어 있는지 알아보는 지시약으로 쓴다.

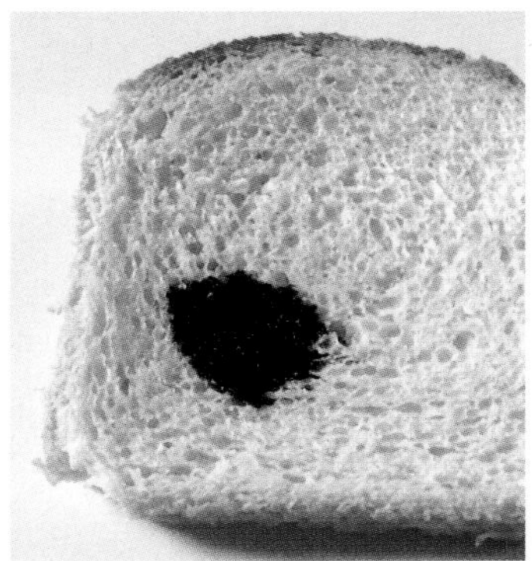

아이오딘-아이오딘화 칼륨 용액을 떨어뜨린 빵
Samuele Madini, Public Domain

따라서 이 용액으로 식물이 광합성 작용으로 만든 녹말을 잎, 열매, 씨 또는 뿌리에 저장했는지 알아낼 수 있다. 이 용액 몇 방울을 떨어뜨리면 얇게 썬 감자, 쌀밥, 빵 등이 검푸른 청람색으로 변하기 때문이다.

아크릴(acrylic)

주로 석유에서 뽑아내는 합성 물질이다. 플라스틱, 섬유 또는 수지 등을 만드는 원재료로 쓰인다.

아크릴 플라스틱은 흔히 유리처럼 투명하게 만들어

서 창문이나 자동차의 등 또는 조명 장치에 쓴다. 튼튼해서 잘 부식되거나 깨지지 않기 때문이다.

아크릴 섬유는 질기고 부드러우며 물들이기 쉬워서 여러 가지 천을 짠다. 아크릴 실로 짠 천은 잘 마르고 구겨지지 않으며 곰팡이가 슬지 않는다. 또 아크릴 수지는 페인트나 왁스에 쓰며 접착제나 봉합제로도 많이 쓴다. 무슨 물질에나 잘 달라붙기 때문이다. 흔히 쓰는 접착테이프의 끈끈이나 틈새 따위를 매우는 실란트 등은 무른 아크릴 수지로 만든 것이다.

아크릴 원통

악어(crocodile)

주로 더운 지방의 물속에서 사는 커다란 파충류이다. 대개 강이나 호수 또는 늪지 같은 민물에서 살지만, 더러 바다에서 사는 것도 있다.

악어는 도마뱀과 비슷하게 생겼지만 훨씬 더 크고 힘이 세다. 알에서 깨서 다 자라면 몸길이가 10m에 이른다. 온몸이 튼튼한 가죽에 싸여 있으며 입이 크고 뾰족하다. 또 길고 큰 꼬리로 다른 동물을 때려눕힐 수도 있다. 먹이는 주로 물고기, 물새, 포유류 등이다. 사슴이나 얼룩말 같이 큰 짐승도 잡아먹는다. 낮에는 대개 물가에 나와서 햇볕을 쬐며 쉬고, 밤에 물속에 가만히 떠 있다가 물 마시러 오는 동물을 잡아먹는다.

나일강 악어

암컷은 강가의 땅에 마른 풀을 모아서 둥지를 틀고 그 속에다 알을 낳는다. 그리고 그 둘레에 머물면서 둥지를 지킨다.

안개(fog)

오랫동안 안개 속에 머물러 있으면 옷이 축축해지고 얼굴이 물기에 젖는다. 안개는 아주 작은 물방울이 모여서 이루어진 것이기 때문이다. 안개는 흔히 봄이나 가을의 맑은 날 아침에 생겼다가 기온이 오르면 슬그머니 사라진다.

바다, 강 및 호수의 물 표면에서는 항상 증발이 일어난다. 그래서 공기 속에 늘 수증기가 들어 있다. 공기 속의 이 수증기가 땅의 표면 언저리에서 응결하여 공중에 떠 있는 것이 안개이다. 따라서 안개는 땅위에 낮게 깔린 구름이라고 할 수 있다.

뜨거운 물을 넣었던 병 위에다 얼음을 놓으면 병 안이 뿌옇게 되는 것도 안개와 같은 현상이다. 안개는 맑은 날에 잘 생긴다. 구름이 끼면 땅이 잘 식지 않으므로 안개가 생기기 어려우며 바람이 불어도 물방울들이 잘 흩어지기 때문에 안개가 생기기 어렵다.

미디어뱅크 사진

안경(glasses)

우리 눈에는 수정체라고 하는 볼록 렌즈가 있어서 물체에서 반사된 빛을 굴절시켜 상이 망막에 정확히 맺히게 한다. 수정체는 모양체의 작용으로 두꺼워지거나 얇아져서 가깝거나 먼 물체의 상이 늘 망막에 올바로 맺히게 한다.

미디어뱅크 사진

그런데 무슨 까닭으로 상이 망막을 벗어나서 조금 앞이나 뒤에 맺히면 물체를 정확히 보기 어렵다. 이런 눈의 앞에다 렌즈를 놓아서 상이 망막에 정확히 맺히게 할 수 있는데, 이 장치가 안경이다.

수정체가 잘못되어서 시력이 나빠진 것으로 근시와 원시가 있다. 가까운 것은 잘 보이지만 멀리 있는 것이 잘 보이지 않는 눈이 근시 또는 졸보기눈이다. 반대로 먼 것은 잘 보이지만 가까운 것이 뚜렷이 보이지 않는 눈을 원시 또는 멀리보기눈이라고 한다. 근시는 오목 렌즈로, 원시는 볼록 렌즈로 교정하여 상이 망막에 제대로 맺히게 할 수 있다. 그 밖에도 수정체가 비뚤어지면 난시가 되는데, 이런 것을 고쳐 주는 안경도 있다.

눈을 보호하기 위한 안경으로는 해수욕장이나 스키장과 같이 햇빛이 강한 곳에서 쓰는 색안경이 있다. 또 헤엄을 치거나 잠수할 때에 눈에 물이 들어가지 않게 하는 물안경도 있다.

안과(ophthalmology)

눈의 건강과 질병을 진단하고 치료하는 곳이다. 흔히 안과만 있는 전문 병원이나 종합 병원의 한 부분으로 되어 있다. 안과 병원에서는 눈의 건강과 시력 및 질병만 다루지 그 밖의 질병은 다루지 않는다.

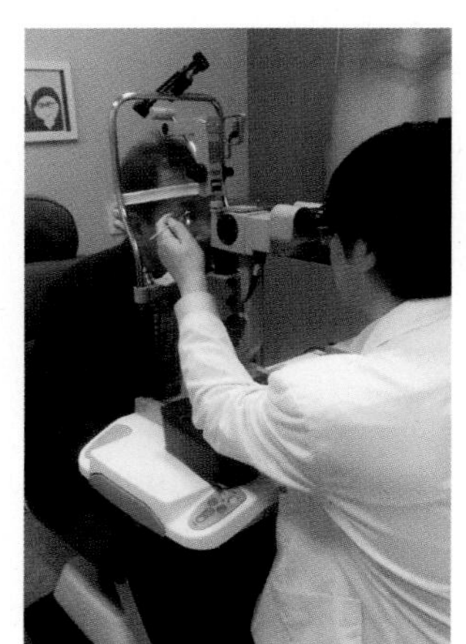

안과 병원 미디어뱅크 사진

안과 의사는 첫째로 시력을 검사하여 정상이 아닌 시력을 안경으로 바로잡을 수 있을지 진단한다. 의사는 환자에게 맞는 안경을 정해 주기는 하지만 직접 만들어 주지는 않는다. 또한 진단 결과 안경으로 고칠 수 없는 증상이면 알맞은 약을 처방해 주거나 수술로 치료한다. 예를 들면, 눈의 렌즈와 같은 수정체가 흐려져서 눈이 잘 안 보이게 되면 인공 렌즈로 바꿔 넣는 수술을 하는 것이다. 그 밖에도 여러 가지 눈병을 진단하고 약을 처방하며 치료한다.

안드로메다자리(Andromeda)

가을날 초저녁에 동쪽 하늘에서 볼 수 있는 별자리이다. 페가수스자리와 이어져 있기 때문에 이 별자리의 으뜸별이 페가수스자리의 밝은 별 셋과 함께 페가수스사각형을 이룬다. 이 별자리 너머로 희미하게나마 안드로메다대성운도 보인다.

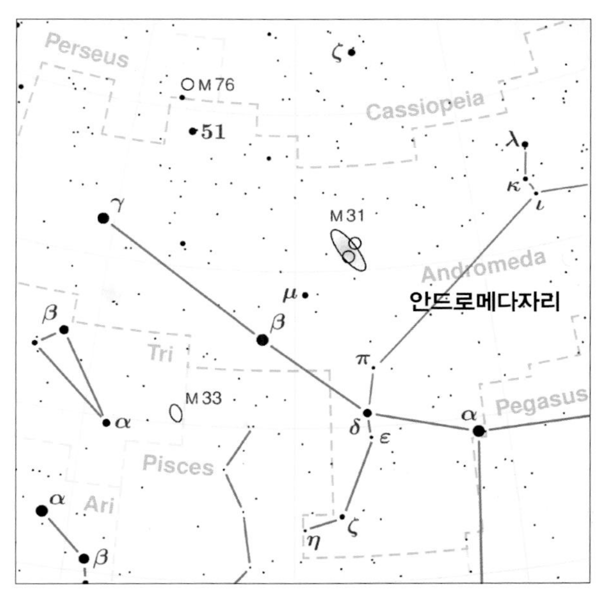

Torsten Bronger, CC-BY-SA-3.0 GFDL

안전모(protective helmet)

머리를 보호하려고 쓰는 모자이다. 먼 옛날 전쟁 때에 장수들이 머리에 쓰던 투구에서 비롯되었다.

헬멧이라고도 하는 안전모는 커다란 건물을 짓는 공사장이나 광산에서 일하는 사람들이 흔히 쓴다. 머리 위로 떨어지는 물체에 다치지 않으려는 것이다. 그러나 인라인스케이트, 자

미디어뱅크 사진

전거, 오토바이를 탈 때에도 꼭 써야 한다. 어쩌다 넘어져도 머리를 다치지 않게 하기 위함이다.

안전모는 가볍고 튼튼한 플라스틱이나 알루미늄 같은 재료를 써서 바깥의 충격을 잘 흡수하게 만든다. 공사장에서 일하거나 자전거를 탈 때에는 주로 머리 윗부분만 보호하는 안전모를 쓰지만 오토바이를 탈 때에는 대개 목 윗부분을 모두 감싸는 아주 튼튼한 것을 써야 한다.

알(egg)

새, 물고기, 개구리, 파리, 뱀 등과 같이 거의 모든 동물이 알을 낳는다. 알이 깨면 새끼가 나온다. 새끼 가운데에는 닭이나 뱀처럼 어미의 모습과 거의 같은 것도 있고 개구리나 나비처럼 전혀 다른 것도 있다.

알은 종류에 따라서 모양과 크기가 다르지만 모두 세포 한 개로 이루어져 있다. 세포 한 개가 둘, 넷, 여덟과 같이 계속해서 배로 분열하여 완전한 새끼가 되면 알껍데기를 뚫고 나온다. 따라서 알 속에는 세포 분열을 하여 새끼가 될 알눈과 새끼가 되기까지 필요한 영양분이 들어 있다.

우리가 흔히 먹는 달걀 속에는 노른자위와 흰자위가 있다. 노른자위에는 나중에 병아리가 될 알눈과 영양분 및 여러 가지 물질이 들어 있다. 흰자위는 노른자위를 보호하고 알이 병아리가 되기에 필요한 영양분이 된다. 그 바깥쪽의 얇은 막에는 작은 구멍이 수없이 많이 뚫려 있어서 숨쉬기에 필요한 공기가 드나든다.

미디어뱅크 사진

알이 깨려면 따뜻해야 하므로 어미 새는 깰 때까지 알을 품어준다. 그러나 알을 어미가 품어주지 않고 햇볕이 잘 드는 모래 속이나 썩는 물질 속에 묻어 두는 동물도 있다.

거의 모든 동물의 생명이 알에서부터 시작된다. 포유류의 새끼는 알이 어미의 몸속에서 세포 분열을 하여 새끼가 된 뒤에 태어난다. 세포 분열이 시작되려면 짝짓기를 통해서 알세포가 수컷의 정자와 만나야 한다. 그러지 않으면 알이 세포 분열을 하지 않는다. 우리가 가게에서 사다 먹는 달걀은 대개 수컷의 정자와 만나지 않고 세상에 나왔으므로 병아리가 되지 못한다.

알렉산더 플레밍(Alexander Fleming)

영국의 미생물학자로서 페니실린을 발견한 사람으로 잘 알려져 있다. → 플레밍, 알렉산더

알루미늄(aluminium)

많이 쓰이는 은색 금속이다. 가볍고 부드러워서 머리카락보다 더 가늘게 뽑거나 종이보다 더 얇게 펼 수 있다. 열과 전기를 잘 통한다.

알루미늄은 열을 잘 전달할 뿐만 아니라 깨끗해서 처음에는 요리 기구 만들기에 많이 쓰였다. 그러나 요즘에는 은박지 같은 알루미늄박을 만들기도 하며, 전기를 잘 통하기 때문에 전선으로 이용되기도 한다. 가벼워서 비행기, 자동차, 배 등을 만들거나 건축의 재료로도 두루 쓰인다. 또 공기 속에 두어도 속까지 녹슬지 않기 때문에 다른 금속에 입혀서 녹스는 것을 막기도 한다.

그러나 산과 잘 반응해서 식초나 염산 용액에 넣으면 녹으면서 수소와 열을 발생시킨다. 알루미늄은 지각, 곧 땅껍질의 8%를 차지할 만큼 흔한 금속이며 주로 보크사이트 광석에서 나온다. 660.1℃에서 녹으며 2,450℃에서 끓는다.

알루미늄 덩어리 Лакалют19, Public Domain

알루미늄박(aluminium foil)

알루미늄을 종이처럼 아주 얇게 편 것이다. 알루미

늄 포일이라고도 한다. 녹이 잘 슬지 않을 뿐만 아니라 우리 몸에 해가 없기 때문에 식품이나 물건을 포장하는 재료로 많이 쓰인다. 또 표면이 매끄러워서 빛과 열을 잘 반사하므로 반사판이나 장난감 거울로 쓰이며 단열재로도 많이 쓰인다.

알루미늄박 Jurii, CC-BY-3.0

알지네이트(alginate)

두세 가지 화학 물질이 섞인 가루이다. 물을 붓고 잘 저어 주면 물과 고루 섞여서 죽처럼 된다. 그러나 가루가 물에 녹지는 않고 물의 양에 따라서 아주 묽거나 걸쭉한 상태가 되는 것이다. 이것을 가만히 두면 점점 굳어서 묵처럼 되었다가 차츰 더 단단해지는데, 이런 성질을 이용하여 여러 가지 모양을 뜰 수 있다. 예를 들면, 치과 병원에서 이의 본을 뜰 때에 요긴하게 쓴다. 말랑말랑할 때에 틀에 넣어서 본을 뜨려는 이에 물렸다가 몇 분 뒤에 떼어내면 이의 생김새가 반대 모양으로 찍혀 나온다. 또 과학 실험에서 찰흙에 찍힌 자국에다 죽처럼 된 알지네이트를 부었다가 굳은 뒤에 떼어내면 그 자국의 생김새대로 만들어진 모형을 뜰 수 있다.

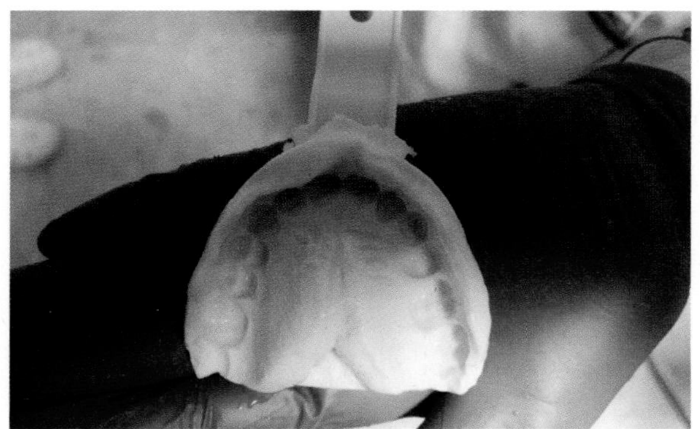

알지네이트 윗니 틀 Teemeah, CC-BY-SA-3.0

알코올(alcohol)

색깔이 없고 투명하며 독특한 맛과 냄새가 나는 액체이다. 물에 잘 녹는다. 불이 잘 붙는데, 알코올 램프의 연료로 쓰면 푸른 불꽃을 내면서 탄다. 또 병원체를 죽이는 힘이 있어서 소독제나 동물 표본을 보관하는 용액으로 쓰인다.

알코올에는 여러 가지가 있는데, 대표적인 것이 에틸알코올이다. 에틸알코올은 일찍이 발견되어서 오랫동안 이용되어 왔다. 과일즙에다 효모를 넣고 따뜻하게 해 주면 이산화탄소가 발생하면서 에틸알코올이 만들어진다. 이런 일을 발효라고 하는데, 이렇게 해서 만들어진 알코올 용액이 술이다. 에틸알코올은 −112℃에서 얼고 78.5℃에서 끓는다. 열에 따라서 팽창하는 정도가 한결같으며 낮은 온도에서도 얼지 않으므로 붉은색으로 물들여서 온도계에 쓴다.

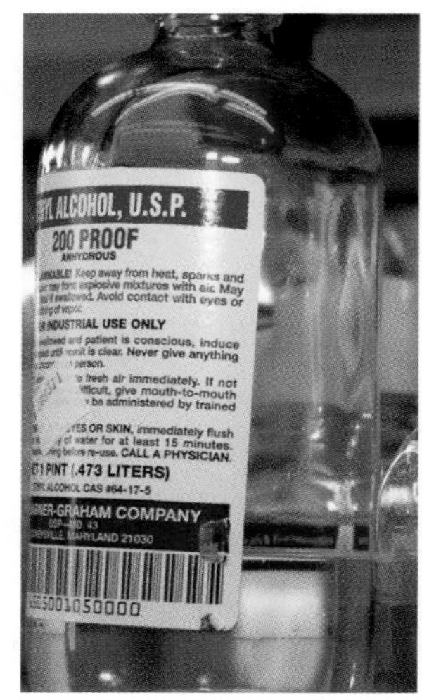

에틸알코올
Diane A. Reid Public Domain

알코올의 또 다른 종류로 메틸알코올이 있는데, 이것은 에틸알코올과 비슷한 냄새가 나지만 사람에게 아주 해롭다. 알코올 램프의 연료로 쓰는 것은 주로 이 메틸알코올이다.

알코올 램프(alcohol spirit lamp)

흔히 과학 실험에서 무엇을 데우거나 끓일 때에 쓰는 기구이다. 알코올을 넣은 유리그릇에 무명실 심지를 담근 등잔과 같다. 이 심지에 불을 붙이면 파란 불꽃과 함께 꽤 높은 열을 낸다. 이 불을 끄려면 뚜껑을 씌워서 공기가 통하지 않게 하면 된다.

알코올 램프는 넘어지면 쏟아진 알코올에 금방 불이 붙기 때문에 매우 위험하다. 또 알코올의 양이 적으면 램프가 폭발하기도 하므로 쓰기 전에 늘 알코올을 채워야 한다.

Trisawan, CC-BY-SA-4.0

암석(rock)

흔히 돌이라고 하는 것으로서 자연의 고체 알갱이가 많이 모여서 단단히 굳은 것이다. 이 단단한 덩어리가 지구의 껍질을 이루고 있다.

암석은 만들어진 과정에 따라서 퇴적암, 화성함 및 변성암으로 나눌 수 있다. 주변에 흔한 자갈, 모래 및 진흙은 모두 암석이 잘게 부서져서 만들어진 것이다.

퇴적암은 땅의 표면에 물질이 쌓이고 단단하게 굳어서 만들어진 암석이다. 대개 층 무늬가 있으며 속에서 동물이나 식물의 화석이 발견되기도 한다. 퇴적암은 알갱이의 크기에 따라서 다시 역암, 사암, 이암, 셰일 따위로 나뉜다. 역암은 자잘한 자갈처럼 큰 알갱이로 이루어진 것이며, 사암은 모래로 이루어진 것이다. 이암과 셰일은 진흙 알갱이처럼 아주 작은 알갱이로 이루어졌다.

화성암은 용암이나 땅속의 마그마가 굳어서 된 암석이다. 층 무늬가 없고 단단하다. 성분과 상태에 따라서 현무암, 안산암, 유문암, 반려암, 섬록암, 화강암 등으로 나뉜다. 현무암은 용암이 굳어서 된 암석이며, 안산암과 유문암은 마그마가 얕은 땅속에서 굳어서 된 암석이다. 한편, 마그마가 땅속 깊은 곳에서 굳으면 반려암, 섬록암, 화강암과 같은 암석이 되었다.

그러나 퇴적암이나 화성암이 열과 압력을 받아서 그 성질이 변하면 변성암이 된다. 변성암에는 편마암, 대리석, 점판암 등이 있다. 편마암은 대개 사암이 높은 열을 받아서 변한 것인데, 알갱이가 굵고 줄무늬가 있으며 얇게 벗겨지기 쉽다. 또 대리석은 석회암이 변해서 된 암석이며, 점판암은 셰일이 변해서 된 암석이다.

미디어뱅크 사진

암술(pistil)

꽃의 암컷 생식 기관이다. 암술머리, 암술대 및 씨방의 세 부분으로 되어 있는데, 생김새는 꽃에 따라서 다르다. 암술머리는 수술에서 온 꽃가루를 받는 부분으로서 끈적끈적하거나 돌기가 있다. 암술대는 암술머리와 씨방을 연결해 주는 자루이며, 씨방은 밑씨가 들어 있는 방이다.

암술은 보통 꽃 하나에 한 개씩 있지만, 가끔 암술이 두 개이거나 여러 개인 꽃도 있다.

암술(흰색) 미디어뱅크 사진

앙부일구(hemispheric sundial)

조선의 세종대왕 때에 처음으로 만들어서 쓰기 시작한 해시계이다. 오목한 그릇처럼 생겼다. 그 안에 침이 하나 있는데 이것이 햇빛을 받아서 드리우는 그림자로 시각을 안다.

그러나 계절에 따라서 태양이 뜨는 위치와 남중고도가 다르기 때문에 그림자의 위치와 길이도 달라진다. 그래서 계절에 따른 시각 선을 따로 그어서 각 계절에 맞는 시각을 알 수 있게 했다. → 해시계

미디어뱅크 사진

애벌레(larva)

알에서 깬 뒤에 아직 어른벌레가 되지 않은 곤충의 새끼이다. 예를 들면, 나비의 알에서 깨서 고물고물 기어 다니며 식물의 잎을 갉아먹고 살면서 아직 번데기가 되지 않은 벌레이다.

호랑나비애벌레 미디어뱅크 사진

액정온도계(liquid crystal thermometer)

열에 민감한 액정이 속에 들어 있어서 온도의 변화에 따라 다른 색깔을 나타내는 플라스틱 띠이다. 액정은 액체와 같은 물리적 성질이 있으면서 결정체 한 개와 같은 광학적 성질도 갖추고 있다. 온도의 변화에 따라 액정의 색깔이 바뀔 수 있는 것이다. 그래서 온도 측정에 이용된다. 액정 센서가 감지하는 온도의 차이는 0.1℃씩이다. 이런 원리를 이용하여 한번 쓰고 버리는 액정 온도계가 만들어진다.

온도에 따라 색깔이 달라지는 액정 온도계를 이용하면 전도, 대류 및 복사에 의한 열의 흐름을 관찰할 수 있다. 또 검은 액정 온도계를 이마에 붙이면 그 사람의 체온이 색깔로 표시된다. 이 온도계는 병원에서도 유리로 만든 체온계를 쓰기 어려운 환자의 체온을 잴 때에 편리하게 쓰인다.

액체(liquid)

물질의 세 가지 상태 가운데 한 가지이다. 대개 고체에 열을 가하거나 기체에서 열을 빼앗으면 액체 상태가 된다. 액체는 담는 그릇에 따라서 모양이 변하지만 부피는 변하지 않는 물질의 상태이다. 또 액체는 높은 곳에서 낮은 곳으로 흐른다.

액체는 거의 다 몇 가지 공통되는 성질이 있다. 첫째, 둥글게 뭉치려는 성질이다. 여러 가지 액체를 스포이트의 끝에 맺히게 하거나 유리판에 한 방울 떨어뜨리면 대개 둥글게 뭉친다. 둘째, 좁은 틈으로 스며드는 성질이다. 종이에 액체를 떨어뜨리면 저절로 스며든다. 셋째, 물질을 잘 녹이고 공기 속에서 증발하는 성질이다. 액체에 녹은 물질은 골고루 퍼져서 액체 전체가 같은 성질을 띠게 된다. 물질이 액체에 녹는 현상을 용해라고 하며, 물질이 용해되어 있는 액체를 용액이라고 한다.

액체마다 다른 점도 있다. 우리 둘레에 여러 가지 액체가 있지만 저마다 독특한 냄새와 맛과 색깔이 있어서 서로 구별된다. 물은 투명하고 냄새가 없지만 식초나 암모니아수는 독특한 냄새가 난다. 간장이나 콩기름처럼 맛과 색깔이 있는 것도 있다.

또 여러 가지 액체에 공통으로 나타나는 현상 가운데에서도 저마다 조금씩 차이가 있다. 예를 들면, 물과 콩기름 및 알코올을 유리판에 한 방울씩 떨어뜨리면 모두 둥글게 뭉치지만, 콩기름이 가장 둥글게 뭉치며, 알코올은 편평한 모양에 가깝게 된다. 또 유리판을 기울이면 알코올, 물, 콩기름의 순서로 빨리 흘러내린다. 그 까닭은 분자끼리 서로 끌어당기는 힘이 액체마다 다르기 때문이다. 콩기름의 분자는 서로 끌어당기는 힘이 세며 알코올은 약하다. 따라서 종이에 스며들거나 증발하는 정도가 분자의 끌어당기는 힘에 따라서 알코올, 물, 콩기름의 순서로 빠르다. → 고체, 기체

미디어뱅크 사진

ㅇ

액체 자석(ferrofluid)

자석의 성질을 띤 아주 작은 물질 알갱이를 섞은 액체이다. 알갱이가 가라앉지 않도록 물이나 기름 같은 액체에다 계면활성제도 넣는다. 이런 액체는 자석이 다가오면 반응하여 여러 가지 모양을 이룬다. 첨단 반도체 같은 것에 쓰인다. → 자석

네오디뮴 자석 위의 액체 자석 Steve Jurvetson, CC-BY-2.0

앵두나무(*Prunus tomentosa*)

잔가지가 많은 갈잎떨기나무로서 키가 3m 안팎으로 자란다. 작은 타원형 잎이 어긋나는데 앞뒷면에 잔털이 나고 가장자리에 톱니가 있다. 잎은 가을에 단풍이 들어서 떨어진다.

이른 봄에 희고 자잘한 꽃이 피어서 열매가 촘촘히 열면 6월에 빨갛게 익는다. 다 익은 앵두는 지름이 1cm 안팎으로 작지만 맛과 향이 좋아서 옛날부터 우리가 즐겨 먹어 온 과일 가운데 하나이다. 앵두 속에는 딱딱한 씨가 한 개씩 들어 있다.

미디어뱅크 사진

앵무새(parrot)

주로 열대와 아열대 지방에서 사는 약 393 종의 새를 두루 일컫는 이름이다. 그러나 몇 가지는 남반구의 온대 지방에서도 살고 있다. 이 새의 특징은 꼿꼿한 자세, 힘세고 굽은 부리, 튼튼한 다리 및 앞뒤로 둘씩인 발가락과 날카로운 발톱이다. 많은 종류가 깃의 빛깔이 밝으며 색깔도 여러 가지이다.

Wayne Deeker, CC-BY-3.0

대개 암컷과 수컷의 모습이 다르지 않다. 그러나 크기는 종류에 따라서 매우 다르다.

거의 모든 앵무새가 씨, 단단한 열매, 과일, 새싹 같은 식물성 먹이를 먹는다. 그러나 동물이나 썩은 고기를 먹는 것도 더러 있으며 어떤 것들은 꽃꿀이나 부드러운 열매만 먹고 산다. 그리고 거의 모든 앵무새가 나무구멍 속에다 둥지를 튼다.

앵무새는 또한 까마귀나 까치처럼 매우 머리가 좋은 새로 이름이 나 있다. 몇 가지는 사람의 말을 흉내 내는 재주가 있어서 반려 동물로도 인기가 높다. 그러나 이런 인기로 말미암아 앵무새들이 자연 생태계에서 점점 줄어들게 되었다. 그래서 오늘날에는 앵무새의 자연 생태계 보호에도 많은 노력을 기울이고 있다.

야생 겨자(wild mustard)

온 세계에 퍼져 있는 쓸모 많은 십자화과 풀 가운데 하나로서 배추속에 딸린 여러 가지 채소의 조상이다. 양배추, 꽃양배추, 방울다다기양배추, 브로콜리, 케일, 콜라비 따위가 모두 긴 세월에 걸쳐서 야생 겨자에서 개량되어 왔다.

야생 겨자는 유럽의 서쪽과 남쪽 바닷가가 고향이다. 소금기와 석회 성분에는 강하지만 다른 식물과의 경쟁에 약하기 때문에 흔히 영국 해협의 양쪽 석회암 절벽 같은 데에서 자란다. 야생 겨자는 두해살이풀인데, 첫해에는 크고 튼튼한 잎들이 땅바닥에 붙어

서 돋아 둥그렇게 퍼진다. 물과 양분을 저장하기 위해 유난히 두껍고 질긴 이 잎들 사이에서 이듬해에 키가 1~2m에 이르는 꽃대가 나와서 수많은 꽃이 핀다.

겨울을 나기 위해 잎에 저장한 비타민 C와 그밖의 영양분 때문에 이 식물은 아주 오래 전부터 사람들의 귀한 식량이 되어 왔다. 과학자들은 사람들이 수천 년 전부터 이 식물을 가꾸어 왔다고 생각한다. 그리스와 로마 시대 이전의 기록은 없지만 그 사이 사람들이 수없이 개량을 거듭하여 오늘날 보기에는 서로 관련이 없을 것 같은 여러 가지 채소가 이 한 가지 풀에서 비롯되었다. 모두 꽃잎이 네 장인 십자화라는 점에서도 이 채소들이 서로 친척뻘임을 알 수 있다.

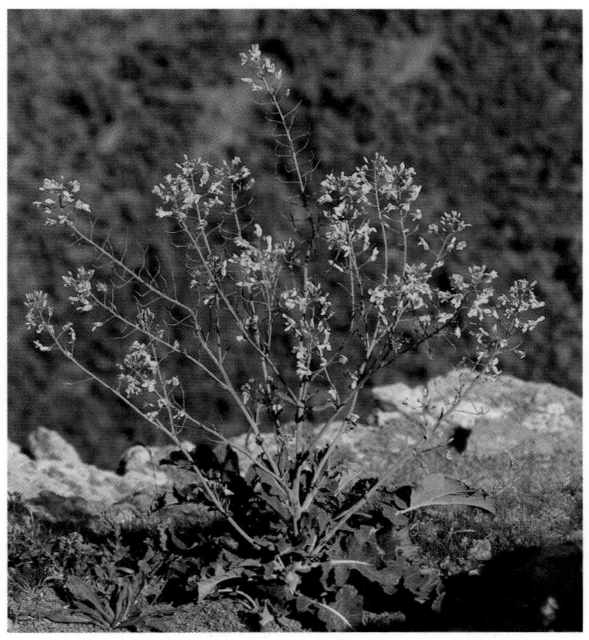

kulac-at-gmx.at, CC-BY-SA-3.0

야자나무(palm)

주로 열대 지방과 같이 따뜻한 고장에서 자라는 늘 푸른나무이다. 종류가 아주 많아서 큰키나무, 떨기나무, 덩굴 등이 있다. 쓰임새 또한 아주 많아서 먹을 것과 마실 것 및 섬유와 목재를 제공하기 때문에 열대 지방에서는 없으면 안 될 나무이다.

곧고 둥근 줄기가 대개 하나이지만, 한 뿌리에서 줄기 여럿이 뭉쳐나는 것도 많다. 줄기의 굵기도 연필처럼 가는 것부터 둘레가 1.5m나 되는 것까지 여러 가지이다. 키는 아주 작은 것부터 30m가 넘는 것까지 있으며, 잎은 대개 꼭대기에서 부채꼴이나 깃털처럼 사방으로 펼쳐진다. 잎의 크기도 가지가지이지만, 대개 깃꼴 잎으로서 길이가 30cm에서 1.2m에 이른다. 물론 가장 큰 종류의 잎은 폭이 2.4m에 길이가 20m나 된다.

열매도 모양과 크기가 아주 여러 가지이다. 콩알만한 것에서부터 지름이 60cm나 되는 것까지 있다. 대추야자의 살은 말랑말랑하며, 코코넛은 단단하고 섬유질이다. 대추야자의 씨는 딱딱하지만, 코코넛 속에는 물이 차 있다. 야자나무는 대개 암수 다른 그루이기 때문에 바람이나 곤충의 힘을 빌어서 꽃가루받이를 한다.

대추야자는 옛날부터 귀한 식품이다. 그 밖에 몇 가지 야자나무 열매로 기름을 짠다. 이 기름은 식용유나 마가린의 원재료가 되며 화장품이나 의약품에도 쓰인다. 또한 사고야자의 줄기에서 뽑아낸 사고는 녹말로서 열대 지방 토박이 사람들의 귀중한 식량이 된다. 또 흔히 바닷가에서 자라는 야자나무의 커다란 열매는 익으면 떨어져서 물에 떠다니며 멀리 퍼진다.

미디어뱅크 사진

약(medicine)

몸에 탈이 나면 약을 먹는다. 그래야 병이 낫기 때문이다. 감기약이나 소화제 따위는 집안에 늘 준비되어 있거나 약국에 가서 금방 살 수 있다. 그러나 어떤 약은 의사가 먼저 병을 진단하고 나서 써 준 처방전이 있어야 살 수 있다. 약을 함부로 먹으면 안 되기 때문이다.

먼 옛날에는 세계 어디서나 나쁜 귀신이 몸에 들어와서 병이 난다고 생각했다. 그래서 무당이 굿을 해서 귀신을 쫓아내려고 했다. 무당은 아픈 사람에게 무슨 풀뿌리나 나무 열매 또는 벌레나 도마뱀 따위를 먹이기도 했다. 이런 것들이 아픈 몸을 낫게 하지는 못했다. 그러나 차츰 사람들은 어떤 것을 먹으면 효과가 있다는 것을 알게 되었다.

맨 처음에는 대개 약을 식물에서 얻었다. 그러다가 차츰 동물이나 광물에서도 몇 가지 약을 얻게 되었다. 요즘 우리가 달여서 먹는 한약을 보면 그 재료가 거의 다 식물에서 나온 것이다. 그러나 사슴의 뿔처럼 동물에서 나온 것이 있으며 광물에서 나온 것도 더러 있다. 오늘날의 약에는 페니실린처럼 곰팡이에서 뽑은 것이나 순전히 화학 물질로 만들어 낸 것도 있다.

우리가 약국에서 보는 약은 거의 다 공장에서 만든 것이다. 이런 약 가운데에는 바르는 것, 먹는 것 또는 주사하는 것들이 있다. 약은 대개 상처가 아물거나 아픈 데가 낫게 하지만, 우리 몸이 좀 더 건강해지게 하는 것도 있다. 예를 들면, 인삼, 비타민, 철분 같은 것들은 몸의 기운을 북돋워 주거나 부족한 성분을 보충해 주는 구실을 할 때가 많다.

어떤 약은 아픈 데를 낫게 하지만 한편으로는 부작용을 일으키기도 한다. 또 몇 가지 약은 중독을 일으켜서 그 약 기운이 떨어지면 몸이 더욱 불편해진다. 따라서 약은 꼭 의사의 지시에 따라서 써야지 함부로 이것저것 먹으면 도리어 약 때문에 탈이 날 수 있다.

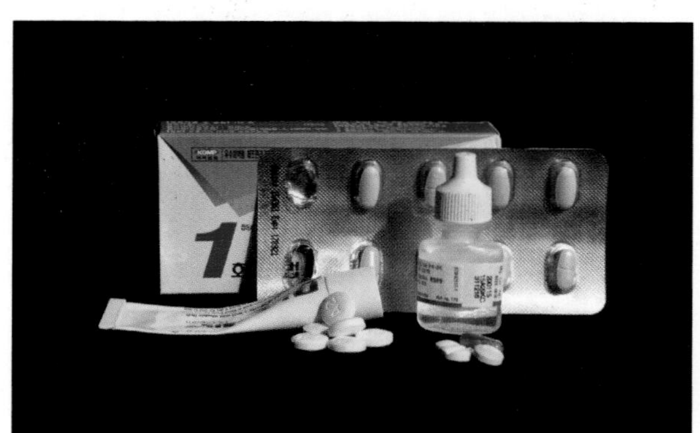

몇 가지 약 미디어뱅크 사진

약숟가락(medicine spoon)

흔히 한약을 지을 때에 쓰던 숟가락이다. 따라서 약품에 해를 미치지 않도록 주로 사기로 만들었으며 나무나 대나무로 만든 것도 더러 있었다.

그러나 요즘에는 흔히 약국에서 알약을 가루로 빻아 덜어내거나 옮길 때에 쓰며, 과학 실험실에서도 가루로 된 화학 약품을 다룰 때에 쓴다.

약초(medicinal plant)

한약재 강황
미디어뱅크 사진

병을 낫게 하거나 아픔을 덜어 주는 식물이다. 풀, 나무, 버섯 등 온갖 식물과 조류가 포함된다.

약초는 인류의 역사와 함께 시작되었다. 오랜 세월 동안 사람들이 쌓아온 경험에 따라서 어떤 때에 무슨 식물이 도움이 되는지 깨닫고 그 지식을 전해 왔기 때문이다. 몇몇 동물도 아플 때에 특별히 찾아서 먹는 식물이 있다고 한다.

약초는 본디 자연에서 찾아서 썼지만 차츰 문명이 발달하면서 많이 쓰이는 것은 심어서 가꾸게 되었다. 인삼이 그 좋은 예이다. 그 밖에도 당귀나 감초처럼 그 종류가 아주 많다. 온 세계에는 약이 되는 식물이 수천 가지가 있지만 우리나라에서 나거나 가꾸는 것만 700 가지가 넘는다. 어떤 것은 뿌리, 줄기 또는 껍질을 이용하며 어떤 것은 잎이나 꽃 또는 열매를 약으로 쓴다. 또 어떤 것은 전체나 한 부분이 직접 약이 되며 어떤 것은 다른 약의 원재료가 된다.

얌(yam)

날씨가 덥고 습기가 많은 고장에서 잘 자라는 덩굴식물이다. 우리나라의 마와 비슷하며 자라는 기간이 길다. 주로 아프리카 대륙, 인도와 동남아시아 여러 나

얌 시장 Slav4/Ariel Palmon, CC-BY-SA-3.0

라 및 카리브해 주변의 여러 고장에서 많이 심는다.

고구마처럼 땅속에서 자라는 덩이줄기를 먹는데, 주로 이 먹는 부분을 얌이라고 한다. 아주 커다랗게 자라는 덩이줄기에 녹말과 수분이 많으며 당분도 조금 들어 있어서 열대와 아열대 지방의 중요한 식량이 된다. 그러나 어떤 것은 독한 성분이 들어 있기 때문에 꼭 익혀서 먹어야 한다.

양(sheep)

소과에 딸린 포유류이다. 풀, 나뭇잎, 나무껍질 등을 먹고 살며 성질이 순하다. 수천 년 전에 사람들이 길들여서 가축으로 삼은 양 뿐만 아니라 아직도 산이나 들에서 야생으로 사는 것들이 많다. 어느 양이나 무리지어 살면서 높은 곳에 올라가기를 좋아한다.

미디어뱅크 사진

양귀비(opium poppy)

온대와 열대 지방에서 자라는 두해살이풀이다. 그러나 아무나 함부로 재배해서는 안 된다. 이 풀의 열매에서 나오는 즙에 마취약 또는 마약 성분이 들어 있기 때문이다. 다만 학술 연구의 목적으로 보건사회부 장관의 허가를 받으면 아주 좁은 땅에서 조금 기를 수 있다.

봄에 아주 작은 씨에서 싹이 트면 줄기가 곧게 자라며 잎이 어긋난다. 달걀꼴인 잎은 길면 20cm에 이르고 가장자리에 들쭉날쭉한 톱니가 있다. 줄기는 키가 1m 안팎으로 꽤 크게 자란다. 그리고 오뉴월이면 줄기 끝에서 하늘을 향해 꽃이 핀다. 꽃 색깔은 흰색, 분홍색, 자주색 등 여러 가지이며 꽃잎이 네 장씩으로 무척 예쁘다.

꽃이 지고 나면 둥그런 열매가 열리는데 그 속에 아주 작은 씨가 1만 개쯤 들어 있다가 익으면 터져 나온다. 그런데 이 열매가 다 익기 전에 열매의 거죽에 상처를 내면 젖빛 즙이 흘러나온다. 이 즙을 모아서 굳히면 말랑말랑한 덩어리가 되는데 이것을 아편이라고 한다. 아편은 곧 진통제나 마약으로 쓸 수 있다. 그래서 아무나 심어 가꾸지 못한다.

꽃 양귀비 미디어뱅크 사진

하지만 봄에 꽃밭에서 흔히 볼 수 있는 개양귀비 또는 꽃양귀비에는 마약 성분이 없다. 이것은 그저 화초일 따름이다.

양배추(cabbage)

잎을 먹는 채소로서 한해 또는 두해살이풀이다. 자라면서 잎에다 양분을 저장하기 때문에 통통한 잎이 안으로 휘어서 공처럼 둥그렇고 단단하게 된다. 여러 가지 비타민이 많이 들어 있으며 맛이 달콤하기 때문에 대개 날로 먹지만 여러 가지 방법으로 조리해서 먹기도 한다.

양배추는 씨를 뿌리고 거두는 때에 따라서 봄 양배추, 여름 양배추, 가을 양배추라고 부른다. 또 9월에 씨를 뿌려서 이듬해 3~5월에 거두기도 한다. 그러나 비닐하우스에서 가꾸면 어느 철에나 심고 거둘 수 있다. 직접 밭에다 씨를 뿌리기도 하지만, 대개 모판에서 모종을 가꾸어서 옮겨 심는다. 그러면 모종이 자라는 동안 큰 밭을 달리 이용할 수 있기 때문이다.

Kondah, CC-BY-SA-4.0

양분(nutrient)

생물이 살고 자라기에 필요한 성분이다. 녹색 색소가 있는 식물은 햇빛을 받아서 광합성 작용을 해 스스로 필요한 양분을 만들어낸다. 그러나 동물은 그러지 못하기 때문에 식물이나 다른 동물을 먹어서 양분을 얻는다.

양분이 부족한 땅의 농작물(전면)
Michael Hermann, CC-BY-SA-4.0

양초(candle)

그냥 초라고도 한다. 전깃불은 물론 석유도 없던 시절부터 어둠을 밝히는 등불로 쓰여 왔다.

양초는 밀랍이나 파라핀을 무명실로 만든 심지의 둘레에 뭉쳐서 만든다. 아주 먼 옛날에는 벌집에서 나오는 밀랍만 썼겠지만 그 뒤로 석유에서 나오는 물질인 파라핀도 쓰게 되었다. 밀랍이나 파라핀은 60~65℃에 녹기 때문에 심지에 불을 붙이면 조금씩 녹으면서 심지에 스며든다.

촛불이 타면 그 주변 공기에 대류 현상이 일어난다. 심지 바로 곁의 공기가 뜨거워져서 위로 올라가고 바깥쪽의 공기가 그 자리로 밀려드는 것이다. 양초의 가장자리는 심지의 둘레보다 온도가 낮아서 얼른 녹지 않는다. 그러나 심지 바로 곁은 촛불로 말미암아 뜨거워져서 잘 녹으므로 오목하게 파인다.

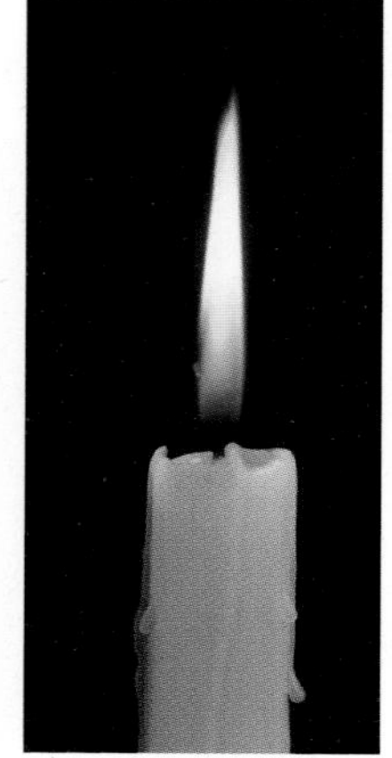

미디어뱅크 사진

이렇게 오목해진 곳에 액체 상태인 촛농이 고여 있다. 이것은 고체 상태인 초가 촛불의 열에 녹은 것이다. 이 촛농은 심지를 타고 올라가 촛불에 의해 기체 상태가 된다. 그래서 심지 위로 떠올라 불이 붙는 것이다. 촛불을 켰을 때에 실제로 타는 것은 이런 기체 상태의 양초이다.

양파(onion)

땅속줄기를 먹는 채소로서 두해살이풀이다. 씨로 번식한다. 속이 비고 둥그스름한 초록색 잎 여럿이 곧고 길게 자란다. 이런 잎들 사이에서 꽃줄기가 나와 50cm쯤 자라면 그 끝에 수많은 꽃이 다닥다닥 붙어 피어 공처럼 둥글게 된다. 그리고 꽃가루받이가 되면 작은 씨들이 가득 든 꼬투리 열매가 열린다.

땅속줄기는 여러 겹으로 이루어져서 공처럼 둥글게 되는데, 맨 바깥 껍질은 갈색이며 종이처럼 얇다. 채소로 심은 양파는 대개 이 땅속줄기가 밖으로 드러나고 그 밑에 달린 수염뿌리만 흙에 묻히도록 가꾼다. 양파는 흔히 이 동그란 땅속줄기를 가리키는데, 독특하고 강한 냄새와 톡 쏘는 맛이 특징이다. 대개 잎이 마른 뒤에 뽑아서 잎과 수염뿌리는 잘라내 버리고 땅속줄기만 채소로 쓴다.

미디어뱅크 사진

양팔 저울(beam balance)

수평잡기의 원리를 이용하여 만든 저울이다. 막대의 한가운데를 받침대에 올려놓거나 기둥에 걸어서 자유롭게 움직이는 막대가 수평이 되게 한다. 따라서 같은 거리에 있는 양쪽 접시에 무게가 같은 물건을 올려놓으면 계속해서 수평을 이룬다. 그러나 한쪽에 놓인 물건이 더 무거우면 팔이 수평을 이루지 못하고 무거운 쪽으로 기운다.

무게를 재려는 물건을 한쪽 접시에 올려놓고 다른 쪽 접시에 무게를 아는 추를 하나씩 올려놓는다. 그래서 마침내 막대가 수평을 이룰 때에 추의 무게를 모두 합쳐서 그 물건의 무게를 안다. → 저울

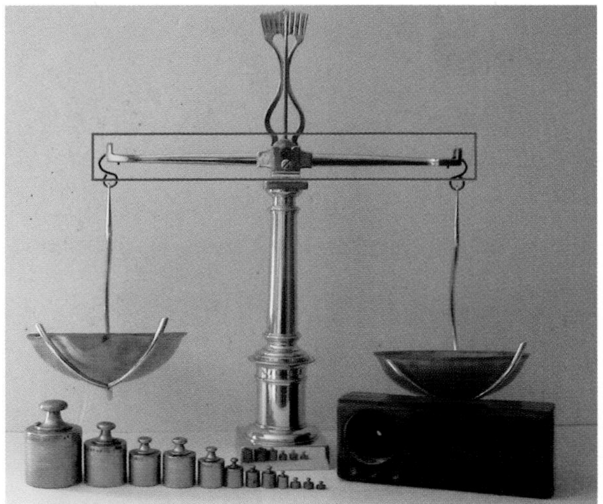

User:Poussin jean, CC-BY-SA-3.0 GFDL

어류(fish)

모든 물고기이다. 일생 동안 물속에서 살며 아가미로 숨을 쉬는 척추 동물이다. 모든 어류의 약 60%가 짠 바닷물에서 사는데, 몇 가지는 짠물과 민물을 오가며 살 수 있다.

어류에는 크게 세 가지가 있다. 칠성장어처럼 위아래 턱이 없고 입이 둥근 빨판 모양인 원구류, 상어나 가오리처럼 뼈가 물렁물렁한 연골 어류 및 뼈가 단단한 경골 어류이다.

어류는 5억 4,000만 년쯤 전에 처음으로 바다에 나타났다. 오늘날에는 경골 어류만 2만 가지쯤 되며, 우리나라 주변의 바다에서 사는 것만 2,000 가지쯤 된다.

미디어뱅크 사진

어른벌레(imago)

다 자란 곤충이다. 성충이라고도 한다. 애벌레가 자라서 대개 탈바꿈, 곧 변태를 마친 모습으로서 흔히 날개가 달려 있다. 그러나 번데기 시절을 거치지 않고 탈바꿈 없이 곧장 어른벌레로 자라는 곤충도 있다.

대개 이 어른벌레 때에 짝짓기를 하고 알을 낳아서 다음 세대를 이어갈 준비를 마치면 한살이를 끝낸다. 하루살이 같은 곤충은 어른벌레가 되고 나면 몇 시간에서 하루 이틀밖에 살지 못한다.

호랑나비 어른벌레
미디어뱅크 사진

어름치(Korean spotted barbel)

우리나라에만 있는 잉엇과의 민물고기이다. 천연 기념물 제259호로 지정되어서 보호를 받는다. 따라서 함부로 잡으면 안 된다. 몸이 앞부분은 둥글고 통통하지만 뒤로 갈수록 옆으로 납작하고 가늘어진다. 몸빛깔은 은회색 바탕에 등이 어두운 갈색이고 배는 흰색이다. 양쪽 옆구리에 검은 점들이 7~8겹으로 줄지어 나 있으며 옆줄도 뚜렷하다. 몸길이는 보통 20cm 안팎이지만 더러 40cm에 이르는 것도 있다.

주로 바닥에 모래와 자갈이 깔리고 물이 맑은 한강과 금강의 상류에서 산다. 물속의 곤충이나 갑각류 따위 동물을 잡아먹고 산다. 다 자란 암컷은 4~5월에 자갈이 깔린 강바닥에다 알을 낳으며 수정이 끝나면 그 위에다 또 자갈을 모아 놓고 알 낳기를 거듭한다. 이것은 알과 알에서 막 깬 치어를 보호하려는 짓이다. 이 돌무덤 같은 것을 흔히 산란탑이라고 부른다.

미디어뱅크 사진

어리굴젓(salted and fermented oysters)

굴로 담근 젓갈로서 흔히 짭조름한 반찬으로 먹는 것이다. 바닷물에 깨끗이 씻은 생굴을 소금과 버무린 다음에 나무통에 넣어서 삭힌다. 그리고 밀가루를 묽게 풀거나 쌀뜨물을 끓여서 식힌 것에 고춧가루를 풀어서 두세 시간 동안 놓아둔다. 그 뒤에 삭은 굴과 고춧가루 물을 섞어서 큰 그릇에 담고 뚜껑을 잘 덮어두면 한 열흘 만에 어리굴젓이 된다.

본디 충청남도의 당진, 예산 및 서산 지방에서 비롯된 젓갈로서 특히 간월도의 것이 가장 유명했다. 그러나 오늘날에는 전국 어디서나 담가서 먹는다.

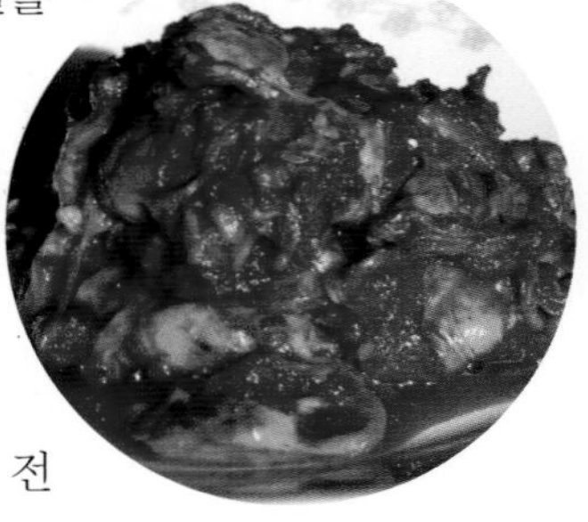

미디어뱅크 사진

어묵(fish cake)

으깬 흰 생선살에다 소금, 설탕, 녹말 등을 3%쯤 섞어서 반죽하고 여러 가지 모양으로 빚어서 열을 가해 말랑말랑하게 응고시킨 것이다. 이렇게 만든 어묵은 그것만으로도 맛이 있지만 국이나 국수에 넣으면 훌륭한 맛내기 재료가 된다.

이런 어묵은 온전한 생선 구실을 못하게 된 생선 부스러기 등을 모아서 새로운 상품을 만든 것이라고도 할 수 있다. 멀쩡한 생선을 부숴서 어묵을 만드는 일은 거의 없기 때문이다. 본디 일본 사람들이 즐겨 먹던 음식이 우리나라에 들어온 것이다.

Ryan Bodenstein, CC-BY-2.0

얼음(ice)

단단한 고체가 된 물이다. 물은 온도 0℃에서 얼어서 고체가 된다. → 물

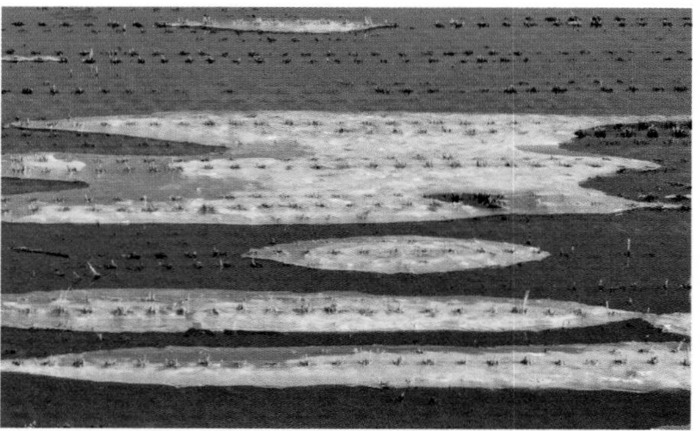

무논에 언 얼음 미디어뱅크 사진

에나멜선(enameled wire)

가는 구리선에다 에나멜을 입힌 전깃줄이다. 에나멜은 철의 표면을 매끄럽게 하기 위해 입히는 유리 같은 물질인데, 전기가 잘 통하지 않으며 높은 열에 잘 견딜 뿐만 아니라 화학 물질에도 강하다. 그래서 전깃줄의 껍데기로 쓰기에 알맞다.

에나멜을 칠한 에나멜선은 껍데기가 얇기 때문에 전깃줄을 여러 번 감아서 만들어야 하는 전자석, 통신기, 변압기, 전동기 등에 많이 쓰인다.

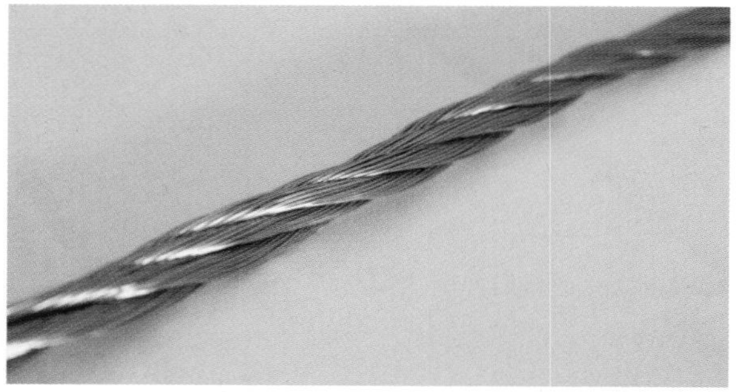

Alisdojo, CC0 1.0 Public Domain

에너지(energy)

건전지를 쓰는 장난감은 전기의 힘으로 움직이며 태엽이 달린 장난감은 태엽이 풀리는 힘으로 움직인다. 바람개비는 바람이 불면 돌아간다. 건전지, 태엽, 바람에는 장난감을 움직이는 능력이 있다. 이렇게 일을 할 수 있는 능력을 에너지라고 한다. 어떤 것이 일을 할 능력이 있으면 그것은 에너지를 지닌 것이다.

에너지에는 움직이는 물체가 지닌 운동 에너지, 높은 곳에 있는 물체가 지닌 위치 에너지, 물체의 온도를 높이는 열에너지, 전기 기구를 작동시키는 전기 에너지, 주위를 밝혀 주는 빛에너지 및 생물의 생명 활동에 필요한 화학 에너지 등이 있다. 그리고 석유, 석탄, 장작, 바람 또는 물처럼 에너지를 내는 자원을 에너지 자원이라고 한다.

어떤 물체가 가진 에너지의 양은 때에 따라서 다르다. 약한 바람은 풍차를 천천히 돌리지만 센 바람은 빠르게 돌린다. 센 바람이 약한 바람보다 에너지를 더 많이 지녔기 때문이다. 에너지가 많으면 그만큼 더 많은 일을 할 수 있다. 바람이나 흐르는 물뿐만 아니라 움직이는 물체는 모두 운동에 따른 에너지가 있는데, 이것을 운동 에너지라고 한다.

운동 에너지는 물체가 무겁고 속력이 빠를수록 크다. 떨어지는 물이 물레를 돌리는 힘은 운동 에너지의 한 가지이다. 또 높은 곳에 있는 물체는 그 위치에 따른 에너지가 있는데, 이것을 위치 에너지라고 한다. 위치 에너지는 물체가 높이 있을수록 크다.

윗강물은 위치 에너지를, 폭포수는 운동 에너지를 품고 있다
Flying Freddy, CC-BY-SA-3.0

에너지 자원(energy resource)

에너지로 쓸 수 있는 자원이다. 오래 전부터 사람들이 많이 써 온 석탄, 석유, 천연 가스와 같은 화석 연료와 더불어 수력, 풍력, 원자력, 태양열과 태양광, 지열, 파력이나 조력 등이다.

화석 연료는 아득히 먼 옛날 지구에서 살던 식물과 동물의 잔해이다. 이것들이 아주 긴 세월 동안 땅속에 묻혀서 조금씩 변화하여 석탄, 석유 및 천연 가스가 되었다. 따라서 이것들은 파내서 태워 버리고 나면 다시 만들 수 없다.

원자력 발전은 광석에서 뽑아낸 우라늄이라는 원소를 이용한다. 우라늄 원자가 원자로 안에서 쪼개지면서 내는 엄청난 열로 물을 끓이고, 그 끓는 물에서 나오는 수증기로 증기 기관을 돌려서 전기를 일으키는 것이다. 그러나 우라늄을 뽑아내는 광석도 땅속에서 캐내는 것이기 때문에 영원히 쓸 수 있는 것은 아니다.

풍력은 바람의 힘이다. 바람의 힘으로 바람개비가 돌면서 전기를 일으키는 것이 풍력 발전이다. 한편, 수력 발전은 강물을 댐으로 막아서 높은 곳에서 떨어지는 물의 힘으로 발전기를 돌리는 것이다.

태양열 온수기는 지붕에 설치한 태양열판 속으로 흐르는 물을 햇볕으로 데워서 따뜻해진 물이 집 안으로 들어오게 한다. 그리고 태양광, 곧 햇빛은 태양 전지판에서 전기를 일으킨다.

세계의 어떤 곳에서는 땅속에서 뜨겁게 데워진 물이 수증기로 변해서 땅 위로 솟는다. 이런 수증기의 힘을 이용하여 전기를 일으킬 수 있다. 그밖에도 파도의 힘이나 밀물과 썰물 때에 바닷물의 높이 차이를 이용하여 전기를 일으키기도 한다.

수력, 풍력, 태양광, 지열, 파력 및 조력 등은 늘 지구 위에서 만날 수 있는 자연 현상이며 아무리 써도 없어지지 않는 에너지이다. 따라서 세계 여러 나라는 이런 것들을 효과 있게 쓸 수 있는 기술을 찾아내려고 온갖 노력을 다하고 있다.

무한한 햇빛 에너지 자원의 이용 미디어뱅크 사진

에너지 전환(energy conversion)

전기 난로에 전류가 흐르면 열이 난다. 전기 에너지가 열에너지로 바뀐 것이다. 이와 같이 한 가지 에너지가 다른 에너지로 바뀌는 것을 에너지 전환이라고 한다.

필요한 에너지를 얻으려면 에너지를 전환시켜야 할 때가 많다. 예를 들면, 전기 에너지는 전구를 이용하여 빛 에너지로, 전동기를 이용하여 운동 에너지로 전환된다. 물레방아도 높은 곳에 있는 물의 위치 에너지를 운동 에너지로 전환시킨 것이다.

에너지 전환은 여러 단계를 거치면서 연속적으로 일어나기도 한다. 물이 태양 에너지의 힘으로 구름이 되었다가 비로 내려 높은 댐 위의 위치 에너지로 전환되고, 이 물이 밑으로 떨어지면서 발전기를 돌리는 운동 에너지로 전환된다. 발전기의 운동 에너지는 다시 전기 에너지로 전환되며, 전기 에너지는 전열기에서 열에너지로 전환된다. 이와 같이 에너지는 그 형태가 바뀌거나 다른 물체로 옮겨지기는 하지만 그 양이 변하지는 않는다. 이것을 에너지 보존의 법칙이라고 한다. 우리가 쓰는 에너지 자원은 거의 다 태양 에너지가 전환된 것이다.

생물 사이에서도 에너지 전환이 일어난다. 식물은 태양 에너지를 영양분이라는 화학 에너지로 바꿔 주며, 동물은 식물이 만든 화학 에너지를 먹어서 열에너지나 운동 에너지로 전환시킨다. 따라서 동물이 살아가기에 필요한 에너지는 거의 다 태양 에너지가 전환된 것이다.

바람의 힘을 전기 에너지로 바꾸는 풍차 미디어뱅크 사진

에스극(S pole)

자석의 남극이다. S는 south, 곧 남쪽이라는 영어 낱말의 첫 글자이다. → 자석

에어백(air bag)

공기 주머니이다. 자동차를 운전하거나 타고 가는 사람을 보호하는 것으로서 안전띠와 함께 매우 효과 있는 안전 장치이다. 보통 때에는 눈에 띄지 않지만 자동차가 무엇에 세게 부딪치면 금방 부풀어서 사람이 다치지 않게 하는 방석 같은 것이다. 대개 천으로 만들어졌으며 작게 접혀서 운전대, 조수석 앞, 문 안쪽에 감추어져 있다.

에어백 User_trnsz, CC-BY-SA-3.0

에어백 장치는 몇 개의 주머니와 그것을 부풀리는 장치 및 센서로 이루어진다. 자동차의 앞에 충돌을 감지하는 센서가, 옆구리에는 마찰을 느끼는 센서가 달려 있다. 그래서 앞에 달린 센서가 시속 16km가 넘는 속력으로 멈춰 있는 물체와 부딪치거나 그보다 더 빠른 속력으로 다른 자동차와 충돌하면 센서가 에어백을 부풀린다. 옆구리의 에어백은 더 가벼운 충돌에도 부풀려지게 되어 있다.

충돌이 일어나면 센서가 에어백을 부풀리는 장치에 전기 신호를 보내서 가스 발생 장치를 작동시킨다. 그러면 금방 질소 가스가 발생해서 주머니가 운전대 같은 틀 속에서 튀어 나오며 크고 빵빵하게 부푼다. 이런 일이 자동차가 충돌한 지 0.1초 안에 모두 이루어지기 때문에 차 안에 탄 사람들을 보호할 수 있는 것이다.

에어컨(air conditioner)

건물이나 교통 기관 따위의 실내 공기를 깨끗하게 하며 온도와 습도를 알맞게 조절해 주는 장치이다. 대개 더운 여름에 실내의 온도를 낮춰서 시원하게 하지만, 어떤 것은 추워지면 실내 공기를 데워서 온도를 높여 주기도 한다.

에어컨은 첫째로, 실내의 공기를 깨끗하게 한다. 그 방법은 공기가 끈적끈적한 물질을 바르거나 정전기를 이용한 필터를 통해서 지나가게 하여 먼지를 거르는 것이다. 또 안개처럼 미세한 물방울을 뿌려서 공기를 씻어내기도 한다.

둘째로, 에어컨은 대개 차가운 물이나 냉각제를 채운 구불구불한 관 너머로 공기를 불어 보내서 식힌다. 관 속의 물이나 냉각제를 차게 식히는 일은 또 다른 기계 장치가 맡고 있다. 반대로 방 안의 공기를 따뜻하게 하려면 뜨거운 물이나 증기를 채운 코일관 너머로 공기를 불어 보낸다. 또한 전기로 달군 전깃줄망 사이로 공기를 불어 보내서 데우는 것도 있다.

셋째로, 에어컨은 실내의 습도를 조절한다. 우리는 피부에서 땀이 증발하면 시원하게 느낀다. 그러나 여름에는 습도가 높아서 땀이 저절로 증발하기 어렵다. 그래서 에어컨은 공기 속의 습기를 줄여서 우리 기분이 상쾌해지게 한다.

에어컨이 차가운 코일관 너머로 공기를 불어 보내면 그 속에 들어 있던 습기가 관의 밖에 붙어서 물방울이 된다. 마치 찬물이 담긴 유리잔의 바깥에 물방울이 맺히는 일과 같다. 또 공기 속에 차가운 물을 안개처럼 뿌려도 공기 속의 습기가 엉겨 붙어서 물방울이 되어 떨어진다.

미디어뱅크 사진

반대로 겨울에는 공기에 습기가 적은데, 이 공기를 데우면 더욱 건조해진다. 건조한 공기는 피부나 기관지 및 폐에 해롭다. 그래서 겨울에는 에어컨이 공기에 습기를 넣어 준다. 물을 안개처럼 뿌리거나 뜨겁게 데워서 저절로 증발하게 하는 것이다.

아울러 에어컨은 실내 공기를 순환시키는 구실을 한다. 움직이지 않고 가만히 있는 실내 공기는 습기와 냄새 및 연기가 차서 좋지 않다. 그러나 에어컨은 환풍기로 실내 공기를 내보내면서 빨아들인 바깥 공기와 남은 실내 공기를 함께 조절하여 다시 불어 넣는다. 이렇게 하여 한참 지나면 실내의 공기가 모두 새것으로 바뀌는 것이다.

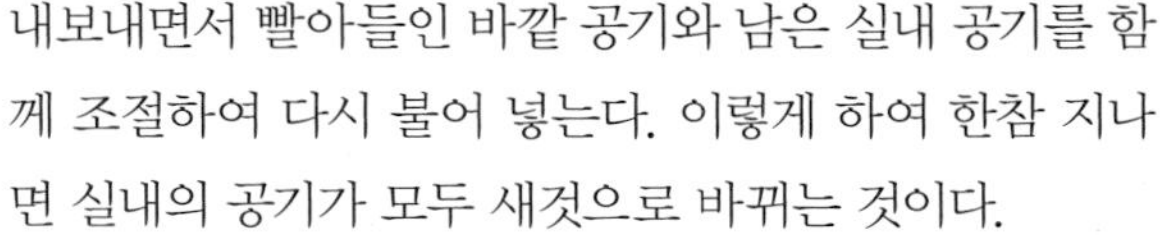

엔극(N pole)

자석의 북극이다. N은 영어의 north, 곧 북쪽이라는 낱말의 첫 글자이다. → 자석

엔진(engine)

자연의 에너지를 기계적인 힘으로 바꿔 주는 장치이다. 자동차나 기차 또는 비행기와 같은 것을 움직이는 큰 힘을 낸다.

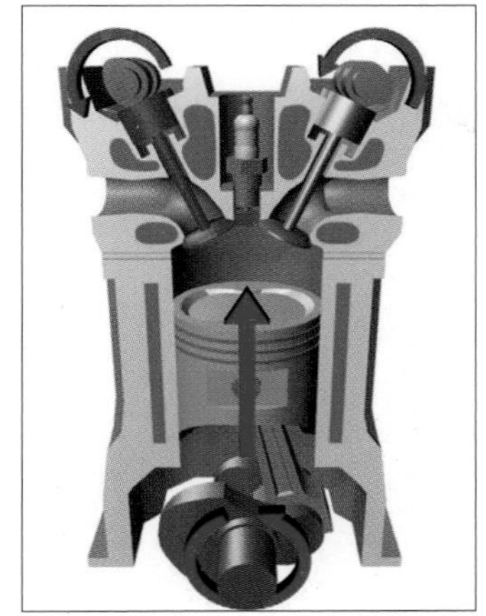
4기통 엔진의 원리

흔히 기관이라고 하는데, 수증기의 힘으로 돌아가는 증기 기관, 석유나 가스를 태워서 돌아가는 내연 기관, 전기로 돌아가는 전동기, 여러 가지 연료를 태워서 움직이는 로켓 등이 있다. 바람의 힘으로 돌아가는 풍차나 흐르는 물의 힘으로 돌아가는 물레방아도 엔진에 든다.

여뀌(water-pepper)

흔히 습지나 냇가에서 자라는 한해살이풀이다. 아시아를 비롯하여 온 세계의 온대 지방에 널리 퍼져 있다. 줄기가 높이 70cm까지 곧게 자라며 가지가 많이 난다. 어긋나는 좁고 긴 잎은 길이가 3~12cm이며 좀 넓은 가운데의 폭이 1~3cm로서 양쪽 끝으로 갈수록 점점 좁아지는 모양이다. 가장자리는 밋밋하고 털이 없다.

초여름부터 가을까지 길이가 5~10cm인 긴 꽃대가 나와서 그 둘레에 자잘한 꽃이 죽 매달려 피며 꽃 이삭이 아래로 쳐진다. 꽃은 대개 흰색이나 옅은 초록색이다. 그러나 이것과는 좀 다르게 잘고 붉은 꽃이 촘촘히 뭉친 이삭이 끝에 매달리며 잎이 넓적하고 대개 키가 더 큰 여뀌는 털여뀌라는 풀이다.

여러해살이식물(perennial)

두 해 또는 그보다 더 오래 사는 식물이다. 풀도 더러 여러 해 동안 사는 것이 있지만 대개 나무가 그런다.

여러해살이풀은 겨울이면 땅 위 부분이 죽고 뿌리만 살아남았다가 이듬해 봄에 다시 새싹이 돋는다. 그래서 몇 해 동안 살더라도 풀은 나이테가 생기지 않는다. 그러나 나무는 거의 모두 그 줄기에 나이테가 있다.

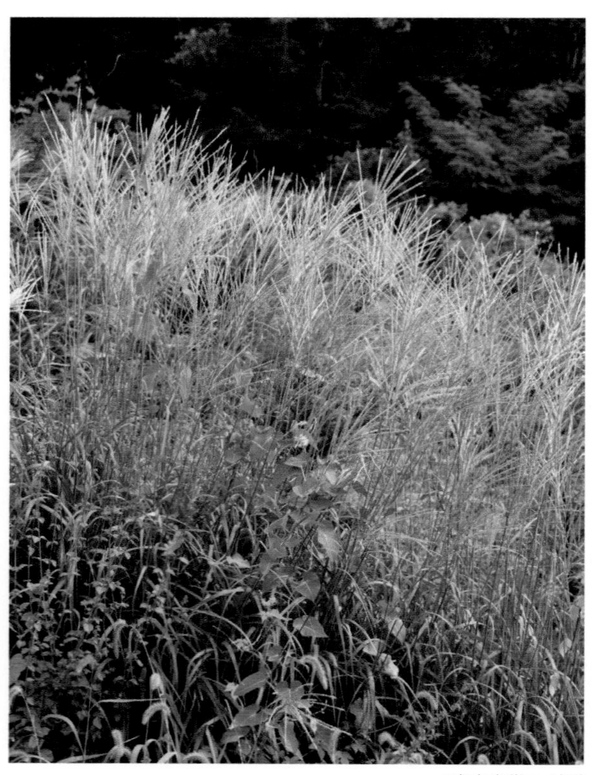

미디어뱅크 사진

여름(summer)

한 해의 네 계절 가운데에서 두 번째 계절이다. 보통 6, 7, 8월의 석 달 동안을 말한다.

미디어뱅크 사진

여름이 시작되면 이내 장마철이 다가와 비가 많이 내린다. 그리고 7월 하순부터 8월까지 날씨가 가장 무덥다. 남쪽 바다에서 뜨겁고 습기 찬 기류가 몰려오기 때문이다. 이어서 9월까지는 태풍이 자주 찾아온다.

여름이면 산에 나무와 풀이 우거지고 들에서는 온갖 곡식이 익어간다. 참외, 수박, 복숭아 등 온갖 과일도 풍부해진다. 그리고 나비, 잠자리, 매미, 모기, 메뚜기 등 수많은 곤충도 제 세상을 만나서 열심히 살아간다.

여우(fox)

주로 숲이 우거진 산속에서 사는 포유류이다. 다 자라면 몸길이가 60~90cm이며, 몸집에 견주어 꼬리가 크고 길다. 주둥이가 가늘고 길게 튀어 나왔으며, 귀는 늘 쫑긋 서 있다. 다리는 짧은 편이다.

털빛깔은 종류에 따라서 여러 가지이다. 전체로 보아서 붉은 갈색에 주둥이 주위가 흰 붉은여우, 온몸이 까만 검은여우, 검은색에 희색이 섞인 은여우 등이 있다. 그 가운데에서 붉은여우가 가장 흔하다.

여우는 보고 듣고 냄새를 맡는 감각이 뛰어나다. 주로 혼자 살며 밤에 먹이를 잡는 일이 많다. 먹이는 들쥐, 토끼, 꿩, 개구리, 곤충 따위인데, 가끔 식물의 열매도 먹는다.

다 자란 암컷은 봄에 새끼를 낳아서 나무 밑동 아래 큰 구멍이나 동굴에서 기른다. 새끼는 어미의 젖을 먹고 자라다가 여름이 끝날 무렵이면 다 커서 독립한다. 여우는 개와 친척뻘인 동물로서 9 가지가 있으며, 온 세계에 널리 퍼져 있다. 그러나 우리나라에서는 오늘날 아주 보기 힘든 산짐승이 되었다.

벵골여우 새끼 Sumeet Moghe, CC-BY-SA-4.0

역암(conglomerate)

지층을 이루는 암석 가운데 퇴적암의 한 가지이다. 퇴적암은 알갱이의 크기에 따라서 역암, 사암 및 이암으로 나뉘는데 알갱이가 제일 굵은 것이 역암이다.

역암의 알갱이는 거의 다 둥글둥글한 자갈인데 그 사이사이는 모래와 진흙으로 채워져 있다. 그래서 겉모양이 울퉁불퉁하며 촉감이 매우 거칠다. 그러나 못으로 긁어도 잘 긁히지 않을 만큼 단단하며 색깔은 여러 가지이다. → 퇴적암

Wilson44691, CC0 1.0 Public Domain

연(kite)

아주 먼 옛날부터 동양에서건 서양에서건 연날리기는 어른 아이 할 것 없이 모두 좋아하는 놀이이다.

간단한 가오리연은 대나무 같은 가벼운 재료의 꼬챙이를 십자로 묶은 것에다 창호지를 바르고 실로 묶어서 긴 줄에 이은 것이다. 방패연은 직사각형인데, 한가운데에 구멍이 뚫렸으며 윗부분이 활처럼 안으로 휘어서 실에 묶여 있다.

미디어뱅크 사진

연은 어느 것이나 한가운데에 있는 긴 꼬챙이를 중심으로 양쪽의 무게가 균형을 이루어야 한다. 또 꼬리 부분이 머리 부분보다 바깥으로 내밀려서 공중에 떴을 때 바람의 힘을 잘 받을 수 있어야 한다.

연기(smoke)

기체 속에 떠 있는 아주 작은 고체와 액체 알갱이들이다. 대개 연료가 타면서 생긴 탄소 알갱이이다.

연기 알갱이는 너무나 작아서 숨을 쉴 때에 쉽게 폐로 들어와서 심각한 문제를 일으킨다. 예를 들면, 담배 연기 같은 것이다. 또 농작물에 피해를 주고, 철을 녹슬게 하며, 건물을 새카맣게 그을린다.

연기는 거의 쓸모가 없다. 기껏해야 훈제 고기를 만들거나, 옛날 일이지만, 먼 곳에 신호를 보내는 일에 쓰일 따름이다.

Wing-Chi Poon, CC-BY-2.5

연꽃(sacred lotus)

주로 습지나 연못 같은 데에서 자라는 여러해살이풀이다. 굵은 뿌리줄기가 물 밑 땅속에서 옆으로 뻗는데, 군데군데 잘록한 마디가 있으며 속에 길게 구멍이 나 있다. 뿌리줄기에서 긴 잎자루가 나와서 수면 위로 높이 솟아 그 끝에 넓적한 잎이 달린다. 둥그런 잎은 지름이 40cm에 이르며 물에 젖지 않는다. 한여름 7~8월에 긴 꽃줄기도 수면 위로 솟아 그 끝에 하나씩 분홍색이나 흰색 꽃이 피는데 지름이 15~20cm나 될 만큼 크다.

연꽃과 연밥 미디어뱅크 사진

꽃이 지고 나면 지름이 10cm나 되는 꽃턱에 길둥그런 씨가 여러 개 박혀 있는데, 연밥이라고 하는 이 씨는 단단한 껍질에 싸여 있다. 따라서 수명이 아주 길어서 2,000년이 지나서도 싹이 튼 적이 있다. 우리나라에서도 거의 700년 동안이나 땅속에 묻혀 있던 고려시대의 연씨가 몇 해 전에 싹이 터서 2010년부터 해마다 꽃이 피고 있다.

연뿌리는 주로 채소로 쓰며 연밥도 해 먹을 수 있다. 연잎도 몇 가지 음식을 만드는 데에 쓰인다.

연료(fuel)

에너지가 저장되어 있는 물질이다. 이런 물질은 태우면 에너지를 열로 내뿜는다. 그리고 그 열이 기계를 돌린다.

연료가 타는 것은 화학 작용이다. 연료에 들어 있는 탄소와 수소가 공기 속의 산소와 결합하여 열과 빛으로 에너지를 내놓는 것이다. 이렇게 태우는 연료는 주로 나무, 석탄, 석유 및 가스 등이다. 이런 것들의 에너지는 본디 햇빛에서 받아들인 것이다.

원자로에는 좀 다른 연료를 쓴다. 우라늄이나 플루토늄 같은 불안정한 물질의 원자가 쪼개지면서 내뿜는 에너지를 이용하는 것이다.

나무 연료 Jan Harenburg, CC-BY-4.0

연못(pond)

땅이 깊고 넓게 파여서 늘 민물이 괴어 있는 곳이다. 웅덩이보다 좀 더 크고 늪보다는 작다.

옛날부터 이런 데에다 흔히 연을 심었기 때문에 연못이라고 한다. 연이 있는 못이라는 뜻이다. 이 연못은 주로 논에 댈 물을 저장하는 곳이다. 그러나 또한 수많은 생물이 어울려서 살아가는 서식지이며 생태계이기도 하다.

미디어뱅크 사진

연소(combustion)

물질이 산소와 빠르게 반응하여 빛과 열을 내는 현상이다. 물질이 타려면 산소가 있어야 하는데, 공기의 5분의 1쯤이 산소이기 때문에 공기가 있으면 잘 탄다. 그러나 타는 물질을 유리병으로 덮으면 얼마 지나지 않아서 불이 꺼진다. 병 속에 있던 산소가 모두 사라졌기 때문이다.

연소에 필요한 또 하나의 요소는 온도이다. 연소하기 시작하는 온도는 물질마다 다른데, 이 온도를 그 물질의 발화점이라고 한다. 예를 들면, 황은 발화점이 낮아서 낮은 온도에서도 쉽게 연소하지만, 연탄은 높은 온도로 가열해 주어야 비로소 연소한다. 이렇게 물질이 연소하려면 탈 물질, 산소 및 발화점 이상의 온도가 필요하다. 따라서 불을 끄려면 타는 물질, 산소 및 높은 온도의 세 가지 가운데 한 가지만 없애면 된다.

물을 부으면 물체의 온도가 낮아지고 산소가 닿지 못하여 불이 꺼진다. 소화기 속에는 이산화탄소와 탄

나무의 연소 Mariiapulido, CC-BY-4.0

산수소나트륨 등이 들어 있어서 이것들이 산소의 공급을 막아서 불이 꺼지게 한다.

물질이 연소할 때의 불꽃은 기체가 타면서 생긴다. 불이 붙은 양초가 녹아서 촛물이 되고, 촛물이 심지의 끝으로 빨려 올라가서 높은 온도로 말미암아 기체로 변하면서 탄소와 수소로 나뉜다. 이 탄소와 수소는 공기 속의 산소와 결합하여 연소하면서 각각 이산화탄소와 수증기로 변한다. 고체가 연소하면서 불꽃을 내는 까닭은 이런 과정을 거치면서 나온 기체가 타기 때문이다. 그리고 우리가 연료로 쓰는 나무, 연탄, 석유 및 가스 등에는 탄소가 들어 있기 때문에 연소하면서 이산화탄소를 내놓는다. 이렇게 물질이 연소하면 연소하기 전의 물질과는 다른 새로운 물질이 만들어진다.

그러나 온도가 낮거나 산소가 모자라면 물질이 완전히 타지 못하고 그을음이나 연기가 나는데, 이것을 불완전 연소라고 한다.

연어(salmon)

맛이 좋은 물고기이다. 종류가 꽤 많은데, 큰 것은 길이가 1m에 이른다. 민물에서 알이 깨서 새끼들이 바다로 헤엄쳐 나간다. 그리고 바다에서 자라서 어른이 된 뒤에 제가 알에서 깬 곳으로 돌아와 알을 낳고 죽는다.

바다에서 살 때에는 몸빛깔이 은빛이다가 알을 낳을 때가 되면 분홍색으로 바뀐다. 특히 수컷은 턱이 날카롭게 구부러진다. 어미 연어들은 봄이나 가을에 떼지어 강의 상류로 거슬러 올라가서 물이 맑고 자갈이 깔린 물밑 바닥에다 알을 낳는다. 낳은 지 60~200일쯤 되면 알이 깨는데, 어떤 종류의 새끼는 곧 바다로 가며, 어떤 종류의 새끼는 몇 해 동안 강에서 살다가 바다로 간다.

Forest Service Alaska Region, USDA, Public Domain

연적(water dropper)

물을 담았다가 필요할 때에 벼루에 조금씩 부을 수 있는 작은 그릇이다. 옛날에는 글씨를 쓰거나 그림을 그리려면 먼저 벼루에다 먹을 갈아야 했다. 그러기 위해 늘 물이 조금씩 준비되어 있는 것이 좋았다. 하지만 필요한 물의 양이 많지 않다. 따라서 연적은 크기가 작고 물이 드나드는 구멍도 작다. 그러나 구멍은 꼭 둘씩 있어야 한다. 물과 공기가 각각 다른 구멍으로 드나들어야 하기 때문이다.

연적은 옛날에 공부를 하고 있는 사람이나 이미 많이 한 사람이 늘 함께하는 벗이었다. 따라서 예쁘게 꾸미고 싶은 사람이 많았을 것이다. 그래서 오늘날까지 남아 있는 것에도 아주 예쁘고 멋진 연적이 많다.

청자 오리 모양 연적 Public Domain

연필(pencil)

우리가 흔히 쓰는 연필은 탄소의 한 가지인 흑연과 찰흙 및 부드러운 나무로 만든다. 연필심을 만들려면 먼저 흑연 가루에다 알갱이가 고운 찰흙을 넣고 물을 부어서 반죽한다. 그리고 물기를 뺀 반죽을 압착기에 넣어서 국수처럼 뽑아내 구워서 말린다. 이때에 찰흙을 많이 넣을수록 단단해진다. 따라서 찰흙이 덜 섞여 있을수록 연필심이 무르며 글씨가 짙은 검정색으로 쓰인다.

한편, 연필 자루를 만들려면 향나무와 같은 무른 나무를 얇게 켠 판자에다 줄줄이 골을 판다. 이 골 안에다 연필심을 넣고 판자 두 장을 샌드위치처럼 합쳐서 단단히 붙인다. 이것을 나중에 기계로 하나씩 잘라 내면 연필이 된다. 이 연필을 하나씩 둥그렇거나 여섯 모지게 만들며 더러 세모나 네모지게 만들어서 겉에 칠을 하고 상표를 찍는다. 그리고 한쪽 끝에다 고무지우개를 달기도 한다. 보통 연필 한 자루의 길이는 17cm이다.

색연필의 심은 흑연이 아니라 고령토에다 밀납, 고무, 물감 등을 섞어서 만든다. 그러나 색연필의 심은 굽지 않는다. 심이 굵은 색연필은 나무 대신에 심의 둘레에다 종이를 둘둘 말아서 자루를 만들기도 한다.

샤프 연필은 연필심을 간단한 장치가 되어 있는 자루 속에 넣어서 심이 들락거릴 수 있게 만든 것이다. 이것은 깎을 필요가 없어서 편리하게 여기는 사람이 많다. 심이 다 닳아서 없어지면 자루 속에다 다시 심만 새로 넣어 주면 되기 때문이다.

연필심의 굳기와 검기는 대개 9까지의 숫자와 영어 문자 B(비)나 H(에이치)를 짝 지워서 나타낸다. 여기서 H는 영어 단어 Hardness, 곧 '굳기'의 첫 글자이며 B는 Blackness, 곧 '검기'의 첫 글자이다. 따라서 H로 표시된 연필은 숫자가 클수록 단단하며 B로 표시된 연필은 숫자가 클수록 색깔이 검지만 연필심은 무르다. 흔히 쓰는 연필은 H나 B, 곧 1H나 1B이며 그림을 그릴 때에 쓰는 무르고 검은 연필은 4B쯤 된다.

미디어뱅크 사진

열(heat)

물체를 태우거나 서로 마주 대고 비비면 열이 난다. 열은 에너지 가운데 한 가지로서 물질의 온도를 높이며 그 상태를 바꾸기도 하는 것이다.

열은 온도가 높은 부분에서 낮은 부분으로 이동한다. 이런 열의 이동은 물질의 온도를 변하게 하는 원인이다. 열이 이동하는 방법에는 전도, 대류 및 복사의 3가지가 있다. 금속 막대를 끓는 물에 넣으면 물에 담긴 부분부터 뜨거워져서 점점 먼 곳으로 열이 옮겨진다. 이와 같이 물체를 따라서 열이 이동하는 것을 전도라고 한다. 고체에서는 열이 온도가 높은 부분에서 낮은 부분으로 그 고체를 따라 이동하는데 그 정도는 물질에 따라서 다르다.

액체나 기체에서는 열이 고체에서와 같이 이동하지 않는다. 물을 가열하면 주위보다 온도가 더 높은 부분이 직접 위로 올라가면서 열이 이동한다. 기체에서도 마찬가지이다. 열이 이렇게 이동하는 현상을 대류라고 한다.

그런데 난로 곁에 앉아 있으면 난로의 열이 직접 옮겨와서 난로 쪽이 더 따뜻하다. 이런 방법으로 열이 이동하는 것을 복사라고 한다. 태양열은 이런 복사의 방법으로 지구에 전해진다.

따라서 열이 이동하는 것을 막으려면 전도, 대류 또는 복사가 일어나지 않게 하면 된다. 스타이로폼은 그 속의 좁은 공간에 공기가 들어 있어서 전도나 대류 현상이 거의 일어나지 않는다. 그래서 열이 이동하는 것을 막는 일에 많이 쓰인다.

모든 물질을 이루는 분자는 열을 받으면 활발하게 움직인다. 그러면 서로 부딪치는 일이 많아져서 마찰열이 생기므로 온도가 올라간다. 또 분자가 활발하게 움직이면 공간을 더 많이 차지하기 때문에 부피도 늘어난다. 열을 받은 물질은 팽창하다가 어느 한계가 넘으면 그 상태가 변한다. 곧 고체가 액체로, 액체는 기체로 변하는 것이다. 반대로 열을 빼앗기면 물질의 부피가 줄어들며, 심하면 그 상태가 변한다. 기체가 열을 빼앗기면 액체가 되고, 액체가 열을 빼앗기면 고체가 되는 것이다. → 온도

석탄불이 뿜는 뜨거운 열 Steve Snodgrass, CC-BY-2.0

열기구(hot-air baloon)

Michal Klajban, CC-BY-SA-3.0

속에 든 공기가 따뜻해서 주변의 공기보다 더 가볍기 때문에 공중으로 떠오르는 기구, 곧 커다란 풍선이다. 공기는 열을 받으면 팽창하여 밀도가 낮아지므로 같은 부피의 찬 공기보다 가벼워진다. 열기구에는 프로판 가스를 연료로 쓰는 연소기가 달려 있다. 이것이 내뿜는 긴 불꽃이 기구의 아래에 뚫린 주둥이로 들어가서 그 속의 공기를 데운다.

열기구의 커다란 풍선은 나일론 따위 합성섬유로 짠 천으로 만든다. 그 크기는 싣는 짐의 무게에 따라서 다르다. 짐이 무거울수록 크게 만들어야 한다. 조종사와 승객 2명을 태우려면 완전히 부풀었을 때의 풍선의 부피가 2,000㎥쯤 되어야 한다.

승객과 조종사가 타는 바구니는 밧줄로 기구의 아래에 매달린다. 바구니는 가벼운 버들고리나 알루미늄으로 만든 상자이다. 이 바구니와 기구의 주둥이 사이에 연소기를 단다. 그리고 긴 호스로 바구니에 실은 가스통과 연결한다.

열기구를 부풀리려면 먼저 기구를 땅바닥에 길게 펼쳐 놓고 커다란 선풍기로 바람을 불어 넣는다. 그래서 풍선이 4분의 3쯤 부풀면 연소기에 불을 붙인다. 공기가 데워지면 기구가 점차 떠올라서 바구니 위로 바로 선다. 그리고 계속해서 불을 때면 기구가 공중으로 떠오른다. 조종사는 열기구를 더 높이 띄우려면 연료를 더 많이 태우고, 아래로 내려가려면 연료의 양을 줄인다.

열대 기후(tropical climate)

적도에 가까운 지역에 나타나는 기후이다. 한해 내내 기온이 높고 비가 많이 내려서 1년 강수량이 1,750~2,500mm에 이른다. 따라서 이 지역은 대개 밀림을 이루며 한해 내내 식물이 자란다.

사람들은 주로 얌, 카사바, 바나나 같은 식물을 먹고 살며 기름야자, 카카오, 커피 같은 농산물은 외국에 수출한다.

열대 우림(tropical rainforest)

오랜 세월 동안 적도 부근의 기온은 얼음이 얼 만큼 낮아진 적이 없다. 그래서 지난 수백만 년 동안 많은 숲이 생겨서 번성해 왔다. 아울러 그 안에서 온갖 종류의 동물과 식물이 나타나서 구석구석을 채우고 온갖 먹이를 바탕으로 번창해 왔기 때문에 다른 어느 곳보다도 종류가 많은 동물과 식물이 살고 있다.

적도 지방은 평균 기온이 23℃로서 한 해 내내 날마다 햇빛이 내리쬐고 비가 많이 온다. 빠르게 자라는 식물들은 앞을 다투어 싹을 틔우고 잎을 내며 줄기와 덩굴을 뻗어 땅을 뒤덮는다. 이렇게 온갖 식물이 빽빽하게 뒤엉킨 곳을 밀림 또는 정글이라고도 부른다.

나무들은 햇빛을 더 많이 받으려고 키가 무척 크게

PJeganathan, CC-BY-SA-4.0

ㅇ

자란다. 그리고 많은 나무의 꼭대기가 땅위 40m쯤 되는 높이에서 지붕 같은 층을 이룬다. 이런 숲이 늪지를 포함하여 낮은 지대를 뒤덮는다. 그래서 열대 우림의 숲속은 늘 그늘져 있기 때문에 온도가 그리 높지 않을 수 있다. 그러나 습도가 높고 바람이 없어서 더 덥게 느껴진다.

땅에서 40m가 넘는 높이에 펼쳐진 나무 꼭대기 층에는 땅바닥보다 먹이가 더 많다. 그래서 온갖 뱀, 도마뱀, 개구리, 새, 작은 포유류 및 곤충이 모여 산다. 이런 것들은 일생 동안 땅에 내려오는 일이 없다.

열대 우림의 드넓은 숲은 뿜어내는 산소의 양이 많기 때문에 지구의 허파라고 불린다. 그런데 오늘날에는 농사지을 땅을 마련하고 목재나 펄프를 생산하려고 끊임없이 나무를 베어내고 있다. 그러다 땅의 영양분이 사라지고 나면 땅이 농사에 알맞지 않게 되며 흙만 빗물에 쓸려가 버린다. 또 이런 흙이 강으로 들어가서 강물을 오염시킨다. 아울러 숲이 파괴되면 수많은 생물이 삶의 터전을 잃어서 멸종될 위험에 빠지며, 숲의 광합성 작용이 줄어들어서 지구에 이산화탄소의 양이 불어나게 된다. 이로 말미암아 지구의 온난화 현상이 더 심해질 수도 있다.

열량(calorie)

열에너지를 재는 단위이다. 물 1g의 온도를 1℃ 올리기에 드는 에너지가 1cal(칼로리)이다. 1,000cal를 1kcal(킬로칼로리)라고 한다.

많은 화학 변화가 열을 발생시킨다. 우리가 체온을 유지하고 여러 가지 운동을 할 수 있는 까닭은 우리 몸을 구성하는 물질이 가진 화학 에너지를 열과 운동 에너지로 변화시켜 이용할 수 있기 때문이다. 이렇게 만들어진 열은 칼로리미터라는 기구로 측정한다. 이 칼로리미터의 중요한 쓰임새 가운데 하나가 여러 가지 음식물이 탈 때에 나오는 열의 양을 재는 것이다. 이 측정은 몸이 완전히 다 썼을 때에 어떤 음식물이 얼마나 많은 에너지를 내는지 알려 준다. 이렇게 칼로리미터로 측정한 값은 kcal로 나타낸다.

식품은 종류에 따라서 지니고 있는 열량이 저마다 다르다. 그래서 어떤 것은 적게 먹어도 열량을 많이 내며 어떤 것은 많이 먹어도 내는 열량이 적다. 우리나라 사람이 하루 동안에 섭취하도록 권장되는 열량은 남자 어른이면 2,700kcal, 여자 어른이면 2,000kcal이다.

햄버거 빅맥의 열량 약 490kcal DAVID HOLT, CC-BY-SA-2.0

열매와 씨(fruit and seed)

식물의 꽃에서 꽃가루와 밑씨가 만나 합쳐지면 밑씨가 자라서 씨가 된다. 씨는 껍질에 싸여서 보호되는데 이 껍질과 씨를 합쳐서 열매라고 한다. 배나 사과처럼 우리가 먹는 과일은 씨와 껍질 사이에 많은 영양분이 저장되어 있는 열매이다.

열매의 가장 중요한 일은 씨를 널리 퍼뜨리는 것이다. 되도록 많이 널리 퍼뜨려야 자손이 많이 잘 자랄 수 있기 때문이다.

어떤 식물의 씨는 바람을 타고 멀리 퍼진다. 민들레처럼 씨에 깃털이 달려 있거나 단풍나무의 씨처럼 날개가 달려 있어서 바람에 멀리 날려갈 수 있다. 또 어떤 열매는 동물에게 먹혀서 씨를 널리 퍼뜨린다. 식물의 열매에는 영양분이 많아서 동물의 먹이가 되는 것이 많다. 이런 식물의 씨는 동물이 먹고 나서 이리저리 다니며 똥을 싸면 그 덕에 멀리 퍼질 수 있다. 우리가 먹는 과일도 거의 다 이런 종류에 든다. 또 어떤 것은 가시나 갈고리 또는 털이 달려 있어서 지나가는 동물의 몸에 달라붙어서 널리 퍼진다. 도깨비바늘이나 도꼬마리 등이 그런 예이다.

그뿐만이 아니다. 콩이나 팥 또는 봉숭아 등은 열매가 터지는 방법으로 씨를 멀리 퍼뜨린다. 씨가 다 익으면 꼬투리가 말라서 터지면서 그 튕기는 힘으로 씨를 멀리 보내는 것이다. 또 흐르는 물을 이용하여 씨를 멀리 보내는 식물도 있다. 이런 식물은 주로 물가에서 살며, 씨가 단단한 껍질에 싸여 있어서 물에 잘 떠다닌다. 연이나 야자나무가 그런 예이다.

파파야 열매와 씨 Olegivvit, CC-BY-2.5 GFDL

열목어(lenok)

연어과에 딸린 민물고기이다. 물이 깨끗하고 온도가 섭씨 20℃ 아래인 하천에서만 사는 물고기로서 한반도는 이 물고기가 사는 남쪽 끝 지역이다. 만주, 몽골 및 시베리아 같은 곳의 강에서도 산다.

몸빛깔이 옅은 황갈색이다. 몸길이는 대개 20cm쯤 되는데 1m까지 자랄 수도 있다. 주로 곤충을 잡아먹고 살며, 봄철 3~4월에 알을 낳는다.

옛날에는 우리나라 여러 군데의 강에서 살았지만 지금은 아주 귀하다. 그래서 강원도 정선군 정암사 주변의 열목어 서식지와 경상북도 봉화군 석포면의 열목어 서식지가 각각 천연 기념물 제73호와 제74호로 지정되어 있다. 또한 멸종위기 야생동물 2급으로 지정되어 있어서 특별히 보호 받는 물고기이다.

National Institute of Ecology, KOGL Type 1

열화상 사진기(thermographic camera)

흔히 쓰는 사진기는 우리 눈에 보이는 가시 광선으로 상을 만들지만, 열화상 사진기는 우리 눈에 안 보이는 적외선으로 상을 만든다. 이 두 가지 광선의 다른 점은 가시 광선은 파동의 폭인 파장이 기껏 400~700 나노미터이지만 적외선의 파장은 1만 4,000 나노미터에 이른다는 것이다.

모든 물체는 얼마쯤 적외선을 내뿜는다. 물체의 온도가 높을수록 적외선이 더 많이 나온다. 열화상 사진기는 이 적외선을 감지해서 상을 만들기 때문에 주변의 밝기가 문제가 되지 않는다. 따라서 캄캄한 밤이나 굴속 또는 검은 연기 속에서도 사진을 잘 찍을 수 있다. 이 사진기는 대개 흑백 사진처럼 진하기가 다른 한 가지 색깔로 상을 나타내지만 어떤 것은 몇 가지 다른 색깔로 나타낸다. 예를 들면, 온도가 높은 곳은 붉은색으로, 낮은 곳은 푸른색으로 나타내는 것이다.

Minea Petratos, CC-BY-SA-3.0

염기(base)

비눗물은 손에 묻으면 미끌미끌하다. 이 비눗물을 붉은 리트머스 종이에 묻히면 종이의 색깔이 푸르게 변한다. 또 페놀프탈레인 용액에 이 비눗물을 떨어뜨리면 용액의 색깔이 붉게 변한다.

이런 성질의 물질을 염기 또는 알칼리라고 하며, 이런 물질이 녹아 있는 액체를 염기성 용액이라고 한다. 염기성 용액은 거의 모든 금속과 반응하지 않는다. 그러나 염기성 용액인 진한 수산화나트륨 용액에다 아연이나 알루미늄을 넣으면 녹으면서 수소를 발생시킨다.

이런 염기성 용액을 산성 용액과 알맞게 섞으면 산성도 염기성도 아닌 중성 용액이 된다.

염산(hydrochloric acid)

독한 냄새가 나며 투명한 액체이다. 염화수소라는 물질을 물에 녹인 것인데, 염화수소가 많이 녹아 있으면 진한 염산, 조금 녹아 있으면 묽은 염산이라고 한다.

묽은 염산일지라도 피부나 옷에 닿으면 위험하다. 그래서 염산이 묻으면 얼른 물로 씻어내야 한다. 진한 염산을 공기 속에 두면 연기 같은 기체가 생기기도 한다.

염산에 반응하는 아연
Chemicalinterest, Public Domain

염산은 강한 산으로서 푸른 리트머스 종이를 붉게 물들이며 다른 물질과 잘 반응한다. 묽은 염산에다 아연이나 알루미늄 같은 금속을 넣으면 서로 반응하여 수소를 발생시키며, 석회석에 묽은 염산을 떨어뜨리면 이산화탄소를 발생시킨다.

염산은 염료, 의약품, 조미료 등의 원재료로 쓰인다. 동물의 위에서 나오는 위액은 대개 염산으로 이루어져 있다.

염색(dyeing)

물감으로 실이나 천에다 물을 들이는 일이다. 무명베, 명주베 또는 털실 등에 색깔을 넣으려면 원하는 색깔의 물을 들여야 한다. 곧, 염색을 해야 하는 것이다.

버섯으로 염색한 털실 Leslie Seaton, CC-BY-2.0

먼 옛날부터 오랫동안 써 온 물감은 식물이나 동물에서 나온 자연 재료이다. 예를 들면, 쪽이라는 풀의 잎에서 나온 남색 물감 같은 것이다. 19세기에 이르러서야 공장에서 합성 물감을 만들 수 있게 되었다.

염색에서 중요한 점은 원하는 물질을 원하는 색깔로 잘 물들일 수 있을 뿐만 아니라 그 색깔이 쉽게 바래지 않아야 하는 것이다. 그러려면 물감의 성능과 염색 기술이 좋아야 한다.

염소(domestic goat)

작고 순한 포유류이다. 사람이 길들인 것과 산에서 사는 것이 있는데, 주로 길들인 것을 가리킨다. 산에서 사는 것은 산양이라고 한다.

염소는 꼬리가 짧으며 수컷은 수염이 있다. 또 자라면 뿔이 나는 것과 그러지 않는 것이 있다. 털빛깔은 검은색, 흰색, 갈색, 여러 색깔이 섞인 것 등 여러 가지이다. 우리나라에서 오래 전부터 길러 온 염소는 거의 다 몸집이 작고 털빛이 검으며, 암컷이건 수컷이건 뿔이 난다. 새끼는 한 배에 한두 마리를 낳는데, 1년쯤 자라면 어미가 된다. 염소는 무엇이나 잘 먹지만 주로 풀과 나뭇잎을 먹으며 보통 15년쯤 산다.

집에서 기르는 염소는 대개 젖, 털 또는 고기를 얻으려는 것인데, 우리나라에서 옛날부터 길러 온 염소는 주로 고기를 먹으려는 것이다. 젖을 짜거나 털을 깎아서 쓰려는 것은 모두 외국에서 들여온 품종이다. → 산양

미디어뱅크 사진

염전(salt field)

바닷물을 끌어들여서 소금을 만드는 곳이다. 바닷

물에는 소금이 2.8%쯤 들어 있기 때문에 증발시키면 소금이 남는다.

염전은 증발이 잘 일어나는 곳에다 만든다. 햇볕이 잘 들고 기온이 높으며 물이 잘 스며들지 않는 편평하고 넓은 땅이 염전을 만들기에 알맞다. 우리나라에서는 넓은 갯벌이 펼쳐진 황해 바닷가에 염전이 많다. 염전은 바닷물을 가두는 저수지와 증발시키는 증발지 및 소금이 생산되는 결정지로 이루어진다.

미디어뱅크 사진

염화코발트(cobalt chloride)

보통 온도에서 결정체로 되어 있지만 물에 잘 녹는 푸른색 물질이다. 물에 닿으면 붉은색을 띠는데, 이 수용액을 가열하거나 수용액에다 무슨 물질을 넣으면 색깔이 변하는 성질이 있다. 그래서 수분을 검출하는 염화코발트 종이 또는 불에 쬐면 글씨나 그림이 나타나는 종이를 만들기에 쓰인다.

Softyx, CC-BY-SA-3.0

엿(taffy)

맛이 단 우리의 전통 사탕이다. 대개 쌀로 지은 고두밥을 엿기름물에 삭힌 뒤에 그 물을 짜내 고아서 굳힌다. 그러면 짙은 갈색 덩어리 엿이 된다. 이것을 또 자꾸 켜면 속에 수없이 많은 공기구멍이 생기면서 색깔이 하얗게 변한다. 이것을 가늘고 길게 뽑아서 일정한 길이로 잘라 굳힌 것이 막대 엿이다.

쌀 대신에 수수, 옥수수, 감자, 좁쌀, 호박 등으로 만들 수도 있으며, 굳힐 때에 넣은 양념의 종류에 따라서 깨엿, 호두엿, 잣엿 따위로 불리기도 한다.

미디어뱅크 사진

엿기름(malt)

흔히 보리나 밀에 물을 주어서 싹을 틔웠다가 말린 것을 말한다. 그러나 좀 더 정확히 말하자면 필요 없는 뿌리 부분은 잘라 버리고 싹만 숙성시킨 것이다. 엿기름은 주로 맥주와 같은 술을 빚을 때에 쓴다. 또한 엿이나 물엿, 사탕, 여러 가지 곡물식이나 유아 식품 등을 만드는 데에도 쓴다.

곡물은 엿기름이 되는 과정을 거치면서 속에서 화학 변화가 일어나서 아밀라제라고 하는 효소가 만들어진다. 이 효소가 곡물에 든 녹말을 당분으로 바꿔 준다.

Peter Schill, CC-BY-SA-3.0de

영구 자석(permanent magnet)

항상 자석의 성질을 띠고 있는 자석이다. → 자석

영산홍(azalea)

꽃을 보려고 정원이나 화분에 심어서 가꾸는 작은 늘푸른나무이다. 키가 80cm쯤 자라며 잔가지를 많이 뻗는다. 어긋나는 잎은 뾰족한 타원형이며 표면이 번들거린다.

봄부터 초여름까지 진달래나 철쭉꽃과 비슷한 꽃이 예쁘게 많이 피는데, 색깔은 주로 붉은색이지만 분홍색이나 노란색 또는 흰색도 있다. 꽃의 크기는 여러 가지이지만 대개 진달래꽃보다 조금 더 작은 것이 많다.

영양소(nutrient)

우리 몸을 이루거나 에너지를 내기에 쓰이는 물질이다. 몸속에서 여러 가지 작용을 하는 것도 있는데, 모두 우리가 먹는 음식물에 들어 있다.

영양소에는 탄수화물, 지방 및 단백질의 3대 영양소와 함께 무기 염류나 비타민 등이 있다. 탄수화물과 지방은 주로 에너지를 내는 일에 쓰이는데 지방이 같은 양의 탄수화물보다 2배쯤 많은 에너지를 낸다. 단백질은 주로 몸을 이루는 성분이 된다. 우리 몸에서 쓰이고 남은 탄수화물, 지방 및 단백질은 모두 지방으로 바뀌어서 피부 밑에 저장된다.

무기 염류와 비타민은 에너지를 내지는 않지만 꼭 필요한 영양소이다. 무기 염류는 몸을 이루는 중요한 요소로서 칼슘, 인, 칼륨, 나트륨, 마그네슘, 철, 아이오딘, 구리 등 종류가 매우 많다. 비타민은 몸속에서 여러 가지 화학 작용이 잘 이루어지게 한다.

고지방 먹을거리 National Cancer Institute, Public Domain

영화(film)

Thefelixsalonga, CC-BY-SA-4.0

오늘날에는 영화관이나 텔레비전에서 쉽게 영화를 볼 수 있다. 그러나 기껏 100년쯤 전만 해도 영화는 참으로 신기한 발명품이었다.

서기 1894년에 미국 사람 토머스 에디슨이 영화를 찍는 기계인 키네토그래프와 그것을 보는 키네토스코프를 발명했다. 키네토스코프는 작은 구멍으로 들여다보아야 그림이 움직이는 것을 볼 수 있었다. 또, 한 사람밖에 볼 수 없었으며 그림도 겨우 13초 동안만 움직였다. 그 뒤에 프랑스 사람 오귀스트 뤼미에르와 루이 뤼미에르 형제가 영사막에다 그림을 비추는 방법을 생각해 냈다.

영화는 본디 사진과 똑같이 필름에다 찍었다. 다만 보통 사진은 한 장면을 한 번만 찍지만, 영화는 1초에 24번씩 연달아 찍는 것이 달랐다. 그래서 영화의 필름은 무척 길다. 움직이는 것을 눈 한 번 깜박할 사이에 24장씩 찍으면 사진마다 조금씩 차이가 난다. 이런 영화 필름을 영사기에다 걸고 빛을 비추면 영사막, 곧 스크린에 상이 나타난다. 영사기 속에 들어 있는 밝은 전등 불빛이 필름을 통과하여 그 상을 스크린에 비추는 것이다. 조금씩 다른 모습이 연달아 찍힌 영화 필름을 1초에 24장씩 비춰 주면 영사막 위의 그림이 움직이는 것처럼 보인다.

영사기는 사진이 바뀌는 동안 잠깐 빛을 가렸다가 사진이 똑바로 제 자리에 들어설 때에 빛을 통과 시키도록 되어 있다. 따라서 우리는 1초 동안에 조금씩 다른 사진 24장을 연달아서 보는 것이다. 그런데도 마치 그림이 살아서 움직이는 것처럼 느껴지는 까닭은 우리의 착각 때문이다. 우리 눈은 한 번 본 것을 그것이 사라진 뒤에도 잠깐 동안 기억한다. 이렇게 기억이 남아 있는 동안에 조금 다른 다음 그림을 또 봄으로써 그 그림이 움직인다고 생각하게 된다.

그래도 처음부터 영화가 오늘날의 것처럼 멋지지는 않았다. 처음에는 모두 검은색과 흰색으로만 된 흑백 영화였으며, 아무 소리도 나지 않는 무성 영화였다. 이 영화가 개화기 때인 1903년쯤에 우리나라에 들어왔다. 그때에는 영화에서 아무 소리도 나지 않았으므로 움직이는 그림을 보면서 내용을 설명해 주는 '변사'가 있었다.

세월이 흐르면서 영화는 발전을 거듭했다. 1927년에 마침내 소리가 나오는 영화가 만들어졌으며, 1932년에는 천연색 영화가 개발되었다. 그리고 1953년부터 화면이 큰 시네마스코프 영화가 나오기 시작했다.

오늘날에는 여러 가지 특수 효과와 컴퓨터를 이용한 멋진 영화가 온 세계에서 쉴 새 없이 만들어지고 있다. 이제는 필름도 거의 쓰지 않는다. 디지털 카메라로 찍은 디지털 화면을 전자 기기의 영상 화면이나 천으로 된 스크린에다 영사하면 되기 때문이다.

옆줄(lateral line)

물고기의 양쪽 옆구리에 대개 한 줄로 죽 뻗어 있는 선이다. 머리에서 꼬리까지 이어진 감각 기관인데, 물고기는 이것으로 물의 흐름이나 압력 따위를 느낀다.

오동나무(empress tree)

키가 15m에 이르도록 자라는 갈잎큰키나무이다. 5각형에 가까운 커다란 잎이 마주나며 가을에 낙엽이 진다. 오뉴월에 자주색 꽃이 큰 꽃대에 수북이 달려 피며 끝이 뾰족한 달걀 모양의 열매가 열어서 10월쯤에 익는다.

우리나라의 특산 식물로서 흔히 마을 주변에 심는다. 목재는 가벼워서 장롱, 상자, 악기 등을 만든다.

미디어뱅크 사진

오렌지(orange)

오렌지 나무의 열매이다. 모든 감귤 나무와 함께 운향과에 딸린 오렌지 나무는 날씨가 여름에는 덥고 겨울에는 얼지 않을 만큼 서늘한 곳에서 잘 자란다. 늘푸른나무로서 짙은 초록색 잎이 무성히 달리며 희고 향기로운 꽃이 핀다.

꽃가루받이가 끝나면 꽃의 씨방이 자라서 열매가 된다. 열매인 오렌지는 맛이 달고 비타민C가 많아서 거의 모든 사람이 좋아하는 과일이다. 껍질 속에 10~15개 조각으로 나뉜 알맹이가 둥그렇게 촘촘히 박혀 있다. 얇은 막으로 싸인 이 조각 하나하나마다 또 수없이 많은 과일즙 주머니가 속에 들어 있으며 대개 씨가 없다. 하지만 더러 씨가 든 것도 있다.

오렌지는 여러 가지가 있는데, 맛이 단 것이 가장 인

Liz West, CC-BY-2.0

기가 높다. 생김새는 대개 공이나 달걀 모양이며, 껍질의 색깔도 주황색에서 분홍 또는 검붉은 색에 이르기까지 여러 가지이다.오렌지는 온 세계에서 해마다 약 6,500만 톤이 생산되며 브라질에서 가장 많이 난다.

오름(parasitic cone)

용암의 분출로 생긴 큰 화산 등성이에 조그맣게 솟아난 화산이다. 측화산 또는 기생 화산이라고도 한다. 큰 화산의 분출이 멈춘 뒤에 속에 들어 있던 마그마가 약한 땅 표면을 뚫고 나와서 생긴다. 그래서 오름의 꼭대기에도 작지만 움푹 파인 분화구가 꼭 있다.

제주도의 한라산 등성이에 특히 오름이 많다. 모두 360개쯤이나 된다. 오름이라는 말도 측화산을 일컫는 제주도말이다.

미디어뱅크 사진

오리(duck)

주로 물에서 사는 새이다. 몸이 물에서 살기에 알맞게 잘 적응되어 있다. 앞으로 뻗힌 3개의 발가락 사이에 물갈퀴가 달려 있어서 헤엄을 잘 친다. 또 기름기가 배어 있는 깃털이 물에 젖지 않는다. 깃털의 색깔은 종류에 따라서 다르다. 부리는 납작한데 가장자리에 빗살무늬의 홈이 패여 있어서 물속에서 먹이를 문 뒤에 머리를 들면 물이 빠져 나가고 먹이만 남는다.

집에서 기르는 오리 말고는 거의 다 잘 날지만 땅에서는 뒤뚱거린다. 먹이는 주로 물속이나 물가에서 사는 식물, 씨, 곤충, 달팽이 등이다. 암컷은 땅위나 갈대밭에다 둥지를 틀고 알을 낳는다. 알을 품고 새끼를 기르는 것도 암컷의 몫이다. 알에서 갓 깬 새끼는 온몸이 솜털에 싸여 있지만 곧 헤엄을 치기 시작한다.

오리는 모두 115 가지쯤 된다. 강이나 호수에서 사는 것도 있고 바다에서 사는 것도 있다. 또 청둥오리처럼 철 따라 이동하는 것도 많다.

미디어뱅크 사진

오리나무(Japanese alder)

갈잎넓은잎나무이며 키가 20m까지 자라는 큰키나무이다. 흔히 산골짜기나 습지 또는 하천가와 같이 물기가 많은 땅에서 자란다. 나라 안 어디서나 볼 수 있다. 나무껍질이 회갈색을 띠며 세로로 아무렇게나 갈라지지만 어린 가지는 갈색이나 붉은 갈색이며 껍질이 매끄럽다. 잎은 어긋나는데 대개 긴 타원형으로서 가장자리에 톱니가 있으며 끝이 뾰족하다. 윗면은 좀 반질거리며 아랫면에는 털이 나 있다.

암수한그루로서 봄에 잎보다 먼저 꽃 이삭이 나와서 타래로 뭉쳐 피며 가을에 열매가 익는다. 열매는 이듬해 봄까지 매달려 있다. 오리나무는 중국, 일본 및 러시아의 태평양 연안에서도 볼 수 있지만 우리 한반도가 원산지이다.

Michael Wolf, CC-BY-SA-3.0 GFDL

오리온자리(Orion)

겨울에 남동쪽 하늘에 보이는 아주 밝은 별자리이다. 밤하늘에서 가장 밝은 별 둘인 베텔게우스와 리겔이 들어있기 때문이다. 밝고 붉은 베텔게우스는 이 별자리의 왼쪽 위에, 밝고 푸른 리겔은 오른쪽 아래에 자리 잡고 있다.

이 별자리에는 가스와 먼지로 이루어진 성운도 몇 개 들어 있다. 그 가운데에서 이름난 것으로 대성운과 말머리성운이 있다.

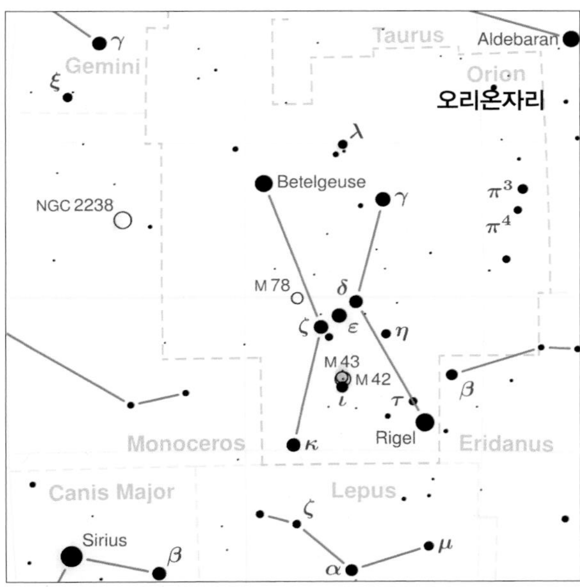

Kxx, CC-BY-SA-3.0

오미자(Chinese schisandra)

본디 산골짜기에서 자라는 덩굴식물이지만 요즘에는 주로 밭에다 심어서 가꾼다. 긴 타원형 잎이 어긋나며 6~7월에 대체로 하얀 꽃이 핀다. 꽃이 진 자리에 작고 동그란 열매가 송이로 열려서 8~9월에 빨갛게 익는다.

Vladimir Kosolapov, CC-BY-3.0

이 열매는 신맛이 강하지만 다섯 가지 맛이 난다고 하여 오미자라고 부른다. 예로부터 한약재로 써왔으며, 특히 차로 만들어 마시면 기침에 좋다고 한다. 잎은 가을에 단풍이 들어서 떨어진다.

오아시스(oasis)

사막에서 물이 나는 곳이다. 물이 있고 땅이 기름져서 식물이 잘 자라며 사람과 동물이 목을 축일 수 있다.

사막에는 늘 바람이 불어서 모래가 이리저리 날려 다니지만 나무가 있으면 바람을 가릴 뿐만 아니라 뿌리가 모래를 붙들어 둔다. 그래서 사람이 모여 살게 되므로 작은 오아시스에는 작은 마을이 생기고 큰 오아시스에는 큰 도시가 이루어진다.

뜨겁고 메마른 사막에서 물이 나는 까닭은 땅속에 지하수가 흐르기 때문이다. 지하수가 저절로 땅위로 솟아 나와서 웅덩이나 내를 이루거나 사람이 우물을 파서 물을 퍼 올린다. 그래서 채소, 감자, 밀, 목화 등의 농작물과 대추야자나 귤 같은 과일 나무를 심어 가꿀 수 있다.

이집트의 나일강은 자연이 만든 아주 큰 오아시스라고 할 수 있다. 그러나 요즘에는 기술이 발달되어서 사람의 힘으로 물길을 내 먼 곳에 있는 강이나 우물의 물을 사막으로 끌어다 댄다. 예를 들면, 리비아의 사막에서는 엄청나게 많은 지하수를 퍼 올려서 기름진 농토를 만들고 있다.

Sfivat, Public Domain

오에이치피 필름(OHP film)

투명하고 잘 휘는 얇은 플라스틱판이다. 오에이치피는 영어 이름 오버헤드 프로젝터(overhead projector)의 줄인 말인데, 우리말로는 투영기이다. 이것은 대개 필름에다 글씨를 쓰거나 그림을 그려서 또는 사진을 인쇄하여 멀리 있는 스크린에 크게 비춰 보는 일에 쓰인다.

투영기는 필름의 밑에서 강한 빛을 쏘는 장치, 그 빛을 받아서 모으는 렌즈 및 렌즈를 통과한 빛을 꺾어서 스크린으로 보내는 거울로 이루어진다. 또, 불투명한 종이에 인쇄한 글이나 그림을 놓고 그것에서 반사된 빛을 모아서 스크린으로 보내 주는 투영기도 있는데, 이렇게 투영된 글씨나 그림은 대개 그리 밝지 않다.

오에이치피 필름 투영기 Bomas13, CC-BY-SA-3.0

오이(cucumber)

덩굴손으로 다른 물체를 붙들면서 자라는 한해살이풀이다. 그 열매도 오이라고 하는데 독특한 맛과 향기가 있어서 채소로 먹는다. 봄에 씨를 뿌리면 곧 싹이 터서 자라나 5~6월에 노란색 꽃이 핀다. 암꽃과 수꽃이 따로 피는데 꽃가루받이가 되면 암꽃 밑에 달린 작은 열매가 자라기 시작한다.

미디어뱅크 사진

오이는 처음에는 초록색이지만 익으면서 차츰 누런 갈색으로 바뀐다. 대개 익기 전에 따서 먹지만, 씨는 완전히 익은 열매에서 받는다. 오이는 따뜻하고 습기가 많은 날씨에 잘 자라므로 여름에 많이 나지만 온실에서 가꾸면 어느 철에나 따 먹을 수 있다.

오줌(urine)

우리 몸의 세포에서 생긴 찌꺼기는 혈액에 실려서 간을 거쳐 콩팥으로 옮겨진다. 거기서 걸러지고 물과 섞여서 방광에 모였다가 때가 되면 몸 밖으로 나온다. 이 액체가 오줌이다.

오줌을 이루는 성분은 물이 90% 이상이며 요소가 그 다음으로 많다. 이 요소는 동물의 몸에서 단백질이 분해될 때에 생기는데, 식물에게는 좋은 거름이 된다.

오줌을 직접 밭에 뿌리는 시설 SuSanA Secretariat, CC-BY-2.0

오징어(squid)

바다에서 사는 연체동물 가운데 하나이다. 여느 동물과 달리 머리가 몸통과 다리 사이에 있다. 머리 양쪽에 커다란 눈이 두 개 있으며, 머리의 끝 부분에 입이 있다. 이 입 안에 치설과 새의 부리 같은 단단한 물질이 있어서 이 구실을 한다. 머릿속에 물렁뼈로 에워싸인 뇌가 있으며, 원통처럼 둥근 몸통 안에 아가미, 창자, 위, 먹물 주머니, 심장 등이 들어 있다. 그리고 어떤 종류는 등에 딱딱한 뿔 같은 것이 들어 있다.

오징어는 주변의 색깔에 따라서 제 몸빛깔을 노란색, 자주색, 푸른색, 붉은색 또는 회색 따위로 바꿀 수 있다. 또 머리에 달린 8개의 다리에 빨판이 줄줄이 붙어 있다. 그리고 세 번째와 네 번째 다리 사이에 여느 다리와 비슷하지만 길이가 더 긴 촉완 둘이 있다. 이 촉완을 여느 때에는 몸속에 감추고 있다가 먹이가 나타나면 잽싸게 뻗어서 붙잡는다. 먹이는 작은 물고기, 새우, 게 등이다.

보통 때에는 지느러미를 움직여서 헤엄치지만 급하면 몸속에 물을 가득 담았다가 내뿜으면서 로켓처럼 나아간다. 그리고 공격을 받으면 먹물을 뿜으면서 도망친다. 따뜻한 바닷물에서 사는데, 빛을 보고 모여드는 성질이 있다. 우리나라에서는 주로 동해안에서 많이 잡힌다.

갑오징어 ProjectManhattan, CC0 1.0 Public Domain

오퍼튜니티 로버(Opportunity rover)

미국 항공 우주국이 서기 2003년에 보낸 쌍둥이 화성 탐사차 가운데 하나이다. 2003년 7월 7일에 지구를 떠나 약 7달 뒤인 이듬해 1월 25일에 화성의 메리디아니 평원에 내렸다.

오퍼튜니티 로버는 약 3 주일 전에 발사되어서 화성의 반대쪽에 내린 쌍둥이 탐사차 스피릿 로버와 마찬가지로 바퀴가 6개 달린 로봇 탐사차였다. 이 차는 높이가 1.5m, 폭이 2.3m, 길이가 1.6m, 무게가 180kg으로서 태양 전지로 충전한 전기로 평균 1초에 1cm씩 움직이면서 탐사 임무를 수행했다.

오퍼튜니티 로버의 모형 Malopez 21, CC-BY-SA-4.0

본디 이 탐사차는 스피릿 로버와 함께 지구의 날로 90일 동안 작동하도록 설계되었다. 그러나 실제로는 예상한 기간의 55 배나 더 긴 14년 46일 동안 훌륭하게 활동했다. 미국 항공 우주국에 마지막 통신을 보낸 2018년 6월 10일까지 오퍼튜니티 로버는 화성의 표면을 45.16km나 돌아다녔다.

오퍼튜니티 로버는 탐사 중 화성 밖에서 떨어진 운석인 메리디아니 평원 운석을 발견했으며 2년이 넘는 긴 세월 동안 빅토리아 분화구를 탐사했다. 또, 2011년에 인데버 분화구에 다달았는데, 이 일을 제2차 화성 착륙이라고도 부른다. 그만큼 큰 업적이었다는 뜻이다.

옥돔(*Branchiostegus japonicus*)

꽤 크고 맛이 좋은 생선이다. 몸길이가 30~40cm인데 몸통이 납작하고 입은 작다. 몸빛깔은 밝은 붉은색이며 옆구리에 4~5줄의 황적색 가로띠가 있다.

깊이가 40~60m인 바다 밑에서 모래 속에 반쯤 몸을 숨기고 살며 다른 물고기, 새우, 게, 고둥 따위를 잡아먹는다. 제주도 부근의 바다에서 많이 난다.

ふうけ, CC-BY-SA-3.0 GFDL

오

옥수수(corn)

한해살이풀이며 외떡잎식물인 농작물이다. 마디가 있는 줄기가 가지를 내지 않고 똑바로 2m쯤 자란다. 잎은 줄기로부터 좌우로 엇갈려 나는데, 좁고 길쭉하며 잎자루가 없다. 잎맥은 나란히맥이다.

암꽃과 수꽃이 따로 피는데, 줄기 꼭대기에 수꽃이 피며, 잎이 나오는 줄기 부분에서 암꽃이 핀다. 바람의 힘으로 꽃가루받이가 되면 암꽃이삭이 자라서 옥수수 알갱이가 알알이 맺힌다.

미디어뱅크 사진

온대 기후(temperate climate)

위도가 중간쯤인 지역에 나타나며 대체로 사계절의 변화가 뚜렷한 기후이다. 우리나라는 이 기후 지역에 들어 있다. 온대 기후 지역에서는 일찍부터 농업이 성해 사람이 많이 모여 살았으며 문화가 발달했다.

옛날부터 온대 기후인 유럽에서는 밀농사를 많이 지었으며 아시아에서는 벼농사를 지어 왔다. 그래서 유럽에서는 흔히 빵 같은 밀가루 음식을 먹으며 우리는 쌀밥을 먹고 산다.

온도(temperature)

어떤 물질의 차거나 따뜻한 정도이다. 모든 물질은 열을 얻으면 온도가 오르고 열을 잃으면 온도가 내린다. 그 정도는 숫자와 섭씨 도(℃)라는 단위를 함께 써서 나타낸다. 이 섭씨온도는 얼음이 녹는 온도를 0도, 물이 끓는 온도를 100도로 정하고, 그 사이를 100 단계로 나누어서 표시한다. 따라서 어느 때 어느 물질의 온도가 '섭씨 25점 5도'이면 '25.5℃'라고 적는다.

온도는 변한다. 둘레보다 더 따뜻하거나 찬 물질은 시간이 지나면서 둘레의 온도와 같아진다. 그러나 그 물질의 온도는 그것의 처음 온도와 그 양에 따라서 다르게 변한다. 예를 들면, 솥에서 펄펄 끓던 물은 따뜻한 물 한 컵보다 식는 데 시간이 더 걸리고, 아이스크림 한 컵은 큰 얼음 한 덩이보다 더 빠르게 녹아서 물이 된다. 또 온도가 다른 두 물질이 서로 맞닿으면 시간이 지나면서 온도가 서로 같아진다. 온도가 낮은 쪽의 온도가 높아지고 높은 쪽의 온도는 낮아지기 때문이다.

온도는 환경의 한 요소로서 모든 생물의 삶에 깊은 영향을 미친다. 철새의 이동, 겨울잠, 가을에 낙엽이 지는 것 등이 모두 온도와 관계가 깊다. 온도를 말할 때에 흔히 '실온'이라고 하는 것은 실내, 곧 건물 안의 온도를 가리킨다. 대개 20℃쯤이다. 또 공기의 온도를 기온, 우리 몸의 온도를 체온이라고 한다.

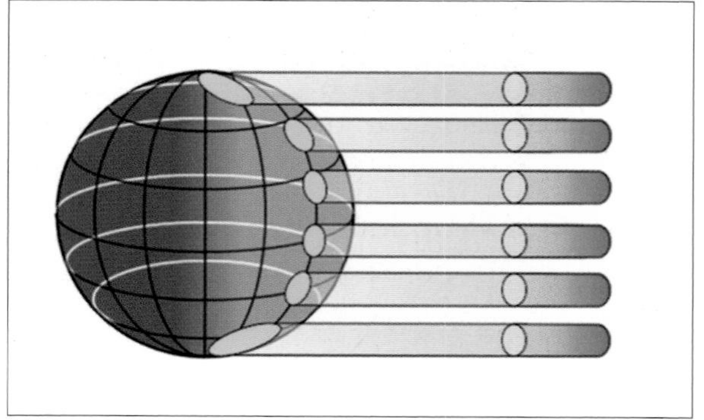

햇빛이 비추는 각도에 따라 기온이 다르다.
Thebiologyprimer, CC0 1.0 Public Domain

온도계(thermometer)

물질의 차고 따뜻한 정도를 측정하는 기구이다. 정확한 온도를 알려고 온도계를 쓴다.

물질은 열을 얻으면 늘어나고 잃으면 줄어든다. 흔

히 이런 현상을 이용하여 온도계를 만든다. 가는 유리 대롱 속에 수은이나 알코올을 넣어 두면 높은 온도에서 늘어나고 낮은 온도에서는 줄어든다. 이때에 알코올이나 수은 기둥이 가리키는 눈금이 온도이다. 온도를 읽으려면 눈높이를 붉게 물들인 알코올이나 수은 기둥과 같게 하고 온도계의 밑 부분에 손을 대지 말아야 한다.

디지털 온도계 Xell, CC-BY-SA-2.5

온돌(ondol)

방을 따뜻하게 하는 방법으로서 먼 옛날부터 주로 우리나라에서 발전시켜 온 난방 시설이다. 아궁이에 불을 때면 그 불기운이 방바닥 밑을 지나서 굴뚝으로 빠져 나가면서 방바닥을 데워서 방안이 따뜻해진다.

추운 겨울 동안 따뜻하게 지내려고 우리 조상들이 사용한 지혜로운 방법이다. 몇 천 년 전에 부여족 사이에서 시작된 것으로 생각되며 고구려 때에 온돌을 사용했다는 기록이 있다. 또한 서울 암사동 선사 유적지에서도 원시적인 온돌 모습이 발견되었다.

온돌을 만들려면 먼저 방의 땅바닥을 아궁이 쪽은 깊고 굴뚝 쪽은 좀 더 낮게 파서 반반하게 고른다. 이어서 돌과 흙으로 두덩을 쌓아서 여러 줄로 된 방고래를 만든다. 방고래는 아궁이에서 나온 불기운이 굴뚝으로 빠져 나가는 여러 갈래의 길이다. 그 위에 넓적넓적한 화강암 조각 구들장을 올려놓고 빈틈을 잘 메운 뒤에 흙을 발라서 편평한 방바닥을 만든다. 그리고 불을 때서 잘 말린 뒤에 종이를 바르고 장판을 깐다.

온돌은 놓기가 쉽고 땔감이 많이 들지 않으며 한 번 만들어 놓으면 자주 손볼 필요가 없어서 좋다. 그러나 방바닥이 고루 따뜻하지 않으며, 구들장을 데우기에 시간이 많이 걸리고, 온도를 조절할 수 없다는 단점도 있다. 그래서 요즘에는 아궁이에서 불을 때는 대신 방바닥 밑에다 구리나 비닐로 만든 관을 깔고 그 속으로 보일러에서 데운 따뜻한 물이 흐르게 한다. 그러면 방바닥이 고루 따뜻할 뿐만 아니라 온도도 조절할 수 있다.

온실(greenhouse)

대개 벽과 지붕을 유리로 지은 집이다. 햇볕이 잘 들기 때문에 집 안이 늘 따뜻하다. 그러나 바깥의 기온이 내려가면 온수 보일러나 난로로 집 안의 온도를 높여 주어야 한다.

그래서 온실 안은 늘 여름과 같다. 따라서 어느 철에나 식물을 심어 가꿀 수 있다. 아주 큰 온실에서는 어느 철에나 꽃, 채소, 열대 과일들을 가꿔서 시장에 내다 판다. 따라서 한겨울에도 우리가 싱싱한 꽃을 보고 채소를 먹을 수 있다. 또 바나나나 파인애플 같은 열대 과일을 우리 땅에서 기를 수 있게 된다.

그래도 식물이 잘 자라려면 맑은 공기가 필요하다. 그래서 벽이나 천장에 여닫을 수 있는 창문을 달아서 환기를 잘 해 준다.

미디어뱅크 사진

온실 가스(greenhouse gas)

지구의 대기를 이루는 여러 가지 기체 가운데에서 열을 흡수하거나 내놓는 기체이다. 곧 온실 효과를 일으키는 기체로서 이산화탄소, 메테인, 산화질소, 오존 및 수증기 등이다.

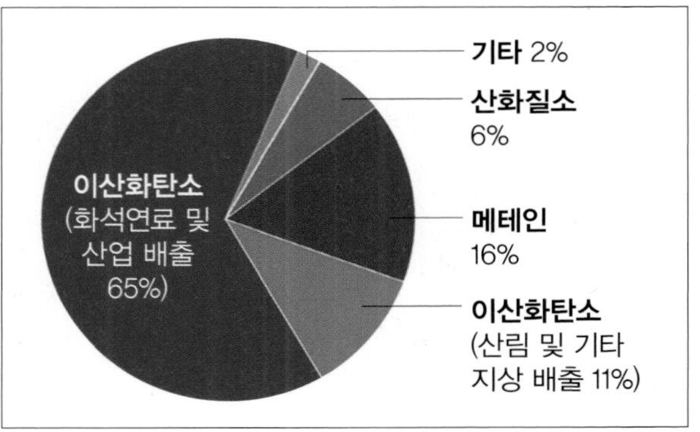

2015년 세계 온실 가스 배출량 EPA IPCC, Public Domain

온천(hot spring)

땅에서 더운 물이 솟아나는 샘이다. 땅속의 마그마가 땅 표면 가까이 올라오면 압력이 낮아져서 마그마 속에 녹아 있던 물질의 일부가 기체로 빠져나오는데 거의 다 수증기이다. 이 수증기가 땅 표면에 더 가까이 올라오면 온도가 낮아져서 뜨거운 물이 된다. 또 지하수가 마그마의 열에 데워져서 땅 표면으로 솟아나기도 한다.

따라서 온천의 물에는 황, 철분, 칼슘, 마그네슘, 염분 등의 광물질이 섞여 있다. 한편, 땅속으로 30m씩 내려감에 따라서 온도가 평균 1℃씩 오르기 때문에 땅속 깊은 곳의 지하수도 온도가 높다.

우리나라에서는 샘솟는 물의 온도가 25℃가 넘어야 온천이라고 한다. 온천물은 주로 목욕이나 난방에 쓰인다.

온천을 즐기는 일본 원숭이들 Asteiner, CC-BY-3.0 GFDL

올리브(olive)

올리브나무의 열매이다. 자잘하고 길둥그런 열매로서 처음에는 초록색이다가 점차 누렇게 변하며 마침내 흑자색으로 익는다. 올리브 열매의 살과 씨에는 기름이 많이 들어 있다. 그래서 기름을 짜서 식용유로 쓰며 그냥 조리해서 먹기도 한다.

Shams.daroueesh, CC-BY-SA-3.0

올리브나무는 늘푸른큰키나무로서 날씨가 덥고 메마른 데에서 잘 자란다. 그래서 주로 지중해 연안 지방에서 많이 심어 가꾼다. 매우 오래 사는 나무로서 키도 10m까지 자란다. 긴 타원형 잎이 마주나며, 늦봄에 향기가 좋은 흰 꽃이 많이 핀다. 열매는 11월부터 다음해 1월 사이에 익는데, 이때에 기온이 −3℃ 아래로 내려가면 열매가 상한다.

옷(clothing)

사람이 몸에 걸치는 모든 것이다. 요즘에는 주로 천이나 가죽으로 만든 것이지만, 처음에는 나뭇잎이나 나무껍질을 엮은 것 또는 짐승의 털가죽이었다.

색동저고리
Taman Renyah, CC-BY-SA-3.0

사람은 거의 다 옷을 입는다. 대개 몸을 보호하고, 남과 의사소통을 하며, 몸을 꾸미기 위해서이다. 날씨가 더우면 바람이 잘 통하며 희거나 밝은 색 천으로 만든 얇은 옷을 입고 햇볕을 가려 주는 모자를 쓰기도 한다. 또 추운 지방에서는 무엇으로나 온몸을 감싸서 추위를 막아야 한다. 그래서 털실로 짰거나 털과 가죽으로 만든 두꺼운 옷을 입고 목도리를 두르며 장갑을 끼고 두툼한 장화를 신는다.

옷은 입은 사람의 직업이나 취미 또는 기분도 알려 준다. 직업을 알려 주는 옷으로는 여러 가지 제복이 있다. 또 자신감이 많은 사람은 남보다 먼저 유행을 이끌며, 그러지 않은 사람은 남들이 많이 입는 옷을 따라서 입는다. 그런가 하면, 결혼식처럼 좋은 일이 있을 때에는 화려한 옷을 입고, 슬픈 일이 있을 때에는 대개 희거나 검은 옷을 입는다.

또 사람들은 제 몸을 꾸미기 위해서 옷을 입는다. 더 멋지고 더 예뻐 보이고 싶어서 아직 튼튼한 헌 옷이 있는데도 새 옷을 사거나 만들어 입는다. 그리고 온갖 장식을 달기도 한다.

완두(pea)

콩과에 딸린 한해살이 또는 두해살이풀이다. 꼬투리 열매 속에 든 콩을 완두콩이라고 하는데 맛이 좋아서 밥이나 여러 가지 요리에 넣어서 익혀 먹는다. 단백질 및 비타민 A와 C가 많이 들어 있다. 씨가 영글지 않은 어린 꼬투리를 따서 채소로 먹기도 하며 줄기와 잎을 함께 거둬서 가축의 먹이로 쓰기도 한다.

완두는 여느 콩과의 식물과 마찬가지로 쌍떡잎 식물이며 두 가지가 있다. 한 가지는 키가 30cm쯤밖에 안 되며, 다른 한 가지는 1m 80cm까지 덩굴이 뻗는다. 잎은 2장이나 3장짜리 겹잎인데 덩굴을 뻗는 것은 잎의 끝이 덩굴손으로 되어 있어서 곁에 있는 것을 붙잡고 기어오른다. 두 가지 다 잎겨드랑이에서 긴 꽃대가 나와서 나비처럼 생긴 꽃이 양쪽으로 둘씩 핀다. 꽃은 대개 흰색인데 붉은색인 것도 더러 있다. 꽃이 진 뒤에 꼬투리가 달리면 그 속에 콩이 5~6개쯤 들어찬다.

완두는 이른 봄에 심어서 초여름에 거두는 것과 늦가을에 심어서 이듬해 봄에 거두는 것이 있다. 원산지는 지중해의 동쪽 바닷가 지방인데 우리나라에 들어온 때는 서기 1800년대 초기이다.

미디어뱅크 사진

외과(surgery)

질병, 신체의 기형 및 부상을 수술로 치료하는 의학의 한 전문 분야이다. 이런 수술을 하는 의사를 외과 의사라고 부른다. 모든 의사는 간단한 수술을 할 수 있지만 외과 의사는 특별히 복잡하고 섬세한 수술을 해낼 판단력과 기술을 갖춘 이들이다. 이런 외과 의사들과 그들에게 필요한 진단 및 수술 도구와 장비를 갖춘 데가 종합 병원의 외과나 따로 세워진 외과 전문 병원이다.

오늘날의 외과 의학에서는 무엇보다도 질병의 정확한 진단과 수술 전후의 환자 보호를 중요하게 여긴다. 따라서 의사는 수술을 잘할 뿐만 아니라 해부학, 생리학 및 병리학 등에 대한 폭넓은 지식도 갖추고 있어야 한다. 수술은 매우 복잡하고 힘든 일이므로 여러 사람이 함께 힘을 모아서 한다. 대개 외과 전문 의사 한 명, 보조 의사 한두 명, 마취 의사 한 명 및 간호사 여러 명이 수술 팀 하나를 이룬다.

마취는 수술을 할 때에 환자가 아픔을 느끼지 못하게 하는 방법이다. 또 수술이 끝나면 그 곳을 통해 다른 병균이 침입하지 못하도록 꼼꼼하게 방부 처리를 한다.

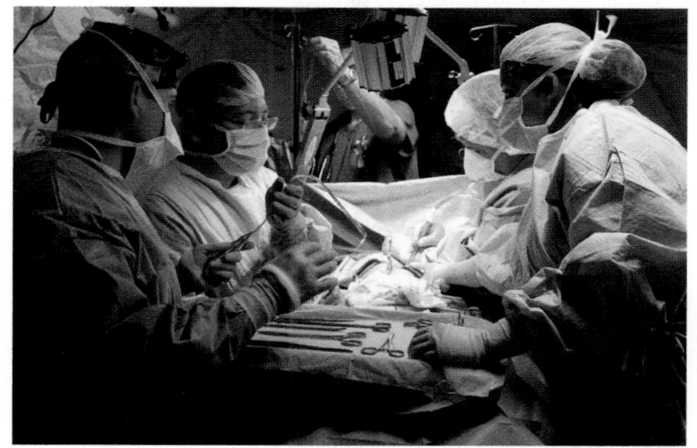
외과 수술 모습
U.S. Department of Defense Current Photos, Public Domain

요구르트(yogurt)

주로 우유나 염소젖으로 만든 죽처럼 무른 음식이다. 젖산이 많이 들어 있어서 신맛이 난다. 우유에다 유산균을 넣고 온도를 잘 맞춰 주면 발효하여 우유에 들어 있는 유당이 유산이 된다. 이 유산으로 말미암아 우유가 걸쭉해져서 요구르트가 된다.

흔히 요거트라고도 하는 요구르트에는 우유와 똑같은 영양분이 들어 있다. 그러나 열량은 많지 않기 때문에 낮은 칼로리의 다이어트에 알맞다. 어떤 이들은 기구를 사서 집에서 직접 요구르트를 만들어 먹기도 한다.

Jin Zan, CC-BY-SA-4.0

용(dragon)

실제로는 없는 상상의 동물이다. 먼 옛날 중국 사람들이 처음으로 생각해냈다.

중국이나 우리나라처럼 동양에서 생각하는 용은 몸이 뱀처럼 길고 비늘에 싸여 있다. 또 머리에 뿔이 나 있고, 발이 넷이며, 발톱이 날카롭다. 이 용은 곧 권위와 위대함을 나타낸다.

그러나 서양 사람들이 상상해 온 용은 뱀 같은 몸매에 발톱과 날개가 있고 입에서 불을 내뿜는다. 이 용은 대개 무서운 괴물이어서 용감한 사람이 물리쳐야 할 대상이다.

서울 숭례문 천장에 그려진 용 by sean in japan, CC-BY-SA-2.0

용설란(century plant)

멕시코의 토박이 식물이다. 늘푸른여러해살이풀로서 선인장처럼 사막에서 자라는 몇 가지 용설란속 식물 가운데 하나이다. 아메리카알로에라고도 하는 용설란의 잎은 속살이 두툼하고 길이가 1m 넘으며 가장자리에 날카로운 누런색 가시가 나 있다.

그 생김새가 마치 용의 혀 같다고 하여 용설란이라는 이름이 붙었다. 그러나 서양에서는 100년, 곧 1세기 만에 한 번 꽃이 핀다고 해서 '세기 식물'이라고 부른다. 하지만 실제로는 대개 10년쯤 만에 한 번 키가 10m에 이르고 둥근 기둥처럼 굵은 꽃대가 돋아서 여러 갈래로 뻗은 가지 끝에 희거나 노란 꽃이 무더기로 수북이 달려 핀다.

용설란은 꽃이 피었다 지고 나면 잎이 모두 시들어 버린다. 그러나 뿌리는 살아 있어서 곧 새싹을 낸다. 멕시코 사람들은 어떤 용설란의 즙으로 테킬라 같은 몇 가지 술을 빚으며 또다른 용설란의 길고 질긴 섬유로는 노끈이나 밧줄 따위를 만든다. 아울러 싱싱한 잎은 가축의 사료로 쓴다.

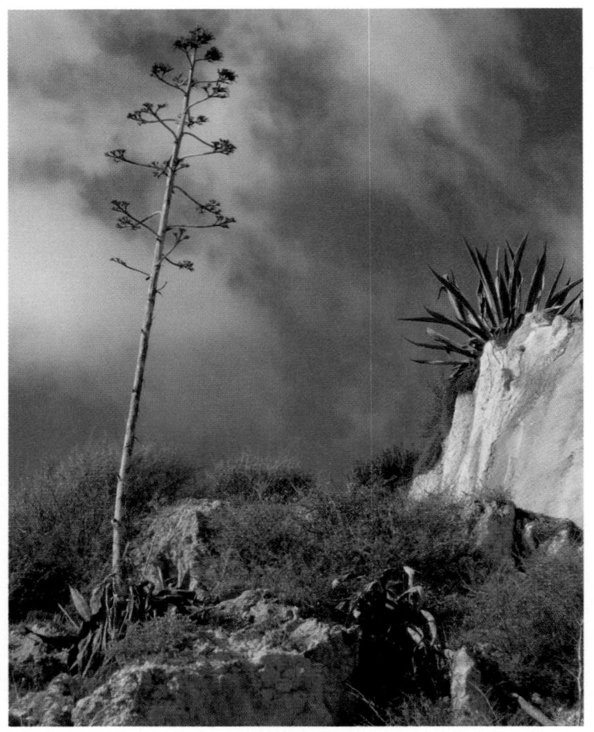

용설란의 꽃대 muffinn, CC-BY-2.0

용수철(spring)

밖에서 힘을 가하면 모양이 변했다가 그 힘을 빼면 본디 모습으로 되돌아가는 기구이다. 대개 가느다란 철사를 동그랗게 감은 코일 모양인데 강철 따위 쇠붙이로 만든다. 철에다 크롬, 니켈, 텅스텐, 코발트 등을 섞은 합금 철사로 용수철을 만들면 열에 더 잘 견딘다.

용수철을 만들려면 긴 철사를 코일로 감아서 열을 가했다가 식히기를 되풀이한다. 이렇게 담금질을 해야 감긴 철사가 다시 풀리려는 힘이 사라지기 때문이다.

용수철은 잡아당기거나 누르는 힘을 받아서 모양이 변하면 본디 모습으로 돌아가려는 성질이 있다. 이 성질을 이용하여 용수철저

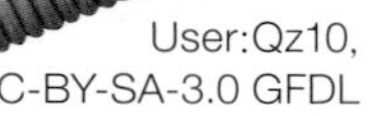

User:Qz10, CC-BY-SA-3.0 GFDL

울을 만든다. 또 자전거의 안장이나 침대 따위에 써서 사람의 몸을 부드럽게 떠받치게 하기도 한다. 이렇듯 용수철은 우리 생활에 여러 가지로 이용되고 있다.

용수철 저울(spring scale)

용수철은 잡아당기면 길이가 늘어나고 놓으면 다시 제 모습으로 돌아간다. 이런 성질을 이용하여 만든 저울이다.

용수철의 한쪽 끝을 손에 잡고 들어 올리거나 무엇에다 걸어 놓고 다른 쪽 끝에 물체를 매달면 용수철이 늘어난다. 이 늘어나는 길이는 매단 물체의 무게에 따라서 다르다. 그래서 아무것도 매달지 않았을 때에 용수철 끝이 가리키는 눈금을 0으로 하고, 그 밑에 차례로 눈금을 그린다. 곧, 1g짜리 추를 달았을 때에 용수철의 끝이 가리키는 눈금은 1g 눈금이 된다. 또, 2g짜리 추를 달았을 때의 눈금은 2g 눈금이다. 이렇게 차례로 표시한 눈금이 물체의 무게를 나타낸다. → 저울

Briain, Public Domain

용암(lava)

화산이 분출할 때에 나온 화산 분출물 가운데에서 기체인 화산 가스가 빠져 나가고 남은 액체 상태의 마그마이다. 끓는 죽처럼 낮은 곳으로 잘 흐르는 것이 있는가 하면 좀 더 끈끈해서 잘 흐르지 않는 것도 있다.

마그마가 땅속 깊이 들어 있을 때에는 그 속에 가스가 갇혀 있다. 그러나 마그마가 땅 표면 가까이나 표면 밖으로 솟아나오면 가스가 마그마에서 빠져나온다. 하지만 끈끈한 용암 속에서는 잘 빠지지 못하고 가스가 쌓여서 압력이 높아진다. 이렇게 압력이 높아진 용암이 마침내 폭발하면 하늘 높이 솟구쳤다가 떨어지면서 사방으로 흩어지게 된다.

Brocken Inaglory, CC-BY-SA-3.0 GFDL

용액(solution)

저마다 다른 두 가지 이상의 순수한 물질들이 골고루 섞여 있는 액체 혼합물이다. 예를 들면, 탄산음료는 물, 설탕 등 단맛을 내는 성분, 구연산 및 탄산가스 따위가 골고루 섞여 있는 혼합물이다. → 용해

칼륨 과망간산염 용액
Juha Siitonen, CC-BY-SA-2.5

용질(solute)

용매에 녹는 물질이다. 액체와 액체가 섞인 용액에서는 양이 적었던 것을 용질로 본다.

용질은 용액 속에 골고루 섞여 있어서 눈에 보이지 않는다. 그러나 없어지거나 변한 것이 아니다. 용질이 용매에 녹는 빠르기와 양은 용매의 온도, 용질 알갱이의 크기, 용액을 얼마나 빠르게 휘젓는지, 또 용매의 양에 따라서 다르다.

용해(dissolution)

설탕이 물에 녹는 것처럼 무슨 물질이 다른 물질과 골고루 섞이는 일이다. 무슨 물질을 액체 속에 넣었는데 밑에 가라앉거나 위에 뜬 것 없이 그 용액이 투명하면 물질이 용해된 것이다. 소금을 물에 넣으면 물맛이 짜지는 것처럼 물질이 용해되면 그 용액은 모두 같은 성질을 띤다.

액체나 기체도 액체에 용해된다. 콩기름을 알코올에 넣으면 녹는다. 사이다나 콜라 같은 청량음료는 물에다 설탕, 향료, 탄산가스 따위를 녹인 것이다. 또 물에는 산소가 용해되어 있기 때문에 물고기가 그 속에서 숨을 쉴 수 있다. 그러나 액체에 넣더라도 무엇이나 다 용해되지는 않는다. 모래나 철가루는 물에 넣어도

왕수 속에서 용해되는 금 Daniel Grohmann, CC-BY-SA-3.0

녹지 않고 그냥 가라앉으며, 콩기름을 물에 넣어도 녹지 않는다.

액체에 녹는 물질은 액체나 물질의 상태에 따라서 녹는 빠르기가 다르다. 같은 물질이라도 덩어리보다 가루가 더 빨리 녹는다. 가루가 덩어리보다 액체와 닿는 면적이 더 넓기 때문이다. 또 액체의 온도가 높으면 물질이 빨리 녹는다. 온도가 높으면 액체의 알갱이가 활발하게 움직이면서 녹는 물질에 부딪쳐서 더 잘 녹게 하기 때문이다. 액체를 휘젓거나 액체의 양이 많아도 물질이 빠르게 녹는다. 물질은 녹으면서 액체 전체로 퍼지는데, 저으면 녹은 물질이 빠르게 퍼져 나가서 아직 녹지 않은 물질을 더 잘 녹게 한다. 액체의 양이 많아도 녹은 물질이 퍼져 나갈 공간이 넓으므로 아직 녹지 않은 물질을 더 잘 녹게 한다.

일정한 양의 액체에 녹는 물질의 양은 정해져 있다. 물에다 붕산을 조금씩 넣으면서 녹이면 어느 만큼만 녹고 더는 녹지 않는다. 그러나 물을 더 넣거나 가열하면 더 많이 녹는다. 이와 같이 액체의 양이 많을수록, 또 온도가 높을수록, 물질이 그 액체에 많이 녹는다. 반대로 더 녹지 않을 때까지 붕산을 녹이고 나서 물의 온도를 낮추면 물속에 붕산이 생긴다. 온도가 낮을수록 물에 녹을 수 있는 붕산의 양이 적어지기 때문이다. 물에 물질이 많이 녹을수록 용액이 진해지며, 그 성질이 녹은 물질에 가까워진다. 용액에 어떤 물질이 더 녹지 않을 때까지 충분히 녹이면 그 용액이 가장 진하게 되는데, 이때 그 용액의 상태를 포화 상태라고 말한다.

용질이 용매에 용해되는 것은 없어지거나 양이 변하는 것이 아니라 용질의 알갱이, 곧 입자들이 용매의 입자들 사이로 들어가는 것이다. 그래서 용액의 무게는 용해되기 전의 용질과 용매의 무게를 합친 것과 같다.

우드록(foamboard)

납작하고 단단하게 압축시킨 스타이로폼 판이다. 두꺼운 종이나 코르크판 등을 한쪽이나 양쪽에 덧댄 것이 많다. 대개 장식용 판이나 그 밖의 쓰임새에 알맞게 잘라서 쓴다.

미디어뱅크 사진

우유(milk)

본디 암소가 내는 젖이다. 젖은 어느 것이나 어미가 제 새끼에게 먹이려고 내는 것이다. 그러나 젖에는 무기 염류를 비롯하여 여러 가지 영양소가 많이 들어 있으므로 소, 양, 염소 따위의 젖은 사람이 음식으로 많이 먹는다.

그러나 막 짜낸 짐승의 젖은 사람이 그냥 먹기에 알맞지 않다. 그래서 목장에서 짠 우유를 공장으로 보내 검사와 살균을 거쳐서 사람이 먹기 좋게 만든다. 우유

미디어뱅크 사진

는 본디 색깔이 희고 맛이 담백하지만 커피, 초콜릿, 과일즙 따위를 넣어서 독특한 맛이나 색깔과 향기를 내기도 한다.

우유는 또 여러 가지 식품의 원재료가 된다. 말려서 가루를 내 분유를 만들거나 유산균을 넣고 발효시켜서 요구르트를 만들기도 한다. 또 우유에다 유산균을 넣어서 응고시킨 뒤에 수분을 거의 다 없애고 발효시켜서 치즈를 만든다. 버터는 우유에서 지방을 분리하여 만든 것이다. 그밖에 크림이나 아이스크림 따위도 우유로 만든다.

우유는 상하기 쉬우므로 차게 보관해야 하며 생산된 날로부터 5일 안에 마시는 것이 좋다.

우주(universe)

공간과 시간 및 그 안에 있는 모든 것이다. 이 모든 것은 빛, 에너지 및 온갖 형태의 물질을 다 가리킨다.

하늘은 끝없이 넓다. 밤하늘에 뜨는 달은 지구에서 약 38만 4,000km 떨어져 있으며, 별들은 더 멀리 떨어져 있다. 지구는 태양계에 들어 있는 행성 8개 가운데 하나이다. 태양계도 은하계라고 하는 수많은 별들의 무리에 들어 있는데, 우주에는 이런 은하계가 헤아릴 수 없이 많다.

별과 별 사이의 거리처럼 먼 거리는 광년으로 나타낸다. 빛은 1초에 약 30만km씩 나아가는데, 이렇게 빠른 빛이 1년 동안 나아가는 거리가 1광년이다. 우리가 들어 있는 은하계는 지름이 10만 광년이 넘는다. 또

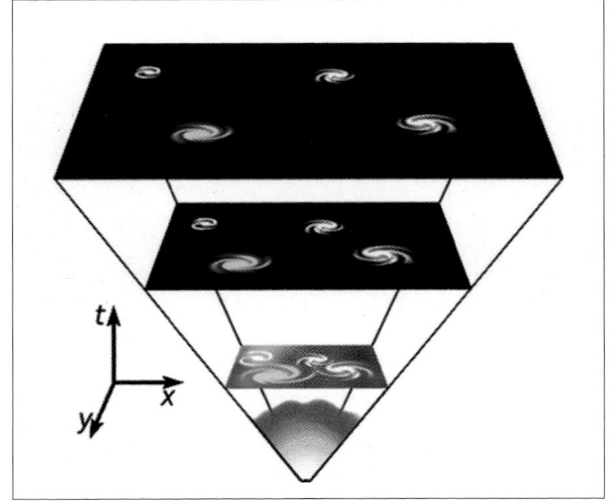

우주 팽찬 상상도 Gnixon at English Wikipedia, Public Domain

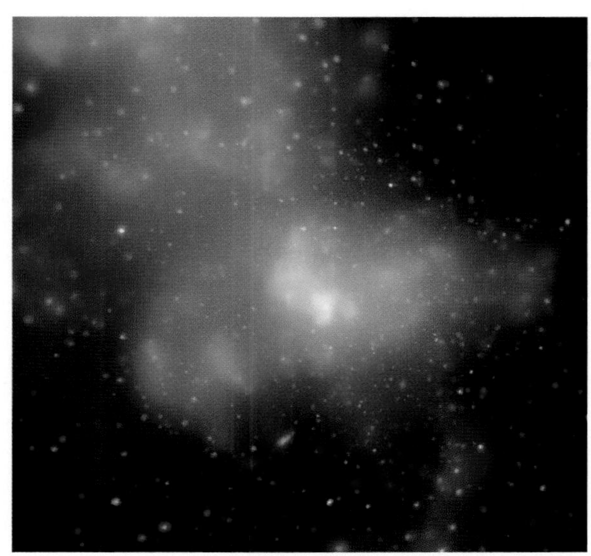

찬드라 우주망원경으로 찍은 은하계의 중심부
Smithsonian Institution, Public Domain

가장 가까운 이웃인 안드로메다 은하계는 우리 은하계와 250만 광년이나 멀리 떨어져 있다.

이런 우주의 크기는 얼마나 될까? 우주에는 끝이 있을까? 우리 은하계 속의 지구에서 우리는 희미하게나마 사방으로 465억 광년쯤 되는 데까지 관찰할 수 있다. 관찰이 가능한 먼 우주의 가장자리는 사실 아주 오래 전의 모습이다. 그토록 먼 데에서 나온 빛이 우리 눈에 미치기에는 시간이 너무 오래 걸리기 때문이다. 그나마 그런 것을 볼 수 있는 까닭은 그것이 처음 빛을 냈을 때에는 지구와 훨씬 더 가까이 있었기 때문이다. 그러나 그보다 더 먼 데는 관찰할 수도 없기 때문에 우주에 과연 끝이 있는지 없는지는 아직 모른다.

우주는 점점 더 커지고 있다. 우주에 들어 있는 헤아릴 수 없이 많은 은하계들이 서로 멀리 달아나고 있는 것이다. 우리 지구에서 보면 먼 데에 있는 은하계일수록 더 빠르게 달아난다. 이렇게 은하계들이 끊임없이 서로 달아나고 있으므로 뒤집어서 생각하면 옛날에는 모두 한데 모여 있었으리라는 것을 알 수 있다.

처음에는 우주가 엄청나게 뜨겁고 말할 수 없이 단단히 뭉친 한 점과 같았다. 이것이 어느 순간 뻥 터져 버렸다. 그래서 그 속에 들어 있던 모든 것이 엄청난 속력으로 쏟아져 나와 사방으로 흩어졌다. 그 뒤 이렇게 쏟아져 튀어 나가던 것들의 온도가 조금 내려가자 그 속에서 수많은 별과 은하계가 만들어졌다. *(다음 면에 계속됨)*

ㅇ

이런 생각을 빅뱅, 곧 대폭발 이론이라고 한다. 오늘날 천문학자들은 거의 다 우주가 이렇게 시작되었다고 믿는다. 그렇다면 그 대폭발이 일어난 때가 언제쯤이었을까? 은하계들이 달아나는 속도와 거리를 바탕삼아 계산해 보면 빅뱅이 약 138억 년 전에 일어났다고 한다. 은하계들은 대폭발이 일어난 뒤 줄곧 138억년 동안 서로 멀어져가고 있는 것이다. 아마도 이런 일이 영원히 계속될 것이라고 한다.

우주복(spacesuit)

우주 공간이나 달에는 물과 공기가 없다. 그래서 우주선을 타고 달에 갔거나 우주에 떠 있는 우주선에서 밖으로 나와 무슨 일을 해야 하는 우주 비행사는 아주 특별한 옷을 입어야 한다. 곧 물과 공기를 공급해 주는 우주복이다.

우주복은 우주 비행사가 우주에서 살 수 있게 해주는 옷이다. 머리부터 발끝까지 온몸을 감싸 주며 산소를 공급하고 탄산가스와 수증기를 밖으로 내보낸다. 우주복은 또 추위, 열 및 우주 입자로부터 우주 비행사를 지켜 준다. 그뿐만 아니라 머리를 감싼 모자 부분의 앞 창은 밖이 잘 보이면서도 해로운 적외선을 막아 준다. 손을 가린 장갑 부분은 얇고 부드러워서 세밀한 손작업을 할 수 있게 한다.

우주복은 나일론과 같이 부드럽고 공기가 새지 않는 재료를 여러 겹으로 겹쳐서 만든다. 이런 우주복을 입은 우주 비행사는 우주선 밖에서 6~8 시간 동안 일할 수 있다.

Christopher Michel, CC-BY-2.0

우주선(spacecraft)

지구 둘레의 궤도와 우주 공간에서 조종되는 비행물체이다. 사람이 탄 것도 있고 타지 않은 것도 있다. 인공 위성, 우주 탐사선, 우주 왕복선 따위를 통틀어서 우주선이라고 한다.

우주선이 지구를 벗어나서 우주로 가려면 지구가 끌어당기는 힘보다 더 큰 힘을 내야 한다. 그래서 우주선에는 로켓 엔진을 단다. 로켓 엔진은 빠른 속력을 낼 뿐만 아니라 연료와 함께 산소도 들어 있기 때문에 공기가 없는 우주 공간에서 날 수 있다.

우주선에는 통신 장치를 비롯하여 정해진 일을 하기 위한 여러 가지 설비가 갖춰져 있다. 특히 사람이 탄 우주선에는 우주에서 생활할 수 있는 시설이 되어 있다. 또 우주선은 지구로 돌아오는 길에 대기권에 들어오면 공기와의 마찰 때문에 생기는 열을 견뎌낼 수 있도록 특수한 재료로 만들어진다.

세계 최초의 우주선은 옛 소련에서 1957년 10월 4일에 지구 궤도에 올려놓은 인공 위성 스푸트니크 1호로서 무게가 84kg이었다. 사람을 태운 최초의 우주선도 옛 소련에서 만든 보스토크 1호로서 1961년 4월 12일에 궤도에 쏘아 올려졌다. → 우주 탐사

소유스 우주선 TMA-7 Thegreenj, Public Domain

우주 정거장(space station)

대개 국제 우주 정거장을 가리킨다. 지구 위 400km 쯤에 떠서 지구의 둘레를 날마다 15 바퀴 반쯤 돈다.

국제 우주정거장 NASA, Public Domain

1985년에 미국의 제안에 따라서 세계 여러 나라가 힘을 합쳐 4~8명의 우주인이 항상 머물며 일할 수 있는 국제 우주 정거장을 짓기로 했다. 이것은 보통의 버스만큼 큰 원통형 모듈을 미국의 우주 왕복선과 러시아의 로켓으로 실어 날라서 우주에서 하나로 이어 축구장만한 우주 정거장을 만드는 계획이었다. 원통처럼 생긴 모듈들은 각 나라의 우주 과학 실험실이나 우주의 생태 연구실 및 우주인들이 머물 집이다.

모두 16 나라가 이 계획에 참가했다. 미국, 러시아, 유럽 우주국의 회원국 11 나라, 일본, 캐나다 및 브라질 등이다. 1998년 11월에 러시아가 우주 정거장 조립 모듈을 처음으로 쏘아 올렸다. 그 뒤로 몇 개의 모듈이 더해져서 2년 뒤에 마침내 사람이 살 만한 데가 되었다. 그래서 2000년 11월 2일에 처음으로 이 우주 정거장에 승무원들을 보냈다. 그 뒤로 여러 해 동안 수많은 나라의 숱한 우주인과 과학자들이 이곳에 가서 한동안씩 머물며 온갖 과학 실험과 연구를 했다.

그러나 예상치 못한 미국 우주 왕복선의 사고와 그에 따른 우주 왕복선의 운행 중단 등으로 말미암아 이 계획은 완성되지 못했다. 그래도 중요한 시설은 거의 다 갖추어져 있다. 침실과 화장실, 체육관 및 미국, 러시아, 유럽, 일본의 실험실 등이다. 하지만 이제 이 우주 정거장은 낡았으므로 미국, 중국, 인도 같은 나라들이 저마다의 새 우주 정거장을 만들려고 계획하고 있다.

우주 정거장의 실험실에서는 주로 땅에서는 할 수 없는 과학 실험을 한다. 거기는 완전히 중력이 없는 곳이기 때문이다. 또한 그런 환경에서 사람이 사는 경험도 전혀 새로운 지식을 안겨 준다. 이 모든 것은 우주에 대한 지식을 넓혀 주며 아울러 앞으로 인류가 우주로 나아갈 길을 밝혀 줄 것이다.

우포늪(Upo wetland)

우리나라에서 가장 큰 민물 습지이다. 경상남도 창녕군 이방면, 유어면 및 대합면에 걸쳐서 자리 잡고 있다. 우포늪, 목포늪, 사지포, 쪽지벌 등 4개의 늪으로 이루어져 있는데 모두 합쳐서 둘레 7.5km, 넓이 231 ㎡에 이른다.

환경부 지정 멸종 위기종 식물인 가시연꽃을 포함하여 수많은 물풀과 물새, 온갖 물고기, 곤충, 양서류, 파충류 및 포유류가 한데 어울려서 사는 습지 생태계이기도 하다. 1998년 3월 2일에 람사르 협약에 따른 국제 보호 습지로 지정되었다. 그리고 2011년 1월 13일에는 우리나라 문화재청이 지정한 천연 기념물 제524호가 되었다.

미디어뱅크 사진

운동(motion)

시간에 따라서 물체의 위치가 변하는 일이다. 이 위치는 기준점으로부터 정해진 방향과 거리로 나타낸다. 어느 물체의 운동을 나타내려면 그 물체가 운동하는 데 걸린 시간과 위치의 변화를 말해야 한다. 곧 '무엇이 얼마의 시간 동안에 어느 기준점에서 보아 처음 위치인 어느 쪽 어디에서 나중 위치인 어느 쪽 어디까지 얼마의 거리를 운동했다'고 말한다.

운동에는 위에서 아래로 떨어지는 낙하 운동, 똑바로 나아가는 직선 운동, 휘어져 나아가는 곡선 운동,

빙그르르 도는 원 운동, 왔다갔다하는 주기 운동 따위가 있다.

운동의 형태는 속력과 함께 운동의 성질을 나타내는 중요한 요소이다. 속력에는 계속 같은 속력으로 움직이는 등속과 시간이 지날수록 더 빨라지는 가속이 있다. 위에서 아래로 떨어지는 물체나 경사면을 따라서 굴러 내리는 공은 가속 운동을 한다.

물체는 힘이 더해지지 않으면 현재의 상태를 계속해서 유지하려는 성질이 있다. 그러므로 멈추어 있는 물체가 운동을 하거나 운동하는 물체가 멈추게 하려면 힘이 필요하다. 물체가 높은 곳에서 아래로 떨어지는 까닭은 중력이라는 힘이 작용하기 때문이며, 날아가던 공이 밑으로 떨어지는 까닭은 공기와의 마찰력과 함께 중력이 작용하기 때문이다. 따라서 아무 것도 없는 진공 상태인 우주 공간에서 공을 던지면 한없이 날아간다.

이렇게 운동은 한 위치에서 다른 위치로 이동하는 일이므로 위치를 객관적으로 표시해야 한다. 그러기 위해서 좌표나 방위각을 쓴다.

달리는 아이 Hamed Saber, CC-BY-2.0

운동 에너지(kinetic energy)

움직이는 물체가 지닌 에너지이다. 선반에서 떨어지는 물체는 그 질량에 작용하는 중력이 일을 하기 때문에 점점 더 빠르게 떨어진다. 이 일로 말미암아 선반 위에 얹혀 있을 때의 위치 에너지가 움직이는 물체의 운동 에너지로 바뀐다.

움직이는 물체의 운동 에너지는 그 질량과 속력에 따른다. 물체의 질량이 2배가 되면 그 운동 에너지도 2배가 된다. 그래서 탁구공보다 야구공을 받을 때에 힘이 더 든다. 하지만 움직이는 물체의 속력이 2배가 되면 그 운동 에너지는 4배가 된다. 즉 운동 에너지는 속력의 제곱에 비례하는 것이다. 따라서 브레이크를 밟더라도 시속 100km로 달리던 자동차는 시속 50km로 달리던 자동차보다 4배나 더 멀리 가서 멈춘다.

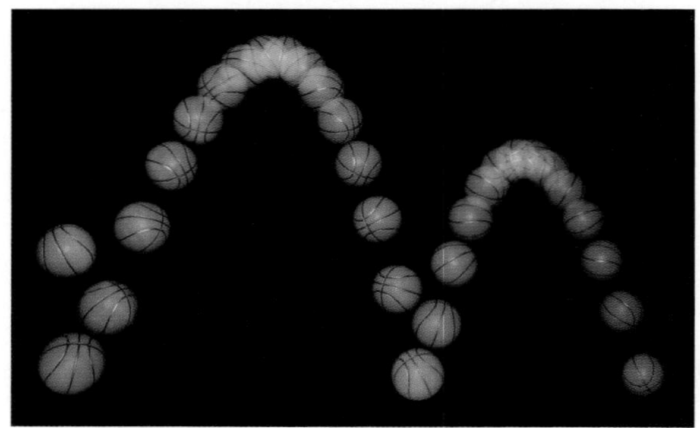

떨어졌다 다시 튀오오르는 공
MichaelMaggs Edit by Richard Bartz, CC-BY-SA-3.0

원생 생물(protist)

현미경으로나 볼 수 있을 만큼 아주 작은 생물 무리를 일컫는 이름이다. 대개 세포 한 개로 이루어졌으며 핵과 세포 기관을 갖추었다. 이것들은 흔히 아주 원시적인 식물인 조류이거나 원시적인 동물인 편모충이지만 더러 유글레나처럼 식물인 것 같기도 하고 동물인 것 같기도 한 것이 있다.

세포 한 개 또는 여러 개로 이루어진 조류와 세포 한 개로 이루어진 몇 가지 편모충은 녹색 색소가 있어서 햇빛 에너지를 이용하여 스스로 영양분을 만든다. 그러나 거의 모든 편모충은 녹색 색소가 없으므로 스스로 영양분을 만들지 못하고 다른 원생 생물이나 박

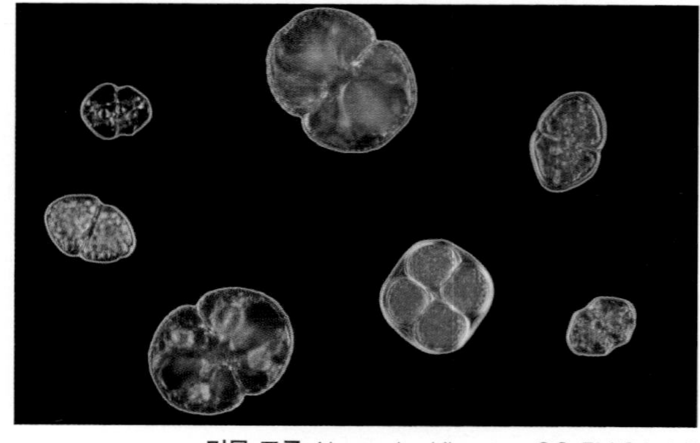

민물 조류 Alexander Klepnev, CC-BY-SA-4.0

테리아를 잡아먹어야 살 수 있다.

거의 모든 원생 생물은 세포 분열로 번식한다. 그러나 몇 가지는 유성 생식을 하기도 한다.

원숭이(monkey)

사람과 비슷한 포유류이다. 네 발 짐승이지만 많은 종류가 뒷발로 걸을 수 있으며, 앞발은 사람의 손과 비슷해서 엄지손가락과 집게손가락으로 물건을 쥘 수 있다. 머리뼈의 모양이 사람의 것과 비슷해서 얼굴 모습이나 표정도 닮았다. 따라서 처음으로 진화론을 주장한 찰스 다윈은 사람과 원숭이가 같은 조상에서 진화했을 것이라고 생각했다.

원숭이는 종류가 아주 많아서 200 가지쯤 된다. 유럽과 오스트레일리아 및 북아메리카 대륙을 빼고 세계 어디서나 산다. 숲속의 나무 위에서만 사는 것과 땅에서 사는 것들이 있다. 어떤 것들은 밤에만 활동하며 어떤 것들은 낮에 나와서 돌아다닌다.

진화된 정도도 종류마다 다르다. 고릴라, 침팬지, 오랑우탄 같은 것들은 꼬리가 없고 사람과 많이 닮았다. 그래서 유인원이라고 한다. 유인원과 함께 긴꼬리원숭이 종류와 꼬리감는원숭이 종류를 합쳐서 진원류라고 부르는데, 이것들은 발달된 원숭이들이다. 한편 발달되지 못한 원숭이 종류로 원원류가 있는데, 이것에 드는 것으로는 튜파이 종류, 안경원숭이 종류, 여우원숭이 종류 및 로리스 종류가 있다.

일본 원숭이 미디어뱅크 사진

원앙(mandarin duck)

오리 가운데 한 가지이다. 산 속의 개울이나 연못에서 사는 흔치 않은 텃새이다. 몸길이가 43cm쯤 되며, 수컷은 깃털의 색깔이 매우 아름답지만 암컷은 밋밋한 갈색이다.

물가의 큰 나무구멍에다 둥지를 틀고 새끼를 친다. 풀씨나 도토리 및 그 밖의 나무 열매를 찾아먹으며 달팽이나 작은 민물고기도 잡아먹고 산다.

미디어뱅크 사진

원유(crude oil)

땅속 깊은 데에서 나오는 끈끈한 액체로서 불이 붙는 성질이 있다. 정제하여 여러 가지 석유 제품을 만들 뿐만 아니라 온갖 화학 제품의 원재료가 되는 값진 물질이다. 아득히 먼 옛날에 지구에서 살던 동물과 식물이 땅속에 깊이 묻혀서 열과 압력에 의해 오랜 세월에 걸쳐서 분해되어 만들어졌다.

Leiem, CC-BY-SA-4.0

대개 색깔이 시커멓지만 어떤 곳에서 나오는 것은 맑은 꿀 빛깔이다. 속에 유황이 들어 있는데, 그 양은 원유가 나오는 지역에 따라서 차이가 난다. 원유는 정유 공장에서 휘발유, 등유, 경유, 중유 등으로 분리되어서 우리 생활에 널리 쓰이는 연료가 된다.

그러나 화석 연료라고도 불리는 이 석유류는 타면서 해로운 물질을 많이 내뿜어서 우리의 환경을 더럽힌다. 하지만 땅속에 묻혀 있는 양이 정해져 있으므로 곧 바닥이 나고 말 것이라는 걱정도 있다. → 석유

원자력(nuclear energy)

물질을 계속해서 작게 쪼개 나가면 분자에 이르고, 분자를 더 작게 쪼개면 원자에 이른다. 원자는 일정한 특성을 지닌 가장 작은 물질 단위이다. 원자는 원자핵과 전자로 구성되어 있으며, 원자핵은 양성자와 중성자가 핵력이라는 강력한 힘으로 결합되어 있다. 이 원자핵을 분열시키거나 융합시키면 원자에 따라서 엄청난 에너지를 내기도 하고 흡수하기도 한다. 이렇게 원자핵이 분열하는 일을 핵분열, 융합하는 일을 핵융합이라고 한다.

원자력은 핵분열이나 핵융합이 일어날 때에 생기는 엄청난 에너지를 말한다. 핵분열을 일으키는 데 쓰이는 물질은 우라늄과 플루토늄으로서 원자 폭탄이나 원자력 발전에 이용된다. 핵융합을 일으키는 데에 쓰이는 물질은 중수소이며 수소 폭탄에 이용된다.

핵분열이나 핵융합으로 생기는 열은 석탄을 태울 때의 열보다 100만 배에서 5,000만 배에 이르는 엄청난 양이다. 전쟁에서 이것을 무기로 쓰면 이기고 지는 나라 없이 인류 전체가 멸망할 위험이 있다. 그래서 핵무기의 개발과 사용을 제한하는 노력이 국제적으로 이루어지고 있다.

그러나 원자력을 평화적으로 이용하면 우리 생활에 많은 도움을 준다. 핵연료는 석유나 석탄에 견주어 더 안정적으로 공급받을 수 있으며 적은 양으로도 오랫동안 쓸 수 있다. 따라서 세계 여러 나라가 원자력 발전을 한다. 다만 발전에 쓰고 남은 핵폐기물에 해로운 방사능이 오랫동안 남아 있어서 이것을 처리하는 일이 좀 어려울 따름이다. 그밖에도 원자력은 잠수함이나 인공 위성의 연료로, 질병의 발견과 치료에, 또 소독과 같은 거의 모든 산업에 이용된다.

원자력 발전소 E.ON Kernkraft GmbH, CC-BY-SA-3.0 GFDL

원추리(daylily)

산과 들의 축축한 땅에서 자라는 여러해살이풀이다. 사방으로 뻗은 뿌리에서 봄에 순이 나와서 자란다. 좁고 긴 잎이 아래로 휘며, 잎 사이에서 꽃대가 나와서 1m쯤 자란다. 이 꽃대는 끝에서 여럿으로 갈라지고 6~7월에 등황색 꽃이 하나씩 달려서 핀다. 꽃은 지름이 10cm가 넘도록 크다. 긴 꽃잎이 6장씩인데 조금씩 뒤로 말린다.

미디어뱅크 사진

원추리는 꽃이 예뻐서 공원이나 길가의 꽃밭에 많이 심는다. 키나 꽃의 크기 및 색깔이 조금씩 다른 몇 가지 종류가 있다.

위(stomach)

먹은 음식물이 모이는 소화 기관이다. 사람의 위는 양쪽 갈비뼈 사이에서 왼쪽으로 조금 치우친 곳에 있다.

위는 주머니처럼 생겨서 음식물을 많이 모아둘 수 있다. 그리고 안쪽 벽에 주름이 많다. 여느 때에는 주름져 있지만 음식물이 많이 들어오면 부풀면서 주름이 펴진다. 입에서 잘게 부서진 음식물이 식도를 지나서 위로 들어가면 위벽에서 위액이 나오고 위 전체가 꿈틀거려서 위액과 음식물이 잘 섞인

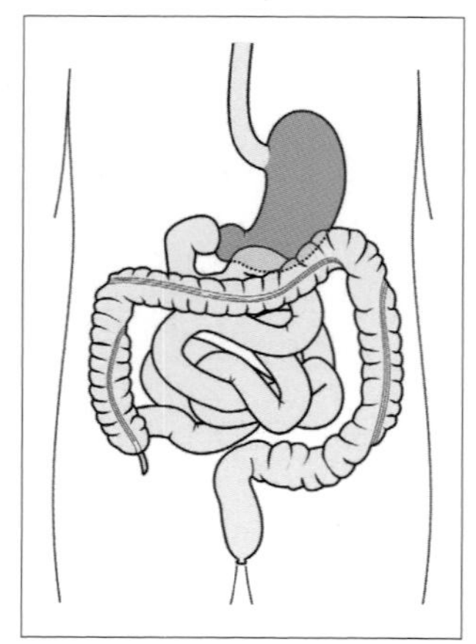

Olek Remesz, CC-BY-SA-2.5

다. 위액은 강한 산성 액체여서 세균을 죽이고 단백질을 분해한다.

들어온 지 다섯 시간쯤이면 음식물이 분해되어서 죽처럼 된다. 그러면 십이지장이라고도 하는 샘창자와 연결된 문이 가끔 열려서 음식물이 조금씩 샘창자로 내려간다. 위도 단백질로 이루어져 있으므로 위액에 의해 소화될 법하지만 건강한 위의 벽에는 염산에 견딜 만한 막이 있기 때문에 소화되지 않는다. 위에서는 주로 소화가 이루어지지 영양분이 흡수되는 일은 거의 없다. 어른의 위에는 모두 1,500㎤쯤 되는 음식물이 들어간다. → 소화 기관

위궤양(gastric ulcer)

위의 점막이 상해서 헌 것이다. 흔히 헬리코박터 파일로리균이나 스테로이드계가 아닌 소염제의 사용 및 흡연 등으로 말미암아 생긴다. 증상은 배가 아픈 것인데 음식을 먹고 나서 더 아파진다. 아픔의 정도는 사람에 따라서 더 하거나 덜 할 수 있다. 또 트림을 하거나 토하며 식욕을 잃을 수 있다. 그밖의 합병증으로는 위에 구멍이 나거나 피를 흘리는 일이다. 피를 많이 흘리면 당연히 환자가 빈혈이 된다.

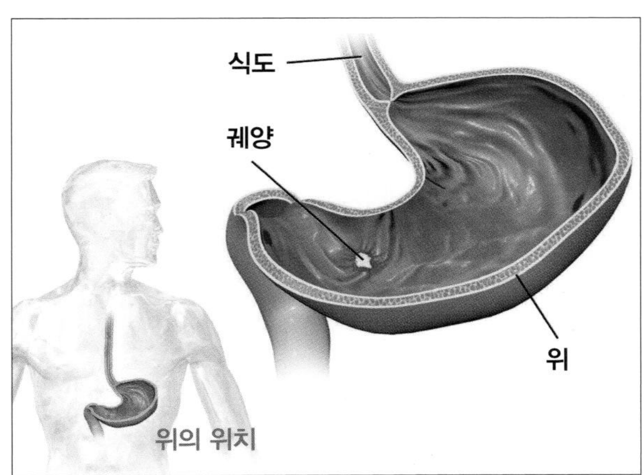

BruceBlaus, CC-BY-SA-4.0

위도와 위선(latitude and latitudinal line)

지구는 자전축을 중심으로 돈다. 이 자전축이 뚫고 지나는 것으로 생각되는 두 지점이 지리적인 남극과 북극이다. 또 남극과 북극 사이의 중간 지점을 따라서 지구의 둘레에 가로로 그은 선이 적도이다. 실제로 있는 선이 아니라 위치를 찾기에 편리하도록 지도나 지구의 위에 나타낸 선이다.

이 적도와 나란히 지구의 둘레를 따라서 그은 선들이 위도이다. 적도의 위도는 0°이며, 두 극 지점은 각각 북위 90°와 남위 90°이다. 따라서 위도는 모두 지구 위의 어느 곳이 적도로부터 남쪽 또는 북쪽으로 얼마나 멀리 떨어져 있는지 나타내 준다.

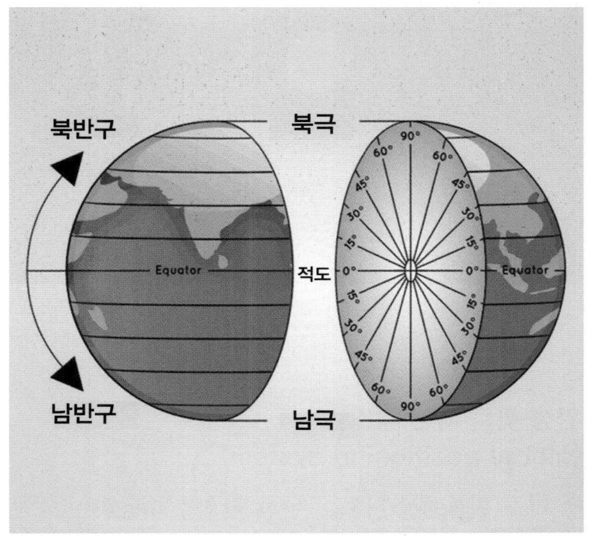

Bharat Choudhary, CC-BY-SA-4.0

위산(gastric acid)

염산, 염화칼륨, 염화나트륨 등이 한데 어울려서 위 속에서 만들어진 소화액이다. 이 소화액은 산성이어서 소화 효소를 활성화시켜 아미노산의 긴 사슬을 깨뜨리게 함으로써 섭취된 단백질이 소화되게 한다.

위 안벽의 세포에서 분비되는 위산은 필요에 따라 그 양이 조절된다. 그러나 위의 다른 세포들은 염기인 중탄산염을 분비해서 위액의 산성이 너무 강해지지 않도록 중화시킨다. 이 세포들은 또 점액을 분비해서 위벽에 점막을 형성하여 위산으로 말미암아 위가 상하지 않게 돕는다.

위성(natural satellite)

달은 지구의 둘레를 돈다. 달처럼 행성의 둘레를 도는 천체를 위성이라고 한다.

태양계의 행성 8개 가운데 수성과 금성을 뺀 나머지 6개에 위성이 있다. 화성은 위성이 둘이므로 달이 2

개 있는 셈이다. 그런가 하면 목성은 79개, 토성은 62개, 천왕성은 27개, 해왕성은 14개의 위성이 있다. → 태양계

목성과 큰 위성 넷(이오, 유로파, 가니메데, 칼리스토)
NASA/JPL, Public Domain

위성 위치 확인 시스템 (global positioning system)

인공 위성에서 나오는 무선 신호를 이용하여 지구 위의 위치를 확인하는 체계이다. 이 신호는 누구든지 조그만 수신기만 있으면 받아 쓸 수 있으며 몇 가지 개인용 휴대 전화기나 사진기에도 이 수신기가 들어 있다. 가장 흔히 또 가까이 볼 수 있는 이 체계는 자동차에 달린 길 찾기 도우미, 곧 내비게이션이다.

위성 위치 확인 시스템은 적어도 인공 위성 24~30개가 모여서 한 체계를 이룬다. 이 위성들은 2만 200km 높이에서 6개의 궤도를 따라 지구를 돌고 있다. 그래서 지구 위 어디서나 바로 우리 머리 위에 인공위성이 8개까지 떠 있는 셈이 된다.

USAF, Public Domain

이 위성들은 저마다 제 위치와 시각을 정확히 신호로 알려 준다. 수신기는 적어도 셋 이상의 위성에서 오는 이 신호를 이용하여 제가 있는 자리의 위도, 경도, 고도 및 시각을 계산해낼 수 있다. 그러나 실제로 위성 위치 확인 시스템의 수신기는 적어도 넷 또는 그 이상의 위성에서 오는 신호를 이용해 제 위치를 판단한다. 따라서 보통 오차가 10m 안쪽인데, 특별한 기술을 이용하면 이 오차가 1cm도 안될 만큼 정확해진다.

위성 위치 확인 시스템은 미국 국방부가 1970년대부터 개발하여 1995년에 완성했다. 그래서 지금도 미국군이 관리하며 모든 신호를 정밀 주파수와 표준 주파수 두 가지로 내보낸다. 이 두 가지 가운데 표준 주파수 신호는 온 세계 누구나 무료로 받아서 쓸 수 있게 개방되어 있다. 그래서 상업용 측량, 지도 제작 및 항법 등에 널리 쓰인다. 따라서 오늘날에는 어느 비행기, 배 또는 자동차든지 이것 없이는 제 갈 길을 찾지 못할 지경에 이르렀다.

위염(gastritis)

위의 안벽에 생긴 염증이다. 급성 또는 만성 위염이 있는데, 증상은 거의 없거나 있더라도 대개 윗배가 좀 아프다. 그밖에 구역질이 나거나 토하며 밥맛을 잃을 수도 있다.

위염을 일으키는 원인은 헬리코박터 파일로리균, 비스테로이드계 항염제, 술, 담배, 심한 질병 등이다. 오늘날 세계 인구의 반쯤이 위염에 걸리는 것으로 생각되는데, 이런 원인들을 멀리하면 미리 막을 수 있다. 또 위염에 걸렸더라도 제산제나 항생제 및 그밖의 여러 가지 약품으로 치료할 수 있다.

위치 에너지(potential energy)

일정한 높이에 있는 물체에 들어 있는 에너지로서 가장 기본적인 에너지 가운데 하나이다. 이것은 물체가 움직이지 않고 가만히 있으면 나타나지 않으므로 저장되어 있는 에너지라고도 할 수 있다.

예를 들어서, 땅바닥에 있는 공을 집어 들면 그 공

에 위치 에너지가 생긴다. 그러나 공을 놓으면 그것이 떨어지면서 운동 에너지를 낸다. 공에 저장된 위치 에너지가 운동 에너지로 바뀌는 것이다. 이런 위치 에너지를 이용하는 예가 수력 발전이다. 댐에 가둔 호수의 물을 큰 관을 통해서 아래로 떨어뜨려 그 힘으로 커다란 발전기를 돌리는 것이다.

그네를 타는 어린이는 잠깐 위치 에너지를 지녔다가 곧 운동 에너지를 갖는다 Timo Newton-Syms, CC-BY-SA-2.0

유글레나(euglena)

세포 한 개로 이루어진 아주 작은 생물이다. 대개 길쭉한 원뿔처럼 생겼으며 길이가 고작 0.025~0.254mm밖에 안 된다. 거의 다 작은 웅덩이나 개울 같은 민물에서 살지만 더러 육지 안으로 들어온 잔잔한 짠물에서 사는 것도 있다.

온 세계에 약 150 가지가 있는데 거의 다 녹색 식물처럼 녹색 색소가 있어서 태양 에너지를 이용하여 광합성 작용을 해 영양분을 만든다. 이런 점에서는 식물과 같지만 다른 한편으로는 편모가 있어서 이것으로 헤엄을 치며 몇몇은 미세한 생명체를 잡아먹는다. 또, 눈 구실을 하는 안점이 있어서 이것으로 빛을 감지하고 햇빛이 비치는 데로 헤엄쳐 간다. 따라서 유글레나는 식물과 동물 사이의 어정쩡한 자리에 놓여 있다고 볼 수 있다.

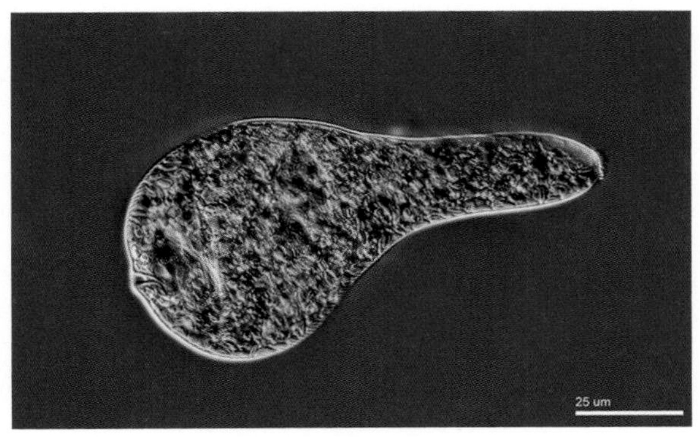

Rogelio Moreno, CC0 1.0 Public Domain

잘 자라고 번식하므로 과학실에서 실험 관찰에 많이 이용된다. 자연에서는 봄과 여름에 크게 번식하여 수면을 온통 초록색으로 뒤덮기도 한다.

유기(brassware)

놋쇠로 만든 물건이나 그릇이다. 놋쇠는 구리에다 아연이나 주석 등을 섞은 합금으로서 먼 옛날에 사람들이 처음으로 만든 합금인 청동과 비슷하다.

옛날에는 한동안 놋쇠가 가장 손쉽게 쓸 수 있는 쇠였다. 그래서 숟가락과 젓가락부터 밥그릇, 술잔, 주전자, 세숫대야, 요강 등은 물론이고 종, 징, 꽹과리까지 놋쇠로 만들었다. 그리고 이런 물건들을 두루 유기라고 불렀다.

놋쇠는 합금에 넣는 금속의 비율에 따라서 품질이 달라지는데, 가장 좋은 유기그릇 재료로는 구리 78%와 주석 22%라고 한다. 이것을 쇳물로 녹여서 틀에 부어 식히면 만들려는 물건의 모습이 갖춰진다. 그러나 먼저 일정한 크기의 쇳덩이로 만든 다음에 쇳덩이 하나하나를 불에 달구어 망치로 두들겨서 그릇을 만드는 방법도 있다. 이렇게 만든 유기를 방짜라고 부른다.

유기그릇은 음식에 들어 있는 몇몇 병원균과 해로운 미생물을 죽이는 성질이 있다. 또, 음식물의 온도를 따뜻하거나 찬 그대로 오랫동안 지켜 주는 효과도 있다. 그러나 쉽게 푸른 녹이 슬기 때문에 자주 깨끗이 닦아 주어야 하는 단점이 있다.

유기 농법(organic farming)

인구가 불어나고 산업이 발전하면서 점점 더 많은 식량과 농산물이 필요해졌다. 그러나 같은 땅에서 더 많은 농산물을 생산하려면 비료와 살충제 및 제초제 따위 화학 물질을 더 많이 쓸 수밖에 없다. 그러다 보니 땅이 점점 산성화되고 황폐해져서 더 많은 화학 물질을 써야만 하는데, 이것이 곧 사람과 모든 생물에게 독이 된다.

그래서 이제는 화학 비료와 농약 및 제초제 따위 화

학 물질을 전혀 쓰지 않고 농사를 지으려고 힘쓰게 되었다. 거름으로 퇴비나 천연 광물만 쓰며, 농약 대신에 미생물이나 천적으로 해충을 몰아내자는 것이다. 이렇게 하면 힘이 더 들 뿐만 아니라 시간도 더 걸리지만 환경을 보존할 수 있을 뿐더러 훨씬 더 깨끗한 농산물을 생산할 수 있다. 따라서 우리의 건강도 지킬 수 있게 된다. 이렇게 자연과 가장 친한 방법으로 농사를 짓는 일이 유기 농법이다.

여러 가지를 섞어 심은 유기 농법 채소 밭
Hajhouse, Public Domain

유리(glass)

맑고 투명해서 빛을 잘 통과시키는 물질이다. 유리창에 많이 쓰인다. 또한 구슬, 병, 그릇 등 헤아릴 수 없이 많은 물건을 만드는 데에도 쓰인다. 유리가 없는 세상을 상상해 보라. 유리가 귀하던 옛날에는 한옥의 창문을 모두 한지로 발랐다. 따라서 문을 열지 않고는 밖을 내다 볼 수 없었다.

유리는 비교적 값싸게 만들 수 있다. 석영 알갱이로 이루어진 모래인 규사에 탄산소다와 탄산석회를 섞어서 뜨거운 열로 녹였다가 식히면 유리가 된다. 따라서 액체 유리를 납작한 판으로 뽑아내서 식히면 판유리가 되며, 틀에 넣어서 식히면 여러 가지 모양의 그릇이나 물건이 된다. 긴 대롱 끝에다 아직 굳지 않아서 말랑말랑한 유리 덩이를 묻혀서 바람을 불어 넣으면 속이 빈 병이 된다. 이것을 틀에다 넣고 불면 틀의 모양대로 병이 만들어진다. 유리는 또 실처럼 가늘게 뽑아내서 섬유를 만들 수 있다. 유리 섬유는 플라스틱과 섞으면 아주 단단해지므로 배나 자동차를 만드는 데에 쓰인다.

유리창
KreatorLA, CC-BY-SA-4.0

유리는 단단해서 고체처럼 보이지만 사실은 고체가 아니다. 고체는 결정체로 이루어지는데 유리는 그러지 않기 때문이다. 유리는 차라리 지나치게 굳은 액체로 볼 수 있다. 단단한 유리에 열을 가하면 점점 물러지다가 이윽고 액체가 된다.

투명할 뿐만 아니라 물이나 공기를 통과시키지 않는 유리는 전기가 통하지 않는 절연체이며 보통의 산이나 알칼리에도 상하지 않는다. 또 특수한 물질을 섞어서 만들면 열에 잘 견디거나 아주 질긴 유리가 되며 색깔이 든 유리가 되기도 한다.

유리 세정제(glass cleaner)

창유리나 거울 등의 표면을 닦는 일에 쓰는 세제이다. 대개 푸른 색깔의 용액인데 통 속에 든 것을 분무기로 뿜어서 쓰도록 되어 있다.

유리 세정제는 비눗물처럼 만지면 미끈미끈한 염기성 용액이다. 따라서 그 속에 붉은색 리트머스 종이를 넣으면 색깔이 푸르게 변한다. 그러나 페놀프탈레인 용액을 넣으면 색깔이 붉게 변한다.

미디어뱅크 사진

유리창나비(*Dilipa fenestra*)

네발나비과에 딸린 나비이다. 활짝 편 날개의 길이가 6cm 안팎이며 날개의 끝에 길둥그런 작고 투명한 무늬가 있어서 마치 유리창이 달린 것 같아 보인다. 앞날개의 끝과 뒷날개의 바깥 가장자리에 검은 무늬가 있는데 날개의 윗면 바탕색이 수컷은 누렇지만 암컷은 어두운 갈색이다.

한 해에 한 번 4월부터 6월 사이에 번데기에서 나비가 나오는데 대개 낮은 산기슭의 개울가나 숲 속의 탁 트인 곳에서 볼 수 있다. 수컷은 개울가나 억새 위에서 나풀나풀 날아다니며 날개가 햇빛을 받아 붉게 빛난다. 암컷은 흔히 아침 10시쯤과 오후 4시쯤에 냇가에서 물을 먹지만 보통 때에는 눈에 잘 띄지 않는다. 먹이는 주로 참나무나 단풍나무 등의 나뭇진이다.

애벌레는 팽나무나 느릅나무 등의 잎을 갉아먹고 산다. 그리고 다 자라면 입에서 실을 뿜어내 나뭇잎을 엮어서 고치를 짓고 그 속에서 번데기가 되어 겨울을 난다. 유리창나비는 우리 한반도와 중국의 동북부 지방에서 사는 곤충이다.

Leech, John Henry, 1862-1900, Public Domain

유조선(oil tanker)

대개 원유를 실어 나르는 배이다. 유전에서 뽑아 올린 원유를 가득 싣고 바다를 건너서 정유 공장으로 가져간다. 그러나 정유 공장에서 만든 여러 가지 석유 제품을 실어 나르는 것도 있다.

유조선은 바깥벽을 튼튼한 강철판으로 감쌀 뿐만 아니라 원유를 싣는 짐칸의 벽도 모두 강철판으로 만든다. 짐칸은 싣고 다니는 원유가 너무 출렁이지 않도록 여러 칸으로 나뉘어 있다. 또 배의 뒷부분에 자리 잡은 기관실 따위는 원유를 싣는 짐칸과 강철 벽으로 완전히 나뉘어 있다.

유조선은 덩치가 커 원유를 많이 실을수록 운반 비용이 덜 든다. 그래서 점점 더 큰 것을 만들게 된다. 지금까지 만들어진 가장 큰 유조선은 길이가 458m요, 폭이 69m이며, 55만t의 원유를 실을 수 있는 것이다. 이 배에 원유를 가득 실으면 물속에 잠기는 배의 높이만 24m나 된다고 한다.

그런데 크다고 늘 좋은 것은 아니다. 배가 너무 크면 수에즈나 파나마 같은 운하를 지날 수 없어서 먼 길로 돌아가야 하며 얕은 바다도 지나갈 수 없다. 그래서 요즘에는 주로 30만t쯤 실을 수 있는 것을 만들어 쓴다.

유조선이 원유를 많이 싣고 바다 위로 떠다니다 보니 사고나 그밖의 까닭으로 바닷물을 오염시키는 일이 잦았다. 그래서 세계 여러 나라는 이런 일을 막으려고 많은 노력을 기울인다. 유조선의 바깥벽을 두 겹으로 만들어서 사고가 나더라도 원유가 덜 쏟아지게 하거나 어쩌다 쏟아진 원유를 더 잘 제거할 방법을 연구하는 것이다.

바다 유전에서 원유를 싣고 있는 유조선 U.S. Navy, Public Domain

유채(oilseed rape)

이른 봄에 색깔이 노랗고 꽃잎이 4장인 꽃이 많이 피는 한해살이풀이다. 꽃이 지고 나면 속에 씨가 들어있는 꼬투리가 주렁주렁 열리는데, 이 씨가 여물면 거두어서 기름을 짠다.

자라면서 사방으로 가지를 많이 뻗으며, 다 자라면 줄기의 키가 80~150cm에 이른다. 초록색 잎은 대나무의 잎처럼 가늘고 길며 끝이 뾰족하다. 본디 스칸디나비아 반도에서 시베리아에 이르는 북쪽 지방에서 자라던 풀이다. 평지라고도 한다.

미디어뱅크 사진

육지(land)

물에 잠기지 않은 지구의 표면이다. 온 지구 표면의 29%쯤 된다. 오늘날에는 이 육지가 6개의 대륙으로 나뉘어서 흩어져 있다. 그러나 2억 8,000만 년쯤 전에는 아주 커다란 대륙 한 개로 뭉쳐 있었다. 이것을 초대륙 또는 판게아라고 부른다.

그 뒤 지각의 운동으로 말미암아 차츰 나뉘어서 아주 오랜 세월에 걸쳐서 조금씩 움직여 6,500만 년쯤 전에 오늘날과 같은 모습이 되었다. 하지만 지금도 대륙의 이동은 계속되고 있다. 해마다 몇 센티미터씩 태평양은 좁아지며 대서양이 넓어진다. 그리고 오스트레일리아는 아주 조금씩이나마 북쪽으로 옮겨간다.

육풍(land breeze)

바닷가 지방에서 날씨가 좋은 날 밤에 육지에서 바다 쪽으로 부는 바람이다. 낮에 똑같이 햇볕을 받았더라도 밤에는 땅보다 바닷물이 더 느리게 식기 때문에 땅 위보다 바다 위의 공기 온도가 더 높다.

그래서 따뜻한 바다 위의 공기가 위로 떠오르고 육지의 서늘한 공기는 그 자리를 메우려고 바다 쪽으로 옮겨간다. 이런 공기의 이동이 육지에서 바다로 부는 바람, 곧 육풍이다. 그러나 바다에서 육지로 부는 해풍에 견주어서 육풍은 힘이 약하고 규모도 작다.

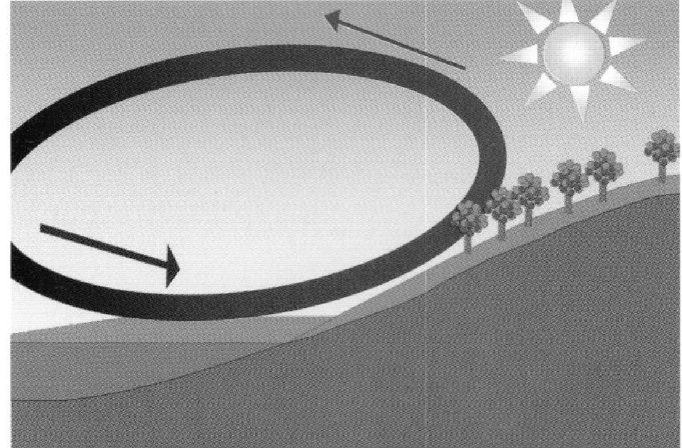

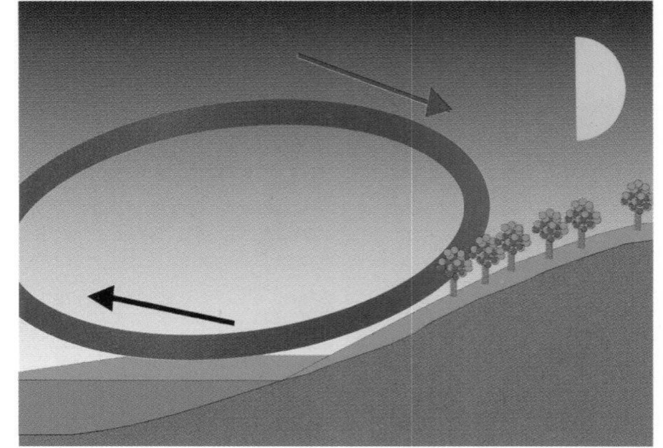
해풍과 육풍 Corso, CC-BY-SA-3

은(silver)

푸른빛이 돌 만큼 하얀 금속이다. 금과 더불어 옛날부터 귀금속으로 여겨져 왔다. 물러서 쉽게 구부러지며 두드리면 얇게 펴진다. 그래서 왕관, 귀걸이, 목걸이, 팔찌, 반지 같은 창신구를 만드는 데에 많이 쓰였으며, 수천 년 전부터 세계 곳곳에서 돈으로도 쓰였다.

은 자체는 너무 무르지만 구리 같은 다른 금속과 잘 섞이므로 합금을 만들어서 숟가락이나 그릇 등을 만든다. 또한 값싼 금속에다 입혀서 은처럼 보이게 하는 도금에도 많이 쓰인다. 전기도 아주 잘 통하기 때문에 여러 가지 중요한 전기 제품에 쓰이며, 사진 필름에 바르는 화학 약품에도 많이 들어간다.

은은 멕시코, 미국, 러시아, 캐나다, 페루 같은 나라에서 많이 난다.

전기 분해로 만든 은 결정 Alchemist-hp, CC-BY-SA-3.0 de

은박지(silver foil)

본디 은을 종이처럼 얇게 편 것이나 은을 바른 종이를 일컫는 말이다. 그러나 요즘에는 값이 비싼 은 대신에 알루미늄을 바른 종이나 얇게 편 알루미늄 판, 곧 알루미늄박을 흔히 은박지라고 부른다.

은이나 알루미늄은 깨끗할 뿐만 아니라 잘 상하지 않기 때문에 은박지는 귀한 물건이나 음식물의 포장에 많이 쓰인다.

고대 유물에서 벗겨진 은박 조각
Portable Antiquities Scheme, CC-BY-2.0

은어(ayu sweetfish)

우리나라 모든 바닷가와 하천에서 사는 물고기이다. 이웃나라 일본, 중국 및 대만에서도 산다. 몸길이가 15cm쯤 되는 은빛 물고기이지만 등은 회갈색이다. 그러나 수컷은 알을 낳을 때가 되면 검은색이 짙고 아가미 밑에 붉은색 무늬가 뚜렷해진다. 은어들은 해마다 8~10월 사이에 무리지어 알을 낳은 후 거의 다 죽는다.

알에서 깬 새끼들은 곧 하천에서 내려가 가까운 바다에서 동물성 먹이를 먹으며 자란다. 그러다 이듬해 봄에 하천을 거슬러 오르며 돌 등에 붙은 이끼류를 먹고 산다. 따라서 봄부터 초여름까지는 하천에서 잡을 수 있지만 알을 낳을 때인 8월 중순~10월 중순에는 잡으면 안 된다.

미디어뱅크 사진

은행나무(ginkgo tree)

가을에 잎이 노랗게 물들어서 떨어지는 갈잎큰키나무이다. 5월쯤에 새잎이 돋고 아주 작은 꽃도 핀다. 암꽃은 초록색이며 수꽃은 흰색이다. 잎이 긴 가지에서는 어긋나며, 짧은 가지에서는 3~5개씩 빽빽이 어긋나서 마치 무리지어 난 것처럼 보인다. 펼친 부채처럼 생긴 잎은 대개 가운데가 조금 갈라져 있지만 여러 개로 불규칙하게 갈라진 것도 있다.

암그루와 수그루가 따로 있어서 한 그루만으로는 꽃가루받이가 이루어지지 않는다. 바람의 힘으로 꽃가루받이가 되고 나면 열매가 맺힌다. 은행이라고 하는 이

미디어뱅크 사진

열매의 겉껍질은 무르고 고약한 냄새가 나는데 피부에 닿으면 염증을 일으킨다. 그러나 이 겉껍질 안에 든 딱딱한 껍데기 속의 알맹이는 식품이나 한약재로 많이 쓰인다.

나무는 꺾꽂이로도 번식하며 수명이 길다. 키가 60m까지 자라며 잎이 무성하고 보기에도 좋다. 또 병에 걸리지 않으므로 가로수나 정원수로 많이 심는다. 목재도 단단해서 쓸모가 많다. 은행나무는 지난 1억 년 동안 그 성질이 거의 변하지 않아서 살아 있는 화석이라고도 한다.

음료수(soft drink)

흔히 이산화탄소를 녹인 물에다 독특한 맛과 향을 더한 것이다. 맛이 시원하고 산뜻해서 청량음료수 또는 탄산음료수라고도 한다. 가장 흔한 것으로 사이다나 콜라가 있으며, 그 밖에도 여러 가지 과일맛과 향을 내는 것들이 있다.

물에 녹은 이산화탄소는 공기 방울을 일으키며 솟아나와 마시면 시원한 느낌을 준다. 단맛을 내는 것은 설탕이나 사카린 등이다. 독특한 맛과 향은 과일이나 식물의 잎, 껍질 또는 뿌리로 만든 것이 많지만 인공적으로 만든 것도 많다. 시큼한 맛은 흔히 시트르산이나 인산을 넣어서 만들어낸다. 맛과 향뿐만 아니라 색깔도 흔히 만들어낸 것이다.

음료수 The Photographer,

청량 음료수는 주로 1960년대부터 많이 나왔다. 맛과 향이 독특한 음료수를 사람들이 좋아하게 되었기 때문이다. 처음에는 사이다뿐이었지만 차츰 그 종류가 많아졌다. 이제는 저마다 쓰임새가 다른 음료도 많다. 이를 테면, 운동을 하고 나서 마시면 수분이 몸에 빠르게 흡수되게 하는 이온 음료나 비타민을 조금 넣은 비타민 음료 등이다.

음식물(food and drink)

사람이 먹고 마시는 것들이다. 거의 다 식물이나 동물에서 얻는다.

원시인들은 처음에는 무엇이나 날로 먹었다. 그 뒤에 불을 쓸 줄 알면서 익혀 먹게 되었다. 그러나 오늘날 우리는 잘 손질하고, 요리하고, 보기도 좋게 꾸민 음식을 먹고 산다.

음식은 사람이 살아가기에 꼭 필요한 것이다. 활동할 힘을 주고, 몸을 따뜻하게 해 주며, 건강을 지켜 주기 때문이다. 음식에는 단백질, 탄수화물, 지방, 무기질, 비타민이라는 5 가지 영양소가 모두 들어 있어야 한다. 따라서 음식을 고루 먹는 것이 건강하게 사는 지름길이다.

우리가 먹는 음식을 크게 나누면 한식과 양식이 있다. 한식은 옛날부터 우리가 먹어 온 음식이다. 먼 옛날 우리 조상들은 수수, 조, 보리 등을 가꾸어서 잡곡밥을 해 먹고 살다가 차츰 벼농사가 널리 퍼지자 쌀밥을 먹게 되었다.

바다에서 생선, 해초, 소금 등을 얻었으며, 산에서 도라지, 더덕, 취 같은 산나물을 찾아 반찬을 만들어 먹었다. 더 맛있고 영양분이 많은 음식을 만들려는 노력도 많았다. 그 중에서 뛰어난 것이 김치나 장을 담그는 일이다. 김치를 만들어서 겨울에도 채소를 먹는 것이나 콩으로 메주를 쑤어서 간장과 된장을 담그는 지

여객기의 기내식 JonoFromCBR,

혜는 오늘날까지 이어지고 있다.

그러나 100년쯤 전부터 외국 사람들이 드나들면서 여러 가지 외국 음식과 그 요리법이 들어왔다. 따라서 우리가 먹는 것도 많이 달라졌다. 오늘날에는 우리의 전통 음식이 아닌 것이 아주 많다. 특히 바쁜 생활에서 쉽고 빠르게 먹을 수 있는 서양 음식이 많은데, 이런 것만 먹으면 건강을 해칠 수도 있다.

음식은 계절이나 고장에 따라서 조금씩 다르다. 대체로 여름에는 시원한 것을 많이 먹고, 겨울에는 따뜻한 것을 많이 먹는다. 요즘에는 곡식이나 채소로 만든 것뿐만 아니라 생선이나 고기로 만든 음식과 가공 식품도 많이 먹는다. 병이나 깡통에 담은 것, 종이로 싼 것, 말리거나 얼린 것 등 가게에서 사다가 먹는 음식이 많다. 그러나 내다 팔려고 만든 음식에는 건강에 좋지 않은 것이 더러 있다. 그래서 요즘에는 과학의 힘을 빌어서 더 깨끗하고 맛있으며 영양분이 많을 뿐만 아니라 오래 저장할 수 있는 식품을 개발하려고 애쓴다. → 영양소

응결(condensation)

추운 겨울날이면 밖으로 통하는 유리창에 물방울이 맺히고 물이 흐르는 것을 볼 수 있다. 이것은 방 안 공기에 들어 있는 수증기가 찬 유리창과 만나서 작은 물방울로 뭉치기 때문이다.

이렇게 기체인 수증기가 액체인 물로 상태가 변하는 현상을 응결이라고 한다. 추운 날 바깥에서 볼 수 있는 입김도 같은 현상으로 생긴다. 우리 숨 속의 수증기가 찬 공기와 만나서 응결해 작은 물방울이 되는 것이다.

찬 물병에 맺힌 물방울 User:Acdx, CC-BY-SA-3.0 GFDL

의학(medical science)

의학 책 동의 보감 미디어뱅크 사진

우리는 다치거나 병에 걸리면 병원에 가서 치료를 받는다. 병원에서는 의사가 약을 주거나, 주사를 놓거나, 수술을 해 준다. 한방 병원에서는 약을 짓거나, 침을 놓거나, 뜸을 떠서 치료한다. 이와 같이 병을 고치고 건강하게 사는 방법을 연구하는 학문이 의학이다.

사람은 먼 옛날부터 상처나 질병 때문에 고통을 받아 왔으며 아울러 그런 고통을 치료하는 방법을 찾으려고 노력해 왔다. 원시 시대에는 몸에 나쁜 귀신이 들어와서 병이 난다고 생각했으므로 기도나 굿으로 병을 고치려고 했다. 그러나 점차 사람 몸의 구조와 움직이는 원리 및 병을 일으키는 원인들이 밝혀지면서 의학이 발달했다.

동양과 서양에 따라서 사람의 몸에 대한 생각이 달랐기 때문에 의학도 서로 다르게 발달했다. 동양 의학에서는 사람의 몸을 작은 우주로 생각하고 그에 따라서 질병의 원인과 치료 방법을 찾으려고 했다. 그리고 온몸의 조화가 잘 이루어지지 않으면 병이 나며, 그 조화를 되살리면 병을 고칠 수 있다고 믿었다. 그래서 아픈 곳만 고치는 수술보다는 몸속 기의 흐름을 활발하게 하려는 침과 뜸이 발달했으며, 약도 자연에서 나는 약초를 중심으로 발달했다.

그러나 서양 의학에서는 사람의 몸을 과학적으로 분석하여 그 구조를 밝히고, 병을 일으키는 직접적인 원인을 찾으려고 애썼다. 그래서 치료 방법으로서 고통의 원인을 없애는 수술이 발달했으며, 병이 난 곳의 세균을 죽이거나 필요한 성분을 공급하는 약이 발달했

다. 오늘날에는 과학의 발달에 힘입어서 서양 의학이 크게 발달했지만, 최근에 들어서 동양 의학에 대한 연구도 활발하게 이루어지고 있다.

우리나라에서는 전통적으로 동양 의학이 발달했다. 우리나라에 동양 의학이 들어온 때는 기원전 2세기쯤으로 생각된다. 우리나라의 의학은 중국 의학과 함께 발달했으며, 각 시대의 왕실에는 의학 관련 기관이 있었다. 백제 시대에 이미 의학 박사나 약사가 있었으며, 통일신라 시대에는 의학을 가르치는 교육 기관도 있었다. 고려 시대에는 의약과 치료를 맡은 국립 기관인 태의감이 설치되었으며, 조선 시대에는 제생원이나 혜민국이 의료를 맡았다.

우리나라 의학의 역사에서 가장 위대한 인물로 꼽히는 사람은 허준이다. 그는 중국에서 발달한 동양 의학에다 우리나라의 토양과 약초를 연구한 결과를 합쳐서 우리 체질에 맞는 의학을 발전시켰다. 그가 쓴 〈동의보감〉은 우리나라에서 가장 훌륭한 의학 책으로 여겨져 왔으며 중국과 일본에도 전해졌다.

허준 이후에는 이렇다 할 우리 의학의 발전이 없다가 서양 의학이 들어왔다. 서양 의학은 1645년쯤에 처음으로 소개되었지만, 1877년에 일본 사람들이 부산에다 서양식 병원인 제생의원을 세우면서 제대로 보급되기 시작했다. 그 뒤 주로 일본 사람들에 의해 전국에 병원이 생겼으며, 1885년에는 미국인 의사 알렌이 건의하여 국립 병원인 광혜원이 설립되었다. 그 시기에 지석영이라는 이가 종두법을 보급하여 그 시절에는 무서운 병이던 천연두의 예방에 크게 이바지했다.

광혜원은 얼마 뒤에 이름이 제중원으로 바뀌었다가 1894년에 문을 닫았다. 1907년에 이르러 환자를 서양 의학으로만 진료한 대한의원이 세워지고, 1909년에는 도립 병원격인 자혜 의원이 설립되었다. 민간 의료 기관도 세워졌다. 1894년에 왕립 병원이 문을 닫자 그 의료 설비와 기계가 미국 선교부로 옮겨져서 나중에 세브란스의학교를 세우는 데에 쓰였다. 세브란스의학교는 뒤에 연희전문학교와 합쳐져서 오늘날 연세대학교 의과대학이 되었다. 그 뒤로 우리나라의 서양 의학은 크게 발달했는데, 요즘에는 동양 의학에 대한 관심도 다시 커지고 있다. → 보건과 위생

이(teeth)

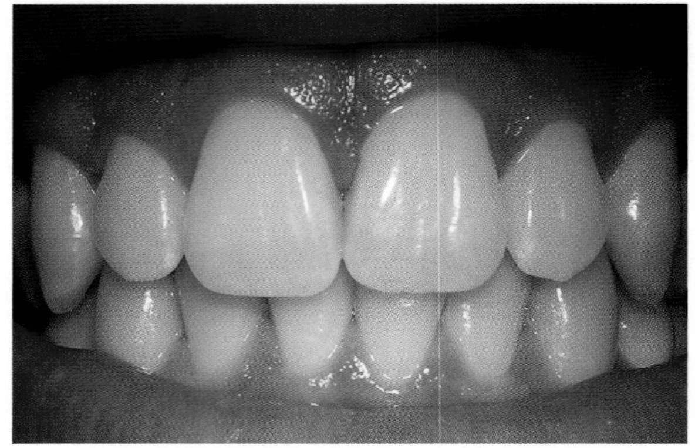

소화 기관 가운데 하나로서 음식물을 잘게 부숴서 목구멍으로 쉽게 넘어가게 한다. 또 말을 바르게 하는 데에도 중요한 구실을 한다. 아울러 다른 동물들에게는 싸움에 쓰는 무기이기도 하다.

동물의 이는 먹이에 따라서 다르다. 사자나 호랑이처럼 살코기를 먹고 사는 동물은 고기를 찢기에 좋도록 송곳니가 발달했으며, 풀을 먹고 사는 동물은 풀을 뜯고 씹기에 좋도록 앞니와 어금니가 발달했다. 동물의 이 가운데 가장 큰 것은 코끼리의 엄니로서 싸울 때에 무기가 된다.

사람은 살코기와 식물을 모두 먹기 때문에 앞니, 송곳니 및 어금니가 두루 발달했다. 아기가 태어난 지 6달쯤 되면 이가 나기 시작해서 2살 반쯤 되면 모두 20개쯤 난다. 이것을 젖니라고 하는데, 젖니는 6살쯤이면 먼저 난 것부터 빠져서 새 이로 바뀐다. 새로 난 이를 간니라고 하는데, 간니는 위턱에 16개, 아래턱에 16개가 나서 모두 32개이다.

이는 모양과 맡은 구실에 따라서 앞니, 송곳니 및 어금니로 나뉜다. 앞니는 한가운데에 있는 4개로서 음식물을 끊기에 알맞다. 송곳니는 앞니의 바깥 양쪽에 있는 2개의 이로서 끝이 뾰족하여 음식물을 찢기에 알맞다. 어금니는 송곳니의 바깥 양쪽에 있는 10개의 이인데, 맷돌처럼 두껍고 편평하여 음식물을 잘게 부수고 씹기에 알맞다.

이는 저마다 3겹으로 이루어져 있다. 맨 바깥쪽은 단단한 법랑질이고, 가운데는 상아질이며, 맨 안쪽은 혈관과 신경이 뻗어 있는 치수이다. 이를 이루는 성분

은 칼슘과 인이므로 이들 영양소가 든 음식을 많이 먹어야 이에 좋다. 이 사이에 음식물 찌꺼기가 끼어 있으면 이가 상하므로 음식을 먹은 뒤에는 이를 꼭 닦아서 항상 깨끗하게 하는 것이 좋다. 특히 단 음식은 입 안에서 금방 산성으로 변하여 이를 상하게 하므로 많이 먹지 않는 것이 좋다. → 소화

이끼(moss)

그늘지고 축축한 곳에서 잘 자라는 식물이다. 대개 작지만 여러 그루가 뭉쳐서 자라기 때문에 눈에 잘 띈다.

이끼는 물기만 있으면 어디서나 잘 자란다. 바위 위나 모래땅에서 가장 먼저 자라는 것이 이끼이며, 높은 산꼭대기나 더운 열대 지방 또는 아주 추운 극지방에서도 자란다. 대개 초록색이며 잎, 줄기 및 뿌리로 이뤄져 있지만 잎과 줄기가 구별되지 않는 것도 있다. 뿌리는 수분이나 영양분을 흡수하지 못하고 땅에 달라붙는 구실만 하는 헛뿌리이다. 잎과 줄기에 녹색 색소가 있어서 스스로 영양분을 만든다. 그러나 꽃은 피지 않으며 홀씨로 번식한다.

미디어뱅크 사진

이끼는 대개 암그루와 수그루가 따로 있다. 그래서 암그루의 알세포와 수그루의 정자가 만나야 수정이 이루어진다. 수정된 알세포가 자라면 홀씨주머니가 되는데, 그 속에 홀씨가 가득 들어찬다. 이것이 터져서 홀씨가 땅에 떨어졌다가 온도와 습도가 알맞으면 실처럼 생긴 원사체가 된다. 이 원사체에서 싹이 터서 이끼가 자란다. 이끼는 온 세계에 약 2만 5,000 가지가 있다.

이누이트(inuit)

북극 지방에서 사는 사람들이다. 이들의 고향은 러시아의 시베리아, 미국의 알래스카 및 캐나다의 북쪽 끝 지방에서 그린란드까지 이어진다.

한때 사람들은 이들을 에스키모라고 불렀다. 그러나 이것은 옳지 않은 이름이어서 지금은 이들이 자신들을 가리키는 말대로 이누이트라고 부른다.

이누이트들은 한 1,000년 전에 베링 해 부근의 시베리아와 알래스카에서 살기 시작했다. 이들은 주로 고래나 그 밖의 포유류를 잡아먹으며 바닷가에서 살았다. 그러다 점차 동쪽으로 퍼져 나가면서 물고기, 바다표범, 바다코끼리, 고래 등을 사냥하며 살았다.

육지에서는 순록이나 사향소 또는 북극곰 등을 사냥했다. 이런 동물의 털가죽으로 옷이나 천막을 만들고 뼈나 뿔 또는 이 따위로는 연장과 무기를 만들어 썼다. 여름에는 동물의 가죽으로 만든 배를 타고 다녔으며, 겨울에는 개썰매를 이용했다. 사는 집은 여름에는 천막이며 겨울에는 떼로 지은 움막이었다. 겨울에 사냥감을 찾아다닐 때에만 임시로 이글루라는 얼음집을 지어서 썼다. 그러나 이들의 생활도 1800년대에 들어서면서 많이 바뀌었다. 수없이 찾아든 바깥 세상 사람

사냥 나온 이누이트 남자들 Ansgar Walk, CC-BY-SA-2.5

들 탓이다. 이제는 모두 10만 명쯤 되는 이누이트 사람들이 러시아, 알래스카, 캐나다 및 그린란드에서 마을과 도시를 이루고 현대식으로 살아간다. 그래도 이들은 사냥이나 고기잡이와 같은 전통 문화를 잊지 않으려고 애쓰고 있다.

이비인후과(otolaryngology)

의학의 한 갈래로서 귀, 코, 목구멍 및 머리와 목의 질환을 전문으로 진단하고 치료하는 분야이다. 이비인후과는 외과로 분류되지만 실제로는 외과와 내과 치료를 모두 할 수 있어서 필요에 따라 약을 처방하거나 수술을 한다. 예를 들어서, 감기에 걸려 목구멍이 붓고 아프면 약을 먹어서 나을 수 있지만 편도선이 심하게 아프면 잘라내는 수술을 할 수도 있다. 또 귀나 코 또는 목에 문제가 생겨도 이 과에서 진찰하고 치료한다. 따라서 목에 있는 갑상선의 건강도 이비인후과 병원에서 돌본다.

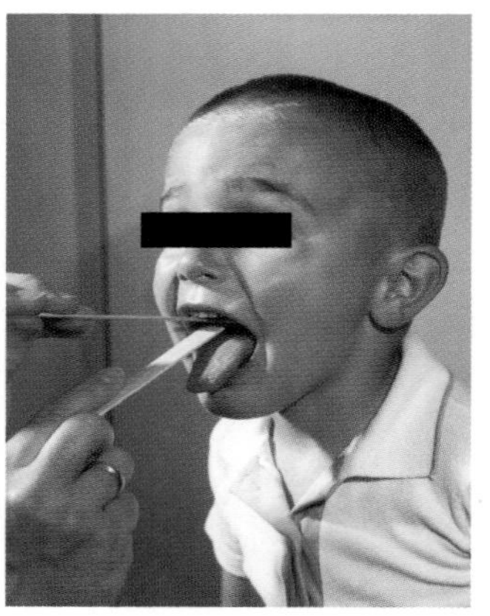

목구멍 검사 CDC_Dr. M. Moody, Public Domain

이산화망가니즈(manganese dioxide)

금속 원소인 망가니즈와 산소의 화합물이다. 흔히 산화 망가니즈라고 한다. 회색이나 검은색 가루로 되어 있다.

물에는 잘 녹지 않지만 묽은 염산이나 묽은 황산 같은 약한 산성 물질과 반응하여 물을 발생시킨다. 가열하면 산소를 내고 분해된다. 과산화수소와 반응시키면 물과 산소를 내기 때문에 산소 발생 장치에 많이 쓰인다. 건전지, 페인트, 염료, 유리 공업 등에 널리 쓰인다.

Benjah-bmm27, Public Domain

이산화탄소(carbon dioxide)

냄새와 색깔이 없는 기체이다. 가끔 탄산가스라고도 한다. 공기에 0.03%쯤 들어 있는데, 공기보다 더 무거우며 물에 잘 녹는다.

이산화탄소는 석회석에다 염산이나 황산을 부으면 쉽게 얻을 수 있다. 탄소 원자 1개와 산소 원자 2개가 합쳐져서 이루어진다. 그래서 탄소가 들어 있는 석유, 석탄, 나무 등을 태우면 탄소와 공기 속의 산소가 합쳐져서 이산화탄소가 생긴다. 동물이 숨을 쉬거나 물질이 타는 데에는 쓸모가 없다.

하지만 이산화탄소만 있으면 타던 불이 꺼지므로 불을 끄는 소화기에 많이 쓰인다. 또 물에 잘 녹기 때문에 탄산음료를 만드는 데에도 많이 쓰인다. 높은 압력에서 −80℃까지 온도를 내리면 고체가 되는데, 이것을 드라이아이스라고 한다. 이 드라이아이스는 물질의 온도를 낮추는 일에 쓰인다.

생물이 숨을 쉬거나 석유, 석탄, 나무 등이 타면 이

몇 가지 탄산음료의 이산화탄소 압력 비교
K. Shimada, CC-BY-SA-3.0 GFDL

산화탄소가 생긴다. 그러나 초록색 식물은 이산화탄소를 흡수하여 녹말을 만들고 산소를 내보낸다. 이와 같이 동물은 이산화탄소를 만들어내지만 식물은 쓰기 때문에 이산화탄소의 양이 지구 위에서 늘 한결같게 유지되어 왔다. 그러나 요즘에는 숲이 많이 파괴되고 나무, 석탄, 석유 등이 연료로 쓰여서 이산화탄소의 양이 많이 불어났다.

공기 속에 이산화탄소의 양이 많아지면 기온이 올라간다. 이런 것을 온실 효과라고 하는데, 이 온실 효과는 이상 기온의 원인이 된다.

이슬(dew)

꽃잎에 맺힌 아침 이슬 미디어뱅크 사진

맑은 날 새벽에 차가워진 나뭇가지나 풀잎 등에 수증기가 응결하여 이루어진 작은 물방울이다. 공기 속에 들어 있던 수증기가 뭉쳐서 엉겨 붙은 것이다.

낮에 태양열에 데워진 물체는 밤이 되면 식는다. 그런데 바위나 돌처럼 땅에 붙어 있고 열을 잘 전달하는 물체는 땅의 열을 받아서 많이 식지 않지만, 풀잎이나 나뭇잎 등은 거의 열을 전달하지 않기 때문에 공기나 땅보다 더 빨리 식는다. 공기가 차가운 풀잎이나 나뭇잎에 닿으면 온도가 내려간다. 그러면 따뜻할 때만큼 수증기를 품을 수 없으므로 수증기의 일부가 물방울로 맺혀서 이슬이 되는 것이다.

이렇게 물방울이 맺히는 온도를 이슬점 온도라고 한다. 이슬점 온도는 공기 속 수증기의 양에 따라서 다르다. 이슬점 온도가 0℃ 아래이면 맺힌 물방울이 얼어서 서리가 된다.

이암(mudstone)

진흙과 함께 고운 모래 알갱이가 쌓이고 오랫동안 누르는 압력을 받아서 굳은 암석이다. 겉 생김새와 촉감이 부드러우며, 알갱이의 크기는 진흙과 같이 작다. 못에 쉽게 긁힐 만큼 무르며 색깔이 여러 가지이다.

이암은 셰일, 역암 및 사암과 같이 퇴적암이다. 주로 민물 호수의 가장자리에서 만들어졌기 때문에 이암 속에는 화석이 들어 있는 일이 많다.

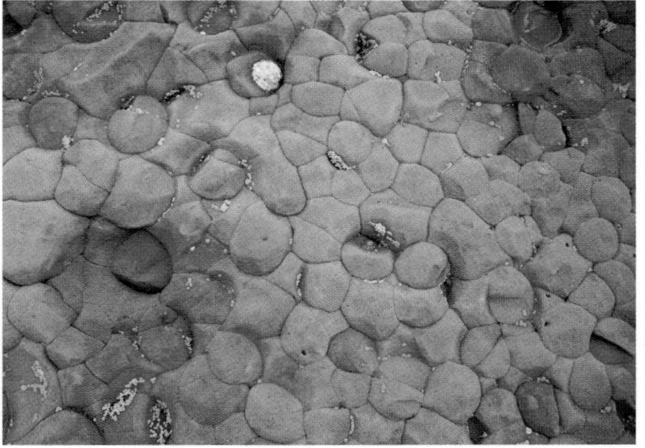

Ballista at English Wikipedia, CC-BY-SA-3.0 GFDL

이온 음료(sports drink)

일이나 운동을 많이 하면 몸에서 땀과 함께 여러 가지 금속 이온이 빠져 나간다. 이렇게 잃은 수분과 금속 이온을 다시 채워 주도록 만든 음료수가 이온 음료이다. 따라서 이것은 염기성 용액이다.

그러나 흔히 운동을 많이 한 뒤에 마시기 때문에 스포츠 음료라고도 한다. 나트륨, 칼륨, 마그네슘 같은 금속 이온과 함께 당분과 비타민 C가 들어 있다. 그래서 너무 많이 마시면 나트륨 때문에 염분을 지나치게 섭취하는 셈이 된다. → 음료

미디어뱅크 사진

이자(pancreas)

위의 바로 뒤에서 샘창자와 지라 사이에 수평으로 자리 잡고 있는 기관이다. 췌장이라고도 한다. 길이가 15cm쯤 되며 가운데에 난 긴 구멍이 샘창자의 벽에 이어진다. 이 구멍을 통해서 이자에서 만들어진 이자액이 샘창자로 들어간다. 이 이자액은 단백질과 탄수화물 및 지방을 소화시키는 물질로 이루어져 있다. 그래서 음식물이 위에서 샘창자로 넘어오면 이자액이 분비되어서 소화시킨다.

이자는 소화에 가장 중요한 기관이다. 이자액이 적게 나오면 소화가 잘 안 된다. 또 인슐린이라는 물질도 만들어낸다. 이것은 탄수화물이 소화되어서 만들어진 포도당을 태워서 에너지를 내거나 포도당을 지방으로 변화시키는 일 등을 돕는다.

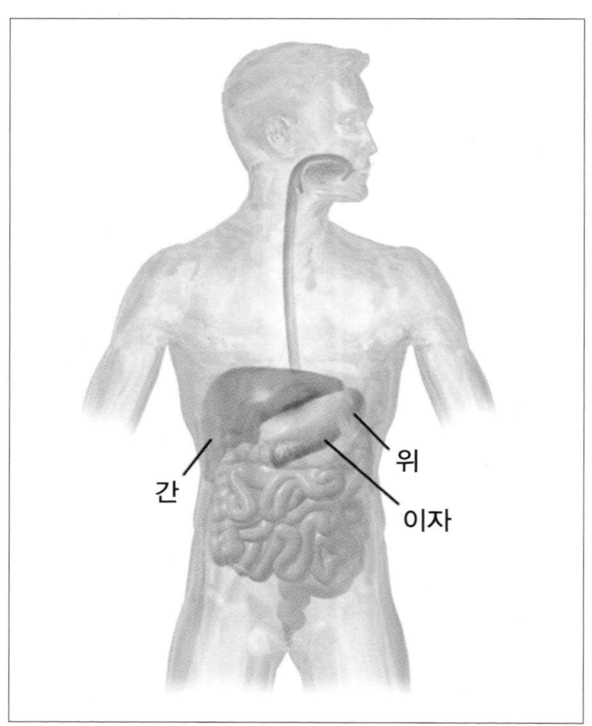

BruceBlaus, CC-BY-SA-4.0

이천(Yi Cheon)

조선 시대의 뛰어난 과학자이며 정치가요 장군이었다. 서기 1375년에 태어나서 1451년까지 살았다.

일찍이 17살에 군인이 되어서 1402년에 과거시험 무과에 급제하였다. 그 뒤에 장군으로서 북방의 적인 여진족을 정벌하여 세종대왕의 4군 설치에 큰 공을 세웠다. 또한 오랫동안 과학을 연구하여 해시계인 앙부일구나 물시계인 자격루 등을 만드는 일에 참여했다. 아울러 전쟁에 쓸 대포를 만드는 등 조선의 과학 발전에 크게 이바지한 분이다.

인공 기관(artificial organ)

동물, 특히 사람의 신체 기관을 대신하도록 만들어 사용하는 것이다. 예를 들면, 인공 관절, 인공 신장, 인공 심장, 인공 뼈, 인공 혈관, 틀니 등이다.

인공 기관은 더 이상 제 기능을 하지 못하는 신체 기관을 대신하도록 만들어진다. 따라서 몸 안에 넣어야 하는 것이 많은데, 어느 것이나 신체 조직과 만나서 부작용을 일으키지 않아야 한다. 따라서 인공 기관의 기능은 물론이려니와 그 재료에 관한 연구 분야도 끝없이 많다.

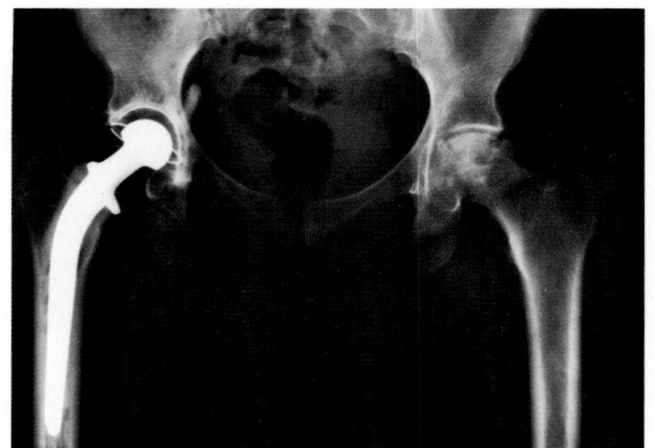

인공 고관절의 엑스선 사진 User:Gorgo, Public Domain

인공 위성(artificial satellite)

우주 궤도에 떠서 지구의 둘레를 돌면서 여러 가지 일을 하는 우주선의 한 가지이다. 로켓에 실어서 궤도에 올려 보낸다.

인공 위성은 맡겨진 일에 따라서 일정한 높이에서 지구의 둘레를 돈다. 지구를 살펴보는 위성은 높이 1,000km쯤에서 돌며, 방송 및 통신 위성은 높이 3만 6,000km쯤에서 돈다. 지구의 자전 속도와 같은 속도로 돌기 때문에 땅에서 보면 한 자리에 붙박여 떠 있는 것처럼 보이는 것도 있다. 이것을 정지 궤도 위성이라고 하는데 대개 통신 위성으로 쓰이는 것이다.

지구는 물체를 끌어당기는 힘이 있기 때문에 인공

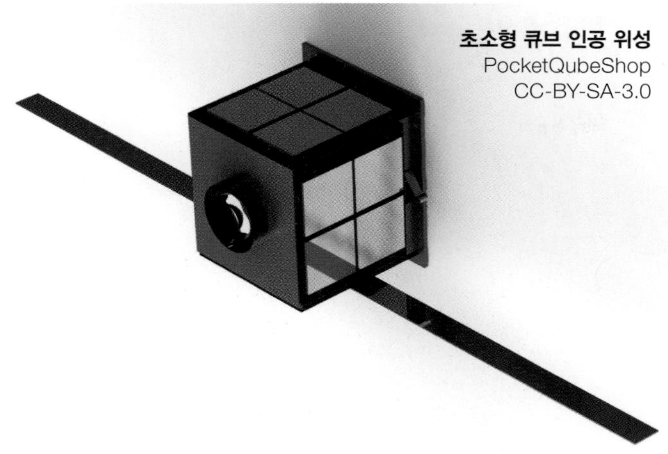
초소형 큐브 인공 위성 PocketQubeShop CC-BY-SA-3.0

위성이 지구의 둘레를 돌게 하려면 알맞은 속도로 발사되어야 한다. 로켓의 속도가 초속 7.9km가 안 되면 지구로 되돌아오며, 초속 11.2km가 넘으면 멀리 우주로 날아가 버린다. 그러나 초속 7.9km이면 궤도에 떠서 지구의 둘레를 돈다. 궤도에 올라 떠 있어도 지구의 끄는 힘이 미치지만 인공 위성이 지구의 둘레를 돌기 때문에 끄는 힘과 달아나려는 힘이 균형을 이루는 것이다. 지구의 대기권을 벗어날 만큼 높이 올라간 인공 위성은 공기의 저항을 거의 받지 않으므로 몇 년 동안이나 연료 없이 계속해서 돌 수 있다. 필요한 에너지는 대개 태양 전지에서 얻는다.

인공 위성에는 우주의 여러 가지 현상을 관측하는 과학 위성, 지구에서 발사한 전파를 받아서 반사시켜 주는 통신 위성, 구름의 분포 등을 사진 찍어서 기상대로 보내 주는 기상 위성, 자원을 찾아내는 자원 탐사 위성, 다른 나라의 군사 시설을 엿보는 군사 위성 등이 있다.

우리도 1992년 8월 12일에 최초의 인공 위성으로서 과학 기술 위성인 우리별 1호를 발사했다. 그 뒤로 전라남도 고흥군에 있는 나로우주센터에서 2013년 1월에 발사한 나로 과학 위성을 포함하여 모두 18개의 인공 위성을 발사했다. 그 가운데에서 10개가 이미 임무를 마쳤으며 나머지 8개는 아직 맡은 일을 잘 해내고 있다.

세계 최초의 인공 위성은 서기 1957년 10월에 옛 소련이 쏘아 올린 스푸트니크 1호이다. 오늘날에는 지구 둘레의 궤도에 세계 여러 나라에서 쏘아 올린 인공 위성이 수천 개나 떠서 돌고 있다.

인공 중력(artificial gravity)

사람이 만들어내는 중력이다. 따라서 가짜 중력이라고도 한다.

지구는 중력이 있어서 우리를 끌어당기므로 우리가 하늘로 날아가 버리지 않고 지구 위에 머물러 있다. 그러나 이 중력은 하늘 높이 올라갈수록 힘이 빠져서 인공 위성이 떠 있는 먼 우주 공간에서는 거의 없어지고 만다. 그래서 우주선 안에 머무는 사람은 몸을 무엇에 묶지 않으면 공중에 떠다니기 마련이다. 이런 일을 막고자 인공 중력을 만들자는 생각을 하게 되었다.

사람을 태운 롤러코스터가 둥그런 철로 속에서 빠르게 돌면 잠시나마 사람들이 거꾸로 앉은 모양이 되지만 밑으로 떨어지지 않는다. 원심력에 의해서 밖으로 밀려나는 힘이 작용하기 때문이다. 이 원리를 이용하여 인공 위성에 메인 커다란 바퀴를 돌리면 그 속에 있는 사람이 밖으로 밀려나는 힘을 받아서 마치 중력이 작용하는 것처럼 느낄 것이라는 것이다. 그러나 아직 이런 장치를 만들어보지는 못했다. 비용이 어마어마하게 많이 들 것이기 때문이다.

화성 여행을 위해 고안된 인공 중력 장치 NASA, Public Domain

인공 지능(artificial intelligence)

사람의 지능에 견주어서 컴퓨터 같은 기계가 나타내는 지능이다. 컴퓨터 지능이나 기계 지능이라고도 하는 이 인공 지능이라는 말은 따라서 기계나 컴퓨터가 사람의 학습 또는 문제 해결 능력을 흉내 내는 것을 가리킨다.

오늘날 대개 인공 지능으로 여기는 기계 능력은 사람의 말을 잘 알아듣고 장기나 바둑 같은 큰 머리싸움에서 사람과 겨루며 자율 주행차를 몰뿐만 아니라 엄청나게 많은 정보 자료를 모아서 분석하여 그것이 필요한 곳에 알맞게 제공하며 전쟁 모의실험 같은 것을 해내는 능력이다. 따라서 이제는 인공 지능이 전보다 더 정확하게 날씨를 예측할 뿐만 아니라 환자의 병을 진단하거나 정밀한 수술을 할 수도 있게 될 것이다.

인공 지능은 서기 1956년부터 한 학문 분야로 연구되기 시작했다. 그 뒤 오랫동안 연구 목적, 방법 또는 기관이나 사람에 따라서 각 분야의 연구가 서로 거의 연관 없이 진행되어 왔다. 그러나 이 모든 분야가 다 함께 이루려는 바는 사람의 지능을 정확하게 알아내서 그것과 똑같은 기계를 만들자는 것이다. 바로 이런 점이 몇 가지 철학적 및 윤리적 문제를 일으키기도 한다. 예를 들자면, 사람의 뇌세포를 본떠서 만든 기계가 스스로 학습을 거듭하다가 마침내 사람의 뇌보다 훨씬 더 많이 진화하여 무서운 괴물이 되고 말면 어쩌겠느냐는 것이다.

인라인스케이트(inline skate)

작은 바퀴 여럿이 밑에 한 줄로 달려 있는 장화이다. 이 장화를 신고 마치 스케이트를 타듯이 땅에서 달릴 수 있다. 실제로 처음에는 따뜻한 계절에 땅에서 스케이트 선수를 훈련시키는 일에 쓰였다. 그러다 1980년대에 미국에서 널리 퍼지기 시작했다.

인라인스케이트는 발에 꼭 맞게 조여서 신을 수 있는 장화, 그 밑에 달린 플라스틱이나 알루미늄 틀 및 그 틀에 한 줄로 달린 작은 바퀴들로 이루어진다. 바퀴는 거의 다 튼튼한 플라스틱인 폴리우레탄으로 만들어지며 바퀴를 단 축에 베어링이 들어 있어서 매우 부드럽게 잘 돈다. 크기는 쓰임새에 따라서 다른데, 큰 것은 빠른 속력을 내기에 알맞으며 작은 것은 자유로운 몸놀림에 좋다.

미디어뱅크 사진

인류(mankind)

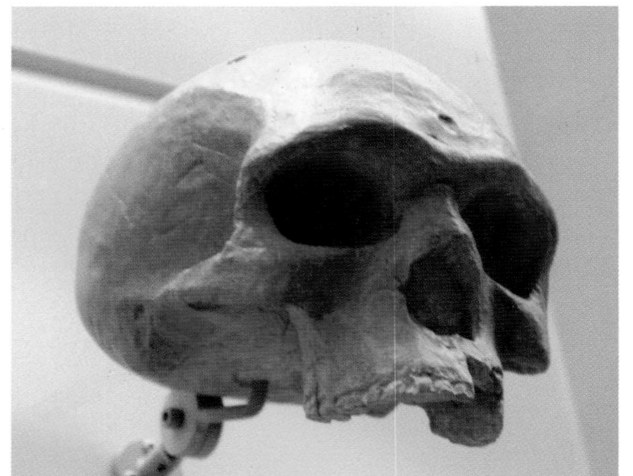

인류의 조상 호모사피엔스의 선조일듯한 약 80만년 전 누구의 머리뼈 Ryan Somma, CC-BY-SA-2.0

포유류 가운데 영장류에 딸린 동물인 사람들이다. 영장류는 두 갈래로 나뉘는데, 한 갈래는 원숭이 무리이며, 사람은 고릴라 및 침팬지와 함께 유인원 무리에 든다.

영장류는 나무 위에서 살기에 알맞도록 진화했다. 나무 위에서는 냄새 맡는 일이 그리 중요하지 않기 때문에 코가 짧아졌다. 그러나 나무에서 나무로 뛰어 다니려면 거리를 정확히 잴 필요가 있으므로 눈이 얼굴 앞쪽으로 쏠려서 두 눈의 시야가 한데 쏠리게 되었다. 엄지손가락과 엄지발가락이 다른 손가락이나 발가락들과 마주 보고 굽어서 나뭇가지를 움켜쥐게 되었으며, 나무 위에서 움직일 때와 마찬가지로 땅에서도 똑바로 섰다.

인류의 조상은 땅에서 살기 시작하자마자 똑바로 서서 걸었다. 그래서 자유로운 두 손으로 도구나 무기를 쥘 수 있었으며, 차츰 꼬리가 없어졌다. 여느 영장류와 마찬가지로 인류는 지능과 사회생활에서 뛰어났다. 다른 동물들은 타고난 본능에 따라서 행동하지만 인류는 살아가면서 배우는 능력이 뛰어나다. 그러나 배우는 데에 시간이 많이 걸리기 때문에 사람은 자라는 기간이 길다.

인류는 영장류의 유인원 무리 가운데에서 사람과에 든다. 그렇다고 사람이 원숭이로부터 진화했다는 뜻은 아니다. 다만 원숭이와 사람은 같은 조상으로부터 진화해 왔다. 약 2억 8,000만 년 된 퇴적층에서 원숭이와 비슷한 몇 가지 특징을 가진 동물의 화석이 발견되었다. 어쩌면 이때쯤에 사람의 조상도 따로 떨어져 나와 발달하기 시작했을지 모른다.

그러나 가장 오래된 인류 조상의 화석은 약 1,000만 년 전의 것이 고작이다. 그나마 턱뼈와 이만 남아 있어서 완전하지 않다. 좀 더 완전한 화석은 50만 년에서 200만 년 전의 것인데, 이것이 오스트랄로피테쿠스라고 하는 인류 조상의 뼈이다. 이 오스트랄로피테쿠스는 1924년에 아프리카 대륙의 보츠와나에서 처음으로 발견되었으며 그 뒤에도 몇 군데에서 더 발견되었다. 이들의 키는 1m 40cm쯤 되고, 뺨과 턱의 뼈가 튼튼하며, 뇌의 크기는 오늘날 우리 뇌의 3분의 1쯤밖에 안 된다.

지금부터 30만 년에서 100만 년 전 사이에는 호모에렉투스라고 하는 사람의 조상이 살았다. 이들의 뼈는 인도네시아의 자바 섬, 중국, 유럽 및 아프리카 대륙 같은 데에서 발견되었다. 호모에렉투스는 오스트랄로피테쿠스보다 키가 30cm쯤, 뇌는 2배쯤 더 컸지만 모습은 여전히 유인원과 닮은 데가 많았다. 그래도 이들은 불을 피울 줄 알았으며 간단한 돌 도구도 쓸 줄 알았다.

호모에렉투스의 뒤를 이어 3만 5,000년쯤 전에 나타난 것이 오늘날과 같은 사람의 조상인 호모사피엔스이다. 이들을 크로마뇽인이라고도 하는데, 호모에렉투스보다 뇌가 더 컸다. 모습도 더욱 사람에 가까웠으며 털도 덜 났었다. 이들은 돌을 다듬어서 도구를 만들어 썼으며 몸에 옷도 걸치기 시작했다.

사람은 1만 5,000년 전까지도 매우 원시적이어서 주로 사냥으로 먹을 것을 구하다가 그 뒤에야 농사를 지을 줄 알게 되었다. 그러나 농사를 지으려면 한 군데에 붙박여 살아야 했으므로 자연히 한데 모여 살게 되었다. 그래서 또 얼굴 표정이나 소리로 서로 여러 가지 뜻을 주고받을 필요가 생겼다.

사람은 뇌가 잘 발달되었으므로 정확히 뜻을 전할 방법을 고안해 냈다. 말과 글자가 그것이다. 그래서 이 사람이 저 사람에게, 이 세대에서 다음 세대로 정보를 전할 수 있게 되었다. 이것을 바탕 삼아서 인류의 문화가 발달해 온 것이다.

인삼(ginseng)

뿌리를 약으로 쓰는 여러해살이풀이다. 씨로 번식한다. 녹색 식물이면서도 햇빛을 직접 받는 것을 싫어한다. 해마다 봄에 땅속줄기에서 싹이 나오고 줄기 하나가 곧게 자라며, 여름이면 누르스름한 꽃이 핀다. 열매는 붉거나 노랗고 둥글며, 속에 씨가 두 개씩 들어 있다. 가을에는 줄기와 잎이 마르고 땅속뿌리만 남는다.

씨는 4년 동안 자란 것에서 받는다. 뿌리는 해마다 영양분이 저장되므로 오래 될수록 굵어진다. 흔히 인삼이라고 하면 이 뿌리를 가리키는 일이 많다. 약으로는 주로 4~6년 동안 자란 것을 쓰는데, 크게 홍삼과 백삼으로 나눈다. 백삼은 밭에서 캔 수삼의 껍질을 벗겨서 햇볕에 말린 것이며, 홍삼은 수삼을 쪄서 말린 것으로서 붉은빛을 띤다.

우리나라의 인삼은 고려 인삼이라고 하여 옛날부터 유명했다. 오늘날에도 세계 여러 나라에 수출된다. 인삼을 재배하는 곳으로는 강화, 김포, 금산, 대전, 풍기가 유명하지만 거의 전국 어디서나 많이 심어서 가꾼다. 옛날에는 북한의 개성과 장단에서도 많이 났다.

ㅇ

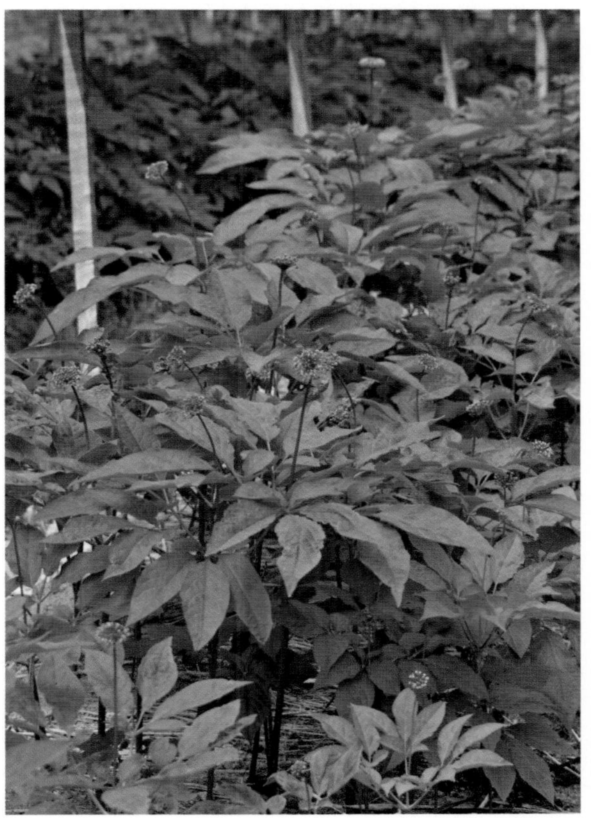

미디어뱅크 사진

인쇄(printing)

우리는 날마다 교과서를 가지고 공부함으로써 지식을 얻으며 신문을 보고 새로운 소식을 안다. 인류가 이룩해 온 온갖 업적은 세계 어디서나 대개 종이에 인쇄된 형태로 기록되어 있다.

인쇄는 글과 그림과 여러 가지 기호를 종이 등의 면에다 찍어 내는 일이다. 먼 옛날에는 사람이 손으로 한 자 한 자 글씨를 써서 책을 만들었지만 시간이 너무나 많이 걸렸으므로 같은 책을 누구나 볼 수 있도록 여러 권 베껴내기가 힘들었다. 그래서 한꺼번에 같은 내용을 여러 벌 찍어낼 궁리를 하게 된 것이다.

우리 겨레는 일찍부터 인쇄술에 뛰어난 솜씨를 보였다. 처음에는 나무에 글자를 새겨서 인쇄를 했다. 나무판을 몇 달 동안 물에 담갔다가 응달에서 말린 뒤에 글씨를 쓴 종이를 붙여서 칼로 한자씩 새겨 목판을 만들었다. 그리고 목판의 글자 위에 먹을 칠하여 종이에 찍었다. 이런 목판 인쇄 기술은 이미 삼국 시대에 이용되었다. 경주시에 있는 불국사 석가탑 사리함 속에서 발견된 〈무구정광대다라니경〉은 신라 시대에 인쇄된 것으로서 세계에서 가장 오래된 목판인쇄물로 여겨진다. 고려 시대에 만든 〈팔만대장경〉도 목판으로 인쇄한 책이다. 아직도 그 대장경 판이 경상남도 합천군에 있는 해인사에 보존되어 있다.

그러나 목판을 새기려면 시간과 품이 많이 들었다. 그래서 글자 하나하나가 낱개로 된 활자를 생각해냈다. 그러면 활자 하나하나를 짜 모아서 여러 가지 다른 낱말을 만들어낼 수 있으므로 같은 글자를 여러 번 되풀이해서 쓸 수 있을 터였다. 처음에는 찰흙, 나무, 사

Davidmorgans, CC-BY-SA-4.0

기 등으로 활자를 만들었다. 그러나 이런 것들은 깨지거나 썩어서 오래 가지 못했기 때문에 이내 쇠붙이로 만들게 되었다. 고려 시대인 서기 1234년에 구리로 만든 동활자로 〈고금상정예문〉 50권을 인쇄했으며, 조선 시대에도 동활자를 많이 만들어서 여러 가지 책을 인쇄했다.

이와 같이 낱개로 된 활자를 짜 맞추어서 낱말과 문장을 이루고, 한 쪽이 다 짜이면 틀에다 단단히 묶어서 움직이지 못하게 했다. 그리고 글자 위에다 먹물을 칠한 뒤에 종이를 올려놓고 문지르면 종이에 글이 찍혔다.

서양에서는 독일 사람 요하네스 구텐베르크가 처음으로 납활자를 만들었다. 이것은 우리나라의 동활자보다 200년이나 뒤에 만들어졌다. 그러나 구텐베르크는 포도를 짜서 포도주를 만들던 압착기로 활자 위에 놓인 종이를 눌러서 인쇄하는 방법을 썼다. 이것이 차츰 발전되어 활자판 위로 구르는 롤러가 고안되었으며 인쇄의 속도도 점점 빨라졌다. 이런 인쇄 방법을 볼록판 인쇄라고 한다. 잉크가 묻는 부분이 볼록 튀어 나와 있기 때문이다.

또 다른 인쇄 방법으로 오목판 인쇄와 평판 인쇄가 있다. 오목판 인쇄는 볼록판 인쇄와는 반대로 잉크가 묻는 부분이 오목하게 파여 있다. 이 방법에서는 인쇄판 전체에 잉크를 바른 뒤에 판 위의 잉크를 긁어내면 오목하게 파인 데에 들어간 잉크만 남아서 이것이 종이에 찍힌다. 또 평판 인쇄는 물과 기름이 섞이지 않는 원리를 이용해서 똑같이 편평한 면에 글자나 그림대로 잉크가 묻게 하는 것이다. 이렇게 판에 묻힌 잉크가 고무로 만든 롤러에 한 번 옮겨졌다가 종이에 찍히는 인쇄 방법을 오프셋, 곧 평판 인쇄라고 한다.

인터넷(internet)

온 세계를 그물처럼 연결한 컴퓨터망이다. 누구나 세계 어디에 있는 지식, 정보 및 연예 오락에 금방 접근할 수 있게 하는 정보의 고속도로라고 할 수 있다. 엄청난 양의 정보가 세계 구석구석에 퍼져 있는 컴퓨터에서 컴퓨터로 흐른다.

처음에는 군사용 통신망으로 시작되었다. 1970년대 초기에 미국의 전문가들이 전쟁 때문에 컴퓨터들이 일

부 파괴되더라도 통신 신호가 살아남은 컴퓨터들을 자동적으로 찾아가는 시스템을 고안해냈다. 그 뒤에 이것이 여러 대학교를 연결하는 컴퓨터망 설치에 이용되었으며, 지금은 인터넷에 쓰인다.

1990년에 발명된 월드와이드웹, 곧 범세계그물망은 인터넷 이용자들이 인터넷의 '바다'에서 빠르게 '헤엄치게'한다. 약속된 주소 체계를 통해서 이용자는 세계 어느 구석에 있는 컴퓨터와도 금방 연결하여 글과 그림으로 된 정보에 쉽게 접근할 수 있는 것이다.

인터넷을 통하여 사람들은 이제 세계 어디에 있는 사람과도 이야기를 나누고, 사진과 음악을 포함한 편지를 주고받으며, 함께 게임을 할 수 있다. 또 라디오나 텔레비전 방송을 듣고 볼 수 있으며, 물건을 사고 팔 수도 있다. 인터넷은 이제 우리가 빼놓을 수 없는 통신 수단인 것이다.

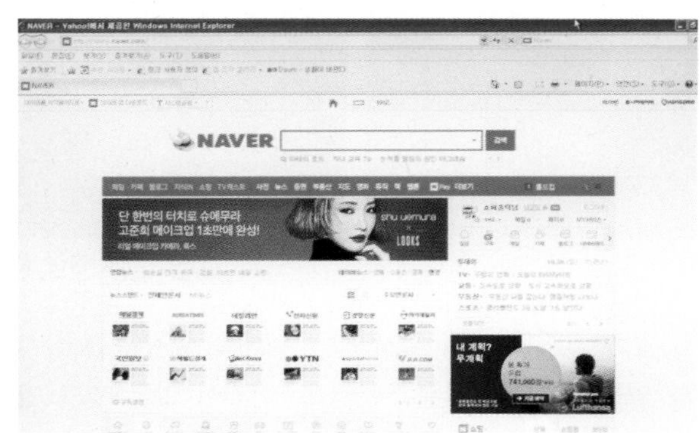

미디어뱅크 사진

일기 예보(weather forecasting)

기상청에서 하는 일로서 앞날의 날씨를 예상하여 미리 알려 주는 것이다. 기상청은 여러 지방의 기상대와 기상 위성으로부터 기온, 기압, 구름의 움직임 등의 자료를 받는다. 이런 자료를 모아서 일기도를 만들 뿐만 아니라 그것을 분석하고 예전의 날씨 변화와 견주어서 다가올 날씨를 짐작한다.

일기 예보에서 발표하는 것은 기압의 분포, 각 지역의 기온, 흐림과 갬과 맑음, 비, 눈, 파도의 높이, 해일 등이다. 대개 고기압인 곳은 날씨가 맑고 바람이 불지 않지만 저기압인 곳은 바람이 세며 비나 눈이 내린다.

일기 예보에는 24~48시간 동안에 관한 단기 예보와 1주일이나 한 달 동안에 관한 장기 예보가 있다. 레이더, 인공 위성, 컴퓨터 등의 발달 덕에 일기 예보가 점점 정확해지고 있기는 하지만 날씨는 뜻밖에 변할 수도 있는 것이므로 빗나가기도 한다. 특히 좁은 지역에서는 지형적인 영향 때문에 다른 고장과 날씨가 달라질 수 있다.

일기 예보는 사람들이 날씨 변화에 대비하여 미리 피해를 막거나 줄일 수 있게 해 준다. 예를 들면, 정확한 일기 예보를 통해서 홍수나 태풍의 피해를 막고, 농작물의 피해를 줄이며, 어업과 선박의 피해를 막을 수 있는 것이다.

미디어뱅크 사진

입(mouth)

동물이 먹이를 먹는 기관이다. 사람의 입은 바깥에 입술이 있고, 안에 이, 잇몸 및 혀 등이 있다.

동물에 따라서 입의 생김새나 입 안의 기관이 조금씩 다르다. 새는 입술과 이가 없는 대신에 부리가 있으며, 뱀은 입술이 없다. 그 밖의 동물들도 저마다 먹이를 먹기에 알맞게 입이 발달했다. 그러나 어느 동물에서나 입은 소화가 처음 시작되는 곳이다.

개의 입 cogdogblog, CC0 1.0 Public Domain

사람의 입 안은 항상 침이 고여 있어서 축축하고 부드럽다. 음식물이 들어오면 침이 더 많이 나온다. 침은 녹말을 단맛이 나는 물질로 분해시킨다. 이가 음식물을 잘게 부수며 혀는 음식물과 침이 골고루 섞이게 하여 목구멍 쪽으로 옮긴다. 그러면 음식물이 식도를 지나서 위로 들어간다. → 소화

잇꽃(safflower)

두해살이풀이다. 키가 1m 안팎으로 자라며, 버들잎처럼 생긴 잎이 어긋나는데 잎에 가시 같은 톱니가 있다. 한여름 7~8월에 붉은 빛이 도는 노란 꽃이 줄기와 가지의 끝에 한 송이씩 핀다. 이른 아침 이슬에 젖었을 때에 따서 말린 이 꽃을 홍화라고 한다.

잇꽃을 물에 넣어서 노란 색소를 녹여 내고 잘 씻어서 잿물에 담그면 붉은 색소가 녹아 나온다. 이 색소를 종이나 천을 붉게 물들이는 물감으로 쓴다. 또 씨로는 기름을 짠다.

Pseudoanas, Public Domain

잎(leaf)

초록색 식물의 영양분이 만들어지는 기관이다. 대개 넓적하고 윗면이 반질반질하며 어떤 잎은 표면에 솜털이 나 있다.

잎의 모양은 크게 나누어서 바늘꼴, 긴 세모꼴, 둥근꼴, 세로로 긴 타원꼴, 가로로 긴 타원꼴, 달걀꼴 및 심장꼴의 7 가지가 있다. 또 잎 하나로 이루어진 홑잎과 작은 잎 여럿으로 이루어진 겹잎으로 나눌 수 있다. 한편, 줄기에 잎이 달리는 모양으로 보면 마주나기잎, 어긋나기잎, 돌려나기잎 및 무리지어나기잎으로 나눌 수 있다.

달걀꼴 잎

세로로 긴 타원꼴 잎

둥근꼴 잎

바늘꼴 잎

세모꼴 잎

심장꼴 잎

미디어뱅크 사진

잎은 크게 잎몸과 잎자루로 나뉜다. 잎자루는 줄기와 잎몸을 이어 주는 부분인데, 이것이 없는 것도 있다. 잎몸은 잎자루를 뺀 나머지 부분이다.

잎몸에는 가느다란 잎맥이 퍼져 있다. 이 잎맥을 통해서 뿌리에서 흡수된 물이 잎의 세포에 전달되며, 잎에서 만들어진 영양분이 다른 곳으로 옮겨진다.

초록색 식물의 잎은 그 속에 녹색 색소라고 하는 작은 녹색 알갱이가 들어 있어서 초록색으로 보인다. 녹색 색소는 뿌리에서 흡수한 물과 잎에서 받아들인 이산화탄소를 이용해 녹말을 만든다. 이때에 필요한 에너지는 햇빛에서 얻으며, 그 과정에서 만들어진 산소는 밖으로 내보낸다.

이산화탄소를 받아들이고 산소를 내보내는 통로는 기공이라는 구멍이다. 기공은 눈에 보이지 않을 만큼 아주 작게 잎의 겉에 나 있는 구멍들인데, 그 형태와 배열은 식물에 따라서 다르다. 이것은 대개 햇빛이 잘 닿지 않는 잎의 뒷면에 많다.

수분도 기공을 통해서 증발된다. 뿌리에서 흡수된 수분이 줄기를 통해 잎으로 전달되어 필요한 양만큼 쓰이고 나머지는 기공을 통해서 밖으로 내보내진다. 잎에서 끊임없이 수분을 내보냄으로써 뿌리에서는 계속해서 새로운 수분과 영양분을 빨아들이게 된다. 따라서 잎이 많을수록 수분이 많이 증발된다. 나무를 옮겨 심을 때에 가지를 잘라서 잎의 수를 적게 하는 까닭은 수분의 증발을 줄이려는 것이다.

가을이 되어서 햇볕이 약해지고 기온이 내려가면 잎으로 수분이 전해지는 길이 대개 막힌다. 그러면 잎 속에 있는 녹색 색소가 파괴되어서 잎의 색깔이 노랗거나 붉게 변한다. 단풍나무나 은행나무 잎이 가을에 예쁜 색으로 단풍이 드는 까닭은 이 때문이다. 그러나 소나무나 사철나무와 같은 상록수는 늘 푸른 잎을 지니고 있다.

잎이 환경에 적응하여 변형된 것도 있다. 선인장의 가시나 덩굴 식물의 덩굴손은 환경에 적응하느라 잎이 변한 것이다. → 광합성

잎맥(leaf vein)

식물의 잎 속에 퍼져 있는 관다발이다. 또한 잎 속의 물질이 오가는 길이기도 하다. 이 잎맥을 통해서 뿌리에서 빨려들어 줄기를 지나 올라온 물과 양분이 잎의 세포에 전해지고 잎에서 광합성으로 만들어진 물질이 다른 기관으로 보내진다.

옥수수, 강아지풀, 붓꽃, 잔디, 벼 등과 같은 외떡잎식물의 잎맥은 나란히 뻗은 나란히맥이며, 아까시나무, 냉이, 호박과 같은 쌍떡잎식물의 잎맥은 그물처럼 뻗은 그물맥이다.

미디어뱅크 사진

ㅈ

자갈(gravel)

바위가 깨져서 잘게 부서진 돌 조각이다. 대개 지름이 2mm에서 7cm 안팎인 것을 가리킨다. 이런 것들이 오랫동안 흐르는 강물이나 파도에 씻겨서 모서리가 닳아 반질반질해지면 조약돌이라고 부른다.

자갈은 대개 강물이나 빙하가 흙더미를 쓸어다 모아놓은 곳 또는 호수나 바닷가에 많다. 그래서 흔히 흙과 모래랑 같이 섞여 있다. 이런 것을 채로 걸러서 자갈만 따로 모으면 귀중한 자원이 된다. 길을 닦거나 둑을 쌓으며 건물을 짓는 일에 꼭 필요한 재료이기 때문이다.

미디어뱅크 사진

자갈, 모래, 시멘트를 섞어서 물에 갠 것을 틀에 넣어서 굳히면 바위처럼 단단한 콘크리트가 된다. 그래서 오늘날 자갈은 건물을 짓고 다리를 놓으며 고속도로와 철도를 놓는 일에 아주 요긴하게 쓰인다.

자격루(chiming water clock)

스스로 시간을 알려 주는 물시계이다. 조선 시대 세종대왕 16년인 서기 1434년에 장영실과 김빈이 만들었다. 큰 물통 3개로 이루어졌는데, 맨 아래의 긴 물통에 물이 차면서 눈금 막대가 솟아오르고 그에 따라서 기계 장치가 움직여 북을 쳐서 시각을 알려 준다.

미디어뱅크 사진

자극과 반응(stimulus and response)

생물이 알아차릴 만한 주변의 변화를 자극이라고 한다. 또 자극을 받은 생물이 그것에 따라서 일으키는 변화를 반응이라고 한다. 사람이 무슨 소리를 듣고 그 쪽으로 고개를 돌린다면 소리는 자극이고 고개를 돌린 일이 반응이다. 우리 몸에서 자극을 받아들이는 기관은 눈, 코, 혀, 귀, 피부 등이다.

자극을 받아들이는 기관을 감각 기관이라고 한다. 감각 기관을 통해 받아들인 자극은 말초신경을 지나서 뇌를 포함한 중추 신경으로 전달되며, 뇌가 판단하여 그 자극에 알맞은 행동을 결정한다. 그리고 뇌의 명령이 다시 말초 신경을 통해서 몸의 각 운동 기관으로 전해진다. 명령을 받은 각 기관은 그것을 행동으로 나타내서 반응을 한다. → 감각 기관

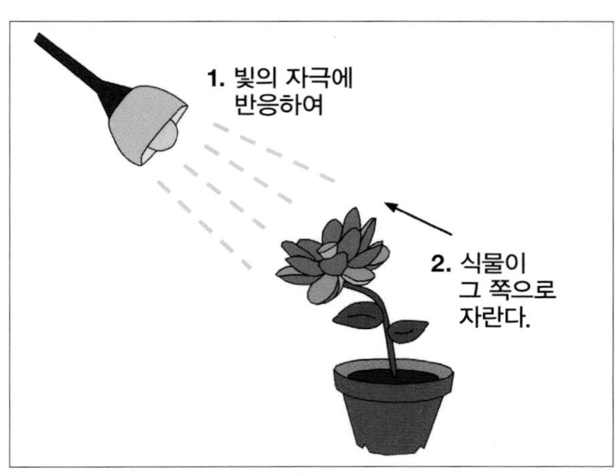
1. 빛의 자극에
반응하여
2. 식물이
그 쪽으로
자란다.

빛에 반응하는 식물의 성장 Mtomanelli15, CC-BY-SA-4.0

자기 부상 열차(magnetic levitation train)

자기력으로 공중에 뜰 뿐만 아니라 앞으로 나아가기도 하는 열차이다. 이렇게 힘이 센 자기력은 전자석으로 만들어낸다.

자석은 다른 극끼리는 끌어당기고 같은 극끼리는 밀쳐낸다. 따라서 전자석의 힘을 아주 세게 만들어 주면 무거운 열차도 공중에 뜨게 할 수 있다. 그래서 자기 부상 열차를 공중에 띄우는 방법에는 두 가지가 있다. 자석의 끌어당기는 힘을 이용한 흡인식과 밀쳐내는 힘을 이용한 반발식이다.

반발식 자기 부상 열차는 열차의 밑과 철로에 전자석을 붙이고 서로 같은 극이 되어 마주보게 한다. 그러면 서로 밀치는 힘이 작용하여 열차가 조금 공중으로 떠오른다. 반대로, 흡인식 자기 부상 열차는 바퀴의 축처럼 열차 밑에서 옆으로 튀어 나온 부분을 ㄷ자 모양의 철로에 끼우고 축의 위에 전자석을 붙인다. 그러면 전자석이 위쪽에 있는 철로에 붙으려고 하면서 열차를 들어올린다. 이 힘을 알맞게 조절하여 축이 ㄷ자 철로의 가운데쯤에 떠 있게 하는 것이다.

또 열차 밑 자석의 극과 반대되는 자석의 극이 철로의 바로 앞에 있으면 다른 극끼리 끌어당기는 힘 때문에 열차가 앞으로 나아간다. 열차가 이렇게 조금 앞으로 나아가면서 열차 밑 자석의 극과 철로 자석의 극이 같아지면 이번에는 밀어내는 힘이 작용하여 열차를 앞으로 더 밀어 준다. 이런 일이 끊임없이 되풀이되면 열차가 빠르게 앞으로 나아간다.

바퀴가 없는 자기 부상 열차는 공중에 떠서 다니기 때문에 마찰이나 진동이 없다. 그래서 매우 빠르게 달려도 시끄러운 소리가 나지 않는다. 아울러 오염 물질도 내뿜지 않으며 고속 철도나 지하철보다 더 적은 비용으로 놓을 수 있다고 한다.

하지만 이 열차는 아직 세계 몇 나라에서 연구와 실험을 계속하는 단계에 놓여 있다. 우리나라도 1993년에 대전 세계 과학 박람회장에 40명이 탈 수 있는 한 칸짜리 자기 부상 열차를 설치하여 오랫동안 운행했다. 그리고 더욱 발전된 자기 부상 열차를 인천 국제 공항에 설치하여 2015년부터 운행하고 있다.

미디어뱅크 사진

자동 계단(escalator)

전기의 힘으로 움직이는 층계이다. 에스컬레이터라고도 한다. 층계에 사람이 선 채로 위로 올라가거나 아

래로 내려간다. 대개 큰 건물이나 기차역 또는 백화점과 같이 많은 사람이 오가는 곳에 설치된다.

자동 계단은 층계가 달린 컨베이어벨트라고 할 수 있다. 줄줄이 이어진 발 디딤판들이 위와 아래의 양쪽에 있는 커다란 바퀴에 감겨서 엔진의 힘으로 돌아가기 때문이다. 각 층계가 되는 디딤판은 사람이 오르거나 내리는 데에서는 편평하다가 경사진 데에서 바로 서도록 만들어져 있다.

이것은 전동기가 도는 방향을 바꾸어서 위로 올라가거나 아래로 내려가게 할 수 있다. 또 무엇이 끼이면 저절로 멈추는 안전 장치도 되어 있다. 1900년에 미국 뉴욕시에서 처음으로 기차역에 설치되었다.

미디어뱅크 사진

자동차(automobile)

오늘날 가장 많이 쓰이는 교통 수단이다. 대체로 편평한 땅이면 거의 어디나 갈 수 있다. 그러나 다른 교통 수단에 견주어서 사람이나 화물을 한꺼번에 아주 많이 나르지는 못한다.

세계 최초의 자동차는 1769년에 프랑스 사람 니콜라 조제프 퀴뇨가 발명한 증기 기관 자동차이다. 이것은 석탄을 태워 물을 끓여서 나오는 수증기의 힘으로 기관을 움직였다. 그러나 이 자동차는 무거운 강철로 만들었기 때문에 사람이 걷는 것처럼 느리고 운전하기도 어려웠다. 그래도 이것이 기계의 힘으로 움직인 최초의 탈것이었다.

그 뒤에 휘발유를 연료로 쓰는 가솔린 기관이 발명되자 자동차의 개발이 빨라졌다. 가솔린 기관은 연료가 타면서 생기는 폭발력을 이용한 내연 기관으로서 가벼우면서도 큰 힘을 냈다. 아울러 이 기관을 단 자동차는 운전하기도 쉬웠다.

가솔린 기관을 완성한 독일의 다임러와 벤츠는 1885년에 각각 가솔린 기관을 단 자동차를 만들었다. 초기의 자동차는 말 대신에 기관을 단 마차와도 같았다. 그 10년 뒤에 프랑스 사람 앙드레 미쉘린과 에두아르 미쉘린 형제가 자동차용 공기 타이어를 만들었다. 그리고 세계 여러 나라에서 여러 가지 장치가 개발되어서 오늘날의 것과 같은 자동차가 되었다.

그 뒤 1924년에 경유를 연료로 쓰는 자동차용 디젤 기관이 완성되자 디젤 자동차가 만들어졌다. 그러나 자동차를 널리 퍼뜨리는 일에 가장 큰 공을 세운 이는 미국 사람 헨리 포드이다. 그가 바로 자동차를 많이 만들어서 싸게 팔아 누구나 살 수 있게 만든 사람이다.

오늘날 자동차에는 가솔린 기관과 디젤 기관이 널리 쓰인다. 그러나 승용차에는 휘발유를 연료로 쓰는 가솔린 기관이 더 많이 쓰인다. 휘발유와 공기를 섞어서 실린더 안에 넣고 피스톤으로 압축시킨 뒤에 불을 붙이면 연료가 타면서 팽창하는데, 그 힘으로 피스톤이 밀려난다. 밀려났던 피스톤이 다시 앞으로 가면 타고 난 기체가 밖으로 빠져 나간다. 그러면 피스톤이 다시 뒤로 물러나고 실린더 안에 연료가 들어온다. 그리고 다시 연료가 압축되고 폭발한다. 이런 과정이 되풀

Thesupermat, CC-BY-SA-3.0

이되면서 피스톤이 끊임없이 왕복 운동을 하는데, 이 운동이 바퀴로 전달되어서 자동차가 움직이는 것이다. 자동차 엔진에는 이런 실린더가 흔히 4개나 6개 달려 있다. 실린더를 기통이라고도 하므로 실린더가 4개이면 4기통 엔진이라고 할 수 있다.

디젤 기관은 가솔린 기관과 달리 실린더 안에 공기만 먼저 들어가서 피스톤에 의해 압축된다. 이렇게 압축된 공기에다 액체 경유를 뿜으면 저절로 연소되어서 팽창한다. 이 힘으로 피스톤이 뒤로 밀려난다. 그리고 가솔린 기관과 마찬가지로 피스톤이 오락가락하면서 기체를 내보내고 다시 공기를 들여보내는 과정을 되풀이한다. 이런 디젤 기관은 버스나 트럭 같은 큰 차에 많이 쓰인다. 요즘에는 액화 천연 가스를 연료로 쓰는 기관도 있지만 원리는 비슷하다.

자동차는 편리한 교통 수단이지만 빠르게 움직이기 때문에 조심하지 않으면 사고를 낼 수 있다. 그래서 세계 어느 나라에서나 면허 시험에 합격한 사람만 자동차를 운전하게 한다. 우리나라에서는 만18살이 되어야 보통 승용차의 운전면허 시험을 볼 수 있으며 트럭 같은 큰 차의 운전면허 시험은 만 19살이 되어야 볼 수 있다. 그리고 자동차를 사면 관청에 등록하고 정기적으로 검사를 받아야 한다.

자두(plum)

자두나무의 열매이다. 오얏이라고도 한다. 거의 동그랗게 생긴 과일로서 7월쯤에 익는데 탁구공만한 것에서부터 작은 복숭아만한 것에 이르기까지 크기가 여러 가지이다. 익기 전에는 거죽이 초록색이지만 익으면 검붉은 색이나 연초록과 노랑이 섞인 색깔이 된다. 과

미디어뱅크 사진

일의 노란색 살은 맛이 달지만 좀 시며 즙이 많다. 과일로 그냥 먹거나 잼을 만들며 술을 담그기도 한다. 다른 나라에서는 말린 자두도 많이 먹는다.

자두나무는 장밋과에 딸린 갈잎큰키나무로서 키가 10m에 이른다. 순우리말 이름은 오얏나무이다. 한 1,500년 전에 중국에서 들어왔을 것으로 짐작된다. 그러나 요즘에 흔히 보는 자두나무는 거의 다 서양 자두나무이다.

자두나무는 4월에 잎보다 먼저 꽃이 서넛씩 모여서 핀다. 꽃은 색깔이 희고 꽃잎이 5장이다. 꽃이 거의 다 핀 뒤에야 길고 뾰족한 달걀꼴 잎들이 어긋난다.

자몽(grapefruit)

Lipsio, CC-BY-SA-3.0

열대 지방에서 자라는 감귤류의 늘푸른나무와 그 열매의 이름이다. 짙은 초록색 잎이 달린 자몽나무는 키가 9m까지 자라며 흰 꽃이 핀 뒤에 씨방이 자라서 열매가 된다.

자몽 열매는 익으면 귤보다 더 커서 지름이 10~15cm나 된다. 알맹이가 흔히 10~14 조각으로 이루어지는데 겉은 노랗고 질기며 속은 희고 부드러운 껍질에 싸여 있다. 과육과 즙으로 가득 찬 이 알맹이는 색깔이 희거나 분홍색 또는 붉은색이다. 씨도 이 알맹이에 들어 있지만 과일로 개량된 품종에는 씨가 거의 없거나 한두 개씩뿐이다.

자몽 열매에는 비타민 C가 아주 많이 들어 있다. 그래서 주스나 과일로 널리 이용된다. 세계에서 가장 많이 생산하는 나라는 미국이며 그 다음으로 중국, 이스라엘, 멕시코 및 남아프리카 공화국에서 많이 심어 가꾼다.

자석(magnet)

철을 끌어당기는 힘이 있는 물체이다. 만들어진 모양에 따라서 막대자석이나 말굽자석처럼 여러 가지가 있다.

자석에 철가루를 뿌리면 다른 곳보다 훨씬 더 많이 달라붙는 두 군데가 있다. 막대자석과 말굽자석의 양쪽 끝이다. 이 두 끝을 자석의 극이라고 하는데, 자석의 힘이 가장 센 부분이다.

막대자석을 실로 매달거나 물에 띄워서 잘 돌게 하면 두 끝이 항상 같은 방향을 가리킨다. 그 가운데에서 북쪽을 가리키는 쪽을 N(엔)극, 남쪽을 가리키는 쪽을 S(에스)극이라고 한다. 자석이 늘 같은 방향을 가리키는 까닭은 지구도 커다란 한 개의 자석이기 때문이다.

자석은 같은 극끼리는 서로 밀치고, 다른 극끼리는 끌어당기는 성질이 있다. 보통의 철 조각도 자석에 오래 붙여 두거나 자석의 한 극으로 여러 번 같은 방향으로 문지르면 자석이 된다.

자석의 두 극 사이에 작용하는 힘을 자기력이라고 하며, 자기력이 미치는 공간을 자기장이라고 한다. 자기장은 전류가 흐르는 전선의 둘레에도 생기는데, 이것을 이용하여 자석의 성질을 띠도록 만든 것이 전자석이다. 전자석은 전기를 통하면 자석의 성질을 띠고 전기를 끊으면 자석의 성질을 잃는다. 그러나 자석의 성질을 늘 변함없이 지니고 있는 것은 영구 자석이라고 한다.

미디어뱅크 사진

자연 재해(natural disaster)

여느 때와 다른 별난 자연 현상으로 말미암아 사람들이 겪는 큰 재앙이다. 가뭄, 지진, 태풍, 폭우, 폭설, 해일, 홍수, 화산 폭발과 같은 자연 현상 때문에 사람이 다치거나 죽고, 둑이 터지고, 건물이 무너지며, 농경지가 파괴되는 일 등이다. 또한 오랫동안 가뭄이 계속되면 농작물이 자라지 못해 흉년이 들 수도 있다.

자연의 힘은 대개 너무나 커서 어떤 때에는 사람의 힘으로 막아내기 못한다. 집을 아무리 단단히 지어도 그것을 무너뜨릴 만큼 센 바람이 불 수 있으며, 둑을 아무리 높이 쌓아도 엄청난 해일로 밀려든 파도가 그 둑을 넘어올 수 있다. 따라서 사람들은 이런 엄청난 재해가 닥치는 것을 미리 알아서 피할 수 있게 되려고 노력한다.

2016년 5월 네팔 지진 뒤의 모습 Gita Dhoj Karki,

자운영(Chinese milk-vetch)

주로 논이나 밭에 심어서 다 자라면 갈아엎어 천연 비료가 되게 하는 두해살이풀이다. 콩과에 딸린 풀이어서 뿌리에 뿌리혹박테리아가 있으므로 공기 속의 질소를 빨아들여 붙잡아둔다. 그래서 논밭의 흙을 갈아엎으면 자운영이 그대로 땅속에 묻혀서 좋은 거름이 된다. 이런 천연 비료를 녹비라고 부른다.

자운영은 본디 중국이 고향인 풀로서 흔히 풀밭에

미디어뱅크 사진

도 난다. 봄에 싹이 트면 가지를 많이 내면서 옆으로 자라다가 곧게 서서 키가 25cm쯤에 이른다. 네모난 줄기에 깃꼴겹잎이 어긋나는데, 긴 잎자루에 달린 작은 잎들은 9~11개로서 대개 타원형이다. 봄 4~5월이면 긴 꽃줄기가 나와서 바로 서며 그 끝에 분홍색, 자주색 또는 흰색 꽃이 하늘을 보고 우산처럼 핀다. 꽃이 지면 길쭉한 열매가 열려 6월에 익는데 그 속에 2~5개의 씨가 들어 있다.

자원(resources)

사람이 더 잘 살기 위해 자연에서 얻는 천연 자원 및 사람과 사람의 능력에서 나오는 인문 자원 등이다.

천연 자원은 사람이 터를 잡고 살아갈 수 있는 땅, 모든 동식물이 살아가기에 없어서는 안 될 물, 삶을 더 편리하게 해 줄 여러 가지 물건의 원재료가 될 광물이나 동식물 따위이다. 한편, 인문 자원은 사람의 노동력과 기술 및 모든 생산 활동에 쓸 돈 등을 말한다. 그러나 보통 자원이라고 하면 대개 천연 자원을 가리킨다. → 천연 자원

들판을 지나는 바람도 소중한 자원이다 Leaflet, CC-BY-SA-3.0

자작나무(birch)

북부 지방의 깊은 산 양지바른 땅에서 잘 자라는 갈잎큰키나무이다. 하얀 나무껍질이 얇게 옆으로 벗겨지며, 키가 20m까지 자란다. 같은 나무에서 암꽃과 수꽃이 함께 4월에 피어 열매가 열면 9월에 익는다. 어긋나는 잎은 세모꼴에 가까우며 가장자리에 톱니가 있다.

나무껍질의 색깔과 무늬가 예뻐서 흔히 공원이나 길가에 심는다. 이 나무에서 나오는 목재는 가구 따위를 만들기에 쓴다.

미디어뱅크 사진

자전(earth's rotation)

밤이 지나면 낮이 되고, 낮이 지나면 다시 밤이 된다. 낮과 밤은 쉬지 않고 번갈아 찾아온다. 이렇게 낮과 밤이 생기는 까닭은 지구가 스스로 하루에 한 바퀴씩 돌기 때문이다.

지구에서 태양을 마주보는 쪽은 낮이 되고 그 반대쪽은 밤이 되는데, 지구가 반 바퀴 돌면 낮이었던 곳이 밤이 되고 밤이었던 곳은 낮이 된다. 그래서 낮과 밤이 번갈아 나타나는 것이다.

이렇게 지구가 자전축을 중심으로 스스로 한 바퀴씩 도는 것을 자전이라고 한다. 태양과 달 및 태양계의 8개 행성들은 모두 자전을 한다. 그러나 자전에 걸리는 기간은 저마다 달라서 태양은 25~31일 만에 한 번 돌며, 달은 27일쯤 만에 한 번 돈다. 행성들의 자전 기간도 저마다 다르다. → 공전

히말라야에서 본 북극성의 사진으로 지구의 자전을 알 수 있다. Anton Yankovyi, CC-BY-SA-4.0

ㅈ

자전거(bicycle)

바퀴가 둘뿐인 가장 간단한 탈것이다. 오직 사람의 힘으로 굴려야 하기 때문에 걷는 것과 똑같은 힘이 든다. 따라서 자전거 타기는 기계를 이용한 걷기라고 말할 수 있다. 그러나 자전거를 타고 가면 걷는 것보다 더 빠르게 더 멀리 갈 수 있다. 또한 자전거를 타면 재미있고 운동도 된다.

자전거의 구조는 아주 간단하다. 대개 삼각형을 2개 붙여 놓은 것 같은 강철 뼈대에 바퀴가 2개 달려 있다. 앞바퀴와 손잡이가 달린 포크는 뼈대에 이어져 있지만 자유로이 왼쪽, 오른쪽으로 돌릴 수 있으므로 자전거가 나아가는 방향을 바꿀 수 있다.

페달이 달린 크랭크와 뒷바퀴의 축에 톱니바퀴가 있어서 체인이라는 쇠사슬로 이어져 있다. 그래서 페달을 밟으면 크랭크의 톱니바퀴가 돌면서 쇠사슬을 잡아당기므로 뒷바퀴가 따라서 돈다. 뒷바퀴의 톱니바퀴와 크랭크 톱니바퀴의 크기가 같다면 크랭크가 한 바퀴 돌 때에 뒷바퀴도 한 바퀴 돌 것이다. 그러나 뒷바퀴의 톱니바퀴가 크랭크의 톱니바퀴보다 훨씬 더 작기 때문에 페달을 밟아서 크랭크가 한 바퀴 돌면 뒷바퀴는 더 많이 돌게 되어 있다.

자전거는 1816년에 프랑스에서 처음으로 만들어졌는데 페달이 없이 두 발로 땅을 밀어서 굴려야 하는 것이었다. 그러다 1867년 파리 박람회에서 앞바퀴의 축에다 크랭크를 단 자전거가 선보였다. 이때의 자전거는 바퀴가 나무로 만들어졌을 뿐만 아니라 페달이 한 바퀴 도는 동안 바퀴도 한 바퀴밖에 돌지 못했다. 그래서 앞바퀴는 커다랗고 뒷바퀴는 작게 만들어지곤 했다. 그 뒤 1869년에 체인이 발명되고 1885년에 오늘날의

미디어뱅크 사진

것과 거의 같은 자전거가 나왔다. 그리고 1888년에 공기 타이어가 발명되어서 자전거 타기가 훨씬 쉬워졌다.

자전축(axis of rotation)

지구의 한가운데를 뚫고 북극과 남극을 직선으로 연결하는 상상의 선이다. 지구가 공전하는 평면을 바닥면으로 보면 수직선에서 옆으로 23.5°기울어져 있다.

이 상상의 선을 중심으로 지구가 하루에 한 바퀴씩 돌기 때문에 이것을 자전축이라고 한다. 태양과 태양계의 행성들은 모두 자체의 무게 중심을 지나는 선인 자전축을 중심으로 자전한다. → 자전

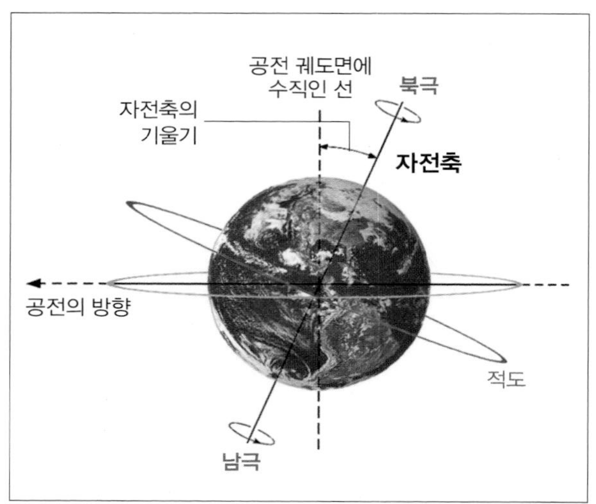

Dennis Nilsson, CC-BY-3

자주범의귀(purple saxifrage)

그린란드 너머의 북극권 지역과 그 남쪽의 영국, 알프스 및 로키산맥의 고산 지대에서 흔하게 자라는 여러해살이풀이다. 노르웨이의 스발바르 제도에 있는 우리나라의 다산 과학 기지 부근에도 많다. 땅바닥에 달라붙어 촘촘히 뻗는 줄기에서 잎자루가 없으며 거꾸로 선 달걀꼴인 잎이 마주난다. 식물이 매우 귀한 데에서 자라는 이 풀은 키가 기껏 3~5cm밖에 안 되며 작은 잎이 매우 촘촘해서 마치 방석 같은 무더기를 이룰 때가 많다.

겨울이 막 끝날 즈음에 잎겨드랑이에서 짤막한 꽃대가 나와 자주색 꽃이 하나씩 피기 시작한다. 그리고 눈이 녹는 지역을 따라가며 여름까지 계속 핀다. 대개 동그란 꽃잎이 5~6개씩이며 꽃의 지름은 1.2cm 남짓

이다. 이 꽃잎은 먹을 수 있는데 처음에는 쓰지만 곧 달콤한 맛이 입안에 퍼진다. 사람 말고도 북극권에서 사는 곤충의 애벌레나 그밖의 짐승이 이 풀을 뜯어먹는다.

Alastair Rae, CC-BY-SA-2.0

작은곰자리(Ursa Minor)

한 해 내내 북쪽 하늘에서 볼 수 있는 별자리이다. 가장 밝은 북극성은 바로 북극 위에 떠 있으며, 별 7개가 이루는 모양이 북두칠성과 비슷하므로 작은 국자라는 별명이 있다.

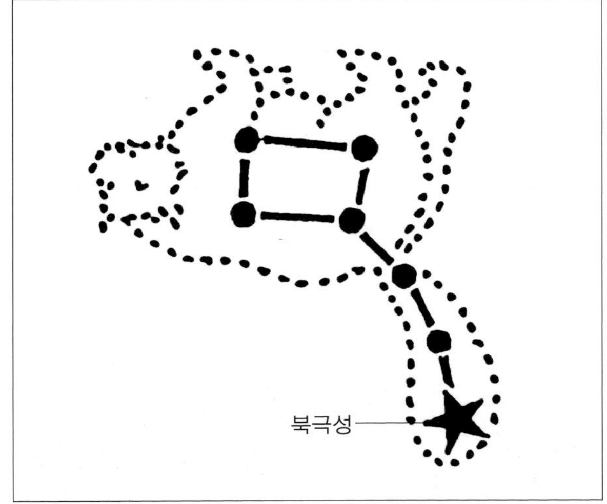

Pearson Scott Foresman, Public Domain

작은창자(small intestine)

소장이라고도 한다. 샘창자와 바로 이어진 소화 기관이다. 샘창자를 포함하여 길이가 7m쯤 되며 지름은 3cm 안팎이다. 길고 구불구불하며 뱃속에서 큰창자에 둘러싸여 있다.

샘창자는 십이지장이라고도 하는데 음식물이 넘어오면 작은창자가 계속 일정한 시간 차이로 움츠러들었다 펴지곤 한다. 그래서 샘창자에서 분비된 이자액과 쓸개즙 그리고 작은창자에서 분비된 창자액을 음식물과 잘 섞어 준다. 작은창자의 안벽은 주름투성이인데 여기에 길이가 1mm쯤 되는 융털이 수없이 많이 나 있다. 이 융털이 바로 분해된 영양소를 흡수한다. 주름과 융털은 음식물과 맞닿는 면적을 넓혀서 영양소를 효과적으로 흡수하기 위한 것이다. 흡수된 영양소는 혈액을 통해서 몸의 곳곳으로 운반되어 몸을 이루거나 에너지를 내는 재료로 쓰인다. 이 작은창자에서 흡수되고 남은 찌꺼기는 큰창자로 내려간다.

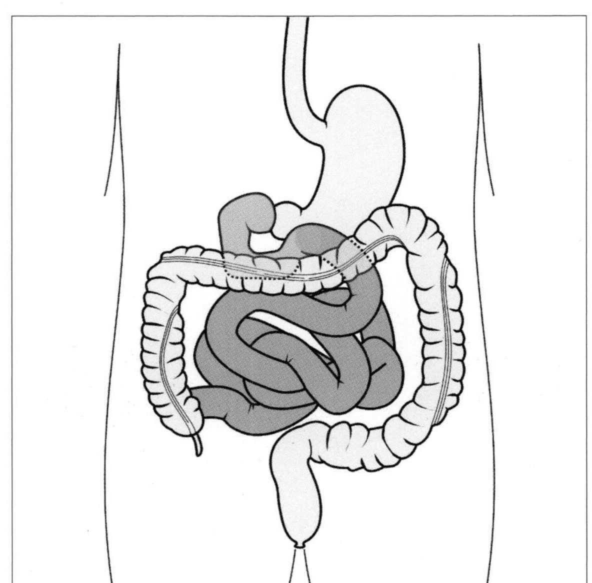

작은창자(색칠 부분) Olek Remesz, CC-BY-SA-2.5

잠(sleeping)

정상적인 사람이나 동물이 둘레의 변화나 자극을 거의 느끼지 못하는 상태이다. 사람과 그밖의 많은 동물은 날마다 얼마쯤 잠을 자야 한다. 우리는 흔히 누워서 눈을 감고 잠을 잔다. 잠이 들면 근육이 풀리고 심장 박동과 호흡이 느려지며 숨을 더 고르게 쉰다. 사람은 자면서 하룻밤 사이에 여러 번 돌아눕고 잠깐씩 깨기도 한다.

보통 갓난아기는 밤낮을 가리지 않고 계속해서 잠깐씩 잔다. 그러다 두세 달이 지나면 대개 밤에는 줄곧 자고 낮에는 낮잠을 조금씩 자주 잔다. 다섯 살이면 하루에 평균 10시간 이상, 열한 살이면 9시간 이상, 어른도 8시간 이상 자야 한다. 그러나 사람에 따라서 다르다. 어떤 이는 좀 더 많이 자야하며 어떤 이는 좀 덜 자도 된다. 이렇게 잠의 양은 사람마다 타고나는 것이지 애써서 바꿀 수 없다고 한다.

잠을 푹 자지 못한 사람은 집중력이 떨어진다. 특히 단조롭게 되풀이되는 일에서 주의력이 흐트러지기 쉽다. 1~2초 동안 깜박 졸면서도 그런 줄 모를 수가 있다. 그런데 3일이 넘게 잠을 자지 않으면 똑똑히 보고 듣고 생각하기가 매우 어렵다. 어떤 이는 헛것을 보기도 한다. 반대로 잠을 푹 잔 사람은 낮 동안 아주 단조로운 일을 하더라도 정신이 맑고 일에 집중할 수 있다. 잠은 우리의 지친 몸과 뇌를 회복시켜 주는 아주 중요한 것이다. 그래서 충분한 잠이야말로 공부는 물론이려니와 이성과 감정을 조절하는 것 같은 정신 활동에 더 중요하다.

잠든 멧돼지 가족 Lotse, CC-BY-SA-3.0 GFDL

잠수복(diving suit)

물속에 잠겨서 일할 때에 입는 옷이다. 해녀들이 입는 고무로 만든 옷에서부터 바다 밑에서 일하는 여러 가지 기술자들이 입는 것에 이르기까지 종류가 꽤 많다.

잠수복은 대개 무엇보다도 입은 사람이 물속에서 숨을 쉴 수 있게 만들어야 한다. 또 물밑의 높은 압력과 낮은 온도를 견딜 수 있어야 한다. 그래서 하는 일과 물의 깊이에 따라서 입는 잠수복의 종류가 조금씩 다르다.

흔히 쓰는 잠수복으로 수면에서 공기를 보내 주는 것이 있다. 머리를 감싼 헬멧과 고무로 만든 옷이 연결되어서 물이 스며들지 않는데, 숨 쉴 공기는 물 위에 뜬 배에서 긴 고무나 합성수지로 만든 관을 통해서 펌프로 넣어 준다. 주로 바다 밑에서 조개, 해삼, 전복 따위를 잡을 때에 이런 잠수복을 입는다.

하지만 긴 줄로 배와 연결된 잠수복은 물속에서 활동하기에 불편하다. 그래서 발명된 것이 압축한 공기를 넣은 통에서 짧은 관을 통해 조금씩 공기를 숨쉬게 한 장치이다. 이것을 이용하면 천이나 고무로 만든 옷을 입고도 물속에서 자유롭게 활동할 수 있다.

밖에서 공기를 넣어 주는 잠수복
LoKiLeCh, CC-BY-3.0 GFDL

잠수부(diver)

물속에서 일하는 사람이다. 바다에서 전복이나 해삼을 잡는 해녀도 물속에서 일하기는 마찬가지이지만, 이들은 보통 한 번에 2~3분밖에 물밑에 머물 수 없다. 그러나 오랫동안 강이나 바다 밑에서 일하려면 물속에서도 숨을 쉴 수 있어야 한다.

따라서 물속에서 오래 머무는 잠수부는 대게 온 몸을 감싸고 속이 빈 긴 줄과 통신선이 달려 있어서 배에서 펌프로 공기를 넣어 주는 잠수복을 입고 물속에 들어간다. 또는 압축 공기가 든 통을 메고 들어가기도 한다. 이 통에 든 공기는 물속에서 입으로 조금씩 숨쉬며 일할 수 있는 것이다.

수족관에서 일하는 잠수부 Brocken Inaglory, CC-BY-SA-3.0 GFDL

잠수함(submarine)

물속에 잠겨서 돌아다닐 수 있는 배이다. 그 가운데에서 작은 것을 잠수정이라고 하며, 사람이 타지 않은 것을 무인 잠수정이라고 한다.

잠수함은 거의 다 군함이다. 주로 제1차와 제2차 세계 대전 때에 적국의 배를 공격하고자 만들어지고 발달했다. 이제는 속력이 무척 빠를 뿐만 아니라 아주 오랫동안 물속에 머물 수 있는 원자력 잠수함까지 있다.

잠수함은 물속에서 물의 높은 압력을 견딜 수 있어야 한다. 그래서 두꺼운 강철판으로 몸통을 둥그렇게 만든다. 몸통의 벽은 아주 커다란 물통으로 되어 있어서 여기에 바닷물을 채우면 배가 가라앉고, 물을 밖으로 내보내면 떠오른다.

잠망경 깊이의 잠수함 U.S. Navy, Public Domain

잠자리(dragonfly)

여름에 많은 곤충이다. 몸통이 가늘고 길며 날개맥이 뚜렷한 날개 두 쌍이 달려 있다. 유난히 큰 겹눈이 머리의 양쪽에 튀어나와 있으며, 입은 먹이를 씹어 먹기에 알맞다. 가늘고 긴 다리가 세 쌍인데 날카로운 가시가 줄지어 나 있어서 먹이를 낚아채기에 알맞다. 날아다니면서 주로 모기나 작은 파리 따위 곤충을 잡아먹는다.

몸의 빛깔, 생김새 및 크기는 종류에 따라서 다르다. 어떤 것은 몸길이가 2cm밖에 안 되지만 그 10배나 될 만큼 큰 것도 있다. 두 눈은 각각 1만 개가 넘는 홑눈이 모여서 이루어진 겹눈이다. 시력이 아주 좋아서 20m 밖에서 움직이는 것도 볼 수 있다.

잠자리는 물속에다 알을 낳는다. 알에서 깬 애벌레는 종류에 따라서 1년에서 4~5년 동안 물속에서 산다. 애벌레는 아가미로 숨을 쉬고, 물밑 바닥에서 기어 다니며 작은 벌레 따위를 잡아먹고 산다. 다 자라면 물풀이나 돌 위로 기어올라서 허물을 벗고 어른벌레가 된다. 그러나 나비나 파리와는 달리 번데기 과정을 거치지 않는다. 곧 불완전 탈바꿈을 하는 것이다. 잠자리는 아득히 먼 선사 시대에 처음으로 나타났는데 아직도 5,000 가지쯤 되는 것들이 이 세상에서 우리와 함께 살고 있다.

미디어뱅크 사진

잣나무(Korean pine)

소나무 같은 늘푸른큰키나무이다. 솔잎과 비슷해 보이는 잎이 짧은 가지 끝에 5개씩 모여서 달린다. 열매도 솔방울 같아 보이지만 그보다 훨씬 더 크며 비늘 사이사이에 길둥그런 씨가 하나씩 박혀 있다. 딱딱한 씨껍질 속에 하얀 배젖이 들어 있는데, 이것을 잣이라고 한다. 잣은 기름기가 많으며 맛이 좋다.

미디어뱅크 사진

잣나무는 훌륭한 먹을거리가 되는 열매인 잣이 열릴 뿐만 아니라 목재도 좋기 때문에 산에다 심어서 가꾼다. 중부와 남부 지방에서는 대개 높이 1,000m가 넘는 산에다 심는데, 백두산 부근이나 중국과 일본의 북쪽 지방에는 저절로 나서 자라는 것이 있다.

잣나무는 밑동의 지름이 1m, 키가 30m 넘을 만큼

ㅈ

크게 자란다. 5월에 암꽃과 수꽃이 따로 피는데 바람의 힘으로 꽃가루받이가 이루어진다.

장구벌레(mosquito larva)

CDC/Harry Weinburgh, Public Domain

모기의 애벌레이다. 모기는 대개 고여 있고 따뜻하며 더러운 물에다 알을 낳아서 장구벌레가 자라게 한다.

장구벌레는 몸길이가 4~7mm로서 어른벌레인 모기와 같으며 몸빛깔은 회색이다. 머리 쪽이 크고 둥글며 꼬리 쪽은 가늘고 뾰족하다. 여러 마디로 되어 있는 몸이 머리, 가슴, 배의 세 부분으로 되어 있다. 머리에 더듬이 두 쌍과 눈 한 쌍, 입 한 개가 있지만 다리와 날개는 없다. 꼬리 쪽에 숨관이 달려 있어서 가끔 이것을 수면 밖으로 내밀고 숨을 쉰다. 그래서 물속에서 꼼틀꼼틀 헤엄치다가 가끔 수면으로 떠오른다.

알에서 깬 장구벌레는 물속에 떠 있는 동물성이나 식물성 물질을 먹고 자라면서 허물을 벗는다. 그래서 1주일쯤이면 번데기가 되는데, 이 번데기는 껍질에 싸여 수면에 떠서 움직이지 않는다. 그 뒤로 2~3일이 지나면 번데기에서 모기가 되어 나와 날아오른다.

모기는 해로운 곤충이다. 그런데 장구벌레가 없으면 모기가 생기지 않는다. 따라서 주변에 더러운 물이 고여 있지 않게 하고 고인 물에는 약을 치거나 기름을 뿌린다. 그러면 장구벌레가 숨이 막혀 죽을 것이다.

장구애비(water scorpion)

연못이나 논 따위의 고인 물속에서 사는 곤충이다. 다 자라더라도 몸길이가 3~4cm이며 몸빛깔도 물밑바닥과 같은 흑갈색이어서 눈에 잘 띄지 않는다. 그래서 물밑이나 물속에 떨어진 나뭇잎 밑에 숨어 있다가 지나가는 벌레나 작은 물고기 등을 재빨리 낚아채 잡아먹는다.

다른 곤충과 마찬가지로 몸이 머리, 가슴, 배로 이루어져 있다. 몸집에 견주어서 작은 머리에 더듬이와 겹눈이 한 쌍씩 달려 있으며, 가슴에 다리가 세 쌍 달려 있다. 등은 날개 딱지로 덮여 있다. 배의 끝에 제 몸통의 길이만한 숨관이 달려 있는데, 이것을 물 밖으로 내밀고 숨을 쉰다. 다리 세 쌍 가운데 앞다리에 날카롭고 강한 가시가 나 있어서 이것으로 먹이를 붙잡는다. 잔털이 많이 나 있는 가운뎃다리와 뒷다리는 주로 헤엄치기에 쓴다.

장구애비는 봄에 물가의 이끼나 땅속에다 알을 낳는다. 낳은 지 23일쯤 되면 알에서 어른벌레와 비슷하게 생긴 애벌레가 깨 나온다. 이것이 여름이면 다 자라서 마지막 허물을 벗고 날개가 돋아 어른벌레가 된다.

Ian Alexander, CC-BY-SA-4.0

장난감(toy)

아이들이 가지고 노는 물건이다. 아주 먼 옛날부터 세계 어느 곳에서나 아이들은 한결같게 장난감을 가지고 놀았다.

처음에는 공, 인형, 게임 도구 같은 장난감을 모두 집에서 어른이 만들어 주어야 했다. 그러나 차츰 좋은 장난감을 잘 만드는 기술자가 생겨났으며 19세기에 이르러 공장에서 장난감을 만들기 시작했다. 그리고 산업이 발달하면서 장난감도 점점 더 정교해지고 다양해졌다. 오늘날에는 수많은 장난감에 컴퓨터 칩이 들어 있다.

아기가 처음에 만나는 장난감은 대개 아주 간단한 것이다. 그저 입에 물고 빠는 것이나 손에 쥐고 흔드는 딸랑이쯤이다. 그러다 차츰 헝겊 인형, 공, 바퀴 달린 자동차 등으로 발전한다.

아이가 자라서 걷고 뛰기 시작하면 끌거나 던지는 장난감을 갖고 논다. 그러다 더 자라면 듣고, 읽고, 쓰는 장난감과 그림책 같은 것으로 상상력이 커진다. 그리고 더 큰 어린이가 되어서 가지고 노는 온갖 로봇과 조립하는 장난감들은 인내심과 구성력 및 판단력을 발달시킨다. 이런 취향이 어른이 된 뒤에도 이어질 수 있다.

미디어뱅크 사진

장마(continuous rain)

해마다 초여름에 여러 날 동안 줄기차게 내리는 비이다. 대개 6월 하순이면 구름이 끼고 비가 내리기 시작하여 7월 한 달 동안 거의 날마다 비가 온다. 따라서 낮은 곳에서는 홍수가 나고 오랫동안 햇볕이 나지 않아서 여기저기가 눅눅하고 곰팡이가 피기 쉽다.

해마다 6월쯤이면 온도의 차이가 큰 오호츠크 해의

Hyena~commonswiki, Public Domain

고기압과 북태평양 고기압 사이에 동서로 길게 뻗은 기상 전선이 생긴다. 이 전선이 일본을 지나 우리나라를 거쳐서 중국에까지 이르는데, 이것이 장마 전선이다. 이 장마 전선이 남북으로 오르락내리락하면서 비를 뿌린다. 그러다 8월 초쯤이면 장마가 그치고 무더운 여름 날씨가 시작된다.

장미(rose)

대개 예쁘고 향기가 좋은 꽃이 피는 갈잎떨기나무이다. 가늘고 긴 줄기가 여럿 뭉쳐서 자란다. 줄기는 초록색이며 대개 가시가 있다. 잎은 한 잎자루에 타원형의 작은 잎들이 3~7장쯤 달리는 겹잎이며 가장자리에 톱니가 있다. 품종에 따라서 흰색, 붉은색, 분홍색, 노란색, 붉은 자주색 등 여러 가지 색깔의 꽃이 핀다.

장미는 옛날부터 사람들이 좋아하기 때문에 품종이 많이 개량되어서 종류가 수만 가지나 된다. 종류에 따라서 저마다 꽃의 색깔, 생김새, 피는 때가 다르다. 꽃이 1년에 한 번만 피는 것도 있고 여러 번 피는 것도 있다. 꽃의 모양과 색깔이 아름다울 뿐만 아니라 향기도 좋고 꿀도 많아서 벌과 나비가 많이 날아든다. 꽃이 지고 나면 씨가 들어 있는 동그란 열매가 열리기도 하지만 대개 접붙이기를 해서 번식시킨다.

미디어뱅크 사진

장보고 과학 기지 (Jang Bogo Polar Research Station)

남극에 두 번째로 세워진 우리나라의 극지 과학 연구 시설이다. 남극 대륙의 동남쪽 빅토리아 섬 테라노바만 바닷가에 있다. 1988년에 제1차로 세워진 세종 과학 기지에서 4,500km쯤 떨어진 곳이다. 넓은 땅에 지은 건물 16채와 함께 24 가지 관측 장비가 갖추어져 있다.

이 기지를 짓는 공사는 2012년 1월에 시작되어서 2014년 2월에 끝났다. 이로 말미암아 우리나라는 세계에서 10번째로 남극 대륙에 2곳 이상의 과학 기지를 가진 나라가 되었다. 이 장보고 과학 기지에는 60명쯤 되는 과학자가 늘 머물 수 있다. 이들은 주로 빙하, 운석, 오존층, 극한 지역의 공학 등을 연구한다.

Σρτ, CC-BY-SA-4.0

장염(enteritis)

주로 작은창자에 생긴 염증이다. 흔히 병원균에 감염된 음식물 때문에 일어난다. 장염에 걸리면 배가 몹시 아프고 뒤틀리며 설사를 할 뿐만 아니라 높은 열이 난다. 그러나 작은창자 말고도 그 부근에 따로 또는 함께 염증이 생길 수 있는데 이것들은 저마다 이름이 다르다. 예를 들어서, 위와 작은창자에 함께 생긴 염증은 위장염이라고 한다.

장염을 일으키는 병원균과 그밖의 원인은 수없이 많다. 하지만 가장 흔한 것으로 노로바이러스, 로타바이러스, 캄필로박터균 및 살모넬라균을 들 수 있다. 캄필로박터균은 특히 두 살 아래의 아기들에게 가장 흔히 장염을 일으키는 병원균이다. 또 해마다 로타바이러스는 온 세계에서 1억 4,000만 명에게 장염을 일으키며 100만 명 넘게 죽게 한다. 이들 가운데 대부분이 다섯 살 아래의 어린이이다. 따라서 언제나 깨끗하고 싱싱한 음식물을 먹는 일이 얼마나 중요한지 알 만하다.

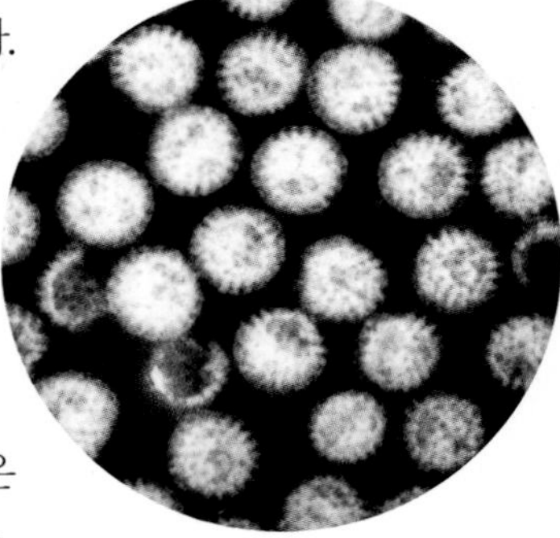

장염으로 입원하는 5살 아래 어린이 40%의 병원균인 로타바이러스
Dr Graham Beards, CC-BY-3.0 GFDL

장영실(Jang Yeongsil)

조선시대에 가장 뛰어났던 과학자로서 세종대왕의 명령에 따라서 물시계인 자격루를 처음으로 만든 사람이다. 자격루는 기계식 시계가 없던 그 시대에 자동으로 시각을 알려 주는 물시계였다.

본디 경상도 동래현의 노비였으나 재주가 뛰어나서 조선 태종 때부터 서울 궁궐에 불려가서 기술자로 일했다. 세종대왕이 즉위한 뒤에는 중국 명나라에 가서 여러 가지 천문 관측기구에 대한 자료를 수집해 왔다. 그리고 1433년에 천체의 위치와 움직임을 관찰하는 기구인 간의와 혼천의 및 해시계인 앙부일구를 만들었다. 그 이듬해인 1434년에는 세종대왕이 원하던 자동 물시계인 자격루를 만들었는데, 이것이 경복궁에 새로 지은 보루각이라는 집에 설치되어서 그때 우리나라의 표준 시계가 되었다. *(다음 면에 계속됨)*

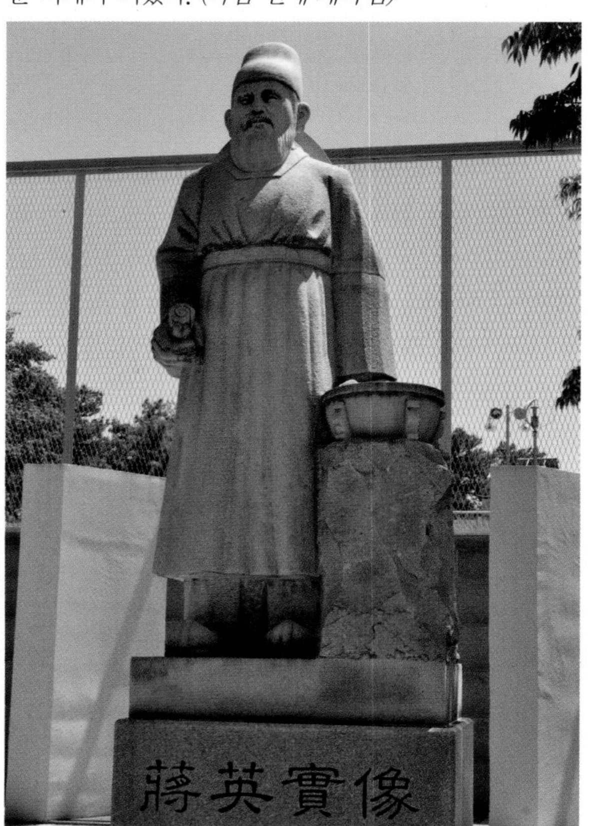

미디어뱅크 사진

이런 일들로 말미암아 장영실은 왕의 특별한 명령으로 노비의 신분에서 벗어나 관직에 올랐다. 그 뒤에도 발명을 계속하여 1441년에 세계 최초의 강수량 측정 기구인 측우기를 만들었다. 그러나 그 다음 해에 그가 감독하여 만든 왕의 수레가 부서지자 벌을 받고 관직에서 쫓겨나고 말았다. 오늘날의 발명의 날인 5월 19일은 장영실이 측우기를 발명한 날이다.

재생 에너지(renewable energy)

흐르는 물, 태양, 바람, 파도, 밀물과 썰물 및 지열 등과 같이 저절로 다시 채워지는 자연 자원에서 나오는 에너지이다. 주로 발전, 냉난방, 교통 및 농촌 에너지 공급 등에 쓰인다.

오늘날 세계 발전량의 25%쯤이 재생 에너지로 이루어진다. 재생 에너지 체계는 그 효율성이 빠르게 증가하면서 값이 싸져서 모든 에너지 소비에서 차지하는 비중이 점점 더 커지고 있다. 이런 일은 산업과 기술이 이미 크게 발전된 나라에서나 지금 발전하고 있는 나라에서나 마찬가지이다.

재채기(sneezing)

콧속이 뜬금없이 간질간질하다가 '에취' 소리와 함께 입과 코로 세차게 바람이 뿜어 나오는 일이다. 나도 모르게 그렇게 된다. 이런 재채기는 콧속을 간질대는 무엇을 몸이 밖으로 내쫓는 짓이다. 콧속에 퍼져 있는 말초신경이 반갑잖은 이물질에 나타내는 반응이다.

재채기는 꽃가루 알레르기 때문에 일어나는 일이 흔하다. 콧속에 들어온 식물의 꽃가루가 재채기를 일으킨다. 또 고운 고춧가루 따위도 콧속에 들어와 같은 일을 벌일 수 있다.

재채기하는 사람 James Gathany, Public Domain

재채기를 하면 자신은 괜찮지만 남에게 해를 끼칠 수 있다. 감기에 걸린 사람은 막힌 코가 뚫려서 좋을지 모르지만 밖으로 세차게 뿜어 나온 병균이 다른 사람에게 옮겨질 수 있기 때문이다. 따라서 재채기를 하기 전에 꼭 입과 코를 가려야 한다.

잼(jam)

여러 가지 과일로 만든 잼 Kalaiselvi Murugesan, CC-BY-SA-4.0

과일을 으깨서 끓인 걸쭉한 죽 같은 것이다. 과일 속의 탄수화물인 펙틴이라는 물질이 산성인 과일즙과 어울려서 잼을 걸쭉하게 만든다. 따라서 펙틴이 많고 산성인 레몬, 포도, 신 사과 따위가 잼을 만들기에 좋다. 하지만 요즘에는 따로 만들어진 펙틴, 시트르산 또는 설탕이 많기 때문에 이런 것이 부족한 과일이면 따로 넣어 주면 된다. 따라서 딸기, 블루베리, 살구, 복숭아 등 온갖 과일 잼이 있다.

잼을 만드는 일은 과일을 오래 저장하는 방법 가운데 하나이다. 과일에 들어 있던 당분이 보통 온도에서 오랫동안 두어도 잼이 상하는 것을 막아 주기 때문이다. 잼은 버터와 함께 빵에 발라서 먹는 식품이다.

쟁기(plough)

땅을 갈아엎는 농기구이다. 아주 먼 옛날부터 농사짓는 일에 써 왔다. 밭이나 논의 흙을 갈아엎어서 풀 따위를 흙속에 묻을 뿐만 아니라 흙을 푸석푸석하게 만든다. 땅을 갈아엎는 쟁기날은 처음에 나무나 돌로 만들었지만 철이 나온 뒤부터는 철로 만들게 되었다.

넓은 땅을 갈려면 힘이 많이 든다. 따라서 처음에

는 사람이 쟁기를 끌었지만 차츰 말이나 소를 이용하게 되었다. 또 보통 쟁기는 소 한 마리가 끌지만, 돌이 많거나 깊게 갈아야 하는 땅에서는 소 두 마리가 끈다. 하지만 요즘에는 트랙터가 끄는 쟁기가 더 많다.

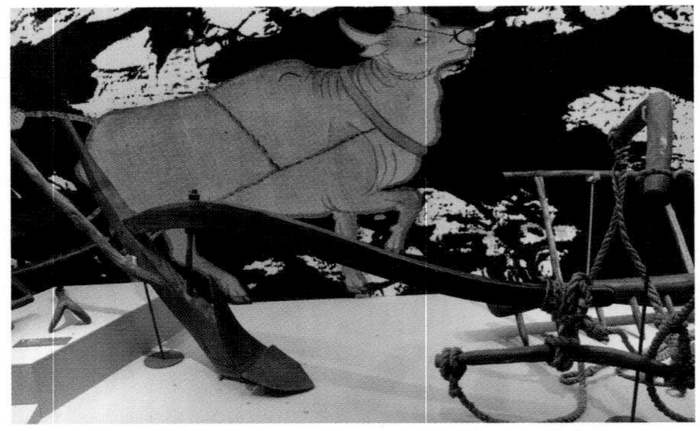

미디어뱅크 사진

저기압(low pressure)

주변보다 더 낮은 공기의 압력이다. 이런 데는 대개 바람이 불고 구름이 많이 끼며 비나 눈이 내리기도 한다. → 기압

저수지(reservoir)

흐르는 물을 막아서 가두어 놓는 곳이다. 주로 비가 많이 올 때에 홍수가 나는 것을 막으며 가뭄이 심할 때에 논에 물을 대주려고 만든다. 그러나 수력 발전을 하려고 강을 막아서 아주 큰 저수지를 만들거나 도시에 수돗물을 공급하기 위해 만들기도 한다.

늘 많은 물이 차 있는 커다란 저수지는 뱃길로도 좋으며, 사람들이 모여서 여가를 즐기는 유원지나 낚시터로도 큰 몫을 한다.

Minghong, CC-BY-SA-4.0 GFDL

저울(balance scale)

물건의 무게를 재는 기구이다. 크게 나누어서 지렛대를 응용한 저울과 용수철을 이용한 저울 및 그밖의 저울들이 있다.

지렛대를 응용한 대저울은 가장 오랫동안 써 온 저울이다. 끈이 달리고 눈금이 새겨진 막대의 한쪽 끝에 물건을 매달 갈고리나 올려놓을 접시를 달고 다른 쪽에 추를 건 것이 많다. 저울을 매단 끈이 지레의 받침점 구실을 한다.

무게를 재려면 들어 올린 저울의 갈고리에 물건을 걸거나 접시에다 올려놓고 반대쪽에 걸린 추를 움직여서 막대가 수평을 이루게 한다. 그리고 추가 걸린 곳의 눈금과 추의 무게를 따져서 물체의 무게를 안다.

User:Ercé, CC-BY-SA-4.0

양팔 저울도 지렛대 저울에 든다. 양팔이 매달린 가운뎃점이 지레의 받침점이다.

용수철 저울은 무게에 따라서 용수철이 늘어나거나 줄어드는 성질을 이용한 것이다. 용수철이 늘어나는 정도에 따라서 무게가 표시된다.

그밖의 특별한 저울로 요즘 많이 쓰는 전자 저울이 있다. 이것은 여러 가지 전자적인 방법으로 무게를 재고 표시하는 저울이다. 대개 속에 전자 센서와 컴퓨터 칩이 들어 있어서 저울 위에 놓인 물건의 무게를 감지하고 나타낸다. 이 전자 저울로는 매우 가벼운 물건의 무게도 빠르고 정확하게 잴 수 있다.

우리가 생활에 쓰는 물건은 무게에 따라서 값이 달라지는 것이 많으므로 무게를 정확하게 재는 일이 매우 중요하다. 그래서 저울은 국가의 허가를 받은 사람만 만들 수 있으며, 만들어진 저울은 국가의 검사를 받아야 사용할 수 있다.

적도(equator)

북극과 남극 사이의 한가운데인 곳을 따라서 지구를 한 바퀴 도는 선이다. 실제로 있는 선이 아니라 지

구 위의 지점을 정확하게 나타내려고 정한 상상의 선이다. 그 길이가 4만 75km쯤 된다. 이 적도를 기준선으로 삼아서 그 남쪽과 북쪽 지역을 남극 또는 북극까지 각각 90칸씩으로 나눈 선을 위도라고 한다. 따라서 적도는 위도가 0°이며, 남극이나 북극은 각각 남위 90°와 북위 90°이다.

적도를 중심으로 하여 그 북쪽을 북반구, 남쪽을 남반구라고 부른다. 적도 부근은 햇빛이 늘 한결같게 비추기 때문에 계절의 변화가 없다. 또 밤과 낮의 길이도 같아서 아침 6시쯤에 해가 뜨고 저녁 6시쯤에 진다. 그리고 태양의 직사광선이 내리쬐기 때문에 1년 내내 무더운 날씨가 계속된다. 적도 가까이에 자리 잡은 도시로는 싱가포르, 케냐의 나이로비, 에콰도르의 키토 등이 있다.

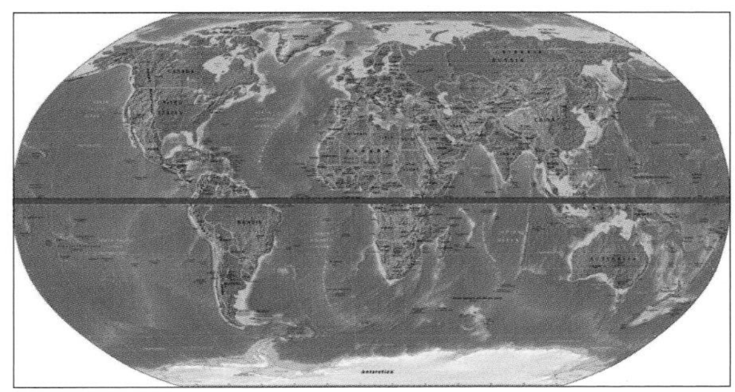

적도(붉은 줄) User:Cburnett, CC-BY-SA-3.0 GFDL

적외선(infrared light)

우리 눈에 보이는 빛과 닮은 에너지이다. 열선이라고도 한다. 왜냐하면 열이 나는 물체는 모두 적외선을 내뿜기 때문이다. 하지만 적외선은 우리 눈에 보이지 않는다. 햇빛을 스펙트럼을 통해서 보면 빨강, 주황, 노랑, 초록, 파랑, 남색, 보라색의 7 가지 무지개 색깔로 나뉜다. 이 적외선은 붉은색의 바로 바깥쪽에 자리 잡고 있다. 그래서 우리 눈에 보이지 않는다. 하지만 적외선은 그 파장이 우리가 볼 수 있는 빛의 파장보다 좀 더 길어서 보통 빛을 가로막는 안개나 구름을 뚫고 나아간다. 그래서 궂은 날씨나 밤에 사진을 찍는 일에 쓸 수 있다.

태양이나 난로에서 나와서 공간을 지나 우리에게 전해지는 복사열은 주로 적외선으로 옮겨진다. 이런 열 효과 때문에 적외선은 의료용 소독, 멸균 또는 치료에도 많이 쓰인다. → 열화상 사진기

적외선을 붉게 나타낸 산골짜기 사진 Wrev, CC-BY-SA-4.0

적외선 온도계(infrared thermometer)

물질이나 물체가 내뿜는 적외선 복사열에서 온도를 알아내는 온도계이다. 흔히 손이 닿기 않을 만큼 멀리 있거나 너무 차거나 뜨거워서 가까이 다가갈 수 없는 것 또는 그런 곳의 온도를 잴 때에 쓴다. 때때로 레이저 온도계라고도 하는데 그 까닭은 온도를 알려는 물체나 물질에 레이저를 쏘아서 온도를 재기 때문이다.

모든 물질은 우리 눈에 보이는 가시 광선보다 파장이 조금 더 긴 적외선을 내뿜는다. 적외선은 전자기파의 한 가지로서 복사열로 나타나며 물질의 온도에 따라서 세기가 다르다. 이런 원리를 응용하여 만든 것이 적외선 온도계이다.

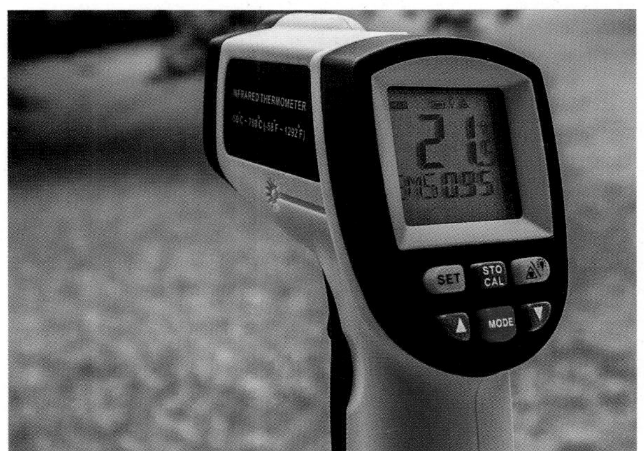

적외선 온도계 Hedwig Storch, CC-BY-SA-3.0

적응(evolutionary adaptation)

낙엽이 지는 나무는 여름에 무성하던 잎을 겨울이 되기 전에 떨어뜨린다. 다람쥐는 겨울이 되면 땅속에 들어가서 겨울잠을 잔다. 또 사막에서 많이 자라는 선인장은 잎을 가시로 변화시켜서 수분의 증발을 막는다.

이처럼 생물은 저마다의 서식지 환경에서 살아남기

에 유리한 특징을 지니게 된다. 그리고 이런 특징이 자손에게 대를 이어 전달되는데 이런 것을 적응이라고 한다. 개구리, 베짱이, 대벌레와 같은 약한 동물은 사는 방법이나 몸의 생김새가 환경에 알맞게 적응되었다. 오리가 물에서 살기에 좋도록 발가락에 물갈퀴가 달리고 부리가 넓적해진 것도 그런 예이다.

생물은 환경이 알맞지 않으면 잘 살지 못한다. 지구의 환경은 기나긴 세월 동안 많이 변했다. 이렇게 변한 환경에 적응한 생물은 지금까지 살아남았지만, 그러지 못한 생물은 사라지고 말았다. 공룡은 한때에 지구에서 가장 강한 동물이었지만 변화된 환경에 적응하지 못해서 멸종되었다. 오늘날 지구에 있는 모든 생물은 환경에 적응하면서 수만 년 동안 조금씩 변화하여 지금의 모습이 된 것이다. → 환경

겨울에 털이 눈처럼 흰 북극 토끼
U.S. Fish & Wildlife Service, Public Domain

적조(red tide)

갈색이나 붉은색으로 물든 바닷물이다. 대개 하구나 만 또는 가까운 바다에서 볼 수 있다. 이런 물빛은 그 속에 든 수많은 미생물, 곧, 원생 생물이나 세포 한 개로 이루어진 조류 때문에 만들어진다.

적조는 세계 어디서나 생기는데, 그 넓이가 몇 제곱킬로미터에서 몇 천 제곱킬로미터에 이를 수 있으며 몇 시간에서 몇 달 동안 계속되기도 한다. 미생물이 바다에서 이렇게 폭발적으로 불어나는 일은 대개 커다란 폭풍이 바닷물을 뒤집어 놓아 물속에 영양분이 넘치고 온도, 바람, 염도 등이 알맞을 때에 일어난다. 어떤 조류, 곧, 바닷말은 녹색 색소가 있어서 스스로 광합성을 하며 갈색이나 붉은색을 띤다. 이런 조류가 아주 많을 때에 바닷물이 걸쭉하고 붉게 보인다.

적조를 일으키는 미생물 가운데에는 독이 있는 것이 있다. 따라서 물새, 물고기, 조개 따위가 해를 입는다. 또, 이런 물고기나 조개를 잘못 먹으면 사람이 해를 볼 수도 있다. 이런 적조를 일으키는 조류나 원생동물은 바다에서 산다. 따라서 강이나 호수 같은 민물에서는 적조를 볼 수 없다.

© Yuriy Kvach, CC-BY-SA-3.0

전갈(scorpion)

작은 절지 동물로서 몸집에 견주어 집게발이 크며 긴 꼬리의 끝에 독침이 달려 있다. 거미나 진드기 따위와 같은 무리에 들어서 다리가 모두 네 쌍이다. 몸빛깔이 대개 검거나 누르며, 몸길이는 종류에 따라서 달라 9mm에서 23cm에 이른다. 머리와 가슴이 붙어 있으며, 배와 꼬리는 여러 개의 마디로 되어 있다.

전갈은 극지방을 빼고 세계 어디서나 살지만 주로 아프리카 대륙이나 사막 지방처럼 기온이 높은 곳에 많다. 밤에 나와서 활동하며 파리나 거미 같은 벌레를 잡아먹고 사는데, 집게발과 독침을 무기로 쓴다. 독침

USGS Bee Inventory and Monitoring Lab, Public Domain

은 대개 쏘이면 따끔할 정도이지만, 어떤 종류의 것은 사람도 죽을 만큼 세다.

전갈은 모두 어미의 몸속에서 알이 깬다. 그래서 밖으로 나온 새끼들은 며칠 동안 어미의 등에 업혀서 지낸다.

전구(light bulb)

전기로 빛을 내는 기구이다. 백열전구, 형광등, 엘이디(LED) 전구 같은 몇 가지가 있다.

백열전구는 1879년에 토머스 에디슨이 발명했다. 이 전구는 전기가 통하면 유리로 만든 공 안에 든 필라멘트가 밝게 빛난다. 이 필라멘트는 중석 같은 전기 저항이 크고 높은 온도에서도 잘 녹지 않는 금속으로 만든 가는 전선이다. 이것이 전류가 흐르면 열이 나면서 밝게 빛난다. 그러나 공기 속에서는 그냥 타 버리기 때문에 필라멘트를 투명한 유리로 감싸고 그 속을 진공 상태로 만들었다. 이런 초기의 백열전구는 수명이 짧았다. 그래서 마침내 백열전구 속에다 질소나 아르곤처럼 물체를 태우지 않는 기체를 채우게 되었다.

그 뒤 20세기에 들어와서 형광등이 발명되었다. 형광등은 기체로 된 수은을 넣은 진공 상태의 유리관 양쪽에 전극이 들어 있다. 이 수은 기체에 전기가 흐르면 기체의 원자들이 자외선을 내뿜는다. 그러나 자외선은 우리 눈에 보이지 않으므로 유리관의 안쪽에다 형광 물질을 얇게 바른다. 이 형광 물질에 자외선이 닿으면 빛이 난다.

그러나 요즘에는 엘이디(LED), 곧 발광 다이오드 전구를 많이 쓴다. 발광 다이오드는 적은 전기로 밝은 빛을 내면서도 열이 거의 나지 않기 때문에 점점 더 많이 쓰이고 있다.

미디어뱅크 사진

전기(electricity)

텔레비전, 냉장고, 세탁기 등은 전기의 힘으로 작동한다. 이런 가전 제품 뿐만 아니라 공장의 커다란 기계도 전기로 움직인다.

간단한 전기는 누구나 쉽게 만들 수 있다. 플라스틱 빗으로 머리를 빗으면 머리카락이 빗에 달라붙는다. 플라스틱 빗에 전기가 생기기 때문이다. 이와 같이 플라스틱 빗, 털옷, 고무풍선 따위를 문지르면 전기가 생기는데, 이 전기를 정전기라고 한다.

물체가 전기를 띠면 다른 물체를 끌어당긴다. 또 더 강한 전기를 띠면 전기 불꽃이 튀어서 밖으로 나온다. 번개가 그런 현상이다. 그러나 정전기는 불꽃이 한 번만 튀고 말므로 별로 쓸모가 없다. 쓸모가 있으려면 전기가 계속해서 쉬지 않고 흘러야 한다.

이렇게 쉬지 않고 흐르는 전기를 얻는 방법을 처음 알아낸 이는 이탈리아 사람 알레산드로 볼타이다. 그는 서기 1799년에 전지를 발명했다. 두 가지 서로 다른 금속판 사이에다 산성 용액을 넣고 두 금속판을 전선으로 이으면 그 전선에 전류가 흘렀다.

이와 같이 전기는 다른 물체를 통해서 전달된다. 물체 가운데에는 금속처럼 전기를 잘 통하는 것도 있고, 유리나 나무와 같이 잘 통하지 않는 것도 있다. 전기를 통하는 물체를 전도체라고 하며, 통하지 않는 물체를 부전도체 또는 부도체라고 한다. 전기를 띤 물체가 전기를 띠지 않은 전도체와 닿으면 눈 깜작할 사이에 전기를 빼앗겨 버린다. 그러나 전기가 계속해서 공급되면 전류가 흐른다.

전기의 흐름을 전류라고 하며 암페어(A)로 표시한다. 그리고 전류를 흐르게 하는 힘의 세기를 전압이라고 하며 볼트(V)로 표시한다. 전기가 흐르는 물체의 둘레에는 자기장이 생긴다. 반대로 전선 코일 속에서 자석을 움직이면 전선에 전류가 흐른다. 발전소에서 일으키는 전기는 이런 현상을 이용한 것이다.

전기 밥솥(electric rice cooker)

전기로 밥을 짓는 솥이다. 밑바닥 속에 들어 있는 발열판이 전기의 힘으로 열을 내서 솥에 든 쌀과 물을 데워 밥을 짓는다. 밥이 다 되면 자동으로 보온 기능으로 넘어간다. 보온만 하고 있을 때에도 자동 온도 조절 장치가 전기 회로를 끊었다 이었다 해서 일정한 온도를 유지한다.

1958년에 처음으로 나왔다. 그 뒤에도 쉬지 않고 개량되어 요즘에는 여러 가지 기능을 갖춘 편리한 밥솥이 되었다.

전기 자동차(electric automobile)

충전중인 전기 자동차 미디어뱅크 사진

전기의 힘으로 움직이는 자동차이다. 축전지에서 나오는 전기가 전동기를 돌려서 그 힘으로 자동차의 바퀴가 구른다.

전기 자동차는 화석 연료를 태우지 않으므로 매연을 내뿜지 않아서 공기를 오염시키지 않는다. 또 무척 조용해서 소음 공해도 일으키지 않는다. 그러나 아직은 한 번 충전해서 그리 오랫동안 쓰지 못하며 아주 빠른 속력도 낼 수 없는 단점이 있다. 그럼에도 불구하고 점점 바닥나는 화석 연료에 대비할 뿐만 아니라 공기의 오염을 막기 위해서 끊임없이 개선해가고 있다. → 자동차

전기 장판(electric floor sheet)

대개 가느다란 전선이 들어 있는 얇은 비닐판이다. 얇고 가벼워서 쓰기에 편리하다. 플러그를 소켓에 꽂아 집 안의 전선에 이어서 쓰는 전기 기구이다. 전기 장판 속의 전선에 전류가 흐르면 열이 나므로 따뜻해진다. 따라서 방이나 마룻바닥에 깔아서 불을 땐 온돌방의 바닥과 같은 구실을 하게 한다.

그러나 전기 기구이므로 무엇보다도 안전해야 한다. 그래서 온도를 한결같게 하도록 흔히 바이메탈을 이용한 안전 스위치가 달려 있다. 곧 미리 정해놓은 온도보다 더 뜨거워지면 저절로 전류가 끊기며 온도가 너무 내려가면 다시 전류가 흐르게 하는 것이다.

전기 회로(electrical circuit)

전류가 흐르는 길이다. 여러 가지 전기 부속품이 줄줄이 서로 연결되어서 전기가 흐를 수 있게 만들어진다. 전지, 전구, 전선 및 스위치 등으로 이루어진 간단한 것에서부터 복잡한 기계를 이루는 것에 이르기까지 여러 가지가 있다. 텔레비전이나 컴퓨터 등은 복잡한 전기 회로가 아주 많이 모여서 이루어진 것이다.

전지, 전구 및 전선으로 이루어진 간단한 전기 회로에서 전구에 불이 켜지려면 전지의 플러스(+)극과 전구 및 전지의 마이너스(−)극이 전선으로 이어져야 한다. 전선이 조금이라도 끊기거나 회로 사이에 나무나 고무 같은 부전도체가 끼어 있으면 불이 켜지지 않는다. 회로가 죽 이어지지 않기 때문이다.

전기 회로에는 직렬 회로와 병렬 회로가 있다. 전지 2개를 위아래 한 줄로 연결하고 위쪽 +극과 아래쪽 −극을 전선으로 전구에 이은 것은 직렬 회로이다. 그리고 먼저 같은 극끼리 연결하고 나서 +극끼리 이은 선과 −극끼리 이은 선을 전선으로 전구에 연결하면 병렬 회로가 된다. 직렬 회로에서는 전구의 밝기가 전지 1개일 때보다 2배가 되지만 전지 2개의 수명은 전지 1개뿐일 때와 같다. 그러나 병렬 회로에서는 전구의 밝기가 전지 1개일 때와 같지만 전지의 수명은 2배가 된다.

전구로도 직렬 회로나 병렬 회로를 만들 수 있다. 전지 하나에 전구 2개를 한 줄로 죽 이으면 직렬 회로가 되며, 두 갈래로 나누어서 나란히 이으면 병렬 회로가 된다. 직렬 회로에서 각 전구의 밝기는 전구 1 개일 때

미디어뱅크 사진

의 반으로 준다. 그러나 병렬 회로에서는 각 전구의 밝기가 1 개일 때와 같다. 하지만 전지의 수명은 직렬 회로일 때의 반으로 준다. 같은 방법으로 더 많은 전구로도 직렬 회로나 병렬 회로를 만들 수 있다.

전도(conduction)

열이나 전기가 물체의 한 부분에서 다른 부분으로 전해지는 일이다. 고체에서 열이 전해질 때에는 온도가 높은 곳에서 낮은 곳으로 차례차례 퍼져 나간다. 추운 겨울에 따뜻한 손난로를 쥐고 있으면 손이 따뜻해진다. 손난로에서 손으로 열이 전도되기 때문이다.

전동기(electric motor)

전기의 힘으로 빠르게 도는 장치이다. 여러 번 감은 에나멜선에 전류가 흐르면 감긴 에나멜선이 전자석이 되는 성질을 이용하여 만든 것이다.

영구 자석 둘을 다른 극끼리 마주보게 두고, 그 사이에 코일이 감긴 철심을 놓는다. 이 코일에 전류가 흐르면 코일 주위에 자기장이 생기는데, 이 자기장과 자석의 자기장 사이에 서로 미는 힘이 작용하여 철심이 돌아간다. 이때 철심이 반 바퀴 돌면 전류의 방향이 바뀌어서 철심의 둘레에 생기는 자기장의 방향도 반대가 된다. 그러면 다시 서로 미는 힘이 작용하여 철심이 더 돌아간다. 반 바퀴 돌 때마다 이런 과정이 되풀이되므로 전기가 흐르는 동안 철심이 계속해서 돈다.

전동기에는 교류 전기를 이용하는 교류 전동기와 직류 전기를 이용하는 직류 전동기가 있지만 원리는 서로 같다. 전동기는 전기 에너지를 운동 에너지로 바꿔 주는 기계로서 냉장고, 세탁기, 선풍기, 연필 깎는 기계 등에 널리 쓰인다. → 전자석

P.H. Louw, CC-BY-3.0 GFDL

전등(electric light)

옛 사람들은 밤에 등잔불이나 촛불을 켜고 살았다. 전기가 없었기 때문이다. 그러나 전기를 빛으로 이용한 전등을 쓰게 된 뒤로는 누구나 밤에도 밝은 불빛 아래에서 살게 되었다.

오늘날 흔히 쓰는 전등에는 형광등과 엘이디 전등이 있다. 전등의 빛이 너무 세거나 고르지 못하면 반사갓을 이용하여 밝기나 방향을 조절한다. 또한 전력의 세기를 조절하여 밝기를 다르게 하기도 한다. → 전구

형광등 몇 가지 Tobias Maier, CC-BY-SA-3.0

전복(abalone)

바다 밑에서 사는 연체 동물로서 고둥 종류이다. 오목한 조가비에 싸여 있는데, 이 조가비에 구멍이 한 줄로 여럿 뚫려 있다. 조가비는 길이가 10cm 넘게 자란다.

아가미로 숨을 쉬며, 미역이나 감태 따위 바닷말을 먹고 산다. 사람이 먹는 부분은 전복의 넓고 큰 발이다. 북태평양이나 오스트레일리아 및 남아프리카 대륙의 연안에서 많이 산다. 우리나라의 바다에서도 많이 나며 양식도 된다.

미딩어뱅크 사진

ㅈ

전자석(electromagnet)

전류가 흐를 때에만 자석의 성질을 띠는 자석이다. 불에 달구었다가 식힌 쇠못에다 에나멜선을 한쪽 방향으로 촘촘히 감고 전선의 양쪽에 전지의 +극과 −극을 연결하면 쇠못이 전자석이 된다. 전류가 흐르는 전선의 주변에 자기장이 생기기 때문이다.

전자석도 영구 자석과 마찬가지로 철을 끌어당기며, N극과 S극이 있다. 그러나 전류의 방향이 바뀌면 전자석의 극도 바뀐다. 전자석은 전류가 많이 흐를수록, 또 전선의 감긴 수가 많을수록 힘이 세다. 따라서 자기력을 조절할 수 있을 뿐만 아니라 영구 자석으로는 얻을 수 없는 강한 자기력을 만들 수 있으며 극을 쉽게 바꿀 수 있는 장점이 있다. 이 전자석은 비상벨, 속도계, 스피커, 전기 기중기, 전신기, 전화기, 초인종 등에 널리 쓰인다. → 자석

전자석 기중기로 고철을 기차에 싣는 모습
Zwergelstern, CC-BY-SA-3.0

전자 저울(electronic balance)

물체의 무게를 전기 신호로 바꿔서 숫자로 나타내 주는 저울이다. 아주 민감한 전자식 감지기를 이용하여 물체의 무게를 아주 정밀하게 알아낸다.

따라서 새털처럼 가벼운 물체의 무게나 엄청나게 무거운 것의 무게를 재기에 쓰인다. 또 안에 든 컴퓨터 장치와 어울려서 상품의 무게와 함께 그 값을 알려 주거나 인쇄해 주기도 한다.

Sarcyn, CC-BY-SA-3.0 GFDL

전자책(electronic book)

디지털 자료로 된 글, 그림, 사진 등의 내용이 컴퓨터와 같은 전자 장치를 통해서 출판되고 또 그런 장치로 읽을 수 있는 책이다. 그러나 이미 종이에 인쇄된 책으로 출판된 것이 다시 전자책으로 나오기도 한다.

전자책은 대개 그것을 읽기 위한 전용 장치나 컴퓨터 또는 스마트폰이나 태블릿PC가 있어야 읽을 수 있다. 그러나 이 장치들은 인터넷을 통해서 전자책을 내려 받기 때문에 한 장치에다 수많은 책을 담아서 읽을 수 있다. 그래서 흔히 종이책보다 값이 싸다. 또 메모나 줄긋기 및 검색도 할 수 있을 뿐만 아니라 종이책에서는 불가능한 일을 할 수 있다. 예를 들면, 새를 설명하면서 사진만 보여 주는 것이 아니라 새가 나는 모습과 지저귀는 소리도 들려 줄 수 있는 것이다.

이제 전자책은 우리 생활에 깊숙이 들어와 있다. 나날이 발전하는 전자 기술에 힘입어서 전자책은 점점 더 우리와 가까워지고 있다.

Paulpaul, Public Domain

전지(battery)

손전등, 라디오, 여러 가지 장난감 같은 것에 전기를 대 주는 물건이다. 곧 전기 회로에 전류가 흐르게 하는 장치인 것이다. 크기나 생김새가 여러 가지이지만 어느 것이나 +극과 −극이 있다.

전지는 1799년에 이탈리아의 물리학자 알레산드로 볼타가 처음으로 만들었다. 황산 용액에다 구리판과 아연판을 담가서 만든 것이다. 그 뒤부터 볼타가 만든 전지의 원리에 따라서 만들어진 여러 가지 전지들을 모두 볼타 전지라고 부른다.

전지 안에는 여러 가지 화학 물질이 들어 있는데, +극과 −극이 전선 회로로 이어지면 이 물질들이 반응하

몇 가지 전지 미디어뱅크 사진

여 전기를 일으킨다. 곧 전지는 화학 에너지를 전기 에너지로 바꿔 주는 장치인 것이다.

+극과 −극은 서로 다른 화학 물질로 만든다. 그리고 두 극 사이를 전해액이라는 물질로 채우면 그 속으로 전하가 쉽게 이동한다. 전하는 물체가 띠고 있는 정전기의 양이다. 끄는 힘을 띤 전하를 +전하, 밀치는 힘을 띤 전하를 −전하라고 한다. 그러므로 전지의 +극과 −극을 전선으로 이어 주면 +극에서 +전하가 나와서 전해액을 지나 −극으로 가고, −극에서 −전하가 나와서 전선 회로를 타고 +극으로 간다. 이렇게 전류가 흐르는 전선 회로에 전구를 끼우면 전구에 불이 켜진다.

전지에서 나오는 전기는 모두 직류 전기이다. 수력, 화력 또는 원자력 발전소에서 집이나 공장 같은 데로 보내 주는 교류 전기와는 성질이 좀 다르다.

흔히 쓰는 건전지는 화학 물질이 다 닳으면 전류가 더 생기지 않으므로 못쓰게 된다. 이런 것을 1차 전지라고 한다. 한편, 충전해서 다시 쓸 수 있는 전지는 2차 전지라고 한다.

1차 전지에는 몇 가지가 있지만 탄소·아연 전지가 가장 널리 쓰인다. 이 전지는 값싸게 만들 수 있기 때문에 손전등이나 장난감 등에 많이 쓰인다. 이 전지의 +극은 이산화망간과 탄소 가루를 섞어서 만들며, 아연이 전지의 통 구실도 하고 −극도 된다. 전해액은 염화아연과 염화암모늄을 섞은 수용액인데, 흔히 종이에 적셔서 쓴다.

충전해서 몇 번이고 다시 쓸 수 있는 2차 전지도 +극과 −극 및 전해액으로 이루어진다. 이 전지도 화학 에너지를 전기 에너지로 바꾼다. 그러나 이 전지는 안에서 화학 변화가 다 일어나서 전기를 더 일으키지 못하게 되면 밖에서 교류 전기를 넣어 주어서 본디 상태로 되돌릴 수 있다. 곧 충전할 수 있는 것이다. 가장 흔히 쓰는 2차 전지는 휴대 전화기나 디지털 카메라에 들어 있는 리튬 이온 전지, 전동 기구에 쓰이는 니켈·카드뮴 전지, 그리고 모든 자동차에 꼭 들어 있는 납·산 전지 등이다.

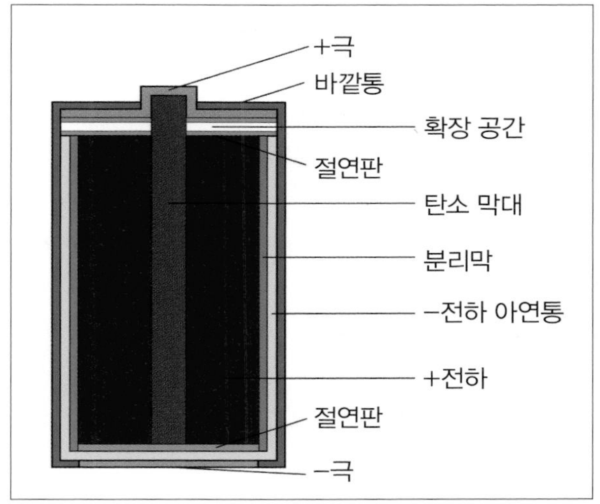

탄소·아연 전지 User:Lead holder, Public Domain

전지의 규격

전지의 크기나 힘이 저마다 다르다면 쓰기가 참 불편할 것이다. 그래서 국제적으로 규격을 정해서 만든다. 우리나라는 원칙적으로 이 국제 규격을 따른다. 그러나 흔히 보는 A, AA, 또는 AAA 같은 미국 규격도 세계 여러 나라에서 널리 쓰인다.

국제 기준	미국 규격
R03 (알칼리 LR03)	AAA
R6 (알칼리 LR6)	AA
R14 (알칼리 LR14)	C
R20 (알칼리 LR20)	D
4R25 (손전등용 사각형 6볼트)	4FM
6F22 (작은 4각형 9볼트)	FC−1

이밖에도 동전이나 단추처럼 생긴 작고 납작한 전지와 함께 여러 가지 전지가 많다. 이 모든 전지도 그 모양과 전압의 규격이 정해져 있다. 그러나 위의 전지들은 가장 흔히 쓰는 것들이다.

전차(streetcar)

길 위에 놓인 철길을 따라서 다니는 전기차이다. 주로 도시에서 쓰이는 교통수단 가운데 하나로서 전기의 힘으로 움직인다. 작동 원리는 지하철과 비슷하지만 지하철보다 좀 더 작고 가볍다. 대개 한 칸씩 다니지만 두세 칸이나 네댓 칸씩 연결되어 다니기도 한다.

외국에는 요즘에도 전차가 다니는 곳이 꽤 많지만 우리나라에는 없다. 1898년 12월에 처음으로 전찻길이 서울 서대문과 청량리 사이에 놓인 뒤로 차츰 여러 갈래의 전찻길이 놓였다. 또 한때에는 부산에서도 전차가 다녔지만 1968년에 모두 없앴다. 자동차가 너무나 많아졌기 때문이다.

그러나 앞으로 만드는 새 도시에서는 다시 전차가 다니게 하려는 계획이 검토되고 있다. 한 번에 버스보다 더 많은 사람을 나를 수 있으며 길 위에 전찻길을 놓는 것이 땅속에다 지하철을 만드는 것보다 돈이 훨씬 덜 들기 때문이다.

센프란시스코의 옛날 전차 Ms. Nikki Burgess, CC-BY-SA-4.0

전철(electric railroad)

전기 철도의 준말이다. 다시 말하자면 전기의 힘으로 움직이는 기차이다. 전차나 지하철과 마찬가지로 바깥에서 들어오는 전기의 힘으로 움직인다.

처음부터 끝까지 철길 위에 죽 뻗어 있는 전선을 통해서 전기가 전철의 기관차로 들어간다. 따라서 지하철이나 자기 부상 열차도 전철이라고 할 수 있다. 그러나 대개 전기의 힘으로 땅 위에 깔린 철길 위로 다니는 기차를 전철이라고 한다.

전철을 끄는 기관차는 지하철과 마찬가지로 지붕에 달린 집전기로 고압 전류가 흐르는 전선에 연결된다. 그러면 전류가 기관차의 바퀴에 달린 전동기로 가서 바퀴를 힘차게 돌린다. 전철에는 보통 이런 기관차가 둘씩 달려 있다.

케이티엑스(KTX)처럼 아주 빠르게 달리는 고속 열차도 전철이다. 오늘날 세계에서 가장 빠른 기차는 대개 이런 고속 전철이다. → 기차

미디어뱅크 사진

전화기(telephone)

목소리가 직접 들리지 않을 만큼 멀리 있는 사람과 전자파를 이용하여 말을 주고받는 전기 기구이다. 지금부터 140년쯤 전에 미국 사람 알렉산더 그레이엄 벨이 발명했다. 우리는 흔히 전화기나 전화기로 주고받는 대화를 두루 전화라고 말한다.

요즘의 전화기에는 유선 전화기와 무선 전화기가 있다. 유선 전화기는 멀건 가깝건 모두 전선으로 직접 이어진 것이며 무선 전화기는 휴대 전화기처럼 전선으로 이어지지 않은 채 무선으로 통하는 전화기이다.

전화기는 소리의 진동을 전류의 변동으로 바꾸고, 전류의 변동을 다시 소리의 진동으로 바꿔서 소리를 전한다. 전화기의 송화기 속에 얇은 진동판이 있으며, 진동판 뒤에 탄소 알갱이가 든 작은 상자가 붙어 있다. 소리가 진동판을 흔들면 진동판의 움직임에 따라서 탄

옛날 다이얼식 전화기 Holger Ellgaard, CC-BY-SA-3.0

소 알갱이가 전류를 많이 또는 적게 흐르게 하므로 소리에 따라서 전류가 다르게 흐른다. 이런 전류의 변동이 전화선을 타거나 전화선 없이 공중으로 퍼져서 상대편의 수화기에 전달된다. 수화기에도 진동판이 있는데, 그 진동판 밑에 전자석과 영구 자석이 붙어 있다. 영구 자석은 진동판을 일정하게 끄는 일을 한다. 전자석은 전화선을 따라온 전류가 흐르면 자석의 성질을 띠어서 진동판을 끌어당긴다. 그런데 흐르는 전류의 양이 상대방의 소리에 따라서 달라지므로 전자석이 끌어당기는 힘도 달라져서 진동판이 떨리게 된다. 이 진동판의 떨림이 다시 공기의 진동으로 바뀌어서 사람의 귀에 전달된다.

우리나라에서는 1898년에 처음으로 덕수궁에 전화기가 설치되었다. 그리고 발전을 거듭하여 오늘날에는 세계의 거의 모든 나라와 즉시 통화할 수 있게 되었다.

→ 휴대 전화기

점박이물범(spotted seal)

우리나라에서 볼 수 있는 오직 한 가지 물범이다. 백령도 바닷가에서 300 마리쯤 산다. 1982년부터 천연기념물 제331호로 지정되어 보호받고 있다.

몸길이가 1.4m쯤으로서 비교적 작은 편이다. 온몸이 짧고 촘촘한 황갈색 털에 싸여 있으며 등과 옆구리에 까만 점무늬가 규칙적으로 나 있다. 각각 두 개씩인

미디어뱅크 사진

앞발과 뒷발이 짧고 넓적해서 지느러미와 같은 구실을 한다. 먹이는 주로 물고기이다. 쉴 때에는 물 위로 솟은 바위에 올라서 햇볕을 쬔다.

여름에는 백령도 부근에서 지내지만 겨울이 되면 서해안을 따라서 황해의 북쪽 발해 만까지 올라가 바다를 뒤덮은 얼음 위에서 새끼를 낳는다. 그리고 이듬해 봄에 다시 서해안을 따라서 백령도까지 내려온다.

점적병(drop bottle)

액체로 된 지시약 따위를 담는 병으로서 뚜껑에 달린 스포이트로 한 방울씩 떨어뜨릴 수 있게 되어 있다. 따라서 시험하려는 물질에 꼭 알맞은 양의 지시약을 떨어뜨리면서 그 결과를 지켜 볼 수 있게 한다.

대개 투명하거나 짙은 갈색 유리 또는 플라스틱으로 만든 작은 병으로서 스포이트로 쓸 수 있는 병뚜껑이 달려 있다. 눈에 넣는 안약이나 어린이가 먹는 물약 병에도 이렇게 만들어진 것이 있다.

Nieuw~commonswiki, CC-BY-SA-3.0 GFDL

점화기(igniter)

불을 붙이는 도구이다. 흔히 과학 실험에 쓸 알코올 램프나 부엌의 가스 레인지 등에 불을 붙일 때에 쓴다.

정보(information)

무엇을 알려 주는 것이다. 따라서 무슨 의문에 대한 답이라고 말할 수 있다. 예를 들면, '아름다음은 무엇일까?'나 '우리 학생들이 가장 많이 보는 책은 무엇일까?'와 같은 의문에 대한 답이다.

정보는 지식이나 자료에 바탕을 둔 것이다. 지식은

실제로 있거나 마음속에 그리는 것에 대한 이해이다. 또한 소리, 글자, 숫자, 그림 및 신호나 부호로 표시되고 전달된다. 따라서 교과서와 같은 책 속에 담긴 내용, 텔레비전 뉴스 등은 지식이다.

한편, 자료는 무엇에 대한 수치나 부호가 모인 것으로서 분석과 해석을 통해서 정보의 바탕이 된다. 지난 한 해 동안 도서관에서 빌려간 책의 통계는 곧 자료이다. 그것을 보고 지난 한 해 동안 학생들이 가장 좋아한 책과 그러지 않은 책의 종류를 알 수 있다. 따라서 앞으로 무슨 책을 더 많이 도서관에 마련해야 할지 미루어 알 수 있다. 또 지난 여러 해 동안 학교 누리집에 들른 수많은 사람들의 기록이 모여서 자료가 된다. 이 자료를 분석하면 학부모나 학생들이 학교에 대해서 알고 싶은 일이 무엇인지 알 수 있는 것이다.

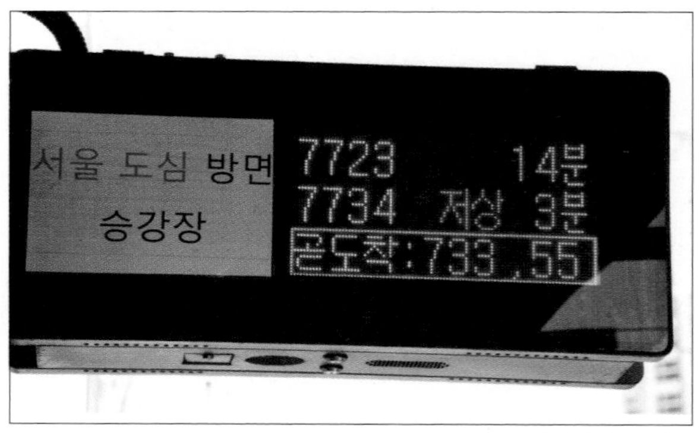

미디어뱅크 사진

정보 무늬(QR code)

바른 네모꼴 모양 안에 검은 색 선과 작은 네모 점들을 가로와 세로로 늘어놓아서 무슨 뜻을 나타내도록 만든 무늬이다. 흔히 큐아르 코드라고도 하는데, 빠르게 반응하는 부호라는 뜻이다. 이런 방식으로 숫자는 7,089 개, 한글이면 1,700 자를 담을 수 있으며 사진이나 동영상 또는 지도도 넣을 수 있다. 이것은 밝고 어두운 무늬를 빛으로 읽어내는 부호이므로 누구나 스마트폰만 있으면 그 내용을 알 수 있다. 이 부호를 읽어내는 응용 프로그램이 흔히 스마트폰에 들어 있기 때문이다. 혹시 없더라도 인터넷에서 무료로 내려 받으면 된다.

SimonWaldherr, CC-BY-SA-3.0

이런 정보 무늬는 무엇을 널리 알리거나 상품을 설명하는 일 등에 널리 쓰인다. 만드는 방법도 쉬워서 조금만 노력하면 누구나 만들 수 있다. 따라서 회사, 공공 기관 또는 여느 사람들이 무슨 일이나 상품 또는 자신을 알리는 일에 많이 이용한다.

정수 장치(water purifier)

불순물이 섞인 물을 마실 수 있을 만큼 깨끗하게 만드는 장치이다. 작게는 당장 먹을 물을 마련하는 정수기에서 크게는 큰 도시에 공급할 수돗물을 만드는 정수장 시설에 이르기까지 크고 작은 여러 가지 장치와 시설이 있다.

수돗물은 대개 강이나 저수지에 있던 물이다. 이런 물에는 온갖 티끌과 몸에 해로운 물질 및 박테리아 등이 많이 들어 있다. 따라서 그냥 마시면 탈이 나기 마련이다. 그러므로 이런 물을 끌어다 정수장에서 여러 가지 물리적 및 화학적 방법으로 깨끗하게 만든다.

정수장에서는 대개 침전, 여과, 소독의 세 단계를 거치며 물을 깨끗하게 한다. 정수장에 들어온 물은 맨 먼저 응고제를 섞어서 침전시킨다. 응고제로는 고운 백반 가루가 가장 많이 쓰인다. 백반 가루는 물속에서 끈적이는 미세한 알갱이가 되는데, 박테리아나 그밖의 온갖 불순물이 이것에 달라붙는다. 그 다음에 물이 침전지로 들어가면 알갱이들이 바닥에 가라앉는다. 이런 응고와 침전만으로도 불순물을 거의 다 없앨 수 있다.

다음 단계는 여과이다. 깊이 30cm쯤 되는 자갈층과 80cm쯤 되는 모래 및 숯가루층을 지나면서 물속에 남아 있던 불순물이 마저 걸러진다. 이렇게 걸러진 물은 다시 박테리아를 없앨 소독지로 들어간다. 소독제로는 대개 염소가 쓰인다.

이 원리를 아주 작게 응용하여 비상 정수 장치를 만들 수도 있다. 깊은 산에 갔다가 조난을 당하거나 어쩌다 무인도 같은 데에서 하루 이틀 지내야 한다면 냇물이나 빗물을 이렇게 정수해서 마셔야 한다.

집에서 쓰는 작은 정수기는 대개 그냥 마셔도 되는 수돗물이나 샘물을 조금 더 낫게 만드는 장치이다. 혹시 남아 있을지도 모르는 철분 등을 더 걸러내고 냄새 같은 것을 없애서 물맛을 조금 더 낫게 만드는 것이다.

사막의 정수 장치 U.S. Army, Public Domain

정유 공장(oil refinery)

원유를 정제하여 석유 가스, 휘발유, 등유, 경유, 중유, 윤활유, 아스팔트 따위를 만드는 공장이다. 밖에서 보면 수많은 높다란 탑과 석유 탱크와 송유관들로 얽혀 있다.

원유에 든 성분은 저마다 끓는 온도가 다르기 때문에 각각 다른 온도에서 증발한다. 예를 들면, 휘발유는 32℃에서 증발하며 어떤 것은 316℃가 되어야 기체가 된다. 따라서 정유 공장에서는 이런 성질을 이용하여 원유에서 여러 가지 석유류를 분리해 낸다.

먼저 원유를 화덕 안으로 뻗은 관으로 들여보내서 343℃까지 데운다. 그 다음에 뜨거운 액체와 기체로 변한 원유를 똑바로 서 있는 분류탑으로 보낸다. 분류탑은 여러 층으로 나뉘어 있는데, 맨 아래층이 가장 뜨거우며 위로 오를수록 조금씩 온도가 낮아진다. 기체가 된 원유는 이 탑 안에서 떠오르는데, 탑 안에서 성분마다 제 끓는점 아래로 온도가 낮아지면 응결하여 액체가 된다. 따라서 중유는 맨 아래층에서 응결하며, 휘발유나 등유는 탑의 중간층이나 꼭대기 층에서 응결하여 액체가 된다. 그래서 각층에 있는 접시에 모여서 관을 통해 밖으로 흘러나온다.

일부는 탑 안에서 응결하지 않고 기체로 남아서 꼭대기를 통해 따로 모아진다. 이것이 석유 가스이다. 또 일부는 거의 고체처럼 끈끈한 덩어리로 남아서 나중에 윤활유나 아스팔트를 만드는 일에 쓰인다.

이렇게 원유에서 바로 나뉜 석유류를 그대로 쓰는 일은 거의 없으며 대개 한 번 더 처리한다. 더 쓸모 있는 기름을 더 많이 만들어내기 위해서이다. 가장 많이 쓰이는 것이 주로 자동차의 연료가 되는 휘발유이다. 그러므로 본디 휘발유보다 조금 더 무거운 기름으로 분리된 것들도 열과 압력 및 촉매로 처리하여 품질이 좋은 휘발유로 만든다.

또 화학 처리를 거쳐서 본디 석유에 들어 있던 황 성분을 없애기도 한다. 황이 타면서 공기를 오염시키는 일을 막기 위해서이다. → 석유

Snpz, CC-BY-SA-4.0

ㅈ

정형외과(orthopedics)

의학의 한 갈래로서 뼈와 근육 및 그와 관련된 조직의 질환을 다루는 분야이다. 종합병원의 한 부분으로나 독립된 병원으로서 환자들을 진단하고 치료한다. 정형외과 의사는 태어날 때부터 잘못 되었거나 부러지고 뒤틀린 뼈 및 상처 입은 힘줄과 인대 같은 폭넓은 문제를 다룬다.

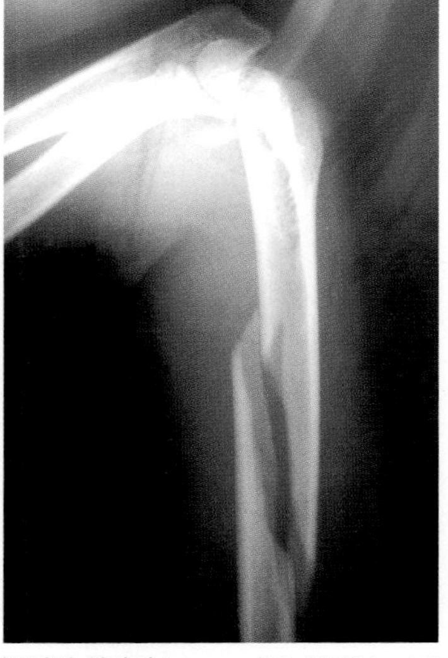
부러진 위팔뼈 Ivtorov, CC-BY-SA--4.0

정형외과에서는 환자에게 약을 처방하거나 수술 또는 물리 치료를 권한다. 예를 들면, 팔다리나 척

추 등 모든 뼈와 관절의 잘못된 데를 고치는 수술을 하며, 수술 뒤 회복에 도움이 되도록 깁스를 하거나 물리 치료를 하기도 한다. 정형외과에서는 또한 질병이나 상처로 말미암아 못쓰게 된 관절을 인공 관절로 바꿔 주는 수술도 한다.

젖소(dairy cattle)

주로 우유를 짜기 위해 기르는 소이다. 옛날부터 우유, 버터 또는 치즈 따위를 많이 먹어 온 외국에서 개량된 소들이다. 따라서 우리나라에 있는 젖소는 모두 외국에서 들여온 것이다.

젖소는 여느 소의 암소보다 젖이 많이 난다. 한 해에 젖을 보통 6,800~17,000kg을 낸다. 새끼를 낳은 지 40~60일에 젖이 가장 많이 나며 날이 지날수록 점점 양이 준다. 젖을 내지 못하는 수컷은 짝짓기에만 쓰이며 대개 나중에 살코기용으로 도축된다.

Keith Weller/USDA, Public Domain

제동 장치(brake)

브레이크라고도 한다. 흔히 구르는 자전거나 자동차의 바퀴를 멈추게 하는 것이다. 그밖에도 온갖 수레나 기차 및 산업 기계에 쓰여서 돌아가는 바퀴의 속력을 줄이거나 아예 멈추게 한다.

제동 장치는 대개 마찰을 이용하여 도는 바퀴를 멈춰 세운다. 자전거에 달린 기계식 제동 장치는 자전거 바퀴 양쪽에 달린 조그만 고무 조각을 긴 철사줄로 잡아당겨서 바퀴와 마찰을 일으키게 한다. 핸들에 달린 손잡이를 꽉 쥐면 철사줄이 당겨지는 것이다. 자동차의 핸드브레이크도 같은 원리로 작동한다.

그러나 보통 자동차의 제동 장치는 열에 강한 물질을 입힌 금속으로 된 브레이크패드나 브레이크드럼이라는 것이 돌고 있는 바퀴를 붙잡거나 꽉 눌러서 바퀴가 천천히 돌거나 멈추게 한다. 돌던 바퀴의 운동 에너지가 마찰 때문에 열에너지로 바뀌면서 점점 느리게 돌다가 마침내 멈추는 것이다. 그러나 큰 자동차나 기차 따위를 멈추려면 사람의 힘으로는 제동 장치를 작동시키기에 벅차다. 그래서 공기나 액체의 압력을 이용하여 아주 큰 힘으로 제동 장치를 작동시킨다.

자전거 제동장치 미디어뱅크 사진

제비(swallow)

봄에 우리나라로 날아와서 가을까지 살다가 겨울이 다가오면 다시 남쪽 먼 나라로 떠나는 여름 철새이다. 봄에 찾아온 제비는 처마 밑이나 다리 밑 벽에다 진흙과 검불을 물어다 붙여서 둥지를 짓는다. 이렇게 한 번 둥지를 지으면 이듬해에도 그 둥지로 돌아오는 일이 많다.

제비는 대개 가족을 이루어 산다. 암컷은 4월 하순~7월 하순 사이에 알을 5개쯤 낳는다. 알은 어미가 품은 지 13~18일 만에 깬다. 새끼는 20일쯤 지나면 날

미디어뱅크 사진

수 있으며, 다 자라면 몸길이가 18cm쯤 된다. 몸빛깔은 등이 어두운 청색이고 이마와 목 부분은 진한 갈색이다. 파리, 모기, 잠자리처럼 주로 날아다니는 작은 곤충을 잡아먹고 산다. 날아다닐 때에 부리가 넓게 벌려지고, 부리 둘레에 단단한 털이 나 있어서 먹이가 입안으로 잘 쓸려 들어간다. 해로운 곤충을 잡아먹기 때문에 옛날부터 사람들이 좋아하는 새이다.

제비꽃(*Viola mandshurica*)

흔히 양지바른 풀밭 같은 데에서 자라는 여러해살이풀이다. 줄기가 없고 뿌리에서 잎자루가 긴 타원형 잎이 돋는데 키가 10cm도 채 안 된다. 봄 4~5월에 잎 사이에서 가냘픈 꽃줄기가 길게 자라나 그 끝에 꽃이 하나씩 핀다. 꽃의 색깔은 짙은 자주색, 노란색, 흰색 등이다. 오랑캐꽃이라고도 한다.

제비꽃은 종류가 꽤 많다. 우리나라에서 자라는 것만 42 가지나 된다. 저마다 잎의 생김새나 꽃의 모양과 색깔이 조금씩 다르다. 그러나 모두 꽃이 긴 꽃줄기 끝에 옆으로 매달리며 꽃잎이 5장씩인데 2장은 위로 들리며 또 양쪽으로 1장씩 달리고 남은 1장은 밑으로 처진다.

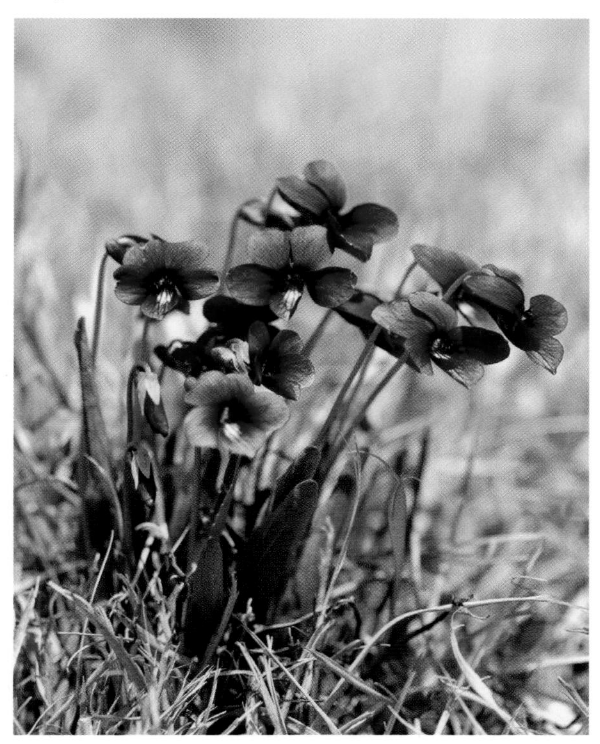

미디어뱅크 사진

제산제(antacid)

위산을 중화시켜서 위액의 산성 때문에 생기는 속쓰림을 줄여 주는 약품이다. 대개 탄산수소나트륨, 수산화마그네슘 또는 수산화알루미늄 같은 물질로 만든다.

흔히 액체로 된 제산제는 의사의 처방 없이도 살 수 있는데, 소화불량이나 위염을 일으키는 위액의 산성도를 낮추는 구실을 한다.

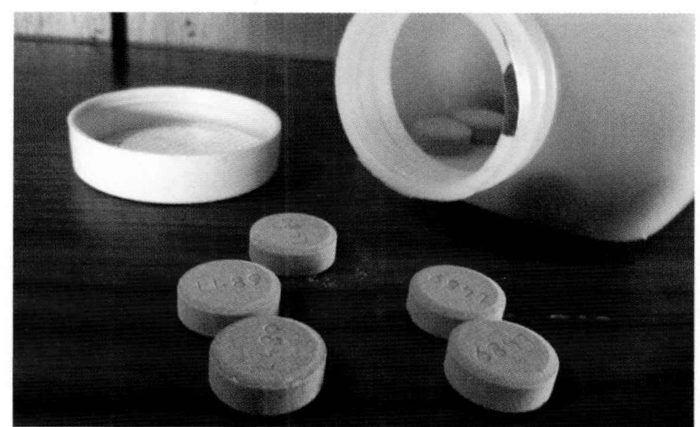

제산제 알약 ParentingPatch, CC-BY-SA-3.0

조(millet)

한해살이풀로서 밭에다 심어 가꾸는 곡식 가운데 한 가지이다. 쌀이 부족했던 옛날에는 중요한 곡식이었다. 익으면 씨가 노랗고 모래알처럼 작은데, 이것을 찧은 쌀을 좁쌀이라고 한다.

조는 날씨가 선선하고 물이 부족한 곳에서도 잘 자라기 때문에 북한의 개마고원 같은 산간 지방에서 특히 많이 심어 가꾼다. 봄에 싹이 터서 키가 1.5m까지 자라며, 줄기 끝에서 이삭이 한 개 나온다. 자잘한 꽃이 수북이 달려 핀 뒤에 노란 열매가 알알이 맺혀 가을에 익는 이삭은 강아지풀의 이삭과 비슷하게 생겼지만 훨씬 더 크다. 차조와 메조 두 가지가 있다.

미디어뱅크 사진

조개(clam)

온몸이 단단한 조가비 두 장에 싸인 연체 동물이다. 뼈가 없어서 속살은 물렁물렁하다. 위험이 닥치면 재빨리 조가비 속으로 몸을 움츠린다. 거의 다 머리가 없으며 눈과 귀도 없다. 아가미로 숨을 쉬며 몸속에 입, 아가미, 간, 심장, 위, 창자 따위 내장이 있다.

여느 때에는 조가비 밖으로 두 관이 나와 있는데, 하나는 물을 빨아들이는 입수관이고, 다른 하나는 물을 내뿜는 출수관이다. 입수관으로 들어온 물이 아가미를 지나는데, 그때 물속에 든 먹이가 걸러져서 입으로 옮겨진다. 먹이는 입에서 위와 창자를 거치며 소화되고 찌꺼기는 항문으로 나온다. 움직일 때에 쓰는 발은 도끼날처럼 생긴 연한 근육 조직으로 되어 있다.

조개는 거의 다 물속에서 알을 낳는다. 이때에 수컷의 정자도 쏟아져 나온다. 그래서 알이 수정되면 물에 떠다니면서 모양이 조금씩 바뀌는데, 처음에는 모습이 어미와 전혀 다르다. 이것이 점점 자라서 어미 조개와 비슷한 모양이 되면 바닥에 가라앉아서 새끼 조개가 된다. 새끼 조개는 물속의 칼슘을 섭취하여 단단한 조가비를 만들면서 어미 조개로 자란다.

세계에는 약 2만 5,000 가지의 조개가 있다. 어떤 것은 물속에서 살고 어떤 것은 물가에서 산다. 또 어떤 것은 모래 속에서 살고 어떤 것은 물가 바위에 붙어서 산다. 또한 생김새나 색깔이 저마다 다르지만 조가비가 두 장으로 이루어진 것은 모두 같다.

Marlith, CC-BY-SA-3.0 GFDL

조선소(shipyard)

배를 만들거나 수리하는 곳이다. 그래서 바닷가에 자리 잡는다. 대개 콘크리트로 지어서 수문을 단 커다란 도크와 배의 각 부분을 만드는 여러 공장이 함께 있다. 오늘날 큰 배는 거의 다 강철로 만들며 엄청나게 크기 때문에 각 부분을 따로 만들어서 도크에서 하나로 조립한다. 그리고 배가 다 만들어지면 수문을 열어서 물을 채운다. 그러면 배가 물에 떠서 곧장 바다로 나갈 수 있다. 수리할 배도 이 도크 안으로 끌고 들어와서 수문을 닫고 물을 뺀 뒤에 일을 한다.

조선소에서 만들어지고 있는 여객선 Daniel Jolivet, CC-BY-2.0

옛날부터 우리나라는 배를 잘 만들었다. 임진왜란 때에 적을 물리친 거북선은 세계 최초로 철판으로 지붕을 덮은 배였다. 그 뒤 유럽에서는 강철로 배를 만들기 시작했지만 우리나라는 오랫동안 배 만드는 기술이 그리 발전하지 못했다. 그러다 1960년대부터 현대적인 조선소를 세우기 시작했다. 오늘날에는 세계에서 손꼽히는 조선소들이 울산, 부산, 거제도 같은 데에 있다. 또한 배를 만드는 기술도 뛰어나서 이제는 엄청나게 크고 현대적인 배를 만들어서 온 세계에 수출한다.

족집게(hair tweezer)

흔히 눈썹이나 머리카락처럼 아주 작은 것을 붙잡아 뽑는 기구이다. 핀셋처럼 두 날이 한데 모여서 아주 작은 것을 꼭 붙잡을 수 있게 만들어진다.

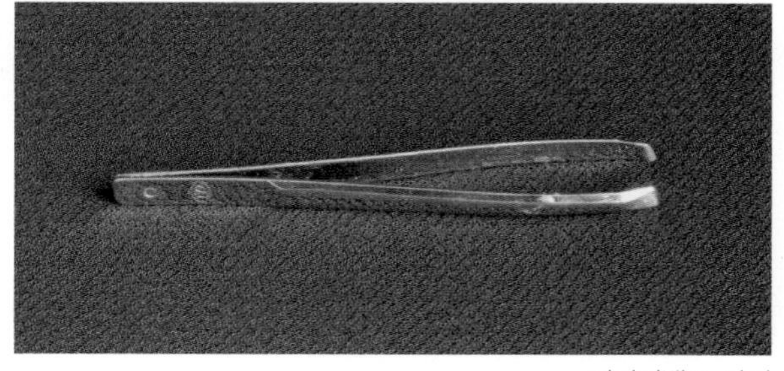

미디어뱅크 사진

졸참나무(jolcham oak)

참나무 가운데 한 가지이다. 북한에서는 가닥나무라고 부른다. 산에서 자라는 갈잎큰키나무로서 키가 20m 넘게 자라며 지름이 1m에 이른다. 잎은 참나무 가운데 작은 편이며 긴 타원형으로서 가장자리에 톱니가 있다. 위쪽은 번들거리고 아래쪽에는 짧은 털이 난다.

봄 5월에 새 가지에 꽃이 피는데 암꽃이삭은 위로 곧게 서며 수꽃이삭은 밑으로 처진다. 꽃이 지면 도토리가 열려서 길둥그렇게 자라나 10월에 익는다. 길이가 1~3cm인 도토리는 묵을 만들어 먹을 수 있으며, 나무는 단단해서 옛날부터 좋은 목재로 쓰인다. 우리나라, 중국 및 일본에서 자란다.

미디어뱅크 사진

좁쌀(millet grain)

조의 열매를 찧은 쌀이다. 곡식의 한 가지인 조는 한해살이풀이다. 가을에 줄기의 끝에서 이삭이 나와서 작은 꽃들이 촘촘히 피며, 모래알처럼 작고 노란 열매가 빼곡히 열려서 익는다. → 조

미디어뱅크 사진

종(bell)

대개 두 가지를 볼 수 있다. 한 가지는 우리나라 및 동양의 종으로서 흔히 절에서 볼 수 있는 것이며 다른 한 가지는 서양식 종으로서 가톨릭교회에 가면 있는 것이다. 두 가지 다 엎어 놓은 종지 모양이지만 동양의 종은 몸이 똑바른데 서양식 종은 밑으로 갈수록 넓게 벌어진다. 치는 방법도 서로 다르다. 동양식 종은 몸 밖 아랫도리에 정해진 자리를 나무망치 따위로 두들기게 되어 있고, 서양식 종은 그 안에 매달린 추나 종 자체를 흔들어서 소리를 내게 되어 있다.

이렇듯 종은 먼 옛날부터 어디서나 종교적인 행사에서 중요하게 쓰여 왔다. 그와 함께 시각이나 행사 안내 같은 정보를 전달하는 구실도 해 오고 있다. 바로 몇십 년 전만 해도 학교에서 수업이 시작되고 끝나는 것을 종을 쳐서 알리곤 했다. 종은 크기와 두께에 따라서 저마다 다른 소리를 낸다. 따라서 여러 가지 종을 모아서 엮은 편종이라는 악기로 음악을 연주할 수 있다.

종은 녹인 쇳물을 한 번에 틀에 부어서 굳힌 주물로 만든다. 쇠는 종청동이라고도 하는 구리와 주석의 합금인데, 대개 구리 4에 주석 1의 비율로 섞는다. 안 틀과 바깥 틀 사이의 빈 공간에 쇳물을 부어서 식힌 다음에 틀을 뜯어내면 종이 만들어진다.

미디어뱅크 사진

종벌레(*Stentor roeseli*)

세포 한 개로 이루어진 원생생물 가운데 한 가지이다. 몸의 생김새가 거꾸로 된 종 같은데 몸길이가 잘 늘거나 줄므로 35~200㎛(마이크로미터)이다. 빛깔은 색깔이 없거나 옅은 누렁 또는 옅은 초록이다. 세포핵이 크고 작은 두 개가 있으며 몸의 위쪽 입 부분에 긴 섬모 세 줄이 있어서 이것으로 먹이를 잡아 입으로 가져간다. 몸의 아래쪽은 긴 막대 모양의 자루로 되어 있는데 이것으로 다른 물체에 붙어서 산다. 입 부분과 자루가 자극에 민감하여 입이 안쪽으로 오므라들고 자루는 코일처럼 감겨서 몸이 공처럼 되곤 한다.

종벌레는 무리지어 살지만 한데 모여서 덩어리를 이루지는 않는다. 여름에 웅덩이나 연못의 물속에서 풀이나 나무 또는 돌 따위에 붙어서 산다. 그리고 포자로나 몸이 나뉘어서 번식한다. 몸이 나뉘려면 먼저 한 자루에서 둘로 나뉜 다음에 새로 생긴 몸이 떨어져 나가 차츰 새 자루가 돋아난다.

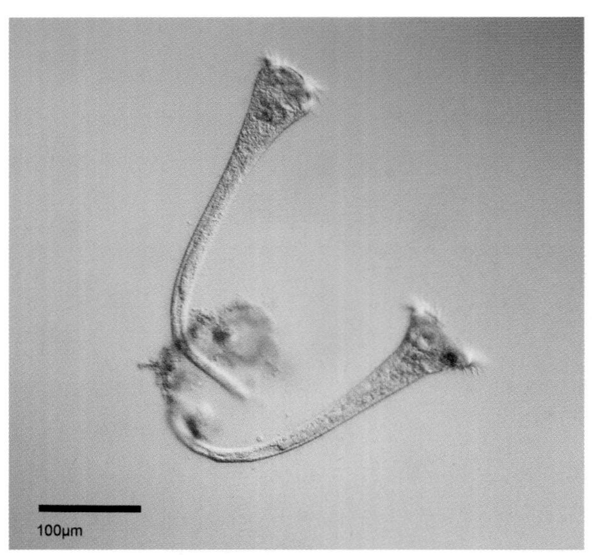

Picturepest, CC-BY-2.0

종이(paper)

종이가 없다면 글씨를 무엇에다 쓸까? 먼 옛날 사람들은 돌, 찰흙, 나무껍질, 대나무 조각, 동물의 가죽 따위에다 썼다. 고대 이집트에서는 나일강가에서 자라는 파피루스라는 식물의 줄기로 종이 비슷한 것을 만들어서 썼다.

그러나 진짜 종이는 지금부터 1,900년쯤 전에 중국

색종이 MichaelMaggs, CC-BY-SA-3.0

에서 처음으로 만들어졌다. 뽕나무의 껍질을 두들겨 물에 풀어서 그 섬유를 얇게 펴 말린 것이다. 오늘날의 한지와 비슷하다.

오늘날 우리가 쓰는 종이도 근본적으로는 같은 원리로 만든다. 먼저 커다란 나무를 베어다 껍질을 벗겨서 말린다. 마른 나무를 잘게 썰고 으깨서 약품으로 처리하면 섬유만 모인 펄프가 된다. 펄프는 식물의 부드러운 섬유를 물에 푼 것이다. 이것을 얇고 반반하게 펴서 물기를 빼고 말리면 종이가 된다. 따라서 목재가 풍부한 곳에 펄프나 종이를 만드는 공업이 발달한다.

19세기 때까지도 종이는 손으로 만들었다. 나무 부스러기나 헝겊 조각을 모아 끓여서 두들기면 펄프가 되었다. 이것을 물에 풀어서 채로 얇게 떠내 말려서 종이를 만든 것이다. 그러나 오늘날에는 거의 모두 목재로 펄프를 만들며, 헌 종이도 다시 펄프의 원료로 쓴다. 이 펄프를 이용하여 커다란 기계로 제지 공장에서 종이를 만든다. 요즘에는 우리나라 안에서 나는 목재만으로는 부족하여 외국에서 펄프를 많이 수입한다. 이렇게 수입한 펄프로 아주 좋은 종이를 만들어서 수출도 한다. → 한지

주먹도끼(hand axe)

아주 오래 전인 구석기 시대 사람들이 맨 처음으로 만들어서 가장 오랫동안 쓴 석기, 곧 돌로 만든 도구이다. 고장에 따라서 조금씩 다르기는 하지만 기원전 약 100만 년 전부터 1만 년 전까지 사용되었다. 석영이나 부싯돌 같은 단단한 돌을 깨뜨리고 다듬어서 양쪽 면이 얼추 대칭을 이루며, 한쪽 가장자리는 둥그런 모양

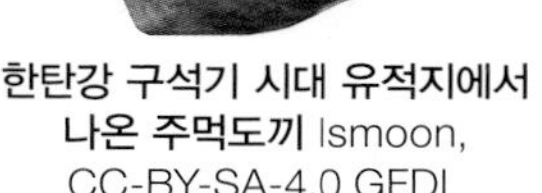

한탄강 구석기 시대 유적지에서 나온 주먹도끼 Ismoon, CC-BY-SA-4.0 GFDL

이어서 손에 쥘 수 있고 다른 쪽은 삼각형처럼 뾰족하게 만든 돌조각이다.

이것은 주로 사냥한 짐승을 자르거나 가죽을 벗기고 땅을 파서 식물의 뿌리를 캘 때에 썼을 것이다. 그러나 필요하면 사냥 도구나 무기로도 썼을 법하다. 세계 여러 고장에서 조금씩 모양이 다른 여러 가지 주먹도끼가 발견되었다. 우리나라에서도 1979년부터 발굴한 경기도 연천군 한탄강 가 전곡리 유적지에서 다른 많은 유물과 함께 주먹도끼가 발견되었다.

주사기(syringe)

몸에다 액체를 주사하거나 몸에서 액체를 빼내는 기구이다. 대개 약통과 주사 바늘로 이루어졌다. 흔히 주사약을 피부 조직이나 혈관에 주사할 때에나 병원에서 피를 뽑을 때에 쓴다.

주사기는 서기 1600년대 중반에 프랑스의 수학자이며 물리학자인 파스칼이 공기나 물과 같은 유체의 역학을 실험하면서 발명했다고 한다.

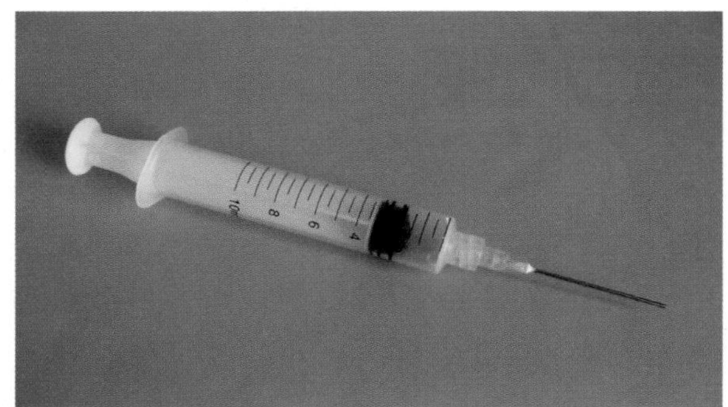

눈금이 있는 주사기
Biggishben~commonswiki, CC-BY-SA-3.0 GFDL

주상절리(columnar basalt)

현무암 기둥들이다. 화산의 폭발로 말미암아 쏟아진 묽은 용암이 흐르다가 대개 찬물을 만나서 갑자기 굳음으로써 수많은 기둥 모양이 된 것이다. 따라서 화성암이다.

용암은 굳으면서 부피가 줄어든다. 그럴 때에 표면에 골고루 퍼진 수많은 점을 중심으로 줄기 때문에 마치 사각형이나 육각형 기둥을 빽빽이 늘어세운 것처럼 된다. 제주도의 남쪽 바닷가나 경기도의 한탄강 가에서 흔히 볼 수 있다.

미디어뱅크 사진

주스(juice)

즙이라는 말이다. 대개 과일이나 채소의 즙을 가리킨다. 그러나 과일즙은 오래 두면 식초가 되거나 상하기 때문에 금방 짜서 마셔야 한다.

과일 즙을 짜서 얼른 살균하여 병이나 깡통에 담아 오래 저장하는 방법이 1938년쯤에 알려졌다. 그 뒤로 여러 가지 과일 주스가 상품으로 나오게 되었다. 하지만 요즘에는 맛과 향기가 과일 주스와 매우 비슷하지만 실제로는 화학 물질로 만든 것이 많다.

또 과일이나 채소 즙에서 물기를 날려 버리고 그 알갱이 가루만 남긴 것을 분말 주스라고 한다. 이것은 가루 물질이지만 물을 부으면 다시 주스가 된다. 하지만 분말 주스도 요즘에는 화학 물질로 만든 향료, 색소, 산 따위를 섞은 가루인 것이 많다.

미디어뱅크 사진

죽순(bamboo shoot)

대나무의 어린 싹이다. 대나무의 땅속줄기 마디에서 돋아나 새로운 대나무로 자란다. 대개 봄날 비가 온 뒤에 다투어 땅에서 돋아나기 때문에 '우후죽순'이라는 말이 생겼다.

죽순은 흔히 통통한 원뿔 모양인데, 얇은 껍질 속에 연한 줄기가 짧게 압축되어서 들어 있다. 이것을 그냥 두면 빠르게 키가 자라면서 잔가지가 많이 나고 잎이 무성해지며 줄기가 굳는다.

하지만 막 돋은 싹은 아주 부드러워서 젖히면 쉽게 부러진다. 이것을 나물로 먹을 수 있다. 죽순은 단백질, 당질 및 칼슘, 인, 철, 염분 따위가 많이 들어 있어서 맛있는 음식 재료가 된다. → 대나무

미디어뱅크 사진

줄기(stem)

꽃이 피는 모든 식물에 줄기가 있다. 그리고 이끼처럼 꽃이 피지 않는 식물에도 줄기가 있는 것이 있다.

줄기에서 잎과 꽃이 나와서 자란다. 거의 모든 식물의 줄기는 땅 위에서 식물을 지탱하며 위로 곧게 자라서 잎과 꽃이 햇빛을 잘 받게 한다. 줄기에서 잎이 붙어 있는 자리를 마디라고 하며, 한 마디에서 다음 마디까지를 마디 사이라고 한다. 줄기는 이 마디 사이가 되풀이 되면서 이루어진다. 줄기의 끝에 새로운 줄기와 잎을 만들어갈 끝눈이 있으며, 잎겨드랑이에 가지를 만들 곁눈이 있다.

미디어뱅크 사진

그러나 줄기 가운데에는 똑바로 서지 못하고 나팔꽃처럼 다른 물체를 감고 자라거나 딸기처럼 땅 위에서 기듯이 뻗는 것도 있다. 또 감자의 땅속줄기처럼 별나게 발달된 것도 있다.

식물 줄기의 생김새나 빛깔은 식물마다 조금씩 다르지만 어느 것이나 껍질이 있다. 이 껍질이 추위나 더위로부터 식물을 보호하며 곤충 등의 침입을 막는 구실을 한다.

줄기의 차이가 가장 두드러진 것은 풀과 나무이다. 풀의 줄기는 대개 둥글고 초록색이며 연하다. 잘라서 단면을 보면 수분이 많고 나이테가 없다. 벼나 옥수수와 같은 외떡잎식물은 줄기에 마디가 있지만 봉숭아나 강낭콩 같은 쌍떡잎식물은 마디가 없다. 나무의 줄기는 거의 다 둥글며 단단하고 두껍다. 또 색깔도 황갈색에 가깝다. 자른 단면을 보면 수분이 적고 나이테가 있다.

줄기는 식물의 땅위 부분을 지탱할 뿐만 아니라 뿌리와 잎을 연결해서 물과 영양분이 지나는 통로가 된다. 줄기의 가운데에 물이 지나는 통로인 물관부가 있으며 그 바깥쪽에 영양분이 지나는 통로인 체관부가 있다. 물관부와 체관부 사이에는 형성층이 있다. 이 형성층은 끊임없이 세포분열을 해서 물관부와 체관부를 이루는 세포를 만들어낸다. 온대 지방에서 자라는 나무는 계절에 따라서 이 형성층의 자람이 달라지는데, 그 차이로 말미암아 나이테가 생긴다. 그러나 풀줄기에 있는 형성층은 한 해 동안만 자라고 말기 때문에 나이테가 생기지 않는다.

중금속(heavy metal)

물보다 4배가 넘게 무거운 금속으로서 납이나 수은 또는 아연 등이다. 아주 적은 양이라도 우리 몸에 매우 해롭다.

물이나 땅 또는 공기가 중금속으로 오염되면 그 안에서 사는 식물과 동물이 중금속을 흡수한다. 이 중금속은 생물의 몸 속에 한 번 들어가면 소화되거나 밖으로 내보내지지 않는다. 그래서 생태계의 먹이사슬을 따라 이리저리 옮겨지다가 마침내 마지막 소비자인 사람의 몸속에 가장 많이 남는다.

중금속이 몸속에 많이 쌓이면 여러 가지 병을 일으키는데, 이런 병은 특별한 치료 방법이 없다. 수은 중독으로 생기는 병인 미나마타병은 몸속에 중금속이 쌓여서 생기는 대표적인 병이다.

중금속인 납으로 만든 낚시 봉돌 User:Raboe001, CC-BY-SA-2.5

중화학 공업(heavy and chemical industry)

철과 강철, 유조선처럼 큰 배, 자동차, 기계, 석유 화학 제품 등을 만들어 내는 공업이다. 비행기, 시멘트, 화학 비료 등을 만드는 일도 중화학 공업에 든다.

오늘날의 공업은 크게 경공업과 중화학 공업, 곧 중공업으로 나뉜다. 1970년대까지만 해도 우리나라의 공업은 거의 다 경공업이었다. 그러다 차츰 기술과 자본을 갖추면서 중화학 공업이 점점 더 중요한 자리를 차지하게 되었다.

중화학 공업은 강철, 알루미늄, 석유 화학 제품과 같은 공업의 원재료와 여러 가지 기계를 만들기 때문에 높은 기술이 필요하며 아울러 온 나라의 산업 발전에 매우 중요하다. 예를 들면, 제철 공장에서 나오는 강철은 자동차나 배를 만드는 데에 쓰이며, 석유 화학 제품은 비닐이나 약품 등을 만드는 데에 많이 쓰인다. 또한 집을 짓고 다리를 놓으려면 시멘트, 강철, 유리 같은 것이 많이 있어야 한다.

포항과 광양의 종합 제철 공장, 온산의 알루미늄과 구리 공장, 울산, 인천, 광주의 자동차 공장, 울산, 거제, 부산의 조선소, 울산과 여천의 화학 공장, 삼척과 영월의 시멘트 공장 등은 중화학 공장의 예이다.

중화학 공업 합성 수지 공장 Carol M. Highsmith, Public Domain

쥐(mouse)

세계 어디서나 사는 작은 포유류이다. 늘 이가 자라기 때문에 쉬지 않고 무엇을 쏠아야만 하는 설치류이기도 하다. 또 무엇이나 잘 먹는 잡식성 동물이며 수많은 동물에게 잡아먹히는 먹이이다.

쥐 가운데 가장 흔한 종류가 집쥐이다. 온몸에 회갈색 털이 나 있으며 꼬리가 길다. 농촌이건 도시건 사람이 사는 곳이면 어디나 쫓아다니며 사는 집쥐는 매우 성가시고 해로운 동물이다. 곡식과 음식물을 축내고 더럽히며 나쁜 병균을 옮기기도 한다. 집쥐 한 쌍이 한 해에 30~40 마리의 새끼를 낳을 수 있기 때문에 매우

Jensbn~commonswiki, CC-BY-SA-3.0 GFDL

ㅈ

빠르게 번식한다.

흰쥐는 사람이 개량한 종류이며 의학 실험 같은 일에 많이 쓰인다. 그러나 반려 동물로 흰쥐를 기르는 이도 더러 있다.

증기 기관차(steam locomotive)

증기 기관의 힘으로 움직이는 기관차이다. 서기 1804년에 영국 사람 리처드 트레비식이 처음으로 증기의 힘으로 움직이는 기관차를 만들었다. 1813년에 이르러서 이 기관차가 영국의 석탄 광산에서 석탄을 나르는 일에 쓰였다. 그러나 실제로 빠르게 멀리 갈 수 있는 첫 기관차는 1829년에 로버트 스티븐슨이 만든 증기 기관차였다.

증기 기관차는 나무나 석탄 또는 그밖의 연료를 태워서 보일러의 물을 끓인다. 그리고 끓는 물에서 나오는 뜨거운 수증기의 힘으로 피스톤을 움직여서 기관차의 바퀴를 돌린다.

증발(evaporation)

맑은 날에 젖은 빨래를 빨랫줄에 널어 두면 마른다. 빨래의 물기가 기체로 변해서 공중으로 날아가 버리기 때문이다. 이와 같이 액체인 물이 그 표면에서 기체인 수증기로 변하는 현상을 증발이라고 한다. 증발은 온도가 높고 건조하며 바람이 많이 부는 곳에서 잘 일어난다.

액체는 증발하면서 주변의 열을 빼앗는다. 손등에 물을 묻히고 입으로 불면 시원함을 느낄 수 있다. 물이 증발하면서 피부의 열을 빼앗아 가기 때문이다. 이런 일은 동물이나 식물의 체온 조절에 매우 중요하다. 여름에 동물은 땀을 흘려서 몸이 너무 데워지는 것을 막으며 식물은 잎에서 수분을 내보내서 체온을 조절한다.

증발은 액체의 분자가 그 표면에서 공기 속으로 튀어나가 우리 눈에 안 보이게 되는 일이다. 액체의 분자들은 응집력이라는 강한 힘으로 서로 끌어당기고 있는데, 표면에 있는 분자가 활발하게 움직여서 응집력을 벗어나면 공기 속으로 날아간다. 따라서 증발은 분자의 운동이 활발할수록 더 잘 일어난다. 이 분자의 운동은 온도가 높을수록 활발해진다. 더운 날씨에 빨래가 더 잘 마르고, 더운물이 더 잘 증발하는 까닭은 그만큼 분자의 운동이 활발하기 때문이다.

같은 온도에서도 분자의 응집력이 약한 물질이 증발이 더 잘 일어난다. 물, 알코올 및 콩기름을 같은 온도에서 증발시키면 응집력이 약한 알코올이 가장 먼저 증발하고 응집력이 가장 센 콩기름이 제일 늦게 증발한다.

물의 증발은 날씨에 중요한 영향을 미친다. 구름, 비, 이슬, 안개 등이 모두 물의 증발과 관계가 깊다.

끓는 소금물에서 일어나는 증발

증발 접시(evaporating dish)

액체를 증발시키는 일에 쓰는 그릇이다. 대개 사기로 만든 오목한 접시로서 조금 넓지만 그리 깊지 않다.

흔히 용액을 담고 가열하여 액체를 증발시켜서 용질만 결정체로 남게 하는 일에 쓴다. 예를 들면, 소금물을 증발시켜서 소금만 남게 하는 실험 같은 것이다.

Stefan Kleyer, CC0 1.0 Public Domain

증산 작용(transpiration)

식물의 잎에서 물이 수증기가 되어 밖으로 빠져나가는 일이다. 잎이 햇빛을 받아서 데워지면 잎 속의 수분이 수증기로 변해서 잎의 표면에 있는 기공을 통해 밖으로 빠져 나간다. 그래서 잎이 너무 데워지는 것을 막는 것이다.

증산 작용은 또 뿌리가 빨아들인 물을 위로 끌어올리는 구실도 한다. 물은 뿌리에서 시작해 줄기를 지나서 잎에 이르기까지 죽 이어져 있다. 물의 분자들이 서로 착 달라붙어 있기 때문이다. 그래서 맨 꼭대기의 물 분자들이 증발해서 달아나면 그 밑의 물이 모두 딸려 올라간다. 물을 끌어올리는 이 힘이 아주 세기 때문에 키가 아주 큰 나무의 꼭대기까지 물이 쉽게 빨려 올라갈 수 있다.

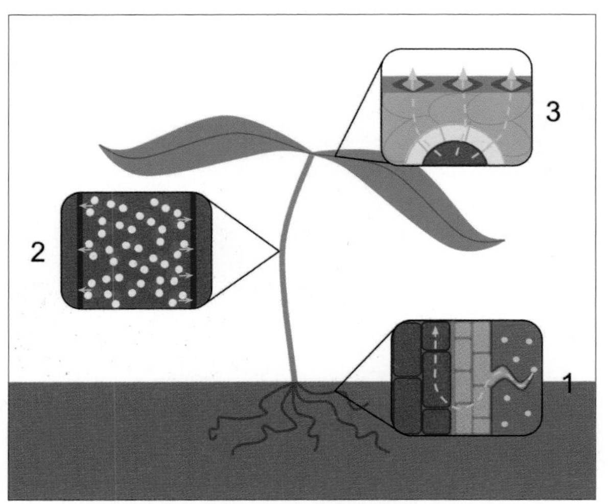

증산 작용: 물이 뿌리(1)에서 흡수되면 줄기의 속(2)을 타고 올라가 잎으로 간다. 햇빛에 잎이 데워지면 물이 기공(3)을 통해서 밖으로 증발한다. Laurel Jules, CC-BY-SA-3.0

지구(Earth)

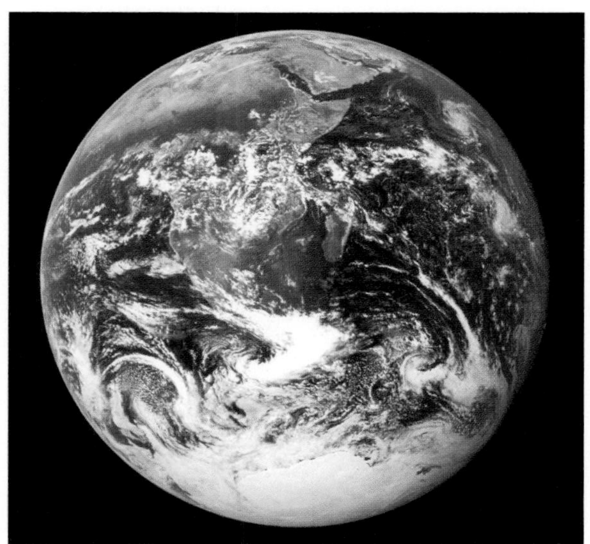

아폴로 17호가 1972년에 달로 가면서 찍은 지구
NASA, Public Domain

모든 생물이 어울려 살고 있는 땅과 바다와 하늘 전체이다. 지구의 표면은 육지와 바다와 대기로 이루어진다.

육지에서는 사람을 비롯한 여러 가지 동물과 식물이 살아간다. 육지는 많은 식물이 뿌리를 내리고 사는 터전이다. 또 지구 표면의 70.8%를 차지하는 바다도 수많은 생물의 삶의 터전이며 아울러 지구의 기후에 큰 영향을 미치는 곳이다. 지구를 에워싼 대기는 공기로 이루어지는데, 이 공기 속에 생물의 호흡에 꼭 필요한 산소가 들어 있다. 물과 대기가 있기 때문에 지구가 너무 뜨겁거나 차가워지지 않고 생물이 살아가기에 알맞은 온도가 유지된다. 녹색 식물은 대기 속의 이산화탄소를 흡수하고 산소를 내놓으며 광합성을 해서 스스로 녹말을 만듦으로써 지구 위에 동물이 나타날 수 있게 해 주었다. 이렇게 태양계에서 오직 지구에만 물과 생명체가 있다.

지구는 태양계의 행성 가운데 하나로서 태양에서 세 번째로 가까우며 지구형 행성 가운데에서 가장 크다. 태양에서 평균 1억 5,000만km 떨어진 궤도에 떠서 태양의 둘레를 공전한다. 반지름이 6,378km인 공 모양으로서 금성과 크기가 비슷하며 행성 8개 가운데에서 5번째로 크다. 남북극을 잇는 자전축을 중심으로 약 24시간 동안에 한 번 자전하며, 365일쯤 만에 한 번 공전한다. 지구의 자전축이 공전면에 대하여 23.5°

ㅈ

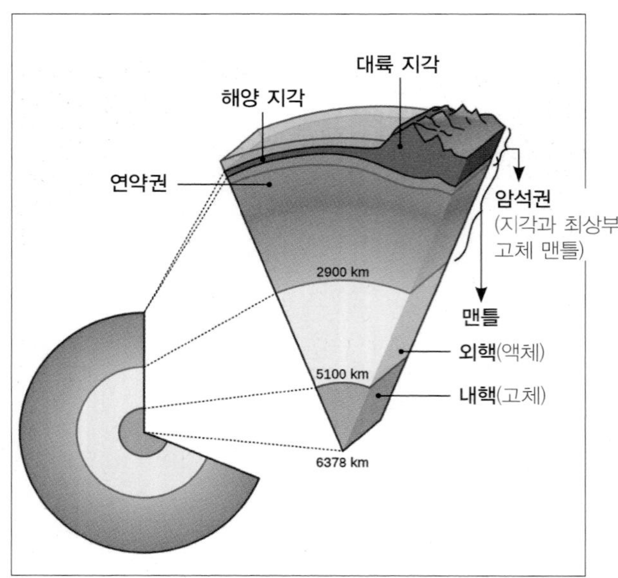

지구의 단면 Anasofiapaixao, Public Domain

기울어져 있기 때문에 계절의 변화가 생기는 곳이 많다. 지구는 또 달, 곧 위성을 하나 거느리고 있다.

지구는 약 45억 년 전에 만들어졌다. 지구의 한가운데에서 밖으로 약 3,478km까지는 주로 무거운 물질인 철과 니켈로 이루어진 핵이다. 이 핵은 두 부분으로 나뉘는데, 안쪽의 내핵은 반지름이 1,278km로서 높은 압력으로 말미암아 녹지 않은 고체로 되어 있으며, 두께가 2,200km인 바깥쪽 외핵은 녹아서 액체로 되어 있다.

이 핵의 바깥에 맨틀이 있는데 두께가 약 2,900km이다. 맨틀은 녹은 암석으로 되어 있어서 캐러멜처럼 매우 끈적거리며 뜨겁다.

맨틀의 바깥은 지각이다. 지구를 이루는 여러 물질 가운데에서 비교적 가벼운 것들로 이루어진 이 지각의 두께는 보통 0~100km인데, 가장 얇은 데는 바다의 밑바닥으로서 6km쯤밖에 안 된다.

반지름	평균 6,378km
태양과의 거리	평균 1억 5,000만km
자전 주기	약 24 시간
공전 주기	약 365 일
대기	질소 약 78%, 산소 약 21%. 기타 1%
평균 표면 온도	15℃
위성	1개

지구 온난화(global warming)

지구 전체의 평균 기온이 오르는 일이다. 지난 100년 동안에 지구의 평균 기온이 0.6℃쯤 올랐다고 한다. 이는 공기 속에 불어나는 온실 가스가 마치 유리 온실처럼 지구를 에워싸서 지구 표면의 온도를 높이기 때문이다. 온실 가스에는 이산화탄소, 메테인, 프레온, 오존, 일산화이질소 따위가 있다. 그 가운데에서 지구 온난화에 가장 크게 영향을 주는 것은 이산화탄소이다.

지구의 표면이 태양열로 데워지면 그 열은 우주 공간으로 나간다. 그러나 대기에 들어 있는 이산화탄소, 메테인, 프레온과 같은 기체들이 이 열의 일부를 흡수하여 그 밑에 있는 대기층을 데우며, 이 대기층이 다시 열을 지구의 표면으로 돌려보낸다. 이것이 온실 효과이다.

이런 온실 효과가 아예 없다면 지구가 너무나 추워져서 생명체가 살 수 없을 것이다. 그러나 지나친 온실 효과는 지구에 해를 끼친다. 화석 연료를 태울 때에 나오는 이산화탄소의 증가는 지구 온난화의 가장 큰 원인이 되고 있다. 이산화탄소는 모든 온실 가스 가운데에서 그 양이 가장 많으며 없애기도 힘들다.

대기 속에 온실 가스가 너무 많아지면 온 세계의 기후가 크게 바뀌고 그에 따른 자연 재해가 잦아질지 모른다. 가뭄, 폭우, 폭설 등이 일으키는 피해도 늘어날 것이다. 또 극지방의 얼음이 녹아서 바다의 수면이 높아질 것이며 그에 따라 오늘날 바닷가에 있는 수많은 도시가 물속에 잠기고 말지도 모른다.

지구 온난화로 불어난 바닷물에 해변이 침식되는 모습
Ivan Pellacani, CC-BY-SA-4.0

지구의(globe)

지구를 본떠서 아주 작게 만든 모형이다. 지구본이라고도 한다. 지구의 겉모습을 알 수 있도록 속이 빈 공의 겉에다 지도를 붙여서 만든다. 지구가 일정한 각도로 기울어져서 자전하기 때문에 이것도 대개 바닥과 수직인 선에서 23.5°기울어진 축을 중심으로 돌게 만든다. 위도, 경도, 대륙, 바다, 지형 등과 함께 각 나라의 국경선도 그려져 있다.

Minnesota Historical Society, CC-BY-SA-3.0 GFDL

평면 지도로는 둥근 지구를 정확하게 나타내기 어렵다. 그러나 둥근 지구의는 지구의 겉면을 비교적 정확하게 나타낸다. 이것은 또 밤과 낮이 생기는 까닭이나 계절의 변화 따위를 알기 쉽게 해 주며 대륙과 바다 및 각 나라의 면적 등을 비교해서 볼 수도 있게 한다. 지금까지 전해오는 가장 오래 된 지구의는 1492년에 독일 사람 마르틴 베하임이 만든 것이다.

지네(centipede)

몸통이 여러 마디로 이루어져서 가늘고 긴 동물이다. 머리에 더듬이 한 쌍과 홑눈이 있으며 마디마다 다리가 한 쌍씩 달려 있다. 온 세계에 약 2,000 가지의 지네가 있는데, 어떤 것은 다리가 30 개이며 어떤 것은 300 개가 넘는다. 주로 낙엽 밑, 흙속, 돌 밑 같은 축축한 땅에서 산다.

머리와 바로 이어진 마디에 턱다리 1 쌍이 있는데, 그 끝에서 나오는 독으로 먹이를 잡는다. 대개 사람에게는 큰 해를 입히지 못하지만 열대 지방에서 사는 왕지네 종류에 물리면 매우 아프다. 지네의 독은 산성이므로 암모니아수를 바르면 아픔이 가라앉는다.

미디어뱅크 사진

낮에는 숨어 있다가 주로 밤에 나와서 활동하는데, 작은 곤충이나 거미를 잡아먹는다. 알에서 깬 새끼는 몇 번 허물을 벗으면서 자라서 어른지네가 된다.

지도(map)

우리가 살고 있는 세계의 모습을 일정한 비율로 줄여서 대개 종이에 그림으로 나타낸 것이다. 동서남북이 나타나 있으며, 도시나 마을, 도로, 철도, 강, 내, 호수, 땅의 생김새 등이 그려져 있다. 또 각 고장에서 나는 농산물이나 해산물, 인구 밀도, 강수량 등을 표시한 것도 있다.

거의 모든 지도에 축척, 방위표, 여러 가지 기호 따위가 나타나 있다. 땅의 높낮이나 바다의 깊이는 등고

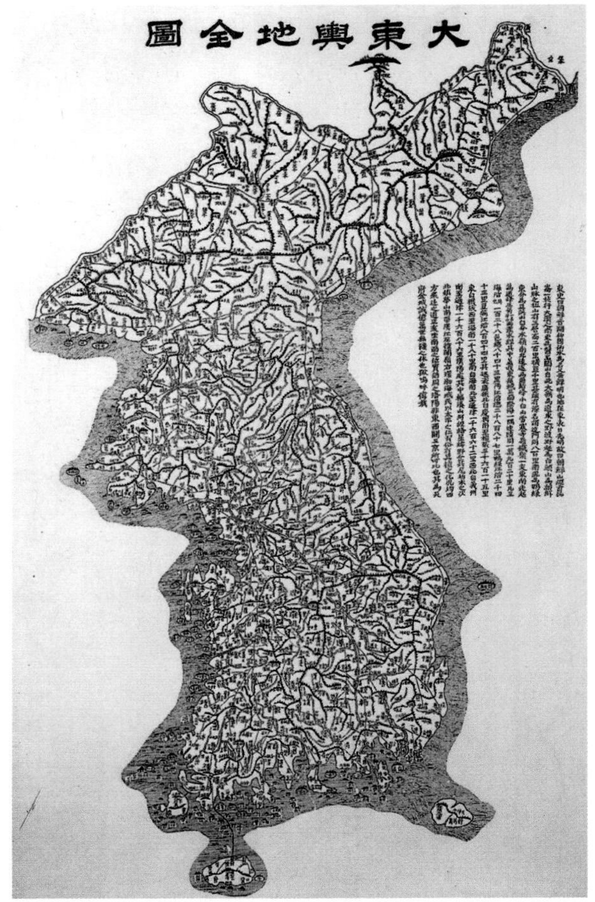

서기 1860년대의 우리나라 대동여지도 User:Camildo, Public Domain

선과 등심선 및 색깔로 나타낸다. 축척은 실제의 거리를 줄인 정도이다. 예를 들면, 1:50,000 축척 지도에서의 1cm는 실제로는 500m가 된다. 방위는 방위표를 보면 알 수 있는데, 방위표가 없는 지도에서는 대개 위가 북쪽이다.

등고선은 바다의 수면을 기준 삼아 땅의 높이가 같은 지역을 선으로 이은 것인데, 이것으로 땅의 높고 낮음과 모양을 알 수 있다. 등심선은 바다의 수면을 기준으로 깊이가 같은 곳을 선으로 이은 것이다. 땅의 높이나 바다의 깊이는 색깔로 나타내기도 한다. 평야와 같이 낮은 곳은 초록색으로 나타내며, 높이가 높아짐에 따라서 노랑, 주황, 갈색의 순서로 진하게 나타낸다. 또 바다, 호수, 강의 깊이는 푸른색으로 나타내는데, 엷은 부분은 얕은 곳이고 짙은 부분은 깊은 곳이다.

지도에서 어떤 곳의 위치를 정확하게 나타내려면 위도와 경도를 쓴다. 위도는 적도를 중심으로 각각 남쪽과 북쪽으로 90°까지 있는데, 북쪽의 위도를 북위, 남쪽의 위도를 남위라고 한다. 경도는 영국의 그리니치 천문대를 지나서 북극과 남극을 잇는 선, 곧 본초자오선을 중심으로 동쪽과 서쪽으로 각각 180°까지 있는데, 동쪽의 경도를 동경, 서쪽의 경도를 서경이라고 한다. 서울의 위치를 위도와 경도로 나타내면 북위 37° 33'(분), 동경 127°이다.

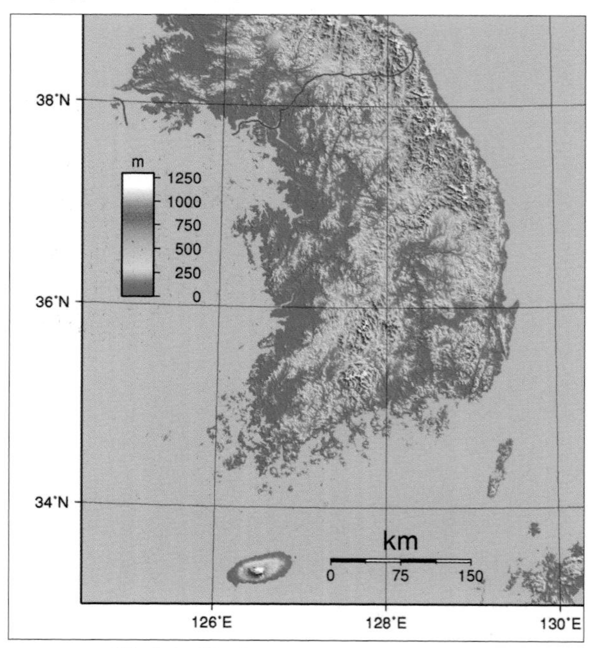

대한민국 지형 지도 Sadalmelik, CC-BY-SA-3.0 GFDL

오래 전부터 우리나라에서도 지도를 만들어서 써왔다. 지금까지 전해오는 우리나라 지도로서 가장 유명한 것은 조선시대 말기에 김정호가 만든 '대동여지도'이다.

지렁이(earthworm)

미디어뱅크 사진

비가 오고 나면 흔히 땅속에서 기어 나오는 동물이다. 몸이 가늘고 길며 100개가 넘는 고리 모양의 마디로 되어 있는데 뼈는 없다. 원통형 몸의 한쪽에 다른 마디보다 더 굵은 띠가 있는데, 이 띠와 가까운 쪽이 머리 부분이며 그 끝에 입이 있다.

머리 쪽이 꼬리 쪽보다 더 굵다. 몸빛깔은 등이 검붉은색이며 배는 좀 더 연한 색이다. 편평한 배의 양쪽에 뻣뻣한 털이 나 있다. 앞으로 나아가려면 몸을 길게 늘여서 입을 땅에 붙이고 뒤쪽을 끌어당긴다. 배에 난 털이 바닥을 받쳐 주기 때문에 나아가기 쉬우며, 미끄러운 곳에서도 잘 기어간다. 지렁이는 앞으로만 갈 수 있다.

지렁이는 한 해밖에 살지 못하는 것과 여러 해 동안 사는 것이 있다. 암수한몸이지만 두 마리가 어울려야 짝짓기를 할 수 있다. 알로 번식하는데, 알에서 깬 새끼는 어미와 모습이 같다. 지렁이는 다 자라도 몸길이가 1cm가 안 되는 것부터 2m가 넘는 것까지 여러 가지가 있다.

지렁이는 햇빛이 들지 않고 물기가 있는 흙속에서 산다. 먹이는 거름이나 두엄 따위 동식물이 썩은 유기물이다. 이런 것을 먹고 분해해서 식물이 흡수할 수 있게 해 줌으로써 땅을 기름지게 만든다. 또 흙을 삼켰다 배설하므로 땅을 가는 구실도 한다. 지렁이가 삼켰다 내놓는 흙은 중성에 가까우며 질산이 많아서 식물이 자라는 데에 큰 도움이 된다.

지렁이는 피부로 숨을 쉰다. 그러나 피부가 젖어 있어야 공기 속의 산소가 녹아 들어가서 숨을 쉴 수 있다. 피부가 마르면 숨을 못 쉬기 때문에 지렁이는 햇빛을 싫어한다. 그러나 물이 너무 많아도 몸이 공기와 닿지 못해서 숨을 못 쉰다. 그래서 비가 오면 지렁이가 땅 위로 기어 나오는 것이다. 지렁이는 눈이 없지만 온몸에 빛을 느낄 수 있는 세포가 퍼져 있다.

지리산팔랑나비(*isoteinon lamprospilus*)

한여름 7~8월에 숲속의 빈터나 산골짜기의 개울가에서 볼 수 있다. 흔히 엉겅퀴나 큰까치수영의 꽃꿀을 빨아먹는다. 짙은 갈색 날개의 길이가 채 2cm가 안 되며 앞뒤 날개에 잔 흰점 무늬가 여럿 있다. 뒷날개가 앞날개보다 더 작으며 긴 더듬이의 끝이 좀 뭉툭하다. 애벌레는 주로 억새의 잎을 갉아먹으며 자란다.

우리나라 말고도 일본, 중국 및 타이완에 퍼져서 산다.

Hsu Hong Lin, CC-BY-2.0

지시약(chemical indicator)

눈으로 보거나 코로 냄새를 맡아서 알 수 없는 물질의 성질을 알려 주는 검사 물질이다. 다른 물질과 반응하여 변화를 나타낸다. 리트머스나 페놀프탈레인 용액 같은 것들인데, 그 종류가 많다. 기체 속에 이산화탄소가 들어 있는지 알아보는 일에 쓰는 석회수도 지시약의 한 가지이다.

지시약으로 쓰는 자줏빛 양배추 용액 Millars, CC-BY-4.0

이런 지시약에는 색깔이 변하는 것, 빛이 나는 것, 맑기가 흐려지는 것, 가라앉는 물질이 생기는 것 등 여러 가지가 있다. 그 가운데에서 색깔이 변하는 것이 가장 많이 쓰인다.

지열 발전(geothermal power generation)

땅속의 열로 전기를 일으키는 일이다. 세계 몇몇 곳에서는 땅속 깊은 데에 있던 용암이 깨진 지각의 틈을 타고 밖으로 새나오면서 주변의 암석이나 지하수층을 뜨겁게 달군다. 이런 곳에 지름이 25cm쯤 되는 강철관을 박아서 뜨거운 물이나 수증기를 끌어올려 땅 위의 발전소로 보낸다. 또는 간헐천에 덮개를 씌워서 뜨거운 온천물이나 수증기를 발전소로 보낼 수도 있다. 이런

지열 발전소(뉴질랜드) Ingolfson, Public Domain

ㅈ

뜨거운 물은 온도가 300℃에 이르기도 한다. 발전소에서는 이런 물을 수증기로 바꾸거나 땅속에서 직접 나온 수증기를 모아서 발전기를 돌려 전기를 일으킨다.

지열 발전은 1904년에 이탈리아에서 처음으로 시작되었다. 그 뒤로 엘살바도르, 그리스, 아이슬란드, 일본, 멕시코, 뉴질랜드, 필리핀, 미국 등 화산과 뜨거운 온천이 흔한 나라에서 다투어 지열 발전에 힘쓰게 되었다. → 발전소

지열 발전에 쓰기 위한 지열 굴착기 Ingolfson, Public Domain

지진(earthquake)

지구 속에서 생기는 엄청난 힘을 받아서 지층이 끊어지면서 땅이 흔들리는 일이다. 사람이 느끼지 못하는 사이에 지나가는 것도 있지만 어떤 것은 순식간에 엄청난 피해를 일으킨다.

지진은 화산 활동이나 지층의 끊어짐으로 말미암아 생긴다. 그러나 화산 활동으로 일어난 지진이 큰 피해를 주는 일은 거의 없다.

지층은 양쪽에서 힘을 받으면 휜다. 그러나 심하면 끊어져서 서로 엇갈린다. 이렇게 된 것을 단층이라고 한다. 지층이 끊기면서 생기는 진동은 사방으로 퍼지면서 땅이 흔들리고 갈라진다. 이것이 지진이다.

지층이 파괴되기 시작하는 한 점을 진원이라고 한다. 바다 밑 땅속에서 지진이 일어나면 그 파동 때문에 해일이 일기도 하는데, 이것을 지진 해일이라고 한다.

지진은 세계 어디서나 일어나지만 특히 태평양을 둘러싼 몇몇 대륙의 해안 부근, 지중해 연안 및 히말라야 산맥 지방에서 가장 많이 일어난다. 이런 지역을 지진대라고 하는데, 뉴질랜드에서 인도네시아, 필리핀 및 일본의 섬들을 거쳐 알래스카, 캐나다, 북아메리카 및 남아메리카의 해안을 따라서 태평양을 감싸고 빙 도는 지역을 환태평양 지진대라고 한다. 또 지중해의 북쪽 바닷가와 히말라야 산맥을 지나서 말레이시아에 이르는 긴 지역을 알프스·히말라야 지진대라고 부른다. 우리나라는 이런 지진대에 들어 있지 않다.

지진은 온 세계에서 하루에 수천 번씩 일어나지만 거의 다 사람이 느끼지 못할 만큼 약하다. 지진의 세기는 '규모'로 나타내는데, 규모 0에서 7까지 8단계로 나눈다. 숫자가 클수록 더 강한 지진이다.

규모 0은 사람이 느끼지 못하고 지진계에만 표시되는 정도이며, 규모 1은 감각이 예민한 사람만 느낄 수 있고, 규모 2는 많은 사람이 느낄 수 있다. 규모 3이면 천장에 매달린 전구가 흔들리며, 규모 4이면 집이 심하게 흔들리고 가구가 넘어진다. 또 규모 5이면 벽이 갈라지고 굴뚝이 무너지며, 규모 6이면 집이 조금 부서지고 땅이 갈라지지만, 가장 센 규모 7이면 집이 3분의 1 넘게 파괴되며 땅이 갈라지고 단층이 생긴다. 2017년 11월 15일에 경상북도 포항시에서 일어난 지진은 규모 5.4로서 그 전 해에 경주에서 일어난 지진 다음으로 큰 규모였지만 그 피해는 지금까지 우리나라에서 일어난 지진 가운데 가장 컸다. → 규모

지진 구조 활동 중인 구조대
서울특별시 소방재난본부, CC-BY-SA-4.0

지층(stratum)

여러 겹의 층으로 쌓여 있는 암석이다. 산골짜기나 강가 또는 바닷가의 낭떠러지에서 볼 수 있다. 또 공사 때문에 산이나 언덕을 깎아낸 곳에서도 볼 수 있다.

지층은 밑에서부터 편평하게 쌓인다. 흐르는 물에 씻겨 내려가는 진흙, 모래, 자갈 따위는 낮은 곳에 가라앉기 마련이다. 가장 무거운 자갈이 제일 먼저 가라

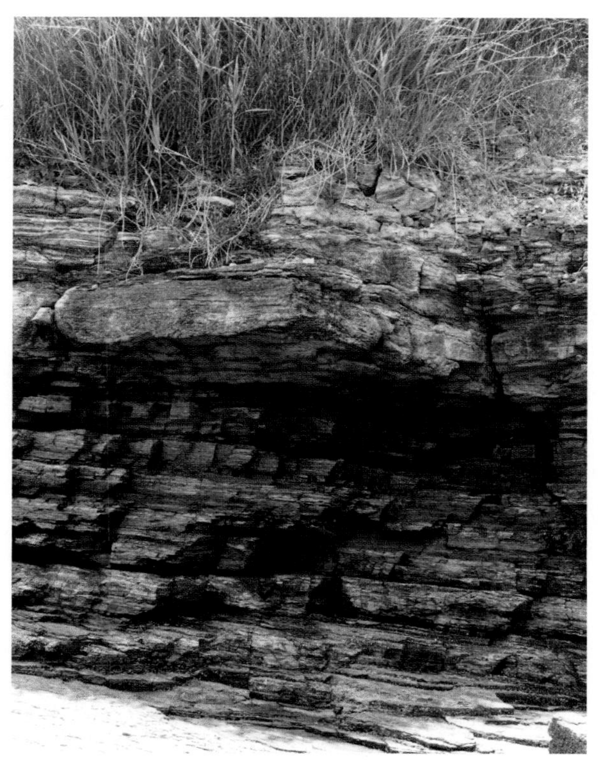

미디어뱅크 사진

앉는다. 그 다음에 모래, 맨 나중에 진흙이 가라앉는데, 이런 일이 오랫동안 계속되면 자갈, 모래, 진흙이 층층이 쌓이고 굳어서 암석이 된다. 이 암석이 시루떡처럼 여러 켜로 쌓여 있는 것이 지층이다. 지층을 이루는 알갱이나 색깔 및 각 층의 두께는 장소에 따라서 다르다.

자갈과 모래가 섞인 지층은 주로 산골짜기의 강가나 육지에서 가까운 바닷가에 만들어진다. 주로 모래로 이루어진 지층은 넓은 들 사이로 흐르는 강에서 조금 떨어진 바다에 만들어진다. 진흙으로 이루어진 지층은 호수 밑이나 육지에서 먼 깊은 바다에 만들어진 것이 많다. 또 호수와 같이 물의 흐름이 거의 없는 곳에 자갈, 모래, 흙 따위가 한꺼번에 쏟아지면 무거운 순서대로 알갱이가 가라앉아서 지층이 만들어진다.

같은 곳에서 같은 시기에 만들어진 지층은 거의 같은 물질로 이루어져 있다. 따라서 화석도 지층이 만들어진 때에 따라서 다르게 나타난다. 그러므로 지층을 잘 관찰하면 지층이 만들어진 때의 환경과 그 때에 산 생물의 종류 등을 짐작할 수 있으며, 석유나 석탄 같은 광물 자원을 발견하는 일에 참고가 될 수 있다. 그러나 같은 장소에 있더라도 각 지층이 다른 시기에 만들어졌거나 지층이 만들어질 때에는 바다 밑이었지만 나중에 솟아올랐거나, 땅의 모양이 변해서 운반되는 물질이 달라졌으면 위아래 층의 알갱이가 다르다.

그렇지만 지층은 알갱이가 차곡차곡 쌓일 수 있는 바다 밑에서 만들어진 것이 많다. 땅에서 볼 수 있는 지층은 거의 다 옛날에 바다 밑이었던 곳이 솟아올라 물 위로 드러난 것이다. 지층은 알갱이가 차곡차곡 쌓여서 이루어진 것이므로 그 모습이 옆으로 편평하다.

긴 세월이 지나면서 지구 속에서 여러 가지 힘을 받아 지층의 모양이 변한다. 비스듬히 기울거나 휘어지며 엇갈리기도 하는 것이다. 휘어진 지층이 힘을 더 받으면 끊긴다. 그러므로 지층에는 편평한 지층뿐만 아니라 기울어진 지층, 똑바로 선 지층, 휘어진 지층 또는 끊긴 지층이 있다.

지층이 끊겨서 엇갈린 것을 단층이라고 한다. 단층이 생길 때에는 땅 표면의 모양이 바뀌고 지진이 일어나기도 한다. → 단층

지하수(underground water)

땅속에 괸 물이다. 빗물, 눈 녹은 물 또는 강이나 호수의 물은 땅속으로 스며든다. 그러다 물을 통과시키지 않는 단단한 바위층에 막히면 모래나 자갈층의 틈에 괸다. 이렇게 지하수가 괸 층을 대수층이라고 한다.

지하수는 물이 땅속으로 스며들면서 걸러지므로 깨끗하다. 그래서 먹는 물로 많이 쓰인다. 지하수가 저절로 솟아나거나 우물을 파서 퍼 올리는 곳이 샘이다. 세계에는 오직 샘물만 먹고 사는 데가 아직 많다. 또 지

지하수로 이루어진 땅밑 호수 Nzeemin,

하수를 퍼 올려서 산업에 쓰는 데도 아주 많다.

지하수는 샘물로 퍼내도 자연히 다시 채워진다. 그러나 너무 빨리 많이 퍼내 버리면 그 양이 갑자기 줄어서 지하수의 수면이 낮아진다. 그러면 땅이 꺼져서 집이 무너지고 길이 끊길 수 있다.

또 지하수의 오염이 환경오염의 가장 큰 걱정거리 가운데 하나가 되고 있다. 하수도에서 샌 더러운 물, 쏟아진 화학 물질이나 석유 따위, 도시의 매연과 쓰레기 및 들녘의 농약과 화학 비료를 씻어낸 빗물이 땅속으로 스며든다. 이렇게 독한 물질이 많이 섞인 물은 대수층에 이르기 전에 충분히 걸러지지 않을 수 있다. 그래서 지하수마저 오염될 지경에 이른다.

지하 자원(mineral resources)

땅속에 묻혀 있는 광물로서 캐내서 쓸 수 있는 것이다. 대개 석탄, 석유, 철광석, 석회석 따위를 말한다. 그러나 때로는 흙, 지하수, 온천수 따위도 지하 자원으로 본다.

광물은 공업의 중요한 원재료로 쓰이거나 동력을 일으키는 연료가 된다. 따라서 산업의 발전에서 없어서는 안 될 자원이다. 그러나 우리나라에서 나는 지하 자원은 종류가 많지만 그 양은 많지 않아서 주로 외국에서 수입해서 쓴다. 특히 석유는 한 방울도 나지 않기 때문에 모두 외국에서 사와야 한다.

지하 자원을 캐내는 광산 QKC, CC-BY-SA-3.0

지하철(subway)

땅속에 굴을 파고 놓은 철도이다. 주로 도시의 땅 밑에 놓여 있다. 그러나 같은 철길이라도 도시 밖으로 나가면 보통 철도처럼 땅 위로 뻗는다. 땅속에 철도를 놓는 일이 힘들 뿐만 아니라 돈도 많이 들기 때문이다.

지하철로 다니는 열차도 대개 지하철이라고 한다. 이것은 전기로 움직인다. 한 번에 사람을 많이 실어 나를 뿐만 아니라 빠르기도 해서 큰 도시에는 대개 지하철이 있다.

세계 최초의 지하철은 1863년에 영국의 런던에서 다니기 시작했다. 우리나라에서는 1974년 8월 15일에 서울의 제1호선이 처음 개통되었다. 그 뒤로 계속해서 많은 지하철 노선이 뚫려 오늘날에는 모두 10개가 넘는 서울 지하철 노선과 이웃 도시의 노선 및 전철 노선들이 서로 연결되어서 날마다 수많은 사람을 실어 나른다. 또한 부산에도 1980년부터 지하철이 놓였으며 대구, 광주, 인천에도 지하철이 있다.

미디어뱅크 사진

직렬 연결(series connection)

전기 회로에서 전지 여러 개를 서로 다른 극끼리 한 줄로 죽 연결하거나 전구 여러 개를 전선 한 가닥에 이어서 연결하는 방법이다. 예를 들면, 전지를 −극과 +극을 연속해서 이어 층층이 쌓듯하는 것이 전지의 직렬 연결이다.

이렇게 직렬로 연결된 전지들은 그 수만큼 센 전력을 낸다. 곧 직렬로 연결된 1.5V짜리 전지 2개는 1.5V

의 2배인 3V의 전력을 낸다. 그러나 전구 여럿을 한 전지에 직렬로 연결하면 각 전구에 미치는 전력이 그 수만큼 약해진다. 예를 들어서 전구가 2개이면 2분의 1로, 3 개이면 3분의 1로 약해져서 각 전구의 불빛이 그만큼 희미해지는 것이다. → 병렬 연결

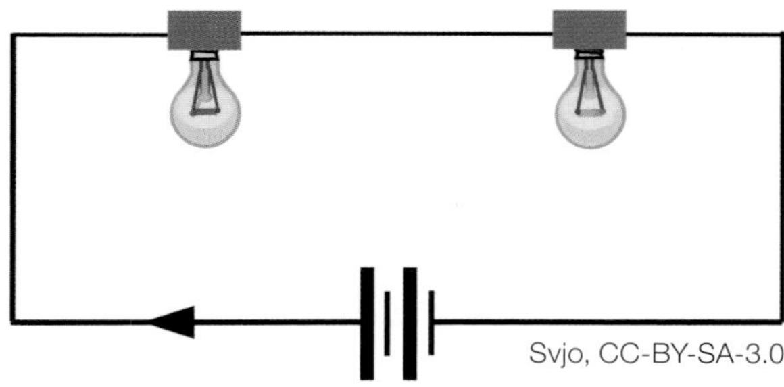
Svjo, CC-BY-SA-3.0

직박구리(brown-eared bulbul)

낮은 산이나 도시의 공원 같은 데에서 사는 흔한 텃새이다. 겨울이면 마을 가까이 내려온다. 저희끼리 아주 시끄럽게 지저귈 때가 많다.

몸길이가 20cm쯤 되며, 온몸이 얼룩덜룩한 갈색이다. 주로 자잘한 나무 열매와 곤충을 먹고 산다.

미디어뱅크 사진

진달래(azalea)

이른 봄에 가장 먼저 꽃이 피는 나무 가운데 하나이다. 키가 크지 않은 갈잎떨기나무로서 우리나라 어디서나 산에서 저절로 자란다.

고장에 따라서 조금씩 차이는 있지만 이른 봄 3~4월이면 잎이 나기 전에 꽃이 먼저 핀다. 꽃은 거의 다 분홍색이지만 나무에 따라서 색깔의 진하기가 조금씩 다르다. 드물지만 흰 꽃이 피는 것도 있다. 잎의 모양은 타원형이다. 7월쯤에 씨가 든 원통 모양의 열매가 열리고 가을에 잎이 떨어진다.

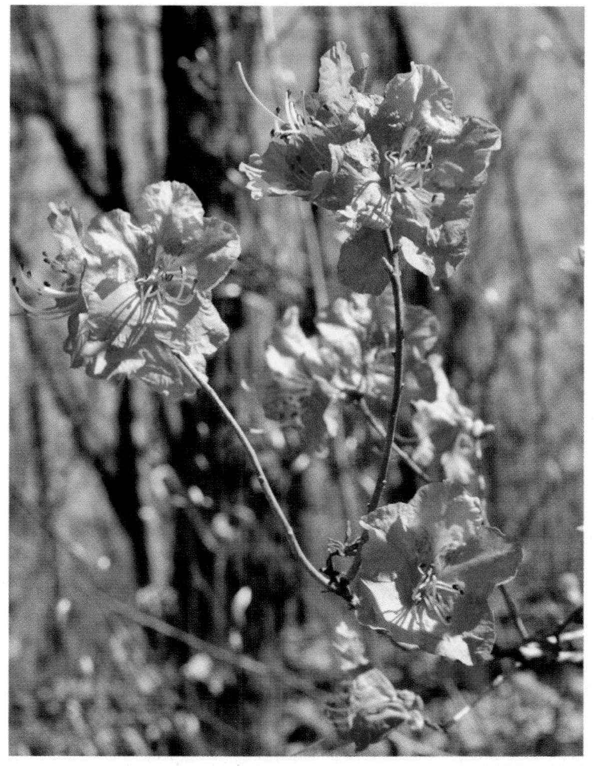
미디어뱅크 사진

ㅈ

진드기(tick/mite)

거미류에 드는 아주 작은 벌레이다. 가짓수가 무척 많다. 모두 다른 동물의 몸에서 나오는 액체만 빨아먹고 사는 기생충이다. 그래서 사람이나 여러 가지 짐승에게 병을 일으키는 것이 많다. 진드기는 흔히 몸속에 병균을 지니고 있어서 저희가 피를 빠는 동물에게 그것을 옮겨 준다. 몇몇은 독이 있어서 물리면 사람이 마비될 수도 있다.

진드기는 몸이 대개 동그랗다. 어른벌레는 다리가 4쌍이며 애벌레는 3쌍이다. 앞다리로 숙주의 몸에 찰싹 달라붙어서 몸의 앞쪽에 있는 작은 머리에 난 뾰족한 주둥이로 피를 빨아먹는다.

진드기는 낙엽이나 땅바닥에 깔린 허섭스레기에다 알을 낳는다. 이 알이 깨면 납작하고 발이 세 쌍 달린 애벌레가 나온다. 이런 애벌레는 풀줄기나 키 작은 나뭇가지에 붙어서 저희가 들러붙을 동물이 지나가기만 기다린다. 그러다 동물의 몸에 한번 들러붙으면 실컷

피를 빨아먹고 몸이 엄청나게 부푼다. 그러면 먹기를 그치고 허물을 벗고 나서 발이 네 쌍 달린 애벌레가 된다. 이 애벌레들은 또 실컷 피를 빨아먹고 나서 허물을 벗은 뒤에야 어른벌레가 된다.

진드기에 물리면 되도록 피부 가까이에서 뾰족한 족집게로 진드기의 머리를 꼭 잡고 세게 잡아당겨 피부에서 주둥이를 뽑아내야 한다. 잘못하여 주둥이나 머리가 잘려서 남으면 나쁜 균에 감염될 수 있다. 그밖에 달리 진드기를 떼어내는 방법은 쓸 만한 것이 없을 뿐만 아니라 도리어 위험해질 수도 있다. 진드기를 떼어낸 뒤에는 상처를 소독하고 손을 씻어야 한다. 떼어낸 진드기는 나중에 그것이 무슨 종류인지 알 수 있도록 버리지 말고 보관해야 한다. 또 손에 상처가 있으면 절대로 맨손으로 진드기를 잡아서는 안 된다.

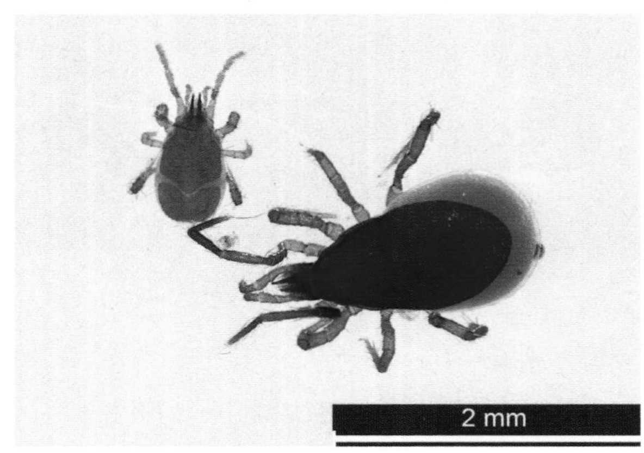

너도밤나무 낙엽에서 찾은 진드기 Donald Hobern, CC-BY-2.0

진화(evolution)

오늘날 지구에는 수많은 생물이 살고 있다. 그런데 수만 년 전에도 지금처럼 많은 생물이 살았을까? 그때의 사람들은 어떻게 생겼을까? 이런 물음에 대한 답은 땅속에서 발견되는 화석이나 동물의 뼈에서 찾을 수 있다.

땅속에서 발견된 수만 년 전 사람의 뼈를 보면 옛날 사람들이 원숭이에 많이 가까운 모습이었음을 알 수 있다. 그리고 화석을 보면 다른 생물들도 오랜 세월에 걸쳐서 조금씩 변해 왔음을 알 수 있다. 이렇게 생물이 환경에 적응하여 오랜 세월에 걸쳐 조금씩 변하는 것을 진화라고 한다.

지구에 처음으로 생물이 생긴 때는 30억 년쯤 전이다. 맨 처음의 생물은 생물인지 무생물인지 구별할 수 없을 만큼 간단한 것이었다. 이렇게 간단한 생물이 녹색말 종류로 진화하고, 그것이 스스로 움직일 수 있는 생물로, 나아가서 많은 세포로 이루어진 등뼈 없는 간단한 동물로 진화하는 데에 20억 년이 걸렸다. 그 다음에 등뼈가 있는 첫 동물로 오늘날의 물고기와 같은 것이 생긴 때가 지금으로부터 4억 년쯤 전의 일이다. 그 물고기 가운데 일부가 땅에 적응하여 양서류가 되었으며, 양서류 가운데 일부가 땅에 더욱 적응하여 딱딱한 알을 낳는 파충류로 진화했다. 그리고 파충류 가운데 일부가 새와 포유류로 진화했다.

사람은 원숭이의 조상에서 갈라져 나온 한 종류에서 진화하여 오늘날에 이르렀다. 식물도 아주 간단한 것부터 꽃이 피는 식물에 이르기까지 여러 단계를 거치면서 진화해 왔다. 그러나 새와 포유류가 지금의 뱀이나 악어와 같은 동물에서 진화한 것은 아니다. 오늘날의 파충류와 비슷한 파충류의 조상으로부터 파충류, 조류 및 포유류 따위로 각각 나뉘어서 진화한 것이다.

그러면 진화가 어떻게 진행되어서 파충류, 조류 및 포유류로 나뉘었을까? 진화론을 처음으로 주장한 이는 영국 사람 찰스 로버트 다윈이다. 그는 모든 생물이 조금씩 변하는데, 환경에 적응하여 생존 경쟁에서 이긴 생물의 특징이 자손에게 유전되어서 진화가 이루어진다고 주장했다. 이를 테면, 옛날에는 목이 긴 기린과 목이 짧은 기린이 있었는데, 목이 긴 기린이 높은 가지에 달린 나뭇잎도 먹을 수 있고 멀리 볼 수 있었기 때문에 목이 긴 기린만 적응하여 살아남았다는 주장이다.

그밖에 돌연변이가 일어나서 진화가 이루어진다는

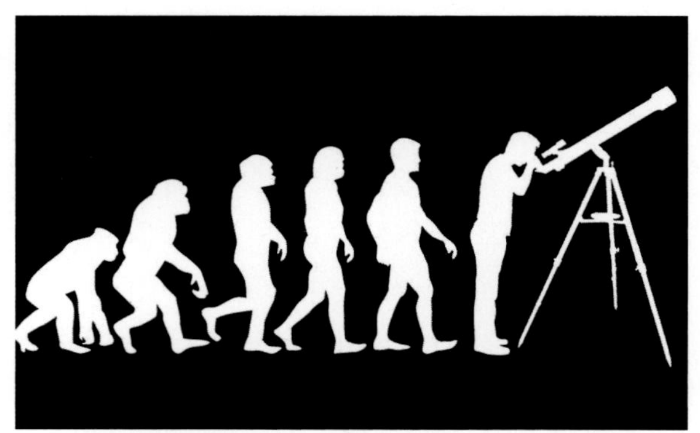

천문학의 진화 Giuseppe Donatiello, CC0 1.0 Public Domain

주장도 있고, 자꾸 쓰는 기관은 발달하고 쓰지 않는 기관은 없어져서 진화가 이루어진다는 주장도 있다. 그러나 실제로는 이 모든 것이 두루 작용하여 이루어진다고 볼 수 있다.

진흙(mud)

알갱이가 매우 곱고 차진 흙이다. 매우 부드러울 뿐만 아니라 특별한 광물 성분이 들어 있는 갯벌의 진흙은 '머드'라고 해서 여름에 몸에 발랐다가 씻어내기도 한다. 진흙은 흔히 조금 붉은 빛깔이 돌며 물기를 흡수하면 질척거린다. 이런 흙을 말린 후 빻아 고운 알갱이만 따로 모아서 물에 이겨 질그릇이나 옹기를 만든다. → 찰흙

진흙탕 놀이 Basile Morin, CC-BY-SA-4.0

질병(disease and disorder)

우리 몸속의 어느 기관에 이상이 생겨서 나타나는 탈이다. 병이 나면 대개 아프고 괴롭다.

질병은 주로 병원균이나 병원체가 우리 몸속에 들어와서 생긴다. 병원균이나 병원체는 현미경으로 보아야만 보일 만큼 아주 작은 생물인데, 공기나 음식물에 섞여서 몸에 들어온다. 그러나 우리 몸속의 여러 기관들이 제 몫을 잘 해서 몸이 튼튼하면 병원균이나 병원체가 들어오더라도 우리 혈액 속의 백혈구가 잡아먹어 버린다. 그리고 한 번 들어왔던 병원체에 대해서는 저항력이 생겨서 그 병원체가 일으키는 병에 잘 걸리지 않는다. 이것을 면역이라고 한다.

하지만 규칙적으로 운동을 하지 않고 영양분을 충분히 섭취하지 않아서 몸이 허약하면 병원체를 물리치지 못하므로 병이 나기 쉽다. 몸이 건강해도 독성이 강한 병원체는 먼저 백혈구를 죽이기 때문에 병에 걸린다. 그밖에 음식을 잘못 먹거나, 영양이 부족하거나, 납이나 수은 같은 중금속이 몸속에 쌓여도 병이 난다. 나이가 많아지면 몸의 각 기관이 제대로 활동하지 못해서 나는 병이 있으며, 몸은 건강해도 정신이 온전하지 못한 정신병도 있다.

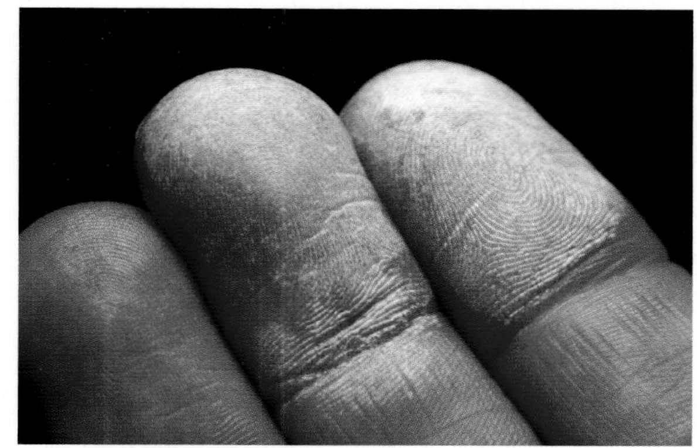

과산화수소를 다루다 입은 화상 Olli Niemitalo, Public Domain

영국의 의사 에드워드 제너는 18세기 말에 사람에게 면역 작용이 있음을 알고 병을 예방하는 방법을 발견했다. 프랑스 사람인 루이 파스퇴르는 많은 병이 병원체 때문에 생긴다는 것을 알아냈다. 그 뒤로 의학이 크게 발달하여 오늘날에는 거의 모든 병을 치료할 수 있게 되었다. 원인이 잘 밝혀진 병은 예방할 수도 있고 약으로 치료하기도 쉽다. 또 무슨 병이나 일찍 발견하면 대개 치료할 수 있다. 그러나 에이즈와 같이 아직은 완전히 치료하기 힘든 병도 더러 있다. → 면역

질소(nitrogen)

공기의 78%를 차지하는 기체이다. 색깔, 냄새, 맛이 없다. 스스로 타지도 않고 다른 물질이 타게 하지도 않으며 숨 쉬기에도 필요하지 않다. 그러나 단백질을 이루는 재료로서 생물의 몸을 이루는 데에 꼭 필요한 물질이다.

공기의 대부분이 질소이지만 동물이나 식물은 필요한 질소를 공기에서 직접 얻지 못한다. 식물은 땅에서 질소가 섞인 영양분을 뿌리로 빨아들이며, 동물은 식물을 먹어서 질소를 얻는다. 땅속에서는 미생물이 동식물의 시체를 질소 화합물로 분해하고 공기 속의 질소를 붙들어서 식물이 빨아들일 수 있게 만든다.

땅속의 질소 화합물을 분해해서 공기 속으로 내보내는 미생물도 있다. 이와 같이 질소는 없어지지 않고 여러 과정을 거치면서 돌고 도는데, 이를 질소의 순환이라고 한다. 공기 속의 질소를 땅에 고정시키는 미생물은 콩이나 토끼풀 따위의 뿌리에 많다. 이 미생물이 땅에 고정시키는 질소의 양은 식물이 빨아들이는 양보다 많기 때문에 이런 식물을 심으면 땅이 기름지게 된다. 그래서 농촌에서는 가끔 밭에다 콩을 심는다.

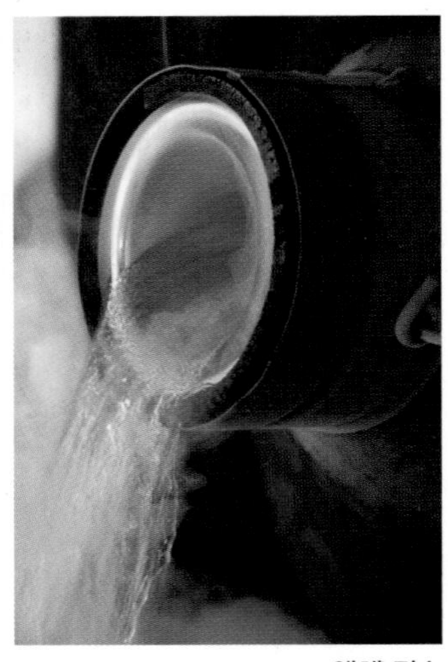

액체 질소
Robin Müller, CC-BY-SA-3.0

질소는 암모니아를 만드는 데에 가장 많이 쓰인다. 질소와 수소를 섞어서 반응시키면 암모니아가 만들어진다. 이 암모니아로 질산, 비료 또는 염료 따위를 만든다.

짐승(animal)

주로 동물 가운데에서 사람을 뺀 척추 동물을 가리키는 우리말이다. 대개 포유류와 조류로서 흔히 집짐승, 들짐승, 산짐승, 날짐승과 같이 나누기도 한다. → 척추 동물

집(house)

동물이나 사람이 혼자나 가족과 함께 살려고 마련한 보금자리이다. 그러나 사람이 사는 구조물을 가리킬 때가 많다.

사람은 먼 옛날부터 집이 필요했다. 사나운 짐승과 비바람 및 매서운 추위부터 몸을 지켜야 했기 때문이다. 따라서 처음에는 저절로 만들어진 동굴 속에 들어가서 살거나 흙과 돌 또는 나무를 엮어서 집을 마련했을 것이다.

우리 조상들은 수천 년 동안 이 땅에서 우리에게 알맞은 집을 짓고 살아 왔다. 그것이 오늘날의 한옥이다. 그러나 저마다 자리 잡은 고장의 환경에 맞게 조금씩 다른 집을 짓고 살았다. 비가 많이 와서 홍수가 나기 쉬운 곳에서는 미리 집터를 돋워서 높은 곳에 터돋움집을 지었으며, 겨울에 눈이 아주 많이 오는 고장에서는 우데기집을 지었다. 우데기는 눈이 집 안으로 못 들어오게 처마 끝에서 땅바닥까지 늘어뜨릴 수 있는 가림막이다. 또 나무가 흔한 고장에서는 나무판 조각으로 지붕을 인 너와집을 지었다. 하지만 오늘날에는 먼 나라에서 발전되어 온 집들도 우리 주변에서 많이 볼 수 있다. 한옥이 아닌 단독 주택, 아파트, 연립 주택, 빌딩 등이 그런 것이다.

집은 어느 것이나 그 안에서 사는 사람이 편하고 안전해야 한다. 어떤 사람은 나무로 지은 집을 좋아하며, 어떤 이는 돌이나 벽돌로 지은 집을 좋아한다. 들과 산이 가까운 교외의 단독 주택을 좋아하는 사람도 있고, 복작거리는 도시의 아파트를 편리하게 여기는 사람도 있다.

어쨌거나 집은 사람에게 꼭 필요한 장소이다. 집이 없으면 누구나 정처 없는 떠돌이가 되고 말지 모른다.

미디어뱅크

집기병(gas collecting bottle)

기체를 모으는 유리병으로서 대개 원통형이며 주둥이가 넓다. 주둥이를 충분히 덮을 만큼 넓은 유리판을 뚜껑으로 쓴다.

짚신벌레(paramecium)

세포 한 개로 이루어져서 현미경으로나 볼 수 있는 원생 동물이다. 논, 늪, 웅덩이 또는 아주 느리게 흐르는 개울물 같은 데에서 산다. 박테리아를 잡아먹기 때

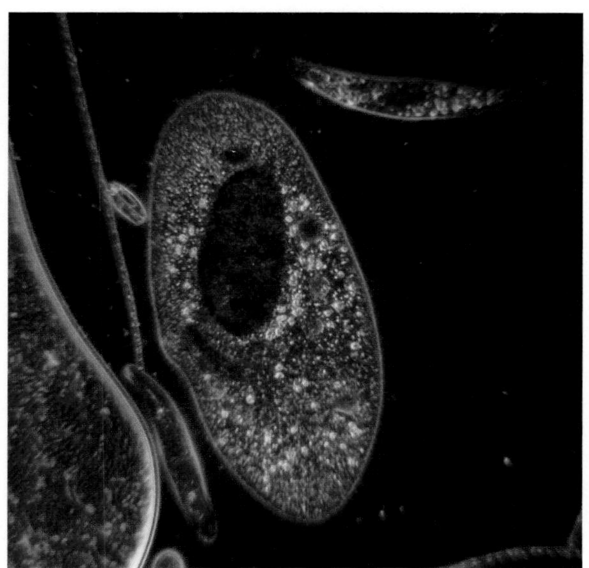

문에 물을 깨끗하게 해 주는 구실도 한다.

길둥그렇게 생긴 짚신벌레는 세포막에 둘러싸여 있는데 이 세포막이 단단해서 생김새가 늘 같다. 이런 모양이 짚신 같다고 여겨서 짚신벌레라고 부른다. 겉에 아주 가늘고 짧은 털 같은 섬모가 수없이 많이 나 있어서 이것으로 헤엄을 친다. 세포막 안에는 물 같은 세포질이 차 있으며 그 속에 큰 세포핵 하나와 작은 세포핵이 들어 있다.

짚신벌레의 섬모 가운데 특별한 것들이 먹이를 입 같은 데로 밀어 넣으면 몸속에서 소화되고 찌꺼기가 똥구멍 같은 데로 나온다. 짚신벌레의 몸속에는 또 늘었다 줄었다 하는 동그란 주머니 같은 수축포 둘이 있는데 이것들이 줄어들 때에 물을 몸 밖으로 내보낸다.

짚신벌레가 번식하는 방법은 두 가지이다. 한 가지는 몸의 가운데에서 둘로 나뉘는 것인데, 이것을 분열이라고 한다. 또 다른 한 가지는 두 마리가 한데 합쳐져서 서로 핵을 맞바꾸는 것인데, 이것을 접합이라고 한다. 접합이 끝나면 그 짚신벌레들이 여러 차례에 걸쳐서 분열한다.

짝짓기(mating)

자손을 남기는 일은 모든 생물에게 가장 중요한 일이다. 자손이 없으면 그 생물이 아주 멸종되고 말기 때문이다. 이렇게 자손을 남기기 위해 동물의 암컷과 수컷이 만나서 수컷의 정자로 암컷의 난자를 수정시키는 일을 짝짓기라고 한다.

더 나은 유전자를 얻기 위해 동물은 대개 암컷이 짝지을 상대를 고른다. 그래서 수컷들이 더 화려한 겉치장과 함께 암컷의 마음을 얻고자 온갖 예쁜 짓을 다 한다. 특히 새들 가운데 화려한 깃털과 노래 및 춤으로 암컷의 마음을 얻고자 애쓰는 종류가 많다. 암컷의 마음에 들어야 짝짓기를 하여 자신의 유전자를 가진 자손을 남길 수 있기 때문이다.

개구리는 수컷이 암컷의 등에 업혀 있다가 암컷이 물속에다 알을 낳자마자 정자를 쏟아내서 알을 수정시킨다. 물고기나 산호 등 물속에서 사는 많은 동물도 대개 암컷이 알을 낳자마자 그 위에다 정자를 뿜어내서 수정시킨다.

그러나 고래나 물개 같은 포유류는 땅에서 사는 포유류와 마찬가지로 체내 수정을 한다. 수컷이 암컷과 몸을 맞대고 생식기 속에다 정자를 넣어 주면 암컷의 난자가 받아들여서 수정이 되는 것이다. 이렇게 수정된 난자가 자라서 새끼가 되면 암컷의 몸 밖으로 나온다.

곤충이나 거미 종류에는 목숨을 걸고 짝짓기를 하는 수컷들이 있다. 이것들은 대개 수컷이 암컷보다 몸집이 더 작다. 사마귀는 암컷과 수컷이 몸을 맞대야 짝짓기를 할 수 있는데, 다가오는 수컷을 암컷이 그냥 먹이로 볼 때가 있다. 아니면 짝짓기가 끝나자마자 암컷이 수컷을 잡아먹어 버린다. 그래서 어떤 거미는 수컷이 먹이가 될 만한 곤충을 잡아다 바치고 나서 암컷이 그것을 먹는 사이에 짝짓기를 한다.

짱뚱어(bluespotted mud hopper)

밀물과 썰물이 번갈아 드나드는 바닷가 갯벌에서 사는 물고기이다. 공기를 숨 쉴 수 있으므로 썰물이 빠져나간 뒤에 갯벌에서 기어 다니며 먹이를 찾아먹는다. 그러다 밀물이 들어오면 갯벌 바닥에 판 굴속에 들어가서 쉰다. 남쪽 바닷가의 갯벌에서 특히 많이 산다.

몸이 가늘고 긴데 뒤로 갈수록 옆으로 납작해진다. 몸길이가 18cm쯤 되며 머리가 유난히 크고 납작해서 몸통보다 더 굵다. 작은 두 눈이 머리 위로 불거져 있는데 눈 사이가 매우 좁다. 짧고 둥그런 주둥이 밑에 입이 옆으로 길게 째져 있다. 몸빛깔은 전체로 보아 푸른 바탕에 작고 흰 점들이 많이 박혀 있으며 배 쪽은 좀 더 옅은 색이다. 볼품은 없지만 맛이 꽤 좋은 물고기이다.

미디어뱅크 사진

쪽(Chinese indigo)

흔히 개울가에서 자라던 한해살이풀이다. 그러나 요즘에는 저절로 자라는 것을 찾아보기 힘들다.

키가 60cm쯤 자라며 줄기가 자주색이다. 초록색 잎이 어긋나는데 생김새는 긴 타원형이다. 이 잎으로 남색 물감을 만들어서 쓴다. 한여름 7~8월에 꽃 이삭이 나와서 붉고 자잘한 꽃이 무더기로 달려 핀다.

미디어뱅크 사진

쪽나무(Indian hawthorn)

둥근잎다정큼나무를 가리키는 다른 이름이다. 남쪽 바닷가나 제주도 같은 데에서 자라는 떨기나무로서 늘 푸른넓은잎나무이다. → 둥근잎다정큼나무

ㅊ

차(tea)

옛날부터 사람들이 마셔 온 음료수이다. 대개 깨끗한 물에 넣고 끓이거나 따뜻한 물에 우려서 마신다. 가장 대표적인 것이 차나무의 잎을 우려낸 녹차나 홍차이다.

그밖에도 여러 가지 차가 있다. 차는 주로 식물의 잎, 꽃, 뿌리, 열매, 씨를 말리거나 갈무리했다가 뜨거운 물에 타거나 우려서 마신다. 그러면 저마다 독특한 향과 맛이 난다. 예를 들면, 국화차, 뽕잎차, 율무차, 유자차 같은 것이다.

박하차 Onderwijsgek, CC-BY-SA-3.0

찰흙(clay)

차진 흙이다. 점토라고도 한다. 알갱이의 지름이 0.002mm도 안 될 만큼 아주 곱다. 대개 아주 작고 납작한 규소와 알루미늄 알갱이들이 물에 이겨진 상태이다.

빙하가 만든 푸른 찰흙
Bjoertvedt, CC-BY-SA-3.0

찰흙은 그 속에 암모니아와 같은 기체를 흡수하며 식물이 자라기에 필요한 여러 가지 광물질을 지니고 있다. 따라서 농사짓는 땅에 꼭 필요하다. 그러나 너무 많으면 물이 잘 빠지지 않고 공기도 잘 통하지 않는다.

찰흙은 토기, 기와 또는 벽돌을 만드는 데에 많이 쓰인다. 물과 섞어 반죽하면 무슨 모양으로나 만들어지면서 불에 구워내면 단단할 뿐만 아니라 물이 스미지 않기 때문이다.

참기름(sesame oil)

참깨에서 짜낸 기름이다. 참깨를 볶아서 세게 눌러 짜면 기름이 나온다. 이것은 옛날부터 우리나라에서 요긴하게 써 온 식용유로서 아주 좋은 식물성 기름이다.

참나리(tiger lily)

산이나 들에 저절로 나서 자라는 여러해살이풀이다. 여러 가지 나리 가운데 하나로서 키가 2m까지 자라며 땅속에 비늘줄기가 있다. 폭이 좁고 긴 칼처럼 생긴 잎이 어긋난다.

한여름 7~8월에 줄기의 끝부분에 주황색 바탕에 자주색 점이 많이 박힌 꽃이 여럿 달려 핀다. 꽃은 모두 꽃잎이 여섯 갈래로 갈라진다. 꽃이 핀 자리에 열매가 맺히지 않으며, 잎겨드랑이 위쪽에 생긴 짙은 갈색 주아가 땅에 떨어져서 싹이 난다. 그러나 주로 번식은 알뿌리와 같은 구실을 하는 비늘줄기로 한다. 이 비늘줄기는 줄기가 다닥다닥 모여서 영양분을 저장하고 있는 것인데 채소처럼 먹을 수도 있다.

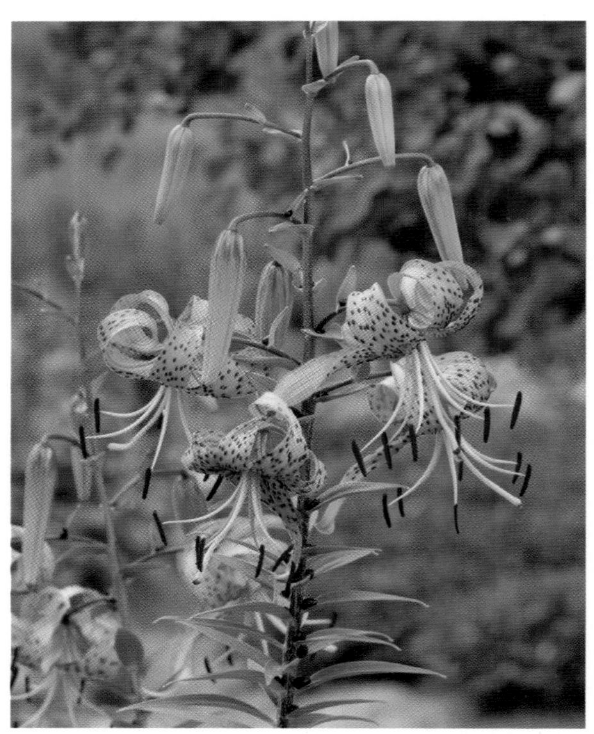

미디어뱅크 사진

참새(sparrow)

한 해 내내 우리나라 어디에서나 볼 수 있는 대표적인 텃새이다. 다 자라도 손 안에 들 만큼 작다. 부리 끝에서 꼬리 끝까지 길이가 14cm쯤 된다. 온몸이 갈색인데 목에 흰 띠가 있으며, 머리는 붉은 갈색이고 뺨에 검은 점이 있다. 등에도 짙은 갈색 세로무늬가 있다.

미디어뱅크 사진

옛날에는 흔히 초가집이나 기와집의 처마 밑에다 둥지를 틀었는데 요즘에는 여러 가지 건물이나 축대의 틈 따위에 둥지를 틀고 새끼를 친다. 번식할 때에는 암수가 짝을 지어서 살지만, 가을과 겨울에는 모두 모여서 떼 지어 함께 산다.

암컷은 대개 2~7월 사이에 4~8개의 알을 낳는다. 알은 어미가 보름 동안쯤 품으면 깨며 2 주일쯤 더 지나면 새끼가 날아다닌다. 주로 농작물의 낟알, 풀씨, 나무 열매 따위를 찾아먹지만, 여름에는 작은 벌레도 잡아먹는다. 가을이면 다투어 논밭에 날아들어서 곡식을 축내기 때문에 농촌에서는 골칫거리로 여긴다.

참외(oriental melon)

여름에 익은 열매를 과일처럼 먹는 한해살이풀이다. 덩굴 식물이어서 줄기가 옆으로 길게 뻗으며, 덩굴손으로 다른 물체를 잡고 올라간다. 6~7월에 노란 꽃이 피며, 암꽃이 꽃가루받이가 되면 초록색 작은 열매가 자란다. 어린 열매에는 가늘고 흰 털이 나 있지만 크면서 털이 없어지고 매끄러워진다.

꽃이 지고 나서 한 달쯤이면 열매가 노랗게 익는다. 열매에는 수분이 많다. 품종에 따라 열매의 색깔이나 모양이 다른데, 우리나라에서는 익으면 노랗게 되는 것을 많이 심는다.

참외는 본디 인도에서 자라던 식물인데 다른 고장으로 널리 퍼지면서 여러 가지 품종으로 나뉘었다.

찹쌀(glutinous rice)

물에 불려서 높은 열로 익히면 차지게 익는 쌀이다. 생쌀일 때에는 멥쌀보다 불투명하기 때문에 색깔이 우윳빛이다. 먹으면 소화가 잘 되기 때문에 주로 찰밥이나 떡을 하는 데에 쓴다. → 쌀

미디어뱅크 사진

창포(sweet-flag)

연못이나 도랑 같은 물속이나 물가 땅에서 자라는 여러해살이풀이다. 천남성과에 딸린 풀로서 굵고 마디가 많으며 옆으로 길게 뻗은 뿌리줄기에서 무더기로 잎이 나 물 위로 높이 자란다. 잎은 길이가 70cm쯤 되며 좁고 긴 칼처럼 생겼다. 이 잎의 한가운데를 따라서 굵은 잎맥이 심처럼 들어 있는 것이 특징이다.

미디어뱅크 사진

잎과 비슷한 꽃줄기의 가운데쯤에서 꽃대 한 개가 나와서 6~7월에 연한 황록색 꽃이 핀다. 꽃은 길둥그런 꽃대 둘레에 자잘한 꽃이 다닥다닥 붙은 모양이다. 옛날에는 단오날에 여자들이 이 창포를 넣어서 끓인 물로 머리를 감곤 했다.

채소(vegetable)

반찬이나 간식으로 먹으려고 사람이 심어서 가꾸는 풀이다. 종류에 따라서 여러 가지 다른 영양소가 들어 있다. 특히 곡식이나 살코기에 부족한 비타민과 무기 염류가 풍부하며, 산성인 이것들과는 달리 대개 염기성이어서 우리 몸 안의 영양소가 균형을 이루는 데에 꼭 필요한 먹을거리이다.

채소는 잎을 먹는 것, 뿌리를 먹는 것, 열매를 먹는 것으로 나뉜다. 잎을 먹는 채소에 배추, 양배추, 상추, 시금치 등과 잎이 변형된 양파나 마늘이 있다. 뿌리를 먹는 채소에 무, 당근, 우엉, 고구마 등과 땅속줄기를 먹는 감자, 연뿌리, 생강이 있다. 또 열매를 먹는 채소는 호박, 오이, 참외, 고추, 토마토, 가지, 완두, 강낭콩 등이다.

열매채소 가운데 참외, 수박, 토마토 등은 흔히 과일로 알고 있으나 그렇지 않다. 과일은 나무에 열리는 열매이다.

미디어뱅크 사진

채송화(rosemoss)

예쁜 꽃이 피는 한해살이풀이다. 다 자라도 키가 20cm쯤밖에 안 된다. 굵기가 성냥개비만한 붉은 줄기가 여러 갈래로 갈라져서 옆으로 퍼진다. 줄기에 나는

미디어뱅크 사진

조그만 잎도 줄기처럼 동그랗고 통통하다.

여름 7월부터 10월까지 붉은색, 흰색, 노란색 또는 자주색 꽃이 가지 끝에 달려서 핀다. 아침에 핀 꽃은 한낮이면 바람이 불지 않아도 꽃술이 스스로 움직여서 꽃가루받이가 되며 오후에 시든다. 9월쯤에 익은 열매부터 터지면서 자잘한 씨가 널리 퍼진다. 본디 남아메리카 대륙에서 자라던 풀인데 오래 전에 우리나라에 들어왔다.

처녀자리(Virgo)

봄에 남쪽 하늘에서 볼 수 있는 별자리이다. 초저녁에 사자자리와 천칭자리 사이에서 찾을 수 있다. 이 별자리에서 가장 밝은 별은 스피카이다.

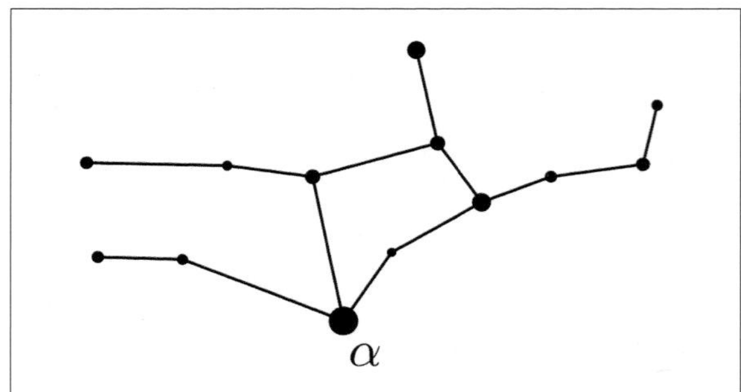

Dirk Hünniger, CC-BY-SA-3.0 GFDL

척추 동물(vertebrate)

척추, 곧 등뼈가 있는 동물이다. 포유류, 조류, 어류, 양서류 및 파충류가 모두 척추 동물이다. 그러나 그 수로 보면 척추 동물은 이 세상에 있는 모든 동물의 10분의 1쯤밖에 안 된다. 나머지 10분의 9는 등뼈가 없는 무척추 동물이다.

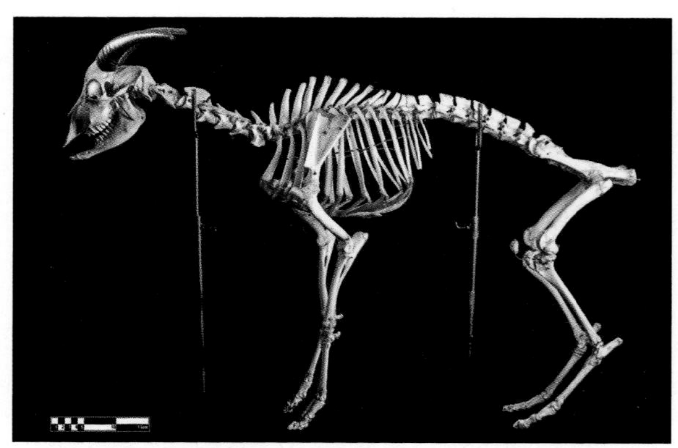

척추동물 염소의 뼈대 Museum of Veterinary Anatomy FMVZ USPWagner Souza e Silva, CC-BY-SA-4.0

척추 동물은 생김새가 대개 등뼈를 중심으로 하여 좌우 대칭형이며 머리, 몸통, 꼬리의 세 부분으로 이루어진다. 보통 암수딴몸이고, 허파나 아가미로 숨을 쉬며, 알이나 새끼를 낳아서 자손을 퍼뜨린다. → 무척추 동물

척추뼈(spine)

척추 동물의 뼈대에서 등의 한 가운데에 뻗어 있는 뼈이다. 등뼈라고도 하는 이것이 우리 몸의 기둥 구실을 한다.

사람의 척추뼈는 추골이라는 짧은 뼈 33개가 죽 이어져서 머리뼈에서부터 엉덩이뼈에 이르기까지 길게 늘어서 있다. 이 추골들은 가운데가 비어 있는데 그 속에 척수가 길게 들어 있으며 수많은 인대와 근육이 추골들을 한데 이어서 묶어 준다. 또, 추골과 추골 사이에 흔히 디스크라고 하는 질긴 섬유질로 된 둥근 판이 들어 있어서 충격도 흡수하고 허리를 굽힐 수 있게 해 준다.

척추뼈는 보통 조금 휘어져 있다. 그러나 질병이나 사고 또는 나쁜 습관으로 말미암아 비정상적으로 휠 수도 있다. 이렇게 잘못 휜 자세는 내버려 두면 건강을 해칠 수 있다.

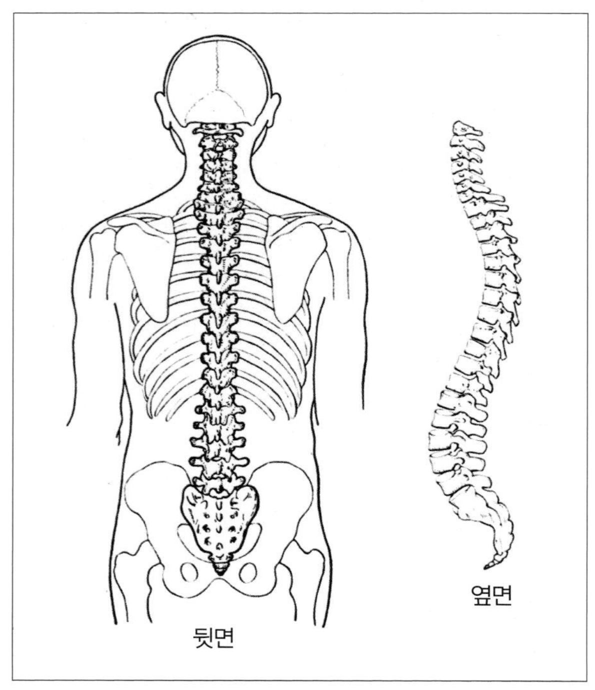

Pearson Scott Foresman, Public Domain

천(textile)

씨실과 날실을 엮어서 짠 무명베나 비단 같은 베이다. 옛날에는 모두 식물이나 동물에서 나온 섬유를 꼬아서 실을 만들었다. 목화솜에서 뽑은 무명실로 짠 천은 무명베, 누에고치에서 뽑은 실로 짠 천은 비단이다. 이런 천은 주로 옷을 짓거나 이불 등을 만드는 일에 쓰인다. 또 양털과 같은 동물성 섬유를 꼰 실로 짠 천은 옷감, 담요 또는 천막 등에 두루 쓰인다. 따뜻하기 때문이다.

그러나 오늘날에는 인조 섬유로 꼰 실로 짠 천이 많다. 나무에서 뽑은 섬유나 화학 섬유로 훌륭한 실을 자을 수 있는 것이다. 나일론이나 폴리에스터 등은 주로 석유에서 뽑아낸 화학 섬유실로 짠 천이다. 그러나 필요에 따라서 자연 섬유를 섞어서 짠 화학 섬유 천도 많다. 이런 천들은 질기고 가벼우며 값이 싸서 옷감으로는 물론이고 그밖의 쓰임새에도 두루 알맞다. → 무명

천(플란넬) gina pina, CC-BY-2.0

천둥(thunder)

번개가 번쩍 빛난 뒤에 들리는 우렁찬 소리이다. 순우리말로는 우레이다. 먹구름이 잔뜩 끼거나 비가 오는 여름날에 흔히 들을 수 있다.

엄청난 전기 불꽃인 번개가 치면 그 둘레의 공기가 갑자기 뜨거워져서 부풀었다가 곧 식어서 줄어든다. 바로 이때에 무엇이 폭발하는 것 같은 큰 소리가 난다. 이 소리가 천둥, 곧 우레이다.

공기 속에서 나아가는 빛의 속력은 초속 약 30만 km이다. 하지만 소리의 속력은 훨씬 더 느려서 초속 340m쯤밖에 안 된다. 그래서 번개가 번쩍한 뒤에야 비로소 천둥소리가 들리는 것이다. 따라서 번개가 번쩍인 시각과 천둥이 들려온 시각과의 차이를 알면 천둥이 친 곳까지의 거리를 짐작할 수 있다. → 번개

번개 U.S. Air Force, Public Domain

천문대(observatory)

천문학자들이 별과 행성 및 그밖의 온갖 천체를 관찰하고 연구하는 곳이다. 따라서 한 개 이상의 망원경이나 다른 관측 기구가 갖춰져 있다. 이런 관측 기구는 대개 땅위에 지은 커다란 집 안에 놓여 있지만 때로는 비행기나 인공 위성에 실려 있기도 한다.

망원경은 물체에서 나오는 전자기파로 관찰한다. 전자기파 가운데 한 가지가 가시 광선으로서 우리가 맨눈으로 볼 수 있는 것이다. 이 가시 광선으로 보는 것이 흔한 광학 망원경이다. 그러나 가시 광선은 지구를 에워싼 대기의 영향을 많이 받는다. 그래서 광학 망원경을 쓰는 천문대는 대개 높은 산 위에 세운다. 그러면 먼지와 구름 및 도시의 불빛 등에서 방해를 덜 받으며 천체를 관찰할 수 있기 때문이다. 반면에 천체에서 나오는 전파를 탐지하는 전파 망원경은 대개 산골짜기에 세운다. 우주에서 오는 전파가 땅 위의 여러 라디오 전파로부터 방해받지 않게 하기 위함이다.

전자기파 가운데에서 감마선, 엑스선, 적외선 또는 자외선으로 관찰하는 망원경도 있다. 그러나 이런 전자기파를 이용하는 망원경은 지구 대기의 영향을 많이

받는다. 그래서 대개 인공 위성에다 설치한다. 최초로 서기 1990년에 쏘아 올린 허블 우주 망원경은 가시 광선과 함께 적외선 및 자외선으로도 우주를 관측한 망원경이었다.

천문학(astronomy)

우주와 그 안에 있는 것들을 관찰하고 연구하는 학문이다. 태양, 달, 별 뿐만 아니라 아주 먼 데에 있는 은하나 눈에 보이지 않는 에너지도 연구한다.

천문학은 먼 옛날에 가장 먼저 시작된 학문이다. 사람들은 일찍이 하늘을 쳐다보며 해와 달 및 별들의 움직임을 관찰했다. 그래서 계절의 변화를 알아내고 달력을 만들었으며, 별들을 보면서 바다에서 뱃길을 찾을 줄도 알았다.

처음에는 지구가 가만히 제 자리에 있는데 해와 달과 별이 지구의 둘레를 돈다고 생각했다. 그러다 16세기에 이르자 마침내 제 자리에 가만히 있는 것은 바로 태양이며, 지구와 달과 행성이 그 둘레를 돈다는 것을 알게 되었다. 그 뒤 망원경이 발명되면서 천문학은 더욱 발전했다.

오늘날에는 광학 망원경으로 눈에 보이는 천체를 관찰할 뿐만 아니라 전파 망원경으로 아주 먼 천체에서 나오는 전파를 탐지한다. 또 아주 멀리 있는 별에서 나오는 적외선, 자외선, 엑스선 같은 것들도 탐지하고 연구한다. 아울러 지구에 떨어진 운석을 연구하며, 달이나 화성은 물론 머나먼 외계에까지 탐사선을 보내서 별을 이루고 있는 물질과 거기서 나오는 에너지, 우주가 만들어진 원리를 알아내려고 애쓰고 있다.

천문학에 관심 있는 이들이 모여서 함께 별을 관찰하는 모습
Martin Mark, CC-BY-SA-4.0

천연 가스(natural gas)

자연히 만들어져서 수천 미터 깊이의 땅속에 갇혀 있는 기체이다. 주로 메테인 가스이지만, 뷰테인 가스나 프로판 가스도 조금씩 섞여 있다. 대개 원유나 석탄과 함께 들어 있는데 가끔 가스만 차 있기도 한다.

천연 가스는 원유와 함께 아주 먼 옛날에 죽어서 땅속에 묻힌 작디작은 바다 생물들에서 나온 에너지이다. 따라서 석탄이나 원유와 함께 화석 연료에 든다. 이것을 1870년에 미국에서 처음으로 관을 통해 끌어다 가정의 연료로 쓰기 시작했다.

천연 가스 샘 Antandrus at English Wikipedia, CC-BY-SA-3.0

천연 기념물(natural monument)

문화재 보호법에 따라서 보호를 받는 우리의 자연이다. 아주 드물어서 지금 보호하지 않으면 머지않아 사라지거나 망가질 위험이 있는 동물, 식물, 지질·광물 및 천연 보호 구역 등이다. 따라서 보기 드문 동식물이 많이 사는 한라산이나 설악산 같은 곳, 동굴이나 화석이 있는 곳, 어떤 동물이 살거나 번식하거나 철따라 찾아오는 곳 및 특별한 식물이 저절로 나서 자라는 곳들이 포함된다.

천연 기념물은 우리가 오래도록 지켜 주어야 할 자연 유산으로서 2016년 현재 모두 456 가지이다. 몇 가지만 보기를 들자면 아주 오래된 나무인 강원도 정선군의 철쭉나무, 보호해야 할 숲으로서 전라남도 완도군의 상록수림, 보기 드문 물고기가 사는 제주도 서귀포시의 무태장어 서식지, 해마다 수많은 철새가 찾아오는 낙동강 하구의 철새 도래지, 특별한 나무가 자라는 충청북도 괴산군의 미선나무 자생지 등이다. 또 두루미나 팔색조와 같은 새, 산양이나 하늘다람쥐와 같은 보기 드문 산짐승, 진돗개나 제주 흑돼지와 같은 가축, 경상북도 울진군의 성류굴이나 경주시 양남의 주상절리와 같은 별난 지질, 경기도 화성시의 공룡알 화석산지 등이 있다.

천연 기념물 제242호인 까막딱따구리
Andreas Eichler, CC-BY-SA-4.0

천연 자원(natural resources)

사람이 더 잘 살아가기에 필요한 자연의 한 부분이다. 예를 들면, 물, 땅, 광물, 동식물 또는 에너지 등이다.

공기가 오염된 도시와 공장 지대 및 사막에서 사는 사람들을 보면 깨끗한 공기와 물이 얼마나 중요한 자원인지 금방 알 수 있다. 나쁜 공기와 물은 사람의 건강을 해칠 뿐만 아니라 동물과 식물이 잘 자라지 못하게 한다. 또 땅이 없으면 집도 공장도 지을 수 없으려니와 나라도 세울 수 없다.

철, 구리, 석탄과 석유, 암석이나 모래 같은 온갖 광물은 여러 가지 편리한 물건을 만드는 원재료가 된다. 따라서 우리의 삶을 더 낫고 편하게 하는 데 없어서는 안 될 것들이다. 아울러 동물과 식물 없이는 사람이 살 수 없다. 우리가 먹는 곡식과 채소, 물고기 및 살코기는 모두 식물과 동물에서 나오기 때문이다.

한편, 모든 동물과 식물도 공기, 물, 흙, 햇빛이 필요하다. 또 햇빛, 바람, 흐르는 물, 파도 등은 에너지를 내며 석탄, 석유, 천연 가스도 연료가 되어 우리에게 필요한 에너지를 내준다.

어떤 천연 자원은 땅속에 들어 있는 양이 많을 뿐만 아니라 이미 캐내서 쓴 것도 재활용해서 앞으로도 아주 오랫동안 쓸 수 있다. 그러나 석유나 석탄 같은 화석 연료는 타서 없어질 뿐만 아니라 또다시 만들어지려면 너무나 긴 세월이 필요하기 때문에 머지않아 바닥이 나고 말 것이다.

그밖에도 동식물 같은 생물 자원은 공기, 물, 토양의 오염으로 말미암아 많은 피해를 입는다. 이런 자연 자원이 망가지고 없어지면 그 피해가 곧 사람에게 닥친다. 따라서 우리는 환경을 깨끗하게 지켜서 오래도록 천연 자원을 보존해야 한다. → 자원

천연 자원인 고무나무 숲 Kritika027, CC-BY-SA-4.0

ㅊ

천왕성(Uranus)

태양계의 8개 행성 가운데 지름이 세 번째로 크다. 얼음처럼 차가운 기체와 액체로 이루어진 거대한 공으로서 크기가 지구의 4배쯤 된다. 태양과의 평균 거리가 약 29억km인 7번째 궤도에서 태양의 둘레를 공전한다. 늘 메테인 가스 결정으로 이루어진 청록색 구름에 싸여 있다. 암석으로 이루어진 작은 핵을 물, 액체 메테인과 암모니아층이 감싸고 있으며 그 위를 수소, 헬륨, 메테인 따위로 된 대기가 덮고 있다.

천왕성은 토성처럼 둘레에 작은 고체 알갱이로 이루어진 고리가 여럿 있으며 위성도 27개나 된다. 또 자전축이 공전하는 면과 거의 나란하며 금성과 함께 여느 행성과는 반대로 동쪽에서 서쪽으로 도는 행성이다. 다시 말해서 자전축을 공전 면과 나란히 놓고 보면 남

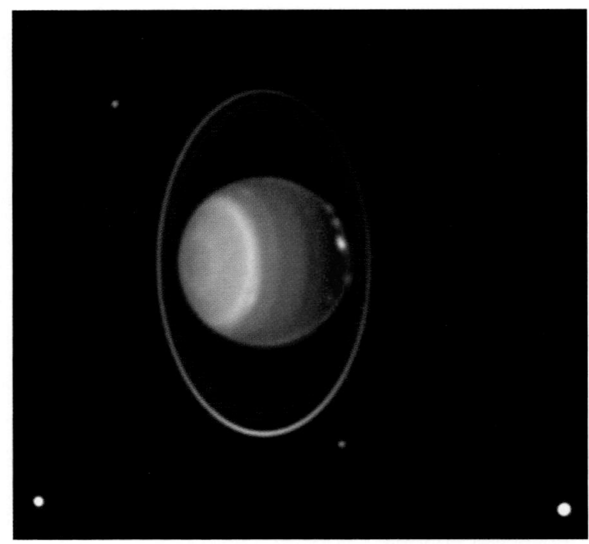

천왕성과 고리 및 위성들
Erich Karkoschka (U. of Arizona) and NASA/ESA, Public Domain

북 방향으로 자전하는 것이다. 자전 시간은 17시간 14분, 공전 기간은 약 84년 27일이다.

이 행성은 맨눈에 보이지 않아서 오랫동안 모르다가 1781년에 영국의 천문학자 윌리엄 허셜이 발견했다. 처음으로 망원경으로 찾아낸 행성이었다. 그 뒤 1986년에 미국의 우주 탐사선 보이저 2호가 약 8만km 떨어져서 스쳐 지나가면서 자세히 관찰한 결과를 보내왔다.

적도에서의 반지름	2만 5,362km
태양과의 거리	평균 29억km
자전 주기	17시간 14분
공전 주기	84년 27일
대기	수소 83%, 헬륨 15%, 메테인 2%, 기타
평균 표면 온도	−224.2℃
위성	27개

천적(natural enemy)

어떤 생물을 주로 먹고 사는 생물이다. 예를 들면, 진딧물을 잡아먹고 사는 무당벌레나 무당벌레의 애벌레가 진딧물의 천적이다.

모든 생물은 천적이 있다. 예를 들면, 배추의 잎을 갉아먹는 배추벌레는 배추의 천적이다. 그러나 대개 동물을 잡아먹는 동물을 천적이라고 부른다.

천적은 대개 그 먹이를 다 먹어치워서 아예 멸종시키지는 않는다. 다만 그 수를 알맞게 줄여서 생태계의 균형을 맞출 뿐이다. 그 까닭은 먹이가 모두 없어져 버리면 천적도 살아남을 수 없기 때문이다. 반대로 천적이 모두 없어지면 먹이가 되던 동물이 한없이 불어나서 큰 재앙이 닥친다. 먹이가 되던 동물도 무언가 먹고 살아야 하는데, 그 수가 너무나 많아서 먹을 것이 모자라게 되기 때문이다.

사람들은 곡식이나 채소 및 나무의 해충을 없애기에 이런 천적을 이용하려고 노력한다. 그러는 것이 화학 약품을 쓰는 것보다 훨씬 더 낫기 때문이다.

파리, 벌 따위의 천적 파리매 미디어뱅크 사진

천체(celestial body)

우주 공간에 떠 있는 물체이다. 천문학 연구의 대상이 되는 것들로서 태양과 같은 항성, 지구와 같은 행성, 달과 같은 위성, 혜성, 소행성, 성운, 성단과 같은 것들 모두를 말한다.

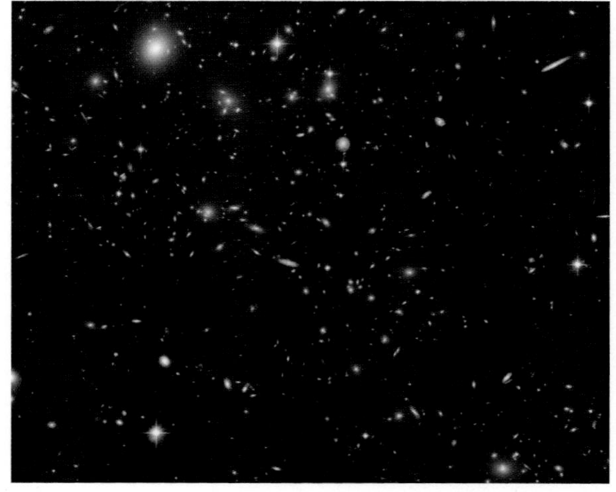

우주 저 너머의 은하들
ESA/Hubble, NASA and H. Ebeling, Public Domain

철(iron)

대장간에서 철을 다루는 모습 Wasapl, CC-BY-SA-3.0

본디 하얗게 빛나는 금속이다. 그러나 습기가 있는 공기 속에서 잘 녹슬기 때문에 흔히 검붉은 색을 띤다. 자석에 잘 달라붙으며, 단단하면서 잘 늘어나고 잘 펴지므로 널리 쓰인다.

철은 땅에서 캐내는 철광석에서 뽑아낸다. 철광석을 용광로 속에 넣고 높은 열로 녹여서 모래나 진흙 같은 불순물을 걸러내면 쇳물이 남는다. 이 쇳물을 식힌 것이 선철이다. 선철에는 탄소가 1.7%쯤 들어 있다. 그런데 철은 탄소가 들어 있는 양에 따라서 성질이 많이 달라지므로 흔히 쓰는 철을 만들려면 이 탄소의 양을 줄여야 한다.

순수한 철에 가까운 것을 순철이라고 하는데, 이것은 만들기 어려울 뿐더러 특별한 것에만 쓰이기 때문에 많이 만들지 않는다. 우리가 흔히 철이라고 하는 것은 선철을 가공해서 탄소의 양을 0.05~1.5% 사이로 줄인 강철이다. 탄소가 3.7~4.3%쯤 들어 있는 것은 주철이라고 한다.

철은 지구에서 가장 흔한 원소 가운데 하나이다. 지구 표면의 5%쯤이 철이며 지구의 중심부에 녹아 있는 물질은 거의 다 철일 것으로 생각된다. 따라서 가장 값싸고 쓸모 있는 금속이 철이다. 인류는 철을 쓸 줄 알면서 농사의 생산량을 크게 불렸으며 날카로운 무기를 만들어서 남들을 정복할 수 있었다.

철은 단단할 뿐만 아니라 무슨 모양으로나 만들 수 있기 때문에 그 쓰임새가 끝이 없다. 가늘고 긴 철사로, 크고 무거운 철골로 또는 얇거나 두꺼운 철판으로 만들어서 온갖 생활 용품의 재료와 공업의 원재료로 쓴다. 실제로 철이나 철로 만든 강철이 들어가지 않은 물건이 거의 없다. 따라서 규모가 엄청난 제철 공장에서 여러 가지 강철을 만들어낸다. → 금속

철광석(iron ore)

하늘에서 떨어진 별똥별 말고는 자연에서 나는 순수한 철이 없다. 그러나 지구의 거죽에 있는 금속 가운데에서 두 번째로 흔한 것이 철이다. 철은 땅 표면에 있는 암석에 산소, 인, 황 따위 물질과 섞인 화합물로 많이 들어 있다. 그러나 이런 암석 가운데에서도 철이 20% 넘게 들어 있는 것이라야 쓸모가 있다.

철을 뽑아내는 광석은 자철광, 적철광, 갈철광 등이다. 이런 광석에 든 철의 성분도 저마다 다르다. 제철소에서는 철광석을 잘게 부숴서 채로 치거나 물로 씻어 작고 가벼운 알갱이를 걸러낸다. 또 커다란 자석으로 철분만 골라내기도 한다. 그래서 되도록 철이 많이 든 것만 골라서 용광로에 넣는다.

우리나라의 양양이나 홍천 같은 데에서 철광석이 좀 난다. 그러나 포항이나 광양 제철소에서 쓰는 철광석은 거의 다 외국에서 들여온 것이다. 나라 안에서 나는 철광석의 양이 너무나 적기 때문이다. 그러나 수입해 온 철광석으로 좋은 강철을 만들어서 외국에 다시 수출하기도 한다.

세계에서 철광석이 가장 많이 나는 나라는 중국과 브라질이다. 그 다음으로 오스트레일리아와 러시아 및 미국에서 많이 난다.

Mervat Salman, CC-BY-SA-4.0

철도(railroad)

기차가 다니는 길이다. 철길 또는 철로라고도 한다. 땅바닥에다 침목을 죽 늘어놓고 그 위로 강철 선로를 한없이 길게 이어 놓았다. 기차는 이렇게 두 줄로 나란히 놓인 철로 위로만 다닐 수 있기 때문이다. 기차의 양쪽 바퀴는 각각 철로 위에 놓여서 밖으로 벗어나지 못하게 되어 있다. 어쩌다 바퀴가 이 철로를 벗어나면 기차가 움직이지 못한다.

기차는 대개 사람이 타는 객차, 짐을 싣는 화물차 및 이것들을 끄는 기관차로 이루어진다. 사람과 짐을 한꺼번에 많이 실어 나를 수 있는 기차는 안전하고 멀리까지 갈 수 있어서 매우 중요한 교통수단이다. 그래서 기차가 서는 곳에 사람이 모이고 도시가 발달한다. 예를 들면, 대전시는 경부선과 호남선 철도가 놓이면서 발달하기 시작했다.

우리나라 최초의 철도는 1899년에 서울 노량진과 인천 제물포 사이에 놓인 경인선이다. 그 뒤 1905년에 경부선, 그 다음 해에 경의선이 완성되었다. 그리고 호남선은 1914년에 놓였다. 이제는 모두 3,125km에 이르는 철도가 전국 방방곡곡을 누비고 있어서 해마다 8억 명쯤 되는 사람을 실어 나른다.

미디어뱅크 사진

철새(migratory bird)

계절의 변화에 따라 살기 좋은 곳으로 옮겨 다니는 새이다. 우리나라에는 여름 철새와 겨울 철새가 있다.

겨울 철새는 북쪽 지방에서 새끼를 기르다가 날씨가 추워지면 우리나라로 날아 와서 겨울을 나는 새이다. 청둥오리, 기러기, 독수리, 콩새, 두루미 등이 있다. 여름 철새는 이른 봄에 남쪽에서 우리나라로 날아와 새끼를 치고 가을에 함께 남쪽으로 돌아가는 새이다. 꾀꼬리, 두견이, 뻐꾸기, 제비 등이 있다.

철새처럼 계절에 따라 옮겨 다니기는 하지만 봄과 가을에 우리나라에 잠깐 들렀다 가는 새도 있는데, 이런 새를 나그네새라고 한다. 나그네새로는 물떼새나 제비갈매기 등이 있다.

계절에 따라서 새들이 옮겨 다니는 까닭은 대체로 온도의 변화에 따라 먹이가 많고 새끼를 기르기에 알맞은 곳이 달라지기 때문이다. 그래서 계절이 바뀌면 살기에 알맞은 곳을 찾아 간다. 그러나 특별히 이동하는 이유를 알 수 없는 철새도 있다.

철새와는 반대로 한 곳에만 눌러앉아서 사는 새를 텃새라고 한다. → 텃새

겨울 철새인 오리와 기러기들 미디어뱅크 사진

철쭉(royal azalea)

진달래꽃이 지고 난 뒤 5월쯤에 비슷하게 생긴 꽃이 피는 갈잎떨기나무이다. 가는 줄기 끝에 꽃이 2~3개씩 모여서 잎과 함께 핀다. 잎은 거꾸로 선 달걀 모양으로 가장자리가 밋밋하다.

꽃은 거의 다 연분홍색이지만 가끔 흰색도 있다. 꽃이 지고 나면 그 자리에 1.5cm쯤 되는 달걀 모양의 열매가 열어서 10월에 익는다.

철쭉나무는 우리나라 어디서나 산기슭에서 흔히 볼 수 있다. 키는 대개 2~5m이다.

미디어뱅크 사진

첨성대(cheomseongdae)

옛날 신라시대에 하늘의 달과 별을 관찰하려고 지은 건물이다. 경상북도 경주시에 있으며, 국보 제31호로 지정되어 있다. 지금부터 1,400년쯤 전인 신라 선덕여왕 때에 지었는데, 지금까지 전해 오는 천문대로는 동양에서 가장 오래 되었다고 한다.

높이가 9.18m, 밑 부분의 지름이 4.93m, 윗부분의 지름이 2.81m인 원통 모양의 건물로서 높이 30cm인 돌을 둥글게 27단으로 쌓아 올린 것이다. 그 위 꼭대기에는 긴 네모 돌기둥으로 짠 정사각형 틀이 2단으로 놓여 있다. 그 위에 천문 관측 기구를 놓고 하늘을 관측했을 것이다.

미디어뱅크 사진

첨성대에는 밑에서 4.16m인 높이에 남쪽으로 난 네모진 문이 있다. 이 문에는 거기까지 올라가는 사다리를 걸었던 자리가 있으며, 그 속은 겉에 쌓은 돌 12단 높이까지 흙으로 채워져 있다.

청국장(fermented soybeans)

삶은 콩을 띄워서 얼른 만든 된장이다. 이것을 만들려면 먼저 메주콩을 무르게 삶아서 조금 식힌다. 그리고 질그릇에 담고 짚으로 덮어서 담요로 싼 뒤에 더운 방 안에 두면 며칠 사이에 콩이 발효된다. 볏짚에 있던 곰팡이가 자라서 콩 사이에 끈적끈적한 실 같은 것이 생기는 것이다.

청국장 최광모

이렇게 발효된 콩은 냄새가 아주 고약하다. 그러나 맛은 좋고 영양가가 높으며 소화도 잘 된다. 또 암을 억제하는 효능이 있다고 한다. 옛날부터 채소와 고기를 섞어서 청국장찌개로 많이 끓여 먹는다.

ㅊ

청동(bronze)

주로 구리와 주석을 섞어서 만든 합금이다. 대개 주석이 25%쯤 들어 있다. *(다음 면에 계속됨)*

신라 시대의 청동 주전자 Neil Noland,

인류는 석기 시대가 끝날 무렵에 구리를 발견해서 여러 가지 도구를 만들어 쓰기 시작했다. 그러다 기원전 3,000년쯤에 이르러 서아시아에서 처음으로 구리에다 주석을 섞으면 좀 더 단단해지는 것을 알았다. 이 합금이 청동이다. 그 뒤부터 온갖 무기와 그릇 등을 청동으로 만들어서 청동기 문화가 시작되었다.

이렇게 먼 옛날에 청동으로 만든 그릇이나 무기 및 여러 가지 물건을 청동기라고 하며, 인류의 역사에서 이때를 청동기 시대라고 부른다. 우리 한반도에 청동기 문화가 들어온 때는 지금부터 2,000년쯤 전으로 생각된다.

청둥오리(mallard)

겨울이면 우리나라로 날아오는 철새이다. 몸길이가 52~60cm이며, 발에 물갈퀴가 있어서 헤엄을 잘 친다.

수컷은 머리와 목이 반짝이는 초록색이며 목에 흰 테가 있다. 가슴은 짙은 가지색이며 꽁지깃은 희다. 그러나 꽁지의 가운데 깃이 검은색이며 위로 말려 올라간다. 암컷은 온몸의 깃털이 갈색으로 얼룩져 있다.

바닷가, 강의 하구, 논 또는 저수지 같은 데에서 지내며 곡식의 낟알, 풀씨, 새싹, 물풀, 물고기, 작은 동물 따위를 찾아서 먹는다.

겨울이 지나면 북쪽으로 돌아가 4월 말에서 7월 초 사이에 알을 6~12개 낳는다. 암컷이 품어 주면 28일쯤 만에 알이 깨서 병아리가 나온다. → 철새

미디어뱅크 사진

청설모(squirrel)

다람쥐와 비슷한 포유류이다. 몸집이 다람쥐보다 조금 더 크고 꼬리와 귀에 긴 털이 나 있다. 털빛깔이 여름에는 갈색이며 겨울에는 검은색이지만 배쪽은 늘 희다.

큰 나무의 줄기나 가지 사이에 둥지를 틀고 봄에 새끼를 낳아서 기른다. 나무 열매나 씨, 나뭇잎 또는 나무껍질을 잘 먹으며 새알을 훔쳐 먹고 어미 새도 잡아먹는다. 겨울이 오기 전에 도토리나 밤 따위를 모아서 바위틈이나 땅속에 숨기는 버릇이 있다. 천적은 담비나 여우 등이다.

미디어뱅크 사진

청어(herring)

차가운 물이 흐르는 한류에서 사는 바닷물고기이다. 몸길이가 35cm쯤 되며 정어리와 비슷하게 생겼다. 깊은 바다에서 살다가 다 자라면 봄에 바닷말과 암초가 많은 연안으로 몰려온다. 그리고 그 해 겨울부터 이듬 해 봄까지 알을 낳는다. 황해, 동해, 북태평양, 북극해, 북아메리카 연안 및 태평양 연안에서 산다.

청자(celadon)

주로 푸른빛이 도는 자기이지만 때로는 회색빛이나 붉은빛이 도는 것도 있다. 대개 철분이 조금 섞인 백토라는 흙으로 빚은 그릇이나 다른 물건에다 철분이 1~3% 섞인 유약을 발라서 1,300℃의 높은 열로 굽는다. 그러면 흙의 색깔이 회색에 가까운 데다 유약이 또 투명한 녹청색이 되기가 쉬워서 구워낸 그릇 등의 색깔이 대개 녹청색이 된다. 고려 사람들은 이 색깔을 무척 좋아하고 자랑스러워했다.

청자는 본디 중국에서 만들던 것인데 그 기술이 우리나라에 전해져서 고려 초기에 전남 강진과 전북 부

안의 가마에서 만들기 시작했다. 그 뒤 빠르게 발전하여 12세기 무렵에는 고려의 청자가 중국의 것을 뛰어넘었다. 이어서 바탕 그릇의 거죽을 조금씩 파내고 그 자리에 성질이 다른 흙을 채워서 무늬를 넣어 굽는 상감청자를 만들었다. 바로 이 상감청자야말로 아무도 흉내 내지 못한 고려의 고급 청자였다. 그밖에도 만든 지방이나 흙과 유약 또는 만든 이의 솜씨에 따라서 색깔, 모양, 또는 무늬가 조금씩 다른 여러 가지 청자가 나오고 기술이 크게 발전했다.

그러다 고려 말기에 이르러 나라의 힘이 빠지고 외국의 침입이 잦아지면서 청자의 품질도 뒤처지게 되었다.

Photo by Vassil, Public Domain

청진기(stethoscope)

종이를 둘둘 말아서 대롱을 만들어 한쪽 끝을 내 귀에 대고 다른 쪽 끝을 남의 가슴에다 대면 심장이 뛰는 소리가 잘 들린다. 이 원리를 이용하여 청진기가 만들어졌다. 처음에는 나무로 30cm쯤 되는 대롱을 만들어 쓰다가 곧 고무관을 이용하게 되었다.

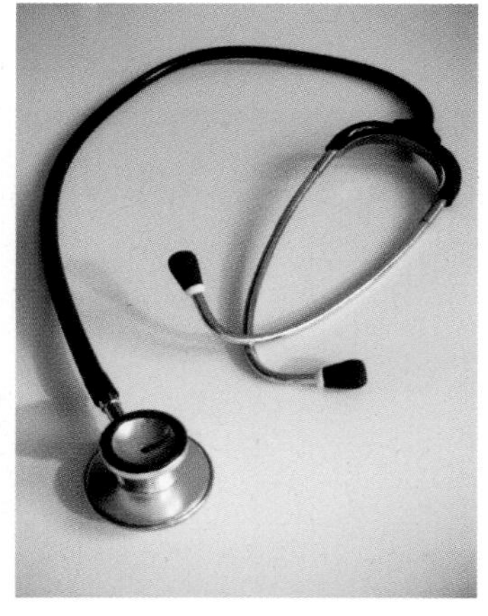

ernstl, CC-BY-SA-2.0

의사는 환자의 가슴에 청진기를 대고 심장과 허파의 소리를 듣는다. 청진기를 이용하면 소리가 훨씬 더 잘 들리기 때문이다. 소리는 보통 사방으로 흩어지면서 점점 작아져서 사라진다. 그러나 고무관 속에 든 공기로 전달되는 소리는 흩어지지 않으므로 작은 소리도 더 잘 들리는 것이다.

체(sieve)

가루나 걸쭉한 액체를 곱게 거르는 기구이다. 얇은 나무판으로 만든 둥근 통의 한쪽을 가는 철사나 말총 따위로 엮은 그물망으로 막아서 만든다. 이 체에다 가루나 액체를 넣고 흔들면 고운 가루나 액체만 밑으로 빠지고 굵은 건더기는 체 안에 남는다.

미디어뱅크 사진

체리(cherry)

서양 벚나무 또는 그 열매의 이름이다. 그러나 흔히 서양 앵두 또는 체리라고 부를 때가 많다. 아시아, 유럽 및 북아메리카 대륙의 온대 지방이 고향인 몇 가지 종류가 있는데, 우리 주변에 흔한 앵두나 버찌도 같은 무리에 든다. 그러나 과일로 먹는 체리는 대개 세계 여러 고장에서 난 품종을 오래 전부터 서로 섞고 개량하여 열매의 크기와 맛을 더 좋게 만든 것이다.

다른 나라에서 나는 체리 열매는 버찌나 앵두보다 더 크지만 지름이 2cm를 넘지 않는다. 달거나 조금 새콤한 과육이 한가운데에 든 딱딱한 씨 한 개를 에워싸고 있다. 이른 봄에 작은 무더기를 이루어 대개 하얀 꽃이 피고 나면 초록색 열매가 열리는데 익으면서 겉이 품종에 따라 분홍색, 붉은색 또는 검은색으로 바뀐다.

맛이 단 체리나무는 키가 12m, 밑동의 지름이

30cm에 이르는 튼튼한 나무이다. 그런데 꽃가루받이가 제 꽃가루가 아니라 다른 나무의 꽃가루로만 이루어지기 때문에 보통 두 가지 품종의 단맛 체리나무를 섞어서 심는다. 그러나 맛이 신 체리나무는 좀 더 작고 추위를 잘 견디며 제꽃가루받이가 된다. 하지만 열매는 과일로서보다 과자 따위의 재료로 쓰인다.

Schueler-Design, CC0 1.0 Public Domaain

체온계(medical thermometer)

몸의 온도를 측정하는 온도계이다. 옛날부터 가늘고 긴 유리 막대처럼 만들어진 수은 체온계를 많이 써왔다. 이것은 긴 유리 막대 속의 한쪽 끝 액체샘에 수은이 들어 있고 거기에 아주 가늘고 긴 관이 이어져 있는데 액체샘과 관 사이에 잘록한 부분이 있다. 액체샘의 수은이 온도가 오르면 부피가 커져서 관을 따라 긴 막대를 이루며 늘어나는데, 나중에 온도가 내려가더라도 잘록한 부분에 걸려서 수은이 액체샘으로 되돌아가지 못한다.

이 체온계는 대개 겨드랑이 속에 한 10분 동안 넣고

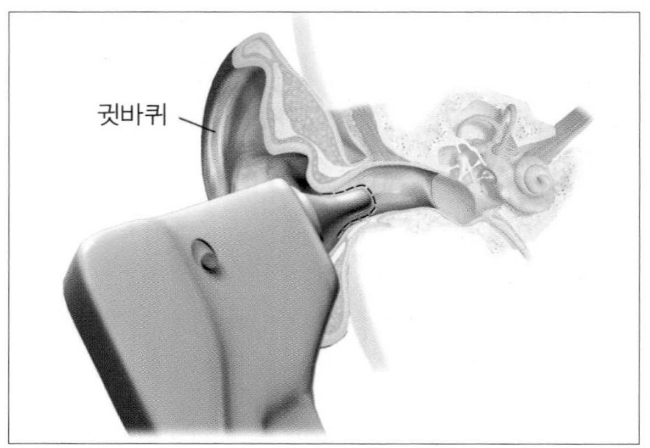

귀체온계 BruceBlaus, CC-BY-SA-4

있어야 정확한 체온을 잴 수 있다. 그러나 때로는 혀 밑에 넣어서 체온을 재기도 한다. 이렇게 한 번 체온을 재고 나면 체온계를 세게 몇 번 흔들어 주어야 관을 따라서 늘어난 수은이 액체샘으로 되돌아간다.

이런 수은 체온계 말고도 요즘에는 디지털 체온계가 많이 쓰인다. 예를 들면 귀 체온계 같은 것이다. 귀 체온계는 1964년에 뇌의 온도를 가장 가까이에서 측정하려고 만들어졌다. 그래서 뇌와 가까운 귓속 고막의 온도를 측정하는 것이다. 귀 체온계는 적외선 탐침이 달려 있어서 이것을 고막 가까이 귓속에 넣고 측정 버튼을 누르면 금방 체온을 표시창에 숫자로 나타내 준다. 그러나 적외선 탐침이 바깥 귓구멍을 향하거나 귀지 따위에 가려지면 정확한 체온이 측정되지 않을 수 있다. 적외선을 이용하는 이런 디지털 체온계 가운데에는 고막이 아니라 이마의 열을 측정하는 이마 체온계도 있다. 이것은 대개 아주 어린 아이의 체온을 잴 때에 흔히 쓰인다.

초(candle)

흔히 양초라고 한다. 불을 붙여서 어둠을 밝히는 일에 쓰는 물건이다. 벌집에서 나온 밀랍이나 석유에서 뽑은 물질인 파라핀을 무명실로 만든 심지의 둘레에 뭉쳐서 만든다. → 양초

초승달(new moon)

음력으로 새 달이 시작될 때에 뜨는 달이다. 오른쪽 아래로 흰 눈썹처럼 생겼으며, 초저녁에 서쪽 하늘에 잠깐 보이다가 곧 진다. 날이 지날수록 점점 커지다가 5일쯤 지나면 반달인 상현달이 된다. → 달

미디어뱅크 사진

초시계(stop watch)

시간을 초 단위까지 재는 일에 쓰는 시계이다. 주로 운동 경기나 과학 실험에서 많이 쓴다. → 시계

초원(grassland)

내몽고의 초원 Shizhao, CC-BY-SA-3.0

보통 나무나 작은 떨기나무가 띄엄띄엄 자라기도 하지만 거의 다 풀로 뒤덮인 땅이다. 온대, 아열대 및 열대 지방에서 비가 별로 내리지 않거나, 비는 꽤 내리더라도 주기적으로 건기가 찾아와서 불이 자주 나는 지역에서 볼 수 있다.

예를 들면, 아프리카 대륙의 사바나는 열대 지방의 초원으로서 수풀이 울창한 열대우림 지역의 바깥쪽에 생겨서 사하라와 같은 사막을 에워싼다. 이런 곳에는 건기와 우기가 번갈아 찾아온다. 온대 지방의 초원으로는 미국의 중부 내륙에서 서쪽으로 펼쳐져 있는 대평원과 프레리 및 러시아 남부의 스텝이 있다. 이런 곳들은 기후가 매우 건조해서 땅에 풀만 무성하며 사막도 나타난다.

초원에서는 풀을 뜯어먹고 사는 동물과 그런 동물을 잡아먹는 동물이 산다. 이런 것들은 눈이 좋고 보호색을 갖추었으며 대개 빠르게 뛰거나 힘차게 날아다닌다.

사람들은 먼 옛날부터 초원에서 가축을 길러 왔다. 몽골, 중앙아시아, 아라비아, 사하라 같은 데에서 양, 염소, 말이나 소 따위를 몰고 풀을 찾아서 옮겨 다니던 유목민이다. 그러나 오늘날에는 많은 초원이 물을 끌어대서 농사를 짓는 땅으로 바뀌었다. 미국의 중서부 지방 같은 데이다. → 사막

초콜릿(chocolate)

카카오나무의 열매에는 커다란 콩처럼 생긴 씨가 많이 들어 있다. 카카오콩이라고 하는 이 씨를 꺼내서 발효시킨 뒤에 말려서 껍질을 벗기고 볶아 가루로 빻은 것이 코코아 가루이다. 초콜릿은 바로 이 코코아 가루에다 우유, 버터, 설탕, 향료 따위를 섞어서 만든 음료이다. 또한 같은 재료들을 섞어서 만든 반죽을 틀에다 부어서 굳힌 과자도 초콜릿이라고 한다.

초콜릿은 대개 코코아 가루로만 만든 것, 땅콩이나 호두 따위를 섞은 것, 그리고 바삭바삭한 과자에다 입힌 것 등으로 나눌 수 있다. 어느 것이나 영양가가 높고 지방분이 많아서 높은 열량을 낸다. 아울러 카페인과 비슷한 성분이 들어 있어서 중독성이 있다. 또 개, 고양이, 앵무새 같은 동물에게는 해로운 성분이 들어 있으므로 먹이지 말아야 한다.

카카오나무의 씨는 본디 멕시코의 원주민이 음료나 약의 재료로 쓰던 것이다. 이것을 15세기 말에 콜럼버스가 처음으로 유럽에 전했다. 그 뒤에 차츰 널리 퍼져서 오늘날에는 온 세계 사람들이 좋아하는 음료 또는 과자가 되었다.

추(weight)

흔히 저울추라고 하는 것이다. 대저울의 추와 같이 끈에 매달아서 아래로 늘어뜨리거나 윗접시 저울이나 양팔 저울의 분동처럼 한쪽 접시에 올려놓아서 무게를 재는 일에 쓰는 물건이다. 그러나 엘리베이터의 추와 같이 무엇에 무게를 더해 주는 물건도 추라고 한다.

User:Clipper, Public Domain

충치(tooth decay)

마치 벌레가 파먹은 것처럼 이가 파이고 까맣게 삭는 병이다. 충치균이 당분을 분해해서 산으로 바꾸면서 이의 바깥층인 법랑질과 상아질을 파괴하기 때문에 구멍이 생기고 삭는다.

충치는 감염병이다. 충치를 일으키는 균은 사람을 통해서만 옮겨진다. 갓 태어난 아기에게는 충치균이 없다. 그런데 충치를 가진 사람의 입이나 그 입에 닿은 물건이 아기의 입에 닿으면 감염된다.

충치는 발견되면 곧 치료해야 한다. 그러지 않으면 치료하기가 점점 더 어려워지거나 아예 이를 뽑아야 하기 때문이다. 충치균에 감염되었더라도 양치질을 자주 하고 입안을 늘 깨끗하게 하면 이가 삭는 것을 더디게 할 수 있다. 그러나 한번 들어온 균을 아주 없앨 수는 없다.

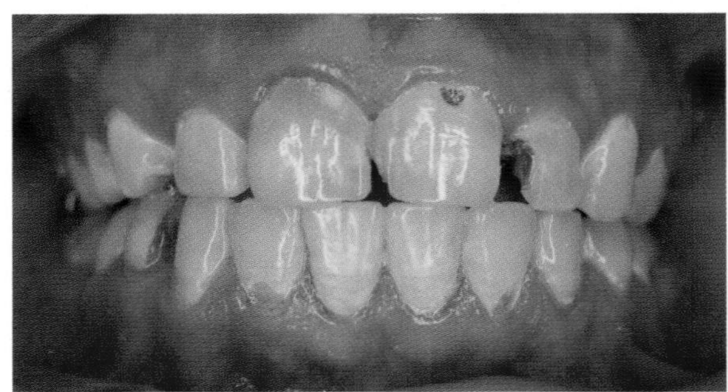

충치(삭은 이) Shaimaa Abdellatif, CC-BY-SA-4.0

측우기(rain gauge)

비가 얼마나 내렸는지 알고자 빗물의 양을 재는 기구이다. 조선시대 세종대왕 때부터 말기까지 쓰였다. 내린 비의 양을 재는 기구를 우량계라고 하는데, 측우기는 세계 최초의 우량계이다. 우리나라에서는 1442년 5월부터 측우기로 강우량을 잿는데 이는 유럽보다 200년이나 앞선 일이었다.

측우기가 발명되기 전에 우리나라에서는 빗물이 땅속으로 스며든 깊이를 재서 강우량을 조사했다. 그러나 이 방법은 불편할 뿐만 아니라 같은 양의 비가 오더라도 흙의 성질에 따라서 스며드는 깊이가 달라서 강우량을 정확히 알 수 없었다. 그래서 세종대왕은 장영실에게 측우기를 만들게 하여 1441년에 완성하였다.

측우기는 안지름이 14.7cm이고 높이가 45cm쯤 되는 원통으로서 비가 올 때에 밖에 세워서 빗물을 받아 고인 물의 깊이로 강우량을 알아냈다. 처음에는 철로 만들었으나 나중에 구리로 만들기도 하고 지방에서는 자기로 만들기도 했다.

미디어뱅크 사진

치과 병원(dental hospital)

이가 아프면 찾아가는 병원이다. 그냥 줄여서 치과라고 부르기도 한다. 이뿐만 아니라 잇몸, 턱뼈 및 혀와 같은 입안 조직의 질병도 예방하고 진단하며 치료하는 곳이다.

주로 상한 이를 고쳐서 아프지 않게 하고 다시 쓸 수 있게 해 준다. 그러나 못쓰게 된 이를 뽑아 버리고 그것을 대신할 틀니나 인공 이를 만들어 주기도 한다. 또 본디 이가 모두 못쓰게 된 노인도 인공 이나 틀니로 음식을 먹을 수 있게 해 준다.

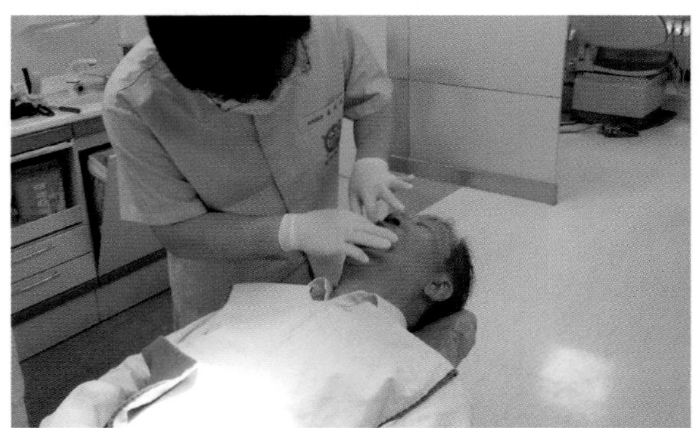

미디어뱅크 사진

치매(dementia)

흔히 오랫동안에 걸쳐서 생각하고 기억하는 능력이 차츰 떨어지는 뇌의 질환이다. 치매에 걸리면 사람의 이름이나 조금 전에 한 말 또는 있었던 일을 기억하지 못하기가 일쑤이며 흔히 자신이나 남에게 해서는 안 될 말이나 행동을 함부로 해댄다. 따라서 자신은 모르는 사이에 가족이나 주변 사람에게 견디기 힘든 고통을 주기가 쉽다.

치매는 흔히 나이가 많은 사람이 앓는다. 뇌 조직이 파괴되는 알츠하이머병 따위가 주요 원인이지만 그밖에도 몇 가지 원인이 더 있다. 치매 환자는 사람이 늙어감에 따라서 흔히 나타나는 정도보다 훨씬 더 심한 정신적 변화를 보인다. 하지만 치매를 미리 막거나 낫게 할 방법은 없다. 그저 담배와 술을 멀리하고 비만해지지 않으며 고혈압이나 당뇨병에 걸리지 않도록 힘써서 늘 건강하게 살아야할 따름이다.

치약(toothpaste)

칫솔에 묻혀서 이를 닦는 물질이다. 흔히 부드러운 반죽으로 되어 있지만 옛날에는 가루로 된 것도 있었다.

치약에는 아주 고운 가루로 된 탄산칼슘 따위 연마제와 씻어내는 세정제 및 좋은 맛과 향을 내는 물질들이 알맞게 섞여 있다. 또, 치약은 대개 염기성 물질이어서 충치균이 좋아하는 입안의 산성 환경을 중화시켜서 이가 삭는 것을 막는다.

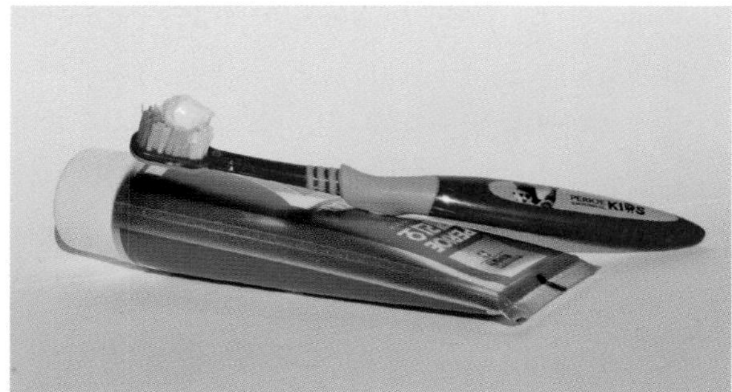

미디어뱅크 사진

치자나무(cape jasmine)

늘푸른떨기나무이다. 키가 2~3m쯤 자라며 끝이 뾰족한 긴 타원형 잎이 마주난다. 남쪽 지방에서는 땅에서 자라지만 중부나 북쪽 지방에서는 화분이나 온실에서만 살 수 있다. 추위를 견디지 못하기 때문이다.

초여름 6~7월에 가지 끝에 하나씩 흰 꽃이 피는데 향기가 아주 좋다. 9월쯤에 익는 열매를 치자라고 하는데, 옷감이나 음식물에 노란색 물을 들이는 재료로 쓴다.

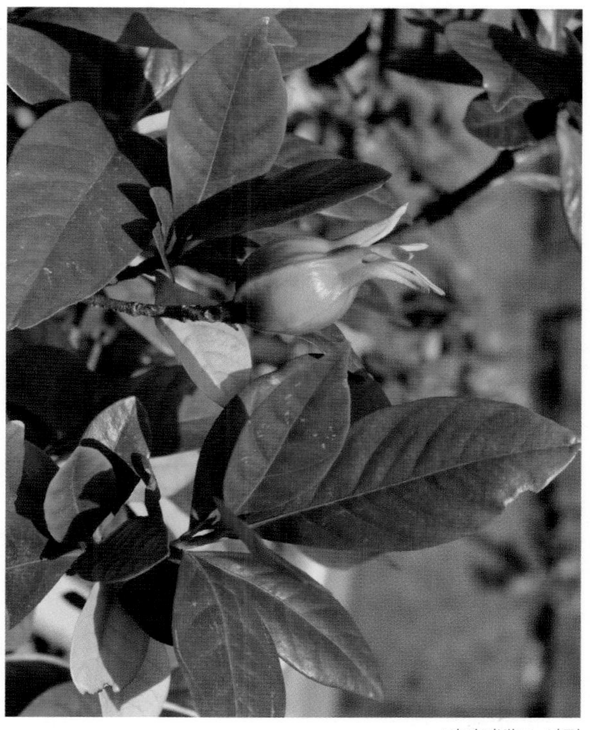

미디어뱅크 사진

치즈(cheese)

대개 우유에서 단백질을 분리하여 고체 상태로 만든 것이다. 그러면 액체인 우유보다 부피가 10분의 1쯤으로 줄기 때문에 먼 옛날부터 주로 유목민이 소, 염소, 양, 낙타 같은 동물의 젖을 치즈로 만들어 먹었다.

저장고의 치즈 User:zerohund, CC-BY-SA-3.0 GFDL

우유가 시어지면 물과 분리되어서 순두부 같은 묽은 덩어리가 되는데, 이것으로 치즈를 만든다. 우유가 저절로 시어지게 놓아두는 것이 아니라 우유에 젖산균과 효소를 넣어서 일이 빠르게 진행되게 한다. 세계 여러 곳에서 나는 치즈는 만드는 방법이나 젖을 낸 동물에 따라서 그 종류가 헤아릴 수 없이 많다.

칠정산(chiljeongsan)

조선시대 세종대왕 때에 만든 달력인 칠정력의 셈법을 밝힌 책이다. 칠정은 해와 달 및 5개의 행성인 목성, 화성, 토성, 금성 및 수성이다. 따라서 칠정산은 이 7 가지 천체의 운행을 밝힌 책이며 또한 원나라의 달력인 수시력에 대한 해설서이기도 하다.

세종대왕은 서기 1423년에 학자들을 모아서 그때까지 알려진 여러 가지 달력에 관한 법칙과 그것들에 대한 책을 연구하여 그 원리를 알기 쉽게 해설한 책을 펴내게 했다. 그래서 나온 것이 1433년에 정인지 등이 펴낸 〈칠정산내편〉이다. 이 책에는 그때의 서울인 한양을 기준삼아서 동지와 하지, 그 뒤에 해가 뜨고 지는 시각 및 밤과 낮의 길이가 실려 있다. 또 일식과 월식이 일어나는 원리도 밝혀져 있다.

그 뒤에도 왕의 명령에 따라서 이순지, 김담 등이 아라비아 달력을 연구하여 해설한 〈칠정산외편〉을 펴냈다. 이 〈칠정산〉에 적힌 달력에 관한 법칙들은 1653년에 조선이 청나라의 달력을 받아들일 때까지 우리나라 달력의 기본 구실을 했다.

침식 작용(erosion)

땅의 겉면, 곧 지표면에는 바위, 돌, 흙 따위가 있다. 그런데 냇물이나 강물 또는 바닷물 등 흐르는 물은 이런 것들을 실어 나른다. 이렇듯 바위, 돌, 흙 등이 강물, 빙하, 바람 따위에 깎여 나가는 일이 침식 작용이다.

흐르는 물은 지표면의 흙과 돌멩이를 깎거나 옮겨 쌓으면서 땅의 모습을 바꿔 놓는다. 예를 들면, 강의 상류에서는 폭이 좁고 폭포나 계곡이 많아서 물살이 세기 때문에 흙과 모래가 깎여 나가는 일이 많다. 바다의 파도도 바닷가의 땅이나 바위에 쉴 새 없이 부딪쳐서 땅을 깎아 절벽을 만들며 바위에 구멍을 낸다. 또 빗물이 땅바닥의 고운 흙이나 모래를 쓸어내리며, 바람도 같은 작용을 한다. 그리고 빙하는 아주 천천히 움직이지만 낮은 데로 흘러내리면서 땅을 깎고 바윗돌을 옮겨 놓는다.

바닷물의 침식 작용 yeowatzup, CC-BY-2.0

침엽수(conifer)

소나무처럼 잎이 가늘고 뾰족한 나무이다. 그래서 바늘잎나무라고 한다. 또 거의 다 겉씨식물이며 늘푸른나무로서 솔방울과 같은 열매가 열리므로 구과식물이라고도 한다. 그러나 낙엽송처럼 낙엽이 지는 나무도 더러 있다.

땅이 메마르고 날씨가 추워도 잘 살기 때문에 북반구에서 위도가 높은 지역에 많다. 시베리아와 캐나다

침엽수 소나무 미디어뱅크 사진

같은 데에 아주 넓은 침엽수림이 있다. 우리나라에서도 소나무, 잣나무, 전나무, 잎갈나무, 주목 따위가 널리 퍼져서 자라며, 특히 북한의 개마고원 같은 데에는 전나무, 낙엽송, 가문비나무 등으로 이루어진 바늘잎나무숲이 울창하다.

침팬지(chimpanzee)

유인원 가운데 사람과 가장 비슷하게 생긴 포유류이다. 아프리카 대륙의 적도 부근 밀림에서 무리지어 산다. 항상 꽥꽥 소리를 지르며 나무 둥치나 땅을 두들겨대는 시끄러운 짐승이다.

온몸에 새까만 털이 나 있으며 다 자라면 키가 1.3m쯤 된다. 네 발로 걷기도 하지만 두 뒷발로 서서 걸을 수 있다. 머리가 좋아서 간단한 도구를 쓸 줄 안다. 예를 들면, 가느다란 꼬챙이를 개미집 구멍에다 찔러 넣었다 꺼내서 묻어 나온 개미를 핥아 먹으며, 단단한 열매는 돌로 깨서 알맹이를 꺼내 먹는다. 또한 사람이 가르치면 몸짓으로 몇 가지 뜻을 나타낼 줄도 안다.

ㅊ

ㅋ

카나리아(canary)

노랫소리가 고와서 흔히 반려 동물로 기르는 새이다. 본디 아프리카 대륙의 북서쪽 대서양에 떠 있는 카나리아, 아조레스 및 마데이라 섬들에서 사는 되새과의 새인데 600년쯤 전부터 유럽 사람들이 잡아다 반려 동물로 개량했다. 따라서 사람이 기르는 카나리아는 샛노란 몸빛깔에 울음소리가 맑고 곱지만 야생의 카나리아는 몸빛깔이 거의 다 칙칙하며 울음소리도 신통치 않다.

야생 카나리아는 흔히 쌍쌍이 함께 살며 땅위 3m쯤에 뻗은 나뭇가지에다 검불과 이끼로 둥지를 틀고 한 배에 네다섯 개의 알을 낳아 새끼를 친다. 그러나 기르는 카나리아는 섬세한 돌봄이 필요하다. 새장은 날 수 있을 만큼 크고 깨끗해야하며 씨로 된 먹이와 함께 채소도 주어야 한다. 또, 먹을 물과 목욕물도 필요하다.

야생의 카나리아 Juan Emilio, CC-BY-SA-2.0

카네이션(carnation)

유럽 남부에서 자라는 여러해살이풀이다. 생김새가 패랭이꽃과 비슷한데 일찍부터 유럽과 미국에서 화초로 개량되어 오늘날에는 수많은 품종이 있다. 대개 줄기가 곧게 자라 30~90cm에 이르며, 마주나는 잎은 좁고 길 뿐만 아니라 끝이 뾰족하다.

본디 낮에 해가 비추는 시간이 긴 지방에서 살며 한여름에 꽃이 피는 풀이지만, 사람이 개량한 품종들은 아무 때에나 심어서 꽃이 피도록 가꿀 수 있다. 줄기의 끝과 잎겨드랑이에 달려서 피는 꽃의 색깔도 흰색, 분홍색, 붉은색, 자주색, 노란색, 두 색깔이 섞인 것 등 여러 가지이며 홑꽃인 것과 겹꽃인 것들이 있다. 꽃잎은 끝 부분에서 얕게 갈라진다. 꽃은 주로 꽃다발이나 꽃꽂이에 쓰이지만 특히 자주색 꽃은 어버이날과 스승

의날에 감사의 마음을 나타내는 상징물로 쓰인다.

우리나라에서는 대개 온실에서 가꾸지만 밖에서도 잘 자란다. 씨로도 번식하지만 흔히 줄기를 자르거나 휘어서 땅에 묻어도 뿌리를 잘 내린다.

Sandstein, CC-BY-3.0

카메라(camera)

사진을 찍는 기계이다. 카메라의 렌즈는 사람의 눈을 흉내 내서 만든 것이다. → 사진기

카멜레온(chameleon)

도마뱀 같은 파충류이다. 거의 다 아프리카 대륙의 밀림에서 살며, 몇 가지는 중동 지방, 스페인의 남부 지방 및 남아시아 지역에서 산다.

카멜레온은 제 마음대로 몸빛깔을 바꾸는 것으로 이름이 나 있다. 햇빛과 날씨의 변화에 따라서, 무엇에

Alie van Bragt, CC-BY-SA-4.0

놀라거나 제 뜻을 전하고자, 또 남의 눈에 띄지 않으려고 몸빛깔이나 무늬를 바꾼다.

대개 몸길이가 20cm쯤 되지만, 큰 것은 60cm에 이르며 가장 작은 것은 손톱만하다. 어느 것이나 주로 나무 위에서 살며, 긴 혀를 쭉 뻗어서 곤충을 잡아먹는다. 네 다리는 모두 크기가 같으며, 꼬리로도 나뭇가지를 감아서 몸을 지탱한다.

카멜레온은 옆구리가 납작하며 머리가 크고 뿔처럼 솟은 돌기가 있다. 튀어나온 두 눈이 따로따로 움직여서 동시에 사방을 살필 수 있다. 거의 모든 카멜레온이 수컷은 땅에 내려오는 일이 없다. 그러나 암컷은 한해에 한 번씩 땅에 내려와 흙을 파고 30~40개의 알을 낳는다. 하지만 어떤 종류는 알이 거의 깰 때까지 암컷이 제 몸속에 지니고 다닌다.

카사바(cassava)

뿌리가 고구마처럼 굵어져서 먹을 수 있는 여러해살이식물이다. 중앙아메리카 지방이 원산지인데 지금은 온 세계의 열대와 아열대 지방에 널리 퍼져 있다. 카사바는 꽃피는 식물이며 5~9 조각으로 갈라지는 커다란 잎이 어긋난다. 종류가 아주 많아서 어떤 것은 키가 90cm쯤 자라고 가지를 많이 치지만 어떤 것은 가지는 많이 치지 않고 키가 5m까지 자란다.

카사바 뿌리는 땅이 낮고 비가 많이 오는 열대 지방의 귀중한 식량이다. 그런 데에서는 감자나 고구마가 잘 자라지 않기 때문이다. 카사바 뿌리에는 녹말이 많이 들어 있지만 단백질은 거의 없다. 그래서 이것만 먹어서는 영양분이 모자라기 쉽다.

카사바는 가꾸기도 아주 쉽다. 길이 30~40cm로 자른 줄기를 드문드문 땅에 꽂아 두기만 하면 저절로 뿌리가 내리고 6개월에서 1년 안에 통통한 덩이뿌리가 만들어진다.

카사바 뿌리 Evil Jess, CC-BY-2.0

ㅋ

카시오페이아자리(Cassiopeia)

하늘의 북극에 가까운 은하수 속에서 거의 1년 내내 찾아 볼 수 있는 별자리이다. 별자리 가운데 5개의 밝은 별들이 거의 영어 글자 W 모양으로 늘어 서 있기 때문에 찾기가 쉽다.

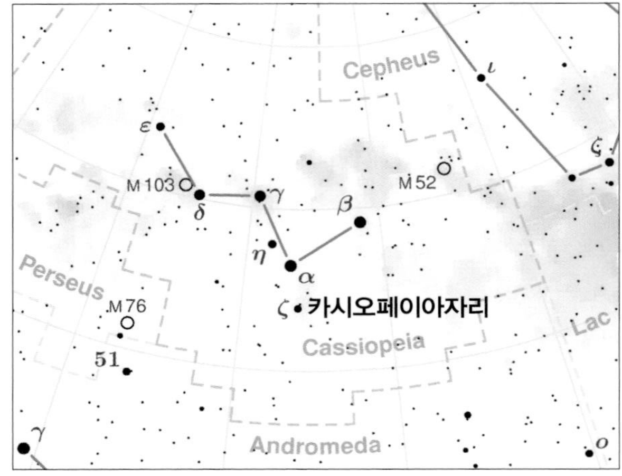

Harlock81, CC-BY-SA-4

카카오나무(cacao tree)

적도를 중심으로 남북 위도 20° 안쪽 열대 지방에서 자라는 늘푸른큰키나무이다. 자연에서 제멋대로 자란 나무는 키가 12m에 이른다. 그러나 주로 중앙아메리카와 남아메리카 대륙, 아프리카 대륙의 서쪽 및 아시아 대륙의 남부와 같은 여러 더운 지방에서 심어서 가꾸는데, 이런 나무는 키가 7.5m에 미치지 않는다.

Alma Mulalic and Yann Fauché, CC-BY-SA-3.0

카카오나무의 잎은 어긋나며 길쭉한 타원형이다. 하얀 꽃이 나무의 줄기나 가지에 매달려서 피는데, 그 자리에 멜론처럼 길둥그렇게 생긴 열매가 열린다. 길이가 30cm까지 자라는 열매는 속이 5개의 방으로 나뉘고, 그 안에 20~40개의 씨가 들어찬다. 다 익은 열매에서 이 씨를 꺼내 발효시켜서 말린 뒤에 볶아서 빻으면 코코아나 초콜릿의 원재료인 가루가 된다. → 코코아

카페리(car ferry)

크고 작은 승용차나 트럭처럼 바퀴가 달린 차를 실어 나르는 배이다. 대개 차에 탄 사람이나 짐을 함께 실어 나른다. 따라서 자동차를 몰고 들어가 세울 넓고 반반한 바닥과 사람이 탈 넓은 방이 따로 마련되어 있다. 또, 이런 배는 뱃머리나 꽁지 또는 옆구리가 넓게 열려서 부두에 다리처럼 직접 닿아 자동차를 몰고 곧장 배에 오르거나 내릴 수 있다.

카페리는 주로 강이나 그리 멀지 않은 바다를 건너다닌다. 그러나 때로는 아주 먼 바다를 건너가는 여객선도 있다. 그리고 외국에는 기차를 싣고 강이나 바다를 건너가는 카페리도 있다.

미디어뱅크 사진

캔(can)

대개 여러 가지 음식물이나 음료수를 넣고 살균하여 저장하고 운반하는 통조림 깡통이다. 그러나 다른 물건을 넣어서 저장하거나 운반 또는 판매하는 그밖의 금속 깡통을 가리킬 때도 있다.

통조림 깡통은 대개 얇은 철판에다 주석을 입힌 금

속 원통으로서 위아래가 막혀 있다. 음식물을 넣고 공기가 드나들지 못하게 꼭 막은 다음에 열을 가하여 살균한 것이므로 오래 저장하고 운반하기에 좋다.

그 생김새는 속에 넣는 것의 성질에 따라서 여러 가지로 다르게 만들어진다. 또 음식물이 변하지 않도록 캔의 안쪽에다 에나멜을 칠하기도 한다. 캔은 1960년대 뒤로 주석을 입힌 철판보다 더 얇고 가벼운 알루미늄 판으로 만든 것이 많아졌다. 알루미늄 캔은 자석에 달라붙지 않는다. 만든 재료가 철판이건 알루미늄이건 한 번 쓰고 난 캔은 오늘날 끝없이 재활용되는 자원이다.

미디어뱅크 사진

커피(coffee)

커피나무의 열매를 볶고 빻아서 물에 타거나 우려낸 음료수이다. 뜨겁거나 차게 마시는데, 카페인이 들어 있으며 향기가 좋아서 세계 어디서나 많은 사람이 즐겨 마신다.

커피나무는 늘푸른떨기나무이다. 키가 4~6m로 자라는데, 가꿀 때에는 4m를 넘지 않도록 잘라 준다. 열매를 따기 쉽게 하려는 것이다. 잎이 짙은 초록색 긴 타원형이며 꽃은 하얗고 제꽃가루받이를 한다. 열매는 처음에는 초록색이나 노란색이지만 익으면서 차츰 빨개진다. 익은 열매는 대개 손으로 하나씩 따서 기계로 껍질과 살을 벗겨내고 씨만 모은다. 이 씨가 커피콩이다.

커피콩은 아주 뜨거운 솥에다 넣고 16~17분 동안 볶는다. 그 다음에 식혀서 거친 가루로 빻아 포장한다. 이것이 뜨거운 물에 우려내서 마시는 커피이다. 한편, 물에 그냥 타서 마시는 즉석 커피는 어마어마하게 큰 솥에서 커피를 끓인 뒤에 물을 증발시킨 것이다. 그래서 물이 다 날아가고 남은 가루 커피에다 물을 부으면 다시 액체 커피가 된다.

커피나무는 해발 1,100~2,400m에 이르는 열대 고원 지방에서 잘 자란다. 본디 에티오피아에서 저절로 자라던 나무인데, 지금은 널리 퍼져서 온 세계의 열대와 아열대 지방에서 재배된다. 세계 커피 생산량의 3분의 1쯤이 브라질에서 나며, 커피를 가장 많이 소비하는 나라는 미국이다.

익은 커피 열매 Fernando Rebelo, CC-BY-SA-3.0 GFDL

컴퓨터(computer)

전기가 통하면 정해진 순서에 따라서 자동으로 일을 처리하는 기계이다. 본디 계산기로 개발되었지만 계산하는 능력이 커짐에 따라서 여러 가지 다른 일도 할 수 있게 되었다.

산업용 로봇, 전자 오락기, 전자 계산기 또는 자동 세탁기 따위에는 컴퓨터가 들어 있다. 이런 것들에는 한 가지 프로그램만 들어 있어서 한 가지 일밖에 못하지만, 개인용 컴퓨터는 프로그램을 바꿔 넣어서 여러 가지 다른 일을 하게 할 수 있다. 개인용 컴퓨터는 넣어 준 프로그램에 따라서 오락기나 계산기가 되며 타자기도 될 수 있다.

흔히 피시(PC)라고 하는 개인용 컴퓨터는 키보드, 본체, 영상 표시 장치로 이루어진다. 키보드를 통해서 해야 할 일을 넣어주면 본체가 그것을 프로그램에 정해진 대로 처리하여 영상 표시 장치인 화면에 나타내 준다. 사용자는 화면을 보고 처리된 결과를 알 수 있다. 컴퓨터의 본체 안에는 기억 장치가 있어서 입력된 내용이나 처리된 결과가 기억된다. 또 컴퓨터와 분리된 기억 장치나 디스크에 따로 기록하게 할 수도 있다. 그밖에도 필요에 따라서 마우스나 프린터를 쓰기도 하는데, 마우스는 간단한 신호를 입력하는 장치이며, 프린터는 처리 결과를 종이에 찍어내는 출력 장치이다.

개인용 컴퓨터는 오늘날 그 형태로 보아 흔히 모니터와 따로 세워 놓는 데스크탑 컴퓨터, 작고 가벼워서 가지고 다닐 수 있는 노트북 컴퓨터, 그보다도 더 얇은 태블릿PC 등으로 나눌 수 있다. 본디 컴퓨터의 기능은 다 같지만 주로 쓰는 목적에 따라서 조금씩 다르게 만든 것이다.

컴퓨터는 하드웨어와 소프트웨어로 이루어진다. 하드웨어는 키보드, 본체 및 영상 표시 장치와 같은 기계 장치이며, 소프트웨어는 프로그램과 그것을 다루는 기술이다. 컴퓨터를 사람으로 친다면 하드웨어가 몸이며 소프트웨어는 정신이라고 할 수 있다.

미디어뱅크 사진

컴퓨터 바이러스(computer virus)

컴퓨터에 해를 끼치는 컴퓨터 프로그램이다. 마치 동물이나 식물의 몸속에 들어와 스스로 불어나면서 병을 일으키는 생물체 바이러스처럼 작동한다. 대개 주인 몰래 컴퓨터 프로그램 속에 들어와 스스로 작동하면서 그 컴퓨터에 해를 입히는 것이다. 컴퓨터를 망가뜨리거나 컴퓨터에 저장된 자료를 빼내 가거나 그 컴퓨터를 제 마음대로 작동시켜 나쁜 짓을 하게 만든다.

컴퓨터 바이러스는 인터넷에서 잘 알 수 없는 공짜 프로그램을 함부로 내려 받거나 누가 만들었는지 확실하지 않은 프로그램이 담긴 시디(CD)나 유에스비(USB)를 내 컴퓨터에 넣어서 쓰거나 모르는 데에서 온 전자우편을 열어 볼 때에 감염되기 쉽다. 따라서 늘 이런 일에 조심하고 바이러스 방지 프로그램을 써야 한다.

컴퓨터 프로그램(computer program)

컴퓨터는 어렵고 복잡한 일을 빠르고 정확하게 처리하지만 스스로 판단하여 일을 하지는 못한다. 사람이 정해준 대로 일을 처리할 따름이다. 그러므로 컴퓨터로 일을 하려면 일을 처리하는 순서와 방법 등을 컴퓨터가 알 수 있는 말로 꼼꼼하게 정해 주어야 한다.

이와 같이 컴퓨터가 알아들을 수 있는 말을 프로그램 언어라고 하며, 이런 언어를 사용하여 작업 순서대로 작성한 명령 모음을 프로그램이라고 한다. 공부할 때에 쓰는 것은 교육 프로그램이며, 오락에 쓰는 것은 오락 프로그램이다. 컴퓨터 프로그램에는 셈을 하는 아주 간단한 것에서부터 우주선을 설계하는 일에 쓰는 아주 복잡한 것에 이르기까지 수많은 종류가 있다.

미디어뱅크 사진

케이블카(cable car)

긴 철사줄에 끌려서 움직이는 승객 운송 시설이다. 흔히 탑처럼 높은 기둥과 기둥 사이에 걸쳐진 철사줄에 매달려서 움직인다. 또 어떤 것은 전차처럼 철길을 따라서 움직이는데, 이런 것은 끄는 줄이 철길 바닥에 깔려 있다.

케이블카는 대개 한 시간에 14km쯤 나아가는 속력으로 천천히 움직이면서 승객들이 한가로이 바깥 경치를 구경할 수 있게 한다.

Leojauregui, CC-BY-SA-4.0

케일(kale)

채소로 심는 한해살이풀이다. 양배추의 한 가지이지만 쭈글쭈글한 잎이 공처럼 뭉치지 않고 사방으로 벌어져서 늘어진다. 키가 60cm까지 자라며, 꽃은 꽃잎이 4장인 십자화이다. 짙은 초록색 잎에 비타민과 무기 염류가 많이 들어 있어서 주로 즙을 내서 먹는다.

미디어뱅크 사진

코(nose)

숨을 쉴 때에 공기가 드나드는 길이며 냄새를 맡는 기관이다. 사람의 코는 얼굴 한가운데에 솟아 있으며 콧구멍이 둘이다.

숨을 들이쉬면 공기가 콧속으로 들어간다. 콧구멍 어귀에 털이 나 있어서 이 털들이 바깥에서 들어오는 먼지나 병원체를 걸러 준다. 이어서 공기가 3개의 구불구불한 뼈 사이를 지난다. 이 뼈들은 끈적끈적한 액체가 나오는 얇은 막에 덮여 있는데, 이 막에 작고 가는 털이 많이 나 있다. 코털을 지나온 작은 먼지나 병원체는 이 막을 지나면서 걸러진다.

이 막에 난 작은 털들이 쉬지 않고 앞뒤로 움직이면서 막에 붙은 먼지나 병원체를 밖으로 밀어낸다. 또 여기에는 수많은 모세혈관이 퍼져 있어서 들어온 공기를 데워 준다. 이렇게 하여 깨끗하고 따뜻해진 공기가 기관을 지나서 허파로 들어간다. 한편, 공기에 섞여서 들어온 냄새는 콧구멍을 지나서 안쪽의 얇은 막에 퍼져 있는 냄새 맡는 세포를 자극한다. 이 자극이 신경을 통해서 대뇌에 전달되면 우리가 냄새를 맡게 된다.

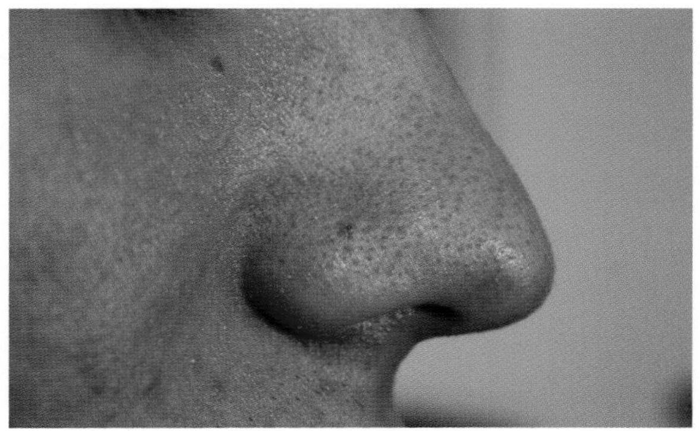

LBPics, CC-BY-SA-3.0 GFDL

코의 바깥 부분은 물렁뼈로 이루어져 있어서 말랑말랑하며 잘 상하지 않는다. 감기에 걸리거나 물이 코로 들어가면 비염이나 축농증 같은 병에 걸려서 냄새 맡고 숨쉬기가 어려워질 수 있다. 그러니 보통 때에 늘 코가 너무 메마르지 않게 하고 물이나 더러운 공기가 들어가지 않게 조심해야 한다. 또 너무 세게 코를 푸는 것도 좋지 않다. → 냄새

코끼리(elephant)

몸집이 엄청나게 크며 코가 긴 포유류이다. 키 2~4m, 몸무게 5~7.5t으로서 땅에서 사는 동물 가운데 가장 크다. 상아라고 하는 엄니가 길게 자란다. 온몸을 감싼 회색 피부에 뻣뻣한 털이 드문드문 나 있다. 네 다리는 굵고 짧다.

눈이 썩 좋지 않지만 냄새를 잘 맡고 소리도 잘 듣

Muhammad Mahdi Karim, GFDL 1.2

ㅋ

는다. 입술과 합쳐져서 길게 뻗은 코는 냄새를 맡을 뿐만 아니라 사람의 팔과 같은 구실도 한다. 코로 먹이를 집어서 입에 넣으며 물을 빨아들여서 입으로 가져간다. 또 자주 코로 물이나 모래를 빨아올려 등에 뿌려서 목욕을 한다.

코끼리는 나이가 많은 암컷을 중심으로 무리지어 산다. 갓 태어난 새끼도 몸무게가 90kg쯤 되며 1년 가까이 어미젖을 먹고 자라서 10살쯤 되면 새끼를 낳을 수 있다. 모두 60년 가까이 살 수 있는데, 늙으면 무리에서 떨어져 나와 혼자 살다가 죽는다.

코끼리에는 아프리카코끼리와 인도코끼리가 있다. 인도코끼리는 아프리카코끼리보다 몸집이 더 작으며 암컷은 상아가 없다. 인도코끼리는 인도뿐만 아니라 그 이웃 나라인 타일랜드, 스리랑카, 미얀마와 같은 데에서도 사는데, 쉽게 길들여져서 짐을 나르거나 사람을 태우고 다닌다.

코르크(cork)

주로 코르크참나무에서 나오는 가볍고 말랑말랑한 물질이다. 물에 잘 뜨며 압축하면 많이 줄지만 풀어 주면 금방 제 모습으로 돌아간다. 또 물을 잘 빨아들이지 않으므로 17세기부터 병마개로 쓰였다. 하지만 오늘날에는 단열재와 보온재로 가장 많이 쓰인다.

코르크참나무는 늘푸른큰키나무이며 에스파냐와 포르투갈에서 많이 자란다. 그래서 세계의 코르크는 거의 다 여기서 나며 그 다음으로 많이 나는 나라가 이탈리아이다. 그밖에도 더러 코르크참나무를 심는 나라가 있지만 코르크는 그리 많이 나지 않는다.

코르크참나무

코르크참나무는 키가 15m쯤 자라며 300~400년 동안 산다. 긴 타원형 잎이 어긋나며 봄에 꽃이 피어 도토리 같은 열매가 열린다. 줄기의 겉껍질이 죽으면 살아 있는 속껍질을 보호하기 위해 겉껍질과 속껍질 사이에 새로운 세포층이 생기는데, 이 세포의 얇은 막이 점점 두꺼워지고 밀랍처럼 되어서 방수 능력이 생긴다. 이것이 코르크층이다. 나무가 자라서 코르크층이 충분히 두꺼워져 처음 벗기기까지는 20년이 넘게 걸린다. 그러나 다음부터는 8~10년에 한 번씩 언제나 한여름 6~8월에 벗긴다. 가장 좋은 코르크는 한 나무에서 세 번째 벗긴 것이라고 한다.

코리아케라톱스 화성엔시스 (Koreaceratops hwaseongensis)

먼 옛날에 한반도에서 살던 공룡 가운데 한 가지이다. 서기 1994년에 만든 경기도 화성시의 탄도 방조제에 쓰인 붉은 사암 덩어리에서 2008년에 화석이 발견되었다.

뼈대를 다 찾지는 못했지만 발견된 화석을 연구한 결과 이것은 작은 초식 공룡으로서 키가 1m에 못 미치며 몸길이가 2.3m이고 몸무게는 100kg 안팎이었을 것으로 생각된다. 지금부터 1억 4,500만년에서 1억년쯤 전인 백악기 전기에 물가에서 살았다. 주둥이가 새의 부리처럼 생기고 얼굴에 뿔이 났으며 네 발이 달려 있었지만 주로 튼튼한 두 뒷다리로 뛰어 다녔다. 꼬리는 짧고 위아래로 넓적했다. 따라서 육식 공룡에게 쫓기면 얼른 물에 뛰어들어 헤엄쳐서 달아났을 것으로 짐작된다.

코스모스(cosmos)

가을이면 길가나 들에서 흔히 볼 수 있는 꽃이다. 한해살이풀로서 가는 줄기가 2m까지 자라며 가지가 여러 갈래로 갈라진다.

미디어뱅크 사진

해마다 6~10월에 걸쳐서 가지 끝에 흰색, 분홍색, 붉은색 등 여러 가지 색깔의 꽃이 핀다. 꽃잎은 대개 8장이며, 끝이 톱니처럼 갈라진다. 11월에 씨가 익는데, 씨는 길쭉하고 까맣다. 우리나라 어디서나 잘 자란다.

코알라(koala)

오스트레일리아의 동부와 남부 지방 바닷가 지역에서 사는 포동포동한 짐승이다. 또한 캥거루와 마찬가지로 배에 주머니가 달려 있어서 그 속에서 새끼를 젖 먹여 기르는 포유류이다. 몸길이가 60~85cm, 몸무게가 7~15kg인데 털 빛깔은 은회색에서 짙은 갈색 사이이다. 또, 꼬리가 없으며 머리가 크고 코도 크지만 귀는 작고 동그랗다.

Quartl, CC-BY-SA-3.0

초식 동물로서 오스트레일리아에서 나는 유칼립투스나무의 잎과 새순만 먹고 살며 늘 나무 위에 머문다. 하루에 20 시간 넘게 잠을 자며 밤에만 먹기 위해 조금 움직인다. 또, 어미와 새끼 사이를 빼고는 거의 다 외톨이로 산다. 새끼는 덜 자란 채로 태어나 주머니 속으로 기어들어가서 6~7 달 동안 젖을 먹고 자란다. 그리고 한 살쯤 되면 젖을 떼고 나와 반년쯤 더 어미의 등에 업혀서 지낸다.

코알라는 먼 옛날부터 오스트레일리아 땅에서 살아왔지만 19세기에 이르러서야 바깥 세상에 알려졌다. 그리고 한때에는 털가죽을 얻고자 많이 사냥해 버려서 수가 크게 줄었다. 그 뒤 사람들이 코알라를 보존하려고 애써 왔지만 이제는 농지 개간과 도시화로 말미암아 서식지가 파괴되어서 점점 수가 줄고 있다.

코코아(cocoa powder)

대개 카카오나무의 씨로 만든 가루를 가리킨다. 초콜릿의 원재료가 되는 가루이다.

카카오나무는 서아프리카, 중앙아메리카 및 남아메리카 대륙과 서인도 제도 같은 열대 지방에서 자란다. 심어서 가꾸는 카카오나무는 키가 보통 7.5m에 못 미치지만 자연에 내버려 두면 12m까지 자랄 수 있다. 한 해 내내 줄기와 가지에 꽃이 피어서 열매가 맺힌다.

카카오나무의 길둥그런 열매는 길이가 30cm쯤 되는데, 그 속에 아몬드처럼 생긴 씨가 20~40개 들어 있다. 이 씨를 꺼내서 발효시킨 다음에 햇볕에 잘 말린 것을 코코아콩이라고 한다. 코코아콩의 껍데기를 벗겨내고 알맹이만 볶아서 짜면 기름과 갈색 즙으로 나뉘는데, 이 즙만 처리하여 굳은 떡처럼 만든다. 이 떡을 빻아서 가

thecakeschool, CC0 1.0 Public Domain

ㅋ

루를 낸 것이 우리가 아는 코코아 가루이다. 그러나 코코아 가루로 만든 음료수도 흔히 코코아라고 부른다.

→ 카카오나무

콘크리트(concrete)

콘크리트 다리 미디어뱅크 사진

시멘트, 모래, 자갈 따위를 잘 섞어서 물에 이긴 것이다. 보통 틀에 넣어 굳혀서 단단한 벽돌 같은 것을 만든다. 그러나 철근을 넣어서 굳히면 돌처럼 단단해지기 때문에 건물의 바닥, 기둥, 지붕, 댐이나 다리 같은 것을 만들 때에도 많이 쓴다.

콘크리트는 사람이 만든 돌이라고 할 수 있다. 시멘트는 곱게 빻은 석회석과 진흙이 섞인 가루인데, 물과 반응하여 모래와 자갈 및 철근을 아주 단단하게 서로 붙여서 바위처럼 굳히는 구실을 한다.

콜라비(kohlrabi)

야생 겨자의 줄기와 잎이 오랜 세월에 걸쳐 개량되어 만들어진 채소로서 양배추, 브로콜리, 케일 따위와

MOs810, CC-BY-SA-4.0

같은 종이다. 따라서 겨자과에 딸린 두해살이풀인데 날로나 요리를 해서 먹는다.

콜라비의 맛과 질감은 브로콜리의 줄기나 양배추의 속살과 비슷하지만 좀 더 달고 순하다. 특히 어린 줄기는 거의 사과처럼 아삭거리고 즙이 많다. 콜라비는 종류가 꽤 많은데 모두 순무처럼 생긴 줄기나 초록색 잎을 먹을 수 있다. 줄기는 희색, 자주색 및 연한 초록색의 세 가지 빛깔이다. 심은 지 두해가 되면 긴 꽃대가 나와서 노란 꽃이 많이 피고 꼬투리가 열려 씨가 들어찬다.

콤바인(combine harvester)

논밭에서 다 익은 곡식을 거둬들일 때에 쓰는 기계이다. 벼나 보리를 베어서 낟알을 털어 자루에 담는 일까지 한꺼번에 모두 해낸다. 따라서 이제는 콤바인 없이 농사를 짓기가 힘들다.

미디어뱅크 사진

콩(soybean)

강낭콩, 땅콩, 팥, 녹두, 완두 따위와 함께 콩과의 한해살이풀이다. 중국이 원산지이지만 우리나라 기후에도 알맞아서 신라 때부터 가꾸어 왔다. 대개 5월 초순부터 중순 사이에 심는데, 6월 중순에서 하순 사이에 보리나 밀을 벤 뒤에 심어도 된다. 콩이 자라기에 알맞은 온도는 25~30℃이며 어떤 땅에서나 잘 자란다.

콩 줄기는 대개 똑바로 자라면서 가지를 많이 뻗지만 덩굴처럼 자라는 것도 있다. 키는 60~90cm이며, 하얀색이나 연보라색 작은 꽃이 핀다. 꽃이 진 자리에 콩 꼬투리가 열리는데, 대개 꼬투리 속에 콩이 한 줄로 3~6개 들어찬다. 10월께에 다 익으면 꼬투리가 터져

서 저절로 씨를 퍼뜨리므로 그 전에 베거나 뽑아서 말린 다음에 낟알을 털어내야 한다.

콩은 뿌리에 뿌리혹이 나 있어서 그 속에 뿌리혹박테리아가 들어 있다. 이 박테리아가 공기 속의 질소를 흡수하여 고정시킨다.

이 식물의 씨인 콩에는 단백질이 많이 들어 있다. 그래서 콩으로 여러 가지 가공 식품을 만들 수 있다. 콩으로 두부를 만들며, 메주를 쑤어서 간장과 된장을 담그고, 기름을 짜기도 한다. 콩기름은 식용으로 쓰일 뿐만 아니라 여러 가지 화학 제품의 원재료가 된다. 그러나 우리나라에서는 콩이 그리 많이 나지 않아서 많은 양을 다른 나라에서 수입해 온다. 세계에서 콩이 가장 많이 나는 나라는 미국이다.

다 익은 콩 미디어뱅크 사진

콩나물(bean sprout)

햇볕이 들지 않는 곳에서 콩을 싹틔워 조금 자라게 한 것이다. 떡시루처럼 물이 잘 빠지는 그릇에다 볏짚을 깔고 그 위에다 물에 불린 콩을 깔아서 싹틔운다. 노란 떡잎과 줄기가 나오면 적당히 물을 주어서 키워 7cm쯤 자라면 먹는다.

미디어뱅크 사진

콩나물에는 본디 콩에 들어 있는 영양소뿐만 아니라 비타민도 많이 들어 있다. 콩나물이 햇빛을 쬐면 머리에 녹색 색소가 생겨서 초록색으로 바뀐다.

콩팥(kidney)

우리 몸 안의 혈액을 깨끗하게 걸러 주는 기관이다. 신장이라고도 한다.

우리가 먹는 음식물은 소화 기관을 거치면서 잘게 분해되어서 에너지를 내는 일에 쓰인다. 에너지는 세포에서 영양소를 태워서 내는데, 이때 찌꺼기가 생긴다. 이 찌꺼기는 몸에 필요하지 않으며 쌓아 두면 독이 되는 노폐물이다. 그래서 혈액에 실려서 땀샘이나 콩팥으로 운반되었다가 몸 밖으로 내보내진다.

콩팥은 등쪽 허리의 왼쪽과 오른쪽에 하나씩 있다. 생김새가 강낭콩 같으며, 길이는 10cm쯤 된다. 바깥 부분인 부신피질과 안쪽 부분인 부신수질로 이루어지는데, 혈액은 부신피질에서 걸러진다. 이 부신피질에 지름이 0.2mm쯤 되는 자잘한 주머니가 헤아릴 수 없이 많이 있으며 그 속에 모세혈관이 둥근 실타래처럼 뭉쳐 있다. 이것을 사구체라고 한다.

혈액이 이 사구체를 지나는 동안에 노폐물이 모세혈관의 벽을 통해서 주머니로 보내진다. 사구체는 한쪽 콩팥에만 100만~150만 개나 있으므로 한 번에 걸러지는 혈액의 양이 매우 많다. 콩팥은 오줌관을 통해서 방광과 연결되어 있다. 콩팥에서 걸러진 노폐물은 오줌관을 지나서 방광에 모이는데, 이것이 오줌이다. 방광은 요도와 연결되어 있으므로 방광에 찬 오줌은 요도를 통해서 몸 밖으로 내보내진다. → 배설

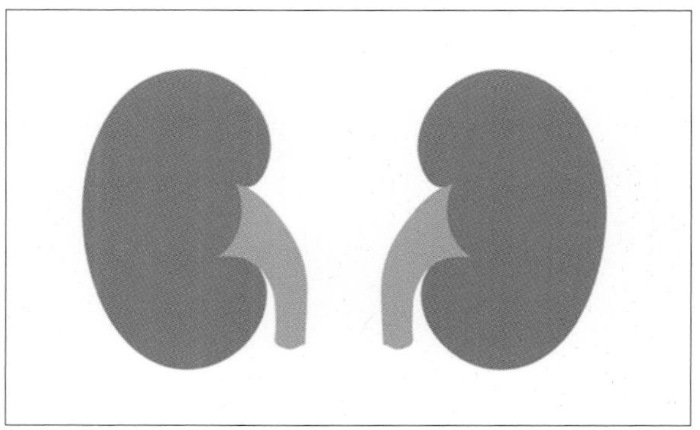

콩팥의 생김새 ColnKurtz, CC-BY-SA-4

ㅋ

퀴리 부인(Curie, Marie)

프랑스의 과학자이다. 1867년에 폴란드의 바르샤바에서 태어났다. 처녀 적 이름은 마리 스프로도프스카이다. 고등학교를 우등생으로 졸업했으나 집안이 가난하여 대학에 가지 못했다. 그러나 가정교사를 하면서 번 돈을 모아서 1891년에 프랑스 파리의 소르본대학에 입학했다. 거기서 그녀는 열심히 공부하여 2년 만에 석사 학위를 받았다. 그리고 같은 과학자인 피에르 퀴리를 만나서 1895년에 혼인했다.

그 무렵에 프랑스의 과학자인 앙투안 베크렐이 방사능을 발견했는데, 퀴리 부부도 방사능에 관심을 갖고 함께 연구하기 시작했다. 그래서 1898년에 방사성 원소인 폴로늄과 라듐을 발견하고, 라듐의 원자량을 측정하여 새 원소로 정했다. 라듐은 우라늄보다 훨씬 강한 방사성 물질로서, 이것이 발견되면서 방사능에 대한 연구가 본격적으로 시작되었다.

퀴리 부부는 방사능에 관한 연구로 1903년에 노벨 물리학상을 받았다. 1906년에 남편이 교통사고로 죽자 부인은 파리대학의 교수가 되어서 연구를 계속하다가 1910년에 금속 라듐을 분리하기에 성공했다. 이 공로로 퀴리 부인은 1911년에 노벨 화학상을 받았다. 그 뒤에도 부인은 퀴리실험소 소장으로서 프랑스의 과학

User:Drdoht, Public Domain

발전에 큰 공을 세웠다. 그러나 연구를 하면서 방사능을 너무 많이 쐬어서 백혈병에 걸려 1934년에 세상을 떠나고 말았다.

큐리오시티(Curiosity)

NASA/JPL-Caltech, Public Domain

미국 국립 항공 우주국이 화성 과학 실험실 계획에 따라서 2011년 11월 26일에 쏘아 보낸 화성 탐사차이다. 모두 5억 6,300만 킬로미터를 날아가서 이듬해 8월 6일에 화성의 게일 분화구 안 평원에 착륙했다. 그렇게 먼 거리를 날아갔음에도 불구하고 예정했던 지점에서 기껏 2.4km 떨어진 곳에 내린 것이다.

큐리오시티는 크기가 거의 승용차만한 탐사차이다. 길이가 2.9m, 폭이 2.7m, 높이가 2.2m이다. 지름이 50cm인 바퀴가 6개 달렸으며 모두 80kg에 이르는 탐사 장비를 싣고 있다. 동력은 방사선 동위원소의 붕괴에서 나오는 높은 열로 전기를 일으켜서 쓰며 아울러 그 열로 탐사차와 기계 장비들을 따뜻하게 데운다.

이 탐사차의 임무는 화성의 기후, 지질, 물 등을 조사하여 미생물이 살만한 환경인지 알아보고 앞으로 사람이 가서 할 탐험에 대비한 화성의 환경을 조사하는 것이다. 그래서 마침내 2014년 6월 24일에 화성이 미생물이 살만한 조건을 갖추었다는 것을 발견했다. 그리고 2018년 6월에는 화성에 메테인 가스가 있다는 것도 알아냈다. 큐리오시티 탐사차는 2019년 7월 1일 현재 화성에 내린지 2,520일 동안 맡은 일들을 훌륭히 해내고 있다.

큐아르 코드(QR code)

빠르게 반응하는 부호라는 뜻이다. 우리말로는 정보 무늬이다. → 정보 무늬

크레용/크레파스(crayon/craypas)

색깔이 있는 그림을 그리는 물감이다. 대개 어린이가 처음으로 쓰는 그림물감이기도 하다.

크레용은 색소와 밀랍을 섞은 반죽을 틀에 넣어서 굳혀 연필처럼 만든 것이다. 그러나 크레파스는 색소를 고무 수액처럼 연한 접착제와 섞어서 막대 모양으로 굳힌 것이다. 그래서 크레용보다 더 잘 부스러진다.

크레용은 좀 단단한 편이지만, 크레파스는 무르다. 그러나 그림의 색깔은 크레파스가 더 밝고 진하다. 크레파스로 그린 그림은 잘 뭉개지거나 지워진다. 그래서 그림이 뭉개지거나 지워지지 않도록 묽게 탄 풀이나 수지 용액을 그림 위에 뿌려 주기도 한다.

크레파스 미디어뱅크 사진

큰개자리(Canis Major)

겨울에 남쪽 하늘에서 볼 수 있는 별자리이다. 가장 밝은 별인 시리우스와 그밖의 여러 별들로 이루진다.

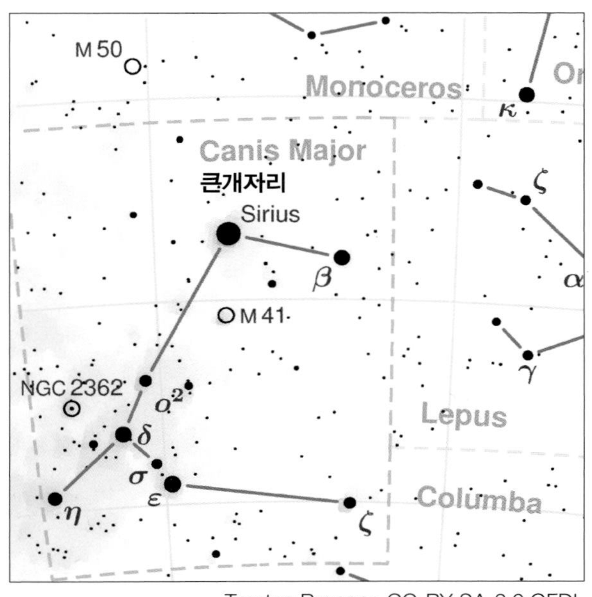

Torsten Bronger, CC-BY-SA-3.0 GFDL

큰창자(large intestine)

뱃속에 있는 소화 기관의 거의 끝부분이다. 대장이라고도 한다. 길이가 모두 1.5m쯤 되는데 작은창자의 끝에 있는 막창자, 곧 맹장에 이어져 있다. 그러나 작은창자보다 훨씬 더 굵고 긴 풍선처럼 잘록잘록하게 생겼다. 그래서 잘록창자라고도 부른다. 이 큰창자는 다시 오름창자, 가로창자, 내림창자, 구불창자로 나뉜다. 그 다음은 곧은창자, 곧창자 또는 직장이라고 부르는 데로서 항문관과 이어지는 부분이다.

우리가 먹은 음식물은 거의 다 작은창자에서 소화되어서 영양분이 흡수된다. 따라서 큰창자에 다다른 음식물은 영양분이 거의 없는 찌꺼기뿐이다. 큰창자에서는 주로 수분이 흡수된다. 또 큰창자 안에 있는 수많은 대장균이 미처 소화되지 않은 물질을 분해한다. 분해되고 물기가 없어진 찌꺼기는 점점 굳어서 큰창자의 운동에 따라 항문으로 옮겨져 이윽고 몸 밖으로 나온다. 이것이 똥이다. → 작은창자

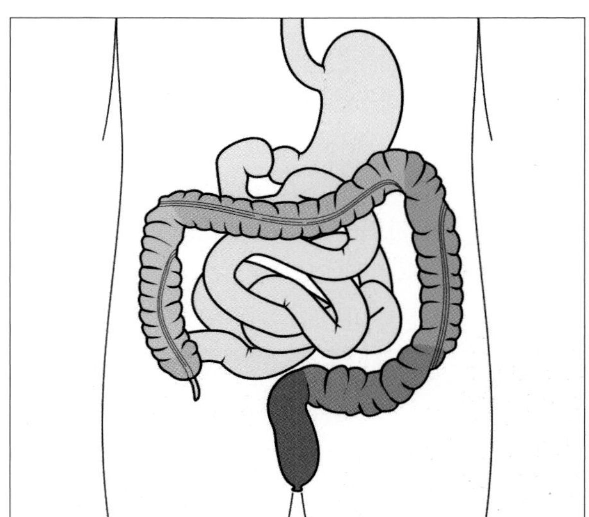

Olek Remesz, CC-BY-SA-2.5

클로버(clover)

들이나 풀밭에서 흔히 볼 수 있는 여러해살이풀이다. 대개 토끼풀이라고 한다. → 토끼풀

클립(clip)

집게이다. 대개 강철판이나 철사 또는 플라스틱으로 만들어서 그 탄력으로 두 끝이 꼭 물리게 만든 것이

다. 흔히 종이 같은 것 여러 장을 한데 물려 둘 때에 쓴다. 양쪽에 손잡이를 달아서 지레의 원리로 집게를 쉽게 벌릴 수 있는 것이 많다.

철사를 휘어서 만든 종이 클립도 쓰임새가 비슷해서 대개 그냥 클립이라고 부른다. 어느 것이나 쓰임새에 맞도록 크기나 모양이 여러 가지로 만들어진다.

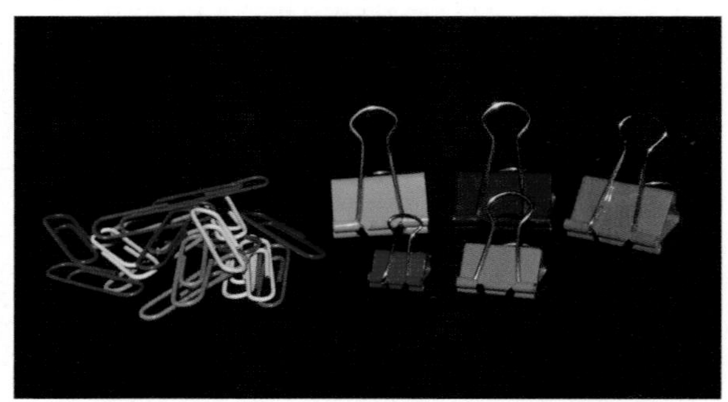

미디어뱅크 사진

킬라우에아 화산(Kilauea volcano)

미국의 하와이 섬에 있는 화산으로서 지금도 활동 중인 활화산이다. 미국 국립 하와이 화산 공원 안에서 저보다 더 큰 마우나로아 화산의 동쪽 기슭에 자리 잡고 있다. 분화구 분지는 가장 깊은 데의 깊이가 152m이며 길이는 5km, 폭이 3.2km에 이른다. 가장 높은 분화구 벽의 높이는 해발 1,247m이다.

분화구 분지 안에 할레마우마우 화구가 있는데 그 폭이 800m쯤 된다. 1823년부터 1924년까지는 이 화구에 부글부글 끓는 용암이 가득 차 있었다. 그러다 1924년에 갑자기 용암이 사라지고 세찬 증기가 뿜어 나왔다. 그 뒤로 자주 화산 분출이 일어나 오늘날까지도 계속된다. 가장 최근의 폭발은 2018년 5월에 있었다.

킬라우에아 화산 폭발로 흐르는 용암 Janice Hickman, CC-BY-SA-3.0

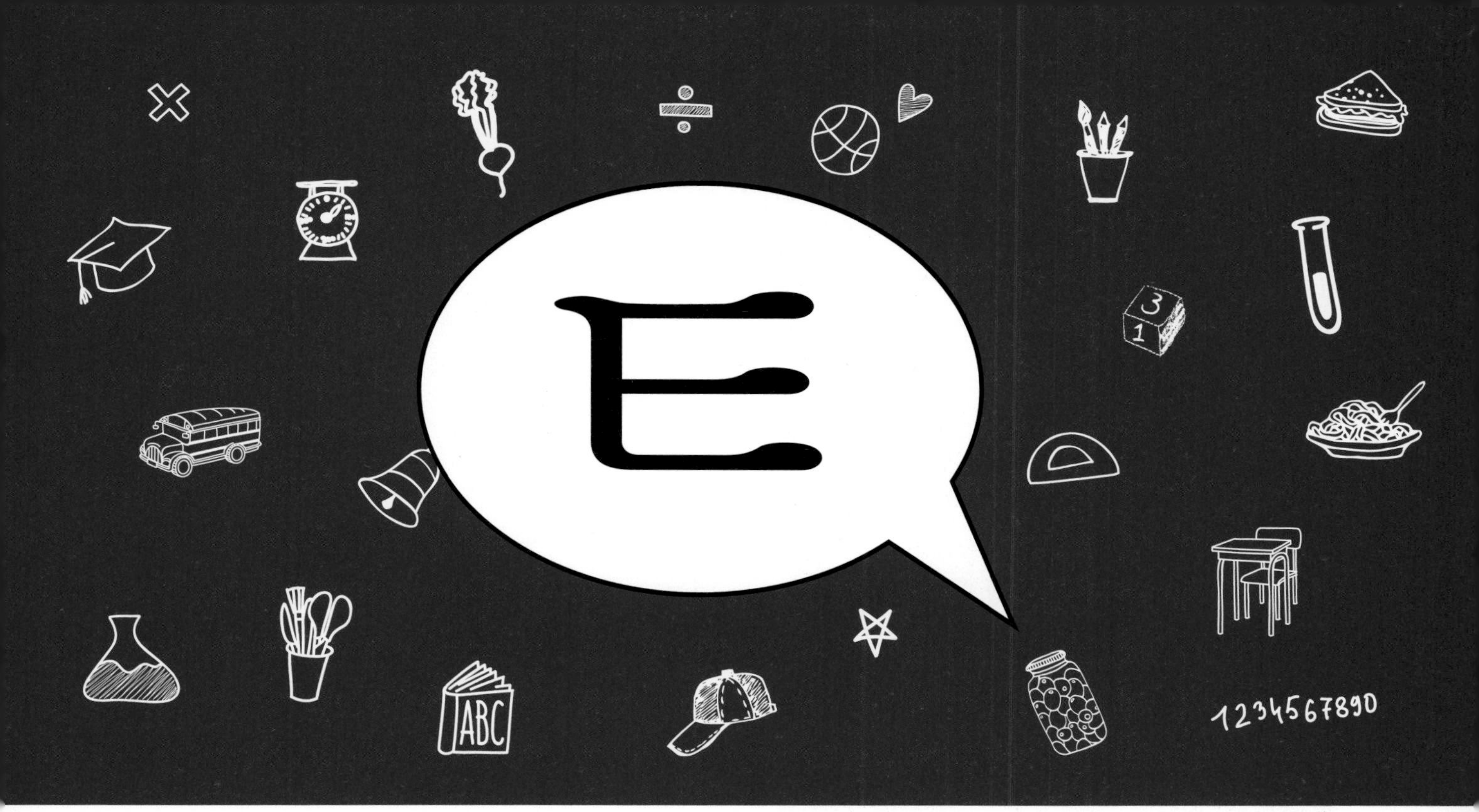

ㅌ

타이어(tire)

자전거나 자동차 따위의 바퀴 둘레에 끼우는 고무 테이다. 속에다 공기를 팽팽히 채우면 바퀴가 탄력을 지니게 된다.

타이어의 표면은 질긴 고무와 튼튼한 실 또는 가는 철사를 겹겹이 엮어서 만든다. 전에는 그 안에다 또 공기가 든 튜브를 넣었었다. 그러나 요즘에는 주로 튜브 없이 공기만 넣는 타이어가 쓰인다.

미디어뱅크 사진

고무 타이어는 1888년에 처음으로 고안되어 줄곧 개량되어 왔다. 이제는 쓰임새에 알맞도록 저마다 특색 있게 만들어져서 유모차에서 비행기에 이르기까지 땅 위에서 구르는 거의 모든 것의 바퀴에 쓰인다.

탄산수소나트륨 (sodium hydrogen carbonate)

흰 가루로 된 화학 약품이다. 알갱이가 밀가루보다 조금 더 굵지만 설탕보다는 고와서 촉감이 부드럽다. 맛이 좀 시큼하다. 물에 넣으면 거품을 내며 천천히 녹아서 투명한 용액이 된다. 그러나 알코올에는 녹지 않는다.

가열하면 연기가 조금 나고 '탁탁'소리를 내면서 튀지만 색깔이나 모양은 거의 변하지 않으며 냄새도 나지 않는다. 그러나 더 높은 온도로 가열하면 이산화탄소와 물을 발생시킨다. 아이오딘 용액을 떨어뜨리면 아무 변화가 없지만 식초와 같은 산성 액체를 떨어뜨리면 많은 거품을 내면서 이산화탄소를 발생시킨다.

미디어뱅크 사진

빵이나 과자를 만들 때에 효모 대신 넣고 가열하면 분해되면서 이산화탄소를 발생시켜서 밀가루 반죽을 부풀게 한다. 그래서 베이킹 소다 또는 중조라고도 부른다. 또 청량 음료, 소화제나 위장약 같은 약품, 가루비누 따위를 만드는 데에도 두루 쓰인다.

탄산 음료(carbonated drink)

사이다나 콜라, 주스 또는 맥주처럼 이산화탄소가 든 마실 거리이다. 대개 차게 해서 마셔야 맛이 좋다.

사이다나 주스 같은 마실 거리는 설탕물에다 향료, 카페인, 색소 등을 섞고 이산화탄소를 압축해 넣어서 만든다. 향료로 진짜 과일 즙을 쓴 것이 있지만, 과일즙과 거의 같은 맛과 향을 내는 화학 물질을 섞기도 한다.

미디어뱅크 사진

탄저병(anthrax)

동물이 탄저균에 감염되어 걸리는 감염병이다. 소, 말, 양과 같은 초식 동물이 이 균에 오염된 풀을 뜯어 먹으면 걸린다. 그리고 이 병에 걸린 짐승을 잡아먹은 육식 동물이나 그 털, 가죽 또는 뼈 등을 만진 사람에게도 옮는다.

탄저병에 걸린 동물은 열이 나고, 숨이 차며, 피를 흘리고, 몸 여기저기가 붓는다. 그러다 하루나 며칠 안에 죽고 만다. 이것은 아주 먼 옛날부터 있어 온 감염병으로서 근대 세균학이나 면역학의 발전을 가져온 병이기도 하다. 1881년에 루이 파스퇴르는 이 병을 연구하여 처음으로 백신을 만들었다.

식물의 탄저병(anthracnose)도 있다. 이것은 탄저병균으로 말미암아 생기는 식물의 병해인데, 농작물이나 과일 나무가 해를 입는다. 잎, 줄기 또는 열매 등에 갈색 반점이 생기면서 잎과 열매가 떨어져 버리는 것이다. 이 병을 막으려면 살균제를 뿌리는 수밖에 없다. → 파스퇴르, 루이

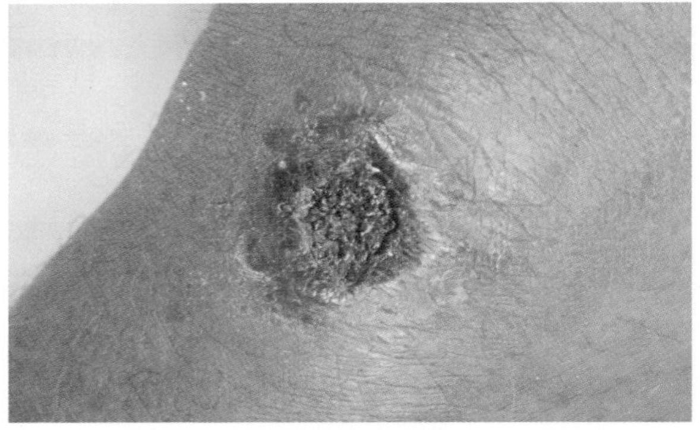

피부 탄저병의 병변 CDC, Public Domain

탈곡기(thresher)

곡식의 낟알을 줄기에서 떨어내는 기계이다. 주로 주식인 벼나 보리 같은 곡물을 거두어들일 때에 많이 쓴다.

몇 십 년 전에는 그네 또는 홀태라고 하는 것을 많이 썼다. 이것은 튼튼한 쇠로 만든 커다란 빗 같은 것을 크고 네모진 나무토막에다 단단하게 붙인 것이다. 이 그네의 쇠살 사이사이에다 벼이삭을 끼워서 잡아당기면 벼 낟알이 잘 떨어졌다. 그 뒤에 발로 발판을 밟으면 커다란 둥근 통이 돌면서 낟알을 떨어내는 기계가 발명되었다. 둥근 통의 겉에 드문드문 박힌 쇠가 통과 함께 돌면서 이삭을 두들겨서 낟알을 떨어내는 것이다. 물론 이삭이 달린 볏짚을 한 움큼씩 집어서 돌아가는 통에다 대 주어야 했다. 따라서 이것도 사람의 힘으로 일하는 기계이다. 그러나 요즘에는 엔진의 힘으로

100yen, CC-BY-SA-3.0 GFDL

돌아가는 자동 탈곡기가 많이 쓰인다. 예를 들면, 벼를 벨뿐만 아니라 낟알을 떨어내서 깨끗하게 모아 자루에 담고 짚은 따로 내놓는 콤바인 같은 것이다.

탈바꿈(metamorphosis)

애벌레가 자라서 생김새나 사는 방법이 전혀 다른 어른벌레가 되는 일이다. 곧, 배추벌레가 자라서 배추흰나비가 되거나 올챙이가 자라서 개구리가 되는 것과 같다. 이런 일을 변태라고도 한다.

바다에서 사는 동물 가운데 조개, 새우, 게처럼 등뼈가 없는 동물은 거의 다 탈바꿈을 한다. 그러나 땅에서 사는 동물 가운데에서는 곤충만 탈바꿈을 한다. 곤충 가운데에는 나비, 모기, 누에처럼 번데기 과정을 거쳐서 어른벌레가 되는 것과 잠자리나 메뚜기처럼 번데기 과정을 거치지 않고 어른벌레가 되는 것이 있다. 이런 곤충의 한살이에서 번데기 과정을 거치면 완전 탈바꿈이라고 하며 그러지 않으면 불완전 탈바꿈이라고 한다.

애벌레의 껍데기를 벗고 막 탈바꿈하는 잠자리 bgv23, CC-BY-2.0

탈지면(absorbent cotton)

기름기를 빼고 깨끗이 소독한 솜이다. 가성소다를 탄 물에 목화솜을 넣고 끓여서 기름기를 뺀 뒤에 맑은 물로 씻어서 말려 일정한 크기로 잘라 포장한 것이다.

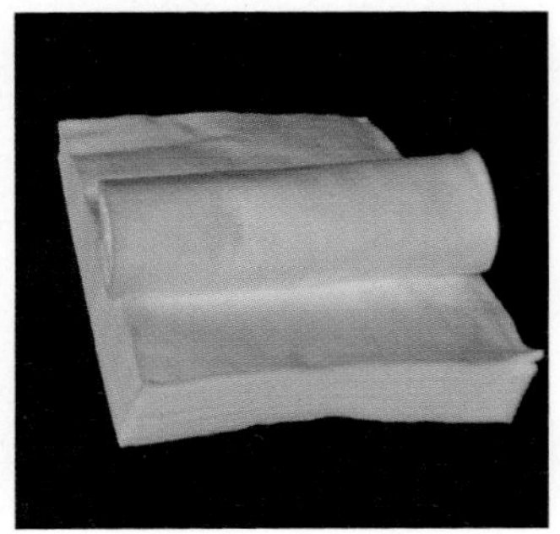

미디어뱅크 사진

거의 순수한 섬유질로 되어 있기 때문에 모세관 현상이 잘 일어나므로 액체를 잘 빨아들인다. 그래서 집이나 병원에서 상처를 닦아낼 때에 많이 쓴다.

태양(Sun)

우리가 보기에는 아침에 동쪽에서 떠서 저녁에 서쪽으로 지는 별이다. 이 별이 하늘에 떠 있으면 낮이며 지고 나면 밤이다. 흔히 해라고 한다.

태양은 둥그런 공 모양으로 늘 활활 타고 있는 불덩어리이다. 또한 밤하늘에 떠 있는 다른 별들과 똑같은 별이다. 다만 태양은 다른 별들보다 지구와 훨씬 더 가깝게 떠 있기 때문에 더 크고 밝을 뿐만 아니라 뜨겁게 느껴진다. 지구 위의 사람과 모든 생물은 이 태양의 빛과 열 덕분에 살 수 있다. 태양이 없으면 모든 생물이 사라지고 말 것이다.

먼 옛날 사람들은 태양이 지구의 둘레를 돈다고 생각했다. 태양이 아침에 동쪽에서 떠올라서 저녁에 서쪽으로 지는 것을 보고 그렇게 생각한 것이다. 그러나 사실은 우리가 태양의 둘레를 서쪽에서 동쪽으로 도는 지구 위에 있기 때문에 그렇게 보인다. 태양은 태양계의 한가운데에 자리 잡고 있으며, 지구와 함께 모두 8개의 행성이 그 둘레를 돌고 있다.

태양은 반지름이 약 70만km로서 지구와 달 사이 거리의 2배쯤 된다. 따라서 태양의 한가운데에 지구를 가져다 놓으면 달까지도 태양 속에 들어가 버리고 만다. 지구에서 태양까지의 거리는 거의 1억 5,000만

미디어뱅크 사진

ㅌ

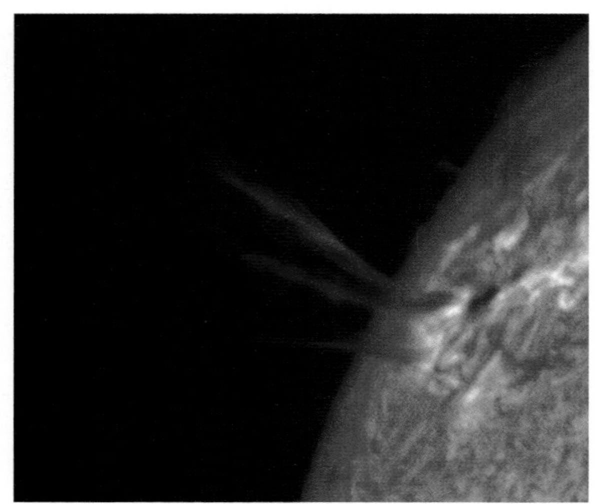

태양의 코로나 NASA, Public Domain

km로서 빛의 속력으로 가더라도 8분 19초가 걸리는 먼 거리이다. 태양은 부피가 지구의 130만 배이며 질량은 33만 배쯤이다. 그리고 태양 표면에서의 중력은 지구 중력의 28배이다. 표면의 온도는 절대 온도로 약 6,000K이며 중심부의 온도는 1,500만K가 넘는다.

태양은 뜨거운 기체 덩어리이다. 고체나 액체는 없다. 태양을 이루는 기체는 4분의 3쯤이 수소이고 4분의 1쯤이 헬륨이다. 물론 그밖의 원소도 조금씩 들어 있지만 태양이 하도 뜨겁기 때문에 철분마저 기체 상태로 들어 있다.

빛과 열로 나타나는 태양의 에너지는 태양의 한가운데에서 일어나는 핵반응에서 나온다. 수소의 원자핵이 헬륨의 원자핵으로 바뀌면서 에너지를 내는 것이다. 태양은 지난 46억 년 동안 줄곧 이런 과정을 거쳐 왔으며 앞으로도 그만큼 오랫동안 같은 일을 되풀이할 것이다.

태양도 지구와 마찬가지로 그 축을 중심으로 자전한다. 그러나 모두 다 기체이기 때문에 전체가 지구처럼 똑같이 자전하지는 못하고 태양의 적도 부근이 극지방보다 더 빠르게 자전한다. 적도 지역이 한 번 자전하기에는 27일쯤 걸리지만 남북극 지역에서는 36일이나 걸린다.

태양에서 밝게 빛나는 부분을 광구라고 한다. 이 광구의 위층에 태양의 대기라고 할 수 있는 두 기체층이 있다. 광구 바로 위의 기체층이 채층이며, 그 바깥쪽의 기체층은 코로나이다. 코로나는 개기일식 때에 아주 똑똑히 볼 수 있다.

가끔 태양의 표면에 다른 부분과 견주어서 어두운 점이 나타난다. 이것을 흑점이라고 하는데, 어떤 흑점은 그 크기가 지구의 몇 십 배나 된다. 이런 흑점이 왜 생기는지는 모른다. 그러나 흑점이 지구의 기후에 많은 영향을 미치는 줄은 알고 있다. 태양의 활동이 특히 활발할 때이면 불꽃이 수십만km까지 치솟기도 하는데, 이런 불꽃을 홍염이라고 한다.

뜨거운 태양을 좀 더 잘 관찰하고자 미국 항공 우주국은 2018년 8월 12일에 파커 태양 탐사선을 쏘아 보냈다. 이것은 태양 둘레의 타원형 궤도를 따라 약 7년 동안 24번 공전하면서 태양의 여러 가지 현상에 대한 자료를 모을 계획이다. 이 탐사선은 2019년 9월 1일에 세 번째로 태양에 가장 가까이 다가가서 수많은 귀중한 자료를 모아서 보내 왔다.

적도에서의 반지름	약 70만km(지구 반지름의 109배)
자전 주기	지구의 날로 25.05일
구성 물질 (질량 기준)	수소 약 73%, 헬륨 약 25%, 기타 조금씩
나이	46억년

태양계(solar system)

지구는 태양의 둘레를 돈다. 태양의 둘레를 도는 것은 지구 말고도 다른 7개의 행성과 많은 혜성이 있다. 그리고 많은 위성이 다른 행성들의 둘레를 돈다.

태양계는 태양의 영향이 미치는 공간과 그 공간에

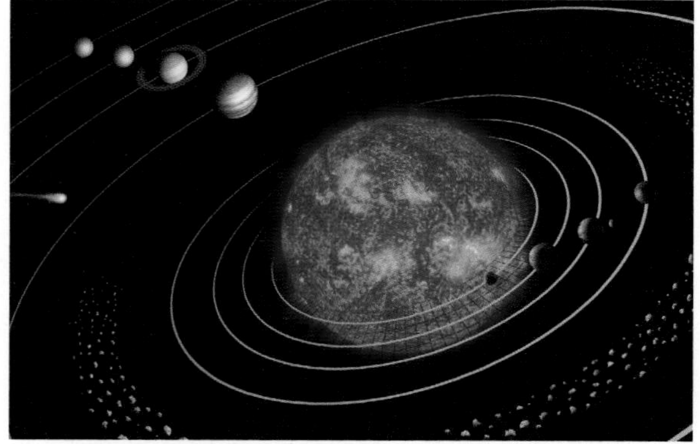

태양, 내행성, 소행성띠, 혜성 및 외행성 (각 행성과 태양과의 거리는 실제와 크게 다르다.) NASA, Public Domain

있는 모든 구성원이다. 태양 및 그 둘레를 도는 모든 행성, 행성들의 둘레를 도는 수많은 위성, 타원형 궤도를 따라서 태양의 둘레를 도는 혜성들이 그 구성원이다.

태양계에서 스스로 빛을 내는 별은 오직 태양뿐이며 행성과 그 위성 및 혜성들은 태양의 빛을 반사시킬 따름이다. 행성은 수성, 금성, 지구, 화성, 목성, 토성, 천왕성, 해왕성이다. 이것들 가운데 지구의 궤도 안쪽에서 공전하는 수성과 금성을 내행성이라고 하며, 바깥쪽에서 공전하는 행성들을 외행성이라고 한다.

행성은 모두 둥글며 거의 다 같은 평면 위에서 같은 방향으로 태양의 둘레를 돈다. 그리고 같은 방향으로 자전을 하는데 금성과 천왕성만 다른 행성들과 반대 방향으로 자전한다. 여러 행성의 크기나 자전과 공전 기간은 저마다 다르다. 태양은 태양계에서 가장 크고 무거워서 태양계 전체 무게의 99%를 차지한다.

행성 가운데 가장 큰 것은 목성이다. 그 반지름이 지구 반지름의 11배나 된다. 공전 기간은 태양에 가까운 것일수록 짧고 먼 것일수록 길다. 수성의 공전 기간은 88일에 지나지 않지만 해왕성은 거의 165년이나 걸려서 태양의 둘레를 한 바퀴 돈다.

각 행성의 위성은 계속 발견되고 있으므로 태양계 전체의 정확한 위성 수는 알 수 없다. 다만 지금까지 발견된 것이 지구에 1개, 화성에 2개, 목성에 79개, 토성에 62개, 천왕성에 27개, 해왕성에 14개이다. 그밖에 화성과 목성 사이에 있는 수많은 소행성들도 태양계의 한 식구이다.

행성	평균 반지름 (km)	태양과의 평균 거리(km)	공전 주기	위성
수성	2,440	5,800만	약88일	0개
금성	6,052	1억 800만	225일	0개
지구	6,378	1억 5,000만	365일	1개
화성	3,390	2억 2,800만	1년 322일	2개
목성	6만 9,911	7억 7,800만	11년 318일	79개
토성	약 5만 8,232	14억	29년 171일	62개
천왕성	2만 5,362	29억	84년 47일	27개
해왕성	2만 4,622	45억	164년 330일	14개

태양 고도(solar altitude)

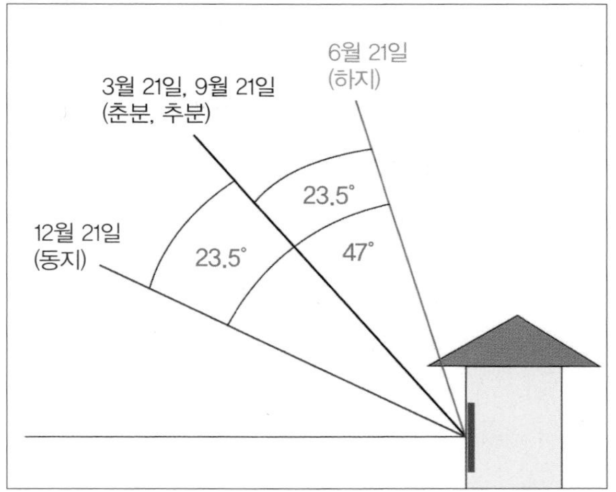

뉴욕시의 태양 고도 Hartz, CC-BY-SA-3.0 GFDL

태양이 지구의 땅 표면, 곧 지표면과 이루는 각도이다. 하늘에 떠 있는 태양의 높이를 나타낸다. 햇빛이 잘 비치는 곳에 막대기를 똑바로 세우고 막대기의 끝과 그림자의 끝을 잇는 선이 지표면과 이루는 각을 재면 태양의 높이를 알 수 있다. 그림자는 태양 고도가 높을수록 짧으며 낮을수록 길다.

일정한 양의 태양 에너지는 태양 고도가 높으면 한 곳에 모이고 낮으면 넓은 지역에 퍼진다. 따라서 태양 고도가 높으면 그만큼 한 지역이 받는 태양 에너지의 양도 많아지므로 기온이 높아진다. 하루에는 한낮에 태양 고도가 가장 높으므로 이때에 지표면이 태양의 에너지를 가장 많이 받는다. 그러나 공기와 땅이 데워지려면 시간이 걸리기 때문에 실제로는 태양 고도가 가장 높은 시각으로부터 2시간쯤 지난 오후 2시쯤에 기온이 가장 높다.

하루 동안에는 태양이 정남쪽 하늘에 떠 있을 때에 고도가 가장 높다. 이때를 남중이라고 하며 이때의 고도를 태양의 남중 고도라고 한다. 그림자의 길이가 이때에 가장 짧은데, 시각으로는 낮 12시 반쯤이다.

한 해 동안에 태양 고도가 가장 높은 날은 하지인 6월 21일쯤이다. 그러나 8월쯤에야 날씨가 가장 더운 까닭은 공기와 지표면이 데워지기에 시간이 걸리기 때문이다. 태양 고도는 여름에 가장 높으며 그 뒤로 점점 낮아져서 겨울에 가장 낮다. 그러나 봄이 되면서 차츰 다시 높아진다. 태양 고도는 기온에 영향을 미친다.

ㅌ

태양광 발전(solar cell generation)

태양 전지는 태양광, 곧 햇빛을 받아서 전류를 만들어낸다. 이런 태양 전지를 수없이 많이 이어서 만든 넓은 판을 또 헤아릴 수 없이 많이 늘어놓고 모두 전선으로 이으면 꽤 많은 전류가 흐른다. 이것이 태양광 발전이다.

태양광 발전은 곧 햇빛 에너지를 전기 에너지로 바꾸는 일이다. 이것은 공해를 전혀 일으키지 않으며 필요한 만큼만 발전하게 만들 수 있을 뿐만 아니라 유지하는 비용이 적게 든다. 그러나 처음에 들어가는 돈이 많으며 햇볕의 양에 따라 발전량이 달라지고 태양 전지판을 세울 넓은 곳이 필요한 단점이 있다. → 태양 전지

미디어뱅크 사진

태양 에너지(solar energy)

태양이 내뿜는 엄청난 에너지이다. 빛과 열의 형태로 지구에 다다른다. 이 태양 에너지는 식물을 자라게 하고, 물을 증발시키며, 공기를 데워서 바람을 일으킨다. 태양 에너지를 받아서 자란 식물은 동물의 먹이가 되며 땔감으로 쓰여서 빛과 열을 낸다. 또 오래 전에 태양 에너지가 저장된 동물과 식물의 시체가 쌓여서 석유, 석탄 및 천연 가스가 만들어졌는데, 이런 화석 연료는 오늘날 우리의 중요한 에너지 자원이다.

태양은 엄청나게 많은 에너지를 끊임없이 우주에 내보낸다. 이 많은 에너지 가운데 지구에 이르는 것은 기껏 그 20억분의 1밖에 안 되는데, 그나마 지구에 다다른 것도 넓은 지역에 퍼진다. 지구의 표면 1㎠에 이르는 양이 1분 동안에 물 1g의 온도를 1℃ 올릴 수 있을 만큼밖에 안 된다.

하지만 태양 에너지는 얼마든지 얻을 수 있고 환경을 더럽히지 않는다. 따라서 우리는 태양 에너지를 직접 이용하려는 노력을 많이 하고 있다.

그대로 직접 이용하는 태양 에너지로서 태양열이 있다. 태양열은 태양의 복사, 곧 빛으로 전달되는 열이다. 지구 표면은 보통 1분 동안 1㎠에 2칼로리의 복사 에너지를 받는다. 이 에너지는 물질을 오염시키지 않으면서 오랫동안 데우는 능력이 있다. 따라서 햇볕으로 집안을 데울 수 있다. 커다란 창으로 집 안에 햇볕을 받아들이고, 지붕에 설치한 태양열 온수기로 물을 데우는 것이다. 또 다른 방법으로는 태양의 빛을 모아서 높은 열을 내는 방법과 전기를 일으키는 방법이 있다. 그러나 태양 에너지를 이용하려면 처음에 시설을 만드는 비용이 많이 들고 겨울에 태양 고도가 낮아서 충분한 햇빛을 모으기 어려운 단점도 있다.

오목렌즈처럼 짜맞춘 많은 거울로 햇빛을 한 점에 모아 물을 끓여서 그 증기로 발전기를 돌린다. Nick-D,

태양 전지(solar cell)

햇빛, 곧 태양광 에너지를 전기 에너지로 바꿔 주는 장치이다. 몇 가지 종류가 있지만, 대개 특별하게 처리한 실리콘 반도체 물질로 만든다. 햇빛 에너지가 이런 반도체에 다다르면 그 속에 든 +전하와 −전하를 분리시킨다. 그러면 전자들이 튀어 나와서 거기 연결된 회로에 전류가 되어 흐른다. 1954년에 미국의 벨연구소에서 화학자 캘빈 풀러(Calvin S. Fuller)와 물리학자 대릴 채핀(Daryl M. Chapin) 및 제럴드 피어슨(Gerald L. Pearson)이 함께 개발했다. 이 태양 전지는 거의 모든 인공 위성과 우주선에 전기를 공급할 뿐만 아니라 휴대용 전자 계산기 같은 여러 가지 물건의

전원으로 널리 쓰인다.

태양 전지는 보통 전지와 조금 다르다. 흔히 쓰는 전지는 속에 든 화학 물질이 화학 반응을 일으켜서 전기 에너지가 나오는 화학 전지이다. 그러나 태양 전지는 화학 반응이 아니라 반도체를 이용해서 전기 에너지를 만들어내기 때문에 물리 전지라고 할 수 있다. 이런 반도체 한 개가 일으키는 전기의 양은 매우 적다. 따라서 작은 반도체들을 일정한 단위로 서로 연결하고, 이 단위들을 또 넓은 판에 많이 모아서 이어 주어야 비로소 쓸 만한 전력을 내는 전지가 된다.

이렇게 빛을 이용해서 전기 에너지를 만드는 방법에는 몇 가지가 있다. 그 가운데 한 가지가 플라스틱 태양 전지이다. 이것은 플라스틱의 한 가지인 고분자와 플러렌이라는 물질을 이용해서 빛 에너지를 전기 에너지로 바꾼다. 마치 식물이 광합성 작용을 하는 것처럼 햇빛을 받아서 전기 에너지를 내는 원리인데, 아직은 더 많은 연구가 필요한 과제이다. 이렇게 만들어내는 전기의 양이 아직 너무 적기 때문이다.

미디어뱅크 사진

태풍(typhoon)

태풍에 쓰러진 나무 Filo gèn', CC-BY-SA-3.0

대개 여름이나 초가을에 때때로 남쪽 바다에서 불어와 큰 피해를 주는 바람이다. 여느 바람과 달리 힘이 무척 세며 비를 많이 뿌릴 뿐만 아니라 빙글빙글 돌면서 빠르게 이동한다.

태풍은 대개 바닷물의 온도가 가장 높은 늦여름에 열대 지방의 바다에서 발생한다. 북태평양의 열대 지방에 태양의 직사광선이 내리쬐면 공기가 데워져서 위로 떠오른다. 이 공기에 열과 습기가 섞이면 가끔 태풍으로 발전될 번개 구름이 만들어진다. 한편, 공기가 위로 떠오른 곳은 기압이 아주 낮아진다. 그래서 찬 공기가 거기로 몰려가는데, 지구의 자전 때문에 똑바로 가지 못하고 안으로 휘어서 소용돌이치며 솟아오른다. 이 소용돌이와 번개 구름이 점점 빨라지고 커지면 마침내 지름이 수백km에 이르는 태풍이 된다. 그 한가운데를 태풍의 눈이라고 하는데, 거기에는 구름이 없고 바람도 거의 불지 않아서 아주 평온할 때가 많다.

태풍은 지름이 80km인 작은 것에서부터 500km나 되는 큰 것에 이르기까지 여러 가지이다. 속력은 시속 120km가 넘는다. 태풍은 한 해에 몇 번씩 생기지만, 우리나라에 영향을 미치는 것은 대개 늦여름에 발달한 것이다. 태풍 말고도 성질이 비슷한 여러 가지 열대성 저기압이 있는데, 부는 지역에 따라서 이름이 다르다. 미국의 동부 해안에서 부는 것은 허리케인, 인도양 부근에서 부는 것은 사이클론, 오스트레일리아로 부는 것은 윌리윌리라고 한다.

털(hair)

포유류의 피부에서 실처럼 가늘게 자라는 것이다. 사람의 손톱, 짐승의 발톱, 새의 깃털, 파충류의 비늘 등과 똑같은 성분인 케라틴이라는 물질로 되어 있다. 때로는 터럭이라고도 하는데, 본디 피부를 보호하고 몸을 따뜻하게 하려는 것이다. 그러나 고양이의 입가에 난 수염처럼 어떤 것은 감각 기관으로 쓰이며 고슴도치의 가시털처럼 제 몸을 지키는 일에도 쓰인다.

사람도 손바닥이나 발바닥 같은 몇 군데만 빼고는 온몸에 털이 난다. 그러나 거의 다 색깔이 옅고 가늘어서 눈에 잘 띄지 않는다. 그 가운데에서 속눈썹이나 코털 또는 귓속 털 같은 것들은 먼지나 작은 곤충 따위가 드나들지 못하게 막아 주며 눈썹도 너무 밝은 빛이 눈에 들어가지 못하게 하는 구실을 한다. 그밖에도 털은 많은 포유류에게 큰 도움이 된다. 털빛깔과 무늬가 주변 환경과 잘 어울려서 몸을 숨기기 쉽게 해 주며 두꺼운 털 덕에 무엇에 세게 부딪쳐도 몸이 덜 다치게 된다.

사람은 머리와 그밖의 몇 군데에 여느 털보다 더 길고 색깔이 짙은 털이 난다. 평균 머리카락의 수는 10만 개쯤이다. 어느 때에나 그 가운데에서 5~15%쯤이 자람을 그치고 쉬는 상태에 있으며 날마다 이렇게 쉬고 있는 털주머니에서 70~100개의 머리카락이 빠져 나온다. 나이, 건강, 음식, 계절의 변화 등 여러 가지가 머리카락의 자람에 영향을 미친다. 보통 어린이가 어른보다 머리카락이 더 빨리 자라며 다른 어느 때보다 여름에 더 잘 자란다.

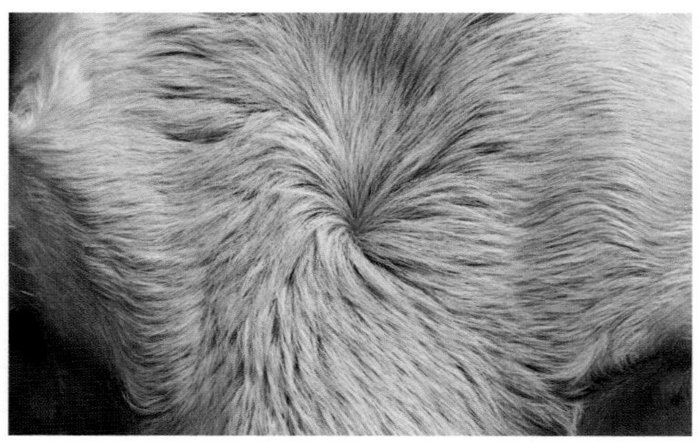

송아지의 털 Frank Vincentz, CC-BY-SA-3.0 GFDL

텃새(resident bird)

참새는 봄, 여름, 가을, 겨울 어느 철에나 흔히 볼 수 있다. 추울 때나 더울 때나 다른 데로 옮겨가지 않는다. 이렇게 늘 같은 곳에서 사는 새를 텃새라고 한다. 우리나라에서 사는 텃새로는 참새, 박새, 꿩, 까치, 까마귀, 멧비둘기, 흰뺨검둥오리, 올빼미 등이 있다.

이런 텃새들은 먹이가 넉넉한 가을에 잔뜩 먹어서 겨울에 대비한다. 여름에는 저마다 짝을 지어서 살다가 겨울이면 모두 한데 모여 살기도 한다. 또 겨울에는 먹이가 귀해서 사람이 사는 마을로 내려 와 곡식이나 음식 찌꺼기 따위를 주워 먹는다. → 철새

텃새 가운데 하나인 딱새 미디어뱅크 사진

텔레비전(television)

대개 방송국에서 내보내는 영상과 소리를 받아서 재생시키는 텔레비전 수상기를 가리킨다. 그러나 영상과 소리를 함께 내보내는 텔레비전 방송을 가리킬 때도 많다.

텔레비전 방송에는 연속되는 사진과 소리를 전자기파와 음파로 바꿔서 공중에 퍼뜨리는 무선 텔레비전과 이 두 가지를 전선을 통해서 보내 주는 유선 텔레비전이 있다. 대게 집에서 보는 텔레비전은 무선 텔레비전이거나 그것을 받아서 유선으로 각 가정에 나눠 주는 것이며, 학교 방송실에서 만들어서 각 교실에 보내 주는 방송은 유선 텔레비전이다.

텔레비전 방송은 오늘날 우리 생활에서 빼 놓을 수 없는 통신수단 가운데 하나이다. 날마다 거의 모든 사람이 뉴스, 운동 경기, 음악과 오락, 드라마, 나아가 여러 가지 강의와 강연 및 토론 등을 보고 듣는다.

텔레비전 방송은 방송 카메라로 무엇을 찍는 일에서 시작된다. 영화와 마찬가지로 텔레비전도 1초에 수십 장의 사진을 연속해서 찍음으로써 움직이는 것과

미디어뱅크 사진

같은 영상을 만들어낸다. 사진을 찍을 때에 소리도 함께 녹음하므로 같은 시각에 사진과 소리가 함께 전자 신호로 기록된다.

텔레비전 카메라는 사진을 찍으면서 물체에서 반사되는 빛을 빛의 3원색인 빨강, 초록, 파랑으로 나누어서 디지털 신호로 기록한다. 이 빛의 3원색을 조합하면 다시 천연색을 만들어낼 수 있다. 그리고 같은 시각에 마이크가 소리를 모아서 디지털 신호로 바꾸어 기록한다. 이렇게 만든 방송 신호를 방송국 안테나로 보내서 전자기파로 공중에 퍼뜨리면 텔레비전 방송이 이루어진다. 텔레비전의 영상 하나하나는 멈추어 있는 것이지만 보통 1초에 30 번씩 빠르게 바뀌기 때문에 마치 움직이는 것처럼 보인다.

텔레비전 수상기가 이런 방송 전파를 안테나로 받아서 영상과 소리를 재생시키면 우리가 텔레비전 방송을 보고 듣게 된다. 몇 해 전까지만 해도 텔레비전 수상기는 모두 크고 무거운 유리 진공관으로 만든 것이었다. 그러나 지금은 거의 다 얇고 납작한 표시 장치로 된 엘시디(LCD), 엘이디(LED) 또는 오엘이디(OLED) 화면 수상기이다.

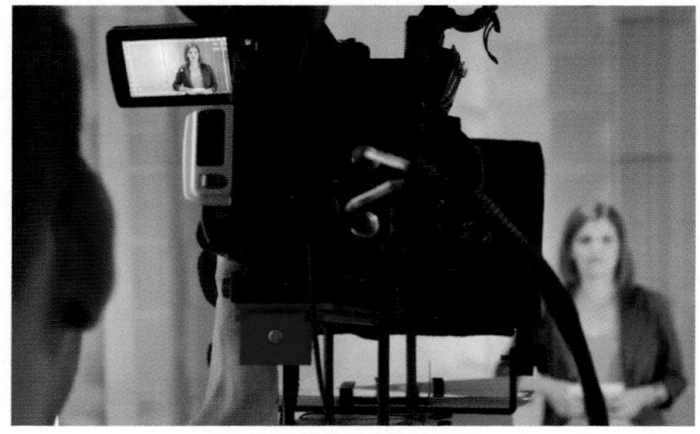

텔레비전 스튜디오 ThKnet, CC-BY-SA-4

진공관식 텔레비전 수상기는 들어온 전기 신호에 따라서 전자총이 화면에다 전자를 빛다발로 쏘아서 영상을 만들었다. 그러나 LCD 텔레비전 수상기는 액체와 같은 결정체, 곧 액정 화면으로 되어 있다. 액정은 작디작은 분자 알갱이의 배열로 이루어진다. 이 배열은 전기나 자기 또는 열로 변화시킬 수 있다. LCD 화면은 헤아릴 수 없이 많은 화소로 이뤄지며, 화소마다 또 수많은 액정으로 이루어진다. 이것이 백라이트라는 조명판이다. 그 위에 빨강, 초록, 파랑 색깔의 필터를 붙여서 이것을 통과하는 빛의 양으로 천연색을 나타낸다.

이제는 발광 다이오드인 LED 및 유기 발광 다이오드인 OLED 텔레비전 수상기가 많이 쓰인다. 이것들은 조명판이 따로 없이 LED 또는 OLED가 직접 빛을 내므로 전기가 덜 든다. 특히 OLED 텔레비전은 화면이 주로 탄소로 만든 얇은 필름으로 되어 있어서 휘거나 접을 수도 있다.

텔레비전 방송은 1931년에 미국에서 처음으로 시작되었다. 우리나라에서는 1956년에 처음으로 텔레비전 방송이 시작되었는데, 그때는 화면이 흰색과 검은색만으로 이루어진 흑백화면이었다. 그러다 1980년에 천연색 방송으로 바뀌었으며, 2013년 1월 1일부터는 모두 디지털 신호로만 방송하게 되었다.

토기(earthenware)

흙으로 빚어서 불로 구운 그릇이다. 대개 1만 2,000년쯤 전에 세계 여러 곳에서 사람들이 처음으로 만들어 쓰기 시작했다.

흔히 찰흙을 물에 갠 반죽으로 그릇이나 항아리를 만들어서 그리 세지 않은 불로 구웠다. 따라서 옹기나 사기 그릇처럼 겉이 번들거리지 않으며 속에 미세한 구멍이 많고 잘 깨진다. 그래도 물이나 음식물을 담아서 옮기고 저장하기에는 충분했다. → 도자기

미디어뱅크 사진

토끼(rabbit)

귀가 길고 꼬리가 짧은 포유류이다. 사람이 기르는 집토끼와 산이나 들에서 사는 굴토끼 및 산토끼가 있다. 그밖에 반려 동물이나 과학 실험에 쓸 동물로 기르기도 한다.

집토끼는 대개 굴토끼를 개량한 것이어서 앞다리가 짧다. 보통 살코기, 털 또는 털가죽을 얻으려고 기른다. 토끼 고기는 기름이 적고 단백질이 많으며 맛도 좋다.

산이나 들에서 자라는 산토끼는 앞다리가 뒷다리의 4분의 3쯤밖에 안되며, 굴토끼도 뒷다리보다 앞다리가 짧다. 산토끼는 맨땅에서 새끼를 낳으며, 굴토끼는 굴속이나 바위틈에서 새끼를 낳는다.

집토끼는 새끼를 밴 지 한 달 만에 4~8 마리를 낳는다. 갓 태어난 새끼는 털이 없고 눈도 뜨지 못하지만 5일쯤 지나면 털이 나며 10일쯤 되면 눈을 뜨고 돌아다닌다. 태어난 지 3 주일쯤 되면 먹이를 먹기 시작하는데, 연한 풀과 나뭇잎을 가리지 않고 잘 먹지만 특히 씀바귀, 질경이, 칡, 토끼풀, 콩잎, 상추, 고구마덩굴 따위를 좋아한다.

Bettina Arrigoni, CC-BY-2.0

토끼풀(clover)

들이나 풀밭에서 흔히 볼 수 있는 여러해살이풀로서 클로버라고도 한다. 둥그런 잎이 보통 세 장이지만 가끔 네 장인 것도 있다. 땅속에서 옆으로 뻗는 줄기의 마디에서 뿌리가 나서 한 곳에 뭉쳐 자란다.

초여름 6~7월에 긴 꽃줄기 끝에 흰 꽃이 하나씩 피는데, 이때 꿀벌이 많이 찾아온다. 그리고 꽃가루받이가 되면 꼬투리 열매가 열린다. 이 꼬투리 속에 씨가 4~6개 들어 있다. 잎이 네 장인 것은 희망, 신앙, 애정, 행복, 용기 등을 나타낸다고 믿는 이들도 있다. 본디 유럽에서 가축의 사료나 거름으로 쓰려고 기르던 것이 널리 퍼졌다.

미디어뱅크 사진

토란(taro)

주로 뿌리를 먹는 채소이다. 축축한 땅에서 잘 자라는 여러해살이풀로서 열대 아시아 지방이 원산지여서 우리나라에서는 주로 남쪽 지방에서 심는다. 뿌리에서 돋아난 긴 잎자루에 길이가 30~50cm인 커다란 잎이 달린다. 아주 드물게 꽃이 피기 때문에 주로 뿌리로 번식시킨다.

뿌리인 토란은 껍질을 벗겨서 한참 동안 물에 불린 다음에 국을 끓여 먹는다. 대개 추석 때에 먹는 음식이다. 토란에는 인, 칼슘, 염분, 당질 같은 영양분이 많이 들어 있다.

미디어뱅크 사진

토마토(tomato)

한해살이 열매채소이다. 그러나 과일처럼 여길 때도 많다. 본디 중앙아메리카의 서부 고원 지대가 고향이므로 선선한 기후에서 잘 자라며 춥거나 너무 더우면 자라지 못하거나 열매가 열리지 않는다.

우리나라에서는 2~3월에 온상에다 씨를 뿌렸다가 4월 말~5월 초에 밭에다 옮겨 심는다. 그러나 비닐하우스 같은 데에서는 어느 때에나 심고 가꿀 수 있다. 줄기가 자라면 곁순이 많이 나므로 띄엄띄엄 심는 것이 좋다. 고르고 큰 열매를 얻으려면 곁순을 잘라 주고 원줄기가 웬만큼 자라면 순지르기를 한다. 줄기가 약하므로 꽃이 필 무렵에 받침대를 세워 주기도 한다.

두 달쯤 자라면 키가 1m 가까이 되며 가지를 많이 뻗고 부드러운 흰털이 많이 난다. 잎은 큰 잎의 잎자루에 작은 잎들이 붙어 있는 깃꼴겹잎인데, 작은 잎은 달걀 모양으로서 끝이 뾰족하고 깊은 톱니가 있다.

늦봄부터 8월까지 꽃대 하나에 노란 꽃이 여러 송이 피고 열매가 열어서 40일쯤 지나면 익는다. 어린 아이의 주먹만한 보통 토마토는 흔히 한 송이에 두세 개가 열리지만 방울토마토는 포도처럼 주렁주렁 여남은 개씩 열린다. 어린 열매는 초록색이지만 익으면 대개 빨갛거나 노랗게 된다. 날로도 먹지만 주스, 케첩 또는 소스 따위를 만들어 먹기도 한다.

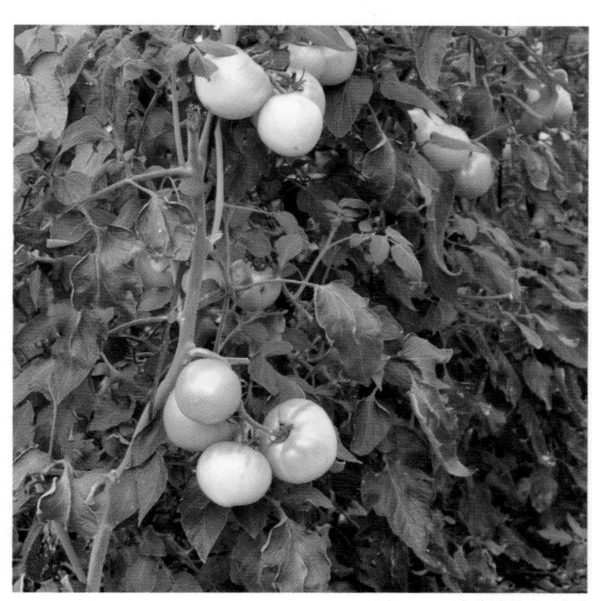

미디어뱅크 사진

토성(Saturn)

태양계의 8개 행성 가운데에서 두 번째로 큰 행성이다. 태양에서 6번째인 목성과 천왕성 사이 궤도에 떠서

허블 우주 망원경으로 찍은 토성 NASA, Public Domain

태양의 둘레를 공전한다. 적도에서의 지름이 지구 지름의 9.1배이며 태양과의 거리는 태양과 지구 사이 거리의 10배쯤 된다. 한 번 자전하기에 약 10시간 40분, 공전하기에는 29년 171일쯤 걸린다.

토성의 둘레에 있는 예쁜 고리 여럿은 모두 고체인 작은 얼음이나 암석 덩어리로 되어 있다. 위성은 지금까지 발견된 것이 62개이다. 토성은 철, 니켈, 암석 따위 고체 물질로 이루어진 핵을 액체 수소 같은 두꺼운 액체 층이 에워싸고 그 위의 표면을 수소, 헬륨, 암모니아, 메테인 등 기체가 뒤덮고 있는 목성형 행성, 곧 가스 행성이다.

토성은 1979년에 미국의 무인 우주 탐사선 파이어니어 11호가, 1980년과 1981년에는 각각 보이저 1호와 2호가 가까이 접근하여 관찰했다. 이어서 2004년에 발사한 카시니 탐사선이 토성의 둘레를 돌면서 수많은 사진과 자료를 보내온 뒤에 2017년에 추락해서 증발되었다. 따라서 그 때에 지구에서 간 물질 2t쯤이 토성에 더해진 셈이다.

적도에서의 반지름	5만 8,232km
태양과의 거리	평균 14억km
자전 주기	10시간 40분
공전 주기	29년 171일
대기	수소 96%, 헬륨 3%, 기타
평균 표면 온도	−139℃
위성	62 개

토양(soil)

땅의 맨 윗부분, 곧 흙이다. → 흙

통조림(canned food)

양철이나 알루미늄 따위 얇은 철판으로 만들어서 살균한 통 속에 음식물을 넣고 공기가 통하지 않게 뚜껑을 꼭 닫은 뒤에 열을 가해서 음식을 상하게 할지도 모를 미생물을 죽인 것이다. 뚜껑을 막고 열을 가하기에 앞서서 공기를 조금 빼내기도 한다. 때로는 음식물을 담은 그릇이 유리병이나 작은 항아리일 수도 있다.

통조림으로 만들어진 식품은 맛이나 향이 좀 떨어질 수 있다. 그러나 오래 저장할 수 있을 뿐더러 운반하기도 쉽다. 사실 통조림은 19세기 초에 프랑스의 나폴레옹이 전쟁을 하면서 군인들의 식품을 오래 저장하고 옮기기 쉽게 하려고 만든 것이다. 그 뒤로 세계 여러 곳에서 전쟁이 날 때마다 군인들이 통조림의 덕을 톡톡히 보게 되었다. 물론 오늘날에는 누구나 사다 두고 언제 어디서나 편하게 먹을 수 있는 간편 식품이 되었다.

미디어뱅크 사진

퇴비(compost)

온갖 풀, 채소나 낙엽 및 볏짚 따위 농작물의 찌꺼기, 동물의 똥, 나뭇재 따위를 켜켜이 쌓아서 띄운 것

유기농 비료 Lucabon, CC-BY-SA-4.0

이다. 위쪽을 가마니나 천막 따위로 덮거나 지붕이 있는 헛간 안에서 띄우면 발효가 더 잘 된다. 골고루 뜨고 삭도록 가끔 뒤집어서 내용물을 섞어 주기도 한다. 옛날에는 모두 이런 퇴비를 농작물의 거름으로 썼다. 좋은 퇴비는 땅을 기름지고 건강하게 만든다.

퇴적물(sediment)

침식되어 깎이거나 잘게 부서진 알갱이 등이 흐르는 물이나 바람에 다른 곳으로 운반되어서 쌓인 것이다. 이런 퇴적물이 오랜 세월에 걸쳐서 위에서 누르는 압력에 단단히 굳으면 암석이 된다.

퇴적암(sedimentary rock)

MichaelMaggs, CC-BY-SA-2.5

퇴적물이 쌓여서 된 바위, 곧 암석이다. 강의 상류와 같이 물살이 센 곳에서는 흙, 모래, 자갈 따위가 물에 휩쓸려서 떠내려간다. 그러다 하류에 이르면 강의 폭이 넓어지면서 물살이 약해지므로 쓸려가던 물질이 가라앉는다. 이런 퇴적 작용이 오랫동안 계속되면 흙, 모래, 자갈이 층층이 쌓이므로 먼저 가라앉은 것이 뭉치고 단단해져서 암석이 된다. 이 암석을 퇴적암이라고 한다. 육지의 높은 곳에 센 바람이 불면 흙먼지가 날리다가 낮은 곳에 쌓여서 퇴적암이 되기도 한다.

퇴적암은 여러 가지 물질이 층층이 쌓여서 이루어진다. 그래서 대개 층 무늬가 있으며 동물이나 식물이 묻혀서 된 화석이 들어 있기도 한다.

퇴적암은 암석을 이룬 알갱이의 크기에 따라서 역암, 사암, 이암, 셰일로 나뉜다. 알갱이의 크기가 모래보다 굵은 자갈로 이루어진 암석이면 역암이며, 알갱이가 진흙보다 더 큰 모래이면 사암이고, 진흙과 같이 아주 작은 알갱이로 이루어지고 못에 쉽게 긁히면 이암이다. 셰일은 알갱이의 크기는 이암과 같지만 층리가 얇고 뚜렷하며, 망치로 때리면 얇게 잘 쪼개진다.

퇴적암이 높은 육지에서 발견되기도 하는데, 그 까닭은 먼 옛날에 낮았던 곳이 솟아올랐기 때문이다. → 지층

퇴적 작용(sedimentation)

침식 작용으로 말미암아 깎이거나 잘게 부서진 알갱이들이 흐르는 물에 다른 데로 운반되어서 쌓이는 일이다. 이것들은 바람이나 빙하 따위에 실려서 운반되기도 한다.

퇴적 작용은 강물에 실려 온 흙과 모래가 쌓이면서 강의 하류에서 잘 일어난다. 이것은 지구의 표면에 변화를 일으키는 여러 가지 작용 가운데 하나이다.

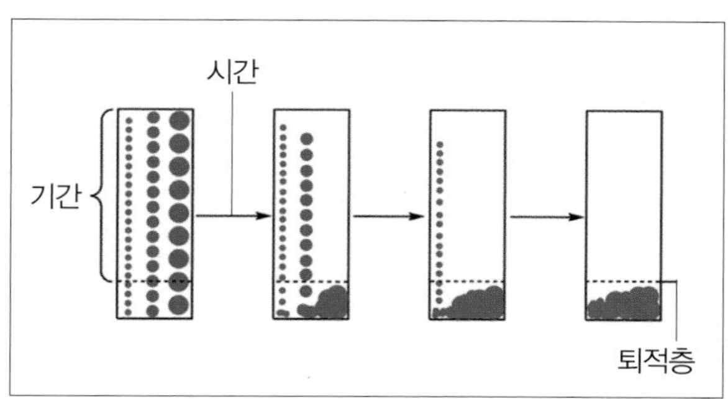

퇴적 작용의 순서 DorGe, CC-BY-SA-4.0

튜브(rubber tube)

자전거나 자동차의 타이어 속에 들어 있는 둥그런 고무관이다. 안에 공기를 불어 넣어서 그 압력으로 타이어가 팽팽해지게 한다.

이것이 속에 든 공기 때문에 물에 잘 뜨기 때문에 흔히 해수욕장 같은 데에서 몸을 물에 띄울 때에도 많이 이용한다. 그래서 어린이의 몸을 물에 띄우려고 비닐 따위로 만든 물놀이 기구도 흔히 튜브라고 한다.

그러나 본디 튜브라는 말은 길둥그런 통이나 대롱 따위를 가리킨다. 따라서 손으로 짜서 쓰는 치약이나 그림물감을 담은 둥글고 길쭉한 통도 튜브이다.

Ferdous, CC-BY-SA-4.0

트랙터(tractor)

흔히 엔진이 달려 있어서 사람이 타고 조종할 수 있는 것으로 농사를 지으면서 밭을 갈고 씨를 뿌리거나 익은 곡식을 거두는 일에 쓰는 기계를 트랙터라고 부른다. 그러나 트랙터는 본디 땅에서 자동차나 기계 같은 것을 끌거나 미는 차이다. 예를 들면, 무거운 짐을 실은 트럭을 끄는 자동차이다. 또 불도저의 무겁고 큰 쟁기를 미는 힘센 기계 부분도 트랙터이다.

트랙터는 엔진의 힘이 아주 세기 때문에 앞이나 뒤에 여러 가지 기계를 달아서 끌거나 밀고 다니며 그 기계에 동력도 제공한다. 농사에는 쟁기, 써레, 이앙기, 수확기 또는 농약 뿌리개 등을 단 트랙터가 쓰일 뿐만 아니라 짐칸을 달아서 농산물을 운반하기도 한다. 또 여러 건설 현장에서 땅을 파거나 흙 또는 돌무더기를 옮기는 일을 하는 기계에 쓰이며, 목장이나 벌목장 및 그 밖의 여러 가지 일에 알맞게 만들어진 트랙터가 많다.

트랙터는 바퀴를 단 것이 많지만 필요에 따라서 무한궤도가 달린 것도 있다. 무한궤도는 강철 조각을 이어 엮어서 만든 넓적한 띠가 바퀴들을 모두 함께 감싸

고 있어서 바퀴가 돌면 이 띠가 돌아가면서 자동차가 앞으로 나아가게 한다. 이 띠가 긴 판을 이루고 있기 때문에 움푹 파였거나 울퉁불퉁한 땅에서도 바퀴가 빠지거나 걸리지 않고 나아갈 수 있는 것이다.

미디어뱅크 사진

트럭(truck)

짐을 실어 나르는 자동차이다. 쓰임새에 따라서 크기나 모양이 여러 가지이다. 승용차와 크기가 비슷한 것에서부터 컨테이너를 싣는 트레일러에 이르기까지 온갖 트럭들이 멀고 가까운 길을 다니며 짐을 실어 나른다.

트럭은 무거운 짐을 싣기 때문에 대개 힘이 좋아야 한다. 따라서 경유를 연료로 쓰는 디젤 엔진을 단 것이 많은데, 이 엔진은 일산화탄소를 많이 내뿜어서 공기를 오염시키는 단점이 있다. → 자동차

Alf van Beem, Public Domain

ㅍ

파(spring onion)

채소로 쓰는 여러해살이풀이다. 한 뿌리에서 속이 빈 초록색 잎이 여럿 돋아서 곧게 선다. 초여름에 잎 사이에서 꽃줄기가 돋아 70cm쯤 자라면 그 끝에 조그맣고 하얀 꽃들이 작은 공처럼 수북이 뭉쳐서 핀다.

파는 본디 중국에서 가꾸기 시작한 채소인 것 같다. 칼슘, 염분, 비타민 등이 많이 들어 있으며 독특한 냄새가 난다. 옛날부터 동양 여러 나라에서 채소로 가꾸어 왔지만 서양에서는 거의 먹지 않는다. 오늘날 날씨가 따뜻한 남부 지방에서는 가을에 씨앗을 뿌려서 이듬해 봄에 거둬들이며, 추운 북쪽 지방에서는 봄에 씨앗을 뿌려서 가을에 거둬들인다. 파는 대개 모판에 씨를 뿌려서 모종을 가꾼 뒤에 본밭에다 옮겨 심는다.

미디어뱅크 사진

파리(fly)

특히 여름에 많이 보이는 곤충이다. 몸이 머리, 가슴, 배의 세 부분으로 이루어져 있다. 머리 양쪽에 커다란 겹눈이 있으며, 정수리에 3개의 홑눈과 더듬이가 있다. 입에는 혀같이 넓적한 부분이 있어서 먹이를 핥기에 알맞다.

USDAgov, Public Domain

가슴에 다리 3쌍과 날개 한 쌍이 달려 있다. 날개 뒤에 뒷날개가 변해서 이루어진 곤봉 모양의 기관이 있는데, 이것은 몸의 균형을 잡는 일에 쓰인다. 온몸에 털이 수북이 나 있어서 여러 가지 병원체를 묻혀 옮기기도 한다.

파리는 쓰레기, 똥, 동물의 시체와 같이 지저분한

곳에다 알을 낳는다. 낳은 지 하루쯤 지나면 알에서 애벌레인 구더기가 나온다. 구더기는 허물을 2번 벗고 나서 번데기가 되었다가 4~11일 지나면 어른벌레인 파리가 된다. 암컷은 알에서 깬 지 한 달쯤이면 다 자라서 알을 낳을 수 있으며, 일생 동안 6~9번 알을 낳는다.

파리에는 집파리, 초파리, 똥파리, 쇠파리 따위 7만 5,000 가지가 있다. 그 가운데에서 사람에게 해를 많이 끼치는 것은 집파리이다. 집파리는 가축, 똥, 음식물, 사람의 몸 따위에 옮겨 다니면서 장티푸스, 콜레라, 이질 같은 병원체를 옮긴다. 그밖에 소아마비를 일으키는 병원체나 진딧물을 옮기는 파리도 있으며, 가축의 혈액을 빨아먹는 것도 있다. 그러나 사람에게는 해를 주지 않으며 꽃가루받이를 돕는 것도 있다.

더러운 파리를 없애려면 살충제를 뿌리거나 파리의 애벌레인 구더기가 살지 못하도록 주변을 늘 깨끗하게 해야 한다.

파리 기후 협정 (Paris Climate Change Accord)

지난 수십 년 동안 지구의 평균 기온이 조금씩 높아져 왔다. 석탄이나 석유와 같은 화석 연료의 사용이 늘었을 뿐만 아니라 심한 벌목으로 말미암아 숲이 줄었기 때문이다.

이런 지구의 온난화 현상을 막고자 1992년 여름에 세계 여러 나라가 브라질의 리우데자네이루에 모여서 지구의 환경에 관한 국제 협정을 체결하였다. 이것이 유엔 기후 변화 협정이다. 우리나라는 그 다음 해인 1993년에 이 협정에 가입했다.

이 협정에 가입한 나라들이 1997년에 일본의 교토에 모여서 지구 온난화의 원인인 이산화탄소 등을 줄이기 위한 구체적인 실천 방안을 마련했다. 이것이 교토 의정서이다.

그 뒤 2015년 12월 12일에 프랑스 파리에서 '파리 기후 협정'을 체결했는데, 유엔 기후 변화 협정에 가입한 195 나라가 이에 동의하였다. 이 협정의 뜻은 지구의 평균 온도가 산업화 이전 수준에 견주어 2℃이상 오르지 않도록 온실가스의 양을 점차 줄이자는 것이다. 이에 따라 각 나라는 이제 미래를 위한 여러 가지 새로운 정책과 법령을 마련하고 기업들이 내뿜는 온실가스의 양을 규제하는 것 같은 많은 노력을 기울이고 있다.

파스퇴르, 루이(Pasteur, Louis)

프랑스의 화학자요 미생물학자이다. 1822년에 태어나서 1895년까지 살았다.

그는 발효를 연구해서 저온 살균법을 개발했다. 그 덕에 포도주, 맥주, 우유 등을 상하지 않게 저장할 수 있게 되었다. 탄저병, 닭 콜레라, 광견병 등의 백신도 그가 처음으로 만들고 사용한 것이다.

루이 파스퇴르 User:Trycatch, Public Domain

파인애플(pineapple)

본디 중앙아메리카의 여러 섬과 남아메리카 대륙이 고향인 여러해살이풀이다. 맛있는 과일로 먹는 열매도 같은 이름으로 부른다. 이것을 먼 옛날에 콜럼버스 탐험대가 유럽에 전했는데 요즘에는 세계 어느 열대 지방에서나 많이 심어 기른다. 오늘날 세계에서 파인애플을 가장 많이 생산하는 나라는 필리핀, 브라질 및 코스타리카이다.

파인애플은 심은 지 14~16달이면 한가운데에서 자잘한 꽃이 다닥다닥 붙은 불그레한 솔방울 같은 것이 나타난다. 이 꽃차례가 5cm쯤 자라면 푸른 보랏빛 꽃들이 피기 시작한다. 흔히 200개가 넘는 이 꽃들이 거의 한 달에 걸쳐서 날마다 연이어 핀다. 야생에서는 주로 벌새가 꽃가루받이를 시키지만 어떤 품종은 밤에 박쥐가 찾아다니며 꽃가루받이를 돕기도 한다. 그러나 농장에서 가꾸는 것은 대개 사람이 꽃가루받이를 시킨다. 꽃가루받이가 끝나면 각 꽃의 씨방이 자라면서 꽃대를 중심으로 서로 단단히 뭉쳐서 크고 단단한 열매 하나가 된다. 이것이 우리가 먹는 커다란 과일 파인애플이다.

다 익은 파인애플은 무게가 2~4kg이며 표면은 초록빛이 도는 주황색, 누르스름한 초록색 또는 짙은 초록색이다. 우리가 먹는 과육은 단단하며 옅은 노란색인데 더러 흰색도 있다. 농장에서 가꾼 파인애플은 대개 씨가 없지만 몇몇 품종은 껍질 바로 안에 작은 씨가 있다.

처음 열매가 맺히고 나면 줄기의 잎겨드랑이에서 곁순이 나온다. 이것을 떼서 심으면 새 그루로 자란다. 그러나 원줄기에 그대로 놓아두면 자라나서 제 열매를 맺는다. 또 파인애플 바로 밑의 꽃대에서 나는 순, 파인애플의 머리에서 돋는 잎 또는 땅속줄기에서 나는 순을 따서 심어도 새 그루로 자란다. 파인애플 한 그루는 키가 1~1.5m로 자라는데 짧고 튼튼한 줄기를 칼처럼 좁고 긴 잎들이 에워싸고 있다. 촘촘히 나사 모양으로 돋는 이 잎은 흔히 가장자리에 가시가 있으며 질기고 기름지다.

파인애플의 꽃차례 H. Zell CC-BY-SA-3.0 GFDL

판옥선(plank-house ship)

미디어뱅크 사진

우리나라 조선시대 수군, 곧 해군의 중요한 전투용 배이다. 임진왜란 때에 특히 일본군을 무찌르기에 큰 몫을 한 전투선이다.

조선의 명종 임금 10년째인 1555년에 처음으로 만들었는데, 그 전에 쓰던 전투선을 조금 개량해서 갑판을 2층으로 만들고 2층 갑판 한가운데에 지휘소 구실을 하는 작은 집을 지었다. 따라서 노꾼들이 안전한 아래층에서 노를 저어 배를 몰수 있었으며 병사들은 높고 사방이 트인 2층에서 적과 싸웠다. 이런 판옥선에 2층 갑판을 없애고 대신에 지붕을 씌운 것이 거북선이다. 판옥선이나 거북선은 배의 밑바닥이 편평한 편이어서 노를 저어서 쉽게 방향을 바꿀 수 있었으므로 전투에서 매우 날렵했다. 또 판옥선은 매우 크고 튼튼해서 125명이 넘는 수군이 타고 사방의 적에게 화살과 포를 쏠 수 있었으며 갑판이 높아서 적이 쉽게 배에 오르지 못했다.

팔뼈(arm bones)

팔을 이루는 뼈이다. 위는 어깨뼈와 이어지고, 아래는 손뼈와 이어진다. 윗마디의 위팔뼈와 아랫마디의 아래팔뼈의 두 뼈로 되어 있는데, 위팔뼈는 한 가닥이며

아래팔뼈는 두 가닥이다. 위팔뼈와 아래팔뼈가 이어지는 뼈마디의 바깥쪽을 팔꿈치라고 한다. → 뼈

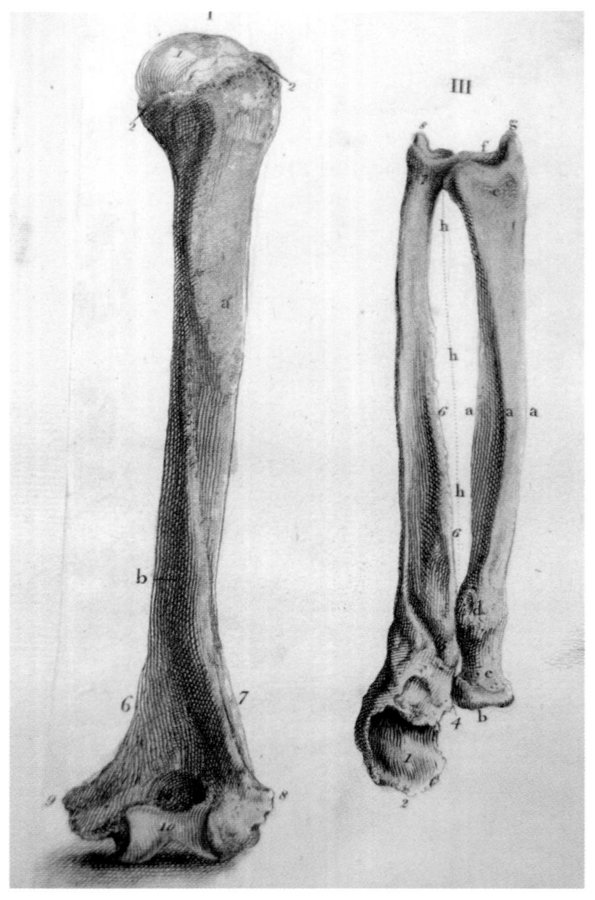

위팔뼈와 아래팔뼈 User:Magnus Manske, CC-BY-2.0

팥(adzuki bean)

콩과의 한해살이풀이다. 키가 보통 50~90cm로 자라는데, 줄기가 콩보다 더 가늘고 길다. 어긋나는 잎이 세 쪽 겹잎인데, 작은 잎은 타원형이며 끝이 뾰족하다.

여름에 잎겨드랑이에서 긴 꽃줄기가 나와서 노란색 꽃이 여럿 핀다. 이어서 가늘고 긴 꼬투리가 열리는데, 그 속에 콩보다 좀 더 작은 팥이 3~10개씩 한 줄로 들어찬다. 영근 팥은 대개 붉은 색이지만 옅은 초록색이거나 노란색 또는 검정색인 것도 있다.

미디어뱅크 사진

패랭이꽃(Chinese pink)

양지바른 산이나 들, 특히 산골짜기나 냇가에서 잘 자라는 여러해살이풀이다. 밑동에서 가지가 많이 갈라져 포기가 되며 가느다란 줄기가 30~60cm로 자란다. 잎은 마주나며 한여름에 가지의 끝에 원통꼴인 꽃이 하나씩 핀다.

미디어뱅크 사진

꽃의 색깔은 붉은 색에 가까운 분홍색이나 자주색이 많지만 더러 흰 것도 있다. 꽃잎과 꽃받침은 각각 5장씩이다. 꽃잎의 끝이 흔히 얕게 째지는데, 패랭이꽃 가운데에서 꽃잎이 분홍색이며 술처럼 가늘고 길게 째지는 것을 술패랭이라고 한다.

펄프(pulp)

나무나 볏짚 따위 주로 섬유가 많은 식물을 잘게 부숴서 화학 약품을 넣고 으깬 물질이다. 종이나 인조견의 원재료가 된다. 쓰임새에 따라서 걸쭉한 액체로 만들거나 말려서 넓적한 판으로 만든다.

펄프는 만드는 방법에 따라서 쇄목 펄프와 화학 펄

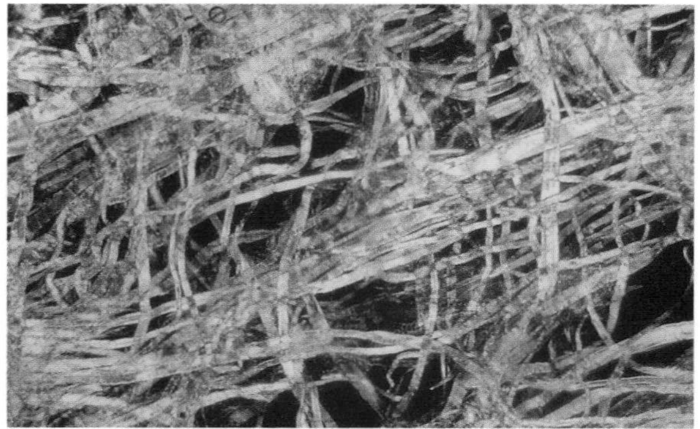

펄프의 섬유 확대 사진 Jan Homann, Public Domain

프로 나뉜다. 목재를 1m 길이로 잘라서 껍질을 벗기고 물과 함께 잘게 부순 다음에 불순물을 없애서 만든 것이 쇄목 펄프이다. 화학 펄프는 껍질을 벗긴 나무를 자잘한 도막으로 잘라서 약품과 함께 넣어 증기로 찐 다음에 불순물을 걸러낸 것이다.

그밖에 위의 두 가지 방법을 섞거나 나무 도막에 열을 가하여 만드는 방법도 있다. 전나무, 가문비나무, 대나무, 볏짚, 마닐라삼, 대마, 아마, 닥나무 따위가 흔히 펄프를 만드는 재료로 쓰인다.

페가수스자리(Pegasus)

가을에 북쪽 하늘에서 볼 수 있는 큰 별자리이다. 초저녁에 하늘 한가운데에서 가까운 밝은 별 넷이 정사각형을 이루는데, 이것을 페가수스의 사각형이라고 한다. 이 사각형이 그리스 신화에 나오는 날개 달린 말 페가수스의 몸통 부분에 해당한다.

NASA, Public Domain

페놀프탈레인(phenolphthalein)

지시약으로 많이 쓰이는 화합물이다. 용액의 성질이 산성인지 염기성인지 알아내는 일에 알맞다. 산성 용액에 넣으면 변화가 없지만 염기성 용액에 넣으면 붉은색으로 변하기 때문이다.

염기성 용액(pH9)에서 분홍색인 페놀프탈레인 Ben Mills, Public Domain

석탄산과 무수프탈산을 황산과 함께 가열하여 얻는다. 순수 페놀프탈레인은 투명하거나 희고 자잘한 결정체이다. 물에 거의 녹지 않지만 알코올과 에테르에는 잘 녹는다.

페놀프탈레인은 물감이나 약품의 원재료로도 많이 쓰인다. 주로 설사약을 만드는 데 많이 들어간다. → 지시약

페니실린(penicillin)

푸른곰팡이로 페니실린 만들기 Ryan Somma, CC-BY-SA-4.0

사람이 처음으로 만들어낸 항생제이다. 항생제는 우리 몸에 들어와서 병을 일으키는 나쁜 균을 죽이는 약이다. 페니실린은 페니실륨이라는 푸른곰팡이로 만든다. 그러나 실제로는 초록색을 띈 곰팡이이다.

페니실린은 1928년에 영국의 세균학자 알렉산더 플레밍이 처음으로 만들었다. 그가 연구하려고 포도상 구균을 배양하던 접시의 한 귀퉁이에서 우연히 페니실륨 곰팡이가 자라게 되었다. 그런데 이 곰팡이 둘레에서는 포도상 구균이 자라지 못했다. 그래서 이 곰팡이를 연구한 끝에 이것이 사람에게 감염되는 여러 가지 박테리아를 죽이는 물질을 만든다는 사실을 알게 되었다.

플레밍은 박테리아를 죽이는 이 물질을 페니실린이라고 이름 지었다. 그리고 설탕물 배양액으로 이 곰팡이를 기른 다음에 그것을 걸러내서 페니실린을 대량으로 생산하는 길을 열었다. 이렇게 만들어진 페니실린은 우리 몸의 조직을 해치지 않으면서도 병균을 죽이는 최초의 약품 중 하나가 되었다.

그 뒤에 하워드 플로리와 언스트 체인이라는 두 과학자가 페니실린을 순수한 가루로 만들어서 저장할 수 있게 했다. 그래서 누구나 페니실린으로 치료를 받을 수 있게 된 것이다.

페르디난트 마젤란(Ferdinand Magellan)

배를 타고 처음으로 지구를 한 바퀴 돈 옛날 포르투갈의 항해가이다. 1518년에 스페인의 탐험대를 이끌고 남아메리카 대륙을 따라 내려가서 그 끝에 있는 해협을 지나 처음으로 태평양을 발견했다. → 마젤란, 페르디난트

페트리 접시(petri dish)

과학 실험에 쓰는 작고 납작한 유리 접시이다. 흔히 세균 따위를 배양하기에 쓴다. 불필요한 물질이 들어가지 못하도록 덮는 뚜껑이 있다.

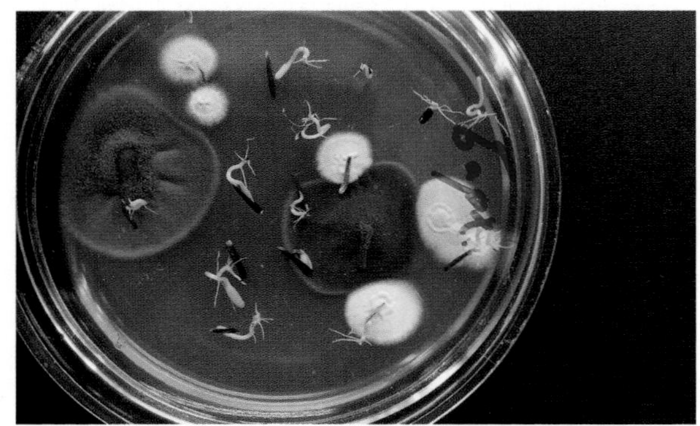

페트리 접시 Oksana Lastochkina, CC-BY-SA-4.0

페트병(PET bottle)

피이티(PET), 곧 폴리에틸렌 테레프탈레이트라는 열가소성 합성 수지로 만든 병이다. 피이티(PET)는 인조 섬유를 만들거나 물이나 음료수 같은 액체를 담는 병을 만드는 데에 많이 쓰인다.

페트병은 대개 색깔이 없고 투명하다. 값이 싸고 가벼우며 질길 뿐만 아니라 모두 재활용할 수 있기 때문에 온 세계에서 널리 쓰인다.

미디어뱅크 사진

펜(pen)

잉크를 묻혀서 글씨를 쓰거나 그림을 그리는 도구이다. 먼 옛날부터 우리나라를 비롯한 아시아 지방에서는 붓으로 글씨를 써 왔다. 그러나 서양에서는 중세 시대 초기에 거위 같은 큰 새의 깃대로 글씨를 쓰기 시작했다. 깃대의 굵은 쪽 끝을 뾰족하게 깎고 둘로 쪼개서 그 사이로 잉크가 흘러내리게 한 것이다. 그래서 새의 깃을 뜻하는 라틴어 '페나'에서 펜이라는 낱말이 생겨났다.

흔히 나무막대의 끝에 꽂아서 쓴 강철 펜촉은 1822년쯤에 만들어졌다. 강철판에서 펜촉을 찍어내 오목하게 휘어서 탄력 있게 열처리한 다음에 끝을 다듬고 쪼갠 것이다.

만년필은 1850년쯤에 처음으로 만들어졌다. 그리고 볼펜은 1940년대에 나왔다. 볼펜은 펜촉 대신에 끝에 아주 작은 쇠공이 박힌 것이다. 이 공이 틀 속에서 구르면서 안에 든 잉크를 묻혀서 종이에다 바름으로써 글씨가 쓰인다. 그 뒤에 나온 것이 촉을 펠트로 만든 사인펜이나 매직펜이다. 펠트는 양털 같은 섬유를 단단히 뭉친 것인데, 플라스틱이나 유리로 만든 통 속에 든 심에 잉크가 흠뻑 적셔 있다. 그래서 이 펜은 마르지 않도록 늘 뚜껑을 씌워 두어야 한다. → 볼펜

펜 여러가지 Elite S Moramels, CC-BY-SA-3.0

펭귄(penguin)

날개가 퇴화하여 날지 못하는 새 가운데 한 가지이다. 땅에서는 뒤뚱거리며 걷지만 물속에서는 물고기처럼 헤엄을 잘 친다. 추위에 잘 적응하여 남극에 가까운 섬들과 아프리카, 뉴질랜드, 오스트레일리아 및 남아메리카 대륙의 서늘한 남쪽 바닷가 지방에서 번식한다.

모두 18 가지가 있는데, 그 가운데에서 두 가지인 아델리펭귄과 황제펭귄만 남극 대륙과 그 부근의 섬에서

산다. 이렇게 추운 지방에서 사는 펭귄들은 기름기가 많은 깃털이 매우 촘촘히 나서 서로 잘 얽혀 찬 바닷물이 몸에 직접 닿지 않게 막아 준다. 한편, 갈라파고스 펭귄은 남아메리카 대륙 서쪽의 열대 지방 섬인 갈라파고스 제도에서만 산다.

깃털의 색깔은 날개와 등은 검고 배는 희다. 종류에 따라서 주로 머리의 모양과 크기가 다른데, 가장 작은 것은 몸길이가 40cm이며, 가장 큰 황제펭귄은 키가 1m 20cm에 이른다. 모두 물고기, 오징어, 갑각류 따위를 잡아먹고 산다.

임금펭귄 Ben Tubby, CC-BY-2.0

편백나무(hinoki cypress)

일본이 고향인 늘푸른큰키나무이다. 키가 35m에 밑동의 지름이 1m에 이르도록 몹시 더디게 자란다. 짙은 적갈색 나무껍질은 위아래로 얇게 벗겨진다. 두꺼운 잎이 마주나는데 비늘처럼 생겼으며 끝이 뭉툭하다. 길이가 2~4mm이며 위는 초록색이고 밑은 초록빛이지만 흰줄이 있다. 봄에 꽃이 피어 10월에 동그란 열매가 익는데 지름이 1cm 안팎이다.

목재가 곧을 뿐만 아니라 무늬와 향기가 좋아서 옛날부터 집을 짓거나 가구를 만드는 데에 많이 쓴다. 또, 살아 있는 나무는 피톤치드라는 항균 물질을 내뿜기 때문에 우리나라 남부 지방에서 많이 심어서 숲을 가꾼다. 또, 온대 지방의 다른 여러 나라에서도 많이 심는다. 따라서 공원이나 화분에 심으려고 개량한 품종도 꽤 많다.

편백나무 Σ64, CC-BY-3.0 GFDL

평야(plain)

드넓고 편평한 땅이다. 땅이 낮아서 살기에 편하고 오가기가 쉬워서 옛날부터 사람이 많이 모여 산 곳이다. 특히 기후가 알맞은 곳에서는 농업이 발달하며, 교통이 좋은 곳에는 도시가 들어선다.

평야는 강물에 실려 온 진흙과 모래 따위가 강의 하류에 쌓여서 이루어지거나 땅이 오랫동안 빗물과 바람에 깎여서 편평하게 되어 만들어진다. 진흙과 모래가 쌓여서 이루어진 평야로는 인도의 갠지스강 하류나 이집트의 나일강 하류 및 우리나라의 김해평야 등이 있다. 북아메리카 대륙의 중앙 평원, 아마존강 유역의 평야, 서시베리아평원, 유럽평원 등과 함께 우리나라의 거의 모든 평야는 빗물과 바람에 깎여서 만들어진 것이다.

미디어뱅크 사진

폐(lung)

우리가 숨을 쉬는 호흡 기관 가운데 하나이다. 거의 모든 척추 동물의 가슴 속에 들어 있으며 기관의 양쪽 끝에 자리 잡은 한 쌍으로 되어 있다. → 허파

폐렴(pneumonia)

폐, 곧 허파에 염증이 생긴 병이다. 대개 세균이나 바이러스가 원인이지만 가끔 곰팡이나 그밖의 미생물 때문에 생기는 수도 있다. 또 드물게나마 알레르기 반응 때문이거나 자극적인 물질을 들이마셔서 일어나는 수도 있다.

독감이나 그밖의 호흡기병을 일으키는 여러 가지 박테리아가 폐렴을 일으킨다. 그러나 대개 세균의 침입으로 생긴 폐렴이 가장 증상이 심하다. 폐렴에 걸리면 갑자기 춥고 열이 나며 가슴이 답답하다. 또 기침을 심하게 하다가 나중에는 피가 섞인 가래가 나올 수 있다. 반면에, 바이러스에 의한 폐렴은 열이 나고 기운이 없으며 기침을 하고 가래가 끓지만, 그래도 증상이 그리 심하지 않은 편이다.

세균 때문에 생긴 폐렴은 항생제로 치료할 수 있다. 그러나 1940년대에 항생제가 나오기 전까지는 폐렴 환자의 반 이상이 목숨을 잃었다. 오늘날에는 거의 모든 환자가 치료만 잘 받으면 회복된다.

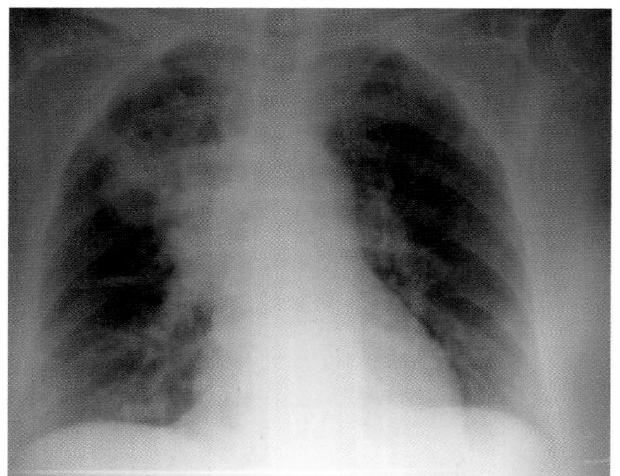

폐렴 환자의 엑스선 사진 Joseaperez, CC-BY-SA-3.0 GFDL

폐수(sewage)

여느 가정집이나 산업체에서 쓰고 버리는 더러운 물과 그밖의 액체이다. 가정의 폐수는 주로 부엌, 목욕탕 및 화장실에서 나오지만 산업체의 폐수는 공장 같은 산업 현장에서 나온다.

폐수는 도시의 하수도를 거쳐서 강과 바다에 이르게 되는데, 그대로 흘려보내면 냇물, 강물 및 바닷물을 오염시킨다. 그래서 폐수는 깨끗하게 처리한 다음에 하천이나 바다로 내보내도록 법으로 정해져 있다.

독일의 폐수 처리장 Dietmar Rabich, CC-BY-SA-4.0

폐회로 텔레비전(closed-circuit television)

전선을 통해서 정해진 곳의 영상을 정해진 텔레비전 수상기에만 보내 주는 텔레비전이다. 폐쇄회로 텔레비전 또는 상황 관찰기라고도 한다.

예를 들면, 교통사고가 잦은 길가에 설치된 폐회로 텔레비전 카메라는 온종일 그곳을 지나가는 모든 움직이는 것의 영상을 정해진 텔레비전 수상기에 보내 주며 저장한다. 또한 은행, 역 또는 공항 같은 데에 설치된 폐회로 텔레비전 카메라는 수없이 오가는 많은 사람을 감시원들이 한 자리에서 관찰할 수 있게 한다. 아울러 병원에서는 이것으로 드나드는 사람들을 살피거나 수술 장면을 밖에 있는 가족에게 보여 주기도 한다.

폐회로 텔레비전 카메라 Otto Normalverbraucher, Public Domain

포도(grape)

포도나무의 열매이다. 구슬처럼 작고 동글동글한 열매가 송이를 이루어 열린다. 어린 열매는 초록색이지만 익으면 대개 검은 자주색으로 변한다. 그러나 익어도 열매가 잘고 초록색인 것 또는 길둥그런 것도 있다.

미디어뱅크 사진

포도당과 비타민을 비롯해서 여러 가지 영양소가 많이 든 포도는 먼 옛날부터 과일 대접을 받아 왔다. 날로 먹거나 가공하여 술, 주스, 젤리, 잼, 건포도 등을 만든다.

포도나무는 덥고 비가 적은 기후를 좋아한다. 유럽 및 아메리카 대륙에서 많이 가꾸며 우리나라에서도 어디서나 잘 자란다. 줄기가 덩굴지며 잎이 넓다. 봄 5~6월에 작은 초록색 꽃이 피어 열매가 열리면 8~10월에 익는다. 잎은 가을에 단풍이 들어서 떨어진다.

포유류(mammal)

암컷이 새끼를 낳아서 젖을 먹여 기르는 동물이다. 그래서 젖먹이동물 또는 포유동물이라고도 한다. 개, 소, 말 등과 더불어 사람도 포유류이다.

포유류는 모든 동물 가운데 가장 영리하고 가짓수가 많다. 모두 피가 따뜻한 정온 동물이며 뼈로 이루어진 뼈대가 있다. 대개 온몸에 털이 나 있어서 추위를 막는다. 생쥐처럼 갓 태어났을 때에는 몸이 벌거숭이이며 눈도 뜨지 못하는 것이 있는가 하면, 사슴처럼 태어나서 몇 시간만 지나면 뛰어다니는 것도 있다.

포유류는 세상에 가장 늦게 나타난 동물 무리이다. 물고기, 양서류, 파충류, 곤충 따위보다 훨씬 뒤에 지구에 나타났다. 공룡들이 판치던 수백만 년 전에는 오늘날의 뾰족뒤쥐와 비슷하게 생긴 아주 조그만 포유류밖에 없었다. 그러나 공룡들이 사라지자 포유류가 그 자리를 차지했다. 그리고 진화를 거듭해서 여러 가지 다른 모습으로 발전하면서 온 세상으로 퍼져 나갔다.

포유류 중에서도 가장 영리한 종류는 영장류이다. 원숭이, 유인원 및 사람이 이 영장류에 든다.

새끼를 업은 주머니여우 JJ Harrison, CC-BY-SA-2.5

포자(spore)

곰팡이, 버섯, 이끼 따위 꽃이 피지 않는 식물이 자손을 퍼뜨리는 생식 세포이다. 우리말로는 홀씨라고 한다.

꽃피는 식물의 씨는 수꽃의 꽃가루와 암꽃의 밑씨가 만나서 만들어지지만, 꽃이 피지 않는 식물의 포자는 세포 분열을 통해서 만들어진다. → 홀씨

폭포(waterfall)

높은 데에서 낮은 데로 급하게 떨어지는 강물이나 냇물이다. 흐르는 물은 위쪽의 바위층보다 더 무른 바위층을 아래쪽에서 만나면 그곳을 훨씬 더 빨리 파낸다. 그래서 높이의 차이가 커져 흐르던 물이 급하게 떨어지는 곳이 생긴다.

폭포는 대개 고원의 가장자리에 있다. 높은 땅에서 흐르던 강물이 낮은 땅으로 이어지면서 그 경계선에서 폭포가 되는 것이다. 세계에서 가장 높은 폭포는 남아

메리카 대륙의 베네수엘라 동쪽 지방에 있는 앙헬 폭포이다. 높이가 모두 979m로서 끊기지 않는 폭포수의 길이만 807m에 이른다. 이것은 해발 2,560m의 테푸이 산에서 깎아지른 절벽을 따라 아래로 쏟아지는 물줄기이다.

그밖에도 아프리카 대륙의 잠비아와 짐바브웨 사이에 있는 빅토리아 폭포, 북아메리카 대륙의 캐나다와 미국 사이에 있는 나이아가라 폭포 및 남아메리카 대륙의 브라질과 아르헨티나 사이에 있는 이구아수 폭포 등이 그 크기와 아름다움으로 세계에 이름이 난 폭포들이다.

미디어뱅크 사진

폴리머(polymer)

수많은 작은 분자들이 긴 사슬처럼 화학적으로 연결되어서 이루어진 커다란 분자이다. 작은 분자 구성단위들이 중합이라는 과정을 통해서 반복적으로 사슬처럼 이어진다. 그래서 폴리머를 우리말로는 중합체라고 한다. 폴리머 하나에는 작은 분자 구성단위가 수천 개씩 들어 있다.

흔하면서도 쓸모 있는 여러 물질이 폴리머인데, 이런 폴리머에는 자연히 만들어진 것과 사람이 만든 것이 있다. 녹말, 명주실, 동물의 털 등은 자연 폴리머이다. 녹말은 식물이 포도당이라는 단순한 당분으로 만든 것이며 명주실이나 털은 단백질의 다른 모습들이다. 또, 나무나 종이의 주요 구성 요소인 섬유소도 자연 폴리머이다. 한편, 튼튼한 플라스틱 물질인 나일론이나 폴리에틸렌은 인공 폴리머이다. 그런가 하면 고무라는 폴리머는 자연에서도 나고 인공으로도 만들어진다.

분자 사슬은 유연성이 매우 높을 뿐만 아니라 성질이 독특하므로 쓸모가 아주 많다. 예를 들면, 고무 같은 몇 가지 폴리머는 본디 길이보다 몇 배나 더 길게 늘어뜨려도 깨지지 않으며 다른 단단한 폴리머들은 분자의 크기가 크기 때문에 액체에 잘 녹지 않는다.

폴리비닐 알코올 (polyvinyl alcohol)

물에 녹는 고분자 화합물이다. 아세트산비닐 수지를 가수분해하여 얻는다. 색깔과 냄새가 없는 작은 결정 가루인데 쓸모가 아주 많다. 인조 섬유를 뽑아서 천을 짜며 물에 녹는 농업용 또는 포장재로 쓰는 필름을 만든다. 또 도료나 접착제 따위를 만드는 데에도 널리 쓰이는 원재료이다.

폴리비닐알코올 가루 샘플
LHcheM CC-BY-SA-3.0 GFDL

표고버섯(shiitake mushroom)

맛과 향기가 좋아서 여러 가지 요리에 잘 쓰이는 버섯이다. 따뜻하고 습기가 많은 곳에서 참나무, 밤나무, 서어나무 따위의 죽은 등걸에 난다. 조건이 맞으면 어디서나 자라지만, 우리가 먹는 것은 대개 사람의 손으로 기른 것이다.

갓은 지름이 4~10cm이며 표면의 색깔은 다갈색인데, 흔히 잘게 갈라진 홈이 많이 나 있어서 속살이 드러나 보인다. 흰색인 갓의 밑에는 주름이 많이 있는데,

그 속에서 홀씨가 만들어진다. 키 3~6cm, 지름 1cm 쯤인 버섯 자루도 색깔이 하얗다. → 버섯

Keith Weller, Public Domain

표백제(bleach)

실, 직물 또는 식품에 든 색소를 화학 작용으로 없애서 희게 만드는 물질이다. 크게 나누어서 산화력을 이용하는 산화 표백제와 환원력을 이용하는 환원 표백제가 있다.

산화 표백제에는 과산화물인 것과 염소화합물인 것이 있다. 또, 환원 표백제는 양털의 표백에만 쓴다. 식품의 색깔을 없애는 표백제는 사람에게 해가 없게 하려고 그 종류와 사용량을 엄격하게 법으로 정해 놓았다.

푸른곰팡이(penicillium)

흔히 음식물, 가죽, 천 따위에 스는 곰팡이이다. 모두 250 가지쯤 있는데, 대개 푸른색이나 초록색을 띤다. 약품이나 유기산 또는 치즈 따위를 만드는 데에 많이 쓰인다.

특히 초록색을 띤 곰팡이 가운데 한 가지는 아주 중요한 주사약을 만드는 데에 쓰인다. 우리 몸에 들어와

귤껍질에 핀 푸른곰팡이
User:Bios~commonswiki, CC-BY-SA-3.0 GFDL

서 병을 일으키는 박테리아를 죽이는 힘이 있기 때문이다. 이 약품이 바로 맨 처음에 나온 항생제인 페니실린이다. → 페니실린

풀(glue)

주로 면과 면을 서로 맞대어 붙이기에 쓰는 물질이다. 종이를 이어 붙이거나 벽지를 바를 때에 많이 쓴다. 그러나 무명베와 같은 천을 빳빳하게 만드는 데에도 쓴다.

옛날에는 대개 밥이나 밀가루에다 물을 많이 넣고 묽은 죽을 쑤어서 풀을 만들었다. 곡물의 녹말로 된 이런 풀은 만들기가 쉽고 값이 싸다. 그러나 붙이는 힘이 약하고 곰팡이가 피기 쉬운 약점이 있다.

또 옛날부터 나무의 즙이나 동물의 단백질로도 여러 가지 풀을 만들었다. 그러나 요즘에는 합성수지 같은 화학 물질로 만든 것이 많다. 여러 가지 장난감이나 책은 물론이려니와 옷, 가구, 비행기 같은 중요한 물건을 만드는 데에도 강력한 풀이 많이 쓰인다.

미디어뱅크 사진

풀(grass)

식물은 생김새에 따라서 크게 나무와 풀로 나뉜다. 풀에는 길가나 들에서 자라는 온갖 잡초뿐만 아니라 무나 배추 같은 채소, 벼나 보리 같은 수많은 농작물이 들어 있다. 이 세상에는 풀이 모두 1만 가지쯤 있다.

풀은 뿌리, 줄기 및 잎으로 이루어진다. 거의 다 전체로 보아서 키가 작고 줄기가 가늘며 초록색이다. 나무와 달리 줄기의 형성층이 1년 동안만 자라기 때문에 줄기가 두껍게 되지 않는다. 따라서 나이테도 없다. 풀의 줄기는 대개 초록색이며 물기가 많다. 대나무는 겨

울에도 땅위 부분이 죽지 않고 여러 해 동안 살기 때문에 나무처럼 보이지만, 여러 해가 지나도 줄기가 두껍게 자라지 않으므로 풀에 든다.

풀의 뿌리는 부드러운 섬유질로 이루어져 있다. 떡잎이 외떡잎인 풀은 뿌리가 수염뿌리이며, 쌍떡잎인 풀은 굵은 원뿌리에 가는 곁뿌리가 많이 난다. 잎과 꽃은 종류에 따라서 색깔이나 모양이 다르다.

무성한 풀 Downtowngal, CC-BY-SA-3.0

겨울이 되면 풀은 대개 땅위 부분이 말라서 죽는다. 그 가운데 봄에 싹이 터서 가을까지 자라다가 겨울에 모두 말라 죽는 것을 한해살이풀, 땅위 부분은 마르지만 땅속의 뿌리가 살아서 이듬해에 열매를 맺고 죽는 것을 두해살이풀, 뿌리가 여러 해에 걸쳐서 사는 것을 여러해살이풀이라고 한다.

풀은 날씨가 메마르고 더운 사막 지방이건 아주 추운 극지방이건 가리지 않고 거의 세계 어디서나 자란다. 이 풀은 소, 말, 토끼와 같은 초식 동물의 좋은 먹이가 되며, 벼나 보리 또는 밀 따위의 씨는 사람의 중요한 식량이다. 또 땅에서 자라는 풀의 뿌리는 흙이 빗물에 쓸려가지 않게 붙잡아 두는 구실도 한다.

품종 개량(breeding)

식물이나 동물을 골라서 짝지어 더 나은 후손을 만들어내는 일이다. 이런 일은 사람이 농사를 짓고 가축을 기르기 시작하면서 아주 먼 옛날부터 이루어져 왔지만 서기 1800년대를 지나서 비로소 과학이 되었다.

품종 개량의 방법에는 선택과 교배가 있다. 선택은 한 가지 품종의 식물이나 동물에서 가장 뛰어난 것만 골라 그 자손을 퍼뜨리는 일이다. 예를 들면, 가장 크고 맛있는 열매가 열리는 식물의 씨만 심어서 그 자손을 퍼뜨린다. 또, 교배는 몸집이 커서 살이 많은 돼지와 성질이 온순한 돼지를 짝지어서 순하고 살이 많은 돼지 후손을 얻어 그것을 널리 퍼뜨린다.

하지만 오늘날에는 더 복잡한 품종 개량 방법도 쓴다. 예를 들면, 유전자를 조금 바꾸거나 화학적인 방법을 써서 어떤 병이나 기후에 저항력을 갖거나 특별한 성질을 지닌 동물이나 식물을 만들어내는 것이다.

풍력 발전(wind-power generation)

바람의 힘으로 전기를 일으키는 일이다. 바람이 불면 풍차가 돌면서 발전기를 돌린다. 그래서 바람의 운동 에너지가 전기 에너지로 바뀌어 나온다.

바람은 누구나 공짜로 쓸 수 있는 에너지 자원이다. 또 얼마든지 다시 쓸 수 있다. 그러나 쓸 만한 양의 전기를 일으키려면 엄청나게 크고 값이 비싼 풍차를 수없이 많이 세워야 한다. 따라서 풍력 발전기의 효율을 높이기 위해 세계 여러 나라가 끊임없이 연구를 거듭하고 있다.

미디어뱅크 사진

풍선(balloon)

풍선 Randjelovic.zzz, CC-BY-SA-3.0

대개 잘 늘어나는 얇은 고무막으로 만든 주머니이다. 속에다 공기를 불어넣으면 부풀어서 동그랗거나 길둥그런 모양이 된다. 그러나 보통 공기만 불어 넣어서는 풍선이 공중에 떠오르지 않는다. 보통 공기보다 더 가벼운 뜨거운 공기를 넣어 주어야 한다.

그러나 뜨거운 공기는 곧 식어 버린다. 그래서 대개 풍선에는 공기보다 더 가벼운 기체인 헬륨이나 수소를 넣어야 한다. 하지만 수소는 폭발하기가 쉬워서 잘 쓰지 않는다.

풍진(rubella)

어린이가 잘 걸리는 흔한 감염병이다. 주로 환자가 기침이나 재채기를 할 때에 침에 섞여 나오는 바이러스로 번진다. 병균이 들어오고 나서 2~3 주일 뒤면 콧물이 나고 약한 열이 난다. 좀 도드라진 분홍색 점들이 얼굴에 나타나며 곧 몸통과 팔다리로 번진다. 뒤통수, 귀 뒤, 목의 양쪽 림프절이 붓기도 한다. 이런 증상들은 대개 하루 이틀이면 사라진다. 어린이보다는 10대 청소년이나 어른이 증상이 더 심하며 관절이 아프거나 부을 수도 있다. 그러나 가끔 증상이 전혀 없기도 한다. 풍진에 걸린 환자는 발진이 나타나기 1 주일 전부터 그 뒤 한 닷새 동안 병균을 퍼뜨릴 수 있다.

풍진의 치료법은 특별한 것이 없다. 이 병은 한 번 앓고 나면 평생 동안 면역이 생긴다. 그래서 대개 백신을 미리 맞는다. 대개 아이가 태어나 15달이 지나면 예방 주사를 한 번 맞고 4~6살 사이에 한 번 더 맞는 것이 좋다. 이 예방 주사는 보통 홍역 및 볼거리 백신과 합쳐져 있다. 풍진은 대개 위험하지 않은 병이다. 그러나 아이를 가진 지 얼마 안 된 여자가 이 병에 걸리면 그 아이가 한두 가지 흠을 갖게 될 가능성이 많다. 지적 능력이나 시력 또는 청력이 떨어질 수 있으며 심장이 정상적으로 자라지 못할 수도 있는 것이다.

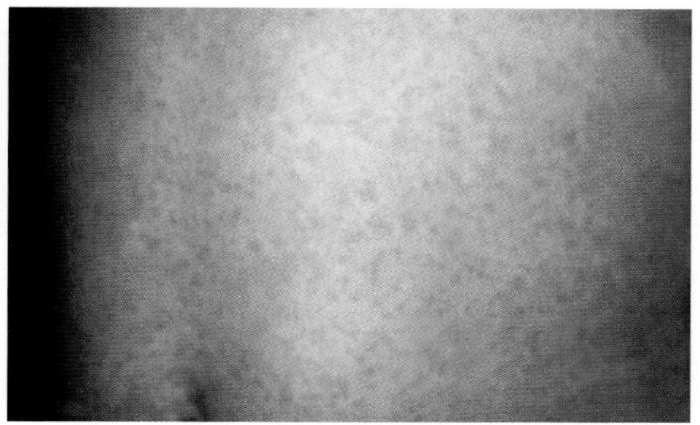

풍진으로 생긴 발진 CDC, Public Domain

프로펠러(propeller)

엔진의 힘으로 돌아가는 축에 달린 날개로 추진력을 내는 장치이다. 흔히 비행기나 배에 쓰인다.

비행기의 프로펠러는 날개가 둘이거나 그 이상이다. 비행기 프로펠러 날개의 단면은 비행기 날개의 단면과 비슷하다. 곧 양력을 내는 공기역학적 구조로 되어 있다. 프로펠러 날개의 단면과 프로펠러가 도는 면이 이루는 각도를 피치라고 한다. 프로펠러의 날개가 좀 뒤

미디어뱅크 사진

ㅍ

틀려 있기 때문에 이 피치가 프로펠러 날개를 따라가며 달라진다. 그러므로 프로펠러 날개의 면이 저마다 가장 효과 있게 추진력을 내는 각도로 공기와 부딪치는 것이다.

한편 프로펠러 날개의 각도가 변하지 않는 고정 피치 프로펠러가 있는데, 이것은 흔히 한 가지 출력에 맞는 한 가지 속력에 가장 효과가 있다. 그래서 주로 작은 비행기에 쓰인다. 반대로 항속 프로펠러는 비행기의 속력에 맞춰서 날개의 각도가 계속 변하는 것이다. 이런 프로펠러는 날다가 엔진이 꺼지면 조종사가 프로펠러의 날개 각도를 바꿔서 프로펠러가 돌지 않게 할 수 있다. 엔진이 꺼진 채 공기역학으로 말미암아 프로펠러가 돌면 엔진이나 비행기가 파손될 수 있기 때문이다. 또 조종사는 비행기가 활주로에 내리면 이 프로펠러를 거꾸로 돌려서 비행기의 추진력을 크게 떨어뜨릴 수도 있다.

프리즘(prism)

빛을 비추어서 여러 가지 효과를 내는 기구이다. 쓰임새에 따라서 분광 프리즘이나 전반사 프리즘 또는 편광 프리즘 따위가 있는데, 우리가 흔히 쓰는 것은 분광 프리즘이다. 분광 프리즘에 햇빛을 통과시키면 빨강, 주황, 노랑, 초록, 파랑, 남색, 보라의 7 가지 색깔로 나뉜 띠 모양으로 나타난다.

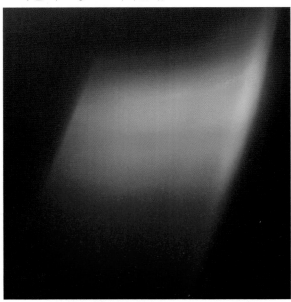

프리즘을 통과한 햇빛 Maxim Bilovitskiy, CC-BY-SA-4.0

햇빛은 아무 색깔도 없는 것 같지만 실제로는 여러 가지 색깔의 빛으로 이루어져 있다. 햇빛을 두께가 고르지 않은 투명한 물체에 통과시키면 여러 가지 색깔로 나뉜다. 분광 프리즘은 이런 성질을 이용하여 햇빛을 여러 가지 색깔의 빛으로 나누는 기구로서 빛이 잘 통과하는 유리나 플라스틱으로 만든다.

분광 프리즘은 삼각기둥 모양이 많이 쓰인다. 한편, 전반사 프리즘은 빛의 방향을 바꾸는 데에, 편광 프리즘은 편광이라는 특수한 빛을 얻는 데에 쓰인다.

플라스틱(plastic)

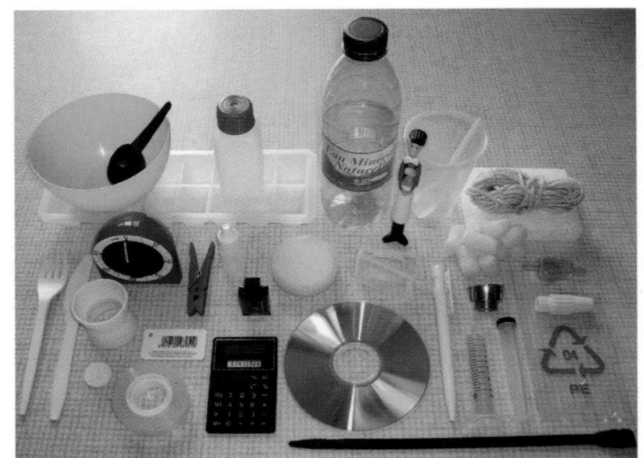

여러 가지 플라스틱 제품 Cjp24, Public Domain

장난감, 볼펜, 전화기, 텔레비전 등 우리가 날마다 쓰는 물건 가운데 플라스틱이 들어가지 않은 것이 거의 없다. 그만큼 플라스틱은 널리 쓰인다.

플라스틱은 사람이 만든 것으로서 열과 압력을 가해서 무슨 모양으로나 만들 수 있는 물질이다. 크게 나누어서 두 가지인데, 열가소성 플라스틱과 열경화성 플라스틱이 있다. 열가소성 플라스틱은 열을 가하면 부드러워져서 다른 모양으로 만들 수 있는 것이며, 열경화성 플라스틱은 처음에 한 번만 열을 가하면 부드러워지고 그 다음부터는 열을 가해도 부드러워지지 않는 것이다.

플라스틱의 원재료는 대개 원유에서 뽑아낸다. 원유를 여러 차례에 걸쳐서 정유하고 열처리하면 에틸렌, 프로필렌, 벤젠 따위가 나오는데, 이것들을 화학 처리하여 플라스틱을 만든다. 갓 만들어진 플라스틱은 걸쭉한 액체이거나 가루인데, 가루는 그릇에 넣고 열을 가해서 녹인다. 이때에 물감을 넣어서 원하는 색깔을 낼 수 있다. 녹은 액체 플라스틱을 틀에 부어서 식히면 플라스틱 제품이 된다.

열가소성 플라스틱은 그대로 식혀서 제품을 만들고, 열경화성 플라스틱은 다시 높은 온도로 가열했다가 식혀서 제품을 만든다. 열경화성 플라스틱은 높은 온도에도 잘 견디기 때문에 냄비의 손잡이나 재떨이 따위를 만든다. 열가소성 플라스틱은 얇은 실로 뽑아서 옷감을 짜기도 한다. 이 실이 합성 섬유이다.

플라스틱은 값이 싸고 편리하지만, 목재나 금속과 달리 썩거나 녹이 슬어 삭지 않기 때문에 환경을 오염시킨다. 또 태우면 독한 연기를 내뿜는다. 그래서 요즘에는 썩는 플라스틱을 만들려고 애쓰고 있으며 나아가 플라스틱을 되도록 덜 쓰려는 노력도 하고 있다.

플랑크톤(plankton)

플랑크톤(얼음고기 유생) User:Uwe kils, CC-BY-SA-3.0 GFDL

바다, 강, 호수, 웅덩이 같은 데의 수면이나 수면 가까이에 떠서 사는 미생물들이다. 어떤 것은 헤엄을 좀 칠 수 있지만 어느 것도 물의 흐름을 거스를 만큼 세게 헤엄치지는 못한다.

플랑크톤에는 크게 나누어서 식물 플랑크톤과 동물 플랑크톤이 있다. 식물 플랑크톤은 주로 세포 한 개로 이루어진 말, 곧 조류이다. 한편 동물 플랑크톤에는 미세한 원생 동물이나 요각류, 물벼룩, 해파리 따위 바다 동물이 들어 있다.

어떤 플랑크톤은 한평생 플랑크톤에 머문다. 그러나 다른 것들은 한살이 가운데에서 한 부분만 플랑크톤으로 보낸다. 이런 것들 가운데 가장 흔한 것은 얕은 바다의 바닥에서 사는 동물의 알과 유생이다. 이것들은 자라서 어른이 되어 바닥에 자리 잡을 때까지만 물결에 떠다니며 산다. 또 자유로이 헤엄쳐 다니는 물고기나 오징어 따위의 알과 유생도 이런 플랑크톤 축에 든다.

생물의 먹이사슬에서 플랑크톤은 가장 중요한 구실을 한다. 식물 플랑크톤이야말로 이 먹이사슬의 기본이다. 식물 플랑크톤만 바닷물에 든 광물질과 햇빛으로 광합성을 해서 스스로 자랄 수 있기 때문이다. 어떤 동물 플랑크톤은 식물 플랑크톤을 잡아먹는다. 이 동물 플랑크톤은 또 다른 동물 플랑크톤이나 물고기 및 여러 물속 동물에게 잡아먹힌다. 또 플랑크톤이 만들어낸 먹이가 가라앉으면 바다 밑에서 사는 다른 동물들의 먹이가 된다.

플러그(plug)

전기 기구의 전원선 끝에 달린 두 개의 발이다. 전기 꽂이라고도 한다. 벽이나 바닥에 있는 콘센트, 곧 소켓에 이것을 꽂아서 전기 기구에 전류가 흐르게 한다. 대개 발이 2개 달려 있어서 전기 소켓의 두 구멍에 잘 맞게 되어 있다. 그러나 더러 외국에서 만든 전기 기구의 전선에는 발이 3개 달린 것이 있다. 이 남는 발 하나는 안전을 위해 땅에 묻은 전선과 이어 주는 것이다.

미디어뱅크 사진

플레밍, 알렉산더(Fleming, Alexander)

영국의 미생물학자로서 페니실린을 발견한 사람이다. 서기 1881년에 스코틀랜드에서 태어나 런던에서 의

ㅍ

학을 공부한 뒤에 줄곧 항세균성 물질을 연구했다. 그러다 1928년에 우연히 푸른곰팡이가 내는 물질이 세균을 죽인다는 사실을 발견했다.

그는 연구를 거듭하여 마침내 800 배로 묽게 만든 푸른곰팡이 배양물이 포도상 구균을 죽이는 것을 알아내고 그것을 페니실린이라고 이름 지었다. 이 연구로 말미암아 그는 1945년에 노벨 의학상을 받았다. 그리고 아주 유명해졌지만 1955년에 세상을 떠날 때까지 조용히 연구에만 몰두했다.

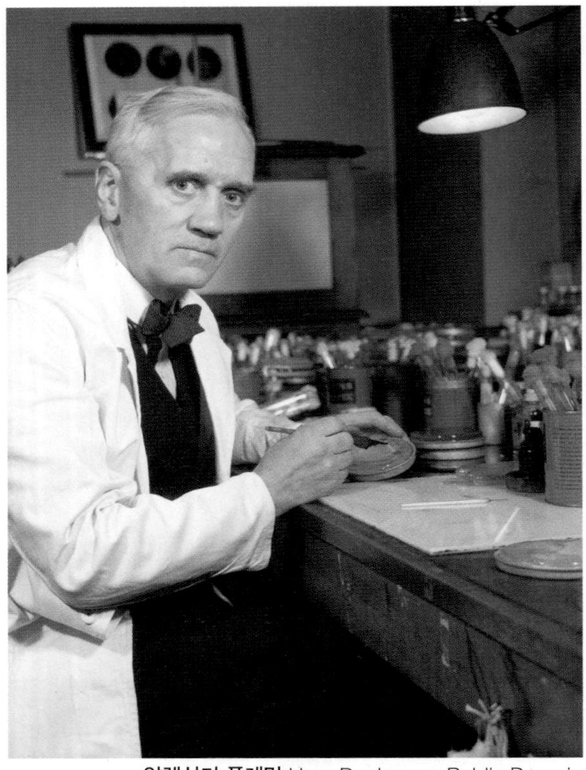
알렉산더 플레밍 User:Ducksoup, Public Domain

피(blood)

사람이나 동물의 몸속에서 혈관을 통해 흐르는 붉은색 액체이다. 흔히 혈액이라고 한다. → 혈액

피라미(pale chub)

대개 맑은 냇물에서 사는 흔한 물고기이다. 몸길이가 20cm 안팎으로서 길쭉하다. 몸빛깔은 등이 푸른 갈색이며 옆구리나 배는 은백색이다. 뒷지느러미가 잘 발달되어서 아주 빠르게 헤엄친다.

여름 6~8월이면 자갈이 깔린 바닥에다 30~50cm 크기의 산란장을 만들고 암컷이 알을 낳는다. 이 즈음이면 암컷이건 수컷이건 모두 옆구리에 붉은빛이 뚜렷하다. 이것을 혼인색이라고 한다.

User:OpenCage, CC-BY-SA-2.5

피라미드(pyramid)

수학의 한 갈래인 기하학에서 몇 개의 삼각형 평면이 한 점에 모여서 만드는 고체 모양이다. 이 피라미드는 밑면의 변이 셋이거나 그보다 더 많으며, 이 변의 수와 삼각형 평면의 수가 같다. 곧 밑면이 삼각형이면 삼각형 평면이 셋, 사각형이면 넷, 오각형이면 다섯인 것이다.

그러나 '피라미드'라고 하면 대개 먼 옛날에 이집트나 중앙아메리카 대륙에서 살던 사람들이 만든 왕의 무덤을 가리킨다. 큰 돌이나 벽돌을 쌓아올려서 높디높게 만든 어마어마한 건축물이다. 밑면이 정사각형이며, 삼각형 평면 넷이 꼭대기에서 서로 만나는 모양으로 되어 있다. 지금 남아 있는 것 가운데 가장 오래된 것은 4,500년쯤 전에 이집트에서 만든 것이다.

먼 옛날 중앙아메리카와 남아메리카 대륙 사람들도

이집트의 피라미드 Ricardo Liberato, CC-BY-SA-2.0

벽돌을 층층이 쌓아 올려서 피라미드를 만들었다. 그러나 이들은 꼭대기를 편평하게 만들고 거기에다 신전을 지었다.

피부(skin)

동물의 몸을 감싸서 몸통을 보호하는 거죽이다. 살갗이라고도 한다. 피부는 모든 동물에게 있지만 생김새는 저마다 다르다. 새처럼 깃털이 있는 것도 있으며, 토끼처럼 털이 난 것도 있다. 그러나 모두 더위나 추위 또는 병원체 따위로부터 몸을 보호하려는 것이다. 우리는 옷을 입지만 우리 몸을 병원체로부터 지켜 주는 것은 이 피부이다.

사람의 피부는 두 겹으로 되어 있다. 바깥쪽을 표피, 안쪽을 진피라고 한다. 표피에는 수많은 땀구멍과 털이 나 있다. 표피는 수많은 죽은 세포로 이루어져서 씻거나 옷을 갈아입거나 움직일 때마다 조금씩 닳아서 없어진다. 그러나 밑에서 계속 새 표피가 만들어지기 때문에 그것을 깨닫지 못한다. 이렇게 사람은 끊임없이 피부가 바뀐다. 그러나 뱀 같은 동물은 허물을 벗어서 한꺼번에 피부를 바꾼다.

진피에는 땀샘, 모낭, 피지선들이 있으며, 수많은 혈관과 신경이 뻗어 있다. 땀샘은 땀구멍과 연결되어 있어서 더우면 땀을 내어 몸을 식힌다. 모낭은 털이 자라는 곳이다. 머리카락이 계속 자라는 까닭은 모낭에서 털이 나오기 때문이다. 피지선은 표피로 지방을 내보내서 표피가 메마르고 벗겨지는 것을 막는다. 신경은 각각 찬 것, 더운 것, 아픈 것, 누르는 것을 느껴서 뇌로 전달한다. 우리가 눈을 감은 채 물건을 만져도 무엇인지 짐작할 수 있는 까닭은 피부에 이런 신경이 있어서 그 느낌이 뇌로 전달되기 때문이다. 피부를 보호하려면 항상 몸을 깨끗이 씻고 햇빛을 알맞게 쬐어야 한다. → 감각

피스톤(piston)

기체나 액체의 압력을 받아서 원통 속으로 들락날락하는 원판 또는 원통 모양의 것이다. 예를 들면, 자동차의 내연 기관이나 옛날 기차의 증기 기관에 꼭 필요한 것이다. 가스나 수증기의 압력을 받아서 기관 속으로 들락거리는 피스톤이 자동차나 기관차의 바퀴를 돌린다.

또한 주사기에서와 같이 피스톤이 원통 속에서 기체나 액체에 압력을 가하여 기체나 액체를 작은 구멍을 통해 세게 몰아내기도 한다.

핀셋(tweezer)

작은 물건을 집는 집게이다. 쓰임새에 따라서 조금씩 모양이 다르지만, 대개 얇은 쇠붙이 두 쪽을 한쪽 끝에서 마주 붙여 영어 글자 V처럼 되게 만든 것이다.

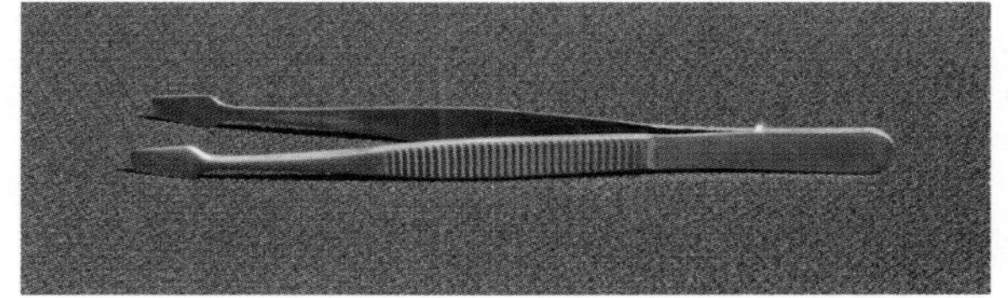

미디어뱅크 사진

핀치새(finch)

되새, 멧새, 방울새 등 대개 식물의 씨를 먹고 사는 몇 가지 새를 두루 일컫는 영어 이름이다. 흔히 몸집이 작고 턱 근육이 튼튼하며 부리가 원뿔 모양이다. 깃털의 색깔이 예쁜 것이 많으며 우는 소리도 곱다. 세계 어디서나 널리 퍼져서 산다.

대개 나뭇가지나 덤불 속에다 촘촘히 짠 작고 오목한 둥지를 틀며 암컷이 점과 줄무늬가 있는 자잘한 알 3~6

갈라파고스 땅핀치새 putneymark, CC-BY-SA-2.0

개를 낳는다. 알은 암컷이 품으며 수컷은 먹이를 물어다 준다. 또 새끼들이 깨 나오면 어미 아비가 함께 키운다.

핀치새로는 갈라파고스 핀치새를 빼놓을 수 없다. 이것은 갈라파고스 제도에서 사는 여러 가지 핀치새를 통틀어 일컫는 이름이다. 처음으로 진화론을 주장한 찰스 다윈이 1835년 9월에 갈라파고스 제도를 방문하고 그곳의 동식물과 자연 환경을 주의 깊게 관찰했다. 그러다 같은 종류로 보이는 새들이 저마다 살고 있는 섬의 자연 환경과 먹이에 따라서 조금씩 다른 부리를 지니고 있는 것을 알게 되었다. 그것을 보고 다윈은 핀치새의 부리가 얻을 수 있는 먹이에 알맞게 오랜 세월에 걸쳐서 조금씩 달라졌다고 믿었다. 곧 크고 튼튼한 씨 말고는 먹을 게 없는 섬에 사는 핀치새는 부리가 억세고 뭉툭해졌고, 자잘한 씨가 많은 섬에서 사는 핀치새는 부리가 작아졌으며, 곤충이 흔한 곳에서 살아 온 핀치새의 부리는 뾰족하다는 것이다. 이렇게 다윈이 갈라파고스 제도에서 연구한 핀치새가 13 가지인데 이것들을 가리켜 다윈 핀치새 또는 갈라파고스 핀치새라고 부른다.

핀치 집게(pinch clamp)

고무관을 꼭 집어서 그 속으로 흐르는 액체의 양을 조절하는 집게이다. 과학 실험 기구의 하나로서 핀치 클램프라고도 부른다.

필름(film)

사진 필름은 얇은 플라스틱판에다 빛에 아주 민감한 화학 물질을 바른 것이다. 네모진 낱장이나 좁고 긴 두루마리로 되어 있다.

흑백 사진을 찍는 필름과 천연색 사진을 찍는 필름이 따로 있으며, 천연색 필름에도 사진 인화용 필름과 슬라이드용 필름의 두 가지가 있다.

흑백 필름은 보통 고운 염화은 가루를 젤라틴에 섞어서 만든 감광제를 한 겹 바른 것이다. 그러나 천연색 필름은 대개 감광제를 세 겹 바른다. 겹마다 빛의 삼원색인 파랑, 초록, 빨강에 따로따로 반응하기 때문이다.

염화은은 빛에 매우 민감해서 빛을 받으면 화학 변화를 일으킨다. 필름에 닿는 빛은 세기가 저마다 다르다. 밝은 물체는 빛을 많이 반사하고 어두운 물체는 조금만 반사하거나 아예 반사하지 않는다. 따라서 염화은은 저마다 다른 빛깔에 모두 다르게 반응한다.

천연색 필름에서는 세 겹의 감광제 층이 저마다 다른 색깔에 반응한다. 첫째 감광제 층은 푸른색에만, 둘째 감광제 층은 초록색에만, 셋째 감광제 층은 붉은색에만 반응한다. 이 세 가지 색깔이 알맞게 섞이면 모든 색깔이 다 나타난다. 흑백 필름이건 천연색 필름이건 빛을 받으면 이렇게 각 감광제 층에 눈에 보이지 않는 상이 기록되는 것이다.

빛에 반응하여 상이 기록된 필름을 화학 약품에 넣어서 현상해야 비로소 우리 눈에 보이는 상이 드러난다. 그러나 흑백 필름과 사진 인화용 천연색 필름에 나타난 상은 우리가 보는 현실과는 반대이다. 흑백 필름에서는 밝은 것이 검게, 어두운 것이 희게 나타난다. 이것을 인화지에다 대고 사진을 인화해야 사진에 밝은 것이 희게, 어두운 것이 검게 나타난다. 그러나 슬라이드용 천연색 필름은 현상하면 현실과 똑같은 색깔을 나타낸다. 그래서 밝은 빛을 비추면 스크린에 현실과 같은 상이 나타나는 것이다. 이는 영화 필름과도 같다.

35mm 사진 필름 미디어뱅크 사진

ㅎ

하늘(sky)

하늘 저 멀리 태양이 빛난다. Wing-Chi Poon, CC-BY-SA-3.0

우리가 눈으로 볼 수 있는 대기층과 우주 공간이다. 땅 위 수백 킬로미터까지 뻗어 있는 대기층은 주로 산소와 질소로 차 있으며, 수증기와 얼음 알갱이로 된 구름도 들어 있다. 도시 위의 하늘에는 먼지와 매연 및 그밖의 오염 물질도 떠 있다. 대기층 너머는 우주 공간이다. 대기가 맑은 날이면 가까운 별까지의 공간이 우리 눈에 들어온다.

낮에는 대기 속에 떠 있는 먼지와 기체 분자 때문에 빛이 흐트러진다. 빛은 길고 짧은 여러 가지 파동으로 이루어지는데, 각 파동은 각기 다른 색깔로 나타난다. 그런데 푸른색 파동은 대기 속의 먼지로 말미암아 쉽게 흐트러지지만 붉은색 파동은 잘 흐트러지지 않는다. 그래서 하늘이 파랗게 보이는 것이다. 그러나 대기가 짙은 구름과 매연으로 가득 차 있으면 모든 색깔의 파동이 흐트러져서 하늘이 잿빛으로 보이게 된다.

하늘다람쥐(Siberian flying squirrel)

다람쥣과에 딸린 포유류이다. 다람쥐처럼 생겼지만 앞발과 뒷발 사이의 양쪽 옆구리에 얇은 피부막이 있다. 하늘다람쥐가 나무 위로 올라가 네 다리를 쭉 펴고 뛰어 내리면 이 피부막이 활짝 펼쳐지면서 날개와 같은

집에서 기르는 하늘다람쥐 A.Popov, CC-BY-SA-3.0

구실을 한다. 그래서 글라이더처럼 공중에 떠서 나아갈 수 있는 것이다. 이렇게 7~8m 떨어진 나무와 나무 사이를 날아간다.

몸길이가 15~20cm이며 꼬리도 10cm가 넘는다. 머리는 둥글고 눈이 큰 편이며 귀는 작다. 털이 아주 부드러우며 털빛깔은 등쪽이 갈색이나 회색이지만 배쪽은 흰색이다. 낮에는 나무 위의 보금자리에서 잠을 자고 저녁에 나와서 활동한다. 먹이는 식물의 새싹, 나뭇잎, 열매, 곤충 등이다. 아주 드물기 때문에 멸종위기 야생 동물 2급으로 지정되어서 보호를 받는다.

하루(a day)

지구가 자전축을 중심으로 꼭 한 바퀴 도는 시간이다. 이 시간을 스물넷으로 나누어서 그 한 조각을 한 시간으로 삼는다. 따라서 하루는 24 시간이다. 새로운 하루는 한밤중인 자정, 곧 밤 12시가 막 지난 때부터 다음날 밤 12시까지이다.

하루살이(mayfly)

미디어뱅크 사진

봄과 여름에 시내나 연못가에서 흔히 볼 수 있는 작은 곤충이다. 하루 동안만 산다고 하여 '하루살이'라는 이름이 붙었지만, 사실은 어른벌레가 되고 나서 짝짓기를 하고 알을 낳을 때까지 산다. 따라서 살아 있는 기간이 몇 시간에서 며칠 동안에 이르며, 종류에 따라서 조금 더 길기도 하다. 그러나 입이 퇴화되어서 없으므로 아무것도 먹지 못하니까 오래 살지는 못한다.

하루살이는 아주 먼 옛날부터 살아온 곤충으로서 온 세계에 1,500 가지쯤 있다. 날개가 잠자리 날개처럼 얇고 투명한데, 앞날개는 세모꼴이며 뒷날개는 아주 작고 동그랗다. 앉아서 쉴 때에는 날개를 모두 함께 접어서 등 뒤로 치켜든다. 눈이 큰 편이며, 배의 끝에 두 가닥이나 세 가닥의 가늘고 긴 꼬리가 달려 있다.

하마(hippopotamus)

미디어뱅크 사진

아프리카 대륙의 강이나 호수 가에서 사는 짐승이다. 뭍짐승 가운데에서 코끼리 다음으로 덩치가 커서 키가 1.5m, 몸길이가 4m, 몸무게가 3t에 이르는 것도 있다. 하마는 말과는 상관이 없으며 돼지와 친척뻘인 포유류이다. 헤엄을 잘 치며 대개 물속에서 지낸다. 숨을 쉬지 않고 10분 동안이나 물속에 잠겨 있을 수 있다.

낮에는 물속에서 쉬고 주로 밤에 땅에 올라서 풀을 뜯어먹는다. 건드리지 않으면 순한 짐승이지만 화가 나면 사나워져서 아래턱에 난 송곳니로 큰 상처를 입힐 수 있다.

하수 처리장(sewage works)

큰 도시의 하수도는 공장, 사무실, 가정집 등에서 쏟아져 나온 더러운 물이 강이나 바다로 흘러들기 전에 모두 하수 처리장을 거치게 되어 있다. 강물이나 바닷물과 섞이기 전에 물을 깨끗하게 만들기 위해서이다.

하수 처리장에서는 맨 먼저 하수와 함께 흘러들어온 큰 고체 물질이 물속에 드리운 굵은 철망에서 걸러진다. 다음에 하수가 침사지로 흘러들어서 모래 따위 자잘한 무생물이 가라앉는다. 이어서 커다란 1차 침전지로 흘러들면 물속에 떠 있던 수많은 것들이 바닥에 가라앉아 질척질척한 앙금이 된다. 이때 물의 표면에 둥둥 뜨는 기름은 뜰채 같은 것으로 걷어낸다.

이런 기초 처리에서 하수 속에 떠 있던 고체 물질과 세균이 반쯤 없어진다. 그러나 생물 쓰레기는 30%쯤만 없어진다. 나머지 70%는 그냥 물길로 내보내더라도 세균들이 산소를 이용하여 활동하면서 거의 다 없애 준다. 따라서 가끔 이렇게 기초 처리만 끝낸 물을 그냥 내보내기도 한다. 그러나 남은 세균을 마저 없애기 위해 염소 가스를 넣어 줄 때가 많다.

기초 처리를 끝낸 하수에서 남은 생물 쓰레기와 고체 물질을 거의 다 없애려고 2차 처리를 하기도 한다. 두 가지 방법이 있는데, 첫째 방법은 1차 침전지를 거친 하수를 2차 침전지로 보내는 것이다. 이곳에 들어온 하수 속에 공기 방울을 넣어 준다. 이곳에는 이미 쓸모 있는 세균이 담긴 앙금이 들어 있다. 이 쓸모 있는 세균이 하수 속에서 돌아다니면서 생물 물질을 덜 해로운 물질로 바꿔 준다. 그 다음에 하수가 마지막 침전지로 흘러들어가 앙금이 바닥에 가라앉고 나면 물이 물길로 내보내진다. 또 다른 방법은 깨진 돌로 채워진 침전지로 하수를 보내는 것이다. 이 깨진 돌의 겉은 끈끈한 물질로 덮이는데 이것에는 하수 속의 생물 물질을 덜 해로운 물질로 바꿔 주는 세균이 들어 있다. 이 덜 해로운 물질이 마지막 침전지에서 떨어져 가라앉아서 앙금이 된다.

이렇게 기초 처리와 2차 처리에서 생긴 앙금은 따로 다른 침전지로 보내져서 세균의 활동으로 메테인 가스를 만들어낸다. 또한 말려서 거름으로 쓰거나 태워서 없애며 쓰레기 매립지로 보내서 다른 것들과 함께 묻어 버리기도 한다.

하천(river)

미디어뱅크 사진

강과 내 및 작은 개울을 모두 일컫는 말이다. 곧 땅 위로 흐르는 모든 물줄기이다. 땅에 떨어진 빗물은 모여서 골짜기나 들의 도랑으로 흘러들어 개울이나 내로 간다. 그 다음에는 강물과 합쳐져서 바다로 간다. 이렇게 강보다 더 작으며 강으로 흘러드는 물길을 대개 '천'이라고 부른다.

그러나 '천'과 '강'의 구별이 늘 뚜렷하지는 않다. 먼 옛날에 어느 지방에 자리 잡은 사람들이 그 고장에 흐르는 물줄기를 강으로 보았는지 천으로 보았는지에 따라서 그 이름이 지어졌기 때문이다. 그래서 어떤 것은 별로 크지 않고 바다로 흘러들지도 않지만 강이라고 하며, 어떤 것은 강만큼 크고 깊어도 그냥 천으로 불린다. 이렇게 산에서 시작해 들을 지나 바다로 흘러가는 크고 작은 물줄기를 모두 하천이라고 한다.

하현달(old moon)

보름달에서 1주일쯤 지났을 때의 달의 모습이다. 음력으로 다달이 22일이나 23에 뜨는 달인데, 한밤중에 동쪽에서 떠서 다음날 한낮에 서쪽으로 진다. 하현달에서 1주일쯤 지나면 달이 뜨지 않는 그믐이 된다. → 달

미디어뱅크 사진

학(Japanese crane)

늦가을에 우리나라에 와서 겨울을 나고 봄에 북쪽으로 돌아가는 겨울 철새이다. 몸집이 크며 목과 다리와 부리가 매우 길다. → 두루미

한대 기후(polar climate)

위도가 아주 높은 지역, 곧 극지방과 그 주변의 기후이다. 한해 내내 너무 추워서 땅속이 늘 얼어 있다. 다만 여름철에 얼마 동안 땅위의 얼음이 녹아서 이끼와 풀이 자란다. 그래서 사람들은 순록을 키우며 유목 생활을 하기도 한다.

이 기후 지역은 한동안 쓸모없는 땅으로 여겨졌었다. 그러나 오늘날에는 천연 가스나 원유 같은 지하 자원이 풍부한 곳으로 알려져 있다. 그래서 많은 나라가 특별한 이곳의 자연 환경을 열심히 조사하고 연구한다. 우리나라도 남극 지방에 두 곳, 북극 지방에 한 곳의 연구소를 두고 있다.

한살이(life cycle)

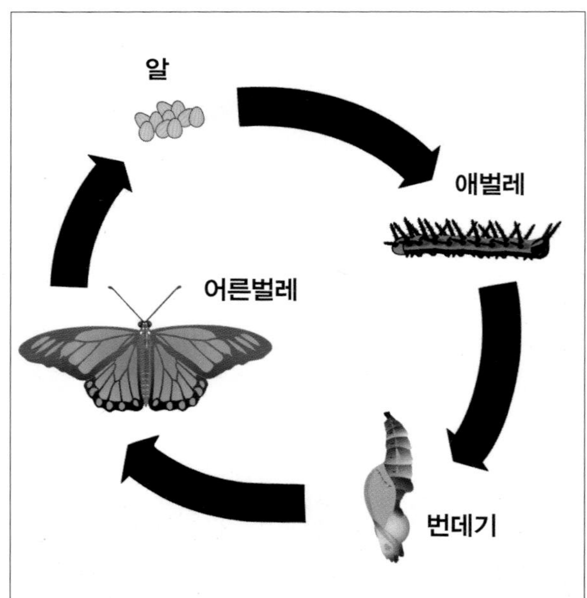

나비의 한살이 User:B kimmel, CC-BY-SA-3.0 GFDL

강아지는 새끼로 태어난다. 이 강아지가 다 자라면 짝짓기를 하여 암컷이 또 새끼를 낳는다. 식물은 씨에서 싹이 터 자라서 꽃이 핀 뒤에 열매를 맺어 다시 씨를 남긴다. 이와 같이 생물이 나서 자라고 자손을 남기기까지의 과정을 한살이라고 한다.

생물의 한살이는 종류에 따라서 크게 다르다. 특히 동물과 식물은 아주 다르다. 동물은 알에서 깨는 것과 새끼로 태어나는 것이 있다. 어떤 것이든지 새끼와 어미는 비슷하다. 그러나 어미와 새끼가 전혀 다른 것도 더러 있다. 올챙이는 물고기와 비슷하지만 자라면서 생김새가 전혀 다른 개구리로 바뀐다. 또 나비는 애벌레, 번데기 및 어른벌레일 때의 모습이 그때그때 매우 다르다.

곤충에는 나비처럼 알, 애벌레, 번데기, 어른벌레와 같이 생김새가 다른 4 단계의 한살이를 거치는 것과 메뚜기처럼 알, 애벌레, 어른벌레의 3 단계 한살이를 거치는 것이 있다. 이와 같이 자라면서 생김새와 생활이 크게 변하는 것을 탈바꿈 또는 변태라고 한다.

식물은 꽃가루받이가 이루어지면 열매를 맺는다. 열매 속에 씨가 들어 있다. 이 씨에서 싹이 트고 자라서 꽃이 피고 열매를 맺어 다시 씨를 퍼뜨리는 한살이를 한다. 초록색 식물은 대개 이런 한살이를 한다. 그러나 곰팡이나 이끼는 꽃이 피지 않으며 씨도 생기지 않는다. 고사리, 해캄, 미역 등도 씨가 없다. 이것들은 모두 씨 대신에 홀씨로 번식한다.

한지(Korean paper)

아주 오래 전부터 우리나라에서 만들어서 써 온 종이이다. 주로 닥나무의 껍질로 만든다. 닥나무의 껍질을 물에 불리고 으깨서 속껍질만 골라내 양잿물로 삶아서 흐물흐물해지면 닥풀이라는 끈적거리는 액체와 섞어서 물에 잘 풀리게 한다. 이것을 고운 대나무발로 얇게 떠서 말리면 하얀 종이가 된다.

한지는 질길 뿐만 아니라 아무리 오래 두어도 변하

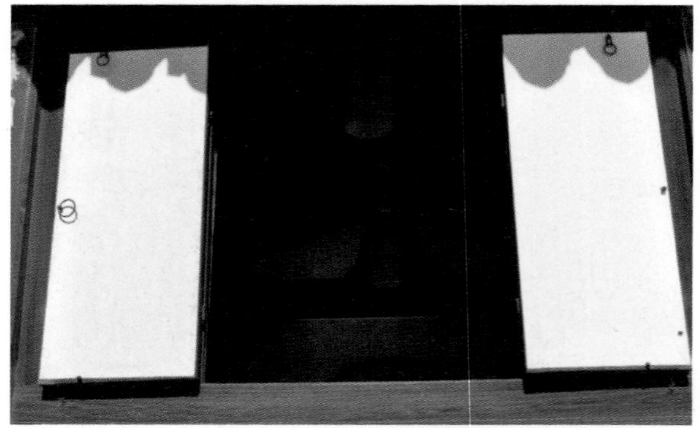

한지를 바른 문 미디어뱅크 사진

지 않는 종이이다. 먹을 풀어 붓으로 글씨를 쓰거나 그림을 그리며 활자판에 먹을 묻힌 다음에 종이를 대고 문질러서 책을 인쇄하곤 했다. 또한 방문에 발라서 반투명한 창이 되게 했으며 가늘고 길게 썬 조각을 꼬아서 물건을 만들기도 했다. 오늘날에는 한지로 옷을 만들기도 한다.

한해살이식물(annual)

대개 봄에 싹이 트고 자라서 꽃피고 열매를 맺은 뒤에 씨를 퍼뜨리고 가을이면 말라서 죽는 식물이다. 이런 식물은 거의 다 풀이다.

그러나 외국에서 들어온 식물 가운데에는 제 고향에서는 여러 해 동안 살지만 우리나라에서는 한 해밖에 살지 못하는 것이 많다. → 여러해살이식물

미디어뱅크 사진

항구(seaport)

바다나 강에 떠다니는 배가 드나드는 곳이다. 항구는 높은 파도와 세찬 비바람을 피할 수 있고 배가 드나들기 쉬워야 한다. 또한 밀물 때에나 썰물 때에도 큰 배가 뜰 수 있으며 안전하게 부두에 정박할 수 있어야 한다. 그래서 대개 자연히 이런 조건이 두루 갖추어진 곳에 항구가 생긴다.

세 면이 바다인 우리나라는 일찍부터 항구가 발달했다. 특히 해안선의 드나듦이 심해서 반도와 만이 많고 바다가 깊은 남해안은 항구가 발달하기에 좋은 조건을 갖추고 있다. 밀물과 썰물의 차이가 적으며, 섬들이 많아서 폭풍을 막아 주기 때문이다. 남해안의 주요 항구로는 부산, 진해, 마산, 여수, 목포 같은 데가 있다.

그러나 밀물과 썰물의 차이가 심한 서해안에서는 특별한 시설이 있는 항구가 발달되었다. 군산항에는 밀물과 썰물에 따라서 높이가 달라지는 뜬 다리가 있으며, 인천항에는 밀물 때에 들어온 물을 가두어 두는 수문식 도크가 있다. 또, 규모가 큰 몇몇 항구에는 국제 무역선과 여객선이 드나든다.

calflier001, CC-BY-SA-2.0

항문(anus)

동물의 소화 기관 가운데 맨 끝에 있는 것으로서 몸 밖으로 열리는 곳이다. 흔히 똥구멍이라고 한다. 튼튼한 근육에 의해 늘 닫혀 있지만 필요할 때에는 열려서 똥을 몸 밖으로 내보낸다. → 소화 기관

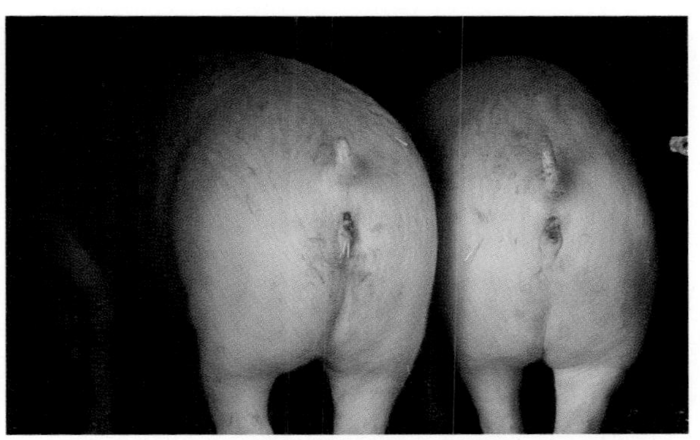

돼지의 항문 4028mdk09, CC-BY-SA-3.0

항생제(antibiotic)

우리 몸에 들어와서 건강에 해를 끼치는 세균을 없애 주는 약이다. 이런 약은 몸의 정상적인 세포는 별로 다치지 않으면서 병을 일으키는 미생물만 골라서 공격한다. 예를 들면, 푸른곰팡이가 만들어내는 물질인 페니실린은 몇 가지 박테리아가 일으키는 감염 치료에 매우 효과가 있다.

페니실린은 1928년에 처음 발견되어서 1941년에 치

ㅎ

료 효과가 확인되었다. 그 뒤로 수많은 연구가 계속되어서 테트라사이클린이나 스트렙토마이신 같은 다른 많은 항생제도 나왔다.

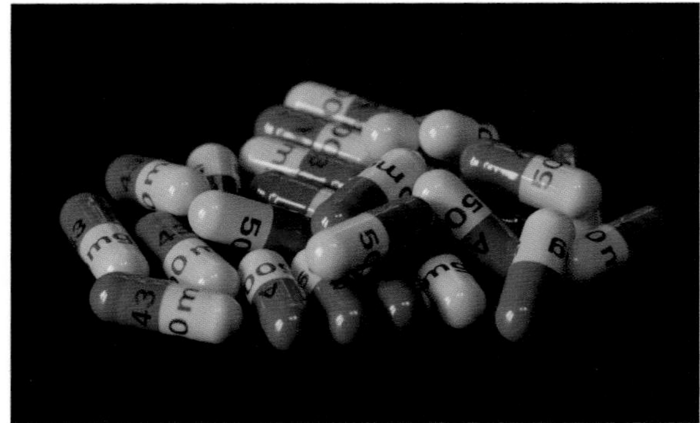

항생제의 한 가지 Sage Ross, CC-BY-SA-3.0

해(Sun)

태양계의 중심이 되는 별이다. 흔히 태양이라고 한다. → 태양

해국(haeguk)

주로 우리나라 중부 지방과 그 아래 쪽 바닷가 양지바른 바위틈에서 자라는 여러해살이풀이다. 줄기가 질기고 가지를 많이 내며 비스듬히 자라지만 키가 30~60cm에 이른다. 잎은 촘촘히 어긋나는데 위건 아래건 털이 많으며 가장자리에 톱니가 좀 있다.

한여름부터 11월까지 줄기와 가지 끝에 국화꽃처럼 생긴 꽃이 핀다. 지름이 4cm쯤 되며 색깔은 대개 옅은 보라색이지만 흰 것도 더러 있다. 한겨울에도 위 끝 부분의 잎은 시들지 않는다.

미디어뱅크 사진

해바라기(sunflower)

크고 둥글며 노란 꽃이 피는 한해살이풀이다. 봄에 싹이 나서 줄기가 2m쯤 자라며 가지를 뻗는다. 한여름 8~9월이면 줄기와 가지의 끝에 커다란 꽃이 하나씩 핀다. 이 꽃들이 항상 해를 바라본다는 뜻으로 해바라기라고 부른다.

해바라기 꽃은 지름이 8~30cm인 둥근판에 수많은 꽃이 촘촘히 박혀서 핀 것이다. 이 꽃은 저마다 작은 꽃잎으로 둘러싸여 있으며 암술과 수술이 있다. 그러나 맨 가장자리에 있는 꽃잎들이 다른 꽃잎보다 훨씬 더 크기 때문에 그것들만 꽃잎인 줄 알기 쉽다. 꽃가루받이가 되면 꽃마다 검은 씨가 맺히는데, 모두 2,000개에 이르기도 한다. 어쩌다 가운데에 큰 꽃잎이 나는 품종도 있다.

해바라기 씨는 맛이 고소하여 그냥 까서 먹거나 기름을 짠다. 또 기름을 짜낸 찌꺼기를 동물의 사료로 쓴다. 본디 아메리카 대륙에서 살던 식물인데 콜럼버스가 유럽에 전했으며, 이어서 아시아에도 전해졌다. 땅과 기온을 거의 가리지 않고 잘 자라지만, 특히 햇빛이 잘 드는 곳을 좋아한다. 러시아, 유럽, 인도, 페루, 중국 같은 데에서 많이 심어 가꾸며 우리나라에서도 여름철에 흔히 볼 수 있다.

미디어뱅크 사진

해수 담수화(seawater desalination)

바닷물에서 짠 소금기, 곧 염분을 빼내어 민물을 만드는 일이다. 염분을 빼내는 방법으로는 증발된 바닷물의 수증기를 식혀서 모으는 법, 바닷물을 얼려서 얼음만 녹이는 법, 바닷물의 화학적 성질을 이용하여 염분을 분리해내는 법 등이 있다. 그러나 어느 방법이나

많은 비용과 노력이 드는 일이다.

해수의 담수화는 사막이 많고 호수나 강이 거의 없어서 민물이 부족한 나라에서 많이 이용한다. 온 국민이 먹고 농사도 지을 수 있게 하려면 아주 많은 민물이 필요하다. 그래서 어마어마한 공장 시설을 만들어서 바닷물을 민물로 만드는데, 이 기술에서는 우리나라가 매우 앞서 있다.

역삼투식 해수담수화 시설 James Grellier, CC-BY-SA-3.0 GFDL

해시계(sundial)

햇빛에 따른 그림자의 움직임으로 시각을 나타내는 기구이다. 지구는 하루에 한 바퀴씩 자전하기 때문에 그림자의 길이와 위치가 늘 변한다. 따라서 그림자가 하루 동안 변하는 모양을 관찰하면 시간의 변화를 알 수 있다.

해시계 앙부일구 미디어뱅크 사진

해시계는 지금부터 3,000년쯤 전에 이집트에서 처음으로 쓰였다. 처음에는 막대를 땅에 똑바로 꽂은 것이었지만 나중에 지구의 자전축에 맞추어서 막대를 북극성 쪽으로 비스듬히 눕힌 것이 쓰였다.

그러나 계절이 바뀜에 따라 해시계로 잰 시각과 실제 시각 사이에는 차이가 조금 난다. 이 차이를 바로잡아 주면 해시계로도 꽤 정확한 시각을 잴 수 있다. 우리나라에서도 삼국시대부터 해시계를 썼으며, 조선 세종대왕 때에 여러 가지 해시계를 만들었다. → 시계

해왕성(Neptune)

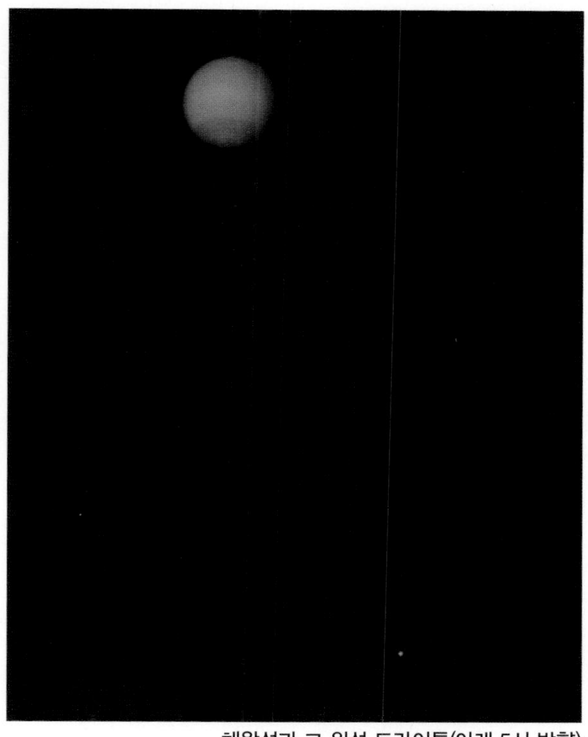

해왕성과 그 위성 트라이톤(아래 5시 방향)
NASA/JPL, Public Domain

태양계의 행성 8개 가운데 맨 바깥 8번째 궤도에서 공전하는 행성이다. 태양과의 거리가 태양과 지구 사이 거리의 30배쯤 된다. 크기는 지구의 4배쯤이다.

이 행성은 너무나 멀리 떨어져 있어서 오랫동안 모르다가 1846년에 발견했다. 망원경으로 하늘을 살펴서 발견한 것이 아니라 수학 계산에 따라 어떤 행성이 있을 것이라고 짐작된 데에서 찾아낸 것이다. 그 뒤 1989년 8월 25일에 미국의 우주 탐사선 보이저 2호가 가까이 스쳐 지나가면서 자세히 관찰하고 사진을 보내왔다.

ㅎ

해왕성은 약 16시간 6분 만에 한 번 자전하지만 한 번 공전하는 데에는 164년과 330일이 걸린다. 주로 수소, 헬륨, 메테인 같은 가스로 이루어져 있지만 그 한가운데에는 돌과 얼음 등이 뭉쳐 있을 것으로 생각된다. 지금까지 14개의 위성이 발견되었다.

적도에서의 반지름	2만 4,622km
태양과의 거리	평균 약 45억km
자전 주기	16시간 6분
공전 주기	164년 330일
대기	수소 80%, 헬륨 19%, 메테인 1.5%, 기타
평균 표면 온도	−201℃
위성	14개

해일(tidal bore)

물높이가 여느 때보다 더 높아진 바닷물이 육지로 밀려드는 일이다. 태풍, 지진 또는 화산의 폭발 따위로 말미암아 그렇게 된다.

태풍에 의한 해일은 세찬 바람에 밀려온 바닷물이 특히 밀물 때와 겹쳐서 일어난다. 주로 남해안에서 가끔 볼 수 있다. 화산 폭발이나 지진에 의한 해일은 우리나라에서는 드물다. 그러나 화산대와 가까운 태평양 연안에서는 흔한 일이다. 2004년에 인도네시아의 서쪽 바다 밑에서 일어난 큰 지진으로 말미암아 엄청난 해일이 일어났는데, 그런 해일을 쓰나미라고 한다. 그때 산더미 같은 바닷물이 인도양 연안의 여러 나라에 밀려들어서 잠깐 동안에 모두 22만 8,000명이 목숨을 잃었다.

바닷가로 밀려드는 해일 Jakemete, CC-BY-SA-3.0

해조류(marine alga)

김이나 미역처럼 바닷물 속에서 사는 조류, 곧 말이다. → 바닷말

해캄(*Spirogyra*)

미디어뱅크 사진

웅덩이나 연못처럼 주로 고여 있는 물속에서 서로 엉켜서 자라는 민물말이다. 봄부터 여름 사이에 물속에서 숲을 이루듯 뭉쳐서 자란다. 색깔은 초록색이며, 꽃이 피지 않는다. 뿌리, 줄기, 잎이 구별되지 않으며 머리카락처럼 가늘고 길다. 따라서 식물처럼 보이지만 식물로 구분되지 않는다.

그렇지만 해캄은 녹색 색소가 있어서 광합성을 하여 스스로 필요한 영양분을 만든다. 따라서 햇빛을 받지 못하면 연한 초록색이나 흰색이 되면서 잘 자라지 못한다. 그러나 온도가 알맞고 햇빛을 잘 받으면 색깔이 짙은 초록이 되면서 수가 크게 불어난다.

현미경으로 관찰하면 해캄의 구조를 볼 수 있다. 해캄은 세포가 한 줄로 이어져서 이루어지는데, 조건이 알맞으면 세포가 분열하며 빠르게 불어난다. 또 가닥이 잘려도 그 도막마다 새로운 해캄이 된다. 그러다 날씨가 추워지면 주변에 있는 세포와 하나로 합쳐져서 겨울을 난다. 그리고 봄이 되어 날씨가 따뜻해지면 다시 세포가 분열할 때마다 배로 불어나면서 번식한다. 해캄은 물속에 산소를 공급해 주기도 하지만, 너무 많으면 햇빛을 가릴 뿐만 아니라 물고기의 활동을 방해한다.

해파리(jellyfish)

바닷물 속에서 떠다니며 사는 무척추 동물이다. 대개 작은 우산처럼 생겨서 우산갓 같은 것을 움츠렸다 폈다하면서 조금씩 느릿느릿 움직인다. 둥그런 가장자리를 따라 가느다란 촉수가 주렁주렁 매달려 있으며, 가운데쯤에 긴 촉수가 넷 또는 그보다 더 많이 달려 있다. 이 큰 촉수들이 몰려 있는 한가운데에 입과 위가 있다.

해파리의 촉수는 아주 작은 바다 생물을 독침으로 마비시켜서 입으로 가져가는 구실을 한다. 작은 해파리의 촉수는 사람에게 별로 해롭지 않다. 그러나 사람에게 큰 해를 끼치는 해파리도 더러 있다.

크기는 콩깍지만한 것에서부터 지름이 30cm도 넘는 것까지 여러 가지가 있다. 몸빛깔은 투명하거나 엷은 분홍색이며, 어떤 것은 밤에 빛을 낸다.

미디어뱅크 사진

해풍(sea breeze)

바다에서 육지로 불어오는 시원한 바람이다. 바다와 육지의 온도 차이 때문에 생긴다. → 육풍

핵무기(nuclear weapon)

원자핵이 분열하거나 융합하면서 내는 엄청난 에너지를 이용한 무기이다. 주로 폭탄으로 만들어진다. 원자 폭탄, 수소 폭탄, 중성자 폭탄 등이다.

맨 먼저 만들어진 것이 원자 폭탄이다. 우라늄이나 플루토늄의 원자핵이 분열하면서 내는 에너지를 이용한 것이다. 1945년 8월에 미국이 일본에다 2개를 떨어뜨렸는데 그로 말미암아 눈 깜짝할 사이에 두 도시가 사라지고 말았다. 그래서 제2차 세계대전이 끝났다. 그 뒤로 미국, 소련 및 몇몇 다른 나라들이 다투어 핵무기를 개발했다. 그래서 원자 폭탄보다도 더 무서운 수소 폭탄이 만들어졌다. 이것은 중수소가 핵융합하면서 내는 에너지를 이용한 것이다.

원자 폭탄이나 수소 폭탄은 같은 양의 석탄보다 100만 배에서 5,000만 배까지 더 높은 열을 낼 뿐만 아니라, 그 열로 말미암아 공기가 팽창하여 생기는 폭풍으로 엄청난 피해를 준다. 열과 폭풍이 지나간 뒤에는 방사능에 오염된 먼지가 떨어져서 오랫동안 생물이 살지 못하게 된다. 중성자 폭탄도 수소 폭탄과 같은 원리로 만들어지는데, 중성자가 퍼져 나가게 하여 사람을 죽이는 무기이다. 중성자는 두꺼운 콘크리트나 강철도 통과하므로, 중성자 폭탄은 건물이나 전차 따위는 파괴하지 않으면서 그 안에 든 사람만 죽게 한다.

핵무기는 파괴력이 너무나 커서 전쟁에 쓰이면 이기고 지는 편 없이 인류가 모두 멸망할 수 있다. 또 핵무기가 폭발하면 넓은 지역이 방사능에 오염되어서 온 지구의 생물에게 나쁜 해를 끼친다. 이런 까닭으로 핵무기를 쓰지 말며 핵실험도 하지 말자는 국제적인 노력이 진행되고 있다. → 원자력

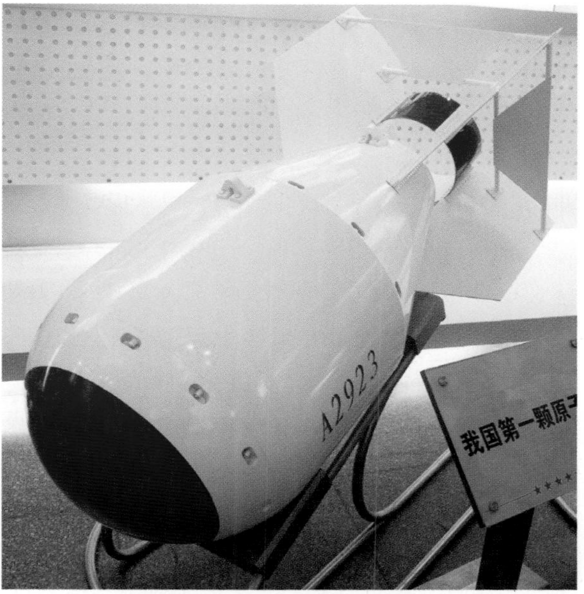

중국의 수소 폭탄 모형 Megapixie, Public Domain

햄(ham)

소금물에 절이거나 연기에 그을린 돼지 뒷다리이다. 옛날부터 주로 서양에서 만들어 먹은 식품으로서 중요

ㅎ

한 단백질 식품이다.

대개 소금과 설탕을 녹인 물에 3일에서 1주일 동안 돼지 뒷다리를 담가 두면 햄이 된다. 또 보통 톱밥을 태운 연기를 쐬는데, 그러면 독특한 냄새가 난다. 이렇게 만든 햄은 쉽게 상하지 않으므로 오래 두고 먹을 수 있다. 그러나 요리를 해서 먹기 전에 한참 동안 물에 담가 두어야 한다.

집에서 만든 햄 Chmee2, CC-BY-SA-3.0 GFDL

햄스터(hamster)

아시아와 유럽에서 사는 작고 땅딸막한 비단털쥐과의 포유류이다. 쥐과에 딸린 동물이므로 앞니가 계속해서 자라기 때문에 늘 무엇을 쏠아야 한다. 털이 고우며 먹이를 넣어서 나를 수 있도록 볼이 크게 늘어난다. 모두 18 가지 종류가 있는데 가장 많이 알려진 것은 골든햄스터이다.

시리아햄스터라고도 하는 골든햄스터는 털빛깔이 등은 연한 적갈색이며 배는 희다. 몸길이가 18cm, 몸무게는 110g쯤 된다. 햄스터들은 땅속에 굴을 파고 들어가서 혼자 살며 주로 밤에 나와 활동한다. 굴속에는 잠자는 방, 먹이 창고, 화장실 등이 따로따로 마련되어 있다. 먹이는 열매, 씨, 잎 및 땅속에서 사는 곤충 따위이다.

Keith Pomakis, CC-BY-SA-2.5

햄스터는 한 100년 전부터 사람들이 잡아다 반려동물로 길러 왔다. 골든햄스터와 그밖의 작은 햄스터 몇 가지이다. 길들인 햄스터는 기르기가 쉽다. 먼저 집을 마련하고 바닥에 나뭇조각이나 마른 풀을 깔아 준다. 그리고 열매, 씨, 채소, 살코기 같은 먹이와 깨끗한 물을 잘 주면 된다. 이런 햄스터는 보통 3~4년쯤 산다.

햇빛(sunlight)

햇빛에 흠뻑 젖은 숲 RhinoMind, CC-BY-SA-4.0

빛이 없으면 우리는 아무것도 볼 수 없다. 빛 가운데에서 가장 중요한 빛이 태양에서 나오는 햇빛이다. 태양은 엄청난 에너지를 열과 빛으로 내뿜는다. 햇빛은 이 태양 에너지의 한 부분이다.

태양에서 나오는 햇빛은 사방으로 곧게 퍼져 나가기 때문에 오직 그 일부분만 지구에 와 닿는다. 그래도 이 햇빛으로 지구의 모든 생물이 살아간다. 식물은 햇빛을 받아서 광합성 작용을 해 양분을 만들며, 동물은 이런 식물을 먹고 산다.

햇빛은 물체에 닿으면 반사된다. 달이나 그밖의 행성들에 미친 햇빛이 그 표면에서 반사되기 때문에 우리가 그것들을 볼 수 있다. 우주 속에 멀리 나가서 보면 지구도 햇빛을 반사해서 달처럼 빛날 것이다. 햇빛이 곧게 나아가기 때문에 햇빛을 가리는 물체 뒤에는 그림자가 생기며 그림자의 안쪽은 어둡다. 그래서 태양이 지구의 반대쪽에 있으면 햇빛이 비추지 않는 쪽이 캄캄한 밤이 된다.

비록 곧게 나아가기는 하지만, 햇빛은 한 투명한 물질에서 다른 투명한 물질 속으로 들어가면서 그 경계면에서 꺾인다. 예를 들면, 공기 속에서 물속으로 들어가거나 물속에서 공기 속으로 나올 때이다. 사이다가 담긴 유리컵에 넣은 빨대는 꺾여 보인다. 공기와 사이다가 맞닿은 면에서 빛이 꺾이기 때문이다.

햇빛은 흔히 아무 색깔도 없는 것 같다. 그러나 사실은 여러 가지 색깔이 섞인 것이다. 이 여러 가지 색깔의 빛은 저마다 꺾이는 각도와 속력이 다르다. 비가 갠 뒤에 햇빛이 하늘에 뜬 물방울 속으로 들어가면서 꺾이고 또 나오면서 한 번 더 꺾이면 여러 가지 색깔로 나뉜다. 이렇게 해서 나타나는 것이 일곱 가지 색깔의 무지개이다. 그러나 햇빛 속에는 이 일곱 가지 말고도 우리 눈에 보이지 않는 다른 빛들이 더 많이 들어 있다. → 빛

행성(planet)

태양의 둘레를 도는 8개의 별이다. 태양에서 가까운 순서로 수성, 금성, 지구, 화성, 목성, 토성, 천왕성, 해왕성이다. 행성들은 스스로 빛을 내지 않지만 햇빛을 반사하므로 지구에서 보면 밝게 빛나는 것처럼 보인다.

행성 (위부터 수성, 금성, 지구와 달, 화성, 목성, 토성, 천왕성, 해왕성) NASA, Public Domain

수성, 금성, 화성, 목성, 토성은 맨눈으로 볼 수 있어서 일찍부터 알려졌지만 천왕성과 해왕성은 너무 멀리 떨어져 있어서 맨눈에 보이지 않으므로 망원경이 발명된 뒤에야 발견되었다.

행성들은 모두 둥글고, 자전하며, 태양의 둘레를 공전한다. 그러나 크기, 공전 주기, 자전 주기는 저마다 다르다. 이 8개의 행성 말고도 수많은 소행성이 화성과 목성 사이에 떠 있다. 또 행성은 대개 그 둘레를 도는 위성이 있다. 위성은 계속해서 발견되기 때문에 정확한 수를 알 수 없다. 지금까지 발견된 것은 모두 185개이다. 아직까지 위성이 발견되지 않은 행성은 수성과 금성뿐이다.

행성은 크게 두 무리로 나눌 수 있다. 태양에서 가까운 순서로 수성, 금성, 지구, 화성을 지구형 행성이라고 한다. 이 넷은 모두 단단한 암석으로 이루어져 있다. 한편 목성, 토성, 천왕성, 해왕성은 목성형 행성이라고 한다. 이 행성 넷은 모두 가스로 이루어져 있어서 덩치가 무척 크지만 단단한 표면이 없다. 따라서 우주선이 가더라도 착륙할 데가 없다.

또 다른 방법으로는 지구를 기준삼아 내행성과 외행성으로 나눈다. 지구의 공전 궤도 안쪽, 곧 지구와 태양 사이의 궤도에서 공전하는 수성과 금성이 내행성이며, 지구 궤도의 바깥쪽에서 공전하는 화성, 목성, 토성, 천왕성, 해왕성이 외행성이다. → 태양계

향(incense)

향기로운 냄새를 풍기는 여러 가지 물질이다. 그러나 흔히 제사에 쓰는 향은 향나무로 만든다. 향나무를

David Wilmot, CC-BY-SA-2.0

ㅎ

잘게 썰거나 가루를 내어서 다른 재료와 함께 반죽하여 일정한 모양으로 만든다. 국수 가닥처럼 가늘게 뽑아서 말린 것이 많다.

향은 불이 잘 붙기도 하려니와 타면서 독특한 냄새와 연기를 낸다. 향이 부정한 것을 물리칠 뿐만 아니라 몸과 마음을 맑게 해서 귀신과 통하게 한다고 믿었기 때문에 옛날부터 제사 같은 의식에 많이 써 왔다.

향나무(Chinese juniper)

늘푸른큰키나무이다. 나무껍질을 벗기면 향기가 난다. 목재에서도 같은 냄새가 나므로 잘게 깎아낸 조각을 모아서 향불을 피운다. 또 목재를 깎고 다듬어서 여러 가지 조각품을 만들기도 한다.

옛날에는 향나무가 깊은 산속에서 제멋대로 많이 자랐지만 요즘에는 주로 뜰이나 공원 같은 데에 사람이 심은 것이 많다. 초록색 잎이 아주 무성하게 달리며 오래된 줄기나 가지에 갈색으로 비늘처럼 벗겨지는 껍질이 생긴다.

미디어뱅크 사진

허파(lung)

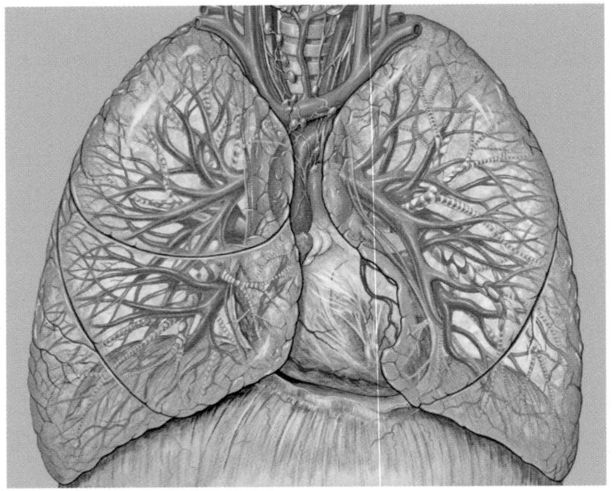

Patrick J. Lynch, CC-BY-2.5

숨을 쉬는 호흡 기관 가운데 하나로서 가슴 속 왼쪽과 오른쪽에 한 개씩 있다. 우리 목 속에는 공기가 드나드는 기관이 길게 뻗어 있는데, 이 기관이 두 갈래의 기관지로 갈라져서 양쪽 허파와 이어진다. 허파와 이어진 기관지는 계속해서 더 갈라지고 가늘어져서 맨 끝에 허파꽈리와 이어진다.

숨을 들이쉬면 공기가 코로 들어와서 기관과 기관지를 거쳐 허파꽈리에 이른다. 허파꽈리는 허파의 대부분을 이루는 아주 작은 주머니이다. 하나하나는 지름이 기껏 0.2mm쯤밖에 안 되는 구슬의 반쪽 모양으로서 눈에 보이지 않을 만큼 작다. 이것이 어른의 허파에는 약 4억 5,000만 개나 들어 있다.

허파꽈리의 터진 쪽은 기관지와 연결되며, 둥근 쪽은 그물처럼 촘촘히 뻗은 모세혈관에 싸여 있다. 온몸을 돌고 나서 심장을 거쳐 허파로 온 혈액에는 이산화탄소가 가득 들어 있는데 허파꽈리에서 이 이산화탄소를 밖으로 내보내고 산소를 받아들인다. 허파꽈리의 표면적을 모두 합치면 우리 온몸 표면적의 2.5배나 되는데, 숨을 들이쉬면 이 표면적이 또 2배로 부풀어 오른다.

공기가 들어가고 나가는 일은 가로막의 작용으로 이루어진다. 가로막이 내려가면 허파의 면적이 늘어나서 숨을 들이쉬게 되고, 가로막이 올라가면 허파의 면적이 좁아져서 숨을 내쉬게 된다. 이 가로막의 운동은 우리가 자는 동안에도 쉬지 않고 계속된다.

헬륨(helium)

색깔과 냄새가 없는 기체로서 수소 다음으로 가벼운 물질이다. 지구 대기에 0.0005%쯤 들어 있으며, 땅속의 천연 가스에도 조금 섞여 있다. 불에 타지 않으며 물에 잘 녹지 않는다. 모든 물질 가운데에서 액체로 변하는 온도가 가장 낮아서, −268℃에서 액체가 된다.

이 액체 헬륨의 온도를 절대 0도인 −273℃ 가까이 내리면 독특한 성질을 띤다. 다른 액체는 통과하지 못하는 아주 가는 대롱을 통과하며, 그릇에 넣어 두면 저절로 벽을 타고 올라가 밖으로 흘러내린다. 흐를 때에 마찰이 거의 없어서 헬륨 액체가 든 그릇을 쳐서 출렁이게 하면 무척 오랫동안 출렁인다. 출렁임을 멈출 마찰력이 모자라기 때문이다.

헬륨은 공기보다 가볍기 때문에 커다란 풍선이나 비행선을 하늘 높이 띄우기에 쓰인다. 바다 속 깊은 곳에서는 질소 대신에 헬륨을 공기에 섞어서 숨을 쉰다. 깊은 바다 속에서는 질소가 혈액에 녹아서 방울이 되어 혈액의 흐름을 방해하지만 헬륨은 혈액에 잘 녹지 않기 때문이다. 그리고 헬륨은 막힌 곳을 공기보다 더 잘 통과하기 때문에 숨을 잘 못 쉬는 환자에게 산소와 섞어서 숨쉬게 하기도 한다.

헬륨은 지구의 대기에는 조금밖에 없지만 태양 같은 별이나 목성, 토성, 해왕성 등의 대기에는 꽤 많이 들어 있다. 특히 태양 같은 별에서는 수소가 핵융합을 일으켜서 헬륨으로 변하면서 어마어마한 에너지를 낸다.

헬륨을 채운 커다란 풍선 NatiSythen, CC-BY-SA-3.0

헬리콥터(helicopter)

한 줄로 길게 뻗은 활주로에서 한참 달리다가 비스듬히 떠오르는 보통 비행기와는 달리 한 자리에서 바로 뜨고 내리는 비행기이다. 또, 어느 쪽으로나 날 수 있으며 공중의 한 자리에 떠 있을 수도 있다. 그래서 잠자리비행기라고도 한다.

헬리콥터는 양쪽 옆구리에서 길게 뻗은 날개 대신에 날개와 프로펠러 구실을 함께 하는 커다란 회전 날개가 달려 있다. 꼬리 쪽에 달린 조그만 프로펠러는 헬리콥터가 방향을 바로 잡고 앞으로 나아가게 한다.

헬리콥터는 서기 1930년대에 발명된 뒤로 줄곧 여러 가지 일에 이용되어 왔다. 산이나 바다에서 재난을 당한 사람을 구하고, 가까운 거리에 물건과 사람을 실어 나르며, 넓은 농토에다 씨앗이나 농약을 뿌리는 일에 많이 쓰인다. 또 전쟁에도 널리 쓰이고 있다.

© Raimond Spekking, CC-BY-SA-4.0

혀(tongue)

맛을 보고, 말을 하고, 입 안으로 들어온 음식물을 침과 섞어서 목구멍으로 보내는 기관이다. 근육으로만 이루어져 있으며 마음대로 움직여진다. 혓바닥에는 수많은 돌기가 돋아 있으며 그 반대쪽은 얇은 막에 덮여 있다. 표면에서 침이 조금씩 나오기 때문에 건강한 사람의 혀는 늘 촉촉하고 부드럽다.

혓바닥의 돌기 속에 맛을 느끼는 세포가 들어 있는데, 이것은 신경과도 이어져 있다. 이 세포들이 자극을 받으면 그 자극이 신경을 통하여 대뇌에 전달되어서 맛을 느낀다. 사람이 느끼는 맛은 단맛, 신맛, 쓴맛, 짠맛의 네 가지이다. 이 네 가지 맛 말고 떫은맛이나 매운

ㅎ

맛 같은 것은 네 가지 맛과 촉감, 아픈 감각, 온도 감각 등이 합쳐져서 느끼는 것이다.

네 가지 맛은 혀의 모든 부분에서 느낄 수 있지만 어떤 맛을 더 잘 느끼는 부분이 따로 있다. 쓴맛은 혀뿌리, 단맛은 혀끝, 신맛은 양쪽 가장자리, 짠맛은 거의 혀 전체에서 잘 느껴진다. 이렇게 맛을 느끼는 부분이 다른 까닭은 그 맛을 느끼는 세포가 퍼져 있는 위치가 다르기 때문이다. 사람의 혀는 맛을 느끼지만 뱀의 혀는 맛을 느끼지 못하고 대신 냄새를 맡는다. 물고기, 새, 악어 따위는 혀를 별로 쓰지 않는다.

현무암(basalt)

땅속 깊은 곳에 있던 마그마가 약한 땅 표면을 뚫고 땅위로 솟아서 흐르는 것을 용암이라고 한다. 이 용암이 급하게 식어서 굳어 만들어진 암석이 현무암이다.

마그마에는 본디 여러 가지 물질이 녹아 있다. 그런 마그마가 땅 밖으로 나오면 압력이 낮아지면서 녹아 있던 물질 가운데 일부가 기체가 되어서 날아가 버린다.

현무암으로 만든 돌하르방 미디어뱅크 사진

그러면서 용암에 크고 작은 구멍이 숭숭 뚫리고 그것들이 메워지기 전에 식어서 현무암이 된다. 그래서 현무암에는 크고 작은 구멍이 많이 나 있다.

현무암은 알갱이가 아주 작아서 돋보기로 보아도 구별할 수 없으며 겉모양이 거칠다. 그리고 못에 잘 긁히지 않을 만큼 단단하다. 색깔은 검정색이나 회색이다.

→ 암석

현미경(microscope)

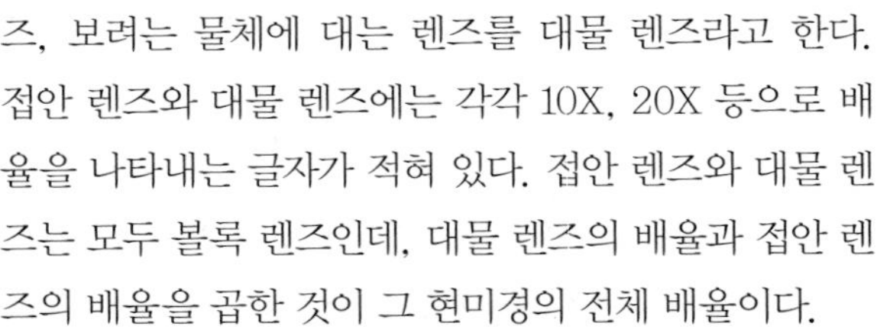

렌즈를 이용하여 아주 작은 물체를 크게 키워서 보는 기구이다. 눈에 보이지 않을 만큼 아주 작은 물체도 현미경으로 보면 잘 관찰할 수 있다.

현미경은 받침다리, 렌즈가 들어 있는 경통, 빛을 비춰 주는 반사경, 보려는 물체를 놓는 재물대로 이루어진다. 경통에는 렌즈가 2개 달려 있는데, 눈을 대는 위쪽 렌즈를 접안 렌즈, 보려는 물체에 대는 렌즈를 대물 렌즈라고 한다. 접안 렌즈와 대물 렌즈에는 각각 10X, 20X 등으로 배율을 나타내는 글자가 적혀 있다. 접안 렌즈와 대물 렌즈는 모두 볼록 렌즈인데, 대물 렌즈의 배율과 접안 렌즈의 배율을 곱한 것이 그 현미경의 전체 배율이다.

경통은 고정되어 있는 것도 있고 조절 나사로 움직일 수 있는 것도 있다. 반사경은 바깥의 빛을 반사시켜서 물체를 비추는데, 평면 거울로 된 것과 오목 거울로 된 것이 있다. 보통 평면 거울을 쓰지만, 어두운 곳에서나 높은 배율로 보려면 오목 거울을 쓴다. 또 재물대에는 보려는 물체를 고정시켜 주는 클립이 있다.

물체를 관찰할 때에는 먼저 접안 렌즈를 들여다보면서 반사경을 조절하여 가장 밝게 보이게 한다. 그리고 보려는 물체를 재물대에 고정시키고 조절 나사를 돌려서 초점을 맞춘다. 다음에 물체를 조금씩 움직여 관찰할 곳을 찾는다. 마지막으로 관찰한 것을 기록한다.

현미경에는 여러 가지가 있다. 흔히 말하는 현미경은 물체에 빛을 비춰서 관찰하는 광학 현미경이다. 그러나 빛 대신에 전자의 흐름과 전자 렌즈를 이용해서 가장 높은 배율을 얻는 전자 현미경도 있다.

현미경은 1600년대에 네덜란드 사람인 안톤 반 레벤후크가 발명했다. 그는 스스로 발명한 현미경으로 벼룩이 알에서 깨는 모습을 관찰했다고 한다. → 실체 현미경

혈관(blood vessel)

혈액, 곧 피가 흐르는 통로이다. 그래서 핏줄이라고도 한다. 온몸에 퍼져 있으며 동맥, 정맥, 모세혈관으로 나뉜다.

심장에서 나와서 온몸으로 뻗어나가는 혈관이 동맥이다. 동맥에 흐르는 혈액에는 산소가 많이 들어 있다. 반대로, 온몸에서 심장으로 들어가는 혈관은 정맥이다. 정맥에 흐르는 혈액에는 이산화탄소가 많이 들어 있다. 동맥과 정맥을 이어 주는 가는 혈관이 모세혈관이다. 모세혈관은 온몸에 그물처럼 퍼져 있어서 세포에 영양소와 산소를 전해 주고 세포에서 생긴 찌꺼기를 받아서 땀샘, 콩팥 또는 허파로 보내 몸 밖으로 내보내지게 한다.

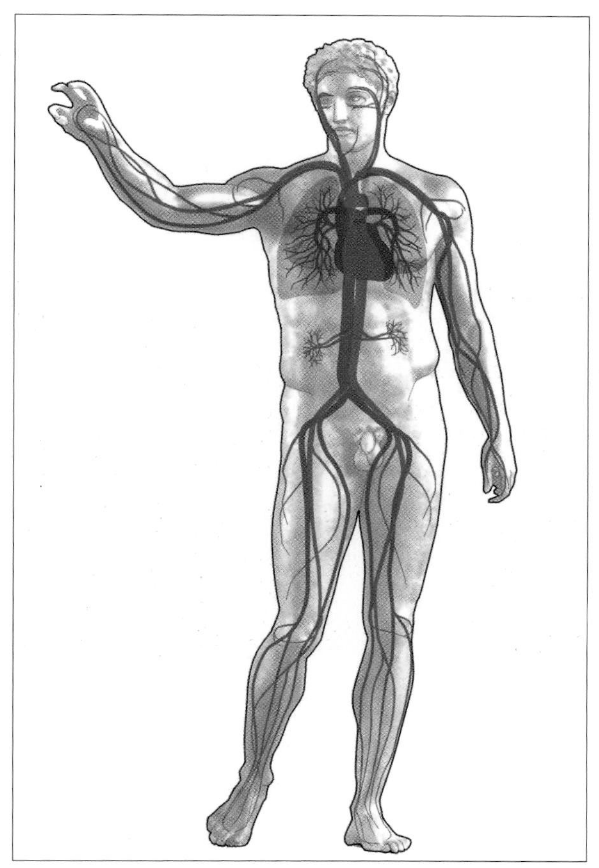

혈관(동맥과 정맥) User:Sansculotte, CC-BY-SA-2.5

혈액(blood)

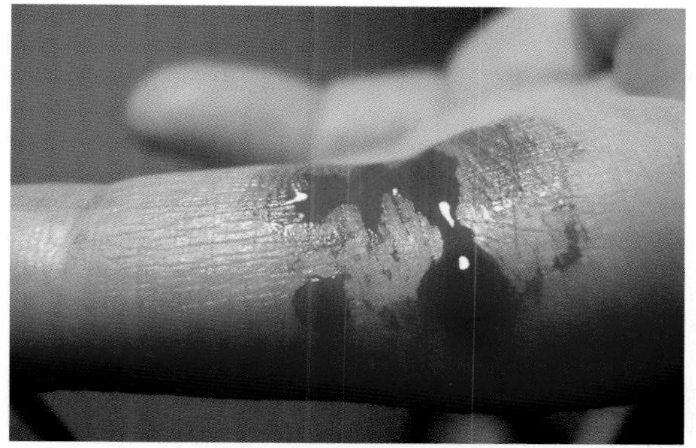

Crystal from Bloomington, USA, CC-BY-2.0

혈관을 통해서 우리 몸속 구석구석에 흐르는 붉은빛 액체이다. 흔히 피라고 한다. 심장의 펌프 작용으로 온몸으로 내보내지고 다시 심장으로 돌아오기를 거듭한다. 그러면서 작은창자에서 흡수한 영양소와 허파에서 받은 산소를 몸속 모든 세포에 공급하며, 세포에서 나온 이산화탄소와 찌꺼기를 받아서 허파, 콩팥, 땀샘 등에 전달하여 몸 밖으로 내보내지게 한다. 그밖에도 몸에 필요한 여러 가지 물질을 운반해 준다. 또 몸속에 들어온 병원체를 물리쳐서 건강을 지키고, 체온을 유지하며 상처를 아물게 한다.

혈액은 약 80%의 물과 그밖의 여러 가지 물질로 이루어진다. 혈액을 시험관에 넣어 두면 위에 노란 액체가 뜨는데, 이것이 혈장이다. 밑에 가라앉아서 엉기는 물질은 혈구이다. 혈장은 거의 다 물이며 그밖에 단백질, 당분, 지방, 무기 염류 따위로 이루어진다. 또 상처가 나서 피가 나면 굳게 하는 성분도 들어 있다. 혈구에는 적혈구, 백혈구, 혈소판 따위가 있는데, 이것들은 대개 뼛속에서 만들어진다. 적혈구에는 혈색소라는 색소가 있어서 붉은 빛깔이며 산소와 이산화탄소를 운반한다. 백혈구는 병원체를 잡아먹는다. 혈소판에는 혈액을 굳게 하는 물질이 들어 있다. *(다음 면에 계속됨)*

몸 안에서 도는 혈액의 양은 거의 일정하다. 어른 한 사람의 몸속에는 5~6L의 혈액이 들어 있다. 물을 많이 마시거나 피를 좀 흘려도 전체 혈액의 양은 저절로 알맞게 지켜진다. 그러나 피를 한 번에 너무 많이 흘리면 그 양을 스스로 채우지 못한다. 그래서 다른 사람의 혈액을 수혈 받아야 한다.

하지만 원칙적으로는 같은 혈액형끼리만 수혈할 수 있다. 다만 O형인 혈액은 모든 혈액형에게 줄 수 있지만 O형 혈액만 받을 수 있으며, AB형 혈액은 모든 혈액형의 혈액을 받을 수 있으면서도 AB형에게만 줄 수 있다. 또 Rh−형은 Rh+형에게 줄 수 있지만 받지는 못한다. 수혈을 잘못하면 목숨을 잃게 된다.

혜성(comet)

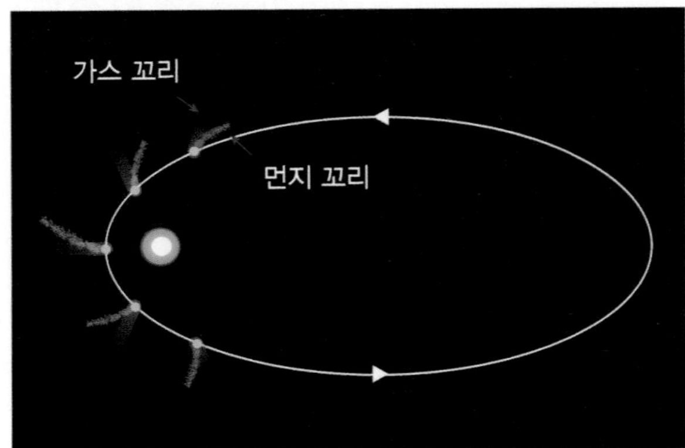

혜성의 궤도는 긴 타원이다. Юкатан, CC-BY-SA-4.0

태양계의 가족으로서 태양의 둘레를 돌아서 멀리 갔다가 되돌아오는 별이다. 거의 다 얼음과 먼지로 이루어진 몸통과 긴 꼬리가 있으며, 지름이 몇 킬로미터에서 몇 십 킬로미터에 이른다. 어떤 것은 작고 희미해서 커다란 망원경으로나 겨우 볼 수 있으며, 어떤 것은 무척 밝아서 낮에도 맨눈으로 볼 수 있다. 긴 타원형 궤도로 돌기 때문에 한 바퀴 다 돌기에 짧게는 3년 반에서 길게는 백만 년이 넘게 걸린다.

혜성은 햇빛이 미치지 않는 먼 데에 있을 때에는 그저 얼음 조각, 가스 알갱이, 먼지 따위가 뭉친 덩어리에 지나지 않는다. 이것이 혜성의 핵이다. 그런데 태양에 점차 가까워지면서 가스와 고운 물질 알갱이가 핵에서 빠져나와 꼬리를 이루며 태양의 반대쪽으로 길게 늘어선다. 태양에서 끊임없이 불어오는 태양풍 때문이다. 그러나 작고 희미한 혜성 가운데에는 꼬리가 없는 것도 있다.

태양에 가까워질수록 혜성은 밝고 커지며 움직이는 속력이 빨라진다. 그래서 태양에서 가장 가까울 때에 가장 밝고 크며, 태양에서 멀어질수록 점점 더 작고 희미해진다. 이런 혜성이 지나가면서 남긴 부스러기가 지구로 떨어지면서 불타는 것이 별똥별, 곧 유성이다.

과학자들은 태양계가 처음 만들어질 때에 혜성도 만들어졌을 것이라고 생각한다. 또 지구에 물과 생명체가 있게 된 것이 혜성의 덕일지 모른다고 생각한다. 그래서 혜성을 더 잘 연구하면 태양계와 함께 생명의 기원에 대한 수수께끼를 풀 수 있을 것으로 믿는다. 그래서 유럽 우주국이 보낸 혜성 탐사선 로제타호가 2014년 11월 13일에 67P/츄루모프-게라시멘코 혜성에 이르러 탐사 로봇 필래를 착륙시켰다. 탐사선이 2004년 3월 2일에 발사되어 10년 8개월 동안 64억km를 날아간 뒤의 일이었다.

태양계에는 10만 개가 넘는 혜성이 있을 것으로 생각된다. 그 가운데에는 아직 발견되지 않은 것도 많다. 혜성의 이름은 어느 것이나 그것을 처음 발견한 이의 이름을 따서 짓는다. 따라서 누구나 혜성을 처음으로 찾아내서 그것을 자기 것으로 만들 수 있다.

호두(Persian walnut)

미디어뱅크 사진

호두나무의 열매이다. 봄에 호두나무에 꽃이 피어서 꽃가루받이가 되면 열매가 열린다. 처음에는 열매가 꽤 두꺼운 초록색 겉껍질에 싸여 있지만 가을에 익으면서 이 껍질이 갈라져서 속에 든 씨가 떨어진다. 이 씨도 단단하고 울퉁불퉁 골이 패인 속껍질에 싸여 있는데 그 속에 든 알맹이가 맛이 고소하고 기름기가 많아서 옛날부터 훌륭한 먹을거리가 되어 왔다.

호두나무는 키가 20m 넘게 자라며 굵은 가지를 사방으로 뻗는 갈잎큰키나무이다. 잎은 어긋나는 겹잎으로서 길둥그런 작은 잎이 5~7장씩 달린 것이다. 나무가 단단하고 무늬가 고와서 집을 짓거나 가구를 만드는 좋은 목재가 된다.

호랑나비(Asian swallowtail)

봄여름에 흔히 볼 수 있는 나비이다. 마치 호랑이 털가죽의 무늬처럼 검은 줄무늬가 몸뚱이와 날개에 나 있다.

애벌레는 귤나무, 산초나무, 탱자나무 따위의 잎을 먹고 자란다. 다 자라면 몸길이가 4.5cm에 이르는데, 몸빛깔은 초록색이며, 세 번째 마디에 뱀눈 같은 무늬가 있다. 이 애벌레를 건드리면 머리에서 주황색 뿔이 나와서 고약한 냄새를 풍긴다.

한 해 동안에 3번 어른벌레가 나오며 겨울은 번데기로 난다. 봄에 나온 것은 좀 작아서 날개를 편 길이가 7~7.5cm이며 여름에 나온 것은 10cm 안팎에 이른다.

미디어뱅크 사진

호랑이(tiger)

깊은 산에서 사는 커다란 포유류이다. 고양잇과의 동물로서 살코기만 먹고 산다. 거의 온몸이 주황색이지만 가로로 검은 줄이 여럿 있으며 배는 하얗다. 몸통이 길고 다리는 짧은 편이다. 몸집은 수컷이 암컷보다 더 크다.

대개 혼자 살며 수명은 15년쯤이다. 암컷은 한 배에 2~3 마리의 새끼를 낳는다. 새끼는 태어난 지 3~4년이 지나야 어른이 된다. 어미는 새끼가 거의 다 자랄 때까지 먹이를 물어다 주고 사냥하는 법과 몸을 숨기는 법 따위를 가르친다. 먹이는 사슴, 산양, 멧돼지, 곰 등인데, 낮에는 주로 잠을 자며 밤에 활동한다. 사냥할 때에는 먹이 위로 뛰어올라서 강한 발톱으로 움켜쥐고 목을 부러뜨린다. 먹이가 죽으면 조용한 곳으로 끌고 가서 먹는다.

호랑이는 몇 가지 종류가 있지만 생김새는 모두 비슷하다. 호랑이 화석이 북극 지방에서만 발견되기 때문에 학자들은 호랑이가 북극 지방에서 생긴 동물이라고 생각한다. 그런데 날씨가 추워지자 남쪽으로 내려와서 중국, 우리나라, 인도, 말레이 반도 및 중앙아시아로 퍼졌다. 호랑이의 종류로는 시베리아호랑이, 수마트라호랑이 및 인도호랑이가 있는데, 시베리아호랑이의 몸집이 가장 크며 인도호랑이의 수가 가장 많다. 우리나라에서는 시베리아호랑이가 살았지만 이제는 거의 다 사라지고 어쩌다 백두산에서나 볼 수 있다고 한다.

호루라기(whistle)

입에 물고 불면 소리가 나는 기구이다. 대개 얇은 철판으로 만든 조그만 통인데 한쪽이 뾰족하게 튀어 나오고 몸통에 구멍이 나 있다. 그래서 튀어 나온 쪽을 입에 물고 세게 불면 통 속에서 공기가 돌면서 압축되었다가 팽창해서 소리가 난다. 흔히 운동 경기나 많은 사람들 속에서 주의를 끌 때에 쓴다.

호박(pumpkin)

열매가 반찬이나 여러 가지 요리에 쓰이는 한해살이 풀이다. 열매는 공처럼 둥근 것이나 가지처럼 긴 것 따위 여러 가지이다. 본디 덩굴손이 있는 덩굴식물이지만 개량된 품종에는 덩굴식물이 아닌 것도 더러 있다.

봄 4월 중순쯤 한 곳에 3~4개씩 씨를 심었다가 싹이 나서 자라면 튼튼한 것 하나만 남기고 나머지는 뽑아 버린다. 한참 자라면 6월부터 서리가 내릴 때까지 나팔처럼 생긴 크고 노란 꽃이 연달아 핀다. 꽃가루받이가 되면 암꽃 밑동에 달린 열매가 자란다. 이 열매는 익어가면서 초록색에서 누런색으로 바뀐다. 애호박으로 먹으려면 초록색일 때에 따고 씨를 받으려면 주황색으로 익을 때까지 기다린다.

요즈음에는 비닐하우스나 온실을 만들어서 어느 철에나 싱싱한 호박을 생산한다. 잘 익은 호박에는 비타민이 많이 들어 있다. 호박은 본디 열대 지방에서 자라던 식물을 개량한 것이다.

미디어뱅크 사진

호수(lake)

땅으로 둘러싸여서 물이 아주 넓게 많이 괴어 있는 곳이다. 움푹 파인 땅에 물이 차 있기 때문에 밖으로 빠져 나가지 못한다. 주로 흘러드는 빗물과 시냇물로 가득 차지만 때로는 땅속에서 솟아나는 샘물로 가득 차기도 한다. 그리고 넘치면 가장 낮은 가장자리로 흘러 나간다.

물이 증발하거나 땅속으로 스며들어서 줄기도 하는데, 증발이 너무 심하면 소금기가 많아져서 짠물 호수가 된다. 이스라엘과 요르단 사이에 있는 사해가 그런 예인데, 이런 호수를 염호라고 한다.

많은 호수가 빙하기에 만들어졌다. 빙하가 녹으면서 쌓인 흙과 돌이 둘레를 막거나 빙하가 천천히 흐르면서 땅을 파 낸 곳에 물이 고였기 때문이다. 핀란드나 캐나다에는 이런 호수가 헤아릴 수 없이 많다.

User:Matiasmehdi, Public Domain

세계에서 가장 큰 호수는 카스피해이다. 이 호수는 한반도보다도 더 넓다. 그러나 이것은 또 짠물 호수이기 때문에 호수가 아니라 바다라고 주장하는 이들도 있다. 민물 호수로서 가장 큰 호수는 미국 오대호 가운데 하나인 슈퍼리어호이다. 이렇게 큰 호수들은 지각의 변동으로 만들어졌다. 그러나 화산의 활동으로 호수가 만들어지기도 한다. 백두산의 천지나 한라산의 백록담처럼 식어버린 화산의 분화구에 물이 고이면 호수가 된다.

평야 지대로 흐르는 강은 몹시 구불구불해지기 쉽다. 이렇게 크게 굽은 강줄기가 홍수 때에 갑자기 가까운 데로 직접 이어지면서 활처럼 휜 호수를 뒤에 남기기도 한다. 그리고 요즘에는 사람이 둑을 쌓아서 강을 막아 호수를 만든다. 북한강 유역에 생긴 춘천호, 의암호, 소양호 등이 그 예이다. 또 바닷가의 작은 만이 너무 커진 모래톱에 막혀서 바다와 나뉘어 호수가 되기도 한다. 이런 호수를 석호라고 부르는데 동해안의 경포호나 영랑호가 그런 것들이다.

호흡(breathing)

생물이 숨을 들이마시고 내쉬는 활동이다. 식물이건 동물이건 살아 있으려면 호흡을 해야 한다. 동물은 살아 있는 동안 끊임없이 산소를 들이마시고 이산화탄소를 내보낸다. 그러나 식물은 이산화탄소를 받아들이고 산소를 내놓는다.

호흡 기관(respiratory organ)

숨을 쉬는 기관이다. 생물에 따라서 조금씩 다르다. 사람, 개, 소, 돼지 등은 허파로, 물고기는 아가미로, 지렁이는 피부로 호흡한다. 곤충은 대개 숨구멍이나 숨관으로 호흡한다. 그러나 식물은 잎에 있는 기공을 통해서 숨을 쉰다.

사람은 코로 숨을 쉰다. 숨을 들이쉬면 공기 속의 산소가 코, 기관, 기관지를 차례로 거쳐 폐, 곧 허파로 들어간다. 기관지는 허파에서 허파꽈리로 연결되는데, 거기서 산소가 모세혈관으로 들어간다. 그리고 혈액에 실려서 온몸의 세포로 운반되어 영양소를 태워서 에너지를 내는 일에 쓰인다. 사람은 이 에너지를 이용하여 생각하고 일하며 운동한다.

한편, 영양소를 태우는 과정에서 이산화탄소가 생기는데, 혈액이 이것을 폐로 가져다 모세혈관을 통해서 허파꽈리로 내보낸다. 이렇게 허파꽈리에서 산소와 이산화탄소가 교환된다. 허파꽈리로 나온 이산화탄소는 숨을 내쉴 때에 차례로 기관지, 기관, 코를 거쳐서 몸 밖으로 내보내진다.

이렇게 산소가 몸 안에 들어와서 에너지를 내고, 그러느라 생긴 이산화탄소가 몸 밖으로 내보내지는 과정이 호흡이다. 운동을 하면 심장이 빠르게 뛰고 숨이 찬데, 그 까닭은 에너지를 내기에 필요한 산소를 더 빨리 공급해야 하기 때문이다.

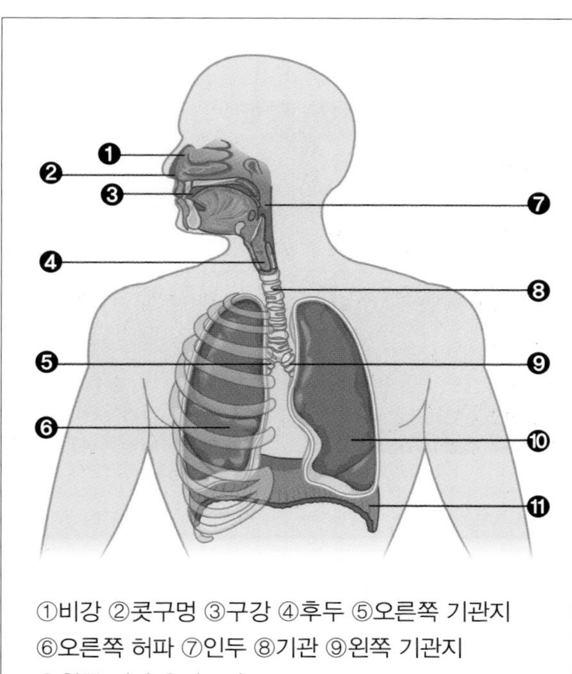

주요 호흡 기관 OpenStax College, CC-BY-3.0

혼천의(armillary sphere)

미디어뱅크 사진

하늘을 본떠서 만든 천문 관측 기구이다. 하늘의 적도나 황도를 나타내는 둥그런 테를 여럿 짜 맞추어서 지구의처럼 만들었는데, 별들의 위치와 움직임을 관찰하는 시계와 같은 구실을 했다.

본디 한가운데에 있는 땅을 공처럼 둥근 하늘이 에워싸고 있다는 생각으로 먼 옛날에 중국에서 만든 것이다. 우리나라에서는 1433년에 처음으로 만들었다. 그 뒤 여러 번에 걸쳐서 개량했다가 1765년에 중국에 가서 천문 지식을 넓히고 온 홍대용이 다시 만들었다.

ㅎ

혼합물(mixture)

유황과 철가루 혼합물의 분리 Asoult, CC-BY-4.0

두 가지 이상의 물질이 성질이 변하지 않은 채 한데 섞여 있는 것이다. 예를 들면, 모래와 철가루가 섞인 것, 쌀과 콩이 섞인 것, 물에 설탕이 녹은 것 등이다.

혼합물에 들어 있는 물질들은 저마다 본디 성질을 지니고 있다. 따라서 혼합물은 각각의 물질로 분리할 수 있다. 곧 따로따로 나눌 수 있는 것이다. 혼합물을 분리하려면 각 물질의 생김새나 성질을 이용한다. 예를 들면, 콩과 좁쌀의 혼합물은 그 크기가 다른 점을 이용하여 분리한다. 좁쌀은 빠져 나오지만 콩은 그러지 못할 만큼 가는 체로 치면 좁쌀만 빠져 나오고 체에 콩이 남는다. 또 흙탕물을 거름종이로 거르면 맑은 물이 걸러져 나오고 거름종이 안에 흙이 남는다. 정수장에서는 이 원리를 이용하여 강물을 깨끗한 수돗물로 만든다.

모래와 철가루가 섞인 혼합물에서는 자석으로 철을 분리해낼 수 있다. 철은 자석에 붙지만 모래는 붙지 않기 때문이다. 또한 설탕과 모래 또는 탄산수소나트륨과 모래의 혼합물은 물에 녹거나 녹지 않는 성질을 이용하여 분리할 수 있다. 이 혼합물을 물에 녹여서 거름종이로 거르면 물에 녹은 설탕이나 탄산수소나트륨은 걸러지고 거름종이에 모래만 남는다.

물과 기름처럼 서로 섞이지 않는 혼합물도 있다. 물과 기름을 한 그릇에 넣고 흔들면 처음에는 섞여서 뿌옇게 되지만 가만히 놓아두면 저절로 두 층으로 나뉜다. 물위에 기름만 따로 모여서 뜨는 것이다. 이때에 그릇을 기울여서 기름만 쏟아 내거나 분별 깔때기를 써서 아래쪽에 모인 물만 쏟아낼 수 있다.

혼합물은 이와 같이 색깔, 맛, 냄새, 촉감, 물에 넣었을 때의 변화, 가열했을 때의 변화, 아이오딘 용액이나 식초에 대한 반응 따위를 이용하여 분리할 수 있다.

홀씨(spore)

고사리, 곰팡이, 버섯, 이끼 등은 꽃이 피지 않으며 씨도 생기지 않는다. 이것들은 홀씨로 자손을 퍼뜨린다.

꽃이 피는 식물의 씨는 꽃가루와 밑씨가 만나야 만들어진다. 그러나 홀씨는 이런 과정 없이 세포가 여러 번 분열하여 만들어진다. 그리고 홀씨에는 녹색 식물의 씨와 달리 싹이 될 씨눈이나 싹의 영양분으로 쓰일 배젖 따위가 없다.

홀씨 하나하나는 먼지처럼 작아서 공중에 떠다닌다. 그러다 조건이 알맞은 곳에 떨어지면 싹이 터서 자란다. 곰팡이와 이끼는 홀씨주머니 속에서 홀씨가 만들어지며, 버섯은 갓 밑의 주름 속에 홀씨가 가득 들어 있다. 홀씨는 포자라고도 한다.

고사리의 잎 뒷면에 붙어 있는 홀씨 미디어뱅크 사진

홍수(flood)

물이 갑자기 불어서 생기는 큰물이다. 산사태 따위로 말미암아 강어귀가 막히거나 폭풍 때문에 바다의 수위가 높아져서 강물이 바다로 빠져나가지 못하면 홍수가 난다. 그러나 홍수의 가장 큰 원인은 비가 많이

오거나 눈이 녹아서 갑자기 물이 불어나는 일이다.

홍수가 나면 논, 밭, 도로 및 크고 작은 집 등이 못 쓰게 되고 사람이 다치거나 죽기도 한다. 또 흙을 휩쓸고 지나가서 땅의 모양이 바뀌기도 한다. 그러나 곧잘 기름진 흙을 쓸어다 강변에 쌓아 놓기도 해서 먼 옛날에는 사람들이 강의 유역에서 살면서 농사를 지었다. 그래서 인류가 처음으로 문명을 꽃피운 곳은 모두 큰 강가 지역이다.

Walter Siegmund, CC-BY-SA-3.0 GFDL

홍역(measles)

어린이가 잘 걸리는 감염병이다. 이 병에 걸린 사람이 기침을 할 때에 침 속에 섞여 나온 병원체가 다른 사람의 호흡기를 통해서 옮겨진다. 홍역의 병원체가 몸 안에 들어오면 열흘쯤 지나서 감기에 걸린 것처럼 기침이 나고 머리가 아프며 열이 난다. 그리고 3~5일 더 지나면 온몸에 빨간 점이 나타난다.

홍역은 거의 누구나 일생에 한 번은 걸리는데, 한 번 앓고 나면 평생 동안 면역이 된다. 그러나 요즘에는 대개 예방 주사를 맞아서 홍역에 걸리는 일을 미리 막는다.

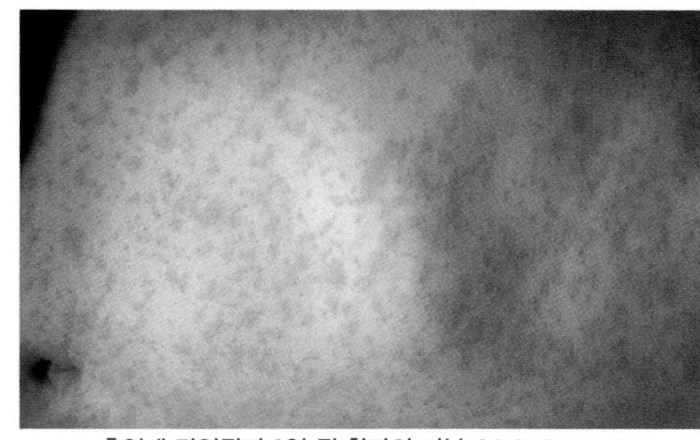

홍역에 감염된지 3일 된 환자의 피부 CDC, Public Domain

홍학(flamingo)

홍학과에 딸린 새들을 두루 일컫는 이름이다. 몇 가지 다른 종류가 남아시아, 남유럽, 아프리카, 남아메리카 및 카리브 해의 섬들에까지 널리 퍼져서 산다. 그러나 몸집의 크기나 몸빛깔이 조금 다를 뿐이지 거의 다 비슷하게 생겼다. 다리가 백로처럼 길지만 발에 물갈퀴가 있으며 부리와 목은 휘어져 있다. 키는 보통 90cm에서 150cm쯤 되며 날개깃의 색깔은 거의 다 밝은 붉은색에서 연한 분홍색 사이이거나 분홍색이 섞인 흰색이다.

홍학은 언제나 바다나 호수 또는 늪 같은 물가에서 떼 지어 산다. 때로는 수천 마리가 한 무리를 이루기도 한다. 부리의 가장자리에 빗살 같은 털이 나 있어서 이것으로 물이나 진흙 속의 먹이를 걸러먹는다. 먹이는 주로 짠물새우, 녹색말, 작은 곤충이나 애벌레, 연체동물, 갑각류 등이다.

한 해에 한번 새끼를 치는데, 물가의 땅에 진흙을 모아서 둥지를 짓고 암컷이 대개 알 한 개를 낳는다. 그리고 알을 품은 지 한 달쯤이면 새끼가 깬다. 홍학은 대개 20년에서 30년쯤 살지만 동물원 같은 데에서는 더 오래 살 수도 있다.

아프리카의 홍학 Charles J Sharp CC-BY-SA-3.0 GFDL

홑눈(simple eye)

곤충이나 거미 같은 동물에게 있는 눈의 한 가지이다. 대개 겹눈과 함께 있는데, 곤충은 보통 머리에 홑눈이 3 개 있다. 홑눈은 대개 색깔이나 움직임 또는 생김새 따위는 거의 구별하지 못하며 밝음과 어두움만 느낀다. → 겹눈

화강암(granite)

마그마가 땅속 깊은 곳에서 천천히 식어서 굳어 만들어진 암석이다. 우리나라에서 흔히 볼 수 있다. 대개 밝은 우윳빛 바탕에 검은색이나 회색 알갱이가 섞여 있다. 만지면 까칠까칠하며 검은 알갱이가 반짝인다. 암석을 이루는 알갱이가 비교적 커서 눈으로 쉽게 구별할 수 있다.

화강암은 땅속 깊은 데에서 만들어진 화성암이다. 따라서 땅의 표면에서는 쉽게 보기 어렵다. 그러나 땅의 움직임으로 말미암아 땅속 깊이 있던 화강암이 표면으로 밀려 나오거나 오랜 세월 동안 비바람이나 흐르는 물에 흙이 씻겨 내려가서 드러나기도 한다. 이런 화강암은 매우 단단하므로 옛날부터 큰 건물을 짓거나 비석 등을 만드는 재료로 많이 쓰인다.

Jim Champion, CC-BY-SA-3.0 GFDL

화력 발전소(thermal power plant)

석탄이나 석유 같은 연료를 태워서 그 열로 물을 끓이고, 이 끓는 물에서 나오는 뜨겁고 압력이 높은 수증기로 터빈을 돌려서 전기를 일으키는 발전소이다. → 발전소

석탄 화력 발전소 NavyEX, CC-BY-SA-3.0

화산(volcano)

콩고 민주 공화국의 나이라공고 화산
MONUSCO_Neil Wetmore, CC-BY-SA-2.0

땅속 깊은 곳에 있던 녹은 바윗물이 땅 위로 솟아올라서 생긴 산이다. 백두산, 한라산, 울릉도는 모두 화산이다.

땅속 깊은 곳은 바위도 녹일 만큼 온도가 높다. 그러나 압력도 높기 때문에 바위가 녹지 않는다. 그런데 어쩌다 한 부분의 압력이 낮아지거나 온도가 훨씬 더 높아지면 바위가 녹아서 마그마가 된다. 마그마는 녹은 바위, 물 및 그밖의 여러 가지 물질이 섞여서 이루어지는데, 온도가 아주 높고 큰 압력을 받는다. 이 마그마는 주변의 암석보다 더 가벼우므로 조금씩 위로 떠올라서 땅속 10~20km 사이에 괸다.

그러다 땅이 무른 곳이나 틈새를 따라서 지표면 가까이 올라오면 그 속에 녹아 있던 물과 이산화탄소 및 일산화탄소 따위가 기체로 변하여 큰 압력이 생긴다. 이 압력으로 말미암아 지표면이 열리고 마그마, 화산재, 화산 암석 조각 따위가 솟아나온다. 이런 일이 화산 분출이다. 마그마가 솟아나오는 구멍을 분화구라고 하며, 지표면에서 흐르는 마그마를 용암이라고 한다. 화산이 폭발하고 나면 그 속의 압력이 낮아져서 폭발이 멈춘다.

마그마가 솟아오르면 편평한 땅에 갑자기 산이 생기거나 바다에 섬이 생기기도 한다. 화산이 한 번의 폭발에 그치지 않고 계속해서 폭발할 때도 있다. 폭발이 계속되는 화산을 활화산, 폭발을 멈추고 쉬고 있는 화산을 휴화산, 앞으로 폭발이 일어날 가능성이 전혀 없는 화산을 사화산이라고 한다. 한라산이나 울릉도의 성인봉은 사화산이지만, 백두산은 또 폭발할 가능성이 있다고 한다. 화산은 마그마가 분출해서 생긴 산이므로 화산 활동이 멈추면 분화구가 막혀서 꼭대기가 움푹해진다. 그래서 꼭대기가 뾰족한 다른 산들과 쉽게 구별된다.

화산 지대는 온천이 많아서 관광지로 개발되기도 하며, 땅의 열을 이용한 발전소가 들어서기도 한다. 또 화산 활동으로 만들어진 돌이나 황 따위가 자원으로 쓰이기도 한다. 그러나 화산 활동은 지진을 일으키고, 농업을 비롯한 산업에 큰 피해를 주며, 사람이나 생물을 다치게 하고, 오랫동안 땅을 못 쓰게 만든다. 아울러 엄청난 화재를 일으키고 생태계를 파괴하며 화산재로 햇빛을 가려서 기후 변화를 일으키기도 한다. 현재 세계에는 활화산이 500개쯤 있으며 해마다 20~30번 폭발이 일어난다. 더러 사화산이라고 생각했던 화산이 갑자기 폭발해서 많은 피해를 주는 일도 있다. → 마그마

화산 가스(volcanic gas)

화산이 분출할 때에 나오는 화산 분출물 가운데 한 가지이다. 땅속 깊은 곳에 녹아 있던 마그마가 지표면 가까이 올라오면 그 속에 녹아 있던 휘발성 물질이 따로 분리된다. 이것이 모여서 높은 압력을 이루며 마침내 화산이 분출하는 원동력이 된다.

화산 가스는 주로 수증기이다. 그 다음으로 많은 것이 이산화탄소이며, 그밖에 일산화탄소, 이산화황, 황화수소, 염소, 질소 및 수소 등이 들어 있다. 그러나 화산 가스 성분의 비율은 화산에 따라서 다르다. 어떤 화산은 수증기를 유난히 많이 내뿜으며, 어떤 화산은 다른 화산에 견주어 황을 많이 내뿜는다.

일본 온타케 화산이 뿜어내는 화산 가스 Alpsdake, CC-BY-SA-3.0

화산대(volcanic zone)

세계의 화산들을 지도에 표시해 보면 대개 긴 띠 모양으로 늘어서 있다. 이렇게 화산들이 많이 모여 있는 지대를 화산대라고 한다. 예를 들면, 태평양 연안을 따라서 많은 화산이 줄줄이 둥그렇게 늘어서 있는 지대를 환태평양 화산대라고 한다.

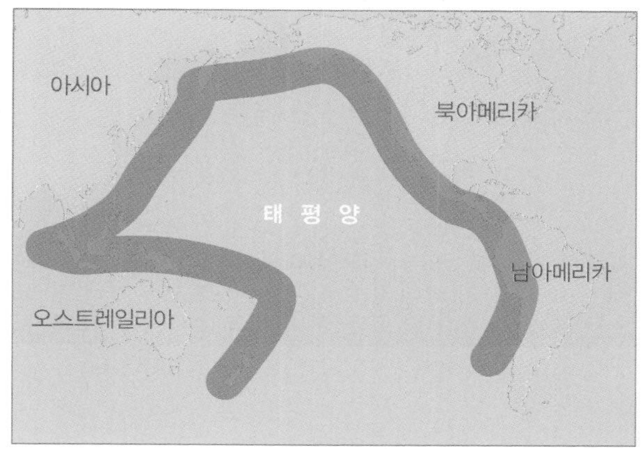

환태평양 화산대 USGS, Public Domain

화산재(volcanic ash)

화산이 분출하면 화산 가스와 함께 여러 가지 크기의 고체 상태 분출물이 튀어나와 하늘 높이 솟아올랐다가 땅에 떨어진다. 그 중에서 지름이 4mm 아래인 알갱이들을 화산재라고 하며, 지름이 30cm 안팎으로서 동글동글한 모양의 것들을 화산 암석 조각이라고 한다.

화산재에 뒤덮인 자동차 deror_avi, CC-BY-SA-3.0 GFDL

화살나무(winged spindle)

줄기와 가지에 마치 화살의 깃처럼 생긴 껍질이 달려 있는 갈잎떨기나무이다. 다 자라면 키가 3m쯤 된

다. 본디 산에서 자라는 나무이지만 공원이나 뜰에도 많이 심는다.

봄 5월에 황록색 자잘한 꽃이 피며 열매가 열리면 가을에 빨갛게 익는다. 마주나는 타원형 잎도 가을에 빨갛게 단풍이 들어서 예쁘다.

미디어뱅크 사진

화석(fossil)

먼 옛날에 살던 동물이나 식물의 몸 또는 그 흔적이 암석이나 지층 속에 남아 있는 것이다. 화석은 흔히 나뭇잎이나 줄기, 조가비, 뼈 조각, 이 등이지만 때로는 뼈대가 통째로 남아 있기도 한다.

화석은 대개 퇴적암 속에서 발견된다. 화석이 나오는 곳은 거의 다 먼 옛날에 바다나 바닷가의 수렁이었던 곳이다. 그때에 살던 식물이나 동물이 죽어서 바다 밑에 가라앉으면 연한 겉 부분은 썩어서 없어지고 뼈대만 진흙 속에 파묻혔다. 그 뒤로 수백만 년이 지나면서 더 많은 진흙이 쌓이고 굳어서 마침내 전체가 바위가 되었다. 그리고 바위 속에 스며든 물에 조금씩조금씩 본디의 뼈대가 녹아서 사라지고 그 자리에 광물이 스며들어서 본디 뼈대의 모습대로 굳은 것이다.

화석이 압축되어 들어 있는 돌 Dcrjsr, CC-BY-4.0

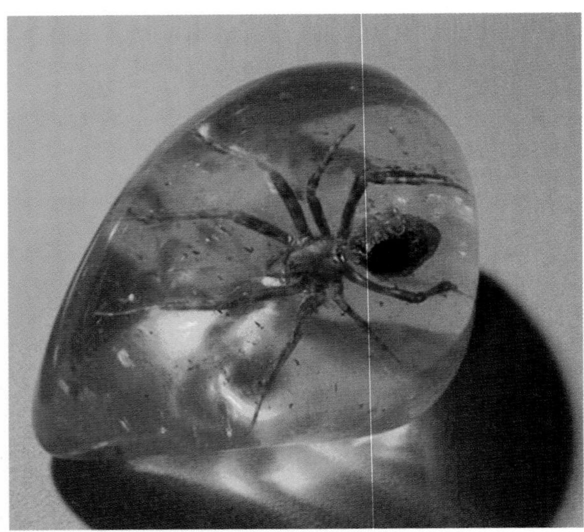

거미가 든 호박 화석 Elisabeth from the Netherlands, CC-BY-2.0

그러나 때로는 굳은 나뭇진이나 석탄 속에서 화석이 발견된다. 또 아주 오래된 빙하의 얼음 속에서도 썩지 않고 잘 보존된 매머드가 발견된다. 이것은 돌로 변하지 않았더라도 1만 년도 더 전에 살았던 짐승이기 때문에 화석이라고 한다.

바다 밑의 지층이 지각의 변동으로 말미암아 바다 위로 솟아올라서 오랜 세월에 걸쳐 강물과 바람에 씻기고 얼음에 쪼개지면 화석이 드러난다. 우리가 보는 화석은 대개 이렇게 해서 발견된 것이다.

생물이 죽으면 썩기 때문에 화석이 만들어지기는 쉽지 않다. 그러나 뼈나 조가비처럼 잘 썩지 않고 오래 남는 부분은 화석이 되기 쉽다. 더욱이 지층 속에서 생물의 뼈대가 돌이나 광물로 변하면 그 모양이 잘 보존된다.

오랜 세월 동안 지층이 여러 층으로 쌓이면 층에 따라서 다른 화석이 만들어지기도 한다. 이때에는 아래층에서 나온 것일수록 오래 된 화석이다. 그래서 위아래 층의 화석을 비교 연구하여 어떤 시대에 어떤 생물이 살았으며 생물이 어떻게 발달해 왔는지도 짐작할 수 있다.

게다가 옛날의 자연 환경이나 기후도 알 수 있다. 이를 테면, 산속의 지층에서 조개 화석이 나오면 그 곳이 먼 옛날에는 바다였음을 알 수 있다. 석유와 석탄은 특정한 시대의 지층에서만 발견된다. 그러므로 그 시대에 산 생물의 화석이 있는 지층에는 석유가 매장되어 있을 가능성이 많다. 따라서 석유와 석탄을 찾는 일에 화석이 이용된다.

은행나무, 산호, 상어, 바퀴벌레 따위는 수백만 년 동안 그 모습이 거의 변하지 않았다. 그래서 이런 것들을 흔히 살아 있는 화석이라고 부른다. → 지층

화석 연료(fossil fuel)

석탄이나 석유 및 천연 가스 등이다. 이것은 모두 수백만 년 전에 지구에서 살던 식물이나 동물이 죽어서 땅에 묻힌 것으로서, 자연에서 나는 천연 자원이기도 하다. 화석 연료가 타면서 내는 에너지를 화석 에너지라고도 한다.

석탄이나 석유는 아무 데서나 나오지 않고 특별한 지층에서만 나온다. 그런 지층에서는 특정한 화석이 발견되는 일이 많다. 따라서 그런 화석을 이용하면 석유나 석탄이 들어 있는 지층을 찾기 쉽다.

오늘날 우리가 쓰는 연료의 90%쯤이 화석 연료이다. 주로 19세기 때부터 쓰기 시작한 석탄은 산업 혁명을 일으키기에 크게 이바지했다. 그 뒤 쓰기 편한 석유와 천연 가스가 석탄보다 더 널리 이용되었다.

오늘날 석탄은 주로 화력 발전에 쓰인다. 물을 끓여서 수증기를 만들고, 그 수증기의 힘으로 발전기를 돌리는 것이다. 석유에서 뽑아내는 몇 가지 액체 연료는 주로 자동차, 비행기, 배, 기관차 등의 연료로 쓰인다. 또 천연 가스도 집안의 난방과 요리뿐만 아니라 공장의 에너지로 많이 쓰인다. 물론 버스와 같은 자동차의 연료로도 쓰인다.

화석 연료인 석탄을 노천 광산에서 트럭에 싣는 모습

그러나 화석 연료는 타면서 이산화탄소와 같은 여러 가지 해로운 물질을 내놓기 때문에 주변의 공기를 오염시킨다. 자동차의 배기 가스나 공장의 굴뚝 연기에는 많은 공해 물질이 들어 있다. 그래서 이제는 세계 여러 나라가 화석 연료의 사용을 점차 줄이려고 애쓰고 있다.

화성(Mars)

태양계의 행성 8개 가운데 하나로서 암석으로 이루어진 지구형 행성이다. 태양에서 4번째 궤도인 지구의 바로 바깥 궤도에서 공전한다. 아득히 먼 옛날부터 화성은 사람들에게 붉게 보여 왔는데 그 까닭은 화성에 있는 철이 녹이 슬어서 그 가루가 흩날리기 때문이다.

태양계의 행성들 가운데 세 번째로 작아서 지구의 절반만하다. 자전 기간은 24.6 시간으로서 지구의 날로 하루 조금 더 되지만 공전 기간이 1년 322일이나 된다. 화성의 둘레를 도는 위성은 2개가 발견되었다.

화성의 대기에는 이산화탄소가 많고 아르곤, 질소 및 그밖의 기체는 매우 적다. 그러나 땅의 표면은 지구의 것과 매우 비슷하다. 수많은 산과 골짜기 및 분화구가 있으며 조금이나마 물도 있다. 2008년 5월 25일에 화성에 도착한 미국의 화성 탐사선 피닉스호가 화성의 흙을 분석하고 화성에 물이 있다는 것을 알아냈다. 하

지만 기온은 차이가 아주 심해서 적도 지방은 한낮에 20℃까지 오르지만 겨울에 극지방에서는 −153℃까지 내려간다.

그래도 화성은 다른 행성에 견주어 환경이 지구와 가장 비슷하기 때문에 옛날부터 생물이 살고 있을지도 모른다고 생각되었다. 그러나 연구 결과 지금 생물이 살고 있을 가능성은 거의 없다고 밝혀졌다.

평균 반지름	약 3,390km
태양과의 거리	평균 2억 2,800만km
자전 주기	약 24시간 36분
공전 주기	1년 322일
대기	이산화탄소 약 96%, 아르곤 약 2%, 질소 2%, 기타
표면 온도	20℃ ~ −153℃
위성	2개

화성암(igneous rock)

마그마의 활동으로 만들어진 암석이다. 용암이나 땅속의 마그마가 굳어서 암석이 된다. 이런 화성암은 층 무늬가 없고 단단하다. 만들어진 성분과 상태에 따라서 현무암, 안산암, 유문암, 화강암, 반려암, 섬록암 따위로 나뉘는데, 대표적인 것이 현무암과 화강암이다. 현무암은 마그마가 땅의 표면에서 식어서 만들어진 것으로 알갱이가 곱고 색깔이 짙다. 한편, 화강암은 마그마가 땅속 깊은 곳에서 식어서 만들어진 것으로서 알갱이가 크며 색깔이 밝다. → 암석

화성암의 하나인 현무암
Marek Novotnák, CC-BY-SA-4.0

화학(chemistry)

고체, 액체, 기체 같은 여러 가지 물질의 성질을 연구하는 학문이다. 곧 이런저런 물질이 무엇으로 만들어졌으며 서로 어떻게 결합되어 있는지 알아내는 일이다.

어느 대학교의 화학 실험실 LukaszKatlewa, CC-BY-4.0

본격적인 화학 연구는 1600년대에 비롯되었다. 그때에야 비로소 화학자들이 모든 물질을 이루는 기본 요소가 원소라는 것을 알아냈다. 아주 미세한 원자로 이루어진 원소는 자연에 있는 것이 기껏해야 98 가지밖에 안 된다. 이 원소들의 원자가 서로 한데 합쳐져서 여러 가지 다른 물질이 되는 것이다. 예를 들면, 나트륨 원자 1개와 염소 원자 1개가 합쳐져서 소금 분자 1개가 된다.

자연에서는 끊임없이 화학 변화가 일어난다. 철과 산소가 합쳐져서 철에 스는 녹이 된다. 또 번개의 전기 에너지와 열이 공기 속의 질소와 산소를 결합시켜서 산화질소를 만들어낸다. 이것이 빗물에 녹아서 떨어지면 흙속에서 질산염으로 변해 훌륭한 비료가 된다.

화학자들은 또 많은 연구와 실험을 통해서 화학 변화를 일으킨다. 그래서 자연에는 없는 물질도 만들어 내는 것이다. 합성 섬유, 플라스틱, 약품, 비료 따위와 같은 수많은 화학 제품이 모두 그런 것들이다.

화학 비료(chemical fertilizer)

화학적으로 처리하여 만든 비료이다. 주로 질소, 인산, 칼륨과 같은 비료의 3 가지 요소 가운데 한 가지가 넘는 것들이 들어 있다.

화학 비료는 퇴비와 같은 천연 비료에 견주어서 물에 잘 녹기 때문에 식물의 뿌리에 쉽게 흡수된다. 또 적은 양으로도 빠른 효과를 낼 수 있다. 그러나 너무 많이 쓰면 오히려 식물의 성장에 해롭다. 또 그 성분

가운데에는 비료가 되지 않는 것도 들어 있어서 흙을 산성화 시키며 땅의 힘을 떨어뜨리는 단점이 있다. → 거름

삼중인산비료 Rasbak, CC-BY-SA-3.0 GFDL

확대경(loupe)

돋보기처럼 작은 물체를 크게 보여 주는 것이다. 그러나 볼록 렌즈에 손잡이가 달린 것이 아니라 네모나 둥근 통의 한쪽에 렌즈가 달려 있어서 바닥에다 놓고 들여다보게 되어 있다. 생김새가 이렇게 된 까닭은 옆에서 들어오는 빛을 막아 주려는 것이다. 루페라고도 한다.

미디어뱅크 사진

환경(environment)

물속에서는 온갖 물고기가 살고 땅에서는 여러 가지 동물이 산다. 여름에는 나비 같은 곤충이 흔하지만 겨울에는 거의 없다. 여름 동안 푸른 잎이 무성하던 많은 나무와 풀이 겨울이면 앙상한 가지만 남는다. 생물은 저마다 살기에 알맞은 장소와 온도가 있다.

이렇게 생물과 그것들이 살아가는 일에 영향을 주는 모든 것을 환경이라고 한다. 그 가운데에서도 특히 산, 들, 하천, 바다와 같은 땅의 생김새와 날씨에 여향을 주는 기온, 비, 바람, 눈, 우박 따위를 자연 환경이라고 한다. 햇빛, 알맞은 온도, 물, 기름진 흙과 같이 자연 환경이 잘 갖춰진 곳에서는 식물이 잘 자라지만 이것들 가운데 한 가지라도 알맞지 않으면 잘 자라지 못한다.

환경에 맞춰 사는 사람들 User:Russavia, CC-BY-2.0

생물은 그 생김새나 사는 방법이 환경에 알맞게 변한다. 곤충의 보호색이나 가시로 변한 선인장의 잎 따위는 환경에 알맞게 변한 것이다. 이런 변화가 곧 적응이다. 생물은 환경에 적응하기도 하지만 환경을 변화시키기도 한다. 메마른 땅에 나무가 자라서 우거지면 땅이 기름지게 되고 습기가 많아진다. 또 숲속은 바깥보다 어둡고 온도가 낮다. 지렁이는 땅속에서 끊임없이 흙을 먹고 쌈으로써 땅을 가는 구실을 하여 식물이 잘 자라게 돕는다. 사람은 자연 환경을 이용해서 논과 밭 또는 과수원을 만들 뿐만 아니라 길을 닦고 댐을 막으며 바다를 메움으로써 환경을 크게 변화시킨다. 이렇게 변화된 환경은 인문 환경이다.

환경은 생물과 함께 생태계를 이루는 요소이다. 어떤 곳에서 사는 생물이 다른 생물 및 생물이 아닌 환경 요인들과 상호 작용하는 것을 생태계라고 한다. 우리가 사는 커다란 지구 생태계 안에는 숲 생태계, 연못

생태계, 사막 생태계 등 더 작은 여러 가지 생태계가 들어 있다. 따라서 환경이 더러워지거나 망가지면 생태계가 큰 영향을 받는다. 생태계는 사람과 함께 모든 생물이 살아가는 공간이므로 환경을 깨끗하게 유지하기 위해서 많은 노력을 기울여야 한다.

사람들은 이미 오염되었거나 훼손된 환경을 본디 모습으로 되돌리려는 노력을 많이 하고 있다. 동물을 보호하기 위해 사냥과 낚시를 제한하며, 국립 공원이나 생태 공원을 만들어서 자연을 지킨다. 또한 이미 훼손된 생태계를 되도록 그렇게 되기 전과 같거나 비슷하게 만들려는 노력도 많이 한다. 여러 분야의 학자와 전문가들이 모여서 의논한 끝에 한때 하천을 뒤덮었던 콘크리트를 걷어내고 그 자리에 풀과 나무를 심었더니 하수도에서 쏟아진 더러운 물이 자연의 힘으로 깨끗해졌다. 그러자 온갖 곤충과 새, 물고기, 개구리, 뱀 또는 너구리 따위가 모여들어서 또다시 건강한 생태계를 이루었다.

또 전에 없던 큰 도로가 생겨서 생태계가 끊기면 그 도로 위로 다리를 놓거나 밑으로 굴을 뚫어서 동물들이 오갈 수 있게 해 준다. 한편, 시내나 강에 높은 둑이 생겨서 물고기가 상류로 올라가기 어렵게 되면 경사가 급하지 않은 어도를 따로 만들어서 물고기의 이동을 돕는다. 그밖에도 사람들 때문에 망가진 자연 환경을 옛 모습으로 되돌리려는 노력은 아주 많다. → 생태계

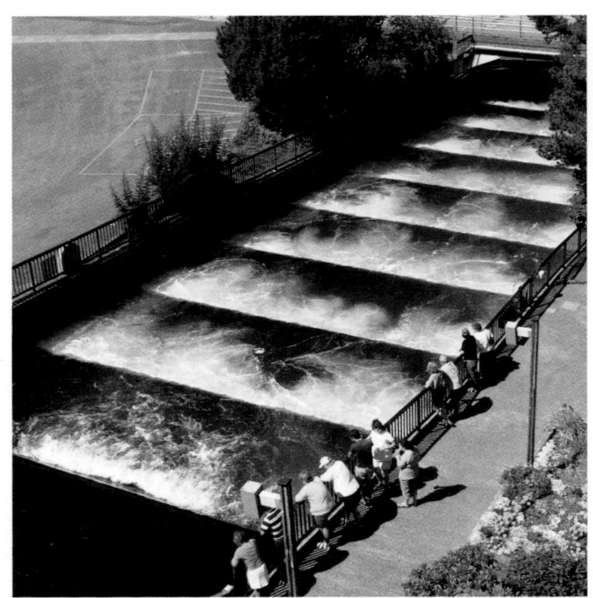

물고기가 댐 위로 오르게 만든 어도 Don Graham CC-BY-SA-2.0

환경 보전(conservation)

공기, 물, 흙, 광물, 햇빛, 동물 및 식물과 같이 우리 생활에 꼭 필요한 자연 자원을 깨끗하게 지키고 현명하게 쓰는 일이다. 사람 수가 많아지고 생활 수준이 높아지면서 산업화로 말미암아 점점 더 많은 자연 자원이 없어지거나 오염된다. 따라서 그냥 두면 얼마 지나지 않아서 자연 자원이 바닥나거나 못쓰게 될 형편이다.

동물과 식물에게 꼭 필요한 물은 얼마든지 있는 것 같다. 그러나 날마다 사람들이 사는 집과 일터에서 쓰고 버리는 물이 강과 호수의 물을 더럽힌다. 이 더러운 물에서는 물고기나 다른 생물이 살기 어렵다. 따라서 가정과 공장에서 쓰고 버린 폐수를 정화해서 시내와 강으로 내보내고, 시내와 강에는 자연적으로 물을 깨끗하게 걸러 주는 식물을 심어서 물을 더 맑게 하려고 애쓴다.

산불 뒤에 다시 자라난 어린 나무들 Koliri, CC-BY-SA-3.0 GFDL

흙도 화학 비료와 농약을 계속해서 많이 쓰면 점점 산성화되어서 농작물이 잘 자라지 않는다. 그래서 이런 것들을 쓰지 않고도 식량을 더 많이 생산할 방법을 연구한다. 예를 들면, 농약 대신에 천적으로 해충을 없애고 퇴비로 땅을 더 기름지게 하는 것이다.

산에 나무가 없으면 홍수가 나기 쉬우며 숲에서 사는 동식물이 삶의 터전을 잃는다. 아울러 우리가 숨을 쉬는 산소를 만들어내는 숲이 사라진다. 따라서 목재로 쓰려고 베어낸 만큼 나무를 심어서 숲을 지키며, 숲

을 베어내고 논밭을 만드는 일을 되도록 줄이는 것도 자연을 보전하는 일 가운데 하나이다.

지구에는 수많은 동물이 살고 있다. 그 가운데에서 많은 종류가 사람들 때문에 이미 멸종되었거나 곧 멸종될 위기에 놓여 있다. 따라서 이런 동물을 못 잡게 하여 점차 그 수가 불어나게 하는 것도 또 다른 자연 보전 활동이다.

석탄이나 석유 같은 광물 자원은 땅에 묻혀 있던 양이 정해져 있기 때문에 이제는 머지않아 바닥이 날 것이라고 한다. 이런 것들은 우리가 다 써버리고 나면 다시 만들어지기에 수천수만 년이 걸린다. 또 이것들을 쓰면 지금 당장 공기를 오염시킨다. 그래서 되도록 그 사용량을 줄여서 오염을 막을 뿐만 아니라 후세에도 전해 주려는 노력을 하고 있다. 또한 철이나 유리 같은 광물은 한 번 쓴 것을 다시 쓰자는 재활용 운동도 활발하다.

이 모든 노력은 결국 자연을 잘 보전해서 우리 삶의 질을 지키자는 것이다. 산업의 발전은 많은 사람의 삶의 표준을 매우 높게 올려놓았다. 그런데 같은 땅에서 더 많은 곡식을 생산해야 할 필요와 그 땅이 나쁜 물질에 오염되지 않게 할 필요는 서로 충돌하기 마련이다. 또 더 편하게 살고 싶은 욕구와 깨끗한 물과 공기를 지키고 싶은 욕망은 서로 부딪치지 않을 수 없다. 따라서 이런 필요와 욕구 및 그것을 채우려면 피할 수 없는 산업 활동을 어떻게 잘 조화시킬지가 우리가 풀어야 할 숙제이다.

환경 오염(environmental pollution)

함부로 버린 쓰레기는 주변을 더럽힌다. 그러면 보기에 좋지 않을 뿐만 아니라 건강에도 나쁘다. 이와 같이 사람의 활동으로 말미암아 자연 환경이나 생활 환경이 나빠지거나 망가지는 것을 환경 오염이라고 한다.

자연에서는 더러운 쓰레기가 끝까지 남지 않는다. 식물이나 동물이 죽으면 미생물의 힘으로 분해되어서 식물의 거름으로 쓰인다. 동물이 숨을 쉬면서 내놓는 이산화탄소는 식물의 광합성에 쓰이며 식물이 내놓는 산소는 동물의 호흡에 쓰인다. 이렇게 자연은 저절로 정화되면서 오랫동안 깨끗하게 유지되어 왔다.

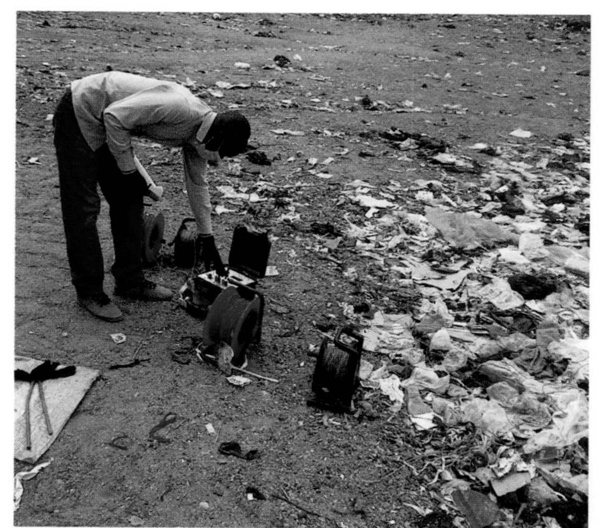

그러나 사람이 비료, 농약, 플라스틱 따위를 쓰면서 점차 쓰레기가 쌓이게 되었다. 오염 물질이 자연에서 저절로 정화되는 양보다 더 많으며, 플라스틱 따위는 미생물의 힘으로 분해되지도 않기 때문이다. 산업과 과학 기술의 발달은 우리의 생활을 편하게 해 주지만 오염 물질을 대량으로 만들어내기도 한다.

가정에서 나오는 생활 하수, 공장의 폐수, 논밭에 뿌려지는 농약 따위가 물을 오염시킨다. 또 자동차나 공장의 굴뚝에서 내뿜는 매연, 석유나 석탄을 태우면 나오는 연기, 그을음, 먼지, 그밖의 쓰레기들은 공기와 땅을 오염시킨다. 환경이 오염되면 생물이 건강하게 자라지 못한다. 또 아연이나 납과 같은 중금속 물질은 동물의 몸속에 쌓여서 치명적인 병을 일으킨다. 이런 병에 걸리면 잘 낫지 않는다.

이와 같이 환경 오염은 사람은 물론 모든 생물이 함께 살아가는 터전을 못 쓰게 만든다. 따라서 우리는 환경을 보호해야 한다. 쓰레기를 줄이고, 합성 세제나 비닐을 되도록 쓰지 말며, 공장에서는 더러운 물과 연기를 깨끗하게 해서 내보내고, 농촌에서는 농약을 덜 쓰도록 노력해야 한다.

활자(metal movable type)

우리 선조들은 삼국 시대부터 목판으로 책을 찍어냈다. 목판은 나무판에다 글자를 새긴 것이다. 그러나 이 목판으로는 한 가지 책밖에 찍을 수 없을 뿐더러 그 과정이 복잡하고 느렸다. 또 보관을 잘못하면 목판이 썩거나 뒤틀려서 못 쓰게 되었다.

그래서 글자 하나하나가 낱개로 된 활자를 생각해 냈다. 그러면 활자 하나하나를 짜 모아서 여러 가지 다른 낱말을 만들어낼 수 있으므로 같은 글자를 여러 번 되풀이해서 쓸 수 있을 터였다. 처음에는 찰흙, 나무, 사기 따위로 활자를 만들었다. 그러나 이것들은 깨지거나 썩어서 오래 가지 못했다. 그래서 고려 사람들이 마침내 금속 활자를 만들어서 책을 인쇄하기 시작했다. 고려 시대인 1377년에 펴낸 책 〈직지심체요절〉은 오늘날 세계에서 가장 오래 전에 금속 활자로 인쇄한 책이다.

이렇게 낱개로 된 활자는 여럿을 짜 맞춰서 낱말과 문장을 이루고, 한 면이 다 짜이면 틀에다 단단히 묶어서 움직이지 못하게 할 수 있다. 그 면 위에다 먹물을 칠한 뒤에 종이를 올려놓고 문지르면 종이에 글이 찍힌다.

서양에서는 독일 사람 요하네스 구텐베르크가 처음으로 납 활자를 만들었다. 이 납 활자를 짜 맞추어서 처음으로 찍어낸 책이 성경이었다. 이것은 우리보다 70년도 더 뒤진 서기 1453년에서 1456년 사이의 일이었다. → 인쇄

세계 최초의 금속 활자 미디어뱅크 사진

활주로(runway)

비행기가 뜨고 내리는 길이다. 뜰 때에는 한참 동안 빠르게 달리면서 속력을 높이고, 내릴 적에도 달리면서 차츰 속력을 줄여야 하기 때문에 활주로는 똑바르고 매우 길어야 한다. 큰 비행기도 다닐 수 있도록 폭도

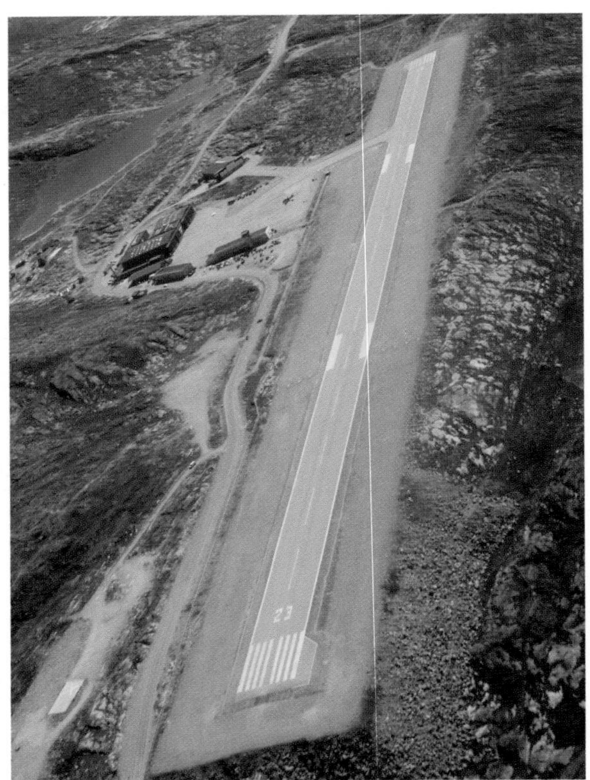

그린란드 공항의 활주로 Algkalv, CC-BY-SA-3.0

넓어야 한다. 바닥은 편평하지만 빗물이 잘 빠지도록 가운데를 중심으로 양쪽으로 조금씩 기울게 만든다.

큰 비행기가 다니는 활주로는 대개 길이가 4km 이상이며, 바닥은 콘크리트나 아스팔트로 덮여 있다. 그러나 작은 비행기만 다니는 시골 비행장이라면 잘 다듬은 잔디밭이라도 그 길이가 600~700m쯤 되면 괜찮다.

활주로의 양쪽 끝 지역에는 뜨고 내리는 비행기에 방해되지 않도록 높은 집이나 시설물이 없어야 한다. 또 밤에도 볼 수 있도록 가장자리를 따라 흰색 전등을 켜야 한다. 활주로가 시작되는 곳에는 초록색 불이, 비행기가 땅에 내려야 하는 곳에는 붉고 흰 불빛이 반짝이게 한다.

활주로는 대개 양쪽 방향으로 만들어진다. 비행기가 늘 바람을 마주하고 내려야 하기 때문이다.

황사(Asian dust)

중국 쪽에서 우리나라로 바람에 실려 오는 흙먼지이다. 중국 북부나 몽골 지방의 건조 지대에서 강한 바

람에 흙먼지가 하늘 높이 떠올랐다가 봄에 부는 편서풍에 실려서 우리나라로 날려 온다.

황사 바람이 불어오면 먼지 때문에 하늘이 부옇게 되어서 멀리 볼 수 없을 뿐만 아니라 먼지 알갱이가 눈병이나 기관지 질병을 일으키기도 한다. 주로 3~5월 사이에 많이 나타난다. 요즘에는 중국의 공장에서 발생하는 오염 물질까지 섞여 있어서 환경 오염을 일으키는 일이 많다.

중국에서 한반도를 거쳐 일본에 이른황사 NASA, Public Domain

황새(oriental stork)

몸길이가 1m 넘는 큰 새이다. 온몸이 하얗지만 날개의 끝 깃털은 검다. 부리도 검고 긴 다리는 붉은색이다. 울음관이 없기 때문에 소리를 내서 울지는 못한다.

옛날에는 우리나라에서 새끼를 치며 살던 흔한 텃새였다. 그러나 오늘날에는 한 마리도 자연에서 살지

황새 Spaceaero2, CC-BY-SA-3.0

않는다. 다만 시베리아에서 살던 것을 몇 마리 들여와서 사람의 힘으로 번식시키고 있을 따름이다. 우리나라에서는 천연 기념물 제199호와 멸종 위기 야생 생물 1급으로 지정되어 있으며 세계적으로도 그 수가 크게 줄어서 보호받는 새이다.

황조롱이(common kestrel)

맷과에 딸린 맹금류이다. 다른 새나 쥐 또는 곤충 따위를 잡아먹고 산다. 잡은 먹이는 살은 물론이려니와 뼈나 깃털까지 다 먹어 치웠다가 나중에 소화되지 않은 것만 뭉쳐서 토해낸다.

사냥할 때에는 공중에서 크게 원을 그리며 날다가 잠깐씩 한 자리에 멈춰 떠 있기도 한다. 도시에서도 잘 적응해서 사는 새이다. 그리 크지 않은 텃새로서 수가 많지 않다. 그래서 1982년부터 천연 기념물 제323-8호로 지정되어서 보호 받는다.

날개의 길이가 25cm 안팎이며, 꽁지의 길이는 16~17cm이다. 수컷의 등쪽 깃털은 밤색 바탕에 갈색 점이 많으며, 배쪽은 황갈색 바탕에 검은 점이 많다. 암컷의 등은 짙은 회갈색이다.

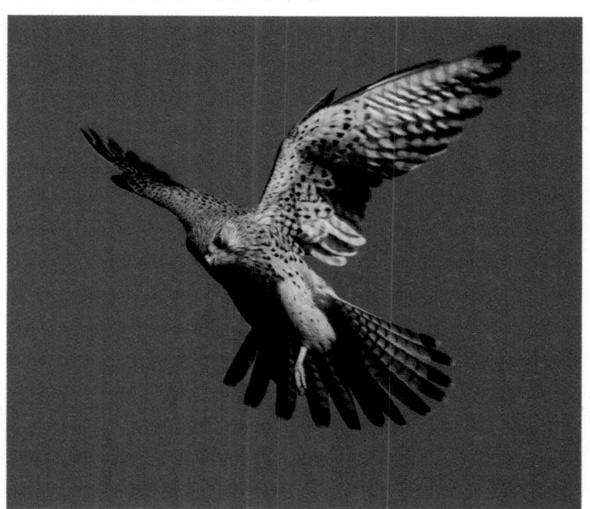

황조롱이 Вых Пыхманн, CC-BY-SA-3.0

ㅎ

황토(loess)

대체로 옅은 누런색 흙이다. 그러나 섞여 있는 철분의 종류와 양에 따라서 색깔이 주황색에 가까워지기도 한다. 바람에 날려 쌓인 고운 흙먼지가 주로 탄산칼슘과 섞여서 느슨하게 뭉쳐 있다. 이런 황토층이 온 육

Wilson44691, Public Domain

지 표면의 10%쯤을 차지한다. 중국의 황하 부근에는 드넓은 황토 고원이 있다.

황토는 흔한 재료여서 옛날부터 우리 생활에 많이 쓰인다. 초가집이나 기와집 같은 한옥을 지으려면 황토에다 잘게 썬 짚을 섞어서 방바닥과 벽을 바르고 지붕을 이며 돌과 섞어서 담을 쌓기도 한다. 또 천연 물감으로도 쓰며 옛날에는 땅속 깊이 들어 있어서 깨끗한 황토를 캐서 약으로 쓰기도 했다.

효모균(yeast)

효모 또는 이스트라고도 한다. 빵을 부풀리고 맥주나 포도주를 담글 때에 쓴다.

포도주 양조 효모균 Olivier Colas, CC-BY-SA-4.0

효모균은 곰팡이 종류인데 여러 가지가 있다. 무척 작고 둥글며 색깔이 없는 세포 한 개나 몇 개로 되어 있다. 무성 생식으로 번식하는데, 한 세포의 세포막에 생긴 구멍으로 싹이 나와서 다 자라면 따로 떨어져서 새로운 세포가 된다.

효모균은 자연에 널리 퍼져 있다. 포도밭의 흙이나 과일의 표면에서도 발견된다. 효모균은 또 어떤 조건에서는 홀씨로도 번식한다. 이 홀씨는 너무나 작아서 공중에 떠다니다 뚜껑을 덮지 않은 당분 용액에 빠지면 그 속에서 빠르게 번식한다.

효모균은 당분을 알코올과 이산화탄소로 바꿔서 발효시킨다. 그러면 이산화탄소가 밖으로 나와서 날아가 버리고 용액 속에는 알코올만 남는다.

빵을 만들 때에는 녹말과 효모균을 섞은 것을 밀가루 반죽에다 넣는다. 그러면 효모균이 처음에 포도당을 만들고 이어서 알코올과 이산화탄소를 만들어낸다. 이 이산화탄소가 밀가루 반죽을 부풀리며, 빵을 굽느라 열을 가하면 이산화탄소가 더욱 팽창해서 빵이 더 부풀어 오른다.

휘발유(gasoline)

석유 제품 가운데 한 가지로서 색깔이 없고 투명한 액체이다. 원유를 정유해서 만든다.

휘발유는 자동차의 연료로 가장 널리 쓰인다. 작은 트럭이나 비행기 또는 모터보트에도 쓰이지만, 주로 승용차 엔진의 연료로 쓰인다. 이런 휘발유는 쉽게 불이 붙을 뿐만 아니라 아주 잘 타기 때문에 매우 조심해서

병에 넣어서 파는 휘발유 edwin 11, CC-BY-2.0

다루어야 한다. 특히 휘발유가 있는 곳에서 담배를 피우거나 전기 스파크가 일게 해서는 안 된다.

휘발유를 비롯한 여러 가지 석유 연료는 교통과 산업을 발달시켜서 우리 생활을 편리하게 만든다. 그러나 다른 한편으로는 아황산가스나 이산화탄소를 내뿜어서 공기를 오염시키는 단점이 있다. 연료로서 말고는 도료를 만들거나 세탁을 하는 데에 휘발유가 쓰인다.

휴대 전화기(cellular phone)

무선 신호로 말을 주고받는 전화기이다. 보통 이 전화기나 이 전화기로 하는 통신을 그냥 휴대 전화라고 한다. 휴대 전화는 무선 송신기와 수신기가 합쳐진 것이다. 거의 어느 것이나 소리와 함께 문자 메시지와 사진 및 동영상도 보내고 받는다. 크기가 아주 작아서 주머니에 쏙 들어가며 디지털 자료도 저장하고 처리한다.

특히 휴대 전화로 가장 많이 쓰이는 스마트폰은 갖고 다니는 컴퓨터와도 같아서 인터넷에 연결하여 자료를 검색할 뿐만 아니라 사진이나 동영상을 찍어 보내고 받을 수 있다. 또 음악을 저장하고 재생할 수 있으며 인공 위성 위치 정보 시스템의 신호를 받아서 길도 찾을 수 있다.

휴대 전화기는 1979년에 처음으로 만들어졌는데 오늘날에는 온 세계에 널리 퍼져서 쓰이고 있다. 특히 아직 개발이 덜 된 나라에서 외딴 곳과의 통신에 유선 전화보다 비용이 덜 드는 휴대 전화가 많이 이용된다.

☎ 전화 예절

요즘에는 거의 모든 사람이 휴대 전화기를 가지고 다니면서 언제 어디서나 다른 사람과 통화할 수 있기 때문에 그에 따른 예절도 매우 중요하다.

학교 교실이나 도서관에서는 물론이려니와 사람이 많은 지하철이나 극장에서 벨소리가 울리게 하거나 큰 소리로 통화하는 것은 예절에 어긋나는 짓이다. 그런 데에서는 아예 전화기를 꺼 놓는 것이 가장 좋다.

또 전화로 이야기할 때에는 얼굴을 직접 마주하고 있을 때보다 더 공손하고 밝은 태도를 지녀야 한다. 아울러 주고받는 말이 간결하고 정확할수록 좋다.

흑연(graphite)

연필심을 만드는 검은색 광물이다. 거의 탄소로만 이루어졌다. 만지면 매끄럽고 아주 부드러운 결정체여서 잘 부서진다. 연필심 말고도 도가니나 전기로 따위를 만드는 일에 쓰인다.

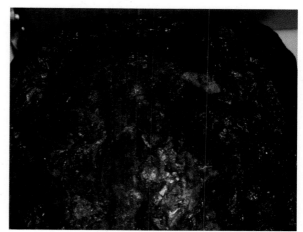

흑연 Karelj Public Domain

흙(soil)

땅의 맨 윗부분을 이루는 물질이다. 거의 모든 생물이 살아가는 터전이며, 온갖 식물이 뿌리를 내려서 자라기에 필요한 양분과 물을 빨아들이는 데이기도 하다. 동물은 식물을 먹고 산다. 따라서 흙은 생명의 근원이라고 할 수 있다.

흙은 크게 나누어서 바위가 부서져서 생긴 작은 알갱이들, 동물이나 식물이 죽어서 썩은 것, 살아 있는 미생물과 같은 세 가지 성분으로 이루어진다. 비바람, 햇볕, 서리 따위로 말미암아 바위가 잘게 부서지면 모래가 되고 그것이 더 잘게 부서지면 알갱이가 아주 작은 진흙이 된다. 모래와 진흙이 알맞게 섞인 것이 흙의 바탕이다. 동물이나 식물이 죽으면 땅속에 사는 미생물의 힘으로 분해되어서 거름이 되는데, 이런 거름이 땅을 기름지게 만들어서 식물이 잘 자라게 한다. 흙속에서는 미생물 말고도 지렁이나 개미 따위 많은 동물이 산다. 그 가운데에서 지렁이는 흙을 삼켜서 똥으로 내놓기 때문에 끊임없이 땅을 가는 구실을 하며 흙이 중성이 되게 만든다.

식물은 기름지고 물과 공기가 잘 통하는 흙에서 잘 자란다. 그런 곳의 흙은 대개 색깔이 검고 어두우며 물

위에 뜨는 물질이 많다. 물위에 뜨는 물질은 죽은 동식물이 썩은 부식물인데 거름이 되어서 식물에게 필요한 영양분이 된다. 흙이 어두운 색깔을 띠는 것도 이런 부식물 때문이다.

그러나 식물이 잘 자라지 못하는 곳의 흙은 노랗거나 불그스름한 색깔이며, 물에 넣어도 위에 뜨는 물질이 거의 없다. 부식물이 없기 때문이다. 그래서 논, 밭, 과수원에서는 식물이 잘 자라도록 흙에다 거름을 넣어 준다.

거름을 주지 않고 한 곳에서 오랫동안 농사를 지으면 흙에 있던 영양분이 다 없어져서 끈기를 잃어버리고 메마른 땅이 된다. 그러면 식물이 자라기 어려워져서 마침내 흙이 바람에 날리고 물에 쓸려 내려가 딱딱하고 돌투성이인 속 땅이 드러난다.

흙이 만들어지려면 바위가 풍화되고 죽은 동식물이 썩어서 쌓여야 하므로 수만 년이 넘는 오랜 세월이 필요하다. 따라서 흙을 잃어버리지 않게 힘써야 한다. 그러려면 풀과 나무를 많이 심어서 흙이 바람에 날리거나 물에 쓸려가지 않게 해야 한다.

요즘에는 흙이 오염되는 것도 큰 문제이다. 농촌에서 쓰는 농약은 병충해를 막아서 농작물의 생산을 늘리지만 이로운 곤충도 죽이고 그 독한 성분이 흙을 더럽히기도 한다. 또 공장에서 버리는 폐수에는 납, 수은, 카드뮴 따위 여러 가지 중금속이 들어 있어서 이런 것들이 땅속에 스며든다. 쓰레기로 버려지는 비닐은 썩지 않으므로 오랫동안 흙속에 남아서 땅을 더럽힌다. 공기가 오염된 곳에서는 오염 물질이 빗물에 섞여 떨어져서 흙을 더럽힌다.

작물을 심으려고 갈아놓은 흙 FotoDutch, CC-BY-SA-3.0

흙이 오염되면 흙에서 자라는 식물도 오염되고 그것을 먹는 동물의 몸에도 오염 물질이 쌓인다. 이와 같이 흙이 오염되면 그 영향이 모든 생물에게 미치므로 흙이 오염되지 않게 힘써야 한다. 흙의 오염을 막으려면 농약을 적게 쓰는 한편 해롭지 않은 농약을 개발하며, 공장에서는 폐수를 정화해서 내보내야 한다. 또 쓰레기를 아무데나 버리지 말고, 수은이나 납 같은 물질이 들어 있는 물건은 모아서 따로 처리해야 한다.

흰동가리(anemone fish)

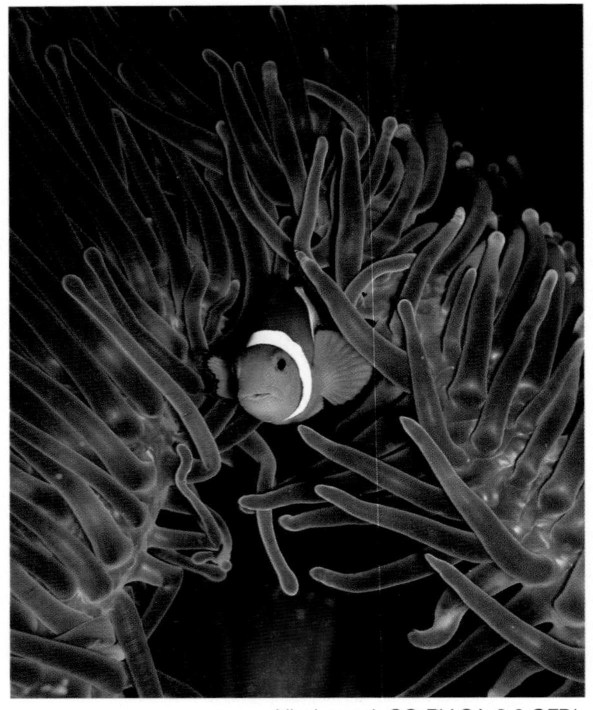

Nhobgood, CC-BY-SA-3.0 GFDL

작은 바닷물고기이다. 몸길이가 5cm쯤 되며, 납작하고 긴 타원형으로 생겼다. 옆구리에 3개의 흰색 가로 띠가 있다.

바닷가의 암초 사이에서 살면서 말미잘과 공생하는 것으로 유명하다. 다른 물고기들에게는 매우 위험한 말미잘의 독침에 면역이 되어 있어서 말미잘의 촉수 사이에 들어가서 제 몸을 지킨다.

찾 아 보 기

새 초등과학학습사전
New Encyclopedia of Primary Science

보기

가닥나무 졸참나무 ……………………… 383

'가닥나무'는 383쪽에 있는 '졸참나무'를 보라는 뜻입니다.

ㄱ

ㄴ

ㄷ

ㄹ

ㅁ

ㅂ

ㅅ

ㅇ

ㅈ

ㅋ

ㅌ

ㅍ

ㅎ